BROCKHAUS · DIE BIBLIOTHEK

MENSCH · NATUR · TECHNIK · BAND 4

BROCKHAUS

DIE BIBLIOTHEK

MENSCH · NATUR · TECHNIK

DIE WELTGESCHICHTE

KUNST UND KULTUR

LÄNDER UND STÄDTE

GRZIMEKS ENZYKLOPÄDIE
SÄUGETIERE

MENSCH · NATUR · TECHNIK

MENSCH · NATUR · TECHNIK · BAND 4

Technik im Alltag

Herausgegeben von der Brockhaus-Redaktion

F.A. BROCKHAUS
Leipzig · Mannheim

Redaktionelle Leitung: Dipl.-Ing. Birgit Strackenbrock, Dr. Joachim Weiß

Redaktion:
Silvia Barnert (WGV, Weinheim)
Dipl.-Bibl. Torsten Beck
Vera Buller
Dr. Matthias Delbrück (WGV, Weinheim)
Dr. Reinald Eis (WGV, Weinheim)
Dipl.-Phys. Walter Greulich (WGV, Weinheim)
Dr. Gernot Gruber
Dipl.-Phys. Carsten Heinisch (WGV, Weinheim)
Dipl.-Ing. Helmut Kahnt
Dr. Joachim Schüller (WGV, Weinheim)

Freie Mitarbeiter:
Sabine Bartels, Heidelberg
Christa Becker, Hemsbach
Dipl.-Chem. Björn Gondesen, Schriesheim
Dr. Harald Münch, Heidelberg
Dr. Gunnar Radons, Mannheim

Herstellung: Jutta Herboth

Typographische Beratung: Friedrich Forssman, Kassel,
und Manfred Neussl, München

Konzeption & Koordination Infografiken:
Christoph Schall, Norbert Wessel

Infografiken:
Studio Fladt, Obrigheim
Bernd Fraedrich, Berlin
Joachim Knappe, Hamburg
Skip G. Langkafel, Berlin
Friedhelm M. Leistner, Berlin
Klaus W. Müller, Teltow
Otto Nehren, Ladenburg
neueTypografik, Kiel
Plan B® Zentrale, Stuttgart
Christian Schura, Mannheim
Scientific Design, Neustadt a. d. Weinstraße
Darja Süssbier, Berlin
vision neue Medien, Weinheim

Die Deutsche Bibliothek – CIP-Einheitsaufnahme

Brockhaus · Die Bibliothek
hrsg. von der Brockhaus-Redaktion.
Leipzig; Mannheim: Brockhaus

Mensch, Natur, Technik
ISBN 3-7653-7000-2
Bd. 4. Technik im Alltag
[red. Leitung: Birgit Strackenbrock; Joachim Weiß]. – 2000
ISBN 3-7653-7031-2

Das Werk wurde in neuer Rechtschreibung verfasst.

Satz: Bibliographisches Institut & F. A. Brockhaus AG,
Mannheim (PageOne Siemens Nixdorf)
Papier: 120 g/m² holzfreies, alterungsbeständiges, chlorfrei gebleichtes
Offsetpapier der Papierfabrik Aconda Paper S. A., Spanien
Druck: ColorDruck GmbH, Leimen
Bindearbeit: Großbuchbinderei Sigloch, Künzelsau
Printed in Germany

ISBN für das Gesamtwerk: 3-7653-7000-2

ISBN für Band 4: 3-7653-7031-2

Die Autorinnen und Autoren
dieses Bandes

THOMAS BIRUS, Kulmbach
Diplom-Ingenieur, Staatliche Fachschule für Lebensmitteltechnik
Kulmbach

JAN BOESE, Heidelberg
Diplom-Physiker, Forschungsschwerpunkt
Radiologische Diagnostik und Therapie,
Deutsches Krebsforschungszentrum (DKFZ), Heidelberg

BERNHARD BURDICK, Wuppertal
Diplom-Ingenieur, Wuppertal Institut für Klima, Umwelt, Energie

PROF. DR. MICHAEL GIESECKE, Erfurt
Lehrstuhl für Literatur- und Medienwissenschaften,
Philosophische Fakultät der Universität Erfurt

PROF. DR. JOACHIM HESSE, Göttingen
Leiter des Forums für Wissenschaft und Technik, Göttingen

PROF. DR. WOLFGANG HIDDEMANN, München
Klinikum Großhadern,
Ludwig-Maximilians-Universität München

DR. MANFRED JANK, Merseburg
Institut für Umweltschutztechnik,
Martin-Luther-Universität Halle-Wittenberg

RENATE JEREČIĆ, Heidelberg
Diplom-Physikerin, Forschungsschwerpunkt
Radiologische Diagnostik und Therapie,
Deutsches Krebsforschungszentrum (DKFZ), Heidelberg

BETTINA KAPAHNKE, Mannheim

DR. ULRICH KERN, Mannheim
Landesmuseum für Technik und Arbeit in Mannheim

REGINA KLEPSCH, Aspach
Freie Technische Autorin

DR. HARTMUT KNITTEL, Mannheim
Landesmuseum für Technik und Arbeit in Mannheim

DR. KORA KRISTOF, Wuppertal
Wuppertal Institut für Klima, Umwelt, Energie

DR. KLAUS-PETER MEINICKE, Halle
Universitätszentrum für Umweltwissenschaften,
Martin-Luther-Universität Halle-Wittenberg

Dr. Kurt Möser, Mannheim
Landesmuseum für Technik und Arbeit in Mannheim

Dr. Harald Münch, Heidelberg

PD Dr. Stella Reiter-Theil, Freiburg
Zentrum für Ethik und Recht in der Medizin,
Klinikum der Universität Freiburg

Prof. Hans-Heinrich Ruta, Stuttgart
Fachhochschule Stuttgart, Hochschule für Druck
und Medien

Dieter Stein, Bammental
Diplom-Ingenieur, Ingenieurbüro Stein

Dr. Cornelia Voss, Bonn
Wissenschaftsladen Bonn e. V.

Nicolas Werckshagen, Karlsruhe
Regierungsbaumeister und Architekt

Dr. Sabine Willscher, Halle
Institut für Bioverfahrenstechnik, Biozentrum der
Martin-Luther-Universität Halle-Wittenberg

Prof. em. Dr.-Ing. Christian von Zabeltitz, Hannover
Institut für Technik in Gartenbau und Landwirtschaft,
Universität Hannover

Inhalt

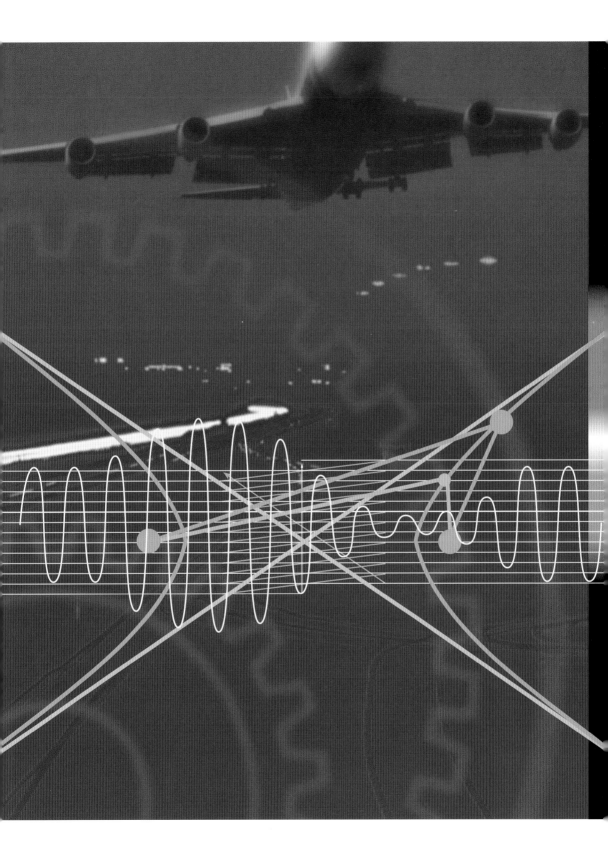

Technik an der Schwelle zum 21. Jahrhundert

Seit Jahren wissen wir, dass in allen hochindustrialisierten Ländern die Zahl der Arbeitsplätze im technischen Gewerbe drastisch abnimmt. Das Wissen darum hat nicht bewirken können, dass diese Abnahme gestoppt oder gar wieder in Wachstum umgekehrt wurde. Ist das Wissen um unsere Probleme allein nichts wert? Sind wir mit Lösungen auf der Grundlage der Technik gar am Ende? Verschiedentlich gewinnt man den Eindruck, dass die von sozialen Spannungen gepeinigte Gesellschaft das so sieht. Die Technik wird verdächtigt, wenn nicht schon beschuldigt, die Ursache der sozialen Probleme zu sein, nicht die Folge unklugen Umgangs damit. Stimmt das? Angesichts unbestreitbarer technischer Risiken neuerer Entwicklungen wie der Kernenergie oder der Gentechnik sowie sozialer Spannungen im Gefolge der Automatisierung würde man es sich auf alle Fälle zu leicht machen, den Zweiflern die Auswanderung in von der Technik (noch) unberührte Gebiete zu empfehlen. Erstens gibt es davon (schon) nicht mehr genug, und zweitens löst das die Probleme nicht. Was dann? Die Alternative: Zweifel und Zweifler unterdrücken und ganz auf die Kraft des Marktes für jedwede Technik setzen, ist nicht mehr konsensfähig und im Übrigen fahrlässig. Immerhin wäre denkbar, den Stand der Technik einzufrieren und mit dem Erreichten auszukommen. Man könnte so Ressourcen schonen und die Natur im Ganzen auch – das zentrale Anliegen vieler, die sich um die Zukunft sorgen. Weiterentwickeln dürfte man allenfalls dort, wo der Nutzen eindeutig ist und Schäden verlässlich auszuschließen sind. Vorstellbar wäre dies bei Projekten zur besseren Ernährung, zur Gesundheitsvorsorge, im Krankheitsfalle und zum Schutz von Atmosphäre, Wasser und Boden. Nur: Würde nicht mit einer solchen Reglementierung der Weg in die kontrollierte Gesellschaft im Ganzen frei? Diktatorische Versuche ähnlicher Art waren schon in der Vergangenheit bestenfalls Irrtümer, schlimmstenfalls Verbrechen an der Menschheit. Dennoch: Die letzten 50 Jahre haben deutlich gemacht, dass es mit »trial and error« nicht weitergeht und auch kleine Schritte nicht (mehr) ausreichen. Die außerordentliche Dynamik der gesellschaftlichen Veränderungen verlangt vielmehr jetzt das, was der Technik zuletzt gelungen ist: große Sprünge in kurzer Zeit, bei der Abwägung von Chancen und Risiken mit dem Ziel, zu entscheiden, ob und inwieweit sich Mensch und Technik noch gemeinsam weiterentwickeln wollen. Die folgenden Darlegungen sollen dafür das Bewusstsein schärfen.

Das Wohl der Menschheit fördern, ist das Ziel der Technik

Der Begriff Technik stammt aus dem Griechischen. Dort bedeutete »téchné« die Kunst oder Fertigkeit, etwas Bestimmtes in Handwerk, Wissenschaft oder Kunst zu erreichen. In diesem Sinne ist die Kulturgeschichte der Menschheit auch eine Geschichte der techne. Der Mensch gewann an Einsicht und Fertigkeit, indem er die Probleme des täglichen Lebens mit *téchné* lösen lernte. Die Altsteinzeit kannte schon Axt, Speer, Bogen und Pfeil als technische Hilfen zur Jagd, Knochennadel, Bohrer und Öllampen als »Produktionsmittel«. In der Jungsteinzeit kamen Hacke, Säge, Pflug und Webstuhl hinzu. Das Wagenrad aus Holz kennt man seit 8000, das Rad mit Speichen seit 5000 Jahren. Vor 5000 Jahren wurden in Ägypten bereits Segelschiffe gebaut, es gab die Gerberei und die Bierbrauerei. In China wurde damals das Papier erfunden, der Druck mit beweglichen Wortbildtypen, das Porzellan, der Eisenguss und der Kompass, in Indien die Stahlbearbeitung und das Spinnrad. All dies erfüllte nur einen, nämlich den von Oskar von Miller formulierten Zweck: »Das Wohl der Menschheit fördern, ist der Sinn der Technik.« Auf diese Prämisse geht auch noch in der frühen Neuzeit der Ansatz zurück, die menschliche Arbeitskraft zielstrebig durch Maschinen zu ersetzen. Seit dem 18. Jahrhundert wurde die mathematische Naturwissenschaft zum neuen Fundament der technischen Entwicklung. Ihre Erfolge beschleunigten die Durchdringung aller Lebensbereiche mit technischen Verfahren und Produkten. An der Wende zum 3. Jahrtausend ist unsere Welt eine Welt der Technik; wir leben mit Technik und kommen ohne sie nicht mehr aus.

Diese Abhängigkeit bewirkt zunehmend Bedenken und Ängste. Sie kamen schon im 19. Jahrhundert vor dem Hintergrund technischer Havarien und Katastrophen (Eisenbahnunglücke, Schlagwetterexplosionen) auf und konfrontierten uns so mit dem durch Technik ausgelösten Massenunfall. In dem durch die industrielle Revolution eingeleiteten Industriezeitalter wurden darüber hinaus viele der überlieferten Lebensformen brüchig, und Technik (Maschinen) wurde somit ein soziales Problem. Die Grundeinstellung zur Technik blieb dennoch im Ganzen positiv, weil die wirtschaftlichen Vorzüge immer wieder überwogen. Noch im Nachkriegsdeutschland war Technikakzeptanz kein Thema, obwohl die beiden Weltkriege mit allen Mitteln der Technik geführt worden waren. In den folgenden Aufbaujahren galten der wissenschaftlich-technische Fortschritt und seine industrielle Umsetzung geradezu als Garantie für Wohlfahrt. Als das Institut für Demoskopie in Allensbach 1966 in Deutschland erstmals die Frage beantworten ließ, ob die moderne Technik eher ein Segen oder ein Fluch für die Menschheit sei, hielten noch 78 Prozent Technik für eher segensreich, 19 Prozent meinten weder noch, und nur drei Prozent verbanden mit Technik Negatives. In den 1970er-Jahren änderte sich dieses Meinungsbild nahezu dramatisch. In der Folge symbolträchtiger technischer Katastrophen in Kernkraftwerken (Harrisburg), Chemieanlagen (Seveso) und mit Öltankern wurde die Gesellschaft unsicher: 1976 ermittelte Allensbach nur noch 53 Prozent für »eher segensreich«, die ambivalente Haltung stieg auf 37 Prozent »weder noch«, und »eher negativ« waren jetzt 10 Prozent. Dass sich dieser Meinungsumschwung nachhaltig verfestigt hat, bestätigen die nahezu unveränderten Prozentzahlen von 1995: 54, 35 und 11 Prozent. Die projizierten Probleme mit den »Grenzen des Wachstums« verstärkten den zuerst ökologisch bedingten Pessimismus noch. Der Abschwung des

Produktions- und Technikstandortes Deutschland und die eher diffusen Zukunftsperspektiven werden mit verfehlten Technikstrategien in Verbindung gebracht. Als Konsequenz wird zunehmend die Forderung nach Techniksteuerung laut, die den Fortschritt nun stärker an ethische und soziale Ziele binden soll. Eine darauf ausgerichtete »geführte« Technik ist das zentrale Thema dieser Zeit. Angesichts der Tatsache, dass die zunehmenden sozialen Verwerfungen so oder so mit Wirtschaft und Technik verbunden sind und außer Kontrolle zu geraten drohen, ist diese Forderung im verschärften Sinne von Millers verständlich. Anders als in den Jahrhunderten zuvor ist der Einzelne aber außerstande, Antworten alleine zu finden. Angesichts der hohen Komplexität der Zusammenhänge braucht es die Zusammenarbeit von Naturwissenschaftlern, Ingenieuren, Soziologen – also der Gesellschaft mit ihrer fachlichen Kompetenz im Ganzen. Wir müssen dazu die erforderlichen Entscheidungen auf der Grundlage gesicherter Erkenntnisse treffen. Diese Vorgehensweise kollidiert möglicherweise mit dem Lösungsdruck, den die Umstände auferlegen. Davon abweichen und stattdessen emotional zu reagieren, wäre unverantwortlich. Die neuere Geschichte kennt leider genug Negativbeispiele dieser Art: Die Einführung der EDV in den Büros Anfang der 1980er-Jahre wurde einfach verdächtigt, Arbeitsplätze zu vernichten. Der Verdacht reichte aus, eine technisch und wirtschaftlich sinnvolle Entwicklung zu behindern. Er ist heute ausgeräumt. Dennoch bleibt objektiv richtig, dass wir im neuen Jahrtausend neue Orientierungshilfen für den Umgang mit der Technik brauchen, die sich an dem ausrichten müssen, was sich die Gesellschaft jetzt davon erwartet: sozialverträglich, umweltverträglich und ethisch gerechtfertigt.

Im Hinblick darauf stehen heute die Energietechnik, die Verkehrstechnik, die Bio- und Medizintechnik, die Informations- und Kommunikationstechnik sowie – übergreifend – die Umwelttechnik im Mittelpunkt.

Energie – woher und wie teuer?

Energie deckt einen elementaren Bedarf unseres Lebens. Kohle, Erdöl und Erdgas waren und sind die klassischen Ressourcen für die Erzeugung von Wärme und elektrischem Strom. Sie wurden unbedenklich genutzt und verbraucht. Der Rückgriff auf diese fossilen Energieträger hat inzwischen Ausmaße erreicht, die die Erschöpfung der Reserven in Sichtweite von 100 bis 200 Jahren rücken. Trotzdem begann erst vor wenigen Jahrzehnten die Einsicht zu wachsen, dass neue Quellen erschlossen werden müssen. Die Kernenergie schien eine rasch entwickelbare Lösung zu sein. Im ökonomischen Sinne ist sie heute schon eine starke Alternative. Ihr Hauptproblem ist, dass Zweifel an ihrer Sicherheit und Umweltfreundlichkeit nicht auszuräumen sind. In Deutschland hat man diese Bedenken höher bewertet als die Chancen mit dieser Technik und die Kernenergie aus dem energetischen Zukunftskonzept gestrichen. Adäquate Technologien sind jedoch nicht parat. Die Technik wird aufgefordert, sie unverzüglich auf der Basis des Leitbildes Nachhaltigkeit zu entwickeln und die ökologischen und sozialen Vorgaben zu beachten.

Ein in diesem Sinne technisch einfacher und auch nachhaltiger Ansatz wäre, den Energieverbrauch zu senken. Das muss auch ein Teilziel bleiben, obwohl Einsparstrategien erfahrungsgemäß nicht dauerhaft wirken und dem auch objektive Schwierigkeiten entgegenstehen: Der weltweite Energiebedarf wird nämlich aufgrund des ungebrochenen Bevölkerungswachstums und des industriellen Aufbaus in den heutigen Entwicklungs- und Schwellenländern zwangsläufig weiter ansteigen.

Die Hoffnung liegt damit auf den zurzeit noch unterentwickelten regenerativen Energiequellen. Im Hinblick darauf gelten die Solarenergie, die Windkraft und die Bioenergie als Favoriten. Das war aber schon vor fast 300 Jahren so, nachzulesen in »Gullivers Reisen« von 1726: »Er hatte acht Jahre an einem Projekt gesessen, Sonnenstrahlen aus Gurken zu ziehen, die in hermetisch verschlossene Gefäße gegeben und in rauen, unfreundlichen Sommern herausgelassen werden sollten, um die Luft zu erwärmen. Er sagte mir, er zweifle nicht daran, dass er nach weiteren acht Jahren imstande sein werde, die Gärten des Statthalters zu einem annehmbaren Preis mit Sonnenschein zu beliefern. Er klagte jedoch darüber, dass sein Betriebskapital gering sei, und bat mich, ihm etwas als Ermutigung für den Erfindergeist zu geben, zu-

mal die Gurken in diesem Jahr sehr teuer gewesen seien.« Selbstverständlich wird diese Reminiszenz der Ernsthaftigkeit des Anliegens heute nicht gerecht. Sie charakterisiert es aber richtig: In der Not wird alles propagiert und probiert, und ohne Subventionen geht es nicht. Glücklicherweise können Wissenschaft und Technik heute auf fundiertere Kenntnisse und eine hohe Bereitschaft zur Finanzierung aussichtsreicher Entwicklungen aufbauen. Legt man vernünftige Erfolgsaussichten zugrunde, könnten in 20 bis 30 Jahren mit regenerativer Energie etwa 50 Prozent der heute eingesetzten fossilen und nuklearen Energieträger substituiert werden. Höhere Energieabgabepreise würden diesen Umbau unterstützen. Ob auch sie »nachhaltig« durchsetzbar sind, darf man bezweifeln; Preisverfall ist schon immer ein Kennzeichen technischer Produkte gewesen! Zunächst sind aber kreative Ingenieure am Zug. Sollten sie scheitern, muss die Gesellschaft ihre energiepolitischen Entscheidungen überdenken und gegebenenfalls korrigieren.

Verkehr – womit und wohin?

Verkehr und Transport sind für eine prosperierende Volkswirtschaft Schlüsseldienste. Industrielle Mobilität, Stadtplanung und Umweltschutz hängen damit eng zusammen. Ungeachtet dieser Zusammenhänge hat sich der Verkehr eher am Angebot der Technik und ihren Kosten orientiert. Dadurch ist zweifellos vieles vorangekommen. Insgesamt werden nun aber auch die Lasten und Grenzen deutlich: überfüllte Straßen, zu wenig U-Bahnen im Nahverkehr, überfüllte Autobahnen und Lufträume und komplizierte Trassenfestlegung im schienengebundenen Nah- und Fernverkehr. Wahrscheinlich hätten diese Probleme vermieden oder zumindest hinausgeschoben werden können, wenn die Beziehungen zu Energie- und Rohstoffeinsatz, Bevölkerungsentwicklung und Umweltschutz rechtzeitig in eine vorausschauende Verkehrsplanung einbezogen worden wären. Was nun bleibt, ist die Optimierung im Detail.

Der Kraftfahrzeugverkehr ist gegenwärtig der wichtigste Verkehrsträger. Man kann sich nicht vorstellen, wie er zu ersetzen wäre. Umso wichtiger ist es, die Kraftfahrzeugtechnik fortzuentwickeln. Richtungsweisende Akzente dafür sind am

Fahrzeug selbst benzinsparende, abgasarme Motoren, geräuscharmes Design und hohe Unfallsicherheit. Ein strategischer Durchbruch wären automatische Fahrer- und Fahrzeugleitsysteme mit rechnerunterstützter Verkehrsführung. Zumindest auf Autobahnen sollte das machbar sein.

Der Schienenverkehr galt lange Zeit als ausgereift, betriebssicher und auch unter aktuellen Umweltgesichtspunkten akzeptabel. Der Trend, die Fahrgeschwindigkeit zu steigern, offenbart neuerdings Defizite im Hinblick auf Werkstoff- und Konstruktionssicherheit. Sie dürften zu beheben sein. Die neuere Variante der schienenfreien Bahn in Magnetschwebetechnik könnte manche technischen Schwierigkeiten der schienengebundenen Hochgeschwindigkeitsbahn umgehen, provoziert aber zunächst neue Probleme, was die Umwelt- und Kostenakzeptanz anbelangt. Selbst wenn sie versagt, bleibt die Bahn attraktiv.

Der Schiffsverkehr hat sich mehr und mehr auf den Warentransport ausgerichtet. Insofern steht er nicht im Mittelpunkt des öffentlichen Interesses. Gelegentliche Tankerunfälle rütteln daran, weil sie meist große Umweltschäden mit sich bringen. Die Forderung nach bruch- und lecksicheren Transporten wird technisch zu erfüllen sein.

Der Flugverkehr ist heute komfortabel und sicher. Stetige Verbesserungen der Schall- und Abgasemissionen haben die umweltrelevanten Lücken der Flugzeuge ziemlich geschlossen. Die zunächst vermuteten größeren Risiken mit Großraumflugzeugen haben sich nicht bestätigt. Bisher nicht durchgesetzt hat sich dagegen das Angebot des Überschallflugzeugs. Umwelt- und Kostengründe sprechen auch dagegen, dass sich daran viel ändern wird. Diese Entwicklungsphase zum schnelleren Flug könnten vielleicht in einigen Jahrzehnten raumgestützte Transportsysteme überspringen. Das ist weniger ein Problem der Technik als der Kosten. Diese liegen heute bei 10000–15000 US-Dollar pro Kilogramm Nutzlast. Breiterer wirtschaftlicher Nutzen dürfte sich erst unter 4000 US-Dollar im Warentransport beziehungsweise 100 US-Dollar im Personentransport ergeben. Der Weg dahin ist den heute verwendeten Trägersystemen (Raketen) verbaut. Er dürfte nur mit wiederverwendbaren Low-Cost-Shuttles zu ebnen sein. Zwingend ist dieses Ziel nicht, aber auch nicht kollisionsträchtig.

Die im Grunde ansprechenden Skizzen dieser Teilverkehrssysteme vermitteln nicht die Brisanz, die im Verkehr insgesamt und in unserer Haltung ihm gegenüber steckt. Hier tun sich große Widersprüche auf: Wir schätzen die Annehmlichkeiten des privaten Autos und schneller Züge und Flugzeuge und auch die zügige Verteilung von Nahrungsmitteln und Gebrauchsgütern per Auto, Bahn oder Flugzeug. Umgekehrt klagen wir über die Verkehrsdichte und damit gekoppelt über Lärm, Smog und Unfälle. Und dennoch wehren wir uns gegen den Ausbau des Straßen- und Schienennetzes und des Flugverkehrs. So schlimm es ist: Hierfür sind Lösungen nicht in Sicht, zumindest nicht mit Technik allein.

Bauen und Wohnen – wie komfortabel und wie teuer?

In Frankfurt leben die Menschen anders als in Chicago oder in Singapur. Dennoch gewinnen die Silhouetten der Städte an Ähnlichkeit, weil dieselben Sachzwänge sie formen: Platzmangel und hohe Bodenpreise zwingen zum Bau von Hochhäusern, machen Grünanlagen oder gar Parks dazwischen nahezu unbezahlbar und dichte Straßennetze unvermeidlich. Gilt auch dafür noch: »My home is my castle«?

In der Tat hat die Technik zu diesem Wandel erheblich beigetragen, aber nicht ursächlich. Dass wir heute anders wohnen und dementsprechend bauen, ist in erster Linie eine Folge der Bevölkerungsverdichtung in Ballungsräumen, gekoppelt mit steigenden Ansprüchen an die Verfügbarkeit und die Qualität der Wohnungen. Schon die Antike kannte dieses Problem. Der Rückblick könnte allerdings zu der Annahme verführen, dass die Städteplaner damals entweder mehr konnten oder es leichter hatten. Vermutlich hatten sie es leichter. Heute sind die Szenarien und Zusammenhänge von Bautechnik, Energie- und Wasserversorgung, Abfallentsorgung und Verkehr viel komplexer. Andererseits stehen den Städteplanern jetzt mit CAD-gestützten Hilfsmitteln vom Bürocomputer über Geo-Informationssysteme (GIS) bis zur Architektur in virtueller Realität Instrumente zur Verfügung, die die Lösung planerischer Aufgaben geradezu leicht machen sollten. Insofern kann aus technischer Sicht die Planung nicht das begrenzende strategische Element für Bauen und Wohnen nach unseren Vorstellungen sein.

Es sind die Randbedingungen, vor allem die Kosten!

Daran muss sich die Technik vorzugsweise orientieren. Zuerst betrifft das die Investitionen, das heißt also, die Baukosten. Bei wenig gestaltbaren indirekten Einflussgrößen wie Löhnen liefern die direkten Herstellkosten die Ansatzpunkte. Die Verwendung von vorgefertigten größeren Bauteilen anstelle von Ziegeln geht in diese Richtung. Im Hinblick auf die späteren Betriebskosten spielen die hierfür verwendeten Materialien eine große Rolle, auch bezüglich Schall- und Wärmedämmung. Wenn damit zum Beispiel der Heizungsverbrauch von derzeit über 100 Kilowattstunden pro Quadratmeter Wohnfläche und Jahr auf ein Fünftel gesenkt werden könnte, dann hätte ein Haus mit 120 Quadratmetern Wohnfläche einen Heizenergiebedarf von nur noch 2400 Kilowattstunden im Jahr. Bei einem Heizwert des Heizöls von 10 Kilowattstunden pro Liter ergäbe sich unter Berücksichtigung unvermeidbarer Verluste ein jährlicher Heizölbedarf von nur noch 250 Litern für dieses Haus. Damit würden sich Öltanks erübrigen; die Bereitstellung könnte sogar über Leitungsnetze erfolgen. Ökologisch konsequenter wäre in diesem Fall gleich der Übergang vom fossilen Brennstoff auf hauseigene Solarkollektoren. Dass dieser Trend schon heute keine Utopie mehr ist, belegen die nach diesem Prinzip realisierten Null-Heizenergie-Häuser!

Der Wohnkomfort muss darunter nicht leiden, im Gegenteil. Die Technik bietet genug Optionen, ihn sogar noch zu verbessern, ohne die Gesamtkosten zu erhöhen. Um am Energiekostenbeispiel anzuknüpfen: Schon mit einfachen elektronischen Sensorschaltungen lässt sich bewerkstelligen, dass sich Fenster und Türen automatisch schließen, wenn sich die Heizung einschaltet, oder dass die Heizung auf eine niedrigere Raumtemperatur herunterschaltet, wenn keine Personen im Haus sind. Analoge Schaltungen lassen sich für die Beleuchtung, die Luftbefeuchtung oder zur Einbruchsicherung einsetzen. Wie nützlich solche technischen Hilfen sind, zeigt die Entwicklung der Küchenausstattung in den letzten 30 bis 40 Jahren. Inzwischen sind Mikrowellenherde, Waschmaschinen und Geschirrspüler Standard und funktionieren energie-, wasser- und umweltschonend. Elektronik, Chemie und Maschinenbau haben das zusammen bewirkt.

Ein Ergebnis durchdachter Materialentwicklung sind die Ceran-Kochplatten und – demnächst – die rückstandsfreie Kochmulden. Zur Erinnerung: Wie machten (schafften) es die Frauen vorher? Die angestrebte »Humanisierung der Arbeitswelt« durch die Technik findet in der Küche ihr exemplarisches Musterbeispiel!

Die Automatisierung hilft auch noch bei einem anderen aktuellen Aspekt: Mit der höheren Lebenserwartung steigt die Pflegebedürftigkeit. Die dann benötigten Hilfen kann die Technik liefern. Die alten- oder behindertengerechte Konstruktion des Hauses gehört ebenso dazu wie die Abläufe im Haus. Die erwähnten automatischen Sensorschaltungen gehen in diese Richtung, auch das Electronic Shopping und Banking. Eine sinnvolle Auslegung dieser Hilfen wäre ihre Steuerung durch Sprachkommunikation – sie wird kommen.

Trotz, eigentlich sogar wegen der eingeengten Gestaltungsfreiheit außerhalb von Haus oder Wohnung erweist sich Bauen und Wohnen ganz offensichtlich als modernes Beispiel für Technik mit hoher Triebkraft in gesellschaftlichem Konsens. Nur ist das neue Ziel jetzt: »My home is my platform and my door to the world«.

Ernährung und Gesundheit – wie gut und wie kostbar?

Ein verheerender Tatbestand kennzeichnet die Ernährungslage: auf der einen Seite Länder und Völker im Überfluss, auf der anderen Seite katastrophale Zustände bei den Ärmeren. Das hat zur Folge, dass bei den einen das größte Ernährungsproblem ihre Überernährung ist, die wesentlichste Ursache für Herz- und Kreislaufbeschwerden, Stoffwechselkrankheiten und Schäden im Bewegungsapparat, bei den anderen – das sind mehr als 500 Millionen – reicht es nicht einmal für das lebenserhaltende tägliche Minimum an Kalorien.

Diese Schieflage in der Ernährung hängt an Verteilungsproblemen, an politischen Strukturen und natürlich auch an wirtschaftlichen Gegebenheiten vor Ort. Die Verteilung ist primär keine Frage der Technik. Sie muss politisch gelöst werden. Parallel dazu muss ein zweiter Weg beschritten werden: die Intensivierung und Industrialisierung der Produktion von Nahrungsmitteln in den Mangelregionen selbst, aber unterstützend auch in den Überschussregionen. Insofern ist Ernährungsforschung von fundamentaler Bedeutung. Sie muss neue Verfahren zur Gewinnung unkonventioneller oder auch synthetischer Nahrungsgrundstoffe und Futtermittel bereitstellen. Durch Rückführung von Abfallstoffen ließe sich der natürliche Stoffkreislauf gut ergänzen. In der Pflanzenzüchtung zielen in diesem Sinne isotopentechnische und genetische Methoden darauf ab, den Eiweißertrag und vor allem die Krankheitsresistenz von Nutzpflanzen nachhaltig zu verbessern. Die Vermeidung der großen Verluste durch Fäulnis und Insektenbefall wäre ein bedeutender Fortschritt. Daneben kann auch die Meeresforschung neue Nahrungsquellen erschließen, die bisher überhaupt noch nicht genutzt werden.

In Bezug auf die Gesundheit ist die Lage nicht viel anders, soweit sie mit Ernährung zusammenhängt. Ansonsten werden Krankheiten als lokal und zeitlich begrenzte Defekte gesehen. Von der Medizin wird erwartet, dass sie sie repariert. Im Hinblick darauf hat die (medizinische) Technik in den letzten Jahrzehnten Unglaubliches geleistet, von der Diagnose bis zur Chirurgie. Sie steht trotzdem vor neuen Herausforderungen, weil sich die Krankheitslandschaft verändert. Noch bis in unser Jahrhundert hinein zählten Infektions- und Mangelkrankheiten zu den häufigsten Todesursachen, heute sind es die Zivilisationsschäden der Industriegesellschaft: Krankheiten des Herzens und des Kreislaufs, der Verdauungsorgane und beim Stoffwechsel (etwa Diabetes). Wenn auch die Zivilisationskrankheiten erfolgreich bekämpft werden sollen, müssen vorbeugende Maßnahmen die klinische Behandlung ergänzen oder am besten ersetzen.

Inzwischen aber ist die Entwicklung der Kosten im Gesundheitswesen im Ganzen der am meisten diskutierte Aspekt. Es besteht Einvernehmen darüber, dass die Kosten eine Höhe erreicht haben, über die man kaum noch hinausgehen kann. Umso dringlicher sind Konzepte, die medizinisch wirksam und dennoch finanzierbar sind. Entsprechende Ansätze hierfür liefert die Biotechnologie. Den zugrunde liegenden Prozessen ist gemeinsam, dass sie Mikroorganismen benutzen, um organische Substanzen chemisch (fermentativ) umzusetzen. Sie werden seit dem Altertum genutzt (beispielsweise beim Bierbrauen mithilfe von Hefen, bei der alkoholischen Gärung, beim Ansäuern von Brotteig und bei der Herstellung von Joghurt und

Käse). Verstanden hat man sie allerdings erst, nachdem die steuernden Mikroorganismen im Mikroskop entdeckt wurden. In unserem Jahrhundert entstand auf dieser Basis durch die Kombination unseres Wissens über Biologie und Chemie und den Gebrauch ingenieurtechnischer Fähigkeiten eine breit angelegte Fermentationsindustrie. Zurzeit erhält sie mit der Entwicklung und Produktion von Wirk- und Arzneistoffen einen neuen Schub: Ganze Substanzklassen wie Antibiotika, Hormone, Antikörper und Impfstoffe lassen sich damit herstellen. Das eigentliche Potenzial der Biotechnologie liegt aber in der Gentechnik. Während die klassische Züchtung von Pflanzen und Tieren mit den zeitraubenden und relativ ungezielten Verfahren von Mutation und Auslese auskommen muss, ermöglicht die Gentechnik die gezielte Veränderung von Erbgut. Ihr Potenzial für die Medizin liegt nicht nur bei synthetischen Pharmaka, die in den Krankheitsablauf wirksam eingreifen, sondern auch in der Vorsorge, weil Krankheiten nicht nur schneller und sicherer nachweisbar, sondern unter Umständen auch vorhersagbar werden. Die Dynamik der Gentechnik wird anhand der Entwicklung des Umsatzes im Pharmabereich deutlich: Er betrug 1990 weltweit rund sechs Milliarden DM, 1995 bereits etwa 18 Milliarden DM und 1997 rund 27 Milliarden DM. Gemessen am Gesamtpharmamarkt waren das 1995 etwa sechs Prozent, für 2000 rechnet man mit circa 16 Prozent. Aber auch in der Nahrungsmittelproduktion bietet die Gentechnik außerordentliche Perspektiven im Hinblick auf Ertragssteigerung mit bekannten, vor allem aber durch neue Sorten sowie deren Resistenz gegen Fäulnis und Schädlinge. Zurzeit hängen mehr als 90 Prozent der Nahrungsmittelproduktion von weniger als einem Dutzend Kulturpflanzen ab!

Dennoch: auch die Biotechnologie bewirkt Ängste und Ressentiments. Sie beziehen sich allerdings weniger auf nachweisbare technische Risiken. Der Umgang mit der Gentechnik in den letzten 25 Jahren macht die Wissenschaftler sogar ziemlich sicher, dass sie keine spezifischen, großen technischen Gefahren birgt. Die Gegenargumente beziehen sich viel mehr auf soziale Indikatoren (Stichwort: Menschenzüchtung). Die Gentechnik wird als Technik gesehen, die nun wirklich an die Grundpfeiler der menschlichen Existenz rührt, mit

Konsequenzen, die weder vorhersehbar noch beherrschbar zu sein scheinen. Es bleibt zu hoffen, dass es den Verantwortlichen (Wissenschaftlern und Politikern) gelingt, diese Bedenken auszuräumen. Dann wäre die Biotechnologie *der* Hoffnungsträger für Ernährung und Gesundheit!

Information und Kommunikation – wozu und wie schnell?

Beschaffung, Übermittlung und Speicherung von Informationen waren schon immer Notwendigkeiten, mit denen sich der Mensch auseinander setzen musste. Frühe Belege dafür sind bildliche Darstellungen, die auch ohne Kenntnis einer bestimmten Sprache verständlich waren. Ihre begrenzte Aussagekraft und »Produktionstechnologie« führten quasi über Rationalisierung und Normung zur Bilderschrift (Hieroglyphen) und schließlich zu den Schriftzeichen. Die Erfindung des Buchdrucks mit beweglichen Lettern beschleunigte die Vervielfältigung und Verbreitung. Zur schnellen Übermittlung von Informationen entwickelten sich parallel andere Techniken: akustische, optische und zuletzt elektromagnetische. Die akustischen Verfahren (Rufpostenketten mit Relaisstationen alle 100 bis 200 Meter) waren aufgrund ihrer geringen Leistungsfähigkeit unbedeutend. Bis in das 19. Jahrhundert hinein dominierte die Optik mit beachtlichen Leistungen. Die Fackelpost des Agamemnon, mit deren Hilfe er in einer einzigen Nacht die Eroberung Trojas über 500 Kilometer und nur acht Relaisstationen seiner Frau Klytemnestra nach Argos gemeldet haben soll, sowie Berichte von Herodot über eine optische Nachrichtenverbindung von Athen nach Kleinasien zurzeit von Xerxes sind frühe Hinweise auf eine schon damals effiziente Kommunikationstechnik. Ab der zweiten Hälfte des 19. Jahrhunderts wurde die elektromagnetische Übertragung zum technischen Standard. Ihre Leistungsfähigkeit bezüglich Übertragungskapazität und -geschwindigkeit kam der rasch anwachsenden Flut an zu übermittelnden Informationen entgegen. Der Ausbau der Informationstechnik via Rundfunk, Fernsehen, Telefon und Telefax sowie Computer hat das 20. Jahrhundert geprägt. Heute sind die ständige Verfügbarkeit von Informationen und die bequeme Kommunikation Selbstverständlichkeiten, die wir im Alltag nicht mehr missen möchten.

Im 21. Jahrhundert sollen Information und Kommunikation unser Leben noch nachhaltiger verändern. Es wird angenommen, dass schon in zehn Jahren das Informationsaufkommen um das Zehnfache über dem von heute liegt. Technische Basis für die entsprechenden Dienste werden (wieder) optische Systeme sein, nun in Form von breitbandigen photonischen Netzen mit Glasfasern hoher Übertragungskapazität und schnellen optoelektronischen Schaltern. Das Internet ist die Grundlage der neuen kommunikationstechnischen Welt. Damit wird sich der Informations- und Kommunikationsmarkt im Sinne der Prognose von Graham Bell: »Jede Information wird für Jedermann an jedem Ort zu jeder Zeit verfügbar« vollends zu einem Versorgungsmarkt entwickeln. In der Industrie wird die Information zum stimulierenden Wettbewerbsinstrument für Systeme und Kunden. Ihre konsequente Nutzung bedeutet aber auch den Umbau der Unternehmen vom Fundament des geschützten Wissens um das eigene Know-how auf eine schnell veränderliche Plattform des weltweit verfügbaren Know-hows. Das verlangt die Schaffung ganz neuer betrieblicher Abläufe und Strukturen. In der Führungsebene der Unternehmen könnte schließlich neben dem »Chief Executive Officer« (CEO) künftig ein »Chief Information Officer« (CIO) stehen!

Auch für die Gesellschaft im Ganzen wird sich manches ändern. Technische Dienste wie E-Mail, Multimedia und Electronic Shopping und Banking werden nicht nur in gewohnte Strukturen und Abläufe eingreifen, sondern in die Arbeitswelt überhaupt. Hier wird verstärkte Telearbeit eine Konsequenz sein. Im Gesundheitswesen werden die neuen technischen Kommunikationsmöglichkeiten die Ferndiagnose und die Patientenüberwachung erleichtern und die Telemedizin begründen. Der Verkehr wird sie zur automatischen Steuerung und Regelung einsetzen mit dem Ziel, den Verkehrsfluss beherrschbarer und sicherer zu machen; GPS (Global Positioning System) ist der Einstieg in eine solche Verkehrstelematik.

Die Akzeptanz dieser technischen und gesellschaftlichen Revolution ist bemerkenswert groß. Allenfalls Detailprobleme, beispielsweise beim Datenschutz oder der Arbeitsplatzstruktur, werden kontrovers verhandelt. In der gegenwärtigen Implementierungsphase überwiegt die Aufbruchstimmung. Der Lustgewinn mit dem neuen Medium stimuliert Technik und Märkte. In Anbetracht einer sonst eher zögerlichen Akzeptanz von Technik in der Gesellschaft ist dies schon bemerkenswert und kann allen zugute kommen. Die Sorge am Rande ist nur, dass in der Euphorie übersehen wird, dass Information und Kommunikation zwar wichtige, aber doch nur sekundäre Wirtschaftsfaktoren sind und die Bereitstellung neuer Produkte die eigentliche Basis einer auf Dauer erfolgreichen Volkswirtschaft bleibt. Die anhaltende Abwendung der Jugend von »harten« technischen Berufen ist in diesem Sinne Besorgnis erregend. Und als Horrorszenarium ergibt sich eine Hyper-Informations- und Kommunikationstechnik, die nur noch technische Leerinformationen transportiert!

Umwelt – was bleibt?

Gefahren und Schäden für die Umwelt sind zum Symbol für die negativen Begleiterscheinungen des industriellen Wachstums und des technischen Fortschritts geworden. Es ist keine Frage mehr, dass die Folgen bedrohlich sind und nachfolgende Generationen in hohem Maße belastet werden. Die Antwort, wie sie zu vermeiden oder wenigstens zu begrenzen sind, ist nur im Prinzip einfach: alle Eingriffe unterlassen, die das ökologische Gleichgewicht noch weiter aus der Balance bringen. Praktisch ist das nicht umzusetzen. Die Antwort kann also nur im Detail ansetzen: die Beschädigungen dort unterlassen, wo gesellschaftlicher Konsens erreichbar und die Technik verfügbar ist.

So unglaublich es erscheinen mag: Der gesellschaftliche Konsens ist das größere Problem, nicht die Technik. Ein solcher Konsens setzt zunächst voraus, dass es plausible Erkenntnisse gibt, wie Umweltbelastungen entstehen und wie sie sich auswirken. Dies muss aber dann auch erklärt und vor allem eingesehen werden, bevor mehrheitsfähige Initiativen greifen! Auf lokaler Ebene ist das noch am ehesten möglich, auf nationaler schon ungleich schwerer. Meistens braucht es sogar spektakuläre Informationen, wenn nicht gar Katastrophen, bevor etwas in Gang kommt. Die Mahnung des Bundesumweltministeriums im Jahr 1991, in Deutschland entstünden jährlich Folgekosten durch Bodenverschmutzungen zwischen 22 und 60 Milliarden DM, war in diesem Sinne Auslöser dafür, dass es nun Limitierungen per Gesetz gibt und beispielsweise Abfallentsorgung und Deponien entsprechend organisiert und überwacht werden. Ähnlich wirkten die Kohlendioxidmessungen in ihren Konsequenzen für die Kraftfahrzeugtechnik (Abgaslimitierung, Entwicklungsanstoß für benzinsparende Motoren) und die Energietechnik (Abgaslimitierung im Kraftverkehrs- und Hausbereich). Das ökologische Gesamtsystem Luft/Wasser/Boden ist jedoch viel zu komplex für äquivalente Maßnahmen. Dazu müssten alle Wirkungen im Einzelnen und auch in ihrem Zusammenhang bekannt sein. Die Wissenschaft ist damit (noch) überfordert. Die Gesellschaft muss sich deswegen zunächst und überwiegend auf wenigstens einigermaßen sichere Befunde und im Übrigen auf Intuition verlassen, wenn Eingriffe zugunsten der Umwelt per Verordnung oder Gesetz vorgenommen werden. Im Rechtsbewusstsein mag das problematisch sein. Im Interesse künftiger Generationen bleibt wohl trotzdem nichts anderes übrig, leider und (hoffentlich) ausnahmsweise. Die Erfahrung zeigt, dass trotzdem nur wenige Länder hierzu bereit sind und günstige politische Konstellationen helfen müssen. Deutschland ist diesbezüglich einsichtig und propagiert auch – entsprechend dem globalen Charakter des Umweltschutzes – umfassende Interessengemeinschaften. Dieses Anliegen scheint aber schon in der Europäischen Gemeinschaft schwer durchsetzbar zu sein, einem sonst kultur- und industriepolitisch ja sehr ähnlichen Gefüge. Im Weltmaßstab stößt es auf schier unüberwindliche Schwierigkeiten. Politischer und wirtschaftlicher Partikularismus verhindern gleichermaßen konsequentes gemeinsames Handeln. Verständigung gibt es bestenfalls bei Erklärungen, die zu nichts zwingen. Die ernste Sachlage genügt also nach wie vor nicht, Entscheidendes zu verändern.

In anderen Fällen (zum Beispiel im Verkehrswesen) hat die Technik die gesellschaftliche Veränderung einfach mit sich gezogen. In Bezug auf das Problem Umwelt kann sie dies jedoch nicht leisten. Das würde nämlich bedeuten, dass der Markt die Entwicklung bestimmt. Dem steht hier entgegen, dass die Vermeidung von Umweltschäden zunächst und in erster Linie zusätzliche Kosten bedeutet. Ein Markt, der auf Kostensteigerung aufbaut, ist aber nicht führungsfähig. Insofern bleibt Umwelttechnik ein »Verordnungsmarkt«; die Industrie folgt der Verordnung und nicht umgekehrt. Dass Umwelttechnik neue Märkte stimuliert, ist dennoch richtig, aber eben sekundär und nicht entscheidend für die Initiative.

Bleibt als Alternative letztlich die Wissenschaft als treibende Kraft? In der Technikgeschichte hat es das schon gegeben: Die Astronomie hat das Weltbild verändert, auch seinerzeit gegen massiven Widerstand. Die Wissenschaft hätte in der Tat auch jetzt wiederum Aufklärung zu betreiben – ihre ureigenste Angelegenheit. Dazu muss sie zunächst Wirkungen und Zusammenhänge herausfinden. Danach muss sie ihre Erkenntnisse ebenso engagiert vermitteln und dabei so weit gehen, dass Handlungsdruck entsteht. Das hat sie beim Ozonproblem (Ozonloch) so gehandhabt und ziemlichen Erfolg gehabt. Dementsprechend sind international abgestimmte Aufwendungen nicht nur als Technik-, sondern auch als Marketing- und Vertriebsinitiative zu sehen und auszulegen.

Letztlich kann aber doch nur der Verbund von Wissenschaft, Technik beziehungsweise Industrie und Gesellschaft beziehungsweise Staat die Sache voranbringen. So heftig auch das 21. Jahrhundert für Kommunikation und Information reklamiert wird, der Umwelt muss die Aufmerksamkeit in erster Linie gelten, schon weil hier weitere Unterlassungen endgültig sind. Das müsste eigentlich für alle Anreiz genug sein: für die Wissenschaft als erstrangiges intellektuelles Problem in der Sache mit ihrer Rolle als prägende kulturelle Kraft, für die Industrie als Chance zum Einstieg in neue Märkte, für die Gesellschaft im Ganzen als Pflicht zur Vorsorge für jetzt und später.

Neue Technologien, neue Märkte – Pro oder Contra?

Die Anpassung an ein sich veränderndes Umfeld musste der Mensch von Anfang an bewältigen. Die Zyklen der Veränderungen waren aber in der noch von natürlichen Vorgängen geprägten Welt einigermaßen lang und damit auch die Zeit für die Anpassung. Heute überlagern sich diesen Naturzyklen die von uns selbst bewirkten Veränderungen. Deren Art, Phase und Amplitude werden offenbar immer ungewohnter. Sie drohen außer Kontrolle zu geraten, weil wir nicht über Konzepte zu ihrer Steuerung und Regelung verfü-

gen. Nahezu ohnmächtig reagieren wir beispielsweise im Hinblick auf die Sicherung unserer natürlichen Ressourcen (Stichworte: Klima, Ernährung) oder die Umstellung unserer Arbeitswelt von Aufwand auf Effizienz (Stichworte: Automatisierung und Rationalisierung, Arbeitsteilung und Arbeitslosigkeit).

Die Probleme durch »trial and error« zu lösen, kann bestimmt nicht das Verfahren sein, mit dem die Gesellschaft auf Dauer zurechtkommt. Wir brauchen wohl überlegte Lösungswege, zumindest für die Szenarien, die die großen Risiken bergen! Entsprechende Lösungsansätze müssten folgenden Randbedingungen Rechnung tragen:

Die Globalisierung bewirkt, dass sich Probleme ohne wirksame lokale oder zeitliche Begrenzungsmöglichkeiten ausbreiten (Stichworte: Krankheiten, Finanzkrisen).

Problemlösungen sind nicht nur nach technischen und ökonomischen Gesichtspunkten zu entwickeln, sondern sie müssen auch gesellschaftspolitisch akzeptabel sein (Stichworte: Energieversorgung, Abfallwirtschaft).

Die Wucht der Probleme ist so außerordentlich, dass es aller Intelligenz und Durchsetzungskraft bedarf, die Risiken zu eliminieren, die Chancen wahrzunehmen und dem Ganzen Schubkraft zu geben. Dazu muss die Gesellschaft ihren Standpunkt bestimmen, sich auf Prioritäten verständigen und sich selbst neu orientieren. Elemente dieser Zukunftssicherung könnten die folgenden Ansätze sein:

These 1: Die Zukunft wird nur von einer intelligenten, ideenreichen Gesellschaft bewältigt. Bildung und Ausbildung müssen deswegen mit aller Kraft betrieben werden.

Das wird seit langem propagiert. Die aktuellen »Nachfragetendenzen« unterstützen aber den Verdacht, dass Bildung und Ausbildung mit dem Anspruch »Spaß von Anfang an« verbunden und nicht als »Notwendigkeit unter Mühe und Arbeit« verstanden wird (Stichworte: abnehmende Lernleistungen in der Schule, sinkende Studentenzahlen in Elektrotechnik und Maschinenbau). Hier sind Korrekturen dringend geboten. Die Schule muss hierzu vor allem beitragen: Schüler *und* Lehrer sind die elementaren Bausteine der Gesellschaft der Zukunft! In diesem Sinne geradezu alarmierend ist der Befund der Akademie für Technikfolgenabschätzung von 1998 in Baden-Württemberg, einem der Technik nach wie vor zugewandten Bundesland, dass ausgerechnet Lehrer eine eher negative Einstellung entwickeln!

These 2: Die Gesellschaft muss einsehen und danach handeln, dass nach wie vor die Technik der Schlüssel zur Bewältigung der Zukunft ist.

Uns haben Naturforscher, Ingenieure und Facharbeiter zum Wohlstand geführt. Dass sie mit ihren technischen Leistungen auch Folgeprobleme induziert haben (Stichworte: Produktionsstrukturwandel, Umweltschäden), darf nicht dazu führen, dass Bedenken und Ängste – also rein emotionale Beweggründe – den technischen Fortschritt be- oder gar verhindern (Stichworte: Gentechnologie, Castor-Transporte).

These 3: Die Zukunft mit der Technik ist dennoch nur im Konsens der Gesellschaft zu bewältigen.

Dieses Verlangen setzt eine »reife« Gesellschaft voraus. Sie muss in der Lage sein, ihre Probleme und Ziele klar zu formulieren, die Problemlösungsangebote sachlich zu bewerten, die Kraft zur Verständigung auf den optimalen Weg aufzubringen, diesen auch konsequent zu gehen – und das alles in kurzen Aktions- und Reaktionszeiten. Eine solche »ideal community« haben wir nicht, müssen sie aber anstreben (These 1).

These 4: Die Lösung der Probleme schafft zugleich neue Märkte: die Märkte der Zukunft.

Eine auf Problemlösungen ausgerichtete Gesellschaft stellt sich den bisher nicht gelösten Aufgaben und öffnet damit zwangsläufig neue Märkte (Stichworte: Umweltschutz, Biotechnologie, Telearbeit). Bei der außerordentlichen Komplexität der Probleme sind das nicht allein Absatzmärkte, sondern und vor allem zuerst Märkte der Forschung und Entwicklung. Insofern wird Forschung und Entwicklung vielleicht sogar zum wichtigsten Marktfaktor im internationalen Wettbewerb, und auch dies führt wieder auf die grundlegende Bedeutung von Bildung und Ausbildung (These 1).

Es wäre natürlich naiv, die postulierte neue Problemlösungsgesellschaft durch gutes Zureden, vielleicht auch gute Vorbilder oder gar per Gesetzgebung im Sinne von »Alles oder Nichts« und »von heute auf morgen« schaffen zu wollen. Wenn sie aber als Gesamtziel akzeptiert wird, müssten doch zumindest Teilziele anzugeben und zu erreichen

sein, sofern die erforderliche Aufbruchstimmung erzeugt werden kann. Der Druck dazu sollte schon allein aus unseren wichtigsten Erfahrungen kommen: Unsere Gegenwart wird von großen Krisen geprägt, und es ist schwer zu ertragen, damit zu leben. Die Richtung weist der andere Aspekt: Unsere Gegenwart ist von großen technischen Leistungen geprägt, und es ist ein Glück, in dieser Zeit zu leben. Und für die Zukunft dies: Bei aller Würdigung der »Contras« – nur mit »Pros« ist etwas zu gewinnen!   J. Hesse

Landwirtschaft und Ernährung

Archäologische Funde sprechen dafür, dass bereits im neunten Jahrtausend vor Christus Jäger und Sammler in Vorderasien entdeckt hatten, wie man Getreidesamen verwerten kann. Mit Steinen zerstießen sie die Körner zu grobem Mehl, aus dem sie auf heißen Steinen Fladenbrote bereiteten. Der Mensch hatte damit erstmals eine Technik entwickelt, ein vorhandenes natürliches Lebensmittel – in diesem Fall Getreide – zu etwas Neuem zu verarbeiten, das in der Natur in dieser Form nicht vorkommt. Etwa in die gleiche Zeit fielen die Anfänge des Ackerbaus, die darin bestanden, mit Grabstöcken oder primitiven Pflügen den Boden zu bearbeiten. Dem Jäger und Sammler genügte es nicht mehr, das Getreide, das sich so gut zu Brot veredeln ließ, nur dann zu ernten, wenn er es zufällig vorfand – er wurde zum sesshaften Bauern.

Von Beginn an sind Lebensmitteltechnik und Agrartechnik also eng miteinander verknüpft. Sie haben sich zum einen gegenseitig beeinflusst und dadurch ständig neue Methoden zur Ertragssteigerung oder zur Haltbarmachung hervorgebracht. Darüber hinaus sind eine Reihe von Eckpunkten in der Entwicklung der Menschheit mit agrar- oder lebensmitteltechnischen Innovationen verknüpft. Das Sesshaftwerden in der Steinzeit wäre ohne den Ackerbau nicht möglich gewesen, und ohne die ausgefeilten Produktionsmethoden der modernen Lebensmitteltechnik wären typische Kennzeichen der heutigen Gesellschaft wie Überflussangebot, hochstehende Qualität der Produkte und bequeme Verfügbarkeit – alles Dinge, an die wir uns in den westlichen Ländern gewöhnt haben – nicht denkbar.

In Zeiten der zunehmenden Globalisierung müssen sich auch die Agrartechnik und die Lebensmitteltechnik dem immer stärker werdenden Wettbewerb und dem damit verbundenen Kostendruck stellen. Die Zahl der landwirtschaftlichen Betriebe geht ständig zurück, die verbleibenden werden größer und größer, der Einsatz von Maschinen wird immer intelligenter – schon ist abzusehen, dass das Pflügen und Säen nur noch von computergesteuerten Traktoren mit Breitband-Anbausystemen vorgenommen wird. Sämtliche landwirtschaftlichen Maschinen könnten eines Tages Teil eines vernetzten Informations- und Produktionssystems sein, durch das nicht nur eine umweltverträgliche und nachhaltige Bodenbearbeitung gewährleistet wäre, sondern das auch durch optimalen Einsatz der Maschinen die Kosten reduziert.

Die Verarbeitung des landwirtschaftlichen Produkts Getreide zum Lebensmittel **Brot** ist eine der ältesten vom Menschen entwickelten Techniken.

In der Lebensmitteltechnik, in der die geernteten Urnahrungsmittel weiterverarbeitet werden, geht der Trend hin zu Produkten, die immer stärker dem Geschmack einer anspruchsvollen Kundschaft angepasst werden. Zu diesem Design Food zählt neben Altbekanntem wie Margarine, Kartoffelchips oder Cornflakes insbesondere all das, was »Light« im Namen hat und sich damit an den modernen, kalorienbewussten Verbraucher wendet. Eine ganz neue Generation von Nahrungs- und Lebensmitteln wird uns die Gentechnik bescheren. Hier steht die Entwicklung aber noch am Anfang, und die Skepsis der Gesellschaft ist groß. Daher ist nicht nur wichtig, dass die gesundheitliche Unbedenklichkeit gentechnisch manipulierter Lebensmittel für den Verbraucher nachgewiesen wird. Vor allem muss die Frage geklärt werden, ob ein solcher Eingriff in die Natur moralisch und ethisch vertreten werden kann.

Agrartechnik

D ie Bearbeitung des Bodens mit dem Ziel der Nahrungserzeugung ist eine kulturgeschichtliche Leistung ersten Ranges. Sie geht auf jene Menschen zurück, die sich bereits vor über 10000 Jahren eine technische Errungenschaft zunutze machten: den Pflug. Seine Erfindung war für die Menschheit von ebenso großer Bedeutung wie die Erfindung des Rades. Der Pflug lockert den Boden und bereitet ihn so für die Aussaat vor. Als die Menschen der Frühzeit lernten, den Boden mit einfachsten Werkzeugen aufzubrechen, konnten sie ihr Land Jahr für Jahr bebauen und sesshaft werden. Der erste Hakenpflug, kaum mehr als ein abgewinkelter zugespitzter Grabstock, wurde im vorderen Orient erfunden, und hier wurden auch die ersten Städte gegründet.

Schon früh verstand es der Mensch, sich die Arbeit zu erleichtern und die landwirtschaftlichen Erträge zu steigern, indem er für schwierige und zeitaufwändige Tätigkeiten Tiere mit einsetzte: Um 3500 v. Chr. wurden zum ersten Mal Rinder vor den Pflug gespannt; bald sah man auch Karren, die von Pferden oder Rindern gezogen wurden, wodurch der Transport großer Lasten, zum Beispiel bei der Ernte, möglich wurde.

Die **grundlegenden Techniken der Landwirtschaft** zählen zu den wichtigsten Errungenschaften der Menschheit; erst sie gestatten eine regelmäßige und weitgehend vorhersehbare Nahrungsmittelherstellung, eines der Fundamente unserer Zivilisation.

Die wesentlichen Abläufe der Landbewirtschaftung – Bodenbearbeitung, Aussaat, Pflanzenpflege und Ernte – haben sich seit dem Altertum kaum geändert. Auch die technischen Hilfsmittel des Landwirts sind über viele Jahrhunderte unverändert geblieben. Erst die Industrialisierung und die damit einsetzende Mechanisierung eröffneten vollkommen neue technische Möglichkeiten. Sie brachten aber auch bis dahin unbekannte ökonomische und ökologische Zwänge mit sich. Ihnen mit intelligenten Methoden zu begegnen, ist eine der wesentlichen Aufgaben der modernen Agrartechnik.

Zwischen Marktwirtschaft und Ökologie

Heute sind Landwirtschaft und Gartenbau Wirtschaftszweige, die einerseits teilweise erhebliche wirtschaftliche Probleme durch den internationalen Wettbewerb haben, andererseits aber überaus wichtige Aufgaben für Menschen und Natur erfüllen. Die Landwirtschaft in Europa produziert Überschüsse und wird subventioniert, um beim Preiswettbewerb auf dem Weltmarkt mithalten zu können. Es werden zunehmend landwirtschaftliche Flächen stillgelegt, und die Produktion bestimmter Erzeugnisse, wie Zuckerrüben und Milch, wird durch Quoten eingeschränkt. Der Gartenbau mit den Sparten Gemüsebau, Obstbau, Zierpflanzenbau und Baumschulen hat vor allem bei den Gemüse- und Zierpflanzenarten, die in Gewächshäusern produziert werden, mit dem Wettbewerb aus südlichen Ländern zu kämpfen.

Zusätzlich zur Ernährungssicherung und Bereitstellung von Obst und Gemüse haben Landwirtschaft und Gartenbau heute und in der Zukunft verstärkt die Aufgabe, die Umwelt und insbesondere den Boden durch Maßnahmen wie Fruchtfolge, integrierten Pflanzenbau und integrierten Pflanzenschutz zu schonen, nachwachsende Rohstoffe zu produzieren, die die erschöpflichen Ressourcen ersetzen können, die Landschaft zu erhalten und zu pflegen sowie Gartengewächse für Garten- und Hausverschönerung (für Freizeit und Wohlbefinden der Menschen) bereitzustellen.

Vonseiten der Ökonomie bestehen nach wie vor die Forderungen nach Kosteneinsparung, Arbeitserleichterung und Verbesserung von Ertrag und Qualität. Daneben erlangen aber umweltverträgliche Produktionsverfahren immer größere Bedeutung sowohl für die täglichen Abläufe als auch für die mittel- bis langfristige Planung in einem landwirtschaftlichen Betrieb. Teilweise existieren bereits entsprechende Gesetze und Verordnungen, wie das Pflanzenschutzgesetz, das Bodenschutzgesetz und die Düngeverordnung.

Umweltverträglich produzieren heißt, die Belastung von Boden, Wasser, Luft Pflanzen und Tieren weitestgehend zu vermeiden, nicht erneuerbare Rohstoffe zu schonen und möglichst rückstandsfrei zu produzieren.

Um all diesen ökonomischen und ökologischen Forderungen nachkommen zu können, muss sich die gesamte Agrartechnik wandeln. Voraussetzung für einen solchen Wandel ist der Einsatz moderner Maschinen-, Informations- und Automatisierungstechnik, wie er auch in anderen Wirtschaftszweigen, die dem globalen Wettbewerb ausgesetzt sind, praktiziert wird. Eine Besonderheit der Agrartechnik, der dabei Rechnung getragen werden muss, ist die unmittelbare Bindung der Technik an die Gegebenheiten durch Pflanzen und Tiere.

Größer werdende Betriebe, abnehmende Zahl von Arbeitsplätzen

Die Entwicklung der Agrarstrukturen hat bedeutende, nicht immer positive Auswirkungen auf Mensch und Natur gehabt. Von 1949 bis 1996 ist die Zahl der landwirtschaftlichen Betriebe mit

---

Das **Bundesbodenschutzgesetz** vom 17. März 1998 fordert in §1 »die Funktion des Bodens nachhaltig zu sichern oder wiederherzustellen. Hierzu sind schädliche Bodenveränderungen abzuwehren, der Boden und Altlasten sowie hierdurch verursachte Gewässerverunreinigungen zu sanieren und Vorsorge gegen nachhaltige Einwirkungen auf den Boden zu treffen.«

Nach der Verordnung über Grundsätze der guten fachlichen Praxis beim Düngen **(Düngeverordnung)** vom 26. Januar 1996 müssen Düngemittel grundsätzlich so ausgebracht werden, dass die in ihnen enthaltenen Nährstoffe von den Pflanzen weitestgehend für das Wachstum genutzt werden können. Nährstoffverluste und damit verbundene Einträge in Gewässer durch Auswaschung oder oberflächliche Abträge sind weitestgehend zu vermeiden. Der Boden muss für den Dünger aufnahmefähig sein, und der Düngebedarf muss nach Abschätzung des Nährstoffvorrats im Boden ermittelt werden.

Das Gesetz zum Schutz der Kulturpflanzen **(Pflanzenschutzgesetz)** vom 14. Mai 1988 befasst sich mit den Maßnahmen, die durchgeführt werden können, um Kulturpflanzen vor Schadorganismen und nicht parasitären Beeinträchtigungen sowie auch Pflanzenerzeugnisse vor Schadorganismen zu schützen. Gefahren, die durch Anwendung von Pflanzenschutzmitteln oder durch andere Maßnahmen des Pflanzenschutzes insbesondere für die Gesundheit von Mensch, Tier und Haushalt entstehen können, sind abzuwenden.

über einem Hektar landwirtschaftlicher Fläche in den alten Bundesländern von 1,65 Millionen auf 509 000 zurückgegangen. Die durchschnittliche Betriebsgröße hat in dieser Zeit von 8,1 Hektar auf 22,9 Hektar zugenommen. Die Zahl der Betriebe in den neuen Bundesländern ist zwischen 1991 und 1996 von 18 570 auf 30 840 gestiegen. Dabei hat sich die durchschnittliche Größe von 285 Hektar auf 180 Hektar verringert. Bemerkenswert ist der große Unterschied zwischen den mittleren Betriebsgrößen in den beiden Teilen Deutschlands, der historisch bedingt ist und mit einem unterschiedlichem Mechanisierungsgrad einhergeht. Die Zahl der Arbeitskräfte pro 100 Hektar landwirtschaftlicher Fläche ist in den alten Bundesländern seit 1950 von 28 auf 4,1 im Jahr 1995 kontinuierlich gesunken.

Entwicklung der **Zahl der Arbeitskräfte und Traktoren** in den alten Bundesländern.

In der gleichen Zeit ist die Zahl der Traktoren bis 1985 angestiegen und hat seitdem wieder abgenommen. Dies ist darauf zurückzuführen, dass der Einsatz von selbstfahrenden Landmaschinen mit hoher Leistung, wie Mähdrescher, Feldhäcksler und Zuckerrübenvollernter, stärker zugenommen hat. Auch die spezifische Traktorleistung in Kilowatt pro 100 Hektar ist bis 1985 stark angewachsen und nimmt seitdem durch den Einsatz von selbstfahrenden Arbeitsmaschinen und durch steigende Leistung der Einzelmaschinen wieder ab. Die durchschnittliche Einzelleistung der Traktoren ist in den alten Bundesländern seit 1970 von 20,6 Kilowatt auf 36 Kilowatt angewachsen. Die Arbeitsproduktivität nahm von 1950 bis 1990 von 9,6 auf 89 in Tonnen Getreideeinheiten pro Arbeitskraft stark zu.

Diese Veränderungen bedeuten weniger Arbeitsplätze für die Menschen, aber für die verbliebenen Beschäftigten den Wechsel von schwerer Handarbeit zur Arbeit auf und mit Maschinen. Im betrachteten Zeitraum sind sowohl der Maschinenbesatz pro Flächeneinheit als auch die Einzelleistung und damit das Gewicht der Maschinen gestiegen. Das hat ein ganz neues Problem generiert: Die Belastung des Bodens durch häufiges Befahren und hohe Gewichte ist stark gewachsen. Daraus ergibt sich die Forderung, dass der zukünftige Maschineneinsatz, der sicher noch zunehmen wird, bodenschonender erfolgen muss als heute.

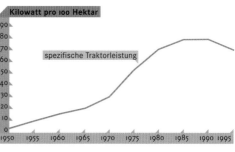

Entwicklung der **Traktorleistung** (oben) und der **Arbeitsproduktivität** (unten) in den alten Bundesländern.

Gartenbau im Wandel

Nicht nur die Landwirtschaft, auch der Gartenbau befindet sich im Spannungsfeld zwischen ökonomischen Zwängen und ökologischen Notwendigkeiten. Der heutige Gartenbau zeichnet sich durch eine stark intensivierte Produktion in den Sparten Obst, Gemüse, Baumschulgehölze und Zierpflanzen aus, wobei vor allem Gemüse und Zierpflanzen sowohl im Freiland als auch im Gewächs-

Gewächshäuser sind begehbare Bauten mit lichtdurchlässiger Außenhülle, die die erforderlichen Wachstumsbedingungen für eine ganzjährige Pflanzenproduktion schaffen sollen. Die Wachstumsfaktoren Licht, Temperatur, Feuchte, Luftzusammensetzung und Wasser müssen optimal geregelt werden, sodass bei Schonung der Umwelt ein möglichst geringer Aufwand für Investition und Unterhaltung entsteht.

haus angebaut werden. Zu den Sparten des Produktionsgartenbaus kommen Dienstleistungsgewerbe im Garten- und Landschaftsbau sowie im Friedhofsgartenbau hinzu. Die volkswirtschaftlichen Leistungen in der Gartenbauerzeugung betrugen Mitte der 1990er-Jahre 9,8 Milliarden DM (fünf Milliarden Euro) und 8,6 Milliarden DM (4,4 Milliarden Euro) im Garten- und Landschaftsbau. Die gesamte volkswirtschaftliche Leistung des Gartenbaus von 20,6 Milliarden DM (10,5 Milliarden Euro) beträgt etwa 40 Prozent der gesamten pflanzlichen und tierischen Produktion in der Landwirtschaft. Die gärtnerische Produktion findet auf nur zehn Prozent der landwirtschaftlichen Fläche statt.

Wichtige technische Betriebsmittel im Gartenbau sind beheizbare und voll klimatisierbare Gewächshäuser, von denen es etwa 4200 Hektar in der Bundesrepublik Deutschland gibt, davon etwa 2900 Hektar im Zierpflanzenbau, 1100 Hektar im Gemüsebau und 190 Hektar in Baumschulen.

Im Freilandgartenbau werden große Flächen mit Kunststofffolien und Vliesen abgedeckt. Die Abdeckung von Gemüseflächen mit Folien oder Vliesen dient im Wesentlichen zur Ernteverfrühung und auch zum biologischen Pflanzenschutz im Frühjahr. Das Verlegen von Mulchfolien direkt auf dem Boden unter den Pflanzen hat den Zweck, Unkrautbewuchs zu verhindern, den Herbizideinsatz zu reduzieren, den Boden vor Erosion und Verschlämmung zu schützen sowie die Qualität der Früchte zu erhöhen. Kulturschutznetze dienen zum Schutz gegen Ungeziefer und damit dem biologischen Pflanzenschutz. Obwohl große Mengen an Kunststoff für diese Abdeckungen eingesetzt werden, haben sie eine erhebliche umweltschonende, qualitätssteigernde und ökonomische Wirkung. Es muss allerdings auch hier längerfristig das Ziel sein, Werkstoffe aus nachwachsenden Rohstoffen einzusetzen.

Von der ersten Mechanisierung zur nachhaltigen Landbewirtschaftung

Die eigentliche Mechanisierung in der Landwirtschaft setzte, wie auch in der Industrie, mit der Entwicklung der Dampfmaschine als Kraftmaschine im letzten Jahrhundert ein. In der Zeit bis zum Beginn dieser Mechanisierung arbeiteten 60 bis 70 Prozent der Bevölkerung in der Landwirtschaft, um die Ernährung der Gesamtbevölkerung einigermaßen sicherzustellen. Ein erheblicher Teil des geernteten Getreides musste noch bis zum Zweiten Weltkrieg als Futter für die Zugtiere in den Betrieben verwendet werden. Legt man heutige Ernten zugrunde, so benötigt ein Pferd etwa einen halben Hektar für Hafer und ein Drittel Hektar für Heu.

Guanodüngemittel (Packungsetikett um 1860).

Ein weiterer großer Teil der Ernten ging bis zur Mitte des 19. Jahrhunderts durch Pflanzenschädlinge und Pflanzenkrankheiten verloren. Die Folge waren Hungersnöte, von denen besonders die Bevölkerung auf dem Land häufig betroffen war. Erst die Entwicklungen in der Chemie, die um die Jahrhundertmitte einsetzten, verringerten die Verluste während der Wachstumsperiode und während der Lagerung für den Wintervorrat. Zu dieser Zeit war der chemische Pflanzenschutz ein Segen für die Menschheit.

Parallel dazu wurde der Kunstdünger entwickelt, dessen Einsatz zu enormen Ertragssteigerungen führte. Für den Fortschritt der Agrartechnik von epochaler Bedeutung waren die Werke des britischen Chemikers und Physikers Sir Humphry Davy »Elements of Agricultural Chemistry« (1813) und des deutschen Chemikers Justus von Liebig »Die organische Chemie in ihrer Anwendung auf Agrikulturchemie und Physiologie« (1840), die ein wissenschaftliches Fundament für die Agronomie legten. Auch die auf den österreichischen Botaniker Gregor Mendel zurückgehende Vererbungslehre (1866) mit den Möglichkeiten selektiver Züchtung trug entscheidend zum Erfolg moderner landwirtschaftlicher Methoden bei.

In der Zeit von Anfang des 19. bis zur Mitte des 20. Jahrhunderts stand die Intensivierung der Landwirtschaft im Vordergrund. Es wurden vor allem Einzelmaschinen für die verschiedenen Arbeitsfunktionen auf dem Feld und auf dem Hof entwickelt. Ein weiterer Entwicklungsschritt war dann ab 1950 die Rationalisierung und Arbeitserleichterung in der Landwirtschaft. Viele Maschinen und Geräte wurden weiter und neu entwickelt, um die Wirtschaftlichkeit zu verbessern und den Arbeitsaufwand für den Menschen zu reduzieren.

Um allen ökonomischen und ökologischen Zwängen gerecht zu werden, reicht es nicht aus, sich mit einzelnen Maschinen und ihrer Funktion zu befassen, sondern man muss die gesamten landwirtschaftlichen Abläufe in der Produktion von der Bodenvorbereitung über die Saat, die Pflege bis zur Ernte zusammen betrachten und dafür entsprechende Verfahrens- und Maschinenketten aufstellen.

Eine der Hauptaufgaben der modernen Landwirtschaft ist es, die Zusammenhänge zwischen den einzelnen Verfahrensschritten zu untersuchen und die Gesamtkette zu optimieren.

Wandel in der Landbewirtschaftung

D er ursprüngliche Zweck der Landbewirtschaftung bestand darin, Nahrung zu erzeugen, damit die Ernährung der Bevölkerung gesichert war. Die Zeiten der Basisversorgung an Lebensmitteln durch die Landwirtschaft sind in den entwickelten Ländern einer Periode der Überversorgung gewichen, in der die ökonomischen Zwänge die Qualitätssicherung der Lebensmittel und die Einführung neuer Produkte in den Vordergrund treten lassen sowie die alternative Nutzung landwirtschaftlicher Flächen nahe legen. Angesichts der begrenzten Verfügbarkeit fossiler Rohstoffe bietet es sich an, verstärkt nachwachsende Rohstoffe, in diesem Zusammenhang

Mit den agrarischen Strukturen änderte sich im Laufe der Jahrhunderte auch die Lebensweise auf dem Lande. Bis zur Mitte des 19. Jahrhunderts lebten Menschen und Tiere auf den Bauernhöfen in enger Wohngemeinschaft. Mit der Verbreitung neuer Techniken wurden diese althergebrachten Arbeits- und Lebensgemeinschaften aufgegeben. Die alten Bauernhäuser wurden um das Jahr 1900 durch getrennte Wohn- und Wirtschaftsgebäude ersetzt. Diese Gründerzeithäuser mit ihrer Kombination von Stall und Scheune sowie dem gemeinsamen Wohnbereich von Familie und Personal sind inzwischen infolge von Spezialisierung und Rationalisierung **neuen Hofformen** wie etwa spezialisierten Ackerbau- oder Viehbetrieben gewichen.

Kreislauf **nachwachsender Rohstoffe.**

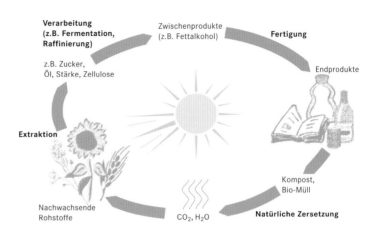

Verarbeitung (z.B. Fermentation, Raffinierung)

z.B. Zucker, Öl, Stärke, Zellulose

Zwischenprodukte (z.B. Fettalkohol)

Fertigung

Endprodukte

Extraktion

Kompost, Bio-Müll

Nachwachsende Rohstoffe

CO_2, H_2O

Natürliche Zersetzung

als Biomasse bezeichnet, zur energetischen und stofflichen Nutzung zu erzeugen.

Biomassen zur energetischen Nutzung sind beispielsweise Reststroh, welches keine weitere Verwendung findet, oder schnell wachsende Baumarten, die auf landwirtschaftlichen Flächen angebaut und mit Spezialhäckselmaschinen alle zwei bis zehn Jahre geerntet werden.

Nachwachsende Rohstoffe zur stofflichen Nutzung, wie Stärke aus Kartoffeln und Getreide, Öle aus Ölpflanzen und Fasern aus Flachs und Hanf, werden verstärkt in der chemischen Industrie sowie zur Herstellung von Werkstoffen verwendet. Beispiele sind biologisch abbaubare Pflanzgefäße im Gartenbau und Faserverbundwerkstoffe für die Auto- und Möbelindustrie. Für den Anbau und die Verarbeitung von nachwachsenden Rohstoffen gilt es, Technologien, beispielsweise zur Ernte und Verarbeitung von Faserwerkstoffen, ständig weiterzuentwickeln, teilweise auch erst zu erfinden oder zur Marktreife zu bringen. Das heißt, hier kann die Landwirtschaft als Katalysator für Technikentwicklung wirken.

Eine weitere neue Funktion der Landbewirtschaftung ist die Landschaftspflege. Vor allem in touristisch bevorzugten Regionen wie im Bergland übernehmen Landwirte, deren Betriebe nicht mehr ökonomisch arbeiten können, Aufgaben zur Erhaltung der Natur und

Traktor beim **Einsatz in den Bergen.**

Umwelt sowie zur Pflege der Landschaft. Der Landwirt betätigt sich als Dienstleister und nicht mehr als Produzent von Nahrungsmitteln.

Nachhaltige Landbewirtschaftung

Nachhaltig das Land bewirtschaften heißt, die Ressourcen Boden, Wasser und Luft auch für die nächsten Generationen gesund zu erhalten und keine Existenzgrundlagen zu gefährden. Ökonomie, Ökologie und Technik müssen so gegeneinander abgewogen werden, dass ein angemessener Lebensstandard gesichert bleibt.

Nachhaltigkeit schließt also weder den Einsatz moderner Technik noch wirtschaftliches Wachstum aus. Allerdings stellt Nachhaltigkeit die Forderung, dass im Idealfall nur solche Techniken eingesetzt werden, die keine schädlichen Einflüsse auf Menschen, Tiere, Pflanzen und ihre Lebensräume haben.

In den Abläufen eines landwirtschaftlichen Betriebs spiegeln sich die gegenseitigen Wechselwirkungen und Abhängigkeiten von Boden, Pflanzen und Tieren mit dem Menschen und der Technik wider. Von außen kommen bestimmte Eingaben und Umwelteinflüsse in den Betrieb, nach außen gehen Wirkungen auf die Umwelt und werden die gewünschten Leistungen erbracht.

Für eine umweltverträgliche Produktion müssen auf der Eingabeseite nicht regenerierbare oder knappe Ressourcen geschont und möglichst auch neue Werkstoffe aus nachwachsenden Rohstoffen eingesetzt werden. Beispiele sind Energie aus fossilen Rohstoffen und Betriebsmittel aus nachwachsenden Rohstoffen wie Folien und Substrate im Gartenbau oder Pflanzenöle für Maschinen.

Bei den Wirkungen auf die Umwelt sollte auf den Schutz der Pflanzenwelt, der Landschaft und der Artenvielfalt geachtet werden. Wasser, Boden, Luft, Tiere und Pflanzenwelt dürfen beispielsweise durch Dünger und Pflanzenschutzmittel nur möglichst wenig belastet werden. Die gesamte Produktion sollte möglichst rückstandsfrei erfolgen, das heißt, Abfälle sollten vermieden oder wieder verwendet werden.

Bei der Verwendung chemischer Pflanzenschutzmittel beispielsweise können sich Rückstände in Nahrung und Umwelt bilden; außerdem können Schädlinge bei längerer Anwendung eines Mittels gegen dieses resistent werden, sodass die gewünschte Wirkung immer schwächer wird oder ausbleibt. Daher sollte der konventionelle Pflanzenschutz mehr und mehr durch einen integrierten Pflanzenschutz ersetzt werden.

Als weiteres Beispiel sei der Düngemitteleintrag in das Grundwasser genannt, der sich verringern oder ganz vermeiden lässt, wenn man die Grundsätze der guten fachlichen Praxis beim Düngen berücksichtigt, das heißt, den Nährstoffgehalt des Bodens ermittelt und nach Bedarf düngt. Auch werden heute die teilflächenspezifische Düngung nach Bedarf und Düngungsmodelle eingesetzt, um die Anforderungen der Düngeverordnung zu erfüllen. Wasser wird zunehmend ein knappes und kostbares Gut, das geschützt und mit dem sparsam umgegangen werden muss. Daher sollte überall da, wo möglich, wie in Intensivkulturen, die Flächenberegnung durch die gezielte Tropfbewässerung ersetzt werden.

Eine weitere sehr wichtige Maßnahme für eine umweltverträgliche Produktion ist der verstärkte Einsatz von Informationstechnologie. Bordcomputer auf Traktoren für Pflanzenschutz- und Düngungsmaßnahmen gehören bereits zum Stand der Technik. Systeme zur Bildanalyse für die Pflanzenerkennung bei der Unkrautregulierung, Ernte und Schadschwellenerkennung befinden sich noch in der Entwicklung.

Beim **integrierten Pflanzenschutz** werden die Schädlinge durch eine sinnvolle Kombination vorwiegend nicht-chemischer Pflanzenschutzmaßnahmen bekämpft. Zum Teil bedeutet dies den Rückgriff auf traditionelle Praktiken wie mechanische und thermische Unkrautregulierung und Fruchtfolge, es kommen aber auch moderne Konzepte zum Einsatz: Züchtung und Anbau schädlingsresistenter Spezies sowie Schädlingsbekämpfung mit biologischen Methoden wie Sterilisation und bei Insekten dem Einsatz von Pheromonen (arteigenen Sexuallockstoffen). Letztere dienen dem Anlocken der Sexualpartner, die dann beispielsweise in Pheromonfallen gefangen werden.

Die **Tropfbewässerung** ist ein in Israel Anfang der 1960er-Jahre für Obst- und Gemüseanlagen sowie für Staudenkulturen entwickeltes Verfahren, bei dem das Wasser durch am Boden liegende, mit düsenförmigen Öffnungen versehene Schläuche oder Rohre tropfenweise den Pflanzen zugeführt wird.

| Bodenbearbeitung | konventionell |
| | konservierend |

| Saatbeet- oder Pflanzbeetbereitung | |

| Pflanzenpflege, Unkrautbekämpfung | chemisch |
| | mechanisch |

Düngung	Flächendüngung
	Reihendüngung
	Einzelpflanzendüngung

| Bewässerung | verschiedene Methoden |

| Pflanzenschutz | chemisch |
| | biologisch |

| Ernte | Einmalernte |
| | mehrmalige selektive Ernte |

Verfahrenskette **Feldgemüseanbau**.

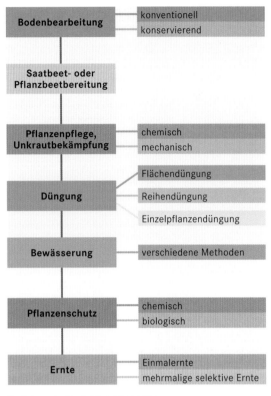

Seilzugdampfpflüge als Ein- und Zweimaschinensystem. Ein Kipppflug wurde zwischen zwei Dampflokomobilen, die am Feldrand standen, hin und her gezogen. Beim Einmaschinensystem ersetzte ein Umlenkwagen ein Dampflokomobil. Dieses Maschinensystem war zwar bodenschonend, aber sehr aufwendig.

Agrartechnik heute: technische Verfahren und Maschinen

Für die Erzeugung landwirtschaftlicher und gärtnerischer Produkte haben sich bestimmte Verfahren von der Bodenvorbereitung bis zur Ernte etabliert, und für jeden einzelnen Verfahrensschritt stehen spezifische Techniken und Maschinen bereit. Diese Maschinen und Technologien müssen so aufeinander abgestimmt sein, dass ein Verfahrensschritt einen anderen nicht ungünstig beeinflusst und die gesamte Verfahrenskette möglichst optimal durchlaufen werden kann. Zur Optimierung ist beispielsweise weniger die Leistung von Einzelmaschinen von Bedeutung, sondern ihre Integrierbarkeit in die gesamte verfahrenstechnische Kette. Die Maschinenkette sollte so zusammengestellt werden, dass sich mit ihr die Ziele Umweltschonung, Qualitätserzeugung und Wirtschaftlichkeit möglichst in vollem Umfang erreichen lassen. Ein Beispiel für die gegenseitige Beeinflussung einzelner Verfahrensschritte im Feldgemüsebau ist die Aufeinanderfolge von Bodenbearbeitung und Pflanzung sowie der Einfluss von Bodenbearbeitung und Bodenpflege auf die Qualität und die Verluste der Ernteprodukte.

Traktoren

Traktoren sind die wichtigsten Arbeitsmaschinen für die Freilandbearbeitung. Die Bezeichnung Traktor (Zugmaschine), Trecker oder Schlepper geht auf den Anfang der Mechanisierung in der Landwirtschaft zurück, als Pferd, Ochse und Kuh, die bis dahin ihre Zugkraft bereitgestellt hatten, durch benzin- oder dieselgetriebene Maschinen abgelöst wurden. Heutige Traktoren sind viel mehr als reine Zugmaschinen. Sie sind vielseitige Arbeitsmaschinen, die ein breites Spektrum von Arbeitsleistungen bereitstellen. Erzeugt wird die Leistung durch einen Dieselmotor, dessen Drehleistung an der Kurbelwelle in Fahrleistung, Zugleistung und hydraulische Arbeitsleistung umgewandelt oder an der Zapfwelle zum Antrieb von anderen Maschinen weitergegeben werden kann.

Die Aufgaben eines modernen Traktors bestehen in Transportarbeiten auf Wegen und Straßen durch Zug und Tragen von Lasten, Zugarbeiten auf dem Feld, dem Antrieb von fahrbaren und stationären Maschinen über Riemenantrieb, Zapfwelle und Hydraulik, dem Geräteanbau, der Geräteführung und Regelung von Gerätefunktionen in der Dreipunkthydraulik sowie Hub- und Tragarbeiten mit Frontlader, Hublader und Antriebshydraulik.

Die Bodenbearbeitung benötigt sehr hohe Zugkräfte. Deshalb setzte die Entwicklung von Zugmaschinen auf dem Feld zunächst für die Bodenbearbeitung ein, und zwar waren es in Europa ab etwa 1860 Seilzugdampfpflüge für die Großflächenbodenbearbeitung, die aus England kamen.

Anfang des 20. Jahrhunderts suchten die Maschinenbaukonstrukteure nach fahrbaren Lösungen, mit denen die Bodenbearbeitungsgeräte direkt über das Feld gezogen werden konnten. 1907/08 konstruierte Robert Stock den Motortragpflug, der ein großer Einachstraktor mit direkt angebautem Pflugtragrahmen war.

Die Gasmotorenfabrik Deutz, in deren Ursprungsfirma Nikolaus Otto 1862 seinen ersten Gasmotor und 1876 den Viertaktmotor konstruierte, brachte 1907 den Automobilpflug auf den Markt. Dieser frühe Ackerschlepper hatte einen 25-PS-Motor, der Pflug und Egge über das Feld ziehen konnte, und besaß erstmals eine Riemenscheibe für den Antrieb stationärer Maschinen wie etwa der Dresch- und Häckselmaschine.

Die erste Konstruktion des legendären **Lanz-Bulldog** von 1921.

Einen großen Durchbruch bei den Radtraktoren erreichte die Firma Ford in den USA mit dem ab 1917 gebauten und nach England gelieferten »Fordson«, der 20 PS Leistung hatte, nur noch 1300 Kilogramm wog und eine Geschwindigkeit von 14 Kilometern pro Stunde erreichte.

1921 entwickelte Fritz Huber bei der Firma Lanz einen 12-PS-Einzylinder-Rohölmotor, der den Namen Lanz-Bulldog bekam. Der legendäre Bulldog, weiterentwickelt und in großen Stückzahlen gebaut, war für Jahrzehnte das Synonym für landwirtschaftliche Zug-

Moderner Traktor bei verschiedenen Einsätzen: Schneeräumen (oben links), Straßentransport (oben rechts), Mähen (unten links) und Maishäckseln in Schubfahrt (unten rechts).

Der »**Elfer-Deutz**«, ein zwischen 1936 und 1949/50 gebauter und weit verbreiteter Schlepper.

maschinen. Er hatte bis in die 1950er-Jahre einen Einzylinder-Zwei-takt-Glühkopfmotor, der Schweröl, Dieselöl und andere Kraftstoffe verbrennen und in beiden Richtungen laufen konnte. Da die Verdichtung im Verbrennungsraum sehr niedrig war, musste die für die Verbrennung notwendige Wärmeenergie in einem Glühkopf gespeichert werden, der vor dem Start mit einer Heizlampe zum Glühen gebracht wurde.

Einen wesentlichen Durchbruch bei der Mechanisierung und Motorisierung kleinbäuerlicher Betriebe brachte der »Elfer Deutz« als Bauernschlepper im Jahre 1936, der 2980 Reichsmark kostete und als vielseitig einsetzbar und robust galt. Der wassergekühlte Einzylinder-Dieselmotor entwickelte elf PS aus einem Hubraum von einem Liter. Nach 1946 war dieser Traktor mit Anbaumähwerk, Riemenscheibe und Heckanbau für Pflüge ausgestattet.

Moderne Traktoren gibt es heute in allen Leistungsklassen zwischen 20 und 200 Kilowatt. Sie sind vielfach einsetzbare Arbeitsmaschinen und haben dafür bestimmte Sonderausrüstungen. Die Hauptbaugruppen eines Traktors sind Motor und Getriebe, das Fahrwerk, die hydraulische Anlage mit elektrohydraulischer Regelung und der Fahrerstand mit allen Bedienelementen und eventuell mit Bordcomputer für die Datenerfassung und Regelung von Funktionen an Maschinen, wie beispielsweise beim Spritzen zum Pflanzenschutz.

Das Getriebe ist entweder mit mehr als 20 Gängen oder mit stufenlosem Antrieb ausgestattet und erlaubt Fahrgeschwindigkeiten von 20 Metern pro Stunde bis zu 60 Kilometern pro Stunde. Wahlweise ist der Allradantrieb einschaltbar. Zapfwellen für die Abnahme von Drehleistung vorn und hinten haben unterschiedliche Nenndrehzahlen und sind unter Last schaltbar. Da die Hinterachse stärker belastbar ist, können schwere Maschinen wie Maishäcksler oder auch Schneefräsen am Heckkraftheber angebaut, der Fahrerstand als Rückfahreinrichtung umgedreht und dann mit einem Reversiergetriebe rückwärts gefahren werden. Das Reversiergetriebe ist auch für Frontladerarbeiten erforderlich, bei denen ohne aufwändiges Schalten zwischen Vorwärts- und Rückwärtsfahrt umgeschaltet werden muss.

Der Fahrerstand ist staubdicht und voll klimatisierbar. Besonders wichtig ist es, auf einen körperschonenden Sitz zu achten, da Landwirte typischerweise täglich mehrere Stunden auf Traktoren zubringen und viele oftmals schon in jungen Jahren durch Vibrationen und Erschütterungen Probleme an Rücken und Hüften bekommen.

Wesentliche Aufgaben im Traktor haben die Hydraulik und die elektrohydraulische Regelung. Geräte werden am Dreipunktkraftheber angebaut, der aus zwei Unterlenkern und einem Oberlenker mit Befestigungselementen an allen Lenkern besteht. Auf diese Weise ergeben sich drei Kupplungspunkte, durch die man Anbaugeräte mit dem Traktor verbindet. Die beiden Unterlenker können mit Hydraulikzylindern angehoben und

Hubarm

Oberlenker

Hubstange
Unterlenker

Dreipunktkraftheber für den Geräteanbau am Traktor mit zwei hydraulisch bewegbaren Unterlenkern und einem Oberlenker als Stütze.

TRAKTORBAUARTEN

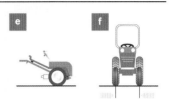

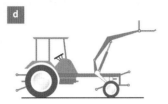
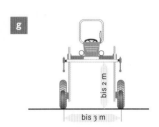

Bei den Standardtraktoren (a und b) befindet sich der Motorblock vorn und die Fahrerkabine über der Hinterachse. Traktoren größerer Leistung können auch gleich große Räder hinten und vorn haben (b), was Vorteile bei Allradantrieb hat. Verschiedene neue Bauarten haben einen nach vorn stark abgeschrägten Motorblock, um bessere Sichtverhältnisse zu gewährleisten. Als Arbeitsmaschinen sind Standardtraktoren mit Dreipunktkraftheber für den Anbau hinten und vorn, mit Zapfwellenanschlüssen, mit Hydraulikanschlüssen für den

Anschluss von Hydraulikmotoren an Arbeitsmaschinen, mit Frontlader und bei kleineren Typen mit Mähwerksanbau ausgerüstet. Standardtraktoren haben Anbauräume hinten und vorn.

Bei System- oder Freisichttraktoren (c) ist die Fahrerkabine in die Mitte oder weiter nach vorn gerückt, und man hat Anbauräume vorn, hinten, und hinter dem Fahrerstand für Lasten und vorn für Frontlader. Die Übergänge vom Standard- zum Systemtraktor sind fließend.

Geräteträger (d) haben Fahrerstand, Motor und Getriebe in einem

kompakten Block über der Hinterachse und damit Anbauräume für Geräte vorn, zwischen den Achsen und hinten sowie für Traglasten auf den vorderen Holmen und außerdem Frontlader.

Sonderbauarten sind Einachstraktoren (e) für den Gartenbau und Kompakttraktoren (f) mit Baubreiten bis 1,20 Meter für Weinbau und Baumschulen. Für Reihenkulturen bis zwei Meter Höhe wie Rosenkulturen werden Stelzentraktoren (g) eingesetzt, die die Reihen zwischen die Räder nehmen und in oder zwischen den Reihen bearbeiten.

gesenkt werden. Der Oberlenker ist eine bewegliche Verbindung zum Traktor und damit Haltestütze für das Gerät. Ist beispielsweise ein Pflug angebaut, so kann dieser jeweils am Feldende und für den Transport ganz ausgehoben und zum Pflügen in Betriebsstellung gesenkt werden. Während des Pflügens wird der Pflug geregelt. Dazu wird die momentane Zugkraft für den Pflug elektronisch an den Unterlenkern gemessen und gleichzeitig die Lage, das heißt die Stellung des Gerätes relativ zum Traktor, kontrolliert. Am Schaltpult im Fahrerstand lassen sich Zugkraft und Lage so einregeln, dass der Traktor auch bei wechselnden Bodenwiderständen die maximale Zugkraft nutzen kann und der Pflug in annähernd konstanter Tiefe arbeitet.

Ein Problem beim Befahren von Äckern besteht im Schlupf, dem relativen Unterschied zwischen der tatsächlichen Fahrgeschwindigkeit und der theoretischen Fahrgeschwindigkeit aufgrund des eingelegten Ganges und der Radumdrehung. Zu starker Schlupf zwischen Rädern und Boden ist schädlich für das Bodengefüge und beeinträchtigt die Arbeitsleistung. Viele Traktoren besitzen daher heute eine Schlupfregelung. Die theoretische Fahrgeschwindigkeit wird elektronisch im Getriebe, die tatsächliche Fahrgeschwindigkeit durch einen Radarsender am Traktor gemessen; ausgewertet werden die beiden Größen in der elektrohydraulischen Schlupfregeleinheit.

Da sich die landwirtschaftlichen Betriebe in Deutschland hinsichtlich der Lage und der Landschaft, der Bodenart, der Anbauverhältnisse für die Pflanzen und der Größenordnung stark voneinander unterscheiden, stellen sie auch sehr verschiedene Ansprüche an die einzusetzenden Traktoren, die in Leistung und Bauart den gegebenen Betriebsverhältnissen angepasst sein müssen. Man unterscheidet im Wesentlichen Standardtraktoren, Geräteträger und Systemtraktoren. Darüber hinaus gibt es Sonderbauarten für Intensivkulturen in Gartenbau und Weinbau.

Bodenbearbeitung

Die Geschichte der Bodenbearbeitung geht einher mit derjenigen des Pfluges, dessen Vorläufer Geweihstangen und Grabhölzer waren, die etwa um 10 000 v. Chr. im Nahen Osten durch den hölzernen Hakenpflug ersetzt wurden. Einen großen Fortschritt brachte die Erfindung des Wendepflugs, die auf die Chinesen zurückgeht. Vor etwa 2000 Jahren platteten sie die inzwischen aus Eisen bestehende Spitze des Pflugs zu einem Schar ab. Damit ließ sich der Boden aufschneiden und wenden. Der Wendepflug breitete sich auch rasch in Europa aus. Noch im frühen 19. Jahrhundert bestanden die Pflüge bis auf das eiserne Schar aus Holz. Erst mit der einsetzenden Industrialisierung wurden zunehmend Ganzeisenmodelle hergestellt. Das Funktionsprinzip des Pflugs aber hat sich seit dem Altertum kaum verändert.

Im modernen Sinne ist die Bodenbearbeitung ein bewusster, mechanischer Eingriff in den Boden, mit dem Ziel, die Struktur des Bodens zu verändern. Letztlich sollen die Bodenfruchtbarkeit erhalten oder verbessert und damit optimale Wachstumsverhältnisse für die Kulturpflanzen geschaffen werden. Die Bodenbearbeitung dient aber auch der Regulierung des Unkrautbesatzes und als Schutz gegen Erosion. Dazu bedient man sich verschiedener Techniken. Mit der Lockerung des Bodens wird das Porenvolumen vergrößert und die Durchlüftung verbessert. Das Zerkleinern und Krümeln ist erforderlich für die Saat- und Pflanzbeetbereitung. Mischen und Wenden des Bodens dienen der Einarbeitung von organischen Reststoffen und der Unkrautvernichtung. Ist der Boden zu locker, muss er rückverdichtet werden, um den Saatkörnern ausreichenden Bodenschluss zu geben. Spezialaufgaben sind das Einebnen und die Formung der Oberfläche, beispielsweise im Spargelanbau. Für diese vielfältigen Aufgaben müssen sehr unterschiedliche Maschinen und Maschinenkombinationen zur Verfügung stehen.

Zusätzlich müssen für eine umweltverträgliche, bodenschonende Bearbeitung die Forderungen gestellt werden, den Boden durch Bo-

Streichblechpflug als Drehpflug mit geschlossenem Streichblech und Vorwerkzeugen zum besseren Einbringen von organischen Stoffen. An den Fanghaken links werden beim Pflügen Werkzeuge zum Feinkrümeln und zur Rückverdichtung eingehängt. Durch die gegenüberliegende, rechts und links wendende Anordnung der Pflugkörper wird das Pflügen Furche neben Furche durch Hin- und Herfahren ermöglicht. Der Pflug ist an der Dreipunkthydraulik angebaut und wird geregelt.

dendruck und Schlupf möglichst wenig zu belasten, sowie Erosion und Verdichtung des Bodens zu vermeiden. Da die Zugkraft der Traktoren neben der Leistung auch von den Reifen und vom Gewicht abhängt, muss man für eine bodenschonende Bearbeitung die Zugkraft verringern und das Feld so selten wie möglich befahren. Ein möglicher Weg in dieser Richtung ist die Anwendung von Gerätekombinationen und von Geräten, die von der Zapfwelle des Traktors angetrieben werden und damit weniger Zugkraft benötigen.

Bei der Bodenbearbeitung unterscheidet man die Grundbodenbearbeitung, die bis in den Hauptwurzelraum reicht, die Saatbeet- oder Pflanzbeetbereitung mit einer Arbeitstiefe von wenigen Zentimetern und Pflegemaßnahmen an der Bodenoberfläche zur mechanischen Unkrautregulierung und Oberflächenbearbeitung.

Zur Grundbodenbearbeitung wird seit alters her der Pflug eingesetzt, dessen eigentliche Arbeitswerkzeuge das Schar und das gewölbte Streichblech sind. Das Schar mit Schneide und Spitze schneidet einen rechteckigen Bodenbalken in der Pflugsohle horizontal ab und leitet ihn zum Streichblech weiter. Hier wird der Boden zerkrümelt, gewendet und seitlich abgelegt. Die oberen Bodenschichten gelangen in die Tiefe, die unteren an die Oberfläche.

Durch das Wenden des abgeschnittenen Bodenbalkens werden Unkräuter und organische Reststoffe tief in den Boden eingebracht und verschüttet. Es entsteht eine unkrautfreie, grobschollige Oberfläche. Nach einer weiteren Bearbeitung mit Geräten zur Saatbeetbereitung hat man eine feinkrümelige Fläche, die eine ideale Grundlage für die nachfolgenden Saat- und Pflanzarbeiten bildet. Der Pflug hat aber nicht unerhebliche Nachteile für die Bodenstruktur. Wird auf flachgründigen oder leichten Böden zu tief gepflügt, so werden tote Bodenschichten an die Oberfläche und humusreiche Anteile in die Tiefe gebracht. Tief verschüttete organische Stoffe können nicht zu Humus verrotten. Der Pflug benötigt außerdem sehr hohe Zugkräfte, also einen Traktor mit großer Leistung und hohem Gewicht, wodurch die Bodenbelastung steigt. Bei kleinen und mittleren Pflügen mit zwei bis fünf Pflugkörpern fährt der Traktor aus Gründen der Pflugführung und Pfluganhängung einseitig in der zuletzt gepflügten Furche. Dabei kann in der Pflugfurche eine Bodenverdichtung mit Einfluss auf den Wasserhaushalt und das Wachstum entstehen, die sich nur durch zusätzliche Bearbeitung beseitigen lässt. Außerdem ist die Reifenbreite, die Einfluss auf den Bodendruck des Traktors hat, durch die Breite der Pflugfurche begrenzt. Wünschenswert ist das so genannte On-Land-Pflügen, bei dem der Traktor mit breiteren Reifen auf dem ungepflügten Feld fahren kann. Solange die Pflüge nicht von Traktoren, sondern von Tieren gezogen wurden, kamen die Nachteile des Pflügens nicht so zum Tragen, da die Pflugtiefen geringer waren. Es wurde flacher gewendet.

Nach dem Pflügen muss man die Bodenoberfläche in einem weiteren Arbeitsgang für Saat und Pflanzung vorbereiten, wobei ein zu-

Drehpflug bei der Arbeit. Gefiederte Streichbleche reduzieren die Zugkraft und verbessern die Krümelwirkung auf schweren Böden. Der Traktor fährt einseitig mit Vorder- und Hinterrad in der letzten Furche, wodurch die Gefahr der Pflugsohlenverdichtung entsteht.

Gerätekombination zur Saatbeet- und Pflanzbeetbereitung nach dem Pflügen mit **Starregge** oder **Federzinkenegge** als Vorläufer und feinkrümelnden **Wälzeggen** als Nachläufer.

KONSERVIERENDE BODENBEARBEITUNG

Bei der konservierenden Bodenbearbeitung wird der Boden überhaupt nicht gewendet, sondern in verschiedenen Schichten mit mehreren Werkzeugen gelockert, gemischt und gekrümelt. Das Saatbeet kann in einem Arbeitsgang mit fertig gestellt werden. Auf dem linken Bild ist das Schema eines modernen Geräts zur gleichzeitigen Bodenbearbeitung und Saatgutbereitung zu sehen, das rechte Bild zeigt ein Gerät zur mehrschichtigen, pfluglosen Bodenbearbeitung. Durch konservierende Bodenbearbeitung wird die gesunde Bodenstruktur erhalten und der Boden nachhaltig geschont; Pflanzenreststoffe verbleiben in der Schicht nahe der

Oberfläche, in der sie besser zu Humus verrotten können.

Die konservierende Bodenbearbeitung kann aber nachteilige Wirkung auf die nachfolgenden Arbeitsfunktionen des Säens und des Pflanzens haben. Pflanzenteile können aus dem Boden herausragen und so die erforderliche, gleichmäßige Ablage der Saatkörner oder Einzelpflanzen behindern. Eine möglichst glatte, ebene Oberfläche ohne störende Pflanzenreste ist erforderlich, um Saatkörner mit Einzelkornsämaschinen und Einzelpflanzen mit Pflanzmaschinen in möglichst gleich bleibender Tiefe und mit gleichem Abstand in den Boden einbringen zu können. Ungleich-

mäßigkeiten bei Saat und Pflanzung führen zu Ernteverlusten und einer schlechteren Qualität der Pflanzen. Außerdem steigt die Gefahr der Verunkrautung.

Für die Landwirtschaft gibt es zur Einzelkornsaat so genannte Mulchsaatverfahren, die beispielsweise Maiskörner trotz der Pflanzenreststoffe an der Oberfläche in den Boden einbringen. Für die Pflanzung im Feldgemüsebau existieren solche Maschinen bisher nicht. Deshalb wird hier die konservierende Bodenbearbeitung bisher nicht oder nur zögernd eingesetzt, und die konventionelle Bearbeitung mit Pflug und Fräse bleibt weiterhin vorherrschend.

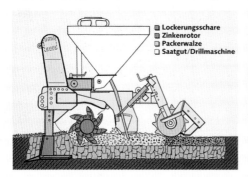

□ Lockerungsschare
□ Zinkenrotor
□ Packerwalze
□ Saatgut/Drillmaschine

Bodenfräse mit federnden und reißenden Werkzeugen.

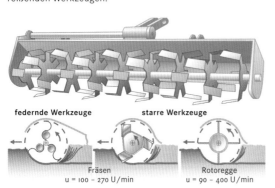

sätzliches Befahren der Flächen mit dem Traktor erforderlich ist. An einem Geräterahmen, der in der Dreipunkthydraulik hängt, werden vorn reißende Werkzeuge in Form von Federzinkeneggen oder Starreggen geführt, die grobe Schollen nach dem Pflügen zerkleinern. Als Nachläufer zur Feinkrümelung und zum Einebnen der Oberfläche dienen Wälzeggen, die gleichzeitig den Geräterahmen abstützen und die gleichmäßige Tiefenführung der Vorläuferzinken übernehmen. Für die Saatbeetbereitung gibt es auch zapfwellengetriebene, rotierende Geräte.

Die Nachteile des Pflügens auf die Bodenstruktur lassen sich mithilfe der konservierenden Bodenbearbeitung vermeiden. Bei Geräten zur konservierenden Bodenbearbeitung lockern im Unterboden geführte, gänsefußartige Lockerungsschare den Boden tiefgründig bis zu Tiefen von 40 Zentimetern auf, ohne ihn zu verdichten. Ein durch die Zapfwelle angetriebener Zinkenrotor mit löffelartigen Werkzeugen oder eine zinkenbesetzte Rotoregge krümeln und durchmischen die obere Bodenschicht, in die auf Wunsch direkt gesät werden kann. Eine darauf folgende Packer- und Krümelwalze sorgt für eine Rückverfestigung des zu lockeren Bodens und für ein glatte Oberfläche. So kann in einem Arbeitsgang eine Bodenbearbeitung, Saatbeetbereitung und Direkteinsaat erfolgen, ohne das Feld mehrfach mit schweren Maschinen befahren zu müssen. In den USA ist inzwischen der Flächenanteil konservierender Bodenbearbeitung größer als der konventionell mit dem Pflug bearbeitete.

Die Bodenfräse ist ein zapfwellengetriebenes Gerät, welches vor allem bei Intensivkulturen für eine schnelle Bearbeitung in einem Arbeitsgang genutzt wird. An einer horizontalen Welle befinden sich federnde oder feste Werkzeuge, die den Boden zerreißen oder zerschneiden und fein gekrümelt und gemischt nach hinten ablegen. Dabei werden auch Pflanzenreste fein zerteilt. Vorteilhaft ist die gute Durchmischung und die Saatbeet- oder Pflanzbeetbereitung in einem Arbeitsgang. Nachteilig ist das Zerkleinern der natürlichen Bodenkrümelstruktur zu feinen künstlichen Bodenteilchen und die damit verbundene Gefahr der Bodenverschlämmung. Deshalb müssen die Drehzahlen von Fräswellen regelbar sein und die Fräsen möglichst langsam laufen. Abhilfe bringen auch langsam laufende Rotoreggen mit starren Zinken. Ein weiterer Nachteil kann das Zerschneiden von Unkräutern durch die Fräsmesser sein, weil die klein geschnittenen Unkräuter sich über eine große Fläche verteilen und so noch stärker nachwachsen können.

Körnerfrüchte – Aussaat und Ernte

Ist der Boden vorbereitet, kann die Aussaat, beispielsweise von Körnerfrüchten, beginnen. Zu den Körnerfrüchten gehören alle Getreidearten sowie Körnermais und auch ausgereifte Hülsenfrüchte wie Erbsen und Bohnen. Vor der Zeit der Landmaschinen wurde die Saat mit der Hand ausgeworfen. Die Verlustrate war hoch, denn nicht alle Körner fielen auf fruchtbaren Boden, Unkraut erstickte viele Keimlinge, und für die Vögel war die Saat ein Fest. Die Lösung brachte 1701 eine Erfindung des englischen Schriftstellers Jethro Tull: die Drillmaschine, die von einem Pferd oder einem Rind gezogen wurde und bei der ein Säschar eine saubere Rille in den Boden pflügte, in die das Saatgut aus dem Säkasten fiel. Moderne Sämaschinen funktionieren noch nach dem gleichen Prinzip, besitzen aber mehrere, parallel angeordnete Säscharen, werden von Traktoren gezogen, und Zustreifer oder Rollen bedecken die Körner sofort mit Erde.

	Konventionelle Bodenbearbeitung	Konservierende Bodenbearbeitung
Kennzeichen	jährliches Wenden und Lockern des Bodens auf volle Tiefe von 30 bis 40 cm mit dem Pflug	Bearbeitung des Bodens in den verschiedenen Schichten durch Lockern, Krümeln und Mischen; kein tiefes Wenden
	durch das Wenden tiefe Einarbeitung von Pflanzenreststoffen	Einarbeitung von organischen Stoffen in die oberflächennahe Schicht zur besseren Humusbildung
	Lockern und Krümeln an der Oberfläche zur Saatbeetbereitung	möglichst lange Bedeckung der Bodenoberfläche zum Schutz gegen Erosion und Verschlämmung
Vorteile	tiefes Eingraben und Abtöten von Unkraut	stabiles, humusreiches Bodengefüge ohne Unterbodenverdichtung
	freie, ebene Oberfläche für Saatbeetbereitung	Saat- und Pflanzenbeetbereitung in einem Arbeitsgang
		geringerer Zugkraftbedarf und kleinere Bodenbelastung
		Einsparung von Kraftstoff
Nachteile	tiefes Einbringen von organischen Stoffen und Erschwerung der Humusbildung	Unebenheiten an der Oberfläche und organische Reststoffe an der Oberfläche behindern Saat und Pflanzung
	Herausheben von tiefen Bodenschichten an die Oberfläche	größere Gefahr der Verunkrautung
	mögliche Bodenverdichtung im Pflugsohlenbereich	
	hoher Zugkraftbedarf mit entsprechender Bodenbelastung	

Vor- und Nachteile von **konventioneller** und **konservierender Bodenbearbeitung.**

Die Körner reifen in Ähren, Kolben oder Hülsen und müssen nach der Reife in möglichst reiner Form ohne Beimengungen gewonnen werden. Das gesamte Verfahren der Körnerfruchternte lässt sich in verschiedene Arbeitsfunktionen gliedern. Zunächst werden die Pflanzen vom Boden abgemäht. Nach einem Sammeln und Fördern erfolgt das Lösen der Körner aus den Fruchtständen, das Dreschen. Nach dem Dreschen hat man ein Gemisch aus Körnern, Stroh, Spreu und Ährenteilen, aus dem die Körner in der Reinigung aussortiert werden müssen. Die Reinigung erfolgt in zwei Stufen: zunächst werden Korn und Stroh voneinander getrennt, danach dann die Körner aus den Beimengungen aussortiert. Anschließend werden die gereinigten Körner gesammelt und transportiert.

Unter einem **Schwad** versteht man den beim Mähen in Schnittbreite zu Boden fallenden Pflanzenbestand. Eine **Garbe** ist ein nach dem Mähen zusammengebundenes Bündel von Getreidehalmen oder anderen Fruchtstangen.

Die Getreideernte ist mit der Bodenbearbeitung eines der ältesten Arbeitsverfahren, bei dem eine Mechanisierung einsetzte. Erste Handgeräte für die Getreideernte waren die Sichel und die Sense zum Mähen, der Dreschflegel zum Lösen der Körner sowie Schaufel und Sieb zum Reinigen. Mit der Sense wurde das Getreide abgemäht und im Schwad abgelegt. Binderinnen nahmen das Getreide auf, banden es zu Garben und stellten diese auf dem Feld zu Stiegen oder Hocken auf.

Nach einer Trocknungsphase auf dem Feld erfolgte der Transport und das Einlagern in der Scheune bis zum Winter. Dann breitete man das Getreide auf einem festen Lehmboden aus und löste die Körner aus den Ähren durch Dreschen mit dem Dreschflegel, einem länglichen Holzklöppel, der mit Lederriemen beweglich an einem Holzstiel befestigt war. Die Drescher holten mit Stiel und Flegel über Schulter und Kopf aus und droschen im Takt den Klöppel auf die Getreideschicht. Der Ausdruck Dreschen hat sich bis heute für das Lösen der Körner erhalten. Anschließend sammelten sie das Stroh ab, schüttelten es aus und warfen Spreu und Korn mit der Schaufel im Wind hoch, wobei die Spreu wegflog und die Körner senkrecht zu Boden fielen.

Arbeitsgänge bei der **Getreideernte:** Sensen, Dreschen mit dem Flegel, Windreinigung und Sieben.

Die Entwicklung von Maschinen zum Mähen hat schon im Altertum eingesetzt: Bereits im 4. Jahrhundert n. Chr. wird von einem gallischen Mähwagen berichtet, der allerdings keine Verbreitung fand und schließlich ganz in Vergessenheit geriet. Weitere Überlieferungen von Mähmaschinen gibt es dann bis zum Ende des 18. Jahrhunderts nicht mehr. Im Jahre 1780 schrieb die »Society for the Encouragement of Arts, Manufacturers and Commerce« in London einen Preis für die Entwicklung einer brauchbaren Mähmaschine aus. Die größte Schwierigkeit war die Konstruktion eines brauchbaren Schneidwerkes. Eine Reihe von Entwicklungen wurden vorgestellt, fanden aber wenig Eingang in die Praxis.

1826 baute der schottische Pastor Patrick Bell eine erste arbeitsfähige Mähmaschine. Sie hatte vorn einen Schneidapparat, der das Getreide nach dem Scherenprinzip abschnitt. Eine Haspel beförderte das Getreide auf ein schräges Förderband, welches die Halme seitlich ablegte. Die Anspannung erfolgte hinten, sodass die Maschine geschoben werden musste. Die Erfindung Bells blieb allerdings ohne Bedeutung.

Erst als der Amerikaner Cyrus McCormick, ältester Sohn eines Bauern und Schmieds, sich mit dem Problem des maschinellen Mähens befasste und ab 1831 von Jahr zu Jahr immer wieder neue, verbesserte Ausführungen seiner Konstruktion der Öffentlichkeit vorstellte, kam die Technik zum Durchbruch. 1850 war der McCormick-Mäher überall in den USA bekannt, 1851 auf der Großen Ausstellung in London wurde er zum ersten Mal den europäischen Bauern präsentiert und gewann prompt den ersten Preis der Ausstellung. Ein weiterer wichtiger Preis folgte auf der Internationalen Pariser Ausstellung von 1855. Ab da war der Siegeszug der Mähmaschine nicht mehr aufzuhalten. McCormicks von Pferden gezogene Maschine arbeitete mit einer rotierenden Haspel, die die Halme gegen einen feststehenden Messerbalken drückte und abschnitt. Auch die heutigen Mähdrescher funktionieren noch nach diesem Prinzip.

Nach weiteren Entwicklungsstufen kam der selbstablegende Getreidemäher auf, der bis in das 20. Jahrhundert Verwendung fand. Die einzelnen Rechen werden so auf einer Kurvenbahn geführt, dass sie die gemähten Halme umlegen, über eine Umlenkebene schieben und in einzelnen Schwadabschnitten zum Binden ablegen. Aus den Jahren nach dem amerikanischen Sezessionskrieg stammen erste Versuche, das Binden in die Maschine zu integrieren. Zunächst wurden die Garben mit Draht gebunden, was aber gefährlich war, wenn Drahtstücke in das Viehfutter gerieten. Doch um 1860 kamen erste Erfindungen zum selbsttätigen Binden der Garben mit Bindfaden auf. Ein besonderes Problem beim Mähen stellte das Lagergetreide dar, bei dem die Halme nicht mehr stehen, sondern durch äußere Einflüsse umgefallen sind und auf dem Boden liegen. Vor dem Mähen ist das Getreide etwas anzuheben, damit es vom Mähwerk unterfahren werden kann. Außerdem muss durch eine besondere Form der beiden seitlichen Enden des Mähwerkes eine saubere Trennung von abzumähenden und stehen bleibenden Halmen erfolgen. Zum Anheben von Lagergetreide brachte man an den Haspeln Federstahlzinken und vor dem eigentlichen Mähwerk schräg nach oben führende Ährenheber an. Halmteiler an beiden Seiten des Mähwerkes teilten das Lagergetreide. All diese Werkzeuge finden sich im Prinzip noch heute an modernen Mähdreschern, allerdings sehr viel besser den Erfordernissen des Mähens angepasst.

Neben dem Mähen wurde auch das Dreschen des Getreides im Laufe der Geschichte mechanisiert. Grundlage des maschinellen Dreschens ist die Erfindung der Schlagleistendreschtrommel durch

Mähbinder von McCormick aus dem Jahr 1851.

Das Urprinzip auch der heutigen Dreschmaschinen war bereits in der **Schlagleistendreschmaschine** von Andrew Meikle aus dem Jahr 1786 verwirklicht: Hier leiten zwei gegeneinander laufende Walzen (b) das Getreide gegen eine rotierende Trommel (c), die mit Schlagleisten (d) besetzt ist. Die Trommel erfasst das Gut und nimmt es mit in den Spalt zwischen Trommel und feststehendem Dreschkorb, der gitterartig ausgeführt ist. Die Körner werden durch Schlag und Reibung aus den Ähren gelöst, fallen zu einem Teil durch den Dreschkorb hindurch und verlassen zum anderen Teil den Dreschraum mit dem Stroh.

den Schotten Andrew Meikle im Jahre 1786. Dessen Prinzip für das Lösen der Körner aus den Ähren zwischen einer rotierenden, mit Schlagleisten besetzten Trommel und einem feststehenden Dreschkorb ist bis heute erhalten geblieben, obwohl eine Vielzahl von Patenten andere Dreschprinzipien beschreiben. Die Dreschtrommel und der Dreschkorb wurden allerdings angepasst und weiterentwickelt. Mit dem Schlagleistendreschprinzip wurden Handdreschmaschinen, Dreschmaschinen mit Göpelantrieb und schließlich die stationären Dreschmaschinen mit Antrieb durch Dampfmaschinen und später durch Elektroantrieb gebaut.

Entwicklung der Dreschmaschinen: Handdreschmaschine (oben), Göpeldreschmaschine (Mitte) und stationäre Dreschmaschine mit Korn-Stroh-Trennung und Reinigung (unten).

In die stationäre Dreschmaschine wurden die Korn-Stroh-Trennung und eine mehrstufige Reinigung der Körner von den Beimengungen integriert. Im Betrieb werden die Getreidegarben auf der Maschine aufgeschnitten und von Hand in den Dreschkasten mit Dreschwerk eingelegt. Hinter dem Dreschwerk gelangt das Stroh auf den Strohschüttler, der die Restkörner, die noch nicht durch den Dreschkorb gefallen sind, aus dem Stroh abtrennt. Körner und alle Beimengungen wie Kurzstroh, Spreu, Ährenteile, Sand und

Typischer moderner **Mähdrescher.**

kleine Steine, die der Dreschkorb und der Schüttler abgeschieden haben, gelangen in die erste Reinigung. Diese besteht aus übereinander liegenden Sieben, die schräg von unten mit Luft durchblasen werden. Siebwirkung und Windsichter scheiden Kurzstroh und Spreu ab. Windsichter werden in der Landwirtschaft allgemein zur Trennung von trockenen Korngrößengemischen in gröber- und feinkörnige Bestandteile verwendet. Das Prinzip besteht darin, dass das frei fallende Sichtgut gegen die Fallrichtung von einem Luftstrom durchstrichen wird, der die feinen Körner stärker als die groben mitträgt.

Körner, Sand, Staub und kleine Steine werden nach oben in den vorderen Teil der Maschine gefördert und gelangen in die zweite Reinigung, in der die Beimengungen von den Körnern durch Sieben und Windsichten getrennt und die Körner in verschiedene Größenklassen gesiebt werden. Bis auf das Mähen vereinigt diese Dreschmaschine alle Arbeitsfunktionen der Körnergewinnung aus Getreide.

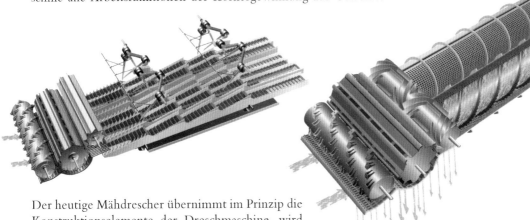

Der heutige Mähdrescher übernimmt im Prinzip die Konstruktionselemente der Dreschmaschine, wird zu einer selbstfahrenden Feldmaschine und mäht nun gleichzeitig das Getreide ab. Mähdrescher wurden zuerst in den USA gebaut. 1930 führte man erste Maschinen nach Deutschland ein, hatte aber wenig Erfolg damit, weil in Europa die Erntezeiten kürzer und die Felder viel kleiner waren. Außerdem war das Stroh länger, feuchter und zäher, und die Körner saßen fester in den Ähren als in den USA. Den ersten erfolgreichen Mähdrescher für europäische Verhältnisse baute die Firma Claas als gezogene Maschine und brachte ihn 1936 auf den Markt.

Links ein **Dresch- und Schüttelwerk** mit Trommel zur Vorabscheidung, Dreschtrommel, Umlenktrommel, sechsstufigem Hordenschüttler und Rafferzinken zum Auslockern des Strohgutstroms, rechts ein Dreschwerk mit anschließendem **rotierendem Abscheidesystem.**

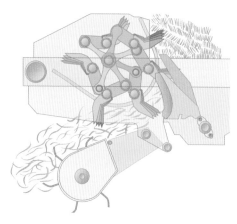

Ladewagen mit Schneideinrichtung zum Aufnehmen, Zerkleinern und Transport von Grüngut. Dieser Ladewagen wurde um 1960 entwickelt und nach seiner Vorstellung zunächst sehr skeptisch beurteilt. Es gibt aber wenige landtechnische Entwicklungen, die schon nach wenigen Jahren einen so großen Erfolg hatten und die in großen Stückzahlen Eingang in die Betriebe fanden.

Heute sind Mähdrescher selbstfahrende Maschinen mit unterschiedlich breiten Frontschneidwerken (von drei bis neun Metern). Ihre Durchsatzleistung wird in erster Linie durch die Leistung des Hordenschüttlers für die Trennung von Korn und Stroh begrenzt, denn bei Überlastung des Schüttlers steigen die Kornverluste überproportional an. Über dem Schüttler werden daher zusätzlich Rechen angebracht, die den Gutstrom so auflockern, dass die Körner besser durchfallen können.

Neuere Entwicklungen sind beim Dreschwerk und bei den Abscheideorganen zu verzeichnen. Um die Abscheidung im Dreschwerk zu erhöhen und das Gut schonender zu behandeln, wird beispielsweise der eigentlichen Dreschtrommel eine Vorabscheidetrommel vorgeschaltet. Bei anderen Systemen sind hinter der Dreschtrommel weitere rotierende Abscheidetrommeln angeordnet, und der Hordenschüttler ist verkürzt.

Um den Strohdurchsatz weiter erhöhen zu können, verwendet man bei Großmähdreschern heute zunehmend rotierende Abscheidesysteme anstelle des Hordenschüttlers. In längs hinter der Wendetrommel liegenden Rotoren wird das Gut auf schneckenförmiger Bahn in mehreren Umläufen nach hinten befördert, und die Körner werden durch den siebförmigen Außenmantel abgeschieden. Die Rotoren in dem siebförmigen Außenmantel haben schneckenförmige Kämme.

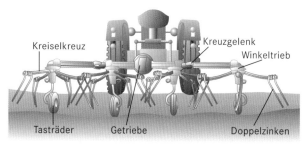

Kreiselkreuz

Kreuzgelenk

Winkeltrieb

Tasträder   Getriebe

Doppelzinken

Ein Zetter dient zum Lockern und Lüften von frisch gemähtem Grünfutter (zur Heugewinnung) und zum Heuwenden. Eine häufige Bauart ist der **Kreiselzetter** mit kreiselartig rotierenden Zinken. Vom Zetter zu unterscheiden ist der Schwader, eine Heuwendemaschine, die dazu dient, die Grasschwaden zu reihenförmigen Haufen aufzuwerfen, damit das geschnittene Halmgut vor dem Feuchtwerden geschützt oder zum Aufsammeln vorbereitet ist.

Halmfutterernte

F ür die sesshaften Bauern kühlerer Klimazonen war es früher schwierig, das Vieh über den Winter zu bringen. Wenn die Wachstumsperiode vorüber und alles Gras verbraucht war, musste man die meisten Tiere schlachten. Das wenige Winterfutter (Heu und Stroh) reichte gerade für die Zucht- und Arbeitstiere. Möglichkeiten der ganzjährigen Nahrungsversorgung für das Vieh wurden im 18. Jahrhundert in England entwickelt. Eine wichtige Rolle dabei spielten und spielen noch heute der Anbau von Futterrüben (Runkelrüben) und Wasserrüben sowie Halmfutter in Form von Heu oder Silage.

In der Vegetationsperiode wird das Vieh mit frischem Halmfutter entweder auf der Weide oder im Stall versorgt. Die Konservierung zur Winterfütterung erfolgt durch Trocknung auf dem Feld, unter Dach mit Kalt- oder Warmluft (Belüftungstrocknung), durch Heißluft in Heißlufttrocknern oder durch Vergärung bei der Silagebereitung. Für diese jeweiligen Verfahrensketten der Halmgutbergung und Konservierung stehen bestimmte Maschinentypen zur Verfügung, wie Mähwerke, Aufbereitungs- und Bearbeitungsmaschinen, Sammel- und Ladegeräte, Pressen, Feldhäcksler, Trockner und Silos.

Grünes Halmfutter zur Frischfütterung wird gemäht und auf dem Feld in einem Schwad abgelegt. Ein Ladewagen hat vorn eine mit Federstahlzinken besetzte Aufnahmetrommel (Pick-up), mit der der Schwad beim Fahren aufgenommen und in den Laderaum transportiert wird. Während des Förderns von der Pick-up in den Laderaum kann das Halmgut noch geschnitten werden. Der Laderaum hat auf dem Boden eine Kratzerkette, mit der das Grüngut nach Öffnen der Rückwand in kurzer Zeit auf dem Hof entladen werden kann.

Bei der Konservierung durch Vergärung (Silage) wird vorgewelktes Halmgut unter Luftabschluss eingelagert und durch eine Milchsäuregärung konserviert. Dieses Konservierungsverfahren bevorzugt man heute in der Tierhaltung zur Fleischproduktion, da die Ernte- und Konservierungsverluste geringer sind als bei der Heubereitung durch Trocknung. Silage wird auch zur Fütterung bei Milchproduktion eingesetzt, allerdings dann nicht, wenn die Milch hauptsächlich zur Käsebereitung genutzt wird.

Für die Silagebereitung gibt es unterschiedliche Produktionslinien mit speziellen Maschinen und Techniken für die einzelnen Verfahrensschritte. Das Grüngut wird gemäht und hinter dem Mähwerk etwas zusammengerafft in einem Schwad so abgelegt, dass die Fahrspuren für den Traktor frei bleiben. Vor der Einlagerung zur Silagebereitung lässt man das Gut vorwelken, wofür es mit einem Zetter über das ganze Feld ausgebreitet wird. Nach einer Feldtrocknung auf 50 bis 70 Prozent Feuchtegehalt des Gutes recht man es mit einem Schwader zusammen, damit es aufgenommen werden kann.

Für die Verfahrenskette Behältersilage muss das Gut mit einem Feldhäcksler gehäckselt werden. Der Feldhäcksler nimmt das vorgewelkte Gut aus dem Schwad auf, zerschneidet es durch eine mit Messern besetzte Trommel in Halmstücke von 20 bis 25 Millimetern Länge und fördert es auf einen Transportwagen, mit dem das Häcksel zum Silo gefahren wird.

Flachsilos sind flache Mieten, häufig am Feldrand oder zwischen Betonseitenwänden auf dem Hof, auf die das Häcksel abgeladen und mit einem Traktor verdichtet wird. Abschließend deckt man die Miete mit einer Silofolie luftdicht ab. Nach der Vergärung wird die Silage für die Fütterung mit Fräsen oder Schneidgeräten, die am

Statt Heu kann man aus Gras auch **Silage** machen. Das Gras wird gemäht und auf dem Feld vorgetrocknet (vorgewelkt). Anschließend wird es entweder zu Ballen gepresst und mit Folie ballenweise versiegelt oder mit einem Feldhäcksler gehäckselt und in einem Fahrsilo mit dem Traktor verdichtet sowie mit Folie luftdicht abgeschlossen. Eine andere Methode ist die Behältersilage, bei der das gemähte Gras eingesammelt, mit einem Feldhäcksler gehäckselt und dann in ein Flach- oder Hochsilo gefüllt wird. Das grüne Gras gärt und riecht säuerlich, ist aber sehr nahrhaft und für das Vieh durch die bakterielle »Vorbehandlung« und Konservierung gut verdaulich.

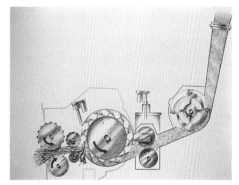

Beim **Feldhäcksler** wird das aufgenommene Gut durch zwei Vorpresswalzenpaare auf eine Gegenschneide geleitet und hier durch eine Messertrommel zu Exakthäcksel geschnitten. Die Messertrommel dient gleichzeitig als Wurftrommel, die das Häckselgut beschleunigt. Für Maisganzpflanzen sind zwei Kornzerkleinerungswalzen nachgeschaltet, die die Maiskörner aufschließen. Für das Häckseln von Grünfutter wird diese Walze ausgebaut. Eine anschließende Beschleunigungswalze beschleunigt das Häckselgut weiter und fördert es durch den Auswurfschacht auf den nebenherfahrenden Transportwagen.

Traktor angebaut sind, entnommen. Hochsilos sind Stahl- oder Betonbehälter, die mithilfe von Fördergebläsen befüllt werden. Nach der Vergärung wird die Silage oben oder unten aus dem Behälter mit Fräsen entnommen.

Die Ballensilage ist ein relativ junges Verfahren, bei dem das vorgewelkte Halmgut aus dem Schwad aufgenommen und zu Rund- oder Quaderballen gepresst wird. Die Rundballen, die einen Durchmesser von etwa 1,2 bis 1,5 Metern haben, werden anschließend auf Ballenwickelgeräten in Stretchfolie luftdicht eingewickelt und dann am Feldrand oder auf dem Hof für die Silierung gelagert.

Milchviehhaltung und Melktechnik

E rzeugnisse aus der Rindviehhaltung erbringen heute wertmäßig etwa 41 Prozent der deutschen Landwirtschaftsproduktion, wobei die Milchviehhaltung mit 26 Prozent den größten Anteil hat. Eine Milchkuh kann pro Jahr ein Kalb zur Welt bringen und gibt dann die nächsten zehn Monate lang Milch, vorausgesetzt, sie wird regelmäßig gemolken. Die Milchleistung ist je nach Rasse unterschiedlich hoch; durchschnittlich liegt sie bei zehn bis 15 Litern pro Tag. Am meisten Milch geben die weit verbreiteten schwarzbunten Kühe: sie können im Jahr das 20fache ihres eigenen Gewichts an Milch produzieren, das sind bis zu 10000 Liter.

Die Tierhaltung ist sehr arbeitsaufwändig, in der Milchviehhaltung konnten aber erhebliche Arbeitseinsparungen durch Mechani-

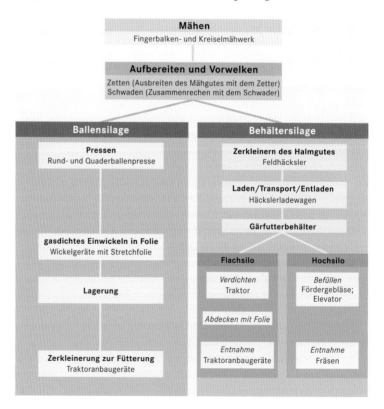

Verfahrensschritte zur Herstellung von **Gärfutter**.

sierung erreicht werden. Eine wahre Revolution bedeutete für die Milchwirtschaft die Erfindung der Melkmaschine, mit der man bereits Ende des 19. Jahrhunderts herumexperimentierte und die im Laufe des 20. Jahrhunderts ständig verbessert wurde.

Neben dem Melken wurden auch die Tierfütterung und die Stallsäuberung mechanisiert. Betrachtet man die gesamte Verfahrenskette der Milchviehhaltung, so kann das Arbeitsvolumen von 12 Tieren pro Arbeitskraft in der Handarbeitsstufe auf 60 und in Zukunft noch mehr Tiere pro Arbeitskraft bei Vollmechanisierung gesteigert werden.

Um bei der Milchproduktion eine möglichst hohe und wettbewerbsfähige Produktionsleistung zu erreichen, sind neben haltungsgerechten, aber preiswerten Stallgebäuden tierindividuelle Fütterung, Überwachung und Milchentzug notwendig. Dafür werden zunehmend rechnergestützte Verfahren zur Tiererkennung, zur Einzelfütterung und zum Melken eingesetzt.

Bei den Stallsystemen hat sich die Gruppen- und Herdenhaltung in Laufställen durchgesetzt, bei denen sich die Tiere frei in der Herde bewegen können. Die Tiere haben elektronisch erkennbare Identifizierungsmarken, werden an den Futterstellen elektronisch erkannt und automatisch nach individuellem Leistungspotenzial mit Kraft- und Grundfutter versorgt. Beim Melken werden die Tiere wiederum identifiziert und ihre Milchleistung registriert.

40 bis 50 Prozent der Arbeiten im Stall fallen auf das Melken, weshalb eine möglichst weitgehende Mechanisierung angestrebt wird. Die Mechanisierung des Melkens ist technisch sehr anspruchsvoll, da auf die individuelle Physiologie des Tieres Rücksicht genommen werden muss.

Beim Melken mit einer Melkanlage werden Melkbecher an die Zitzen der Kuh angesetzt. Der Melkbecher besteht im Wesentlichen aus einer äußeren Becherhülse aus Metall, in der sich ein Zitzengummi befindet, und den Anschlüssen für einen Milch- und einen Pulsschlauch. Der Pulsschlauch erzeugt einen pulsierenden Unterdruck in dem Raum zwischen Hülse und Zitzengummi. In dem Milchschlauch herrscht ein konstanter Unterdruck zum Absaugen der Milch, der aber etwas geringer ist als der Pulsierungsunterdruck. Beim Ansetzen der Zitzengummis wirkt das Melkvakuum saugend auf die Zitzen. Die Saugphase wird durch eine Entlastungsphase unterbrochen, in der das Pulsierungsvakuum reduziert wird. Dadurch saugt das höhere Melkvakuum das Gummi unterhalb der Zitze zusammen und unterbricht die Saugphase auf die Zitze.

Der gesamte Melkvorgang ist in die Phase des Vormelkens mit noch geringem Milchfluss, die Phase des Hauptmelkens mit vollem und dann abnehmendem Milchfluss und die Phase des Nachmelkens

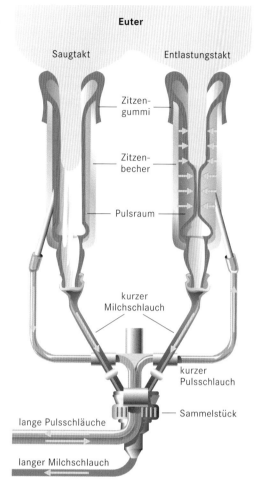

Beim Melken mit der **Melkmaschine** wird das Euter zunächst mit lauwarmem Wasser abgewaschen und die Vormilch auf Anzeichen für Infektionen untersucht. Melkmaschinen ahmen durch pulsierenden Unterdruck an der Zitze des Euters das Saugen des Kalbes nach. Eine Melkmaschine besteht aus Saugpumpe (mit Schalldämpfer), Unterdruckkessel, Leitungssystem, Milchbehälter, Pulsator und Melkzeug mit jeweils vier Zitzenbechern. In den Milchschläuchen herrscht ständig Unterdruck, während die Pulsschläuche abwechselnd mit Unterdruck (Saugtakt) und Umgebungsdruck (Entlastungstakt) beaufschlagt werden. Der durch Massagewirkung unterstützte Milchfluss wird in neben der Kuh stehende Eimer oder in größere Zentralbehälter abgeschieden. Nach etwa vier bis sieben Minuten versiegt der Milchstrom.

mit einem Restmilchfluss aufgeteilt. Ein Blindmelken zwischen Haupt- und Nachmelken muss möglichst vermieden werden.

Zur Reduzierung des Arbeitsaufwandes strebt man eine Teil- oder Vollautomatisierung an. Bei teilautomatischem Melken leitet man die Kühe zu bestimmten Zeiten in Melkstände und legt das Melkzeug von Hand an. Die Mechanik übernimmt das eigentliche Melken sowie zusätzliche Aufgaben wie die Anzeige und Registrierung des Milchflusses, das Abschalten, das Nachmelken und die Abnahme des Melkzeuges. Die Kühe betreten von selbst die Melkboxen, beispielsweise auf einem Karusselmelkstand, werden elektronisch registriert und gemolken und verlassen den Melkstand nach dem Melken und laufen in den Stall zurück.

Bei vollautomatischen Melkanlagen betreten die Kühe Ein- oder Mehrboxanlagen, werden identifiziert und automatisch gemolken und mit Kraftfutter versorgt. Auch das Ansetzen der Melkbecher erfolgt automatisch mithilfe eines Roboters. Ein besonderes Problem stellt hierbei die Sensorik zum automatischen Finden der Zitzen dar. Beim automatischen Melken wird der Zeitpunkt des Melkens nicht vom Menschen, sondern vom Ablauf der Milchproduktion des Tieres bestimmt. Das Tier sucht den Melkstand selbst auf. Dies soll artgerecht und leistungssteigernd sein. Auch Musik, allerdings kein harter Rock, soll die Milchabgabeleistung steigern.

Der drehbare Teil des **Karusselmelkstandes** mit den Kühen schwimmt auf einem Wasserbassin, wodurch eine leichte, ruhige Drehbewegung erreicht wird. Die Kühe kommen von einem Sammelplatz und betreten eine freie Box des Melkstandes am Anfang. Hier wird das Melkzeug angelegt und die Kuh automatisch identifiziert. Nach einer Umdrehung ist der Melkvorgang abgeschlossen, die Kuh verlässt ihre Box und läuft zurück in den Stall. Ein Computer erfasst und registriert die Milchmenge und teilt der Kuh nach Wiederidentifizierung am Futterstand eine individuelle Kraftfutterration zu.

Agrartechnik in der Zukunft

Die Entwicklungstrends in der landwirtschaftlichen Technik werden durch marktwirtschaftliche und ökologische Anforderungen sowie gesetzliche Vorschriften bestimmt. Außer den Gesetzen, Verordnungen und Auflagen zur Umweltschonung spielen die Agrarpolitik der Europäischen Union und die Entwicklungen in den Nachbarregionen des Ostens eine große Rolle. Viele landwirtschaftliche Betriebe sind gezwungen, die landwirtschaftlichen Flächen alternativer Nutzung zuzuführen, indem andere Kulturpflanzen, etwa nachwachsende Rohstoffe, angebaut werden.

Die Umweltverträglichkeit der Agrartechnik wird im Hinblick auf eine nachhaltige Freilandbewirtschaftung an Bedeutung gewinnen.

In den Industrieländern ist die Flächenproduktivität in der Vergangenheit enorm gestiegen, wobei noch immer Potenzial für weitere Steigerungen vorhanden ist. Ertragssteigerungen führen aber zu wachsenden Überschüssen und zu sinkenden Preisen für Agrarprodukte, damit auch zu sinkenden Einkommen der Betriebe. Um das Einkommen der Landwirte zu halten, müssen die Produktionskosten gesenkt und auch die Gesamterträge reduziert werden. Der Rationalisierungsdruck nimmt zu. Die Folgen sind der Trend zu immer größeren Betrieben, zum Verzicht der Bewirtschaftung schlechterer Böden und zu alternativer Landbewirtschaftung. Die technischen Entwicklungen werden eine Erhöhung der Arbeitsproduktivität und die weitere Einsparung von Arbeitskräften zur Folge haben. In der Zukunft werden sich die Arbeitsbedingungen der Agrarwirte durch den Einsatz von Technik und Informationstechnik weiter verbessern.

Umweltrelevante Innovationen für die Freilandbewirtschaftung sind auf den Gebieten der Bodenbeeinträchtigung, des Einsatzes von Ressourcen, des Pflanzenschutzes und der Düngung erforderlich. Zur Bodenschonung bietet sich zum einen die konservierende Bodenbearbeitung an, zum anderen sollte es möglich sein, die Belastung des Bodens durch die Konstruktion leichterer, doch leistungsfähiger Maschinen zu reduzieren; ein Beispiel wären Fortentwicklungen bei den Fahrwerken.

Auch der Einsatz von Breitbeet-Anbausystemen bei Intensivkulturen, beispielsweise im Feldgemüsebau, dient der Bodenschonung. Hierbei wird lediglich die Fahrbahn belastet, die Kulturfläche selbst bleibt unbelastet. Dieses System wird in verschiedenen Ländern bereits eingesetzt.

Der Einsatz von Informationstechnik wird weiter an Bedeutung gewinnen, mit dem Ziel, landwirtschaftliche Produktionsprozesse zu kontrollieren, die Produktionsmittelpreise zu senken und die Umweltverträglichkeit zu erhöhen.

Der Einsatz der Informationstechnik in Landwirtschaft und Gartenbau hat bereits verschiedene Entwicklungsstufen durchlaufen oder wird sie in Zukunft durchmachen:

In einem ersten Schritt bedient sich der Mensch der Technik für die Durchführung von Arbeitsfunktionen in der Pflanzen- und Tierproduktion, wobei einzelne Maschinenfunktionen elektromechanisch oder elektrohydraulisch geregelt werden. Beispiele hierfür sind die elektrohydraulische Regelung im Traktor oder die Kornverlustmessung im Mähdrescher.

In einem weiteren Schritt kommen rechnergestützte Produktionsverfahren zum Einsatz. Die Informationstechnik dient der Optimierung von mechanisierten Arbeitsfunktionen. Informationen von Mensch, Umwelt, Maschine und Pflanze oder Tier werden gesammelt, zu geeigneten Signalen verarbeitet und für die Steuerung und Regelung der Maschine und der Prozesse weitergeleitet. Man kann hier Insellösungen zur Prozesssteuerung in Maschinensystemen und gesamtbetrieblich vernetzte Informationssysteme unterscheiden. Zu den Insellösungen gehören Bordcomputer auf Traktoren, beispielsweise für die Regelung der Ausbringmenge von Feldspritzen in Abhängigkeit von der Arbeitsbreite, der Fahrgeschwindigkeit und dem vor dem Traktor gemessenen Unkrautbesatz. Bei vernetzten Informationssystemen werden Traktor und Gerät sowie weitere Informationen aus dem Betrieb in ein betriebliches Informationssystem einbezogen. Hierzu gehört die teilflächenspezifische Bearbeitung bei Düngung, Pflanzenschutz und Unkrautregulierung.

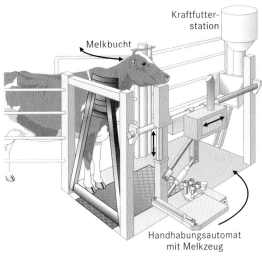

Kraftfutterstation

Melkbucht

Handhabungsautomat mit Melkzeug

Automatisches **Melksystem** mit Roboter.

Automatisierte Produktionsverfahren, wie sie kennzeichnend für eine noch weiter gehende Einbeziehung der Informationstechnik sind, erfordern keine aktive Mitwirkung des Menschen mehr, ihm kommt nur noch eine Kontrollfunktion zu. Beispiele sind der Melkautomat für Milchkühe und Systeme zur Einzelpflanzenerkennung, die beim Pflanzen, Pflanzenschutz und bei der selektiven Ernte von Gemüse, Obst und Baumschulgehölzen zum Einsatz kommen. Elektronische Bilderkennung und Bildanalyse werden als Sensoren und Handhabungsgeräte (Roboter) als Aktoren eingesetzt. Solche Aktoren müssen zum Einsatz an Pflanzen und Tieren in der Lage sein, auch diffizile, sensible Arbeiten auszuführen.

Die Bodenart und die Bodenqualität können vor allem auf größeren Feldeinheiten sehr unterschiedlich sein und mehrfach auf jedem Schlag wechseln.

Auch der Befall mit Unkraut und Pflanzenkrankheiten ist nicht gleichmäßig über das Feld verteilt. Diese Unterschiede werden in der Praxis bisher nicht ausreichend berücksichtigt, sondern die Pflanzenbestände einheitlich mit Dünger und Pflanzenschutzmittel behandelt. Dadurch erhalten Teilflächen zu viel Dünger und Pflanzenschutzmittel; das ist ökonomisch und ökologisch unvorteilhaft. Notwendig sind eine bedarfsgerechte Düngung und ein chemischer Pflanzenschutz erst nach Überschreiten bestimmter Schadschwellen des Befalls. Es müssen also der Zustand von Boden und Pflanzenbestand festgestellt, die entsprechenden Teilflächen geortet und die Felder dann teilflächenspezifisch bearbeitet werden. Hierzu gibt es Techniken zur Feldkartierung, zur Erfassung von Bestands- und Er-

Schlag ist in der Landwirtschaft ein anderes Wort für Ackerfeld. Beim Fruchtwechsel (Fruchtfolge) ist das Ackerland in einzelne Schlage wie Getreideschlag, Kartoffelschlag, Rübenschlag aufgeteilt.

BREITBEET-ANBAUSYSTEME

Breitbeet-Anbausysteme haben Breiten von sechs bis 14 Metern und fahren auf dem Feld auf einjährig angelegten oder auf permanenten Spuren. Die Fahrwerke sind Gummiband- oder Luftreifenlaufwerke. Zum Versetzen auf andere Spuren oder auf andere Felder werden seitliche Fahrwerke hydraulisch heruntergeklappt. Alle Feldarbeiten von der Bodenbearbeitung bis zur Ernte werden von herkömmlichen Geräten ausgeführt, die an einer seitlich verschiebbaren Dreipunkthydraulik am System angebaut sind. Auf dem Breitbeet-Anbausystem befinden sich Förderbänder zum seitlichen Transport von Lasten. Für die Einzelpflanzenbehandlung bei Pflanzenschutz, mechanischer Unkrautregulierung und bei der selektiven Ernte kommen in Zukunft wahrscheinlich verstärkt Roboter zum Einsatz.

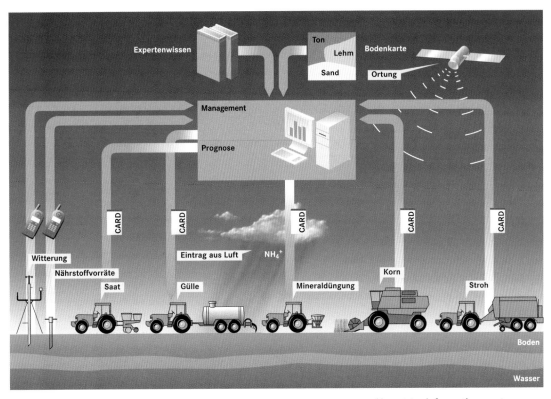

Bei der Ernte von Getreide beispielsweise können der Kornertrag und der Strohdurchsatz im Mähdrescher elektronisch erfasst und gleichzeitig die Position durch Satellitenortung gemessen werden. Das Satellitenortungssystem GPS (Global Postioning System) steht heute für den zivilen Gebrauch zur Verfügung, arbeitet hier aber nur mit einer Genauigkeit von etwa 100 Metern. Die Genauigkeit lässt sich allerdings mithilfe von Referenzsignalen von ortsfesten Stationen auf einen Meter steigern, was ausreicht, um positionsabhängige Ertragskarten zu erstellen. Auf ähnliche Weise kann die Erfassung von Unkrautbefall erfolgen. Die Bodenart wird dabei einmal ortsabhängig kartiert und in Bodenkarten eingetragen. Durch Bodenprobenentnahme und Untersuchung auf Restnährstoffgehalte können weitere Karten über den Bodenzustand erstellt werden. Da der Abbau von Nährstoffen im Boden und der Krankheitsbefall witterungsabhängig sind, müssen die Wetterdaten mit in das Gesamtmanagementsystem eingehen. Dazu kommen noch Expertenwissen, Erfahrungen des Landwirts und Prognosemodelle. Aus allen Informationen erstellt man Applikationskarten für Dünge- und Pflanzenschutzmittel, die von Düngerstreuern und Pflanzenschutzspritzen mit entsprechenden Ortungssystemen gelesen werden. Auf diese Weise können standortspezifische Düngung und Pflanzenschutz verwirklicht werden.   C. VON ZABELTITZ

Vernetztes **Informationssystem** zur rechnergestützten, teilflächenspezifischen Düngung.

Lebensmitteltechnik – vom Ahornsirup zum Zuckeraustauschstoff

Der Wohlstand in den entwickelten Ländern hat im Vergleich zu minder begüterten Regionen oder kargeren Zeiten eine deutlich geänderte Sichtweise der Ernährung zur Folge: Man isst nicht mehr notwendigerweise, um zu leben, sondern man kann es sich erlauben, zu leben, um zu essen. Die Ansprüche der heutigen Konsumenten sind hoch: Appetitlich aussehen und lecker schmecken muss es, aber die Zubereitung darf kaum Zeit in Anspruch nehmen. Nach Möglichkeit soll das Ganze außerdem den Geldbeutel nicht strapazieren. Und gesund sollte es natürlich auch sein.

Den gestiegenen Ansprüchen gerecht zu werden, ist eine Aufgabe der modernen Lebensmitteltechnologie. Eine andere, aus der Sicht der Hersteller wichtige Aufgabe besteht darin, diese Ziele auf möglichst Kosten sparende Weise zu erreichen und die Ware trotzdem in gleich bleibend hoher Qualität konsumgerecht anbieten zu können. Dass die Lebensmittelchemiker und -ingenieure dabei zuweilen in die Trickkiste greifen und mehr Zusatzstoffe einsetzen müssen, scheint angesichts des harten Wettbewerbs auf dem Lebensmittelmarkt unumgänglich.

Die **Lebensmitteltechnologie** widmet sich der Aufgabe, gesunde, wohlschmeckende und möglichst naturnahe, gleichzeitig aber auch preiswerte und leicht zu handhabende Lebensmittel zu erzeugen.

Welche Ausgangsstoffe und Verfahren zur Produktion eines Lebensmittels vorgeschrieben beziehungsweise zulässig sind, wird weltweit von der Codex-Alimentarius-Kommission, einem gemeinsamen Ausschuss der Ernährungs- und Landwirtschaftsorganisation (FAO) der UNO und der Weltgesundheitsorganisation (WHO), und für Europa von der Lebensmittelkommission der Europäischen Gemeinschaft festgelegt. Das deutsche Lebensmittelrecht wird durch das Lebensmittel- und Bedarfsgegenständegesetz von 1975 sowie zahlreiche Nebengesetze, Verordnungen und Ausführungsbestimmungen geregelt. Dort ist unter anderem detailliert festgelegt, wie ein Lebensmittel beschaffen sein muss und wie es zu kennzeichnen ist. Besonderes Gewicht wurde dabei auf den Verbraucherschutz gelegt: Der Konsument soll vor Gesundheitsschädigung sowie vor Täuschung und Irreführung geschützt werden. Anspruch und Wirklichkeit klaffen dabei allerdings zuweilen auseinander, da die Legislative und manchmal auch die Analytik den Lebensmittelherstellern in Sachen neu entwickelter Ingredienzen stets hinterherhinken.

Die Lebensmittelkennzeichnungsverordnung von 1984 (mit zahlreichen späteren Ergänzungen) schreibt vor, dass die Bestandteile eines verpackten Lebensmittels in Form einer Zutatenliste aufzuführen sind. Die Bestandteile sind dabei in absteigender Reihenfolge nach ihrem mengenmäßigen Anteil aufzuführen. Die Kennzeichnungspflicht bezieht sich nur auf Stoffe, die im Endprodukt eine »technologische Wirkung« besitzen. Für die Stoffe, die bei Zwischenschritten der Produktion eingesetzt werden, besteht keine Kennzeichnungspflicht, selbst wenn sie im Endprodukt in der ursprünglichen oder in abgewandelter Form noch vorhanden sind, aber dort keinen Zweck mehr erfüllen. Dies betrifft besonders Enzyme und Konservierungsmittel, die nur für Vor- und Zwischenprodukte verwendet wurden. Aromastoffe müssen nicht einzeln aufgeführt werden, hier genügt die Angabe »Aromastoffe« (für synthetische Aromen) oder »natürliche Aromastoffe« (für Aromen, die auf natürlichem Weg gebildet und zum Beispiel aus Organismen gewonnen wurden). Keine detaillierte Etikettierungspflicht besteht für lose angebotene Lebensmittel, hier genügen Gruppenbezeichnungen. Keinerlei Zutatenliste wird für verschiedene alkoholische Getränke und Süßigkeiten sowie für Kondensmilch und Trockenmilcherzeugnisse gefordert.

Für die Praxis der Lebensmittelproduktion gewinnt das Regelwerk der DIN ISO 9000 ff immer mehr an Bedeutung. Es zielt allgemein auf Qualitätssicherung, Normierung und Überprüfbarkeit bei Herstellung und Vertrieb ab. Eine besondere Rolle spielen die in den Normen und Verordnungen festgelegten Hygieneregeln. Die Lebensmittelhygieneverordnung bestimmt die für eine hygienische Produktion erforderliche Ausstattung und sieht die Feststellung und Überwachung aller für die Lebensmittelsicherheit kritischen Stellen

DIE SCHLÜSSELROLLE DER ENZYME

Enzyme (Fermente) sind Biokatalysatoren und bestehen aus einer Proteinkomponente, welche für die spezielle räumliche Form sorgt, und einer Wirkgruppe, die nicht aus Protein besteht und unmittelbar an der Katalysereaktion beteiligt ist. Ein Enzym katalysiert eine biochemische Stoffumsetzung, es ermöglicht und beschleunigt sie also, und zwar in spezifischer Weise. Aufgrund seiner Form können sich nur ganz bestimmte Stoffe (Substrate) anlagern und umgesetzt werden. Enzyme werden in lebenden Zellen aller Organismen gebildet. Zur Verwendung in der Lebensmittelherstellung werden Enzyme aus bestimmten Mikroorganismen isoliert und aufbereitet.

Die spezifische Wirkung eines Enzyms lässt sich durch einen Schüssel-Schlüsselloch-Mechanismus veranschaulichen. Seinen Namen verdankt dieser Mechanismus der genauen Passform von Enzym (Wirksubstanz, orange) und Substrat (umgesetztem Stoff, grün). Das Wasser, das bei dieser Reaktion gebraucht wird, ist blau dargestellt.

Nützliche Mikroorganismen		Krankheitserreger	
Name	**Verwendung**	**Name**	**Erkrankung**
Lactobacillus bulgarius, Streptococcus thermophilus	Joghurtherstellung	Salmonellen	Salmonellose, Gastro-enteritis, Typhus
Streptococcus cremoris bzw. lactis, Leuconostoc cremoris	Sauermilch- und Käsebereitung	Staphylococcus aureus	Staphylokokken-enteritis
Penicillium candidum	Schimmelkäsereifung	Brucellen	Brucellose
Bacillus linens	Schmierkäsereifung	Escherichia coli	Diarrhö
Propionibacterium	Käseherstellung	Bacillus cereus	Pseudomilzbrand, Gastroenteritis
Saccharomyces cerevisiae	Bier- und Weinherstel-lung, Backteiggärung	Bacillus subtilis	Gastroenteritis
Zymomonas	Herstellung von Rum und Tequila	Shigellen	Bakterienruhr (Shigel-lose, Dysenterie)
Leuconostoc oenos	Säureumwandlung beim Weinausbau		
Candida krusei	Sauerteigstarter	Listeria monocytogenes	Listeriose
Micrococcus, Streptomyces, Staphylococcus	Rohwurstreifung	Clostridium botulinum	Botulismus
		Bacillus anthracis	Milzbrand
Halomonas	Rohschinkenreifung	Mycobacterium tuberculosis	Tuberkulose
Candida lipolytica	Mayonnaiseherstellung		
Leuconostoc mesenteroides, Lactobacillus plantarum	Sauerkrautgärung	Vibrio cholerae	Cholera
		Campylobacter	Enterokolitis
Aspergillus oryzae, A. soyae,Saccharomyces, Pediococcus, Rhizopus, Mucor u.a.	Reis- und Sojafermentierung (Shoyu, Miso, Tempé)	Aspergillus flavus	Aflatokiose, Krebs
		Rhizomucor pusillus	Mykose
Monascus	Herstellung von Rotem Reis (Farbstoff)		
Acetobacter, Gluconobacter	Essigsäuregärung		

Eine Auswahl von nützlichen und schädlichen **Mikroorganismen,** die in Lebensmitteln vorkommen können.

im Herstellungsprozess vor. Dieses HACCP (hazard analysis of critical control points) genannte Verfahren findet europaweit in Lebensmittelproduktion und -vertrieb Anwendung.

Gelobt sei, was haltbar macht

G esetzlich vorgeschrieben ist eine Konservierung von Lebensmitteln generell nicht. Auch welche Methode der Haltbarmachung ein Hersteller wählt, bleibt diesem, abgesehen von einigen Konservierungsmitteln, im Wesentlichen selbst überlassen. Da aber eine möglichst lange Haltbarkeit im Interesse der Produzenten, Händler und auch Konsumenten liegt und der Aspekt der Naturbelassenheit zumeist dahinter zurücktritt, sind die Hersteller bemüht, Verderblichkeit und Frischeverlust von Lebensmitteln so weit wie möglich zu reduzieren.

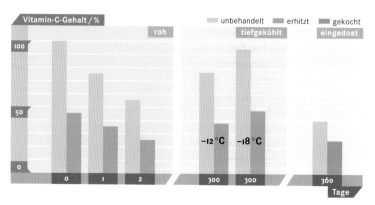

Vitamin-C-Gehalt von konservierten und frischen Hülsenfrüchten.

Warum verdirbt Nahrung? Dafür gibt es mehrere Ursachen. Erstens werden verschiedene Inhaltsstoffe durch Luftsauerstoff und unter Einwirkung von Licht oxidiert. Zweitens sind in den meisten Lebensmitteln Enzyme enthalten, eiweißhaltige Stoffe, ohne die Wachstum und Reifung nicht möglich wären, die aber Qualitätseinbußen während der Lagerung verursachen können. Drittens bewirken manche Mikroorganismen, also Bakterien, Hefen und Schimmelpilze, dass Nahrung ungenießbar wird, sei es des Geschmacks, des Geruchs oder des Giftstoffgehalts wegen. Diese Aspekte gehen nicht immer Hand in Hand.

Mikroorganismen sind allgegenwärtig, aber mit bloßem Auge nicht oder kaum erkennbar. Sie bauen Nährstoffe ab, vermehren sich dabei und hinterlassen Ausscheidungen. Je nach Genießbarkeit und Wert oder Toxizität dieser Stoffwechselprodukte lassen sich die Mikroorganismen als unschädlich, nützlich oder schädlich klassifizieren. Vor allem die schädlichen sind für verdorbene Speisen verantwortlich; einige Spezies können sogar Lebensmittelvergiftungen hervorrufen. Für Mikroorganismen gilt, dass sie im Allgemeinen zwischen fünf und 63 Grad Celsius (°C) lebens- und vermehrungsfähig sind. Ober- und unterhalb dieser Grenzen stellen die meisten ihre Aktivität ein oder gehen sogar zugrunde. Um die Frische eines Lebensmittels während Transport und Lagerung zu bewahren, müssen nicht nur die unerwünschten Aktivitäten von Mikroorganismen und Enzymen unterbunden werden, sondern es ist darüber hinaus erforderlich, den gewünschten Feuchtigkeitsgehalt, die Konsistenz sowie flüchtige und empfindliche Aromastoffe zu erhalten. Indem man schädliche Prozesse ausschaltet oder bremst, lässt sich die Haltbarkeit von Lebensmitteln enorm verlängern. Freilich verändert jede konservierende Maßnahme das Lebensmittel in seiner Zusammensetzung und Struktur, was beispielsweise bei empfindlichen Nährstoffen, insbesondere bei den Vitaminen A, B_1, B_{12}, C, D und E, sowie Aromastoffen einen Nachteil darstellt. Allerdings nimmt der Vitamingehalt erntefrischer Lebensmittel bei einer Lagerung ohne besondere Schutzmaßnahmen so rasch ab, dass bereits nach zwei bis drei Tagen die Werte unterschritten werden, welche bei einer sachgerechten Konservierung lange Zeit erhalten bleiben. Bei manchen der Konservierung dienenden Herstellungsprozessen wie der Säuerung durch Gärung werden sogar neue oder leichter verdauliche Nährstoffe geschaffen. Nachteilige Wirkungen von Konservierungsstoffen und -maßnahmen nimmt man schon deswegen bereitwillig in Kauf, weil sonst ein großes Risiko von Lebensmittelvergiftungen bestünde.

Der wissenschaftliche Hintergrund für Verderblichkeit und Konservierung wurde zwar erst im 19. Jahrhundert entdeckt, aber Me-

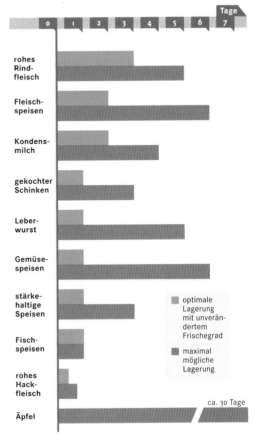

Haltbarkeit verschiedener Lebensmittel bei Kühlschranklagerung (2 bis 6 °C).

thoden zur Haltbarmachung von Lebensmitteln sind schon seit prähistorischen Zeiten bekannt. Zu den ältesten Verfahren gehören das Trocknen, die kühle Aufbewahrung und die Fermentierung. Dörrfleisch diente schon den Jägern und Sammlern als Nahrungsreserve. Bereits im alten Ägypten und in Mesopotamien erfreuten sich gegorene Getränke großer Beliebtheit, und auch Käse wurde schon damals hergestellt; der gemeinsame Vorteil besteht darin, dass sowohl Käse als auch Wein länger haltbar sind als die Rohprodukte Milch und Traubensaft. Die Tiefkühlung zur Konservierung von Fleisch und Fisch ist den Eskimos seit Urzeiten vertraut.

Kälte

Bei tiefen Temperaturen laufen Lebensvorgänge im Zeitlupentempo ab. Der Verderb von Lebensmitteln lässt sich durch Kühlen zwar nicht völlig verhindern, zumindest aber hinauszögern, und zwar umso länger, je tiefer die Temperatur ist. In früheren Zeiten dienten Eiskeller zur Lagerung von verderblicher Ware, das erforderliche Eis wurde in den warmen Monaten aus nördlichen Ländern geliefert. Seit Mitte des 19. Jahrhunderts ist die Erzeugung künstlicher Kälte möglich. Heute sind Kühlschränke und -truhen in den Haushalten eine Selbstverständlichkeit. In den Geschäften sind Kühltheken für den Verkauf und Kühlräume für die Lagerung eingerichtet, mit verschiedenen Temperaturzonen für die individuellen Kühlbedürfnisse der Lebensmittel. Zum Transport stehen Kühlfahrzeuge und -container zur Verfügung, so dass sich eine lückenlose Kühlkette gewährleisten lässt. Ein Problem bei gekühlter Lagerung zwischen 0 und 12 °C besteht in der allmählichen Austrocknung des Kühlgutes, was sich besonders bei Obst und Gemüse unangenehm bemerkbar macht. Um bei diesen Produkten mit geringerer Kühlung auszukommen und so die Dehydratation zu vermindern, lagert man sie industriell unter einer kohlendioxidreichen und sauerstoffarmen Atmosphäre, welche die Reifung verzögert (CA-Lagerung, CA = controlled atmosphere).

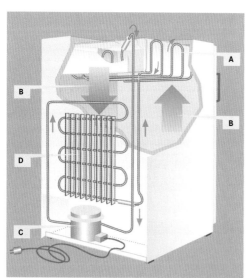

Funktionsweise eines **Kühlschranks.** Das Kältemittel (beispielsweise Isobutan oder 1,1,1,2-Tetrafluorethan) verdampft in den Kühlschlangen (A) und entzieht dabei der Luft im Kühlschrank Wärme. Durch die Temperaturunterschiede entsteht im Kühlschrankinneren eine Konvektionsströmung der Luft (B), welche die Wärme vom Kühlgut zu den Kühlschlangen transportiert. Ein Kompressor (C) verdichtet das Kühlmittel erneut und befördert es in die Abwärmeschlangen, von wo die Kondensationswärme über Lamellen (D) an die Außenluft abgegeben wird.

Lebensmittel beginnen meist zwischen 0 und –4 °C zu gefrieren, abhängig von der Art und Menge der im enthaltenen Wasser gelösten Inhaltsstoffe. Die Geschwindigkeit des Gefriervorgangs hängt davon ab, wie gut das kühlende Medium die Lebensmitteloberfläche erreicht und wie tief dessen Temperatur ist. Sinngemäß Gleiches gilt für das Auftauen, das jedoch im Allgemeinen bei ansonsten gleichen Bedingungen etwa viermal langsamer vor sich geht.

Die konservierende Wirkung von Tiefkühlung (–10 bis –30 °C) beruht zum einen auf der Verlangsamung chemischer, insbesondere biochemischer Reaktionen, zum anderen darauf, dass den Mikroorganismen das Wasser durch Eisbildung entzogen wird. Problematisch ist, dass sich Wasser beim Gefrieren ausdehnt und zudem nadelför-

IQFC

Eine neue Technik zur Herstellung portionierbarer Tiefkühlgerichte, der »individual quick frozen coated (IQFC) foods«, besteht darin, die vorgegarte oder frische, in Stücken vorliegende Rohware tiefzufrieren und in eine Mischtrommel zu schütten, wo sie mit flüssigem Stickstoff weiter abgekühlt wird. Die flüssige Sauce wird auf die lose rollenden Stücke gesprüht und friert schichtweise an. Zusätzlich können auch Blattgewürze oder Zwiebelstücke aufgetragen werden. Das Produkt, zum Beispiel Putengeschnetzeltes in Curryrahmsoße, wird tiefgefroren verpackt. Der Vorteil liegt in der Portionierbarkeit bei stets konstanter Zusammenstellung der Komponenten. Das Fertiggericht »Bunte Nudelpfanne« ist ein Beispiel für ein IQFC-Produkt. Die vorgekochten Nudeln sind mit gefrorener Soße umhüllt (links im Bild), wodurch sich bei der Zubereitung in der Mikrowelle

automatisch die richtige Soßenmenge ergibt (rechts im Bild).

mige Eiskristalle entstehen, die, wenn sie zu groß werden, die Zellwände, etwa von Früchten, zerstören. Beim Auftauen gehen dadurch Form und Konsistenz verloren. Darüber hinaus setzen die verletzten Membranen, Organellen und Vesikel Enzyme frei, deren Wirkungsbereich zuvor eng begrenzt war und die nun anderenorts zu Qualitätsminderungen führen können. Aus diesem Grund muss durch rasches Abkühlen dafür gesorgt werden, dass die Kristalle klein bleiben. Möglich ist dies durch Schockgefrieren mit kalten Gasen, etwa aus flüssigem Stickstoff (–196°C) oder festem Kohlendioxid (–76°C). Das Wiedereinfrieren von auf- oder angetautem Kühlgut ist wegen der damit verbundenen Vergrößerung der Kristalle sowie aus hygienischen Gründen problematisch. Eine Lagerung bei ununterbrochen ausreichend tiefer Temperatur ist daher erforderlich.

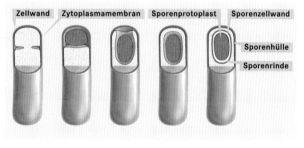

Sporen werden vor allem von Bacillus- und Clostridium-Bakterienarten gebildet.

Tiefkühlkost hat in den letzten zwanzig Jahren dank der raschen und bequemen Zubereitung große Marktanteile erobert, eine Entwicklung, die sich noch fortsetzt. Während vor einiger Zeit noch vorwiegend einzelne Komponenten einer Mahlzeit tiefgekühlt erhältlich waren, so besteht heute ein deutlicher Trend zu tiefgefrorenen Komplettgerichten wie fertig belegten Pizzen oder Baguettes.

Trocknen

Eine weitere Methode, Stoffwechselvorgänge zu unterdrücken, besteht darin, den Organismen Wasser zu entziehen. Bakterien und Hefen benötigen in ihrem Lebensraum mindestens 30 Prozent Feuchtigkeit, um zu gedeihen, Schimmel kommt mit nur 16 Prozent aus. Einige Schimmelarten wachsen sogar noch bei nur fünf Prozent Feuchte. Manche Bakterien überstehen Trockenperioden, indem sie Sporen bilden, die äußerst widerstandsfähig sind.

Neben der verlängerten Haltbarkeit besteht ein zusätzlicher Vorteil getrockneter Lebensmittel in ihrem geringeren Gewicht und Vo-

Bei **Sporen** handelt es sich um eine Dauerform von Bakterien und Schimmelpilzen, die von einer stabilen Schutzhülle umgeben ist und beispielsweise eine Pasteurisierung unbeschadet übersteht. Sporen keimen wieder aus, sobald die Stresssituation, aufgrund welcher sie sich bildeten, vorüber ist. Danach setzen diese Organismen wieder Stoffwechselprodukte frei, die ein Lebensmittel durch unangenehmen Geschmack, Geruch oder sogar Gifte verderben können.

Unter **Verdunsten** versteht man die Wasserentfernung von der Oberfläche einer Substanz, in der Regel bei Temperaturen weit unter dem Siedepunkt. Die dazu erforderliche Wärme wird der Umgebung entzogen. Der Endwassergehalt des Trockengutes ist so groß, wie es die Feuchtigkeit der Umgebungsluft zulässt.
Verdampfen ist die Wasserentfernung unter Hitzeeinwirkung, wobei das Wasser zu sieden beginnt. Der Dampf entsteht dabei nicht nur an der Wasseroberfläche, sondern – in Form von Blasen – auch im Flüssigkeitsinneren.

lumen. Lebensmittel können im Prinzip durch bloßes Aufbewahren an trockener Luft getrocknet werden. Das Wasser verdunstet dabei aber sehr langsam und nicht weitgehend genug. Daher sorgt man durch Hitzeeinwirkung in Form von heißer, trockener Luft oder durch Wärmestrahlung dafür, dass das Wasser rasch und möglichst vollständig verdampft. Die Trocknung eines Lebensmittels verläuft von außen nach innen. Zunächst verdunstet die an der Oberfläche befindliche Flüssigkeit. Danach folgt das in den Kapillaren und Poren vorhandene Wasser, was bereits deutlich langsamer vor sich geht. Chemisch gebundenes Wasser ist mit den Mitteln der Lebensmitteltrocknung kaum zu entfernen.

Bei den thermischen Trocknungstechniken unterscheidet man Konvektions-, Strahlungs- und Kontakttrocknung. Zur Konvektionstrocknung leitet man einen heißen, trockenen Luftstrom über oder durch das Trockengut. Die Erhitzung einer dünnen, feuchten Schicht mithilfe von Infrarotstrahlung ist ein Beispiel für Strahlungstrocknung. Zusätzlich lässt man dabei Luft über die Oberfläche des Trockenguts strömen oder bewegt es, um das Entweichen der Feuchtigkeit zu erleichtern und um örtliche Überhitzung zu vermeiden. Bei der Kontakttrocknung wird die Wärme von einer beheizten Fläche direkt auf das Trockengut übertragen, das dabei zur Durchmischung stets in Bewegung gehalten wird.

Pulverförmige Lebensmittel werden durch Sprühtrocknung hergestellt. Dazu dickt man die zunächst als Flüssigkeiten vorliegenden Lebensmittel zu Konzentraten ein. Hierzu dienen meist Rohrbündel- oder Plattenverdampfer. In diesen wird ein flüssiges Produkt in indirekten Kontakt mit Heißdampf gebracht und eingedampft. Die Hitze wird über eine Edelstahlwand übertragen, die sich zwischen dem flüssigen Lebensmittel und dem Heißdampf befindet. Bei Rohrbündelverdampfern umströmt der Dampf Röhren, in denen die einzudampfende Flüssigkeit im Verlauf der Erhitzung zu sieden beginnt. Plattenverdampfer hingegen bestehen aus mehreren hintereinander geschalteten Edelstahlprofilblechen, durch deren Zwischenräume abwechselnd entweder Heißdampf oder Flüssigkeit strömt. Die aus der Flüssigkeit entweichenden, Brüden genannten Dämpfe werden anschließend kondensiert. Wertvolle Aromastoffe, welche die Brüden gegebenenfalls mit sich führen, lassen sich aus dem Kondensat rückgewinnen.

Auch durch Membranverfahren lassen sich Lösungen konzentrieren. Dabei wird das Wasser – vereinfachend dargestellt – unter hohem Druck durch eine feinporige Filtrationsmembran gepresst, während sich die gelösten Stoffe in dem entstehenden Konzentrat anreichern. Dies ist schonender und energetisch weniger aufwendig als thermische Verfahren.

Die eingedickte Lösung, sei es ein Konzentrat von Kaffee, Zuckerlösung, Milch oder Fleischbrühe, kann nun zu Pulver weiterverarbeitet werden. Das übliche Trocknungverfahren ist hier die Sprühtrocknung. Sie beruht auf Oberflächenvergrößerung durch Zerteilung in feine Tröpfchen, die mithilfe eines schnell rotierenden Zerstäuberrades oder einer Düse am oberen Ende des Trockenturms erzeugt und durch einen Heißluftstrom in Spiralbahnen abwärts transportiert werden. Das Wasser verdampft dabei und wird zusammen mit der Abluft abgesaugt. Solange das Produkt noch Wasser enthält, ist es vor übermäßiger thermischer Belastung geschützt, da die Verdunstung die Produktoberfläche kühlt. Im unteren Bereich des sich konisch verjüngenden Trockenturms herrschen niedrigere Temperaturen als oben, sodass das nunmehr trockene Produkt thermisch nicht mehr wesentlich belastet wird. An der Auslassöffnung des Trockenturms liegt das Produkt als lockerer Staub vor, der in einem nachfolgenden Zyklon verdichtet und abgeschieden wird. Auch der Zyklon ist oben zylindrisch und läuft nach unten hin konisch zu. Der Staub wird oben tangential eingeblasen und wirbelt spiralförmig nach unten, wobei er sich an der Wandung zu Pulver ablagert, das nach unten rutscht. Dort wird es in einem Behälter aufgefangen. Die Luft wird (wie beim Trockenturm) nach oben abgesaugt und anschließend durch einen Feinstaubfilter gereinigt.

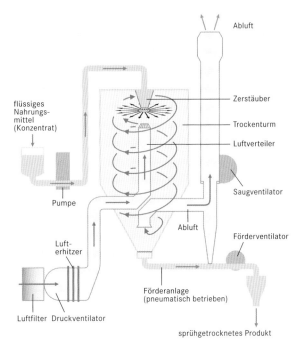

Die **Sprühtrocknung** dient zur Herstellung pulverförmiger Lebensmittel.

Thermische Trockenverfahren können empfindliche Lebensmittel schädigen. Ein alternatives, schonendes Verfahren besteht in der Gefriertrocknung. Sie erfolgt bei tiefer Temperatur und niedrigem Druck. Das Wasser wird dabei durch Sublimation entfernt, das heißt, es geht aus dem festen Zustand direkt, ohne zwischendurch flüssig zu werden, in die Gasphase (Dampf) über. Instantkaffee ist ein Beispiel für ein solchermaßen hergestelltes Produkt.

Hitze

Nicht nur die Trocknung, die durch die Erhitzung bewirkt wird, kann der Haltbarmachung dienen. Die erhöhten Temperaturen selbst besitzen ebenfalls konservierende Wirkung. Diese Tatsache ist schon lange bekannt. So beschrieb der französische Arzt und Naturforscher Denis Papin bereits im Jahr 1679 einen Dampfkochtopf zur Lebensmittelkonservierung. Aber erst nach 1871 gelang es seinem Landsmann, dem Chemiker und Mikrobiologen Louis Pasteur, diesen Effekt auf Keimabtötung zurückzuführen. Wie sich inzwischen herausgestellt hat, trägt auch die Enzyminaktivierung, die bei hohen Temperaturen erfolgt, zur Haltbarmachung bei.

Um auch die Sporen der Bakterien und Schimmelpilze zu zerstören, muss sehr lange oder sehr hoch erhitzt werden. Leider gehen beim Erhitzen auch wertvolle Inhaltsstoffe verloren. Vitamine, ins-

---

AGGLOMERATION UND COATING

Es gibt Varianten des Sprühtrockenverfahrens, mit denen es gelingt, körnige Pulver herzustellen, die sich besonders leicht in Wasser lösen (Agglomeration), oder Körnchen zu beschichten (Coating). Zur Agglomeration wird das Pulver kurz angefeuchtet, wobei die Partikel verklumpen, und gleich wieder getrocknet. Auf diese Weise entstehen leichter benetzbare Granulate mit den gewünschten Instanteigenschaften. Beispiele sind Zitronenteepulver, perlierte Säuglingsnahrung und gekörnte Brühe. Das Granulat wird oftmals noch beschichtet, was in einer entsprechend ausgelegten Anlage gewöhnlich unmittelbar im Anschluss an die Agglomeration erfolgt.

Eine Beschichtung (Coating) kann verschiedenen Zwecken dienen. Die Ummantelung kann aus einer gefärbten, gegebenenfalls aromatisierten Zucker- oder Hydrokolloidschicht bestehen und dem Produkt ein neues Aussehen oder veränderte Geschmackseigenschaften verleihen. Die Umhüllung kann auch als Schutzschicht dienen, die das Partikelinnere vor Luftfeuchtigkeit und Sauerstoff isoliert. Ein anderes Beispiel ist fettummanteltes Salz, das schon in der Metzgerei zusammen mit Dekorgewürzen auf ein Stück Schnitzel aufgebracht werden kann und dank seiner Hülle nicht wasserentziehend wirkt. Die Beschichtung erfolgt allgemein, indem man das pulvrige Ausgangsmaterial durch einen Luftstrom aufwirbelt und eine wässrige Lösung der Hüllstoffe oder eine Fettschmelze von oben einsprüht (Top-Spray-Verfahren). Wasser dient dabei zunächst zur Granulatbildung, in Wasser gelöster Farbstoff und Zucker beispielsweise als nachfolgende Beschichtung. Die Flüssigkeit umschließt die einzelnen Feststoffteilchen mit einem Film. Bei Fetten erstarrt dieser später, im Falle wässriger Lösungen verfestigt sich die Hülle beim anschließenden Trocknen.

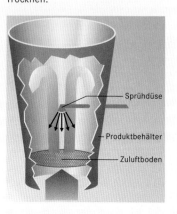

Sprühdüse
Produktbehälter
Zuluftboden

---

besondere Ascorbinsäure und Thiamin, werden dabei leicht zerstört und manche Aromastoffe werden verflüchtigt oder oxidiert. Um diese Verluste zu begrenzen, sollte die Hitzeeinwirkung nur möglichst kurzzeitig und unter Sauerstoffausschluss erfolgen. Erreichen lässt sich das durch Erhitzen auf über 100 °C unter Druck in geschlossenen Behältern (Autoklaven).

Druck

Zusätzlich zur Temperatur steht der Lebensmitteltechnik mit dem Druck ein weiterer Parameter zur Verfügung, um Nahrungsmitteln eine längere Haltbarkeit zu verleihen. Die Hochdruckpasteurisierung ist eine verhältnismäßig neue Methode, bei der mit wertvollen Inhaltsstoffen schonender als bei thermischen Verfahren umgegangen wird. Das Verfahren ist insbesondere für flüssige und pastöse Produkte, auch mit stückigen Bestandteilen, geeignet. Beispiele sind Säfte und Marmelade. Die Ware, die sich in einer flexiblen Verpackung befindet, wird in einen mit Wasser gefüllten Zylinder gegeben, in dem mithilfe eines Kolbens ein Druck von sechs bis 18 Kilobar erzeugt wird.

Bei neun Kilobar muss der Druck etwa eine halbe Stunde, bei 18 Kilobar einige Minuten wirken. Vegetative Keime und Krankheitserreger werden zuverlässig abgetötet, druckresistente Sporenbildner bleiben jedoch keimfähig. Auch Enzyme, die für autolytische Prozesse bei der Lagerung verantwortlich sind, bleiben erhalten, weshalb das Hochdruckverfahren meist mit Erhitzen kombiniert wird. Dabei genügen allerdings bereits relativ niedrige Temperaturen

Die **Pasteurisation** dient vor allem der Abtötung pathogener, also krankheitserregender Keime. Die Temperatur liegt unter 100 °C, und das so erhitzte Lebensmittel ist – abhängig vom pH-Wert – in der Regel nur wenige Wochen haltbar.

Die **Sterilisation** wird bei Temperaturen über 100 °C oder durch Bestrahlung durchgeführt. Hier werden alle Mikroorganismen, auch Sporen, abgetötet und Enzyme inaktiviert. Damit werden dauerhaft lagerfähige Lebensmittel erzeugt.

Bei der **Ultrahocherhitzung** wird ein flüssiges Produkt für wenige Sekunden unter Druck auf hohe Temperaturen (bis zu 150 °C) erhitzt. Alle Keime sterben ab. Ein Beispiel ist die H-Milch.

(40–50 °C). Das Verfahren ist teurer als konventionelle thermische Methoden und daher bislang wenig verbreitet.

Strahlung

Einen von den bisher beschriebenen Verfahren zur Keimtötung (Sterilisation) grundsätzlich verschiedenen Weg beschreitet man mit einer Behandlung durch energiereiche, ionisierende Strahlung. Welche Strahlenarten kommen hier infrage? Die keimtötende Wirkung von ultravioletter Strahlung (UV) ist auf die sichtbare Oberfläche beschränkt, weshalb UV in der Lebensmitteltechnik keine große Rolle spielt. Etwas höhere Eindringtiefe besitzen Elektronenstrahlen. Sie entstehen bei manchen radioaktiven Zerfallsreaktionen (Betastrahlen), werden aber technisch meist in Elektronenbeschleunigern erzeugt. Auch Elektronenstrahlen finden zur Sterilisierung von Lebensmitteln kaum Anwendung. Anders verhält es sich mit Gammastrahlung. Diese Strahlen durchdringen mühelos pflanzliches und tierisches Gewebe, weshalb man auch von harter Strahlung spricht. Durch die Strahlung werden chemische Bindungen aufgebrochen und vor allem Oxidationsreaktionen ausgelöst. Niedere Lebewesen sowie die Keimzellen höherer Organismen gehen dabei zugrunde, Mikroorganismen werden abgetötet. Auch das Keimen von Pflanzen, etwa von Kartoffeln und Zwiebeln, lässt sich so unterbinden, und tierische Parasiten wie Würmer und Insekten oder deren Larven können zuverlässig vernichtet werden. Die ausgelösten Reaktionen verursachen allerdings beispielsweise bei Milch und Molkereiprodukten einen unangenehmen Geschmack, sodass hier eine Bestrahlung nicht infrage kommt. Bei trockenen oder fett- und eiweißfreien Lebensmitteln sind keine Geschmacksveränderungen feststellbar.

In Deutschland ist der Verkauf von mit ionisierender Strahlung bestrahlten Lebensmitteln bislang gesetzlich nicht zugelassen.

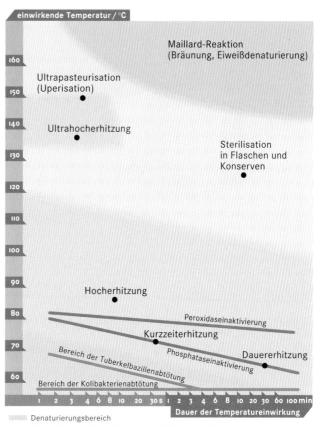

Konservierung von flüssigen und pastösen Lebensmitteln durch **Hitzeeinwirkung.** Die dicken Punkte markieren den Bereich üblicher Konservierungsmethoden.

Säure

Einige nützliche Mikroorganismen gedeihen in saurem und teils auch salzigem Milieu, unter Bedingungen, welche die meisten anderen Keime nicht vertragen. Krankheitserreger wie Salmonellen und Staphylokokken sind unterhalb eines pH-Werts von 4,2 nicht

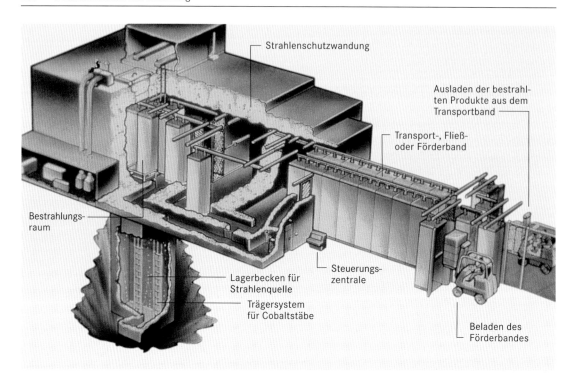

Strahlenschutzwandung

Ausladen der bestrahlten Produkte aus dem Transportband

Transport-, Fließ- oder Förderband

Bestrahlungs- raum

Lagerbecken für Strahlenquelle

Steuerungs- zentrale

Trägersystem für Cobaltstäbe

Beladen des Förderbandes

Als Gammastrahlenquelle bei der **Lebensmittelbestrahlung** dient vornehmlich das radioaktive Cobaltnuklid ^{60}Co. Endprodukt dieses Zerfalls ist ein stabiles Nickelisotop, welches übrig bleibt, wenn die Strahlenquelle verbraucht ist. Die Lebensmittel kommen zu keiner Zeit in direkte Berührung mit radioaktivem Material, sie werden durch die Bestrahlung auch nicht selbst radioaktiv. Zur Induktion von Radioaktivität ist wesentlich härtere Strahlung erforderlich, als sie in der

Lebensmittelbestrahlung (und auch der medizinischen Radiotherapie) eingesetzt wird. Die Produkte können in ihrer Endverpackung bestrahlt werden, da auch diese von der Strahlung durchdrungen wird. In der **Bestrahlungsanlage** werden die Lebensmittel auf einer Palette mit einem Förderband durch die Behandlungszone gefahren, die nach außen durch eine zwei Meter dicke Wand abgeschirmt ist. Solange die Anlage in Betrieb ist, befinden sich

die Strahlenquellen, auf Trägern befestigte ^{60}Co-Stäbe, im Bestrahlungsraum. Je nach erforderlicher Dosisleistung können eine oder mehrere Strahlenquellen heraufgeholt werden. Die Produktbehälter laufen so um die Strahlenquellen herum, dass sie von allen Seiten durchstrahlt werden. Wenn Wartungspersonal die Anlage betreten muss, werden die Strahlenquellen wieder auf den Boden des abgeschirmten Lagerbeckens abgesenkt.

Der **pH-Wert** ist ein quantitatives Maß für die vom Standpunkt der Chemie aus betrachtet entgegengesetzten Geschmacksempfindungen sauer und seifig. Zitronensaft hat einen pH-Wert von etwa 2, während der pH-Wert einer Lösung von Backpulver rund 10 beträgt. Reines Wasser ist pH-neutral (7,0).

vermehrungsfähig. Sporen von Clostridium botulinum keimen unter dem gleichen pH-Wert nicht aus. Lactobazillen (zum Beispiel Milchsäurebakterien) hingegen bekommen die sauren Bedingungen sehr gut. Sie senken den pH-Wert selbst aktiv ab und produzieren außerdem Bakteriozine, das sind Proteine, die die Bakterien konkurrierender, verwandter Stämme abtöten. Darauf beruht das Konzept der Schutzkulturen, die man beispielsweise Feinkostsalaten zusetzt, um sie vor Verderb zu bewahren.

Den Konkurrenzeffekt zwischen halo- beziehungsweise acidophilen (Salz beziehungsweise Säure bevorzugenden) und anderen Kulturen macht man sich auch bei der Sauerkrautherstellung zunutze, indem man den geschnittenen Weißkohl mit Salz versetzt und fermentieren lässt. Dabei vermehren sich anfangs bevorzugt und später ausschließlich die erwünschten Milchsäurebakterien, welche die Kohlenhydrate in den Kohlblättern unter Sauerstoffausschluss zu

Milchsäure abbauen. Fäulniserreger können sich unter diesen Bedingungen nicht vermehren. In ähnlicher Weise werden auch saure Bohnen und Salzgurken hergestellt.

Der Produktion von Bier, Wein und Essig liegen ebenfalls Gärungsprozesse zugrunde. Der Aspekt der Konservierung ist bei diesen Produkten jedoch im Unterschied zu den milchsauren Gemüsen so weit hinter ihrem eigenständigen Charakter zurückgetreten, dass man sich dessen kaum noch bewusst ist. Auch ohne Fermentieren, durch Einlegen oder Einkochen in gesalzenem, meist gewürztem Essig, kann man saure Lebensmittelkonserven wie Gewürzgurken, marinierte Früchte oder Fisch herstellen.

Zusatzstoffe

Außer Salz und Säure besitzt noch eine Reihe weiterer Zusatzstoffe konservierende Wirkung. Zucker in großen Mengen wirkt durch Osmose wasserentziehend, sodass die Mikroorganismen quasi austrocknen. Sporenbildner können diese Bedingungen allerdings überstehen. Während zur Zuckerung früher Honig oder Ahornsirup dienten, verwendet man heute meist durch Enzymeinwirkung oder Säurehydrolyse aus Stärke gewonnenen Glucosesirup.

Auch hochprozentiger Alkohol kann zur Konservierung, zum Beispiel von Früchten, eingesetzt werden. Weitere gängige Konservierungsmittel sind Benzoe-, Propion- und Sorbinsäure sowie ihre Salze, Ester der *para*-Hydroxybenzoesäure, Nitrate und Nitrite (Bestandteile von Pökelsalz) sowie Schwefeldioxid und Sulfite (Schwefeln von Früchten). Bei der Verwendung der Salze ist der Zusatz eines Säuerungsmittels erforderlich, da nicht das Salz, sondern vielmehr die zugrunde liegende Säure konservierende Wirkung besitzt.

Eine relativ neue und noch nicht allgemein verwendete Methode ist die enzymatische Konservierung. Es gibt verschiedene Enzyme zur gezielten Lyse (Zersetzung) von Mikroorganismen. So ist etwa Lysozym zur Zerstörung von Bakterien geeignet, Chitinase lässt sich gegen Schimmelpilze und Glucanase gegen Hefen einsetzen.

Eine packende Geschichte: Dosen, Kartons und Tüten

Bis auf wenige Ausnahmen wie Trockenfrüchte oder Räucherschinken nutzt auch die beste Konservierung nichts, wenn die Ware nicht ordnungsgemäß verpackt wird, und selbst in diesen Fällen wird meist nicht auf eine Verpackung verzichtet. Dementsprechend sind Lebensmittel heutzutage in Supermärkten oder Lebensmittelläden kaum noch lose und unverpackt erhältlich. Was lässt die Verpackung so unentbehrlich erscheinen? Sie erfüllt eine Vielzahl von Aufgaben, indem sie zusätzliche Produkthaltbarkeit gewährleistet, Schmutz abhält, wenn nötig, vor schädlichen Einwirkungen durch Licht und Sauerstoff schützt, eine problemlose Handhabung der Ware bei Transport und Lagerung ermöglicht und auf den Verbraucher attraktiv und kauffördernd wirken soll. Die Verpackung hat jedoch den Anforderungen des Abfallgesetzes (1986) und der Ver-

Wilhelm Busch dokumentierte mit seiner Geschichte von der **Witwe Bolte** (oben) beiläufig die noch im 19. Jahrhundert allgemein gebräuchliche heimische **Sauerkrautherstellung** aus Weißkohl (Mitte). Im industriellen Maßstab verwendet man **Gärungsbassins,** in denen das eingefüllte, geschnittene Kraut mit Plastikfolie abgedeckt und mit Gewichten beschwert wird (unten).

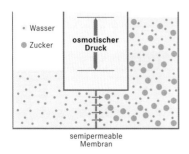

Wasser

Zucker

osmotischer Druck

semipermeable Membran

Osmose findet zwischen Flüssigkeiten statt, in denen verschiedene Mengen eines löslichen Stoffs enthalten sind und die über eine semipermeable (halbdurchlässige) Membran in Kontakt stehen. Eine solche Membran ist nur für das Lösungsmittel (Wasser), nicht aber für den gelösten Stoff durchlässig. Es entsteht ein osmotischer Druck auf der Seite der Membran, auf der die höhere Konzentration des gelösten Stoffes herrscht. Da ein Bestreben nach Konzentrationsausgleich besteht, treten kleine Teilchen (Wassermoleküle) bevorzugt in Richtung der höher konzentrierten Seite durch die Membran hindurch, wodurch sich dort eine Verdünnung und Druckerhöhung ergibt.

Auch heute noch finden auf **Viktualienmärkten** Körbe und Kisten für Obst und Gemüse sowie Säcke für Gewürze Verwendung.

packungsverordnung (1991) zu genügen. Da diese Ansprüche einander zum Teil widersprechen, stellt jede Verpackung letztlich einen Kompromiss dar.

Nicht zu allen Zeiten herrschte ein derart verschwenderischer Umgang mit Verpackungsmaterial wie heute. So war es früher selbstverständlich, die zur Verpackung verwendeten Körbe, Kisten, Flaschen, Krüge, Schläuche, Säcke und Tücher erneut zu verwenden. Die Wiederverwendung ist heute im Wesentlichen auf Flaschen beschränkt, für andere Verpackungsmaterialien wie Kartons, Plastikbecher oder Blechdosen ist eine Wiederverwertung (Recycling) nach dem Dualen System vorgesehen.

Dosenfutter – besser als sein Ruf

Da sich Weißblechdosen magnetisch vom restlichen Abfall trennen lassen, besitzen sie eine überdurchschnittlich gute Wiederverwertbarkeit. Auch hinsichtlich der Qualität der darin abgefüllten Lebensmittel besitzen sie einige Vorzüge. Wie schon beim Thema Hitzekonservierung ausgeführt, bleiben empfindliche Vitamine bei der ausgeklügelten Prozessführung der Konservenherstellung in nahezu vollem Umfang erhalten – natürlich sofern auch wirklich frische Ware verarbeitet wird. Dank moderner Beschichtungstechnologie sind Korrosion der Dose und Schwermetallbelastung des Inhalts keine ernsten Themen mehr. Daher ist es inzwischen auch nicht mehr nötig, eine angebrochene Dose umzufüllen.

Das Prinzip, Lebensmittel in einer dicht schließenden Hülle durch Erhitzen haltbar zu machen, fand zwar bei Wurstwaren schon in prähistorischen Zeiten Anwendung, die Konservierung in Gläsern oder Dosen ist jedoch eine relativ junge Methode. Die Hitzekonservierung in korkverschlossenen Flaschen wurde erstmals 1809 von dem Pariser Koch und Konditor Nicolas Appert beschrieben, der damit ein Preisausschreiben Napoleons I. zur Verbesserung der Truppenverpflegung gewann. Die eigentliche Konservendose ist eine Erfindung des Engländers Peter Durand aus dem Jahr 1810. Ursprünglich bestanden die Dosen nur aus Zinn, doch bereits 1839 wurden fast ausschließlich Behälter aus zinnbeschichtetem Eisenblech (Weißblech) verwendet. Die Beschichtung erfolgte anfangs in einer Zinnschmelze (Feuerverzinnung), seit 1934 aber durch elektrolytische Abscheidung mit anschließendem Aufschmelzen des Zinns. Dadurch sind wesentlich dünnere Zinnschichten möglich. Zur Erhöhung der Korrosionsfestigkeit werden die beschichteten Bleche noch lackiert. Der erste brauchbare Dosenöffner wurde übrigens erst 1860 entwickelt.

Nach der Befüllung mit Gemüse, Würstchen, Eintopf oder anderen Lebensmitteln werden die Dosen unverschlossen erhitzt, gegebenenfalls bei vermindertem Druck, um eingeschlossene oder gelöste Luft zu entfernen. Danach werden die Dosen verschlossen und sterilisiert, indem sie in einem Autoklaven (Druckbehälter) bei etwa drei Bar auf 120 bis 130 °C gebracht und – je nach Lebensmittel – zwischen einer und 20 Minuten auf diesen Temperaturen gehalten werden. Die Abkühlung erfolgt entweder an der Luft oder

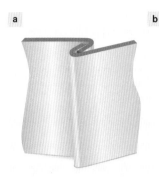

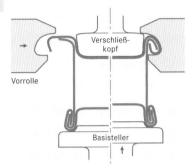

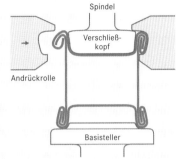

Konservendosen gibt es seit etwa 200 Jahren. Sie wurden zunächst aus reinem Zinn gefertigt, ab 1839 aber fast ausschließlich aus Weißblech. Boden und Deckel einer Weißblechdose sowie die Naht des Dosenkörpers wurden in der Frühzeit nur verlötet. Heute erzielt man höhere Dichtigkeit und Stabilität durch a) die Falzung der Längsnaht vor dem Dichtpressen und b) die Bördelung und Falzung des Deckels. Zusätzliche mechanische Stabilität verleihen den Dosen rillenförmige Ausbuchtungen, die ringsherum verlaufen und Sicken genannt werden. Noch beim Weißblech-produzenten wird der Dosenboden befestigt; der Deckel wird erst nach dem Füllen durch den Lebensmittel-produzenten angebracht. Das Doseninnere wird in einigen Fällen zusätzlich mit Latex beschichtet. Bei Dosen geringerer Höhe und bei Weißblechschalen wird der Körper inzwischen meist durch Tiefziehen aus einem Stück hergestellt. Boden- und Seitennaht entfallen somit, nur der Deckel muss noch angebracht werden.

durch Kühlwasser, bei großen Konservendosen auch unter Druck, damit der innere Dampfdruck die Dosen nicht sprengt. Durch definierte, rasche Abkühlung lässt sich unkontrolliertes Nachgaren vermeiden und die gewünschte Konsistenz erhalten. Die abgekühlten Dosen werden etikettiert und zum Transport in Kartons verpackt.

Zur Abfüllung in Dosen sind nahezu alle Lebensmittel geeignet. Man findet eingedost sowohl feste als auch flüssige Lebensmittel: Gemüse, Wurst- und Fleischwaren, Fisch, Fertiggerichte, aber auch Getränke sind so in bequem transportierbare, lagerfähige Portionen verpackt.

Flaschen: keine Versager

Kohlensäurehaltige Getränke in Dosen konnten zwar einen großen Marktanteil erobern, die meisten Getränke – ob sprudelnd oder still – werden allerdings in Flaschen verkauft. Dies war nicht immer so. Glasgefäße waren von der Entdeckung der Glasherstellung etwa 3000 v. Chr. bis zu ihrer Massenherstellung im 19. Jahrhundert Luxusartikel zur Aufbewahrung von Öl oder Duftstoffen, die sich nur Wohlhabende leisten konnten. Für Getränke verwendete man vorwiegend Tongefäße, deren Herstellung bereits 4000 Jahre länger bekannt ist. Getränkeflaschen aus Glas traten ihren Siegeszug aufgrund niedriger großtechnischer Herstellungskosten, aber auch wegen ihrer den Tonkrügen überlegenen Eigenschaften an: geringere Zerbrechlichkeit, Luftundurchlässigkeit und Transparenz.

Autoklav bei der Beschickung mit Konservendosen.

Typ	Hitzebehandlung	Abtötung	Haltbarkeit
Halbkonserven (Präserven)	65–75 °C	die meisten vegetativen Mikroorganismen	6 Monate bei < 5 °C
Dreiviertelkonserven	40–60 s bei 121 °C	alle vegetativen Keime und Sporen mesophiler Arten der Gattung Bacillus	6–12 Monate bei < 15 °C
Vollkonserven	5–6 min bei 121 °C	außerdem Sporen mesophiler Arten der Gattung Clostridium	4 Jahre bei < 25 °C
Tropenkonserven	16–20 min bei 121 °C	außerdem Sporen thermophiler Arten der Gattung Bacillus und Clostridium	1 Jahr bei > 40 °C

Fleischkonserven sind je nach Dauer und Temperatur der Hitzebehandlung unterschiedlich lange haltbar.

Seit Mitte der 1980er-Jahre hat das Glas jedoch durch Kunststoffe wie Polyethylen-Terephthalat (PET) Konkurrenz bekommen, sind doch Letztere nahezu unzerbrechlich und zudem leichter. Sowohl Glas- als auch Kunststoffflaschen sind hervorragend wieder verwendbar. Für die Getränkeindustrie stellen Pfandflaschen ein gewisses Problem dar, da sie häufig stark verschmutzt oder schadhaft sind.

Die Flaschenabfüllung erfolgt beim Getränkehersteller, der dazu neue Flaschen kauft und Pfandflaschen wieder verwendet. Zur Reinigung werden sämtliche Flaschen kopfüber in eine Flaschenwaschmaschine befördert, wo sie zunächst in ein Tauchbad mit heißer alkalischer Reinigungslösung gelangen, die die angetrockneten Verschmutzungen und die Etiketten ablöst. Anschließend werden eventuell vorhandene Rückstände durch mehrmaliges Spülen mit einer Spüllösung und zum Schluss mit Trinkwasser entfernt. Gegebenenfalls kann sich noch eine Sterilisierung anschließen. Bevor die Flaschen befüllt werden, müssen unbrauchbare Exemplare ausgesondert werden. Dies geschieht automatisch in einem Bottle-Inspector. Zur Untersuchung auf Defekte oder Schmutzreste dienen verschiedene optische Detektoren. Mit ihrer Hilfe ist eine automatische Mündungs- und Gewindekontrolle sowie Überprüfung auf Fremdkörper und Restflüssigkeit möglich. Wenn die Flaschen diese Prüfung erfolgreich überstanden haben, sind sie bereit für die Abfüllung. Fruchtsaft wird zur Ausschaltung von Keimen meist bei Temperaturen von etwa 90 °C abgefüllt. Bei qualitativ besonders hochwertigen Fruchtsäften verwendet man die

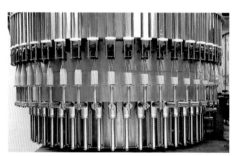

Die **Heißabfüllung von Orangensaft in Flaschen** erfolgt hier in einem pneumatisch gesteuerten Schwerkraft-Füllsystem mit langem Füllrohr. Zur Veranschaulichung des Füllvorgangs wurde die Schutzverkleidung abgenommen.

kaltaseptische Abfüllung, für die in der Anlage sterile Bedingungen herrschen müssen. Dies gilt nicht nur für die Atmosphäre in der Anlage, sondern auch für Flasche, Füllgut und Verschluss. Um ein Eindringen verkeimter Umgebungsluft zu verhindern, steht die Anlage unter einem geringen Überdruck, der durch Zufuhr von Sterilluft aufrechterhalten wird. Nach Abfüllen, Verschließen und Etikettieren werden die Flaschen in Kästen eingestellt, die anschließend palettiert werden.

Kartonverpackungen – nicht (nur) von Pappe

Auch Kartonverpackungen eignen sich zum Abfüllen von Getränken, wenn auch – wegen des Drucks – nicht für stark kohlensäurehaltige. Darüber hinaus sind diese Verpackungen auch für pastöse Lebensmittel wie Frucht- oder Gemüsepürees verwendbar.

Gegenüber Glas liegt ihr Vorteil im vergleichsweise geringen Gewicht, als Verbundmaterialien sind sie allerdings im Hinblick auf Recycling weniger günstig als Dosen und Flaschen. Sie bestehen aus Karton beziehungsweise Pappe, meist auf der späteren Kartoninnenseite mit Aluminium und beidseitig mit mehreren Schichten aus Kunststoff kaschiert. Hergestellt werden die Kartons entweder aus vorgefertigten Zuschnitten oder von der Rolle.

Die mantelförmigen Zuschnitte, deren Längsnaht bereits vom Hersteller versiegelt wurde, werden beim Lebensmittelproduzenten mit Hilfe eines Saugers einzeln aus einem Magazin entnommen, aufgefaltet und auf einen Edelstahlblock geschoben. Fehlerhaftes Material wird automatisch erkannt und ausgeworfen. Der Boden wird vorgefaltet und der Kunststoff der Bodensiegelfläche mit Heißluft geschmolzen. Im nächsten Schritt erfolgt die Versiegelung des Bodens durch Anpressen. In den offenen Karton wird Druckluft geblasen, um Staubpartikel zu entfernen. Nun muss der Karton noch innen sterilisiert werden. Dazu wird eine genau dosierte Menge heiße, 35-prozentige Wasserstoffperoxidlösung eingesprüht. Nach ausreichender Einwirkzeit wird die Packung durch Sterilluft getrocknet. Ein Ventilator fördert die Dämpfe über einen Katalysator ins Freie, wobei das Wasserstoffperoxid zu Wasser und Sauerstoff umgesetzt wird.

Die sterilisierten Kartons gelangen in die Füllanlage, wo eine Sterilluftatmosphäre mit einem geringen Überdruck herrscht. Damit wird verhindert, dass Keime aus der Umgebung der Verpackungsmaschine zum Dosierbereich gelangen. Das Füllgut wird in die offene Packung eindosiert, bis diese restlos gefüllt ist, damit kein Luftsauerstoff mehr oxidierend einwirken kann. Manche Packungen sollen jedoch vor dem Öffnen geschüttelt werden können, zum Beispiel solche von fruchtfleischhaltigen Säften. Dazu ist ein Kopfraum in der Verpackung erforderlich. Er wird erzeugt, indem man eine bestimmte Menge Stickstoff eindüst. Aus dem erzeugten Schaum bildet sich später der Kopfraum. Nach dem Füllen wird die Packung durch Versiegeln der Kopfnaht verschlossen, und die beim Falzen entstandenen Zipfel werden an den Seiten angeklebt.

Bei der erwähnten Rollentechnik werden die Kartons beim Lebensmittelproduzenten aus einer aufgerollten Packstoffbahn hergestellt. Diese besteht aus einem Laminat von Pappe, Aluminium und mehreren Schichten Kunststoff. Sie wird durch ein Sterilisationsbad mit 35-prozentigem Wasserstoffperoxid geführt und anschließend mit Sterilluft abgeblasen. Die Packstoffsterilisation kann auch durch heißen Wasserdampf erfolgen. Nach der Keimtötung wird aus der Bahn durch Versiegeln der Längsnaht ein Schlauch gebildet. Aus diesem wird der spätere Karton vorgeformt, indem ein Backenpaar in regelmäßigen Abständen eine Quernaht presst, verschweißt und entzwei schneidet. Dadurch wird zugleich die Oberseite des unteren und die Unterseite des von oben nachfolgenden Kartons verschlossen. Das Füllgut wird in den oberen, oben offenen Karton dosiert. Ein eventuell erforderlicher Kopfraum wird hier erzeugt, indem man beim Füllen, das unter einer Stickstoffatmosphäre erfolgt, einen

Rest Gas über der Flüssigkeit lässt. Nach dem Einfüllen tritt das Backenpaar wieder in Aktion. Der gefüllte Karton wird dabei abgetrennt und ist nun komplett verschlossen. Seine obere und untere Naht werden an den Ecken gefalzt und umgeklappt, wodurch der Karton seine endgültige Form erhält. Die oberen Zipfel werden an den Seiten der Packung, die unteren an der Unterseite angeklebt. Die fertigen Kartons werden in Umkartons, so genannte Trays oder Wrap-arounds, gestellt, die für Transport und Lagerung auf Paletten gestapelt werden.

Kartonherstellung und **-füllung** sind komplexe Vorgänge.

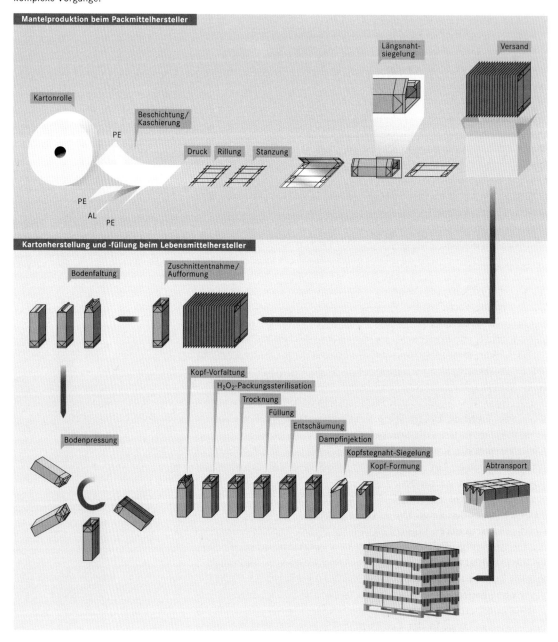

Die Schlauchbeutelmaschine – der Name spricht für sich

Ganz ähnlich wie die eben beschriebene Rollenanlage zu Herstellung, Füllung und Verschluss von Kartonverpackungen funktioniert die Schlauchbeutelmaschine. Sie dient zur Produktion von Beuteln für die Verpackung pulverförmiger, flockiger oder stückförmiger Lebensmittel wie Instantsuppen oder -soßen, Cornflakes, Schokoriegel, Eiscreme und Gebäck.

Die Verpackungsfolie für Produkte wie Suppenpulver wird von einer Rolle abgezogen, über eine Formschulter geführt und so zu einem flachen Schlauch geformt, der längs seiner seitlichen Naht verschweißt wird. Zwei Schweißbacken erzeugen die Kopfnaht des unteren Beutels und gleichzeitig die Fußnaht des darüber befindlichen Beutels, der tütenförmig geöffnet ist. Im gleichen Arbeitsgang werden die Beutel auseinander geschnitten. In den geöffneten Beutel wird das Suppenpulver durch ein Abfüllrohr eindosiert. Der befüllte Beutel erhält nun seine Kopfnaht, wird abgetrennt und in die Verkaufsverpackung befördert.

Bevor die fabrikfrisch verpackten Lebensmittel, seien es Tütensuppen, Bierkästen oder Margarinebecher, zur Verkaufsstelle, meist einem Supermarkt, gelangen, ist eine Reihe logistischer Zwischenschritte erforderlich.

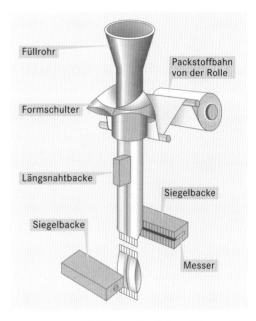

Die **Schlauchbeutelmaschine,** auch vertikale Formfüllverschließmaschine genannt, dient zur Verpackung einer Vielzahl fester Lebensmittel: Von Apfelringen über Müsliriegel zu Zuckerpastillen lässt sich damit alles eintüten.

Alles Paletti?

Die Logistik hat die Aufgabe, die produzierte Ware bedarfs- und termingerecht an den Verkaufsort zu schaffen. Als Hilfsmittel benötigt sie dazu Transportmittel und Lagerstellen, seit den 1970er-Jahren stehen zur Koordination auch Computer zur Verfügung.

Zum Warentransport und zur Warenlagerung dienen Paletten, stabile Holzkonstruktionen genormter Größe, die sich leicht mit einem Gabelstapler aufnehmen lassen. Auf diese werden Stückgüter wie Kartons, Kisten oder auch Säcke gestapelt. Auf eine Palette passen meist mehrere Lagen Ware. Um die einzelnen Lagen zusammenzusetzen, müssen die Stückgüter zunächst ausgerichtet werden. Dazu werden die Kartons auf einer Förderspur in die Palettiermaschine eingelenkt. Auf einem Verteiler werden die Stückgüter in die richtige Position geschoben. Durch Klammerwender können die Kartons so gedreht werden, dass die beschriftete Kartonseite auf der Palette nach außen zeigt. Die korrekt positionierte Warenlage wird durch Lichtschranken kontrolliert und mithilfe eines Schiebers auf die bereitgestellte Palette befördert. Dies geschieht mehrere Male, bis die maximal zulässige Stapelhöhe erreicht ist. Die fertig beladene Palette kann abschließend durch Umreifung oder Umwicklung mit einer Folie gegen Verrutschen gesichert werden.

Rollenförderer transportieren die Palette nun ins Lager, häufig ein Hochregallager. In der Lebensmittelbranche gilt bei der Lager-

Bei dem gelben Gerüst im Hintergrund handelt es sich um ein **Regalbediengerät**. Es ist 27 Meter hoch und bewegt sich auf einer Schiene zwischen den Hochregalen vor und zurück. Die Ware wird palettenweise mithilfe einer beweglichen Gabel im linken Regal platziert oder dort herausgehoben. An der Vorderfront der Regale – hier nicht gezeigt – befinden sich Rollenfördersysteme, welche die Paletten zu- und abführen.

haltung das First-in-first-out-Prinzip, auch Rotationslagerhaltung genannt. Damit die Ware nicht unnötig altert, muss die am längsten im Lager befindliche Ware unbedingt vor frischer Ware ausgeliefert werden. Die Paletten sind meist durch einen scannerlesbaren Strichcode markiert, sodass Ware und Herstellungsdatum jederzeit automatisch erkannt werden können. Die Regalbediengeräte, große, rechnergesteuerte Gabelstapler, befördern die Paletten zu den jeweiligen freien Lagerplätzen. Dabei wird nicht nach Produkten oder Haltbarkeit sortiert, sondern es wird einfach der am schnellsten erreichbare freie Lagerplatz angefahren. Dies nennt man das Prinzip der chaotischen Lagerhaltung, was aber keineswegs zum Chaos führt, da »Kollege« Computer stets den Überblick bewahrt, redundant abgesichert durch ein Reservesystem (Fail-Safe-System), welches das Primärsystem überwacht und bei eventuellen Fehlfunktionen sofort einspringt.

Die auszuliefernde Ware wird nun zur Vorbereitung für den Versand nach Auslieferungstouren zusammengestellt, sie wird kommissioniert. Dabei gibt es zwei mögliche Prinzipien: »Mann zu Ware« oder »Ware zum Mann«. Beim ersten Verfahren fährt ein Mitarbeiter mit einem Gabelstapler die Lagerstellplätze an und sammelt die Ware gemäß Kundenauftrag. Hierbei erhält er per Datenfunk Rechnerunterstützung, sodass er stets den kürzesten Weg einschlagen kann. Bei der anderen Methode befördert das Regalfahrzeug die Ware zu einem Übergabepunkt, von wo sie über Rollenförderer zum Kommissionierbereich transportiert wird. Dort packen Mitarbeiter die Produkte den Kundenaufträgen entsprechend zusammen. Die versandfertigen Paletten werden schließlich zur LKW-Laderampe und von dort zu einer weiteren Distributionszentrale oder direkt zum Supermarkt transportiert.

Ohne moderne Logistik wäre die Vermarktung von annähernd 230 000 Lebensmitteln undenkbar. Diese enorme Zahl von anhand ihrer Strichcodes unterschiedenen Artikeln befindet sich bundesweit im Lebensmittelhandel.

Der Mensch lebt nicht vom Brot allein: Lebensmittel und ihre Herstellung

Was sind eigentlich Lebensmittel? Man versteht darunter alle Stoffe, die zum Verzehr, zum Essen oder Trinken also, geeignet sind. Eine – wenn auch nicht strenge – Unterscheidung lässt sich durch die Begriffe Nahrungs- und Genussmittel treffen. Die Inhaltsstoffe von Nahrungsmitteln dienen dem Körper in unverzichtbarer Weise zum Aufbau und zur Gesunderhaltung, während man Genussmittel in erster Linie des Genusses und nicht des Nährwerts wegen zu sich nimmt.

Der Nährwert eines Nahrungsmittels wird durch seinen Nährstoffgehalt bestimmt. Bei dauerhaft unzureichender Zufuhr von Nährstoffen zeigen sich Mangelerscheinungen, die zu Krankheiten, in extremen Fällen sogar zum Tod führen können. Man unterscheidet essenzielle Nährstoffe, für die es keinen Ersatz gibt, sowie nicht-essenzielle Nährstoffe, die untereinander austauschbar und im Körper ineinander umwandelbar sind. Zu diesen gehören die Energieträger Fette, Kohlenhydrate, Alkohol und – unter Hunger – auch Eiweiß. Essenzielle Nährstoffe sind Vitamine, verschiedene Aminosäuren, mehrfach ungesättigte Fettsäuren sowie Mineralstoffe und Spurenelemente. Auch Wasser stellt ein Lebensmittel dar.

Die meisten Lebensmittel sind Naturprodukte oder werden aus solchen zubereitet. Ihre Zahl ist riesig, was erst recht für die unzähligen individuell verschiedenen Herstellungsweisen gilt. Die Vielzahl der Lebensmittel umfasst traditionelle, eher naturbelassene Erzeugnisse wie Milchprodukte, Brot oder Bier sowie vorwiegend unter Einsatz moderner Methoden hergestellte Artikel, wie Convenience-, Design-, Functional und Novel Food. Strenge Abgrenzungen lassen sich zwischen diesen Kategorien allerdings inzwischen nicht mehr treffen.

Milch und Milchprodukte

S chon seit frühester Zeit ist Milch ein Grundnahrungsmittel des Menschen. Die Milch der meisten Säugetierarten, zu denen auch der Mensch gehört, ist recht ähnlich zusammengesetzt. Sie besteht aus drei Komponenten (Phasen): In einer wässrigen Lösung von Milchzucker und -proteinen, Salzen und Vitaminen sind winzige Körnchen aus Kasein und schwer löslichen Mineralsalzen suspendiert und außerdem Fetttröpfchen emulgiert, die von einer proteinhaltigen Schutzschicht umgeben sind. Die mengenmäßig bedeutendste Milchsorte in Deutschland ist Kuhmilch. Alle anderen Sorten spielen nur eine untergeordnete Rolle. Im Folgenden ist daher mit Milch speziell Kuhmilch gemeint.

Die Milch wird vorwiegend in zentralen Molkereien verarbeitet. Dort wird außer Konsummilch eine große Zahl von Milcherzeugnissen wie Käse, Quark, Joghurt und Butter hergestellt. Die Rohmilch stammt von Bauernhöfen aus der Umgebung und wird gekühlt in Tankwagen angeliefert. In der Molkerei wird sie auf rund 50 °C angewärmt und durch Zentrifugieren in Magermilch und Rahm getrennt, wobei der gewünschte Restfettgehalt der Milch eingestellt wird. Rahm und entrahmte Milch gelangen getrennt zur Pasteurisation. Durch etwa zwölfsekündiges Erhitzen auf 85 °C werden Salmonellen, Listerien und viele andere Keime abgetötet. Die getrennten Bestandteile werden in Stapeltanks gepumpt. Dort lagert die Milch bis zu ihrer Weiterverarbeitung zu pasteurisierter Trinkmilch, H-Milch und zur Joghurt- oder Käsebereitung. Der Rahm dient zum größten Teil zur Herstellung von Butter, der Rest wird nach Hitzebehandlung als Süßrahm oder nach Fermentierung als Sauerrahm abgefüllt.

H-Milch zeichnet sich durch monatelange Haltbarkeit ohne Kühlung aus, die sie der UHT-Erhitzung (UHT = Ultrahochtemperatur)

Ein großer nordhessischer Molkereibetrieb setzte 1998 im Schnitt täglich 877 Tonnen **Rohmilch** zu folgenden Produkten um: 140 Tonnen Trinkmilch (davon 52 Tonnen H-Milch), 11 Tonnen Joghurt, 72 Tonnen Sahne, 46 Tonnen Sauerrahm, 33 Tonnen Speisequark, acht Tonnen Weichkäse, eine halbe Tonne Butter, 34 Tonnen Milch- und Molkepulver und 45 Tonnen Milch- und Molkekonzentrat.

Spezies	Wasser	Eiweiß	Fett	Milchzucker	Minerale
Mensch	87,6	1,2	4,0	7,0	0,2
Orang-Utan	88,6	1,5	3,5	6,1	0,3
Schimpanse	88,0	1,2	3,6	7,0	0,2
Rind	87,6	3,3	3,7	4,7	0,7
Schwein	81,3	5,7	8,0	4,0	1,0
Ziege	87,7	2,9	4,5	4,1	0,8
Pferd	88,9	2,5	1,9	6,2	0,5
Büffel	82,7	3,6	7,4	5,5	0,8
Schaf	81,3	5,5	7,4	4,8	1,0
Karibu	78,5	5,9	10,4	4,3	0,9
Rentier	63,3	10,3	22,5	2,5	1,4
Ratte	68,0	12,0	15,0	3,0	2,0

Milchzusammensetzung bei verschiedenen Säugetierarten (in Gewichtsprozent).

verdankt. Die Milch wird dabei für kurze Zeit (drei bis zwölf Sekunden lang) auf sehr hohe Temperaturen (135 bis 150 °C) erhitzt. Man erzielt damit eine umfassende Abtötung von Mikroorganismen (Sterilisation) bei gleichzeitiger Schonung wertvoller Inhaltsstoffe wie Vi-

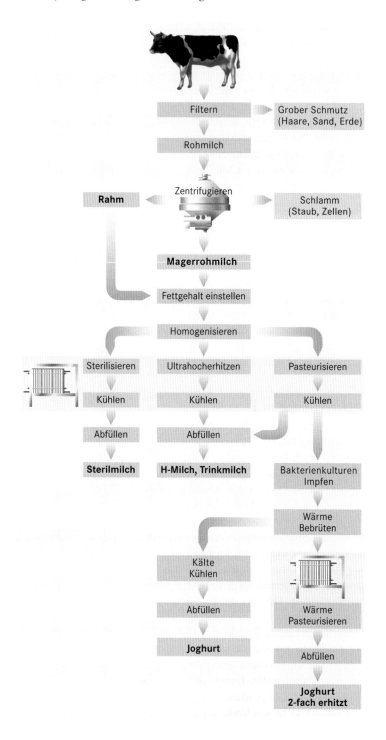

Milch wird zu vielen unterschiedlichen Produkten **verarbeitet**.

tamine und Eiweiß und weitestgehendem Erhalt von leichtflüchtigen oder oxidationsempfindlichen Aromastoffen. Die meisten Enzyme werden inaktiviert. Zum Ultrahocherhitzen gibt es direkte und indirekte Verfahren. Das direkte Erhitzen durch Einleiten von überhitztem Dampf ist schonender, aber energetisch aufwendiger. Die indirekte Erhitzung erfolgt mithilfe von Röhren- oder Plattenwärmeaustauschern, bei denen der Heißdampf von der Milch durch eine Edelstahlwand getrennt ist. Im Anschluss an die UHT-Erhitzung wird die Milch homogenisiert. Dazu presst man sie durch eine ringförmige Düse, die sich direkt vor einer Prallplatte befindet. Die in der Milch enthaltenen Fettkügelchen werden dabei so fein zerteilt, dass sich kein Rahm mehr abscheidet. Die fertige H-Milch muss nun nur noch in die Verkaufsverpackung abgefüllt werden.

Ein weiteres wichtiges Molkereiprodukt ist der Käse. Die Industrialisierung der Käseproduktion setzte erst Mitte des 19. Jahrhunderts ein. Davor war die Käseherstellung ein ländliches Handwerk. Im Verlauf der Jahrhunderte bildeten sich bei den Herstellungsverfahren unzählige regionale Varianten heraus, wie etwa für den Roquefort aus der Nähe von Toulouse in Südfrankreich oder den Gorgonzola aus der Poebene in Italien. Die Kunst der Käseherstellung hat wahrscheinlich ihren Ursprung in Asien. Der Überlieferung zufolge wurde das Prinzip der Käseherstellung von einem arabischen Händler entdeckt, als er seinen aus einem Kälbermagen gefertigten Vorratsbeutel für die Reise mit Milch füllte und nach einigen Stunden unterwegs feststellte, dass sich die Milch in eine käseähnliche Masse verwandelt hatte, über der eine trübe gelbliche Flüssigkeit, die Molke, stand. Der Kälbermagen hatte nämlich Lab freigesetzt und in der Wärme die gleichen Gerinnungsprozesse eingeleitet, die auch heute noch in Käsereien ablaufen.

Heutzutage gehört die Käseherstellung zu den Anwendungen der modernen Biotechnologie. Das Ausgangsprodukt ist meist pasteurisierte Milch. Diese ist aus geschmacklichen Gründen besser geeignet als sterilisierte Milch. Um Bakteriensporen wie die von Clostridium tyrobutyricum zu entfernen, die das Pasteurisieren überstehen und dann eine Spätblähung des Käses verursachen können, wird die Milch in einer Hochleistungszentrifuge, der Baktofuge, behandelt. Nach der Baktofugation wird die Milch dickgelegt. Dazu wird sie in Käsewannen geleitet, auf 30 bis 40 °C erwärmt und mit einer Starterkultur versetzt. Die Art der Kultur bestimmt im Wesentlichen die spätere Käsesorte.

Nach etwa einer Stunde gibt man Lab hinzu, ein aus Chymosin und Pepsin bestehendes eiweißgerinnendes Ferment, das früher aus Kälbermagen gewonnen wurde. In den 1970er- und 1980er-Jahren waren Labersatzstoffe, fermentativ gewonnene saure Proteasen, in Gebrauch, die aber geschmackliche Nachteile zur Folge hatten. Seit 1997 ist auch in Deutschland der Einsatz von Lab zugelassen, das von

Produkt	Starterkultur
Joghurt	Streptococcus thermophilus, Lactobacillus bulgaricus
Kefir	Kefirknollen aus Hefen und Lactobazillen
Käse	Lactobacillus helveticus, L. lactis und L. casei, Streptococcus lactis, Str. cremoris
Blauschimmelkäse	wie Käse, außerdem Penicillium roquefortii
Edelschimmelkäse	wie Käse, außerdem Penicillium camembertii
Schmierkäse	wie Käse, außerdem Bacillus linens
Salami, Mettwurst	Lactobacillus sake, Staphylococcus carnosus, Micrococcus varians, Pediokokken
Weizenbrot	Backhefe (Saccharomyces cerevisiae)
Roggenbrot	Sauerteigstarter (Lactobazillen, Candida krusei)
Bier	Bierhefe (Saccharomyces cerevisiae, S. uvarum)
Wein	Weinhefe (Saccharomyces cerevisiae)

Verschiedene Lebensmittel und zu ihrer Herstellung verwendete **Starterkulturen**.

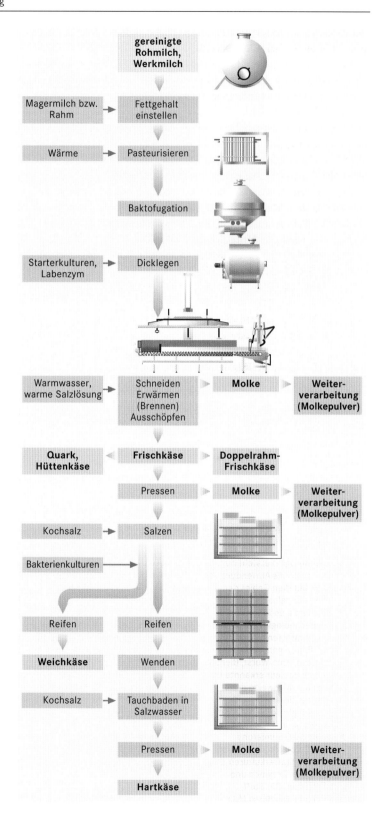

Die **Käseherstellung** ist das Paradebeispiel für moderne biotechnologische Verfahren.

gentechnisch veränderten Bakterien produziert wird. Bei der Gerinnung entsteht Gallerte, eine weiße, gelatinöse Masse, die sich mit der Zeit weiter verfestigt, und es scheidet sich Molke ab. Etwa eine Dreiviertelstunde nach der Labzugabe, wenn die gewünschte Festigkeit erreicht ist, wird die Gallerte mit der Käseharfe zerteilt, um die Molkeabscheidung zu beschleunigen. Die beim Zerschneiden erhaltenen Stücke nennt man Bruch. Der Bruch wird gerührt, wobei er sich weiter zusammenzieht und erneut Molke austritt. In einigen Fällen führt man dazu Wärme zu, zum Teil bis zu Temperaturen von 50°C (Brennen). Anschließend wird der Bruch in Formen abgefüllt. Bei Käsesorten wie Emmentaler ist es erforderlich, den ausgehobenen Bruch stets von Molke bedeckt zu halten, da sich sonst neben den runden Gärlöchern auch unregelmäßig geformte Bruchlöcher bilden. Bei Tilsiter wird der Bruch ohne Molkebedeckung abgefüllt – die Bruchlöcher sind hier erwünscht. Die Molke ist übrigens kein Abfallprodukt. Sie dient zur Tierfutterproduktion und in sprühgetrockneter Form zur Herstellung von Kleinkind-, Diät- und Fitnessnahrung.

In Form von Käserädern **reift** der **Käse** in klimatisierten Räumen heran.

Die geformten Käse wurden früher in Leintücher gewickelt und gepresst. Heute geschieht dies in Formen aus perforiertem Edelstahl oder Plastik. Der gepresste Käse kommt zur weiteren Geschmacksgebung in ein Salzbad. Die Verweildauer liegt hier zwischen einigen Stunden (bei kleinen Käsen wie etwa Weichkäse) und mehreren

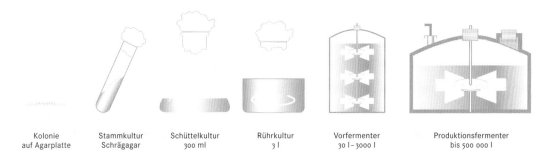

| Kolonie auf Agarplatte | Stammkultur Schrägagar | Schüttelkultur 300 ml | Rührkultur 3 l | Vorfermenter 30 l–3000 l | Produktionsfermenter bis 500 000 l |

Unter **Biotechnologie** versteht man die vorwiegend industrielle Anwendung von Techniken, die auf dem Gebiet der Biowissenschaften, also der Mikrobiologie, Biochemie und Molekularbiologie (Gentechnologie) entwickelt wurden. Zu den ältesten biotechnologischen Verfahren gehört die Herstellung von Käse, Brot, Wurst, Bier und Wein. Erst Louis Pasteur erkannte im Jahr 1857 die Funktionsweise der Gärung, womit er die Basis für die Biotechnologie legte. Zu den Aufgaben der Biotechnologie im Lebensmittelbereich gehört die Optimierung fermentativer Produktionsverfahren, die Züchtung von Starterkulturen und die Gewinnung von Enzymen und Geschmacksstoffen. Die Stoffumsetzungen erfolgen durch Mikro-

organismen in Fermenter oder Bioreaktoren genannten Anlagen unter genau vorgegeben Bedingungen. Unter allen Umständen muss eine Infektion durch Fremdkeime vermieden werden. Der typische Weg vom Labor- zum Produktionsfermenter, Scale-up genannt, verläuft in mehreren Schritten. Im Labor werden zunächst wenige Keime in kleinen Gefäßen wie Erlenmeyerkolben, Schrägröhrchen oder Petrischalen zu einer Stammkultur gezüchtet. In Pilotanlagen werden dann günstige verfahrenstechnische Parameter für die Kultivierung der Mikroorganismen ermittelt. Dazu gehören Temperatur, pH-Wert, Durchmischungstechnik, Sauerstoff- und Nährstoffzufuhr sowie Kohlendioxidentfernung. Die Fermenter haben eine Größe von

fünf bis etwa 1000 Litern. In der Produktion betragen die Volumina der Bioreaktoren 100000 Liter und mehr, weshalb die Fermentationsbedingungen für die Endstufe erneut verfeinert werden müssen.

Man unterscheidet nach ihrer Bau- und Funktionsweise Oberflächen- und Submersfermenter. In ersteren befinden sich die Mikroorganismen auf der Oberfläche eines Substrates, das von einer Lösung durchströmt wird, die Nährstoffe zu- und Stoffwechselprodukte abführt. Es handelt sich somit um ein kontinuierliches Verfahren. Ein Submersreaktor hingegen wird chargenweise betrieben. Er besteht aus einem geschlossenen, mit Nährflüssigkeit gefüllten Rührkessel, in dem die Mikroorganismen ihre Aktivität entfalten.

Tagen (bei großen Käselaiben wie beispielsweise Hart- oder Schnittkäse). Zum Schluss lässt man den Käse in klimatisierten Räumen mit hoher Luftfeuchtigkeit reifen. Dabei entwickeln sich die charakteristischen Aromastoffe sowie die Gärlöcher. Reifezeit und -bedingungen unterscheiden sich sortenweise. Der Käse wird in der Regel noch vor Erreichen der vollen Reife verpackt und versandt, damit er nach der üblichen Transport- und Lagerdauer mit dem richtigen Reifegrad zum Verkauf angeboten werden kann. Bei Sauermilchkäse wie Quark, Mozzarella, Feta oder Hüttenkäse entfällt der Reifungsschritt. Die Käsemasse wird gleich nach dem Dicklegen und der Molkeentfernung verpackt, je nach Produkt ohne oder mit Salzlake.

Sowohl Käse als auch Butter können als länger haltbare Lagerformen von wertvollen Inhaltsstoffen der leicht verderblichen Rohmilch betrachtet werden. Moderne Milchprodukte wie H-Milch oder Milchpulver lassen diesen Aspekt hierzulande jedoch in Vergessenheit geraten. Während weltweit ein Viertel bis ein Drittel der produzierten Milchmenge zur Herstellung von Butter verwendet wird, sank dieser Anteil in Deutschland von 1990 bis 1995 von 6,2 auf 4,9 Prozent.

Zur Butterherstellung wird in Deutschland die Schaumbutterung verwendet. Am Prinzip dieses Verfahrens hat sich bis heute nichts geändert. Die Rohmilch wird entrahmt – früher durch Absetzen, heute durch Zentrifugieren – und der Rahm nach Pasteurisieren und Rahmreifung solange mechanisch behandelt, bis der entstandene Aufschlag zusammenfällt und sich Butterkörner und Buttermilch bilden. Letztere wird durch Filtration abgetrennt. Die Butterkörner werden gepresst, bis der gewünschte Fettgehalt erreicht ist, und schließlich geknetet, um das restliche Wasser im Fett so fein zu verteilen, dass es sich beim Lagern nicht mehr abscheidet. An die Stelle des früheren Butterfasses sind heute kontinuierlich arbeitende Butterungsmaschinen mit einigen Tonnen Stundenleistung getreten. Die anfallende Buttermilch erfreut sich als Durstlöscher wachsender Beliebtheit.

Der Buttermarkt hat eine wechselvolle Historie. Mitte des 19. Jahrhunderts konnte die Nachfrage nach Butter kaum gedeckt werden, was den Anlass zu billigen Imitaten gab: Die Margarine wurde anfangs aus Rindertalg und Milch hergestellt, später dann wurde der Talg durch Pflanzenfett ersetzt. Etwas über 100 Jahre später geriet Butter in den Verruf, Herz-Kreislauf-Krankheiten zu begünstigen, die Nachfrage sackte ab und der Butterberg wuchs. Doch auch zu dieser Zeit blieb ein treuer Kundenstamm, welcher der Butter aus geschmacklichen Gründen den Vorzug gab. Inzwischen ist die Butter ernährungswissenschaftlich rehabilitiert.

Pflanzenöle und -fette

Ein Grund für die Absatzschwierigkeiten der Butter und anderer tierischer Fette liegt sicher in der Konkurrenz durch Pflanzenfett und Margarine. Deren günstiger Preis wird vor allem durch billige Rohprodukte aus den Dritte-Welt-Ländern ermöglicht.

Jahr	Butter	Margarine
1937	8,8	*
1947	4,0	*
1950	6,4	9,0
1957	7,3	12,4
1967	8,5	9,6
1977	6,6	8,7
1987	8,1	7,5
1997	7,0	6,9

*keine Angaben

Butter- und Margarinekonsum in Kilogramm pro Kopf und Jahr.

Ein wesentlicher Unterschied zwischen pflanzlichen und tierischen Fetten und Ölen liegt in ihrer Zusammensetzung. Allen gemeinsam ist zwar, dass sie aus einem Molekül Glycerin und drei Fettsäuremolekülen aufgebaut sind, die Unterschiede ergeben sich jedoch durch die Vielzahl verschiedener Fettsäuren, die zudem an verschiedene Positionen des Glycerins geknüpft sein können. Diese Unterschiede im Aufbau äußern sich besonders deutlich im Schmelzpunkt: Öle enthalten häufig ungesättigte Fettsäuren mit cis-konfigurierten Doppelbindungen und sind bei Raumtemperatur flüssig, Fette hingegen enthalten gesättigte Fettsäuren oder ungesättigte trans-Fettsäuren und sind bei 20 °C fest. Öle sind vorwiegend pflanzlicher Herkunft, Fette dagegen eher tierischer (Ausnahmen: Kokosfett und Wal- und

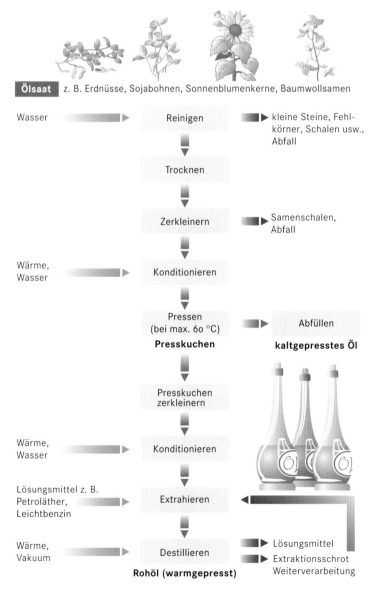

Ölsaat z. B. Erdnüsse, Sojabohnen, Sonnenblumenkerne, Baumwollsamen

Wasser ▶ Reinigen ▶ kleine Steine, Fehlkörner, Schalen usw., Abfall

Trocknen

Zerkleinern ▶ Samenschalen, Abfall

Wärme, Wasser ▶ Konditionieren

Pressen (bei max. 60 °C) ▶ Abfüllen
Presskuchen **kaltgepresstes Öl**

Presskuchen zerkleinern

Wärme, Wasser ▶ Konditionieren

Lösungsmittel z. B. Petroläther, Leichtbenzin ▶ Extrahieren

Wärme, Vakuum ▶ Destillieren ▶ Lösungsmittel
▶ Extraktionsschrot Weiterverarbeitung
Rohöl (warmgepresst)

Der **Weg** von der Ölsaat **zum** kalt- oder warmgepressten **Speiseöl.**

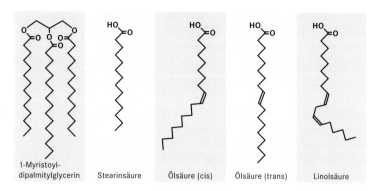

1-Myristoyl-dipalmitylglycerin   Stearinsäure   Ölsäure (cis)   Ölsäure (trans)   Linolsäure

Molekularer Aufbau von **Fett.** Drei Fettsäuremoleküle sind mit einem Molekül Glycerin zu einem Fettmolekül verestert. Die Fettsäurereste besitzen unterschiedliche Größe und Form, was für den Schmelz- beziehungsweise Erstarrungspunkt von ausschlaggebender Bedeutung ist.

Fettmoleküle, die **ungesättigte Fettsäuren** enthalten, sind im Vergleich zu ihren gesättigten Pendants sperriger gebaut. Dadurch lassen sich diese schwerer in die Struktur eines Festkörpers einfügen, erstarren also schlechter und bleiben bei niedrigeren Temperaturen flüssig. Ungesättigte Fettsäuren können in gesättigte umgewandelt werden, indem man an die in ihnen vorhandenen Doppelbindungen katalytisch induziert Wasserstoff anlagert; diesen Vorgang nennt man **Hydrierung.** Erst der Katalysator (etwa fein verteiltes Nickel) ermöglicht diese Anlagerung. Die Reaktion findet bei etwa 180 °C und unter einem Druck von zwei bis vier Bar statt.
Da die Doppelbindungen Angriffsstellen für Luftsauerstoff darstellen, ist das durch Hydrieren erhaltene Fett weniger oxidationsempfindlich als das ursprüngliche Öl. Ein Nachteil des Hydrierens liegt im Verlust physiologisch wertvoller ungesättigter Fettsäuren, sei es durch die Wasserstoffanlagerung selbst oder, bei nur partieller Hydrierung, durch eine katalytisch hervorgerufene Strukturveränderung von cis- zu trans-Fettsäuren.

Fischöl). Für den gesundheitlichen Wert gilt als Faustregel, dass Öle aufgrund ihres höheren Anteils an ungesättigten Fettsäuren wertvoller sind als Fette. Für die meisten lebensmitteltechnischen Anwendungen sind Fette jedoch besser zu gebrauchen als Öle. Daher werden Pflanzenöle chemisch gehärtet, wenn auch auf Kosten ihres ernährungsphysiologischen Wertes. Wie gewinnt man Pflanzenöle?

Das Rohmaterial sind ölhaltige Samen oder Früchte. Diese werden geschält, zerkleinert und – meist bei 100 °C – maschinell ausgepresst. Da der Pressrückstand noch bis zu 25 Prozent Öl enthalten kann, extrahiert man ihn in der Regel mit einem Lösungsmittel (Hexan), das anschließend durch Destillation wieder entfernt wird. Das durch Pressen oder Extrahieren gewonnene Rohöl wird anschließend raffiniert, mit anderen Worten, gereinigt. Hierzu werden zunächst enthaltene Schleimstoffe durch Erhitzen mit Wasser ölunlöslich gemacht und abzentrifugiert. Dann werden nicht an Glycerin gebundene, freie Fettsäuren mithilfe von Natronlauge neutralisiert. Dabei entsteht Seife, die sich unter dem Öl absetzt. Nach der Entsäuerung folgt das Entfärben. Dazu dienen Adsorptionsmittel wie Bleicherde (Aluminiumsilicate) oder Aktivkohle. Die letzte Stufe der Raffination besteht in der Desodorierung oder Dämpfung. Unerwünschte Geruchsstoffe werden mit Wasserdampf bei rund 200 °C unter erniedrigtem Druck ausgetrieben.

Auf eine Veränderung des Schmelzpunktes beziehungsweise -bereiches zielen die drei folgenden Schritte Hydrierung, Umesterung und Fraktionierung ab. Natürlich vorkommende Öle und Fette stellen auch nach ihrer Raffination keine chemisch einheitlichen Substanzen, sondern Gemische dar. Es kann also vorkommen, dass in einem Fett Öl enthalten ist oder umgekehrt. Zur Folge hat dies, dass ein ölhaltiges Fett bei Raumtemperatur Öl »ausschwitzt« beziehungsweise, dass ein fetthaltiges Öl im Kühlschrank Schlieren bildet. Beides ist zwar völlig unbedenklich, wird aber vom Verbraucher als Produktfehler empfunden. Daher wird gleich bei der Produktion Abhilfe geschaffen.

Die Hydrierung oder Fetthärtung dient der Erzeugung von höher schmelzenden Produkten, verwandelt also ein Öl in ein Fett. Bei der Umesterung werden einem Fett Kühlschrankeigenschaften verliehen: der Schmelzbereich wird erweitert, sodass es trotz Kühlschranklagerung weich bleibt, aber auch bei Raumtemperatur nicht zerläuft. Das Fraktionieren ist eine physikalische Methode, die der Trennung von höher und nieder schmelzenden Anteilen eines Gemisches dient. Um Ölanteile aus einem Fett zu entfernen, schmilzt man das Gemisch und senkt dann die Temperatur allmählich. Die zuerst fest gewordene Fraktion, das Fett, wird abgetrennt. Die flüssige Fraktion, das Öl, kann erneut zum Hydrieren gegeben werden. Auf Öle angewandt nennt man das Fraktionieren auch Winterisieren. Hierzu kühlt man das Öl ganz langsam, bis sich die Fettanteile abgeschieden haben. Winterisierte Öle weisen daher selbst bei Kühlschranktemperaturen keine Trübungen mehr auf.

Die Schmelzeigenschaften von Fetten lassen sich, wie gezeigt, nach Belieben maßschneidern. Daher ist ein Produkt wie Margarine hinsichtlich der Streichfähigkeit in gekühltem Zustand der Butter überlegen. Die Hauptausgangsstoffe für die Margarineherstellung sind heutzutage Pflanzenöle wie Soja-, Raps- oder Sonnenblumenöl, die zuvor hydriert werden, und Pflanzenfette wie Kokos- oder Palmkernfett. Weitere Zutaten sind Wasser (20 oder sogar 40 Prozent), entrahmte Milch oder Magermilchpulver, Milchsäure, Kochsalz, Dickungsmittel (Gelatine), Emulgator (Lecithin), Butteraroma (Diacetyl), β-Carotin (Provitamin A, zur Farbgebung) und die Vitamine A, D und E (Letzteres als Antioxidans). Geringe Mengen Stärke in Margarine sind zur leichten Unterscheidbarkeit von Butter gesetzlich vorgeschrieben (die Blaufärbung, die sich nach Zugabe von Kaliumtriiodidlösung ergibt, zeigt Stärke an). Zur Herstellung werden die Komponenten zusammengemischt, mechanisch emulgiert und unter Rühren zur Verfestigung gekühlt.

Um eine cremige Konsistenz zu erzielen, kann die Emulsion mit Stickstoff aufgeschäumt werden. Zum Emulgieren dienten früher Kir-

Ebenso wie die Hydrierung ist das **Umestern** eine chemische Methode. Hierbei werden die Fettsäuren der Fettmoleküle unter der Katalysatorwirkung von fein verteiltem Alkalimetall, meist Natrium, zwischenzeitlich vom Glycerin abgetrennt und vertauscht wieder angesetzt. Die Reaktion erfordert säure- und sauerstofffreies, trockenes Öl und Temperaturen von 70 bis 100 °C. Der Katalysator wird anschließend durch Zugabe von Wasser zerstört. Zum Umestern werden in zunehmendem Maß auch Enzyme (Lipasen und Esterasen) verwendet, die aus gentechnisch veränderten Mikroorganismen gewonnen werden.

Moderne **Margarineproduktion,** deren wichtigstes Kennzeichen die kontinuierlich betriebene Gerätekombination aus Vormischer, Kratzkühler und Kristallisator ist.

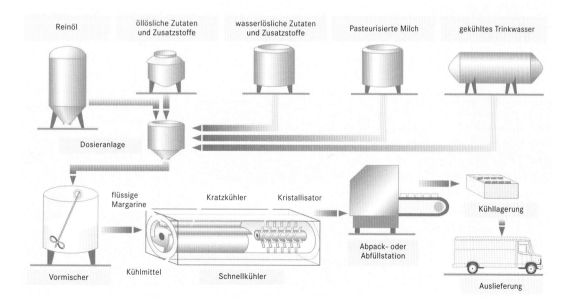

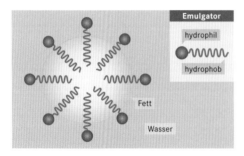

Eine **Emulsion** ist eine Mischung von Flüssigkeiten, die nicht ineinander löslich sind, wie etwa Wasser und Öl. Die in geringerer Menge vorhandene Flüssigkeit kann in der hauptsächlich vorhandenen Flüssigkeit emulgiert werden, indem man sie mechanisch zu kleinen, kolloidal verteilten Tröpfchen dispergiert, die sich später nicht mehr oder nur sehr langsam zusammenlagern. Zur Stabilisierung dieser Tröpfchen dienen **Emulgatoren.** Bekannte Beispiele hierfür sind Seifen und Detergenzien. In Lebensmitteln hingegen verwendet man häufig Mono- oder Diglyceride. Emulgatoren sind grenzflächenaktive Stoffe. Sie sind aufgrund ihres speziellen chemischen Aufbaus in beiden Flüssigkeiten löslich und umgeben die Tröpfchen mit einer die Löslichkeit fördernden Hülle. Ein solchermaßen umhülltes Tröpfchen heißt Micelle. Ein Beispiel für eine natürliche Emulsion vom Typ Öl-in-Wasser ist Milch. Margarine und Butter bestehen umgekehrt aus einer Emulsion von Wasser in Fett.

nen, das sind Gefäße, in die zwei gegenläufig rotierende Misch-Rührwerke eingebaut sind. Die Emulsion wurde auf Kühltrommeln aufgetragen und nach Verfestigung abgeschabt. Das entstandene Produkt wurde abschließend zur Konsistenzverbesserung geknetet. Dieses in Chargen betriebene System ist heute einer Kombination aus Mischer, Kratzkühler und Kristallisator gewichen, die einen kontinuierlichen Betrieb ermöglicht. Die etwa 40 °C warme Emulsion gelangt aus dem Mischer in den Kratzkühler, ein von außen gekühltes Rohr, an dessen Innenwand sich die Margarine verfestigt. Von dieser Wand wird sie ständig durch Kratzmesser entfernt, die auf einer innen laufenden Welle angebracht sind. Nach Durchlaufen des Kratzkühlers gelangt das Gemisch in einen Kristallisator, ein Rohr, auf dessen Innenwand Stiftreihen befestigt sind, durch deren Lücken sich auf der Welle angebrachte Stiftreihen langsam drehen. Kratzkühler und Kristallisatoren sind meist mehrfach abwechselnd hintereinander geschaltet. Die Margarine wird schließlich bei einer Temperatur von etwa 15 °C, bei der sie eine dünnflüssige, breiartige Konsistenz besitzt, abgefüllt. Die endgültige Festigkeit erlangt sie durch kühle Lagerung in ihrer Packung.

Angeboten wird Margarine in verschiedenen Sorten. Es gibt Frühstücks-, Halbfett- und Backmargarine. In Halbfettmargarine sind durch erhöhte Mengen von Quell- und Emulgiermitteln bis zu 50 Prozent des Pflanzenfettes durch Wasser ersetzt. Sie ist wegen des starken Spritzens beim Erhitzen schlecht zum Braten geeignet. Backmargarine enthält zur Geschmacksverbesserung einen Anteil tierischer Fette wie Talg oder Schmalz.

Ein herzhaftes Stück Brot zum Frühstück, aber auch ein saftiger Kuchen sind ohne Margarine oder das Konkurrenzprodukt Butter kaum denkbar.

Brot und andere Backwaren

Die früheste Form des Brotes ist das Fladenbrot, zu dessen Herstellung man schon am Ende der Steinzeit Getreidebrei auf heißen Steinflächen trocknen ließ. Das Backen von Laibbrot aus gegorenem Teig in einem Ofen datiert ins alte Babylonien zurück. Über die Ägypter, Griechen und Römer breitete sich die Kunst des Brotbackens in der gesamten damaligen Welt aus. Popularität in Deutschland erlangte Laibbrot aber erst gegen Mitte des ersten Jahrtausends. Bis zum 15. Jahrhundert hatte das deutsche Bäckerhandwerk seine höchste Blüte erreicht. Die ältesten bekannten Teigknetmaschinen wurden in der zweiten Hälfte des 18. Jahrhunderts konstruiert. Die nächste für die technologische Entwicklung des Backens wichtige Erfindung war die Züchtung und Erzeugung von Presshefe im 19. Jahrhundert. Die konsequente Mechanisierung und Industrialisierung der Bäckerei setzte allerdings erst in der 1950er-Jahren ein.

Zu den Backwaren gehören außer den verschiedenen Brotsorten noch Fein- und Dauerbackwaren wie Kuchen und Kekse. Brot im engeren Sinne wird aus Mehl, Trinkwasser, Speisesalz, Hefe oder

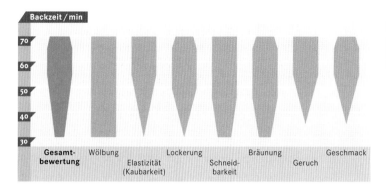

Entwicklung der Qualität eines frei-
geschobenen Roggengraubrots mit der
Backzeit. Die Breite einer Säule gibt die
Brotqualität an.

Sauerteig und Backmitteln wie Enzymen, Quellmitteln, Stabilisatoren und Emulgatoren hergestellt. Bei anderen Backwaren kommen
gegebenenfalls weitere Backzutaten wie Zucker, Fett, Ei, Früchte,
Milchprodukte und Gewürze hinzu. An die Stelle von Hefe können
auch andere Lockerungsmittel wie Backpulver treten.

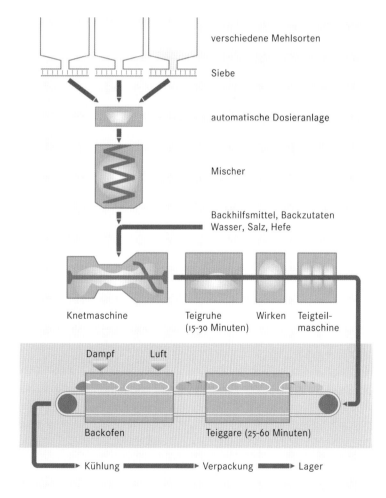

Stationen der modernen
Brotherstellung – Arbeitsprozesse,
die über Jahrtausende von Hand
erledigt wurden, sind heute vollständig
mechanisiert.

In keinem Land der Welt werden so viele Brotsorten produziert wie in Deutschland: nahezu 300. Es ist jedoch zu befürchten, dass die Sortenvielfalt künftig Einschränkungen erfahren wird, denn die Anzahl deutscher Bäckereien ist stark rückläufig. Von den 55000 Bäckern »um die Ecke« Mitte der 1950er-Jahre sind zur Jahrtausendwende nur noch 21500 übrig geblieben. Der Grund liegt in der Konkurrenz durch Großbäckereien, Supermärkte und Discounter sowie in einer ausgeprägten Tendenz zur Filialisierung. Spezielle Brotsorten könnten sich daher zu Delikatessen entwickeln, die nicht mehr vielerorts erhältlich sind. Die Brotrezepturen mancher Sorten weichen deutlich von denen für Brot im engeren Sinne ab, sodass sich fließende Übergänge zu Fein- oder Dauerbackwaren ergeben. Beispiele sind hier Früchtebrot und Zwieback.

Mengenmäßig entfällt der größte Anteil auf Weizen-, Roggen- und Mischbrote aus diesen beiden Getreiden. Roggenhaltige Brote stellen aufgrund der Verwendung von Sauerteig beziehungsweise des Zusatzes von Säuerungsmitteln wie Milch- oder Citronensäure eine Besonderheit unter den Backwaren dar. Die Ansäuerung dient zum einen dazu, den charakteristischen Geschmack zu erzielen, zum anderen ist sie für die Quellfähigkeit von Roggenmehl und -schrot erforderlich.

Die trockenen Rezepturbestandteile werden aus Silos vollautomatisch in eine Waage dosiert. Häufig werden hier auch Fertigbackmischungen verwendet, deren Komponenten genau aufeinander abgestimmt sind. Die Mischung gelangt in einen Teigkneter, wo die erforderliche Menge Wasser, Fett und Milch oder Molke zugesetzt und eingeknetet wird. Dabei wird auch die Hefe, meist als Presshefe, zugegeben. Es folgt eine Gare genannte Ruhezeit, während der die Feuchtigkeit durch Quellung des Mehls aufgenommen wird und der Teig aufgeht. Die Volumenvergrößerung beruht auf der Kohlendioxidproduktion der Hefe, die dabei Zucker vergärt. Nach der Gare wird der Teig »aufgemacht«, er wird in einzelne Stücke aufgeteilt. Dies erfolgt meist mithilfe einer Strangpresse und einem Teilmesser. In der Wirkmaschine werden die Teigstücke durchgearbeitet, wodurch eine gleichmäßige Porung erzielt wird und die Laibe ihre Form erlangen. Es schließt sich eine weitere Gare an, die häufig bei erhöhter Luftfeuchtigkeit in Gärschränken oder -räumen stattfindet. Nach Erreichen der Ofenreife werden die Teigrohlinge in den Backofen eingeschossen oder auf einem Transportband durch die Backstraße befördert. Im Ofen wird die Backtemperatur stufenweise geregelt, sie liegt zwischen 200 und 250 °C, die Backdauer beträgt zwischen 20 und 90 Minuten. Anschließend lässt man die Brote allmählich abkühlen und ausschwaden. Nach einer mehrstündigen Zwischenlagerung werden die Laibe verpackt, gegebenenfalls vorher noch in Scheiben geschnitten. Zur Lagerung empfiehlt sich eine

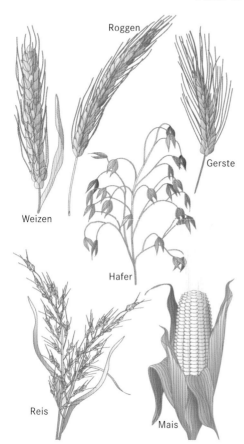

Roggen

Gerste

Weizen

Hafer

Reis

Mais

Zum Backen eines typischen Brotes mit poröser Krume und zur Bereitung von gärungsgelockertem Teig sind ohne weiteres nur Mahlprodukte der **Brotgetreide** Weizen, Roggen und eines Hybrids aus diesen beiden, Triticale, geeignet. **Nichtbrotgetreiden** wie Reis, Mais, Hafer und Gerste fehlen die dazu erforderlichen Klebereiweiße, Schleimstoffe und bestimmte Enzyme. Durch Mischen mit Brotgetreidemehl oder durch Zugabe der fehlenden Stoffe lässt sich auch aus Nichtbrotgetreiden sowie Kartoffeln Brot backen.

Temperatur von 15 bis 20 °C sowie eine relative Luftfeuchte von etwa 60 Prozent.

Das Eingefrieren von Ganzbrot ist wegen Austrocknung und Krumenverfestigung keine geeignete Aufbewahrungsmethode. Die Tiefkühlung fertiger Backwaren ist auf Feinbackwaren, Kleingebäck sowie geschnittenes Weizen- und Toastbrot beschränkt. Oft werden tiefgefrorene Teigrohlinge von Brötchen produziert, die erst im Verkaufsraum oder zu Hause gebacken werden. Zum Tiefkühlen dient ein Kältegas wie Kohlendioxid. Das Auftauen sollte in jedem Fall rasch und bei hoher Feuchtigkeit erfolgen. Damit die Teigrohlinge das Einfrieren und das anschließende Wiederauftauen möglichst unbeschadet überstehen, muss ihre Teigrezeptur durch geeignete Backmittel optimiert werden.

Backmittel sind Zusatzstoffe bei der Teigbereitung, die auf vielerlei Art die Produktqualität verbessern und Probleme bei der Herstellung vermeiden helfen sollen. Da der Teig bei der maschinellen Produktion intensiven Belastungen ausgesetzt ist, muss er eine hohe Plastizität und Elastizität (Maschinengängigkeit) besitzen. Im Idealfall bietet das Mehl selbst diese Eigenschaften durch seinen Gehalt an Stärke und Klebereiweiß. Als Naturprodukt mangelt es ihm jedoch oft an der erforderlichen Qualität, der Teig gerät ohne Hilfsmittel leicht zu dünnflüssig oder zu zäh und er besitzt häufig keine ausreichende Gärstabilität. Bei einem gärstabilen Teig führt auch eine etwas zu lange Gare und intensive Gärführung nicht zu Löchern in der Krume oder zu Rissen in der Kruste. Daher verwendet man Backmittel, die dem Brot auf jeden Fall eine gleichmäßig feinporige, weiche und saftige Krume und eine glatte, knusprige, farblich ansprechende Kruste sowie angenehmen Geschmack und Geruch verleihen und auch möglichst lange erhalten. Die Backindustrie verfügt hier mittlerweile über eine große Palette an zugelassenen Hilfsstoffen. Zur Verhütung von Schimmelbefall dienen Propion- und Sorbin-

Backmittel	Wirkung
Quellstärke, hergestellt durch Dämpfen von Stärke im Autoklaven oder durch Säureaufschluß	bessere Wasseraufnahmefähigkeit des Teiges
Sojamehl	bessere Wasseraufnahmefähigkeit und Maschinengängigkeit des Teiges
Malzerzeugnisse	Gärförderung, stärkere Bräunung, Geschmacksstoffbildung
Glucose (Traubenzucker)	Gärförderung, stärkere Bräunung
Stabilisatoren (Hydrokolloide, z.B. Guar- oder Johannisbrotkernmehl)	besseres Wasserbindungsvermögen und größere Elastizität des Teiges
Emulgatoren, z.B. Lecithin, Mono- und Diglyceride, Glycolipide oder Phospholipide	erhöhte Teigfestigkeit und -elastizität, längere Frischhaltung
Enzyme	
Amylasen (in Malzprodukten enthalten)	Stärkespaltung zu Maltose und Glucose, somit Gärförderung und Aromabildung
Proteasen	Abbau von Klebereiweiß, verringerte Teigzähigkeit
Pentosanasen	Abbau von Schleimstoffen, verringerte Teigzähigkeit, erhöhtes Wasserbinde- und Frischhaltevermögen
Ascorbinsäure	Proteasehemmung, Kleberstärkung, höhere Teigfestigkeit, -elastizität und längere Frische
Mineralsalze, z.B. Calciumphosphat	Kleberstabilisierung, höhere Teigfestigkeit, -elastizität und längere Frische

Einige **Backmittel,** die heute bei der Teigbereitung unentbehrlich geworden sind.

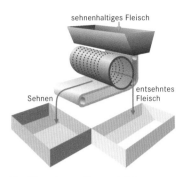

sehnenhaltiges Fleisch

Sehnen

entsehntes Fleisch

Zur **Wurstherstellung** wird das Muskelgewebe mechanisch von Sehnen befreit.

In dieser **Räucherkammer** wird Salami getrocknet und dann kaltgeräuchert. Die Wurst ist dabei in bedruckte Kollagenhüllen verpackt. Der Rauch strömt durch die Luftstutzen rechts oben ein. Eine Klimaanlage sorgt für eine Temperatur von durchschnittlich 19 °C und eine Luftfeuchte von 92 Prozent.

säure sowie ihre Salze. Da diese Stoffe aber einen störenden Geschmack mit sich bringen, sterilisiert man das Brot in seiner Verpackung vorzugsweise durch Hitzeeinwirkung.

Wurst und Fleisch

Ebenso wie beim Brot gibt es in Deutschland eine weltweit unerreichte Vielfalt von Fleischwaren: rund 2500 Sorten. Man unterscheidet vier Erzeugnisgruppen: Roh-, Brüh- und Kochwurst sowie Gepökeltes, bei denen es sich teils um schnittfeste, teils um streichbare Zubereitungen handelt.

Die Anzahl der Metzgereien ist in den letzten Jahrzehnten rückläufig, weil zum einen die Konkurrenz durch Supermärkte und Discounter zunimmt und zum anderen seit Ende der 1960er-Jahre ein Filialisierungstrend zu verzeichnen ist. Während es 1958 in Deutschland 41560 Fleischereibetriebe gab, betrug ihre Anzahl 1998 nur noch 21160. Zu dieser Zahl kommen allerdings noch 11240 Filialbetriebe hinzu.

Die Ausgangsprodukte für Wurst – Fleisch, Fettgewebe und Innereien – werden zum größten Teil vom Fleischgroßhandel geliefert und in zentralen Schlachthöfen erzeugt. Meist nimmt man die längeren Transportwege, die besonders bei der Anlieferung des Schlachtviehs bedenklich stimmen, aus Kostengründen hin. So schlachteten 1998 nur ein Drittel der Fleischereien selbst und ortsnah. Hausschlachtungen, die früher in ländlichen Gebieten üblich waren, spielen kaum noch eine Rolle. Von den 38,5 Millionen Schweinen, die 1998 in der Bundesrepublik geschlachtet wurden, entfielen 98 Prozent auf gewerbliche Schlachtungen, der Rest, rund 800000 Stück Vieh, auf Hausschlachtungen.

Die Tierkörper werden meist manuell zerlegt, da nur so einwandfrei zurechtgeschnittene Stücke mit den erwünschten Fett- und Bindegewebsgehalten zu erhalten sind. Zum Entfernen von unerwünschtem Bindegewebe wie Muskelvlies und Sehnen werden spezielle Maschinen eingesetzt. Auch die Gewinnung von an Knochen anhaftendem Restfleisch erfolgt maschinell, durch Brechen, Zerkleinern und anschließendes Pressen durch Filter oder – unter Ausnutzung der Dichteunterschiede – durch Aufschwemmen und Dekantieren.

Das für eine Wurstrezeptur erwünschte Verhältnis von Fleisch und Fett wird eingestellt, indem die verschiedenen Komponenten getrennt zerkleinert (gewolft) und die erforderlichen Anteile zusammengemischt (Blending) und weiter zerkleinert werden (Kuttern). Aus den zerrissenen Muskelzellen tritt Protoplasma aus, das die entstandene Wasser-in-Fett-Emulsion stabilisiert. Zum Abfüllen der Brät genannten Mischung in die Wursthülle wird diese zuerst in einen Zylinder gebracht und durch Anlegen eines Unterdrucks von Lufteinschlüssen befreit. Aus dem Zylinder wird die Masse in den Natur- oder Kunstdarm gepresst, der in regelmäßigen Abständen verschlossen wird.

Zur Herstellung von Rohwurst muss die Hülle luft- und wasserdurchlässig sein. Das eingefüllte Brät ist roh, also nicht hitzebehandelt. Die Wurst durchläuft eine mehrwöchige Reifephase, während der fleischeigene oder gezielt zugesetzte Bakterienstämme Säure und Geschmacksstoffe produzieren. Dabei geliert das Eiweiß, und es erfolgt ein Gewichtsschwund durch Wasserabgabe um bis zu 35 Prozent. Da ein allzu hoher Gewichtsverlust unerwünscht ist – der Verkaufspreis richtet sich nach dem Gewicht –, werden bereits dem Brät wasserbindende, stabilisierende Mittel zugesetzt. Um dem Befall der feuchten Darmoberfläche durch Schimmel, Hefen und Bakterien vorzubeugen, wird in den ersten Tagen geräuchert. Die bakteriostatische beziehungsweise bakterizide Wirkung ist auf verschiedene im Rauch enthaltene Stoffe wie Ameisensäure, Acet- und Formaldehyd sowie Phenole, aber auch auf Austrocknung zurückzuführen. Die Rauchkondensate diffundieren durch den Darm in die Füllung und erzeugen so den charakteristischen Geschmack. Zum Reifen und Räuchern von Rohwurst dienen klimatisierte Schränke oder Räume, in denen Temperaturen von 16 bis 25°C und Luftfeuchten von 75 bis 95 Prozent eingestellt werden. Zu Rohwurstsorten zählen nicht nur schnittfeste Würste wie Salami oder Cervelat, sondern auch Streichwürste wie Mett- oder Schmierwurst.

Brühwurstbrät besteht ebenso wie das von Rohwurst aus frischem, ungekochtem Ausgangsmaterial. Nach dem Abfüllen wird die Brühwurst durch Brühen oder Backen erhitzt, wobei das Eiweiß gerinnt und die Wurst schnittfest wird. Typische Brühwurstsorten sind Fleischwurst, Knackwürstchen, Bierwurst oder Leberkäse. Kochwurst hingegen wird vorwiegend aus gekochtem Ausgangsmaterial hergestellt. Beispiele sind Leber-, Blut- und Sülzwurst.

Pökelwaren wie Schinken, Speck oder Rippchen werden durch Pökeln, das ist die Behandlung mit einer Lösung von Kochsalz (NaCl) und Natriumnitrit oder -nitrat ($NaNO_2$ oder $NaNO_3$), hergestellt. Damit bezweckt man einerseits eine antibakterielle Wirkung – insbesondere das Auskeimen des äußerst gefährlichen Bakteriums *Clostridium botulinum* wird so verhindert –, andererseits wird auf diese Weise Pökelrot erzeugt, welches den Pökelwaren die attraktive Farbe verleiht. Beides beruht auf Nitrit als eigentlich wirksamem Prinzip; auch das Nitrat bewirkt mittelbar dasselbe, da es im Fleisch zu Nitrit reduziert wird.

Das Fleisch kann in eine Pökellake eingelegt werden, man kann das Pökelsalz aufstreuen und einreiben oder die Lake mit Kanülen in das Fleisch injizieren. Da letzteres Verfahren das schnellste ist und keinen Gewichtsverlust mit sich bringt, wird es heute am meisten verwendet. Das Einspritzen der Lake erfolgt mithilfe eines Automaten bei niedrigen Temperaturen (4 bis 8°C). Die gespritzten Fleischstücke werden in Tumblern durchgewalkt. Der dabei entstehende Abrieb und das austretende Zellprotoplasma sorgen beim nachfolgenden Kochen für den Zusammenhalt der Muskelstücke im Kochschinken.

Nitrit bildet unter Säureeinwirkung ab etwa 70°C mit verschiedenen Proteinen und Aminosäuren Krebs erregende Nitrosamine. Die Bildungstendenz nimmt mit der Temperatur zu. In Anbetracht der extremen Giftigkeit von Botulinustoxin, einem von *Clostridium botulinum* produzierten Nervengift, nimmt man das cancerogene Potenzial als kleineres Übel in Kauf.

Brühwurst und Kochpökelwaren werden 10 bis 30 Minuten lang in Kammern oder Durchlaufanlagen heißgeräuchert. Die Temperatur beträgt hierbei bis zu 70 °C, die Luftfeuchte 20 bis 90 Prozent. Kochwurst räuchert man mehrere Stunden lang kalt (18 bis 20 °C) oder etwa eine Stunde lang warm (40 bis 50 °C). Anstelle der herkömmlichen Räucherung setzt sich neuerdings immer stärker die Verwendung von Flüssigrauch durch. Dabei werden die Fleischwaren in einem Tauchbad oder einer Berieselungsanlage mit in Wasser gelöstem Rauchkondensat behandelt. Der Vorteil liegt in der Platz- und Zeitersparnis und in der Umgehung von Immissionsproblemen.

Natürliche Wursthüllen sind Därme, Mägen, Blasen, Häute und Schwarten. Sie besitzen Membrancharakter, lassen also Gase und Wasser durchtreten. Sie werden zunehmend durch künstlich hergestellte Produkte ersetzt. Die häufig verwendeten Polyamidhüllen sind weitestgehend luftdicht und wasserundurchlässig. Pergament-, Cellulose- und Textilhüllen sowie Wursthüllen auf der Basis von Kollagen hingegen sind für Luft und Wasser durchlässig. Ein Teil der Wurst- und Fleischwaren wird auch in Dosen oder Gläser abgefüllt, wie etwa Leberpastete und Frühstücksfleisch.

Über eine mangelnde Auswahl beim Brot und bei Wurstwaren kann man sich eigentlich nicht beklagen. Auch auf dem Getränkesektor ist die Variationsbreite beachtlich.

Getränke: variatio delectat!

Das Bedürfnis des Menschen an Abwechslung zeigt sich besonders deutlich bei der Zubereitung dessen, was er trinkt. Die Vielzahl von Getränken, die sich aus schlichtem Wasser durch ein paar Zusätze oder aus Früchten und Getreide herstellen lässt, ist Beleg für großen Einfallsreichtum. Tee, Kaffee, Wein, Bier oder Limonade – alle diese Getränke wurden im Laufe der Zeit durch Ausprobieren entwickelt und verbessert. Moderne wissenschaftliche Methoden halfen, bestehende Rezepturen und Herstellungstechniken zu optimieren.

Ein gutes Beispiel für die Anwendung moderner Technologie ist die Herstellung von Fruchtsaftkonzentraten, deren Vorteile in der verbesserten Haltbarkeit sowie im geringeren Gewicht und Volumen liegen, was für Transport und Lagerung eine bedeutende Rolle spielt. Vor allem Orangen- und Grapefruitsaft wird in den Anbauländern zu Konzentraten verarbeitet. In Verbraucherländern wie Deutschland werden diese Konzentrate mit entmineralisiertem Wasser zurückverdünnt, eventuell mit Vitamin C angereichert und in Flaschen oder Kartonverpackungen zum Konsum angeboten. Sofort im Ursprungsland abgefüllter Zitrusdirektsaft ist zwar im Supermarkt an der Kühltheke auch erhältlich, aber deutlich teurer und vom Umsatz her vergleichsweise unbedeutend.

Zur Herstellung von Orangensaftkonzentrat, das wiederum Ausgangsprodukt für hochwertigen »naturtrüben« Orangensaft ist, muss ein etwas verschlungener Weg beschritten werden. Die gewaschenen Orangen werden zunächst entsaftet. Dazu werden sie einzeln von

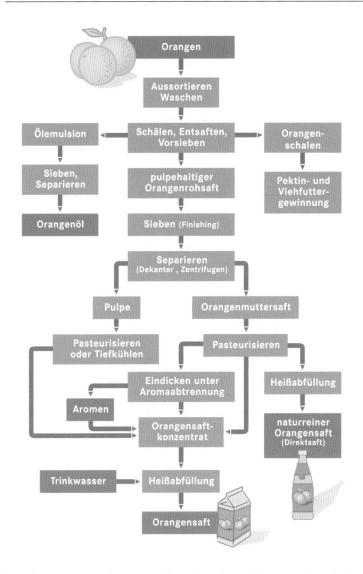

Der verschlungene Weg der **Orangensaftherstellung.** Auch andere Agrumen (Zitrusfrüchte) wie Grapefruits und Zitronen werden nach diesem Schema verarbeitet.

korbförmig angeordneten Stahlgreifern festgehalten, während das Fruchtinnere ausgeschnitten und durch ein Siebrohr gepresst wird, das die groben Bestandteile zurückhält. Nach dem Entsaften wird die zurückgebliebene Orangenschale von den Greifern zerquetscht und das austretende Orangenöl, ein wertvolles Nebenprodukt, abgespült, separiert und weiter aufbereitet. Der gepresste, grob gefilterte Rohsaft enthält noch große Mengen Zellmaterial (Pulpe) und Kerne. Um den Saft in den unverletzten Saftschläuchen des Fruchtgewebes freizusetzen, wird das Gemisch in zylindrische Siebtrommeln geleitet, wo das Fruchtfleisch durch rotierende Andrückleisten ausgepresst wird. Der passierte Rohsaft wird zentrifugiert, die dabei erhaltene Pulpe pasteurisiert oder eingefroren. Die Pulpeentfernung vor dem Eindampfen ist erforderlich, da das empfindliche Fruchtfleisch, das später noch gebraucht wird, sonst Schaden nehmen würde. Der nach dem Zentrifugieren klare Orangensaft wird sogleich pasteurisiert. Dabei werden pektolytische Enzyme inaktiviert, damit das zur Trubstabilisierung nützliche Pektin erhalten bleibt.

Fruchtsaftherstellung aus mitteleuropäischen Früchten.

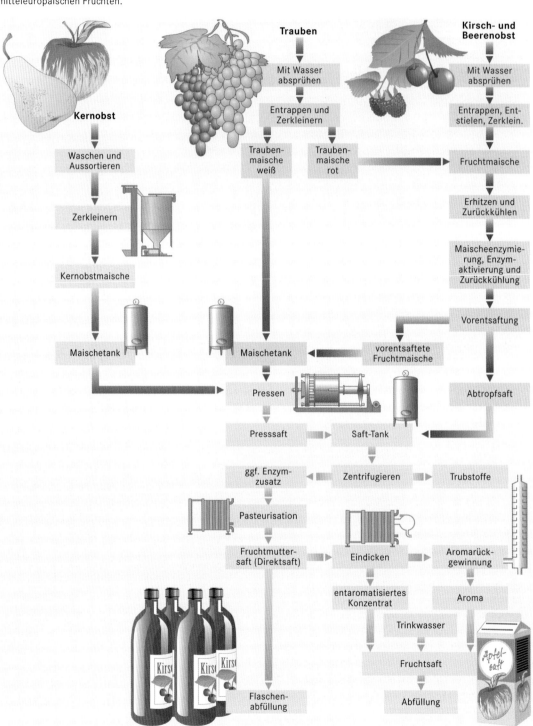

Nach dem Pasteurisieren wird der Saft in mehreren Stufen bis zur gewünschten Konzentration eingedickt. Mit dem Dampf (Brüden) verflüchtigen sich auch viele Aromastoffe. Daher kondensiert man den Brüden in der ersten Stufe. In den Brüden der weiteren Verdampferstufen befinden sich keine nennenswerten Mengen Aroma mehr. Das Kondensat aus der ersten Stufe besteht aus einer wässrigen Phase, die zum Teil als Orangensaftaroma verkauft wird, und einem Öl. Die ölige Phase und der Rest der wässrigen werden zusammen mit etwas Pulpe dem Konzentrat wieder hinzugefügt. Beim Cut-back-Verfahren versetzt man das Konzentrat zur Geschmacksverbesserung zusätzlich mit einem Anteil Muttersaft. Das Konzentrat wird bei −18°C gelagert und transportiert und stellt das Ausgangsmaterial für die Fruchtsaftherstellung durch Verdünnen dar.

Da sich einheimische Früchte von ihrem Aufbau her deutlich von Zitrusfrüchten unterscheiden, werden sie auch anders verarbeitet. Im Unterschied zu Orangensaft sind hier meist klare Fruchtsäfte oder Konzentrate gefragt. Das Obst wird zunächst gewaschen. Vor dem Zerkleinern werden Kirschen entstielt, Trauben und Beeren von den Rappen, also von den Kämmen und Stielen, getrennt. Kernobst wie Äpfel und Birnen wird nach dem Aussondern fauler Früchte zerkleinert. Die dabei gewonnene Maische wird meist noch enzymatisch von Pektin befreit, um eine bessere Saftausbeute zu erzielen. Dazu setzt man zusätzlich zu den enthaltenen Maischeenzymen weitere pektolytische Enzyme zu. Die Maische wird nun mithilfe geeigneter Obstpressen entsaftet. Der ausgepresste Rohsaft wird zur Entfernung der meisten Trubstoffe zentrifugiert und dann pasteurisiert. Wurde noch nicht entpektinisiert, so werden spätestens jetzt pektolytische Enzyme zugesetzt. Danach wird erneut zentrifugiert. Der Saft wird nun entweder direkt in Flaschen gefüllt oder zu länger lagerfähigem Konzentrat eingedickt, wobei die Maischeenzyme inaktiviert werden. Die flüchtigen Aromen werden, wie schon beschrieben, aufgefangen. Diese wasserlöslichen Fruchtaromen lassen sich aus dem Destillat durch Rektifikation, eine aufwendige Art der Destillation, zurückgewinnen. Das Aroma fügt man zur Saftherstellung beim Verdünnen des entaromatisierten Konzentrats wieder hinzu.

Der Hauptanteil von Fruchtsäften, die aus in Deutschland geerntetem Obst entstehen, entfällt auf Apfelsaft. Traubensaft hingegen stammt vorwiegend aus Italien und Frankreich. Deutscher Rebensaft wird fast ausschließlich zu Wein vergoren, da dies lukrativer ist.

Der Weinkonsum in der Bundesrepublik lag im Jahr 1996 bei 22,8 Litern pro Kopf und Jahr. Die Spitzenposition weltweit hielt in diesem Jahr, wie schon zuvor, Frankreich mit 63 Litern. Die Weinproduktion in Deutschland ist im Vergleich mit den meisten anderen Ländern auch heute noch eher traditionell geprägt.

Die Kunst der Rebensaftveredlung ist altägyptischen Aufzeichnungen zufolge 4500 Jahre alt; fast zeitgleich hat sich diese Fertigkeit in Mesopotamien entwickelt. Wie auch anderen berauschenden Genussmitteln wurde dem Wein in vielen Kulturen schon früh mys-

Pektine sind pflanzliche Polysaccharide, die ein hohes Wasserbindungsvermögen besitzen, was ihre Gelierfähigkeit ausmacht. Sie wirken trubstabilisierend, das heißt, sie verhindern, dass sich im Saft enthaltene Schwebstoffe rasch absetzen. Als Bestandteil von Gelierzucker dienen sie zur Herstellung von Konfitüre.

Ein **Fruchtsaft** ist ein unvergorener, aus Früchten oder Fruchtkonzentraten ohne Zuckerzusatz hergestellter Saft. Er besteht der Fruchtsaftverordnung von 1982 zufolge zu 100 Prozent aus Saft. **Fruchtnektar** wird aus Saftkonzentrat, (konzentriertem) Fruchtmark, Wasser und Zucker hergestellt. Der Saftanteil ist auf mindestens 50 Prozent festgelegt. Bei **Fruchtsaftgetränken** beträgt der Mindestsaftanteil sechs Prozent. Die restlichen Zutaten sind Wasser, Zucker, Farb- und Aromastoffe sowie Säuerungsmittel.

tisch-religiöse Bedeutung zugemessen. Auch in der christlichen Ze-
remonie des Abendmahls spiegelt sich dieser Aspekt wider. Im
Buddhismus und Islam hingegen ist der Alkoholkonsum verboten.
Der Anbau von Trauben und der Handel mit Wein stellte für die alten Griechen und Römer eine wesentliche Einkommensquelle dar.
Neben Italien und Griechenland entwickelten sich jedoch schon früh
Frankreich, Spanien und Portugal zu Hauptweinanbauländern. In
Deutschland ist die Weinkultur jüngeren Datums, erste Hinweise
hierauf gibt es seit dem zweiten Jahrhundert nach Christus. Urkund-
liche Nachweise des Weinbaus im Moseltal und am linken Rhein-
ufer existieren ab dem sechsten nachchristlichen Jahrhundert. Zeitweilig wurden damals über 300 000 Hektar Rebfläche bewirtschaftet.
Ende des 19. Jahrhunderts fiel der Weinbau europaweit nahezu völlig der aus Amerika eingeschleppten Reblaus Phylloxera zum Opfer.
Die Rettung lag im Aufpfropfen der europäischen Pflanzen (Vitis
vinifera) auf Rebstöcke resistenter amerikanischer Arten wie Vitis
labrusca, Vitis riparia.

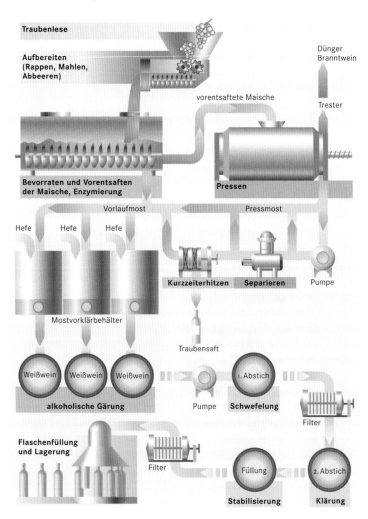

Typische Stationen bei der
Weißweinherstellung.

Die deutsche Weinproduktion ist heute, auf die Fläche bezogen, wesentlich ergiebiger als in anderen europäischen Ländern: 1995 betrug sie in Deutschland durchschnittlich 82,5 Hektoliter je Hektar, der Vergleichswert in der EU lag bei 24,5 Hektoliter je Hektar. Dies liegt vor allem an den Dank intensiverer Regenfälle saftigeren deutschen Trauben.

Die Geschichte eines Weines beginnt mit dem Traubenwachstum. Dieses setzt im Frühling ein, sobald die durchschnittlichen Tagestemperaturen 10 °C überschreiten. Zur Reifung bedarf es einer längeren Warmperiode, deren Dauer von den tatsächlichen Temperaturen abhängt. Zur Abschätzung kann man die Durchschnittstemperaturen der einzelnen Reifetage abzüglich zehn Grad zusammenzählen. Die Erntereife ist bei einer Temperatursumme von 1800 Grad erreicht. Auf der Nordhalbkugel ist dies oft Anfang September, zum Teil erst Mitte November der Fall.

Unreife Trauben sind sauer. Dies liegt an ihrem hohen Gehalt an organischen Säuren. Vor Erreichen der Reife liegt die Säure zu etwa einem Drittel als Äpfelsäure und zu zwei Dritteln als Weinsäure vor. Zu Beginn der Reife fällt der Säuregehalt rasch ab, das Mengenverhältnis von Äpfel- und Weinsäure kehrt sich um, und der Zuckergehalt steigt. Die reifen Trauben werden von Hand gelesen, zunehmend aber auch maschinell durch Abschütteln und Auffangen geerntet. Anschließend werden die Trauben, wie bereits beim Fruchtsaft geschildert, entrappt. Dies erfolgt durch eine der Traubenmühle vorgeschaltete Vorrichtung.

In der Traubenmühle werden die Früchte zerquetscht, ohne die Kerne zu beschädigen, weil sonst Bitterstoffe freigesetzt würden. Früher wurden die Trauben in Bottichen durch Zerstampfen mit den Füßen zerquetscht. Das Ergebnis ist das Gleiche: ein Gemisch aus Saft und Fruchtteilen, die so gennante Maische. Sie sollte möglichst unverzüglich gekeltert werden, um ein Braunwerden zu vermeiden. Zur Abtötung unerwünschter Keime und zur Inaktivierung von Enzymen wie Polyphenoloxidasen, welche die Braunfärbung verursachen, kann es erforderlich sein, die Maische zu schwefeln. Dies erfolgt durch Zugabe von Schwefeldioxid. Zum Keltern verwendet man meist Horizontalpressen, deren Vorteile rascher Durchsatz und hohe Ausbeute sind. Der so gewonnene Saft wird Most genannt, der Pressrückstand heißt Trester. Der Most wird im Bedarfsfall mit Calciumcarbonat entsäuert und gegebenenfalls mit Süßreserve, das ist konservierter, zum Teil auch konzentrierter Most vom Vorjahr, angereichert. Bei Weinen minderer Qualität ist auch ein begrenzter Zuckerzusatz erlaubt. Trubstoffe, das sind feste und flockige Schwebeteilchen, lassen sich durch Sedimentieren oder Zentrifugieren entfernen. Anschließend wird der geklärte Most kurzzeiterhitzt oder geschwefelt. Bei zu geringem Sauerstoffgehalt des Mostes kann es nötig sein, Sterilluft einzuleiten, da die anschließend zugesetzte Hefe zu ihrer Vermehrung Sauerstoff braucht. Dabei verwendet man Reinzuchthefen, also speziell gezüchtete Hefestämme der Art *Saccharomyces cerevisiae.*

Bei unbehandeltem Most setzt die **Gärung** meist schon nach einem Tag von alleine ein (Spontangärung). Dabei sind aber verschiedene wilde Hefen und Bakterien beteiligt, sodass in der Regel kein besonders wohlschmeckender Wein zustande kommt.

Winzermeister bei der **Weinprobe.**

Als **Weinfehler** bezeichnet man unangenehme Gerüche und Geschmäcker, wie etwa Böckser, Fasston, Korkton, Rahngeschmack oder Essigstich, und Trübungen oder Bodensatz (Bruch). Beim Bruch handelt es sich meist um ausgefällte Eisenverbindungen und Eiweiße, während Geschmacks- und Geruchsfehler häufig auf die Aktivität unerwünschter Mikroorganismen oder auf faules Lesegut zurückzuführen sind.

Die Hefe beginnt nach einer Phase der Vermehrung, wenn der Sauerstoff verbraucht ist, mit der Gärung. Die dabei ablaufenden Stoffwechselprozesse setzen den Traubenzucker zu Alkohol (Ethanol) und Kohlendioxid um; außerdem wird Wärme frei. Bei unzureichender Kühlung kann die Gärung außer Kontrolle geraten, was man Versieden nennt. Der Most schäumt dabei stark auf, erwärmt sich, und es bildet sich ein unangenehmes Aroma. Ist der Zuckervorrat durch die Gärung verbraucht oder der hefetolerierbare Alkoholgehalt (zwölf bis 13 Volumprozent) erreicht, hört die Kohlendioxidentwicklung auf und die Hefe sinkt zu Boden. Auch Trubstoffe wie Pressrückstände und Eiweißpartikel setzen sich während der Klärung ab. Nun wird der Jungwein »abgestochen«, der Überstand wird vom Bodensatz getrennt. Hierzu wird er mit einer Pumpe in einen anderen Behälter befördert. Ist der abgestochene Wein noch zu zucker- und hefehaltig, so wird nach weiterer Gärung ein zweiter Abstich nötig. Zum Abschluss der Gärung wird hier gegebenenfalls geschwefelt. Um restliche enthaltene Trubstoffe zu entfernen, wird der Wein filtriert. Meist werden aber vorher je nach Bedarf noch Fällungs- oder Flockungsmittel wie Bentonit, Gelatine, spezielle Eiweiße, Kieselsol, gelbes Blutlaugensalz, Kupfersulfat oder Aktivkohle hinzugegeben. Die Zugabe klärender oder geruchsneutralisierender Substanzen nennt man Schönung. Speziell das Blutlaugensalz dient der Entfernung von Eisenionen.

Weinstein ist eine geschmacksneutrale Substanz, deren Abscheidung aus Wein einen ganz natürlichen Vorgang darstellt, was bei Weinkennern als Qualitätsmerkmal gilt. Dennoch sind Weinsteinkristalle bei vielen Konsumenten unbeliebt. Daher versucht man, den langsam ablaufenden Abscheidungsprozess entweder durch Kühlen und Zugabe von Impfkristallen zu beschleunigen oder durch Zusatz von Metaweinsäure zu unterdrücken. Weinbehandlungen wie Schönung und Beeinflussung der Kristallausscheidung bezeichnet man auch als Weinausbau.

Zur Reifung lagert man Weine gehobener Qualität in Holzfässern beziehungsweise Kunststoff- oder Edelstahltanks, in die Holztafeln eingeschoben werden können. Das Holz, speziell Eichenholz, wird benötigt, da es erwünschte Aroma- und Farbstoffe (Tannine) abgibt. Die Behälter sind während der Reifung randvoll gefüllt zu halten, damit der Wein nicht mit Luft in Kontakt steht und unerwünschte geschmackliche Veränderungen durch Sauerstoff vermieden werden. Mit der Luft dringen zudem unter Umständen Keime ein, die ebenfalls zu Weinfehlern führen. Deshalb wird der Wein zu Beginn der Reifung erneut geschwefelt.

Auch nach der Abfüllung in Flaschen kann eine weitere Reifung erfolgen. Sie wird durch den Verschluss aus Naturkork unterstützt. Damit der Wein mit dem Korken in Berührung bleibt, werden die Flaschen mit dem Hals schräg nach unten gelagert. Dies verhindert zum einen ein Austrocknen des Verschlusses und somit das Eindringen von Luft, zum anderen kann der Korken so Aromastoffe an den Wein abgeben.

Die Qualität eines Weines geht nur bedingt mit seinem Alter einher, denn ab einem von Wein zu Wein und Jahrgang zu Jahrgang verschiedenen Zeitpunkt setzt eine Qualitätsminderung, der Abbau, ein. Dies ist in vielen Fällen nach einer Lagerdauer von fünf bis zehn Jahren der Fall.

Im Gegensatz zu Wein, bei dem die meisten Sorten erst nach einer Lagerung von über einem Jahr getrunken werden, ist Bier zum Konsum innerhalb weniger Monate bestimmt. Bier ist, ebenso wie Wein, ein biotechnologisch erzeugtes Getränk, dessen Herstellung auf ähnlich traditionellen Verfahren fußt. Das vielzitierte Reinheitsgebot von 1516, dem zufolge nur Gerstenmalz, Wasser, Hopfen und Hefe zum Bierbrauen verwendet werden dürfen, hat einen auf Niederbayern beschränkten Vorläufer, die Brauordnung Herzog Georgs des Reichen vom Jahr 1493, die ihrerseits auf älteren, allerdings rein städtischen Handwerks- und Gewerbeordnungen basiert. Das Reinheitsgebot ist heute im Biersteuergesetz (1918, Neufassung 1986) enthalten und bezieht sich auf das klassische untergärige Bier. Für obergäriges Bier darf auch Weizen verwendet werden, im Ausland sind zudem Reis und Mais als Ausgangsprodukte erlaubt und üblich.

1996 wurden in Deutschland pro Einwohner 132 Liter Bier getrunken. Platz eins im weltweiten Bierkonsum hielt 1996, wie schon in den Vorjahren, die Tschechische Republik mit 160 Litern. In Deutschland werden heute in über 1100 Brauereien rund 4000 Biermarken hergestellt.

Dass alkoholische Getränke nicht nur aus süßen Säften oder honighaltigen Lösungen, sondern ebenfalls aus stärkehaltigen Stoffen hergestellt werden können, ist schon seit frühester Zeit bekannt. Schon vor 5000 Jahren gab es in Mesopotamien und Ägypten aus Getreide gebraute bierähnliche Volksgetränke. Die Babylonier verbrei-

Das **Reinheitsgebot** der bayerischen Herzöge Wilhelm und Ludwig von 1516 befindet sich in der Bayerischen Staatsbibliothek in München.

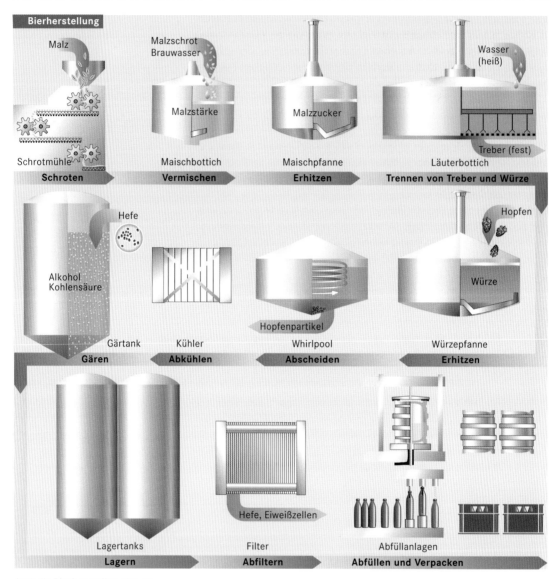

Auch die **Bierherstellung** ist ein biotechnologisches Verfahren.

teten das Bierbrauen im Vorderen Orient, von wo die Kunde in der Antike auch in den Mittelmeerraum und nach Europa gelangte. Die zum Bierbrauen verwendeten Getreidesorten waren in Europa Hirse, Gerste, Weizen, Hafer und Roggen, gemälzt oder ungemälzt obergärig gebraut. Zur Geschmacksverbesserung setzte man Baumrinde, Wacholder, Pilze, ja sogar Teile giftiger Pflanzen wie Wermut, Seidelbast und Bilsenkraut zu. Dieses »Bier« wurde Grätzing oder Gruitbier genannt. Die Verwendung von Hopfen scheint sich ausgehend vom Ostseeraum zwischen dem 5. und 7. Jahrhundert nach Mitteleuropa ausgebreitet zu haben. Es dauerte jedoch bis zum 15. Jahrhundert, bis Hopfen die anderen Würz- und Bitterstoffe endgültig verdrängt hatte. Zu dieser Zeit entwickelten sich die Bierbrauerzünfte. Bis zur Mitte des 17. Jahrhunderts wurde Bier vorwiegend in den norddeutschen Hausbrauereien produziert. Durch das um 1500 in Klöstern Süddeutschlands entwickelte untergärige Verfahren erlangte Bayern so großes Ansehen, dass sich der Schwerpunkt der Biererzeugung nach 1650 in den Süden Deutschlands verlagerte. Noch heute befinden sich mehr als die Hälfte der deutschen Brauereien in Bayern. Im 18. Jahrhundert war das Bierbrauen so stark verbreitet, dass sich die Landesherren aus steuerlichen Gründen gezwungen sahen, es durch Vorschriften zu organisieren und zu reglementieren. Das Braurecht war für Adel und Klöster ein Privileg, Bürgern wurde es verliehen. Im 19. und 20. Jahrhundert wurde die Bierbrauerei als Handwerk aufgrund neuer Technologien größtenteils von der Brauindustrie abgelöst.

Die moderne Bierherstellung gliedert sich ebenso wie die mittelalterliche in Malzbereitung, Würzebereitung und Gärung. Zweck des Mälzens ist es, die Getreidekörner enzymatisch so vorzubereiten, dass sich die enthaltene Stärke später leicht löst. Darüber hinaus bilden sich beim späteren Erhitzen erwünschte Farb- und Aromastoffe. Man lässt die Gerste oder den Weizen zunächst unter Wasserzufuhr und genauer Temperatursteuerung bis zu einer definierten Stufe keimen, wobei Enzyme wie Amylasen und Maltasen gebildet werden, welche im weiteren Verlauf der Bierherstellung, bei der Würzebereitung, gebraucht werden.

Hier wird geprüft, ob die Gerstenkörner des **Grünmalzes** genügend weit ausgekeimt sind. Erst dann kann mit der Wärmebehandlung begonnen werden.

Die weitere Keimung des Grünmalzes wird durch Kühlen unter- und durch anschließendes Trocknen abgebrochen. Das Trocknen bei etwa 50 °C nennt man Schwelken. Hierbei bleiben die Enzyme voll erhalten, sind jedoch aufgrund von Wassermangel inaktiviert. Beim Darren, das bei 80 bis 85 °C erfolgt, wird ein Teil der Enzyme zerstört, und es werden geringe Mengen Farb- und Aromastoffe gebildet. Das entstandene Darrmalz wird mechanisch von den Wurzelkeimen befreit. Bei noch höheren Temperaturen, durch Rösten bei knapp über 100 °C, entsteht Farbmalz, das in geringen Teilen zur Herstellung von dunklen Bieren verwendet wird. Das Malz wird vom Hersteller in die Brauerei gebracht, wo es auf die gewünschte Teilchengröße gemahlen (geschrotet) wird, die sich nach der später verwendeten Läuter- und Filtervorrichtung richtet.

Zur Herstellung der gärfähigen Lösung, Würze genannt, wird das geschrotete Malz mit Wasser im Sudhaus zu einer Maische vermischt. Von großer Bedeutung für die Bierqualität ist die Härte des Brauwassers, die aber dank Enthärtungsanlagen an die Bedürfnisse der einzelnen Biersorten angepasst werden kann. Die für die Härte verantwortlichen Calciumionen reagieren nämlich mit den im Malz enthaltenen Phosphaten, die wiederum für die Aktivität verschiedener Enzyme wichtig sind.

Die Maische wird unter Rühren erwärmt. Abhängig vom Verfahren werden Teile der Maische in verschiedenen Behältern auf unterschiedlichen Temperaturen gehalten (Rasten genannt) und danach wieder zusammengeführt. Bei 35 °C gehen die meisten Enzyme in Lösung. Bei 45 °C werden Gerüstsubstanzen zerlegt, ab 50 °C auch Proteine. Ab 60 °C wird die Stärke verkleistert, und der enzymati-

Hopfen ist eine rankende, bis zu sechs Meter hohe Pflanze. Von Bedeutung für die Brauerei sind nur die weiblichen Stauden, aus deren Dolden nach dem Trocknen Hopfenextrakt und -mehl (in Pellets) gewonnen wird. Hopfen verleiht dem Bier Bitterkeit, Haltbarkeit und Schäumvermögen.

sche Stärkeabbau beginnt in großem Umfang. Zum Teil erhitzt man die Maische bis zum Sieden. Durch die Wahl von Temperatur und Dauer der Rasten kann man das Maischen individuell auf die Malzqualität abstimmen und Würzen von je nach Biertyp unterschiedlicher Zusammensetzung erzeugen.

Im Anschluss an das Maischen werden die ungelösten Teile (Treber) vom löslichen Extrakt getrennt. Dies geschieht mithilfe eines Läuterbottichs. Die Filterwirkung im Läuterbottich wird von den Trebern selbst übernommen, die sich auf dem perforierten Boden absetzen. Die ablaufende Würze wird dabei solange wieder in den Bottich zurückgepumpt, bis die erforderliche Filterwirkung erreicht ist und die Würze klar abläuft. Zum Schluss der Filtration werden aus dem Treber mit Wasser Reste des Extrakts ausgewaschen. Das dabei gewonnene extrakthaltige Glattwasser wird für den nächsten Maischeaufguss verwendet. Die abgeläuterte Würze wird in die Sudpfanne gepumpt, mit Hopfen versetzt und gekocht.

Dabei lösen sich die charakteristisch bitteren Hopfeninhaltsstoffe, welche zusammen mit der Hitzewirkung gelöste Eiweiße gerinnen und ausfallen lassen, Malzenzyme inaktivieren und Keime abtöten. Die Verdampfung des Wassers beim Kochen läuft kontrolliert ab und dient dazu, den Stammwürzegehalt einzustellen.

Zum Abschluss des Sudprozesses wird die heiße Würze zur Entfernung der Hopfenüberreste und des ausgefallenen Eiweißes, des Heißtrubs, tangential in einen runden Whirlpool eingepumpt, auf dessen Bodenmitte sich die Feststoffe sammeln. Die darüber befindliche klare Würze wird abgezogen und mithilfe von Plattenwärmeaustauschern abgekühlt. Der hierbei ausfallende Kühltrub wird durch Sedimentieren oder Filtrieren entfernt. Die kalte Würze wird mit Sterilluft gesättigt, da für die Vermehrung der Hefe Sauerstoff gebraucht wird.

Industriell erfolgt die Gärung meist in aufrechten zylindrokonischen Edelstahltanks von bis zu 250000 Litern Fassungsvermögen. Dazu wird der Würze Hefe zugegeben. Die Gärung kann, je nach Biersorte, Hefekultur und Temperatur, unter- oder obergärig geführt werden. Obergärige Hefen (Saccharomyces cerevisiae) gären bei 15 bis 20°C. Am Ende der Gärung steigen sie nach oben. Untergärige Hefen (Saccharomyces uvarum) setzen sich nach der bei 5 bis 10°C getanen Arbeit am Boden des Gärbehälters ab. Die Arbeit besteht bei beiden in der Produktion von Alkohol aus den Zuckern der Würze, in der Regel bis zu Gehalten von vier bis sieben Volumprozent. Zur Abführung der Gärungswärme muss weiter gekühlt werden. Das entstehende Kohlendioxid wird aufgefangen. Es dient bei der Abfüllung des Biers als Treibgas zum Transport und als Füllgas der Flaschen, Dosen, Fässer und Tanks vor der eigentlichen Befüllung. Bei untergärigen Bieren schließt sich eine Nachgärung im Lagerkeller an, in Tanks von der gleichen Art und Größe wie die Gärtanks. Dabei werden die unerwünschten Geschmacksstoffe unreifen Bieres abgebaut, und es stellt sich ein erhöhter Kohlendioxidgehalt ein. Danach wird das Bier zur Entfernung von Eiweißkolloiden filtriert und unter erhöhtem Kohlendioxiddruck abgefüllt. Durch die Kohlendioxidatmosphäre werden Kohlensäureverluste des Biers vermieden. Obergärige Biere (Weizen) hingegen werden in Drucktanks oder Flaschen nachvergoren, wodurch sie von selbst viel Kohlendioxid enthalten.

Bei Dosen- und Exportbieren vergeht bis zum Konsum häufig eine relativ lange Zeit. Daher wird hier meist ein Stoff zugesetzt, der die mit der Zeit ausflockenden Gerbstoffe stabilisiert: Polyvinylpyrrolidon. Alkoholfreies Bier stellt man aus gewöhnlichem Bier durch ein auf Umkehrosmose beruhendes Verfahren oder durch schonende Unterdruckdestillation bei erniedrigter Temperatur her. Eine weitere Möglichkeit besteht darin, die Gärung der Würze nach kurzer Zeit abzubrechen. Alkoholfreies Bier enthält – anders als der Name vermuten lässt – noch bis zu einem halben Volumprozent Alkohol.

Die meisten bisher beschriebenen Techniken, speziell die zur Herstellung von Bier, Wein, Brot oder Käse, sind aus teilweise uralten Traditionen entstanden. Es gibt jedoch auch moderne Herstellungsverfahren und Produkte, die nicht mehr in die herkömmlichen Schemata passen.

Typisches **Convenience-Food.**

Moderne Lebensmittel und Techniken

Die Lebensmittelindustrie hat, wie so viele andere Industriezweige, ihren Ursprung in der industriellen Revolution. Aus dem 19. und frühen 20. Jahrhundert stammt eine Vielzahl innovativer Lebensmittelkreationen und -techniken, die sich für die groß-

Wichtige **Lebensmittelzusätze** und die zugehörigen **E-Nummern.**

Zusatzstoffgruppe	E-Nummern	Beispiele	Aufgabe
Farbstoffe	E1xx	β-Carotin, Rote Beete	Attraktives Aussehen
Konservierungsstoffe	E2xx, E11xx	Benzoesäure, Biphenyl	Konservierung, Keimabtötung
Säuerungsmittel und Säureregulatoren	E2xx, E3xx, E4xx, E5xx,	Essigsäure, Citronensäure	Säuerung, Pufferung, auch Geschmacksverstärkung und Konservierung
Basische Säureregulatoren	E5xx	Natronlauge	Säureneutralisation, Laugengeschmack
Gelier-, Verdickungs- und Feuchthaltemittel	E4xx, E5xx, E14xx	Guarkernmehl, Xanthan	Besseres Wasserbindevermögen, Verfestigung
Emulgatoren, Stabilisatoren	E3xx, E4xx, E5xx, E9xx,	Lecithin, Monoglyceride	Emulgation bzw. Suspension zur Mischung sonst nicht mischbarer Komponenten
Trenn- und Überzugmittel	E5xx, E9xx, E14xx	Talkum, Bienenwachs	Verhinderung von Verklumpen und Verkleben, Schutzschicht
Füllstoffe	E4xx, E12xx, E14xx	Cellulose, modifizierte Stärke	Texturverbesserung
Geschmacksverstärker	E6xx	Mononatriumglutamat, Dinatriumdinosität, Maltol	Intensivierung einer Geschmacksnote, Appetitanregung
Süßstoffe	E4xx, E9xx	Saccharin, Aspartam	Ersatz für Zucker
Antioxidationsmittel	E3xx, E5xx	Ascorbinsäure, Tocopherole	Abfangen von Sauerstoff zur Aroma- und Farberhaltung
Pack- und Treibgase	E9xx	Stickstoff, Distickstoffmonoxid	Schutz vor Quetschung und Oxidation, Stoffbeförderung

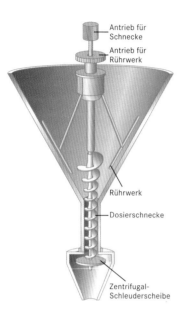

Antrieb für
Schnecke

Antrieb für
Rührwerk

Rührwerk

Dosierschnecke

Zentrifugal-
Schleuderscheibe

Ein **Schneckendosierer** dient zur
Beförderung pulverförmiger Stoffe.

technische Produktion ideal eignen. Zu nennen sind hier hydrolytisch aus Stärke gewonnener Zucker (1811, Gottlieb Sigismund Constantin Kirchhoff; 1812, Johann Wolfgang Döbereiner), lösliches Kakaopulver (1828, Conrad Johannes van Houten), walzengetrocknetes Milchpulver (1855, John A. Just), Kondensmilch (1856, Gail Borden), Liebigs Fleischextrakt (1862, Justus von Liebig), Margarine (1869, Hippolyte Mège-Mouriés), sprühgetrocknetes Milchpulver (1872, Samuel R. Percy), Salicylsäure als Konservierungsmittel (1874, Hermann Kolbe), Vanillin (1874, Wilhelm Haarmann), Milchschokolade (1876, Daniel Peter, Henri Nestlé), Cornflakes (1876, John Harvey Kellog; 1906, Will Keith Kellog), Schmelzschokolade (1879, Rodolphe Lindt), Saccharin (1879, Constantin Fahlberg), Trockensuppen (1886, Julius Maggi und Carl Knorr), Coca-Cola (1886, John Pemberton), Backpulver (1891, August Oetker), gehärtetes Pflanzenfett (1902, Wilhelm Normann) und Mononatriumglutamat (1908, Kikunae Ikeda). Mit Ausnahme von Salicylsäure, die inzwischen durch andere Konservierungsstoffe ersetzt wurde, sind all diese Produkte, wenn auch in ihrer Herstellung abgeändert, noch immer gebräuchlich. Ihrem modernen Charakter und ihrer bequemen Verwendung entsprechend würde man die meisten davon heute als Design- oder Convenience-Food bezeichnen. Zu diesen Termini haben sich inzwischen noch die Begriffe Low-Calorie-Food sowie Novel und Functional Food hinzugesellt. Was versteht man unter diesen Bezeichnungen?

Convenience-Produkte dienen der zeitsparenden, bequemen Essenszubereitung. Dazu gehören Fertiggerichte aus der Tüte oder Dose sowie Tiefkühlkost, Aufbackbrötchen und auch Reibkäse. Zur Herstellung von Suppenpulver oder Doseneintopfgerichten werden die Zutaten nach einer Art Baukastensystem zusammengemischt. Dieses Verfahren etablierte sich, da den Produktentwicklern zur Erzielung von standardisierter Konsistenz, vollem Aroma und angenehmer Farbe inzwischen bewährte Lösungen zur Verfügung stehen, auf die bei einer Vielzahl verschiedener Produkte immer wieder zurückgegriffen werden kann.

Die Lebensmittelzusatzstoffe, früher Fremdstoffe genannt, werden zwar auch in herkömmlichen Lebensmitteln verwendet, in Convenience- und Design-Food aber in wesentlich größerem Umfang. In der EU waren 1997 297 Zusatzstoffe zugelassen, kennzeichnungspflichtig im Klartext oder durch Angabe der jeweiligen E-Nummern. Dazu kommen noch rund 3000 Aromastoffe, die in der Zutatenliste nicht namentlich aufgeführt werden müssen. Dies gilt gleichfalls für Enzyme.

Auch Puddingpulver und Speisewürze gehören zu den Produkten, die die Küchenfron erleichtern. Die industrielle Herstellung von Puddingpulver läuft folgendermaßen ab: Aus den Vorratssilos dosiert eine Schnecke die pulverförmigen Zutaten in eine Hängewaage, von wo sie in einen Mischer gelangen. Aromen und Extrakte, also flüssige Auszüge von Pflanzen oder wässrige Lösungen künstlich erzeugter Aromastoffe, werden in den Mischer eingesprüht. Nach einer Mischzeit von wenigen Minuten fällt die fertige Mischung in einen großen Kunststoffsack, der bis zur Freigabe durch die Qualitätssicherung im Hochregallager zwischengelagert wird. Der Sackinhalt wird dann mithilfe einer Schlauchbeutelmaschine portionsverpackt.

Speisewürze wird in flüssiger Form, als Suppenwürfel oder auch als gekörnte Brühe angeboten. Sie ist in fast sämtlichen Saucen und Suppen zu finden. Zur Herstellung wird preiswertes Pflanzenprotein mit Salzsäure hydrolysiert, also in seine Bestandteile (Peptide und Aminosäuren) zerlegt. Das ursprünglich verwendete Ausgangsmaterial Bohnenmehl ist inzwischen durch Sojaschrot und Maiskleber abgelöst worden. Sojaschrot fällt bei der Extraktion von Sojaöl an. Das Schrot wird zum Vertreiben des Extraktionsmittels (Hexan) und zur Vorbereitung auf den zersetzenden Säureaufschluss mit Dampf erhitzt. Nach Kochen mit konzentrierter Salzsäure wird mit Natronlauge neutralisiert und gefiltert. Das Filtrat, die Würze, ist herstellungsbedingt reich an Salz. Trotz ihrer pflanzlichen Herkunft besitzt solche Würze einen fleischähnlichen Geschmack, der vor allem durch schwefelhaltige Aminosäuren hervorgerufen wird.

Bei Functional Food, auch Performance-Nutrition genannt, handelt es sich um Nahrungsmittel, die mit einer zusätzlichen, den physiologischen Wert steigernden Funktion versehen sind. Diese besteht im einfachsten Fall in zugesetzten Vitaminen, Mineral- und Ballaststoffen, speziellen Proteinen, Aminosäuren oder Aminosäurederivaten (zum Beispiel L-Carnitin, Kreatin, Taurin) sowie in lebensmittelrechtlich heiklen Fällen in arzneimittelartig wirkenden Zusätzen wie cholesterinsenkenden, immunstärkenden oder gar psychoaktiven Stoffen. Dem Verbraucher soll mit dem Verzehr solcher Produkte die gesonderte Beschaffung und Einnahme der nunmehr enthaltenen Substanzen erspart werden. Functional Food hat also den Aspekt der Bequemlichkeit mit Convenience-Produkten gemeinsam. Beispiele sind probiotischer Joghurt, dessen Lebendkulturen die Darmflora bereichern sollen, sowie isotonische Sportlergetränke und Powerdrinks. Auch fluoridiertes und iodiertes Speisesalz lässt sich hier hinzuzählen. Aus rechtlichen Gründen sind verschiedene hervorragend als Functional Food vermarktbare Produkte in Deutschland bisher nur als Nahrungssupplemente erhältlich, zum Beispiel Muskelaufbaupräparate und Brain-Food.

Völlig oder vorwiegend auf moderner Basis produzierte Lebensmittel heißen neudeutsch Design-Food. Bei ihnen wurde das Baukastenprinzip zur Vollendung getrieben. Modifizierte Stärke, hydrolysierte Proteine, Glyceride und Fettaustauschstoffe, um nur einige Beispiele zu nennen, aus den jeweils momentan kostengünstig auf dem Weltmarkt erhältlichen Rohstoffen bilden in geeigneter Zusammenstellung die Standard-Grundmasse von Design-Food. Diese

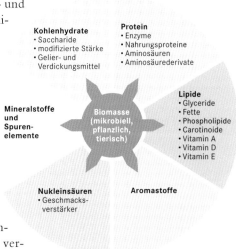

Biomasse ist eine bedeutende Rohstoffquelle in der Nahrungsmittelproduktion, nicht nur als Ausgangsmaterial für Nährstoffe, sondern auch für eine große Zahl von Zusatzstoffen.

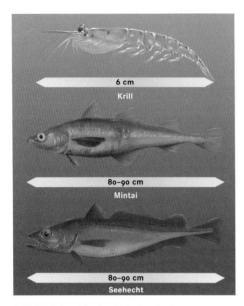

Krill, Mintai und Seehecht treten dank moderner Lebensmitteltechnik eine neue Karriere als **Surimi** an.

Mit einem **HTST-Extruder** (High-Temperature-Short-Time-Extruder) lassen sich Biskuits, Cornflakes und andere Leckereien produzieren. Meist sind in den Extruder nicht nur eine, sondern zwei Schnecken nebeneinander eingebaut.

lässt sich durch den Zusatz von Hydrokolloiden, Aromen, Farbstoffen und anderem zu dem jeweils gewünschten Lebensmittel modifizieren.

Die ersten Design-Foods waren Imitate, aus der Not geboren und lebensmitteltechnisch gesehen vergleichsweise schlicht. Malzkaffee mit Zichorienextrakt, heute ein Reformprodukt, diente im Zweiten Weltkrieg und in der Nachkriegszeit als Ersatz für unerschwinglich teuren Kaffee. Erbswurst aus Speck, Zwiebeln, Gewürzen, Salz und Erbsenmehl war ein Ausgangsmaterial für Suppe. Einem Preisausschreiben Napoleons III., der damit eine erprobte innovationsfördernde Methode seines Onkels aufgriff, verdanken wir den Butterersatz Margarine, dessen Herstellung weiter vorn bereits beschrieben wurde.

Ein Beispiel für modernes Design-Food ist ein Fleischersatz aus England namens Quorn, der aus fermentativ gewonnenem Mycoprotein (Pilzeiweiß), pflanzlicher Würze, Geschmacksverstärkern und Aromen hergestellt wird. Aus den USA stammen preisgünstige Nachahmungen teurer Meeresfrüchte. Sie tragen die Bezeichnung Surimi oder Kamaboko, ursprünglich die Namen traditioneller japanischer Fischspeisen. Vom antarktischen Krill (Euphausia superba) als Grundlage für Fischpasteten oder -suppen ist man inzwischen wegen des hohen und nur mit großem Aufwand zu beseitigenden Fluoridgehaltes wieder abgekommen.

Die Aufmerksamkeit der Seafood-Designer richtet sich neuerdings auf Nebenfischarten, darunter versteht man bislang wenig attraktive, kaum verwertete Arten. So werden beispielsweise aus Mintai (Theragra chalcogramma), der in großen Mengen vor der Küste Alaskas gefangen wird, geschmacklich vom Original nicht unterscheidbare Krabben- und Hummerimitate produziert. Aus dem ebenfalls im Nordwestpazifik vorkommendem Seehecht (Merluccius productus) wird ein Ersatz für Karpfen und Lachs hergestellt. Dank moderner Fertigungstechniken und Rezepturen ist manches, was wie Fisch, Fleisch oder Wurst aussieht und schmeckt, teilweise oder völlig auf der Basis von texturiertem Sojaprotein hergestellt. Besonders in den USA nimmt der Marktanteil solcher Fleischersatzstoffe stetig zu.

Die Wirtschaftswunderjahre hatten in Deutschland Übergewicht großer Teile der Bevölkerung zur Folge. Daher bestand seit den 1960er-Jahren ein Trend zu gesunder, insbesondere kalorienarmer Ernährung. Stets auf der Suche nach neuen, vermarktbaren Produkten entwickelten die Nahrungsmittelchemiker für die in Verruf geratenen Energieträger Kohlenhydrate und Fett Ersatzstoffe, die in unzähligen diätetischen Nahrungsmitteln und Light-Produkten, auch Low-Calorie-Food genannt, Verwendung finden. Um dem zuckerverwöhnten Konsumenten kalorienreduzierten Genuss zu bieten, werden vielen Getränken und Süßspeisen anstelle von Zucker künstliche Süßstoffe wie Aspartam, Cyclamat, Saccharin und Acesulfam-Kalium zugesetzt. In jüngerer Zeit gesellten sich zum Reigen der Kaloriensparer noch der Fettersatzstoff Z-Trim, der aus den Hülsen von Reis, Getreide und Hülsenfrüchten fabriziert wird, sowie der synthetische, unverdauliche Ölersatz Olestra hinzu.

Die Light-Welle ist aber inzwischen schon wieder abgeebbt, denn es hat sich herumgesprochen, dass die Austauschstoffe synthetisch hergestellt werden. Chemie in Lebensmitteln ist jedoch unpopulär. Wegen potenzieller Gesundheitsgefahren werden sie vom Verbraucher mit zunehmendem Misstrauen betrachtet. Zudem hat sich herausgestellt, dass sich mit Light-Produkten keine dauerhafte Gewichtsreduktion erzielen lässt, da sie langfristig nur zu verstärktem Hungergefühl führen.

Ebenfalls als Design-Food zu klassifizieren sind Knabberartikel wie Kartoffelchips und Erdnussflips, aber auch Cornflakes und Müs-

---

DESOXYRIBONUKLEINSÄURE

DNA ist ein Akronym für »deoxyribonucleic acid«, zu Deutsch Desoxyribonukleinsäure (DNS). Sie ist in jeder Zelle enthalten und stellt das Erbgut (Genom) eines Lebewesens dar. Die DNA ist, anschaulich beschrieben, der Bauplan für einen Organismus. Die Blaupause für die Konstruktion setzt bereits bei der Fertigung der Bausteine an, bei denen es sich um Proteine (Eiweiße) handelt. Proteine sind kompliziert gebaute Moleküle mit ganz speziellen Aufgaben, wie beispielsweise als Gerüstsubstanz oder zur Lenkung und Ermöglichung biochemischer Prozesse, also als Enzyme.

Die DNA ist ein langkettiges, doppelsträngiges Molekül. Es ist ähnlich wie eine Leiter konstruiert: Die seitlichen Stützen bestehen aus einer abwechselnden Folge von Zucker- und Phosphatmolekülen, während die Sprossen aus den komplementären Basenpaaren Adenin und Thymin beziehungsweise Guanin und Cytosin gebildet werden. Die Verbindung eines Zuckerphosphats mit einer Base nennt man ein Nukleotid. Die DNA-»Leiter« ist spiralig verdrillt, sodass sie die Form einer Doppelhelix annimmt. Ein Gen ist ein funktional zusammengehöriger DNA-Abschnitt.

Wenn man die DNA mit einem Computerprogramm vergleicht, dann entsprechen die Gene Unterprogrammen und die Reihenfolge der Basenpaare den Bitsequenzen. Die meisten Unterprogramme (Gene) sind für die Produktion bestimmter Proteine zuständig: Durch die Basenfolge eines Gens wird die Aminosäuresequenz des betreffenden Proteins exakt festgelegt.

Die grundlegende chemische Struktur der DNA ist bei allen Lebewesen gleich. Der genetische Code ist somit universell, die Arbeitsanweisungen werden also im Prinzip von jedem beliebigen Organismus verstanden. Eine Einschränkung besteht nur in den unterschiedlichen Steuerungssequenzen verschiedener Organismen: Ein Gen ist im Prinzip in drei Bereiche gegliedert, einen Promotor als Kontroll- und Erkennungseinheit, das Strukturgen, in dem die Bauanweisung für ein Protein enthalten ist, und den Terminator, eine Regulationseinheit, welche das Ende der Informationseinheit angibt. Der Steuerungsbereich ist für jedes Lebewesen spezifisch. Universell hingegen ist das Strukturgen. Soll beispielsweise ein mikrobielles Gen in einer Pflanze exprimiert (zur Proteinsynthese veranlasst) werden, so muss der mikrobielle Promotor durch einen pflanzlichen ausgetauscht werden. Ein vorrangiges Ziel der Genforschung ist die Analyse und Beschreibung des Genoms von Lebewesen.

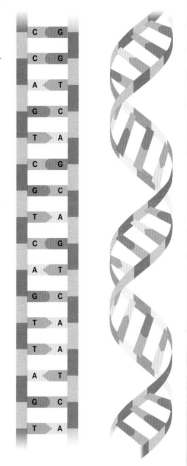

Plasmide bestehen ebenso wie das Nukleoid (das Zellkernanalogon) von Bakterien aus DNA und sind ebenfalls ringförmig gebaut, allerdings wesentlich kleiner. Während das Nukleoid etwa vier Millionen Basenpaare umfasst, bestehen Plasmide aus ungefähr 2000 bis zu mehreren 10000 Basenpaaren (zum Vergleich – Humangenom: drei Milliarden Basenpaare, Maisgenom: fünf Milliarden Basenpaare). Plasmide treten frei in der Zellflüssigkeit von Bakterien und manchen Hefen auf, replizieren sich unabhängig vom Nukleoid und steuern ebenso wie dieses die Proteinsynthese. Sie werden normalerweise nur im direkten Kontakt zwischen zwei Bakterien weitergegeben. Zu den dabei übertragenen Informationen gehören unter anderem Stoffwechselwege und Antibiotikaresistenzen. In der Gentechnik dienen Plasmide als Vektoren zur Übertragung von Faktoren (Eigenschaften). Ein gentechnisch verändertes Plasmid nennt man rekombinant. Die Aufnahme von Plasmiden aus dem extrazellulären Raum ins Zellinnere von Bakterien erfolgt nur unter bestimmten, künstlich einstellbaren Bedingungen. Eine gleichzeitig mit der gewünschten Eigenschaft vermittelte Resistenz wird zur Selektionierung der transgenen, erfolgreich veränderten Bakterien gegenüber den unveränderten genutzt. Plasmide werden bei der Zellteilung nicht immer verdoppelt und weitergegeben. Dadurch können sie verloren gehen.

liriegel. Die Metamorphose der mit Wasser angeteigten Zutaten zu knusprig-krossen Produkten gelingt dank moderner Extrudertechnologie.

Ein Extruder besteht im Wesentlichen aus einem beheizbaren Rohr mit ein oder zwei innenliegenden Schnecken, welche die Ingredienzien weitertransportieren und durch eine Düse pressen, deren Querschnitt die Form der Extrudate bestimmt. Ein rotierendes Messer schneidet die austretende Masse hinter der Düse ab. Im Gehäuse können durch die Scherkräfte Drücke von 150 Bar und mehr sowie Temperaturen bis zu 230 °C entstehen. Dabei wird enthaltene Stärke aufgeschlossen und verkleistert, Proteine werden denaturiert. Das Wasser verdampft beim Austritt der Masse aus der Düse schlagartig und schäumt das Extrudat auf. Doch nicht nur locker-knusprige Artikel lassen sich durch Extrusion produzieren, auch Gemüse, Fleisch, Fisch und Sojaeiweiß lässt sich (bei geringeren Drücken, gegebenenfalls unter Kühlung und häufig unter Zusatz wasserbindender Mittel) in nahezu beliebige Form bringen. Auch die Formgestaltung bietet noch Spielraum für Produktverbesserung, wie das Beispiel einer neuen Spaghettisorte zeigt, die statt des traditionellen runden einen kleeblattförmigen Querschnitt besitzt und deren Garzeit auf weniger als die Hälfte verkürzt ist. Die gekochte Turbonudel unterscheidet sich jedoch optisch nicht von der herkömmlichen, da sich die Längsspalten beim Kochen schließen. Zusätzliche Finesse bietet die Technik der Koextrusion, mit der sich mehrere Schichten aufeinander anbringen oder gar ineinander laufen lassen. Beispiele sind mehrlagige Knusperriegel oder Wurst mit speziell gemustertem Schnittbild, beispielsweise mit einem lachenden Gesicht. Der Extrusionsprozess hat besonders bei hohen Temperaturen Verluste bei Vitaminen, Aromastoffen und anderen empfindlichen Inhaltsstoffen zur Folge, die aber ausgeglichen werden können, indem durch Zusätze höhere Ausgangsgehalte vorgegeben werden.

Gewisse begriffliche Überschneidungen bestehen zwischen den Bezeichnungen Design-Food und Novel Food. Novel Food umfasst mithilfe von neuen Verfahren produzierte Lebensmittel wie etwa hochdruckpasteurisiertes Tomatenpürree, Produkte, die aus unkonventionellen Ausgangsstoffen hergestellt werden, wie das bereits erwähnte Quorn aus Schimmelpilzkulturen, sowie Nahrungsmittel, die mithilfe von Gentechnik erzeugt werden. Bis zum In-Kraft-Treten der Novel-Food-Verordnung der EU im Mai 1997 befand sich insbesondere Gen-Food in einer rechtlichen Grauzone. Die Etikettierungsanforderungen mussten geregelt werden, was für außerordentlich hitzige Debatten im Europäischen Parlament sorgte. Kennzeichnungspflichtig sind nach der neuen Verordnung alle Stoffe, bei denen sich eine Abweichung der Zusammensetzung nachweisen lässt, die auf einer Veränderung im Erbgut beruht. In Lebensmitteln verwendete Substanzen, die zwar durch gentechnisch veränderte Organismen produziert wurden, aber analytisch als solche nicht erkannt werden können, bedürfen somit keiner Kennzeichnung. Ein Beispiel ist Öl aus gentechnisch auf Herbizidresistenz getrimmten Sojabohnen. Unklar ist in den meisten Fällen, wie die Kennzeichnung nach der Novel-Food-Verordnung auszusehen hat, denn bislang fehlen umfassende Ausführungsbestimmungen. Was ist eigentlich Gentechnologie und wie wird sie in der Lebensmittelherstellung genutzt?

Gentechnologie ist ein Teilgebiet der Biotechnologie. Ihre wissenschaftliche Grundlage bildet die Molekularbiologie. Ziel der Gentechnik ist die Schaffung von Organismen mit neuen Eigenschaften und Fähigkeiten. Sie nimmt dazu gezielte Eingriffe in das Erbgut, also in die DNA, von Lebewesen vor.

Schon seit jeher gibt es spontane Erbgutveränderungen (Mutationen), ausgelöst beispielsweise durch chemische Stoffe oder radioaktive Strahlung. Diese Veränderungen sind zufällig und für die Genforschung meist nutzlos. Das gentechnische Instrumentarium ermöglicht erstmals die systematische Modifikation des Erbguts. Einzelne Gene, die bestimmte biologische Eigenschaften tragen, werden dazu in fremde Zellen eingeschleust und in deren DNA integriert. Dabei bestehen prinzipiell keine Artgrenzen: Manche Menschengene können Schweinen eingesetzt und manche Tiergene in Pflanzen eingeschleust werden. Da der DNA-Transfer nur einzelne Abschnitte betrifft, unterscheidet sich die Gentechnik von der Züchtung, bei der ganze Genome neu rekombiniert werden.

Was verspricht man sich von der Gentechnik? Bestimmte Substanzen lassen sich mit gentechnischer Hilfe rascher, wesentlich reiner und kostengünstiger als mit herkömmlichen Methoden gewinnen. Manche Herstellungsverfahren können durch den Einsatz gentechnisch veränderter Organismen oder von daraus gewonnenen Stoffen beschleunigt und vereinfacht werden. An die Umwelt werden in einigen Anwendungsfällen weniger Abfallstoffe abgegeben, auch Abwasser- und Energieeinsparung nennen die Befürworter als Vorteile.

Der Aufwand für Forschung und Entwicklung ist in der Gentechnik beträchtlich. Die zielgerichtete Genübertragung ist in der Praxis nicht einfach, denn dazu muss das Gen, das die gewünschte Eigenschaft trägt, ermittelt werden und an die richtige Position in der Ziel-DNA gebracht werden. Schon der erste Schritt kompliziert sich dadurch, dass eine Eigenschaft, zum Beispiel eine Antibiotikumresistenz, an mehrere Gene gleichzeitig gebunden sein kann. Auch sind die Auswirkungen eines Eingriffs nicht leicht zu überschauen, denn manchmal werden durch den Gentransfer »schlafende« Gene geweckt oder aktive Gene stillgelegt, was oft zu unerwünschten Resultaten führt. Trotzdem gibt es bereits zahlreiche Genveränderungen, die sich wirtschaftlich mit großem Erfolg nutzen lassen und den Anreiz zu weiteren Experimenten liefern. Das Bakterium *Escherichia coli* stellt nach gentechnischer Veränderung beispielsweise Chymosin her, ein Ferment, das zur Käseherstellung dient und früher aus Kälbermagen gewonnen wurde. Die herkömmliche Chymosinproduktion reicht nicht zur Deckung des Bedarfs aus und ist außerdem teurer als die Herstellung aus transgenen Bakterien.

Ein **Virus** ist ein Krankheitserreger, der nur aus einer proteinumhüllten DNA besteht, keinen eigenen Stoffwechsel besitzt und zur Vermehrung auf eine Wirtszelle angewiesen ist. Dazu schleust das Virus seine DNA (Größe: rund 50000 Basenpaare) ins Innere einer Wirtszelle ein. Die Virus-DNA zwingt den Wirtsorganismus zu ihrer Vervielfältigung sowie zur Produktion von Virushüllproteinen. Daraus bilden sich dann neue Viren, die bald darauf bei der Zerstörung der Wirtszelle freigesetzt werden. Es gibt aber auch eine besondere Art von Viren, die temperenten (gemäßigten) Viren, deren DNA nach der Infektion in die DNA des Wirtes integriert wird. Diese Eigenart macht die temperenten Viren für die Gentechnik interessant, denn bei der Zellteilung wird die rekombinante DNA als Einheit weitergegeben. Die verbundenen Genome können so geraume Zeit friedlich koexistieren. Unter bestimmten Umgebungsbedingungen löst sich die Virus-DNA jedoch wieder heraus und repliziert sich dann ebenso wie bei gewöhnlichen Viren, mit den gleichen fatalen Folgen für den Wirt.

Escherichia coli, das Colibakterium, gehört zur Dickdarmflora des Menschen. In der bakteriologischen, biochemischen und genetischen Forschung spielt es als Versuchsobjekt eine bedeutende Rolle: Es ist der am intensivsten untersuchte Mikroorganismus. Sein Erbgut und die Verschlüsselung seiner Stoffwechselvorgänge sind inzwischen nahezu vollständig bekannt. Um die gewünschten Erbinformationen in das Bakterium zu bringen, werden sie zunächst in geeigneter Weise verpackt. Zum Transport der neukombinierten Erbinformation in die Zelle benutzt man Plasmide oder Viren als Vektoren (Überträger). Derzeit nimmt nur etwa jedes ein- bis zehntausendste Colibakterium im Laborversuch ein Plasmid ins Zellinnere auf. Um die Aufnahme zu ermöglichen, muss die Durchlässigkeit der Zellmembran erhöht werden. Dies gelingt durch Zugabe von Calcium-

Humaninsulin aus gentechnisch veränderten **Escherichia coli,** ein früher Erfolg der Gentechnik, kam 1982 auf den Markt. Noch heute werden in der Gentechnik die größten Umsätze mit der Produktion von Arzneimitteln erzielt. Der plasmidvermittelte Gentransfer dient auch zur Erzeugung von Mikroorganismen mit lebensmitteltechnisch interessanten Eigenschaften.

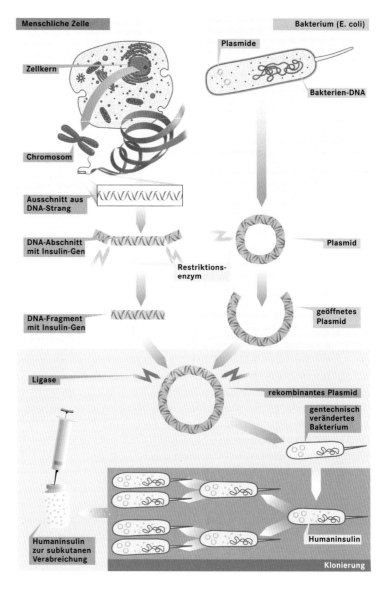

Menschliche Zelle

Zellkern

Chromosom

Ausschnitt aus DNA-Strang

DNA-Abschnitt mit Insulin-Gen

DNA-Fragment mit Insulin-Gen

Ligase

Humaninsulin zur subkutanen Verabreichung

Bakterium (E. coli)

Plasmide

Bakterien-DNA

Plasmid

Restriktions-enzym

geöffnetes Plasmid

rekombinantes Plasmid

gentechnisch verändertes Bakterium

Humaninsulin

Klonierung

chlorid, elektrische Spannungspulse (Elektroporation) oder Laserbestrahlung. Wenn die Zellen in einer plasmidhaltigen Flüssigkeit schwimmen, so können die Plasmide durch die erzeugten Poren ins Zellinnere eindringen. Es gibt noch weitere, ausgeklügeltere Verfahren, mit denen sich höhere Erfolgsquoten erreichen lassen.

Viren sind in der Lage, ihr Erbgut in Wirtszellen, zum Teil sogar in deren DNA, einzuführen. Es gibt Viren, die speziell Bakterien befallen, sie heißen Bakteriophagen. Gentechnisch macht man sich das zunutze, indem man zum Beispiel in Lambda-Phagen, einen temperenten (gemäßigten) Virentyp, die gewünschten Gene einbaut. Durch den Befall mit dem veränderten Virus erhalten die Wirtszellen gezielt neue Erbinformationen und können sie über mehrere Generationen weitergeben.

Der erste Schritt auf dem Weg zur Schaffung genmodifizierter Organismen besteht in der Auftrennung einer DNA-Kette, in welcher der gesuchte Faktor enthalten ist. Dazu verwenden die Gentechniker Restriktionsenzyme (Restriktionsendonucleasen) als molekulare Scheren. Ein Restriktionsenzym arbeitet sehr spezifisch und zerlegt die DNA an allen Stellen, an denen eine ganz bestimmte Basensequenz auftritt. Jedes Restriktionsenzym ist auf eine andere Basensequenz spezialisiert. Durch vielfaches Ausführen des im Folgenden geschilderten Versuchs ermittelt man, welches Restriktionsenzym DNA-Fragmente erzeugt, in denen die gewünschte Eigenschaft kodiert ist. Man zerlegt die DNA *in vitro,* also im Reagenzglas. Die Bruchstücke lassen sich durch Gelelektrophorese oder Ultrazentrifugation separieren.

Mit dem gleichen Restriktionsenzym behandelt man in vitro Plasmide, deren Ring dabei aufgeschnitten wird. Im nächsten Schritt wird der Ring wieder geschlossen, wozu DNA-Ligasen als »Klebstoff« dienen. Wenn man die separierten Teilstücke in Gegenwart von Ligasen mit den geöffneten Plasmiden zusammenbringt, so nehmen einige Plasmide beim Ringschluss ein fremdes DNA-Fragment auf. Solche Plasmide heißen rekombinant. Die restlichen Plasmide liegen unverändert vor. Bringt man das behandelte Plasmid in die Bakterien zurück, so wird es dort vermehrt, wobei im Falle rekombinanten Plasmids auch das integrierte Fragment repliziert wird.

Die behandelten Bakterien lässt man sich vermehren und sucht dann unter diesen nach den gewünschten, erfolgreich veränderten Mikroorganismen. Die Keime werden dazu auf Nährböden, meist Agarplatten, bebrütet, die mit einem Antibiotikum versehen sind. Wenn die neue Eigenschaft zusammen mit einer Antibiotikumresistenz übertragen wurde, können sich nur solche Keime vermehren, in denen das rekombinante Plasmid vorhanden ist. Ein solches Bakterium wird schließlich kloniert, um am Ende viele genetisch gleiche Mikroorganismen zu erhalten. Für die spätere großtechnische Fermentation ist es wichtig, eine reine Kultur zur Verfügung zu

Die Möglichkeit zum **Transfer von Genen** zwischen (artverwandten) Bakterien via Plasmid beziehungsweise virenvermittelt von einer Wirtszelle zur anderen gibt es nicht erst seit der Erfindung der Gentechnik, sondern schon solange diese Organismen existieren. Es handelt sich dabei um ganz natürliche Vorgänge, die seit etwa einer Milliarde Jahren ständig ablaufen.

Zur **Elektrophorese** eignen sich Moleküle, die Protonen abgeben oder aufnehmen können (also Säuren und Basen) und danach als Ionen vorliegen, also elektrisch geladen sind. Trägt man ein Gemisch solcher Substanzen auf einen gelbeschichteten Träger auf und legt eine Spannung an, so wandern die Moleküle in Abhängigkeit von ihrer Größe und Ladung mit verschiedenen Geschwindigkeiten und lassen sich dadurch voneinander trennen.

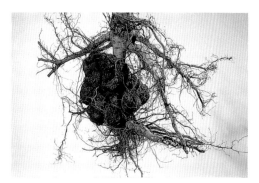

Wurzelhalsgallen werden von dem im Boden vorkommenden Agrobacterium tumefaciens gebildet. Diese befällt nur zweikeimblättrige Pflanzen wie Kartoffeln, Apfelbäume und Bohnen, nicht aber Mais, Reis oder Weizen. Hier ist ein befallener junger Pflaumenbaum zu sehen.

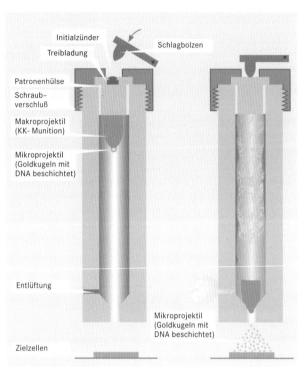

Initialzünder
Treibladung
Schlagbolzen
Patronenhülse
Schraub-
verschluß
Makroprojektil
(KK- Munition)
Mikroprojektil
(Goldkugeln mit
DNA beschichtet)
Entlüftung
Mikroprojektil
(Goldkugeln mit
DNA beschichtet)
Zielzellen

Partikelbombardement zur
DNA-Übertragung (biolistic particle
delivery). Gold- oder Wolframkügelchen
tragen auf ihrer Oberfläche die
einzubringende DNA. Eine Genkanone
schießt diese ein bis drei Mikrometer
großen Mikroprojektile nach
Beschleunigung durch ein
Trägerprojektil mit hoher
Geschwindigkeit in die Zielzellen. Sie
durchschlagen die Zellwand und laden
ihre Fracht im Innern ab.

haben, da nur so ein optimaler Reinheitsgrad der gewünschten Stoffwechselprodukte zu erzielen ist. Plasmide selbst werden nicht stabil weitervererbt. Es kommt jedoch vor, dass die Plasmid-DNA ohne weiteres Zutun ins Nukleoid aufgenommen und damit fest integriert wird. Auf diese Weise können auch die fremden Gene stabil im Genom verankert werden.

Ebenso wie die Erzeugung transgener Bakterien ist auch die Schaffung gentechnisch veränderter Pflanzen verhältnismäßig unkompliziert. Anders als Tiere sind Pflanzen in der Lage, sich aus einzelnen Zellen oder Protoplasten zu regenerieren und neue, lebensfähige Gewächse zu bilden. Um die bereits beschriebenen, indirekten Techniken (Elektroporation, Zugabe von Calciumchlorid) zum Einbringen von Fremd-DNA in Zellen zu nutzen, müssen zunächst die relativ starren Pflanzenzellwände enzymatisch entfernt werden, wobei Protoplasten entstehen, die ebenfalls regenerationsfähig sind. Es gibt aber auch Methoden, bei denen man nicht auf Protoplasten angewiesen ist. Agrobacterium tumefaciens beispielsweise ist ein Mikroorganismus, der manche Pflanzen befällt und diese durch Einschleusung seiner DNA in das Pflanzengenom zur Bildung von Wurzelhalsgallen, einer Art Geschwür, veranlasst. Überträgt man zuvor mit den bereits erklärten Werkzeugen ein fremdes Gen in dieses Bakterium, so lässt sich das Gen auf dem Umweg der Infektion auch in die Pflanzen-DNA einbauen. Wie üblich, wird gleichzeitig eine Antibiotikumresistenz übertragen, um bei der anschließenden Kultivierung die erfolgreich veränderten Zellen zu finden. Die Methode ist allerdings nicht bei allen Pflanzenarten anwendbar.

Man hat daher weitere Übertragungstechniken entwickelt: die direkten Verfahren Mikroinjektion und Partikelbombardement. Bei der Mikroinjektion wird eine feine Nadel in die Pflanzenzelle eingestochen und die DNA eingespritzt. Die Erfolgsquote liegt hier bei etwa 15 Prozent. Die besten Resultate bringen Partikelbeschussgeräte (Genkanonen). Anschließend werden aus den Zellen in Nährlösungen komplette Pflanzen gezüchtet.

Die gentechnisch veränderten Pflanzen müssen zunächst in Labors und Gewächshäusern getestet werden und durchlaufen ein aufwendiges Genehmigungsverfahren. Erst danach dürfen transgene Pflanzen im Freilandversuch angebaut werden, ebenfalls nur zu Forschungszwecken. Dies bezeichnet man als eine Freisetzung. In den Vereinigten Staaten ist die Food and Drug Administration (FDA) für die Zulassung von Freisetzungen zuständig, in Deutschland das

Robert-Koch-Institut (ehemaliges Bundesgesundheitsamt) in Zusammenarbeit mit der zentralen Kommission für biologische Sicherheit, dem Umweltbundesamt, der Biologischen Bundesanstalt für Land- und Forstwirtschaft und weiteren Behörden, auch der EU. Bis November 1997 wurden in den USA 1952, in der EU 964 und in Deutschland 50 Freisetzungen registriert.

Erst, wenn sich in den Freisetzungsexperimenten keine negativen Auswirkungen auf Mensch und Umwelt gezeigt haben, dürfen gentechnisch veränderte Organismen in Verkehr gebracht werden. Für die Genehmigung hierfür ist erneut das Robert-Koch-Institut in Kooperation mit verschiedenen anderen Organisationen zuständig.

Welche Erfolge konnten bei der Schaffung transgener Pflanzen verbucht werden? Nutzpflanzen wie Soja und Mais wurde auf diese

Im Jahr 1997 weltweit vorgenommene **Freisetzungen**, nach Daten des Robert-Koch-Instituts, Berlin. Die Höhe der Balken gibt die Anzahl der Freisetzungen pro Land wieder.

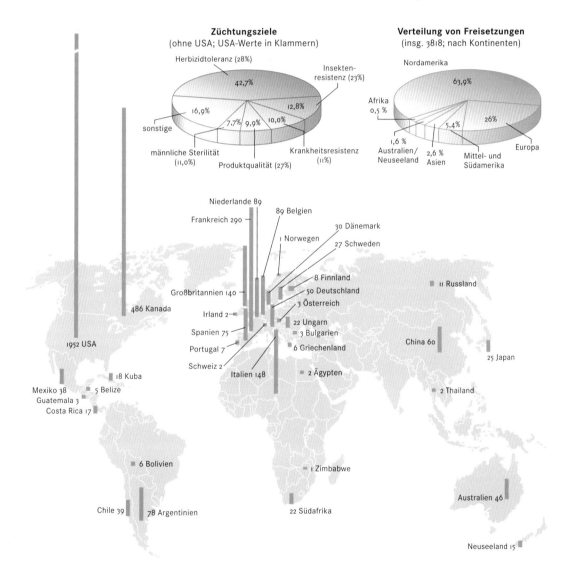

Weise eine Resistenz gegen ein bestimmtes Herbizid verliehen, das alle anderen Pflanzen vernichten kann und daher auch als Totalherbizid bezeichnet wird. Dadurch lassen sich ganze Felder dieser resistenten Pflanzen im Handstreich von sämtlichem Fremdbewuchs befreien. Fraglich ist allerdings, ob diese Strategie dauerhaft von Erfolg sein wird, da Resistenzen von Pflanze zu Pflanze auf natürlichem Weg übertragen werden können (Auskreuzung). Die Kennzeichnungspflicht von Produkten aus diesen Pflanzen hängt, wie erwähnt, von der Nachweisbarkeit des veränderten Genmaterials oder typischer Folgeprodukte der Veränderung ab. So muss aus herbizidresistentem Soja hergestelltes Öl nicht gekennzeichnet werden, wohl aber das betreffende Sojamehl.

Verschiedenen Pflanzen verhalf man gentechnisch zu einer Resistenz gegen Schädlinge und Krankheiten, so beispielsweise Zuckerrüben gegen das Rhizomaniavirus und Kartoffeln gegen den Kartoffelkäfer. Die Liste der gentechnisch veränderten Pflanzen umfasst jedoch nicht nur Spezies mit veränderten Resistenzen. Häufig geht es den Gentechnikern auch um die Verbesserung lebensmitteltechnisch relevanter Qualitäten. Ein bekanntes Beispiel ist die Anti-Matsch-Tomate »Flav'r Sav'r«, die 1994 in den USA auf den Markt kam. Verändert wurde der Reifungsprozess. Das Weichwerden, bei herkömmlichen Tomaten ein zuverlässiger Hinweis auf die Vollreife einer Frucht, wird von dem zellwandabbauenden Enzym Polygalacturonidase verursacht.

Pflanze	Eigenschaft
Auberginen	niedrigerer Fruchtkerngehalt
Erdbeeren	Reifung in kühlen Klimazonen
Getreide	höhere Erträge
Himbeeren	verzögerte Reifung
Kartoffeln	Stärkezusammensetzung
Kartoffeln	geringere Neigung zur Braunfärbung
Melonen	verzögerte Reifung
Pfeffer	höherer Aromagehalt
Reis	verminderter Allergengehalt
Soja	Produktqualität

Angestrebte **genetische Veränderungen an Pflanzen** (Resistenzen und Toleranzen sind nicht berücksichtigt).

Zum Hinauszögern dieses Abbauprozesses wurde das entsprechende Gen in umgekehrter Richtung (anti-sense) eingebaut und so beinahe gänzlich desaktiviert. Infolgedessen bleiben die Zellwände wesentlich länger stabil, sodass man die gentechnisch veränderte Tomate am Strauch reifen lassen und ohne Kühlung lagern kann. Auch die Transportschäden sind geringer als bisher. Die Früchte können zudem besser durch Erntemaschinen gepflückt werden. Die längere Reifezeit am Strauch sorgt dafür, dass sich mehr Aromastoffe bilden, was auch für Produkte wie Ketchup geschmacklich von Vorteil ist. Der Abbau von wertvollen Inhaltsstoffen wie Vitaminen verläuft allerdings genauso schnell wie zuvor, nur hat der Verbraucher nun nicht mehr die Möglichkeit, überreife Tomaten an ihrer mangelnden Druck- oder Schnittfestigkeit zu erkennen. Ein weiteres Beispiel ist gentechnisch veränderter Raps, bei dem das Fettsäurespektrum modifiziert wurde. Auch diese Pflanze wurde 1994 in den USA auf den Markt gebracht.

Die Schaffung transgener Pflanzen mit dem Ziel der Enzymgewinnung befindet sich noch im Versuchsstadium. Wesentlich schwieriger gestaltet sich die Schaffung transgener Tiere, da bei diesen keine vegetative, sondern nur geschlechtliche Vermehrung möglich ist. Als gentechnischer Ansatzpunkt bietet sich daher nur die befruchtete oder unbefruchtete Eizelle an. In diese lässt sich fremdes Erbgut über Viren, durch calciuminduzierte Porenbildung oder durch direkte Injektion einbringen. Auch die bereits beschriebene

Genkanone findet hier Anwendung. Nur in etwa einem Promille der Fälle, in denen Fremdgene in die Tierzelle gelangen, werden diese auch in die Ziel-DNA eingebaut. Allen Schwierigkeiten zum Trotz hat die Gentechnik bei der Veränderung von Tiergenomen bereits einige Erfolge aufzuweisen.

Die höchsten Erfolgsquoten beim Gentransfer konnten dank der raschen Vermehrung bei Fischen erzielt werden. Transgene Karpfen wachsen mit dem Forellen-Gen für Wachstum um bis zu 59 Prozent schneller und sind durchweg schwerer. Forellen können dank eines Froschgens auch in relativ sauerstoffarmen Gewässern gedeihen. Mit derart veränderten Karpfen und Forellen wird in den USA und Australien bereits kommerzielles Fisch-Farming betrieben. Weiterhin ist es gelungen, dem Seelachs mit einem Gen des Kabeljaus höhere Kälteunempfindlichkeit zu verleihen.

Relativ gut beherrscht wird auch die Veränderung von Genen, die das Milchdrüsensystem von Schaf, Ziege, Rind und Schwein betreffen. Die Möglichkeiten zur Genveränderung des Rindes, die zu Kuhmilch mit einem geringen Lactosegehalt führen soll, werden erforscht. Dies ist kommerziell von Interesse, da viele Erwachsene unter einer Lactaseinsuffizienz leiden und bei milchzuckerhaltiger Nahrung Blähungen bekommen. Es gibt auch Bemühungen, den α-Lactoglobulingehalt zu senken, da dieses Protein vermutlich für die Milchallergie bei Kleinkindern verantwortlich ist. Darüber hinaus arbeitet man besonders in den Niederlanden an der Erzeugung von Kuhmilch mit humanem Lactoferrin, einem eisenbindenden, immunstärkenden Eiweiß. Wie sich allerdings 1996 herausstellte, erfüllten die weiblichen Nachkommen des transgenen Bullen Herman mit ihrer Milch diese Erwartungen nicht, da diese kaum nennenswerte Mengen des gewünschten Proteins enthielt. Die 1997 gezeugten Nachkommen seiner Schicksalsgefährten Julius, Max und Pedro sind in dieser Hinsicht erfolgreicher, da bei ihnen das implantierte menschliche Gen immerhin tausendfach stärker exprimiert wird als bei Hermans Töchtern.

Zur Wachstumssteigerung wurden Schweinen Gene zur Produktion von humanem oder bovinem Wachstumshormon eingebaut. Dank dieser Menschen- beziehungsweise Rindergene konnte zwar eine schnellere Gewichtszunahme und eine bessere Futterverwertung erreicht werden, die Genmanipulation hatte jedoch auch Gesundheitsbeeinträchtigungen zur Folge. Die Schweine wiesen eingeschränkte Beweglichkeit und Lethargie sowie Magengeschwüre auf und waren meist nicht fortpflanzungsfähig. Auch bei Geflügel konnten auf diese Weise Wachstumssteigerungen erzielt werden. Trotz einiger erfolgreicher Ansätze wird es weiterhin zum größten Teil züchterischen und weniger gentechnischen Bemühungen vorbehalten bleiben, Leistungssteigerungen bei Tieren zu erzielen.

Substanz	Verwendung
α-Amylase	Bäckerei, Brauerei*, Fruchtsaftherstellung
β-Carotin	Farbstoff, Provitamin A
β-Glucanase	Brauerei*, Viehfutterproduktion
Bovines Somatotropin	Milchproduktionssteigerung*
Chymosin	Käseproduktion
Diacetyl (Butan-2,3-dion)	Butteraroma
Glutamin- und Inosinsäure	Geschmacksverstärker
Hemicellulase	Abbau von Polysacchariden der Pflanzenzellwand
Lipase	Fett- und Ölverarbeitung
Maltoamylase	Bäckerei, Konfitürenherstellung
Natamycin	Konservierungsmittel
Phenylalanin	Aspartamherstellung (Süßstoff)
Phytase	Viehfutterproduktion (Verfügbarkeit von pflanzlichem Phosphat)
Proteasen	Bäckerei, Brauerei*, Molkerei, Fleisch- und Fischverarbeitung
Thaumatin	Süßstoff
Xylanase	Bäckerei, Fruchtsaftherstellung, Viehfutterproduktion

*in Deutschland nicht zugelassen

Aus **gentechnisch veränderten Mikroorganismen** hergestellte Substanzen für die Agrar- und Lebensmitteltechnik (Auswahl).

Die Anstrengungen der Gentechniker sind natürlich nicht auf die »großen Tiere« beschränkt. Ganz im Gegenteil. Mikroorganismen bieten den Gentechnikern, wie bereits am Beispiel des Colibakteriums gezeigt, vergleichsweise leichtes Spiel. In der Lebensmitteltechnik werden gentechnisch veränderte Mikroorganismen schon seit Mitte der 1980er-Jahre zur Produktion verschiedener Zusatz- und Aromastoffe eingesetzt. Beispiele sind Vitamine, Aminosäuren (besonders der Geschmacksverstärker Glutamat), Aromen, Fette mit speziellen Fettsäuren sowie Enzyme.

Die Verwendung von Stoffen, die aus gentechnisch veränderten Mikroorganismen gewonnen werden, gehört inzwischen zur Routine in der Lebensmittelherstellung. Hingegen konnte sich bislang der Einsatz ganzer transgener Organismen in der Produktion kaum etablieren. In der klassischen Biotechnologie wie der Joghurt- und Käseherstellung, der Rohwurstreifung, der Weinbereitung und beim Bierbrauen könnte der Einsatz solcher Organismen enorme Produktivitätssteigerungen und neue Produktqualitäten ermöglichen. Da aber eine derartige Verwendung – anders als bei aus gentechnisch veränderten Organismen isolierten Stoffen – kennzeichnungspflichtig ist und die Lebensmittelverarbeiter um den guten Ruf ihrer Produkte besorgt sind, gibt es bisher kaum Anwendungen.

Ein Objekt intensiver gentechnischer Experimente ist die Hefe *Saccharomyces cerevisiae,* deren Genom seit 1996 vollständig bekannt ist. Es ist gelungen, gentechnisch Hefen zu erzeugen, mit deren Hilfe man den Brauvorgang ökonomischer gestalten und Einfluss auf eine Vielzahl von Bierqualitäten nehmen kann. So ist es möglich, kalorienreduziertes Bier zu brauen. Die zu diesem Zweck genmodifizierte Hefe ist in der Lage, Amylase und Glucoamylase zum Abbau der Reststärke im Bier zu produzieren und diese somit zu vergären. Dadurch genügt ein geringerer Stammwürzegehalt, um den gewünschten Alkoholgehalt zu erzielen. Weniger Stammwürze bedeutet aber auch weniger Kalorien.

Weitere Bierqualitäten, die durch Veränderung der Hefe verbessert werden konnten, betreffen die Filtrierbarkeit (Glucanase zum Abbau von unlöslichen, die Filteranlagen verstopfenden Polysacchariden). Dank eines neu verliehenen Gens ermöglicht die Hefe im Bier eine erleichterte Ausfällung unerwünschter Geschmacksstoffe während der Gär- und Lagerzeit. Ein neues Proteasegen gewährleistet durch veränderten Abbau von Proteinen erhöhte Schaumfestigkeit. Gentechnisch verfügbar gemachte Peroxiddismutase sorgt für Oxidationsstabilität, sodass das Bier nicht so rasch schal wird. Der Einsatz von Bierhefe mit unterdrückter Bildung von Diacetyl, einem hier unerwünschten Geschmacksstoff, zu dessen Abbau das Bier lagern muss, erlaubt die Verringerung der Lagerzeit. Neu erworbene Vitamin-B-Synthasen erhöhen den Gehalt an wertvollen Inhaltsstoffen. Trotz all dieser Vorteile wird die deutsche Brauindustrie vorerst auf den Einsatz gentechnisch veränderter Hefe verzichten. Die Hefe lässt sich gentechnisch ebenso den speziellen Erfordernissen der Backindustrie anpassen, doch auch hier zögert die Industrie (mit

Nutfield Lyte ist eines der ersten Biere, die mithilfe von transgener Hefe gebraut wurden. Es ist zurzeit nur direkt beim Hersteller erhältlich.

Ausnahme der englischen), transgene Hefe selbst und nicht nur Genenzyme einzusetzen.

Ein weiteres Beispiel für den bereits möglichen Einsatz gentechnisch veränderter Mikroorganismen ist die Joghurt- und Käseherstellung. Hier führt Phagenbefall der Kulturen immer wieder zu Geschmacksbeeinträchtigungen oder zum Verderb der Ware und somit zu wirtschaftlichen Verlusten. Säuerungskulturen zur Produktion von Hüttenkäse beispielsweise konnten durch Einbau eines Phagenresistenzgens in ihre DNA im Experiment gegen den Befall mit Bakteriophagen geschützt werden.

Die Gentechnik bietet, wie aufgezeigt, ein enormes Potenzial nutzbringender Anwendungen, sowohl in der Lebensmittelherstellung als auch – in weitaus höherem Maß – in der pharmazeutischen Industrie. Während an einem gentechnisch hergestellten Arzneimittel kaum noch jemand Anstoß nimmt, wird der Einsatz der Gentechnik in der Nahrungsmittelproduktion äußerst kontrovers beurteilt. Wo liegen die Hauptrisiken? Grundsätzlich gilt, dass sich Gesundheitsrisiken durch gentechnische Lebensmittel zwar nicht ausschließen lassen, aber doch eingegrenzt werden können. Bevor ein zur Verwendung in der Lebensmittelherstellung vorgesehener Stoff oder Organismus, der gentechnisch produziert wurde, zugelassen wird, durchläuft er überaus strenge Prüfungen. Beispielsweise wurden bei der Einschleusung eines Paranussgens in die Sojapflanze mit der Übertragung von DNA-Sequenzen auch die Instruktion zur Synthese allergener Komponenten eingeschleust. Erkannt wurde das bereits beim Hersteller mit Hilfe von Antikörpertests. Diese Sojavariante wurde daher nie auf den Markt gebracht.

Die Frage des Allergierisikos durch transgene Organismen oder daraus gewonnene Stoffe gewinnt in Anbetracht der steigenden Zahl von Allergien in der Bevölkerung immer mehr Brisanz. Zwar bezeichnen vor allem bei einschlägigen Firmen beschäftigte Wissenschaftler die Gentechnologie als risikofrei hinsichtlich allergener Stoffe, doch viele Fachleute teilen diese Meinung nicht. Das Gebiet der Nahrungsmittelallergene ist noch unzureichend erforscht: Es ist zwar bekannt, dass es meist Proteine sind, die eine Lebensmittelallergie auslösen, doch wodurch genau die allergene Wirkung zustande kommt, ist noch nicht schlüssig geklärt. Es scheint sich zudem oft um synergetische Effekte zu handeln. Eine zuverlässige Risikoprognose für neuartige Lebensmittel ist daher wohl nicht möglich. Es lassen sich allenfalls Aussagen über die Wahrscheinlichkeit und Intensität treffen, mit denen neu eingeführte Proteine Allergien auslösen. Eine Faustregel bei der Risikoabschätzung besagt, dass bei Verwendung von Organismen als Gendonoren oder -akzeptoren, die in der Lebensmittelproduktion schon lange als unbedenklich bekannt sind, auch die daraus erzeugten transgenen Organismen als harmlos gelten können.

Weitere schwer überschaubare Probleme bereiten den Gentechnikern Positionseffekte. Dabei handelt es sich um die unerwünschte, nicht vorhersehbare Veränderung oder Schaffung einer zweiten Eigenschaft durch einen Eingriff in die Erbsubstanz. Zuvor nicht aktive Gene können durch die Genveränderung »angeschaltet« werden oder umgekehrt. Wie die amerikanische Food-and-Drug-Administration (FDA) bestätigt, besitzt jeder Eingriff ins Erbgut, sei es Züchtung oder Gentechnik, das Potenzial, unerwartete und nicht erwünschte Wirkungen hervorzurufen.

Kritiker der Gentechnologie weisen auf eine Gefährdung der Artenvielfalt bei Pflanzen hin. Bei der großflächigen Freisetzung genmodifizierter Pflanzen können andere Pflanzen, insbesondere artverwandte, deren Genpool aufnehmen und so Selektionsvorteile erwerben. Die Verbreitung von Pflanzengenen, auch von gentechnisch veränderten, erfolgt in kaum kontrollierbarer Weise durch Pollenflug oder Bienen. Man spricht in diesem Zusammenhang auch von Gensmog. Es werden daher bereits Genbanken für Pflanzen angelegt, damit man nötigenfalls auf den ursprünglichen Genpool zurückgreifen kann. Vorkehrungen müssen auch bei der Schaffung gentechnisch veränderter Mikroorganismen getroffen werden, die als Schutzkulturen verwendet werden. Hier besteht nämlich die Gefahr, dass diese die Darmflora verdrängen oder dass ein Transfer von (herstellungsbedingt vorhandenen) Antibiotikaresistenzgenen auf die Darmflora stattfindet.

Mögliche Probleme sind auch in wirtschaftlicher Hinsicht gegeben. Es droht eine Abhängigkeit der Lebensmittelproduzenten und Agrarbetriebe von den Chemieunternehmen. Besonders deutlich wird das im Fall der Totalherbizide: Die Landwirte sind gezwungen, Unkrautvernichtungsmittel und Saatgut vom gleichen Hersteller zu beziehen. Allen Risiken zum Trotz ist aufgrund unseres Innovationsbestrebens davon auszugehen, dass immer neue gentechnisch veränderte Organismen erzeugt und in den Dienst der Lebensmittel- und Agrartechnik gestellt werden.

Nicht nur Natur – Anspruch und Wirklichkeit in der Lebensmittelbranche

Gentechnisch erzeugte Enzyme sowie der Natur entfremdete Stoffe wie synthetische Fettersatzstoffe, Süßstoffe, modifizierte Stärke und gehärtete Fette sind zwar im Sinne einer industriellen Produktion gut verwertbar, werden heute von vielen Verbrauchern aber mit wachsendem Misstrauen und zunehmender Verunsicherung betrachtet. Dazu kommt noch, dass oft schon die Rohstoffe herstellungsbedingt mit Schadstoffen kontaminiert sind. Fast täglich liest man von Gesundheitsgefahren, die von Lebensmitteln oder von Roh- und Zusatzstoffen teilweise recht dubioser Provenienz ausgehen. Der Konsum von Convenience Food steigt, doch zeigt sich inzwischen im Konsumverhalten eine gewisse Ablehnung gegenüber den Fertigprodukten der Industrie – trotz aller Vorteile wie zuverlässig normgerechter Qualität, Haltbarkeit und niedrigem Preis. Voll im Trend liegen mittlerweile Bio- und Ökoprodukte, Obst, Gemüse und Fleisch aus »garantiert« ökologisch-biologischem Anbau und

Reformartikel, die aus derlei Rohstoffen nach den Angaben der Hersteller ohne Zuhilfenahme von Chemie hergestellt werden. Ob aber immer eine zuverlässige Kontrolle der proklamierten natürlichen Anbau- und Verarbeitungsweisen existiert, ist zweifelhaft.

Generell erscheint es unwahrscheinlich, dass sich bei der Lebensmittelverarbeitung auf Zusatzstoffe zur Geschmacks- und Konsistenzverbesserung völlig verzichten lässt, ohne die Mehrzahl der anspruchsvollen, doch gleichzeitig unkritischen Konsumenten als Kunden zu verlieren. Denn ohne die unzähligen Zusatzstoffe wären die meisten Produkte entweder ziemlich fade oder wesentlich teurer. Ob »König Kunde« mit seinem Verbraucherverhalten Macht auf den Produktionsplan der Lebensmittelhersteller ausüben kann, ist angesichts der branchenüblichen Werbekampagnen und der betriebenen Preispolitik fraglich. Auch, ob dem Konsumboykott, zu dem verschiedene Umwelt- und Verbrauchergruppen anlässlich der herstellerfreundlichen Regelung der Kennzeichnungspflicht von Gen-Food aufgerufen haben, langfristig Erfolg beschieden ist, bleibt abzuwarten. T. Birus

Textiltechnik

Die Entwicklung der Kleidung vom Lendenschurz bis zur Haute Couture ist untrennbar mit den Fortschritten der menschlichen Kultur und Technik verbunden. Die Notwendigkeit, sich zu kleiden, ist durch die vergleichsweise geringe Behaarung des Menschen und das Klima, in dem er lebt, vorgegeben. Wie Felsbilder aus der mittleren Steinzeit belegen, hüllte sich der Mensch lange wohl ausschließlich in Felle oder in daraus gewonnene Lederkleidung. Erst in der Jungsteinzeit lernte er, Wolle und Leinenstoffe zu weben. Grundbestandteil aller Textilien sind Fasern, und zwar von natürlichen Materialien wie Wolle, Baumwolle, Leinen und Hanf sowie in neuerer Zeit künstliche Fasern, die chemisch erzeugt werden. Sie alle können rein oder vermischt verarbeitet werden, um bestimmte Trageigenschaften oder optische Wirkungen zu erreichen. Meist wird nicht die einfache Faser, sondern ein aus vielen Fasern gesponnenes Garn zur Herstellung von Kleidung verwendet. Durch Weben oder Wirken der Fasern und Garne entstehen textile Flächen, die dann zu Kleidungsstücken weiterverarbeitet werden können.

Kleidung wird heute fast ausschließlich industriell hergestellt, wobei die Textilindustrie zu den ältesten Industriezweigen überhaupt gehört. Ohne sie wäre der rasche technische und kulturelle Fortschritt in den westlichen Ländern kaum denkbar gewesen. Heute übernimmt die Textilindustrie eine Schlüsselrolle in den aufstrebenden Entwicklungsländern als Motor der wirtschaftlichen Entwicklung. Damit verknüpft sind weitreichende soziale und ökologische Veränderungen in diesen Ländern.

Doch nicht nur sich zu kleiden, sondern auch die Kleidung in kreativer Weise ansprechend zu gestalten ist ein menschliches Bedürfnis: Die Mode kann somit in allen Epochen als ein Barometer der Kultur und Kunst betrachtet werden. Seit dem Altertum bis heute gibt es eine enge Beziehung zwischen Kulturgeschichte und Mode.

Die kolorierte rasterelektronische Aufnahme bei etwa 6ofacher Vergrößerung zeigt ein synthetisches **Mikrofasergewebe,** ein typisches Produkt der modernen Textilindustrie. Die Fasern sind sehr glatt und dünner als Seide. Daher eignen sich derartige Mikrofasergewebe als windabweisende feine Tuchstoffe und als Reinigungstücher etwa für Brillenglas.

Vom Grundbedürfnis zur Massenware

S ich kleiden gehört zu den elementaren Bedürfnissen des Menschen. Kleidung schützt den menschlichen Körper vor Kälte, Nässe, Sonne, Verletzungen und nicht zuletzt vor impertinenten Blicken. Ohne wärmende Kleidung könnte man in Nordeuropa noch nicht einmal den Winter überleben. Spezielle Schutzkleidung vermindert die Verletzungsgefahr durch mechanische Einwirkung, Chemikalien, extreme Hitze, Rauch, Staub, Bakterien oder elektrischen Strom. Kleidung bedeutet jedoch nicht nur Schutz vor Umwelteinflüssen, sie dient auch dem Schmuck. Schon seit jeher putzen sich die Menschen bei festlichen Anlässen heraus, um der geehrten Person ihre Anerkennung zu erweisen. Darüber hinaus hat die Kleidung oft eine symbolisch-kulturelle Bedeutung.

Kulturgut Kleidung

I n allen Gesellschaften drücken Menschen durch ihre Art, sich zu kleiden, bestimmte Verhaltensweisen, Anschauungen oder Gruppenzugehörigkeiten aus. Sie signalisieren dem Betrachter beispielsweise das Geschlecht, den sozialen Stand, die Zugehörigkeit zu einem bestimmten Beruf oder auch Kreativität und Erotik. Stimmungen, Bedürfnisse und Eigenschaften können anderen Menschen über die Bekleidung mitgeteilt werden. Kleidung ist ein Teil der nonverbalen visuellen Kommunikation.

Beispiele für die religiöse Symbolkraft der Kleidung sind im Christentum das Taufkleid, das Brautkleid und auch das Totenhemd. In islamischen Gesellschaften symbolisiert die Verschleierung von Frauen ihren Ausschluss aus dem öffentlichen Leben, aber auch ihren Schutz vor der Öffentlichkeit. Auf Neuguinea tragen beispielsweise stillende Frauen ein weißes Kopftuch als Zeichen für die Mitmenschen, besonders rücksichtsvoll zu sein.

Mit gleichartiger landes- oder gruppentypischer Bekleidung zeigen Individuen und Gemeinschaften ihre Zusammengehörigkeit. Dies spiegelt sich beispielsweise in den Trachten verschiedener Volksgruppen, im einheitlichen Schal der Fußballfans einer Mannschaft und im Partnerlook wider. Auch der wirtschaftliche und berufliche Status findet Ausdruck in der Bekleidung. Typische Berufsbekleidungen sind etwa der weiße Kittel der Ärzte, der Talar der Richter oder der »Blaumann« der Mechaniker.

Trachten signalisieren dem Betrachter die Zugehörigkeit zu einer bestimmten gesellschaftlichen oder ethnischen Gruppe.

Spezielle Uniformen sind Erkennungszeichen der Soldaten, der Polizisten oder der Feuerwehrleute. Aber auch die Zugehörigkeit zu einer bestimmten Firma oder Handelskette kann sich in der Bekleidung zeigen.

Verschiedene Bekleidungsformen ermöglichen es, sich in wechselnden Rollen und unterschiedlichem sozialen Umfeld zu bewegen.

Die Möglichkeiten reichen von Freizeit- und Sportkleidung zu Schlafanzug und Abendgarderobe. Kleidung ist ein Ausdruck der Persönlichkeit. Die Vielfalt der Stilrichtungen, die in der heutigen Kleidermode nebeneinander bestehen, und die Auswahl an Materialien ermöglichen heute einen größeren individuellen Spielraum denn je. Auf alle Fälle wird man sich in ihr nur wohlfühlen, wenn sie den eigenen Vorstellungen und den jeweiligen körperlichen Bedürfnissen entspricht.

Kleidung im Wandel der Zeit

Vom Altertum bis in unsere Zeit hat sich die Kleidermode fortlaufend verändert, sodass sich jede Epoche durch ihren eigenen Kleidungsstil charakterisieren lässt. Während früher die Kleidermode über einen längeren Zeitraum hinweg Bestand hatte, wechselt heute die Mode in immer kürzeren Abständen. Ermöglicht wurde dies durch die maschinelle Herstellung von Textilien und die Erfindung der Chemiefasern. Textilien können als Massenware kostengünstig produziert werden. Mit dem technischen Fortschritt hat sich auch die Auswahl der Faserrohstoffe erweitert. Noch vor 200 Jahren bestanden hierzulande 70 Prozent der Kleidungsstücke aus Wolle und 30 Prozent aus Leinen. Seit der Erfindung der Spinn- und Webmaschinen und dem Anbau von Baumwolle in Plantagen stieg die Baumwollproduktion stark an. Anfang des 20. Jahrhunderts beherrschten Baumwollstoffe den Welttextilmarkt mit einem Anteil von 80 Prozent. Die Baumwollfaser drängte Wolle und Leinen zurück, denn die Verarbeitung von Baumwolle war leichter mechanisierbar und kostengünstiger als die Gewinnung von Wolle und Leinen. Andere Faserarten wie Seide lagen damals unter einem Prozent.

Zu festlichen Anlässen wie beispielsweise zu Hochzeiten schmücken sich die Menschen gern mit **prächtiger Kleidung.**

Baumwolle hat neben den geringen Produktionskosten auch den Vorzug, dass sie hautfreundlich, weich und geschmeidig sowie einfach zu pflegen ist. Wolle wird oft als kratzig empfunden und bedarf besonderer Pflege. Leinen fühlt sich steif an und knittert zudem stark.

Zu Beginn des 20. Jahrhunderts wurde auf der Weltausstellung in Paris erstmals Kunstseide präsentiert. Das neuartige Produkt, auch Viskose genannt, ließ sich aus Baumwollabfällen und Holz durch chemische Prozesse gewinnen und hatte in den 1920er- und 30er-Jahren seine Glanzzeit.

In den 1950er-Jahren revolutionierten die ersten synthetischen Chemiefasern den Textilmarkt. »Nylons« ersetzten die teuren Damenstrümpfe aus Naturseide. Zu den Wunderschöpfungen der Nachkriegszeit zählt auch das Nyltesthemd. Heute erinnert man sich nur ungern an die ersten Synthetics, denn sie vergilbten schnell und ließen rasch einen unappetitlichen Schweißgeruch aufkommen. Heute ist das Nyltesthemd nur noch im Museum zu sehen, denn

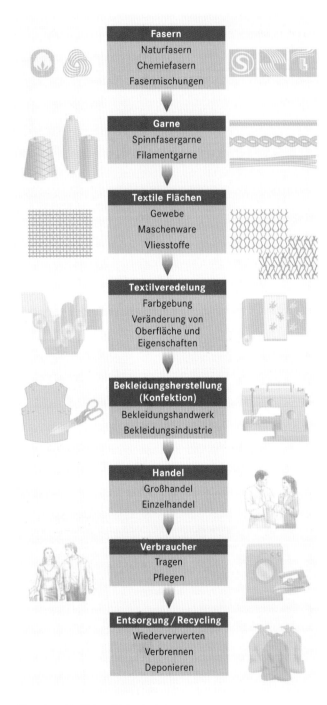

Die unterschiedlichen Stufen im Leben von Textilien – auch **textile Kette** genannt – reichen von der Faserproduktion über die Textil- und Bekleidungsherstellung bis zur Entsorgung.

neue Chemiefaserstoffe mit besseren Trageeigenschaften haben diesen Prototyp verdrängt. Es handelt sich hauptsächlich um Polyamid- und Polyesterstoffe, die auch unter dem Begriff Technostoffe bekannt sind.

Für das neue Jahrtausend stellen Textilchemiker noch ganz andere Wunderstoffe in Aussicht: Zum Beispiel Stoffe, die speziell vor ultravioletter Strahlung schützen, die bei Temperaturschwankungen die Farbe ändern, nach Jasmin oder Zitronen duften oder im Dunkeln leuchten. Kurz vor der Marktreife stehen Skianzüge, die Sportler aktiv wärmen, sobald die Hauttemperatur sinkt, oder Motorradhosen, die sich beim Sturz in einen lebensrettenden Airbag verwandeln.

Industrielle Fertigung – die textile Kette

Zu den Textilien zählen nicht nur Bekleidungstücke, sondern auch Heim- und Haustextilien sowie technische Textilien. Unter Heimtextilien versteht man all diejenigen Stoffe, die zur Wohnungsausstattung gehören, also Möbel- und Dekorationsstoffe, Vorhänge, Gardinen, Teppiche und Teppichböden. Haustextilien umfassen Handtücher, Tisch- und Bettwäsche, Bettwaren und Decken. Technische Textilien sind für spezielle technische Anwendungsgebiete entwickelte Textilprodukte, die zu einem hohen Anteil aus Chemiefasern bestehen: Zum Beispiel Reifencord, Wagenplanen, Schnüre, Seile, Fischernetze, Filter, Dämmmaterial, Zelte, Mullgewebe und medizinisches Nähgarn.

Der Werdegang einer Textilie ist langwierig; ihr Herstellungsprozess führt von der Erzeugung der Fasern über die Gewinnung und Verarbeitung der Rohstoffe, der Färbung und Ausrüstung bis hin zum fertigen Kleidungsstück. Doch auch die Herstellung eines Hemdes vom Rohstoff bis zur verkaufsfertigen Ware beschreibt nur einen Teil des Wegs einer Textilie. Der gesamte Lebensweg, die textile Kette, ist weitaus länger. Nachdem ein Hemd sauber gebügelt und gefaltet sowie sorgfältig verpackt die Fabrik verlassen hat, gelangt es über den Handel zum Verbraucher. Dort verrichtet es seine Dienste, indem es bis zum Ausrangieren immer wieder getragen und gereinigt oder gewaschen wird. Doch auch dann muss sein Weg noch nicht zu Ende sein: Über die Kleidersammlung kann das Hemd erneut in den Handel gelangen oder es findet in Secondhandläden oder Kleiderkammern einen neuen Träger. Es könnte auch auf den Märkten Afrikas oder Asiens wieder auftauchen. Ist es nicht mehr tragbar, kann es noch zu anderen Produkten verarbeitet werden, wie zu Matratzenfüllungen, Sitzpolstern und Dämmvliesen. Die Endstation der textilen Kette, die Entsorgung, erreicht es nur im Ausnahmefall unmittelbar.

Gesundheitliche, ökologische und soziale Aspekte

Textilien sind wichtige Konsumgüter. Rund 26 Kilogramm verbrauchen deutsche Bürger pro Kopf und Jahr. Beim Kauf von Kleidung sind nach wie vor in erster Linie der modische Aspekt, der Preis und das Material entscheidend. Aber auch gesundheitliche Aspekte spielen zunehmend eine Rolle, da die Zahl der Allergiker steigt, und besonders Säuglinge und Kinder empfindlich auf Reizstoffe in der Kleidung reagieren. Weniger die Fasern selbst als vielmehr die in der Kleidung verbliebenen Farbstoffe und andere Textilchemikalien können Hautreizungen und Allergien verursachen und teilweise auch Krebserkrankungen begünstigen.

Ein Großteil der Textilien wird heute in Dritte-Welt-Ländern produziert. Die bei der Herstellung eingesetzten Chemikalien belasten Wasser, Luft und Boden sowie die Gesundheit der Textilarbeiter stark. Die Arbeitsbedingungen in der Textilindustrie der Entwicklungsländer sind auch unter sozialen Gesichtspunkten katastrophal. Lange Arbeitstage, geringer Lohn, keine soziale Absicherung bei Krankheit und Arbeitsunfällen beschreiben nur schlaglichtartig die Situation. Im Gegensatz dazu setzen sich Hersteller von Öko-Bekleidung für eine umweltgerechte und sozialverträgliche Textilproduktion ein. Inzwischen fragen viele Verbraucher bereits nach Alternativen zur herkömmlich produzierten Ware.   C. Voss

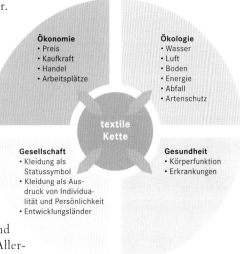

Die **textile Kette** im Spannungsfeld von Gesellschaft, Ökonomie, Ökologie und Gesundheit.

Die Herstellung von Textilien

Die Herstellung von Textilien ist fast so alt wie die Menschheit selbst. Die ältesten Textilfunde sind Bastsandalen aus der Fort-Rock-Höhle in Oregon, USA. Der Altersbestimmung mithilfe der Radiokarbonmethode zufolge sind sie etwa 9000 Jahre alt. In einer Höhle in Mexiko entdeckte man Baumwollkapseln und Stoffe aus der Zeit um 5800 vor Christus. Leinengewebe, die aus der Zeit um 4500 vor Christus stammen, haben im trockenen Klima Ägyptens überdauert. In anderen Regionen entwickelte sich die Kunst, Textilien herzustellen, vermutlich ähnlich früh. Funde von Spindeln aus Knochen und Holz deuten darauf hin. Wann die Technik des Spinnens entwickelt wurde, ist nicht bekannt. Vermutlich hatten die Menschen schon in der Steinzeit beobachtet, dass durch Zusammendrehen mehrerer Fasern ein langer, kräftiger Faden entsteht.

Gemustertes **Textilgewebe** aus Peru, schätzungsweise 5. bis 2. Jahrhundert vor Christus.

Die Fertigkeit des Webens ist sehr wahrscheinlich aus dem Flechten entstanden, das schon die ersten Jäger und Sammler beherrschten. Die Etymologie des Wortes Textil verweist auf die Bedeutung des Webens für die Textiltechnik: Es leitet sich von dem lateinischen »textilis« ab, das gewebt oder gewirkt bedeutet.

Zunächst verwendete man Rohstoffe, die sich so verarbeiten ließen, wie die Natur sie lieferte: Binsen, Rosshaar und Bastfasern verlängerte man durch Verzwirnen von Hand. Auf diese Weise stellte man Schnüre zum Angeln, Netze oder Matten zum Schutz vor Sonne und Regen her.

In der Frühgeschichte war das Schaf ein wichtiger Rohstofflieferant für Bekleidung. Das Schaf ist das älteste Haustier der Welt. Ausgrabungen deuten darauf hin, dass schon 9000 vor Christus in Kurdistan die ersten Wildschafe domestiziert wurden. Die Verwertung der Wolle war die vorrangige Nutzung des Schafs, erst in zweiter Linie kam die Produktion von Fleisch und Milch hinzu. Der Typus des reinen Wollschafs scheint sich in Kleinasien entwickelt zu haben. Von dort aus ist es nach Europa gekommen, zunächst nach Griechenland und Italien. Die Römer trugen vorwiegend Kleidung aus Wolle. Mit der Ausbreitung des Römischen Reiches verbreitete sich die Schafhaltung und Wollverarbeitung weiter nach Nord- und Westeuropa. Das Merinoschaf, dessen Wolle besonders weich und fein ist, stammt aus Spanien.

Systematischer Flachsanbau und die Verarbeitung zu Leinen sind von den Sumerern und anderen frühen Kulturvölkern bekannt. Etwa 3000 vor Christus trug man in Ägypten Leinengewänder. Zu dieser Zeit verwendeten auch die Germanen hauptsächlich Leinen. Den Beginn des Baumwollanbaus in Südamerika schätzt man auf 2700 vor Christus. Hundert Jahre später züchteten die Chinesen bereits Seidenraupen, die den kostbarsten Faserrohstoff liefern. Die Römer wogen ein Pfund chinesischen Seidenstoff mit einem Pfund Gold auf. China hielt jahrhundertelang das Seidenmonopol. Um 550 nach Christus sollen Schmuggler Eier von Seidenraupen nach Europa gebracht haben.

Eine frühe Darstellung des **Spinnrads** auf einem 1519 in Lübeck erschienenen Holzschnitt.

Im Mittelalter entwickelten sich England, Frankreich, Italien, Deutschland und die Niederlande zu den wichtigsten Textilerzeugerländern. Das Spinnrad war das erste mechanische Hilfsmittel bei der Herstellung von Textilien. Vorläufer sind aus der Frühgeschichte des Orients bekannt.

Das Flügelspinnrad ist Vorbild für das industrielle Spinnen. Erste Entwürfe hierfür stammen von Leonardo da Vinci. Bis Mitte des 18. Jahrhunderts stellte man Textilien noch mit einfachen, handbetriebenen Geräten her. Mit den ersten Patenten für Maschinen zum Spinnen und Weben begann von England ausgehend eine umwälzende Epoche in der Textilgeschichte. Das Zeitalter der industriellen Revolution wäre ohne die Textilindustrie nicht denkbar. Ab Mitte des 19. Jahrhunderts kamen in allen europäischen Ländern Textilmaschinen zum Einsatz und verdrängten das lokale Handwerk. Textilien, besonders Baumwollprodukte, waren zu dieser Zeit die wichtigsten Fabrikwaren.

Die Textilindustrie ist ein Wirtschaftszweig, der aus Rohfasern Garne, Gewebe, Maschenwaren und andere textile Flächengebilde zur weiteren Verarbeitung herstellt. Zur Textilindustrie zählt auch der gesamte Bereich der Textilveredlung. Nicht dazu gehören die Chemiefaserindustrie und die Bekleidungsindustrie.

Die Herstellung von Textilien verläuft in mehrere Stufen. Aus Natur- und Chemiefasern entstehen in der Spinnerei zunächst Garne. In der Weberei, Wirkerei, Strickerei, bei der Filz- und Vliesherstellung oder beim Tuften (Technik zur Herstellung von Tep-

Die **ersten Textilmaschinen** wurden fast alle Mitte des 18. Jahrhunderts erfunden. Die wichtigsten Meilensteine dieser Entwicklung sind die Feinspinnmaschine (Spinning Jenny) des Engländers James Hargreaves im Jahre 1767, die Walzziehmaschine des Engländers Sir Richard Arkwright im Jahre 1769, der mechanische Webstuhl des Engländers Edmund Cartwright nach dem Patent von 1785, die Baumwollentkörnungsmaschine (Cotton Gin) des Amerikaners Eli Whitney im Jahre 1793 und die Ringspinnmaschine des Amerikaners Jenks im Jahre 1830.

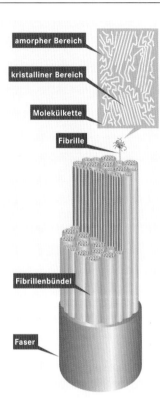

amorpher Bereich

kristalliner Bereich

Molekülkette

Fibrille

Fibrillenbündel

Faser

Das Faserinnere wird aus Fibrillenbündeln gebildet. Die **Fibrillen** sind wiederum aus Kettenmolekülen aufgebaut, die amorphe (ungeordnete) und kristalline (geordnete) Bereiche bilden. Geknäulte, amorphe Bereiche verleihen der Faser Beweglichkeit, während kristalline für Festigkeit sorgen. In Hohlräume können Feuchtigkeit und Farbstoffe leicht eindringen.

Der Rohstoff für die ersten Versuche, **Fasern künstlich** zu erzeugen war die Schießbaumwolle (Zellulosenitrat). Graf Hilaire de Chardonnet meldete 1884 sein Patent zur Herstellung der »soie artificielle« **(Kunstseide)** aus gelöstem Zellulosenitrat an. Damit war es möglich, auf chemischem Wege einen endlosen Faden zu erzeugen, der in seinen Eigenschaften dem Faden der Seidenraupe ähnlich war. Fünf Jahre später stellte de Chardonnet die erste Kunstseidenspinnmaschine während der Weltausstellung in Paris vor.

pichböden) werden die Garne dann zu textilen Flächen verarbeitet. Gegenstand der Textilveredlung ist es, die Flächen zu färben, zu bedrucken und mit weiteren Eigenschaften auszustatten. Die Bekleidungsindustrie bildet zusammen mit dem Bekleidungshandwerk einen separaten Wirtschaftszweig. Hier werden Schnitte entworfen, Stoffe zugeschnitten und Kleidungsstücke genäht, gebügelt und verpackt.

Die verschiedenen Produktionsstufen der Textilherstellung sind selten in einem einzigen Unternehmen vereint, vielmehr haben sich verschiedene Firmen auf einzelne Produktionsstufen spezialisiert.

Fasern

Textilfasern stammen von Pflanzen und Tieren oder aus der Chemiefabrik. Das gemeinsame Bauelement von Natur- und Chemiefasern sind dicht aneinander liegende und miteinander verknäulte, lange Molekülketten.

Die Art der Molekülketten (chemischer Aufbau), die Anordnung der Ketten im Faserinnern sowie die amorphen und kristallinen Bereiche (morphologischer Aufbau) bestimmen die physikalisch-chemischen Eigenschaften einer Faser. Durch die weitere Verarbeitung und Veredelung werden diese Eigenschaften verändert oder es entstehen zusätzliche Eigenschaften.

Fasern sind feine, haarähnliche, relativ kurze Gebilde, die aus einer Vielzahl von Molekülketten bestehen. Man bezeichnet sie auch als Makromoleküle oder Polymere. Sie entstehen auf natürlichem Weg in Pflanzen oder Tieren (Naturfasern) oder werden synthetisch gebildet (Chemiefasern, Kunstfasern, Synthetics).

Filamente sind Textilfasern von außerordentlich großer Länge. Sie werden mit Ausnahme von Seide künstlich hergestellt. Seide ist das einzige natürliche Filament, das eine Länge von mehr als 1000 Metern pro Faden erreichen kann. Die Länge der anderen Naturfasern liegt bei einem bis sechs Zentimetern bei Baumwolle, 45 bis 90 Zentimetern bei Langfaserflachs, 10 bis 25 Zentimetern bei Kurzfaserflachs und 5 bis 15 Zentimetern bei Wolle.

Pflanzenfasern bestehen hauptsächlich aus dem Polymer Zellulose, das aus dem Baustein (Monomer) Glucose aufgebaut ist. Auch die polymere Speichersubstanz Stärke ist aus Glucose aufgebaut, unterscheidet sich aber in der Art der Verknüpfung der Monomeren und in den daraus resultierenden stofflichen Eigenschaften stark von Zellulose. Pflanzenfasern sind weitgehend beständig gegenüber Laugen. Bei den Pflanzenfasern unterscheidet man Samen-, Bast- und Hartfasern. Die Samenfasern sind die weichen Haare der Baumwollsamen und der Kapokfrucht. Baumwolle ist die einzige Samenfaser, die für Textilien verwendet wird. Kapokfasern lassen sich wegen ihrer geringen Festigkeit und Glätte nicht verspinnen. Sie werden aber wegen ihres sehr hohen Luftgehalts von 80 Prozent als Dämmstoff und Füllstoff in Polstereien genutzt. Die Bastfasern von Flachs, Hanf und Ramie befinden sich im Pflanzenstängel und wer-

Textile Faserstoffe			
Naturfasern		**Chemiefasern**	
pflanzliche Fasern (aus Zellulose)	tierische Fasern (aus Eiweiß)	Fasern aus natürlichen Polymeren	Fasern aus synthetischen Polymeren
Samenfasern • Baumwolle • Kapok	**Wolle** • Wolle • Schurwolle	**zellulosische Chemiefasern** • Viskose (CV) • Modal (CMD) • Lyocell (CLY) • Cupro (CUP) • Acetat (CA) • Triacetat (CTA)	**synthetische Chemiefasern** • Polyester (PES) • Polyamid (PA) • Aramid (AR) • Polyacryl (PAN) • Modacryl (MAC) • Polyvinylchlorid (=PVC) (CLF) • Polytetrafluorethylen (=Teflon) (PTFE) • Elasthan (=Polyurethan) (EL)
Bastfasern • Leinen • Hanf • Ramie • Jute	**feine Tierhaare** • Alpaka • Angora • Kanin • Mohair • Kaschmir • Kamel • Lama		
Hartfasern • Kokos • Sisal		**Gummifasern** • Gummi (LA)	
	grobe Tierhaare • Rinderhaar • Rosshaar • Ziegenhaar		
	Seiden • Maulbeerseide • Tussahseide		

Textile Faserstoffe lassen sich aufgrund ihrer Herkunft oder Erzeugung in Natur- und Chemiefasern unterteilen.

den von Pflanzenleim zusammengehalten. Daher sind sie nicht so leicht zugänglich wie die Samenhaare der Baumwolle. Bastfasern müssen zum Spinnen entsprechend aufbereitet werden.

Die Blatt- oder Fruchtfasern von subtropischen und tropischen Pflanzen sind besonders hart. Beispiele sind Kokos- und Sisalfasern, die zur Untergruppe der Hartfasern zählen. Die Nutzungsmöglichkeiten der zahlreichen Bastfasern reichen von feinen Stoffen bis hin zu Tauen und Seilen. Der Erwähnung bedarf ferner die Verwendung von Pflanzenfasern zur Herstellung von Papier.

Tierische Fasern bestehen aus komplexen Proteinen. Sie sind im Unterschied zu den Pflanzenfasern gegen Säuren relativ beständig. Die monomeren Bausteine der Proteine sind die Aminosäuren. Keratin heißt das Protein, aus dem Wolle und Haare bestehen. Hauptbestandteil der Seide ist das Protein Fibroin.

Bei den zellulosischen und synthetischen Chemiefasern wird die Faserbildung vom Mensch eingeleitet und gesteuert. Natürliche Zellulose, die aus Kiefernholz oder Baumwollabfällen gewonnen wird, stellt den Ausgangsstoff von zellulosischen Chemiefasern wie Viskose, Acetat, Triacetat, Modal, Lyocell und Cupro dar. Ausgangsstoffe für synthetische Chemiefasern (Synthetics) sind Erdölprodukte.

Zu Beginn der Chemiefaserära orientierte man sich noch stark an pflanzlichen oder tierischen Faservorbildern. So weisen beispiels-

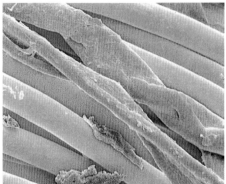

Die kolorierte rasterelektronenmikroskopische Aufnahme eines **Baumwoll-Synthetics-Mischgewebes** bei etwa 500facher Vergrößerung zeigt, dass die grünlich gefärbten Baumwollfasern leicht platt gedrückt und gewunden sind, während die Chemiefasern aus Polyester keine Struktur aufweisen.

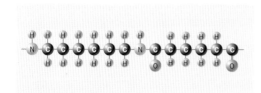

Ausschnitt aus der chemischen Formel von Polyamid 6.6, besser bekannt unter der Bezeichnung **Nylon**.

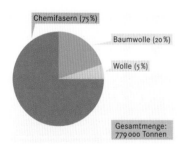

Verarbeitete Faserarten in Deutschland: Der Anteil der zellulosischen und synthetischen Chemiefasern zusammen liegt bei über der Hälfte der Gesamtmenge.

weise Wolle und Polyamid die gleiche chemische Grundstruktur (Amidbindung) zwischen den Monomeren auf. Die Monomere unterscheiden sich aber in beiden Faserarten. Von manchen Materialeigenschaften her ist jedoch Polyacryl diejenige synthetische Faser, die dem Naturprodukt Wolle noch am nächsten kommt.

Heute werden die Fasern den gewünschten Eigenschaften entsprechend entworfen und produziert. Ein Beispiel sind Aramide, aromatische Polyamide, bei denen Ringmoleküle (Aromaten) über Amidgruppen zu Kettenmolekülen verbunden sind. Dies ergibt einen erhöhten Anteil kristalliner Bereiche zwischen den Molekülketten und damit eine hohe Festigkeit und Temperaturbeständigkeit. Kleidung aus Aramidfasern schützt daher in gewissem Umfang vor Verletzungen.

Modacrylfasern sind abgewandelte Polyacrylfasern, die flammhemmende Eigenschaften besitzen. Sie werden zu Schutzkleidung und Dekostoffen verarbeitet. Ein weiterer Typ, poröse Acrylfasern, besitzt viele Hohlräumen, in denen Feuchtigkeit gut gespeichert werden kann. Daher eignet er sich besonders für weiche, saugfähige Sportunterwäsche.

Die verschiedenen Spezialfasern werden nicht nur für Bekleidungszwecke, sondern in größerem Umfang für technische Textilien mit speziellen Anwendungsgebieten eingesetzt. So werden beispielsweise im Automobilbau Reifencord, Sicherheitsgurte, Bezüge und Wagenplanen aus synthetischen Chemiefasern hergestellt, die vor allem hohen Belastungen standhalten müssen. Im Flugzeugbau muss die gesamte Innenausstattung aus schwer entflammbaren Materialien bestehen. Allein für Raumfahrtanzüge sind 20 neue Synthetics entwickelt worden. Die moderne Medizin wäre nicht denkbar ohne chirurgische Fäden oder elastisches Verbandsmaterial, bis hin zum Ersatz von Bändern in Gelenken. Die Bauwirtschaft setzt Folien und Schaumstoffplatten bei Bedachungen und zum Schall- und Wärmeschutz ein. Die Industrie benötigt Filter, Schläuche, Verpackungen und Schnüre in großem Umfang. Und nicht zu vergessen ist der Sport- und Freizeitbereich, wo Kunststoffe heute eine überragende Rolle spielen: Von der Tennisschlägerbespannung über die federleichte und atmungsaktive Trainingsbekleidung bis hin zum Sportboot besteht alles aus optimierten Chemiefasern.

Wie bedeutend der gesamte Chemiefaserbereich in Deutschland ist, lässt sich aus der Menge der verarbeiteten Fasern ermessen. Ein Großteil davon geht in den Export.

Bei Naturfasern sind vor dem Spinnen mehrere Arbeitsgänge nötig. Zunächst müssen die Fasern aus den Pflanzen oder vom Tier isoliert, gereinigt und parallel ausgerichtet werden. Die Gewinnung und Weiterverarbeitung unterscheidet sich bei Baumwolle, Leinen und Hanf, Wolle und Seide, zellulosischen und synthetischen Chemiefasern auch schon aufgrund der unterschiedlichen chemischen und mechanischen Eigenschaften der Fasern.

Faser	Eigenschaften	Verwendung	Umweltaspekte
Baumwolle Zellulosefaser in Form eines plattge-drückten, verdrehten Schlauchs, umhüllt mit einer Wachsschicht	☺ weich, hautsympatisch ☺ sehr saugfähig ☺ reißfest, strapazierfähig ☺ kaum elektrostatische Aufladung ☺ heiß waschbar ☺ pflegeleicht ☹ knittert ☹ anfällig für Pilze und Bakterien (Stockflecken)	Wäsche Oberbekleidung Heimtextilien technische Textilien beispielsweise: Taschentücher, Spitzen, Bänder, Schirme	☹ Dünger ☹ Pestizide ☹ Wasser (Anbau) ☺ nachwachsender Rohstoff
Leinen Zellulosefaser mit glatter Oberfläche und Pflanzenleim zwischen den Fasern	☺ saugfähig ☺ sehr reißfest und strapazierfähig ☺ flust nicht ☺ wenig schmutzanfällig ☺ heiß waschbar ☺ keine elektrostatische Aufladung ☺☹ wenig wärmend ☹ steif, knittert stark	Oberbekleidung Heimtextilien technische Textilien beispielweise: Taschen, Koffer, Schuhe, Borten	☺ Dünger ☺ Pestizide ☺ Wasser (Anbau) ☹ Wasser (Fasergewinnung) ☺ nachwachsender Rohstoff
Hanf Zellulosefaser mit glatter Oberfläche und Pflanzenleim zwischen den Fasern	☺ saugfähig ☺ sehr reißfest und strapazierfähig ☺ flust nicht ☺ wenig schmutzanfällig ☺ heiß waschbar ☺ keine elektrostatische Aufladung ☺☹ wenig wärmend ☹ steif, knittert stark	Oberbekleidung Heimtextilien technische Textilien beispielweise: Seile, Planen, Schläuche	☺☺ Dünger ☺ Pestizide ☺ Wasser (Anbau) ☹ Wasser (Fasergewinnung) ☺ nachwachsender Rohstoff
Schafwolle Eiweißfaser, mehr oder weniger stark gekräuselt, mit einer Schuppenschicht überzogen mit Wachs	☺ wärmend ☺ wasseraufnehmend (Wasserdampf) ☺ wasserabweisend (Wassertropfen) ☺ knittert kaum ☺ kaum elektrostatische Aufladung ☺ wenig schmutzanfällig ☺ schwer entflammbar ☺☹ weich bis kratzig ☺☹ kann filzen ☹ aufwendige Pflege ☹ trocknet langsam ☹ nicht strapazierfähig	Wäsche Oberbekleidung Heimtextilien technische Textilien beispielsweise: Schals, Hüte technische Filze, Brandschutztextilien	☹ Darmgase (Treibhauseffekt) ☹ Pestizide ☹ Schmutz (Entsorgung der Abwässer) ☺ nachwachsender Rohstoff
Seide Eiweißfaser mit glatter Oberfläche	☺ fein, glatt und weich, hautsympatisch ☺ wärmend und kühlend ☺ saugfähig (Wasserdampf) ☺ knittert kaum ☺ kaum elektrostatische Aufladung ☺ wenig schmutzanfällig ☹ fleckanfällig (Schweiß, Wasser) ☹ aufwendige Pflege ☹ trocknet langsam ☹ nicht strapazierfähig	Wäsche Oberbekleidung Heimtextilien beispielsweise: Schals, Tücher, Schirme, Dekostoffe, Tapeten, Teppiche, Lampenschirme	☺ nachwachsender Rohstoff ☺ nicht in großen Mengen produzierbar

Die Zusammenfassung gibt einen kurzen Überblick über die Eigenschaften, Einsatzgebiete und Umweltaspekte von **Naturfasern**.

Baumwolle

W eltweit ist Baumwolle die wichtigste Faserpflanze. Die frost-empfindliche Baumwollpflanze, ein tropisches Malvenge-wächs, bevorzugt warmes, arides Klima, wobei während der Früh-entwicklung ausreichende Wasserversorgung und später trockenes Wetter wichtig sind.

Besonders die in riesigen Monokulturen angebaute Baumwolle ist anfällig gegen Schädlinge und braucht intensive Düngung. Ein

Fünftel der weltweit verbrauchten Düngemittel und Insektizide landen auf Baumwollfeldern. Schätzungen der Weltgesundheitsorganisation (WHO) gehen davon aus, dass jährlich 1,5 Millionen Menschen durch den gesamten Pestizideinsatz gesundheitliche Schäden erleiden, 28000 davon mit tödlichen Folgen.

Dass es auch anders geht, beweist der kontrolliert biologische Baumwollanbau, bei dem auf Kunstdünger und chemische Schädlingsbekämpfung verzichtet wird. Die Baumwolle wird meist in Fruchtfolge mit Erdnüssen oder Mais angebaut. In größerem Umfang wird Baumwolle nach diesen Richtlinien in Indien (Maikaal-Projekt) kultiviert. Die Kleinbauern erhalten zudem Beratung und eine Abnahmegarantie für ihre Baumwolle. Bislang macht der Anteil an Baumwolle aus kontrolliert biologischem Anbau weltweit zwar nur ein Promille aus, diese Ansätze sind aber durchaus ermutigend.

Baumwollerntemaschine im Einsatz in den USA. Baumwolle wird meist als einjährige Strauchpflanze gezogen.

Seit 1969 hat sich die Weltproduktion an Rohbaumwolle etwa verdoppelt, obwohl die Anbauflächen nur um ein Zehntel zugenommen haben. Die Produktionssteigerung ist auf eine Erhöhung der Flächenerträge zurückzuführen, die durch ertragreichere Sorten, bessere Bewässerungsmethoden, intensivere Düngung und Pflanzenschutz sowie maschinelle Ernte möglich waren.

Die Anbaufläche weltweit entspricht etwa der Größe der Bundesrepublik Deutschland (35,9 Millionen Hektar). Die sechs größten Anbaugebiete liefern etwa drei Viertel der weltweiten Baumwollproduktion: China (23 Prozent), USA (20 Prozent), Indien (12 Prozent), Pakistan (9,5 Prozent), Usbekistan (6,3 Prozent) und die Türkei (4,5 Prozent).

Gute Baumwollqualitäten werden von Hand geerntet. Dem Reifefortschritt entsprechend wird innerhalb mehrerer Wochen einige Male geerntet. Da die Lohnkosten für Arbeitskräfte in Ägypten, im Sudan und in Südamerika vergleichsweise gering sind, ist die Ernte von Hand dort noch wirtschaftlich. In den USA und den GUS-Staaten erntet man hauptsächlich maschinell.

Ein Produkthinweis auf handgepflückte Baumwolle ist nicht gleichbedeutend mit pestizid- oder gar chemikalienfreiem Anbau. Naturfasern aus kontrolliert biologischem Anbau nach der IFOAM-Richtlinie (International Federation of Organic Agriculture Movements) oder der EU-Biokennzeichnungsverordnung werden von unabhängigen Institutionen zertifiziert. Kleidungsstücke aus diesen Fasern findet man hauptsächlich im Naturtextilsektor.

Werden die unreifen Kapseln und die Blätter mitgeerntet, leidet die Qualität der Baumwolle. Daher wird meist ein vorzeitiger Blattabwurf durch giftige Entlaubungsmittel erzwungen. Nach dem Verlust der Blätter reifen die restlichen unreifen Kapseln gleichzeitig nach und können dann maschinell geerntet werden. Mit Entkörnungsmaschinen werden die Fasern vom Samen getrennt. Dabei bleiben ganz kurze Fasern (Linters) am Samen haften. Sie eignen sich nicht zum Verspinnen, sind aber unter anderem als Rohstoff für die Herstellung von zellulosischen Chemiefasern verwendbar.

Fasern werden vor allem nach ihrer Länge (Stapel) bewertet. Wertvolle, langstapelige Sorten werden hauptsächlich in Ägypten und Peru, die mittellangstapeligen und wirtschaftlich wichtigsten in den USA und kurzstapelige in Asien angebaut. Seit einigen Jahren werden auch wieder die früheren farbigen Baumwollsorten in Braun- und Grüntönen kultiviert.

Baumwollpflanze mit zum Teil noch unreifen Samenkapseln (links) und eine einzelne reife Samenkapsel, aus der die Samenhaare hervorquellen (rechts).

Maschinell und handgepflückte Rohbaumwolle enthält noch Reste der Samenkapseln, Blätter, unreife und sehr kurze Fasern, die vor dem Verspinnen in einem Reinigungsschritt entfernt werden müssen. Die äußere Faserschicht besteht aus Wachs, das Wasser abperlen lässt. In dieser Form ist Baumwolle nicht so saugfähig, wie es für Textilien wünschenswert ist. Zudem enthält sie Schmutz und je nach Art des Anbaus Verunreinigungen durch Pflanzenschutzmittel. Diese werden durch Kochen mit Natronlauge in der Vorbehandlung der Textilveredlung weitgehend ausgewaschen.

Die Pestizidprobleme in den Erzeugerländern spitzen sich zu, da die Giftstoffe dort wegen fehlender finanzieller Mittel oder aufgrund mangelnder Umweltauflagen nicht angemessen entsorgt werden.

Charakteristisch für Baumwolle ist, dass sie sehr gut Feuchtigkeit beziehungsweise Schweiß aufnimmt. Dies liegt am Aufbau der Zelluloseschichten, die schräg gegeneinander verlaufen und eine Gitterstruktur bilden. In den so entstandenen Hohlräumen können sowohl Wasser als auch Farbstoffe gut eingelagert werden. Baumwolle kann bis zu 20 Prozent Wasserdampf aufnehmen, ohne sich feucht anzufühlen, und bis zu 65 Prozent ihres Eigengewichts an Feuchtigkeit speichern, ohne zu tropfen. Sie trocknet allerdings auch nur langsam. Wegen ihrer Feinheit und Weichheit ist sie sehr hautfreundlich.

Baumwolle hält mittelmäßig warm, ist reißfest, scheuer- und strapazierfähig, lädt sich kaum elektrostatisch auf, weil sie immer etwas Feuchtigkeit enthält, die die Ladungen ableitet. Baumwolle ist wenig elastisch und knittert stark. Sie ist einerseits anfällig für Mikroben und Pilze, andererseits aber heiß waschbar, wobei Mikroben und Pilze abgetötet werden.

Spezifische Veredelungsverfahren wie das Mercerisieren (Behandlung mit Natronlauge) verändern die Eigenschaften der Baumwolle.

Die erbsengroßen Samenkapseln des **Flachs** (kurz vor der Ernte) enthalten ölhaltige Samen, aus denen man Leinöl gewinnen kann.

Als einjährige Pflanze muss **Flachs** jedes Jahr neu gesät werden.

Flachs

Bei Flachs (Lein) handelt es sich um eine alte Kulturpflanze und die wichtigste einheimische Faserpflanze. Bis zu Beginn der maschinellen Verarbeitung der Baumwolle war Flachs die bedeutendste Textilfaser in Europa. Baumwolle und später die Chemiefasern drängten Flachs so weit zurück, dass in den 1950er-Jahren die Flacherzeugung in Deutschland vorübergehend eingestellt wurde. Der Flachsanbau und die Fasergewinnung sind aufwendig und arbeitsintensiv. Seit Anfang der 1990er-Jahre ist Flachs wieder in Mode. Neben den etwa 3400 Hektar Anbaufläche in Deutschland wird Flachs heute vor allem in Frankreich, Belgien und den Niederlanden angebaut und verarbeitet.

Beim Ernten wird Flachs nicht gemäht, sondern gerauft, also mitsamt der Wurzel ausgerissen, um möglichst lange Fasern zu gewinnen. Früher war das eine anstrengende Handarbeit, heute gibt es dafür Maschinen. Um die Faserbündel zu isolieren, legt man nach Abstreifen der Fruchtkapseln die gebündelten Pflanzen zur so genannten Röste in Wasser (Wasserröste) oder lässt sie in taureichen Gebieten auf dem Feld liegen (Tauröste). Dabei zersetzen Bakterien oder Pilze den Pflanzenleim, der die verschiedenen Schichten in den Stängeln zusammenhält.

Nach der Röste werden die Stängel in Warmluftöfen getrocknet und die verholzten Teile von der Faser entfernt. Als Brechen und Hecheln bezeichnet man das Auskämmen des Bastes zu verspinnbaren Faserbündeln (Langfaserflachs). Dabei werden die Kurzfasern und Holzteile entfernt, der Langfaserflachs verfeinert und in Längsrichtung ausgerichtet.

Die Leinenfasern der Flachspflanze sind ähnlich aufgebaut wie Baumwollfasern. Durch den Pflanzenleim, der die Fasern umgibt, ist Leinen steifer und an der Oberfläche glatter und damit weniger geschmeidig als Baumwolle. Leinen glänzt mehr als Baumwolle, ist wenig schmutzanfällig und flust nicht, das heißt, es gibt keine Faserstücke ab. Daher eignet sich Leinen beispielsweise gut für Geschirrtücher.

Leinen ist sehr strapazierfähig und deshalb langlebig. Die Leinenfaser dehnt sich nur wenig, die Elastizität ist sehr gering, und deshalb knittert Leinen stark. Das Knittern der Leinenstoffe wird werbesprachlich auch als »Edelknitter« bezeichnet.

Garne und Gewebe aus Leinen haben kaum Lufteinschlüsse. Daher eignet es sich für wärmende Winterkleidung nicht. Aufgrund der hohen Wärmeleitfähigkeit fühlen sich Leinenstoffe frisch und kühl an – ein Effekt, der bei Sommerkleidung als angenehm empfunden wird. Leinen ist sehr saugfähig, nimmt Feuchtigkeit schnell auf und gibt sie auch rasch wieder an die Umgebung ab. Leinen lädt sich kaum elektrostatisch auf.

Hanf

D ie Hanfpflanze gehört zur Familie der Maulbeerbaumge-
wächse (Moraceae). In China und Indien ist Hanf seit etwa
1500 vor Christus bekannt und dient vor allem zur Bereitung von
Heilmitteln und Rauschgift (Marihuana, Haschisch). Jedoch werden
auch die Fasern – ähnlich wie Leinen – genutzt. Im Mittelalter galt
Kleidung aus Hanf als Zeichen der Armut. Daher wurde er in erster
Linie zur Herstellung von Tauen und Seilen verwendet und erlangte
im 16. Jahrhundert große Bedeutung für die Segelschifffahrt. 1925
brachten Ägypten, die Türkei und andere Länder Hanf auf die Ver-
botsliste der zweiten internationalen Opiumkonferenz des Völker-
bundes. Dies führte zu einer fast weltweiten Ächtung des Hanfs.
Deutschland reagierte 1929 auf den Beschluss der Opiumkonferenz,
und der Handel und der Konsum von »indischem Hanf und seinem
Harz« wurde unter Strafe gestellt.

Seit 1996 ist der Anbau von Faserhanf, der praktisch kein rausch-
mittelhaltiges Harz mehr enthält, hierzulande wieder erlaubt. Hanf
wird heute in Deutschland auf einer Fläche von 1400 Hektar angebaut, etwa der Hälfte der Flachsanbaufläche.

Weltweit ist die Bedeutung von Hanf vergleichsweise gering.
Als nachwachsender Rohstoff mit vielfältigen Einsatzmöglichkeiten
steht Hanf aber ganz im Zeichen des Umweltschutzes. Die Pflanze
wird zur Ernährung, für Kosmetik und in der Bauindustrie genutzt
sowie zu Heilmitteln, Papier und Textilien verarbeitet. Bisher
kommen die meisten Hanfstoffe aus Osteuropa und China. Neben
klimatischen Problemen beim Anbau gibt es in Deutschland nach
der langen Zeit des Anbauverbots noch immer zu wenig Verarbeitungsanlagen. Die Rohfasergewinnung erfolgt ähnlich wie bei
Flachs.

Die Fasern haben eine sehr hohe Festigkeit (20 Prozent reißfester
als Leinen). Die Oberflächenbeschaffenheit des Hanfstoffes ergibt
einen harten, kühlen Griff, eine geringe Anschmutzbarkeit und eine
leichte Schmutzabgabe beim Waschen.

Bei Wasseraufnahme wird Hanf steif. Die Fasern sind im Gegensatz zu anderen Naturfasern auch im Wasser sehr beständig und faulen kaum. Man verwendet Hanf vorwiegend in der Seilerei, für Feu-
erwehrschläuche, für Planen, als Untergewebe für Teppiche und
neuerdings wieder vermehrt für Kleidung und Accessoires.

Wolle

I m engeren Sinn bezeichnet man nur die Haare des Schafs als
Wolle. Fasern aus dem Haarkleid anderer Tiere, wie beispiels-
weise Kamel, Lama, Angorakaninchen oder Mohairziege, nennt man
Tierhaare.

Der Weltbestand an Schafen betrug 1997 knapp 1053 Millionen,
der durchschnittliche jährliche Wollertrag 2,5 Kilogramm pro Schaf.
In der Bundesrepublik Deutschland sind die Schafbestände rückläufig, sodass die Wolle meist importiert wird. Die wichtigsten Aus-

Levi Strauss fertigte 1850 die ersten
Jeans aus Hanfstoff. Um den damaligen
Anforderungen zu genügen, musste das
Material äußerst strapazierfähig sein –
eine Arbeitshose aus Baumwolle wäre
zu schnell zerschlissen.

Die **Hanfpflanze** stammt aus
Zentralasien und wurde schon früh
auch als Faserpflanze angebaut.

fuhrländer sind Australien, Neuseeland, Argentinien, Südafrika und Uruguay. Etwa 80 Prozent des Weltexportes von Merinoschafwolle kommen heute aus Australien und Südafrika.

Schurwolle aus intensiver Schafhaltung kann nicht umweltverträglich produziert werden. In großen Herden gehalten zertrampeln die Schafe die Erde, fressen die Böden kahl und hinterlassen eine große Menge Fäkalien. Allein in Neuseeland gibt es 65 Millionen Schafe. Neben der begehrten Schafwolle produzieren sie – wie andere Wiederkäuer auch – Methan, das zum Treibhauseffekt und damit zur globalen Erwärmung beiträgt. Bei der Rohwollreinigung wird das Abwasser außer mit Wollfett und Schmutz auch mit Pestiziden belastet. Inzwischen gibt es jedoch Verfahren, um Fett und Schmutz sofort abzufangen.

Eine Wollfaser besteht aus Faserschicht, Schuppenschicht und einer feinen Außenhaut. Die Faserschicht mit vielen spindelförmigen Hornzellen ist für die Kräuselung der Wolle verantwortlich und sorgt für Festigkeit und Elastizität. Die Schuppen sind wie Dachziegel angeordnet, schützen die Wollfaser und können miteinander verhaken, wobei Wollfilz entsteht. Die feine Außenhaut wirkt als Membran, die Wasserdampf aufnehmen und abgeben kann, Wassertropfen perlen an ihr ab.

In den relativ glatten Kammgarnen sind die feinen Wollfasern fest eingebunden und können kaum kräuseln. Feine Kammgarne schließen weniger Luft ein und haben deswegen ein geringeres Wärmeisolationsvermögen (Cool Wool). Voluminöse Streichgarne haben dagegen eine lockere Garnstruktur. Die Wollfasern liegen gekräuselt im Garninnern vor und isolieren durch viele Lufteinschlüsse gegen Kälte. Zudem bilden sich im Gewebe und besonders im Gestrick

---

PESTIZIDE IN DER SCHAFZUCHT

Merinoschafe werden in der Regel auf mittleren und großen Farmen gehalten, die konventionell wirtschaften, das bedeutet, sowohl im Ackerbau als auch in der Schafhaltung werden Pestizide eingesetzt. Schafe sind für Parasiten besonders in der Massentierhaltung anfällig. Vorbeugend werden sie zweimal im Jahr in Pestizidbäder getaucht, um sie vor Milben, Läusen, Fliegen und Würmern zu schützen. Ein gefürchteter Schädling ist die Schaflausfliege, die ihre Eier in feuchtes Wollvlies ablegt – ein Problem besonders in feuchten Jahren. Die Maden fressen sich in die Haut des Schafs und ernähren sich von der proteinreichen Wundflüssigkeit. Nach Schätzungen verursacht allein die Schaflausfliege in Australien

jedes Jahr Schäden in Höhe von 150 Millionen Dollar.

Die eingesetzten Pestizide reichern sich vor allem im Wollfett an. Vor einiger Zeit fand man allergie- und krebsverdächtige chlororganische Insektizide wie DDT, Lindan und Dieldrin in der Rohwolle. Die Wollmarketing-Organisation »The Woolmark Company« (ehemals »Internationales Wollsekretariat«, IWS) hat daraufhin allen Mitgliedsstaaten den Einsatz der betreffenden Mittel untersagt. Die von dieser Organisation kontrollierten Erzeugnisse dürften daher in dieser Hinsicht nicht beeinträchtigt sein. Allerdings sind die heute in der Schafhaltung alternativ eingesetzten organischen Phosphorverbindungen und synthetischen Pyrethroide aus

gesundheitlicher und ökologischer Sicht nicht unbedenklich.

Es gibt auch Ansätze zu alternativer ökologischer Schafhaltung. In geringem Umfang werden Schafe wieder in kleinen Herden gehalten und nicht prophylaktisch mit Pestiziden behandelt. Wolle aus dieser extensiven Schafhaltung wird von speziellen Vertriebsfirmen angeboten und zertifiziert.

Ein Schaf wird geschoren und seines wärmenden Wollkleides entledigt (links) – übrig bleibt das begehrte **Wollvlies** (rechts).

viele kleine Hohlräume, die mit Luft gefüllt sind. Lufteinschlüsse wirken isolierend, da Luft ein schlechter Wärmeleiter ist. Selbst stark gezwirntes Wollgarn besteht noch zu 60 Volumenprozent aus Luft.

Wolle kann bis zu einem Drittel ihres Gewichtes an Feuchtigkeit in Form von Wasserdampf aufnehmen, ohne sich feucht anzufühlen. Regentropfen weist die Wollfaser zunächst ab, nimmt sie dann nur sehr langsam auf. Umgekehrt trocknet Wolle allerdings auch langsam. Da Wolle immer eine bestimmte Menge an Feuchtigkeit enthält, lädt sie sich kaum elektrostatisch auf. Daraus ergibt sich ein angenehmes Tragegefühl und die Schmutz abweisende Wirkung, denn Staub und Schmutzpartikel werden nicht angezogen. Wolle kann Säuren chemisch binden und neutralisieren. Zudem bietet sie Mikroorganismen einen schlechten Nährboden, sodass Schweißgeruch verhindert wird und man Wolle seltener waschen muss. Als Reinigung genügt oft das Lüften der Wollsachen in der freien Natur, insbesondere bei nebligem Wetter.

Die Weichheit der Wollfasern ist von der Feinheit und dem Anteil von natürlichem Fett (Lanolin) abhängig. Lammwolle und die feine Merinowolle sind besonders weich. Gröbere Wolle kann Hautreizungen verursachen.

Seidenraupe auf einem Maulbeerbaumzweig.

Die Festigkeit von Wolle ist ausreichend, jedoch geringer als die der übrigen Bekleidungsfasern – Wolle ist nicht besonders scheuerfest, besitzt aber gute Elastizität.

Damit sich Wolltextilien nicht verformen, sollte tropfnasse Wolle liegend getrocknet werden. Knitterfalten in Wollkleidung werden bei Dampfeinwirkung wieder glatt.

Seide

Als tierisches Naturprodukt stammt Seide überwiegend vom Maulbeerspinner (Bombyx mori), der für die Seidenproduktion gezüchtet wird. Er durchläuft wäh-

Kokon des Seidenspinners eingebettet in Maulbeerblätter.

Tages- und Abendkleid aus **Kunstseide,** die in einer Broschüre der I.G.Farbenindustrie im Jahr 1938 beworben wurden.

rend seiner Entwicklung vier Stadien: vom Ei über die Raupe zur Puppe und schließlich zum Schmetterling. Die aus dem Ei geschlüpfte Raupe ernährt sich von den Blättern des Maulbeerbaums. Dabei betätigt sich die Raupe als wahrer Vielfraß: Für ein Gelege von hundert Schmetterlingen wird etwa eine Tonne Maulbeerblätter gebraucht. Das Anfangsgewicht der Raupe von drei Millimetern Länge beträgt weniger als ein zweitausendstel Gramm. Die ausgewachsene Raupe wiegt bei einer Länge von neun Zentimetern 3,5 bis 4 Gramm. Innerhalb von 33 Tagen nimmt die Länge um das 30fache und das Gewicht um das 7000- bis 8000fache zu. Vier bis fünf Tage nach der letzten Häutung fressen die Raupen nicht mehr und suchen sich ein geschütztes Plätzchen zum Einspinnen, also zum Bilden des Seidenkokons. In der Seidenproduktion setzt man jede Raupe in ein kleines Pappfach eines Seidensetzkastens, in dem sie sich innerhalb einiger Tage in eine Puppe verwandelt, die voll und ganz von einem dichten Seidenfaden, dem Kokon, umgeben ist. Die Kokons werden herausgeholt, in heißer Luft getrocknet – wobei die Puppen absterben – und nach Größe, Beschaffenheit und Farbe sortiert gelagert. Die Kokons sind der Rohstoff für die Seidengewinnung: 1000 Kilogramm Seidenkokons, das sind circa 50000 Stück, ergeben 120 Kilogramm Rohseide; die abgewickelten Fäden, die nicht zu Haspelseide verarbeitet werden können, gehen in die Schappe- und Bouretteseidenproduktion. Insgesamt entsteht nur sehr wenig Abfall, weil selbst die getrockneten Puppen noch als Nahrung dienen.

Während die Rohbaumwolle ohne aufwendige Aufbereitung versponnen werden kann, sind bei der Seide zunächst mehrere Auflösungs- und Reinigungsschritte notwendig: Abkochen (Entbasten), Waschen, Trocknen, Klopfen, Reißen oder Öffnen.

Von den Kokons werden die Seidenfäden durch Abwickeln (Abhaspeln) gewonnen. Im kochenden Wasser erweicht der Seidenleim, der die einzelnen Fadenwindungen miteinander verklebt. Da ein Kokonfaden nicht über die gesamte Länge die gleiche Feinheit besitzt, werden fünf bis zehn Kokonfäden zusammengefasst. Der Faden eines abgehaspelten Kokons muss gleich durch einen neuen ersetzt werden. Dieses »Fadenanlegen« geschieht manuell, mechanisch oder auch automatisch. Beim Glätten und Runden werden die zusammengeführten Kokonfäden durch leichte Drallgebung verdreht.

Von dem 2500 bis 3500 Meter langen Faden sind etwa 1200 Meter abhaspelbar (Haspelseide, Grège). Seidenstoffe werden aus drei verschiedenen Fasertypen gewonnen. Aus dem direkt vom Kokon abgehaspelten »Endlosfaden« entsteht die feine Haspelseide. Die kürzeren Fasern aus leicht beschädigten Kokons werden zu Schappeseide versponnen, und aus den kürzesten Fasern, die aus Produktionsresten und beschädigten Kokons stammen, entsteht Bouretteseide.

Neben dem Maulbeerspinner gibt es verschiedene frei lebende Seidenraupen, beispielsweise den Tussahspinner. Der sehr feine Faden des Maulbeerspinners ist nahezu weiß, die Wildseide des Tussahspinners ist gröber und von einer hellen goldgelben Farbe.

Seidenfasern sind sehr fein, glänzend, glatt und weich und daher sehr angenehm auf der Haut. Seide wirkt thermisch isolierend. Sie kühlt im Sommer und wärmt im Winter. So wie Wolle kann sie ein Drittel ihres Gewichts an Wasserdampf aufnehmen, ohne sich feucht anzufühlen. Seide ist elastisch, knitterarm, nimmt kaum Gerüche und Schmutz an. Allerdings ist Seide nicht strapazierfähig und anfällig gegenüber Säuren und Laugen.

Die aufwendige Produktion verhindert, dass Seide in ähnlichen Größenordnungen wie beispielsweise Wolle produziert werden kann. Daher erklärt sich auch der relativ hohe Preis für Bekleidung aus Seide.

Zellulosische Chemiefasern

Der Wunsch, die teure Naturseide durch kostengünstigere Stoffe mit ähnlichem Aussehen und Griff zu ersetzen, ist schon alt. Aber erst vor etwa 100 Jahren gelang es, seidenähnliche Filamente aus Zellulose herzustellen, und es dauerte noch bis in die 1920er-Jahre, bis Kunstseide auf Zellulosebasis als Massenartikel für die Produktion von Seidenstrümpfen und Damenwäsche zur Verfügung stand.

Die Zusammenfassung gibt einen kurzen Überblick über die Eigenschaften, Einsatzgebiete und Umweltaspekte **zellulosischer Chemiefasern.**

Faser	Eigenschaften	Verwendung	Umweltaspekte
Viskose Zellulose aus Holz oder Baumwollabfälle Produktbeispiele: Modal, Lyocell, Tencel	☺ weich, hautsympatisch ☺ hoher Tragekomfort ☺ sehr saugfähig ☺ kaum elektrostatische Aufladung ☺ fällt fließend ☺ pflegeleicht ☺ nach Bedarf matt oder glänzend ☺ Seiden-, Woll-, Baumwolloptik ☹ weniger strapazierfähig (Ausnahme: Modal) ☹ knittert stark, quillt stark ☹ anfällig für Pilze und Bakterien (Stockflecken)	Oberbekleidung Heimtextilien beispielsweise: Dekostoffe	☺☹ Chemikalien: Natronlauge, Sulfitlösung, Zinksulfat, Schwefelwasserstoff Schwefelkohlenstoff ☹ Wasser (Bleiche bei der Zellstoffgewinnung) ☺ nachwachsender Rohstoff
Cupro Zellulose aus Holz oder Baumwollabfällen + Kupferoxid	wie bei Viskose ☺ seidenähnliches Aussehen	Oberbekleidung Wäsche Futterstoffe beispielsweise: Schirmseide	☺☹ Chemikalien: bedenklich Kupferoxid, Ammoniak, daher Produktion in Deutschland verboten ☹ Wasser (Bleiche bei der Zellstoffgewinnung) ☺ nachwachsender Rohstoff
Acetat Zellulose aus Holz oder Baumwollabfällen + Essigsäure (Zelluloseacetat) Produktbeispiel: Triacetat	wie bei Viskose ☺ seidenähnliches Aussehen ☹ geringe Feuchtigkeitsaufnahme	Oberbekleidung Futterstoffe beispielsweise: Unterröcke, Krawatten	☺☹ Chemikalien: bedenklich Lösungsmittel Dichlormethan ☹ Wasser (Bleiche bei der Zellstoffgewinnung) ☺ nachwachsender Rohstoff

»Die Frau von heute trägt Opal« – Werbeslogan für **Nylonstrümpfe** anno 1957.

Die Bildung eines Polymers verläuft nach zwei verschiedenen chemischen Reaktionstypen: Bei der **Polykondensation** bilden die Moleküle unter Abspaltung eines Nebenproduktes eine Kette. Nach diesem Verfahren werden beispielsweise Polyester und Polyamid 6.6 hergestellt. Bei der **Polyaddition** entsteht die Kette durch Aneinanderkoppeln der Monomere, allerdings ohne Abspaltung eines Nebenproduktes. So entstehen zum Beispiel Polyacryl und Elastan.

Rohstoff für die zellulosischen Chemiefasern ist – ebenso wie für Papier – das Holz von Kiefern, Buchen, Pinien und Eukalyptusbäumen. Die Aufarbeitung des Holzes über Zellstoff zur Faser benötigt viel Energie, Wasser und Chemikalien.

Im ersten Schritt wird Zellstoff erzeugt, den man aus zerkleinertem Holz (Holzschliff) erhält. Die Holzspäne werden in Druckgefäßen mit Chemikalien (in Deutschland mit Sulfit- oder Hydrogensulfitlösungen) gekocht, um die Zellulose herauszulösen. Der so gewonnene Rohzellstoff muss noch gebleicht werden. Auch heute wird noch mit elementarem Chlor gebleicht, obwohl dadurch schwer abbaubare chlororganische Substanzen ins Abwasser gelangen. Chlorfreie Bleichverfahren mit Sauerstoff oder Wasserstoffperoxid sind zwar technisch möglich, in der Praxis aus Kostengründen aber eher die Ausnahme. Der im ersten Schritt der Viskoseproduktion hergestellte Zellstoff wird mithilfe von Natronlauge und Schwefelkohlenstoff (CS_2) gelöst. Im weiteren Verlauf wird die Lösung filtriert und entgast. Diese Masse (gelöste Zellulose) wird durch feine Spinndüsen in ein Fällbad gepresst, wo die Zellulose zu Filamenten erstarrt, die verstreckt und auf Spulen aufgewickelt werden. Da Ausgangsstoff und Endprodukt aus Zellulose bestehen, die nur anders angeordnet wurde, spricht man auch von regenerierter Zellulose.

Bei der Herstellung von Acetatfasern dient Aceton als Lösemittel. Triacetatfasern werden unter Einsatz des Krebs erregenden Lösemittels Dichlormethan produziert. Die Herstellung von Cupro, einer seidenähnlichen Faser, nach dem Kupferoxid-Ammoniak-Verfahren ist aufgrund der eingesetzten Kupfersalze sehr umweltbelastend und in Deutschland verboten. Es stammt zurzeit ausschließlich aus Importen.

Viskose macht auch heute noch den größten Anteil zellulosischer Chemiefasern aus. Lyocell steht für eine Viskosefaser, die nach einem einfacheren und umweltfreundlicheren Verfahren erzeugt wird. Als Lösemittel wird Aminoxid zusammen mit Wasser verwendet. Es entsteht eine Zellulosefaser mit vergleichsweise hoher Festigkeit und geringer Elastizität.

Synthetische Chemiefasern

Die synthetischen Chemiefasern sind künstlich hergestellte Fasern aus monomeren organischen Rohstoffen, meist aus Erdöl-, Erdgas- und Kohleprodukten, die durch chemische Reaktionen zu polymeren Kettenmolekülen zusammengefügt werden. Während die Naturfasern komplett im Stoffwechsel der Pflanzen und Tiere entstehen, müssen in jedem Fall die Polymere und meist auch die Monomere der »man made fibres« erst chemisch synthetisiert werden. Die ersten Patente auf Synthetics wurden zwischen 1930 und 1940 erteilt, ihren wirtschaftlichen Siegeszug traten sie aber erst – von den USA ausgehend – in den 1950er-Jahren an. Als erster Massenartikel wurden hauchdünne Nylonstrümpfe gefertigt, die zuvor nur für Reiche erschwinglich waren.

Die synthetisch gewonnenen Polymere, meist Granulate, müssen weiter aufbereitet werden, damit sie zu Fasern geformt werden können. Durch Erhitzen oder mittels Lösemittel entsteht eine zähflüssige Masse, die durch feine Spinndüsen gepresst wird und in einer Flüssigkeit oder im Luftstrom erstarrt. Die Düsen haben einen Durchmesser von ein bis acht Zentimeter mit bis zu 250000 Öffnungen, die 0,05 bis 0,12 Millimeter groß sind. Je nach Form der Austrittsöffnung einer Spinndüse bilden sich unterschiedliche Faserquerschnitte aus.

Je rascher sich die Kunstfaserfilamente verfestigen, desto höher können die Abzugsgeschwindigkeiten sein, ohne dass die Fasern reißen oder Bruchstellen bekommen. Heute werden Fasern mit einer Geschwindigkeit von bis zu 6000 Metern in der Minute abgezogen. Durch das rasche Abziehen der Filamente richten sich die Molekülketten verstärkt parallel aus. Dabei bilden sich regelmäßig geordnete Bereiche aus, die der Faser Festigkeit verleihen.

Für die Weiterverarbeitung werden die Filamente nach dem Abziehen meist noch ein weiteres Mal zur Erhöhung der räumlichen Ordnung in der Faser verstreckt, wobei sich der Verstreckungsgrad nach dem späteren Einsatzzweck richtet.

Zur Herstellung von Filamentgarnen wird das Filamentbündel aus einer Spinndüse zusammengefasst und auf jeweils eine Spule aufgewickelt. Zur Herstellung von Spinnfasern, die man als Ausgangsprodukt für die Garnherstellung benötigt, führt man mehrere Filamentbündel zu einem dicken Strang (Kabel) zusammen, das darauf-

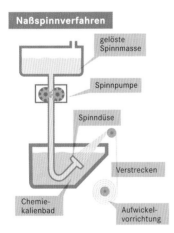

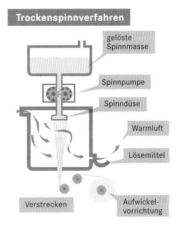

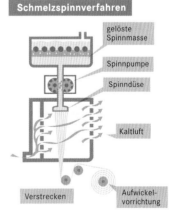

Spinnverfahren für Chemiefasern: Beim **Nassspinnverfahren** für Viskose, Polyacryl und Aramide mündet die Spinndüse in ein Chemikalienbad. Die austretenden zähflüssigen Fäden verfestigen sich in diesem Fällbad. Damit sie nicht verkleben, müssen sie herausgezogen (abgezogen) werden. Beim **Trockenspinnverfahren** für die Herstellung von Polyacryl und Acetat verfestigen sich die feinen Fäden in einem mehrere Meter hohen Spinnschacht. Die eingeblasene Warmluft lässt das Lösemittel verdunsten, das dann aus der abgesaugten Luft zurückgewonnen wird. Beim **Schmelzspinnverfahren** werden die Faserrohstoffe, beispielsweise Polyamid und Polyester, nicht gelöst, sondern geschmolzen. Die Filamente verfestigen sich durch Kaltluft im Spinnschacht.

hin verstreckt, gekräuselt und fixiert (thermisch vorbehandelt) wird. Dann wird es zu Spinnfasern geschnitten, die anschließend zu Garnen versponnen werden.

Chemiefasern haben meist eine glatte, wenig strukturierte Oberfläche. Je glatter aber eine Faser ist, desto stärker glänzt sie. Chemiefasern sind daher glasig durchscheinend oder weiß und haben einen speckigen Glanz. Neben der Veränderung der Oberfläche kann die Faser durch Zusatz von Titandioxid als Weißpigment schon beim Spinnprozess mattiert werden. Auch ist bei der Faserherstellung bereits eine Färbung (Spinnfärbung) möglich, die den Vorteil besitzt, besonders haltbar zu sein.

Chemiefasern haben einen seifigen Griff und sind schlechter verspinnbar als strukturierte Fasern. Die Stoffe sind wenig schiebefest und neigen daher stark zu Pilling (Knötchenbildung an der Stoffoberfläche). Sie isolieren nur wenig gegen Kälte und sind sehr luftdurchlässig.

Um die Eigenschaften von Chemiefasern zu verbessern und denen von Naturfasern anzunähern, behandelt man sie in der Textilveredelung durch mechanische oder chemische Verfahren nach.

Synthetische Fasern haben eine hohe Festigkeit, nehmen wenig Feuchtigkeit auf, quellen daher kaum und haben einen niedrigen Schmelzpunkt. Sie sind thermoplastisch, das heißt, sie erweichen durch Hitzeeinwirkung. Nach der Abkühlung behalten sie die neue Form. Dies nutzt man zum Beispiel aus, um Feinstrumpfhosen zu formen oder Plissee herzustellen (Thermofixieren). Zusammenfassend nennt man diese Vorgänge Texturieren.

Chemiefasern laden sich elektrostatisch besonders leicht auf. Dies kann sowohl bei der Verarbeitung als auch beim Gebrauch störend wirken. Während der Verarbeitung kann es zum Abstoßen (Faserflug), zum Kleben der Fasern an Maschinenteilen und zur Funkenbildung kommen, da durch die hohen Geschwindigkeiten bei der maschinellen Verarbeitung beträchtliche Reibung entsteht, die zu elektrostatischer Aufladung führt. Abhilfe schafft eine höhere Luftfeuchtigkeit. Bei Chemiefasern reicht dies alleine oft nicht aus, da sie wenig Feuchtigkeit aufnehmen und wenig quellen. Daher erhalten Chemiefasern vor der Verarbeitung eine antistatische Ausrüstung. Auf das Ausrüsten von Kleidung wird im Abschnitt Textilveredlung näher eingegangen.

Der Polyester Polyethylenglycolterephthalat besitzt vielseitige Eigenschaften und nimmt mit einem Anteil von 31 Prozent die Spitzenposition unter den synthetischen Chemiefasern ein. Es entsteht durch Polykondensation von Ethylenglykol mit Dimethylterephthalat, wobei das entstehende Methanol abdestilliert wird. Das Produkt ist ein Kunstharz, das so transparent wie Glas ist. Es wird bei 280 Grad Celsius geschmolzen und gesponnen.

Polyesterfilamentgarne werden meist texturiert, Spinnfasern werden zu feinen glatten Garnen, aber auch zu voluminösen Garnen verarbeitet. Für Bekleidungszwecke werden Polyesterfasern häufig mit Baumwolle, Viskose und Wolle gemischt. Reine Polyesterfasern

---

Unter **Texturieren**, Strukturieren oder Modifizieren versteht man verschiedene Verfahren, die glatten, strukturlosen synthetischen Filamentgarne unter Ausnutzung ihrer Thermoplastizität beständig zu kräuseln, ihr Volumen zu vergrößern sowie ihre Dehnbarkeit und Elastizität zu steigern. Beispielsweise kann man aus Polyacrylspinnfasern durch gezielte Wärmeeinwirkung wollähnliche Garne herstellen. Dazu nutzt man die Eigenschaft der Chemiefasern, bei Hitze zu schrumpfen. Thermisch verfestigte (vorfixierte) und unverfestigte (unfixierte) Polyacrylfasern werden miteinander versponnen. Bei der anschließenden Wärmebehandlung schrumpft dann der unfixierte Faseranteil und bauscht das Garn auf.

Ausschnitt aus der chemischen Formel von **Polyester**. Das Makromolekül entsteht durch Polykondensation. Dabei bilden sich Estergruppen, woraus sich der Name Polyester ableitet.

werden vor allem zu Mikrofasergeweben und Fleecestoffen verarbeitet. Als Spezialfasern aus Polyester sind hochfeste und schwer entflammbare Fasertypen für technische Zwecke und als Polster- und Dekorationsstoffe in öffentlichen Gebäuden und Verkehrsmitteln im Einsatz.

Mikrofasern sind besonders feine Chemiefasern von maximal 1,0 dtex und damit feiner als Naturseide, die durchschnittlich 1,3 dtex aufweist.

Die Feinheit einer Faser in der Maßeinheit tex wird aus dem Quotienten aus Gewicht und Länge der Faser gebildet. Bezugsgröße ist eine Fadenlänge von 1000 Meter. Wenn 1000 Meter eines Fadens

Die Zusammenfassung gibt einen kurzen Überblick über die Eigenschaften, Einsatzgebiete und Umweltaspekte **synthetischer Chemiefasern.**

Faser	Eigenschaften	Verwendung	Umweltaspekte
Polyester (organische Säure + Alkohol, beispielsweise Polyethylenglykoltherephthalat) Produktbeispiele: Diolen®, Trevira®	☺ formstabil, knittert nicht ☺ geringes Gewicht ☺ sehr reißfest und strapazierfähig ☺ pflegeleicht ☺☺ verrottungsresistent ☺☺ wenig wärmend ☹ schmutzanfällig ☹ elektrostatische Aufladung ☹ geringe Feuchtigkeitsaufnahme	Oberbekleidung Wäsche Heimtextilien technische Textilien beispielsweise: Mikrofaserstoffe, Fleecestoffe	☹ Chemikalien: bedenklich Antimontrioxid ☹ Wasser ☹ nicht nachwachsender Rohstoff ☹ verrottet nicht
Polyamid (Diamin + Dicarbonsäure) Produktbeispiele: Bayer-Perlon®, Enka-Perlon®, Tactel® **Aramid** (aromatische Polyamide) Produktbeispiele: Kevlar®, Nomex®	☺ formstabil ☺ knittert nicht, elastisch ☺ pflegeleicht ☺ geringes Gewicht ☺ sehr reißfest und strapazierfähig ☺ verrottungsresistent ☺☹ wenig wärmend ☹ vergraut leicht ☹ schmutzanfällig ☹ hitzeempfindlich ☹ elektrostatische Aufladung ☹ geringe Feuchtigkeitsaufnahme	Oberbekleidung Wäsche Heimtextilien technische Textilien beispielsweise: Sportkleidung, Bademoden, Regenkleidung, Feinstrümpfe, Mikrofaserstoffe, Fleecestoffe	☺ Energie (24,5–25,9 GJ/t) ☹ Wasser ☺☹ Chemikalien ☹ nicht nachwachsender Rohstoff
Polyacryl (Acrylnitril) Produktbeispiele: Dralon®, Dolan®, Dunova®	☺ formstabil ☺ knittert nicht ☺ pflegeleicht ☺ geringes Gewicht ☺ sehr reißfest ☺ sehr strapazierfähig ☺ besonders verrottungsresistent ☹ schmutzanfällig ☹ hitzeempfindlich ☹ elektrostatische Aufladung ☹ geringe Feuchtigkeitsaufnahme	Oberbekleidung Heimtextilien technische Textilien beispielsweise: für wollähnliche Artikel, rein oder in Mischung, Pelzimitate	☹ Chemikalien: bedenklich Dimethylformamid ☹ Wasser ☹ nicht nachwachsender Rohstoff
Elastan (Polyurethan + Polyester oder Polyether) Produktbeispiele: Lycra®, Dorlastan®	☺ sehr elastisch ☺ feiner und haltbarer als Gummifäden ☺ unempfindlich gegenüber Schweiß und Deodorants	Miederwaren, Badebekleidung, Stützstrümpfe, Nähgummi, als Beimischung für elastische Hosen, T-Shirts, Leggins	☹ Chemikalien: bedenklich Isocyanate ☹ Wasser ☹ nicht nachwachsender Rohstoff
Polypropylen (Propylen) Produktbeispiel: Merkalon®	☺☹ nimmt keine Feuchtigkeit auf, transportiert sie aber gut (Kapillarwirkung)	Sportkleidung, Windeln, Heimtextilien	☺☹ Chemikalien ☹ nicht nachwachsender Rohstoff

50 Gramm wiegen, so beträgt die Faserfeinheit 50 tex. Die Maßeinheit dtex entspricht dem Gewicht pro 10000 Meter.

Ein älteres Maß für die Garnfeinheit ist den (Denier). Diese Bezeichnung galt besonders für Seide und Chemiefaserfilamentgarne. Ein Denier ist das Gewicht in Gramm von 9000 Meter Fadenlänge, bei 40 den wiegt ein Faden von 9000 Metern 40 Gramm. Bei Feinstrumpfhosen findet man auch heute noch beide Angaben.

Aus Mikrofasern werden leichte, Wasser und Wind abweisende, aber dampfdurchlässige Gewebe (Wetterschutzbekleidung) hergestellt. Besonders feine Mikrofasern lassen sich aus Polyester erzeugen. Naturfasern haben große Feinheitsunterschiede, während bei Chemiefasern eine gleich bleibende Feinheit in variablen Größen hergestellt werden kann.

Neben den verarbeitungstechnischen Aspekten sind für die Verwendung von Fasern vor allem ihre Trageeigenschaften entscheidend. In den letzten Jahren spielen zunehmend auch ökologische, gesundheitliche und soziale Aspekte eine Rolle.

Ökologische Bewertung von Textilfasern

Häufig wird heute die Frage gestellt: Was ist aus ökologischer Sicht sinnvoller – Chemie- oder Naturfasern? Einfach und eindeutig kann man diese Frage nicht beantworten, denn dazu ist eine Vielzahl von Aspekten zu bewerten, die sich für die verschiedenen Fasern teilweise nicht miteinander vergleichen lassen. So wird in der Chemiefaserproduktion der nicht nachwachsende Rohstoff Erdöl eingesetzt, einige Ausgangs- und Zwischenprodukte sowie Hilfsmittel sind giftig. Für Naturfasern spricht das Argument, dass sie als nachwachsende Rohstoffe fast unbegrenzt zur Verfügung stehen, vorausgesetzt Anbau- und Weideflächen sind ausreichend vorhanden.

Beim konventionellen Anbau und der Gewinnung von Naturfasern zählen aber Pestizide, Dünger und weitere Hilfsmittel zu Problemstoffen für Mensch und Umwelt. Damit Naturfasern ökologisch unbedenklich sind, müssen sie kontrolliert biologisch angebaut werden. Chemiefasern beanspruchen dagegen keine Acker- oder Weideflächen und benötigen weder Dünger noch Pflanzenschutzmittel.

Bei der Frage nach der Hautverträglichkeit und dem Tragekomfort wird meist Baumwolle als das bevorzugte Material genannt, bei der Pflegeleichtigkeit Polyester.

Kleidungsstücke aus 100 Prozent Chemiefasern haben eine doppelt so hohe Lebensdauer wie Bekleidung aus Naturfasern. Tatsächlich hat die Faserhaltbarkeit allerdings kaum Einfluss darauf, wie lange eine Textilie verwendet wird. Die Nutzungsdauer liegt in den Wohlstandsgesellschaften deutlich unter der Haltbarkeit; die Kleidung wird häufig bereits ausgemustert, bevor sie verschlissen ist. Die aktuelle Mode, die finanziellen Verhältnisse des Konsumenten und das soziale Umfeld bestimmen in erster Linie die Verwendungszeit von Kleidung.

Diese späthetitische Grabstele aus dem 8. oder 7. Jahrhundert vor Christus zeigt eine Frau mit Kind beim Spinnen mit einer **Handspindel** – ein Beleg für dieses uralte Handwerk.

Während Naturfasern – bis auf die Veredlungschemikalien – problemlos verrotten, bleiben Synthetics auch auf den Müllkippen lange erhalten. Mischfasern aus Natur- und Chemiefasern können, im Gegensatz zu sortenreinen Kunststoffen, nicht recycelt werden.

Bei der Verbrennung von Zellulosefasern sowie Polyester und Polypropylen entstehen Kohlendioxid und Wasser. Stickstoffhaltige Fasern wie Wolle, Seide, Polyamid und Polyacryl entwickeln Stickoxide. Ob sich giftige Substanzen wie etwa Dioxine bilden, ist abhängig von der Textilausrüstung, der Temperatur und der Sauerstoffzufuhr bei der thermischen Entsorgung.

Wichtig für eine Beurteilung der einzelnen Fasern in ökologischer, gesundheitlicher und sozialer Sicht ist also, wie die Fasern angebaut beziehungsweise gewonnen wurden, wie und unter welchen sozialen Bedingungen sie weiterverarbeitet werden.

Für welche Fasern man sich beim Textilkauf entscheidet, hängt schließlich auch noch vom Verwendungszweck und nicht zuletzt vom persönlichen Empfinden ab.

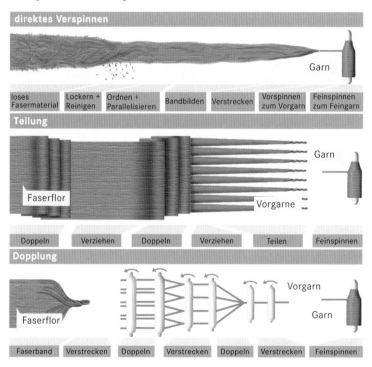

Die **Rohfasern** müssen vor dem eigentlichen Spinnen über mehrere Stufen bearbeitet werden. Man erhält einen **Faserflor,** der entweder direkt versponnen werden kann oder durch Teilung und Dopplung die nötige Festigkeit erhält.

Garne

D er Begriff Garn wird als Sammelbegriff für fadenförmige textile Gebilde benutzt. Bis zum Aufkommen von maschinellen Verarbeitungsverfahren im Zeitalter der industriellen Revolution wurden Fasern von Hand oder mithilfe von Spindeln zusammengedreht.

Einfache Garne können bereits bei der Spinnfaser- oder Filamentspinnerei entstehen. Ansonsten wird aus den vorbereiteten

Rohfasern (Stapelfasern) in einem mehrstufigen Arbeitsprozess ein aus mehreren Fäden bestehendes gedrehtes Garn hergestellt.

Die zu Ballen gepressten Rohfasern werden vor dem Spinnvorgang aufgelockert und gereinigt, geordnet und parallel ausgerichtet. Sie bilden ein Faserband, das verstreckt (unter Zug aufgewickelt) und gedoppelt (aus zwei oder mehr Bändern zusammengeführt) wird. Zur Bildung des Vorgarnes wird das verstreckte Faserband leicht zusammengedreht. Anschließend wird das Vorgarn zum Feingarn versponnen.

Um glatte und gleichmäßige Garne zu erhalten, wird das Faserband oft zusätzlich gekämmt, wodurch die Fasern verstärkt parallel ausgerichtet und kurze Fasern bis zu einer bestimmten Länge herausgelöst werden. Letztere können zu Grobgarnen oder anderen Produkten weiterverarbeitet werden. Gekämmte Baumwolle hat Fasern von mindestens 29 Millimetern Länge, »supergekämmte« Baumwolle hat mehrere Kämmvorgänge durchlaufen. Auch Wolle wird durch Kämmen verfeinert. So ist Kammgarn ein glattes, relativ stark gedrehtes Wollgarn, dessen lange Einzelfasern parallel nebeneinander liegen.

Spinnverfahren

Je länger die Fasern sind, desto feiner und fester lassen sie sich verspinnen. Längere Einzelfasern ergeben in der Regel glattere, weniger voluminöse Garne beziehungsweise Textilien als kürzere Einzelfasern. Bei Naturfasern ist das Längenwachstum prinzipiell begrenzt, aber auch die Gewinnung und Aufbereitung der Fasern ist ausschlaggebend für die Länge der Garne. Bei Chemiefasern kann man Filamente von nahezu unbegrenzter Länge herstellen. Bei Mischgarnen richtet sich die geschnittene oder gerissene Länge der Chemiefasern nach der Länge der Naturfasern, mit denen sie zusammen verarbeitet werden, und nach dem jeweiligen Spinnverfahren.

Damit sich die Fasern maschinell leichter verarbeiten lassen und beim Spinnen nicht reißen und stauben, erhalten sie einen Überzug aus Fetten oder Ölen, die als Schmälze oder Spulöle bezeichnet werden.

Die **Dreizylinderspinnmaschine** dient zur Herstellung von Baumwollgarnen. Das Streckwerk am Ende der Ringmaschine besteht aus drei übereinander liegenden Walzenpaaren, woraus sich die Bezeichnung dieser Maschine ableitet.

Die einzelnen Spinnverfahren sind dem jeweiligen Fasermaterial angepasst und arbeiten nach unterschiedlichen technischen Prinzipien. Heute sind vor allem das Ringspinnen und das Rotorspinnen von Bedeutung.

Baumwolle wird am häufigsten nach dem Dreizylinderringspinnverfahren verarbeitet, bei dem das Streckwerk der Ringspinnmaschine aus drei Walzen besteht. Über diese drei Walzen wird das Vorgarn zur endgültigen Feinheit verstreckt, um anschließend ver-

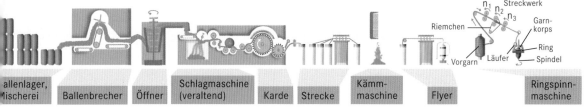

n = unterschiedliche Drehzahl $n_1 < n_2 < n_3$

n_1 n_2 n_3 Streckwerk

Riemchen — Garn-korps

Vorgarn Läufer Ring Spindel

allenlager, Mischerei | Ballenbrecher | Öffner | Schlagmaschine (veraltend) | Karde | Strecke | Kämm-maschine | Flyer | Ringspinn-maschine

dreht und aufgewickelt zu werden. Das Verziehen des Garnes funktioniert über unterschiedliche Geschwindigkeiten der Walzen. Wenn sich die jeweils nachfolgende Walze schneller dreht als die vorhergehende, wird das Garn auseinander gezogen. Im anschließenden Spinnvorgang wird das Vorgarn durch den so genannten Ringläufer gedreht. Der Ringläufer ist eine Öse, die auf einer Gleitschiene sitzt. Er wird von der Rotation des Garnträgers (Spindel) mitgenommen und überträgt die Drehung somit auf das Garn. Mit der Ringspinnmaschine können besonders feine Garne hergestellt werden.

Die **Baumwollspinnerei** erfolgt meist im Dreizylinderringspinnverfahren. Die ersten acht Verarbeitungsschritte dienen der Vorbereitung des Rohgarns zum Spinnen.

ROTORSPINNEREI

Bei der Rotorspinnerei befindet sich die Spinnmaschine entweder hinter der Karde, welche die Fasern in Wirrlage auflöst, oder der Strecke, wo die Fasern gereckt und parallelisiert werden. Die Bildung des Vorgarns entfällt, da direkt ein Faserband vorgelegt werden kann. Das Baumwollband wird solange aufgelöst, bis Einzelfasern entstehen, die gereinigt und mittels eines Luftstroms in einem sich verjüngenden Rohr beschleunigt und dem Rotor zugeführt werden. Durch die Zentrifugalkraft wird im Rotor ein Faserring bestimmter Stärke gebildet. Die aus dem Rotor austretenden Fasern drehen sich an das offene Ende des fertigen Fadens an, dem der Rotor hohe Drehzahlen (bis 90 000 pro Minute) erteilt.

Die Rotorspinnerei ist ein sehr leistungsstarkes Spinnverfahren, weil Rotorreinigung, Anspinnen und Spulenwechsel automatisch erfolgen. Jedoch eignet sich die Rotorspinnerei aufgrund der hohen Maschinenlaufgeschwindigkeiten nur für bestimmte Faserarten wie Baumwolle, teilweise Wolle und manche Chemiefasern.

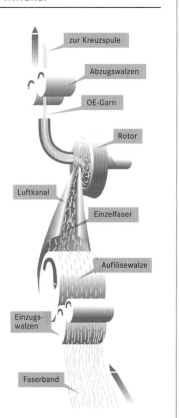

zur Kreuzspule

Abzugswalzen

OE-Garn

Rotor

Luftkanal

Einzelfaser

Auflösewalze

Einzugs-walzen

Faserband

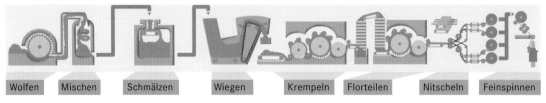

| Wolfen | Mischen | Schmälzen | Wiegen | Krempeln | Florteilen | Nitscheln | Feinspinnen |

Schematische Darstellung der einzelnen Verarbeitungsschritte bei der **Streichgarnspinnerei.** Die gewaschene und sortierte Rohwolle wird schichtweise von den Ballen abgenommen und dem »Krempelwolf« vorgelegt. Fast alle spinnfähigen Fasern – nicht nur Wolle – können im Streichgarnspinnverfahren verarbeitet werden.

Die Spinngeschwindigkeit bei der Rotorspinnerei von 150 bis 200 Metern pro Minute ist gegenüber dem Ringspinnen mit 20 Metern pro Minute wesentlich höher. Da zudem kein Vorgarn gebildet wird, ist das Rotorspinnen rationeller als das Ringspinnverfahren. Das Rotorspinnverfahren eignet sich jedoch nicht für alle Fasern, weil Garne entstehen, bei denen im Innern die Fasern wirr angeordnet und außen von anderen Fasern umschlungen sind. Rotorgarne sind daher stärker strukturiert und weniger fest als die Ringspinngarne, bei denen die Fasern stärker parallel ausgerichtet sind.

Bei Wolle und wollähnlichen Chemiefasern sind vor dem eigentlichen Spinnen noch vorbereitende Arbeitsschritte nötig. Das gesamte Verfahren wird als Streichgarnspinnerei bezeichnet. Dabei wird zunächst die gewaschene, sortierte Rohwolle oder die Reißwolle als gepresste Ballen angeliefert. Die Rohfasern werden schichtweise dem Krempelwolf, der ersten Stufe in der Spinnvorbereitung, zugeführt, in dem feine Drahthäkchen dafür sorgen, dass sich verklebte und verhakte Fasern voneinander lösen. Nach dem Mischen verschiedener Faserarten, Einfetten (Schmälzen) und Wiegen werden sie erneut beim Krempeln in einem mit Häkchen besetzten Zylinder bearbeitet und in Einzelfasern zerlegt. Dort entsteht ein Faserflor, in dem die Fasern parallel ausgerichtet werden. Der Faserflor wird in schmale Bändchen aufgeteilt und im Nitschelwerk zwischen sich gegenläufig bewegenden Bändern zum Vorgarn gerundet. Nach der Spinnvorbereitung kann das Garn auf allen klassischen Spinnmaschinen, im Rotorspinnverfahren allerdings nur eingeschränkt, ausgesponnen werden.

Aus Garnen werden in einem weiteren Arbeitsprozess Zwirne hergestellt. Zwirne entstehen durch das Zusammendrehen von mindestens zwei Garnen. Dadurch erreicht man eine höhere Reißfestigkeit und je nach Material und Zwirndrehung besondere Effekte. Garne können auch durch besondere Verfahren gestaltet werden, wie Flammen-, Noppen-, Schlingen- und Kräuselgarne. Diese erzeugen bei der Weiterverarbeitung besondere Farb- und Struktureffekte (Effektgarn).

Textile Flächen

Beim **Gewebe** sind Kett- und Schussfäden rechtwinklig verkreuzt (oben), während bei der **Maschenware** die Fäden ineinander verschlungen sind (unten).

Textile Flächen oder Flächengebilde nennt man zweidimensionale Textilerzeugnisse, die nach verschiedenen Techniken aus Fasern hergestellt werden, wie beispielsweise Gewebe, Geflechte, Maschenwaren, Filze und Teppiche. Textile Flächen werden direkt aus den Fasern (Filze und Vliesstoffe), aus Garnen (Gewebe, Maschenwaren, Geflechte) oder einer Kombination beider gebildet (Nähgewirke, kaschierte Flächen).

Weberei

Eines der ältesten Verfahren zur Herstellung von Textilien ist die Weberei. Schon in prähistorischer Zeit erkannten die Menschen, dass sich durch Aufspannen von Kettfäden und durch quer dazu verlaufende Schussfäden ein recht stabiles zweidimensionales Produkt erzeugen lässt. Um kleinflächige Textilien herzustellen, konnte man noch mit relativ primitiven Hilfsmitteln wie Webrahmen auskommen. Größere Flächen lassen sich nur mithilfe von Webstühlen herstellen. Die ältesten Webstühle wurden bereits um 6000 vor Christus in der Türkei gefunden.

Auch bei den heutigen Webmaschinen werden Kett- und Schussfäden im rechten Winkel miteinander verkreuzt. Die Kettfäden sind in Längsrichtung der Gewebeherstellung angeordnet, die Schussfäden verlaufen quer dazu.

Zur Vorbereitung des Webens werden die Kettfäden in die Maschine eingespannt. Sie bilden eine Fläche von parallelen, eng aneinander liegenden Fäden, die über verschiedene Walzen, Stäbe und durch die Litzenaugen der Schäfte (Schaftweben) oder Harnischschnüre (Jacquardweben) geführt werden. Der Arbeitsprozess beginnt durch Anheben eines Teils der Kettfäden. Dabei bildet sich ein Raum zwischen den Kettfäden, das so genannte Fach, durch das im nächsten Schritt der Schussfaden durchgezogen wird. In den Handweberei oder bei veralteten Webautomaten zieht ein Garnträger (Schützen) den Schussfaden durch das Fach. Schützenlose Webmaschinen, bei denen der Schussfaden mittels Projektil, Greifer, Luft- oder Wasserstrahl durchgeschossen wird, arbeiten schneller, leiser und erschütterungsärmer. Im anschließenden Schussanschlag presst

Beim modernen **Webautomaten** laufen die Kettfäden zum Webkamm, hinter dem das eigentliche Weben stattfindet. Auf dem Warenbaum wird der fertige Stoff aufgewickelt.

Prinzip des **Jacquardwebens:** Jeder Kettfaden (Faden in Längsrichtung) kann einzeln gehoben und gesenkt werden. Die Steuerung der Hebung und Senkung erfolgt elektronisch. Mit diesem Verfahren lassen sich komplizierte Muster herstellen.

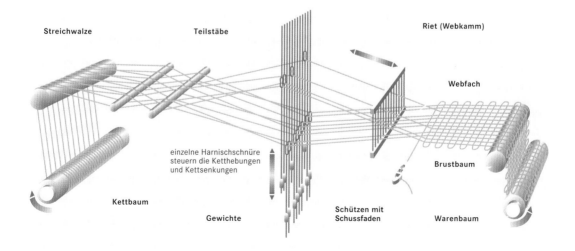

Streichwalze   Teilstäbe   Riet (Webkamm)

Webfach

einzelne Harnischschnüre steuern die Ketthebungen und Kettsenkungen

Brustbaum

Kettbaum

Gewichte   Schützen mit Schussfaden   Warenbaum

BINDUNGEN

Bei den Bindungen unterscheidet man Leinwand-, Köper- und Atlasbindung, wie man an den Flechtbildern leicht sehen kann.

Die einfachste Bindungsart ist die Leinwandbindung, bei welcher der Schussfaden abwechselnd über und unter einem Kettfaden liegt. Variationen davon heißen Rips, Querrips und Panama.

Die Köperbindung zeigt ein diagonales Muster, das dadurch entsteht, dass der Schussfaden immer über zwei Kettfäden und unter einem Kettfaden liegt. Bekannte Abwandlungen nennen sich Fischgrät und Spitzköper.

Die Atlasbindung ist schon wesentlich komplizierter. Bekannte Anwendungen sind Damast und Satin.

Leinwandbindung

Schuss   Kette

Köperbindung

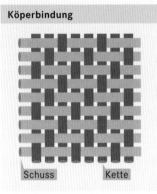

Schuss   Kette

Atlasbindung

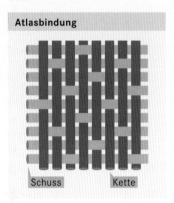

Schuss   Kette

der Webkamm den Schussfaden gegen bereits gesetzte Schussfäden. Nun werden die zuvor angehobenen Kettfäden wieder abgesenkt und andere angehoben. So entsteht ein neues Fach, durch das der Schussfaden zieht. Je nachdem, welche Kettfäden in welcher Reihenfolge angehoben werden, entstehen unterschiedliche Musterungen. Die Art der Verkreuzung von Kett- und Schussfaden bezeichnet man als Bindung.

Neben diesen Geweben aus zwei Fadensystemen gibt es auch solche aus drei Fadensystemen. Hierzu zählt der Samt. Dabei wird ein zusätzlicher Faden eingewebt, der entlang der Kette oder des Schusses Schlingen bildet. Die Schlingen werden aufgeschnitten und bilden dann eine weiche Haardecke, deren Fasern senkrecht nach oben stehen.

Wirkerei

Das typische Zeichen von gewebten Textilien sind die sich rechtwinklig kreuzenden Fäden. Zu einer ganz anderen Struktur führt das Wirken, bei dem sich die Fäden in maschenförmigen Schleifen verschlingen – die entstehende textile Fläche wird als Maschenware bezeichnet. Im Wesentlichen werden Gestricke (Einfadengewirke) und Kettengewirke unterschieden. Einfadenware kann aufgezogen werden und Laufmaschen bilden. Der Faden verläuft bei Gestricken und Einfadengewirken in Warenquerrichtung. Bei Kettengewirken hingegen verlaufen die Maschen bildenden Fäden in Längsrichtung hauptsächlich im Zickzack durch

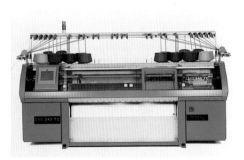

Moderne **Strickmaschine** zum Einsatz in der industriellen Fertigung.

die Ware. Sie lassen sich nicht ohne weiteres aufziehen und sind weitgehend laufmaschenfest.

Moderne Strickmaschinen bilden die textile Fläche mittels einzeln beweglicher Nadeln, die einen Faden zu Maschen formen. Single-Jersey beispielsweise wird an einer Nadelreihe hergestellt, in der sich Reihen mit rechten und linken Maschen abwechseln (Links-rechts-Bindung). Die Ware zeigt somit eine rechte und eine linke Maschenseite. Feinripp wird dagegen an zwei Nadelreihen hergestellt, an denen sich die Nadeln versetzt gegenüberstehen. In einer Reihe wechseln rechte und linke Maschen ab, die für die Querelastizität sorgen. Beide Warenseiten zeigen rechte Maschen, die linken Maschen erkennt man erst beim Spannen der Ware. Nicki und Plüsch sind Ableitungen der Links-rechts-Bindung, bei der noch ein dritter Faden eingearbeitet wird.

Kettengewirke entstehen aus mindestens einem Kettfadensystem, wobei jeder einzelne Kettfaden von einer Nadel geführt wird. Zur Herstellung einer Maschenreihe werden alle Nadeln gemeinsam bewegt und nicht hintereinander wie bei der Strickerei. Für die nächste Reihe werden die Nadeln um eine Position versetzt, was zu der gewünschten Verkettung der Fäden führt.

Maschenwaren sind elastischer und meist lockerer als Gewebe und können ihre Form innerhalb eines gewissen Spielraumes ändern. Daher schmiegen sie sich besser an den Körper an und folgen beim Tragen leichter den Körperbewegungen als Gewebtes. Sie sind sowohl in Längs- als auch in Querrichtung elastisch. Maschenwaren knittern weniger als Gewebe, und sie ermöglichen einen guten Luft- und Feuchtigkeitsaustausch. Die dichteren Gewebe schützen allerdings besser vor Wind und sind haltbarer und formstabiler.

Faserverbundstoffe

Filze und Vliese werden direkt, ohne Spinnen und Weben oder Vermaschen, aus Fasern hergestellt, wobei die Einzelfasern mehr oder weniger wirr übereinander liegen. Bei den Filzen werden die einzelnen Fasern untereinander auf mechanischem Weg verfestigt, Vliesstoffe können durch mechanische, thermische oder chemische Verfestigung gebildet werden.

Wolle und andere Tierhaare verfilzen durch Reibung, Wärme, Feuchtigkeit und Laugen, und zwar, indem die Schuppen der Faseroberfläche miteinander verhaken. Wer eine Wollsocke versehentlich in der Waschmaschine gewaschen hat, kennt den Effekt: Die Socke ist um mehrere Schuhgrößen geschrumpft und recht fest geworden. Was im Haushalt ein Versehen ist, wird bei der Filzherstellung absichtlich durch maschinelles Stauchen, Klopfen und Pressen herbeigeführt.

Echte Filze werden aus einem Faserflor gewonnen, unechte Filze aus zuvor gewebten Flächen, die in der Walkmaschine verfilzt werden. Walkfilze sind fest, strapazierfähig und wärmend. Bei Nadelfilzen wird der Faserflor von Nadeln mit Widerhaken durchstoßen (360 bis 720 Einstiche je Quadratzentimeter) mit dem Effekt, dass

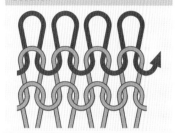

Gestrick

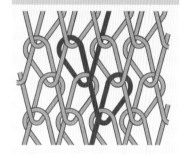

Gewirk

Maschenware wird aufgrund der unterschiedlichen Entstehung eingeteilt in **Gestricke** (oder Einfadengewirke, oben) und **Kettengewirke** (unten).

Vliesstoffe entstehen in einem Herstellungsschritt ohne Spinnen oder Weben meist durch chemische Verfestigung eines Faserflors. Die einzelnen Fäden sind nicht parallel ausgerichtet.

Art	Herstellung	Eigenschaften	Einsatzgebiete
Gewebe	Verkreuzen von mindestens zwei verschiedenen Faden-systemen (Kette und Schuss)	formstabil, strapazierfähig, knittern leicht, wenig elastisch und dehnfähig, wenig Lufteinschlüsse, Schnittkanten fransen	Oberbekleidung, Einlagen, Bett-,Tisch- und Haushaltswäsche, Vorhänge, Polsterbezüge
Maschenwaren	Ineinanderhängen von Fadenschlaufen	knitterarm	
• Gestricke	Die Maschenreihen werden durch mindestens einen querlaufenden Faden gebildet, sie hängen senkrecht ineinander	schmiegsam, sehr dehnfähig und elastisch, viel Lufteinschlüsse, Laufmaschenbildung möglich	Oberbekleidung, Wäsche, T-Shirts, Pullover, Jacken, Socken, Strümpfe, Mützen, Schals, Sport- und Freizeitkleidung
• Gewirke	Maschen verlaufen zickzackartig in Längsrichtung	formstabil, haltbar, eingeschränkt dehnfähig und elastisch, maschenfest	elastisches Futter, Miederwaren, Bade- und Sportbekleidung Bettwäsche, Gardinen, technische Textilien
Filze	gewebte Flächen oder Faserflor, die mechanisch verfestigt werden	Schnittkanten fransen nicht aus	
• Walkfilz	aus Wolle oder anderen Tierhaaren durch walken verfestigt	formstabil, formbar, isolierend	Jacken, Hüte, Pantoffeln, Dämmaterial
• Nadelfilz	Faserflor, der durch Nadeln verfestigt wird	formstabil, formbar, isolierend	Bodenbeläge
Vliese	nicht gewebte Textilfläche aus wirr liegenden Fasern, die durch Verkleben, Anlösen oder Verschweißen verfestigt werden	eingeschränkt formstabil, porös, Schnittkanten fransen nicht	Sport- und Freizeitkleidung, Einlagen, Wischtücher, Einwegtextilien
Flechtware	Verkreuzung von Garnen oder Zwirnen in diagonaler Richtung	dehnbar, schmiegsam, Schnittkanten fransen stark	Spitzen, Bänder und Borten

Textile Flächen lassen sich gemäß ihrer Herstellung einteilen. Angegeben sind außerdem die wichtigsten Eigenschaften und Einsatzgebiete.

Faserbüschel an die Faserflorunterseite gezogen werden und hier zu einem festen Gebilde verschlingen. Meist werden die Nadelfilze zusätzlich auf chemischem Weg verfestigt. Da sie oft aus Chemiefasern hergestellt werden, sind sie leicht und elastisch.

Vliesstoffe sind poröse Flächengebilde aus Einzelfasern, die über die gesamte Dicke und Breite durch Verkleben und Verschweißen miteinander verbunden sind. Die Verbindung kann punktuell, zonenweise oder auf der gesamten Fläche bestehen. Vliese werden aus Natur- und Chemiefasern nach verschiedenen Verfahren hergestellt. Ausgangsstoff kann ein Faserband sein, wie es in der Spinnvorbereitung gebildet wird. Werden vereinzelte Fasern direkt auf Siebtrommeln angesaugt und zum Verfestigen auf eine bestimmte Höhe geschichtet, spricht man von Trockenvliesen. Werden sie ähnlich der Papierherstellung auf ein Sieb angeschwemmt, bezeichnet man das fertige Produkt als Nassvlies. Vliesstoffe fasern nicht aus und sind schnittsauber. Daher eignen sie sich als Einlagen, Putztücher oder Füllungen für Steppdecken.

Textilveredlung

Schon in früheren Zeiten haben die Menschen versucht, das Aussehen und die Trageeigenschaften von Kleidern zu verbessern, und sie durch Bleichen, Färben, Bemalen und Bedrucken zu verschönern oder durch Walken und Scheren strapazierfähiger oder angenehmer tragbar zu machen. Farbige Textilien waren ein Statussymbol, das auf einen höheren sozialen Rang hinwies. Das einfache Volk trug meist nur schlichte, naturbelassene, ungefärbte Kleidung.

Unsere heutige Kleidung ist so gut wie nie naturbelassen. Jede verkaufsfertige Ware hat normalerweise diverse Veredlungsschritte durchlaufen. Die Textilveredlung umfasst alle textilen Arbeitsprozesse, die nicht der Fasergewinnung, Garnerzeugung und Flächenbildung dienen. Sie wird auch als Ausrüstung oder Appretur bezeichnet.

Die wenigsten Verfahren sind rein mechanischer oder thermischer Natur. Mechanische Verfahren wie Rauen, Schleifen, Scheren, Schmirgeln (Trockenappretur) verändern die Oberflächenstruktur. So entsteht beim Rauen von dichtem Baumwollstoff der Flanell. Sanforisieren bezeichnet das Vorschrumpfen durch Hitze, das ein späteres Einlaufen des Stoffs verhindert. Fast immer sind jedoch eine Vielzahl von Chemikalien mit im Spiel, die Auswirkungen auf Gesundheit und Umwelt haben können. Die gewünschten Substanzen werden meist über wässrige Lösungen auf die Fasern gebracht (Nassappretur). Farbstoffe und bestimmte Ausrüstungschemikalien sollen auf der Faser verbleiben, denn sie sorgen für kräftige Farben, für den kuschelweichen Griff, garantieren leichtes Bügeln und Maschinenwaschbarkeit.

Ziel der Textilveredlung ist es, das Aussehen, den Griff, die Trageeigenschaften, die Pflegeeigenschaften und die Haltbarkeit von Fasern und Textilien zu verbessern. Damit erhöht man den Verkaufs- und den Gebrauchswert. So können Schurwolle und Seide beispielsweise maschinenwaschbar veredelt oder Baumwolle bügelarm ausgerüstet werden.

Textilveredlung bedeutet allerdings nicht immer eine Verbesserung des Aussehens und der Pflege- und Trageeigenschaften. Beispielsweise können Fasern beim Bleichen geschädigt werden; bei der Bügelarmausrüstung mit Kunstharzen muss mit einer Verringerung der Reißfestigkeit und Scheuerfestigkeit gerechnet und eine geringere Saugfähigkeit in Kauf genommen werden.

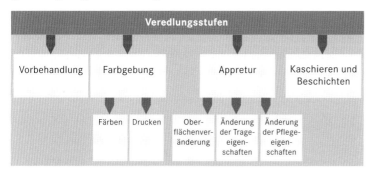

Die verschiedenen **Textilveredlungsverfahren** richten sich meist nach der chemischen Zusammensetzung und der Oberflächenbeschaffenheit der verwendeten Fasern. Sie sind natürlich auch abhängig vom gewünschten Effekt.

Um eine antistatische Ausrüstung vor allem bei chemiefaserhaltigen Geweben, Maschenwaren und Teppichen zu erhalten, werden diese mit grenzflächenaktiven Textilhilfsmitteln behandelt. Dadurch erhöht sich die elektrische Leitfähigkeit auf der Faseroberfläche und eine Aufladung wird vermindert.

Wolle mit einer Antifilzausrüstung kann in der Waschmaschine gewaschen werden. Bekanntermaßen kann unbehandelte Schafwolle leicht filzen, weil die Schuppen der Wollfasern untereinander verhaken. Durch chemische Veränderung der Wolloberfläche und Aufbringen eines Kunstharzüberzugs wird das Verhaken der Fasern

Textilausrüstungen verändern die Eigenschaften der Fasern oder textilen Flächen. Die aufgeführten Beispiele geben die wichtigsten Verfahren und Anwendungsbereiche an.

Ausrüstung	Anwendungsbereich	Zweck
Antimikrobiell	alle Fasern	Verhinderung der Ausbreitung von Mikroorganismen auf Textilien und der Haut, Schützen der Fasern vor Verrottung
Antipilling	synthetische Chemiefasern, Wolle	Verhinderung kleiner Faserknötchen durch filmbildende Substanzen oder Lösemittel
Filzfrei	Wolle	Erweichen der Schuppen auf oxidativem Weg, Umhüllen der Schuppenschicht mit einem Kunststofffilm
Flammschutz	alle Fasern	Aufbringen von Substanzen, die schwer brennbar sind (beispielsweise Borsalze), für Schutzkleidung, Vorhänge und Teppiche in öffentlichen Gebäuden
Fleckschutz	alle Fasern	für wasserlösliche Flecken: silikonhaltige Produkte, für fetthaltige Flecken: Kunstharzprodukte
Imprägnieren	alle Fasern	Tränken oder Besprühen von Textilien mit wasserabweisenden Chemikalien (beispielsweise Silikon)
Motten- und Käferschutz	Wolle (Teppiche)	Tränken der Textilien mit für Insekten ungenießbaren Chemikalien
Pflegeleicht (Hochveredlung)	Baumwolle, Leinen zellulosische Chemiefasern, Fasermischungen	meist Aufbringen von Kunstharzen, die die Wasseraufnahme und damit die Quellung der Fasern herabsetzten, Textilien werden knitterbeständiger, formstabiler und trocknen schneller

Eine viel versprechende Technik ist das **Plasmaverfahren,** bei dem das Fasermaterial mit elektrischen Gasentladungen (Plasma) vorbehandelt wird. Damit können Textiloberflächen ohne nasschemische Prozesse verändert werden. Je nach eingesetztem Reaktionsgas wird die Faseroberfläche aktiviert, geätzt oder sogar eine Beschichtung erreicht.

Die **Vernetzer** bestehen aus Kunstharzen, die **Formaldehyd** in unterschiedlichen Mengen enthalten. Ist die Vernetzungsreaktion des Kunstharzes mit der Faser abgeschlossen, verbleibt ein Anteil freien Formaldehyds auf der Faser. Weltweit werden jedes Jahr etwa 180000 Tonnen Vernetzer hergestellt.

untereinander verringert. Wollsachen werden dadurch filzarm und somit pflegeleichter.

Wolle wird nach verschiedenen Verfahren filzarm ausgerüstet. Bei dem heute üblichen Verfahren (Chlor-Hercosett-Verfahren) verändert eine Natriumhypochloritlösung (Na_2OCl) zunächst die Wollschuppen in ihrer chemischen Struktur. Vermutlich wird das Protein Keratin in die Aminosäure L-Cystin aufgespalten, die wiederum zur Cysteinsäure oxidiert wird. Nach der Entfernung des überschüssigen Chlors wird ein Polyaminoamidharz aufgetragen, das mit Epichlorhydrin (1-Chlor-2,3-epoxipropan) vernetzt wird. Durch diese Behandlung wird die Wollstruktur stark verändert, und der Kunstharzüberzug verhindert einen Hautkontakt zur Naturfaser. Auch verringert sich die Feuchtigkeitsaufnahmefähigkeit gegenüber naturbelassener Wolle. Die Chemikalien sind preiswert, schaden aber der Umwelt und Gesundheit. Problematisch sind vor allem die chlorhaltigen Abwässer. Das zur Polymerisation des Harzes eingesetzte Epichlorhydrin ist Krebs erregend, liegt am Ende der Behandlung jedoch nicht mehr in freier Form vor.

Andere Verfahren sind umwelt- und gesundheitsfreundlicher, haben sich aber aus Preisgründen noch nicht überall durchgesetzt. Viel versprechend ist unter anderem der Einsatz von Enzymen, die es erlauben, auf die Chlorbehandlung zu verzichten. Neu ist das Plasmaverfahren zur Antifilzausrüstung, eine physikalische Methode, die jetzt Praxisreife erlangt hat.

Das Plasmaverfahren eignet sich sowohl zur Vorbehandlung der Wolle als auch zur Antifilzausrüstung. Im Chlor-Hercosett-Verfahren kann das Plasmaverfahren die Chlorierungsstufe ersetzen. Um die erwünschte Maschinenwaschbarkeit der Wolle zu erreichen, wird im Anschluss an die Plasmabehandlung ein chlorfreies Kunstharz aufgetragen. Dann erfüllt die so behandelte Wolle die Anforderungen der »Woolmark Company« zur Verleihung des Labels »superwash« beziehungsweise »maschinenwaschbar«. Plasmabehandelte Wolle wird während der Filzfreiausrüstung weniger stark angegriffen und zeichnet sich zudem durch erhöhte Reißfestigkeit, verbesserte Griffigkeit und Anfärbbarkeit aus. Auch für die Umwelt bedeutet das Plasmaverfahren eine Entlastung.

Durch die Behandlung mit Vernetzern knittern Baumwolltextilien weniger, lassen sich leichter bügeln, behalten besser die Form und laufen weniger stark ein. Sie erhalten dann Bezeichnungen wie pflegeleicht oder bügelarm.

Heute setzt die Textilveredlungsindustrie überwiegend formaldehydarme oder formaldehydfreie Vernetzer ein. Bei empfindlichen Personen können schon geringe Mengen Formaldehyd Allergien hervorrufen. Nach der Gefahrstoffverordnung muss ein Formaldehydgehalt von 0,15 Prozent (1500 Milligramm pro Kilogramm Stoff) mit dem Hinweis »enthält Formaldehyd« versehen werden. Ökologisch orientierte Hersteller und Verbraucher fordern einen Grenzwert von 20 Milligramm pro Kilogramm besonders für Kleidung im hautnahen Bereich und für Kinder- und Säuglingskleidung.

Die Pflegeleichtausrüstung durch Kunstharze wird auch bei Leinen, das noch stärker als Baumwolle knittert, angewendet. Der Kunstharzüberzug dieser Ausrüstung hat jedoch zur Folge, dass die Naturfasern nicht mehr so viel Feuchtigkeit aufnehmen können und nicht mehr so heiß gewaschen werden können wie unbehandelte Fasern.

Viele Textilchemikalien befinden sich nur zeitweilig auf den Fasern und werden entfernt, wenn sie ihren Zweck erfüllt haben, wie die Natronlauge zum Mercerisieren der Baumwolle, die Schwefelsäure zum Karbonisieren der Wolle oder die Seifenlauge zum Entbasten der Seide.

Enzymatische Methoden halten inzwischen auch in der Textilindustrie Einzug, bieten sie doch im Vergleich zu herkömmlichen Veredlungstechniken sowohl ökologische als auch ökonomische Vorteile. Enzyme können aus natürlich vorkommenden Mikroorganismen oder mittels Gentechnologie gewonnen werden. Wirksam sind Enzyme als Biokatalysatoren mit selektiver und spezifischer Aktivität. Sie beschleunigen bestimmte Reaktionen, gehen unverändert daraus hervor und können erneut wirken.

Im Gegensatz zu vielen traditionellen Textilveredlungsverfahren, die mit hohen Temperaturen und Chemikalien arbeiten, können Enzyme bei gemäßigten Temperaturen und ohne aggressive Chemikalien eingesetzt werden. Dies bedeutet einen deutlich geringeren Energieverbrauch und eine geringere Wasserverschmutzung. Enzymatische Methoden können bei der Baumwolle zum Entfernen von Verunreinigungen und Schlichtemittel, beim Abbau der Peroxide in der Bleichflotte, zum Biopolishing und zum Biostonewash eingesetzt werden. Auch bei der Wollverarbeitung eignen sich Enzyme zum Entfernen von Verunreinigungen und zur Antifilzausrüstung.

Chemische Hilfsstoffe oder Textilhilfsmittel erleichtern oder ermöglichen erst viele Arbeitsschritte bei den überwiegend technisierten Arbeitsabläufen in der Textilindustrie. Sie zählen allerdings nicht

Mercerisieren bezeichnet die Behandlung von Baumwollgarnen oder -stoffen mit konzentrierter Natronlauge unter Spannung. Dadurch wird der Faserquerschnitt runder, und die Faser orientiert sich insgesamt neu. Man erzielt einen waschechten Glanz, eine Verbesserung der Formstabilität, eine höhere Reißfestigkeit und eine Erhöhung der Appreturmittelaufnahme. Baumwollkleidung verzieht sich dann weniger.

Beim **Karbonisieren** werden mithilfe erhitzter Schwefelsäure (oder Salzsäure) zellulosehaltige Verunreinigungen wie Kletten, Heu und Strohreste in der Wolle zersetzt und nach Heißlufttrocknung mechanisch entfernt (ausgeschüttelt). Danach neutralisiert man die Säure mit Soda, Ammoniak oder Natriumacetat. Rohseide ist durch den Seidenleim hart, spröde und glanzlos. Durch schonendes Kochen in schwacher Seifenlauge **(Entbasten)** wird der Seidenleim (Bast) entfernt. Der dabei entstehende Gewichtsverlust von etwa 25 Prozent wird durch das Erschweren mit Metallsalzen teilweise wieder ausgeglichen.

Beim **Biopolishing** werden die Fasern durch Enzyme teilweise abgebaut. Dadurch verschwinden kleine Flusen auf der Stoffoberfläche, die dann gleichmäßiger und ansprechender aussieht und weicher wird. Im Gegensatz zu herkömmlichen Weichmachern verringert das enzymatische Verfahren die Saugfähigkeit der Faser nicht. Auch beim **Biostonewash** bekommt die Kleidung durch Enzyme ein getragenes Aussehen. Nach herkömmlicher Methode wurde dies durch Waschen mit Bimssteinen und bleichende Agentien erreicht. Angewendet wird es in erster Linie bei Jeansartikeln.

Blick in eine **Färberei** in Fez (Marokko). Durch die in Entwicklungsländern weit verbreitete Form der Textilfärberei gelangen die ökologisch meist bedenklichen Farbstoffe und Farbhilfsmittel in die Umwelt.

Die **maschinelle Färberei** von Textilien ist technisch ausgereift, sodass sie auch zunehmend in Entwicklungsländern eingesetzt wird, wie das Beispiel aus Malaysia zeigt.

alle zur Textilveredlung. Spulöle und Schlichten zum Beispiel, die die Reißfestigkeit und Gleitfähigkeit der Fasern erhöhen und so das Spinnen und Weben bei hohen Maschinengeschwindigkeiten erst ermöglichen, müssen vor den weiteren Verarbeitungsschritten entfernt werden, weil sie dort störend wirken.

Mehr als 7000 verschiedene Textilhilfsmittel sind im Handel – Färbebeschleuniger, Antiknittersubstanzen, Flammschutzmittel, Stoffe, die das Wachstum von Pilzen, Bakterien und Motten hemmen, und viele mehr. Sie basieren auf 400 bis 600 einzelnen Wirkstoffen. Für die Textilveredlung wurden im Jahre 1997 rund 91 000 Tonnen Textilhilfsmittel verbraucht. Etwa 46 000 Tonnen waren Ausrüstungsmittel (waschfeste Permanentveredlung und nicht waschfeste Appretur). Zum Färben und Drucken wurden 18 000 Tonnen Hilfsmittel eingesetzt und für die Vorbehandlung 3000 Tonnen. Neben den Textilhilfsmitteln wurden schätzungsweise 90 000 Tonnen sonstige Chemikalien (Säuren, Laugen und Salze) und 12 000 Tonnen Farbstoffe verwendet.

Färben und Drucken

Textile Rohwaren aus der Weberei und Strickerei sind noch nicht gebrauchsfertig, können also nicht unmittelbar bedruckt oder gefärbt werden. Spulöle, Schmälze und Schlichten sowie Schmutz, Verunreinigungen und manche Faserbegleitstoffe werden in der Vorbehandlung entfernt, bevor Aussehen und Eigenschaften der Fasern durch Farben und Appretur verändert werden. Typische Vorbehandlungsverfahren sind das Waschen und Reinigen der Fasern, Bleichen und optisches Aufhellen, das Absengen herausstehender Faserenden und einige für den jeweiligen Rohstoff typische Maßnahmen wie das Mercerisieren.

Synthetische Farbstoffe zaubern eine große Farbenvielfalt auf die dezenten Töne der Naturfasern oder die farblosen Chemiefasern. Im Handel gibt es etwa 4000 unterschiedliche Farbstoffe und diverse Farbhilfsmittel. In der Regel erfolgt die Färbung mit wässrigen Farbstofflösungen oder Dispersionen nach unterschiedlichen Verfahren.

Drucken ist örtlich begrenztes Färben der Stoffe. Dabei entstehen je nach Druckschablone spezielle Musterungen. Beim Aufdruck werden auf hell gefärbten Textilien dunklere Farben aufgedruckt. Beim Direktdruck entsteht die Musterung und Farbgebung durch Aufbringen von Farbpasten auf ungefärbte Ware. Während beim Färben beide Stoffseiten gleichmäßig gefärbt werden, wird beim Drucken nur auf eine Seite Farbe aufgetragen. Sie schlägt jedoch häufig auf der Stoffrückseite durch, ist dort aber nicht so klar und kräftig wie auf der Stoffvorderseite. Zum Bedrucken gibt es unterschiedliche Verfahren, wie man sie auch aus dem Buchdruck kennt. Beim Tiefdruck übertragen in Kupferwalzen eingravierte Muster die Farben, beim Siebdruck pressen Walzen die Farben durch eine Schablone auf den Stoff.

FÄRBEVERFAHREN

Im Jigger wird der Stoff in gespannten, faltenfreien Bahnen von einer Wickeltrommel gleichmäßig durch die Farbstofflösung geführt und auf eine zweite Trommel aufgewickelt. Je nach Farbtiefe wird dieser Vorgang mehrmals von einer Trommel zur anderen wiederholt. Auf diese Weise können mittlere bis schwere Webwaren gefärbt werden.

In der Haspelkufe werden Strick- und Wirkwaren sowie leichte Baumwollgewebe kontinuierlich, ohne Spannung durch die Farbstofflösung und über Walzen im Kreis geführt, indem die Stoffenden miteinander verbunden werden. In der Haspelkufe können Stoffe auch statt mit Farbe mit einer Ausrüstung versehen werden.

Im Foulard läuft die Stoffbahn über Walzen in einen Tauchtrog, der mit der Färbeflüssigkeit gefüllt ist. Von dort wird der Stoff zwischen zwei Quetschwalzen durchgezogen, die die Farblösung in die Textilware einpressen und überschüssige Farblösung zurück fließen lassen. Auch der Foulard dient zu Ausrüstungszwecken.

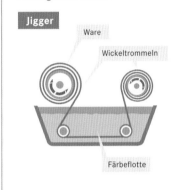

Jigger — Ware, Wickeltrommeln, Färbeflotte

Haspelkufe — Ware, Haspel, Ein- und Auszugshaspel, Färbeflotte, Wärmetauscher

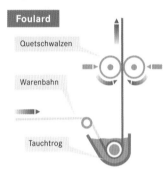

Foulard — Quetschwalzen, Warenbahn, Tauchtrog

Relativ neu ist das Jetprint-Verfahren – eine digitale Drucktechnik, die ohne die Herstellung von Druckformen auskommt. Sie ist vergleichbar mit dem Tintenstrahldruck auf Papier. Winzige Farbtröpfchen werden computergesteuert in einem Raster auf den Stoff gespritzt und erzeugen so in Kombination der vier Grundfarben vorgegebene Farbmuster. Der große Vorteil des Jetprint-Systems ist die kurze Umrüstzeit beim Wechsel von Dessins. Der Rotationsdruck ist zeitraubend und teuer, weil vor der Musterung Schablonen angefertigt werden müssen, von denen letztlich nur ein geringer Teil in der Produktion eingesetzt wird. Dies ist eine große Materialverschwendung. Auch die Zeit vom Entwurf eines Dessins bis zum Druck ist mittels Jetprinter erheblich kürzer. Bis das Jetprint-Verfahren für den großtechnischen Einsatz reif ist, werden allerdings noch 10 bis 15 Jahre vergehen.

Ökologische Probleme der Textilveredlung

Die Textilindustrie gehört zu den abwasserintensiven Industriezweigen. Besonders bei der Veredlung von Textilien entstehen große Abwassermengen mit einer Vielfalt an organischen und anorganischen Inhaltsstoffen. Durch die verschiedenen Arbeits- und Reinigungsschritte innerhalb der Textilveredlung werden die meisten Textilchemikalien ausgewaschen. Die Grundchemikalien – Säuren, Laugen und Salze – können praktisch zu 100 Prozent aus dem Gewebe entfernt werden, die Textilhilfsmittel zu 70 Prozent und Farbstoffe zu 20 Prozent.

Mit **komprimierten Gasen** wird schon seit langer Zeit extrahiert, etwa bei der Entkoffeinierung des Kaffees oder bei der Gewinnung von Duft- und Aromastoffen. Erst in letzter Zeit wird das Verfahren auch im Textilbereich genutzt. Häufig wird hierzu Kohlendioxid eingesetzt. Unter Normalbedingungen ist Kohlendioxid gasförmig, es lässt sich aber unter Druck verflüssigen. Die Phasengrenze zwischen flüssigem und gasförmigem Kohlendioxid verschwindet bei einem Druck von 73 bar und einer Temperatur von 31 Grad Celsius, dem so genannten kritischen Punkt. Den Zustand jenseits dieses Punktes bezeichnet man als super- oder überkritisch. Obwohl es keine Flüssigkeit im herkömmlichen Sinn ist, stellt überkritisches Kohlendioxid ein gutes Lösemittel für Öle, Fette und andere wenig polare Substanzen dar.

In der Abwasserbehandlung werden die bedenklichen Inhaltsstoffe unter Energieaufwand und Anwendung von weiteren Hilfsprodukten (Fällungs- und Flockungsmittel) entfernt. Die entstehenden Klärschlämme müssen teilweise als Sondermüll entsorgt werden. Im Unterschied zu dieser klassischen »End-of-Pipe-Maßnahme«, die nur das angefallene Abwasser behandelt, gelangen durch Verfahrensumstellungen, Verfahrensänderungen, Produktsubstitution und Recyclingmaßnahmen inzwischen weniger Schadstoffe in die Umwelt.

Waschvorgänge sind in der Vor-, Zwischen- und Nachbehandlung der Textilherstellung und -veredlung notwendig. Dabei werden Verunreinigungen, überschüssige Farbstoffe und nicht fixierte Ausrüstungsmittel entfernt. Danach wird die Ware meist getrocknet. Gerade diese Prozesse sind mit großen Abwasserbelastungen verbunden und verbrauchen viel Energie.

Neben der Rückgewinnung von einzelnen Bestandteilen wie beispielsweise das Schlichtemittelrecycling sind besonders solche Reinigungsprozesse umweltschonend, die kein Wasser und keine bedenklichen Chemikalien benötigen. Die bereits beschriebene Plasmatechnik und die Extraktion mit überkritischem Kohlendioxid sind hier als Alternativen einsetzbar.

Die Extraktion mit komprimiertem Kohlendioxid ist nicht nur umweltschonend, sondern auch kostengünstig. Beim Waschen mit diesem Extraktionsmittel wird kein Wasser benötigt und somit auch kein Abwasser erzeugt. Zudem entfällt der energieaufwendige Trocknungsprozess. Die Hauptmenge an Energie wird hier zum Komprimieren des Gases benötigt.

Färbungen mittels überkritischem Kohlendioxid sind bei Polyester, Polyamid, Triacetat und Elastan inzwischen Stand der Technik. Die Färbezeiten verkürzen sich und eine Nachwäsche ist nicht erforderlich, da nicht adsorbierter Farbstoff mit dem überkritischen Kohlendioxid abtransportiert wird. Bei der Gasexpansion fällt der Farbstoff aus und kann ebenso wie das Kohlendioxid wieder verwendet werden.

Als besonders problematisch müssen Stoffe eingestuft werden, die gesundheitliche Probleme verursachen. Im Einzelnen sind das Formaldehyd, chlorierte Benzole, Schwermetalle und Chlorbleichmittel, die in die Luft, ins Wasser oder von den Textilien abgegeben werden. Gerade Textilarbeiter leiden häufig unter Haut- und Atemwegserkrankungen.

Bekleidungsfertigung

D as Bekleidungsgewerbe ist ein eigener Wirtschaftszweig, der die handwerkliche Herstellung von Bekleidung sowie die industrielle Bekleidungsproduktion (Konfektion) umfasst. Am Anfang der Bekleidungsherstellung steht das Design, die Form- und Schnittgestaltung eines Kleidungsstücks. Die Haute Couture fertigt in traditioneller Weise eine Modellzeichnung an oder modelliert an

Das Werbeplakat um 1920 zeigt eine **Nähmaschine** der Kaiserslauterer Nähmaschinenfabrik Pfaff.

einer Schneiderpuppe. Auch die Maßkonfektion arbeitet in hand-
werklicher Fertigung mit traditionellen Methoden, wie Maßband,
Schere, Nähnadel oder Nähmaschine. Sie fertigt für einen bestimmten Kunden, nach seinen Maßen und individuellen Wünschen ein
Einzelstück an. Die Maßschneiderei kann auf Figur, Alter und Typ
eines Menschen individuell eingehen.

Bei der Konfektion, der serienmäßigen Herstellung von Kleidungsstücken, orientiert man sich an durchschnittlichen Maßen
(Einheitsgrößen) und Wünschen bestimmter Zielgruppen. Außergewöhnliche Figurabweichungen konnten bisher nicht berücksichtigt werden. Inzwischen liefert die moderne Technik Lösungen unter der Bezeichnung industrielle Maßkonfektion. So wurden im Internationalen Textilforschungszentrum (Hohensteiner Institute in
Bönnigheim) Frauen und Mädchen mit einem 3-D-Bodyscanner
vermessen. Mit 16 Kameras werden in 5 Minuten berührungslos die
Körpermaße ermittelt. Die Messungen sollen dazu beitragen, dass in
Zukunft die Passform, das Design und die Funktion von Miederwaren den Bedürfnissen der Trägerinnen besser gerecht werden. Bei
den bisher an 1400 Frauen durchgeführten Messungen ergab sich,
dass etwa die Hälfte aller Büstenhalter nicht richtig sitzt und für 20
Prozent der Frauen gar keine passende industriell gefertigte Form
existiert.

Entwurf und Zuschnitt

In der industriellen Bekleidungsproduktion erleichtert der Computer weitgehend die Arbeit
bei der Schnittkonstruktion. Bei der Kollektions-
entwicklung dienen alte Grundschnitte den neuen
Modellen häufig als Vorlage. Die computergestützte Schnittkonstruktion (CAD, Computer-
aided Design) erspart das zeitaufwendige Zeichnen der Grundschnitte, und Veränderungen der
Schnitte sind rasch eingebracht. Auch das Gradie-
ren, das schrittweise Ableiten größerer und kleinerer Konfektionsgrößen, läuft rechnergesteuert.
Der entworfene Schnitt kann als Schablone für den

Die **computergestützte Schnittkonstruktion** erleichtert die
Abwandlung von Grundschnitten
erheblich. Das System ermöglicht
schnelle Änderungen, Anpassungen
und die visuelle Darstellung von
Entwürfen als Schnittmuster.

manuellen Zuschnitt ausgegeben werden, der Zuschnitt kann aber
auch nach Erstellung des Schnittbildes vollautomatisch erfolgen.
Beim Schnittbild gilt es, die einzelnen Schnittteile so zu platzieren,
dass so wenig Stoff wie möglich gebraucht wird. Ebenso muss die
Musterung und der Richtungsverlauf des Stoffes beim Zuschneiden
berücksichtigt werden. Vor dem Zuschnitt legt man den Stoff als Ein-
zel- oder Mehrfachlage von Hand, mit dem Legewagen oder per Le-
geautomat auf den Legetisch. Mithilfe der Schnittschablone wird das
Schnittbild direkt auf die oberste Stofflage oder auf spezielles Papier
übertragen. Das Ausschneiden erfolgt mit von Hand geführten
Schneidegeräten oder mit einer Stanzmaschine oder Zuschneide-
automat. Das Aufbringen des Schnittbildes entfällt bei computergesteuerten Zuschneideverfahren.

Nähen

In der Näherei werden die vom Zuschnitt kommenden Einzelteile eines Modells nach den Vorgaben im Arbeitsablaufplan zum fertigen Produkt verarbeitet. Beim Verbinden der einzelnen Schnittteile gibt es verschiedene Arten von Verbindungsnähten, Versäuberungskanten und Stichtypen. Entscheidend ist der Gebrauchswert eines Kleidungsstücks. Die Nähte stark beanspruchter Arbeitskleidung müssen besonders stabil verarbeitet sein.

Auch beim Nähen gibt es eine ähnliche technische Variationsbreite: von der klassischen Nähmaschine über schablonengesteuerte Nähanlagen bis hin zu CNC-gesteuerten Nähanlagen (computerized numerical control = computergestützte numerische Steuerung) oder Robotern, die viele Arbeitsschritte des Menschen ersetzen.

Die Lohnkosten für die **Näherinnen** in einer Saigoner Fabrik (Vietnam) sind so niedrig, dass sich teure Maschinen nicht rentieren würden.

Industrienähmaschinen haben hohe Geschwindigkeiten, je nach Maschinen- beziehungsweise Stichtyp bis zu 6000 Stiche in der Minute. In Handwerks- und Industriebetrieben bedienen Fachkräfte die Maschinen manuell. Manche automatischen Zusatzfunktionen wie Kantenerkennung oder Fadenabschneider können an Maschinen mit manueller Materialführung integriert werden. Ein weiterer Grad der Automatisierung ist die Nähgutsteuerung: Die Stoffteile werden manuell eingelegt und der Automat führt den gesamten Nähprozess selbsttätig aus. Textilien, wie beispielsweise Herrenhemden und Wäsche, die in großen Stückzahlen hergestellt werden und nur geringen modischen Veränderungen unterliegen, werden mittels Nähautomat hergestellt. Die Umrüstung der Automaten ist aufwendig und lohnt sich nicht für modische Produkte.

Bügeln

Auch für das nachfolgende Bügeln existieren altbewährte Geräte wie das Bügeleisen, Ärmelbrett und Kragenholz neben Hightechgeräten wie dem Form- und Tunnelfinisher. Material und Verarbeitung erfordern unterschiedliche Bügeltemperaturen und -techniken. So wird etwa Samt nur von links, das heißt von der Innenseite her, auf einer Nadelspitzendecke gedämpft. Während der Produktion werden Halbfertigteile zwischengebügelt. Das Finishbügeln (Endbügeln) erfolgt nach Abschluss der Näharbeiten. Darüber hinaus werden hand- und programmgesteuerte Bügelpressen genutzt. Flachpressen sind für viele unterschiedliche Bügelarbeiten einsetzbar, während Formpressen auf bestimmte Kleidungsstücke ausgerichtet sind. In einem Tunnelfinisher wird das auf eine Form gezogene Kleidungsstück erst mit Dampf und dann mit Heißluft behandelt.

Haute Couture und Prêt-à-porter

Haute Couture bedeutet hohe Schneiderkunst und bezeichnete eine Gruppe Pariser Modeschöpfer, die ab etwa 1900 exklusive Modelle für eine auserwählte Schicht (Prestigemode) schufen und noch bis in die 1950er-Jahre die Damenmode der ganzen Welt inspirierten. Neben Paris entstanden weitere Modezentren, vor allem Mailand (Alta Moda) trat in Konkurrenz zur französischen Damenmode und englischen Herrenmode. In den 1960er-Jahren setzte sich ein etwas unkonventionellerer Stil durch, mit dem weniger der Status als die Individualität ausgedrückt werden sollte. Die Modeschöpfer des Prêt-à-porter (Konfektionsmode) beeinflussen mit ihren Modeschauen die modische Entwicklung heute stärker als die Haute Couture.

Die Entwicklung der Kollektion beginnt etwa zwei Jahre vor der eigentlichen Saison mit Farbkarten, die den Bekleidungsherstellern und dem Handel erste Informationen über die geplante Saison geben. Auf den folgenden Stoffmessen werden in Modeschauen Stoffe, Farben und Trends gezeigt. Diese Entwicklungen fasst das Deutsche Mode-Institut zusammen. Stoffhersteller, Drucker und Stoffmusterentwickler (Dessinateure) entwickeln daraus konkrete Dessins und Modethemen. Ein halbes Jahr vor der Saison präsentieren die Mode-Institute und Ateliers der Faserproduzenten auf der »Interstoff« die endgültigen Modelle. Parallel dazu entwerfen die großen Modeschöpfer die Haute-Couture- und die Prêt-à-porter-Mode, die von Designern, dem Handel und der Industrie aufgegriffen werden. Diese Mode bietet wichtige Orientierungspunkte für Modehäuser und Konfektionsbetriebe, die Bekleidung für die verschiedenen Verbrauchergruppen herstellen und vertreiben.

Bei internationalen **Modeschauen** präsentieren Models die neusten Kollektionen auf dem Laufsteg. Sie beeinflussen, was die Bekleidungsfirmen produzieren und was in der nächsten Saison getragen wird.

Globale Textil- und Bekleidungsindustrie

Textilien werden heute weltweit industriell hergestellt, wobei sich eine internationale Arbeitsteilung etabliert hat. Dies hat verschiedene Ursachen, angefangen von klimatischen Bedingungen beim Anbau, wie es besonders für die Baumwollproduktion gilt, bis zur Höhe der Lohnkosten und der Verfügbarkeit von Kapital. Die weltweite Arbeitsteilung bewirkt einen intensiven globalen Wettbewerb bei der Produktion und beim Verkauf von Textilien.

In den meisten Ländern hat die industrielle Entwicklung mit der Textilindustrie angefangen. Dies gilt für England und Deutschland genauso wie für Hongkong oder Bangladesch. In den letzten Jahrzehnten gab es in der globalen Textilindustrie große Umschichtungen. Ehemalige Großproduzenten wie Großbritannien und die USA haben Weltmarktanteile an die Entwicklungsländer verloren, während der Welttextilhandel insgesamt in der gleichen Zeit stieg.

Eine Näherin	verdient im Jahr (brutto)	zahlt davon Steuern und Sozialabgaben	arbeitet in der Woche	hat so viele Urlaubstage im Jahr
Russland	1760 DM	14 %	40 Std.	22
Tschechien	2700 DM	18 %	43 Std.	18
Polen	3630 DM	17 %	42 Std.	22
Ungarn	3750 DM	29 %	41 Std.	19
Deutschland	30120 DM	36 %	35 Std.	30

Die mittel- und osteuropäischen Staaten sehen in der **Textil- und Bekleidungsindustrie** eine große wirtschaftliche Chance. Niedrige Lohnkosten, handwerkliches Geschick und die günstige geographische Lage zwischen Europa und Asien veranlassen westliche Bekleidungsfirmen dazu, in diese Standorte zu investieren. So treten die Näherinnen in den ehemaligen Ostblockstaaten in direkte Konkurrenz zu den Arbeiterinnen in Deutschland.

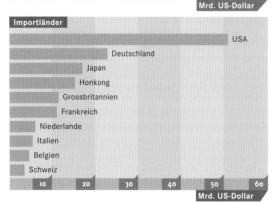

Führende **Export- und Importländer** für Bekleidung nach Angaben der World Trade Organization (WTO) in Milliarden US-Dollar.

Seit den Sechzigerjahren sind in Deutschland zwei Drittel der Arbeitsplätze in der Textilindustrie verlagert oder abgebaut worden. In den Entwicklungsländern ist der Trend gegenläufig: Ihr Anteil am Welttextilhandel hat sich auf 40 Prozent erhöht. Entwicklungsländer können ihre Erzeugnisse zu niedrigeren Preisen als die industrialisierten Länder anbieten, denn die Produktionskosten, insbesondere die Lohnkosten, sind in den industriell weniger entwickelten Staaten sehr gering. Auch die mittel- und osteuropäischen Länder weisen nach wie vor ein deutlich niedrigeres Lohnniveau auf als Deutschland.

Um den Industrieländern den Anpassungsprozess an den verstärkten internationalen Wettbewerb zu erleichtern, wurde 1974 das Welt-Textilabkommen (WTA) ausgehandelt, das vor allem die Textil- und Bekleidungsexporte aus Entwicklungsländern durch Quoten beschränkt. Damit soll die europäische und nordamerikanische Textilindustrie eine gewisse Zeit vor übermäßiger Konkurrenz aus Entwicklungsländern geschützt werden. Diese Protektion wird schrittweise abgebaut und im Jahr 2004 auslaufen. Dann soll auch der Textilhandel den GATT-Regeln (General Agreement on Tariffs and Trade) über weltweiten Freihandel unterliegen. Die deutsche Textilindustrie befindet sich seit den 1960er-Jahren aufgrund des zunehmenden internationalen Wettbewerbs in einem Anpassungsprozess. Mit stetigen Rationalisierungs- und Automatisierungsmaßnahmen hat sie sich von einem personalintensiven zu einem kapitalintensiven Industriezweig gewandelt. Die kapitalintensiven Zweige der Textilindustrie, wie die Textilveredlung, setzen mehrheitlich noch auf den Standort Deutschland. Die Verlagerung der Produktion nach Mittelost- und Osteuropa sowie in asiatische Länder steigt aber tendenziell, was zur Verringerung inländischer Arbeitsplätze, besonders in der arbeitsintensiven Bekleidungsproduktion geführt hat. In der Zeit von 1985 bis 1997 ist die Zahl der Arbeitsplätze in der Textilindustrie von 230000 auf 131000 – oder um 43 Prozent – zurückgegangen. Die Zahlen in der Bekleidungsindustrie sind ähnlich.

20 Prozent der von der deutschen Textilindustrie gelieferten Stoffe verarbeitete die deutsche Bekleidungsindustrie 1996 im Inland. Knapp über 20 Prozent der deutschen Stoffe wurde im östlichen Mitteleuropa und etwas mehr als 10 Prozent in der Europäischen Union verarbeitet.

Der Export der deutschen Textilindustrie mit knapp 25 Prozent der Produktion und dem der Bekleidungsindustrie mit weniger als

25 Prozent ist recht niedrig. Die größten Kleiderfabriken stehen in China und Hongkong.

Nach Einschätzung des Gesamtverbandes der Textilindustrie in der Bundesrepublik Deutschland wird die inländische Produktion von Bekleidungstextilien weiterhin abnehmen, die heimische Produktion von Heim- und Haustextilien wird ihre Anteile halten, und die Produktion von technischen Textilien wird weiter ansteigen. Stärken der deutschen Textilindustrie sind technisches Know-how und modische Kreativität.

Die Chemiefasern machen heute den Hauptanteil der weltweiten Faserproduktion aus, gefolgt von Baumwolle. Die Weltproduktion an Wolle ist stark zurückgegangen. Bei den Bekleidungstextilien in Deutschland beträgt der Anteil der Wolle 10 Prozent, Baumwolle 36 Prozent und Chemiefasern 54 Prozent. Dieses Verhältnis verschiebt sich bei den Heimtextilien zugunsten der Chemiefasern (74 Prozent). Bei technischen Textilien macht der Chemiefaseranteil schließlich 90 Prozent aus.

Bezüglich ökologischer Produktion hat Deutschland weltweit gesehen eine Vorreiterrolle inne. Die Umweltschutzkosten in Deutschland sind die mit Abstand höchsten in ganz Westeuropa; sie betrugen 1996 bei der Veredlung über 9 Prozent der Gesamtkosten, dagegen nur 6,6 Prozent in der Schweiz und 2,7 Prozent in Österreich. C. Voss

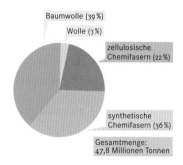

Die **Weltproduktion der Fasern** nach Faserarten. Bemerkenswert ist, dass außer Baumwolle andere Naturfasern fast keine Rolle spielen. Dafür haben die zellulosischen Chemiefasern an Bedeutung gewonnen.

Textilien beim Verbraucher

Über den Groß- und Einzelhandel gelangen die Textilien zum Verbraucher. In Deutschland gibt es schätzungsweise 70 000 Verkaufsstellen für Textilien und Bekleidung, die 1997 einen Jahresumsatz von etwa 120 Milliarden DM erzielten. Der Textilfachhandel, von der Boutique bis zum Großfilialisten, hatte einen Marktanteil von 55 Prozent und erwirtschaftete mit rund 55 500 Unternehmen einen Umsatz von etwa 70 Milliarden DM. Die übrigen 50 Milliarden DM erbrachten Kauf- und Warenhäuser, Versender, Sportartikel-, Möbel- und Lebensmittelgeschäfte, SB-Warenhäuser und der Markthandel.

Deutsche und Amerikaner kauften die meisten Textilien: rund 26 Kilogramm pro Kopf, davon 11 bis 15 Kilogramm Bekleidung. Die Schweizer lagen mit 21,4 Kilogramm, die Briten mit 19,2 Kilogramm und die Franzosen mit 16,9 Kilogramm darunter. Der weltweite Durchschnitt liegt bei 8,1 Kilogramm pro Kopf und Jahr.

Die eifrigsten Käufer von Kleidern und Accessoires sind Frauen: Damen- und Mädchen-Oberbekleidung macht schätzungsweise einen Anteil von 42 Prozent des Bekleidungsmarktes insgesamt aus, Herren- und Knaben-Oberbekleidung liegt bei 24 Prozent, die anderen Segmente wie Sportkleidung und Strümpfe liegen unter 10 Prozent.

Verbrauch in Kilogramm pro Kopf und Jahr

Deutschland	
USA	
Schweiz	
Großbritannien	
Frankreich	
Brasilien	
Togo	
Zimbabwe	
Nigeria	
Kamerun	
Weltdurchschnitt	

0   10   20   30   Kilogramm

Der **Kleiderkonsum** ist weltweit sehr unterschiedlich ausgeprägt. Die ausgewählten Länder zeigen deutlich die unterschiedliche Wirtschaftskraft der Verbraucher.

Hautfunktionen und Bekleidung

Die Kleidung steht ständig im engen Kontakt zur Haut. Daher soll sie deren Funktionen nicht behindern und den Körper nicht mit Schadstoffen belasten. Die Haut, als nach außen abschließende Hülle des Körpers, hat eine Vielzahl von Funktionen. Dank ihrer hohen Reißfestigkeit und Dehnbarkeit wehrt sie mechanische Einwirkungen ab. Die eingelagerten Pigmente absorbieren Licht und UV-Strahlung. Durch die Absonderung von Schweiß ist die Haut an der Regulation des Wasserhaushalts und vor allem an der Temperaturregulation beteiligt. Bei der Wärmeabgabe spielt auch ihr weit verzweigtes Kapillarnetz eine Rolle. Der Säureschutzmantel wehrt Bakterien ab. Schließlich ist die Haut mit reichlich Sinnesrezeptoren ausgestattet, die dem Zentralnervensystem eine Vielzahl von Wahrnehmungen vermitteln, so zum Beispiel der Tastsinn und das Temperaturempfinden.

Der menschliche Körper muss auf unterschiedliche Umgebungstemperaturen, Feuchtigkeitsverhältnisse und Luftbewegungen bei unterschiedlichen körperlichen Belastungen reagieren, um seine Körpertemperatur und damit auch seine Stoffwechselvorgänge im Gleichgewicht zu halten.

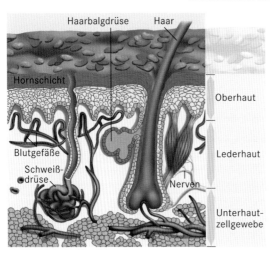

Haarbalgdrüse   Haar

Hornschicht

Blutgefäße

Schweißdrüse

Oberhaut

Lederhaut

Nerven

Unterhautzellgewebe

Schematischer Querschnitt durch die **Haut** des Menschen. Die Haut besitzt eine Vielzahl lebenswichtiger Funktionen im menschlichen Körper.

Die körpereigene Wärmeregulation funktioniert über Blutgefäße. Bei Kälte verengen sich die Gefäße, die Haut ist weniger durchblutet, die Wärme wird im Körperinnern zurückgehalten. Bei Hitze erweitern sich die Gefäße, die Haut wird stärker durchblutet. Zunächst gibt die Haut trockene Wärme ab, indem sie diese direkt auf die Umgebung überträgt. In effektiverer Weise erfolgt die Wärmeregulation über das Schwitzen. Der Mensch scheidet täglich ein bis zwei Liter Feuchtigkeit über die Haut aus, bei körperlicher Beanspruchung noch mehr. Durch das Verdunsten von Schweiß entsteht Verdunstungskälte, die den erhitzten Körper auf seine Solltemperatur von etwa 37 Grad Celsius abkühlt. Die Kühlung funktioniert aber nur dann, wenn der Schweiß auch wirklich verdampfen kann. Wird die Verdunstung durch die Kleidung behindert, wird es unbehaglich. Es kann zum Wärmestau und schlimmstenfalls zum Kreislaufkollaps kommen. Fließt mehr Wärme ab, als laufend nachproduziert wird, so beginnt der Mensch zu frieren. Eine gestörte Temperaturregulation kann die Ursache für allgemeines Unwohlsein und Erkältungskrankheiten sein. Der gut funktionierende Wärme- und Feuchtigkeitsaustausch zwischen Körper und Umgebungsluft ist eine Voraussetzung für das Wohlbefinden.

Kleidung und Tätigkeit

Kleidung umgibt den Menschen wie eine zweite Haut, und dies Tag und Nacht: angefangen vom Schlafanzug und Morgenmantel, über die Berufskleidung, legere Kleidung oder den Sportdress in der Freizeit und vielleicht etwas Extravagantes am Abend, wieder bis zum Schlafanzug oder einfach nur zur Bettwäsche. Damit sich Menschen in ihrer zweiten Haut wohl fühlen, muss die Kleidung regulierend zwischen Körper und Umgebung eingreifen. Daraus ergeben sich ganz unterschiedliche Anforderungen an die Kleidung. Vereinfachend gesagt soll Kleidung die Funktionen der Haut unterstützen. Behindert die Kleidung diese Funktionen oder belastet sie die Haut durch anhaftende Schadstoffe, so kann es zu Reizungen und Erkrankungen kommen.

Feuerwehrleute tragen spezielle **Schutzkleidung,** um sich vor der Hitze zu schützen.

Die Kleidung soll je nach Außentemperatur und Wetterbedingungen helfen, die Körpertemperatur konstant zu halten und vor Wind, Sonne und Nässe zu schützen. Je nach Wahl der Faser und der weiteren Verarbeitung der Fasern und Stoffe, können Textilien für viele Einsatzzwecke konstruiert werden. So können selbst extreme Klimabedingungen ausgeglichen werden. Als wohl eindrucksvollstes Beispiel schützten Hightech-Raumanzüge die ersten Menschen auf dem Mond. Aber auch in irdischen Gefilden wird Spezialkleidung gebraucht, wenn Flammen, Strahlung, Chemikalien, Bakterien, scharfe Messer oder Kugeln und elektrischer Strom den Menschen zusetzen.

Bekleidungsphysiologische Eigenschaften der Textilien

Um die Funktionen der Haut optimal zu unterstützen, sind genaue Kenntnisse über die einzelnen Fasern und Stoffe notwendig. Die Bekleidungsphysiologie befasst sich mit den Eigenschaften der Kleidung, welche die Lebensvorgänge im Körper beeinflussen.

Das Wärmerückhaltevermögen ist wahrscheinlich die wichtigste Eigenschaft von Fasern und Textilien, damit die Körperwärme nicht oder nur in geringem Umfang an die Umgebung abgegeben wird. Aufbau, Feinheit, Kräuselung, Oberflächenbeschaffenheit und Wärmeleitfähigkeit der verwendeten Fasern sowie Aufbau, Volumen und Veredlung der textilen Flächen bestimmen das Wärmerückhaltevermögen.

Die Wärmeregulation des Körpers in unserem vorwiegend kühlen europäischen Klima muss häufig durch Wärmeisolation seitens der Kleidung unterstützt werden, um eine Auskühlung zu vermeiden. Wärmeisolierend wirkt die in den Poren der Fasern oder Textilschichten eingeschlossene Luft. Luftbewegung durch Wind oder durch Bewegung in weiter Kleidung setzt die Wärmeisolation herab. Bei Kälte – möglicherweise noch bei schweißnasser Haut – muss die Körperwärme durch die Kleidung zurückgehalten werden. Hierzu bieten Schafwolle und andere Tierhaare wie Angora, Mohair und Alpaka die besten Voraussetzungen.

Wolle besitzt eine mittlere Luftdurchlässigkeit, ein sehr hohes Wärmerückhaltevermögen und eine sehr hohe Feuchtigkeitsaufnahme (bis 33 Prozent des Trockengewichts), wodurch sie sogar noch im feuchten Zustand wärmt. Polyacryl, das synthetische Pendant zu Wolle, weist eine hohe bis sehr hohe Luftdurchlässigkeit auf, ein sehr geringes Wärmerückhaltevermögen und eine sehr geringe Feuchtigkeitsaufnahme (bis zu fünf Prozent des Trockengewichts). Ein Beispiel soll das illustrieren: Man hastet zur Bushaltestelle, doch erwischt den Bus nicht mehr. Schwitzend von der Anstrengung muss man nun in der Kälte auf den nächsten Bus warten. Sollte man dabei einen Polyacrylpulli tragen, wird sich aufgrund der geringen Feuchtigkeitsaufnahmefähigkeit mehr Feuchtigkeit auf der Haut niederschlagen und aufgrund der hohen Luftdurchlässigkeit und des geringen Wärmerückhaltevermögens mehr Verdunstungskälte entstehen als im Wollpulli. Die Folge kann in diesem Fall leicht eine Erkältung sein.

Die Stoffkonstruktion hat ebenfalls Einfluss auf das Wärmerückhaltevermögen. So wärmt Flanell, ein mechanisch aufgerauter, voluminöser Baumwollstoff, aufgrund des vermehrten Lufteinschlusses stärker als sein glattes Ausgangsprodukt. Frottee, Samt und Fleecestoffe haben ebenfalls ein erhöhtes Wärmerückhaltevermögen.

Die Luftdurchlässigkeit ermöglicht die mehr oder weniger rasche Ableitung von Wärme und in vielen Fällen auch von Feuchtigkeit nach außen. Je poröser und dünner Textilien sind, desto höher ist ihre Luftdurchlässigkeit. Bei hohen Außentemperaturen und geringer Luftbewegung ist Kleidung aus Baumwolle und Leinen ideal, da diese Fasern ein geringes Wärmerückhaltevermögen haben. Ist das Gewebe auch noch dünn und locker wie Maschenwaren, dann sind die besten Voraussetzungen für gute Luftdurchlässigkeit gegeben.

Wollpullover wärmen den Körper in vorbildlicher Weise und gehören daher zu den wichtigen Kleidungsstücken in kühlen Klimagebieten.

Unter Saugfähigkeit versteht man die Eigenschaft von Fasern und Stoffen, vorhandene Feuchtigkeit in flüssiger Form oder dampfförmig aufzunehmen und zu verteilen. Dagegen beschreibt das Wasseraufnahmevermögen die Eigenschaft, aufgenommene Feuchtigkeit für eine gewisse Zeit zu speichern. Voraussetzung dafür ist ein bestimmter chemischer Molekülaufbau mit einer großen Zahl hydrophiler (Wasser anziehender) Gruppen und quellfähiger Bereiche der Fasern sowie mit Hohlräumen innerhalb der Stoffkonstruktion. Je nach Faserstoff, Konstruktion und Veredlung der Textilien wird aufgenommene beziehungsweise zurückgehaltene Feuchtigkeit mehr oder weniger rasch durch Verdunstung abgegeben.

Naturfasern besitzen in der Regel größere Hohlräume und damit eine höhere Wasseraufnahmefähigkeit als synthetische Fasern. Synthetics nehmen wenig Feuchtigkeit auf, leiten sie jedoch schnell ab, wodurch sie schneller trocknen als Naturfasern.

Die Saug- und Quellfähigkeit von Stoffen lässt sich aufgrund des unterschiedlichen Feuchtigkeitsaufnahmevermögens messen und vergleichen.

Naturfasern und Viskose nehmen Schweiß gut ins Faserinnere auf und geben ihn als Dampf nach außen ab. Dadurch wird verhindert, dass die Feuchtigkeit auf der Haut bleibt. Bei körperlicher Anstrengung kann sich dampfförmiger Schweiß in flüssiger Form wieder auf der Haut niederschlagen. Sind 60 Prozent der Hautoberfläche mit Schweiß bedeckt, ist das Wohlbefinden stark beeinträchtigt, weil die Kleidung auf der Haut klebt. Dies behindert die weitere Schweißabgabe und kann andererseits bei kurzen Ruhepausen Frösteln verursachen. Bleibt der Schweiß auf der Haut, entsteht ein günstiges Milieu für Bakterien und Pilze. Reizreaktionen der Haut und Allergien können vermehrt auftreten.

Bei schweißtreibenden Sportarten kann daher speziell konstruierte Sportkleidung aus Chemiefasern oder Mischfasern sinnvoll sein, die einerseits Feuchtigkeit gut aufnimmt, aber auch rasch abgibt.

Die verschiedenen Faserstoffe sind an der Bakterienvermehrung mehr oder weniger stark beteiligt. Mit Ausnahme von Viskose und Cupro sind Chemiefasern zwar fäulnisbeständiger als Naturfasern, nehmen aber weniger Feuchtigkeit auf, sodass sich auf der feuchten Haut Bakterien und Pilze vermehren können. Wird der Schweiß von den Fasern aufgesaugt, werden sich Mikroorganismen verstärkt auf den Fasern ansiedeln und nicht auf der Haut. Durch die Stoffwechselaktivität der Mikroorganismen bilden sich oft ein unangenehmer Geruch und bisweilen Stockflecken auf der Kleidung.

Textilien werden daher zuweilen antimikrobiell ausgerüstet. Die Behandlungsmittel können jedoch Allergien auslösen. Mikroorga-

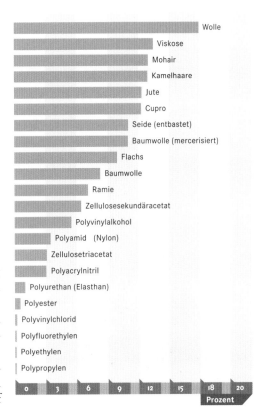

Wasseraufnahmevermögen der unterschiedlichen Textilfasern bei 20 Grad Celsius und 65 Prozent relativer Luftfeuchtigkeit in Prozent des Trockengewichts.

Körperliche Anstrengung wie beim Sport führt zur Schweißbildung und damit zur Abkühlung. Wichtig ist eine **Sportbekleidung,** welche die Feuchtigkeit gut nach außen transportiert, damit sie dort verdunsten kann.

nismen können durch die Pflege der Textilien in ihrem Wachstum gefördert, gehemmt oder abgetötet werden, wie später beschrieben wird.

Steigender Feuchtigkeitsgehalt der Fasern und eine Fett- oder Wachsschicht verringern die elektrostatische Aufladung. Generell laden sich Baumwolle und Leinen weniger elektrostatisch auf als Wolle, Seide, Viskose und die meisten synthetischen Chemiefasern.

Beim Tragen von Textilien ist eine elektrostatische Aufladung unangenehm, wenn die Kleidung beim Ausziehen knistert, auf der Haut haftet oder kleben bleibt, wenn sich Funken entladen und die Haare durch die Aufladung abstehen oder wenn man beim Berühren von Gegenständen einen kleinen elektrischen Schlag bekommt. Aufgeladene Fasern nehmen zudem leichter Schmutz aus der Luft und aus dem Wasser an.

Schnitt der Kleidung

Entscheidend für Wohlbefinden und Gesundheit ist auch, wie die Kleidung den Körper umschließt. Nicht nur das Material, sondern auch die Schnittform müssen die Luftzirkulation ermöglichen und aufgestaute Wärme abfließen lassen. Günstig ist es, wenn der Luftaustausch durch Verschlüsse am Hals, Armen und Beinen nach Bedarf reguliert werden kann.

Eng anliegende Kleidung behindert die Verdunstung von Schweiß, es entstehen unangenehme Wärme- und Feuchtigkeitsstaus, Pilze und Bakterien gedeihen besonders gut. Zudem reibt zu enge Kleidung auf der Haut; sie kann mechanische Reizungen herbeiführen und dadurch Erkrankungen auslösen. Außerdem kann man sich in enger Kleidung auch nicht richtig bewegen. Besonders für Kinderkleidung ist dies ungünstig. Sie sollte jede Bewegung mitmachen und kein Zwangskorsett sein.

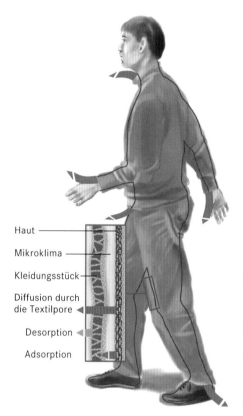

Haut
Mikroklima
Kleidungsstück
Diffusion durch die Textilpore
Desorption
Adsorption

Durch **Ventilationsöffnungen** in der Kleidung kann die Luft zirkulieren und die Feuchtigkeitsabgabe an die Kleidung reduziert werden. Optimal für die Bequemlichkeit und die Gesundheit ist eine lose sitzende Bekleidung.

Erkrankungen durch Textilien

Erkrankungen durch Textilien sind weniger bekannt als beispielsweise Pollenallergien und vermutlich auch nicht so häufig. Doch können Textilchemikalien und Verunreinigungen der Fasern die Haut reizen und Allergien auslösen. Die Mehrzahl der kleidungsbedingten Allergien wird durch Textilfarbstoffe ausgelöst, Allergien gegen Faserbestandteile sind selten. Einige Textilchemikalien sind giftig, manche sogar Krebs erregend.

Nicht nur Allergien nehmen zu, immer mehr Menschen reagieren empfindlich auf Chemikalien, die überall anzutreffen sind. Das »Multiple Chemical Sensitivity Syndrom« (MCS-Syndrom) ist eine neu aufgetretene Erkrankung, bei der schon der Kontakt mit minimalen Konzentrationen an Chemikalien chronische Krankheiten und Immunschwäche auslösen kann.

Textilunverträglichkeiten

Reibung auf der Haut entsteht vor allem durch schlecht angepasste, enge Kleidung oder harte, kratzige Etiketten. Es kann sich ein Ekzem ausbilden. Eng anliegende Kleidung scheuert die Haut wund, bei engen Hosen auch als »Wolf« oder »Jeans-Dermatitis« bekannt, im Nacken und in der Kreuzbeingegend als »Etiketten-Dermatitis« bezeichnet. Je nach Art und Beschaffenheit des Textilmaterials kommen Wärme- und Feuchtigkeitsstaus hinzu. Das veränderte Hautmilieu begünstigt die Vermehrung von Pilzen, Hefen und Bakterien. Die Folgen sind beispielsweise Fußpilz oder ein Windelekzem unter einer durch Plastik abgeschlossenen Windel.

Mit zunehmender Feuchtigkeit reagiert die Haut stärker auf mechanische Einwirkungen. Achseln, Leisten, Kniekehlen und die Gesäßfalte sind besonders gefährdet.

Hautreizungen können auch durch die Faserdicke bedingt sein. Bei einem Faserdurchmesser von über 30 Mikrometern wie beispielsweise bei grober Wolle verspüren viele Menschen ein Kribbeln und Jucken. Die Wollunverträglichkeit, die häufig mit einer Allergie verwechselt wird, kann als reine Nervenreizung über Hautreizungen bis zum Ekzem reichen. Es handelt sich normalerweise um eine physikalische Reizung. Darüber hinaus gibt es auch allergische Reaktionen auf Tierhaare, die sich dann aber meist in Form von asthmatischen Beschwerden äußern. Vor allem Materialien wie Angora, Kaschmir und Kamelhaar können diese Reaktionen verursachen.

Eine überempfindliche Haut, die man bei 15 bis 20 Prozent der europäischen Bevölkerung findet, ist angeboren. Die Haut neigt dann zu Trockenheit bei Belastungen und entwickelt häufig ein juckendes Ekzem. Die Übergänge zur Neurodermitis, zum endogenen Ekzem, sind fließend. Neurodermitis beobachtet man bei drei bis fünf Prozent der Bevölkerung. 70 Prozent der Neurodermitiker vertragen keine Wolle und Polyesterspinnfasern, Baumwolle und Seide dagegen meist gut.

Für die Verträglichkeit von Textilien ist – abgesehen vom Chemikalienzusatz – die Feinheit der Garne ausschlaggebend. In einer Studie stellte man fest, dass Testpersonen Stoffe aus Polyester bei gleicher Garnfeinheit gleich gut wie Stoffe aus Baumwolle vertrugen. Stoffe aus Garnen mit gröberen Fasern wurden schlechter beurteilt als »weichere« Stoffe gleicher Machart. Menschen mit empfindlicher, reizbarer Haut sollten möglichst glatte Textilstoffe mit angenehmer Griffigkeit tragen und auf lockere, luft- und schweißdurchlässige Kleidung achten, die keine dicken Nähte, harte Etiketten oder enge abschnürende Gummibündchen hat.

Säuglinge und Kleinkinder sind besonders empfindlich, da sie eine dünnere Haut, eine zweieinhalbfach größere Hautoberfläche

Ein **Windelekzem** kann sich auf der empfindlichen Babyhaut ausbilden, wenn die Feuchtigkeit durch die Plastikfolie der Windel am Verdunsten gehindert wird. Das feuchtwarme Milieu schafft ideale Bedingungen für die Besiedlung durch einen Hautpilz (Candida).

Das **Ekzem** umfasst eine Gruppe akuter oder chronischer Hauterkrankungen unterschiedlicher Ursache. Im akuten Stadium kommt es zu flächenhafter, nicht eindeutig abgegrenzter Rötung, Knötchen- und Bläschenbildung, nach deren Platzen zu Hautnässen und Krustenbildung. Am häufigsten tritt das allergische oder Kontaktekzem auf, das ein von außen einwirkender Stoff verursacht. Behandeln lässt sich das Ekzem durch Ausschaltung der irritierenden Substanzen sowie durch Cremes oder Salben. Gegen den Juckreiz können Antihistaminika gegeben werden.

Eine **Dermatitis** ist eine akut entzündliche Reaktion der Haut mit Rötung, Schwellung bis Blasenbildung und Nässen, oft auch mit Juckreiz und Schuppenbildung verbunden. Ausgelöst wird die Dermatitis durch Infektionen, äußere Reize oder Allergien.

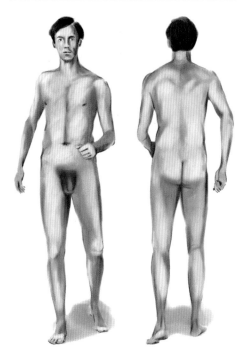

Die dunkel dargestellten Bereiche des Körpers sind am häufigsten von **Textilunverträglichkeitsreaktionen** betroffen.

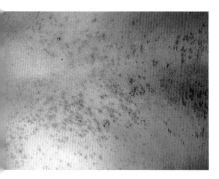

Nahaufnahme des Rückens eines Patienten mit **Hautallergie**. Die geröteten Hautstellen jucken meist heftig.

im Verhältnis zum Gewicht, einen intensiveren Stoffwechsel und eine intensivere Atmung als Erwachsene haben. Diese Merkmale begünstigen zudem eine höhere Schadstoffaufnahme. Gifte bleiben länger im Körper als beim Erwachsenen, denn das Immunsystem und die Entgiftungssysteme sind noch nicht voll ausgereift. Um Hautreizungen und möglicherweise eine Schadstoffaufnahme über Haut und Schleimhäute zu vermeiden, sollten Neugeborene und Kleinkinder ungefärbte und schadstofffreie Kleidung tragen. In den ersten Lebensmonaten sollten konsequent Allergene gemieden werden, denn jedes dritte Baby ist allergisch veranlagt.

Das Spektrum der Textilunverträglichkeiten ist, was Aussehen und Intensität betrifft, außerordentlich breit. Meistens wird die Haut in Mitleidenschaft gezogen, es können auch die Schleimhäute der Atemwege und des Auges betroffen sein.

Allergien

Eine Allergie ist eine erworbene Überempfindlichkeitsreaktion gegenüber einer bestimmten Substanz, die sich nach wiederholter Einwirkung entwickelt. Die Überempfindlichkeit entsteht in der Phase der Sensibilisierung, in der immunkompetente Antikörper (Immunglobuline) oder Zellen (T-Lymphozyten) gebildet werden. Bei erneutem Kontakt mit dieser speziellen Substanz zeigt der Körper eine überschießende Abwehrreaktion, die sich beispielsweise in Heuschnupfen, Asthma oder Kontaktekzemen äußert.

Im Zusammenhang mit Textilien treten nur die Typ-I- und Typ-IV-Allergien auf. Das Wildseidenasthma, das durch den Eiweißstoff Sericin ausgelöst wird, und Allergien auf Naturlatex gehören zum Typ I. Textilchemikalien wie Formaldehyd, p-Phenylendiamin (ein Grundmolekül der Azofarbstoffe), Nickel, Gummibestandteile, Reinigungssubstanzen und Chromsalze lösen Typ-IV-Allergien aus. Farbstoffe, besonders Dispersionsfarbstoffe, verursachen hauptsächlich Kontaktallergien. Mit diesen Farbstoffen werden in erster Linie Textilien mit einem hohen Anteil an Synthesefasern gefärbt. Die Arbeitsgruppe »Textilien« des Bundesinstituts für gesundheitlichen Verbraucherschutz und Veterinärmedizin fordert schon seit Jahren, auf Allergien auslösende Dispersionsfarbstoffe wenigstens in hautnahen Kleidungsstücken zu verzichten. Inzwischen setzen viele Hersteller von Miederwaren diese Dispersionsfarbstoffe nicht mehr ein. Trotzdem sind die bedenklichen Dispersionsfarbstoffe in manchen Kleidungsstücken noch zu finden, allerdings ist die Annahme berechtigt, dass sie bisweilen nur aus Unachtsamkeit hineingeraten. Wurde in der Färberei zuvor eine Charge mit einem allergisierenden Farbstoff gefärbt, so kann die Ware des nachfolgenden Auftraggebers damit verunreinigt sein, wenn die Maschinen nicht gründlich gesäubert wurden.

Optische Aufheller und verschiedene Appreturen, wie formalde-
hydhaltige Kunstharze, antimikrobielle Ausrüstung, Flammschutz,
Duftstoffe und Weichmacher, können ebenfalls Allergien auslösen.
Nickelallergien sind besonders bei Frauen häufig, weil nickelhaltiger
Modeschmuck getragen wird. Aber auch Knöpfe, Nieten, Reißver-
schlüsse und Verschlusshaken aus Metall können Nickel enthalten.
Ebenso zählen manche Waschmittelinhaltsstoffe zu den Reizstoffen
und Allergieauslösern.

Statistische Angaben über die Häufigkeit von Textilunverträglichkeiten liegen nicht vor. Auch in Bezug auf Textilallergien gibt es
keine exakten Zahlen. In deutschen Hautkliniken werden ein bis
zwei Prozent der Fälle allergischer Hautreaktionen Textilien zugeordnet. Dies erscheint gering angesichts des ständigen und intensiven Kontakts zu Textilien. Wissenschaftler vermuten bei den durch
Textilien ausgelösten Allergien eine große Dunkelziffer. Mehr noch
als die Verbraucher hierzulande sind die Arbeitnehmer in der Textilproduktion durch gesundheitsbeeinträchtigende Textilchemikalien
belastet.

Gründe für Textilunverträglichkeiten und Allergien

Nach Schätzungen des Verbandes der Textilhilfsmittel-, Leder-
hilfsmittel-, Gerbstoff- und Waschrohstoff-Industrie (TE-
GEWA) verbleiben von den Farb- und Druckhilfsmitteln zwischen
0,1 bis sechs Gewichtsprozent auf der Textilie, von der Farbe selbst
zwischen zwei und sechs Prozent. Die Menge an Appreturchemika-
lien schwankt zwischen einem und 15 Prozent. Bei Baumwolle liegt
der Anteil normalerweise unter fünf Prozent, in Ausnahmefällen
können es auch bis zu 30 Prozent sein.

Während die meisten Chemikalien aus der Vorbehandlung und
Verunreinigungen aus der Faserproduktion nicht mehr oder nur in
geringem Umfang in der fertigen Textilie enthalten sind, sollen
Farbstoffe und spezielle Ausrüstungen ja gerade auf der Faser haften
bleiben. Doch viele Substanzen bleiben nicht dort: Farben bluten
aus, die Schmutz abweisende Wirkung und der kuschelweiche Griff
gehen nach einigen Wäschen verloren. Die herausgelösten Stoffe belasten nicht nur das Abwasser, sie können auch über die Haut und die
Atemwege aufgenommen werden.

Bei einem Großteil der Chemikalien, die in der Textilindustrie
eingesetzt werden, dürfte es sich um gefährliche Stoffe und Zubereitungen im Sinne des Chemikaliengesetzes handeln. Bestätigt wurde
dies durch die Ergebnisse der nach dem Chemikaliengesetz vorgeschriebenen Anmeldung neuer Stoffe: Von den rund 550 neu angemeldeten Stoffen waren 82 Farbstoffe und 11 Hilfsstoffe für Textilien. Von diesen Substanzen sind 32 Prozent als gesundheitsgefähr-
lich eingestuft, vier Prozent als minder giftig und 20 Prozent als sen-
sibilisierend.

Von der großen Zahl der Altstoffe (rund 100000) ist nicht bekannt, in welchem Umfang sie im Textilbereich eingesetzt werden.
Es fehlen häufig Kenntnisse über die akuten, wie auch die Langzeit-

Nach Art der im Körper ablaufenden
Reaktionen unterscheidet man vier
verschiedene **Allergietypen,** von
denen zwei durch Textilien verursacht
werden können. Bei Allergien vom
Typ I bindet das Allergen an Immun-
globulin E, das auf der Oberfläche der
Mastzellen sitzt. Dies ist das Signal für
die Mastzelle, Histamin auszuschütten.
Histamin löst wiederum die bekannten
allergischen Reaktionen wie
Heuschnupfen, Nesselsucht, Asthma
oder einen anaphylaktischen Schock
aus. Die Reaktion des Körpers auf das
Allergen erfolgt nach 20 Minuten oder
früher.
Allergien vom Typ IV äußern sich vor
allem in Kontaktekzemen. Das
Allergen löst eine Entzündungsreak-
tion aus, wodurch vermehrt T-Lymphozyten gebildet werden. Dabei
entstehen Lymphokine, die die Gefäße
erweitern und für Blutbestandteile
durchlässig machen. Die Reaktion des
Körpers erfolgt nach etwa 12 bis
96 Stunden. Gegen Typ-IV-Allergene
ist keine Hyposensibilisierung möglich.

Neu hergestellte chemische Stoffe unterliegen in der EU seit 1980 einem Meldeverfahren, das in Deutschland als **Chemikaliengesetz** verabschiedet wurde. Danach sind Hersteller und Importeure verpflichtet, neue Stoffe anzumelden, bevor diese auf den Markt gelangen. Die Unternehmen müssen unter anderem Informationen zur Identität und zu den Eigenschaften des neuen Stoffs sowie Hinweise zum sicheren Umgang liefern (Gesundheits-, Arbeits- und Umweltschutz). Anhand dieser Informationen sollen die von den neuen Stoffen für Mensch und Umwelt ausgehenden Gefahren kalkulierbar werden, damit auch die zuständigen Behörden Schutzmaßnahmen treffen können. Anmeldestelle für neue Chemikalien in Deutschland ist die Bundesanstalt für Arbeitsschutz und Arbeitsmedizin.

Zum Chemikaliengesetz bestehen ergänzende Verordnungen. So regelt beispielsweise die **PCP-Verordnung,** dass Erzeugnisse, die mehr als fünf Milligramm pro Kilogramm (ppm) des Krebs erregenden Stoffs Pentachlorphenol enthalten, in Deutschland nicht verkauft werden dürfen. Pentachlorphenol ist ein desinfizierendes Pulver, mit dem Leder und manchmal auch Baumwolle auf Seetransporten vor Schimmel geschützt wurde. Pentachlorphenol wird zudem als Zwischenprodukt in der Farb- und Arzneimittelindustrie eingesetzt. Es ist immer mit **Dioxinen** verunreinigt, die bei der Produktion des Pentachlorphenols mitentstehen. Dioxine gelangen auch über Färbebeschleuniger (chlororganische Carrier), bestimmte Farbstoffe und Pestizide auf die Fasern.

wirkungen der Stoffe. Eine Anmelde-, Registrier- oder Zulassungspflicht besteht für diese Substanzen innerhalb der Europäischen Union nicht. Neue Stoffe im Sinne des Chemikaliengesetzes unterliegen dagegen definierten Prüfanforderungen. Gesetzliche Vorschriften in Form von Verboten gibt es nur für einige Substanzen. So sind Azofarbstoffe, die zu Krebs erregenden Aminen gespalten werden können, in Deutschland verboten. In einigen Ländern werden sie aber nach wie vor zum Färben von Textilien und Leder verwendet.

Die Gefahrstoffverordnung schreibt die Kennzeichnung »enthält Formaldehyd« vor, wenn in Textilien mehr als 0,15 Prozent, also 1500 Milligramm pro Kilogramm (ppm) enthalten sind. Erste gesundheitliche Belastungen können allerdings teilweise bereits bei geringeren Werten (ab 300 ppm) auftreten und äußern sich in Augen- und Schleimhautreizungen. In Japan sind die Grenzwerte für Formaldehyd niedriger angesetzt: für Oberbekleidung unter 1000 ppm und für Unterwäsche bei 75 ppm. Artikel für Säuglinge und Kleinkinder bis zu zwei Jahren dürfen in Japan überhaupt kein Formaldehyd enthalten.

Obwohl heute einige Kollektionen auf Rückstände beispielsweise von Pestiziden, Schwermetallen und Formaldehyd überprüft werden, gelangt der Großteil der Textilien unkontrolliert in den Handel. Umwelt- und Verbraucherverbände fordern deshalb sowohl eine vollständige Deklaration als auch eine umfassende Untersuchung und Bewertung der eingesetzten Chemikalien hinsichtlich ihrer Umwelt- und Gesundheitsverträglichkeit.

Nach der EU-Verordnung zur Bewertung und Kontrolle von Chemikalien (1993) sollten die auf dem Markt befindlichen Chemikalien bewertet werden. Doch nur bei 19 der rund 50000 Chemikalien, die auf dem europäischen Markt sind, wurde die Untersuchung bislang abgeschlossen. Grund für diese Verzögerung ist das komplizierte Bewertungsverfahren. Bei 14 der 19 untersuchten Substanzen sind schwerwiegende Risiken erkannt worden, doch bis jetzt leitete die EU noch keine Gegenmaßnahmen ein.

Seit 1992 beschäftigt sich im Bundesinstitut für gesundheitlichen Verbraucherschutz und Veterinärmedizin eine Arbeitsgruppe »Textilien« mit diesem Thema. Sie ist nach dem gegenwärtigen Kenntnisstand zu dem Schluss gelangt, dass das gesundheitliche Gefährdungspotential durch Textilien sehr gering ist, vor allem wenn es sich um Textilien aus Deutschland handelt.

Allerdings stammen 80 Prozent der in der Bundesrepublik verkauften Textilien aus Importen. Selbst vermeintlich deutsche Markenfabrikate werden teilweise in Billiglohnländern gefertigt. Importware, vor allem aus Fernost und Osteuropa, ist im Hinblick auf den Chemikalieneinsatz unkalkulierbar.

Doch die Schadstoffbelastung von Textilien ist kein rein außereuropäisches Problem: Nach einer Studie der Bundesanstalt für Arbeitsschutz und Arbeitsmedizin halten sich die Hälfte der europäischen Hersteller von Chemikalien nicht an europäische Rechtsvorschriften. Fast 40 Prozent der neuen chemischen Stoffe waren nicht angemeldet und damit illegal auf dem Markt. Darunter befinden sich teilweise stark gesundheitsgefährdende Substanzen.

Eine exakte gesundheitliche Bewertung vieler Textilchemikalien ist nicht möglich, da kaum Daten zu ihrer Freisetzung aus den Textilien, ihrer Aufnahme über die Haut und ihrer Gesundheitsgefährdung überhaupt vorliegen. Bislang arbeiten die Experten noch an grundlegenden Analysemethoden, um die Freisetzung aus Textilien messen zu können.

Gesundheitliche Spätschäden sind bisher weitgehend unerforscht. Da sich Krankheiten, die durch belastete Kleidung mitverursacht werden, oft erst Jahre später bemerkbar machen, ist eine Rückverfolgung auf ein bestimmtes Kleidungsstück nahezu unmöglich. Allergien können bis zu vier Tagen nach dem Kontakt auftreten. Bis dahin hat man sich schon mehrmals umgezogen.

Krebs erzeugende Substanzen

Insgesamt ist das Risiko, durch Textilchemikalien an Krebs zu erkranken, als gering einzuschätzen, da die Menge an möglicherweise gefährlichen Substanzen sehr klein ist und zudem die Haut den Körper recht gut vor diesen Chemikalien schützt. Jedoch kann eine synergistische Wirkung mit anderen kanzerogenen Stoffen nicht ausgeschlossen werden.

Wie bereits erwähnt, zählen zu den Krebs erzeugenden Stoffen Azofarbstoffe, die Krebs erregende Amine abspalten können; sie sind nach der Bedarfsgegenständeverordnung (Lebensmittel- und Bedarfsgegenständegesetz) verboten. Für Pentachlorphenol gilt nach der PCP-Verordnung (Chemikaliengesetz) eine Höchstgrenze. Zu den bedenklichen Stoffen gehören auch Färbebeschleuniger (Carrier), die als Hilfsmittel beim Färben von Chemiefasern mit Dispersionsfarbstoffen benutzt werden. Während einige Carrier in Deutschland schon nicht mehr verwendet werden, sollte nach Ansicht der Arbeitsgruppe »Textilien« auch auf Trichlorbenzol verzichtet werden.

Textilien, bei deren Produktion auf bedenkliche Hilfsstoffe, Farbstoffe und Ausrüstungen verzichtet wurde, bieten eine hohe Sicherheit vor gesundheitlichen Schäden. Angeboten wird schadstoffarme oder schadstofffreie Kleidung unter einer Vielzahl von Ökolabels.

Textilkennzeichnung

Gesetzlich vorgeschrieben ist bei Textilien nur die Angabe der Art und Menge des Fasermaterials, die meist in Form eines Etiketts in die Kleidung eingenäht sind. Hinweise zur Pflege der Textilien sind heute üblich, aber keine Pflicht. Oft erfährt der Kunde nicht einmal, wer der Hersteller ist. Wo das Kleidungsstück gefertigt wurde und mit welchen Hilfsmitteln es bearbeitet wurde, bleibt erst recht im Dunkeln.

Die rechtlichen Bestimmungen für die Herstellung und den Verkehr von Textilien sind im **Lebensmittel- und Bedarfsgegenständegesetz** (LMBG) verankert. Danach hat der Hersteller für die gesundheitliche Unbedenklichkeit seiner Produkte zu sorgen. Die Gesundheits- und Sozialministerien überwachen stichprobenartig die Verkehrsfähigkeit der Produkte am Markt. Anlaufstelle für Verbraucher sind in Beschwerdefällen die staatlichen Ämter für Lebensmittelüberwachung, Tierschutz und Veterinärwesen. Kontrollen der Textilien auf gesundheitlich bedenkliche Chemikalien oder Untersuchungen der Textilchemikalien durch Hersteller und Behörden finden derzeit nur in geringem Umfang statt.

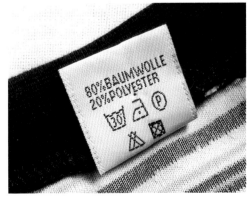

Auf **Textiletiketten** müssen die unterschiedlichen Faseranteile des Gewebes – üblicherweise in Prozent – angegeben werden. Zusätzliche Hinweise zur Pflege sind hilfreich, sind aber nicht gesetzlich vorgeschrieben.

Das **Textilkennzeichnungsgesetz** von 1972 schreibt die Materialkennzeichnung von Textilien vor. Das Gesetz legt verbindlich fest, welche Namen für die Fasern verwendet werden dürfen und wie die Prozentangaben des Nettogewichts der einzelnen Fasern aufzuführen sind.

Das **Wollsiegel** ist ein bekanntes und international verbreitetes Signet für Textilkennzeichnung.

Die Unterschiede zwischen **Ökokleidung** und **konventioneller Kleidung** liegen auf der Hand. So verwenden Hersteller von Ökokleidung überwiegend Naturfasern und nur wenige ausgewählte Chemiefasern, wie beispielsweise Viskose, Polyester oder naturfaserummanteltes Elastan. Die Naturfasern stammen aus kontrolliert-biologischem Anbau oder, wo dies nicht möglich ist, aus konventionellem Anbau, der auf Einhaltung von Grenzwerten überwacht wird. Bei der Veredelung wird generell auf gefährliche Chemikalien verzichtet. Beispielsweise wird ungefärbte oder mit pflanzlichen Farben gefärbte Kleidung auf den Markt gebracht. Auf Textilausrüstung wird weitgehend verzichtet oder Ausrüstungen mit Naturstoffen, wie pflanzliche Wachse, werden eingesetzt.

Markenzeichen sind Herkunfts- und Beschaffenheitszeichen einer Firma oder eines Verbandes und stellen für den Konsumenten eine gewisse Garantie für gleich bleibende durch die Firma kontrollierte Qualität dar.

Gütezeichen garantieren dem Konsumenten eine Ware, die nach bestimmten kontrollierbaren und festgelegten Qualitätsnormen hergestellt wird. Gütezeichen kennzeichnen nicht das Produkt einer Firma oder eines Verbandes, sondern sind meist Gemeinschaftszeichen. Sie werden für Warengruppen (beispielsweise Wollsiegel) oder für bestimmte Eigenschaften einer Gruppe (beispielsweise Sanfor, das mechanisch gekrumpfte Gewebe aus zellulosischen Fasern kennzeichnet) geschaffen und sind international gültig.

Ökokleidung

W er allergisch reagiert oder gesundheits- und umweltschädliche Substanzen meiden möchte, und wer zudem auch sozial verträglich produzierte Kleidung tragen will, ist auf eine verlässliche Kennzeichnung angewiesen. Die Verbraucherverbände verlangen deshalb seit langem eine umfassendere Textilkennzeichnung. Notwendig ist gleichzeitig ein Zulassungsverfahren und die Festlegung von Höchstwerten für Ausrüstungschemikalien einschließlich eines Verbotes gesundheitsschädlicher Chemikalien. Notwendig ist aber auch eine wirksame Textilüberwachung.

Viele verschiedene Signets, Marken- und Gütezeichen (Ökolabels) mit unterschiedlichen Ansprüchen sind bereits auf dem Markt. Manchen Kennzeichnungen liegt ein umfassender Kriterienkatalog mit Kontrolluntersuchungen zugrunde, manchmal stehen nur ein paar werbewirksame Aussagen darauf, wie »chlorfrei gebleicht« oder »aus handgepflückter Baumwolle«.

Einige Ökokennzeichnungen orientieren sich fast ausschließlich am Produkt, indem Grenzwerte für Schadstoffe in den Textilien festgelegt werden. Andere Labels stellen zudem ökologische und soziale Anforderungen an die Textilherstellung. Ökotextilien, bei denen alle Kriterien optimal erfüllt werden, gibt es heute nur vereinzelt. Für Verbraucher ist es schwer, anhand der Labels eine Kaufentscheidung zu treffen. Selbst Experten haben Mühe, bei der Labelvielfalt den Überblick zu wahren, und sprechen sich für mehr Transparenz und weniger Labels aus.

Neutral organisierte Kennzeichen (institutionelle Ökolabels) machen in der Regel das Entscheidungsverfahren und die aufgestellten Kriterien transparent. Sie schließen in ihren Kriterienkatalog zum Teil umfassende umwelt- und gesundheitsrelevante sowie soziale Aspekte ein und lassen die Einhaltung der vorgegebenen Kriterien regelmäßig durch unabhängige Institute kontrollieren. Ökolabels, die von Institutionen vergeben werden, können prinzipiell alle Hersteller auch international nutzen, sofern ihre Waren den geforderten Kriterien entsprechen. Für Kleidung und Haustextilien ist der Öko-Tex Standard 100 (seit 1992) und für Teppichböden das GuT-Label (seit 1990) am bekanntesten. Den Öko-Tex Standard 100 nutzen momentan 1800 Lizenznehmer, davon 600 in Deutschland. Andere Labels wie das Europäische Umweltzeichen, Toxproof und Ecoproof des TÜV Rheinland sind zwar eingeführt, konnten sich aber bislang nicht etablieren. Weniger bekannt sind die Signets EKO der internationalen Kontrollorganisation Skal, die neben Rohstoffen aus ökologischem Anbau nun auch die Weiterverarbeitung von Textilien zertifiziert und Naturtextil, das Markenzeichen des Arbeitskreises Naturtextil. Der Arbeitskreis expandierte zum Internationalen

Signet des **Öko-Tex Standard 100**, eines der bekanntesten und am weitesten verbreiteten Ökolabels.

Verband der Naturtextilwirtschaft e.V., der in seinen Richtlinien weit reichende ökologische Anforderungen und soziale Standards festlegte. Als Ergebnis liegt nun ein zweistufiges Label vor, das in Better und Best unterteilt wird.

Die meisten Ökolabels für Textilien sind jedoch Eigenkreationen der Hersteller, sind also firmeneigene Markenzeichen. Hinter diesen privaten Ökobezeichnungen steht nicht unbedingt ein umfassender Kriterienkatalog mit Anforderungen an das Textilprodukt. Oft ist der Anforderungskatalog nicht öffentlich zugänglich. Auch wenn es durchaus seriöse Eigenmarken mit strengen Anforderungen gibt, bergen firmeneigene Kennzeichen oft die Gefahr, undurchsichtig zu sein. Manchmal entspricht die Werbeaussage des Zeichens nicht den aufgestellten Kriterien. Manche Firmen gehen sogar bis hin zur Falschaussage, um mit dem positiven Ökoimage Kunden zu ködern.

Unternehmensbezogene Kennzeichen charakterisieren in erster Linie das Unternehmen und nicht seine Produkte. Das EMAS-System (Environmental Management and Audit Scheme) der Europäischen Union hat auch im Textilbereich Bedeutung. Es ist zudem bekannt unter den Bezeichnungen europäisches Umweltmanagementsystem beziehungsweise ISO 14000 auf der Grundlage der Öko-Audit-Verordnung. Danach verpflichtet sich der Betrieb zu kontinuierlichen Verbesserungen im Umweltschutz. Hierzu wird eine bis ins Detail definierte Umweltpolitik des Unternehmens zugrunde gelegt. Durch ein betriebliches Umweltmanagementsystem, also Organisationsstrukturen und die Ausbildung der Mitarbeiter, werden die Umweltziele systematisch verfolgt. Zugelassene Umweltgutachter prüfen in regelmäßigen Abständen den Betrieb.

In der Umwelterklärung werden die Auswirkungen des Betriebs auf das Ökosystem, sein Umweltprogramm und die Kriterien des Umweltmanagements der Öffentlichkeit vorgestellt. Das Umweltmanagementzeichen bezieht sich nur auf den überprüften Standort eines Unternehmens und darf weder in der Produktwerbung ver-

Das **Europäische Umweltzeichen** ist zwar eingeführt, konnte sich bislang aber nicht durchsetzen.

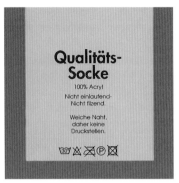

Ein Beispiel für die **Irreführung von Verbrauchern** durch falsche Kennzeichnung eines Produkts.

wendet, noch auf den Erzeugnissen selbst oder deren Verpackung angebracht werden.

Textilpflege

Beim Gebrauch werden Textilien durch Körperausscheidungen, durch Staub, Rauch- und Rußpartikel in der Luft und durch Lebensmittel, Erde und andere Stoffe verschmutzt. Die Kleidung braucht eine gewisse Pflege, legt man auf ein gepflegtes Äußeres und persönliches Wohlbefinden Wert. In erster Linie besteht die Kleiderpflege in Waschen und Bügeln, eventuell in gelegentlichem chemischen Reinigen und Reparaturen.

Die einzelnen Faserarten brauchen aufgrund ihrer charakteristischen Eigenschaften eine unterschiedliche Pflege. Die Pflegesymbole auf den eingenähten Etiketten der Kleidung geben hierzu Grundinformationen. Je nach Beschaffenheit der Faseroberfläche, der Konstruktion der Textilien und der Veredlung wird Schmutz mehr oder weniger stark aufgenommen und festgehalten. Feine, glatte und dichte Textilien nehmen weniger Schmutz an als grobe, raue und lockere Textilien. Schmutz haftet auch gut auf Textiloberflächen, die durch Appreturmittel »klebrig« sind.

Empfindliche Fasern wie Wolle und Seide sowie Leinen sollte man mit einem Feinwaschmittel waschen, nicht einweichen und nicht in den Wäschetrockner geben. Zur Schonung der Fasern sollten Wolle und Seide von Hand gewaschen werden, es sei denn, sie sind für die Waschmaschine geeignet. Jedoch kann auf häufiges Waschen verzichtet werden, da sie sich durch Lüften regenerieren. Baumwolle, Leinen und Synthetics sind bei der Wäsche in der Waschmaschine weniger empfindlich, Leinen und Viskose sollte man allerdings nicht in den Trockner geben.

In der **Textilpflege** werden üblicherweise die Kleidungsstücke in der Maschine gewaschen und anschließend zum Trocknen aufgehängt. Zunehmend übernehmen elektrische Wäschetrockner diese Aufgabe.

Manche Synthetics sind bei niedrigen Temperaturen trocknergeeignet. Oft ist es günstiger, sie nicht zu schleudern, sondern tropfnass aufzuhängen.

Die Wäschepflege ist unter ökologischen Gesichtspunkten bedeutsam, denn der Wasser-, Chemikalien- und Energieaufwand ist sehr hoch. In Deutschland werden jährlich rund 700000 Tonnen Haushaltswaschmittel verbraucht, das sind mehr als acht Kilogramm pro Kopf. Andere europäische Nationen verbrauchen nur halb so viel Waschmittel.

Die chemischen Reinigungen behandeln 400 Millionen Wäscheteile im Jahr. Zusätzlich waschen sie 675000 Tonnen Kleidung im Jahr.

Für die Wäsche wird in der Bundesrepublik 12 Prozent des aufbereiteten Trinkwassers verwendet. Die Menge der jährlich gewaschenen Textilmenge pro Haushalt stieg von 1960 bis 1990 von 277 auf 503 Kilogramm, das sind etwa 80 Prozent mehr.

Waschen, elektrisches Trocknen und Bügeln im Haushalt verbrauchen innerhalb der textilen Kette 85 Prozent der Gesamtenergie. Die Produktion selbst ist deutlich weniger energieaufwendig.

In der Gebrauchsphase gibt es für den Verbraucher zahlreiche Möglichkeiten, die Umwelt zu entlasten. Häufig wird ein Kleidungsstück schon nach einmaligem Tragen gewaschen, obwohl es noch nicht schmutzig ist. Mit der Auswahl des Waschmittels und der genauen Dosierung auf die Wasserhärte können Waschmittel und bestimmte umweltbelastende Waschmittelinhaltsstoffe eingespart werden.

Durch niedrige Waschtemperaturen und eine gute Befüllung der Waschmaschine können Energie- und Waschmittelverbrauch um 50 Prozent gesenkt werden. Das lohnt sich auch finanziell: Während die umweltfreundliche Wäsche im Jahr etwa 190 DM kostet, wird in deutschen Haushalten für die übliche Art zu waschen durchschnittlich das Doppelte ausgegeben.

Die **Symbole der internationalen Pflegekennzeichnung** mit der offiziellen Erläuterung. In den meisten Textilien findet man ein Etikett mit Pflegesymbolen.

Waschmittel und Weichspüler

Manche mögen sich noch an die Schaumberge auf den Flüssen in den 1960er-Jahren erinnern, die vor allem durch die Waschmittel im Abwasser erzeugt wurden. Dies hat sich geändert, weil zum einen die Zahl der Kläranlagen zugenommen hat, zum andern viele Waschmittel in den letzten Jahren umweltverträglicher geworden sind. Moderne konzentrierte Waschmittel erreichen ihre Reinigungsleistung mit geringerem Chemikalieneinsatz. Grundsätzlich belasten jedoch alle Waschmittel die Umwelt.

Waschmittel enthalten eine Vielzahl an chemischen Verbindungen, von denen die wichtigsten auf der Verpackung angegeben werden müssen. Nach dem Wasch- und Reinigungsmittelgesetz muss der Hersteller jede Rahmenrezeptur von Wasch- und Reinigungsmitteln beim Umweltbundesamt anmelden. Eine Prüfung der Produkte auf Umweltverträglichkeit ist mit dieser Registrierung nicht verbunden.

In früheren Zeiten wurde mit Seife gewaschen, heute steht eine ganze Batterie an Waschmitteln zur Verfügung. Darin sind Tenside enthalten, die als waschaktive Substanzen für die Entfernung des Schmutzes zuständig sind. Von den anionischen Tensiden wird am häufigsten LAS (lineares Alkylbenzolsulfonat) eingesetzt, das zwar zu 96 bis 99 Prozent in Kläranlagen aus dem Wasser entfernt wird, aber nur zum Teil biologisch abgebaut werden kann. Das Tensid überdauert im Klärschlamm Wochen und Monate. Fettalkoholsulfate, ebenfalls anionische Tenside, sind vergleichsweise gut abbaubar, sind jedoch in der Produktion teurer.

Umweltschonender lässt sich mit einem Baukastensystem waschen, das aus Basiswaschmittel, Enthärter und Bleichmittel besteht oder mit einer Kombination aus kompaktem Voll- und Colorwaschmittel. Beim Baukastensystem werden die Waschmittelkomponenten einzeln nach Bedarf dosiert. So gelangen nur die Mittel, die wirklich zur Reinigung benötigt werden, ins Abwasser. Bei Kompaktwaschmitteln ist der Anteil an Füllstoffen und damit der Verpackungs- und Transportaufwand wesentlich geringer als bei traditionellen Waschmitteln. Auch gelangen pro Waschgang nur halb so viel Chemikalien ins Abwasser. Flüssigwaschmittel enthalten im Vergleich zu pulverförmigen Waschmitteln überwiegend Tenside, die für Gewässerorganismen schädlich sind.

Außer den Tensiden, die den Hauptanteil aller Waschmittel ausmachen, ist noch ein ganzer Cocktail weiterer Chemikalien im Spiel, die mehr oder weniger schädlich für die Umwelt sind. Problematisch für empfindliche Menschen sind auch immer die auf der Kleidung haften bleibenden Waschmittelreste. So reagieren manche Menschen auf die enthaltenen Enzyme, Duftstoffe oder Farbstoffe allergisch.

Weichspüler sind für die Reinigung der Wäsche nicht notwendig. Sie bleiben auf der Faser haften, machen die Wäsche weicher, lassen sie schneller trocknen und setzen die elektrostatische Aufladung herab. Allerdings verringern sie die Saugfähigkeit der Textilien, was besonders bei Unterwäsche und Handtüchern eigentlich unerwünscht ist. Weichspüler enthalten zum Teil schwer abbaubare kationische Tenside.

Chemische Reinigung

Für empfindliche Stoffe, manche Synthetics oder wenn in einem Kleidungsstück Fasern mit unterschiedlichen Pflegeansprüchen verarbeitet wurden, wie es beispielsweise bei Mänteln der Fall ist, empfiehlt sich die Reinigung mit organischen Lösemitteln. Die Kleidungsstücke werden in Maschinen gegeben, die traditionellen

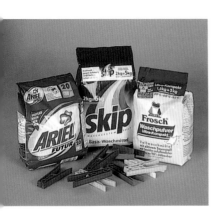

Schon lange hat die Kernseife als Waschmittel ausgedient. Die Vielzahl moderner **Waschmittel** mit unterschiedlichen Inhaltsstoffen macht es den Verbrauchern schwer, sich für das »richtige« Mittel zu entscheiden.

Tenside sind wasserlösliche, grenzflächenaktive Substanzen. Sie sind asymmetrisch aufgebaut: Das eine Molekülende ist Fett liebend, die andere Seite ist Wasser liebend. Die Fett liebenden Enden vieler Tensidmoleküle dringen in den Schmutz ein und umhüllen ihn. Die Wasser liebenden Enden weisen ins Wasser. Dadurch kann der Schmutz von der Faser abgelöst und mit dem Waschwasser weggespült werden.

Waschmaschinen ähnlich sehen. Statt Wasser wird jedoch ein organisches Lösemittel zugesetzt, das den Schmutz entfernt.

Chemische Reinigungen gaben lange Zeit Anlass zu Kritik. Anwohner mussten um ihre Gesundheit bangen, da das verwendete Lösemittel Perchlorethylen (PER, Tetrachlorethen) leichtflüchtig ist und durch die Wände in benachbarte Wohnungen drang. Perchlorethylen birgt ein Krebs erzeugendes Potenzial, ist Wasser gefährdend und biologisch kaum abbaubar. Seit 1995 muss das Lösemittel in geschlossenen Kreisläufen geführt werden, damit ein Grenzwert von 0,1 Milligramm PER pro Kubikmeter Luft in benachbarten Wohnräumen eingehalten werden kann. Für die Reinigungsangestellten werden 345 Milligramm PER toleriert. Der Gebrauch von Fluorchlorkohlenwasserstoffen (FCKW) als Lösemittel für besonders schonende Reinigung ist seit 1993 verboten.

Chemische Reinigungen verwenden statt Wasser organische Lösemittel, um den Schmutz aus der Kleidung zu entfernen.

Nicht alle Fasern eignen sich für eine chemische Reinigung. Baumwolle, Leinen und meist auch Seide lassen sich besser nass reinigen. Schurwolle, Viskose und Seide können bei der Nassreinigung aufquellen und sich verformen. Durch geeignete Waschmittel und vorsichtige Wäsche lässt sich dies aber weitgehend vermeiden. Da Seide und Wolle laugenempfindlich sind, gibt es für sie Spezialwaschmittel.

Die Bekleidungshersteller empfehlen häufig prophylaktisch die chemische Reinigung, weil sie Reklamationen fürchten, wenn bei der klassischen Wäsche unerwünschte Veränderungen eintreten.

C. Voss

Recycling und Entsorgung

Früher waren Textilien wertvolle Gebrauchsgüter. Sie wurden sorgsam behandelt, gepflegt, geflickt und bis zum letzten Zipfel wieder verwertet. Altkleider dienten als Ausgangsstoff für neue Kleidung, als Futterstoff, für Heimtextilien oder als Putzlappen – in den Müll kamen sie nicht. Waren sie im Haushalt zu nichts mehr zu gebrauchen, bekam man beim Lumpensammler noch ein paar Pfennige dafür.

Heute ist die Mode einem so schnellen Wechsel unterworfen, dass man die Kleidung gar nicht mehr auftragen kann, wenn man mit der Mode gehen will. Die Verwendungszeit von Textilien liegt vor allem in den reichen Ländern insgesamt deutlich unter der Haltbarkeit.

Nach Berechnungen der Bekleidungsindustrie könnte der deutsche Durchschnittsbürger theoretisch ohne weiteres sieben bis zehn Jahre ohne den Neukauf von Textilien auskommen, bei voller Funktionsfähigkeit seiner Kleidung. Zehn bis 15 Prozent der gekauften Kleidung wurde nie oder nur einmal getragen und ist eine reine Fehlinvestition. Das reichhaltige Sortiment und die zahllosen Billigangebote verlocken die Verbraucher. Die Folge sind große Mengen an gebrauchstüchtigen Alttextilien, deren Entsorgung zunehmend Probleme bereitet.

Früher zogen **Lumpensammler** durch die Wohnviertel und nahmen alte Kleider und Bettwäsche zur Wiederverwertung entgegen.

Altkleider

Viele gute, kaum getragene Kleidungsstücke wandern in die Altkleidersammlung oder in den Müll. In Deutschland werden jährlich schätzungsweise zwischen 300000 und 520000 Tonnen Bekleidung über Altkleidersammlungen erfasst.

Anders als man annehmen könnte, kommen Kleiderspenden häufig nicht direkt bedürftigen Menschen zu, sondern über den Erlös des Verkaufs an Zwischenhändler, die damit meist Export betreiben. Unsortierte deutsche Altkleider gelten im internationalen Vergleich als hochwertig. Je nach Region und sozialer Herkunft sind 40 bis 55 Prozent der Altkleider so gut erhalten, dass sie ohne Reparatur sofort wieder getragen werden können. Nur fünf bis acht Prozent der Waren geht in westeuropäische und deutsche Secondhandläden, ein zunehmender Teil wird in osteuropäische Staaten verkauft, etwa 30 Prozent gelangt in afrikanische Staaten.

Gegen die Importkleider kann die einheimische Textil- und Bekleidungsindustrie der afrikanischen Länder nicht konkurrieren. Übermäßige Exporte in die Entwicklungsländer schaden nach Ansicht von Dritte-Welt-Organisationen und kirchlichen Gruppen

ebenso wie die illegalen Transaktionen einiger Exporteure, welche
die Altkleider teilweise undeklariert ins Ausland verkaufen, um
Steuern und Zölle zu sparen oder um die Importverbote einzelner
Länder zu umgehen. Es wird vermutet, dass dadurch bereits Zehntausende Arbeitsplätze verloren gegangen sind.

Hingegen kommt an den Beispielen Ghana und Tunesien die
Schweizerische Akademie für Entwicklung (SAD) nach einer Befra-
gung von circa 3000 Konsumenten, Produzenten und Händlern zu
dem Ergebnis, dass Altkleiderexporte keine Arbeitsplätze in der
Dritten Welt vernichten. In Tunesien ist die Bekleidungsindustrie
trotz der Einfuhren nach der Landwirtschaft der zweitgrößte Arbeit-
geber. In Ghana leben 150000 Menschen vom Handel und vom Um-
arbeiten der gebrauchten europäischen Kleidungsstücke. Zu ähnlichen Ergebnissen kommt ein Kurzgutachten im Auftrag des Bundes-
ministeriums für wirtschaftliche Zusammenarbeit und Entwicklung.
Neben den positiven Beschäftigungseffekten auf das Schneiderei-
handwerk belaufen sich die Zolleinnahmen in den afrikanischen
Staaten auf rund 150 Millionen DM.

Recycling

Egal ob karitative oder kommerzielle Organisationen eine **Altkleidersammlung** veranstalten – nur ein kleiner Teil der Kleider kommt Bedürftigen zugute.

D ie Wiederverwertung von Alttextilien gehört zu den ältesten
Verfahren, Stoffkreisläufe zu schließen. In der Textilindustrie
führten die hohen Materialkosten schon früh zu einer Mehrfachnutzung der Rohstoffe. Bis Mitte des 19. Jahrhunderts waren Lumpen,
vor allem aus Leinen, Rohstoff für die Papierherstellung, bis sie von
Holzschliff und Zellstoff verdrängt wurden. Bereits vor 800 Jahren
entwickelte sich Prato, eine Stadt in der Nähe von Florenz, zum Zentrum des Textilrecyclings. Besonders Wolle wurde hier aufbereitet
und neu versponnen. Recycelte Stoffe wurden in den Nachkriegsjah-
ren stark nachgefragt, denn ein Meter Mantelstoff aus Prato kostete
damals 4 DM, die gleiche Menge aus englischer Schurwolle dagegen
50 DM. Heute werden in Prato mehr als 50000 Tonnen Alttextilien
und Produktionsabfälle aus Deutschland verarbeitet. Inzwischen ist
die Konkurrenz aus Billiglohnländern wie Indien und Pakistan groß.

Nach Untersuchungen der Forschungsstelle allgemeine und textile Marktwirtschaft (FATM) an der Universität Münster sind in
Deutschland 1996 rund 1,45 Millionen Tonnen Alttextilien – auch
Produktionsabfälle aus der Bekleidungsindustrie sowie Heim- und
Haustextilien – angefallen. Davon waren 870000 Tonnen (60 Prozent) Bekleidungstextilien, 140000 Tonnen (30,3 Prozent) Haustextilien wie Bettwäsche und Handtücher und 440000 Tonnen (9,7 Prozent) Heimtextilien wie Teppiche und Gardinen. Knapp die Hälfte
(711000 Tonnen) wurde erfasst und einer Weiterverwertung zugeführt, etwa 732000 Tonnen wurden gleich entsorgt.

Von den 711000 Tonnen gelangten 615000 Tonnen auf den Alttex-
tilienmarkt. Die Differenz von 96000 Tonnen ging zum Teil direkt
in Katastrophengebiete oder in die thermische Entsorgung, beispielsweise in Zementfabriken.

Von den 615 000 Tonnen werden knapp 50 Prozent in ihrer ursprünglichen Funktion wieder verwertet, 17 Prozent werden zu Putzlappen
und 22 Prozent zu Reißspinnstoffen verarbeitet. Aus den Reißfasern
werden Recyclingprodukte hergestellt. 10 Prozent sind Abfall.

Die vielfältigen Fasermischungen der Ausgangsmaterialien erschweren ein Recycling, denn Sortenreinheit oder Trennbarkeit der
Materialien ist die Voraussetzung zur Herstellung hochwertiger Produkte aus Alttextilien. Bindemittelverfestigte Vliesstoffe, Teppichböden und Fasermischungen mit Elastan bereiten den Recycling-
firmen große Probleme.

Alttextilien aus Containern oder Haussammlungen sind im Gegensatz zu Produktionsabfällen uneinheitlich und müssen sortiert
werden. Das Sortieren geschieht ausschließlich von Hand, was mit
hohem Personalaufwand verbunden und somit sehr
lohn- und kostenintensiv ist. Für die weitere Verarbeitung ist das Sortieren nach Faserart, Farbe und Flächengebilde eine wichtige Voraussetzung.

Gebrauchte Textilien werden häufig in
Altkleidercontainern gesammelt,
sortiert und einer Wiederverwertung
zugeführt. Ein großer Teil der Altkleider
landet jedoch auf dem Müll.

Reißfasern

Die vorsortierten textilen Wertstoffe werden mechanisch vorzerkleinert und dann möglichst
schonend so lange im Krempelwolf zerrissen, bis die
Fasern übrig bleiben. Beim Zerkleinern werden nicht
textile Bestandteile, wie Knöpfe und Reißverschlüsse,
aussortiert, da sie die Aufarbeitung stören. Man wendet
Verfahren an, die aufgrund physikalischer Prinzipien
funktionieren, wie Magnetismus, Zentrifugalkraft und Windsich-
tung. Es gibt bereits Anlagen, in denen die Hartteile automatisch im
laufenden Prozess ausgeschieden werden. Solche Reißanlagen produzieren bis zu drei Tonnen Reißfasern pro Stunde. Reißfasern werden grob nach der Farbrichtung und überwiegenden Faserstoffbe-
standteilen klassifiziert.

Etwa zehn kleine bis mittelständische Unternehmen produzieren
in Deutschland jährlich rund 60 000 Tonnen Reißfasern, die überwiegend zur Vliesstoff- und Garnherstellung dienen. Die Reißfasern
in der Vliesstoffherstellung stammen meist aus Abfällen der Konfektion, Spinnerei und Weberei. Weitere Produkte aus Reißfasern sind
Form- und Dämmteile für Kraftfahrzeuge und Haushaltsgeräte.
Reißfasern werden auch zur Herstellung von Garnen und textilen
Flächen für Pullover, Jacken, Anzüge, Decken, Möbelbezugsstoffe,
Teppiche und technische Textilien eingesetzt.

Chemisches Recycling

Für synthetische Fasern kommt auch eine chemische Wiederverwertung infrage, was allerdings sortenreine Materialien erfordert. Dann können die Kunstfasern geschmolzen, granuliert und erneut zu Fasern ausgesponnen werden. Sortenreiner Polyester kann
sogar aus Mischtextilabfällen gewonnen werden. Durch die Kombination einer enzymatischen Behandlung, konventionellen Reißens

und Faserstoffentstaubens ist es möglich, zellulosische Faserstoffanteile nahezu vollständig zu entfernen, und der Polyester bleibt übrig.

Chemiefaserabfälle aus der Produktion werden schon seit langem zu verschiedenen Produkten, vom Blumenkasten bis zum Autoformteil, recycelt. Viskose, Polyester und Polypropylen sind relativ leicht zu recyceln, während bei Polyamid die Depolymerisation größere Probleme verursacht. Elastan lässt sich bislang nicht aufbereiten, ebenso Textilien mit Elastananteil, weil sich das elastische Material in den Maschinen verfängt.

Die Wetterschutzmembranen Goretex und Sympatex werden aus getragener, beim Fachhandel angelieferter, sortenreiner Polyesterkleidung weitgehend wiedergewonnen (ECOLOG). Ähnliche Bemühungen gibt es für Tyvrekschutzanzüge, die vor Bakterien, Säuren und Mikrowellen schützen. Sie können an den Hersteller DuPont zurückgesandt werden.

Darüber hinaus werden Sekundärfaserstoffe zu nicht textilen Produkten verarbeitet. Im Straßenbau vermindert man mit Textilschnitzeln die Sprödbruchgefahr von Beton. Weitere zukünftig mögliche Einsatzgebiete sind die Papier- und Pappeherstellung.

Entsorgung

Der größte Teil der Alttextilien wird im Moment aber keiner zweiten Verwertung zugeführt, sondern landet in der Müllverbrennungsanlage oder auf der Deponie. Synthetische Chemiefasern sind auf der Mülldeponie schwer abbaubar. Viele Textilchemikalien sind ebenfalls schwer abbaubar und darüber hinaus häufig giftig. In der Müllverbrennung entstehen aus Fasern und Textilchemikalien giftige Verbrennungsprodukte.

Bei der Verbrennung entwickeln Zellulosefasern, Polyester und Polypropylen Kohlendioxid und Wasser. Bei den stickstoffhaltigen Fasern, wie Wolle, Seide, Polyamid und Polyacryl entstehen zusätzlich Stickoxide. Ob sich weitere giftige Substanzen wie etwa Dioxine bilden, ist abhängig von der Textilausrüstung sowie von der Temperatur und der Sauerstoffzufuhr bei der Verbrennung. Dadurch dass Textilien einen relativ hohen Heizwert besitzen, tragen sie in der thermischen Entsorgung zur Stromerzeugung bei. Damit ist die Endstufe der textilen Kette erreicht.   C. Voss

Unter dem **ECOLOG-Markenzeichen** haben sich verschiedene Firmen mit dem Ziel zusammengeschlossen, Textilien aus Polyester sortenrein herzustellen. Da Polyester schmelzbar ist, kann es anschließend einer neuen Verarbeitung zugeführt werden. Das Konzept ist mehrstufig angelegt. Zunächst werden nur kleine Mengen Alttextilien zur Wiederverwertung zurückerwartet, die zerkleinert, zerrupft, aufgeschmolzen und zu Granulat verarbeitet werden. Dieses Granulat wird von den Partnern aus der Kurzwarenindustrie zu festen Komponenten, wie Knöpfen, Reißverschlüssen oder Kordelstoppern verarbeitet. Wenn später die Mengen größer sind, werden daraus Isolationswatte und Vliese hergestellt, die beispielsweise als Trägermaterialien für die Wetterschutzmembran Sympatex dienen. Stehen nach einigen Jahren ausreichende Mengen an Alttextilien zur Verfügung, werden daraus wieder Garne gefertigt, aus denen neue Textilien entstehen.

Bauen und Wohnen

Seit die ersten Menschen zu Beginn der Jungsteinzeit vor etwa 10000 Jahren sesshaft wurden, hatten sie das Bedürfnis, sich Wohnraum zu schaffen – zu bauen. Die ganze menschliche Geschichte ist durchzogen von der Entwicklung immer komplexer werdender Bauwerke für immer unterschiedlichere Aufgaben; bereits die Römer kannten Wohnhochhäuser, Fabriken, Fernstraßen und Aquädukte, die berühmten aufgeständerten Wasserleitungen. Auch heute noch ist die Bauwirtschaft ein wichtiger Wirtschaftszweig, ungefähr fünf Prozent der deutschen Wirtschaftsleistung werden vom Baugewerbe erbracht.

Wegen der Verschiedenartigkeit der von der Bauwirtschaft errichteten Gebäude, Anlagen und Konstruktionen unterteilt man das Bauwesen grob in die Fachbereiche Hochbau, Tiefbau und Ingenieurbau. Nur große Baufirmen sind in mehreren dieser Bereiche tätig; viele Bauingenieure haben sich auf einen Bereich spezialisiert. Der Hochbau als Teil des Bauwesens beschäftigt sich vor allem mit der Errichtung oberirdischer Gebäude. Dazu zählen im Wesentlichen Wohnbauten, Bürobauten, Gewerbe- und Industriebauten wie beispielsweise Fabrik- und Lagerhallen, landwirtschaftliche Gebäude sowie öffentliche Hochbauten wie Schulgebäude oder Rathäuser. Da viele Hochbauten für Wohnzwecke genutzt werden, sind wir alle von der Ausführungsqualität, der Funktionalität und von den Kosten dieser Gebäude mehr oder weniger direkt betroffen – sei es als »Häuslebauer«, sei es als Bewohner.

Der Tiefbau befasst sich mit den ebenerdigen und unter der Erde durchgeführten Bauarbeiten. Dazu gehören der Straßen- und Eisenbahnbau, der Erd- und Wasserbau, der Tunnelbau sowie der Bau der Kanalisation. Tiefbauten sind oftmals auch typische Ingenieurbauten. Beim Ingenieurbau steht die bei Planung und Konstruktion anfallende Tätigkeit der Bauingenieure im Vordergrund, hierzu können sowohl Hoch- als auch Tiefbauten zählen. Neben statischen Berechnungen gehört dabei vor allem auch eine genaue baugeologische Untersuchung des Baugeländes. Die architektonische Ausführung tritt – im Gegensatz zu Wohnbauten oder repräsentativen öffentlichen Bauten – in den Hintergrund. Typische Ingenieurbauten sind Brücken, Türme, große Hallen, Kraftwerke oder Talsperren.

Hoch-, Tief- und Ingenieurbau lassen sich nicht exakt voneinander abgrenzen. Gerade bei Großprojekten sind normalerweise alle Bereiche beteiligt – das beste Beispiel hierfür ist sicherlich das neue Regierungsviertel in Berlin: Hier stellen repräsentative Bauten wie

Großbaustelle Potsdamer Platz in Berlin.

das neue Kanzleramt oder die Kuppel über dem Reichstag sowie aufwendige Tunnel- und Brückenkonstruktionen, vor allem am neuen Lehrter Bahnhof, Architekten und Ingenieure gleichermaßen vor größte Anforderungen.

Zum Bauwesen gehört aber mehr als nur die Errichtung von stabilen Wänden, Dächern, Tunneln oder Brücken. Auch das »Innenleben«, die Haustechnik eines Gebäudes ist Aufgabe der Bauwirtschaft; und gerade hier haben sich in letzter Zeit interessante neue Entwicklungen ergeben. Der Fachbegriff für diesen Bereich ist technische Gebäudeausrüstung (TGA). Zu den klassischen Gebieten der technischen Gebäudeausrüstung gehören die Heizungs-, Lüftungs-, Sanitär- und Elektrotechnik. Des Weiteren zählen aber auch ebenso die Aufzugstechnik, Müllentsorgungsanlagen, Abwasserbehandlungsanlagen, Schwimmbadtechnik und Labortechnik dazu, kurz alle Technik, die im Gebäude eingebaut ist.

Bei allen Bautätigkeiten, aber vor allem im Hochbau, sind in den letzten Jahren ökologische Aspekte immer stärker in den Vordergrund getreten. Eine genaue Definition des ökologischen Bauens lässt sich dabei kaum geben, da – je nach Standpunkt – unterschiedliche Dinge gemeint sind. Baubiologen verstehen darunter in erster Linie gesundes Bauen unter Verwendung natürlicher Materialien und unter Ausschaltung von Wohngiften. Auf das Energiesparen ausgerichtete Firmen und Planer bemühen sich um eine Senkung des Energieverbrauchs, Solararchitekten um eine konsequente Nutzung der Sonnenenergie. Bauökologen betrachten ein Gebäude und seine Wechselwirkung mit der Umwelt in seiner Gesamtheit und während seiner gesamten Lebensdauer. Sie machen sich zusätzlich zu einer energiesparenden Nutzung Gedanken über Herkunft und spätere Entsorgung aller verwendeten Materialien. Stadtökologen schließlich plädieren für eine Flächen sparende, verdichtete Bauweise, die Flächenverbrauch und Verkehrsaufkommen vermindert.

Eine Schlüsselrolle beim Bauen fällt auch der Bauphysik und der Statik zu. Die Bauphysik befasst sich experimentell und theoretisch mit den physikalischen Eigenschaften von Baustoffen und Baukonstruktionen. Ihr Hauptaugenmerk gilt dabei dem Durchgang von Wärme, Schall, Feuchtigkeit und Luft durch Mauerwerk, Decken, Fenster und Dach. Daher steht die Entwicklung von Wandformen und -aufbauweisen, mit denen eine möglichst gute Wärmeisolierung, Feuchtigkeitssperrung und Schalldämmung erreicht werden kann, im Mittelpunkt des Interesses. Die Statik ist die Lehre von der Standfestigkeit der Bauten. Der Baustatiker berechnet die zu erwartenden Belastungen, die durch das Eigengewicht und Nutzlasten auf die Bauteile auftreten, und ermittelt daraus die Dimensionen der statisch relevanten Bauteile. Auch bei Veränderungen bestehender Bauten sind die Gesetze der Statik zu beachten, vor allem muss zwischen tragenden und nicht tragenden Wänden unterschieden werden. Durch Belastung entsteht auf der Oberseite eines Bauteils ein Druck, auf der Unterseite ein Zug. Die tragenden Wände übertragen die Lasten des Bauwerks auf das Fundament, nicht tragende Wände begrenzen lediglich den Raum und können jederzeit herausgenommen oder verändert werden.

Aufgrund seiner großen Bedeutung und Augenfälligkeit werden im Folgenden zunächst der Hochbau, seine technische Ausstattung und ökologische Aspekte des Hochbaus vorgestellt. Anschließend wird es dann um die »ausgefalleneren« Bauten des Tief- und Ingenieurbaus gehen, von den Berliner Großbaustellen bis zum Drei-Schluchten-Staudamm in China.

Hochbau

D er Hochbau beschäftigt sich vor allem mit der Errichtung von oberirdischen Gebäuden. Städtebauliche Aspekte und Fragen der Architektur spielen hier eine dominierende Rolle. Der moderne Hochbau ist weit mehr als die Errichtung des Rohbaus eines Gebäudes. Er umfasst zunächst die Planung und Genehmigung des Bauvorhabens sowie die Realisierung des Rohbaus in Massiv- oder Leichtbauweise unter Berücksichtigung der optimalen Baumaterialien. Darüber hinaus fallen auch der Ausbau des errichteten Gebäudes sowie die technische Gebäudeausrüstung (TGA) in den Bereich des Hochbaus. Zur TGA zählt beispielsweise die Installation von Heizungs- und Sanitäranlagen.

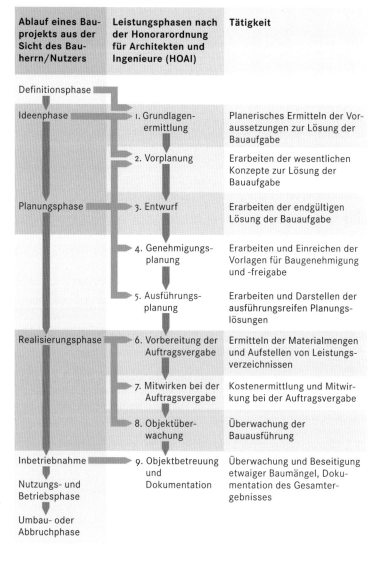

Der Ablauf der **Planungs- und Ausführungsschritte** stellt sich für Bauherren und Architekten beziehungsweise Ingenieure jeweils unterschiedlich dar. In der Regel werden alle Phasen durchlaufen.

BEBAUUNGSPLÄNE UND BAUVERORDNUNGEN

In Ballungsgebieten weisen häufig Flächennutzungspläne bebaubare Grundstücke aus. Für das gewählte Grundstück muss aber zusätzlich noch ein gültiger Bebauungsplan vorhanden sein, der manchmal recht restriktive Vorgaben macht. Bebauungspläne können unter anderem auch Umweltauflagen enthalten wie die Erhaltung von Frischluftschneisen, die Reduktion von Emissionen, die Vermeidung von Oberflächenversiegelung, Auflagen zum Gewässer- oder Baumschutz. Die jeweilige Landesbauordnung regelt die Baugestaltung. Bauliche Anlagen sind danach werkgerecht zu gestalten, das bedeutet, dass sie nach Form, Maßstab, Werkstoff, Farbe und Verhältnis der Baumassen und Bauteile zueinander nicht »verunstaltend« wirken dürfen. Außerdem sind sie in der Formgebung mit dem vorhandenen Straßen-, Orts- und Landschaftsbild in Einklang zu bringen. Zum Schutz bestimmter Bauten, Straßen, Plätze, Ortsstile sowie von Bau- und Naturdenkmälern können besondere örtliche Bauvorschriften erlassen werden. Erst wenn im Baufreigabeverfahren geprüft wurde, dass die eingereichten Planungsunterlagen mit all diesen Auflagen verträglich sind, kann die Baufreigabe erteilt werden.

Flächennutzungsplan
(vorbereitende Bauleitplanung)

Bebauungsplan
(verbindliche Bauleitplanung)

Baugenehmigungsverfahren
(projektbezogene Ausführungsfreigabe)

Baufreigabe
(projektbezogene Ausführungsfreigabe)

Planung und Realisierung von Bauvorhaben

Bei der Planung und Durchführung von Bauvorhaben sind viele Menschen beteiligt. Um ein optimales Ergebnis bei der Erstellung eines Neubaus zu erhalten, müssen die Vorstellungen des Bauherrn, Architekten und Statikers auf einen machbaren Kompromiss gebracht werden. Nicht immer sind alle Ideen zu verwirklichen, da eine ganze Reihe von Vorschriften wie zum Beispiel Bebauungspläne, verschiedene Landesbauordnungen, die Wärmeschutzverordnung oder auch die Garagenverordnung zu berücksichtigen sind. Die Planung erfordert zudem umfassende Kenntnisse in der Verwendung möglicher Baumaterialien und ihrer Einsatzmöglichkeiten. Von ebenso großer Bedeutung ist die Auswahl von kompetenten Baufirmen, die mit den gewünschten Planungen und Materialien vertraut sind.

Planungsphasen und Planungsleistungen

Bevor ein bestimmtes Bauvorhaben in Angriff genommen wird, werden bestimmte Planungsphasen durchlaufen. Die Projektphasen aus Sicht des Bauherrn lassen sich mit den Planungsleistungen der Architekten und Ingenieure gut koordinieren. Die Planungsleistungen der Architekten und Ingenieure werden in den neun Leistungsphasen der Honorarordnung für Architekten und Ingenieure definiert.

Kostengruppe	Bauleistung
KG 100	Grundstück
KG 200	Herrichten und Erschließen
KG 300	Bauwerk – Baukonstruktionen
KG 400	Bauwerk – technische Anlagen
KG 500	Außenanlagen
KG 600	Ausstattung und Kunstwerke
KG 700	Baunebenkosten

Die **Baukosten** zur Erstellung eines Bauwerks werden gemäß DIN 276 in sieben Kostengruppen eingeteilt.

Die **Wärmeschutzverordnung**
(WSchVO) trat am 1. Januar 1995 in
Kraft. Sie regelt die Wärmedämmeigenschaften von Gebäudeteilen für
Neubauten und renovierte Altbauten.
Die wichtigste Kenngröße ist dabei der
so genannte Wärmedurchgangskoeffizient oder **k-Wert:** Er gibt die Wärmemenge an, die durch einen Quadratmeter Außenfläche abgegeben wird,
wenn zwischen Innen- und Außenseite
der Fläche eine Temperaturdifferenz
von einem Grad Celsius (oder, bauphy-
sikalisch: einem Kelvin) besteht. Ein
kleiner k-Wert bedeutet also eine gute
Wärmedämmung. Die WSchVO gibt
für wichtige Gebäudeteile Grenzwerte
vor, so zum Beispiel für Dächer einen
k-Wert von 0,22 Watt pro Quadratmeter und Kelvin (W/m^2K), für
Außenwände $0,5\,W/m^2K$ und für
Kellerdecken $0,35\,W/m^2K$. Darüber
hinaus schreibt die WSchVO globale
Grenzwerte für den maximal zulässigen Wärmeenergieverbrauch vor,
und zwar, je nach Gebäudetyp, 80–120
Kilowattstunden pro Quadratmeter
Gebäudefläche (nach DIN 227) und
Jahr.
Im Jahr 2000 ist eine Neufassung der
WSchVO vorgesehen, vermutlich unter
dem Namen »Energieeinsparverord-
nung 2000«. Darin wird die WSchVO
mit der Heizungsanlagenverordnung
aus dem Jahre 1994 zusammengeführt.
Es wird dabei eine weitere Einsparung
des Energieverbrauchs von Neubauten
um 25–30 Prozent angestrebt.

Gewerke sind Bauleistungen, die von
einer Handwerkerschaft erbracht
werden, wie zum Beispiel Beton-,
Maurer-, Maler-, Zimmermanns-
arbeiten oder Heizungs-, Sanitär- und
Lüftungsinstallationen.

Am Anfang eines jeden Bauprojektes steht die möglichst genaue
Definition des Zwecks des Bauvorhabens durch den Bauherrn. Als
nächster Schritt muss untersucht werden, ob das avisierte Grundstück das geplante Bauvorhaben überhaupt zulässt. Die gesetzlichen Rahmenbedingungen, welche die Bebauung von Grundstü-
cken regeln, sind dabei von großer Bedeutung. Sie geben Auskunft
über Art und Maß der erlaubten baulichen Nutzung von Grund-
stücken.

In der Regel wird sich der Bauwillige mit den Vorgaben eines Be-
bauungsplans auseinander setzen oder – bei Nicht-vorhanden-Sein
eines Bebauungsplanes, wie es in der Regel in kontinuierlich gewachsenen Innenstadtgebieten der Fall ist – wird er sich mit seinem
Vorhaben an der vorhandenen Bebauung orientieren müssen. Das
jeweils zuständige Bauamt gibt Interessierten Auskunft darüber, auf
welchem Grundstück was realisiert werden kann. Ist das passende
Grundstück gefunden, eröffnen sich grundsätzlich zwei Möglichkeiten: Entweder der Bauherr entscheidet sich für ein Fertighaus zum
Festpreis, oder er wendet sich an einen Architekten, der ihm ein Gebäude genau nach seinen Bedürfnissen entwirft und entsprechend
die Kosten ermittelt. In jedem Fall müssen die Baukosten nach
DIN 276 ermittelt beziehungsweise abgeschätzt werden.

In der Entwurfs- oder Vorplanung sind folgende Fragen zu klä-
ren: funktionale Zusammenhänge wie Verkehrswege, Gebäudegestalt und grundsätzliche Fassadengestaltung, Energieversorgung,
bauphysikalische Rahmendaten und Gebäudetechnik sowie konstruktive und statische Fragen. In dieser Phase sollten bereits – je
nach Bauvorhaben – auch die entsprechenden Fachingenieure für
Statik, Heizung, Lüftung und Sanitäranlagen beteiligt werden.

Auf der Basis der Entwurfsplanung wird die Genehmigungspla-
nung erstellt, das Kernstück des Bauantrags an die Behörden. Weitere zum Bauantrag gehörende Unterlagen sind Lageplan, statische
Berechnungen, Abwassergesuch und Wärmeschutznachweis.

Der Statiker erbringt den so genannten Standsicherheitsnachweis,
dazu berücksichtigt er Eigenschaften und Abmessungen der einzelnen Bauteile wie Fundamente, Wände, Stützen, Decken oder Dächer und deren Verbindung untereinander. Dazu sind genaue Angaben zum Material, etwa zur Druckfestigkeit des Mauerwerks, notwendig, darüber hinaus auch zur Armierung der Stahlbetonbauteile,
Qualität und Holzart der vorgesehenen Dachbalken und vieles
mehr. Zu den Eigenschaften der einzelnen Bauteile gehört auch deren Wärmeleitfähigkeit – daher ist es nahe liegend, dass auch die
Wärmeschutzberechnung vom Statiker erstellt wird.

Der fertige Bauantrag wird schließlich der zuständigen Bauge-
nehmigungsbehörde sowie der Gemeindeverwaltung vorgelegt.
Diese entscheiden innerhalb einer gesetzlichen Frist nach Anhörung
aller betroffenen Fachbehörden über den Bauantrag. Mit der Ertei-
lung der Baugenehmigung erhält der Bauherr den Baufreigabe-
schein, er darf also mit der Realisierung seines Bauvorhabens beginnen. Handelt es sich um ein individuell durch einen Architekten ge-

plantes Gebäude, wird nach Erteilen der Genehmigung die Werk-
oder Ausführungsplanung erstellt.

Die Ausführungsplanung umfasst den Rohbau, die Gebäudetechnik, den Innenausbau und die Außenanlagen. Anhand der fertigen
Werkpläne werden die einzelnen Gewerke ausgeschrieben. Der Architekt wertet die Angebote aus und bestimmt
zusammen mit dem Bauherrn die zu beauftra-
genden Bauunternehmen. Diese errichten
schließlich den Plänen und Ausschreibungen
entsprechend das Bauwerk, wobei der Architekt die Ausführung überwacht.

Die Realisierung der Baupläne

Nachdem der Mutterboden auf dem Bau-
platz abgetragen ist, wird das Gebäude
gemäß dem Lageplan auf dem Grundstück
eingemessen und die Baugrube ausgehoben.
Dann beginnen die Rohbauarbeiten mit dem
Verlegen der Abwasser- und Dränageleitun-
gen unter dem Gebäude. Anschließend werden die Fundamente betoniert und Bodenplatten hergestellt oder verlegt. Darauf werden
die tragenden Wände errichtet – man spricht auch von der Tragstruktur des Hauses – und Zwischendecken eingezogen. Am Schluss
wird das Dach fertig gestellt. Zu den Rohbauarbeiten gehören auch
Arbeiten zur Abdichtung gegen Bodenfeuchtigkeit und bestimmte
Dämmarbeiten.

Der erste Schritt beim Hausbau
ist das Einmessen und Ausheben der
Baugrube.

Ist der Rohbau errichtet, sollte das Gebäude vor Beginn der Ausbauarbeiten einige Zeit austrocknen. Zur Verringerung der Trock-
nungszeiten werden immer häufiger technische Geräte zur Ent-
feuchtung, beispielsweise Ventilatoren, eingesetzt. Währenddessen
können bereits sinnvollerweise Arbeiten wie die Heizungs-, Lüf-
tungs- und Sanitärinstallation im Innern des Gebäudes ausgeführt
werden. Die Ausbauarbeiten beginnen in der Regel mit dem Einsetzen der Fenster- und Türelemente. Es folgen die Verputzarbeiten
und die Verlegung von Estrichen. Während im Inneren des Gebäudes die Bodenbelags-, Fliesen- und Malerarbeiten erledigt werden,
kann gleichzeitig der Außenputz, eventuell in Verbindung mit einer
Außendämmung, aufgebracht werden. Schließlich erfolgt die Endmontage von Heizkörpern und Sanitärobjekten sowie der Einbau
von Küchen, Wandschränken und Ähnlichem. Damit ist das Gebäude fertig gestellt und kann bezogen werden.

Wer Handwerker oder Baufirmen beschäftigt, hat auch Anspruch
auf Garantie für erbrachte Leistungen. Sämtliche Bauleistungen werden in DIN-Normen erfasst. So wird gewährleistet, dass jede Art
von Bautätigkeit nach festen Regeln erfolgt. Das Regelwerk, in dem
alle baurelevanten DIN-Normen zusammengestellt sind, ist die
»Verdingungsordnung für Bauleistungen«, kurz VOB. Gemäß der
VOB beträgt die Gewährleistungsfrist für Bauwerke zwei Jahre und
für Arbeiten am Grundstück sowie Heizungsanlagen ein Jahr.

Das **neue Haus** kann bezogen
werden.

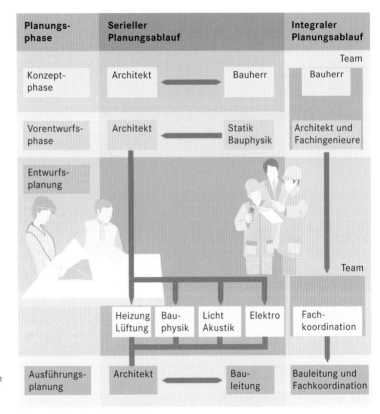

Planungs-phase	Serieller Planungsablauf		Integraler Planungsablauf
			Team
Konzept-phase	Architekt	Bauherr	Bauherr
Vorentwurfs-phase	Architekt	Statik Bauphysik	Architekt und Fachingenieure
Entwurfs-planung			
			Team
	Heizung Lüftung / Bau-physik / Licht Akustik / Elektro		Fach-koordination
Ausführungs-planung	Architekt	Bau-leitung	Bauleitung und Fachkoordination

Ein Vergleich des weit verbreiteten **seriellen Planungsablaufs** mit dem **integralen** zeigt, dass durch die Bildung von Teams Probleme, die durch mangelnde Koordination entstehen, vermieden werden können.

Mit integrierter Planung zum nachhaltigen Erfolg

Der zunehmende Kostendruck, die komplexen Anforderungen an die verschiedenen Gewerke und steigende Qualitätsanforderungen verursachen einen stetig wachsenden Planungsaufwand und erfordern damit eine bessere Abstimmung zwischen dem Architekten und den Fachingenieuren. Dies gilt besonders bei so genannten Niedrigenergiehäusern, bei denen die gesamte Konstruktion auf geringen Energieverbrauch und gute Wärmedämmung abgestimmt sein muss. Idealerweise werden alle Beteiligten in interdisziplinären Teams organisiert, wodurch Abstimmungsprobleme vermieden und mögliche Fehler frühzeitig erkannt werden können.

Ein Beispiel möge das Vorgehen bei der integralen Planung verdeutlichen: Zur Bearbeitung des von der WSchVO geforderten Wärmeschutznachweises bekommt bisher der Statiker die Gebäudehülle vom Architekten fertig vorgegeben, daraus berechnet er die k-Werte für die einzelnen Gebäudeteile. Bei der Konzeption der Gebäudegestalt wirken weder der Statiker noch ein Fachingenieur für Haustechnik mit. Die Folgen solcher Vorgehensweise sind entweder ein wärmeschutztechnisch nicht optimiertes Gebäude oder zahlreiche Nachbesserungswünsche der Fachleute, die unter Umständen dazu führen, dass der Architekt das Gebäude neu entwerfen muss. Erfolgt die Planung jedoch von Beginn an im Team, so können die Anforderungen und Erkenntnisse aller Fachleute bereits in die Planungen eingehen; in diesem Fall würde die Gebäudehülle nicht nur ästhetisch, sondern auch statisch und wärmetechnisch optimal konzipiert. Auf diese Weise kann man mit integraler Planung die an sich recht hohen Kosten für die Konstruktion eines Niedrigenergiehauses so weit reduzieren, dass sie auf oder sogar unter dem Niveau von herkömmlichen Gebäuden liegen. In einzelnen Fällen sind Kostenreduktionen bis zu 30 Prozent möglich. Der Architekt wird bei der integrierten Planung vom alleinigen Planer und Experten zum Berater und Moderator. Der Schwerpunkt liegt auf der Kommunikation und dem Austausch von Fachkenntnissen zwischen Experten, Auftraggeber und Auftragnehmer.

Der Rohbau – Vor- und Nachteile von Massiv- und Leichtbauweise

Unabhängig von Art und Aufwand der Bauplanung steht am Anfang jedes Hochbaus der Rohbau. Beim Rohbau werden alle statisch-konstruktiven Teile, also tragende Wände, errichtet, ferner Dachkonstruktion, Treppen, Brandwände und Schornsteine. Außer der generellen Struktur des Gebäudes muss vor Baubeginn noch eine weitere Frage geklärt werden: die nach der Bauart des Gebäudes, also die Frage, ob in Massiv- oder in Leichtbauweise gebaut werden soll. Je nach Bauart sind verschiedene Ansprechpartner zuständig und unterschiedliche Bauabläufe notwendig.

Die in Deutschland vorherrschenden Massivbauten werden entweder Stein auf Stein gemauert oder in Beton ausgeführt. Im Stahlbetonbau werden die einzelnen Bauteile auf der Baustelle aus geschaltem, armiertem und gegossenem Beton gefertigt und ergeben so nach und nach das Gesamtbauwerk, oder das Bauwerk wird durch Zusammenfügen von Betonfertigteilen erstellt. Als weitere Materialien kommen heute Ziegel, Kalksandsteine oder neuerdings auch Leichtbausteine zum Einsatz. Für die Außenwände sind beim Mas-

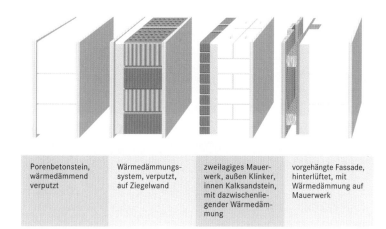

Porenbetonstein, wärmedämmend verputzt

Wärmedämmungssystem, verputzt, auf Ziegelwand

zweilagiges Mauerwerk, außen Klinker, innen Kalksandstein, mit dazwischenliegender Wärmedämmung

vorgehängte Fassade, hinterlüftet, mit Wärmedämmung auf Mauerwerk

Wer **massiv baut,** hat die Wahl zwischen einer einschaligen Wand mit oder ohne Wärmedämmsystem, einer zweischaligen Wand oder einer vorgehängten Fassade. Die Entscheidung für die richtige Bauweise hängt in starkem Maß von den gewünschten Baumaterialien ab.

sivbau grundsätzlich vier Bauweisen üblich: die monolithische Wand, die einschalige Wand mit außen liegender Wärmedämmschicht, das zweischalige Mauerwerk mit Hinterlüftung oder Kerndämmung und die Mauerwand mit vorgehängter Fassade.

ENTWICKLUNG KOMPLEXER BAUKONSTRUKTIONEN

Frühe Baukonstruktionen waren rein aus Erfahrungswerten abgeleitet, also durch verfeinertes handwerkliches Können und Tradition geprägt. Eine systematische Annäherung an den Entwurf neuartiger Konstruktionen begann erst relativ spät, als man versuchte, sich über Modellversuche an kompliziertere Baukonstruktionen heranzutasten. Ein Musterbeispiel dafür ist der katalanische Architekt Antonio Gaudí, der Ende des 19. Jahrhunderts begann, den Kräfteverlauf in Bauwerken anhand von »Hängemodellen« zu untersuchen. Für die Kirche der Kolonie Güell experimentierte er mit einem maßstäblichen Modell aus Schnüren, an deren Enden kleine Sandsäckchen befestigt wurden, deren Gewicht den auf die Pfeiler der Kirche einwirkenden Lasten entsprach. Dadurch erhielt er ein auf den Kopf gestelltes Modell der Kirche, an dem man die ideale Stützenstruktur ablesen konnte. Dank solcher Modellversuche, die heute durch Computersimulationen ersetzt werden, gelingt es, immer komplexere Baukonstruktionen zu entwickeln und die den einzelnen Materialien innewohnenden Möglichkeiten voll auszuschöpfen.

Als einschalig bezeichnet man massive, durchgängig aus einem Material hergestellte Wände. Diese Bauweise wird auch »monolithische Bauweise« genannt (von Griechisch: monos, ein, einzeln, und lithos, Stein). Zweischaliges Mauerwerk besteht aus einer inneren, in der Regel tragenden Wand und einer äußeren, zumeist dünneren Verschalung, die der Wärmedämmung oder dem Schutz vor Witterungseinflüssen dient. Zwischen der inneren und äußeren Schicht lässt sich leicht eine Dämmschicht anbringen. Die vorgehängte Fassade aus Holz oder anderen leichten Baustoffen lässt sich im Prinzip bei jeder Massivbauweise als zusätzliche Schutzschicht außen anbringen und eignet sich auch besonders für Altbauten.

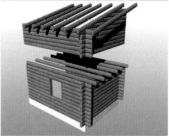

Im Gegensatz zur Massivbauweise führt der Holz- oder Leichtbau in Deutschland ein Schattendasein, ist jedoch in skandinavischen Ländern und Nordamerika weit verbreitet. Üblicherweise werden Häuser dieser Bauart als Holzständer- oder Holzrahmenbauten ausgeführt.

Auch bei Holzbaukonstruktionen kann man vier grundsätzliche Konstruktionsarten unterscheiden: das Blockhaus, den Holzrahmenbau, die Holzskelettbauweise, die Holztafelbauweise.

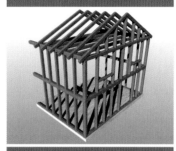

Diese Einteilung bezieht sich vor allem auf die tragenden Bauteile. Der Holzrahmenbau (oder Holzständerbau) besteht aus einem Gerippe aus Kanthölzern und massiven Holzplatten zur inneren und äußeren Verschalung. Der Kantholzrahmen hat die Aufgabe, senkrechte Lasten abzufangen, während die Platten zur horizontalen Aussteifung dienen. Beim Holzskelettbau übernimmt die Konstruktion mit Stützbalken, Unterzügen, Decken- und Dachbalken aus stärkerem Holz allein die statischen Aufgaben. Innen- und Außenwände können frei in das vorgegebene Stützenraster eingesetzt werden. Fertighäuser werden überwiegend in Holztafelbauweise erstellt, da hier das größte Maß an industrieller Vorfertigung zu erreichen ist.

Inzwischen gibt es eine Reihe von Bauweisen, welche die Vorteile von Massiv- und Leichtbau miteinander verbinden. Ein schon im Mittelalter häufig realisiertes Beispiel ist das Fachwerkhaus mit einer tragenden Holzkonstruktion und Ausfachungen und Deckenfüllungen aus Mauerwerk oder Lehm. Andere Mischbauweisen sind der Holzständerbau mit Wandfüllungen aus Lehm- oder Kalksandsteinen, Massivbau mit nicht tragenden Innenwänden in Leichtbauweise, Betonskelettbauweise mit Leichtbauwänden oder ein zentraler Baukörper in Massivbau mit einer Leichtbauhülle.

Neue und alte Baumaterialien

Die Verwendung verschiedener Baustoffe und Baukonstruktionen ist stark von Traditionen, Landschaften und klimatischen Bedingungen geprägt. So wurde in waldreichen Gebieten bevorzugt mit Holz gebaut, in waldarmen Gebieten mit lehmigen Böden mit Ziegeln und im Gebirge mit Natursteinen. Heute ist in Mitteleuropa eine große Fülle verschiedenster Baustoffe verfügbar, die private

Die Übersicht zeigt verschiedene **Holzbauweisen:** den massiven Blockbau, den leichten und äußerst flexiblen Holzrahmen bzw. Holzständerbau, den kostengünstigen Holztafelbau und den modernen Fachwerkbau oder Holzskelettbau.

Bauherren leicht verwirren kann. Im Folgenden soll daher ein Überblick über die am häufigsten bei uns verwendeten Materialien gegeben werden.

Bauen mit Beton

Zement wird durch das Brennen eines Kalkstein-Ton-Gemisches gewonnen – zum Teil auch noch unter Zugabe von Aluminium- und Eisenoxid –, das anschließend pulverisiert wird. Durch die Zugabe von Wasser entsteht eine verarbeitungsfähige Masse, die unter Wasserbindung aushärtet. Lange Zeit wurde Zement nur zur Herstellung von **Mörtel** (Zement+Sand+Wasser) verwendet. Jahrtausendelang diente er zur Stabilisierung und Verdichtung von Mauerwerk: Die Dauerhaftigkeit von Mörtel war bereits römischen Bauherren bekannt. Schon damals wurden außer Sand auch gröbere Zuschlagstoffe wie Kiesel oder Schotter zugesetzt, die auch heute zur Herstellung von **Beton** dienen; der Beton ist also keine moderne Errungenschaft, sondern eine Erfindung der alten Römer. Beton zeichnet sich durch seine hohe Druckfestigkeit aus.

Wohl kein Material wird heute so sehr mit den Erfolgen der modernen Baukunst, aber auch ihren abstoßenden Auswüchsen in Verbindung gebracht wie Beton. Seine sprichwörtliche Härte hat mit Begriffen wie »Betonkopf« oder »Betonfraktion« Eingang in die Umgangssprache gefunden, und »zubetonieren« ist ein Synonym für die Landschaftszerstörung durch ungehemmte Bauwut geworden. Aber was ist Beton überhaupt? Im Gegensatz zu natürlichen Baumaterialien wie Holz oder Naturstein ist Beton ein Gemenge aus den Einzelbestandteilen Zement, Wasser und groben Zuschlagstoffen wie Kies, Schotter, Sand oder Splitt. Wichtigster Bestandteil des Betons ist der Zement, der auch für einen Großteil seiner Eigenschaften verantwortlich ist.

Eine Weiterentwicklung des Betons ist der Stahlbeton. Stahlbetonkonstruktionen weisen vorzügliche baukonstruktive Eigenschaften auf: Beton allein eignet sich lediglich zur Aufnahme von Druckkräften, bei der Beanspruchung durch Zugkräfte neigt das Material zum Reißen. Durch das Einbringen von Stahl in den zugbeanspruchten Bereichen eines Bauteils wirkt diese Armierung genannte Verstärkung wie eine Klammer und verhindert so das Reißen oder Brechen des Materials. Beispielsweise findet sich in einer Zimmerdecke aus Beton der größte Stahlanteil in der unteren Hälfte des Querschnitts, da dort aufgrund der Durchbiegung Zugkräfte auftreten. Erste Experimente mit eisenarmiertem Beton wurden im 19. Jahrhundert gemacht, zumeist im Festungs-, Straßen- und Brückenbau. Im Hochbau setzte sich der Stahlbeton erst zu Beginn der 1930er-Jahre durch, als die Berechnung der statischen Eigenschaften des Materialgemischs gelang. Die damit gewonnenen Erkenntnisse in Bezug auf Statik und Tragverhalten bilden die Grundlage für den heutigen massenhaften Einsatz von Stahlbeton bei immer gewagteren Konstruktionen. Ganz allgemein ist Stahlbeton wegen seiner großen

Die Kuppel des **Pantheons in Rom** wurde im zweiten Jahrhundert nach Christus aus Beton gebaut; ihr Durchmesser übertrifft denjenigen der Kuppel des Petersdoms um etwa einen halben Meter.

Festigkeit, seiner Widerstandsfähigkeit gegen Erschütterungen und seiner Feuerbeständigkeit besonders für die Ausführung von tragenden Bauteilen innerhalb von Gebäuden geeignet.

Drei noch heute wichtige Vorteile der Verwendung des Baumaterials Beton wurden schon früh erkannt: Der erste Vorteil besteht in den vielfältigen konstruktiven Möglichkeiten. So lässt sich nahezu jede denkbare Großkonstruktion vom filigranen Dach bis zum schwersten Bunker als monolithisches Bauteil – im wahrsten Sinn »aus einem Guss« – herstellen, da Beton wie Metall in fast beliebige vorgegebene Formen gegossen werden kann.

Am **portugiesischen Pavillon** auf der Weltausstellung in Lissabon 1998 wurde eine kühne Dachkonstruktion aus Beton verwirklicht.

Auch der zweite Vorteil beruht auf der Formbarkeit des Betons. Diese gestattet dem Architekten die Verwendung von beliebig gestalteten Bauteilen, sofern die erforderliche Einschalung wirtschaftlich herzustellen ist. Eine eigene Betonästhetik, bei der die bewusst roh belassene Betonoberfläche als Gestaltungsmerkmal benutzt wurde und immer kühnere Formen entworfen wurden, ist das Resultat. So wurde in den 1950er-Jahren der »beton brut« zum Markenzeichen der architektonischen Avantgarde. Aber auch wenn Sichtbeton nicht jedermanns Geschmack getroffen hat, kommt heute dennoch kaum ein Bauwerk ohne den Einsatz von Beton aus. Meistens wird er im Verborgenen für die Tragstruktur eingesetzt, seltener sichtbar als Oberflächenmaterial. Auch als Baustoff für die Fundamente, die Verankerung eines Bauwerks in der Erde, ist Beton heute unverzichtbar.

Der dritte Vorteil betrifft die industrielle Vorproduktion von Betonteilen. Durch das Herstellen von Gussformen lassen sich verschiedenste Betonbauteile, wie zum Beispiel Stützen, Treppen, Deckenplatten oder Fassadenelemente, industriell vorfabrizieren, fachsprachlich: elementieren. Der Einsatz solcher elementierten Bauteile verkürzt die Bauzeit und reduziert damit die Baukosten. Beispiele hierfür finden sich in erster Linie im Bereich des Industrie- und Gewerbebaus. Im Wohnungsbau bedient man sich dieser Technologie überall dort, wo ohne ästhetische Ansprüche mit geringen Mitteln

Eine typische **Plattenbausiedlung** in der ehemaligen DDR. Durch die industrielle Vorfertigung der meisten Betonelemente lässt sich äußerst kostengünstig bauen.

eine große Anzahl von Wohnungen in kurzer Zeit hergestellt werden soll. So wurden in der ehemaligen DDR viele große Wohnsiedlungen aus elementierten Betonfertigteilen hergestellt, die unter dem Namen »Plattenbausiedlungen« bekannt wurden.

Unter dem Gesichtspunkt der Kostensenkung werden vorfabrizierte Betonfertigteile bei der Gebäudeerstellung auch in Zukunft eine wichtige Rolle spielen. Der größte Nachteil jeder Betonkonstruktion besteht darin, dass jede Veränderung und alle Abbrucharbeiten aufgrund der Festigkeit des Materials und der monolithischen Ausführung äußerst aufwendig sind.

Mauerwerk

Der Mauerwerksbau gilt als die älteste nachgewiesene Konstruktionsmethode; und auch heute noch denken die meisten Menschen bei einem Bauarbeiter an einen Maurer. Im Lauf der Zeit haben sich – abhängig von den örtlichen Gegebenheiten – regional verschiedene Mauerwerkskonstruktionen herausgebildet. Eine der ältesten Mauerwerkskonstruktionen ist das Bruchsteinmauerwerk, das vor allem in Gegenden mit steinigen Böden beheimatet ist und zumeist ohne Mörtel ausgeführt wurde. Es spielt heute eine untergeordnete Rolle und ist hauptsächlich im landwirtschaftlichen Bereich oder als Ziermauerwerk anzutreffen.

Gegenüber dem Mauerwerk aus natürlichen Steinen spielt Mauerwerk aus künstlichen Steinen eine weitaus größere Rolle. In diese Kategorie gehören alle heute gängigen Mauerwerkskonstruktionen. Man unterscheidet zwischen verschiedenen Materialien, die wichtigsten sind Ziegel, Kalksandstein und Betonstein. In der Gründerzeit herrschten einschalige Außenwände aus massiven Ziegeln oder Steinen vor. Im Bemühen um eine bessere Wärmedämmung bei gemauerten Wänden wurden sie jedoch abgelöst durch einschalige

Klinker ist ein hellgelber, brauner oder bläulich roter bis schwarzer Ziegel, dessen Farbgebung durch Variation der Brennbedingungen beeinflusst werden kann. Sein Name leitet sich vom niederländischen »klinken« (klingen) ab, da beim Anschlagen eines Klinkersteins ein heller Ton entsteht. Klinker sind druckfest und widerstandsfähig gegen Säuren und Laugen; sie sind daher gut als Witterungsschutz für Außenwände oder als Straßenpflaster geeignet. Verklinkerte Häuser sind außer in den Niederlanden auch in Nord- und Westdeutschland weit verbreitet.

Wandkonstruktionen aus gelochten Ziegeln, bei denen die eingeschlossene Luft als Dämmung diente. Der nächste Schritt führte schließlich zu den heute gebräuchlichen Porotonziegeln, bei denen noch bessere Dämmwerte durch eine weitere Erhöhung des Luftanteils im Ziegel erreicht werden. Mit diesen Ziegeln lassen sich einschalige Wände mit sehr guter Wärmedämmqualität errichten.

Mauerziegel sind die ältesten künstlich hergestellten Mauersteine; sie waren schon den Ägyptern bekannt. Mauerziegel werden aus Lehm oder Ton geformt. Den Rohlingen mischt man Zusatzstoffe wie Sägemehl oder neuerdings auch Hartschaumkügelchen bei. Beim Brennen werden die Ziegel durch diese Zuschläge porös. Es entstehen viele kleine Luftbläschen, welche die Wärmedämmung der Steine erhöhen. Je höher die Brenntemperatur, desto dichter und widerstandsfähiger wird der Stein – bis hin zur Frostbeständigkeit, die bei Vormauerziegeln oder Vollklinkern erwünscht ist. Weniger dicht, dafür aber besser wärmedämmend sind Hochlochziegel und Leichthochlochziegel, die durch bestimmte Lochgeometrien gekennzeichnet sind und ohne zusätzliche Wärmedämmung den Anforderungen der Wärmeschutzverordnung entsprechen.

Parallel zu den qualitativen Veränderungen des Mauerwerks haben sich in den vergangenen Jahren auch die Maße der verwendeten Steine verändert. Hatte der ursprüngliche Mauerwerksziegel noch eine Ausdehnung von 24×11,5×11,3 Zentimeter, so werden heute Steine der Maße 50×36,5×24 Zentimeter und größer verarbeitet. Früher musste man folglich für einen Quadratmeter einer 36,5 Zentimeter dicken Wand 96 Steine vermauern, heute genügen acht Steine, um dasselbe Ergebnis zu erreichen. Dadurch werden Bauzeit und Baukosten erheblich gesenkt. Im gegenwärtigen Baubetrieb kommt Mauerwerk überall dort zur Ausführung, wo aufgrund von Kleinteiligkeit der Einsatz von Beton unwirtschaftlich ist oder wenn bestimmte gestalterische Vorstellungen realisiert werden sollen.

Ein weiteres Argument für Mauerwerk sind bauökologische und raumklimatische Anforderungen an die Wände moderner Neubauten. Diese lassen sich insbesondere von Ziegelmauerwerk ideal erfüllen. Es geht dabei in erster Linie um eine gute Wärmedämmung und die Fähigkeit, Luftfeuchtigkeit aufnehmen und wieder abgeben zu können; letztere bezeichnet man auch als Diffusionsfähigkeit.

Bauen mit Stahl und Glas

Stahl wird im Hochbau in erster Linie zum Erstellen von filigranen Tragstrukturen eingesetzt, in der Regel Stahlskelettkonstruktionen. Sie finden überall dort Einsatz, wo große Spannweiten – ab sechs bis sieben Metern – in Verbindung mit geringem Eigengewicht der Konstruktion gefordert sind. Die ersten Bauwerke, die Mitte des 19. Jahrhunderts als Stahlkonstruktionen errichtet wurden, sind reine Ingenieurbauwerke: Brücken, Bahnhofsüberdachungen und Industriehallen. Im Hochbau, also in Gebäuden, wurden Stahlkonstruktionen erst später eingesetzt.

Mauerziegel werden schon seit Jahrtausenden als Baumaterial verwendet. Bei nicht zu feuchten Böden eignen sich gute Mauerziegel sogar für den Kellerbau.

Vor allem die leichte Bearbeitbarkeit macht **Porenbetonsteine** zu einem beliebten Baustoff auch für Laien. Beim Porenbeton bestehen die Zuschläge aus feingemahlenem Quarzsand, Zement oder Kalk. Durch Aluminiumpulver, das bei der Herstellung zugegeben wird, entstehen viele kleine Gasbläschen, die bleibende Hohlräume bilden. Vor dem Erhärten unter Dampfdruck schneidet man die Rohlinge auf das gewünschte Format zu. Dies sind entweder **Blocksteine,** die mit einem Zentimeter dicken Lagerfugen vermauert werden. Weiter verbreitet sind jedoch maßgenau angefertigte **Plansteine,** die im Dünnbettverfahren verklebt werden. Die Steine und Elemente haben eine geringe Rohdichte und daher ein sehr gutes Wärmedämmvermögen. Sie sind leicht zu bearbeiten, aber vergleichsweise teuer.

KALKSANDSTEIN

Die Grundstoffe des Kalksandsteins sind Branntkalk (CaO) und Quarzsand. Fein vermahlen werden sie unter Wasserzugabe intensiv gemischt. Dabei nimmt der Branntkalk unter großer Wärmeentwicklung Wassermoleküle auf und wird zu Kalkhydrat; man sagt hierzu, der Branntkalk »lösche ab«. Dieses Material wird in Form gepresst und unter Dampfdruck bei 160 bis 220 Grad Celsius gehärtet.

Wesentliche Merkmale dieser Steine sind eine hohe Maß- und Formgenauigkeit sowie scharfkantige, planebene Oberflächen. Die Formen reichen von den kleinformatigen Vollsteinen und Kalksandlochsteinen über die größeren Block- oder Hohlblock-steine bis hin zu den hochdruckfesten, frostsicheren Vormauersteinen oder Verblendern. Für besonders rationelles Bauen gibt es großformatige Elemente und Platten. Sie können im Dünnbettmörtel-verfahren fugendicht verklebt werden. Kalksandsteinwände speichern die Wärme gut und bieten hervorragenden Schallschutz. Weniger gut sieht es allerdings mit ihren Wärmedämmeigenschaften aus. Ohne zusätzliche Dämmschicht können sie die Anforderungen der Wärmeschutzverordnung nicht erfüllen. Allerdings kann man eine Kalksandsteinwand wegen ihrer hohen statischen Belastbarkeit relativ schmal ausführen, bei Einfamilienhäusern beispielsweise nur 17,7 Zentimeter tief. Dadurch fällt die in der Abbildung dargestellte Kalksandsteinwand mit Dämmschicht nicht dicker aus als zum Beispiel eine Porenbeton-wand.

Durch die Vorfertigung der tragenden Teile lässt sich ein Gebäude in Stahlskelettbauweise in kurzer Zeit errichten. Diesem Montageprinzip verdanken Stahlskelettbauwerke ihre Flexibilität. Bei veränderten Nutzungsanforderungen lassen sie sich leicht verändern, erweitern oder auch demontieren. Ein aktuelles Beispiel für ein solches Bauwerk ist die »Info-Box« am Potsdamer Platz in Berlin. In diesem Gebäude können sich interessierte Besucher vor Ort über Deutschlands größte Baustelle informieren. Nach Beendigung der Bauarbeiten wird die Info-Box abgebaut.

Der Industriebau ist nach wie vor wichtigstes Haupteinsatzgebiet des Stahlbaus. Mit dem Ausbau der öffentlichen Verkehrssysteme rückt jedoch die Gestaltung neuer Bahnhöfe und Flugplätze wieder

Die **»Info-Box«** an der Großbaustelle Potsdamer Platz in Berlin wurde in Stahlskelettbauweise errichtet (rechts). Sie kann nach Abschluss der Bauarbeiten leicht wieder demontiert werden. Die Schemazeichnung (links) zeigt das Konstruktionsprinzip.

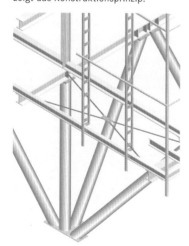

ins Interesse, sodass Stahlbaukonstruktionen von weitspannenden Hallen und Überdachungen zu neuem Ruhm gelangen.

Anders als Stahl hat Glas – mit wenigen Ausnahmen – keine tragende Funktion, sondern dient entweder dem Lichteinlass oder zur Fassadengestaltung. Massenartikel wie Fensterglas und Bauglas werden aus einer Kalk-Natriumsilikat-Schmelze hergestellt. Die Zusammensetzung bestimmt stark die chemischen und physikalischen Eigenschaften. Besondere mechanische Eigenschaften lassen sich durch Härteverfahren wie thermische Abschreckung oder chemische Nachbehandlung der Oberfläche erreichen. Verbundglas, das bei großen Fensterflächen oder als Sicherheitsglas eingesetzt wird, besteht aus zwei oder mehr Glasschichten.

Glas als Baustoff wird heute wie im 19. Jahrhundert vor allem in Verbindung mit Tragkonstruktionen aus Stahl eingesetzt. So ist die Entwicklung des Baustoffes Glas eng mit der Entwicklung der Stahlkonstruktionen verbunden. Seitdem man Mitte des 19. Jahrhunderts begann, große Stahl-Glas-Konstruktionen zu erstellen, wird aber auch versucht, dem Glas über die gewünschte Transparenz hinaus weitere Funktionen zu geben. So trugen Glasscheiben bereits in frühen Konstruktionen zur Aussteifung der Gebäude bei.

In der Glasherstellung kommt es fortlaufend zu interessanten technischen Innovationen, etwa dem mehrschichtigen Glasaufbau oder dem Füllen der Glaszwischenräume mit speziellen Gasen oder Flüssigkeiten. Andere neue Entwicklungen sind das Beschichten der Gläser mit festen oder veränderbaren Dünnfilmen, so genannte interaktive Beschichtungen, oder die Herstellung vorgespannter Gläser. All dies macht es heute möglich, Fassaden aus Glas zu bauen, die unterschiedlichste Funktionen übernehmen können; man spricht auch von intelligenten Fassaden. Das Spektrum reicht von selbsttragenden Ganzglaskonstruktionen über spezielle Wärmedämmgläser, die ein Überhitzen im Sommer und ein Auskühlen im Winter verhindern, bis zu Fassaden, deren Transparenz, Oberflächenerscheinung und Durchlässigkeit für bestimmte Lichtwellenlängen – also Farben – frei veränderbar sind.

Kaum ein anderer Baustoff hat in den letzten zwanzig Jahren einen vergleichbaren Innovationsschub erfahren wie das Material Glas, und seine technologische Entwicklung ist noch lange nicht abgeschlossen. So verfügt die Industrie bereits über Glassorten von noch höherer Festigkeit und besserer Modellierbarkeit, die aber als Baumaterial noch nicht zur Verfügung stehen.

Botanische Gärten, die Mitte des 19. Jahrhunderts in Europa in Mode kamen, benötigten für ihre exotischen Pflanzen helle, hohe **Gewächshäuser,** wie hier das **Palmenhaus in Bicton Gardens** (England).

Das **Kunsthaus in Bregenz** in Vorarlberg (Österreich) verwendet Glas als Gestaltungsmittel der Fassade und lässt viel Licht in das Gebäude.

Aber nicht nur im konstruktiven Bereich, auch in der ästhetischen Gestaltung von Bauwerken haben die Fortschritte in der Glastechnologie neue Entwicklungen angestoßen. Bis in die Gegenwart hinein wurde die Hochbauarchitektur durch die Beziehungen abgegrenzter Räume zueinander bestimmt. Der Baustoff Glas dagegen bietet heute die Möglichkeit, die Oberflächen dieser Räume zu verändern, unsichtbar zu machen oder gar aufzulösen. Dadurch wird der ganze Baukörper zu einem komplexen Ganzen mit vielfältigen Beziehungen zwischen seinen räumlichen und flächigen Bestandteilen.

Holz als Baustoff

In Mitteleuropa hatte der Holzbau im Mittelalter seine Blütezeit. Von da an nahm der Anteil des Holzbaus am Baugeschehen zugunsten des Mauerwerkbaus bei uns ab, um schließlich in den 1960er-Jahren seinen Tiefstand zu erreichen. Dem steht mit Beginn der geregelten Forstwirtschaft vor etwa 200 Jahren eine zunehmende Menge an verfügbarem Holz gegenüber, dieses Holz wurde jedoch primär in der Industrie und im Bergbau benötigt.

Dank der neu entwickelten Werkstoffe Furnierholz, Brettschichtholz und Holzwerkstoffplatten gewinnt der Holzbau in unserer Zeit wieder an Bedeutung. Furnier- und Brettschichtholz besteht aus vielen kleinen Brettern beziehungsweise Furnierstreifen, die zu geraden oder gekrümmten Trägern und Balken unterschiedlichster Dimensionen zusammengeleimt werden. Damit wird das Material von der Beschränkung gewachsener Holzquerschnitte befreit, und große Spannweiten lassen sich in Holzbauweise verwirklichen. Mit großformatigen Holzwerkstoffplatten und -tafeln lassen sich Wand-, Decken- und Dachelemente auf einfache Weise herstellen, die auf der Baustelle lediglich montiert werden müssen.

Holz galt in Deutschland, wie gesagt, lange Zeit als minderwertiges Baumaterial. Diese Einstellung wandelt sich jedoch mittlerweile wieder; so entstanden in den letzten Jahren auch in Deutschland anspruchsvolle Holzbauwerke – vom Einfamilienhaus über den Geschosswohnungsbau bis zum Gewerbebau. Die Folge ist das (Wieder-)Entstehen einer eigenständigen Holzbauästhetik, die in ihrer Materialgerechtigkeit die Verbindung von traditionellem Holzbau und moderner Architektur darstellt. Der wirtschaftliche Einsatz von reinen Holzkonstruktionen ist allerdings auf Gebäude von etwa drei übereinander liegenden Geschossen begrenzt. Grund für diese Beschränkung ist die Tatsache, dass sonst die Holzquerschnitte der tragenden Bauteile zu große Dimensionen annehmen müssten, um die Standsicherheit des Gebäudes und den Brandschutz zu gewährleisten.

Kunststoff am Bau

Verschiedenartige Kunststoffe sind heute zum unverzichtbaren Bestandteil der Baupraxis geworden. Aufgrund zunehmender Anforderungen in Bezug auf Wärmedämmung, Wind-, Wasser- und Wasserdampfdichtigkeit in Verbindung mit immer komplizier-

Auf dieser Baustelle eines Wohnhauses in Bad Tölz lässt sich die leichte Bauweise des **Holztafelbaus** gut sehen.

In Zahlen drücken sich **Schwachstellen in der Wärmedämmung** beispielsweise so aus: Bei einer Altbauwand mit einem vergleichsweise schlechten k-Wert von 1,44 Watt pro Quadratmeter und Grad Celsius herrscht bei −10 Grad Celsius Außentemperatur und +20 Grad Celsius Raumtemperatur an der Innenseite der Wand eine Temperatur von etwa +14 Grad Celsius. In den Ecken sinkt diese Temperatur jedoch auf nur fünf Grad Celsius ab! Dieses Temperaturgefälle von etwa neun Grad kann selbst bei konventionell isolierten Neubauten noch über fünf Grad betragen. Nur durch eine gute Außendämmung lässt sich die Temperaturdifferenz zwischen Wandmitte und Ecke auf ein bis zwei Grad reduzieren.

teren Detaillösungen kann bei kaum einem modernen Gebäude auf den Einsatz künstlicher Dicht-, Dämm- und Klebstoffe verzichtet werden. Bauwerke, bei denen der Kunststoff selbst konstruktions- und formgebendes Material ist, sind moderne Zeltkonstruktionen und pneumatische Membranen. Sie werden aus sehr festen Polyesterfasern hergestellt und zählen zu den Leichtbaukonstruktionen.

Leichtbaukonstruktionen spielen im Hochbau normalerweise nur eine untergeordnete Rolle. In der Regel werden sie als temporäre Bauten zu bestimmten Anlässen oder als Witterungsschutz für den Bedarfsfall errichtet. Nachdem sich Zeltkonstruktionen aber im Bereich der Überdachung von Sport- und Veranstaltungsstätten bewährt haben, werden sie in neuerer Zeit auch für andere Bauaufgaben, vom Einfamilienhaus bis zur Frachthalle, eingesetzt.

Pneumatische Membranen, auch »Pneus« genannt, sind durch innenseitigen Luftüberdruck gehaltene **Traglufthallen.** Mithilfe eines Gebläses wird im Innern der Halle ein leichter Überdruck erzeugt, sodass die Luft das eigentlich tragende Element der Konstruktion ist. Diese Konstruktionen werden im Gegensatz zu Zeltkonstruktionen ausschließlich für temporäre Bauwerke eingesetzt.

Probleme beim Bau

Eine schon sprichwörtlich gewordene Erfahrung, die viele Bauherren sowohl im privaten wie im gewerblichen und öffentlichen Bereich machen mussten, ist der »Pfusch am Bau«. Der steigende Kostendruck, der mit einem wachsenden Zeitdruck beim Bauen einhergeht, und die dichtere Bauweise erhöhen noch die Fehleranfälligkeit althergebrachter Bauweisen. Schließlich sind gerade moderne bauökologische Konstruktions- und Verfahrensweisen besonders anfällig auch gegen Abweichungen von den Vorgaben, die unter Umständen die gesamte geplante Energieeinsparung zunichte machen können. Dennoch können viele Probleme bei und nach der Errichtung eines Gebäudes vermieden werden, wenn Planung und Bauablauf von vornherein auf die wichtigsten Fehlerquellen Rücksicht nehmen. In den folgenden Abschnitten sollen daher die am häufigsten auftretenden Bauprobleme, ihre Ursachen und Möglichkeiten zur Vermeidung diskutiert werden.

Wärmebrücken

Als Wärmebrücke bezeichnet man eine Teilfläche einer Wand, durch die mehr Wärme abfließt als durch die übrige Wand. So tritt an jeder Hausecke eine unvermeidliche Wärmebrücke auf, da die innere Wandfläche kleiner ist als die Außenwandfläche. Be-

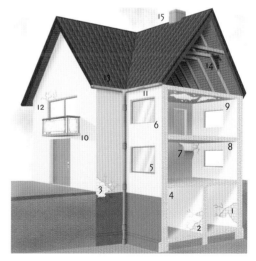

Längst sind mögliche **Schwachstellen bei Häusern** bekannt. Besonders bei älteren Gebäuden können an diesen Stellen Schäden auftreten: 1 Durchfeuchtete Kelleraußenwände, 2 durchfeuchtete Kellerinnenwände, 3 Durchfeuchtung außen am Bauwerkssockel, 4 Auflageschäden an Kellerdecken, 5 schadhafte Außenfenster, 6 Schwachstelle Fenster-Wand-Anschluss, 7 schadhafter Wandputz, schadhafte Tapeten, 8 abgefaulte Balkenköpfe von Holzdecken, 9 Schwachstelle Deckenstuck, 10 Schwachstelle Balkon, 11 schadhafte Dachentwässerung, 12 Risse in der Fassade, 13 schadhafte Dachhaut, 14 Schäden an Holzdachstühlen, 15 schadhafte Kaminzüge und -köpfe.

Die **Thermographie** zeichnet die von einem Objekt ausgehende Wärmestrahlung auf. Dabei signalisiert die rote Farbe Stellen mit ungenügender Isolierung, während blaue Bereiche auf gute Dämmung schließen lassen.

Der **Taupunkt** ist diejenige Temperatur, bei dem die Luft bei vorgegebener absoluter Luftfeuchte gerade so viel Wasserdampf enthält, wie sie maximal aufnehmen kann; die **relative Luftfeuchtigkeit** beträgt dann also 100 Prozent. Sinkt die Temperatur und damit die Aufnahmekapazität der Luft für Wasserdampf unter den Taupunkt, so übersteigt die relative Luftfeuchte 100 Prozent und die Luftfeuchte kondensiert zu Tautröpfchen.

sonders gefährdet sind immer Bereiche, wo zwei Materialien aufeinander treffen. In diesem Sinne stellen Fenster, Fensterstürze, Rollladenkästen, Balkone, Betondecken, die auf Mauerwerk aufliegen, Sockelbereiche und Flachdächer Problembereiche dar.

Um Wärmebrücken zu vermeiden, sollte der k-Wert eines Bauteils möglichst überall gleich sein. Man kann solche Wärmebrücken entdecken, indem man sie – vor allem in der kalten Jahreszeit – mithilfe einer Thermographie sichtbar macht. Dabei wird mit einer Infrarotkamera die vom Gebäude abgegebene Wärmestrahlung fotografiert.

Problematisch an Wärmebrücken ist nicht nur der Verlust von Heizenergie, sondern vor allem auch Folgeschäden, die von der an kalten Stellen kondensierenden Luftfeuchtigkeit verursacht werden. Es kommt zu gesundheitsschädigender Schimmelbildung und möglicherweise zu einer Durchfeuchtung der Bausubstanz, die schwerwiegende Schäden nach sich ziehen kann.

Feuchtigkeit im Haus

Beim Massivbau ist auch nach Abschluss des Baus ein hohes Maß an Feuchtigkeit in den Wänden vorhanden, da die mineralischen Baustoffe (Beton, Mörtel, Estrich und Putz) zum Teil nur langsam ihre Restfeuchte abgeben. Diese Feuchtigkeit ist zwar lästig, lässt sich aber durch regelmäßiges Lüften beseitigen. Aber auch nach dem Einzug gibt es Bereiche in einer Wohnung, in denen sich die Bildung von Wasserdampf und damit eine hohe Luftfeuchtigkeit nie ganz vermeiden lässt. Besonders Küche und Bad sind Räume, in denen viel Feuchtigkeit entsteht, aber auch Zimmerpflanzen sowie die Bewohner selbst geben Wasserdampf ab.

Die häufigste Form von Feuchtigkeitsschäden ist die Bildung von Kondenswasser – also kondensiertem Wasserdampf – an kalten Stellen, insbesondere an Wärmebrücken. Entscheidend für die Bildung von Kondenswasser ist der Taupunkt, der von der Lufttemperatur und der relativen Luftfeuchtigkeit abhängt. Erreicht die Temperatur einer Hauswand oder eines anderen Bauteils den Taupunkt, dann bilden sich dort Wassertröpfchen. Wenn beispielsweise ein Raum eine Temperatur von 20 Grad Celsius und eine relative Luftfeuchtigkeit von 70 Prozent hat, darf es in der Zimmerecke nicht kälter als 14,4 Grad Celsius sein. Dies wäre nämlich gerade die Taupunktstemperatur, unterhalb der sich an der kalten Tapete Feuchtigkeit niederschlagen würde.

Man kann anhand einfacher physikalischer Gesetze berechnen, welcher Teil eines Bauwerks bei normalen klimatischen Bedingungen Temperaturen im Bereich des Taupunkts haben kann. An diesen Stellen muss man bei der Konstruktion des Gebäudes dafür sorgen, dass das kondensierende Wasser bequem nach außen abgeführt werden kann.

Außer Kondenswasser kann auch Wasser, das an undichten Stellen in die Gebäudehülle eindringt, Schäden verursachen. Dies geschieht beispielsweise bei geplatzten Wasserrohren, bei einer schadhaften Dachentwässerung oder bei einem Feuchteaufstieg aus dem Erdreich ins Mauerwerk.

An feuchten Wandoberflächen kommt es unter anderem zu Schimmelbildung. Schimmelsporen gehören neben Hausstaubmilben zu den bedeutendsten Allergieauslösern in Innenräumen. Bei geschwächten Menschen können sie auch innere Organe, vor allem die Lunge befallen und schwere, möglicherweise tödlich verlaufende Erkrankungen hervorrufen. Feuchte Stellen an einer Wand können sich zu schwerwiegenden Durchfeuchtungen ausweiten. Diese sind vor allem für die Gebäudesubstanz selbst gefährlich, es kann zu Salzauswaschungen, einer Herabsetzung der Stabilität des Gebäudes und seiner Wärmedämmfähigkeit, Fäulnis und weiter gehendem Schädlingsbefall kommen.

Lufttemperatur	Taupunkttemperatur bei einer relativen Luftfeuchtigkeit von						
	30 Prozent	40 Prozent	50 Prozent	60 Prozent	70 Prozent	80 Prozent	90 Prozent
28	8,8	13,1	16,6	19,5	22,0	24,2	26,2
26	7,1	11,4	14,8	17,6	20,1	22,3	24,2
24	5,4	9,6	12,9	15,8	18,2	20,3	22,3
22	3,6	7,8	11,1	13,9	16,3	18,4	20,3
20	1,9	6,0	9,3	12,0	14,4	16,4	18,3
18	0,2	4,2	7,4	10,1	12,5	14,5	16,3
16	-1,4	2,4	5,6	8,2	10,5	12,6	14,4
alle Temperaturen in Grad Celsius							

Temperaturunterschiede von wenigen Grad zwischen Raumluft und Wand führen bei hoher relativer Luftfeuchtigkeit zur Kondensation, wenn die Wandtemperatur den **Taupunkt** erreicht.

Zur Vermeidung von Feuchteschäden hilft regelmäßiges Lüften; dies kann entweder durch Stoßlüftung, also kurzzeitiges weites Öffnen der Fenster, oder durch den Einbau und die Verwendung von Lüftungsanlagen geschehen. Dauerlüften mit wenig geöffneten Fenstern – eine immer noch weit verbreitete Methode der Raumbelüftung – führt hingegen zu großen Wärmeverlusten, ohne dass ein nennenswerter Luftaustausch stattfindet. Hier zeigt sich nun ein Zielkonflikt – wie kann man die Zimmerluft möglichst effektiv austauschen und vor allem den Wasserdampf nach außen bringen, ohne dass Wärme an die Umgebung abgegeben wird? Dies lässt sich durch eine spezielle Dämmtechnik erreichen. Dabei wird an der Innenseite der zu dämmenden Wand Dämmmaterial verwendet, das für Wasserdampf weniger durchlässig ist als die Außendämmung. Dies bewirkt, dass einerseits wenig Feuchtigkeit von innen in die Wand eindringt, dort eingedrungene Feuchtigkeit jedoch gut nach außen abgegeben werden kann. Gleichzeitig wird die Wärmedämmung durch Auswahl geeigneter Dämmmaterialien gewährleistet. Grundsätzlich sollten an der Außenseite auf keinen Fall sperrende Anstriche oder dampfdichte Kunstharzputze verwendet werden, da sich darunter Feuchtigkeit sammeln könnte.

Schall

Anders als Kondenswasser, das unmittelbar die Bausubstanz angreift, ist Lärm vor allem für Wohlbefinden und Gesundheit der Bewohner gefährlich. Gerade ungeschickt konstruierte, gut schallleitende Mietshäuser können die Mieter buchstäblich in den Wahnsinn treiben. Daher muss schon beim Bau genau darauf geachtet werden, dass bestimmte Lärmquellen durch bauliche Maßnahmen verhindert oder stark gedämpft werden. Vor Luftschall, wie er durch Geräusche, Stimmen oder Musik verursacht wird, schützen am besten massive, schwere Wände und Decken. Leichtbauten aus Holz sind daher oft hellhörig. Man fügt hier schwere Materialien beispielsweise in die Decke ein, um die Schalldämmung zu verbessern. Auch weiche Materialien wie Teppiche, Wandbehänge und weiche Deckenplatten können Schall absorbieren.

Massive Wände haben aber auch Nachteile, denn sie leiten den Körperschall oder Trittschall gut weiter. Dies ist der Schall, bei dem feste Bauteile wie Wände oder Leitungsrohre direkt in Schwingungen versetzt werden, etwa durch Schritte. Dagegen hilft nur die Verwendung von weichen Materialien als Schalldämmung. Häufig wird daher von vornherein ein so genannter schwimmender Estrich verlegt: Auf eine massive Decke kommt dabei eine Lage Dämmmaterial aus Mineralfaser, Kork oder Kokosmatten. Darüber wird eine dünne Bodenplatte aus Beton, der eigentliche Estrich, gegossen. Darauf kann dann der gewünschte Bodenbelag verlegt werden. Es muss darauf geachtet werden, dass der Estrich nicht die Wände berührt, weil sonst Schallbrücken entstehen.

Heizungs- und Wasserrohre übertragen den Schall innerhalb des Hauses besonders gut. Manchmal sind die Badezimmer von Mehrfamilienhäusern so gut miteinander »verbunden«, dass Gespräche unfreiwillig mitgehört werden können. In einem Neubau gehören daher Umhüllungen der Rohre aus weichem Material oder Sand längst zum Stand der Technik.

Für den Schutz vor von außen eindringendem Lärm, vor allem Verkehrslärm, sind dicht schließende Fenster wichtig. Einen Schwachpunkt im Schallschutz stellen bei Altbauten die Rollladenkästen dar. Moderne Kästen müssen eine besondere Schall- und Wärmedämmung besitzen. Man kann aber auch alte Rollladenkästen relativ erfolgreich nachrüsten.

Technische Gebäudeausrüstung

Nachdem der Rohbau fertig gestellt wurde, kann damit begonnen werden, das Innere des Gebäudes mit der zum Bewohnen wichtigen Technik auszustatten – man spricht von der Haustechnik oder technischen Gebäudeausrüstung (kurz: TGA). Sie umfasst die Gesamtheit aller im Haus installierten technischen Anlagen mitsamt den dazugehörigen Ver- und Entsorgungsleitungen. Dazu gehören die Sanitärinstallation, die Heizungs-, Lüftungs-, Klima- und Kälte-

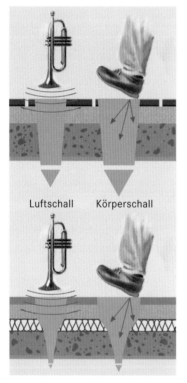

Luftschall   Körperschall

Luftschall sind Geräusche, die von der Luft an Wände und Zimmerdecken beziehungsweise -böden übertragen werden. **Körperschall** entsteht im Baukörper, zum Beispiel durch gehende Personen (oben). Gegen Luftschall helfen am besten schwere, dicke Wände, gegen Körperschall weiche, dämpfende Auflagen. Daher verwendet der moderne Schallschutz Kombinationen aus harten und weichen Schichten übereinander (unten).

technik, die Fördertechnik – zum Beispiel Aufzüge – sowie Einrichtungen des Brandschutzes. Zur Haustechnik zählen weiterhin auch spezielle Wasser- und Energieversorgungsanlagen, beispielsweise Wärmepumpen oder Sonnenkollektoren sowie Entsorgungseinrichtungen für den häuslichen Abfall.

Die TGA bringt erst die Funktionalität und Bequemlichkeit ins Haus, wie sie inzwischen in Mitteleuropa zum Standard gehört. Die Ausführungen sind dabei durchaus unterschiedlich: Auf der einen Seite steht das »intelligente« Hightechhaus mit automatischer Steuerung der Rolläden und Wärmerückgewinnung aus Lüftungsanlagen, auf der anderen Seite das »primitive« Haus mit Holzfeuerung und einem Kaltwasserhahn.

Bei Neubauten beträgt der Anteil der Haustechnik an den Gesamtbaukosten heute etwa ein Viertel. Wie viel Technik bei einem Haus notwendig und sinnvoll ist, kann nicht immer eindeutig beantwortet werden. Wichtig sollte bei der Entscheidung für eine bestimmte Anlage sein, dass sie nicht nur der Bequemlichkeit dient, sondern auch hilft, Kosten und Energieverbrauch zu senken und gesundheitliche und Umweltbelastungen zu vermeiden. Der beste Zeitpunkt zum Einbau der Haustechnik ist, wenn der Rohbau steht und das Dach fertig gestellt ist, aber noch bevor Fenster und Türen eingebaut und die Wände verputzt werden.

Sanitärtechnik – der Umgang mit Wasser und Abwasser

Um die Wasserversorgung in einem Haus zu gewährleisten, müssen Leitungen für die Ver- und Entsorgung, sprich Trinkwasserleitungen und Abwasserrohre verlegt werden. Für die Dachentwässerung sind getrennte Regenrinnen und Fallrohre erforderlich. In immer mehr Häusern wird das Regenwasser aber gesammelt und als Brauchwasser verwendet. Manche Gemeinden führen häusliches Abwasser und Regenwasser getrennt ab, andere leiten

Statt der früher in der Trinkwasserversorgung verwendeten **Bleirohre** werden heute meist Kupferrohre verlegt.

beide Ströme zusammen zu einer Kläranlage oder einem nahe gelegenen Fließgewässer, das als Vorfluter dient.

Zwar gibt es im regenreichen Mitteleuropa ausreichende Wasservorkommen, diese sind jedoch häufig durch landwirtschaftliche und industrielle Eingriffe so belastet, dass sie mit großem technischem Aufwand gereinigt und zu Trinkwasser aufbereitet werden müssen. Wasser, das in Trinkwasserleitungen zum Endverbraucher gelangt, wird regelmäßig auf seine Qualität hin untersucht. Trotzdem sind Belastungen beispielsweise durch Nitrat oder Pflanzenschutzmittel nicht völlig auszuschließen. Die Kommunen sind verpflichtet, Auskunft über eventuelle Trinkwasserverschmutzungen zu geben.

Früher war es üblich, für die Trinkwasserversorgung Rohre aus Blei zu verwenden. Längst ist bekannt, dass Blei auch in kleinen Mengen gesundheitliche Belastungen hervorrufen kann. Blei reichert sich im Körper an und kann vor allem die Funktionsfähigkeit des Nervensystems beeinträchtigen. Ein bekanntes Opfer einer Bleivergiftung ist der spanische Maler Francisco Goya, der ertaubte und auch unter psychischen Störungen litt. Bleileitungen sind bei Neubauten verboten, in Altbauten können Trinkwasserleitungen jedoch noch aus Blei bestehen. Diese sollten möglichst bald ausgetauscht werden. In der Zwischenzeit sollte kein Wasser, das längere Zeit in solch einer Leitung gestanden hat, zur Nahrungszubereitung verwendet werden.

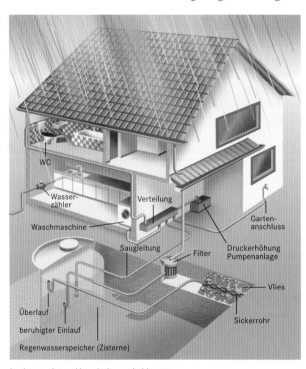

In den meisten Haushalten wird heute Trinkwasser für Aufgaben eingesetzt, bei denen die hohe und aufwendig erzeugte Qualität des Trinkwassers gar nicht benötigt wird – etwa bei der Toilettenspülung (der größte Wasserverbraucher im Haushalt!), in der Waschmaschine oder zur Gartenbewässerung. Hierfür würde Regenwasser völlig ausreichen. Daher werden neuerdings Systeme zur **Nutzung des Regenwassers** als Brauchwasser wieder aktuell. Dabei wird das auf Dachflächen fallende Regenwasser durch Rinnen, Fallrohre und Leitungen über Filter in eine Zisterne geleitet, aus der sich ein eigener Brauchwasserkreislauf speist. Dieser versorgt alle Geräte, die nicht auf Trinkwasserqualität angewiesen sind, und entlastet auf diese Weise die Trinkwasserversorgung spürbar.

Heute werden meist Kupfer- oder Kunststoffrohre verlegt, die zwar hinsichtlich der Gesundheitsgefährdung besser, jedoch auch nicht uneingeschränkt zu empfehlen sind. Aus Kupferrohren können Kupferionen ins Trinkwasser abgegeben werden, die vor allem für Babys gesundheitsschädlich sind. Kunststoffrohre wiederum bestehen meist aus Polyvinylchlorid (PVC), das zwar das Trinkwasser nicht belastet, aber bei der Herstellung erhebliche Probleme bereitet und außerdem im Brandfall hochgiftige Substanzen abgibt.

Um Trinkwasser zu sparen, geht der Trend bei Neubauten und bei der Sanierung von Altbauten zum Einbau Wasser sparender Armaturen und Toilettenspülkästen. So verfügen moderne Spülkästen über eine Spartaste, die mit fünf bis sechs Litern anstatt der üblichen neun bis zwölf Liter Wasser auskommt. Dies hat weniger ökologische Gründe, sondern primär wirtschaftliche. Die Gebühren für die Trinkwasserversorgung und Abwasserentsorgung sind in den letzten Jahren ständig, zum Teil drastisch gestiegen. Diese Gebühren dienen zum einen der teuren Trinkwasseraufbereitung, aber nicht zuletzt auch dem Bau und der Instandhaltung von Kanalisation und Kläranlagen.

Vakuumtoiletten

Eine noch nicht sehr verbreitete Möglichkeit, die Abwassermenge noch weiter zu reduzieren und damit Trinkwasser zu sparen, bietet die Vakuumentwässerung. Die Vakuumsanitärtechnik ist den meisten Menschen schon in Flugzeugen oder in modernen Zügen wie dem ICE als Vakuumtoilette begegnet. Bei dieser Toilette wird der Spülvorgang durch Drücken auf die Knopfsteuerung eingeleitet. Das Absaugventil öffnet sich, und der Beckeninhalt wird in Form eines Pfropfens über das Rohrsystem zur Vakuumanlage befördert. Nach etwa zwei Sekunden schließt das Absaugventil, nach vier Sekunden ist der gesamte Spülvorgang abgeschlossen.

Das Abwasser wird bei der Vakuumtoilette nicht wie bei herkömmlichen Toiletten ausgeschwemmt, sondern abgesaugt – es ist also nicht die Wassermenge, sondern der angelegte Unterdruck entscheidend. Daher kommt sie mit einer sehr viel kleineren Wassermenge, nämlich nur etwa einem Liter pro Spülung, aus. Der Einbau von Vakuumtoiletten in Hochbauten ermöglicht es, die tägliche Pro-Kopf-Toilettenspülwassermenge von etwa 45 auf sechs Liter zu reduzieren.

Eine **Vakuumtoilette** ist den meisten Menschen bisher nur aus dem ICE oder Flugzeug bekannt, doch auch in Gebäuden könnte sie die Abwassermenge erheblich reduzieren.

Die Vakuumsanitärtechnik lässt sich auch problemlos für die Absaugung von Abwasser aus Waschtischen, Badewannen, Duschwannen und Urinalen einsetzen. Das Absaugventil kann direkt an die Sanitäreinheit angeschlossen werden. In Ruhestellung ist das Ventil geschlossen und trennt die unter atmosphärischem Druck stehende Sanitäreinheit vom Vakuumrohrleitungssystem. Fließt Abwasser in das Becken, öffnet der Staudruck das Ventil. Das Abwasser wird in Par tien von etwa einem Viertelliter abgesaugt und über das Vakuum-rohrleitungssystem zur Vakuumanlage transportiert. Die für den Transport des Abwassers benötigte Luft wird über eine zusätzliche Öffnung am Ventilkörper eingesaugt.

Eine Vakuumpumpe baut im gesamten Ableitungssystem einen Unterdruck auf, der mit einem Druckschalter geregelt wird. Das über die Vakuumtoiletten, Waschtische, Badewannen und Dusch-wannen in das System eingegebene Abwasser wird im Vakuumtank gesammelt. An den Vakuumtank ist eine Abwasserpumpe ange-schlossen, die das zwischengesammelte Abwasser in das kommunale Abwassernetz befördert. Die Steuerung der Abwasserpumpe erfolgt über eine im Vakuumtank eingebaute Niveauregelung. Ein weiterer Vorteil bei Verwendung der Vakuumtechnik sind die kleineren Rohrleitungsquerschnitte, die zudem eine leichtere Verlegung der Rohrleitungen ermöglichen.

Lüftungssysteme

An der Lüftung eines Gebäudes scheiden sich oft die Geister: Die einen möchten möglichst oft und möglichst viel frische Luft, die anderen wollen ihr Haus wärme- und schallisolieren und fürch-ten bei jeder Lüftung Wärmeverluste und Lärmbelästi-gung. Um dieses heikle Thema anzugehen, soll es in den folgenden Absätzen unter verschiedenen Aspekten be-trachtet werden. Zu Beginn der Diskussion steht eine rein bauphysikalische Annäherung.

Die Bauphysik unterscheidet an beheizten Gebäuden mit wärmedämmender Außenhaut zwei Dichtungsebenen: Die äußere Dichtungsebene wird Winddichtung genannt; sie soll verhindern, dass vom Wind erzeugte Druckdiffe-renzen an der Außenhaut zu einem Wärmeabfluss aus dem Dämmmaterial führen. Diese äußere Dichtungs-ebene sollte, wie schon weiter oben angedeutet, eine hö-here Durchlässigkeit für Wasserdampf aufweisen als die innere Dichtungsebene, damit Wasserdampf aus dem Mauerwerk nach außen entweichen kann.

Eine immer noch weit verbreitete, aber trotzdem falsche Art der Raum-belüftung: **Dauerlüften** bei leicht geöffneten Fenstern schafft keinen wirklichen Luftaustausch, vergeudet aber »effektiv« Heizungswärme.

Die innere Dichtung wird auch Luftdichtung genannt; sie soll den Luftaustausch zwischen Innenraum und Wand beziehungs-weise Außenraum einschränken. Der Grund hierfür liegt darin, dass Feuchtigkeit im Wesentlichen nicht durch fließendes Wasser, son-dern als Luftfeuchte, also Wasserdampf, mit der Luft in die Wände gelangt. Dies liegt daran, dass bei tiefen Außentemperaturen und feuchtwarmer Innenraumluft die Temperatur innerhalb der Dämm-schicht unter den Taupunkt der Innenluftfeuchtigkeit fallen kann, sodass es dort zur Bildung von kondensiertem Tauwasser kommt. Dieses Tauwasser kann feuchtempfindliche Konstruktionen lang-fristig zerstören, daher ist die Luftdichtigkeit der Innendämmung so wichtig. Es sei bemerkt, dass es Konstruktions- und Dämmmateria-lien gibt, die auch bei höherer Wasserdampfdurchlässigkeit der inne-ren Dichtungsebene keinen Schaden nehmen. Ein klassisches Beispiel ist der so genannte »Dämmziegel«, der Tau-feuchte kapillar zum warmen Innenraum zurück-transportiert, wo sie verdunsten kann. Die Luft-dichtungsebene ist hier der Innenputz, der lücken-los an Decken und Wände angeschlossen werden muss. Bei leichten Holzkonstruktionen wird die Luftdichtung entweder von sauber verklebten Pappen und Folien oder durch eine Innenverklei-dung mit abgedichteten Stößen gebildet. Als erstes Fazit ergibt sich, dass, vom Standpunkt der Bau-physik aus gesehen, eine Luftdichtung unerlässlich ist.

Der nächste Aspekt des Lüftungsproblems ist die baubiologische Sichtweise. Diese stellt vor allem die Frage nach der Luftqualität und damit verbunden vielleicht noch nach dem elek-trostatischen Verhalten der Luftdichtungsebene. Von vielen Baubio-logen wird nach wie vor auch die geringe Wasserdampfdurchlässig-keit von Dampfsperren als Nachteil für den Hausbewohner darge-stellt, da die Außenhülle so nicht »atmen« könne. Dem ist zu entgeg-nen, dass auch durch eine relativ durchlässige Luftdichtung nur ein unzureichender Gasaustausch stattfindet, der weder genug Wasser-dampf noch Kohlendioxid abführt – von Schadstoffen und Gerüchen ganz abgesehen. Solch ein Gasaustausch ist nur entweder durch eine energetisch nicht zu vertretende Dauerlüftung oder durch kontrol-lierte Lüftungssysteme zu erreichen. Eine Verringerung der Schad-stoffbelastung erreicht man außerdem durch Wahl geeigneter Aus-baumaterialien, vor allem bei der Inneneinrichtung und für Schad-stoffe aufnahmefähigen Oberflächen.

Ebenfalls zur baubiologischen Betrachtungsweise gehören hygie-nische Aspekte. Der erforderliche Luftwechsel im Haus sollte die Anzahl von Keimen und Allergie auslösenden Partikeln auf einem hygienisch vertretbaren Niveau halten, wobei allerdings keine Not-wendigkeit besteht, eine völlig keimfreie Atmosphäre zu schaffen. Dieses Niveau hängt zum einen von unumgänglichen Geruchs- und Feuchtequellen und zum anderen von Anzahl und Tätigkeit der Bewohner in den einzelnen Räumen ab. Es ist daher sinnvoll, das Gebäude in Lüftungszonen einzuteilen – Zonen mit Ablüftung und Zonen mit Zulüftung. Alle Geruchs- und Feuchtequellen (zum Bei-spiel Küche, Bad, Toilette oder Abstellkammer) sollten räumlich zusammengefasst und der Abluftzone zugeordnet werden. Je nach Höhe der Belastung wird aus diesen Ablufträumen eine bestimmte Luftmenge abgeführt. Die anderen Räumlichkeiten werden der Zu-luftzone zugeordnet und bekommen je nach Wetterlage und An-wesenheit von Bewohnern beziehungsweise Nutzern Frischluft zugeführt. Während der Heizperiode sollte an besonders kalten Tagen mit trockener Außenluft generell möglichst wenig Luft aus-getauscht werden. Andernfalls kann die relative Luftfeuchtigkeit im Innenraum unter 40 Prozent absinken, woraufhin mit gesundheit-lichen Beeinträchtigungen zu rechnen ist.

Schimmelbildung ist ein typischer Fall von falscher Raumbelüftung, bei der es durch Sporenbildung zu gesundheit-lichen Schäden kommt. Die Ursache hierfür ist, dass Luftfeuchte nicht abgeführt wird, sondern an schlecht wärmegedämmten Stellen der Zimmerwand auskondensiert.

Die **Elektrostatik** ist die in der ersten Hälfte des 19. Jahrhunderts entwickelte Lehre vom Verhalten nicht bewegter elektrisch geladener Körper. Eine bereits im Altertum bekannte elektro-statische Erscheinung ist die Reibungs-elektrizität, bei der sich geriebene, nicht leitende Stoffe (zum Beispiel Glas, Bernstein, Seide, Katzenfell) elek-trisch aufladen; »elektron« bedeutet auf Griechisch »Bernstein«. In Gebäuden spielt unter anderem die elektrostatische Aufladung von Schuh-sohlen an textilen Bodenbelägen und die Anreicherung bestimmter Schad-stoffe an den Wänden aufgrund elek-trostatischer Kräfte eine Rolle. Eben-falls ein elektrostatisches Problem sind Dampfsperren aus Kunststoff, die in der inneren Luftdichtung verwendet werden; diese können die Zusammen-setzung der geladenen Luftbestandteile verändern, was unter Umständen gesundheitliche Auswirkungen hat.

Der letzte Aspekt, der beim Lüften betrachtet werden muss, ist die energiewirtschaftliche Sichtweise, also die Frage des mit dem Lüften verbundenen Wärmeverlusts. Aus baubiologischer Sicht hat sich gezeigt, dass irgendein Luftaustausch im Gebäude stattfinden muss, die Bauphysik verbietet jedoch eine Belüftung durch die Luftdichtung der Dämmhülle. Zusammengenommen spricht dies für eine kontrollierte Lüftung über getrennte Zu- und Abluftsysteme, wie im letzten Absatz angesprochen. Wie kann man aber verhindern, dass mit der Zuluft Kälte ins Haus und mit der Abluft Heizungswärme nach draußen transportiert wird? Die Antwort besteht im Einbau von so genannten Wärmetauschern in die Lüftungsanlage. Im Wärmetauscher wird die warme Abluft in getrennten Leitungen so an der kalten Zuluft vorbeigeführt, dass die Wärme der Innenluft an die zugeführte Luft übertragen wird. Moderne Lüftungsgeräte ziehen elektronisch gesteuert genau so viel Abluft aus dem Gebäude, wie sie als Zuluft wieder zuführen. Dabei sind heute Wärmerückgewinnungsgrade von annähernd 100 Prozent möglich. Diese Anlagen können also Lüftungswärmeverluste fast völlig vermeiden, aber nur unter der Voraussetzung einer luftdichten Gebäudehülle. Damit können wir als Fazit ziehen, dass der Luftwechsel in einem Gebäude kontrolliert und regelmäßig über ein Lüftungssystem erfolgen sollte, während gleichzeitig die gesamte restliche Gebäudehülle luftdicht ist. Wenn die Belüftung über Wärmetauscher und Filteranlagen verfügt, können Wärmeverluste und gesundheitliche Beeinträchtigungen sowie Schimmelbildung praktisch vollständig vermieden werden.

Zentralstaubsauger

Auch wenn die im vorigen Abschnitt beschriebenen Lüftungsanlagen so gut wie keine bauphysikalischen, baubiologischen und hygienischen Fragen mehr offen lassen, gibt es doch ein Problem, dem man auch mit dem besten Lüftungssystem nicht beikommen kann: der Hausstaub. Glücklicherweise bietet auch hier die moderne Haustechnik Abhilfe, und zwar in Gestalt einer zentralen Staubsaugeeinrichtung. Zwar scheint den meisten Mitteleuropäern die zentrale Staubsaugeranlage oder auch der so genannte Einbaustaubsauger eine Erfindung unserer Tage oder sogar noch Zukunftsmusik zu sein – in Wirklichkeit ist diese moderne Haustechnik jedoch bereits über einhundert Jahre alt. Zum Ende des 19. Jahrhunderts war man noch weit entfernt von der Entwicklung heutiger Mini-Haushaltsstaubsauger, aber zwei Varianten eines motorgetriebenen Staubsaugers waren bereits im Einsatz: Zum einen handelte es sich um große mobile Anlagen auf Pferdefuhrwerken, die draußen vor den Häusern geparkt wurden und über lange Schläuche den manchmal jahrzehntealten Schmutz aus den Teppichen saugten (die dadurch bis zur Hälfte ihres Gewichts verloren!). Während diese Variante zum Straßenbild in den angelsächsischen Ländern gehörte,

Für viele Menschen ein vertrauter Anblick: **Staubsaugen** mit einem kleinen Hausstaubsauger. Dieser kann allerdings die schadstoffbelasteten und Allergien auslösenden Mikrofeinstäube gar nicht aufnehmen: Er verteilt sie lediglich gleichmäßig im Raum. Auch der Einsatz von Filtern hilft wenig, da sie oft schlecht sitzen und außerdem, einmal voll beladen, zu schwer abbaubarem Sondermüll werden.

wurde in Mitteleuropa in vornehmeren Häusern eine feste Anlage im Keller installiert. Diese bediente über ein Rohrsystem die Sauganschlüsse in den oberen Geschossen, in die der Saugschlauch eingesteckt werden konnte.

Das Wissen über Komfort und Hygiene der festen Einbaustaubsaugeranlage ging zumindest in Deutschland nach dem Zweiten Weltkrieg verloren. Das Wirtschaftswunder machte mobile Staubsauger, die aber gleichzeitig auch Staubschleudern waren, für jedermann erschwinglich. Erst zum Ende des 20. Jahrhunderts wurde man sich der damit verbundenen Probleme bewusst. Der Hausstaub enthält mikrofeine Stäube, die sowohl Allergien auslösen als auch stark mit Schadstoffen beladen sein können. Aufgrund ihrer Winzigkeit können mikrofeine Staubpartikel auch in feinste Lungenbläschen eindringen, wo sie erhebliche Lungenschäden verursachen können.

Ein Ansatz, die Freisetzung von mikrofeinen Stäuben beim Staubsaugen zu verringern, ist der Einsatz hochwertiger Filter, so genannter HEPA-Filter (von englisch: high efficient particulate air filter, hoch effiziente Partikel-Luftfilter); ein HEPA-Filter der Filterklasse H12 etwa lässt von zehntausend Partikeln nur noch eines passieren. Dieser Ansatz ist jedoch technisch sehr aufwendig und führt zu großen Abfallmengen an nicht regenerierbaren Filtern. Zudem funktioniert die Filterung nur bei absolut dichtem Sitz der Filter,

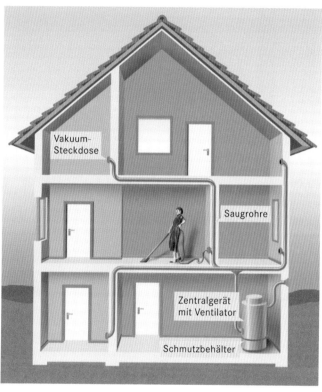

Mit einer **Zentralstaubsaugeranlage** können auch mikrofeine Staubpartikel aus den Wohnräumen entfernt und in der zentralen, selbstreinigenden Filteranlage abgeschieden werden.

was in der Praxis ohne extrem hohen Aufwand nicht machbar sein wird. Kurzum, wenn man die Innenraumluft beim Staubsaugen nicht mit mikrofeinen Stäuben belasten will, dann ist die technisch einfachste Lösung der Einbau einer zentralen Sauganlage, welche die abgesaugte Fortluft zentral sammelt und nach draußen leitet. Die technisch sinnvollsten Anlagen schalten vor die Ausleitung einen selbstreinigenden Filter. Dieser Filter bewegt sich in einem Zylinder auf und ab – beim Einschalten nach oben und beim Ausschalten nach unten. Dies verhindert die Bildung einer Staubkruste auf dem Filtersack, die diesen verstopfen würde. Am unteren Ende des Zylinders sitzt der abnehmbare Staubeimer, der regelmäßig zu leeren ist. Über dem Zylinder mit dem Filtersack befindet sich der Ventilator, welcher den Luftstrom antreibt. Neben den erläuterten hygienischen Vorzügen spricht auch der Komfort, insbesondere die Leichtigkeit und Ruhe beim Saugen, für den Zentralstaubsauger. Er ist zwar in Deutschland noch ein Exot, aber beispielsweise in Kanada fehlt er in

NIEDRIGENERGIEHÄUSER

Ein Niedrigenergiehaus ist nach gängigem Sprachgebrauch ein Haus, das mindestens 25 Prozent weniger Heizenergie verbraucht, als die Wärmeschutzverordnung (WSchVO) von 1995 vorschreibt. Auch der allgemeine Energieverbrauch sollte möglichst weit gehend reduziert werden. Dies kann durch effiziente Wärmedämmung, geregelte Lüftungssysteme mit Wärmerückführung, eine ganzheitlich ökologische Bauplanung und eine Vielzahl kleinerer Maßnahmen erreicht werden. Das abgebildete Haus steht im badischen Durbach-Ebersweier.

Die für das Niedrigenergiekonzept zu treffenden Energiesparmaßnahmen lassen sich in zwei Gruppen gliedern: die aktive Gebäudetechnik und die Einrichtung eines passiven Gebäudes. Unter einem passiven Gebäude versteht man ein Bauwerk, das zum Heizen oder Kühlen keine zusätzliche Energie benötigt, sondern mit geregelten Dämm- und Lüftungsmaßnahmen sowie Sonnenenergienutzung auskommt. Stromkosten für den Betrieb kleiner Ventilatoren seien hier ausgenommen. Zur aktiven Gebäudetechnik

zählen alle Maßnahmen, bei denen zur Energieeinsparung Energie eingesetzt wird, etwa um so genannte intelligente Fassaden je nach Sonnenschein transparent oder lichtundurchlässig zu schalten. Ein anderes verbreitetes aktives Element zur Energieproduktion ist die Wärmepumpe, mit der Erdwärme zu Heizzwecken in Wohnräume transportiert wird. Bereits heute kann man mit aktiven

und passiven Techniken den Bedarf an externer Heizenergie stark reduzieren, das Gleiche gilt für die Raumbeleuchtung; bei der Warmwasserbereitung und beim Betrieb bestimmter elektrischer Haushaltsgeräte gestaltet sich dies schwieriger. Dennoch gibt es mittlerweile einige Modellanlagen, die sogar mehr Energie produzieren als sie verbrauchen, so genannte Plusenergiehäuser.

fast keinem Neubau, und auch in vielen anderen Ländern erfreut er sich einer zunehmenden Beliebtheit.

Energieversorgung

Die zur Heizung von Wohn- und Nutzräumen aufgewendete Energie macht einen erheblichen Teil der in Deutschland jährlich verbrauchten Energiemenge aus. Auch andere Energieverbraucher im Haus benötigen gesamtwirtschaftlich gesehen bedeutende Energiemengen, insbesondere die Warmwasserversorgung und Haushaltsgeräte wie Kühlschränke, Klimaanlagen und Herde. Wie wird diese Energie in die Häuser gebracht und wie lässt sich dieser Energieverbrauch reduzieren?

Der überwiegende Teil der häuslichen Energieversorgung wird heute über elektrische Leitungen und die Anlieferung von Brennstoffen wie Heizöl oder Erdgas erbracht. Dies bringt Probleme mit sich: Elektrischer Strom muss in Kraftwerken erzeugt werden, wobei es zu unvermeidlichen Umwandlungsverlusten kommt, und die weltweiten Vorräte an Öl und Erdgas sind bekanntlich begrenzt. Daher beschreitet man in der Haus-Energietechnik heute zwei Wege: Einerseits wird versucht, den Energieverbrauch im Haus generell zu reduzieren, und es entstehen so genannte Niedrigenergiehäuser; andererseits bemüht man sich um die Erschließung neuer regenerativer Energiequellen. Hierzu zählen unter anderem Sonnenkollektoren, bei denen, vereinfacht dargestellt, Wasser in schwarz angestrichenen Rohren vom Sonnenlicht erwärmt und zur Raumheizung oder Warmwasserbereitung benutzt wird. Mit dieser Technik wird das Wasser in manchen Freibädern beheizt. Andere Möglichkeiten sind Solarzellen, welche Sonnenlicht direkt in elektrischen Strom umwandeln, und die Nutzung der Erdwärme durch Wärmepumpen.

Weiter gehende Maßnahmen einer modernen und verbrauchsarmen Energieversorgung lassen sich oft nicht mehr in einzelnen Häusern, sondern sinnvollerweise nur in ganzen Siedlungen wirkungsvoll umsetzen. Ein Beispiel hierfür sind lokale Blockheizkraftwerke, die Strom- und Wärmeproduktion verbinden und auf kurzen Wegen fast völlig verlustfrei zu den Verbrauchern führen. Auch Lage und Höhe der Gebäude und die Besiedlungs- und Verkehrsdichte spielen hier eine wichtige Rolle – Fragen der Stadtplanung und auch generell des ökologischen Bauens kommen ins Spiel. In Zukunft werden diese Gebiete mit den steigenden Anforderungen an eine nachhaltige Bau- und Lebensweise vermutlich immer weiter zusammenwachsen – zum Wohle von Bauwirtschaft, Mensch und Umwelt.

D. Stein, N. Werkshagen

Ökologisches Bauen

Ökologisch orientiertes Bauen strebt in allen Phasen des Lebenszyklus von Gebäuden – von der Planung, der Erstellung über die Nutzung und Erneuerung bis zu ihrer Beseitigung – eine Minimierung des Verbrauchs von Energie und Rohstoffen sowie eine möglichst geringe Belastung des Naturhaushalts an. Im Einzelnen lässt sich ökologisch orientiertes Bauen durch einige wichtige Handlungsgrundsätze charakterisieren.

Ökologisches Bauen heißt gesundheits- und umweltverträgliches Bauen. Ein ökologisches Haus ist möglichst vollständig in die natürlichen Kreisläufe eingebunden und nutzt diese, ohne in sie schädigend einzugreifen. Ökologisches Bauen entsteht aus einer ganzheitlichen Betrachtungsweise, einer Integration vieler Teilaspekte in einen planerischen Optimierungsprozess. *Das* ökologische Haus im engen Sinn gibt es allerdings nicht.

Das einzelne Vorhaben erfordert jeweils ein spezifisches Konzept oder Teilkonzept, das heißt einzelne Ökobausteine mit unterschiedlichen Lösungsansätzen, Alternativen und Maßnahmen. Während bei einzelnen und kleineren Wohnungsbauvorhaben meist projektbezogene Konzepte angewendet werden, benötigt die Planung größerer Siedlungen oder die Umgestaltung von ganzen Stadtteilen eine wesentlich weiter reichende Herangehensweise. In diesen Fällen sind umfassende Konzepte erforderlich, die in der Regel mit längerfristigen Planungsprozessen verbunden sind.

Wichtige Merkmale ökologischen Bauens
schonender Umgang mit Grund und Boden, d.h. geringer Flächenverbrauch
geringes Verkehrsaufkommen (durch kurze Wege, da Arbeiten und Wohnen nicht getrennt sind)
niedriger Heizenergiebedarf
Nutzung von Sonnenenergie
Minimierung des Ressourcenverbrauchs bei der Erstellung, Nutzung und Beseitigung eines Gebäudes
Vermeidung von Baustoffen und Bauweisen, die bei Herstellung, Verarbeitung, Nutzung oder Entsorgung Gesundheit oder Umwelt belasten
Einbindung in den natürlichen lokalen Kreislauf
intensive Begrünung
Artenschutz

Die **Handlungsgrundsätze ökologischen Bauens** zielen auf die Einbindung des Gebäudes in die natürlichen ökologischen Kreisläufe ab.

Das **Planungsrecht** bietet in der Regionalplanung und Bauleitplanung die Möglichkeit, ökologische Absichten im Bebauungsplan abzusichern und verbindlich zu verankern. Das Baugesetzbuch (§9) stellt einen Katalog mit Möglichkeiten zur Verfügung, die es ökologisch auszufüllen gilt.
So kann zum Beispiel das Maß der baulichen Nutzung und die Bauweise (Verdichtungsgrad, das heißt Größe der Grundstücke, überbaubare und nicht überbaubare Flächen, Stellung der Gebäude auf dem Grundstück [auch zur passiven Solarnutzung], Zahl der Geschosse) festgelegt werden, und es können Flächen ausgewiesen werden, die nicht bebaut werden dürfen, wie Wasserrückhalteflächen und Biotopflächen.

Bauen und Stadtentwicklung

Die Städte greifen tief in ökologische Kreisläufe ein, indem große Mengen an Energie und Rohstoffen, Wasser und Boden verbraucht und große Mengen Abfall, Abwasser und Abgase produziert werden.

Eine Folge der immer mehr sinkenden Lebensqualität in der Stadt ist – zumindest in den hoch entwickelten Ländern – die Flucht ins Grüne und das Umland. Aus historisch klar begrenzten Städten sind Ballungsräume mit unbestimmten Grenzen geworden, die sich zunehmend in die Landschaft ausbreiten.

Die ökologische Stadtentwicklung versucht, durch Verbesserung der Lebensbedingungen neue Qualitäten zu schaffen. Der strategische Ansatz geht über das Planen und Bauen von Ökohäusern auf der grünen Wiese weit hinaus. Die Umweltbelange müssen sehr früh im Planungsprozess berücksichtigt werden. Sie beginnen schon bei der planerischen Ausweisung und Erschließung von Baugebieten. Das gültige Planungsrecht sinnvoll zu nutzen, bildet einen ersten Schritt zu diesem Ziel.

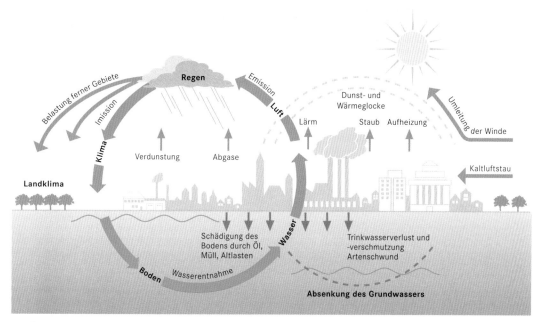

Das Ökosystem Stadt. **Lärm** gehört zu den städtischen Umweltbelastungen, die subjektiv als besonders störend wahrgenommen werden. Größter Lärmverursacher ist der Verkehr. Infolge der gestiegenen Entnahme von **Grundwasser** und der gleichzeitig ungenügenden Versickerung von Regenwasser sinkt der Grundwasserspiegel. Die Wasserqualität verschlechtert sich durch Schadstoffe aus Industrie und Landwirtschaft. Bauen beansprucht **Fläche.** Bodenversiegelung hat negative Auswirkungen auf Lebensräume, Klima- und Wasserhaushalt. Durch jede Art des Bauens wird auch das örtliche **Klima** beeinflusst. Bebauung und Versiegelung verursachen Klimaveränderungen durch Aufheizung, Abwärme und Abstrahlung, fehlende Verdunstungsflächen und Verbauung von Kaltluftschneisen. Auch die Nutzung fossiler Energieträger durch Schadstoffabgaben an Wasser, Luft und Boden und die Veränderungen der Lebensräume von Flora und Fauna tragen dazu bei. Bei Inversionswetterlagen, die in ihrer Häufigkeit zunehmen, kann sich der Stadtdunst zu gesundheitsschädigendem Smog steigern.

Die politisch gewollte Zukunftsperspektive in Deutschland ist derzeit, Neubaumaßnahmen mehr in den noch geeigneten Stadt- und Gemeindeflächen zu konzentrieren, um die ökologischen Ausgleichsräume auf dem Land zu erhalten. Diese Innenentwicklung versteht sich als die logische Folgerung, aus den Fehlentwicklungen der Vergangenheit zu lernen, die zu einer starken Zersiedelung der Landschaft geführt haben. Innenentwicklung soll aber nicht bedeuten, dass in den bebauten Gebieten die vorhandenen Freiflächen restlos zugebaut werden. Das große Potenzial nicht optimal genutzter Freiflächen innerhalb der Bebauung muss aufgrund einer ökologischen Gesamtbetrachtung besser genutzt werden, sei es zum Wohnen, Arbeiten oder Erholen.

Die Grundsätze einer ökologischen Stadtplanung sind die Funktionsmischung von Wohnen, Arbeiten und Freizeit; nach Möglichkeit Vermeidung reiner Wohn- oder Gewerbegebiete, darüber hinaus wohnungsnahe Arbeitsplätze und Verringerung der Verkehrswege. Weitere Prinzipien sind die Verminderung des Flächenkonsums durch Flächen sparende Bauweisen und geringeren Flächenverbrauch pro Kopf, die neue Nutzung innerstädtischer Flächen und Schutz der Außenbereiche vor weiterer Bebauung und Bodenversie-

INNENENTWICKLUNG

Innenentwicklung ist eher kleinteilig und für groß angelegte Stadtentwicklung bzw. -erweiterung ungeeignet. Die Stadt Freiburg im Breisgau plant beispielsweise auf 70 Hektar eine groß angelegte Stadterweiterung, das so genannte Rieselfeld. Dabei wollen Architekten, Fachleute und Planungsbehörden allen bisherigen Erkenntnissen über ökologische und soziale Wirkungszusammenhänge im Städtebau so weit wie möglich Rechnung tragen.

Um eine zentral geführte Stadtbahnachse gruppieren die Planer dichte, sonnenorientierte Blockrandbebauungen, die zu den Stadträndern hin niedriger werden und »weich« in die Landschaft übergehen. Dem Landschaftsschutz trägt die Idee eines »Grünkeils« Rechnung. Aus dem Zentrumsbereich öffnet sich der Stadtteil mit einer großzügigen Parkanlage nach Norden und führt die Freizeit- und Erholungssuchenden vom naturgeschützten westlichen Rieselfeld weg.

Ein Wohnbogen bildet die Begrenzung und dient gleichzeitig als Lärmschutzbebauung für das Viertel gegen eine viel befahrene Straße im Osten. Die Wohnungen im Wohnbogen sind mit allen Wohn- und Schlafräumen zum ruhigen, sonnigen Grünbereich im Westen orientiert. Der Grünkeil mit öffentlichen Einrichtungen und Sportanlagen soll sich klimatisch günstig auswirken. Als Elemente des Rieselfeldes ist Wasser durch die Erhaltung des vorhandenen Rieselfeldgrabens und eines neu anzulegenden wechselfeuchten Grabens prägend für die Stadtstruktur. Das Oberflächenwasser soll weitgehend versickern oder über eine Bodenfilteranlage ins westliche Rieselfeld geleitet werden. Der Stadtteil wird mit Fernwärme versorgt. Die Häuser werden in Niedrigenergiebauweise (65 Kilowattstunden pro Quadratmeter und Jahr) errichtet und mit Energie und Wasser sparender Haustechnik ausgestattet.

gelung und die ganzheitliche Konzeption für die städtischen Freiräume und ein umfassendes Freiraumkonzept für das Stadtumland. Schließlich sind noch die Energieeinsparung im Rahmen örtlicher und regionaler Energiekonzepte und ökologisches Planen und Bauen bei den einzelnen Bauten aufzuführen.

Vor allem die Flächenausweitung der Bebauung sollte eingeschränkt werden, denn der Boden ist keine beliebig vermehrbare Ware. Dies lässt sich durch Flächen sparende Bauweise und Erschließungsmaßnahmen verwirklichen. Ressourcen schonendes Bauen berücksichtigt bereits in der Planungsphase einen möglichst geringen Bodenverbrauch und muss mit anderen wesentlichen Zielen der Regional- und Bauleitplanung in Einklang gebracht werden. Flächen, die mit Altlasten verseucht sind, müssen saniert werden. Betriebsverlagerungen aus der Stadt hinaus zur Lösung von Gemengelageproblemen sollten die Ausnahme bleiben.

Die Umgestaltung eines bereits bestehenden Gebäudes ist einem Neubau vorzuziehen. Im Rahmen einer umweltgerechten Stadtentwicklung sollte der Baumaßnahme im Bestand (Nachverdichtung) und Stadterneuerungsmaßnahmen der Vorrang vor der Ausweisung neuer Baugebiete gegeben werden. Ökologisch sinnvoll ist die Wiedernutzung städtebaulicher Brachflächen einschließlich der Umnutzung ehemals militärisch genutzter Flächen, denn die fortschreitende Zunahme von Siedlungsflächen nimmt immer mehr Landschaft und Freiräume in Anspruch.

Bei Neubauten ist eine verdichtete Bauweise (Reihenhäuser, Geschosswohnungsbau) dem traditionellen Einfamilienhaus vorzuziehen. Die Grundrisse sollten so flexibel gestaltet werden, dass ein Haus den jeweiligen individuellen Wohnbedürfnissen der Nutzer angepasst werden kann. Wohngebäude für Familien sollten sich den Veränderungen der Bedürfnisse im Lebenszyklus anpassen können. Zum Beispiel können Reihenhäuser so gestaltet werden, dass das Haus nach Auszug der Kinder in zwei separate Wohneinheiten unterteilbar ist.

Ein weiterer wichtiger Aspekt ökologischen Bauens ist die Minimierung von Entfernungen: Was nützt der Bau eines ökologischen Einfamilienhauses auf einem billigen ländlichen Grundstück, wenn dafür viele Kilometer zur Arbeit zu pendeln sind und für Einkaufen und Kinderbeförderung ein Zweitwagen gebraucht wird? Ökologisches Bauen findet seinen Ausdruck auch in der Verknüpfung von Wohnen und Arbeiten in städtischen Mischgebieten.

Energiehaushalt und Klimatisierung

Für ökologisches Bauen ist entscheidend, den Verbrauch nicht erneuerbarer Energie so weit wie möglich zu senken. Dies lässt sich vor allem durch eine Minimierung des Heizenergieverbrauchs erreichen. Niedrigenergiehäuser, die längst das Stadium von unbezahlbaren Versuchshäusern hinter sich haben, verfolgen diese Strategie. Es lassen sich Energieeinsparungen von bis zu 50 Prozent erreichen. Einsparungen von über 80 Prozent gegenüber vergleichbaren konventionellen Neubauten lassen sich beispielsweise mit dem Passivhauskonzept realisieren. Bei den Plusenergiehäusern wird auf eine konventionelle Heizung ganz verzichtet, da die Sonnenenergie konsequent genutzt wird. Als Standardbauweise sind diese Häuser jedoch heute noch zu teuer.

Um ein »echtes« ökologisches Energiekonzept zu verwirklichen, reicht es nicht, die Wärmedämmung zu verstärken oder eine mo-

Der Begriff **Niedrigenergiehaus** ist nicht eindeutig definiert oder geschützt. Er hat sich für Häuser eingebürgert, deren Jahreswärmebedarf die Anforderungen der Wärmeschutzverordnung um mindestens 25 Prozent unterschreitet. Daraus ergibt sich ein Wärmebedarf je nach **A/V-Verhältnis** (A/V = Außenfläche/Volumen) des Gebäudes zwischen 35 und 75 Kilowattstunden pro Quadratmeter und Jahr. Der Begriff Niedrigenergiehaus bezeichnet einen Standard, keine Bauweise.

Das **Passivhaus** ist eine Weiterentwicklung des Niedrigenergiehauses mit einem noch geringeren Heizwärmeverbrauch. Der Heizwärmeverbrauch liegt bei rund zehn Kilowattstunden pro Quadratmeter und Jahr.

Noch einen Schritt weiter geht das **Plusenergiehaus,** ein Haus, das mehr Energie produziert als es verbraucht. Durch die Nutzung photovoltaischer Anlagen kann es sogar elektrische Energie ins Netz zurückspeisen.

Das **Heliotrop-Haus** kann sich drehen und richtet sich automatisch nach der Sonne aus.

Aufteilung des **Energieverbrauchs** der privaten Haushalte.

derne Haustechnik einzusetzen, sondern ein ganzheitlicher Ansatz ist gefragt. Dieser beginnt bei den städtebaulichen Rahmenbedingungen und einer (energie)bewussten Siedlungsentwicklung und reicht bis zur Auswahl der verwendeten Baustoffe. Erst wenn das Gebäude Energie ins Netz zurückspeist (Plusenergiehaus), ist das Ziel einer tatsächlich nachhaltigen Hauswirtschaft erreicht. Konzepte, die diesen Ansatz verfolgen, gibt es beispielsweise mit dem Heliotrop-Haus in Freiburg bereits.

Dabei handelt es sich um ein drehbares, kompaktes, zylinderförmiges Solarhaus. Das achtzehneckige Baumhaus mit einem Stamm von lediglich neun Quadratmetern hat einen Außendurchmesser von elf Metern und besteht im Wesentlichen aus einer Holzskelettkonstruktion. Es ist zu einer Seite hin verglast, zur anderen Seite und in der Dachfläche hochwärmegedämmt. Die Glasfassade aus Dreifach-Wärmeschutzverglasung dämmt fünf- bis sechsmal so gut wie herkömmliche Isolierverglasung. Sie kann während der Heizperiode der Sonne nachgeführt oder aber im Sommer von der Sonne abgewandt werden. Aktive Solarnutzung, beispielsweise durch Photovoltaik, und Erdwärmetauscher stellen im Jahressaldo mehr Energie als benötigt bereit, wodurch das Heliotrop-Haus zum Plusenergiehaus wird.

Dieser Idealfall lässt sich nicht für jedes Bauvorhaben realisieren. Aber die Einsparung von nicht erneuerbarer Primärenergie und der damit verbundene Beitrag zur Verringerung der Kohlendioxidemissionen sollte eines der wichtigsten Ziele ökologischen Bauens sein. Denn die Gebäudeheizung bewirkt den bei weitem größten Energieverbrauch in privaten Haushalten. Am Ausstoß des Gases Kohlendioxid (CO_2) als größtem Verursacher des Treibhauseffektes sind Haushalte und Kleinverbraucher mit rund 22 Prozent beteiligt.

Demnach muss beim Neubau beziehungsweise bei der Renovierung der Vermeidung von Wärmeverlusten und der umweltfreundlichen Wärmegewinnung größte Aufmerksamkeit geschenkt werden. Im Rahmen der kommunalen Hoheit in Fragen der Stadtplanung und Stadtentwicklung können Städte und Gemeinden durch planerische Festlegungen eine nachhaltige Senkung der Kohlendioxidemissionen bewirken.

Dem Ziel der Kohlendioxidreduktion dient sowohl eine kompakte Gebäudeform und eine verdichtete Bauweise zur Verringerung der Wärmeabstrahlungsflächen als auch eine hohe Wärmedämmung an den verbleibenden Abstrahlungsflächen. Die passive Nutzung der Sonnenenergie durch »Energiefallen«, beispielsweise Wintergärten, sollte verstärkt betrieben werden. Weitere Voraussetzungen zur Reduzierung der Kohlendioxidbelastung stellen ein effektives und umweltgerechtes Heizungssystem und gegebenenfalls die Nutzung alternativer regenerativer Energiequellen dar. Geht der Wärmeverbrauch in Gebäuden zurück, so sinkt der Verbrauch fossiler Energieträger und damit der Kohlendioxidausstoß.

Stand früher die Energieträgerwahl im Vordergrund, so folgt aus dem Leitbild der Kohlendioxidreduktion ein umfassender Ansatz, der es erfordert, Bebauungsstruktur, Anordnung der Gebäude, Wärmeschutzstandard und schließlich die Wärme- und Stromversorgung integriert zu betrachten. Um Kohlendioxid reduzierende Konzepte zu verwirklichen, muss schon bei der Ausweisung von Planungsgebieten und der Aufstellung von Bebauungsplänen auf der Basis der geplanten Nutzfläche der zukünftige Energiebedarf abgeschätzt werden.

Standortwahl und Gebäudeplanung

Die Standortwahl eines Gebäudes ist für dessen Energiehaushalt von außerordentlicher Bedeutung. Natürliche Idealstandorte sind heute fast nirgends mehr verfügbar. In Kenntnis der notwendigen Bedingungen ist es jedoch mitunter möglich, einen Standort so zu gestalten, dass er günstige Voraussetzungen für ein energiesparendes Gebäudekonzept aufweist. Die Lage eines Gebäudes in der Landschaft beeinflusst beispielsweise seine Energiebilanz. Wird der Wärmebedarf in freier, ungeschützter Lage mit 100 Prozent angesetzt, so liegt dieser Wert in einer Mulde (Kaltluftmulde) bereits bei 125 Prozent, auf einer Bergkuppe bei 110 Prozent, an einem Südhang dagegen nur bei 85 Prozent. Günstige Grundstückslagen sind nach Osten, Süden und Westen geneigte Hänge. Reine Nordhänge sollten gemieden werden.

Der Energiehaushalt eines Gebäudes wird ferner viel wirtschaftlicher, wenn es sich nach Süden zur Sonne hin öffnet und zur Nord- und Wetterseite – je nach Breitengrad im Südwesten oder Nordwesten gelegen – hin möglichst geschlossen ist. Ist das Gebäude erheblichem Wind ausgesetzt, so kann dies bis zu 50 Prozent Wärmeverlust bewirken.

Im Übrigen sollte man die Anordnung eines Hauses auf dem Grundstück so planen, dass möglichst viel Sonneneinstrahlung eingefangen, Verkehrslärm durch eine spätere Bepflanzung weitgehend abgeschirmt, eine große Fläche nicht einsehbaren Freiraums gewonnen und eine vernünftige Gartenanlage möglich wird.

Mindestens genauso wichtig wie ein geeignetes Grundstück und die richtige Lage des Gebäudes darauf ist es, auf die Gebäudeform zu achten. Große Bauteilflächen führen zu hohen Wärmeverlusten, kleine Bauteilflächen zu kleinen. Stark gegliederte Baukörper ver-

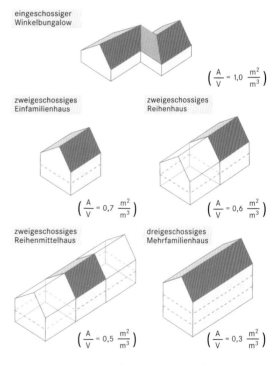

Einfluss der Gebäudeform auf den Heizenergieverbrauch. Entscheidend ist das A/V-Verhältnis.

Beispielhafter **Aufbau eines belüfteten Dachs** über beheiztem Dachraum, das nachträglich mit einer Wärmedämmung zwischen den Sparren und einer durchgehenden Dämmung unter den Sparren versehen wurde. Die Unterspannbahn hat einen Abstand zur Dachdeckung von mindestens 24 Millimeter und übernimmt die Funktion, eventuell eindringende Feuchtigkeit oder Kondensat von der Unterseite der Dachdeckung abzuleiten.

Luftraum, belüftet. Abstand mind. 2 cm besser 4 cm. Bei Dächern mit einer Neigung < 10° sollte ein deutlich größerer Lüftungsquerschnitt als 5 cm vorhanden sein

Wärmedämmung

Konterlattung/ Wärmedämmung

Dampfsperre

Bekleidung

Dachdeckung, z.B. Biberschwanz. Die Art der Dacheindeckung ist auch von der Neigung abhängig.

Konterlattung

Lattung

Unterspannbahn

Dämm-stoff

Außen-wand

Innen

Außen

Wärme fließt immer von einem warmen zu einem kalten Ort. Die Geschwindigkeit, mit der dieser Wärmefluss erfolgt, ist abhängig von den Eigenschaften des Materials, durch das der Wärmestrom fließt. Die Eigenschaften eines Materials werden unter dem Begriff **Wärmeleitfähigkeit** zusammengefasst. Angegeben wird die Wärmeleitfähigkeit λ in $W/(m \cdot K)$ (Watt pro Meter und Kelvin). Materialien mit guter Wärmeleitfähigkeit sind zum Beispiel Metalle. Steine sind relativ schlechte Wärmeleiter. Ein besonders schlechter Wärmeleiter ist ruhende Luft. Die meisten Wärmedämmmaterialien enthalten viele kleine eingeschlossene Luftbläschen. Dadurch ergibt sich eine hohe **Dämmwirkung.** Übliche Dämmstoffe weisen Wärmeleitfähigkeiten von 0,04 bis 0,06 $W/(m \cdot K)$ auf.

halten sich wie Kühlrippen, die Wärme abführen. Daher sind einzeln stehende Einfamilienhäuser unter energetischer Betrachtung immer ungünstiger als Reihenhäuser oder Häuserblocks.

Generell gilt, dass pro Kubikmeter umbauten Raumes (V) die Wärme abgebenden Bauteilflächen (A) möglichst klein sein sollten. Kompakte Wohngebäude besitzen ein kleineres A/V-Verhältnis als frei stehende Bungalows und verbrauchen deshalb bei gleichem Wärmeschutz pro Kubikmeter umbauten Raumes weniger Heizenergie. Dieses Verhältnis hängt von der Gebäudeform und den Gebäudeabmessungen ab.

Wärmedämmung

Eine gute Wärmedämmung der Gebäudehülle ist eine der wichtigsten Voraussetzungen für einen reduzierten Heizenergieverbrauch. Sie muss sich wie eine zweite Haut nahtlos um das Gebäude legen.

Schon bei der Planung ist darauf zu achten, dass keine Wärmebrücken entstehen. Konstruktionsbedingte thermische Schwachstellen sind beispielsweise Außenecken, Anschlussstellen von auskragenden Balkonplatten und Decken, Anschlussstellen von Dächern und Fenstern, Rollladenkästen und Heizkörpernischen. Daher müssen diese Bereiche bei der Wärmedämmung besonders beachtet werden. Gerade bei Niedrigenergiehäusern können Wärmebrücken die Energiebilanz – aufgrund der geringen übrigen Energieverluste – stark verschlechtern.

Die einzelnen Gebäudeteile weisen aufgrund ihrer unterschiedlichen Konstruktion Besonderheiten auf, die auch an die Wärmedämmung besondere Anforderungen stellen.

Dächer trennen beheizte Räume oder den unbeheizten Dachstock von der Außenluft. Die Wärmedämmung dieser Bauteile sollte die beheizten Räume möglichst unmittelbar umschließen. Dächer können in Massivbauart und in Leichtbauart ausgeführt werden und geneigt oder flach sein. Die Wärmedämmung liegt bei Sparrendächern zwischen, unter oder über den Sparren. In der Praxis ist es sehr schwierig, Dächer winddicht zu bekommen. Das Einbringen von Folien und das Verkleben von Dichtungsbahnen muss mit großer Sorgfalt geschehen. Bei geneigten Dächern muss die Dachhaut mindestens regensicher sein, bei Flachdächern dauerhaft wasserdicht.

Auf den Heizenergieverbrauch hat der Wärmeschutz der Wände erheblichen Einfluss, da bis zu 40 Prozent der Heizenergie durch die Außenwände verloren gehen können. Der Wärmeschutz kann in Abhängigkeit von der Wanddicke entweder mit Steinen geringer Rohdichte oder durch Dämmstoffschichten verbessert werden. Da es so viele unterschiedliche Wandkonstruktionen und Baumaterialien gibt, müssen die einzelnen Komponenten des Wandaufbaus sorgfältig aufeinander abgestimmt werden, um auf Dauer die Standsicherheit und den Wärme-, Feuchte-, Schall- und Brandschutz zu gewährleisten. Dies ist vor allem bei der nachträglichen Dämmung von Altbauten zu berücksichtigen. Zur Verringerung von Wärmebrücken, die erhöhte Wärmeverluste und Feuchteschäden mit sich bringen, sollte man eine außen liegende Dämmung einer Innendämmung vorziehen.

Fenster erhellen und belüften die Räume. Die Wärmeverluste durch die Fenster sind wesentlich höher als durch die Wände. Der Einbau von beschichteten Wärmeschutzverglasungen ist daher empfehlenswert. Neue Fenster sind so dicht, dass der erforderliche Luftaustausch für den Raum nur über das Öffnen der Fenster oder mechanische Lüftungseinrichtungen erzielt werden kann.

Durch Fensterflächen gelangt ein Teil der Sonneneinstrahlung in den Raum, der unmittelbar zur Raumerwärmung beiträgt (passive Nutzung der Sonnenenergie) und vor allem während der Heizperiode beträchtliche Energiegewinne liefert. Temporäre Wärmeschutz-

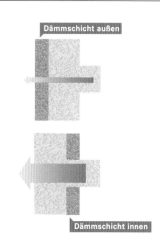

Bei außen liegender Wärmedämmung wird der Einfluss der **Wärmebrücken** erheblich reduziert, während bei innen angebrachter Wärmedämmung die Wärme ungehindert abfließen kann.

Je kleiner der Wärmedurchgangskoeffizient (k-Wert) eines Fensters, desto besser ist der Wärmeschutz. Für Neubauten und bei der Sanierung von Altbauten ist in der Regel mindestens ein **Mehrscheiben-Isolierglas** in Wärmeschutzausführung erforderlich.

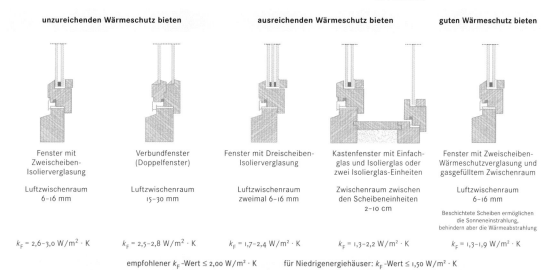

unzureichenden Wärmeschutz bieten		ausreichenden Wärmeschutz bieten		guten Wärmeschutz bieten
Fenster mit Zweischeiben-Isolierverglasung	Verbundfenster (Doppelfenster)	Fenster mit Dreischeiben-Isolierverglasung	Kastenfenster mit Einfachglas und Isolierglas oder zwei Isolierglas-Einheiten	Fenster mit Zweischeiben-Wärmeschutzverglasung und gasgefülltem Zwischenraum
Luftzwischenraum 6–16 mm	Luftzwischenraum 15–30 mm	Luftzwischenraum zweimal 6–16 mm	Zwischenraum zwischen den Scheibeneinheiten 2–10 cm	Luftzwischenraum 6–16 mm
				Beschichtete Scheiben ermöglichen die Sonneneinstrahlung, behindern aber die Wärmeabstrahlung
k_F = 2,6–3,0 W/m² · K	k_F = 2,5–2,8 W/m² · K	k_F = 1,7–2,4 W/m² · K	k_F = 1,3–2,2 W/m² · K	k_F = 1,3–1,9 W/m² · K

empfohlener k_F-Wert ≤ 2,00 W/m² · K   für Niedrigenergiehäuser: k_F-Wert ≤ 1,50 W/m² · K maßnahmen (Rollläden, Fensterläden und Vorhänge) verringern zusätzlich die Energieverluste.

Unbeheizte Wintergärten tragen zur Energieeinsparung bei, wenn sie sinnvoll mit dem Gebäude verbunden sind. Ihr Beitrag zum Wärmeschutz ist aber mit einem hohen Investitionsaufwand verbunden.

Keller, die selten oder gar nicht beheizt werden, müssen gegenüber dem Fußboden der darüber liegenden Räume wärmegedämmt werden. An Kellerdecken lassen sich wirkungsvolle Dämmmaßnahmen ausführen. Gewöhnlich wird die Dämmung auf dem Boden verlegt, darauf kommt der Estrich. Wird eine zusätzliche Wärmedämmung auf der Unterseite (Kellerdecke, Bodenplatte) angeordnet, so lassen sich weitere Einsparungen erzielen. Die Außenwände beheizter Kellerräume sowie Trennwände zwischen beheizten und nicht beheizten Kellerräumen müssen zusätzlich wärmegedämmt werden.

Für die Feststellung der Dichtigkeit von Gebäuden stellt der k-Wert eine wichtige Vergleichsgröße dar.

In der Wärmeschutzverordnung (WSchVO) von 1995 sind die maximalen k-Werte für Einzelbauteile bei Neubauten und bei der Sanierung von Altbauten vorgeschrieben. Daher ist es unerlässlich, die k-Werte der einzelnen Bauteile genau zu berechnen.

Die WSchVO unterscheidet zwischen Gebäuden mit normalen Innentemperaturen, Gebäuden mit niedrigen Innentemperaturen

Zur Verdeutlichung der Zusammenhänge und der Größenordnung einzelner Bilanzgrößen werden die **Anteile am Wärmeverlust** am Beispiel eines kleinen Einfamilienhauses in Abhängigkeit von der wärmeschutztechnischen Ausbildung des Gebäudes wiedergegeben.

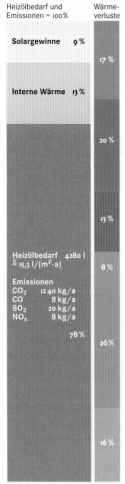

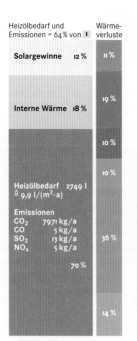

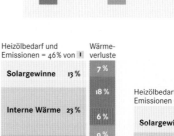

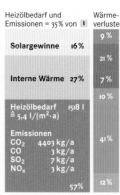

1 Wärmeschutz nach alter Wärmeschutzverordnung

2 Wärmeschutz nach neuer Wärmeschutzverordnung

3 Baupraktisch möglicher Wärmeschutz

4 Baupraktisch möglicher Wärmeschutz mit Wärmerückgewinnung

(zwischen 12 und 19 Grad Celsius und mehr als vier Monate im Jahr beheizt) und baulichen Änderungen bestehender Gebäude. Die neuen maximalen k-Werte – der Kürze halber meist ohne die zugehörige Einheit Watt pro Quadratmeter und Kelvin, $W/(m^2 \cdot K)$, angegeben – beispielsweise für Neubauten sind für die Außenwände 0,5, für die Fensterverglasung 0,7, für Dach und Decken zu unbeheizten Dachböden 0,22 und für Kellerdecken und Wände zu unbeheizten Räumen sowie Wände gegen das Erdreich 0,35. Der k-Grenzwert für Außenwände von 0,5 bedeutet zum Beispiel für die Modernisierung einer bisher ungedämmten Außenwand aus Hohlblock- oder Ziegelsteinen, dass eine zusätzliche Dämmschicht von mindestens sechs Zentimeter Dicke hinzugefügt werden muss. Welche Dämmschichtdicke im Einzelfall erforderlich ist, hängt vom vorhandenen k-Wert und dem gewählten Dämmmaterial ab. Beides wird in der Außenwandanalyse berücksichtigt und auch die zu erwartende Energieeinsparung durch verschiedene Maßnahmen ermittelt.

Bauteil	Fläche [m²]	k-Wert nach WSchVO '82 [W/m²K]	k-Wert nach WSchVO '95 [W/m²K]	zukunfts- orientierter k-Wert [W/m²K]
Dach	120	0,30	0,22	0,12
Wand	200	0,60	0,30	0,15
Fenster	30	2,60	1,50	1,00
Kellerdecke	100	0,90	0,35	0,25
mittlerer k-Wert		0,72	0,37	0,22

WSchVO = Wärmeschutzverordnung

Die **Entwicklung der k-Werte** lässt sich aus den vorgeschriebenen beziehungsweise zukünftig zu erwartenden Daten der Wärmeschutzverordnungen ablesen. Die Angaben beziehen sich auf ein frei stehendes Einfamilienhaus mit 150 Quadratmetern Wohnfläche mit einer Außenfläche von 450 Quadratmetern sowie einem umbauten Volumen von 470 Kubikmetern. Das entspricht einem A/V-Verhältnis von knapp eins.

Die Wärmeschutzverordnung 1995 begrenzt aber vor allem den Jahresheizenergiebedarf von Gebäuden. Interessant ist daher ein Vergleich der Heizwärmebilanz bei Häusern mit unterschiedlicher wärmetechnischer Ausrüstung. Durch die Verringerung des Heizenergieverbrauchs wird der Schadstoffausstoß deutlich reduziert.

Die Heizwärmebilanz setzt sich aus dem Heizenergiebedarf, den Solargewinnen und den internen Wärmegewinnen zusammen. Während der kalten Jahreszeit treten aufgrund der Temperaturdifferenz zwischen Gebäudeinnerem und Außenluft Transmissionswärmeverluste und Lüftungswärmeverluste auf. Um die Raumtemperatur auf einem angenehmen Niveau zu halten, müssen diese Verluste durch die Heizung ausgeglichen werden. Teilweise werden sie auch durch interne Wärmegewinne (Menschen, elektrische Geräte, Beleuchtung) und solare Energiegewinne (Fenster, Wintergärten, transparente Wärmedämmung) kompensiert.

Klimatisierung

Unabhängig vom Dämmstandard des Gebäudes ist »gute Luft« sowohl aus hygienischen Gründen als auch für das Wohlbefinden notwendig. Die Luft in Wohnräumen sollte dazu etwa alle drei Stunden komplett ausgetauscht werden, in Bad und Küche sogar noch öfter. Gelegentlich fünf bis zehn Minuten Stoßlüften über den Tag verteilt reichen zum Lüften aus. In der Praxis scheitert diese Maßnahme allerdings am Verhalten der Nutzer und die Wärmeverluste steigen deutlich an. Um die Lüftungswärmeverluste zu reduzieren, gehört daher neben der dichten Ausführung der Gebäudehülle zumindest eine einfache Abluftanlage zur Grundausstattung eines Niedrigenergiehauses. Dadurch lassen sich die Wärmeverluste durch Lüftung um rund zwei Drittel reduzieren. Wirkungsvoll sind vor allem zentrale Anlagen, die für frische Luft von außen über die

Der **Transmissionswärmeverlust,** das heißt, die nach außen entweichende Wärmemenge, hängt vom Hüllflächenfaktor (A/V-Verhältnis) und vom mittleren Wärmedurchgangskoeffizient (k-Wert) ab. Ein geringer Hüllflächenfaktor führt in der Regel zur Reduzierung der Baukosten, da die Außenfläche klein gehalten wird. Geringe k-Werte erfordern dagegen hochwertige Bauteile und erhöhen somit die Baukosten.

Einfache **Lüftungsanlagen** erlauben es, nur die verbrauchte Luft gezielt abzusaugen. Bei der kontrollierten Lüftung mit Wärmerückgewinnung muss man auch für die Frischluftzufuhr Kanäle verlegen. Dies verteuert den Einbau. Daher ist die sorgfältige Planung einer solchen Anlage notwendig.

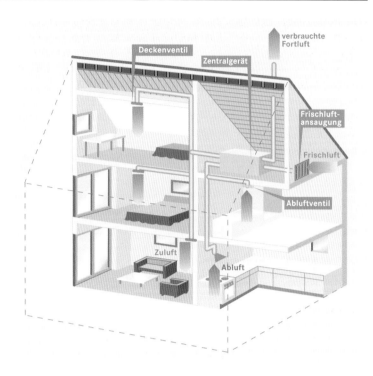

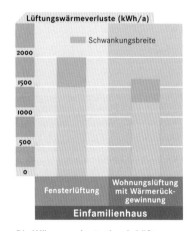

Die **Wärmeverluste durch Lüftung** lassen sich durch kontrollierte Lüftung mit Wärmerückgewinnung deutlich reduzieren. Dabei ist darauf zu achten, dass der Energieverbrauch für die Lüftungsanlage höchstens 20 Prozent der eingesparten Heizenergie benötigt. Sonst lohnt sich der Einbau einer solchen Anlage unter energetischen Gesichtspunkten nicht.

Wohnräume zu den Nassräumen sorgen, wo die verbrauchte, feuchte Luft abgesaugt wird.

Durch diese zentralen Be- und Entlüftungsanlagen wird nur die gebäudehygienisch notwendige Luftmenge dem Gebäude zugeführt und erwärmt. Durch den Einsatz einer Lüftungsanlage mit Wärmerückgewinnung kann der verbrauchten Luft ein Großteil der enthaltenen Wärme entzogen werden, um die durch eine getrennte Leitung entgegenströmende frische Luft zu erwärmen. Solche Anlagen arbeiten heute mit Wirkungsgraden bis zu 90 Prozent.

Zu unterscheiden sind diese Anlagen von Klimaanlagen, die wegen ihres hohen Energieverbrauchs nicht mehr in Häuser eingebaut werden sollten.

Die immer wieder aufgestellte Behauptung, dass hochwärmegedämmte und dichte Gebäude nicht »atmen« können, ist rein fachlich nicht aufrechtzuerhalten: Ein Haus atmet nicht durch die Wände, sondern über eine – wie auch immer gestaltete – Lüftung. Der unkontrollierte Luftwechsel über Fugen und Ritzen ist in jedem neuen Gebäude zu vermeiden. Die Dichtigkeit eines Neubaus sollte – gerade auch beim Einsatz von Lüftungsanlagen – mit einem Blower-Door-Test (Luftdichtigkeitsprüfung) nachgewiesen werden.

Passive Nutzung von Sonnenenergie

Um den Heizenergieverbrauch noch stärker zu reduzieren, gibt es verschiedene Ansätze, die Sonnenenergie für Wärmezwecke zu nutzen. Die passive Nutzung der Sonnenenergie, auch Solararchitektur genannt, bedeutet die Nutzbarmachung der Solarstrahlung beziehungsweise der solarthermischen Wandlung ohne technische Hilfsmittel, das heißt allein durch bauliche Maßnahmen. Ziel ist dabei, die Sonnenenergie zu sammeln, zu speichern und im Gebäude zu verteilen, um zu jeder Jahreszeit ein behagliches Raumklima zu schaffen. Für eine passive Nutzung der Sonnenenergie können die Fenster, interne Wärmespeicher, Wintergärten und eine lichtdurchlässige Wärmedämmung eingesetzt werden. Grundsätzlich gilt, je besser ein Gebäude gedämmt wird, desto größer ist der solare Heizbeitrag der passiven Maßnahme.

Passive Solarenergienutzung beeinflusst in starkem Maße die Architektur eines Gebäudes und erfordert gebäudespezifische Lösungen. Im Gegensatz dazu werden bei aktiven Solarsystemen Pumpen oder Ventilatoren benötigt, um die gewonnene Energie dem Gebäude zuzuführen.

Glas als für Sonnenlicht mehr oder weniger transparentes Medium spielt durch seine Verwendung in Fenstern bei allen passiven, aber auch bei vielen aktiven Solarenergiesystemen eine ganz entscheidende Rolle. Glas lässt die energiereiche, kurzwellige Sonnenstrahlung durch, die im Raum auf Gegenstände wie Wände und Böden trifft und dabei in langwellige Wärmestrahlung umgewandelt wird. Für Wärmestrahlung sind die Fenster weniger durchlässig, sodass sich der Raum hinter dem Fenster erwärmt (Treibhauseffekt). Damit die Sonne zur Gebäudeheizung genutzt werden kann, müssen Orientierung, Größe und Art der Fenster richtig gewählt werden.

Die Beschichtungstechnologie von Gläsern hat in den letzten Jahren eine immense Entwicklung genommen, die selbst von Experten in diesem Maße nicht erwartet wurde. Ergebnis sind heute bereits am Markt erhältliche Fenster mit k-Werten um $0{,}4\,\mathrm{W}/(\mathrm{m}^2 \cdot \mathrm{K})$, die allein von ihrem statischen Dämmwert her gut gedämmtem Mauerwerk entsprechen. Berücksichtigt man zusätzlich die solaren Strahlungsgewinne aufgrund der Lichttransparenz des Glases, so erreichen sie in der Bilanz über längere Zeitperioden (beispielsweise in

Eine von Fachfirmen durchgeführte Luftdichtigkeitsprüfung, der **Blower-Door-Test,** gibt Aufschluss darüber, ob all die Abdichtungsmühen erfolgreich waren. Für den Test wird in die geöffnete Haustür ein Ventilator eingesetzt und zum Rahmen hin abgedichtet. Durch Einschalten des Gebläses wird ein Unterdruck erzeugt. Mit Messgeräten (beispielsweise auch Rauchkerzen) lassen sich Lecks aufspüren und gegebenenfalls anschließend beseitigen.

Energiebilanz verschiedener Fenster in Südrichtung über ein Jahr gerechnet.

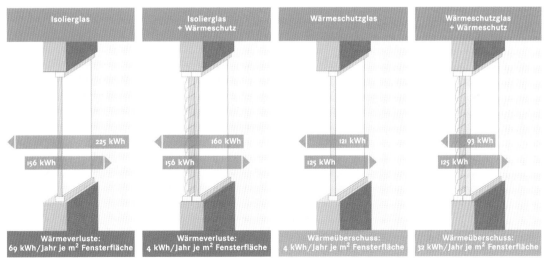

Isolierglas	Isolierglas + Wärmeschutz	Wärmeschutzglas	Wärmeschutzglas + Wärmeschutz
225 kWh	160 kWh	121 kWh	93 kWh
156 kWh	156 kWh	125 kWh	125 kWh
Wärmeverluste: 69 kWh/Jahr je m² Fensterfläche	Wärmeverluste: 4 kWh/Jahr je m² Fensterfläche	Wärmeüberschuss: 4 kWh/Jahr je m² Fensterfläche	Wärmeüberschuss: 32 kWh/Jahr je m² Fensterfläche

der Heizperiode) negative äquivalente k-Werte. Diese hängen jedoch stark von der Himmelsausrichtung der Fenster, also dem Umfang der eingefangenen Sonnenstrahlung ab.

Natürlich ist ein nach Süden ausgerichtetes Fenster am günstigsten, jedoch gilt, dass bei einer Abweichung von der Südorientierung um bis zu 20 Grad nach Osten oder Westen die Energiegewinne nur um etwa fünf Prozent reduziert werden.

Die Auslegung der Fenstergröße hängt unter anderem von den Dämmeigenschaften eines Fensters ab. Daneben ist entscheidend, ob genügend Speichermasse, wie massive Wände und Decken, zur Verfügung stehen. Je nach Speichermasse, Material und Temperaturunterschied erfolgt eine um Stunden bis Tage verschobene Wärmeabgabe an den Raum.

Die direkte Nutzung der Solarstrahlung stößt jedoch wegen der möglichen Überhitzungsgefahr besonders im Sommer (bei superisolierten Gebäuden jedoch sogar im Winter) an Grenzen. Selbst der Einbau großer interner Wärmespeicher wie beispielsweise Betonmassen kann nicht verhindern, dass ein Gebäude mit vielen Fensterflächen starken Temperaturschwankungen ausgesetzt ist. Es muss also Bereiche einer Gebäudefassade geben, die lichtundurchlässig sind, aber dennoch keine Wärmeverlustflächen sein sollten.

Bei einem Neubau müssen durch den Planer Fensterfläche und Speichermasse optimal aufeinander abgestimmt werden, bei einem bereits bestehenden Gebäude üblicher Bauart sollte die Fensterfläche nach Süden 25 Prozent der Bodenfläche eines Raumes nicht überschreiten.

Der Ansatz der passiven Solarenergienutzung wurde bei der transparenten Wärmedämmung in Richtung aktiver Nutzung weiterentwickelt. Klassische Dämmmaßnahmen zielen darauf, die Transmissionswärmeverluste möglichst gering zu halten. Die Folge ist eine Reduktion des nach außen gerichteten Wärmestroms. Die auf Wandflächen auftreffende Sonnenstrahlung steht dabei aber für die passive Gebäudeheizung kaum zur Verfügung. Im Gegensatz dazu ist eine transparente Wärmedämmschicht für Sonnenstrahlung möglichst durchlässig und verfügt darüber hinaus über gute Wärmedämmeigenschaften. Die auf das Mauerwerk auftreffende Solarstrahlung erwärmt die Wand, die damit als thermischer Speicher wirkt. Mit entsprechender Verzögerungszeit wird die Wärme in den Innenraum abgegeben.

Trotz der Möglichkeiten der passiven Sonnenenergienutzung kann in den meisten Fällen in den gemäßigten Breiten nicht auf ein konventionelles Heizsystem verzichtet werden. Allerdings werden aufgrund der besonderen Aspekte der passiven Sonnenenergienutzung auch besondere Anforderungen an die konventionelle Heizung

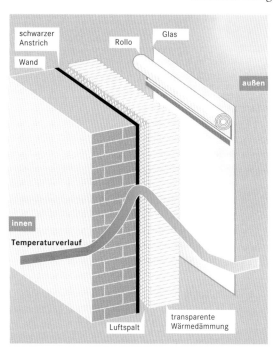

schwarzer Anstrich

Wand

Rollo

Glas

außen

innen

Temperaturverlauf

Luftspalt

transparente Wärmedämmung

Prinzip der **lichtdurchlässigen Wärmedämmung.** Ein Großteil der Solarstrahlung wird durch die durchsichtige Außenfassade (aus Glas) und die Dämmschicht (aus speziellem Glas oder Kunststoff in Kapillar- oder Wabenstruktur) hindurchgelassen. An der dunkel gefärbten Wand (Absorber) wird die Strahlung in Wärme umgewandelt. Die Absorberfläche gibt die gespeicherte Wärme mit Zeitverzögerung nach innen ab. Aufgrund der im Winter herrschenden Temperaturdifferenz kommt es zu einem von außen nach innen gerichteten Wärmestrom. Im Sommer kann die Temperatur zu hohen Raumtemperaturen führen, sodass ein temporärer Sonnenschutz (Rollo) erforderlich ist.

gestellt. Da die Sonneneinstrahlung schwankt, kommt es oft zu abrupten Temperaturwechseln. Um die Behaglichkeit in den Räumen sicherzustellen, bedarf es daher einer Heizungsanlage, die diese Schwankungen erkennt und ausgleicht. Von Vorteil sind auch Heizsysteme, die ein solares Überangebot in Südräumen zur Beheizung der Nordräume nutzen. Hier bietet sich ein so genanntes Warmluftheizsystem an. Dabei kann gleichzeitig mithilfe eines Wärmetauschers die Wärme aus der Abluft zurückgewonnen sowie ein etwaiges Luftkollektorsystem integriert werden.

Entscheidend für die Effektivität aller Maßnahmen ist das Benutzerverhalten. Untersuchungen an Häusern mit passiver oder aktiver Solarnutzung ergaben, dass der Energieverlust durch falsches Verhalten der Bewohner größer sein kann als der Energiegewinn durch die beschriebenen Maßnahmen.

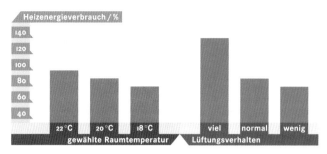

Die Raumtemperatur und das Lüftungsverhalten beeinflussen den **Heizenergieverbrauch** ganz entscheidend. Bei einer Raumtemperatur von 20 Grad Celsius und einem normalen Lüftungsverhalten (regelmäßiges Stoßlüften) wird ein Heizenergieverbrauch von 90 Prozent angenommen. Zu häufiges Lüften lässt den Heizenergieverbrauch drastisch ansteigen. Die Werte gelten für ein nach der WSchVO 1995 gedämmtes Einfamilienhaus.

Baustoffe

D er Aspekt der Energieeinsparung ist sicherlich zentral für die Planung ökologischer Bauwerke, zusätzlich sollte auch auf das Dämmmaterial geachtet werden: Natürliche und aus Recyclingprozessen gewonnene Dämmstoffe belasten die Umwelt bei Bau, Betrieb und späterem Abriss des Gebäudes am geringsten.

Will man das Bauen umweltschonender gestalten, sollte vor allem der Rohstoffverbrauch vermindert werden. Es können verstärkt Baumaterialien eingesetzt werden, die entweder von nachwachsenden Rohstoffen stammen oder die mehrfach verwendet werden können, beispielsweise durch Recycling. Damit wird die Landschaft geschont, da weniger Steinbrüche und Kiesgruben angelegt werden

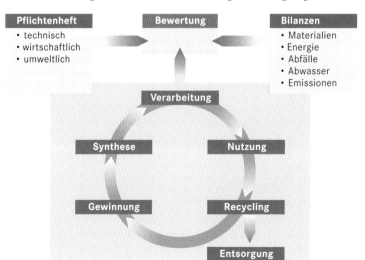

Kreislaufwirtschaft bei Baustoffen. Bei der ganzheitlichen Bilanzierung wird der innere Kreis meist mehrmals durchlaufen. Das Pflichtenheft hält die Rahmenbedingungen und die Zielvorgabe sowie die Interessen des Auftraggebers fest. Die Bewertung geschieht nach Auswertung aller vorhandenen Daten in einer Ökobilanz.

Seit mehr als drei Jahrzehnten bemühen sich Wissenschaftler verschiedener Disziplinen, Methoden zu entwickeln, um die **Umweltverträglichkeit** von Produkten und Materialströmen beurteilen zu können. In den 1960er- und 70er-Jahren ging man zunächst davon aus, dass eine Senkung des Energie- und Materialeinsatzes die alleinige Lösung bildet. Daher stand die Bilanzierung des Energie- und Materialeinsatzes bei der Produktion im Mittelpunkt der Betrachtungen.

In den 1980er-Jahren wurde der Ansatz bevorzugt, dass Ökosysteme ähnlich wie Wirtschaftssysteme bilanzierbar sein müssten. Man brauchte dazu aber eine konvertierbare »Umweltwährung« zur Bewertung. Diese Methode war naturwissenschaftlich nicht haltbar, da sich die Auswirkungen aller Stoff- und Energieströme eines Produkts in Messzahlen (Ökopunkten) nicht erfassen lassen. Komplexe Wirkungsbeziehungen konnten mit Ökopunkten nicht einheitlich bewertet werden. Als Instrument dieser Bilanzierungsmethode wurde der Begriff **Ökobilanz** für die möglichst umfassende Beurteilung von Produkten sowie Unternehmen und Fertigungsprozessen geprägt. Sie gibt Aufschluss über die Auswirkungen der Produktion auf die Umwelt, zeigt Schwachstellen auf und hilft diese zu beseitigen. Man versucht, alle wesentlichen Umweltauswirkungen quantifizierend zu erfassen und zu bewerten, und zwar über den gesamten Lebensweg eines Produkts hinweg.

Erst in den 1990er-Jahren war die Methodik so weit entwickelt, dass sie sich auch international durchsetzte. Ihre konkrete Formulierung fand sie in der ISO 14000. Die Normengruppe 14040 bis 14043 befasst sich mit Ökobilanzen (Life Cycle Assessment).

müssen und man auf ein paar Deponien verzichten kann. Ein Ziel ökologischen Bauens heißt also, die Baustoffe möglichst lange im Kreislauf zu halten. Darüber hinaus muss man auch wissen, welche Stoffe sich für eine Kreislaufwirtschaft besonders anbieten.

Hinsichtlich des Kreislaufs stellen sich zwei Fragen: Die erste betrifft die aktuelle Verwendung der vorhandenen Substanz, die vor 100 oder 30 Jahren gebaut wurde, die zweite die Wiederverwertung der vorhandenen Materialien. Nach der Bilanzierung folgt die Bewertung in einer Ökobilanz. Beispielsweise kann die Frage lauten: Was ist wichtiger, Energieeinsparungen oder Landschaftsschonung? Und da Bauen immer einen Eingriff in das Umfeld bedeutet, müssen auch soziale, ökonomische, ästhetische, bauphysikalische und vielleicht noch mehr Aspekte berücksichtigt werden, um ein Gebäude ganzheitlich zu beurteilen.

Bei der Bilanzierung sollten nicht nur die verbrauchten Stoffmengen betrachtet, sondern auch die individuellen Belastungen der Umwelt durch Emissionen in Luft, Wasser und Boden berücksichtigt werden. Die Umweltverträglichkeit eines einzelnen Stoffs zu beurteilen, reicht nicht aus, da ganz unterschiedliche Materialien und Stoffmengen verbaut werden, vielmehr müssen Bauteile oder gar ganze Bauwerke bilanziert werden. Hinzu kommt, dass die Lebensdauer von Bauwerken sehr hoch ist. Bei großen Ingenieurbauten wie Staumauern rechnet man mit 200 Jahren, bei Brücken mit 70 bis 100 Jahren, bei Wohngebäuden mit 50 Jahren, bei Fabrikgebäuden, je nach Sparte, zwischen 15 und 30 Jahren.

Baustoffe – eine ökologische Bewertung

Im Bauwesen kommen eine Vielzahl verschiedenster Stoffe zum Einsatz, die sehr unterschiedliche Funktionen und Anforderungen erfüllen müssen, wie Mauerwerk, Dämm- und Isolierstoffe und Materialien für den Innenausbau.

Für Bauprodukte, die in Deutschland verwendet werden, muss aufgrund der Vorschriften der Landesbauordnungen ihre Brauchbarkeit für den Bau nachgewiesen werden. Dies geschieht durch allgemein bauaufsichtliche Zulassung, Prüfzeichen und/oder Prüfzeugnis. Zielsetzung des Bauordnungsrechts war seit jeher primär die Gefahrenabwehr. Unberührt bleiben viele Aspekte, die für eine ökologische Gesamtbeurteilung erforderlich wären.

Um auch den ökologischen Gesichtspunkten gerecht zu werden, hat sich die Bewertung von Baustoffen mittels Ökobilanzen durchgesetzt. Diese dienen als Instrument zur Standardisierung von Umwelteinflüssen und erstrecken sich über den gesamten Lebenszyklus eines Bauprodukts.

Die Bewertung kann dabei – trotz aller Bemühungen um Objektivität – aber immer nur subjektiv sein, das heißt, es wird niemals den für alle Anwendungen gleichermaßen passenden ökologischen Baustoff geben. In der Praxis existiert keine Liste, nach der ein Baustoff eindeutig ökologisch gut oder schlecht ist. Dies bleibt immer nach den jeweiligen Vorgaben des konkreten Falls zu beurteilen.

Häufig wird »ökologisch« mit »natürlich« verwechselt. Die daher oft geforderte natürliche Herkunft der verwendeten Baustoffe ist jedoch weder eine Garantie für gesundheitliche Unbedenklichkeit, noch muss sie mit der Zielsetzung einer möglichst günstigen ökologischen Gesamtbilanz in Einklang stehen.

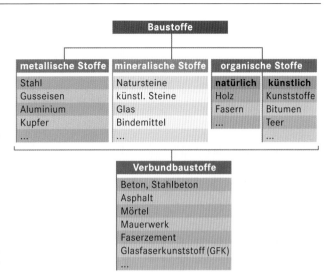

Baustoffe werden nach ihrer chemischen Zusammensetzung und Struktur in Gruppen eingeteilt. Beim heutigen Bestand an Bauwerken sind die mineralischen Stoffe sowie die mineralisch gebundenen Verbundbaustoffe am häufigsten vertreten.

Trotz dieser Einschränkungen kann man die Umwelt- und Gesundheitsverträglichkeit von Baustoffen definieren. Als umweltschonend können solche Baustoffe bezeichnet werden, bei denen im Verlauf aller Lebensphasen, das heißt von der Herstellung über die Nutzung bis zur Entsorgung, möglichst wenig Belastungen der Umwelt auftreten.

Die Herstellung beginnt mit der Rohstoffgewinnung, bei der bereits vielfältige Umweltbelastungen (Zerstörung vorhandener Vegetation, Abtrag von Boden- und Deckschichten, Änderungen des Wasserhaushaltes und Mikroklimas) entstehen können. Die Ausgangsstoffe werden dann zu Baustoffen und Bauteilen weiterverarbeitet. Mitunter werden dabei Zusatzstoffe eingesetzt, die aus Umwelt- und Gesundheitsgründen bedenklich sein können. Bei der Gebäudefertigung auf der Baustelle ist der Gebrauch und die Erzeugung von Baustoffen sowie die Bearbeitung von Materialien mit verschiedenen Emissionen, insbesondere Lärm-, Abgas- und Partikelemissionen, verbunden.

Während der Nutzung des Gebäudes wirken sowohl die verschiedenen Baustoffe als auch die Baukonstruktion unterschiedlich auf das Wohlbefinden und die Gesundheit der Bewohner ein. Problematisch ist dabei vor allem die Belastung der Innenraumluft mit Schadstoffen, die von Baumaterialien abgegeben werden. Auch können beispielsweise ein nicht fachgerechter Wandaufbau oder eine schlechte Wärmedämmung trotz unbedenklicher Materialien zu schädlichen Pilzbildungen in der Wand führen. Ob und in welchem Maß eine Substanz zu Beeinträchtigungen führt, ist oft von synergistischen Effekten abhängig.

Die unterschiedliche Haltbarkeit und Reparaturfreundlichkeit von Baustoffen und Bauteilen führen zu unterschiedlichen Umwelteinwirkungen in der Nutzungsphase. Instandhaltungs- oder Instandsetzungsmaßnahmen erfolgen nach Zeiträumen, die von Baumaterial zu Baumaterial stark variieren.

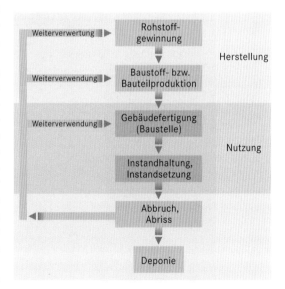

Lebenszyklusphasen von Baustoffen. Alle Phasen der Herstellung und Nutzung müssen unter ökologischen Gesichtspunkten gesehen und beurteilt werden.

Bei der Entsorgung, also beim Abriss eines Gebäudes oder einzelner Gebäudeteile, kann die Umweltverträglichkeit von Baumaterialien und Bauweisen anhand der Kriterien Recyclingfähigkeit, Sekundärrohstoffinhalt und Brennbarkeit eingeschätzt werden.

Diese kurze Darstellung zeigt, wie weit reichend eine umwelt- und gesundheitsbezogene Beurteilung von Baustoffen und -produkten sein muss. Dabei können Baustoffe während der einzelnen Lebensphasen sehr unterschiedliche Umweltqualitäten aufweisen. So kann ein Baustoff in seiner Nutzungsphase umweltgerecht sein, in seiner Herstellungs- oder Entsorgungsphase jedoch große Probleme bereiten.

Ausgewählte Baustoffe

Holz ist der klassische natürliche Baustoff. Die Umweltbelastung bei der Gewinnung von Holz ist relativ gering, sofern die Hölzer aus nachhaltiger Forstwirtschaft und möglichst aus der Region des Baus stammen. Weiterhin ist Holz ein beachtlicher Kohlenstoffspeicher (in Zellulose umgewandeltes Kohlendioxid), kommt in der heimischen Natur fast beliebig vor und ist ein nachwachsender Rohstoff.

Tropenhölzer sollten beim Holzbau vermieden werden. Gegen sie spricht vor allem, dass sie nur durch Zerstörung des global wichtigen tropischen Regenwaldes gewonnen werden können. Zudem kommt der unverhältnismäßig große Transportaufwand hinzu.

Als Baustoff bringt Holz von Natur aus viele Vorteile mit sich: Es benötigt zur Gewinnung, Verarbeitung und beim Einbau weniger Energie als andere Baustoffe. Holz schont andere Rohstoffe, da es bei nachhaltiger Bewirtschaftung des Waldes immer wieder nachwächst und so ein stets verfügbarer Rohstoff ist. Es hat eine lange Lebensdauer und ist unbehandelt frei von Schadstoffen.

Lehm ist eine traditionelle Alternative zu Holz. Er dämmt zwar nur mäßig, weist aber eine hohe Speicherfähigkeit für Wärme und Feuchtigkeit auf. Lehm kann meist leicht aus der Region beschafft werden, und die entstehenden Lehmgruben schädigen die Natur nur gering, da sie zum Grundwasser hin dicht sind. Dadurch sind sie nach dem Abbau als Abfalldeponien geeignet, weil keine gefährlichen Stoffe ins Grundwasser eingetragen werden können.

Die Verwendung von Lehm beim Bau wirft jedoch technische Probleme auf: mangelhafte Druckfestigkeit, schlechte Beständigkeit gegenüber Wasser und geringe Zugfestigkeit, die sich beim Trocknen in Rissbildung bemerkbar macht. Die beiden ersten Probleme sind konstruktiv leicht lösbar – durch gute Planung und dicke Mauern. Das dritte Problem führte schon in der Vergangenheit zur Entwicklung erster Verbundstoffe. Man mischte Stroh in den Lehm oder brachte den Lehm auf ein Weidengeflecht auf. Der Lehmbau erfor-

Bei nachhaltiger Forstwirtschaft ergibt sich für Holz ein **Kohlenstoffkreislauf.**

Das **Bauen mit Lehm** hat eine jahrhundertealte Tradition. Aus Stabilitäts- und verarbeitungstechnischen Gründen wird er meist im Verbund mit anderen Materialien verarbeitet.

dert in heutiger Zeit sehr spezielle Kenntnisse und wird nur sehr selten in den gemäßigten Breiten verwandt.

Lehm oder Ton in gebrannter Form ist das Rohmaterial für Ziegel und Klinker. Die ökologische Unbedenklichkeit dieser Materialien hängt allerdings von den Produktionsprozessen (genauer gesagt von der Abgasreinigung) in den Ziegeleien und den Transportwegen ab. Für das Brennen der Ziegel können Abfallstoffe wie Sägemehl, Papierschlamm oder Polystyrolschaum, ja sogar ölhaltige Erde verwendet werden, um den Energieaufwand beim Brennen zu mindern. Die dabei entstehenden Emissionen bilden in den Ziegeln feine Gasbläschen, die ihnen bessere Wärmedämmeigenschaften verleihen. Doch die für ökologisch verantwortungsbewusstes Bauen notwendigen Wärmedämmeigenschaften sind mit Ziegelmauerwerk allein nicht zu erreichen. Oft muss eine zusätzliche Wärmedämmung von außen angebracht werden.

Vor allem in Norddeutschland ist die **Ziegelbauweise** verbreitet.

Ziegel haben jedoch wichtige positive Eigenschaften: Sie gleichen Feuchtigkeit aus und weisen eine gewisse Dampfdurchlässigkeit auf. Diese Eigenschaft ist klimatisch erwünscht, aber technisch bei einigen Baustoffen problematisch, weil es durch Kondensatbildung zu Schäden im Mauerwerk kommen kann.

Strittig im Ökobau, aber in weiten Teilen aus Kostengründen unverzichtbar, ist die Verwendung von Zement und damit auch von Beton. Das Bauen mit Beton belastet die Umwelt durch den Verbrauch von Energie und Landschaft. Seine Bestandteile werden in Kalksteinbrüchen und Kiesgruben gewonnen. Dabei werden zwangsläufig Biotope zerstört, und durch das wasserdurchlässige Gestein können leicht Fremdstoffe, beispielsweise Düngemittel, ins Grundwasser eindringen.

Die Zementherstellung ist aufgrund der dort üblichen Feuerungstechnik problematisch. So verheizen Zementwerke unter anderem Steinkohlenflugasche, Filterstäube aus Rauchgasreinigungsanlagen und Filterpresskuchen, die aus Klärschlamm von Chemieanlagen bestehen, Altreifen, Teppichreste aus Kunstfasern sowie Altöl.

Beton wird hauptsächlich für die Grundkonstruktion von Häusern verwendet. Er spielt als Wärmespeicher eine herausragende Rolle. Als Zuschlag zu Beton kann aufgearbeiteter und gereinigter Bauschutt beigemischt werden. In diesem Fall ist die Umweltverträglichkeit von Beton günstiger zu beurteilen.

Ein Klassiker im Bau sind Kalksandsteine, die ebenfalls künstlich hergestellt werden. Sie entstehen, wenn eine Mischung aus gebranntem Kalk und Quarzsand unter Druck bei etwa 250 Grad Celsius zusammengebacken wird. Die Umweltbelastung ist dabei relativ gering, weil Kalksteinbrüche die Landschaft zwar auch schädigen, aber leichter rekultivierbar sind als Kies- oder Tongruben und weil sich

Einfach zu verarbeiten und ökologisch sinnvoll: Bauen mit **Kalksandstein.**

darüber hinaus der Energieverbrauch bei der Herstellung in Grenzen hält.

Aus ökologischer Sicht ist Kalksandstein ein regional zu bevorzugendes Baumaterial für Mauerwerk, das tragende Funktion hat. Es muss meist mit zusätzlicher Wärmedämmung versehen werden. Aufgrund seiner Festigkeit und Wärmespeicherfähigkeit ist Kalksandstein sehr beliebt bei der Konstruktion von Passivhäusern. Diese Häuser benötigen ja häufig keine Heizung, stellen jedoch extreme Anforderungen an die Wärmedämmung der Außenwand und die Speicherfähigkeit der Innenwände.

Aber nicht jeder aus der Natur stammende Baustoff bedeutet einen Beitrag zum ökologischen Bauen. Beispielsweise dämmen Natursteine sehr schlecht, Mauern aus Sandstein durchfeuchten schnell, und das im Granit enthaltene Uran ist radioaktiv und kann den Innenraum belasten.

Dämmstoffe

T raditionell wird in Deutschland immer noch die Massivbauweise bevorzugt. Doch das schwere Mauerwerk hat einen gravierenden Nachteil: Es hält Wärme in aller Regel viel schlechter als leichte Lagen luftgepolsterter Materialien.

Nun setzt die novellierte Wärmeschutzverordnung neue Maßstäbe, was den erlaubten Energieverbrauch im Neubau angeht. Seit Januar 1995 ist ein Heizwärmebedarf pro Jahr und Quadratmeter Nutzfläche von mehr als 54 Kilowattstunden nicht mehr erlaubt. Ab dem Jahr 2000 soll der Wärmeverbrauch nochmals um 30 Prozent auf rund 38 Kilowattstunden gesenkt werden, also auf einen Wert, der mit einer konventionellen Mauer von 30 Zentimeter Dicke nicht mehr erreicht werden kann. Daher kommt der Wärmedämmung der Gebäudehülle eine fundamentale Bedeutung zu. Wichtig ist hierbei, dass Dämmstoffe, Wand und Putz richtig aufeinander abgestimmt sind.

Putz

U m das Mauerwerk im Innen- und Außenbereich vor Witterungseinflüssen und Beanspruchungen zu schützen oder um es zu verschönern, gibt es verschiedene Arten von Putzen.

Zwischen Putz und Mauerwerk befinden sich heute häufig Dämmstoffe. Es gibt aber auch Putze, denen Zuschläge wie Polystyrol oder Perlite zugesetzt wurden, die dann selbst eine Dämmwirkung aufweisen.

Die Komponenten einer modernen Außenwand sollten so aufeinander abgestimmt werden, dass das Gebäude umweltschonend errichtet und zugleich ohne gesundheitliche Bedenken benutzt werden kann.

Vergleicht man Kalk- und Zementputze miteinander, so zeigt sich, dass ein Kalkputz stets wasserziehend bleibt. Dementsprechend weisen Kalkputze eine hohe Dampfdurchlässigkeit auf, während Zementputze als Dampfbremse wirken. Kalkputz allein hält nicht auf der Außenwand. Er muss mit weiteren Bindemitteln witterungsfest gemacht werden. Früher wurden dazu häufig Quark oder andere proteinhaltige Materialen beigemischt, heute werden den Putzen oft Kunststoffe unterschiedlichster Art zugegeben. Kunststoffputze zählen allerdings nicht zu den ökologischen Baustoffen, denn eine hohe Haltbarkeit und gute Wärmedämmung lassen sich mit geringerem Energieaufwand durch rein mineralische Putzmischungen auch erreichen. Nicht nur die Putze, sondern auch die verwendeten Dämmstoffe sind ein wichtiges Kriterium, will man die Konstruktion einer Außenwand beurteilen.

Wichtige Dämmstoffeigenschaften

Wärmedämmstoffe dienen dazu, Transmissionswärmeverluste über die Gebäudehülle zu verhindern. Wichtige Eigenschaften von Wärmedämmstoffen sind ihre Wärmeleitfähigkeit, ihr Feuchtigkeitsverhalten und ihr Wärmespeicherwert.

Die Wärmeleitfähigkeit wird durch einen materialabhängigen Zahlenwert, die spezifische Wärmeleitfähigkeit Lambda (λ), beschrieben. Dieser Wert gibt den Wärmestrom (in Watt) an, der pro Quadratmeter Oberfläche eines Stoffes von einem Meter Dicke bei einem Temperaturunterschied von einem Grad hindurchströmt. Je niedriger die Wärmeleitfähigkeit, desto besser die Wärmedämmfähigkeit des Materials. Zu den Wärmedämmstoffen werden alle Materialien gezählt, deren λ-Wert kleiner 0,1 Watt pro Meter und Grad ist. Die gebräuchlichsten Dämmstoffe weisen Wärmeleitfähigkeiten von 0,04 bis 0,06 Watt pro Meter und Grad auf.

Alle Dämmstoffe sind zur leichteren Vergleichbarkeit einer Wärmeleitfähigkeitsgruppe (WLG) zugeordnet, entsprechend den gerundeten λ-Werten zwischen 030 und 080. Üblicherweise wählt man beim Bau Dämmstoffe der WLG 040, das heißt, ihr λ-Wert liegt bei 0,04 Watt pro Meter und Grad. Dämmstoffe der WLG 030 können bei gleicher Dämmwirkung 25 Prozent dünner verlegt werden.

Entscheidend für die Tauglichkeit eines Wärmedämmstoffs ist sein Feuchtigkeitsverhalten. Feuchtigkeit kann die Dämmwirkung auf Dauer stark herabsetzen. So verschlechtert beispielsweise bereits eine Zunahme der Volumenfeuchtigkeit um ein halbes Prozent die Dämmwirkung von einigen Dämmstoffen um 25 Prozent. Deshalb ist es wichtig, dass der Dämmstoff seine Dämmfähigkeit auch unter wechselnden Feuchtigkeitszuständen möglichst gut beibehält. Wird der Dämmstoff doch einmal nass (beispielsweise durch Kondensatfeuchte), sollte er schnell wieder austrocknen können.

Je mehr Wärme ein Dämmstoff speichern kann, umso träger reagiert er bei Aufheizung und Abkühlung. Mineralische Dämmstoffe besitzen Wärmespeicherwerte von rund einem Kilojoule pro Kilogramm und Grad. Höhere Werte von bis zu zwei Kilojoule pro

Mörtel ist ein Gemisch aus möglichst scharfkantigem Sand, Wasser und einem Bindemittel, das beim Trocknen, dem so genannten Abbinden, in einen steinähnlichen, kristallinen Zustand übergeht. Als Bindemittel werden Zement und/oder Kalk verwendet. Mörtel wird üblicherweise als Fugenmasse beim Mauern verwendet. **Putz** unterscheidet sich von Mörtel nur durch das Mischungsverhältnis und gegebenenfalls durch Zusätze wie Farben oder poröse Partikel. Im Innenbereich wird der Kalk oder Zement häufig durch den empfindlicheren, da leichter löslichen Gips ersetzt. Unter bauphysikalischen Aspekten wird zwischen Wasser abweisendem, Wasser sperrendem, Schall schluckendem und Feuer hemmendem Putz unterschieden.

Brandschutz-klasse	Bauaufsichtliche Benennung
A, AI, A2	nicht brennbare Baustoffe
B	brennbare Baustoffe
BI	schwer entflammbare Baustoffe
B2	normal entflammbare Baustoffe
B3	leicht entflammbare Baustoffe

Dämmstoffe müssen wenigstens die Kriterien der **Brandschutzklasse** B2, wenn möglich sogar der Brandschutzklasse BI erfüllen. Sofern die Baustoffe den geforderten Kriterien nicht von vornherein entsprechen, kann dies durch die Behandlung mit Flammschutzmitteln erreicht werden.

Kilogramm und Grad werden nur von pflanzlichen Dämmstoffen erreicht. Für die thermische Stabilität des Raumklimas ist dies von Vorteil.

Die Beurteilung der Umweltverträglichkeit eines Dämmstoffs unterliegt den gleichen Kriterien wie bei allen anderen Baustoffen. Wichtig ist der Vergleich des Energieaufwands für die Herstellung mit der Energieeinsparung, die durch den Einbau des Dämmstoffs erreicht werden kann. So hat sich bei allen Dämmstoffen spätestens nach zwei Jahren die zur Herstellung benötigte Energie durch die erzielte Energieeinsparung amortisiert. Das heißt, dass unter einer rein energetischen Betrachtungsweise jeder Dämmstoff als ökologisch eingestuft werden kann.

Bei einem fachgerecht eingebauten luft-, wind- und dampfdichten Dämmstoff sind in der Regel während der Nutzungsphase keine gesundheitlichen Risiken zu befürchten. Gesundheitsgefahren bestehen dagegen bei der Herstellung, Verarbeitung, Lieferung, Lagerung und Entsorgung. Hier können Feinstäube oder gasförmige Emissionen entstehen, die zu gesundheitlichen Beeinträchtigungen führen können. Ursache dafür kann der Einsatz giftiger Rohstoffe sowie von Binde-, Treib-, Hydrophobierungs- oder Flammschutzmitteln sein. Aus diesem Grund sollte unbedingt auf besondere Kennzeichnungen oder Verarbeitungshinweise geachtet werden.

Damit ein Dämmstoff überhaupt als Baustoff zugelassen wird, muss er die Anforderungen des Brandschutzes erfüllen. Natürliche Materialien sind häufig brennbar und müssen behandelt werden, um in die erforderliche Brandschutzklasse zu gelangen.

Einteilung der Dämmstoffe

Als Dämmstoffe kommen beispielsweise Zellulose, Kork, Holzweichfasern, Schafwolle, Blähperlit, Kokosfasern, Stroh und Mineralfasern zum Einsatz. Je nach Materialeigenschaften und Verwendungszweck sind Matten, Filze, Platten, Vliese und Schüttungen in Gebrauch.

Die dämmende Wirkung von Mineralfasern (Steinwolle und Glaswolle) beruht darauf, dass die Luft durch die Faserstrukturen an

Der Wasserdampf-Diffusionswiderstand μ ist eine Vergleichszahl, die angibt, wie viel höher der Widerstand des jeweiligen **Dämmstoffs** gegen den Durchgang von Wasserdampf im Vergleich zu Luft gleicher Schichtdicke ist. μ hat also für Luft den Wert I und beispielsweise für Beton 75.

	Zellulose	Kork	Holzweichfaser	Schafwolle	Blähperlit	Kokos	Stroh	Mineralfaser
Wärmeleitfähigkeit λ [W/m·K]	0,045	0,04–0,05	0,05–0,06	0,037	0,05–0,055	0,045	0,13	0,035–0,05
k-Wert für 10 cm Dämmstoff [W/m²·K]	0,45 winddicht	0,4–0,5	0,5–0,6	0,37	0,5–0,55	0,45	1,3	0,35–0,5
Wasserdampfdiffusionswiderstand μ [W/m·K]	1–1,5	5–30	5–10	1–2	2–3	I	2	5–2 gepresst 10
Brandschutzklasse	B2	B2	BI, B2	B2	AI	B2	B2	alle Klassen
Schichtdicke [cm] für einen k-Wert von 0,4	11,3	10–12,5	12,5–15	9,3	12,5–13,8	11,3	32,5	8,8–12,5

der Bewegung gehindert und somit weniger Wärme von innen nach außen übertragen wird. Als nicht brennbare Dämmstoffe erreichen sie jeweils eine Wärmeleitfähigkeit von 0,04 W/(m · K).

Für die Steinfasern werden Basalt und Diabas eingeschmolzen, verflüssigt und durch Düsen gepresst. Es entsteht ein Gespinst, das unverrottbar und resistent gegen Schimmel, Fäulnis und Ungeziefer, aber feuchtigkeitsempfindlich ist.

Glasfasern haben eine Dicke von zwei bis 20 Mikrometern und bestehen meist aus Silicaten, die aus einer mineralischen Schmelze (oft auch Altglas) durch Blasen, Ziehen oder Schleudern entstehen. Die Fasern werden auf einem Transportband gesammelt und mithilfe von Bindemitteln (Kunstharzen, vorwiegend Formaldehydharzen) zu Bahnen, Platten oder Filzen verarbeitet. Die Mineralstoffe können meist nicht wieder verwertet werden und sind natürlich auch nicht biologisch abbaubar. Der Energieaufwand bei der Herstellung ist relativ gering, die Dämmung relativ gut. Als ökologisch problematisch müssen allerdings die Bindemittel und die Feinstaubentwicklung bei der Produktion und Verarbeitung herausgestellt werden.

Steinwolle (links) und **Glaswolle** (rechts) unterscheiden sich in ihren technischen Eigenschaften kaum, nur im Ausgangsmaterial. Besonders geschätzt ist ihre Resistenz gegen Witterungseinflüsse.

Mit einer Wärmeleitfähigkeit von 0,04 W/(m · K) bietet sich Schafwolle für Füllungen in den Innenwänden, Fußböden und Dachschrägen an. Schafwolle-Vliesbahnen bestehen aus 100 Prozent reiner Schafwolle, es gibt aber auch Filze aus 50 Prozent Schafwolle und recycelter Altwolle. Schafwolle ist weitgehend fäulnisresistent. Als Schutz gegen Motten wird das Vlies mit einem Harnstoffderivat behandelt. Um den Anforderungen der Brandschutzklasse B2 zu genügen, werden einige Produkte mit Borax besprüht. Borsalze wirken gleichzeitig gegen Schädlingsfraß und Schimmelpilzbefall. Von Wohnraumgiftexperten wird Borax in den hier vorkommenden Dosen als unbedenklich eingestuft.

Die Einsatzbereiche der Schafwolle-Vliesbahnen sind direkt vergleichbar mit denen der Mineralfasern, wobei Schafwolle aber weniger feuchtigkeitsempfindlich ist. Die Filzmatten eignen sich auch für Trittschall- und Bodenwärmedämmung. Sie stellen eine Alternative für die immer noch verwendeten Polyurethan-Hartschäume an Fenster- und Türanschlüssen dar. Bei Wolle sollten jedoch Unter-

KREBSGEFAHR DURCH KÜNSTLICHE MINERALDÄMMSTOFFE?

Künstliche Mineralfaserdämmstoffe stehen seit langem im Verdacht, aufgrund bestimmter Fasergrößen Krebs erregend zu sein. Fasern von mehr als fünf Mikrometern Länge und weniger als drei Millimeter Durchmesser sind für die Lunge besonders gefährlich, weil sie sich dort festsetzen und langfristig zu Lungenschädigungen bis hin zum Krebs führen können. 1993 wurden sie durch die MAK-Kommission (MAK: maximale Arbeitsplatzkonzentration) den Krebs erregenden Arbeitsstoffen zugeordnet.

Die Dämmstoffhersteller waren dadurch gezwungen, neue Produkte mit einer veränderten chemischen Zusammensetzung zu entwickeln. Um auf langwierige Tierversuche verzichten zu können, wurde zur Beurteilung des Gefahrenpotenzials ein neues Bewertungsschema eingeführt: Die Beständigkeit der Fasern im menschlichen Körper

entscheidet über die Gefährlichkeit – je schneller sich eine Faser in der Lunge auflöst, desto geringer ist die Gefahr für Schäden. Entscheidend für diese Biolöslichkeit sind die Anteile bestimmter Mineralien, aus denen der Kanzerogenitätsindex (KI) errechnet wird. Nach der technischen Regel für Gefahrstoffe (TRGS) Nr. 905 ist bei Dämmstoffen aus künstlichen Mineralfasern eine Gesundheitsgefährdung nicht gegeben, wenn sie in der Gruppe KI 40 eingestuft sind, das heißt, dass sie eine hohe Biolöslichkeit aufweisen. Auf europäischer Ebene konnte sich diese Regelung allerdings nicht durchsetzen, sodass ausländische Produkte nicht automatisch als unbedenklich eingestuft werden können.

Die Anbieter von Glaswolldämmstoffen erreichen diese hohe Biolöslichkeit durch eine veränderte chemische Zusammensetzung der Fasern.

Einmal eingebaut, ist die Gefahr, die von Mineraldämmstoffen ausgeht, äußerst gering. Aber Mineralwollen bleiben stets eine Gefahrenquelle, vor allem beim Einbau, bei der Renovierung und beim Abriss von Bauwerken. Sie sind daher aus heutiger Sicht im Hinblick auf die vielen Alternativen keine ökologischen Baustoffe.

suchungen auf Insektizide vorgenommen werden, weil die Schafe oft gegen zahlreiche Schädlinge äußerlich behandelt werden.

Die hoch elastischen Kokosfasern werden aus der Kokosnusshülle gewonnen. Sie sind innen hohl und schließen dadurch von vornherein ein Luftpolster ein. Der nachwachsende Rohstoff kommt meist aus Indien oder Indonesien und wird dort in Plantagen angebaut. Die Kokosnusshüllen werden einem Fäulnisprozess ausgesetzt, den nur die resistenten Fasern überstehen. Diese werden anschließend gewaschen, getrocknet und zu Filzen, Matten oder Platten verarbeitet. Die Matten haben eine Wärmeleitfähigkeit von 0,045 W/(m · K) und sind feuchtigkeitsbeständig. Zum Brandschutz werden sie mit Ammoniumborat imprägniert (B2). Typische Anwendungsgebiete für Kokosfasermatten sind Innendämmung, Haustrennwände oder Fußbodenaufbauten, in denen gleichzeitig Wärme- und Trittschalldämmung erreicht werden soll.

Baumwolle ist erst seit 1993 als Dämmstoff erhältlich. Das vliesartig hergestellte Material hat eine Wärmeleitfähigkeit von 0,04 W/(m · K). Die pflanzliche Faser kennt keine Fraßschädlinge, umso mehr ist sie durch Schimmelpilze gefährdet. Daher darf das Material längerer Durchfeuchtung nicht ausgesetzt werden. Mit Borsalz behandelt, wird es gegen Pilze resistent und erreicht die Brandschutzklasse B2. Problematisch können die Anbaumethoden von Baumwolle sein, die wegen des Pestizideinsatzes und der künstlichen Bewässerung zu erheblichen Umweltbelastungen führen.

Als Flachs bezeichnet man die Fasern der Leinpflanze, die damit zu den natürlichen Zellulosefasern gehören. Erst nach dem arbeitsaufwendigen Entfernen der Bastschicht kann der Flachs zu einem Faservlies verarbeitet werden. Einzelne Faserbahnen werden geschichtet und durch einen Naturkleber (Kartoffelstärke) miteinander verbunden. Durch den Zusatz von Borsalz erreicht auch Flachs die Brandschutzklasse B2. Die Wärmeleitfähigkeit beträgt wie bei Baumwolle $0,04 \, W/(m \cdot K)$. Flachs gehört zu den Stoffen mit hoher Hygroskopizität, er kann also gut Luftfeuchtigkeit aufnehmen und wieder an die Umgebung abgeben, wie auch Holz und Lehm. Diese natürliche Eigenschaft beugt Bauschäden durch Tauwasserausfall und zu hoher Luftfeuchtigkeit vor und schafft ein behagliches Wohnklima.

Konventionelle Dämmplatten bestehen aus Schaumglas, Calciumsilicaten, Polystyrol (Styropor) oder Polyurethan. Als ökologische Alternative zu diesen sind Korkplatten im Gebrauch.

Kork wird aus der Rinde der im Mittelmeerraum heimischen Korkeiche hergestellt, es handelt sich also um einen nachwachsenden Rohstoff. Das Material steht nicht unbeschränkt zur Verfügung, ist aber wieder verwendbar. Zur Herstellung wird der Baum geschält, die Rinde gebrochen und dann zu Korkschrot (Durchmesser zwei bis 30 Millimeter) gemahlen. Anschließend wird der Schrot unter Hitzezufuhr (etwa 350 Grad Celsius) mit Wasserdampf erhitzt. Dabei werden natureigene Harze (unter anderem Subarin) freigesetzt, die anschließend als Bindemittel für die Korkplatten dienen. Bei Verwendung von künstlichen Bindemitteln entsteht imprägnierter Kork, der ökologisch nicht ganz unbedenklich ist. Es können Formaldehyd- oder Bitumendämpfe entweichen.

Korkschrot hat eine Wärmeleitfähigkeit von $0,045 \, W/(m \cdot K)$. Der Dämmstoff Kork gehört auch ohne Behandlung mit Flammschutzmitteln in die Brandschutzklasse B2. Korkgranulat kann auch ohne Wärmebehandlung als Schüttkork verwendet werden.

Aus der **Korkeiche,** die in Mittelmeerländern heimisch ist, lässt sich ein gutes Dämmmaterial herstellen. Die dicke Korkrinde schützt den Baum vor Austrocknung und bei Waldbränden.

In Dächer, Decken und Wände können **Zelluloseflocken** eingeblasen werden. Wenn man sie vor dem Einblasen mit Wasser befeuchtet, haften die Zelluloseflocken untereinander besser. Auf jeden Fall ist bei der Verarbeitung ein guter Atemschutz notwendig (rechts).

Zelluloseflocken, die ähnlich wie Schüttkork zur Dämmung verwendet werden, entstehen aus durch Mahlen und Zerfasern zerkleinertem Zeitungspapier. Nach Zugabe von Borsalzen werden die Papierschnitzel leicht verdichtet. Durch diese Behandlung kommen Zelluloseflocken in die Brandschutzklasse B2. Borsalze wirken auch hier gleichzeitig gegen Schädlingsfraß und Schimmelpilzbefall. Die Wärmeleitfähigkeit liegt zwischen 0,04 und 0,045 W/(m · K).

Zellulosedämmstoff ist ohne besondere Aufbereitung wieder verwertbar und deponierfähig. Die Zelluloseflocken können aus Säcken locker aufgeschüttet werden. Für eine fachgerechte Dämmung in der Wand oder Dachschräge muss der Dämmstoff von Spezialbetrieben mit der richtigen Verdichtung eingeblasen werden. Wegen der starken Staubentwicklung muss bei der Arbeit ein Atemschutz getragen werden. Besonders eignet sich Zellulosedämmstoff im Leichtbau, um die Wände wind- und schalldicht zu bekommen.

Perlit entsteht aus vulkanischem Gestein, das unter Hitzeeinwirkung (etwa 1000 Grad Celsius) auf das etwa zwanzigfache Volumen gebläht wird. So entsteht ein leichtes, körniges Dämmmaterial mit einer Wärmeleitfähigkeit zwischen 0,05 und 0,055 W/(m · K). Das Material ist nicht brennbar (Brennstoffklasse A1) und ungeziefersicher. Umweltbelastungen sind außer dem hohen Energieaufwand von etwa 223 Kilowattstunden pro Kubikmeter Dämmstoff und dem langen Transportweg (überwiegend aus Griechenland) nicht bekannt. Schüttungen aus Perlit sind vollständig wieder verwendbar, die Rohstoffreserven sind mehr als ausreichend groß. Der Dämmstoff ist zum Ausfüllen von waagerechten Hohlräumen (Decken und Fußböden) sehr empfehlenswert. Da Perlit feuchteempfindlich ist, muss er, um in feuchter Umgebung eingesetzt werden zu können, mit einem Kunststoff beschichtet werden.

Perlitgestein wird gemahlen und unter Hitzeeinwirkung expandiert. Das entstehende Granulat eignet sich nicht nur zur Wärmedämmung, sondern auch als Leichtzuschlag für Mörtel, Putz und Beton.

Blähton ist als Substrat für Hydrokulturen bekannt. Er eignet sich auch als mineralischer Schüttdämmstoff, der nicht brennbar (Baustoffklasse A) und ungeziefersicher ist. Er besteht aus Tonkügelchen, die bei einer Temperatur von 1200 Grad Celsius expandiert werden und an der Oberfläche versintern, wodurch er Wasser abweisende Eigenschaften erhält. Die Wärmeleitfähigkeit, die im Bereich von 0,12 bis 0,16 W/(m · K) liegt, ist jedoch relativ hoch. Blähton kann eingeblasen und eingeschüttet werden.

Innenausbau

Um sich im Haus oder der Wohnung wohl zu fühlen, werden die Wände, Decken und Fußböden »verkleidet«. Erst dann kommt – zumindest bei Mitteleuropäern – ein Gefühl von Wohnlichkeit auf. Je nach Art der verwendeten Materialien können aber gerade dadurch Belastungen der Innenräume auftreten, die über kurz oder lang die Gesundheit beeinträchtigen.

Ökologische Dämmstoffe		
	Umwelt	**Einsatz**
Zellulose	sehr umweltfreundlich (Recyclingprodukt)	im Leichtbau sehr empfehlenswert
Kork	in expandierter Form umweltfreundlich, imprägnierte Form vermeidbar	als Platten und Schüttungen
Blähperlit	sehr umweltfreundlich	empfehlenswert für Decken und Böden, rieselt durch undichte Schalungen, teilweise keine Druckbelastung möglich
Schafwolle	sehr umweltfreundlich	leicht verrottbar
Baumwolle	unter Umständen Pestizideinsatz beim Anbau	leicht verarbeitbar, anwenderfreundlich, auch als Blaswolle erhältlich
Holzweichfasern	sehr umweltfreundlich	viele konstruktive Vorteile, mit Bitumenschicht versehen als Regenwasserschutzschicht einsetzbar
Kokosfasern	lange Transportwege, umwelt- und verbraucherfreundlich	Trittschalldämmung, lässt sich relativ schwer schneiden
Schaumglas	umweltfreundlich	empfehlenswert bei Flachdächern und Terrassen, Rohrleitungen und Behältern, teilweise ungeeignet, da dampfdicht
Blähton	enthält keine innenraumrelevanten Schadstoffe	sehr hohe Druckfestigkeit, als Leichtbetonzuschlag geeignet, vergleichsweise schlechter k-Wert
Holzwolle	umweltfreundlich	für Selbstbau geeignet, gute Schalldämmung, als reine Leichtbau- platte, schlechter k-Wert, auch als Verbundplatte mit Mineralwolle oder Polystyrol
Schilf	geringe abbaubare Vorkommen	anwenderfreundlich, als Zuschlagstoff beim Lehmbau üblich
Stroh	sehr umweltfreundlich	sehr anwenderfreundlich, als Zuschlagstoff beim Lehmbau üblich, schlechte Dämmwirkung
Konventionelle Dämmstoffe		
	Umwelt	**Einsatz**
Mineralfaser	Glaswolle vorwiegend aus Altglas, auf Kanzerogenitäts- index (KI 40) achten	leicht verarbeitbar, konstruktiv fast überall verwendbar
Polyurethan-Hartschaum (PUR)	Erdölprodukt, lange Produktionskette, teilweise mit FCKW geschäumt (Ozonkiller, Treibhauseffekt)	beständig, unverrottbar, sehr gute Dämmwirkung
Polystyrol (Expandierter Partikelschaum, EPS)	Erdölprodukt, toxische Prozesskette, bei Bränden entstehen toxische Gase	sehr gute Dämmwirkung
Polystyrol (Extrudierter Hartschaum, XPS)	Erdölprodukt, teilweise mit FCKW geschäumt (Ozonkiller, Treibhauseffekt)	besonders für Wärmedämmung unter Bodenplatten geeignet

Wärmedämmstoffe auf einen Blick. Besonders kritisch ist der Einsatz von Produkten aus der Erdölproduktion.

Bodenbeläge

Die von Verbrauchern an einen Fußbodenbelag gestellten Anforderungen sind hoch: Fußböden sollen dauerhaft, strapazierfähig, warm, hygienisch, pflegeleicht, Schmutz abweisend, unanfällig gegenüber Schädlingsbefall sein, sich im Brandfall günstig verhalten und darüber hinaus Behaglichkeit in der Wohnung verbreiten. Mit diesem Anforderungsprofil sind die späteren Probleme bereits vorprogrammiert, da die meisten Bodenbeläge massiver chemischer Behandlung bedürfen, um diesen Anforderungen gerecht zu werden.

Umweltfreundliche Bodenbeläge sind gekennzeichnet durch vergleichsweise geringe Schadstoffabgaben an die Raumluft während der Nutzung. Es muss aber immer auch die Gesamtökobilanz des jeweiligen Materials berücksichtigt werden. Bei Bodenbelägen ist die Langlebigkeit ein wichtiges Kriterium. Je länger ein Produkt ohne Qualitätsverlust genutzt werden kann, desto geringer ist die anfallende Müllmenge.

Problematisch kann die Verlegung von Bodenbelägen werden, wenn sie mithilfe von Klebern fest auf dem Untergrund (Estrich) haften sollen. Fertigparkett oder Teppichboden werden ganz häufig auf diese Weise am Untergrund befestigt. Umweltbelastungen entstehen durch lösemittelhaltige Kleber, die Kohlenwasserstoffe an die Raumluft abgeben. Die Lösemittelemissionen betragen allein in diesem Bereich rund 6000 Tonnen pro Jahr. Hohe Konzentrationen dieser Lösemittel verursachen Schleimhautreizungen, Kopfschmerzen und Schwindel. Daher sollten organische lösemittelhaltige Kleber nur in Ausnahmefällen angewendet werden. Für nahezu alle Anwendungsbereiche werden inzwischen lösemittelarme oder -freie Dispersionsklebstoffe angeboten, die Wasser als Lösemittel verwenden.

Je nach Nutzungszweck und Geschmack der Bewohner werden glatte oder textile Bodenbeläge gewählt. Stein- und Keramikfliesen sowie Holz-, Kunststoff- und Linoleumböden zählen zu den glatten Bodenbelägen. Die textilen Beläge bestehen aus Kunststoff-, Woll-, Kokos- oder Sisalfasern. Trotz eines zunehmenden Trends zu glatten Belägen werden nach wie vor Teppichböden für Wohnräume bevorzugt.

Gerade für Allergiker haben glatte Böden entscheidende Vorteile: Staub und daran haftende Allergene (zum Beispiel Schimmelpilzsporen, Hausmilbenexkremente und Pollen) sowie Schadstoffe (zum Beispiel Krebs erregende Rußpartikel, problematische faserige Bestandteile, schwer flüchtige Verbindungen wie Biozide) können durch nasses Wischen ohne große Aufwirbelung beseitigt werden.

Bestandteil	Stoffbeispiel	gesundheitliches Risiko
Vernetzer	Amine	Hautreizungen und allergische Reaktionen
Härter	Polyisocyanate	Reizwirkung auf Schleimhäute und Bronchien; können Asthma hervorrufen
Lösemittel	Toluol, Xylole	Wirkung auf Gehirn und Nervensystem (Benommenheit, Übelkeit und Atemlähmung je nach Dosis), Tuluol ist außerdem Frucht schädigend
Weichmacher	Phthalate	Langzeitrisiko: können langsam entweichen und eingeatmet werden, reichern sich im Körper an; z.T. Krebs erregend und Erbgut schädigend; früher wurden hierfür sogar PCB verwendet; sie stellen heute eine Altlast in Gebäuden dar
Antipilzmittel	Dichtofluanid	Langzeitrisiko: können langsam entweichen und eingeatmet werden, reichern sich im Körper an

Auf den Bausektor entfallen etwa 20 Prozent des Klebstoffverbrauchs, wobei der **Klebstoff** vornehmlich zur Verklebung von Bodenbelägen verwendet wird. Die Inhaltsstoffe der Kleber haben oftmals gesundheitsschädliche Wirkungen.

Steinböden und Fliesen nehmen unter den glatten Bodenbelägen eine Sonderstellung ein, da sie nicht aus organischem Material bestehen und damit auch nicht zu einer Raumluftbelastung beitragen können, sofern nicht der Kleber flüchtige organische Verbindungen freisetzt.

In Einzelfällen wird Radon (^{222}Rn), ein radioaktives Edelgas, freigesetzt. Es trägt mit seinen Zerfallsprodukten wesentlich zur natürlichen Strahlenbelastung bei. Heute erhältliche Fliesen und Steinböden tragen kaum mehr zu einer erhöhten Radonbelastung der Raumluft und damit einem erhöhten Krebsrisiko bei. Alte Fliesen können jedoch mit Glasuren versehen sein, die beispielsweise urandioxidhaltige Pigmente in sehr großen Mengen enthalten. Diese Pigmente strahlen zum Teil erheblich und sollten durch Tests ausgeschlossen werden.

PVC-Bodenbeläge sind in den letzten Jahren heftig in die Kritik geraten. Das Polyvinylchlorid (PVC) ist sowohl in der Herstellung als auch in der Entsorgung äußerst problematisch. Bei Wohnungsbränden entstehen – außer ätzender Salzsäure – beispielsweise hochtoxische Verbindungen wie die polychlorierten Dibenzodioxine (PCDD, »Seveso-Gift«) und Dibenzofurane (PCDF). PVC-Böden enthalten auch große Mengen an Weichmachern, die sich in der Umwelt kaum abbauen. Diese Weichmacher werden bei der Herstellung beigemischt, damit Kunststoffe flexibel bleiben. Die eingesetzten Zusatzstoffe sind häufig Phthalate, die über einen sehr langen Zeitraum freigesetzt werden und zu einer deutlich erhöhten Raumluftkonzentration führen können. Sie können beim Menschen bei langfristiger Einwirkung zu Schädigungen des zentralen Nervensystems, Störungen des Immunsystems und der Fortpflanzung führen. Einige Phthalate stehen zudem im Verdacht, Krebs erregend zu sein. Durch mechanische Beanspruchung und Schuhabrieb können zudem Stabilisatoren (zum Beispiel organische Barium-, Calcium- und Zinkverbindungen, früher stark giftige Cadmium- und Bleiverbindungen) in den Hausstaub gelangen.

PVC-Böden sollten in ökologischen Häusern nicht vorkommen, da sie auf so vielfältige Weise zu einer Belastung der Umwelt sowie der Benutzer führen können.

Ersatzstoffe mit günstigeren Eigenschaften gibt es längst auf dem Markt, wie beispielsweise Linoleumböden, die bereits 1860 erfunden wurden. Linoleum wird weitgehend aus nachwachsenden Rohstoffen hergestellt: Leinöl, zum Teil Sojaöl und Tallöl, Naturharzen. Der Linoleumzement, der als Füllstoffe unter anderem Kreide, Holz- und Korkmehl enthält, wird auf einen Juterücken gepresst und rund drei Wochen gelagert, bis der Belag bestimmten mechanischen Anforderungen genügt. Ein reines Naturprodukt sind die modernen Linoleumfußböden meist dennoch nicht, denn sie sind häufig mit einer Kunstharzschicht versehen. Unbehandelte Linoleumböden müssen regelmäßig gewachst werden, wobei durch das Pflegemittel erhöhte Raumluftkonzentrationen an Terpenen und anderen Kohlenwasserstoffen auftreten können.

Korkbodenbeläge werden wie die bereits erwähnten Dämmplatten hergestellt. Um eine höhere Strapazierfähigkeit und bessere Pflegeeigenschaften zu erreichen, wird die Oberfläche oft mit Kunstharzsiegellacken, Naturharzlacken oder Wachsen behandelt. In einigen Fällen wird eine Kunststoffschicht (zum Beispiel PVC-Schicht) auf die Oberfläche aufgebracht. Rückseitig sind die Korkplatten häufig ebenfalls kunststoffbeschichtet. So bleibt vom Kork oft nur der Schein übrig.

Holzfußböden werden in Wohnräumen immer beliebter, da sie dem Klischee des »biologischen Bodenbelags« bei den Verbrauchern am ehesten entsprechen. Die Art der angebotenen Holzböden ist weit gefächert: Holzdielen, Holzparkett, Fertigparkett und Laminatböden. Die beiden letztgenannten Produkte bestehen nur noch zu geringen Teilen aus Holz und sind eher Kunststoffprodukte. Bei Fertigparkett verbirgt sich unter dem Siegellack und einer zwei bis vier Millimeter starken Massivholzdeckschicht eine Spanplatte, bei Laminat ist auf einer Spanplatte ein Kunststofffurnier mit Holzdruckmuster aufgebracht.

Das Versiegeln von Holzböden führt dazu, dass der Werkstoff Holz seine ursprünglichen, tatsächlich nicht gerade »pflegeleichten« Eigenschaften verliert und an der Oberfläche Kunstharze im Kontakt zur Umgebungsluft stehen. Die ökologische Oberflächenbehandlung von Holzböden ist das Ölen und Wachsen. Hier bleiben wesentliche Holzeigenschaften erhalten, wobei die flüchtigen Komponenten der Wachse und Öle häufig auch zu einer länger anhaltenden und durchaus störenden Luftbelastung vor allem mit Terpenen führen. Die Behandlung von Holzböden führt damit praktisch immer zu einer zeitlich mehr oder weniger begrenzten Raumluftbelastung an flüchtigen organischen Verbindungen (VOC).

Gegenüber glatten Böden muss man bei der Verwendung von textilen Bodenbelägen (Teppichböden) mit einem deutlich erhöhten Staubaufkommen in der Wohnung rechnen. Die Zusammensetzung des Staubes unterscheidet sich deutlich von Wohnungen mit wischbaren Böden, da in textilen Bodenbelägen andere Lebensbedingungen für Mikroorganismen herrschen, aber auch durch die mechanische Beanspruchung ein stetiger Faserabrieb entsteht.

Teppichböden können ohne Klebereinsatz von Fachleuten verspannt werden, sofern sie dafür geeignet sind. Diese Verlegeart stellt sicher, dass weder unerwünschte Lösemittelreste noch andere flüchtige organische Verbindungen aus der Verklebung die Luft belasten. Ähnliche Vorteile besitzt die Fixierung des Bodenbelags mit doppelseitigen Klebebändern.

Die meisten textilen Bodenbeläge zeigen eine Schlingen- oder Veloursoberfläche, die auf einem Trägergewebe aus Jute oder Kunstfasern aufgebracht ist. Viele Teppichböden weisen eine Rückenbeschichtung aus geschäumtem Kunststoff auf – in Deutschland meist Syntheselatex (Styrol-Butadien-Latex, kurz SBL). Vor allem dieser Schaumrücken trägt zur Raumluftbelastung bei.

Von den Naturfaserböden stellen die Wollteppichböden den derzeit größten Marktanteil. Aus ökologischer Sicht erweisen sich diese Materialien nicht in jedem Fall als unproblematisches Naturprodukt: Zum einen können Tierhaare bei entsprechend disponierten Menschen Allergien auslösen, zum anderen werden die meisten Teppichböden mit so genannten Zusatzausrüstungen versehen. Gegen einen möglichen Motten- und Käferbefall werden in der Regel Pyrethroide (vor allem Permethrin) als insektizide Wirkstoffe eingesetzt. Vor allem die flächendeckende Anwendung derartiger Biozide ohne ausdrückliche Deklaration ist heftig umstritten.

Bodenbeläge aus Kokosfaser werden in den meisten Fällen mit Latexrücken geliefert und sind vergleichsweise robust und strapazierfähig. In den Kokosfasern lassen sich heute Pestizidrückstände aus den weit entfernten Anbauländern nachweisen. Der Latexrücken besteht üblicherweise aus einer Mischung von Naturlatex und Syntheselatex.

Bei Sisalteppichen handelt es sich um sehr strapazierfähige Bodenbeläge, die aus den Fasern der Agave hergestellt werden, einer faserreichen Trockenpflanze. Pestizidrückstandsprobleme wurden bislang nicht bekannt. Da Agaven in Trockengebieten wachsen, besteht von vornherein eine geringere Wahrscheinlichkeit für Schimmelbefall.

Anstriche

Die Wände im Innern des Gebäudes tragen viel zu einem gesunden Raumklima bei. Weit verbreitet sind aber kunststoffhaltige Tapeten und Anstriche, die einen wasserdampfundurchlässigen Film bilden. Dies führt dazu, dass die Feuchtigkeit der Räume – ins-

---

Styrol-Butadien-Latex hat mit Naturlatex nichts zu tun, außer dass beide Stoffe ähnliche Einsatzgebiete besitzen. Wie der Name sagt, setzt er sich aus den beiden Einzelbausteinen (Monomeren) Styrol und Butadien zusammen, die als Endprodukt (Polymer) ein elastisches und gleichzeitig abriebfestes Material bilden. Zur Stabilisierung gegen das Einwirken von Licht und Sauerstoff werden Antioxidantien zugesetzt, die allerdings gesundheitlich nicht unbedenklich sind, da ihre Dämpfe die Schleimhäute reizen und zu Kopfschmerzen führen können.

Pyrethroide sind synthetisch hergestellte Abwandlungen von Inhaltsstoffen des Pyrethrums, eines aus Pflanzen gewonnenen Insektizids. Pyrethroide wirken als Fraß- und Berührungsgift sowie als Muskel- und Nervengift auf Insekten. Für Warmblüter ist es kurzfristig kaum schädlich, jedoch kann eine Langzeitwirkung nicht ausgeschlossen werden.

besondere in Küche und Bad – nicht mehr von der Wand aufgenommen und wieder abgegeben werden kann. Die Luftfeuchtigkeit schlägt sich an den Wänden, vor allem an den kältesten Stellen nieder. Es kann zu Schimmelbildung kommen.

Wandoberflächen aus Kunststoffen neigen zudem zu elektrostatischen Aufladungen. Die aufgeladenen Flächen ziehen nicht nur Staub, sondern auch Pilzsporen und Bakterien an. Diese Ablagerungen haften nur oberflächlich und bei Abbau der elektrostatischen Spannung gelangen sie wieder in die Raumluft und führen zu staubiger, ungesunder Luft.

Dispersionsfarben bestehen im Wesentlichen aus Wasser und dispergierten Kunststoffteilchen als Bindemittel. Nach dem Auftrag der Farbe verdunstet das Wasser und ein dünner Kunststofffilm bleibt zurück. Dispersionsfarben enthalten zudem Pigmente zur Farbgebung, Füllstoffe, Lösemittel, Netzmittel und Konservierungsmittel. Eine Alternative zu den kunstharzgebundenen Dispersionsfarben sind die mit Naturharz gebundenen Dispersionsfarben. Doch hier ist sehr genau auf die Deklaration der Inhaltsstoffe zu achten: Früher enthielt Latexfarbe tatsächlich das Naturprodukt Latex, also den Saft des Kautschukbaumes, heute besteht das Bindemittel normalerweise aus einem Kunstharz (Styrolacrylat). Heutige echte Naturharz-Dispersionsfarben verwenden als Bindemittel beispielsweise Kolophonium, einem natürlichen Harz aus Nadelbäumen, und enthalten nur geringe Mengen organischer Lösemittel, wie Citrusterpene oder Balsamterpentinöl.

Die Leimfarben enthalten neben Pigmenten (Kreide und Talkum) und organischen Farbstoffen als Bindemittel tierische oder pflanzliche Leime, wie Methyl-Zellulose. Leimfarben sind aber nicht wasserfest, nur wischbeständig. Sie können durch Abwaschen entfernt werden. Daher eignen sie sich nur für wenig beanspruchte Räume. Für Räume mit hoher Luftfeuchtigkeit sind Leimfarben nicht empfehlenswert, da hier das Risiko der Besiedlung durch Schimmelpilze besteht.

Wesentlich strapazierfähiger sind Anstriche, die bei der Trocknung chemisch reagieren, wie Kalk- und Silicatfarben. Kalkfarben bestehen aus gelöschtem Kalk, der sich beim Trocknen mit dem Kohlendioxid aus der Luft zu hartem, unlöslichem kohlensaurem Kalk verbindet. Mit Zusätzen wie Leinöl oder Kaliwasserglas wird die Wischfestigkeit erhöht. Sie sind wasserdampfdurchlässig und setzen keine Schadstoffe frei. Silicatfarben eignen sich nur für mineralische Untergründe; sie weisen ansonsten gleiche positive Eigenschaften auf.

Holz in Innenräumen muss vor Austrocknung und Feuchtigkeit beim Putzen, im Außenbereich zusätzlich vor Regen geschützt werden. Dazu gibt es ein reiches Angebot von Lacken und Lasuren. Lasuren schützen Holz im Innen- und Außenbereich, neigen im Gegensatz zu Lacken weder zum Abplatzen noch zum Verspröden. Als Alternative zu den herkömmlichen Produkten gibt es eine Reihe von Pflanzen- oder Naturfarben, die auf der Basis nachwachsender

Balsamterpentinöl ist ein Öl, das aus Nadelhölzern gewonnen wird. Wenn es verwendet wird, sollte es frei von Delta-3-Caren sein. Delta-3-Caren wurde bekannt als Verursacher der Malerkrätze und ist mittlerweile als Krebs erregend eingestuft. Weiterhin können die Hauptbestandteile von Balsamterpentinöl zu Kopfschmerzen führen und Allergien auslösen, eine typische Eigenschaft aller Terpene.

REGENWASSERVERSICKERUNG DURCH MULDEN-RIGOLEN-SYSTEME

Eine flache, grasbewachsene Mulde nimmt das Regenwasser auf, das von versiegelten Flächen zugeführt wird. Dort versickert es langsam in die darunter liegende Rigole, ein mit Kies gefüllter Entwässerungsgraben. Die Rigole wird durch ein Vlies (Geotextil) geschützt, damit keine Bodenteilchen eindringen können. Das Dränrohr bewirkt die gleichmäßige Verteilung des Wassers sowie bei starken Regenfällen die geregelte Ableitung. Der Abfluss ins Gewässer kann über Schächte und die darin vorhandenen Sperrvorrichtungen gedrosselt werden.

Es wird versucht, den natürlichen Wasserkreislauf nachzuempfinden und den Großteil des Regenwassers im Boden versickern zu lassen. Das System bietet mehrere ökologische Vorteile, da Verschmutzungen des Regenwassers mechanisch gefiltert werden, auch bei Starkregen die Einleitung des Wassers in den Vorfluter verzögert erfolgt und die Grundwasserneubildung intensiviert wird.

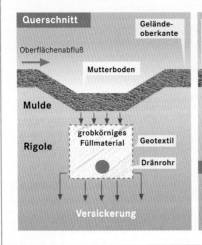

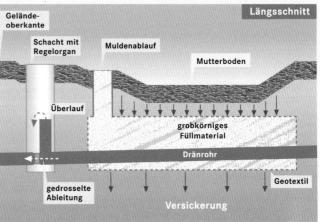

Rohstoffe hergestellt werden. Als Bindemittel enthalten sie Kolophonium, Leinöl, Dammar (Harz des Dammarbaums) oder Bienenwachs. Diese Rohstoffe werden physikalisch aufbereitet und keiner chemischen Veränderung unterzogen. Das Bindemittel ist in größeren Mengen (über 30 Prozent) in organischen Lösemitteln gelöst. Diese stammen nicht aus der Erdölchemie, sondern sind natürlichen Ursprungs, wie Citrusterpene aus Orangen- oder Zitronenschalen oder Balsamterpentinöl. Nichtsdestotrotz sind auch diese Lösemittel umweltbelastend, da sie haut- und schleimhautreizend sind und Allergien auslösen können. Lösemittelarme oder -freie Naturharzdispersionslacke stehen noch nicht zur Verfügung.

Öle und Wachse können im Innenbereich die Oberflächen schützen. Die im Handel angebotenen Produkte enthalten auch Leinöl, das leicht in die Zellstruktur des Holzes eindringen kann. Solche Grundierungen härten von innen heraus, Schmutz kann nicht mehr eindringen. Der Lasurfilm wird fest an der Oberfläche verankert, ist aber elastisch und kann die Mikrobewegungen des Holzes mitmachen. So lassen sich Flächen durch einfaches Anschleifen und Überstreichen instand halten. Ölbehandelte Oberflächen müssen je nach ihrer Beanspruchung nachgeölt werden. Eine abschließende Wachsschicht im Innenbereich dient als zusätzlicher Schutz und verhindert elektrostatische Aufladungen.

Regenwasserversickerung und Trinkwasser sparendes Bauen

Durch Siedlung und Verkehr wird in den Ballungszentren bis zu 80 Prozent der Fläche genutzt. Die Auswirkungen der Flächenversiegelung zeigen sich bereits in Hochwasserschäden nach starken Niederschlägen. Bei hohem Versiegelungsgrad kann das Regenwasser in viel zu geringem Maß ins Grundwasser versickern, stattdessen fließt es in den meisten Fällen in die Kanalisation. Damit erhöht sich der Oberflächenwasserabfluss, und das Regenwasser steht für die direkte Grundwasserbildung nicht mehr zur Verfügung. Zur Förderung der Grundwasserbildung muss dafür gesorgt werden, dass das Regenwasser vor Ort versickern kann.

Regenwassernutzung

Regenwasser lässt sich mit entsprechenden Nutzungsanlagen problemlos für WC-Spülung, Waschmaschine, Putzen und Reinigen sowie Gartenbewässerung verwenden. Wenn ausschließlich der Garten bewässert werden soll, lohnt sich der Einbau einer kompletten Regenwasseranlage nicht. Es reicht in diesem Fall aus, das Regenwasser in einem Tank oder einer Tonne zu sammeln und bei Bedarf zum Gießen zu verwenden.

Eine Regenwasseranlage zur Brauchwasserversorgung ist mit einer konventionellen Heizungsanlage vergleichbar. Beim Einbau muss eine Reihe von Punkten beachtet werden: Nur das Ablaufwasser von geeigneten Dachflächen darf genutzt werden, sonstige versiegelte Flächen wie Balkone, Terrassen oder Hofflächen dürfen wegen möglicher massiver Verschmutzungen nicht angeschlossen werden. Auch bei Störfällen der Anlage muss die Gebäudeentwässerung gewährleistet sein. Die Rohre dürfen keine Querschnittsverengungen aufweisen und eine Entlüftung der Anlage ist vorzusehen. Um Verschmutzungen oder gar Verstopfungen der Rohre zu vermeiden,

Eine **Regenwassernutzungsanlage** verfügt im Wesentlichen über einen Sammeltank, aus dem das Regenwasser über eine Pumpe und eigene Leitungen seiner Nutzung zugeführt wird.

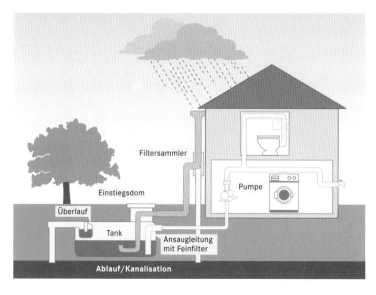

muss der Speicher gegen Fremdschmutzeintrag gesichert werden und eine Feinfilterung des Speicherwassers erfolgen. Darüber hinaus sollte auf kurze und möglichst gerade Leitungsführung im Haus geachtet werden. Die Verwendung korrosionsbeständiger Materialien und hochwertiger, langlebiger Bauteile versteht sich fast von selbst. Die Anlage sollte weder Licht noch Dauertemperaturen von über 18 Grad Celsius ausgesetzt werden. Trink- und Brauchwassersystem müssen strikt getrennt bleiben, und alle Anlagenteile mit »Kein Trinkwasser« gekennzeichnet sowie gegen versehentliche Entnahme gesichert werden.

Sowohl bei Neubauten als auch bei nachträglicher Installation müssen richtig dimensionierte Rohrleitungen und natürlich auch die potentiell auffangbaren Wassermengen berücksichtigt werden. Der Regenwasserertrag pro Jahr (in Kubikmetern) lässt sich aus dem Produkt von Dachfläche (Projektionsfläche in Quadratmetern), dem Abflussbeiwert für geneigte Ziegeldächer (0,75) sowie der durchschnittlichen jährlichen Niederschlagsmenge (in Millimetern) errechnen. Von der so ermittelten Menge können im Durchschnitt etwa 85 bis 90 Prozent des Regenwassers genutzt werden; der Rest steht als anlageninterner Verbrauch für die Versorgung nicht zur Verfügung.

Der wirtschaftliche und ökologische Nutzen einer Regenwasseranlage ergibt sich vor allem aus ihrer Betriebsdauer. Bei derzeitigen Kosten ist je nach Investition die Amortisation einer derartigen Anlage nach etwa fünf bis zehn Jahren erreicht.

Grauwassernutzung

Die Idee klingt einfach: Man nehme bereits gebrauchtes Wasser, beispielsweise Badewasser, und verwende es anschließend zur Toilettenspülung. Im Gegensatz zu Regenwasseranlagen zielt diese Grauwassernutzung auf den nochmaligen Einsatz bereits bezahlten Trinkwassers.

Trotz der Einfachheit der Idee konnte sie sich bislang noch nicht auf dem Markt durchsetzen. Zum einen erfordert eine Grauwasseranlage – genauso wie eine Regenwasseranlage – eigene Leitungsinstallationen, zum andern tritt bei vielen Anlagen das Problem auf, dass das gesammelte warme, leicht verschmutzte Wasser zu faulen und damit zu riechen beginnt. Es entstehen Schwefelwasserstoffausdünstungen. Professionelle Grauwasseranlagen lösen das Geruchsproblem mit einer biologischen Reinigungsstufe, beispielsweise einem Schilfbeet, oder aber mit biologischen Klärprozessen im Grauwassersammelbehälter.

Die naturnahe Abwasserbehandlung (wie Pflanzenkläranlagen, bewachsene Bodenfilter) nutzt das Reinigungspotential von Böden, Mikroorganismen und Pflanzen mit einer entsprechend konstrukti-

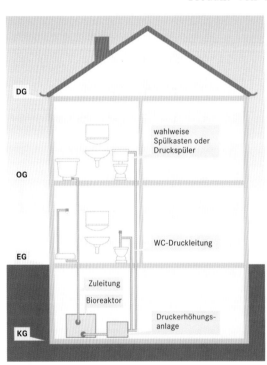

DG

OG

EG

KG

wahlweise Spülkasten oder Druckspüler

WC-Druckleitung

Zuleitung

Bioreaktor

Druckerhöhungsanlage

Grauwasser-Umlaufprinzip für ein Einfamilienhaus.

ven Gestaltung auf engstem Raum. Das Abwasser wird einem mit ausgewählten Sumpfpflanzen bewachsenen Bodenkörper zugeleitet und durchfließt diesen. Die organischen Schmutzstoffe werden von Pflanzen und Mikroorganismen um- oder abgebaut. Ein Teil der Substanzen wird im Boden festgehalten, der andere Teil von Pflanzen und Mikroorganismen als Nährstoff aufgenommen und nach der Verarbeitung an die Atmosphäre abgegeben. Die Anforderungen an Pflanzenkläranlagen sind in der Rahmenabwasserverwaltungsvorschrift festgeschrieben.

Begrünung

Viele Bewohner messen die Qualität ihres Wohnumfelds zunehmend an seiner Umweltgüte und insbesondere an seiner Ausstattung mit Grün- und Freiflächen. Die Verbesserung des Wohnumfelds ist daher integrierter Bestandteil ökologisch orientierten Bauens. Möglichkeiten zur Begrünung bieten sich auf dem Straßenraum, in Vorgärten und Höfen, auf Spielplätzen, Parkplätzen und sonstigen Freiflächen innerhalb von Siedlungen.

Ein Ansatz für ein »grünes« Wohnumfeld vermeidet Bodenversiegelung. Weg- und Parkflächen können zum Beispiel großfugig, in Sand gepflastert, mit Kies belegt oder als Ton-Kies-Gemisch (wassergebundene Decke) ausgeführt sein und den Nutzungsansprüchen der Bewohner entsprechend gestaltet werden. Innenhöfe und Gärten sollten möglichst naturnah und standortgerecht bepflanzt und bewirtschaftet werden.

Gehört die Anlage und Pflege einer Gartenanlage fast schon zu den Selbstverständlichkeiten, wird viel seltener daran gedacht, das Gebäude selbst zu begrünen. Dafür geeignet sind Dächer und Fassaden gleichermaßen.

Begrünte Dächer

Das Dach ist der Teil des Hauses, der am stärksten den Witterungseinflüssen ausgesetzt ist. Auf der Dachoberfläche können je nach Deckungsmaterial Temperaturschwankungen bis zu 100 Grad (von 80 Grad Celsius bis unter −20 Grad Celsius) auftreten.

Eine dichte **Begrünung** bewirkt, dass extreme Temperaturen auf der Fassade gemindert werden und damit die Fassade geschützt wird. Gleichzeitig wird ein Wärmedämmeffekt erzielt, da der Wärmetransport zwischen Wand und Außenluft durch das Luftpolster zwischen dem Blattwerk der Pflanzen und der Wand verringert wird. Die Abkühlung des Gebäudes durch Wind kann durch den Bewuchs verringert werden. Schlagregen wird vom Haus fern gehalten, weil das Wasser über die Blätter zum Boden abgeleitet wird.

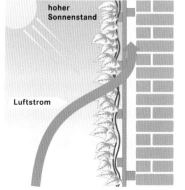

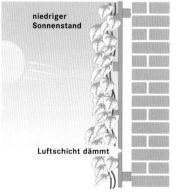

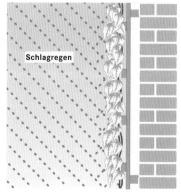

Durch die glatten Oberflächen der allgemein üblichen Bedachungen wird das Regenwasser – sofern nicht genutzt – sofort in die Vorfluter abgeführt. Die Sonneneinstrahlung wird zum Teil reflektiert oder in Wärme umgewandelt. Flimmernde Luft über den Dächern eng besiedelter Viertel ist ein typisches Bild im Sommer. Die Städte und Dörfer werden durch die ständig wachsende Dachlandschaft genauso versiegelt wie durch die ständig zunehmenden Straßenflächen.

Eine ökologische Alternative stellten hier Dachbegrünungen dar, denn sie wirken als Klimapuffer. Die Temperaturschwankungen werden auf rund 25 Grad Celsius reduziert, und große Mengen des Regenwassers können verdunsten. Zudem verbessern begrünte Dächer den Schallschutz und das Kleinklima besonders in Städten, filtern Luftverunreinigungen und geben gleichzeitig Sauerstoff ab, schaffen Lebensraum für Tiere und Pflanzen und stellen einen gewissen Ausgleich für die Bodenversiegelung durch das Gebäude dar.

Dachbegrünungen werden vor allem danach unterschieden, ob ein flaches oder ein geneigtes Dach bewachsen werden soll, und ob eine intensive oder eine extensive Begrünung angestrebt wird. Danach richtet sich, ob statische Gesichtspunkte eine Verstärkung der Dachkonstruktion notwendig machen. Bei extensiver Begrünung ist das in der Regel nicht notwendig.

Unter einer extensiven Begrünung versteht man eine flächige Begrünung hauptsächlich mit niedrigen Stauden, Wildkräutern, Gräsern und Moosen, die trockenheitsverträglich und regenerationsfähig sein sollten. Zudem müssen die Pflanzen pflegeleicht und ihre Aufzucht in dünnschichtigen Böden auf horizontalen oder geneigten Flächen möglich sein. Extensive Dachbegrünungen können nicht genutzt, also begangen und bespielt werden.

Die intensive Dachbegrünung besteht aus einer flächigen Begrünung mit Rasen, Stauden und Gehölzen, die einen differenzierten

Beurteilung verschiedener **Begrünungsmaßnahmen** aus planerischer Sicht. Das Moosdach benötigt nur eine geringe Humusauflage von rund zwei Zentimetern. Das Sedumdach besteht aus einem niedrigen Bewuchs aus Dickblatt- und Steinbrechgewächsen und braucht eine fünf bis zehn Zentimeter hohe Bodenauflage. Grasdächer bestehen aus einer Gras- und Krautgemeinschaft, die auch bei natürlichen Trockenrasen vorkommt, und können als fertiger Rollrasen aufgebracht werden. Intensivbegrünung benötigt eine höhere Humusauflage und eine regelmäßige Pflege.

		Extensivbegrünung			Intensivbegrünung		
	Zielsetzung	Moos-dach	Sedum-dach	Gras-dach	Rasen-dach	Stauden-dach	Strauch-Gehölz-dach
bautechnisch	Schutz der Dachhaut	○	●	●	●	●	●
	Isolation gegen Wärme	○	◉	●	●*	●*	●*
	Isolation gegen Kälte			○	○	○	○
	Schallschutz	○	◉	●	●*	●*	●*
städtebaulich	Harmonisierung des Siedlungs- und Landschaftsbildes	○	●	●	○	●*	●*
	Schaffung zusätzlicher Freiräume	○	○	○	●	●	●
	Regenwasserrückhaltung	○	◉	●	○*	●*	●*
	Kleinklimaverbesserung	○	○	●**	●*	●*	●*
	Sekundärbiotopbildung	●	●	●		○*	●*
ökologisch	Ausgleichsmaßnahme	○	◉	●	○*	○*	●*
	Luft- und Regenfilter	○	◉	●**	◉	○*	○*
	Stadtklimaverbesserung			●**	○*	○*	●*

● gut geeignet ◉ geeignet ○ bedingt geeignet   * nur bei hohem Flächenanteil ** nur in feuchtem Zustand

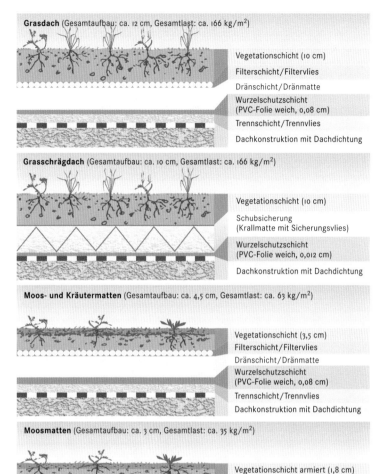

Grasdach (Gesamtaufbau: ca. 12 cm, Gesamtlast: ca. 166 kg/m²)

Vegetationschicht (10 cm)

Filterschicht/Filtervlies

Dränschicht/Dränmatte

Wurzelschutzschicht
(PVC-Folie weich, 0,08 cm)

Trennschicht/Trennvlies

Dachkonstruktion mit Dachdichtung

Grasschrägdach (Gesamtaufbau: ca. 10 cm, Gesamtlast: ca. 166 kg/m²)

Vegetationschicht (10 cm)

Schubsicherung
(Krallmatte mit Sicherungsvlies)

Wurzelschutzschicht
(PVC-Folie weich, 0,012 cm)

Dachkonstruktion mit Dachdichtung

Moos- und Kräutermatten (Gesamtaufbau: ca. 4,5 cm, Gesamtlast: ca. 63 kg/m²)

Vegetationschicht (3,5 cm)
Filterschicht/Filtervlies
Dränschicht/Dränmatte
Wurzelschutzschicht
(PVC-Folie weich, 0,08 cm)
Trennschicht/Trennvlies
Dachkonstruktion mit Dachdichtung

Moosmatten (Gesamtaufbau: ca. 3 cm, Gesamtlast: ca. 35 kg/m²)

Vegetationschicht armiert (1,8 cm)
Filterschicht/Filtervlies
Dränschicht/Dränmatte
Wurzelschutzschicht
(PVC-Folie weich, 0,08 cm)
Trennschicht/Trennvlies
Dachkonstruktion mit Dachdichtung

Extensiv begrünte Dächer
verschönern nicht nur die Stadtland-
schaft, sondern sind auch ein Wieder-
gewinn für die Natur. Die Dachauflage
muss differenziert geplant und
aufgebaut werden. Grasdächer können
sich mit etwas Geduld auch ohne
Anpflanzung besiedeln.

Bodenaufbau, Be- und Entwässerungsmaßnahmen sowie eine regelmäßige Pflege erfordern. Dafür können sie begangen und genutzt
werden.

Grundsätzlich eignen sich nicht nur Flachdächer für Begrünun-
gen. Auch geneigte Dächer können begrünt werden, wobei Nei-
gungswinkel über 20 Grad nur schwierig zu bepflanzen sind. Sonst
muss die Dachoberfläche mit Hemmschwellen versehen werden,
um das Abrutschen der Bodenschicht zu verhindern.

Soll ein bestehendes Dach begrünt werden, muss vorher eine bauphysikalische Prüfung erfolgen, um die Lastreserven des Daches festzustellen. In wassergesättigtem Zustand entstehen durch die Dachbegrünung Lasten von etwa 60 Kilogramm pro Quadratmeter bis zu
fast 400 Kilogramm pro Quadratmeter. Darüber hinaus muss überprüft werden, ob eine intakte Dampfsperre vorhanden ist, oder ob

für eine Entlüftungsschicht auf der letzten Dichtungsbahn des Dachaufbaus zu sorgen ist. Sonst besteht die Gefahr von Tauwasserbildung im Dach. Besonders wichtig für den Aufbau ist die über der Dachdichtung befindliche Wurzelschutzfolie. Diese muss sehr langlebig sein, um dem Wurzeldruck und den klimatischen Belastungen standhalten zu können. Leider kommt für diesen Zweck derzeit nur die ökologisch wenig erwünschte PVC-Folie infrage.

Fassadenbegrünung

Durch das Begrünen der Außenwände eines Gebäudes können großflächige Laubstrukturen entstehen, die in ihrer biologischen Wirksamkeit den Laubkronen ausgewachsener Bäume entsprechen. Fassadenbegrünungen verbessern die bauphysikalischen Eigenschaften der Wände. Zu den stadtökologischen Funktionen der Fassadenbegrünung gehört die Bindung von Staubpartikeln ebenso wie die Befeuchtung der Luft und damit verbundene Verbesserung des Lokal- und Stadtklimas. Durch vollflächige Wandbegrünung kann Schall zerstreut und absorbiert werden. Die Schallpegelminderung ist jedoch gering. Als Lebensraum für Vögel, Spinnen und andere Kleintiere kann das Fassadengrün für Natur und Landschaft in der Stadt eine positive Rolle spielen.

Zur Fassadenbegrünung kommen vor allem schlingende, rankende Gewächse infrage. Für Süd- und Westfassaden sollten laubabwerfende Pflanzen gewählt werden. Die Fassade muss vor der Begrünung in Ordnung sein und darf keine Risse aufweisen, da sonst Schäden durch die Pflanzen auftreten können.

Verschiedene Pflanzengruppen haben unterschiedliche Methoden zu klettern: Schlinger oder Winder klettern durch einen wendelförmigen, senkrecht strebenden Wuchs der Sprossen, beispielsweise Knöterich (Polygonum aubertii), Hopfen (Humulus lupulus) und Blauregen (Wisteria sinensis). Blattranker besitzen berührungsempfindliche Greif- und Halteorgane, mit denen sie senk- und waagerechte Stützen umwinden können. Sprossranker können Haftscheiben ausbilden, beispielsweise Echter Wein (Vitis vinifera) und Waldrebe (Clematis-Arten). Spreizklimmer klettern mittels spezieller Seitensprossen, Stacheln oder Dornen, die sich auf waagerechte Stützen auflegen können, beispielsweise Kletterrosen (Rosa-Sorten) und Brombeere (Rubus-Sorten, wintergrün). Wurzelkletterer (Selbstklimmer/echte Kletterer) bilden kleine sprossbürtige Haftwurzeln aus und verankern sich mit Wurzelhaaren in der Unterlage, beispielsweise Efeu (Hedera helix, wintergrün), Wilder Wein (Parthenocissus tricuspidata) und Kletterhortensie (Hydrangea anomala-petiolaris). Gelegentlich wachsen allerdings die Haftwurzeln auch in Rissen oder Spalten der Unterlage. B. KAPAHNKE-KNITTEL

Eine mit **wildem Wein** bewachsene Fassade ist vor allem im Herbst eine Augenweide.

Tiefbau

T iefbauarbeiten sind dem Menschen schon seit Urzeiten vertraut, denn erste Erfahrungen damit sammelten schon die Höhlenmenschen bei der Erweiterung ihrer Behausungen. Der direkte Vorläufer der heutigen Kanalisationen, aber auch der Tunnel sind die 4000 Jahre alten unterirdischen Be- und Entwässerungskanäle, die in der Blütezeit babylonischer, assyrischer und ägyptischer Kultur gebaut wurden. Bereits vor 5000 Jahren gab es in den Städten der Indus-Zivilisation im heutigen Pakistan und Pandschab Abwassersysteme, die von den Häusern in Kanäle führten, welche etwa einen Meter unterhalb von befestigten Straßen verliefen. Die frühesten Ansätze zum Straßenbau gehen vermutlich auf die Viehzüchter und Händler des Bronzezeitalters zurück und bestanden zunächst im Wesentlichen darin, Wegunebenheiten durch Auffüllen oder Abtragen auszugleichen sowie Gräben für den Wasserablauf entlang der Wege anzulegen.

Grundbau

D er Grundbau umfasst vor allem Maßnahmen, die der Abtragung von Bauwerkslasten in den Grund dienen. Dazu gehört außer dem Ausheben von Baugruben und, falls erforderlich, der Abhaltung von eindringendem Grundwasser (Wasserhaltung) insbesondere die Gründung (Fundamentierung). Hier unterscheidet man Flach- und Tiefgründungen.

Eine Flachgründung ist möglich, wenn eine zur Aufnahme der Lasten geeignete Bodenschicht in der Höhe der Bauwerkssohle vorhanden ist. Ungeeignet sind beispielsweise Lockerböden, bei denen mit Setzungen zu rechnen ist, oder fließende Bodenarten. Gegebenenfalls lässt sich der Boden durch Vermischen mit grobkörnigen Mineralien, Kalk oder Zement (auch als Injektion) verbessern oder auch austauschen. Eine Tiefenverdichtung, die sich auf Schichten tiefer als 1,5 Meter auswirkt, kommt hier ebenfalls infrage. Hierzu stehen das Rütteldruckverfahren und die dynamische Intensivverdichtung zur Verfügung. Beim Rütteldruckverfahren wird von einem Kran aus ein torpedoförmiger Rüttelkörper unter Druckwasseraustritt aus der Rüttlerspitze in den Boden versenkt. Nach Erreichen der erforderlichen Tiefe wird die Wasserzufuhr gestoppt. Die Vibrationen des Rüttlers verursachen nun im umgebenden Boden eine dichtere Sedimentierung. In den entstehenden Trichter wird geeignetes Material nachgefüllt. Indem man die Punktverdichtungen in einem Raster auf der zu verdichtenden Fläche ausführt, erzielt man eine gut belastbare und wenig zu Setzungen neigende Bodenschicht. Die dynamische Intensivverdichtung bedient sich massiver Fallgewichte (bis zu 40 Tonnen), die von einem Kran aus großer Höhe (bis zu 40 Meter) herabsausen und den Boden beim Aufprall verdichten. Der entstehende Krater wird aufgefüllt und erneut impaktiert. Auch

Die **Wasserhaltung** dient der Trockenhaltung von Baugruben, die bis unterhalb des Grundwasserspiegels reichen. Dazu kann man sich verschiedener Verfahren bedienen, deren wichtigste die offene Wasserhaltung und die Grundwasserabsenkung sind. Die offene Wasserhaltung ist bei kleinen hinzutretenden Wassermengen geeignet. Das Wasser wird zu einem tiefer gelegenen Pumpensumpf geleitet und von dort aus der Grube befördert. Zur Grundwasserabsenkung baut man in der Nähe der Baugrube Brunnen, aus denen einfließendes Grundwasser zum Vorfluter (Kanalisation, frei fließendes Gewässer) abgepumpt wird. Der Wassereintritt in den Brunnen lässt sich erhöhen, indem man an den Brunnen einen Unterdruck anlegt. Im Gefolge einer Grundwassersenkung ist mit Setzungen des davon betroffenen Geländes zu rechnen, da die Entfernung des Wassers zu einer Verdichtung des Bodens führen kann.

Bentonit ist ein in Wasser aufschlämmbarer Ton, dessen Hauptbestandteil das Tonmineral Montmorillonit ist. Wässrige Bentonitsuspensionen zeichnen sich durch ihre Thixotropie aus, das heißt durch die Eigenschaft, im Ruhezustand gelartig zu versteifen, bei mechanischer Beanspruchung aber leicht zu fließen. Bentonitschlamm ist ein hervorragendes Gleitmittel und eignet sich zudem zur Abdichtung gegen eindringendes Wasser.

diese Punktverdichtungen werden in einem Raster auf der zu verdichtenden Fläche vorgenommen.

Als Gründungskörper dient bei der Flachgründung ein Flächen- oder Streifenfundament oder eine Gründungsplatte. Im Falle tief liegender tragfähiger Schichten ist eine Tiefgründung erforderlich, bei der die Bauwerkslasten durch Pfähle oder Brunnen in den Grund abgetragen werden. Fertigpfähle werden in den Boden gerammt oder in ein Bohrloch eingesetzt, Ortbetonpfähle werden vor Ort im Bohrloch betoniert. Eine neuere Variante nutzt die Hochdruckinjektion zur Erzeugung eines Gemisches aus Beton und Boden, das zum Pfahl aushärtet.

Brunnen als Gründungselement sind ähnlich wie offene Caissons (Senkkästen ohne Überdruck) konstruiert: Ein Betonring mit Schneide am unteren Rand wird abgeteuft (in den Grund versenkt), indem der Boden darin ausgehoben und Ring für Ring aufgesetzt und hinabgedrückt wird. Die Reibung zwischen Erdreich und Außenwand kann durch Einbringen einer Gleitschicht aus einer schlickartigen Flüssigkeit, einer wässrigen Bentonitsuspension, vermindert werden. Nach Erreichen der Gründungssohle wird der Brunnen mit Kiessand oder Beton gefüllt.

Die Pfahlköpfe bzw. Oberflächen der Brunnen müssen zur Aufnahme der Bauwerkslast durch Balken oder Platten aus Stahlbeton verbunden werden.

Baugeräte im Grundbau

Zum Erdaushub verwendet man Seil- oder hydraulische Bagger. Seilbagger ziehen einen Eimer über Geländeoberfläche und Böschung, in dem sich Lockermaterial sammelt. Hydraulische Bagger können außer Zug- auch Druckkräfte ausüben. Als Grabwerkzeuge haben sie Löffel oder Greifer. Tieflöffelbagger erfassen das Baggergut durch Zug, Hochlöffelbagger durch Schub. Zum Transport der Erdmassen dienen meist geländegängige Muldenkipper.

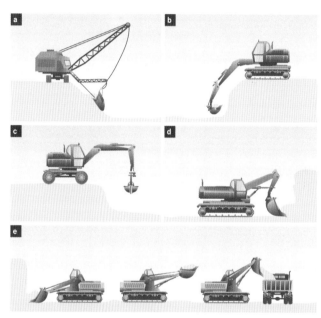

Verschiedene **Baggertypen:** a) Eimerseilbagger, b) Raupenbagger mit Hydrauliktieflöffel, c) Mobilbagger mit hydraulischem Greifer, d) hydraulischer Hochlöffelbagger auf Raupen, e) Kettenlader.

Straßenbau

Nach der Erfindung des Rades um etwa 3000 vor Christus wurden vermehrt befestigte Straßen gebaut, besonders innerhalb von Städten im asiatischen Raum, wo sie zumeist Tempel und Palast miteinander verbanden. Die Befestigung bestand aus Ziegeln oder behauenen Steinen, die in bituminösen (teerhaltigen) Mörtel eingelegt wurden. Holzbefestigte Überlandstraßen gab es, vor allem in Nordeuropa, schon mindestens um 1500 vor Christus. Zu ihrem Bau verlegte man zwei bis drei Reihen aus hintereinander gelegten Holzstämmen entlang des Weges, befestigte sie zum Teil mit Pflöcken im Boden und breitete darüber eine Schicht aus Zweigen aus, auf welche quer über den etwa drei Meter breiten Weg nebeneinander weitere Stämme gelegt wurden. Zum Schluss wurde noch eine Sand- oder Kiesschicht aufgebracht. Die Römer verbesserten dieses Konzept, indem sie zur Entwässerung beidseitig Straßengräben anlegten.

Für die Römer war der Bau von Straßen ein Mittel, den Zusammenhalt ihres Reiches zu sichern, und ihre Bautechnik war weit fortgeschritten. Anders als in der indianischen Kultur Südamerikas und in China, wo ebenfalls Straßen gebaut wurden, hatten sich die Römer zur Maxime gemacht, die Straßen möglichst geradlinig anzulegen, selbst wenn dazu mühsam Hindernisse aus dem Weg geräumt werden mussten oder Berge, Schluchten, Sümpfe oder Seen zu überqueren waren. Das Netz der Römerstraßen reichte von der Nordsee bis zur Sahara und vom Atlantik bis nach Mesopotamien. Es war um 100 nach Christus 80000 Kilometer lang. Die Straßen hatten zum Teil einen Unterbau von sechs verschiedenen Schichten.

Nach dem Untergang des Römischen Reiches wurden Straßenbau und -reparatur über 1200 Jahre lang stark vernachlässigt. Einen Aufschwung nahm der Straßenbau erst wieder im 18. Jahrhundert mit der Intensivierung des Kutschenverkehrs und dem allmählichen Übergang der Verantwortlichkeit für Bau und Erhaltung von Straßen von privater, lokaler zu kommunaler und nationaler Zuständigkeit. In Frankreich, England und Deutschland begann man, eine technisch-wissenschaftliche Grundlage für den Straßenbau zu erarbeiten. Man kam zu der Erkenntnis, dass ein viel weniger mächtiger Unterbau als bei den alten Straßen ausreicht, da der natürliche Untergrund selbst die Last tragen kann. Nach dieser Theorie wurden bis zum Beginn des 20. Jahrhunderts fast alle neuen Straßen gebaut und genügten für Kutschen und Fahrräder auch völlig. Der Beanspruchung durch die späteren motorisierten Fahrzeugen waren diese häufig gepflasterten Straßen jedoch nicht gewachsen, weshalb neue Baukonzepte erforderlich wurden.

Im heutigen Straßenbau wird vor allem die Zementbeton- und die bituminöse Bauweise angewandt, benannt nach der jeweiligen Deckschicht aus Beton bzw. Asphalt. Zur Druckverteilung und zum Teil auch als Frostschutz dient die Zone unter der Straßendecke, der Oberbau. Er besteht aus mehreren Schichten. Je nach Lage der Straße kann auch noch ein Unterbau hinzukommen.

Tragschichten ohne Bindemittel sind Frostschutzschichten. Sie bestehen aus Kies-Sand- oder Schotter-Splitt-Sand-Gemischen und werden mechanisch verdichtet. Tragschichten mit hydraulischen Bindemitteln sind Kies- oder Schotterschichten, denen zur Verfestigung Schlacken-, Ziegel- oder Gesteinsmehl zugegeben wurde, oder Betonschichten. Tragschichten mit bituminösen Bindemitteln wer-

Die um 300 vor Christus erbaute **Via Appia** stellt einen der Gipfel der römischen Straßenbaukunst dar. Sie führt von Rom auf einer 540 Kilometer langen Strecke nach Brindisi.

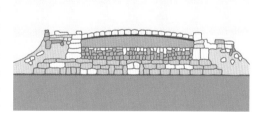

Die oberste Schicht einer **Römerstraße** besteht aus 20 Zentimeter Steinpflaster oder Platten, manchmal auch nur Kies, dann folgen der 30 Zentimeter umfassende Kern aus verfestigtem Grobkies, eine Schicht von mindestens 30 Zentimetern aus Stein oder Mörtel und ein ebenso mächtiges Fundament aus großen Steinblöcken.

den bei 80 bis 180 Grad Celsius aus Mineralstoffgemischen verschiedener Korngröße und Bitumen oder Teer angesetzt, als klumpigteigige Masse auf der Fläche verteilt und maschinell verdichtet, wozu ein Deckenfertiger mit beheizter Schwing-, Rüttel- oder Stampfbohle dient.

Zementbetondecken besitzen außer großer Griffigkeit und Ebenheit eine besonders hohe Verschleißfestigkeit und ein günstiges Reflexionsverhalten. Sie werden vor Ort in Form von 4 bis 7,5 Meter langen Platten gegossen, wobei der flüssige Beton maschinell eingeebnet, verdichtet und geglättet wird. Der Nachteil dieses Baumaterials besteht in der Neigung, beim Aushärten zu schrumpfen, was zu inneren Spannungen und Rissen führt. Um die Rissbildung zu lenken und den Platten erhöhte Stabilität zu verleihen, legt man beim Gießen ab etwa fünf Meter Plattenlänge Stahlgeflechte ein. Die Platten werden in den Querfugen miteinander verdübelt, in den Längsfugen verankert.

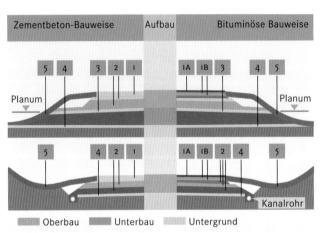

Schichtenaufbau moderner Straßen:
a) Straßenausführung als Damm
(erhöht), b) als Einschnitt (vertieft).

Bituminöse Deckschichten sind von ihrer Beschaffenheit und Verarbeitung her den Tragschichten mit bituminösen Bindemitteln ähnlich, aber enthalten einen höheren Teeranteil. Sie werden in der Hitze durch Walzen porenfrei verdichtet. Gussasphalt hingegen ist eine gießfähige, hohlraumfreie Masse, die nur noch eingeebnet, aber nicht mehr verdichtet werden muss. Um die Griffigkeit von Gussasphaltdecken zu erhöhen, werden sie abschließend mit Splitt abgestreut.

Straßen im Stadtbereich besitzen meist ein dachförmiges Profil; auf freier Strecke sind Fahrbahn und Gegenfahrbahn einseitig in die gleiche Richtung geneigt.

Pflasterdecken sind in Stadt- und Wohngebieten weit verbreitet, da sie ein ansprechendes Erscheinungsbild besitzen. Sie sind wegen der störenden Geräuschentwicklung beim Befahren auf Fußwege oder nur langsam befahrene Flächen beschränkt.

Beim Bau von Schnellstraßen, die durch Wohn- oder Geschäftsgebiete führen, sind heute Lärmschutzmaßnahmen in Form von häufig bepflanzten Erdwällen oder speziellen Wänden vorgesehen.

Geräte für den Straßenbau

Ein Teil der im Straßenbau anfallenden Arbeitsschritte, nämlich das Lösen, Laden, Transportieren, Einbauen und Verdichten von Bodenmaterial, sind dem Erdbau zuzurechnen. Diese Arbeiten werden heute weitgehend durch verschiedene Typen von Baggern, Bulldozer (Planierraupen), Erdtransporter und Bodenverdichter (Walzen, Stampf- und Rüttelgeräte) bewältigt. Für den Straßenbau typisch ist das Auftragen der Straßendecke, wozu es je nach Material spezielle Deckenfertiger gibt.

Ökologische und volkswirtschaftliche Aspekte

A us ökologischer Sicht bedenklich ist der Verlust von natürlichen und landwirtschaftlich genutzten Flächen, die Bodenversiegelung und die Zerschneidung von Naturräumen durch den Straßenbau. Allein die Autobahnen in Deutschland haben eine Gesamtlänge von über 11200 Kilometer, was einer Fläche von über 300 Quadratkilometern entspricht, und jährlich kommen durchschnittlich 50 Kilometer (knapp zwei Quadratkilometer) hinzu. Das gesamte überörtliche Straßennetz umfasst gut 230000 Kilometer, hinzu kommen noch 421000 Kilometer Gemeindestraßen.

Die öffentlichen Ausgaben für Straßen (einschließlich Verwaltung) betrugen 1996 netto rund 31,6 Milliarden DM, wovon 12,3 Milliarden DM auf den Bund und 19,3 Milliarden DM auf die Länder entfielen.

Straßenbauarbeiten sind ein notwendiges Übel für jeden Autofahrer. Man sieht hier einige der wichtigsten **Straßenbaumaschinen** im Einsatz.

Eisenbahntrassen

E isenbahngleise mussten in der Frühzeit der Eisenbahn Achsdrücke von höchstens acht bis zehn Tonnen abfangen. Seit den 1970er-Jahren müssen die Hauptstrecken auf einen maximalen Achsdruck von 20 Tonnen und auf Nebenstrecken auf 15 Tonnen ausgelegt werden. Einige Hauptstrecken lassen heute sogar Schwertransporte mit 22,5 Tonnen Achsdruck zu.

Dies hatte natürlich bautechnische Konsequenzen für die Bahndämme. Größere Betriebslasten und Gleisabstandserweiterungen brachten die Gleise und damit die Verkehrslasten näher an die Böschungsschultern heran. Bei den Neubaustrecken wird der Damm nicht mehr – wie früher – geschüttet, sondern die Erdbaustoffe werden lagenweise eingebaut und verdichtet. Von besonderer Bedeutung ist die Tragschicht, welche die obersten 70 Zentimeter umfasst und aus frostunempfindlichen Kies-Sand-Gemischen besteht. Den oberen Teil der Tragschicht bezeichnet man als Planumsschutzschicht; sie ist 20 bis 30 Zentimeter stark und frostsicher sowie wasserundurchlässig. Die Planumsschutzschicht sorgt für einen möglichst geringen Instandhaltungsaufwand des Fahrweges. Ihre Filterstabilität zur oben aufliegenden Schotterschicht und zum Unterbau-Erdmaterial sowie ihre Formstabilität garantieren eine lange Lebensdauer, die für Eisenbahndämme auf mindestens 100 Jahre ausgelegt ist.

Kanalisationsbau

E ine Kanalisation unter der Straße ist heute eine Selbstverständlichkeit. Das war allerdings nicht immer so: Im Mittelalter sah es da ganz besonders finster aus ...

Lange vorher, in den alten Hochkulturen, gab es sehr wohl bereits Kanalisationssysteme. Berühmt wurde das um 300 vor Christus ausgebaute, überwölbte Kanalisationssystem Roms, das in Teilen – der »cloaca maxima« – heute noch funktionsfähig ist. Die Anlage war ursprünglich zur Entwässerung tiefer gelegener Stadtteile gebaut worden und wurde schließlich für die Abwässer der ganzen Stadt erweitert. In Mitteleuropa ließ jedoch die Kanalisation, ebenso wie die zentralisierte Wasserversorgung, noch jahrhundertelang auf sich warten. Abwasser wurde hinter den Häusern ausgekippt oder in flache Faulgräben geleert, wo es im Boden versickerte oder von da in einen nahe gelegenen Fluss geleitet wurde. Als Toiletten dienten Abtrittsgruben, deren Inhalt man ebenfalls unkontrolliert in den Boden eindringen ließ. Wenn verunreinigtes Sickerwasser in die Trinkwasserbrunnen gelangte, so waren häufig Krankheiten die Folge. Im Jahre 1200 versuchte man in Paris, den Problemen beizukommen, indem Straßen gepflastert und offene Abzugsgräben vertieft und überdeckt wurden.

Eine erstaunlich fortschrittliche Schwemmkanalisation mit gemauerten, unterirdischen Kanälen leistete sich Mitte des 16. Jahrhunderts die schlesische Stadt Bunzlau. Zur Reinigung der Abwässer dienten Rieselfelder. Ein ähnliches System wurde rund 100 Jahre später auch in Prag eingeführt.

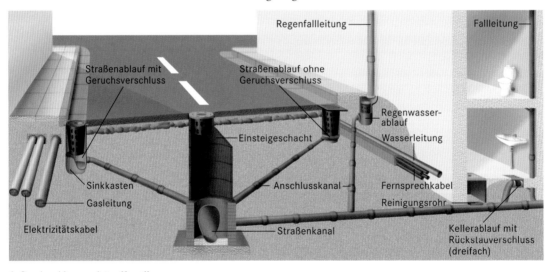

Außer dem hier gezeigten **Kanalisationsnetz** im Mischverfahren, bei dem alle Abwässer in einem gemeinsamen System zusammengeführt werden, gibt es mancherorts auch eine Trennkanalisation, in der Niederschlagswasser getrennt vom häuslichen und gewerblichen Abwasser in besonderen Kanälen abgeleitet wird, um der Gefahr einer Kanalüberschwemmung vorzubeugen.

Grundlegende Änderungen traten erst mit fortschreitender Industrialisierung und dem raschen Wachstum der Städte im 19. Jahrhundert ein. Die ersten Großstädte mit moderner Kanalisation waren Hamburg, als es nach dem Brand von 1842 wieder aufgebaut wurde, London, das zwischen 1859 und 1875 kanalisiert wurde, und Berlin nach den Arbeiten von 1873 bis 1883. Die meisten Städte Mitteleuropas folgten innerhalb weniger Jahrzehnte. Auch Kläranlagen etablierten sich bald darauf.

Bei den meisten heutigen Kanalisationsnetzen werden alle Abwässer in einem gemeinsamen Kanalsystem zusammengeführt. Die

Kanäle werden oft in offener Bauweise angelegt, was bedeutet, dass ein Graben ausgehoben und, falls erforderlich, durch seitliche Verbauwände befestigt wird. Der Graben nimmt die Kanalrohre auf und wird danach wieder aufgefüllt. Besondere Sorgfalt ist beim Zusammenfügen der Rohre erforderlich. Zum Grundwasserschutz ist hier eine gute Stoßdichtung wichtig.

Wenn ein solcher Graben eine unzumutbare Behinderung des Verkehrs verursachen würde, wendet man ein Verdrängungs-, Bohr- oder Pressverfahren an. Die Wahl des Verfahrens richtet sich nach den örtlichen Gegebenheiten (Bodenzusammensetzung, Streckenlänge) und nach dem Durchmesser des zu verlegenden Rohres.

Bei den Verdrängungsverfahren wird die Erde während des Rohrvortriebs um das Rohr herum beiseite gedrückt. Das funktioniert am besten bei lockerem, verdrängungsfähigem Boden. Bei zu geringer Erdüberdeckung kann es zu Aufwölbungen kommen.

Ein mögliches Verfahren besteht darin, ein Stahlrohr, das vorn mit einem konischen (spitz zulaufenden) Verschluss und hinten mit einem schützenden Schlagkegel versehen ist, horizontal durch den Boden zu rammen. Das Rohr wird dabei Stück für Stück zusammengesetzt.

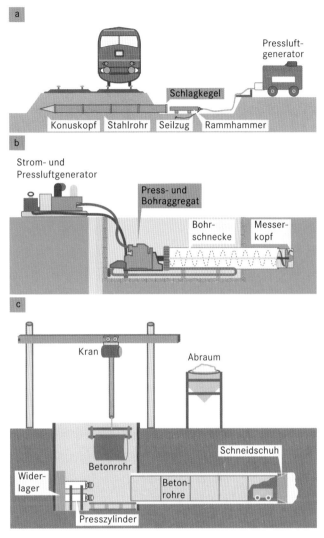

Geräte zum Vortrieb: a) Horizontalramme, b) horizontales hydraulisches Pressbohrgerät, c) schwere Pressanlage.

In standfestem Boden kann auch ein Erdbohrgerät verwendet werden. Hierbei besteht aber die Gefahr, dass es zu Erdeinbrüchen mit der Folge von Setzungen an der Geländeoberfläche kommt. Daher wird die Horizontalbohrung meist mit einem gleichzeitigen Rohrvortrieb kombiniert, wobei der Bohrkopf dem Stahlrohr geringfügig vorauseilt. Das Rohr, oft ein stählernes Schutzrohr, das erst später einen Inhalt bekommt (Ver- und Entsorgungsleitungen), stützt nämlich das Bohrloch.

Wenn umgekehrt das Rohr vor dem Bohrer durch den Boden gepresst wird, so handelt es sich um ein Pressverfahren. Dem ersten Rohrstück setzt man vorn einen Schneidring oder Schneidschuh auf, um den Vortrieb zu erleichtern. Zur Verminderung der Reibung kann zwischen Rohr und umgebendes Erdmaterial auch als Gleitschicht eine Bentonitsuspension eingepresst werden. So lassen sich Vortriebsstrecken von mehr als einem Kilometer erreichen. Bei

Rohrdurchmessern von drei bis vier Metern treten an die Stelle des Bohrers meist Abbau- und Fördergeräte. Hier ist die Grenze zum Tunnelbau fließend.

Tunnelbau

Die ersten »richtigen« Tunnel, die der Verkehrsverbindung dienten, waren von den Römern gebaute Straßentunnel. Ein Beispiel ist der 690 Meter lange Tunnel zwischen Neapel und Pozzuoli, der im Jahr 36 vor Christus vollendet wurde und auch heute noch befahrbar ist. Tunnelbau war bis zur Neuzeit nur in tragfähigem Fels möglich, zu dessen Abtrag man sich der thermischen Spallation bediente: Das Gestein wurde durch Feuer erhitzt und anschließend mit kaltem Wasser abgeschreckt, wobei es zerplatzte. Im Mittelalter kam der Tunnelbau jedoch wegen der unzulänglichen Technik fast völlig zum Erliegen. Er lebte erst im 17. Jahrhundert mit der Einführung des Schwarzpulvers zum Gesteinsprengen wieder auf. In erstmaliger Anwendung dieses Sprengstoffs wurde so zwischen 1679 und 1681 in Frankreich der 157 Meter lange, sieben Meter breite und 8,4 Meter hohe Malpas-Tunnel für einen Schifffahrtskanal, den »Canal du Midi« (auch Languedoc-Kanal genannt), angelegt. Eine weitere bedeutende Innovation stellte das von dem britischen Ingenieur Marc Isambard Brunel entwickelte Schildverfahren dar, das Tunnelbau auch in weicherem Material als Fels ermöglichte und erstmals in den Jahren 1824 bis 1842 zum Bau des 1,1 Kilometer langen Tunnels unter der Themse in London zum Einsatz kam. Bei diesem nachfolgend auch im Bergbau verwendeten Verfahren wurde ein über die gesamte Tunnel- bzw. Grubenbreite ragender Stahlschild mit Schraubwinden vorangepresst, unterhalb dessen die Bergleute das Material durch Klappen hindurch abtrugen. Der entstehende Tunnel wurde hinter dem Schild ausgemauert. Ein großes Problem stellten die bei der Flussuntertunnelung häufig auftretenden Wassereinbrüche dar. Der britische Ingenieur James Henry Greathead ersann 1874 beim Bau des zweiten Themse-Tunnels eine Abhilfe, indem er den vordersten Tunnelabschnitt mit Druckluft füllte. Arbeiter und Material wurden durch Druckluft-

Das Verfahren des Tunnelbaus mit **Druckluftschildvortrieb** entspricht im Wesentlichen der bereits 1874 von Greathead verwendeten Technik.

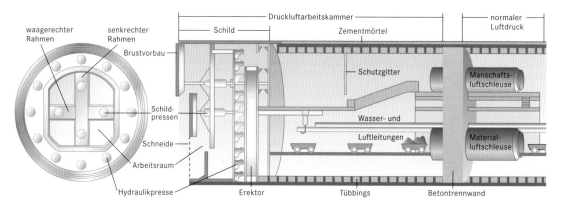

waagerechter Rahmen — senkrechter Rahmen — Brustvorbau — Schildpressen — Schneide — Arbeitsraum — Hydraulikpresse — Erektor — Tübbings — Schild — Druckluftarbeitskammer — Zementmörtel — Schutzgitter — Wasser- und Luftleitungen — Betontrennwand — normaler Luftdruck — Mannschaftsluftschleuse — Materialluftschleuse

schleusen transportiert. Um die von Tauchern bekannte Druckfall-
krankheit zu vermeiden, mussten die Arbeiter beim Verlassen des
Hochdruckbereichs einer langwierigen Dekompression unterzogen
werden. Trotz dieser Nachteile wurde der Greathead-Schild 75
Jahre lang ohne nennenswerte Änderungen nachgebaut und eingesetzt. Der zweite Themse-Tunnel konnte dank der neuen Technik
in nur einem Jahr fertig gestellt werden.

Die ersten Verkehrstunnel dienten der Schaffung neuer Straßen-
und Schifffahrtsverbindungen, den größten Aufschwung erhielt der
Tunnelbau damals jedoch von der Eisenbahn. In Deutschland wurde
der erste Eisenbahntunnel 1839 bei Oberau östlich von Meißen
(Strecke Leipzig–Dresden) fertig gestellt (512 Meter lang, erste Ab-
tragungsarbeiten 1933).

Druckluftbohrmaschinen mit
Wasserkühlung wie diese kamen beim
Bau des Mont-Cenis- und des
Gotthard-Tunnels zum Einsatz. Ihr
Konstrukteur war der französische
Ingenieur Germain Sommeiller.

Die frühesten großen Alpentunnel sind der über 13 Kilometer lange
Mont-Cenis-Tunnel von 1857/71, der 15 Kilometer lange Gotthard-
Tunnel von 1872/82 (erste Druckluftbohrmaschine, erstmals Dyna-
mit als Tunnelsprengmittel) und der 20 Kilometer lange Simplon-
Tunnel von 1898/1906. Bisher längster Tunnel mit 53,85 Kilometern
Länge ist der 1971 bis 1988 erbaute Seikan-Tunnel (Untermeerestun-
nel) in Japan. Der 50 Kilometer lange Eurotunnel (Kanaltunnel)
zwischen Fréthun bei Calais und Cheriton bei Folkestone, Baubeginn 1987, Eröffnung 1993, hat eine lange Vorgeschichte. Obwohl
Pläne dazu von französischer Seite bereits 1802 vorgelegt wurden,
stellte sich England aus Furcht um die Sicherheit seiner Inselstellung
fast 200 Jahre lang dagegen.

Zum Tunnelbau gibt es verschiedene Verfahren, deren Wahl sich
nach den örtlichen Gegebenheiten richtet. Grundsätzlich unterscheidet man beim Tunnelbau offene und geschlossene Bauweisen.

Offene Bauweisen

Wenn bei geringer Bodenüberdeckung ein Öffnen der Baugrube nach oben möglich und verkehrstechnisch vertretbar
ist, werden Tunnel in offener Bauweise erstellt. Die Baugruben werden durch Spund-, Schlitz- oder Pfahlwände gestützt oder frei abge-
böscht. Unterhalb des Grundwasserspiegels wird aus dichten Bau-
grubenwänden und Abdichtungsinjektionen oder Unterwasserbe-
tonsohlen ein dichter Trog erstellt. Von der Stirnseite eindringende
kleinere Wassermengen können abgepumpt werden. Die Wände

Name	Lage	Länge in m	eröffnet
Straßentunnel			
Neuer Elb-Tunnel	Deutschland (Hamburg)	2653	1975
Holland-Tunnel	USA (New York)	2820	1927
Brooklyn-Battery-Tunnel	USA(New York)	2970	1950
Transpyrenäen-Tunnel	Frankreich–Spanien	3010	1971
Mersey-Tunnel	Großbritannien (Liverpool)	3400	1934
Kammon-Tunnel *)	Japan (Honshu–Kyushu)	3605	1958
Katschberg-Tunnel	Österreich (Niedere Tauern)	5424	1975
Viella-Tunnel	Spanien (Pyrenäen)	5430	1929
Bosruck-Tunnel	Österreich (Wels–Graz)	5500	1983
Felber-Tauern-Tunnel	Österreich (Hohe Tauern)	5600	1967
Großer-Sankt-Bernhard-Tunnel	Schweiz-Italien (Rhôntal–Aostatal)	5885	1964
Tauern-Tunnel	Österreich (Niedere Tauern)	6400	1975
San-Bernardino-Tunnel	Schweiz (Kanton Graubünden)	6596	1967
Vogesen-Tunnel	Frankreich (Sainte-Marie-Paß, Schlettstadt–Saint-Dié, 1937–73 Eisenbahntunnel)	6872	1976
Karawanken-Tunnel	Österreich–Slowenien	7860	1991
Gleinalm-Tunnel	Österreich (Wels–Graz)	8320	1978
Seelisberg-Tunnel	Schweiz (Beckenried–Altdorf)	9250	1980
Montblanc-Tunnel	Frankreich–Italien (Chamonix-Mont-Blanc–Courmayeur)	11 600	1965
Fréjus-Tunnel	Frankreich–Italien (Modane–Bardonecchia)	12 720	1980
Arlberg-Tunnel	Österreich (Vorarlberg–Tirol)	13 972	1978
Gotthard-Tunnel	Schweiz (Reußtal–Tessintal)	16 322	1980
Eisenbahntunnel			
Brandleite-Tunnel	Deutschland (Erfurt–Meiningen)	3038	1884
Distelrasen-Tunnel	Deutschland (Fulda–Hanau)	3575	1914
Kammon-Tunnel *)	Japan (Honshu–Kyushu)	3614	1942
Kirchheim-Tunnel	Deutschland (Hannover–Fulda)	3820	1991
Kaiser-Wilhelm-Tunnel	Deutschland (Koblenz–Trier)	4203	1879
Zugspitzbahn-Tunnel	Deutschland (Zugspitze)	4466	1930
Bosruck-Tunnel	Österreich (Linz–Graz)	4770	1906
Rauheberg-Tunnel	Deutschland (Hannover–Fulda)	5211	1991
Pfingstberg-Tunnel	Deutschland (Mannheim–Stuttgart)	5380	1991
Freudenstein-Tunnel	Deutschland (Mannheim–Stuttgart)	6800	1991
Severn-Tunnel *)	Großbritannien (Cardiff–Bristol)	7011	1886
Jungfraubahn-Tunnel	Schweiz (Berner Oberland)	7123	1912
Somport-Tunnel	Spanien	7260	1928
Dietershan-Tunnel	Deutschland (Hannover–Fulda)	7375	1991
Karawanken-Tunnel	Österreich–Slowenien	7976	1906
Colle-di Tenda-Tunnel	Frankreich–Italien (Seealpen)	8100	1898
Anden-Tunnel	Argentinien–Chile	8100	1910
Tauern-Tunnel	Österreich (Badgastein–Mallnitz)	8551	1909
Grenchenberg-Tunnel	Schweiz (Kanton Solothurn)	8578	1915
Ricken-Tunnel	Schweiz (Kanton Sankt Gallen)	8603	1910
Rimutaka-Tunnel	Neuseeland	8798	1955
Shimizu-Tunnel	Japan (Honshu)	9702	1931
Arlberg-Tunnel	Österreich (Langen–Sankt Anton)	10 250	1884
Mündener Tunnel	Deutschland (Hannover–Fulda)	10 525	1991
Landrücken-Tunnel	Deutschland (Fulda–Würzburg)	10 785	1988
Cascade-Tunnel	USA (Cascade Range)	12 542	1929
Mont-Cenis-(Fréjus-)Tunnel	Frankreich–Italien (Modane–Bardonecchia)	13 657	1871
Hokuriku-Tunnel	Japan (Honshu)	13 870	1962
Lötschberg-Tunnel	Schweiz (Rhônetal–Kandertal)	14 612	1913
Mount-MacDonald-Tunnel	Kanada (British Columbia)	14 660	1989
Gotthard-Tunnel	Schweiz (Reußtal–Tessintal)	14 998	1882
Furka-Tunnel	Schweiz (Rhônetal–Reußtal)	15 407	1982
Rokko-Tunnel	Japan (Honshu)	16 250	1971
Apennin-Tunnel	Italien (Bologna–Florenz)	18 519	1934
Shin-Kammon-Tunnel *)	Japan (Honshu–Kyushu)	18 560	1974
Simplon-Tunnel	Schweiz–Italien (Rhônetal–Domodossola)		
Erste Röhre		19 803	1906
Zweite Röhre		19 823	1922
Dai-Shimizu-Tunnel	Japan (Honshu)	22 200	1979
Kanal-Tunnel *)	Frankreich–Großbritannien (Calais–Folkstone)	49 400	1993
Seikan-Tunnel *)	Japan (Honshu–Hokkaido)	53 850	1988

Tunnel über 2,5 Kilometer Länge (Auswahl).

*) Unterwassertunnel

lassen sich zur Stabilisierung während der Bauarbeiten auch vereisen.

Bei der Deckelbauweise werden zunächst nur die Wände der Baugrube hergestellt, die sogleich mit einer Abdeckung aus Fertigteilplatten versehen wird, um die Fläche über dem Deckel dem Verkehr wieder zugänglich zu machen. Der Bau des eigentlichen Tunnels unterhalb des Deckels erfolgt erst danach.

Für Tunnel unter Gewässern werden Teilstücke der späteren Tunnelröhre an Land betoniert, an den Einsatzpunkt geschleppt und dort abgesenkt, zusammengekoppelt und abgedichtet. Zur Auftriebssicherung wie auch als Schutz beispielsweise gegen havarierte Schiffe werden Unterwassertunnel meist überschüttet. Dieses Verfahren bietet sich jedoch nur an, wenn hierdurch der Schiffsverkehr nicht empfindlich gestört wird. Ist dies der Fall, so müssen geschlossene Bauweisen angewendet werden.

Kanalrohrverlegung in offener Bauweise.

Die Spreequerung als Beispiel für offene Bauweise

Im Bereich des Berliner Spreebogens entstehen zurzeit verschiedene Parlaments- und Regierungsbauten, die eine bequeme Verkehrsanbindung erfordern. Der knapp einen Kilometer nördlich davon gelegene Lehrter Bahnhof, eine ehemalige S-Bahn-Station, wird zu einem zentralen Großbahnhof ausgebaut. Ringsum entstehen neue Büro-, Verwaltungs-, Hotel- und Wohnungsbauten.

Zur Verkehrsanbindung des Knotenpunkts Lehrter Bahnhof werden die im Entstehen begriffenen Verkehrswege Bundesstraße 96, die vom zukünftigen Regionalbahnhof Potsdamer Platz nordwärts führende Eisenbahnlinie und die U-Bahn-Linie 5 in benachbarten Tunneln unter der Spree hindurchgeführt.

Die Arbeiten an diesen als Spreequerung bezeichneten Tunnelbauten wurden im Wesentlichen 1999 abgeschlossen. Das Projekt stellte eine enorme technische und planerische Herausforderung dar.

Von der Seite der Verkehrsplanung war es anspruchsvoll, da die Baugrube für die Spreequerung eine zentrale Baustelle war, an die sich zur Fortführung der Verkehrstunnel weitere Baustellen direkt anschließen. Die Versorgung der Baustellen mit Material, die zum größten Teil per Bahn und Schiff erfolgt, und die Aufrechterhaltung des normalen Straßen-, Schienen- und Schiffsverkehrs erfordert ein wohl durchdachtes Konzept und eine strikte Koordinierung sämtlicher Baumaßnahmen, die in allen Phasen und Details aufeinander abgestimmt werden müssen.

Auf der technischen Seite schied ein unterirdischer Tunnelvortrieb aus, da man die Tunnel hierfür wesentlich tiefer unter der Spree hätte bauen müssen. Die Spreequerung musste somit in offener Bauweise ausgeführt werden. Dabei ergab sich eine Baugrube von außergewöhnlich großen Dimensionen. Ihre Fläche beträgt etwa 200 Meter in Flussrichtung und etwa 170 Meter quer dazu. Die Grube war bis zu 19 Meter tief. Hinzu kommt, dass der Baugrund

Das zukünftige Regierungsviertel am **Spreebogen** in Berlin. Die Inlets zeigen die Baugrube und den Querschnitt des Tunnels unter der Spree.

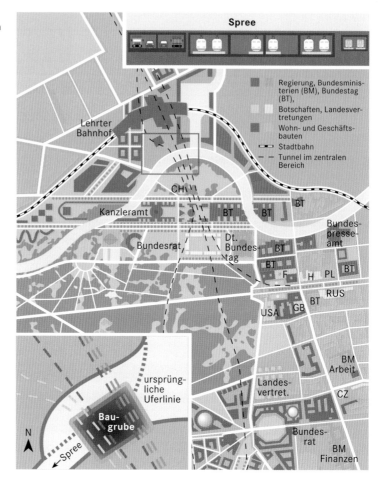

Wie werden **Schlitzwände** hergestellt? Mit einem Schlitzgreifer, einem speziellen Bagger, hebt man im Schutz einer stützenden Bentonitsuspension vertikale Schlitze im Untergrund aus. Nach dem Erreichen der erforderlichen Tiefe wird ein vorgefertigter Bewehrungskorb aus Baustahl in den Schlitz abgesenkt. Nun wird der Schlitz mit Beton verfüllt, während die dabei verdrängte Bentonitsuspension über dem Beton abgepumpt und in einem Absetzbecken für den nächsten Schlitzvorgang aufbereitet wird. Man fügt Schlitz um Schlitz aneinander, bis eine durchgehende Stahlbetonwand entstanden ist.

nichtbindig ist – er besteht zu überwiegenden Teilen aus Sand und Kies – und dass der Grundwasserspiegel nur etwa drei Meter unter der Geländeoberfläche liegt. Eine Absenkung des Grundwasserspiegels kam nicht infrage, weshalb die Wand-Sohle-Bauweise gewählt wurde. Als Baustoff für Grubenwände und -sohle musste wegen der großen Tiefe der Baugrube und des hohen Erd- und Wasserdrucks ein besonders belastbares, verformungsstabiles und wasserdichtes Material gewählt werden. Man entschied sich für Unterwasserbeton, in den zur Stabilisierung Stahlfasern eingelagert wurden.

Der Bau der Tunnel und die Schaffung der dazu erforderlichen Baugrube ging in mehreren Schritten vonstatten. Vorbereitend wurde die Spree auf ein Gelände nördlich des vorherigen Verlaufs umgeleitet, damit der Fluss während aller Bauphasen schiffbar blieb. Als erster Schritt wurde die Baugrube bis knapp oberhalb des Grundwasserspiegels ausgehoben. Dann wurden die Grubenwände in Schlitzbauweise hergestellt und mit Injektionsankern als Standsicherung im Boden außerhalb der Grube befestigt. Gleichzeitig wurden vorbereitend mittels Hochdruckinjektion Auftriebsanker für die spätere Unterwasserbetonsohle geschaffen.

Jetzt wurde die Baugrube unter Wasser bis zur End-
tiefe ausgehoben, die Unterwasserbetonsohle gegossen
und dabei an den Auftriebsankern befestigt.

Das innerhalb der Baugrube befindliche Grundwasser wurde nun abgepumpt. Anschließend wurden Soh-
len, Wände und Decken der einzelnen Tunnel parallel
hergestellt. Die Oberfläche der Verkehrstunnel wurde
durch eine zusätzliche Stahlplatte gegen Beschädigung
durch Ankerwurf, Baggereinwirkung und Schiffsun-
tergang geschützt, die von einer etwa ein Meter dicken
Erdschicht überdeckt ist.

Den Abschluss stellte die Verfüllung der Baugrube
und die Rückverlegung der Spree in ihre alte Lage dar.
Die Gestaltung der Geländeoberfläche und die Arbeiten auf den Anschlussbaustellen dauern zurzeit noch
an.

Geschlossene Bauweisen

Baugrube im **Spreebogen**
anno 1996.

V on besonderer Bedeutung ist für die Wahl einer
geschlossenen Bauweise die Art des zu durch-
dringenden Materials, was geologische Untersuchungen und Probebohrungen zu einer unabdingbaren Voraussetzung macht. Moderne Tunnelbohrgeräte sind
bis zu einem gewissen Grad in der Lage, mit wechselnden Boden- bzw. Gesteinsarten fertig zu werden.

Vorwiegend für Festgestein wurden die heute weitgehend über-
holten klassischen Bauweisen entwickelt. Gemeinsam ist ihnen ein
Pilotstollen zum Materialtransport und zur Entwässerung, von dem
aus an vielen Stellen gleichzeitig ausgebrochen und gesichert (gestützt) werden kann. In standfestem Gebirge ist ein Vollausbruch
ohne sofortige Sicherung des Querschnitts möglich, in gebrächem
(brüchigem) Gebirge sind mehrere Arbeitsgänge zur Herstellung
von Teilausbrüchen notwendig, in druckhaftem Gebirge kann der
Querschnitt nur im Schutz eines voreilenden Ausbaus hergestellt
werden. Bei den klassischen Bauweisen wurde je nach der Gebirgs-
festigkeit mit mechanischen Werkzeugen (beispielsweise Druck-
lufthammer) oder durch Sprengen ausgebrochen. Nachteilig ist hierbei allerdings, dass die Festigkeit des überlagernden Gesteins durch
die Erschütterungen beeinträchtigt wird. Bei der deutschen oder
Kernbauweise erfolgt der Abbau durch neben- und übereinander
vorgetriebene Stollen unter Belassen eines Erdkerns bis zum
Schlussausbruch. Bei der belgischen oder Unterfangungsbauweise
wird von einem Firststollen aus die Kalotte ausgebrochen, das Gewölbe eingezogen und anschließend die Strosse stufenweise oder als
Ganzes abgebaut.

Bei der österreichischen oder Aufbruchbauweise wird der Querschnitt in hintereinander liegenden Abschnitten ausgebrochen, die
zunächst mit Holz verbaut und anschließend ausgemauert werden.
Bei der englischen oder Vortriebsbauweise wird das volle Profil ab-

Unter **Kalotte** versteht man speziell
bei Tunneln mit hufeisenförmigem
Querschnitt den oberen Bereich, der
beim Vortrieb in Teilquerschnitten als
Erstes ausgebrochen wird. Den
obersten Punkt der Kalotte nennt man
First. Die **Strosse** ist der mittlere
Bereich zwischen Kalotte und Sohle.
Ihre oberen Enden, auf denen die
Kalotte ruht, sind die Schulterpunkte
(Kämpfer). Die Tunnelwände, die sich
nach dem Ausbruch der Strosse
ergeben, heißen Ulmen. Die **Sohle**
stellt den unteren Bereich dar und
wurde früher meist als Ebene ausgeführt, die von einem Gewölbe über-
spannt wurde. Heute baut man Tunnel
vorzugsweise mit kreisförmigem Querschnitt, da hier wegen der besseren
Statik dünnere Wände zur Tunnel-
schalung genügen.

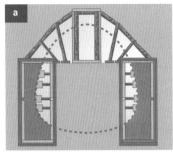

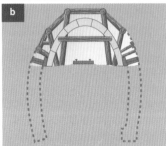

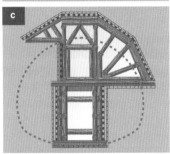

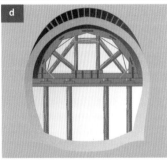

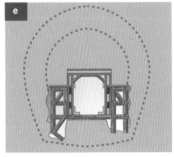

gebaut und das Gewölbe sofort eingezogen. Die italienische oder Versatzbauweise (nur für sehr schwieriges Gebirge) sieht die sukzessive Öffnung kleinerer Hohlräume vor, die sofort mit bleibendem oder vorübergehendem Mauerwerk versetzt werden und nur einen kleinen Arbeitsstollen offen lassen. Erst nach dem Schließen des Ausbaugewölbes wird das Lichtraumprofil durch Entfernen des Versatzmauerwerks freigelegt.

Die modernen Bauweisen eignen sich sowohl zum Tunnelvortrieb in Felsgestein als auch in lockerem Material. Beim Schildvortrieb wird ein meist kreisrunder Stahlzylinder in der Querschnittsgröße des späteren Tunnels mit hydraulischen Pressen vorgetrieben, die sich gegen das rückwärtig bereits fertig gestellte Gewölbe oder mit Stahlpratzen gegen das Gestein abstützen. Gleichzeitig wird an der in Vortriebsrichtung befindlichen Stirnseite des Zylinders im Schutz des starren Stahlmantels, des Schilds, der eigentliche Bodenabbau oder Gesteinsausbruch vorgenommen, sodass die überlagernden Massen zu keinem Zeitpunkt ungestützt sind. Als Messerschild kann der Vortriebsschild auch aus getrennten stählernen Dielen (Messern) bestehen, die nacheinander in das Gebirge gepresst werden, was die beim Vortrieb hinter dem Schild abzufangenden Reaktionskräfte verringert. Man unterscheidet offene und geschlossene Systeme, je nachdem, ob die Abbaufront (Ortsbrust) direkt zugänglich ist, oder mit einem Medium zur Stützung gefüllt und vom rückwärtigen Schildteil durch ein Druckschott getrennt ist.

Beim Hydroschild dient Bentonitschlamm als Stützflüssigkeit, die zusammen mit dem Ausbruchmaterial in Rohrleitungen abgepumpt, durch Siebe und Zentrifugen im Tunnel oder oberirdisch abgetrennt und wieder verwendet wird. Beim Druckluftschild dient, wie bereits von Greathead praktiziert, Druckluft zur Stützung der Ortsbrust und zum Abhalten von Grundwasser. Der Hydroschild ist dem Luftschild jedoch überlegen, da die Stützflüssigkeit für einen ideal angepassten Druckausgleich sorgt. Beim Luftschild hingegen besteht die Gefahr, dass der Überdruck am First des Schilds den darüber liegenden Boden anhebt und es zu einem Ausbläser kommt. In geschlossenen Systemen erfolgt der Abbau heute durch in den Schild eingebaute Tunnelbohrmaschinen (Schildvortriebsmaschinen), indem auf einer rotierenden Scheibe (Schneidrad) sitzende Rollen und Kratzmeißel über die Ortsbrust bewegt werden. Der Durchmesser des Schneidrads entspricht dem Tunneldurchmesser, weshalb der Abbau vollflächig über den gesamten Tunnelquerschnitt erfolgt. Dies bezeichnet man als Vollschnitt.

Beim offenen Schildvortrieb wird meist ein mobiles oder mit dem Schild verbundenes Abbaugerät verwendet, das die Ortsbrust abschnittsweise bearbeitet (Teilschnitt). Diese Teilschnittmaschinen bestehen hauptsächlich aus einem beweglichen Ausleger, an dessen Ende zum Beispiel ein meißelbesetzter Bohrkopf oder ein Löffel-

Herkömmliche Tunnelbauweisen:
a) deutsche Bauweise,
b) belgische Bauweise,
c) österreichische Bauweise,
d) englische Bauweise,
e) italienische Bauweise.

bagger das Gestein abträgt. Das abgebaute Material wird mit einem Förderband und durch schienengebundene oder gleislose Fördersysteme von der Ortsbrust wegtransportiert.

Der Ausbau hinter dem Schild besteht in der Regel aus vorgefertigten gewölbten Beton- oder Stahlsegmenten, den Tübbings, die auf Gleisen bis zum Schild herangekarrt werden. Ein Greifarm (Erektor) setzt sie an der Einbaustelle zu einem Ring zusammen, wo sie mit Bolzen an dem vorigen Ring befestigt werden. Dichtungsbänder in den Fugen der Tübbings verhindern das Eindringen von Grundwasser. Etwaige Hohlräume, die zwischen dem Gewölbe und dem umgebenden Material entstehen können, werden unter Druck mit Zementmörtel verfüllt.

Vollschnittmaschine mit **Diskroll-meißelbohrkopf.**

Beim Rohrvortrieb werden, wie bereits beim Kanalbau erwähnt, vorgefertigte Rohrstücke von etwa zwei bis vier Meter Länge in einem Vorpressschacht aneinander gereiht und taktweise unter manuellem oder mechanisiertem Aushub an der Ortsbrust vorgetrieben. Dies ist auch im Grundwasser möglich, wenn die Vortriebsrohre abgedichtet und unter Druckluft gesetzt werden.

Die weiteste Verbreitung besitzt die Spritzbetonbauweise oder neue österreichische Tunnelbauweise (NÖT). Sie findet bei allen Tunnel der Bundesbahn-Neubaustrecken Anwendung. Hierbei wird durch günstige Formgebung des Querschnitts sowie schnelles Einbringen eines Spritzbetongewölbes mit Stahlmatten und stählernen Bögen die Entfestigung des Gebirges unterbunden und damit seine Tragwirkung erhalten. Teilweise wird zunächst die Kalotte und erst später die Strosse vorgetrieben, bei langen Tunneln auch gleichzeitig in großem Abstand. Durch vorlaufende Sicherungen wurde die Anwendung der Spritzbetonbauweise auf immer weniger tragfähige Böden ermöglicht. Beim Gefrierverfahren zirkuliert in vorher eingebohrten Gefrierrohren um den Tunnelquerschnitt eine stark abgekühlte Flüssigkeit und gefriert das Porenwasser, sodass eine tragfähige temporäre Schale entsteht. Alternativ kann das Gebirge durch Poreninjektionen (Einpressen erhärtender Flüssigkeiten in die Poren des Gebirges) oder durch Hochdruckinjektionen voreilend gesichert werden. Bei dieser Zementierung des Gebirges reißt eine aus der Düse des vorgetriebenen Injektionsrohrs austretende Zementsuspension den Boden auf, vermischt sich mit ihm und härtet anschließend aus.

Bohrkopf einer **Teilschnitt-maschine.**

Meist wird der vorläufige Ausbau (Tübbings, Extrudierbeton, Spritzbeton) durch eine Innenschale, teilweise auch abgedichtet, ergänzt.

Die vierte Elbtunnelröhre als Beispiel für geschlossene Bauweise

Ein Tiefbauprojekt technischer Superlative, das in geschlossener Bauweise ausgeführt wird, ist der Bau der vierten Röhre des Elbtunnels in Hamburg.

Tübbings hinter einem Vortriebs-schild.

Die ersten drei Röhren, die Anfang der 1970er-Jahre in offener Bauweise verlegt wurden, sind dem heutigen Verkehrsaufkommen kaum noch gewachsen. Daher soll eine vierte Röhre bis Mitte 2002 fertig gestellt werden, die nur wenige Dutzend Meter westlich von den vorhandenen Röhren verläuft. Anders als bei ihnen will man aber diesmal Behinderungen des Schiffsverkehrs während des Baus vermeiden.

Bewerkstelligt wird das Kunststück mit der derzeit größten Schildvortriebsmaschine der Welt. Ihr Durchmesser beträgt 14,2 Meter, ihre Länge rund 60 Meter (einschließlich Nachläufer) und ihr Gewicht etwa 2600 Tonnen, wovon allein 2000 Tonnen auf den zwölf Meter langen Schild entfallen. Auch bei den Kosten kann das Projekt mit spektakulären Zahlen aufwarten: Rund eine Milliarde wurden 1997 dafür veranschlagt, ohne Zinsen; finanziert wird das Ganze nach privater Vorfinanzierung vom Staat.

»Trudes« Bohrkopf von vorn, fabrikneu.

Der gigantische stählerne Erdwurm namens Trude (akronymisch für »tief runter unter die Elbe«) frisst sich seit November 1997 vom Südufer aus nordwärts in Richtung Bernadotte-Straße unter der Elbe und unter einem Wohngebiet hindurch. Die Vortriebsstrecke beträgt mehr als 2,5 Kilometer und führt in einer Tiefe von nur sieben bis zehn Metern unter dem Elbboden entlang. Eine Mindesttiefe von der Größe des Tunneldurchmessers, wie sie sonst aus Sicherheitsgründen branchenüblich ist, konnte hier nicht eingehalten werden, da an beiden Ufern für die Tunneleinfahrt nur eine relativ kurze Strecke zur Verfügung steht und die Steigung dort auf etwa 3,5 Prozent begrenzt bleiben sollte. Der Vortrieb erfolgt dank Kreiselnavigation und lasergezielter Steuerung millimetergenau.

Das zu durchfahrende Material ist sehr heterogen, weshalb der Mixschild von Trude eigens für den dortigen Einsatz konzipiert und konstruiert wurde. Der Bohrkopf besteht aus fünf massiven Schneidenachsen, die mit 111 Stahlschabern und 31 Rollmeißeln bestückt sind, und ist von einem Schneidrad umgeben. Die Mitte des Bohrkopfes ist getrennt drehbar, damit im Zentrum der Bohrbewegung auftretende Stauungen aufgelöst werden können. Zwischen den Schneidenachsen, etwas weiter hinten, befinden sich Pressbacken, die Steine von bis zu 1,2 Meter Durchmesser mühelos in ein maschinengängiges Format zerlegen – mühelos zumindest, was die Techniker betrifft, die den Koloss steuern. Immerhin schluckt Trude beim Vortrieb 3200 Kilowatt elektrische Leistung. Rückwärtig gegen den Stahlbeton des Tunnels gestützt, erzeugt sie mit 32 doppelten Hydraulikpressen bis zu 15000 Tonnen Anpressdruck für den rotierenden Vortriebsschild. Um die Reibung an der Ortsbrust zu mindern und diese gleichzeitig hydraulisch zu stützen, wird eine Bentonitsuspension vor den Schild gepumpt. Wasser- und Bodeneinbrü-

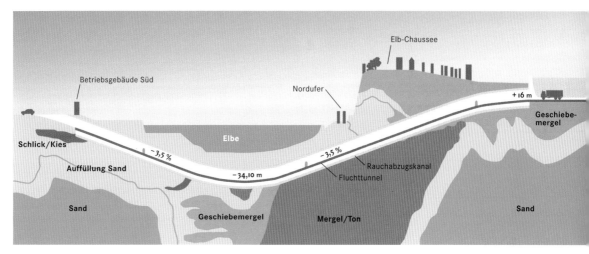

che lassen sich so verhindern, doch der Druck der Stützflüssigkeit muss sorgfältig eingestellt werden, damit es nicht zu einem Ausbläser durch die relativ dünne Erddecke kommt. Die aufgrund des Tidenhubs der Elbe schwankenden Druckverhältnisse müssen dabei berücksichtigt werden. Das vom Bohrkopf abgetragene Material wird, vermischt mit Bentonitschlamm, nach hinten aus der Röhre herausgepumpt. Dort wird das Gemisch aufgetrennt und der Schlamm in einem stetigen Kreislauf wieder vor Ort befördert. Während Trude sich voranarbeitet, wird hinter ihrem zylinderför-

Querschnitt durch die Vortriebsstrecke des **Elbtunnels.**

»Trudes« Nachläufer.

migen Leib der Tunnel ausgekleidet. Ein ringförmiger Greifer nimmt mit seinen Vakuumsaugplatten die Tübbings, 18 Tonnen schwere Stahlbetonsegmente, Stück für Stück auf und platziert sie exakt an ihrer Stelle in der Tunnelwand, die unter geologisch günstigen Bedingungen täglich um bis zu 14, durchschnittlich aber nur sechs bis sieben Meter länger wird. Bis zum Ende der Vortriebsstrecke, die im Herbst 1999 erreicht ist, wird dieser Erektor 11 700 Tübbings herumgewuchtet und eingebaut haben.

Arbeitsbedingungen im Tunnelbau

Beim Tunnelbau muss für ausreichende Ventilation gesorgt werden, sowohl, um für Luft zum Atmen zu sorgen, als auch, um zu explosiven Mischungen neigende Gase wie Methan oder – beim Bau von Felstunneln – schädliche Gase nach Sprengungen zu beseitigen. Motorabgase werden direkt abgesaugt. Die Frischluftversorgung erfolgt durch Ventilationsrohre, in denen sich in regelmäßigen Abständen Hilfsgebläse befinden.

Da am Arbeitsplatz durch die Bohr- und Fräsmaschinen sowie weiter hinten im Tunnel durch die Luft, welche die Ventilationsrohre mit hoher Geschwindigkeit durchströmt, ein hoher Geräuschpegel herrscht, ist ein Gehörschutz vorgeschrieben. Zur Kommunikation ist oft Zeichensprache erforderlich. Funkgeräte (mit Kopfhörern) und anderes elektronisches Gerät sind bei Sprengungen verboten, da die Gefahr besteht, dass diese die Zündschaltung der Ladungen aktivieren könnten. Bei Gewitter sind daher ebenfalls besondere Vorsichtsmaßnahmen nötig.

Die Staubentwicklung bei Arbeiten im Fels wird durch aufgesprühtes Wasser, Nassbohrung und Abzugshauben an den Bohrern gebremst. Zusätzlich ist das Tragen von Staubschutzmasken vorgeschrieben, um der Gefahr von Silicose (Staublunge) vorzubeugen.

In einigen Tunneln ist eine Kühlung erforderlich, da das durchfahrene Gestein mancherorts Hitze ausstrahlt oder sogar überhitzter Wasserdampf austritt.

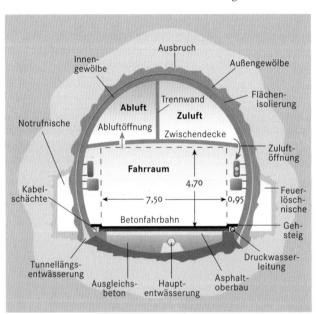

Einrichtung des **Arlberg-Straßentunnels** (im Querschnitt).

Tunneleinrichtung und Sicherheit

Ein fertig gestellter Tunnel erfordert zu seinem Betrieb verschiedene Einrichtungen wie Beleuchtung, Belüftung, Entwässerung und Signalisation sowie bei großen Tunneln eine zentrale Überwachungsstelle.

Bei nahezu allen Straßentunneln ist eine mechanische Zwangslüftung erforderlich. Bei der Längslüftung wird ein Luftzug im Verkehrsraum erzeugt, bei längeren Tunneln ist eine Querlüftung mit getrennten Zu- und Abluftkanälen erforderlich. Bei sehr langen Tunneln wird die Luft über zusätzliche Lüftungsschächte zur Geländeoberfläche ausgetauscht.

Zur Hilfeleistung bei Unfällen sind in einigen Tunneln Rettungsschächte oder -stollen angelegt; in Eisenbahntunneln gibt es ständig einsatzbereite Rettungszüge.

Datum	Ort	Ursache	Todesopfer
16. Juni 1972	Vierzy-Tunnel (Paris-Laon)	Eisenbahnzusammenstoß	108
20. Oktober 1975	Mexiko	U-Bahnzusammenstoß	23
28. Februar 1975	London-Moorgate	U-Bahnfalschfahrt	43
8. November 1987	London-King's Cross	Brandunglück	31
28. Oktober 1995	Baku (Aserbaidschan)	Brandunglück	337
10. Februar 1996	Hokkaido (Japan)	eingestürzter Straßentunnel	20
24. März 1999	Mont-Blanc-Tunnel	Lkw-Brand	41
29. Mai 1999	Tauern-Tunnel	Lkw-Brand	12

Die schwersten **Tunnelunglücke** der letzten 30 Jahre.

Dass die Sicherheitseinrichtungen bei vielen bestehenden Tunneln noch immer ungenügend sind, zeigen verschiedene schwere Unglücksfälle, die sich auch in der jüngsten Vergangenheit ereigneten.

Bei der Brandkatastrophe im Mont-Blanc-Tunnel war ein LKW mit einer Ladung Mehl und Margarine in Brand geraten. Statt den Rauchabzug im Tunnel zu intensivieren, war aufgrund einer falschen Einstellung der Belüftung die Frischluftzufuhr erhöht worden, was das Feuer noch verstärkte.

Im Tauern-Tunnel hatte ein mit Lacken beladener LKW bei einem Auffahrunfall Feuer gefangen.

Die Hauptkritikpunkte der hinzugezogenen Sachverständigen sind mangelnde Leistung der Absaugvorrichtungen für Rauch und das Fehlen von Rettungskorridoren in vielen Verkehrstunneln. Das Europaparlament forderte als Reaktion auf die Katastrophen strengere EU-weite Sicherheitsstandards und eine weitgehende Verlagerung des Güterverkehrs von der Straße auf die Schiene. Die österreichische Regierung beschloss Anfang Juni 1999 den Bau einer zweiten Röhre für den Tauern- und den Katschberg-Tunnel.

D. Stein

Ingenieurbau

D er Ingenieurbau unterscheidet sich von den Bereichen Hoch-
und Tiefbau durch eine besonders anspruchsvolle Planungsphase. Von Ingenieurbau spricht man daher vor allem bei Großprojekten wie Brücken-, Kanal- und Staudammbau. Auch der Bau von
Großtunneln lässt sich hier hinzurechnen.

Während in der Frühzeit des Ingenieurbaus einzelne namhafte
Ingenieure für ihre Bauten verantwortlich zeichneten, leiten heute
meist Arbeitsgemeinschaften von Fachleuten die Projekte, denn die
Anforderungen sind heute ungleich komplexer und von einzelnen
Personen kaum mehr realisierbar. Verloren ging damit allerdings
auch die persönliche Ausprägung, die viele der früheren Bauwerke
kennzeichnen. In diesem Zusammenhang sind folgende bedeutende
Ingenieure zu nennen: Robert Stephenson
(eiserne Bogen- und Kastenträgerbrücken),
Johann August Röbling (1806–1869; Stahl-
kabel-Hängebrücken), Robert Maillart (1872
bis 1940; Eisenbeton-Bogenbrücken), Ferdinand de Lesseps (1805–1894; Suez- und
Panamakanal), Emile F. X. P. Delocre (1828
bis 1908; moderne Bogenstaumauer).

Verschieden konstruierte **Brücken**.

Brücken

U nsere Vorfahren wurden vermutlich
durch an Ufern gewachsene und über
den Wasserlauf gestürzte Bäume zum Brückenbau inspiriert. Bis zur Antike hatten es
die Brückenbauer bereits zu einer erstaun-
lichen Kunstfertigkeit gebracht, die nach einer langen Phase der Stagnation im Mittelalter erst in der Neuzeit wieder erreicht und
übertroffen wurde. Der Bau von Brücken
war und ist insofern ein Zeugnis für den
Stand der Kultur, in der sie entstanden.
Welche Bedeutung der Brücke in der
Menschheitsgeschichte zuzumessen ist,
wird schon dadurch deutlich, dass kaum ein
anderes bauliches Objekt – außer vielleicht dem Haus – derart sym-
bolträchtig ist. Als Beispiel sei hier nur die Bezeichnung Pontifex
Maximus, größter Brückenbauer, für den Papst angeführt.

Aufbau von Brücken

I m Laufe der Zeit bildeten sich für den Brückenbau unzählige
Spielarten heraus. Bis ins 17. Jahrhundert ging man beim Entwurf
und Bau von Brücken empirisch vor; erst nach der Entwicklung bau-
statischer Methoden konnten die Bauwerke genauer berechnet wer-

den. Erste Ansätze dazu lieferte Galileo Galilei (1564–1642), weiterentwickelt wurde die Theorie von Charles Augustin de Coulomb (1736–1806) und Louis Marie Henri Navier (1785–1836) und zur vollen Reife gebracht von Karl Culmann (1821–1881), James Clerk Maxwell (1806–1873) und William John Macquorn Rankine (1820–1872).

CAISSONS

Für eine Caisson- oder Senkkastengründung verwendet man einen nach oben geschlossenen, bodenlosen Arbeitsraum, der an der geplanten Stelle auf den Grund des Gewässers abgesenkt und mit Druckluft gefüllt wird. In dem Maße, wie die Grundfläche abgetragen und der Caisson in den Untergrund abgesenkt wird, wird der Luftdruck erhöht, sodass kein Wasser eindringt. Zur Verminderung der Reibung umgibt man den Senkkasten meist mit Bentonitschlamm. Das Aushubmaterial wird durch eine Druckluftschleuse nach oben abtransportiert. Während des Absenkens betoniert man die aufgehenden Wände. Ist der Gründungshorizont erreicht, so wird das Fundament betoniert. Zur Vermeidung der Taucherkrankheit ist die Arbeitszeit unter erhöhtem Druck durch Vorschriften begrenzt und beim Verlassen des Arbeitsraums eine Phase der langsamen Dekompression erforderlich. Eines der prominentesten Opfer dieser Berufskrankheit ist der Erbauer der Brooklyn-Brücke in New York, Colonel Washington Roebling (1837–1926).

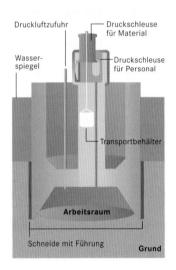

Druckluftzufuhr — Druckschleuse für Material

Wasserspiegel — Druckschleuse für Personal

Transportbehälter

Arbeitsraum

Schneide mit Führung   **Grund**

Fast alle Brücken bestehen heute aus einem Unter- und einem Überbau. Der Überbau, auch Tragwerk genannt, umfasst den waagerechten Bauteil der Brücke, meist die Fahrbahntafel und die darunter befindlichen Hauptträger. Gestützt wird der Überbau vom Unterbau, der die Lasten über Lager, Widerlager, Pfeiler und Fundamente auf den Baugrund abträgt. Brückenpfeiler werden in der Regel aus Mauerwerk, Stahl- oder Spannbeton oder aus Stahl hergestellt und oft mit Stein verkleidet. Eine besondere Herausforderung stellt die Errichtung von Brückenpfeilern dar, wenn sie in tiefem, reißendem Wasser erfolgt und tragfähiger Baugrund erst in tieferen Bodenlagen vorhanden ist. Sofern man den Fluss nicht umleiten kann, müssen dann Pfahlgründungen oder Caissongründungen verwendet werden. Die Brückenlager unter dem Haupttragwerk sorgen durch Roll- und Kippelemente dafür, dass dieses bei allen Bewegungen und Formänderungen aus Belastung und Wärmeschwankungen einwandfrei auf dem Widerlager aufliegt. Werkstoff für die Herstellung von Brückenlagern ist vergüteter Stahl von sehr großer Härte.

Von ihrer Konstruktionsweise her lassen sich Balken-, Bogen- und Hängebrücken sowie Varianten und Mischformen dieser Grundtypen unterscheiden.

Balkenbrücken

Die ersten, primitiven Vorläufer der Brücke in Gestalt von über Flüsse gelegten Baumstämmen gehören zum Typ Balkenbrücke. Dieser Brückentyp dürfte bereits in der Altsteinzeit, vor etwa 12 000 Jahren, bekannt gewesen sein. Im Laufe der Zeit kamen technische Verfeinerungen hinzu, beispielsweise behauenes Holz zum Bau der Träger und gemauerte Abstützungen. Eine Variante stellen die Ausleger- oder Schwebebrücken dar, mit denen sich größere

Baustoff	Vorteile	Nachteile
Holz	meist leicht verfügbar, relativ elastisch	wenig dauerhaft
Stein	dauerhaft; druckstabil	aufwendige Formgebung; bricht bei Zugbelastung
Beton	relativ dauerhaft; druckstabil; beliebige, problemlose Formgebung	bricht bei Zugbelastung
Gußeisen	sehr druckstabil, hart	spröde, nur mäßig zugfest, weder schmied- noch schweißbar
Schmiede- eisen	zug- und druckfest, relativ korrosionsfest	
Schweiß- eisen	biegsam, elastisch	relativ weich, korrosionsanfällig
Stahl	relativ elastisch und biegsam, sehr zugfest und druckstabil, relativ korrosionsfest	relativ teuer
Stahl- und Spannbeton	etwas elastisch, relativ zugfest; druckstabil; wenig korrosionsanfällig	relativ aufwendige Herstellung aus hochwertigen Materialien

Vor- und Nachteile verschiedener **Baustoffe,** die im Brückenbau eingesetzt werden.

Stützweiten (Abstände zwischen den Stützen) erreichen lassen. Unter einem Ausleger versteht man einen über einer Stütze frei herausragenden Balken, der am anderen Ende von einem Gewicht balanciert wird. Zur Brückenkonstruktion kann man immer längere Holzbalken auf benachbarte Stützen auflegen, sodass sich die Ausleger Schicht für Schicht immer weiter entgegenragen, bis die obersten Balken zusammenstoßen und durch einen Balken aneinander befestigt werden. Mit Holz als Baumaterial lassen sich Stützweiten von etwa 50 Metern erreichen.

Man versuchte, das Balkenbauprinzip auf Stein als dauerhafteren Baustoff zu übertragen, musste dazu aber die Stützweiten auf etwa ein Zwanzigstel verringern. Die Pfeiler standen allerdings nun so dicht nebeneinander, dass sie die Flussströmung stark behinderten und bei Hochwasser, besonders, wenn einmal die Fundamente unterspült waren, leicht umstürzten.

Zum Bau neuzeitlicher Balkenbrücken verwendete man ab Mitte des 19. Jahrhunderts Pfeiler und Gitterträger aus Gusseisen; einige Jahrzehnte später kamen Stahl und Stahlbeton hinzu. Beton allein ist, ebenso wie gewachsener Stein, aufgrund der geringen Zugfestigkeit als Trägermaterial ungeeignet. In den Beton eingebettete Stahl-

stäbe als Armierung (Bewehrung) verleihen dem Stahlbeton Biege-
festigkeit. Ein Baustoff, der noch stärker durch Zug belastbar ist,
wurde um 1900 mit dem Spannbeton gefunden. Darunter versteht
man einen Stahlbeton, an dessen Armierung noch im flüssigen Beton eine Zugspannung angelegt wird. Diese Vorspannung wirkt den
Zugkräften entgegen, durch die das fertige Bauteil belastet werden
soll, und verhindert die Bildung von Rissen. Die Spannglieder, die
aus Drähten, Litzen (geflochten Drähten) oder Stäben bestehen,
können bei der Herstellung des Bauelements einbetoniert oder in
Kanälen oder Hüllrohren verlegt werden, die anschließend mit Zementmörtel ausgefüllt werden. Die Vorspannung muss hinreichend
groß gewählt werden, da sie zum Teil durch den Schwund beim Abbinden des Zements sowie durch unvollkommene elastische Verfor-
mung des Stahls verloren geht.

Große Fortschritte gab es auch im Aufbau und in der Formgebung der Träger der Balkenbrücken. Im Mittelalter wurden hölzerne Fachwerkträger entwickelt, die nahezu ebenso stabil wie massive Vollwandträger sind, aber wesentlich leichter und billiger. Besonders beliebt war diese Bauweise in den USA des frühen 19. Jahrhunderts, als das Eisenbahnnetz Richtung Westen in den waldreichen Regionen ausgebaut wurde. In heutigen Fachwerkbrücken ist
das Holz meist durch Stahl ersetzt. Eine Erhöhung der Stabilität
konnte aber auch durch den Bau von Kastenträgern erreicht werden,
also durch ein Tragwerk, das aus einer oder mehreren Röhren von
rechteckigem Querschnitt besteht. Die erste solchermaßen gebaute
Brücke war die im Jahr 1950 vollendete Britannia-Brücke über die
Menai-Meeresenge in Nordwales. Sie wurde damals aus Holz ge-
zimmert. Moderne Kastenträgerbrücken haben als Hauptträger stählerne Kastenröhren, auf welche die Fahrbahn aufgesetzt ist. Die
Fahrbahn kann aus einer an den Träger angedübelten Stahlbeton-
platte (Verbundbau) oder ebenfalls aus Stahl (orthotrope Platte,
durch Rippen versteift) bestehen, die mit einer Verschleißschicht,
meist aus Hartgussasphalt, abgedeckt sind. Bei heutigen Kastenträ-

Die **Britannia-Brücke** war die erste
Kastenträgerbrücke. Sie bestand aus
zwei kastenförmigen Röhren, in
welchen die Züge verkehrten, und
wurde im Jahr 1850 fertig gestellt.
1970 zerstörte ein Feuer die Brücke.

gerbrücken sind Stützweiten von 200 Meter (Stahl- und Spannbeton) oder sogar 500 Meter (Stahl) nicht ungewöhnlich.

Zum Bau einer Balkenbrücke verwendet man heute bei kleineren Brücken meist Fertigteile in Form von Stützen, Riegeln, Winkelstützmauerelementen und Auflagerbänken. Überbauten aus Stein und Ortbeton (vor Ort gegossener Beton) werden in der Regel in Trag- und Schalungsgerüsten aus Holz oder Stahl hergestellt, die auf der Erdoberfläche gegründet sind. Der Bau einer Mehrfeldbrücke erfolgt feldweise nacheinander, wobei das Gerüst für den Überbau nach Erhärten des Mörtels oder Betons mit einem Kran umgesetzt oder als Ganzes verschoben wird. Dazu dienen oft große, freitragende Vorschubrüstungen aus Stahl, die auf den Pfeilerköpfen aufliegen und nach Fertigstellung eines Überbauabschnitts auf den Pfeilerköpfen ins nächste Feld vorgeschoben werden. Häufig lässt sich stattdessen auch der gerüstlose Freivorbau anwenden (Taktschiebeverfahren). Anstelle dieser Längseinschiebeverfahren wird in manchen Fällen auch quer eingeschoben, indem die Hauptträger oder der Überbau neben der Einbaustelle auf ganze Länge fertig montiert oder betoniert und danach auf Verschubbahnen quer verschoben und auf die Widerlager und Pfeiler abgesetzt werden. Quer- und Längseinschieben lassen sich auch kombiniert anwenden. Bei Brücken über schiffbaren Gewässern können Überbauteile mittels Schwimmkränen herantransportiert und platziert werden. Zu diesem Einschwimmen genannten Verfahren benötigt man große Kähne oder Pontons.

Nach der Fertigstellung des Rohüberbaus schließen sich die Komplettierungsarbeiten an: Justieren der Lager, Einbau der Entwässerungsanlagen, der Fahrbahnübergänge und der Dichtung, Montage von Geländern, Leiteinrichtungen und Masten, Herstellen der Fahrbahnen und Gehwege, Verlegen von Gleisen und Abdeckungen, Aufbringen von Korrosionsschutzanstrichen und weitere abschließende Maßnahmen.

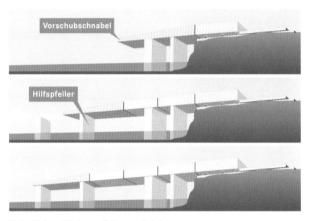

Hänge- und Bogenbrücken

Beim **Taktschiebeverfahren** wird der Überbau an einer im Widerlagerbereich fest installierten Fertigungsstelle in Abschnittslängen von 15 bis 30 Metern hergestellt und die so wachsende Brücke zum anderen Widerlager hin hydraulisch verschoben. Der Vorschubschnabel ist am Brückenkopf biegesteif befestigt und dient zur Verringerung des Kragmomentes. Hilfspfeiler im Brückenfeld verringern die freie Feldlänge und ermöglichen die Verwendung eines kürzeren Vorschubschnabels.

F ast ebenso alt wie die Balkenbrücke ist die Hängebrücke, die in ihrer einfachsten Form aus drei parallel aufgespannten Seilen besteht, von denen zwei als Geländer dienen und eines, etwas tiefer und mit den anderen verknüpft, als Laufsteg. Befestigt sind die Seile meist an Bäumen oder an in den Boden gerammten Pfählen. Noch heute findet man solche Hängebrücken beispielsweise im Himalaja. In neuerer Zeit verwendete man statt der Handseile eiserne Ketten, noch später Stahlkabel, die rückwärtig in starken Betonfundamenten verankert sind. Der ursprüngliche Steg wurde durch eine versteifte Fahrbahn zur Verminderung der Schwingungen ersetzt. An die

Die **Brooklyn-Brücke** in New York ist die erste Brücke mit Stahlkabelaufhängung. Bei ihrer Eröffnung im Jahr 1883 war sie mit einer Stützweite von 486 Metern die längste Hängebrücke der Welt.

Stelle der Bäume oder Pfähle traten turmartige Pfeiler, die Pylone, welche meist so angeordnet sind, dass sich unter der Hängebrücke eine große Mittelöffnung und zwei kleinere Seitenöffnungen ergeben. Mit Hängebrücken aus Stahl lassen sich Stützweiten von mehr als 1000 Metern erreichen.

Bogenkonstruktionen bestehen aus keilförmig zulaufenden Bauelementen (früher Steine, heute Beton oder Stahl), die aneinander gesetzt und im vollendeten Bogen durch den gegenseitigen Druck zusammengehalten werden. Während des Baus müssen sie durch Hilfskonstruktionen an ihrem vorgesehenen Platz gehalten werden, bis das Schlusselement am Bogenscheitel gesetzt ist. Um den Bau von Bogenbrücken machten sich vor allem die Römer verdient. Zwar wurden bereits um 3000 vor Christus in Mohendjo-Daro (Pakistan) für Be- und Entwässerungskanäle erstmals Bögen zur Überbrückung gebaut, doch wurde der Bogen in der Folgezeit vorwiegend zum Bau von Toren, Fenstern und Dachgewölben verwendet.

Der **Pont du Gard** in Südfrankreich wurde im Jahr 18 vor Christus fertig gestellt. Das Aquädukt ist 275 Meter lang, die Spannweite der unteren Bögen beträgt etwa 24 Meter und die drei Arkadengeschosse sind 49 Meter hoch.

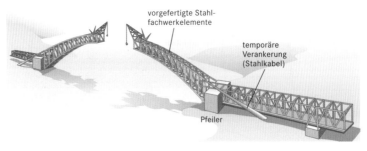

vorgefertigte Stahl-
fachwerkelemente

temporäre
Verankerung
(Stahlkabel)

Pfeiler

Die **Bogenbrücke im Hafen von
Sydney** (Australien, unten) wurde in
freitragender Bauweise (oben)
errichtet und 1932 fertig gestellt. Ihre
Spannweite beträgt 503 Meter.

Erst die Römer setzten diese Konstruktionsform im großen Umfang
auch zum Brückenbau ein. Auf sie geht auch die Verwendung von
hölzernen Lehr- oder Traggerüsten zurück; zuvor dienten zur Ab-
stützung gemauerte Gerüste. In der Blütezeit des römischen Reiches, zwischen 200 vor Christus und 400 nach Christus, entstanden
zahlreiche Brücken und Aquädukte, von denen noch heute viele erhalten sind.

Bögen können eine unterschiedlich spitze oder flache Wölbung
aufweisen, was sich auf die Größe der an den Bogenenden auftretenden, seitwärts gerichteten Schubkräfte auswirkt. Diese sind umso geringer, je größer das Pfeilverhältnis ist. Darunter versteht man das
Verhältnis von Bogenstich, also Höhe des Scheitels, zur Spannweite.
Die Römer bauten Rundbögen, deren Wölbung einen Halbkreis
umschrieb, während die Brücken der Renaissance Flachbögen in Gestalt von Kreissegmenten oder Ovalen aufweisen. So ließen sich bei
relativ geringer Höhe des Bauwerks größere Spannweiten überbrücken, wobei man allerdings einen stärkeren seitlichen Schub in Kauf
nehmen und baulich auffangen musste. Die aus dem arabischen
Raum stammenden und später im gotischen Baustil beliebten Spitz-
bögen sind wegen zu geringen Spannweiten für den Brückenbau ungeeignet.

Mit der Einführung neuer Baumaterialien, die um 1700 mit dem
Gusseisen begann, wurden neue Bauweisen möglich. Der Brücken-

bogen oder Teile davon konnten vorgefertigt und am geplanten Standort aufgestellt und zusammengesetzt werden. Fachwerkbögen aus Stahl lassen sich auch ohne Traggerüst errichten, indem man die Bogenhälften von beiden Seiten her freitragend, von rückwärts verankerten Stahlkabeln gehalten, voranbaut, bis sich die Brückenhälften in der Mitte treffen.

Bei Bogenbrücken kann die Fahrbahntafel an den Bogen angehängt oder auf den Bogen aufgeständert sein. Besteht die Bogenbrücke aus Stahl, so bietet eine angehängte Fahrbahntafel den Vorzug, dass sie als Zugband die Horizontalkräfte des Bogens aufnehmen kann. Bogenbrücken aus Stahl erhalten in der Regel zwei Kämpfergelenke, auf der die Bogenenden sitzen, und in besonderen Fällen auch noch ein Scheitelgelenk. Bei eingespannten Bogenbrücken, meist aus Stahlbeton, ist für die Fahrbahntafel die aufgeständerte Bauart zu bevorzugen. Solche Brücken können nur dort errichtet werden, wo eine Gründung auf stabilem Fels möglich ist.

Die Bogenspannweiten von stählernen Bogenbrücken liegen meist zwischen 100 und 500 Metern, bei Verwendung von Stahl- oder Spannbeton zwischen 100 und 300 Metern.

Mischformen

Eine Zwischenstellung zwischen Balken- und Bogenbrücken nimmt die Stabbogenbrücke ein. Es handelt sich hierbei um eine Balkenbrücke mit darüber gespanntem Bogen. Die Lasten werden durch die Bogenwirkung und durch die Balkenwirkung des Fahrbahnhauptträgers, des so genannten Versteifungsträgers, der zugleich auch die Funktion des Zugbands übernimmt, übertragen, sodass an die Auflagerflächen einer Stabbogenbrücke keine horizontalen Kräfte abgeben werden. Die Verbindung zwischen Bogen und Versteifungsträger wird durch Hängestangen hergestellt.

Ebenfalls eine Mischform zwischen Balken- und Bogenbrücken stellen die Rahmenbrücken dar, bei denen Widerlager und Pfeiler

Funktionsprinzip **beweglicher Brücken.**

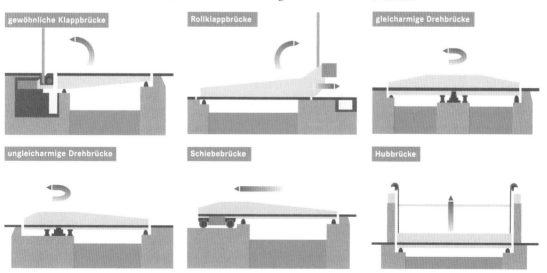

gewöhnliche Klappbrücke Rollklappbrücke gleicharmige Drehbrücke

ungleicharmige Drehbrücke Schiebebrücke Hubbrücke

Name	Gewässer	Lage	vollendet	GSW[1]/m	GL[2]/m
Balkenbrücken					
Tarr Steps	Barle	Dulverton (England)	vorchristliche Zeit	3	55
Bogenbrücken					
Pont du Gard	Gard	Nîmes (Frankreich)	19. v. Chr.	25	275
Scaligerbrücke	Etsch	Verona (Italien)	1355	49	150
Göltzschtalbrücke	Göltzsch	Netzschkau (Deutschland)	1851	31	578
Syratalbrücke		Plauen (Deutschland)	1904	90	135
Balkenbrücken					
(Eisenbahnbrücke)	Firth of Forth	Schottland (England)	1890	521	2466
Sankt-Lorenz-Strom-Brücke	Sankt-Lorenz-Strom	Quebec (Kanada)	1917	549	988
East-Bay-Brücke	East Bay	San Francisco (USA)	1936	427	3600
Mississippi-Brücke	Mississippi	New Orleans (USA)	1958	480	920
–	Hafen von Osaka	Osaka (Japan)	1974	510	980
Hängebrücken					
Golden-Gate-Brücke		San Francisco (USA)	1937	1280	2150
Mackinac-Brücke	Straße von Mackinac	Michigan (USA)	1957	1158	2626
Verrazano-Narrows-Brücke		New York (USA)	1964	1298	4170
(Straßenbrücke)	Firth of Forth	Schottland (England)	1964	1006	2400
Tejo-Brücke	Tejo	Lissabon (Portugal)	1966	1013	2278
erste Bosporus-Brücke	Bosporus	Istanbul (Türkei)	1973	1074	1570
Humber-Brücke	Humber	Kingston upon Hull (England)	1981	1410	2200
Akashi-Kaikyo-Brücke	Straße von Akashi	Honshu–Shikoku (Japan)	2000?	1990	3910
Bogenbrücken					
Bayonnebrücke	Kill Van Kull	New York (USA)	1931	504	1762
Hafenbrücke	Hafen von Sydney	Sydney (Australien)	1932	503	1150
–	New River	West Virginia (USA)	1978	518	924
Stabbogenbrücken					
Rheinbrücke	Rhein	Duisburg–Rheinhausen (D)	1950	255	
Schrägkabelbrücken					
Rheinbrücke Emmerich	Rhein	Emmerich (Deutschland)	1965	500	
Normandiebrücke		Le Havre (Frankreich)	1995	856	2141
Tatarabrücke		Onomichi–Ichibari(Japan)		890	1480
bewegliche Brücken					
Tower Brücke	Themse	London (England)	1894	61	–
Cape-Cod-Kanal-Brücke	Cape-Cod-Kanal	Massachusetts (USA)	1935	166	–
Arthur-Kill-Brücke		New York (USA)	1959	170	–
Suezkanal-Brücke	Suezkanal	El-Ferdan (Ägypten)	1965	168	–

Left margin labels: Naturstein; Eisen und Stahl

[1] größte Stütz- bzw. Spannweite [2] Gesamtlänge

Bedeutende Brücken (Auswahl)

biegesteif mit dem Überbau verbunden sind. Man erhält so ein rahmenartiges Tragwerk. An den Stützungen treten wie beim Bogen Horizontalschübe auf. Rahmenbrücken werden zur Aufhebung dieser Schubkräfte meist aus Spannbeton gefertigt.

Schrägkabelbrücken besitzen sowohl mit Balken- als auch mit Hängebrücken Gemeinsamkeiten. Dabei ist der Balken an schräg über einen Pylon geführten Kabeln aufgehängt und zudem an den Widerlagern unterstützt. Die Kabel können längs an beiden Seiten der Brücke oder in der Brückenmitte befestigt sein. Der Pylon muss sich nicht in der Mitte der Brücke befinden, auch eine unsymmetrische Kabelführung ist möglich.

Name	Gewässer	Lage	vollendet	GSW[1]/m	GL[2]/m
Balkenbrücken					
Pontchartrain-Brücke		New Orleans (USA)	1956	17	38600
Autobahnbrücke	Rhein	Bendorf (Deutschland)	1965	208	1029
neue Save-Brücke	Save	Belgrad (Serbien)	1970	250	350
(Autobahnbrücke)	Donau	Novi Sad (Serbien)	1975	210	2250
Uruguay-Brücke		Fray Bentos (Argentinien/Uruguay)	1976	220	3408
Hamanasee-Brücke		Hamamatsu (Japan)	1976	240	1437
Hängebrücken					
–		Merelbeke bei Gent (Belgien)	1962	100	192
–		Hudson Hope (Kanada)	1965	207	–
Bogenbrücken					
Sandöbrücke	Ångermanälv	Kramfors (Schweden)	1943	264	813
Paranábrücke	Paraná	(Brasilien/Paraguay)	1962	290	552
Arrábitabrücke		Porto (Portugal)	1963	270	–
Gladesville-Brücke	Parramatta	Sydney (Australien)	1964	305	488
Bloukransbrücke		(Südafrika)	1983	272	–
Schrägkabelbrücken					
Wadi-El-Kuf-Brücke		(Libyen)	1971	282	477
Waalbrücke	Waal	Tiel (Niederlande)	1974	267	1419
Brotonnebrücke	Seine	Rouen (Frankreich)	1976	320	1278
Rahmenbrücken					
Kanalhafenbrücke		Heilbronn (Deutschland)	1950	108	174
Dischinger Brücke		Berlin (Deutschland)	1956	94	120

Stahl- und Spannbeton (Randbeschriftung)

[1] größte Stütz- bzw. Spannweite   [2] Gesamtlänge

Bewegliche Brücken

Die bisher beschriebenen Brücken besitzen einen festliegenden Überbau. Wenn die lichte Höhe einer Fluss-, Kanal- oder Hafenbrücke nicht ausreicht, um auch hohe Schiffe passieren zu lassen, baut man bewegliche Brücken. Unter vorübergehender Unterbrechung des über die Brücke führenden Verkehrs werden Teile einer solchen Brücke angehoben, gedreht oder verschoben. Man unterscheidet dementsprechend Klapp-, Hub- und Dreh- und Rollbrücken. Bei Klappbrücken wird der Überbau nach oben geklappt, bei Hubbrücken als Ganzes mithilfe von Gegengewichten oder hydraulisch angehoben, bei Drehbrücken um einen Königsstuhl genannten Zapfen gedreht und bei Roll- oder Schiebebrücken in Längsrichtung der Brücke verschoben.

Wahl des Brückentyps

Die Wahl des Brückensystems wird im Wesentlichen bestimmt durch das vorhandene Geländeprofil, die Baugrundverhältnisse, die geforderte lichte Weite und lichte Höhe des als Brücke geführten Verkehrswegs, den Verwendungszweck und, gegebenenfalls, durch die Verfügbarkeit der Baumaterialien. Auch sind für die Gestaltung ästhetische Gesichtspunkte maßgebend, denn ein Brückenbauwerk soll sich harmonisch in die Landschaft einfügen. Zur

Bemessung einer Brücke ist die Kenntnis der zu erwartenden Lasten und Momente wichtig. Brücken werden in der Hauptsache durch Eigengewicht, Verkehrslast, Fliehkräfte, Bremskräfte, Wind und Wärmespannungen belastet. Eine Brücke wird auf eine bestimmte maximale Verkehrslast ausgelegt, wobei diese Last noch mit einem Stoßzuschlag multipliziert wird.

Kanäle für Schiffe

Die ersten Schifffahrtskanäle wurden vor etwa 6000 Jahren in Mesopotamien angelegt, zunächst zur Begradigung stark mäandrierender Flüsse, später auch zur Verbindung verschiedener Flüsse. Vor 3300 Jahren bauten die Ägypter einen Kanal vom Nil zum Roten Meer, der aber stark zur Versandung neigte und bis ins Mittelalter mehrfach erneuert wurde. Auch die Chinesen schufen schon früh ein Netz von Schifffahrtskanälen. Ein Beispiel ist der 1782 Kilometer lange Kaiserkanal, mit dessen Bau im 5. Jahrhundert v. Chr. begonnen wurde. Er verbindet den Jangtsekiang mit dem Hoang-Ho (Gelber Fluss) und ist noch heute in Betrieb. Die ersten Kanalbauten in Europa gehen auf die Römer zurück. Vor der Erfindung der Kammerschleuse im 15. Jahrhundert hatte es zwar schon lange Zeit Wassersperren zur Regulierung des Wasserstandes gegeben, doch besaßen diese für die Schiffspassage nur ein Tor. Eine Kammerschleuse hingegen sperrt einen Abschnitt des Wasserwegs mit zwei Toren ab. Ein Schiff kann dadurch in der Kammer angeho-

Einige europäische **Binnenschifffahrtskanäle**

Kanal	Verbindung	Land	eröffnet	Länge in km
Dortmund-Ems-Kanal	Dortmund–Emden	Deutschland	1899	269
Elbe-Lübeck-Kanal	Lauenburg/Elbe–Lübeck	Deutschland	1900	62
Teltowkanal	Potsdam–Berlin–Köpenick	Deutschland	1906	38
Oder-Havel-Kanal	Hohensaaten–Oranienburg	Deutschland	1914	83
Rhein-Herne-Kanal	Duisburg–Henrichenburg	Deutschland	1914	46
Datteln-Hamm-Kanal	Datteln–Hamm	Deutschland	1915	47
Maas-Waal-Kanal	Heumen–Beuningen-Weurt	Niederlande	1927	13
Wesel-Datteln-Kanal	Wesel–Datteln	Deutschland	1929	60
Weißmeer-Ostsee-Kanal	Belomorsk–Powenez	Russland	1933	227
Julianakanal	Maastricht–Maasbracht	Niederlande	1935	35
Küstenkanal	Dörpen–Oldenburg	Deutschland	1935	70
Elbe-Havel-Kanal	Niegripp–Brandenburg/Havel	Deutschland	1936	56
Moskaukanal	Moskau–Dubna	Russland	1937	128
Mittellandkanal	Hörstel–Magdeburg-Rothensee	Deutschland	1938	321
Albertkanal	Lüttich–Antwerpen	Belgien	1939	129
Amsterdam-Rhein-Kanal	Amsterdam–Tiel	Niederlande	1952	72
Havelkanal	Henningsdorf bei Berlin–Ketzin	Deutschland	1952	35
Wolga-Don-Kanal	Wolgograd–Kalatsch	Russland	1952	101
Wolga-Ostsee-Kanal	Tscherepowez–Leningrad	Russland	1964	1100
Elbeseitenkanal	Artlenburg–Wolfsburg	Deutschland	1976	113
Main-Donau-Kanal	Bamberg–Kelheim	Deutschland	?	171

Kanal	Verbindung	Land	eröffnet	Länge in km
Suezkanal	Port Said–Suez	Ägypten	1869	171
Nieuwe Waterweg	Nordsee–Neue Maas	Niederlande	1872	10
Nordseekanal	Nordsee–Amsterdam	Niederlande	1876	27
Kanal von Korinth	Ionisches Meer–Ägäis	Griechenland	1893	6
Manchester Ship Canal	Manchester–Irische See	England	1894	58
Nord-Ostsee-Kanal	Brunsbüttel-Kiel-Holtenau	Deutschland	1895	100
Cape-Cod-Kanal	Cape Cod Bay–Buzzard's Bay	USA	1914	13
Panamakanal	Atlantik (Karibik)–Pazifik	Panama/USA	1914	81
Houston Ship Channel	Houston–Golf von Mexiko	USA	1940	80
Sankt-Lorenz-Seeweg	Atlantik–Duluth (Oberer See)	Kanada/USA	1959	3770
Donau-Schwarzmeer-Kanal	Cernavodă–Konstanza-Süd	Rumänien	1984	64

Bedeutende **Seeschifffahrtskanäle**

ben oder abgesenkt werden und anschließend seinen Weg fortsetzen. Später kamen noch weit ausgeklügeltere Bauarten hinzu. Die Erfindung der Kammerschleuse sowie die Intensivierung des Handels gaben den Anstoß für größere Kanalbauten, beispielsweise des Canal du Midi in Frankreich und einer Vielzahl kleinerer Kanäle in Belgien, den Niederlanden und Deutschland. Größere Kanalbauprojekte begann man in Deutschland gegen Ende des 17. Jahrhunderts und wenig später auch in England und Russland. Auf diese Weise entstanden allein in England rund 3600 Kilometer künstliche Wasserstraßen. Um 1790 erreichte der Bau von Kanälen seinen Höhepunkt, denn mit dem Aufkommen des neuen Verkehrsmittels Eisenbahn verlor die Schifffahrt an Bedeutung.

Die Schiffe der Folgezeit mussten größer gebaut werden, damit sie wettbewerbsfähig waren, und somit waren auch breitere und tiefere Schifffahrtswege erforderlich. Viele ältere Kanäle mussten daher ausgebaut werden, andere wurden stillgelegt. Als erster Kanalneubau, der in Deutschland nach den veränderten Erfordernissen entstand, ist der Dortmund-Ems-Kanal (1890–99) zu nennen. Zwischen 1887 und 1895 wurde auch der Nord-Ostsee-Kanal gebaut, eine Erweiterung des 1784 eröffneten Eiderkanals. Bereits 1869 war der etwa 170 Kilometer lange Suezkanal zwischen dem Mittelmeer und dem Roten Meer eröffnet worden, der gegenüber der Schiffsroute um das Kap der Guten Hoffnung herum eine wesentliche Abkürzung darstellt. Als nächster großer Seeschifffahrtskanal wurde der Panamakanal geschaffen (1914 eröffnet, 81 Kilometer lang), aber 1954 durch den Sankt-Lorenz-Seeweg mit 3770 Kilometern Länge bei weitem übertroffen.

Auch bei Seeschifffahrtskanälen können Schleusen erforderlich sein, wenn sie zur Verbindung der Ozeane eine Wasserscheide durchqueren (Panamakanal) oder sich durch Tidenhub und Windstauwirkung Unterschiede im Wasserstand ergeben (Nord-Ostsee-Kanal). Der Suezkanal ist ein offener Kanal, also ein Kanal ohne Schleusen.

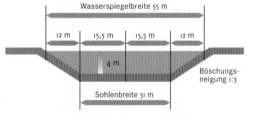

Regelquerschnitt des **Main-Donau-Kanals**

Kanäle unterscheiden sich in Querschnitt und Uferbefestigung, die sich nach den örtlichen Gegebenheiten und der Nutzung richten. Ein Kanal sollte mindestens fünf mal so breit sein wie ein beladenes Schiff und tief genug, damit dieses den Grund nicht berührt. Kanäle weisen kleine Gefälle und demzufolge kleine Fließgeschwindigkeiten auf; zur Überwindung von größeren Höhenunterschieden dienen Schleusen. Wo Kanäle wasserdurchlässiges Gebiet durchqueren, müssen Sickerverluste durch Auskleidung mit Lehm, Bitumen, Kunststoff oder Zement verhindert werden. Uferauswaschung durch die Wellen der vorbeifahrenden Schiffe lässt sich durch Mauerwerk oder Steinaufschüttungen vermeiden. Besonders aufwendig wird der Kanalbau, wenn eine Straße, Eisenbahnlinie, ein Fluss oder ein anderer Kanal zu über- oder unterqueren ist, da in diesen Fällen Brücken, Aquädukte oder Tunnel gebaut werden müssen.

Stauwerke für Talsperren:
a) Staudamm; b) Gewichtsstaumauer;
c) Bogenstaumauer, d) Pfeiler-
staumauer.

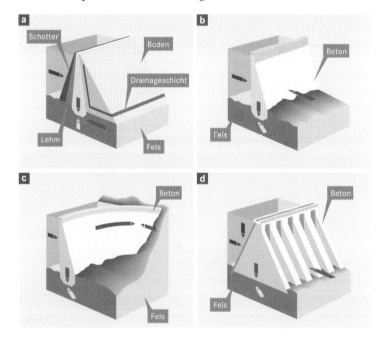

Talsperren

Talsperren in Form von Dämmen wurden vermutlich zuerst im Nahen Osten gebaut. Die ältesten Dämme entstanden historischen Aufzeichnungen zufolge vor fast 5000 Jahren in Ägypten. Ein 3300 Jahre alter syrischer Damm wird noch heute benutzt. Die Assyrer, Babylonier, Araber und Perser bauten zwischen 700 und 250 vor Christus eine Vielzahl von Dämmen. Auch im übrigen Orient entstanden – ganz unabhängig – zu dieser Zeit Staudämme.

Anders als im Brückenbau lieferten die Römer in Bezug auf Talsperren keine nennenswerten Beiträge, und auch im ganzen frühen Mittelalter entstanden keine größeren Dämme. Erst im 15. und 16. Jahrhundert setzte der Staudammbau in Italien und Spanien, im

17. Jahrhundert auch in Frankreich wieder ein. Beispiele sind die 1580 errichtete Tibisperre bei Alicante (Spanien) und der Saint-Ferréol-Damm bei Toulouse (Frankreich) aus dem Jahr 1675, der den Canal du Midi mit Wasser versorgt. Ähnlich wie beim Brückenbau ging man beim Entwurf von Talsperren bis zur Mitte des 19. Jahrhunderts rein empirisch vor. Gelehrte wie Galilei, Newton, Leibniz, Hooke, Daniel, Bernoulli, Euler, de la Hire und Coulomb trugen zwar über einen Zeitraum von 250 Jahren hinweg fundamentales Wissen über die Stoffeigenschaften und zur Festigkeitslehre zusammen, doch die umfassende theoretische Grundlage für den Staudammbau schuf erst um 1850 der englische Ingenieur William John Macquorn Rankine.

Welche Typen von Talsperren gibt es, und welche Aufgaben erfüllen sie? Talsperren regulieren den Wasserspiegel von Gewässern – speziell bei Hochwasserneigung –, sie sorgen für Reserven an Trinkwasser und zur Bewässerung von Ländereien und Forsten und dienen der Nutzung von Wasserkraft. Talsperren sind Stauwerke, die – im Unterschied zu Wehren, die lediglich das Flussbett sperren – über die ganze Talbreite reichen. Während in Wehren die Bewegungsenergie des Wassers meist nur in Reibungswärme verwandelt wird, nutzt man diese bei Talsperren in der Regel zur Gewinnung von Elektrizität. Nach der Bauweise unterscheidet man Staudämme und Staumauern und teilt Letztere ein in Gewichts-, Bogen- und Pfeilerstaumauern.

Staudamm und Staumauer

Ein Staudamm wird aus geeigneten Dammbaustoffen aufgeschüttet. Je nach verwendetem Material kann es sich um einen Erddamm (bindige oder sandige Erdbaustoffe) oder einen Steinschüttdamm (gebrochenes Felsgestein) handeln. Ein Staudamm enthält meist eine Dichtung aus Asphaltbeton, die entweder an der wasserseitigen Außenhaut oder als Kerndichtung im Inneren des Dammkörpers sitzt. In letzterem Fall können anstelle von Beton auch natürliche Dichtungsstoffe wie Ton oder Lehm verwendet werden. Zur Vermeidung von Ausspülungen legt man auf der flussabwärts gelegenen Seite des Damms gezielt wasserdurchlässige Dränageschichten an. Staudämme sind allgemein weniger erdbebengefährdet als Staumauern.

Staumauern können nur auf unverwittertem, felsigem Untergrund errichtet werden, da sie an ihrer Unterseite ein enormes Gewicht auf relativ kleine Fläche konzentrieren. Die wichtigsten Ausführungsarten sind Gewichtsstaumauern, die dem Wasserdruck durch ihre Eigenlast widerstehen, Bogenstaumauern, die einen erheblichen Teil des Wasserdrucks durch Gewölbewirkung auf die Talflanken übertragen, und Pfeilerstaumauern, bei denen der Wasserdruck auf eine Staumauer wirkt, die durch Stahlbetonpfeiler gestützt wird, welche den Druck in den Untergrund vor der Mauer ableiten. Bei Bogengewichtsstaumauern handelt es sich um eine kom-

Der alte **Assuandamm** von 1902 ist als Staumauer gebaut. Er liegt etwa sieben Kilometer nilabwärts vom neuen Hochdamm.

biniert Bauform, bei welcher der Mittelbereich wie eine Bogen-,
der Randbereich hingegen wie eine Gewichtsstaumauer konstruiert
ist. Der wasserseitige Untergrund einer Staumauer wird zum Schutz
gegen Unterspülung mit einem Dichtungsschleier versehen; gebrä-
cher Fels wird dazu durch Injektionen von Tonen, Zementmörtel,
Pumpbeton oder Lösung von Chemikalien wasserfest gemacht. Zur
weiteren Dichtung ragt der Mauersporn tief in den Fels.

Durch die Massigkeit der Betonmauer entstehen spezielle Bau-
stoffprobleme. Die hohe Abbindetemperatur verursacht oft Risse;
deshalb wird der Mauerkörper in Baublöcke aufgeteilt. Verzahnte
Dehnungsfugen, die mit Kupferblechen, Stahlblechen, Gummi oder
Asphalt gedichtet sind, verhindern schädliche Verformungen. Bogenstaumauern lassen sich weniger massiv gestalten als Gewichtsstaumauern. Sie neigen daher weniger zu Rissbildung und sparen zudem Baustoff ein.

Talsperren

Zu einer Talsperre gehören allgemein das Stauwerk mit Kon-
trollgängen und vielseitigen Messeinrichtungen, das Staubecken, die Hochwasserabführanlage, die zum Schutz des Fundaments
vor Erosion in Form einer Skischanze ausgebildet ist, das Tosbecken
zur Verwirbelung des Fallwassers, der Grundablass und die Entnah-
merohre beziehungsweise -stollen. Zahlreiche Instrumente und eingebaute Geräte dienen der laufenden Überwachung des Stauwerks.
Die Mauerkrone ist oft zugleich Verkehrsweg. Die Entnahmeöff-
nungen werden durch hochziehbare Rechen vor Unrat geschützt.
Die Grundablässe müssen so tief liegen, dass Geschiebe und Schweb
ausgespült werden können. Sie müssen vor Vereisung geschützt werden. Wird die Wasserenergie in Kraftwerkturbinen genutzt, so müs-

sen spezielle bauliche Vorrichtungen zur Wasserspülung für die Ent-
kiesung und Entsandung vorgesehen werden.

Manche Dämme verfügen über Lachsleitern, um diesen Fischen
das Erreichen ihrer Laichgründe zu ermöglichen. Die Auslassöffnun-
gen von Wasserturbinen müssen Sperrgitter gegen eindringende
Lachse haben.

Welche Stauwerkbauweise zur Anwendung gelangt, hängt vor
allem von der Talform, den geologischen Verhältnissen des Unter-
grundes und zum Teil auch von den zur Verfügung stehenden Baustoffen ab. Auch die seismische Aktivität im Gebiet der geplanten
Talsperre spielt eine Rolle. Bei der Projektierung sind daher umfangreiche Voruntersuchungen erforderlich. Der Boden in der Umgebung des vorgesehenen Standorts muss auf seine Tragfähigkeit hin
überprüft werden. Der Druck der Wassermassen auf die Talflanken
des Stausees ist ebenso zu berücksichtigen wie der Einfluss auf den
Grundwasserspiegel. Hierbei sind Modellversuche und Computersimulationen wichtige Hilfsmittel. Auch dem Geschiebehaushalt des
Flusses, also dem mitgeführten Boden- und Gesteinsgut, ist Rechnung zu tragen, sowohl bezüglich der Sedimentierung im zukünftigen Staubecken als auch der verstärkten Erosion des Flussbetts unterhalb der Talsperre.

Vor dem Bau einer Talsperre bedarf es umfangreicher Vorarbei-
ten. Dazu gehören das Umleiten des Flusses, Hochwasserschutz-
maßnahmen, das Anlegen von Umlenkstollen und provisorischen
Vor- und Rücksperren.

In den Kulturländern der Erde existieren unzählige Talsperren
verschiedenster Bauweise und Größe, die man nach der Höhe der
Sperrbauwerke oder nach dem Wasserinhalt des Staubeckens beurteilen und vergleichen kann. Die höchste Talsperre Deutschlands ist
die 1959 vollendete Rappbode-Talsperre im Harz. Sie ist 106 Meter
hoch, 450 Meter lang und fasst 109 Millionen Kubikmeter Wasser.

Bedeutende **Talsperren**

Name	Land	Gewässer	Lage	fertig-gestellt	Höhe in m	Kronen-länge in m	Stauraum in Mio. m³
Roguner Talsperre	Tadschikistan	Wachsch	Westpamir	1991	335	660	11 600
Nureker Talsperre	Tadschikistan	Wachsch	Westpamir	1980	300	704	10 500
Grande Dixence	Schweiz	Dixence	Wallis	1961	284	695	400
Inguri-Talsperre	Georgien	Inguri	Kaukasus	1984	272	680	1100
Rosella-Talsperre	Italien	Rosella	Sizilien	1965	265	336	17
Chicoasen-Talsperre	Mexiko	Río Grijalva	Chiapas	1981	261	584	1680
Tehridamm	Indien	Bhagirathi	Uttar Pradesh	1990	261	570	3540
Kishau-Talsperre	Indien	Tons	Uttar Pradesh	1985	253	360	2400
Guavio-Talsperre	Kolumbien	Río Guavio	Cundinamarca	1989	246	390	1020
Mica Dam	Kanada	Columbia River	British Columbia	1972	242	792	24 670
Sajan-Schschenskoje	Russland	Jennissej	Südsibirien	1980	245	1066	31 300
Mauvoisin	Schweiz	Drance de Bagnes	Wallis	1957/90	250	520	181
Chivor-Talsperre	Kolumbien	Río Batá	Boyacá	1975	237	310	815
Oroville Dam	USA	Feather River	Kalifornien	1968	236	2316	4298
D. Johnson Dam	Kanada	Manicouagan	Quebec	1968	214	1314	142 000

Das Drei-Schluchten-Projekt

E ines der größten Staubecken der Welt befindet sich seit 1994 am Jangtsekiang bei Yichang (China) im Bau. Wegen seiner geographischen Lage wird es Sanxia- oder Drei-Schluchten-Projekt genannt. Die geplante Sperre ist als Gewichtsstaumauer ausgelegt. Sie wird 185 Meter hoch und 1983 Meter lang sein. Die Stauhöhe soll höchstens 175 Meter und das maximale Stauvolumen 40 Milliarden Kubikmeter betragen, wobei das zwischen bis zu 900 Meter aufragenden, steilen Bergwänden gelegene Staubecken weitaus weniger Land verbraucht als ein Stausee in flachem Gelände. Unbeschadet dessen wird sich hinter der Sperre ein mehr als 1000 Quadratkilometer großer, lang gestreckter Stausee bilden, der über die Provinz Hubei bis tief nach Sichuan hinein reichen und den Wasserpegel – mehr als 600 Kilometer entfernt – noch in Chongqing anheben wird. Das Projekt soll im Jahr 2009 abgeschlossen sein.

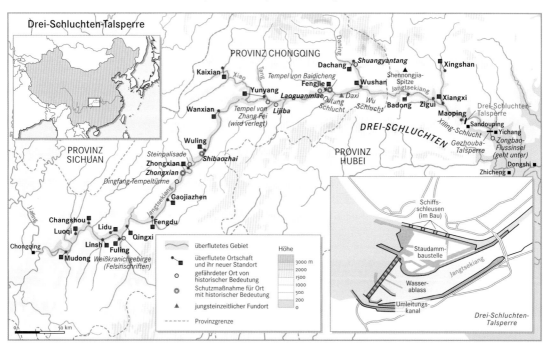

Lage der **Sanxia-Sperre** und resultierende Wasserstandveränderung am Jangtsekiang und seinen Nebenflüssen sowie Karte der Stauanlage.

Hauptzielsetzungen dieses Projekts sind die Verhinderung der am Jangtsekiang immer wieder aufgetretenen Überflutungskatastrophen und die Verbesserung der Energieversorgung. Zur Regulierung des Wasserstandes wird das Wasser während der regenreichen Jahreszeit (Mai bis September) auf die maximale Höhe von 175 Metern gestaut. Bei diesem Pegel kann die Kapazität der Generatoren voll ausgeschöpft werden, ohne mit übermäßiger Sedimentation rechnen zu müssen. In den nachfolgenden vergleichsweise trockenen Monaten wird der Pegel langsam auf 155 Meter gesenkt. Kurz vor der nächsten Regenperiode wird der Wasserstand auf minimale 145 Meter gesenkt, um Platz für die ankommenden Wassermassen zu schaffen. Die damit geschaffene Aufnahmekapazität beträgt ungefähr 22 Milliarden Kubikmeter. Die Durchflussgeschwindigkeit von 84000 Kubikmeter pro Sekunde ohne Staudamm lässt sich so auf beherrschbare 57000 Kubikmeter pro Sekunde senken. Wenn der Damm fertig gestellt ist, erhofft man sich eine Leistung von insgesamt 17680 Megawatt, die in 26 Generatoren erzeugt werden. Der Großteil der gewonnenen Energie soll nach Shanghai fließen, über eine Entfernung von mehr als 1200 Kilometern.

Ein weiterer Vorteil besteht in der Verbesserung der Binnenschifffahrt auf dem Jangtsekiang. Heute können bis Chongqing, dem wichtigsten Binnenhafen Chinas, nur 3000-Tonnen-Schiffe fahren, bedingt durch Stromschnellen und Untiefen. Nach Fertigstellung der Sperre werden dann 10000-Tonnen-Frachter bis Chongqing verkehren können. Durch die Erhöhung der Transportkapazität lassen sich enorme Kosten einsparen. Den Höhenunterschied von 113 Metern werden die Schiffe über zwei Schleusenstraßen – eine für Flussaufwärtsfahrten und eine für Abwärtsfahrten, mit je fünf Schleusen – überwinden. Die Schleusenkammern werden jeweils 34 Meter breit und 280 Meter lang sein.

Das Projekt ist jedoch mit einer Reihe von Nachteilen und Problemen verbunden. Um das Wasser aufstauen zu können, müssen etwa 1,3 Millionen Menschen umgesiedelt werden, was soziale Unruhe verursacht. Zahllose historisch bedeutende Orte und malerische Landschaft werden in den Fluten versinken. Nur wenige der betroffenen Sehenswürdigkeiten sollen durch Auslagerung gerettet werden. Umweltschützer befürchten zudem das Aussterben des chinesischen Flussdelphins durch die drastische Veränderung des Ökosystems. Absehbar ist auch, dass das Sanxia-Staubecken – wie die anderen Talsperren des Landes auch – mit hoher Sedimentbelastung zu kämpfen haben wird.

Wie bei den meisten ingenieurbaulichen Großvorhaben zeigen sich auch am Beispiel des Sanxia-Projekts, dass ökonomischen Aspekten vor ökologischen, sozialen und kulturell-historischen Gesichtspunkten Vorrang gewährt wird.   D. Stein

Kommunikationstechnik

Die Fähigkeit zur Kommunikation ist eine der fundamentalen Eigenschaften des Menschen, eine derjenigen, über die er sein Menschsein definiert. Im Grunde sind alle Sinne des Menschen geeignet, Botschaften aufzunehmen. Zwei seiner Sinne jedoch hat der Mensch besonders für die Zwecke der Informationsübermittlung kultiviert: den Gesichts- und den Gehörsinn. Mit ihnen können Gesten, Bilder und Geräusche, vor allem aber das gesprochene, geschriebene oder gedruckte Wort aufgenommen werden und schon früh hatte der Homo sapiens begonnen, Techniken zu entwickeln, die ihm bei der Abfassung und Übermittlung seiner sicht- oder hörbaren Botschaften halfen. Zahlreiche Felsmalereien legen hierfür beredtes Zeugnis ab.

Die älteste der in den folgenden Kapiteln beschriebenen Kommunikationstechnologien ist der Buchdruck. Seine Erfindung, die Entwicklung des »Buchsatzes mit beweglichen Lettern« durch den Mainzer Patriziersohn Johannes Gensfleisch zur Laden, genannt Gutenberg, läutete ein neues Zeitalter ein. Das revolutionär Neue von Gutenbergs Erfindung bestand darin, dass es mit ihrer Hilfe möglich war, einmal zu Papier gebrachte Gedanken mit im Vergleich zu früheren Vervielfältigungstechniken viel geringem Aufwand zu vervielfältigen. Auf diese Weise konnte sich eine Schrift bedeutend schneller und weiter in der Bevölkerung verbreiten, als dies mittels mündlicher Überlieferung oder gar mit den in Klöstern und an den Höfen zirkulierenden handschriftlichen Kopien möglich gewesen wäre, und die Botschaften verloren den Charakter eines Gerüchts, dessen Inhalt sich bei jeder Station seiner Weitergabe verändert. Ohne Gutenbergs »Truckwerck«, dieses identisch vervielfältigende Druckverfahren, wären beispielsweise die gesellschaftlichen Veränderungen, die das 16. Jahrhundert durch die protestantische Reformbewegung und den Bauernkrieg erfuhr, sicher nicht möglich gewesen. Die Drucktechnik hat zwar im Laufe der Jahrhunderte zahlreiche Fortentwicklungen erfahren, die von Gutenbergs handgegossenen Bleilettern zum computergesteuerten Fotosatz führten; im Grunde sich gleich geblieben ist jedoch das Hauptziel der Buchdruckerkunst: die Gedanken eines oder weniger Einzelner in einer Folge gedruckter schwarzer Zeichen auf weißem Papier festzuhalten und zu verbreiten, damit sie einer Vielzahl von Lesern wieder zu lebendigen Gedanken werden.

In eine ganz andere Richtung zielt eine zweite große Erfindung der Kommunikationstechnologie: auf die Beschleunigung des individuellen Nachrichtenverkehrs. Erst mit der Einführung der Telegrafie war nicht mehr der Reiter mit einer Botschaft in der Satteltasche das

Die moderne Informationsgesellschaft ist durch ein **weltumspannendes System kommunikations- technischer Vorrichtungen** der verschiedensten Art geprägt.

Maß der Dinge, was die Geschwindigkeit der Übermittlung von Nachrichten anbelangt. Nicht zufällig in zeitlicher und räumlicher Nähe zu einer weiteren epochalen Umwälzung, der Französischen Revolution von 1789, erfunden, breiteten sich die Telegrafennetze rasch über die ganze Welt aus, nachdem in den 1830er-Jahren die elektrische Telegrafie serienreif geworden war. Transkontinentale Verbindungen entstanden, und bald jagten die Nachrichten mit Lichtgeschwindigkeit um den Globus. Als dann noch Graham Bell 1876 der staunenden Weltöffentlichkeit die Möglichkeit vorführte, nicht nur Folgen von Morsesignalen, sondern gesprochene Sprache über elektrische Leitungen zu übertragen – Telefon hieß das neue Gerät –, war *das* individuelle Kommunikationsmittel des 20. Jahrhunderts erfunden, das sein schnell vertrautes Gesicht dann über lange Jahrzehnte praktisch nicht mehr verändert hat. Erst in den 1980er-Jahren, in der Folge der Aufhebung des Monopols der europäischen Telefongesellschaften, gab es Bewegung in der Telekommunikationstechnik, deren sichtbarste Auswirkung der Telefonapparat ist, der nicht an eine Leitung, ja nicht einmal an einen Standort gebunden ist. Damit ist das Schlagwort »Überall erreichbar sein!« Realität geworden.

Rundfunk und Fernsehen sind demgegenüber, obwohl technisch verwandt, von gänzlich anderem Charakter. Ihr Ziel und Zweck ist nicht die Kommunikation von Individuum zu Individuum, sondern, ähnlich der Drucktechnik, die Verbreitung von Informationen, die an zentraler Stelle von einigen Wenigen produziert werden, für eine sehr große Zahl von Hörern oder Zuschauern. Die Idee für ein solches Medium erwuchs aus den Möglichkeiten der elektrischen Telegrafie und aus der Erkenntnis, dass es elektromagnetische Wellen gibt, mit denen es möglich ist, elektrische Signale auch unabhängig von Telegrafenleitungen zu übertragen. Jedermann, der über eine Antenne verfügt, kann an anderer Stelle ausgestrahlte Signale aus dem freien Raum empfangen.

Aus bescheidenen Anfangsexperimenten, in Deutschland beispielsweise im Gefolge des Militärfunks im Ersten Weltkrieg, hat sich schnell das wohl wichtigste Massenmedium des 20. Jahrhunderts entwickelt, dessen Geschichte von den gesellschaftlichen und politischen Entwicklungen der Zeit nicht mehr zu trennen ist. Von Anfang an, vom kopfhörerbestückten Detektorempfänger bis zum HDTV-Fernseher mit Surroundsound unserer Tage, war die Weltsicht des Radiohörers und des Fernsehzuschauers stark von dem geprägt, was ihm über den Äther mitgeteilt wurde; zu stark ist die Suggestionskraft der elektronischen Massenmedien, um sich ihren Botschaften entziehen zu können, und die Geschichte kennt Beispiele sowohl für den verantwortungsvollen Umgang mit als auch für den krassen Missbrauch der damit verbundenen Macht. Heute, im beginnenden Informationszeitalter, widmet der Mensch mehr denn je den elektronischen Medien und ihrer Bilder- und Geschichtenflut einen großen Teil seiner freien Zeit. Es bleibt zu hoffen, dass er über die explosionsartig gewachsenen Möglichkeiten der Technik nicht das vergisst, wozu sie dienen soll: zur Kommunikation.

Telefon und Telefax

Am 14. Februar 1876 reichte der Taubstummenlehrer Alexander Graham Bell bei der amerikanischen Patentbehörde eine Patentanmeldung mit dem unauffälligen Titel »Improvements in telegraphy« ein. Sie sollte Geschichte machen, denn mit ihr begann der Siegeszug einer Erfindung, die sich innerhalb kürzester Zeit zum unentbehrlichen Instrument des täglichen Lebens gemacht hat.

Kaum ein Medium hat den alten Menschheitstraum von der Überwindung von Zeit und Raum auf individueller Ebene so vollkommen verwirklicht wie das Telefon, aber es gibt auch kaum ein technisches Gerät des Alltags, das uns derart immer wieder unsere Abhängigkeit von ihm vor Augen führt. Es ist im Berufsleben ebenso allgegenwärtig wie im privaten Bereich; es dient der Übermittlung geschäftlicher Informationen, dem dringenden Notruf oder dem privaten Geplauder. Obwohl sich in über einhundert Jahren seit der Erfindung des Telefons technisch im Bereich der Apparate und der Vermittlung vieles geändert hat, ist doch sein Verwendungszweck im Wesentlichen derselbe geblieben wie zu Graham Bells Zeiten: Das Telefon ist ein Gerät, das der individuellen Kommunikation dient.

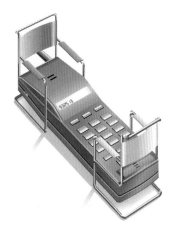

Das Telefon ist eine permanente **Einladung zum Gespräch.**

Obwohl das Telefon geliebt und bisweilen zugleich verflucht wird – wer hätte nicht schon manches Mal den penetrant klingelnden Quälgeist ans Ende der Welt gewünscht? –, ist die vollständige Verdrahtung der Welt zur Selbstverständlichkeit geworden; dabei sahen die Anfänge des Telefons noch gar nicht nach einer Erfolgsgeschichte aus.

Die »Stimme auf Reisen« – zur Geschichte

Der Wunsch des Menschen, Nachrichten schneller zu übermitteln, als er sich selbst fortbewegen kann, ist uralt. Bereits in der Antike gab es Postenketten, die Nachrichten mithilfe von Leuchtfeuern übermittelten; über Jahrhunderte hinweg blieb jedoch der berittene Bote das wichtigste Medium der Nachrichtenübermittlung.

Schneller als ein Reiter

Dies wurde erst mit dem Aufkommen des Telegrafen anders. Die Wurzeln der Entwicklung dieses Instruments liegen im 18. Jahrhundert, in der Zeit der Französischen Revolution: Am 22. März 1792 legten der Physiker Claude Chappe und sein Bruder Ignace der französischen Nationalversammlung ihre Vorschläge für ein System zur Nachrichtenübermittlung vor. Dieses sei ein »sicheres Mittel zur Nachrichtenübermittlung, das die Gesetzgebende Körperschaft in den Stand setzt, ihre Befehle bis an unsere Grenzen zu schicken und noch in derselben Sitzung eine Antwort zu erhalten«. Chappe prägte für sein System den Begriff »Telegraph«, den er aus den beiden griechischen Wörtern für »fern« und »schreiben« gebildet hatte. Mit diesem Nachrichtensystem konnte eine Nachricht

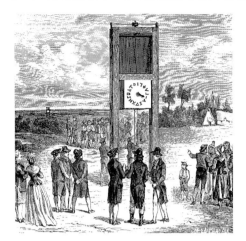

Die **Gebrüder Chappe** experimentieren mit ihrem ersten **optischen**

Der **Siemens-Zeigertelegraf** von 1846.

eine berittene Botenstafette um Größenordnungen überholen: Ein Zeichen wurde bei diesem optischen Telegrafen von Station zu Station auf Sichtkontakt weitergegeben und die Nachricht reiste von Paris nach Straßburg in weniger als einer Stunde. Damit wurde es erstmals möglich, in »Echtzeit« auf Ereignisse zu reagieren, und es entstand ein Nachrichtennetz von Paris in die wichtigsten französischen Städte, das sich besonders in militärischer Hinsicht als von unschätzbarem Wert erwies.

Die optische Telegrafie bereitete den Weg für die rasche Entwicklung der Kommunikationstechnik im 19. Jahrhundert. Sie wurde allmählich von der elektrischen Telegrafie verdrängt, die den Vorteil hatte, nicht von Tageszeit und Wetter abzuhängen und zudem noch weitaus schneller zu sein. Die ersten praktisch einsetzbaren elektrischen Telegrafen entstanden bereits in den 1830er-Jahren, aber erst mit dem technisch recht einfachen und robusten Morsetelegrafen und dem weniger störungsanfälligen Morsealphabet – entwickelt von dem amerikanischen Erfinder Samuel Morse – begann sich dieses System in großem Umfang durchzusetzen. Die Telegrafie wurde *das* Kommunikationsmedium des 19. Jahrhunderts. Die Telegrafennetze breiteten sich über die ganze Welt aus. Transkontinentale Verbindungen entstanden und 1866 wurde der Atlantik nach mehreren fehlgeschlagenen Versuchen dauerhaft überbrückt. Damit war es möglich geworden, innerhalb weniger Minuten weltweit Nachrichten zu verbreiten. Morse konnte zufrieden feststellen, dass das Telegrafennetz im Großen und Ganzen so war, wie er es sich zu Anfang vorgestellt hatte: ein umfassendes und zusammenhängendes System wie die Briefpost.

Die Telegrafie war zunächst ein Monopol des Staates und wurde ab der Mitte des 19. Jahrhunderts auch von der Wirtschaft genutzt. Erst gegen Ende des Jahrhunderts trat mit dem Telefon ein Medium für den privaten Gebrauch auf.

Die Übertragung der Stimme

In Anlehnung an den Begriff »Telegraph« wurde das Wort »Telephon« 1796 von Johann Sigismund Gottfried Huth, »Doktor der Weltweisheit« und Lehrer in Frankfurt an der Oder, aus den griechischen Wörtern für »fern« und »Ton« geprägt. Huth wollte diesen Begriff für ein rein akustisches Sprachrohrsystem verwenden. Erst 1854 brachte der französische Telegrafenbeamte Charles Bourseul die Idee vor, Schall auf elektrischem Weg zu übertragen. Wenig später gelang es Philipp Reis, einem Lehrer für Naturwissenschaften in der Nähe von Frankfurt, »die Tonsprache selbst direkt in die Ferne mitzuteilen«. 1859 konnte er Töne über Entfernungen von bis zu hundert Metern übertragen. Um ein rein sinngemäßes Verstehen zu vermeiden, versuchte Reis bei den ersten Experimenten mit seinem Telefon Sätze wie »Die Sonne ist von Kupfer« und »Das Pferd frisst

Einen frühen Skeptiker fand die Telekommunikation in dem amerikanischen Philosophen und Schriftsteller **Henry David Thoreau** (1817–1862), der vermutete: »Wir beeilen uns sehr, einen magnetischen Telegrafen zwischen Maine und Texas zu konstruieren, aber Maine und Texas haben möglicherweise gar nichts Wichtiges miteinander zu besprechen.«

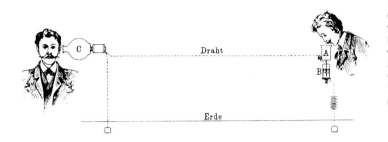

Das **Prinzip des Telefons**, hier anhand einer Zeichnung des Batterietelefons von Elisha Gray, 1876, veranschaulicht, beruht zunächst auf der Umwandlung von Sprachschwingungen in elektrische Signale, der anschließenden Übertragung dieser Signale über eine Leitung und schließlich deren Rückumwandlung in Schall.

keinen Gurkensalat« zu übermitteln. Zwar konnte der Empfänger nur einen Teil dieser Botschaften verstehen, aber die prinzipielle Funktionstüchtigkeit des Apparates war damit erwiesen – und wer versteht heute schon jedes Wort am Telefon!

Zwei Jahre später, am 26. Oktober 1861, fand vor dem Physikalischen Verein in Frankfurt am Main die erste öffentliche Sprach- und Musikübertragung statt. Reis erklärte den versammelten Experten, es sei ihm gelungen, »einen Apparat zu konstruieren, mit welchem ich in der Lage bin, Töne verschiedener Instrumente, ja bis zu einem Grade auch die menschliche Stimme, zu reproduzieren«. Die Resonanz war jedoch gering, da Reis' Erfindung eher als technische Spielerei betrachtet wurde und niemand an eine kommerzielle Nutzung dachte – zumal, da mit dem Telegrafen ein etabliertes Kommunikationsmedium zur Verfügung stand. Reis resignierte verbittert: »Ich habe der Welt eine große Erfindung geschenkt, anderen muss ich es überlassen, sie weiter zu führen, aber ich weiß, dass auch dies zu einem guten Ende kommen wird.«

Mit dieser Versuchsanordnung leitete **Johann Philip Reis** (rechts) am 26. Oktober 1861 in Frankfurt am Main die Premiere des Telefons ein. Für den Signalgeber nutzte Reis das Prinzip des Unterbrecherkontakts: Ein lose eingestellter elektrischer Kontakt in Form eines Metallstreifens sollte im Rhythmus der Schallvibration einen Stromkreis öffnen und wieder schließen. Als Empfänger diente eine Spule, deren Eisenkern durch den Strom im Geber in schwache mechanische Schwingungen versetzt wurde.

Er sollte Recht behalten: Am 14. Februar 1876 reichte der in Schottland geborene Amerikaner Alexander Graham Bell das Prinzip eines Telefonsystems zum Patent ein, ganze zwei Stunden, bevor sein Konkurrent, der berufsmäßige Erfinder Elisha Gray, ebenfalls ein eigenes Telefonsystem vorläufig patentieren lassen wollte. Noch im gleichen Jahr, auf der Weltausstellung in Philadelphia, wurde sein Telefon erstmals öffentlich vorgeführt. Bell hatte das Glück, in den

Vereinigten Staaten, wenn auch nicht sofort, die interessierte Öffentlichkeit zu finden, auf die Reis vergebens gewartet hatte: Das Bell'sche Telefon trat seinen Siegeszug um die Welt an. Von Anfang an war für Bell das Telefon ein »Mittel für Ferngespräche ohne Zwischenperson« und durch diesen Vorteil konnte er dem Telegrafen mit einem für jedermann leicht zu bedienenden Gerät Konkurrenz machen. Bereits zu Beginn unseres Jahrhunderts galt das Telefon in den Vereinigten Staaten als »ein Mittel, das den Kulturfortschritt vorantreibt und die Leistungsfähigkeit der Gesellschaft stärkt« und »ein Symbol der nationalen Zusammenarbeit«.

Der Erfolg des neuen Mediums

Auch in Deutschland wurde man jetzt schnell auf die Möglichkeiten der neuen Kommunikationstechnologie aufmerksam. Die ersten Versuche der Reichspost mit Bell'schen Telefonen wurden bereits 1877 durchgeführt und das erste deutsche Telefonnetz wurde am 1. April 1881 in Berlin in Betrieb genommen. Die Zahl der Teilnehmer war allerdings sehr bescheiden: Sie betrug 48. Noch im gleichen Jahr folgten Hamburg, Frankfurt am Main, Breslau, Mannheim und Köln mit eigenen Fernsprechnetzen. Bis zum Ausbruch des Ersten Weltkrieges gab es im Deutschen Reich fast 1,5 Millionen Fernsprechteilnehmer, mehr als in Großbritannien und Frankreich zusammengenommen.

Die Verbindung zwischen den einzelnen Telefonanschlüssen wurde in den ersten Jahrzehnten des Telefons vom »Fräulein vom Amt« hergestellt. Obwohl die erste automatische Wählvermittlungsstelle in Deutschland in Hildesheim bereits am 10. Juli 1908 ihren Betrieb aufnahm, blieb diese Institution noch auf Jahre erhalten. So war in Berlin die Umstellung des Ortsnetzes auf Wählbetrieb erst 1936 abgeschlossen und der automatische Fernwahlverkehr wurde – trotz erster Versuche ab 1923 – erst nach dem Zweiten Weltkrieg vollständig realisiert. Die erste internationale Selbstwahlverbindung – nämlich mit der Schweiz – wurde schließlich 1955 aufgenommen.

Der Prototyp des Telefons von **Alexander Graham Bell** (unten, links), wie es auf der Weltausstellung in Philadelphia 1876 vorgestellt wurde, mit einem Magnetgeber (unten, rechts) und einem Empfänger in Form einer Blechdose (oben). Der entscheidende Fortschritt Bells war die Verwendung eines Gebers, bei dem sich durch die Schallschwingungen ein elektrischer Widerstand änderte.

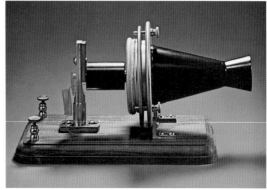

Sandbeige oder olivgrün?

Telefonvermittlung mit stehendem Vielfachfeld, um 1910.

W esentliche technische Neuerungen für den Fernsprechteilnehmer gab es in den Jahren nach 1955 nicht mehr und das Angebot an Telekommunikationsmöglichkeiten blieb bis gegen Ende der 1980er-Jahre recht begrenzt. Das schwarze Einheitstelefon der 1930er-Jahre unterschied sich nur wenig von dem der 1950er- und 1960er-Jahre. Dies begann sich erst in den 1970er-Jahren zaghaft zu ändern. »Sandbeige oder olivgrün«, so sah dann über Jahre hinweg der Entscheidungsspielraum für den normalen Telefonkunden aus, der ein Telefon mit Wählscheibe beantragte. Für den Normalbürger waren bereits Telefone mit Tastatur und Wahlwiederholung Luxus. Fernkopierer, wie die Vorläufer der Faxgeräte hießen, standen nur in größeren Betrieben zur Verfügung und allenfalls Topmanager verfügten über ein Autotelefon.

In den letzten zehn Jahren jedoch ist kaum ein Markt so explosionsartig expandiert wie derjenige der Telekommunikation, nachdem in Europa die grundsätzliche Entscheidung gefällt worden war, eine Reihe von Monopolen, unter anderem auch das auf den Gebieten der Post und Telekommunikation, aufzuheben. Damit ist auch in Deutschland stufenweise das Monopol der damaligen Deutschen Bundespost entfallen. In einem letzten Schritt wurde zu Beginn des Jahres 1998 das Netzmonopol der deutschen Telekom aufgehoben; der Anrufer kann seit diesem Zeitpunkt frei entscheiden, über welche Telefongesellschaft er seine Anrufe führen will.

Die Vielzahl an Endgeräten und Anbietern, Netzen und Diensten, die in der Folge angeboten wurden, lässt sich heute kaum noch überblicken und eine weitere Revolution scheint sich durch den Einsatz der Computertechnik abzuzeichnen: die Integration des Telefons in ein multimediales System, in dem mehr oder minder alle elektronischen Medien miteinander verschmolzen sind. Wird das Telefon in absehbarer Zeit in der universellen Kommunikationsmaschine aufgehen?

Die Technik des Telefonsystems

B ereits vorab sei gesagt: Das Telefon ist eine Wunschmaschine, ein magisches Instrument, es lässt sich durch eine Beschreibung seiner Funktionen nicht entzaubern. Es ist die technische Übernahme der Magie ins Alltagsleben, die ganz besondere Maschine des industriellen Zeitalters. Aber trotzdem: Dieser magische Apparat hat ein technisches Innenleben, dessen Verständnis wir uns nun widmen wollen.

Der **Tischapparat 61** mit einem Gehäuse aus Kunststoffspritzguss war ab 1963 in Hell- und Dunkelgrau und ab 1972 in vier zusätzlichen Farben zu bekommen.

Der Telefonapparat

D er Telefonapparat, der Fernsprechapparat, das Fernsprechendgerät oder schlicht und einfach das Telefon steht meist stellvertretend für das gesamte Fernsprechsystem. Das liegt nahe, denn es ist

Tischfernsprecher OB 05 mit Reichswappendekoration, 1905 (links), und ZB SA 19, um 1919, der erste **Standardapparat** der Reichstelegrafenverwaltung mit kreisförmiger Nummernscheibe (rechts).

das für den Benutzer sichtbare Element des Gesamtsystems. Über fast ein Jahrhundert hinweg war dieses Telefon nicht nur das Synonym für eine Art der Kommunikation, sondern auch ein technisches Gerät des Alltags, das sich in seiner Funktion fast unverändert gleich blieb und auch sein Aussehen nur langsam änderte.

Die ersten Telefone hingen meist an der Wand. Das Mikrofon war in der Höhe verstellbar; an der Seite befand sich eine Kurbel, mit der ein Kurbelinduktor betätigt werden konnte, um dem »Fräulein vom Amt« seinen Gesprächswunsch anzukündigen. Lediglich der Hörer konnte abgenommen werden, um ihn ans Ohr zu halten. In der Umgangssprache hält sich heute noch die Bezeichnung Hörer für den Teil des Telefonapparates, den man in die Hand nimmt, obwohl längst das Mikrofon in den Handapparat, wie die korrekte Bezeichnung lautet, integriert wurde.

Mit dem Aufkommen der Selbstwähltechnik verschwand der Kurbelinduktor zugunsten einer Wählvorrichtung, die zunächst aus einer Nummernscheibe bestand.

In älteren Telefonen findet man als Wählvorrichtung eine **Nummern-scheibe** – rechts diejenige des ersten Selbstanschluss-Fernsprechapparates von 1908 –, bestehend aus einer Wählscheibe, einem Fliehkraftregler, der nach dem Aufzug der Scheibe für einen gleichmäßigen Rücklauf sorgt, und einem Nummernschalter-Impulskontakt. Dieser Kontakt unterbricht beim Rücklauf den Stromkreis der Teilnehmerleitung je nach gewählter Ziffer ein- bis zehnmal kurz. Wählt man also beispielsweise die Ziffer 7, so gelangen sieben kurze Stromimpulse zur Vermittlungsstelle. Der **Tasten-wahlblock** moderner Telefongeräte (links) bildet entweder diese Unterbrechungen elektronisch nach (Impulswahl) oder die gewählten Ziffern werden als Tonkombination (Tonwahl oder Zweifrequenzwahl) ausgesendet. Dabei wird beim Drücken einer Taste kurz nacheinander der entsprechende Zeilen- und Spaltenwert der Frequenz ausgelöst.

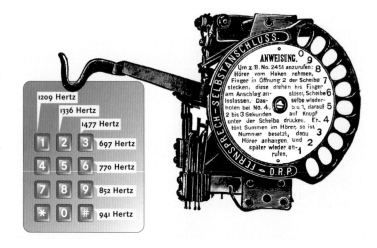

Mikrofon, Hörerkapsel und Wählvorrichtung bildeten über viele Jahrzehnte hinweg die technischen Grundelemente des Telefons – eine verblüffend einfache Konfiguration für eine Epoche machende technische Entwicklung. Erst in den 1980er-Jahren begann sich die vertraute Telekommunikationslandschaft tiefgreifend zu wandeln. Mit dem 1. Juli 1990 wurde der »Endgerätemarkt« liberalisiert. Der bereits erwähnte Fall des Postmonopols führte auch in diesem Bereich zu einer rasanten Weiterentwicklung sowohl der technischen Möglichkeiten als auch des Angebots an Geräten;

In älteren, **analogen Telefonapparaten** (links) steckt vorwiegend Mechanik mit ein paar Spulen und Kondensatoren, während sich das Innenleben heutiger **digitaler Geräte** (rechts) nicht wesentlich von dem eines Mikrocomputers unterscheidet.

für einen Teil dieser Maschinen stellt die bescheidene Bezeichnung Telefonapparat in Anbetracht der Bandbreite ihrer Funktionen eine gelinde Untertreibung dar.

In dieser Fülle der Varianten lassen sich zwei grundsätzlich verschiedene Telefontypen unterscheiden: das analoge und das digitale Telefon, das exakter als ISDN-Telefon bezeichnet werden sollte, weil damit über die digitale Funktionsweise hinaus auch die ISDN-Fähigkeit zum Ausdruck kommt. Das immer noch am häufigsten eingesetzte Telefon ist das analoge. Es ist durch eine zweiadrige Anschlussleitung mit der Vermittlungsstelle verbunden, wobei die beiden Leitungen als a- und b-Ader bezeichnet werden. Man spricht daher beim analogen Telefon von der a/b-Schnittstelle. Das Gerät muss nun nur noch an den Hausanschluss angeklemmt werden und

MODERNE TELEFONTYPEN

Heute herrscht eine große Vielfalt bei den angebotenen Geräten. Je nach der Ausstattung unterscheidet der Handel bei den Analoggeräten zwischen den einfachen Standard- und den Komforttelefonen. Die Grenze zwischen ihnen ist fließend und verändert sich ständig. Auch Standardtelefone haben heute einen Tastaturwahlblock und die meisten auch eine Anzeige für die gewählte Nummer. Als Kompakttelefone bezeichnet man

Telefone, bei denen Tastaturwahlblock und sonstige Bedienelemente im Hörer integriert sind, und Kombitelefone bestehen aus einer mehr oder weniger aufwendigen Kombination von Telefon und Anrufbeantworter.

Eine revolutionäre Neuerung war die Einführung des schnurlosen Telefons um 1990, bei dem eine Feststation mit dem Leitungsnetz verbunden ist. Mit dieser Station ist der Handapparat, in dem sich alle für das Telefonieren notwendigen Bedienungstasten befinden, drahtlos verbunden. Das schnurlose Telefon vermittelt dem Teilnehmer eine gewisse Unabhängigkeit beim Telefonieren: Es ist möglich, von verschieden Räumen oder vom Garten aus zu telefonieren, ohne dass dort eine Anschlussdose vorhanden sein muss.

Digitale Telefone unterscheiden sich rein äußerlich nur wenig von analogen. Über die bekannten Bedienungselemente hinaus sind lediglich einige zusätzliche ISDN-Tasten angebracht. Der fundamentale Unterschied zum analogen Telefon besteht darin, dass beim digitalen Telefon das Sprachsignal bereits im Apparat digitalisiert und so weitergegeben wird.

schon können wir mit jedermann im weltweiten Telefonnetz eine Verbindung herstellen. Wie funktioniert das eigentlich?

Wie wird eine Verbindung hergestellt?

Die Fernsprechvermittlungstechnik übernimmt die Aufgabe, in der streng hierarchisch geordneten Struktur des Telefonnetzes eine Verbindung zwischen zwei Fernsprechteilnehmern herzustellen. Dazu gehört auch das Übermitteln von Informationen für den Anrufer – über freie oder besetzte Leitungswege, über die abgehenden Tonsignale (Ruf- und Besetztzeichen), über die anfallenden Gebühren – und schließlich wieder das Trennen der Verbindung. In einer Vermittlungsstelle laufen also neben der Durchschaltung des Gespräches umfangreiche Steuerungsprozesse ab.

Nach der versuchsweisen Einführung der Selbstwähltechnik in den USA 1892 bildete über lange Jahre hinweg der nach seinem Erfinder, dem Bestattungsunternehmer Almon B. Strowger, benannte Hebdrehwähler in vielen Ländern der Erde das Rückgrat der automatischen Vermittlungstechnik. Auch in Deutschland – hier wurde der Selbstanschluss 1908 eingeführt – war bis zum Aufkommen der digitalen Vermittlung zunächst der Strowger-Wähler, dann der weiterentwickelte Edelmetall-Drehwähler unverzichtbarer Bestandteil der automatischen Vermittlungsstellen.

Heute ist der Vermittlungsvorgang wie das ganze Telefonnetz voll digitalisiert. Das Prinzip in digitalen Vermittlungsstellen ist das Gleiche wie zu Zeiten des Drehwählers, lediglich sind zur Vermittlung digitalisierter Signale keine leitenden Durchschaltungen notwendig. Der Vemittlungsvorgang erfolgt hier über Koppelsysteme, die von Prozessrechnern gesteuert werden; der Anrufer bekommt eine schnelle und sichere Verbindung, die ohne die altbekannten Klackergeräusche der Nummernscheibe durchgeschaltet wird.

Funktionsschema einer **Vermittlungsstelle** zwischen anrufendem und angerufenem Teilnehmer.

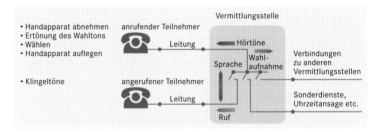

Das Telefonnetz

Ein Telefon für sich allein ist ein nutzloses Gerät. Erst wenn man es als einen kleinen Teil einer riesigen Maschine begreift, die den gesamten Globus umspannt, gewinnt es seine Funktion. Das Herzstück dieser Maschine ist das weltweite Telefonnetz, über das die einzelnen Teilnehmer miteinander verbunden werden. Unter einem Netz versteht man in der Nachrichtentechnik das Verbindungssystem zwischen den einzelnen Kommunikationsteilnehmern. Das

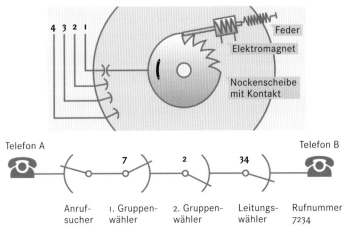

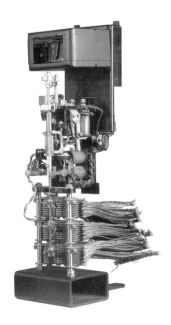

Ein **Drehwähler** – im Foto rechts ein Hebdrehwähler nach Strowger um 1925 – ist grob vereinfacht nichts anderes als ein Drehschalter mit zehn Schaltstellungen – ein Eingang, zehn Ausgänge –, der von einem Magnetschalter mit jedem Wählimpuls stufenweise von einer Schaltstufe zur nächsten weitergeschaltet wird. Wenn beispielsweise die Nummernscheibe des Telefons sieben Impulse produziert, bewegt sich der Drehwähler bis zur siebten Stufe und bleibt anschließend dort stehen. Stellt man sich jetzt vor, dass an jedem Ausgangskontakt wieder ein weiterer Drehwähler mit je zehn Kontakten angeschlossen ist, so kann man leicht sehen, wie beispielsweise eine Verbindung zum Anschluss mit der Nummer 7234 aufgebaut wird: Der erste Drehwähler läuft bis zum siebten Kontakt, der dort angeschlossene Wähler quasi auf der zweiten Ebene bis zum zweiten Kontakt, und so weiter.

muss nicht unbedingt ein System von elektrischen Leitungen sein; so bildete bereits das System des optischen Telegrafen zur Zeit der Französischen Revolution, bei dem die Verbindung durch Sichtkontakt hergestellt wurde, ein Nachrichtennetz. Das Telefonnetz war lange Zeit rein drahtgebunden und wurde erst in jüngerer Zeit durch Funkverbindungen wie beim Mobiltelefon oder bei Überseeverbindungen via Satellit ergänzt.

Die unterste Ebene des Fernmeldenetzes stellt das Ortsnetz dar, das aus einer oder – in größeren Städten – mehreren Ortsvermittlungsstellen gebildet wird. Alle Fernsprechteilnehmer sind sternförmig mit ihrer Ortsvermittlungsstelle verbunden. Die oberste Hierarchiestufe im Bereich der Deutschen Telekom stellt das überregionale Fernnetz dar, das allgemein als Weitnetz bezeichnet wird. Das deutsche Weitnetz wird durch insgesamt 22 Weitvermittlungsstellen gebildet.

Das Fernsprechnetz bildet in erster Linie die Grundlage für einen Nachrichtenaustausch über Telefon. Darüber hinaus wird dieses Netz aber auch von anderen Diensten genutzt, und zwar vom Datenübertragungsdienst mittels Modem, vom Telefaxdienst und vom Bildschirmtextdienst (Btx).

Bereits 1933 begann der Aufbau eines eigenständigen Netzes für den damals neu eingeführten Telexdienst (kurz für Teleprinter Exchange). Im Zuge der steigenden Anforderungen an die Telekom-

DIE TELEFONNUMMER

Die Telefonnummer eines Anschlusses beschreibt den Standort im Telefonnetz; sie besteht aus der Vorwahlnummer für die Stadt und der Nummer des Einzelanschlusses. Beim Wählen der Nummer werden verschiedene Vermittlungsstellen der Reihe nach durchgeschaltet. Mit der o am Anfang jeder Vorwahl, der Verkehrsausscheidungsziffer, verlässt man den eigenen Ortsbereich. Mit der Wahl der weiteren Ziffern, die die Ortsnetzkennzahl bilden, erreicht man zunächst die zuständige Weitervermittlungsstelle, danach sukzessive den Haupt-, den Knotenvermittlungs- und den Ortsnetzbereich des Ziels. Ist beispielsweise die Vorwahl 069, so drückt die Zahl 69 die Zugehörigkeit zum Ortsnetz Frankfurt aus. Je größer das Ortsnetz, desto kürzer ist die Ortsnetzkennzahl.

Die Rufnummer des Einzelanschlusses beschreibt dann die Anbindung an die Ortsvermittlungsstelle. Hier gilt umgekehrt: Je größer das Ortsnetz, desto länger ist die Rufnummer.

Beginnt eine Telefonnummer mit den Ziffern oo, den Auslandsausscheidungskennziffern, so erreicht man das internationale Fernnetz. Die nachfolgenden beiden Ziffern kennzeichnen das Land. Ähnlich wie es einen nationalen Kennzahlenplan gibt, so gibt es auch einen internationalen. Für Europa ist die erste Ziffer 3 oder 4; beispielsweise lautet die Länderkennzahl für Deutschland 49. Will ein Teilnehmer aus dem Ausland eine Rufnummer in Deutschland erreichen, so muss er seine Ziffernfolge also mit 0049 beginnen. Allerdings gilt für einige Länder noch eine Übergangsregelung.

Entsprechend einer Empfehlung der CCITT (Comité Consultatif International Télégraphique et Téléphonique, zu Deutsch: internationaler beratender Ausschuss für den Telegrafen- und Telefondienst) sollte die komplette internationale Rufnummer einschließlich der Länderkennzahl zwölf Stellen nicht übersteigen, die Verkehrsausscheidungsziffern nicht mitgerechnet. Die Rufnummer eines Anschlusses im nationalen Netz sollte also aus höchstens zehn Ziffern bestehen.

munikation durch die Industrie entstanden nach und nach immer teurere und aufwendigere zusätzliche Netze. So richtete die Deutsche Bundespost Ende der 1960er-Jahre die Dateldienste ein, die eine Vielfalt von Übertragungsgeschwindigkeiten und Betriebsverfahren zuließen. Datel steht hierbei für »Data Telecommunication«, dem Vorläufer der Datenfernübertragung. Über Datel kommunizierten die ersten Computer in Deutschland miteinander.

Es zeigte sich jedoch schon bald, dass der Aufbau separater Netze für verschiedene Dienste sowohl für den Netzbetreiber als auch für den Anwender mit hohen Kosten verbunden war. Aus diesen Überlegungen heraus entstand in der zweiten Hälfte der 1970er-Jahre das integrierte Datennetz (IDN). IDN vereinigte die Dienste Telex, Teletext, Datel und Btx, wobei aber nach wie vor für jeden Dienst ein eigener Anschluss zur Verfügung stehen musste. IDN war immer noch mit hohen Kosten verbunden; es wurde daher besonders von großen Unternehmen und Forschungseinrichtungen genutzt. Da aber der Kommunikationsbedarf auch bei mittelständischen und kleineren Betrieben wuchs, für die ein IDN-Anschluss zu teuer und zu umständlich war, entwickelte sich auch das Fernsprechnetz weiter. Die logische Konsequenz war somit vorgegeben: die Integration von Fernsprech- und IDN-Diensten in einem gemeinsamen Netz: ISDN.

ISDN

Über das ISDN kann man *auch* telefonieren, wobei die Betonung auf »auch« liegt. ISDN ist die Abkürzung für Integrated Services Digital Network, zu Deutsch etwa: Dienste integrierendes digitales Netz. Das Ziel bei der Einführung des ISDN war es, alle Telekommunikationsformen (Sprach-, Daten-, Text- und Bildübertragung) in ein einziges Netz, auf eine einzige Leitung zu packen. Dieses digitale Netz – alle Daten werden rein digital übertragen – hat gegenüber den Vorgängernetzen eine Reihe von Vorzügen: Telefongespräche werden unabhängig von der Entfernung mit konstanter Lautstärke übermittelt und Störgeräusche sind praktisch nicht mehr wahrnehmbar. Gleichzeitig wird die bisher recht schmale Bandbreite der übertragenen Sprachfrequenzen von 3000 Hertz – daher die typische nasale Telefonstimme – auf 7000 Hertz erhöht; die Stimme klingt nun natürlicher. Auch geht der Aufbau einer Verbindung bei ISDN viel schneller, nämlich in einheitlich 1,7 Sekunden. Bei einem Aufbau mit konventioneller Technik liegt die dafür benötigte Zeit bei rund dem Zehnfachen. Zudem ist es möglich, während eines Telefongesprächs gleichzeitig ein Fax zu senden – alles über denselben Anschluss! – oder das Telefon in eine andere Anschlussdose umzustecken, ohne dass die Verbindung unterbrochen wird, und einiges mehr. Die Geschwindigkeit der Datenübertragung ist mit 64 Kilobyte pro Sekunde wesentlich höher als im analogen Netz; dies macht das Faxen und die Datenübertragung

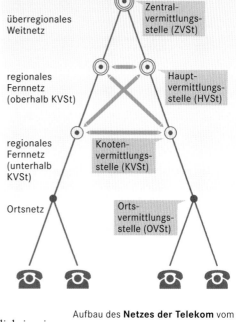

Aufbau des **Netzes der Telekom** vom Ortsnetz bis zum überregionalen Weitverkehrsnetz. Die Linien symbolisieren die Kennzahlenwege, die Pfeile stehen für Quermaschen.

 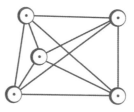

Ein **Telefonnetz**, das Teilnehmer und Vermittlungsstellen miteinander verknüpft, kann in verschiedenen Formen aufgebaut werden, deren wichtigste das Stern- (links) und das Maschennetz (rechts) sind.
Die älteste Netzform – schon das optische Telegrafennetz in Frankreich war so aufgebaut – ist das **Sternnetz**. Unter den Knoten des Netzes ist ein zentral liegender besonders ausgezeichnet, mit dem die anderen sternförmig verbunden sind. In den Anfangszeiten des Telefons waren die einzelnen Fernsprechteilnehmer eines bestimmten Bereiches so mit dem »Fräulein vom Amt« verbunden. Noch heute sind die Ortsanschlussliniennetze, die die Verbindung zwischen Teilnehmern und der Ortsvermittlungsstelle herstellen, nach dem Sternnetzprinzip aufgebaut.
Beim **Maschennetz** sind alle Knoten des Netzes gleichberechtigt miteinander verbunden. Ein Beispiel für diese Netzstruktur ist das Fernnetz in Deutschland, das alle Weitvermittlungsstellen auf diese Weise verbindet.

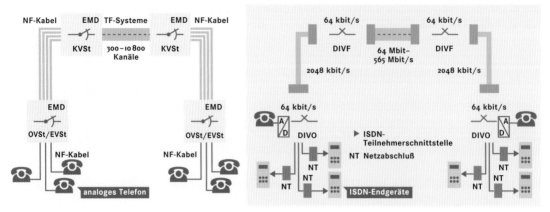

Vergleich zwischen **analogem** und **digitalem Telefonnetz**. Links das analoge Telefonnetz mit Niederfrequenzübertragung durch Kupferkabel (NF-Kabel) zwischen den Ortsvermittlungsstellen (OVSt) beziehungsweise Endvermittlungsstellen (EVSt) und den ersten

Fernvermittlungsstellen (Knotenvermittlungsstellen, KVSt). Rechts das ISDN mit Digitalisierung bis in den Teilnehmerbereich; die Vermittlungstechnik mit Edelmetall-Drehwählern (EMD) ist vollständig durch digitale, 64 Kilobyte pro Sekunde durchschaltende

Vermittlungstechnik abgelöst; zwischen Ortsvermittlungsstellen (DIVO) und Fernvermittlungsstellen (DIVF) beziehungsweise zwischen den DIVF untereinander sind Übertragungssysteme mit bis zu 565 Megabyte pro Sekunde im Einsatz.

per Computer schneller. Die Liste dessen, was möglich ist, erweitert sich kontinuierlich.

Zunächst wurde ISDN von der Deutschen Bundespost – und später der Telekom als Rechtsnachfolgerin – im Alleingang eingeführt. Am 26. April 1989 unterzeichneten dann Deutschland und neunzehn weitere europäische Staaten ein »Memorandum of Understanding« zur Einführung eines einheitlichen europäischen ISDN. Dahinter stand vor allem der politische Wille, in einem vereinten Europa eine einheitliche Basis für die moderne Telekommunikation zu schaffen.

Das Netz im Bereich der Telekom ist bereits seit längerer Zeit voll digitalisiert; jeder Teilnehmer kann frei entscheiden, ob ihm die

---

KUPFERKABEL UND LICHTLEITER AUS GLAS

Bis 1975 waren in Deutschland alle Telefonkabel aus Kupfer, wie das bei privaten Anschlüssen auch heute noch der Fall ist. Im Bild sind die modernen Generationen von kupfernen Telefonkabeln zu sehen: links eine heutige Zweidrahtleitung und in der Mitte ein Koaxialkabel. Heutige Kabel sind von einem schützenden PVC-Schlauch umgeben, in dem sich mindestens vier, häufig aber auch sechs oder mehr Litzen befinden. Damit kann auch der Anschluss an das ISDN problemlos bewerkstelligt werden.

Bei der heutigen Dichte von Anschlüssen und bei den großen Datenflüssen der modernen Telekommunikation reichen Kupferkabel jedoch nur noch auf lokaler Ebene aus. Deshalb rüstet die Telekom derzeit ihr Fernleitungsnetz auf Glasfaserkabel (rechts im Bild) um. Dabei werden die Signale nicht mehr als elektrische Impulse, sondern als Lichtwellen übertragen. Dieses Leitungsnetz besitzt sehr hohe Übertragungskapazitäten, die durch verbesserte Technik ständig erweitert werden.

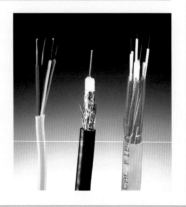

Vorzüge des ISDN-Anschlusses die deutlich höheren Grundgebühren wert sind. Die Entwicklung ist damit aber noch nicht abgeschlossen. Einzelne Verbindungen sind heute bereits als Breitband-ISDN (B-ISDN) mit wesentlich höheren Datenübertragungsraten ausgebaut; Grundlage ist hier die ATM-Technologie (Asynchronous Transfer Mode). Diese Tendenz wird sich fortsetzen: Es wird in Zukunft nicht nur ein einziges, sondern mehrere Dienste integrierende digitale Netzwerke geben und der Anschluss jedes Teilnehmers kann nach seinen Bedürfnissen angelegt werden.

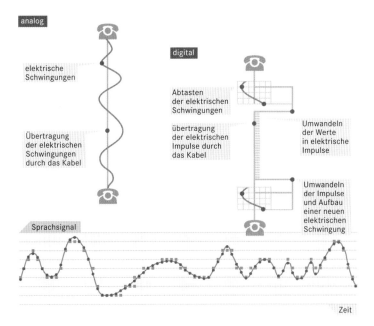

Die **Tonsignale** des Telefons können entweder analog (links) oder, wie im ISDN, in digitaler Form übertragen werden (rechts). Die Umwandlung der Sprachsignale in digitale Signale nimmt ein **Analog-Digital-Wandler**, ein elektronisches Bauteil, vor. Der Wandler bestimmt zu geeigneten Zeitpunkten den Wert des Analogsignals und kodiert ihn dann als Binärwert. Das Signal wird in kontinuierlichen Zeitabständen abgetastet (»sampling«) und zusätzlich quantisiert. Die Zahl der Abtastpunkte muss dem Kurvenverlauf des analogen Signals angepasst sein. Die Abtastrate sollte mindestens doppelt so hoch sein wie die höchste Frequenz im Signal. Bei der Quantisierung wird der in einem Abtastpunkt gemessene reelle Wert auf eine begrenzte Menge möglicher Werte durch Rundung reduziert.

Mehr als telefonieren

D as System Telefon hat also wesentlich mehr zu bieten als nur den Aufbau einer Telefonverbindung. Dabei nehmen wir eine Reihe der zusätzlichen Fernmeldedienste überhaupt nicht mehr als solche wahr, da sie wie selbstverständlich zum Telefon gehören.

Wenn beispielsweise die leidige Ansage »Kein Anschluss unter dieser Nummer« oder »Dieser Anschluss ist vorübergehend nicht erreichbar« aus dem Hörer tönt, so hat sich der Hinweisdienst eingeschaltet, um dem Anrufer weitere vergebliche Versuche zu ersparen. Ebenfalls zum Telefondienst gehören die Auskunftsdienste für Inund Ausland, die auf telefonische Anfrage die Rufnummer eines bestimmten Anschlusses mitteilen. Trotz Internet-Recherche und bundesweiten Telefonverzeichnissen auf CD-ROM erfreut sich dieser Dienst ungebrochener Beliebtheit. Auch das Notrufsystem für Polizei und Feuerwehr mit den bekannten und einheitlichen Kurznummern 110 und 112 gehört zu den klassischen Diensten.

Es gibt aber noch viel mehr: Zeitansage, Fußballtoto und Zahlenlotto, Nachrichten vom Tage, Sportnachrichten, Theater- und Kino-

In den **USA** bietet das **Telefonnetz** aus historischen Gründen kein so einheitliches Bild wie in Deutschland: Das alte, analoge Telefonnetz ist noch weit verbreitet und extrem preiswert. Dafür fehlt ein flächendeckendes Angebot von ISDN, es gibt aber wiederum einige hochleistungsfähige Punkt-zu-Punkt-Verbindungen zwischen Städten oder Universitäten mit einer Datenübertragungsrate von zehn Megabyte pro Sekunde, also rund 130-mal höherer Geschwindigkeit als ISDN. Bezeichnenderweise entstand das Internet in diesem typisch amerikanischen Umfeld und nicht in Europa.

Die Deutsche Telekom hat eine ganze Reihe von **Sonderdiensten** im Angebot.

440100244+247

Notruf.

Polizei/Notruf	110
Feuerwehr/Rettungsleitstelle (wenn örtlich nicht anders geregelt)	112
Telefonseelsorge	+ 0800 1 11 01 11 oder + 0800 1 11 02 22
Kinder- und Jugendtelefon	+ 0800 1 11 03 33
Giftnotrufzentrale	(03 61) 73 07 30

Auskunft, Hilfe, Aufträge und Beratung.

Auskunft
Inland	11 8 33
Inland in türkischer Sprache	11 8 36
Inland in englischer Sprache	11 8 37
Ausland	11 8 34

Störungsannahme
für Anschlüsse mit überwiegend privater Nutzung	0800 33 02000
für Anschlüsse mit überwiegend geschäftlicher Nutzung	0800 33 01172
für Kabelanschlüsse	0800 33 01174

Bei Funkstörungen, z. B. bei Radio- und Fernsehempfang
| Regulierungsbehörde für Telekommunikation und Post | *0180 3 23 23 23 |

Aufträge
| Abwesenheits-, Benachrichtigungs- und Weckaufträge | 0 11 41 |

Vom Operator vermittelte Telefonverbindungen
Inland/Ausland	*0180 2 00 10 33
Konferenzverbindungen, Bestellung per Telefon	*0180 2 01 61 33
Konferenzverbindungen, Bestellung per Telefax	*0180 2 01 62 33
Dolmetscher-Service, Bestellung per Telefon	*0180 2 01 16 33
Dolmetscher-Service, Bestellung per Telefax	*0180 2 01 17 33

Telegramme
Aufgabe per Telefon (Inland)	*0180 5 12 12 10
Aufgabe per Telefax (Inland)	*0180 5 12 12 11
Aufgabe per Telefon (Ausland)	0800 33 00133
Aufgabe per Telefax (Ausland)	0800 33 00134

Unsere Auskunft: 11 8 33

Nützliche Informationen.

Nachrichten
Börse Inland	0 11 68
Börse Ausland	01 16 08
Tagesthemen (telefon.Nachrichtendienst)	0 11 65

Lotterien
| Klassenlotterien | 01 16 07 |
| Zahlenlotto/Rennquintett | 0 11 62 |

Tips
ADAC-Verkehrsservice	0 11 69
Aktuelles aus dem Gesundheitswesen	01 15 02
Informationen Deutsche Telekom (bei Bedarf)	01 16 05
Kochrezepte	0 11 67
Sonderansagen (bei Bedarf)	01 16 46
Verbraucherservice der Regulierungsbehörde für Telekommunikation und Post	*0180 5 10 10 00
Wasserstandsmeldungen	0 11 58
Zeitansage	0 11 91

programm, Wettervorhersage, Weckaufträge, bei denen der Anrufer zur gewünschten Zeit geweckt wird, Abwesenheitsaufträge, bei denen die unter diesem Anschluss ankommenden Gespräche bei Abwesenheit entgegengenommen werden, Benachrichtigungsaufträge – hier wird eine vom Anrufer vorgegebene Nachricht zu einem bestimmten Zeitpunkt an einen oder mehrere Fernsprechteilnehmer übermittelt –, Erinnerungsaufträge, mit denen sich der Anrufer zu einer von ihm bestimmten Zeit an wichtige Angelegenheiten erinnern lassen kann, und noch Weiteres. Während die reinen Ansagedienste nach wie vor häufig in Anspruch genommen werden, werden die Auftragsdienstleistungen infolge neuer technischer Entwicklungen unbedeutender; so ist etwa der Abwesenheitsdienst durch den Anrufbeantworter überflüssig geworden.

Relativ neu sind die Dienste, deren Nummern mit 01 beginnen und deren Anrufer bundesweit ohne Vorwahl zum gleichen Anschluss geleitet werden; sie wurden in der Hauptsache für kommerzielle Anbieter eingerichtet. Die Palette dessen, was sich hinter diesen Nummern verbirgt, reicht von der Auskunft der Deutschen Bundesbahn über eine Vielzahl anderer Kundendienstbetreuungen und Anschlüsse für Teleshopping bis hin zu einer reichen Auswahl an Angeboten aus dem Rotlichtbereich. Unter diesen »01«-Diensten nimmt der »Service 130« eine besondere Stellung ein. Er bietet für den Anrufer Telefonieren zum Nulltarif, wenn dieser vor einer besonderen Kundennummer die Zugangsnummer 0130 wählt. Dabei werden die Kosten vom Anbieter des Service 130 getragen, der sich dadurch in der Regel Wettbewerbsvorteile erhofft.

Das Dienstangebot des »Televotum« ist dem Rundfunk- oder Fernseherfahrenen wahrscheinlich unter dem Namen »TED« besser

Typisches **Mobiltelefon** oder »Handy«, wie es im allgemeinen Sprachgebrauch (aber nur in deutschsprachigen Ländern) genannt wird.

bekannt. Mit der bundeseinheitlichen Zugangsnummer 0137 kann der Fernsehzuschauer beispielsweise sein Votum für einen bestimmten Musikbeitrag oder seine Meinung zu einer aktuellen politischen Frage abgeben.

Neben dem Telefondienst sind als weitere wichtige Fernsprechdienste der Telefax-, der Teletext-, der Telex- und der Bildschirmtextdienst zu nennen.

Überall erreichbar sein

W er zu Beginn der 1990er-Jahre in der Öffentlichkeit zum Handy griff, zog alle Blicke auf sich. Handybesitzer galten als Wichtigtuer, die ihre Bedeutung öffentlich unter Beweis stellen mussten. Mittlerweile ist das charakteristische Piepsen der Mobiltelefone überall zu vernehmen und kaum jemand dreht den Kopf, wenn plötzlich der Nachbar in der Straßenbahn eine Konversation mit einem zigarettenschachtelgroßen Kästchen beginnt. Durch die Kombination zweier Techniken, der drahtgebundenen Telefonie und des Funks, entstand diese Möglichkeit, in jeder Situation telefonisch erreichbar zu sein.

Bereits 1918 wurde in Deutschland erstmals aus fahrenden Zügen heraus ein Funktelefon erprobt, aber es sollte noch bis zum Ende der 1950er-Jahre dauern, bis mobile Autotelefone praktisch eingesetzt werden konnten. Das Grundproblem beim mobilen Telefon besteht darin, dass der Teilnehmer – eben aufgrund seiner Mobilität – keiner festen Vermittlungsstelle zugeordnet werden kann und die Reichweite seines Apparats beschränkt ist. Beim Aufbau einer mobilen Telefonverbindung muss also der Ort des telefonierenden Teilnehmers ermittelt werden.

Netz	Frequenz bereich in Megahertz	Inbetriebnahme	Teilnehmerkapazität	Funkkanalpaare	Funkzellen	Wichtigste Merkmale
A	150	1958–1977	10 000	37	136	Handvermittlung
B	150	ab 1972	16 000	38	151	Selbstwählverkehr
B/B2	150	1982–1994	26 000	75	155	Selbstwählverkehr
C	450	ab 1985	450 000	222	700	automatische Teilnehmersuche, Weiterreichen in die nächst Zone
		ab 1991	650 000	222	1300	
		ab 1992	850 000	287	1900	
D1 D2	900 900	ab 1992 ab 1992	>2 Mio. >2 Mio.	62×8 62×8	3500 2000	digitale Netze mit 8 TDMA-Kanälen
E1	1800	ab 1993/94	>2 Mio.	75×8	5000	digitales Netz ähnlich D1/D2

Die **Entwicklung der Mobilfunknetze** mit Frequenzbereich, Jahr der Inbetriebnahme, Teilnehmerzahl und den wichtigsten technischen Merkmalen.

Das erste Funktelefonnetz in Deutschland wurde 1957/58 in Betrieb genommen und später, als ein weiteres mobiles Telefonnetz hinzukam, als A-Netz bezeichnet. Die Kennzeichnung der verschiedenen Netze durch Buchstaben erfolgte in alphabetischer Reihenfolge entsprechend der Chronologie ihrer Einführung. Der große Nachteil des A-Netzes, das bis 1977 in Betrieb war, bestand in der eng begrenzten

Das **C-Netz** des Mobilfunks besteht aus drei grundsätzlichen Elementen: den Mobilstationen, den Basisstationen (Funkstationen) und den beiden Funkvermittlungsstellen; Letztere sind fest miteinander verdrahtet.

Mobilstation

Basisstationen

Überleiteinrichtung

Bedienungs- und Wartungszentrum

öffentliches Wählnetz

Als **Elektrosmog** bezeichnet man die biologische Wirkung elektromagnetischer Wechselfelder, wie sie etwa von leistungsstarken Sendern und Hochspannungsleitungen, aber auch von Geräten der Unterhaltungselektronik, Mikrowellenherden und insbesondere von **Mobiltelefonen** abgestrahlt werden.
Ob solche Felder signifikante gesundheitliche Schäden hervorrufen können, ist noch heftig umstritten. Neben den thermischen Wirkungen, die erst bei wesentlich stärkeren Feldern einsetzen als diejenigen, denen der Mensch im Alltag ausgesetzt ist, werden mögliche Beeinträchtigungen des Stoffwechsels oder des Nervensystems, Verhaltensänderungen, aber auch degenerative Wirkungen wie etwa Grauer Star diskutiert.

Zahl von 10000 Teilnehmern und dem Handvermittlungsbetrieb. Ab 1972 wurde daher das B-Netz aufgebaut, das zwar Selbstwählverkehr ermöglichte, im Wesentlichen aber auf derselben Technik beruhte: Der Anrufer wählte zwar seinen Gesprächspartner selbst an, musste aber dazu wissen, in welchem Funkverkehrsbereich sich der Teilnehmer befand, um die jeweils gültige Vorwahlnummer anzuwählen. Die Verbindung riss ab, wenn der mobile Teilnehmer einen solchen Bereich verließ. Diese Nachteile bestanden beim C-Netz, das am 1. Mai 1986 offiziell in Betrieb genommen wurde, nicht mehr. Es beruhte zwar noch auf der analogen Übertragung der Sprache, der Teilnehmer musste jedoch nicht mehr wissen, in welchem Sendebereich er sich gerade befand, da er bei einer Veränderung des Standortes automatisch vom neuen Sendebereich übernommen wurde.

1992 wurde in Deutschland das digitalisierte D-Netz eingeführt, das durch einen europäischen Standard das Telefonieren über ganz Europa hinweg ermöglicht; nun erst wurde das mobile Telefon komfortabel, weitgehend abhörsicher und bot eine ausreichende Sprachqualität.

Heute konkurrieren vier Netze um die Gunst des Handybesitzers: das analoge C-Netz und die digitalen Netze D1, D2 und E.

»Bitte sprechen Sie nach dem Signalton!«

Über lange Jahre galt: Wer nicht zu Hause ist, kann auch keine Telefonanrufe entgegennehmen. Den automatischen Anrufbeantworter gab es noch nicht. Dabei hatten sich bereits in den Anfangsjahren des Telefons Erfinder wie Thomas Alva Edison Gedanken zur Lösung dieses Problems gemacht. Die Kombination von magnetischer Schallaufzeichnung (Drahtton) und Telefon wurde schon Mitte der 1930er-Jahre erfolgreich erprobt, doch erst zwei Jahrzehnte später waren die Möglichkeiten der magnetischen Schallaufzeichnung so weit fortgeschritten, dass die Geräte praktikabel wa-

ren. Jedoch blieb der »Alibiphonomat« und die zum Teil ähnlich fan-
tasievoll bezeichneten Produkte der ersten Generation von Anruf-
beantwortern wegen ihrer hohen Preise zunächst fast ausschließlich
auf den Geschäftsbereich beschränkt. Erst mit der Einführung der
Mikrokassette als Speichermedium für Ansage und Nachricht setzte
sich der Anrufbeantworter als fast selbstverständlicher Begleiter des
Telefons durch. Mittlerweile machen die in den 1990er-Jahren eingeführten digitalen Aufzeichnungs- und Abspielgeräte den analogen

---

TYPEN VON ANRUFBEANTWORTERN

Es gibt drei Arten von Anruf-
beantwortern, die sich nach ihrem
Aufnahme- und Wiedergabeprinzip
unterscheiden:

Reine Analoggeräte werden meist
als Doppelkassettengeräte mit je
einer Kassette für die Ansage und die
Speicherung der Anrufe ausgeführt.

Bei Analog-Digital-Geräten werden
die Ansage auf einem Chip und die
Anrufe auf einer Mikrokassette gespeichert. Voll digitalisierte Geräte,
wie sie heute meist eingesetzt
werden, zeichnen sowohl die Ansage
als auch die Anrufe digital auf. Da
die Bandwickelzeiten entfallen und
man ohne nennenswerten Zeit-
verlust von einem Anruf zum
nächsten »springen« kann, ist mit
diesen Geräten eine sehr viel
schnellere Abfrage der eingegangenen Nachrichten möglich.

Die meisten Anrufbeantworter
zeigen in einem Display die Anzahl
der eingegangenen Nachrichten an
und geben bei der Wiedergabe die
dazugehörige Uhrzeit und den
Wochentag an. Moderne Geräte verfügen über Funktionen wie Fernabfrage, Rufweiterschaltung, Raum-
überwachung oder Zeitsteuerung. So
bietet etwa die Fernabfrage die
Möglichkeit, von jedem Telefon aus
die auf den Anrufbeantworter ge-

sprochenen Nachrichten abzurufen
und weitere Einstellungen am Gerät
vorzunehmen. Auch werden immer
mehr Kombigeräte angeboten, die
ein Komforttelefon und einen
Anrufbeantworter in einem Gerät
vereinen.

Auch mithilfe des Computers
können Telefonanrufe aufgezeichnet
werden. Dazu benötigt man einen
Computer mit Soundkarte, Boxen
und Mikrofon, ein sprachfähiges
Modem sowie spezielle Kommunika-
tionssoftware. Die Kommunika-
tionssoftware verfügt über drei
Funktionen: Aufzeichnen von An-
sagen, Ansagenmanagement und
Aufzeichnen und Wiedergabe von
Anrufen. Für die Ansage dienen
WAV-Dateien. Das sind Dateien, die
Sprache oder Musik enthalten. Das
Modem dient zur Aufzeichnung der
Anrufe. Diese werden dann in einem

Journal angezeigt, das neben Datum
und Dauer vor allem den Dateinamen
angibt, unter dem der Anruf gespeichert wurde. Diese Form des
Anrufbeantworters lohnt sich nur
dann, wenn man von den Möglichkeiten der Weiterverarbeitung, die
ein PC bietet, etwa die selektive
Wiedergabe, Gebrauch machen
möchte.

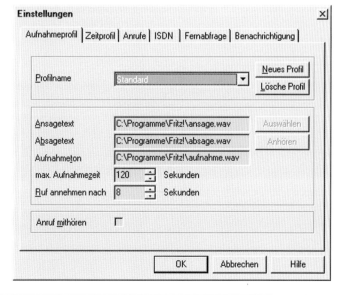

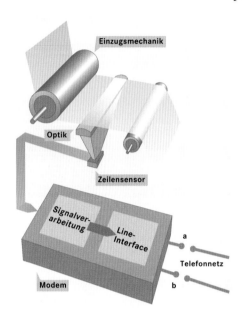

Einzugsmechanik

Optik

Zeilensensor

Signalver-
arbeitung

Line-
Interface

a

Telefonnetz

Modem

b

Funktionseinheiten eines **Faxgerätes**.

Systemen Konkurrenz. Das Sprachsignal wird hier digitalisiert auf Speicherchips aufgezeichnet. Zunächst konnte nur die Ansage auf einem Chip gespeichert werden, da die Speicherkapazität nicht für mehr ausreichte. Inzwischen gibt es jedoch aufgrund der Fortschritte in der Speichertechnologie und dank neuer Datenkomprimierungsverfahren auch den voll digitalen Anrufbeantworter. Die heutigen Geräte bieten über ihre eigentliche Funktion hinaus eine Reihe ergänzender Möglichkeiten. Hierzu gehört die Fernabfrage, die es ermöglicht, von jedem Telefon aus mittels eines Codes den eigenen Anrufbeantworter abzuhören und sogar Einstellungen daran vorzunehmen. Eine völlig neue Form des Anrufbeantworters bildet der Personalcomputer, der allerdings entsprechend ausgerüstet sein muss.

Ein Anrufbeantworter beantwortet einen Anruf nicht im eigentlichen Sinne des Wortes. Jedem Anrufer wird ein vorher aufgezeichneter Ansagetext vorgespielt, in dem in der Regel mitgeteilt wird, dass der angewählte Telefonteilnehmer »zurzeit leider nicht erreichbar« sei. Fast immer wird der Anrufer gebeten, nach dem »Piepston« eine Nachricht zu hinterlassen.

Die Dienste des Anrufbeantworters werden geschätzt: Im kommerziellen Bereich laufen auch außerhalb der Dienstzeiten die Kundenanrufe nicht ins Leere und im privaten Bereich ist immer jemand ansprechbar, auch wenn niemand zu Hause ist. Bisweilen angenehm ist auch die Möglichkeit des selektiven Telefonierens: Beim Klingeln des Telefons muss man – auch wenn man da ist – nicht unbedingt abheben, um zu wissen, wer am anderen Ende der Leitung ist; man kann zunächst über Lautsprecher erfahren, wer anruft – sofern sich der andere Telefonteilnehmer zu erkennen gibt –, um sich zu melden oder gegebenenfalls später zurückzurufen. So gibt es immerhin *eine* Möglichkeit, dem Diktat der ständigen Erreichbarkeit zu entfliehen.

Bilder per Telefon versenden

Schon bald, nachdem es möglich geworden war, Töne über Draht zu übertragen, wurde versucht, auch Bilder auf diese Weise zu übermitteln. Dem deutschen Erfinder Arthur Korn gelang dies bereits vor dem Ersten Weltkrieg und in den 1920er-Jahren wurde mit der Bildtelegrafie eine Methode entwickelt, die als Vorläufer des Telefax angesehen werden kann. Ende der 1970er-Jahre war es dann mit Fernkopierern möglich, Bilder über das Telefonnetz zu senden; allerdings dauerte dies je nach gewünschter Qualität zwischen vier und acht Minuten. Schon aus Kostengründen war der Fernkopierer in Privathaushalten kaum anzutreffen und erst das 1979 eingeführte Telefaxsystem konnte sich hier durchsetzen.

Die Bezeichnung Fax ist von »Faksimile« hergeleitet, was so viel wie »mache ähnlich« bedeutet. Man kann sich ein Telefaxgerät als zweigeteilten Kopierer vorstellen: Einzug und Abtastvorrichtung für das Original befinden sich dabei am einen, die Ausdruckvorrichtung für die Kopie am anderen Ende der Telefonleitung. Das Prinzip eines analogen Faxgeräts besteht darin, dass die zu versendende Vorlage photoelektrisch abgetastet wird und die so entstehenden einzelnen Rasterpunkte in elektrische Signale umgewandelt werden. Diese Signale werden moduliert und dann als Töne über das Telefonnetz übertragen. Beim Empfänger läuft dann der umgekehrte Vorgang ab: Die Töne werden demoduliert, das elektrische Signal wird wieder in einzelne Bildpunkte umgewandelt und diese werden auf Papier ausgedruckt. In einem digitalen Faxgerät wird die Vorlage mit einem Lichtstrahl zeilenweise abgetastet, die Bildinformation wird in Photodioden (CCDs, kurz für englisch: charge coupled devices) in digitale elektrische Signale verwandelt, die dann verstärkt, moduliert und versendet werden.

Eine Übertragung ist nur zwischen zwei analogen beziehungsweise zwei digitalen Faxgeräten möglich. Die Übertragungsgeschwindigkeit liegt zwischen 9600 und 64000 Byte pro Sekunde – Letzteres nur mit ISDN-Anlagen – und die Auflösung beträgt standardmäßig 3,85 Linien pro Millimeter, kann jedoch auf Kosten der Übertragungsgeschwindigkeit auf 15,4 Linien pro Millimeter gesteigert werden.

Der Computer am Telefonnetz

Am Ende der Telefonleitung muss nicht immer nur ein Telefon, Anrufbeantworter oder Faxgerät hängen. Der Computer kann sich auch hier als nützliches Werkzeug erweisen. Zum einen kann der Komfort von Telefonieren und Faxen deutlich erhöht werden. So ist beispielsweise der Gesprächsaufbau per Mausklick aus einer Datenbank heraus möglich, die Gespräche können detailliert protokolliert und ausgewertet werden, der Personalcomputer (PC) kann, wie bereits erwähnt, die Rolle des Anrufbeantworters übernehmen und Faxe können gesendet und empfangen werden, ohne dass hierfür ein separates Faxgerät notwendig wäre.

Das wahre Zauberwort zum Thema »Computer und Telekommunikation« aber heißt Internet: Das Fernsprechnetz hebt die Isolation des einzelnen PC auf und schließt ihn weltweit mit allen Rechnern im Netz zusammen. Dass von unterwegs der Zugriff auf den heimischen PC möglich ist, Dateien mit anderen PCs ausgetauscht werden können und Geschäftspartner und Bank, Einkaufszentrum und Reisebüro dorthin geholt werden können, wo der eigene PC steht, ist lediglich ein winziger Ausschnitt der Möglichkeiten. In nur wenigen Jahren hat sich das Internet mit seiner Datenflut zu einer eigenen Welt entwickelt, deren schrill bunte Vielfältigkeit sich einer Darstellung auf engem Raum verweigert.

Das Bindeglied zwischen PC und Telefonnetz ist das Modem. Das Kunstwort Modem, das sich aus den beiden Begriffen Modulation und Demodulation zusammensetzt, kennzeichnet die Funktion des Gerätes: Es moduliert die vom PC kommenden digitalen Signale in Töne, die über das Telefonnetz übertragen werden können, und de-

Faxgeräte werden in vier Gruppen eingeteilt, wobei die ersten beiden Gruppen heute keine Rolle mehr spielen. Die modernen **Geräte für das analoge Telefonnetz** (unten) zählen zur Gruppe 3 und die **digitalen Geräte** für das ISDN (oben) zur Gruppe 4. Faxgeräte bieten heute Funktionen wie Speicher für bis zu 100 Rufnummern, Wahlwiederholung, zeitversetztes Senden oder Abruffunktion. Geräte der neuesten Generation verfügen über eine serielle Schnittstelle zum Anschluss an einen PC, können auch als Fotokopierer, Scanner oder Computerdrucker genutzt werden und vieles mehr.

moduliert umgekehrt die über das Netz ankommenden Signale für den PC. Das Modem stellt den Kompromiss dar, der eingegangen werden muss, um die digitalen Daten eines Computers über ein Netz zu übermitteln, das in erster Linie für die Übermittlung analoger Informationen – auch wenn diese teilweise digitalisiert übertragen werden –, wie sie die menschliche Sprache darstellt, geschaffen wurde. Bei einer vollständig digitalen Übertragung, wie sie heute immer häufiger anzutreffen ist, kann der Mittler zwischen analoger und digitaler Welt entfallen. Allerdings ist auch bei ISDN ein spezielles Modem notwendig, das aber vom analogen völlig verschieden ist und die Bezeichnung Modem im eigentlichen Sinne des Wortes nicht verdient: Es dient lediglich dazu, die Datenübertragungsrate zwischen Computer und Netz dem ISDN-Standard anzupassen.

Hat man seinen Computer über das Modem an das Telefonnetz angeschlossen, so stellt das Internet auch einen Kanal für das Urziel der Telefonie, die individuelle Kommunikation zweier weit voneinander entfernter Menschen, bereit: die elektronische Post.

INTERNET

Das Internet ist ein technisches und soziales Phänomen. Es stellt einen Zusammenschluss zahlreicher verschiedener Netzwerke von unterschiedlichsten Computer- und Betriebssystemen dar. Zu seinen Nutzern gehören Universitäten und öffentliche Einrichtungen, Industrie und Privatpersonen. Der Zugang zu dieser riesigen Datenbank, in der das »Wissen der Welt« gespeichert sein soll, erfolgt in der Regel über PC, Modem und Telefonnetz.

Das heutige Internet hat nur noch wenig mit den Motiven der einstigen Initiatoren zu tun. Es geht auf ein Projekt des amerikanischen Verteidigungsministeriums von 1969 zurück, das vorsah, ein dezentralisiertes Computernetz zu entwickeln. Damit sollte ein Höchstmaß an Sicherheit geschaffen werden: Ein Teilausfall des Netzes, etwa bedingt durch militärische Ereignisse, sollte das restliche Netz unbeeinflusst lassen.

Die eigentliche Initialzündung für das Internet erfolgte 1993, als das World Wide Web (WWW) entwickelt wurde. Das WWW, heute häufig als Synonym für Internet verwendet, ist ein Medium, das es erlaubt, auf jedem Rechner im Netz Informationen in Form von Text, Bild, Ton und Film zu hinterlegen, die von anderen Rechnern aus abzurufen sind. Der Anwender kann per Mausklick durch das Internet »surfen« und die gewünschten Informationen abrufen. Damit wurde das WWW rasch zum bekanntesten und meistgenutzten Internetdienst. Es dient nicht nur der Kontaktaufnahme und der Information. Das WWW stellt praktisch eine virtuelle Gegenwelt zur realen Welt dar, in der es fast alles gibt. Kaum eine Firma kann es sich heute noch leisten, im WWW nicht vertreten zu sein, und fast alle überregionalen Zeitungen oder Zeitschriften können »online« abgerufen werden. Die Deutsche Bahn platziert hier ihre Fahrplaninformationen, Bundesministerien informieren über sich und ihre Tätigkeit, die Lufthansa offeriert hier ihre Angebote ebenso wie Fernsehsender. Aber auch immer mehr Privatleute richten ihre eigene WWW-Homepage ein.

So eröffnet sich mit dem Telefonnetz eine völlig neue Welt.

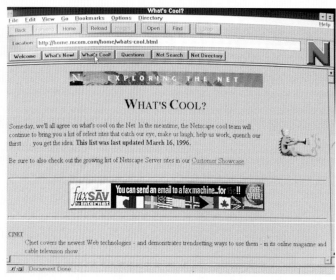

Elektronische Post

Das Internet macht es möglich, dass Nachrichten über den Telefondraht nicht mehr nur mündlich, sondern auch schriftlich ausgetauscht werden können. Diese Art der Kommunikation, E-Mail genannt, stellt eine Zwitterform zwischen dem auf Papier geschriebenen Brief und dem mündlich geführten Telefongespräch dar. Die Nachricht wird über die Tastatur eines Computers eingegeben und an die E-Mail-Adresse des Empfängers abgesendet. Die eigentliche Übermittlung erfolgt mit der Geschwindigkeit, die das Telefonnetz zulässt, also in Sekunden. Die Nachricht kann dann vom Empfänger am Computermonitor abgelesen oder, wie ein Brief, in schriftlicher Form ausgedruckt werden – immer vorausgesetzt, der Adressat schaut in seinen elektronischen Briefkasten, ob ihm jemand einen Brief »telefoniert« hat.

Externes **Modem.**

Zur Psychologie des magischen Drahtes

Telefonieren gehört heute so sehr zu unserem Alltagsleben, dass wir uns nur selten klar machen, wie sehr dieses Medium unser Leben verändert hat und wie sehr sich die Kommunikation am Telefon von der direkten unterscheidet. Der Apparat prägt unsere Sprache – wir unterhalten uns telefonisch anders als im direkten Blickkontakt – und auch unser Verhalten: Kaum jemandem gelingt es, das Telefon läuten zu lassen, ohne abzuheben, und wir unterbrechen – meist entschuldigend – jedes direkte Gespräch, um dem Telefon zu Diensten zu sein.

Dem Anrufer gewährt das Telefon eine gewisse Anonymität und Diskretion: Der Angerufene kann beim Läuten des Telefons auch trotz ISDN meist nicht erkennen, wer ihn sprechen will, und wenn er abhebt, können sich die Gesprächspartner nicht sehen: Formelle Gespräche können ohne jede Brüskierung des Gegenübers im Morgenmantel oder in der Badewanne geführt werden und die Gesichter, die man einem unliebsamen Anrufer schneidet, nimmt er auch

E-Mailprogramme erleichtern das Senden, Empfangen und Verwalten von elektronischer Post. Das Bild zeigt das Sendefenster eines E-Mailprogramms.

nicht wahr. »Das Telefongespräch wird unter ganz besonderen Umständen geführt, die ihm ein eigenes Gepräge geben, nämlich: Die Sprechenden sehen sich nicht«, stellte in diesem Sinne die Psychologin Franziska Baumgarten in ihrer »Psychologie des Telephonierens« bereits 1931 fest. »Man nimmt diese Tatsache als Selbstverständlichkeit hin, ohne darüber nachzudenken, was eigentlich die Ausschaltung des Auges beim Gespräch, also die Ausschaltung der Wahrnehmung jedes mimischen und physiognomischen Spiels des Partners, bedeutet«.

In der Frühzeit der Telefonie war das Eigentümliche dieser Kommunikationsform noch

Doris Day in **»Bettgeflüster«**.

Zur psychologischen Situation des Telefongesprächs konstatiert **Franziska Baumgarten** in »Die Psychologie des Telephonierens«, 1931: »Demjenigen, der dem Telephonierenden zusieht, nicht dem, der ihn hört, eröffnet sich die Welt der fremden Seele. Die Telefonzellen sind vielleicht nicht nur aus Raumverhältnissen so winzig. Es ist besser, beim Telefonieren nicht gesehen zu werden.«

bewusst wahrgenommen worden. 1918 hatte der Psychologe W. Betz hierzu bemerkt: »Die Masse der Menschen ist am Telefon verschüchtert, auf schleunige Beendigung bedacht und vergisst die Hälfte von dem, was zu sagen gewesen wäre. Die Masse der Menschen ist also in einer um ein Geringes schwierigeren Situation als der gewohnten Art der Unterhaltung trotz längerer Übung deutlich beeinträchtigt.« Aber wenig mehr als ein Jahrzehnt später resümierte Baumgarten in ihrer Untersuchung: »Das Telefonieren, diese Alltagsbeschäftigung, wird von der Masse als etwas Selbstverständliches, zu unserer Kultur Gehörendes betrachtet. Sie hat keine andere Beziehung zu ihm als zu irgendeinem Werkzeug oder einer Maschine.« Und heute gilt, dass die Telekommunikation nicht mehr nur ein isolierter Teil unserer Kultur ist, sondern mehr und mehr unsere gesamten sozialen Strukturen prägt: Wir haben uns von der Industrie- zur Informationsgesellschaft gewandelt.

Die gegenseitige Durchdringung von Kommunikationstechnik und Informatik findet bereits statt. Wird es das Telefon als einzelnes Gerät in Zukunft noch geben oder wird es in einem integrierten Netz aus Telefon, Radio, Fernsehen und Datenverarbeitung aufgehen? Wird es den Arbeitsplatz, wie wir ihn heute kennen, noch geben oder wird er sich immer häufiger im eigenen Heim befinden?

Bei allen positiven Möglichkeiten, die sich für den Einzelnen daraus ergeben können, zeichnet sich ein Problem immer deutlicher ab: Je mehr Bereiche der zwischenmenschlichen Beziehungen durch die Telekommunikation erobert werden, desto kontaktärmer wird unsere Gesellschaft. »Wenn der Bildschirmterminal das Medium ist, über das immer mehr Handlungen des Menschen laufen werden«, äußerte Raban Graf von Westfalen in einer Untersuchung bereits 1985, »so wird er in Zukunft zum festen Bestandteil unserer Existenz gehören: Die entsprechenden Informationstechnologien, sei es zum privaten Gebrauch oder im Rahmen beruflicher Tätigkeit, entheben uns (je nachdem, wie man es sehen will) der Möglichkeit oder Notwendigkeit der persönlichen Kontaktaufnahme und Kommunikation. Vereinsamung und Kontaktunfähigkeit können Gefahren dieser Entwicklung sein.« Als der Philosoph Günther Anders 1956 in seinem Buch über »Die Antiquiertheit des Menschen« die neu entstehenden Kommunikationsstrukturen charakterisierte, sah er die Gefahr des »Massen-Eremiten«. Sie scheint heute aktueller denn je.

Aber bei allen kafkaesken Ängsten vor dem Verschwinden des Menschen in der Kommunikationsmaschinerie, allen medienpädagogischen Erwägungen und Wirkungserwartungen, die an das Telefon geknüpft sind, bei allen neuen ökonomischen Interessen, Fragen der Rhetorik und Ästhetik der Telefonkommunikation und kommunikationstheoretischen Fragestellungen, und bei allem sozialem Wandel – das Telefon hat seine geheimnisvolle Aura eines zauberischen Instruments, seine eigentümliche Magie nicht verloren. Marcel

Proust findet in seiner »Suche nach der verlorenen Zeit« die Worte dafür: »Wie wir alle jetzt, fand ich, dass der an jähen Überraschungen reiche, bewunderungswürdige, märchenhafte Vorgang nicht rasch genug funktionierte, obwohl nur Minuten notwendig sind, um das Wesen, mit dem wir sprechen wollen – unsichtbar und doch gegenwärtig, während es selbst in der Stadt, die es bewohnt ... unter einem anderen Himmel als dem unseren, bei einem Wetter, das nicht unbedingt das Gleiche sein muss wie bei uns, am Tisch sitzt inmitten von Umständen und Beschäftigungen, über die wir nichts wissen, von denen jenes Wesen aber uns berichten wird – über Hunderte von Meilen hinweg und mit seiner ganzen Umweltatmosphäre in dem Augenblick, da unsere Laune es befiehlt, dicht vor unser Ohr zu bringen. Wir aber sind wie eine Gestalt im Märchen, der auf ihren Wunsch eine Zauberin in übernatürlicher Helle die Großmutter oder Verlobte zeigt, wie sie gerade in einem Buch blättert, Tränen vergießt, Blumen pflückt, ganz dicht bei dem Beschauer und dennoch fern, das heißt an dem Ort, an dem sie sich im Augenblick befindet. Wir brauchen, damit sich dies Wunder vollzieht, unsere Lippen nur der magischen Membrane zu nähern und – ich gebe zu, dass es manchmal etwas lange dauert ...«   U. Kern

Greta Garbo in **»Menschen im Hotel«.**

Hörfunk und Fernsehen

A lltäglich sind sie uns geworden, die zumeist anthrazitgrauen oder nussbaumbraunen Kästen, die wie ein nach innen gestülptes Fenster zur Welt eine wahre Flut von Bildern und Tönen in unser Wohnzimmer bringen und uns die wichtigsten Neuigkeiten übermitteln, reale und fiktive Geschichten erzählen, in bunten Videoclips die neuesten Musiktitel präsentieren, uns in fremde Länder und ferne Zeiten entführen und zwischendrin die Wunder der modernen Warenwelt anpreisen – so alltäglich, dass wir uns keinen Begriff mehr davon machen, wie viele komplizierte technische Abläufe zusammenwirken müssen, damit diese Bilder und Töne überhaupt entstehen und wir sie in unseren Radio- und Fernsehgeräten empfangen können.

Im Fernsehstudio

B etrachten wir das Beispiel einer Nachrichtensendung. Die Situation ist vertraut: Jeden Abend mehr oder minder pünktlich zur gleichen Zeit erscheint, nach einem kurzen Vorspann, ein Sprecher oder eine Sprecherin auf der Mattscheibe, der oder die die wichtigsten Nachrichten vom Tage verliest, zum Teil durch kurze Filmeinblendungen illustriert. Damit diese vergleichsweise schlicht anmutende, jeden Tag in scheinbar lockerer Routine dargebotene Sendung entstehen kann, muss zu den wenigen Akteuren vor der Kamera eine ganze Mannschaft an unsichtbaren Mitwirkenden treten, die eine hoch komplexe technische Maschinerie bedient.

In einem **Nachrichtenstudio** während der Sendung.

Aufgenommen wird die Sendung meist in einem eigenen Nachrichtenstudio. Zwei oder mehr Kameras, die ihre Anweisungen von der Bildregie erhalten, nehmen den Sprecher und die Szenerie aus unterschiedlichen Perspektiven auf. In benachbarten Räumen befinden sich zudem Dia- und Filmgeber oder Magnetbandeinheiten, mit denen vorbereitete Bilder und Videosequenzen eingespielt werden können, die die Nachrichten illustrieren. Umfangreiche Scheinwerferbatterien dienen dazu, das Studio korrekt auszuleuchten. Gesteuert werden sie von der Lichtregie, die von einer »Lichtorgel« aus die einzelnen Scheinwerfer drehen, bewegen und zu- oder abschalten kann.

In den Räumen der Bearbeitung werden die Programmbeiträge in ein sendefähiges Format überführt. Dafür wird das Material unter künstlerischen, technischen und redaktionellen Aspekten auf seine Sendefähigkeit hin überprüft, Bilder und Ton werden elektronisch bearbeitet, die gespeicherten Ton- und Hilfssignale werden verarbeitet, der Filmton wird synchronisiert, und die Filme werden geschnitten.

Die Senderegie ist dann die letzte Instanz zur Kontrolle der Sendung vor der Ausstrahlung. Im Sendebereich werden auch Trailer – als Werbung dienende Vorfilme –, Programmansagen und verbindende Texte zwischen größeren Programmteilen produziert, der programmliche und technische Betriebsablauf beaufsichtigt und bei Störungen die Pausen- und Ersatzmusiken eingespielt.

Schließlich durchläuft die Sendung den zentralen Schalt-, Kontroll- und Anlagenbereich, wo alle Leitungen von und nach draußen sowie alle internen Leitungsverbindungen zusammenlaufen. Er umfasst den Großteil der Geräte der Fernsehtechnik und die Messtechnik, die die Wartung und Reparatur der Anlagen und Geräte für Bild, Ton, Magnetbandaufzeichnung, Mechanik, Fernmeldetechnik, Filmtechnik und Steuerung erledigt.

Die elektrischen Signale der fertigen Sendung werden dann über Sender ausgestrahlt, die Hausantennen nehmen diese Signale auf, wandeln sie wieder in elektrische Signale zurück und leiten sie und an die Radio- und Fernsehapparate weiter. Dort wird aus dem elektrischen Strom wieder Musik oder ein Fernsehbild.

Diese komplexen technischen Abläufe sind das Ergebnis einer mehr als hundertjährigen Entwicklung auf dem Gebiet der drahtlosen Signalübermittlung, an deren Anfängen Paul Nipkows Lochscheibe, das in der Rückschau geradezu irreal anmutende Idyll der musizierenden Postbeamten in der Hauptfunkstelle Königs Wusterhausen und, noch davor, der Funkeninduktor Heinrich Hertz' stehen.

Die **Regie** mit ihren Misch- und Steuerpulten ist der Dreh- und Angelpunkt einer Fernsehsendung. Die Kontrolle erfolgt im Wesentlichen über Monitore, auf denen alle Kameraeinstellungen ständig sichtbar sind. Von hier aus regelt der für die **Bildregie** zuständige Regisseur die Einspielung vorbereiteter und auf Magnetband gespeicherter Beiträge und gibt den Kameras Anweisungen, wohin sie zu fahren haben und welche Akteure auf welche Weise aufgenommen werden sollen. Er wählt aus den Kameraeinstellungen diejenigen aus, die auf den Sender eingespielt werden. Die **Tonregie** kontrolliert den Einsatz der Mikrofone und ist dafür zuständig, eventuelle Lautstärkeschwankungen auszugleichen. In der Tonregie werden darüber hinaus vorbereitete Musikstücke oder andere Tonbeiträge von Tonträgern in die laufende Sendung eingespielt.

Rundfunk

Achtung! Achtung! Hier ist die Sendestelle Berlin im VOX-Haus auf der Welle 400 Meter. Meine Damen und Herren, wir machen Ihnen davon Mitteilung, dass am heutigen Tage der Unterhaltungs-Rundfunkdienst mit Verbreitung von Musikvorführungen auf drahtlos-telefonischem Wege beginnt. Die Benutzung ist genehmi-

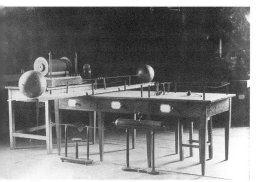

Heinrich Hertz (rechts) und sein **Funkeninduktor**, mit dem er erstmals die Existenz elektromagnetischer Wellen nachweisen konnte, in Hertz' eigenhändiger Fotografie (links).

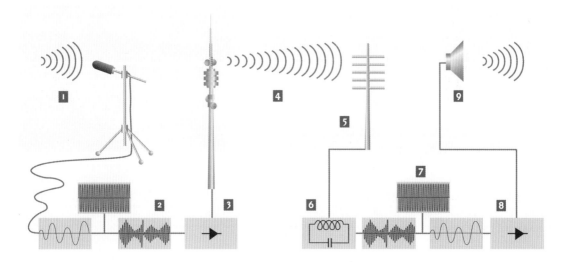

Prinzip einer Rundfunkübertragung. Im Grunde hat jede Radioübertragung den gleichen technischen Ablauf: (1) Wandlung: Schallwellen (akustische Signale wie Sprache, Musik, Geräusche) werden durch ein Mikrofon in elektrische Wechselspannungen umgewandelt. (2) Modulation: Die elektrischen Signale werden einer hochfrequenten elektrischen Trägerschwingung überlagert (aufmoduliert), damit sie übertragen werden können. (3) Verstärkung: Die Signale werden verstärkt, um eine weite drahtlose

Übertragung möglich zu manchen. (4) Sendung: Der Sender strahlt über seine Antenne dieses verstärkte Gemisch aus Signal- und Trägerwelle aus. (5) Empfang: Die Wellen erzeugen in der Empfangsantenne Wechselströme gleicher Frequenz, Bandbreite und Modulation wie im Sender. Die Antenne empfängt Wellen der verschiedensten Sender. (6) Aussieben einer Frequenz: Der Funkempfänger siebt den gewünschten Sender durch Einstellung seiner Empfangsfrequenz dessen Trägerfrequenz aus.

(7) Demodulation: Die empfangenen Signale werden dann in einer Mischstufe mit einer im Empfänger produzierten Schwingung geeigneter Frequenz überlagert. Dadurch wird die Trägerschwingung wieder vom Signal abgetrennt. (8) Verstärkung: Die geringe Stärke des Empfangssignals wird durch einen nachgeschalteten Verstärker vergrößert. (9) Wiedergabe über Lautsprecher: Über einen Lautsprecher werden die verstärkten Wechselspannungen wieder in hörbare Schallwellen umgesetzt.

gungspflichtig. Als mit diesen Worten am 29. Oktober 1923 um genau 20 Uhr in Berlin offiziell das Zeitalter des deutschen Rundfunks eingeläutet wurde, hatten das Medium und die damit verbundene Technologie bereits eine Reihe von Jahren der Entwicklung hinter sich. Ohne die theoretischen Erkenntnisse der Elektrizität und die Entwicklungen der Kommunikationstechnik wären Fernsehen und Rundfunk nicht möglich gewesen.

Bilder wurden erstmals mit dem Kopiertelegrafen ab 1843 mittels Telegrafenleitungen übertragen und die Fernübertragung des Tons gelang mit dem Telefon, das um 1860 von Johann Phillip Reis erstmals vorgestellt und in den Siebzigerjahren des 19. Jahrhunderts von Alexander Graham Bell zur Funktionsreife entwickelt wurde. Ein wesentliches Merkmal von Radio und Fernsehen, die *drahtlose* Übertragung von Ton- und Bildsendungen an eine beliebig große Zahl von Empfängern, brauchte jedoch eine der großen Taten der Physik: die Elektrodynamik Maxwells und, darauf aufbauend, die Entdeckung der elektromagnetischen Wellen durch Heinrich Hertz.

Guglielmo Marconi mit einer frühen Ausführung seines **Telegrafenapparats,** 1896.

Signale durch den Äther

Nach der neuartigen Theorie elektromagnetischer Phänomene, die der britische Physiker James Clerk Maxwell zwischen 1861 und 1864 entwickelte, sollten sich elektromagnetische Felder wellenartig mit Lichtgeschwindigkeit im Raum ausbreiten können und diese Wellen sollten sogar wesensgleich mit dem Licht sein. Die glänzende experimentelle Bestätigung dieser Theorie gelang dem deutschen Physiker Heinrich Hertz in den Jahren 1886 bis 1888; er konnte nachweisen, dass die Signale, die ein Funkeninduktor aussandte, mit einem weit entfernten Antennendraht empfangen werden konnten. Theorie und Experiment wirkten auf die physikalische Welt damals wie eine Offenbarung, die alle in Spannung und Staunen versetzte. Hertz starb 1894, noch nicht 37 Jahre alt, und ihm zu Ehren wurde die Einheit der Frequenz von Schwingungen und Wellen »Hertz« genannt. An die Anwendbarkeit seiner Resultate für die drahtlose Signalübertragung hat er selbst jedoch nicht geglaubt.

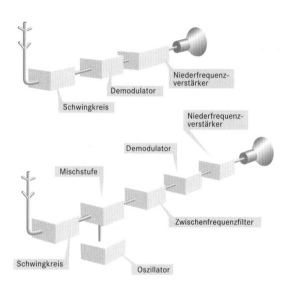

Im Gegensatz dazu war der italienische Ingenieur und Physiker Guglielmo Marconi, ein praktisch veranlagter Autodidakt, fest von dem technischen – und wirtschaftlichen – Potenzial überzeugt, das in den elektromagnetischen Wellen steckte. Mit einer ganz ähnlichen Versuchsanordnung wie Hertz gelang ihm im Mai 1897 die Übermittlung von Signalen über eine 14 Kilometer breite Stelle des Bristolkanals an der Südwestküste Englands. Weiter ließ sich die Reichweite von Marconis Anordnung jedoch kaum mehr steigern. Dem deutschen Physiker Karl Ferdinand Braun fällt das Verdienst zu, mit einer ganzen Reihe entscheidender Erfindungen weitere Pionierarbeit geleistet zu haben: 1898 trennte er den Sender in einen geschlossenen Schwingkreis und einen Antennenkreis, der mit Ersterem nur lose gekoppelt war, wodurch sich erheblich größere Sendereichweiten ergaben. 1899 entwickelte er mit dem Kristalldetektor das erste leistungsfähige Empfangsgerät, 1913 präsentierte er die Rahmenantenne, mit der man die elektromagnetischen Wellen gezielt ausrichten konnte, und zudem konstruierte er 1897 ein Gerät zur Sichtbarmachung schneller elektrischer Schwingungen, das als Braun'sche Röhre bekannt wurde und im Prinzip noch heute in jedem Fernseher als Bildröhre dient.

Mittels der Braun'schen Sendeanordnung gelang schließlich Marconi 1901 die erste transkontinentale Funkverbindung. Als dann noch 1907 der amerikanische Funkingenieur Lee de Forest mit seiner Audion-Röhre die Möglichkeit der Verstärkung der schwachen Empfangssignale vorgestellt hatte, war das technische Rüstzeug für

Der einfachste **Rundfunkempfänger** (oben) besteht aus einem Eingangsschwingkreis zum Aussieben der Trägerfrequenz des zu empfangenden Senders (Abstimmung), einem Demodulator zur Rückgewinnung der Tonschwingungen aus der modulierten Trägerwelle, einem Verstärker und einem Lautsprecher. Heutige Geräte sind als **Überlagerungsempfänger** (unten) ausgelegt. Hier erzeugt ein Oszillator eine Hochfrequenzschwingung, die mit dem Empfangssignal gemischt wird. Oszillator- und Eingangsschwingkreis werden gemeinsam abgestimmt und zwar in der Form, dass die Differenzfrequenz zwischen beiden, die Zwischenfrequenz, immer gleich bleibt. Der nachfolgende Zwischenfrequenzbandfilter ist fest auf diese Zwischenfrequenz eingestellt. Durch diese Schaltung wird die Trennschärfe des Empfangs wesentlich verbessert.

AMPLITUDEN- UND FREQUENZMODULATION

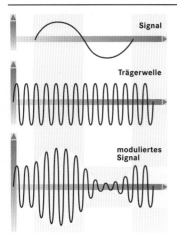

Signal

Trägerwelle

moduliertes
Signal

Die in elektromagnetische Schwingungen umgewandelten Bild- oder Tonsignale müssen zum Versenden auf Trägerschwingungen hoher Frequenz »aufgepackt«, das heißt aufmoduliert werden. Eine solche Modulation mit einem Signal, dessen Frequenz mindestens im Bereich von 100 Kilohertz liegt, ist notwendig, um die niederfrequenten Ausgangssignale in Hochfrequenzsignale umzuwandeln, die über weite Strecken gesendet werden können. Im Radio- oder Fernsehempfänger

wird die Trägerwelle dann wieder vom Signal abgetrennt. Jeder Sender hat eine Trägerwelle bestimmter Frequenz, sodass er im Empfangsgerät an dieser Frequenz erkannt werden kann.

Im Rundfunk wurde bis zur Einführung des UKW-Betriebs allein mit der Amplitudenmodulation gearbeitet. Wie die Bezeichnung bereits andeutet, wird hier die Amplitude zu übermittelnder Ton- oder Bildsignale der Trägerwelle überlagert. Durch die Überlagerung entsteht eine neue Welle, deren Hüllkurve den aufgezeichneten Schwingungen entspricht.

Bei der Frequenzmodulation, die erstmals für UKW-Übertragungen an-

gewandt wurde, werden ebenfalls die Signale einer Trägerwelle überlagert, aber nicht der Amplitude, sondern der Frequenz der Trägerwelle. Statt eines Wellenzugs mit zeitlich veränderlicher Amplitude entsteht so ein Wellenzug mit zeitlich variabler Frequenz. Da atmosphärische Störungen zumeist die Amplitude einer elektromagnetischen Welle verändern, nicht aber die Frequenz, bietet die Frequenzmodulation eine störungsfreie Übertragung.

Bei Fernsehübertragungen finden beide Modulationsformen gleichzeitig Anwendung: die Amplitudenmodulation für das Bild, die Frequenzmodulation für den Ton.

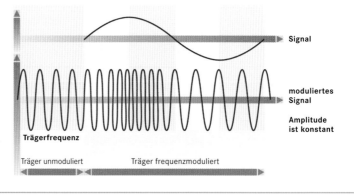

Signal

moduliertes
Signal

Amplitude
ist konstant

Trägerfrequenz

Träger unmoduliert   Träger frequenzmoduliert

den Rundfunk im Prinzip vorhanden; es galt nun, die gegebenen Möglichkeiten zu nutzen.

Weltkrieg und Reichsfunknetz – die Anfänge des deutschen Rundfunks

Die Idee eines Rundfunks, bei dem an zentraler Stelle Informations- und Unterhaltungssendungen für eine große Zahl von Hörern produziert wird, war zu dieser Zeit noch nicht geboren; die drahtlose Signalübermittlung diente noch fast ausschließlich der Telegrafie und – nachdem 1906 das Prinzip entwickelt worden war, die Signalschwingungen einer kontinuierlichen Trägerwelle zu überlagern (aufzumodulieren) – auch der Telefonie. In Deutschland war ohnehin das Senden wie das Empfangen von Funksignalen für den Privatmann streng verboten, und das blieb so bis 1923.

Im Ersten Weltkrieg gewann die Funktechnik schnell an Bedeutung, als die militärischen Führungen auf die strategischen Möglichkeiten der drahtlosen Nachrichtenübertragung aufmerksam wurden. So stieg die Stärke der Nachrichtentruppe allein im Deutschen Reich im Verlauf des Krieges von 5800 auf 185000 Mann an. Nach dem

Bei seinen Experimenten nutzte **Heinrich Hertz** zur Erzeugung elektromagnetischer Schwingungen den **Funkenüberschlag,** der zwischen zwei Metallspitzen auftritt, wenn zwischen ihnen eine starke elektrische Spannung anliegt. Von dieser Versuchsanordnung erhielten die **Funktechnik** und der **Rundfunk** ihre Namen.

Kriegsende 1918 schlossen sich zahlreiche Heeres- und Marinefunker in Verbänden zusammen und forderten, das Funkwesen selbstständig betreiben zu dürfen. Der ehemalige Telefunken-Direktor und neu ernannte Leiter der Funkabteilung des Reichspostministeriums Hans Bredow, der »Vater des deutschen Rundfunks«, setzte sich jedoch entschieden für eine Angliederung des Funks an die Reichspost ein, eine Forderung, der die Regierung, nicht zuletzt unter dem Eindruck des Funkerspuks von 1918, bereitwillig nachgab. Das durch die Demobilisierung frei gewordene militärische Funkgerät konnte nun dem Aufbau eines zivilen Funknetzes dienen. Dieses Reichsfunknetz bestand zunächst aus der ehemaligen Heeres-Hauptfunkstelle Königs Wusterhausen, zwanzig Sendestellen und 76 Empfangsstellen. Über dieses Netz verbreitete die Post einen regelmäßigen telegrafischen Presse-Rundspruchdienst. Den Nachrichtenstoff lieferten verschiedene Presseagenturen. Vom Sender Königs Wusterhausen wurden diese Nachrichten zu den Postämtern mit Empfangseinrichtungen im ganzen Reichsgebiet verteilt. Die belieferte Presse erhielt die Meldungen telefonisch zugesprochen oder per Boten zugestellt.

Im Oktober 1923 war es dann nach einer längeren Testphase so weit. Der deutsche Rundfunk nahm offiziell seinen Betrieb auf und gleichzeitig wurde der Empfang von Rundfunksignalen für jedermann zugelassen, sofern er eine – zunächst noch sehr kostspielige – Lizenz erworben hatte und weiterhin regelmäßig seine Rundfunkgebühren entrichtete. Um zugelassen zu werden, mussten die Empfangsgeräte mancherlei technische Beschränkungen einhalten; so durften sie beispielsweise nicht in der Lage sein, auch Rundfunksignale auszusenden.

Wellenchaos und staatliche Reglementierung – die Welt auf dem Weg zum Rundfunk

I n den USA, wo jedermann senden und empfangen durfte, wie er wollte, hatte die Geschichte des Hörfunks schon früher begonnen. Als Gründungsdatum des amerikanischen Rundfunks gilt Weihnachten 1906, als ein Funkamateur Musik und Gedichte in den Äther sandte, die von Schiffen und anderen Funkern in einigen hundert Kilometern Umkreis empfangen werden konnten. Der Kriegseintritt der USA brachte den Funkern allerdings Einschränkungen, da die Weitergabe militärischer Geheimnisse verhindert werden sollte. In dieser Zeit gab es jedoch auch schon Pläne, einen kommerziellen Rundfunk aufzubauen. Sie wurden im November 1920 mit der Gründung der ersten Radiostation in die Tat umgesetzt. Ein Jahr später operierten bereits acht Radiosender, und im November 1922 waren es bereits weit über 500.

Bis dahin waren die amerikanischen Radiostationen völlig frei und konnten auf beliebigen Frequenzen senden. Absprachen zwischen den Her-

Bei Ende des Weltkriegs besetzten – nach dem Vorbild der russischen Revolutionäre – deutsche Revolutionäre die Zentrale des deutschen Pressenachrichtenwesens und verkündeten verfrüht den sozialistischen Sieg der Revolution. Statt der sozialistischen ging aber die bürgerliche Revolution siegreich aus den Unruhen hervor. Um solchem »**Funkerspuk**« in Zukunft Einhalt zu gebieten, verschärfte die Regierung der Weimarer Republik die Kontrolle über das noch junge Medium.

Die **Hauptfunkstelle Königs Wusterhausen** (hier der Lichtbogensender der Anlage), über die die Reichspost zunächst hauptsächlich Morsezeichen für die 76 mit Empfangsanlagen ausgerüsteten Postämter im Reich verbreitete, strahlte am 22. Dezember 1920 das erste Instrumentalkonzert aus: Musikalische Postbeamte sangen im Chor und spielten Geige und Harmonium für ein Weihnachtsprogramm. Diese Testübertragung kennzeichnet einen Durchbruch in der Geschichte des deutschen Hörfunks.

Ein **Detektorempfänger** aus den frühen 1920er-Jahren.

In den späten Zwanzigerjahren hatte sich das **Radio** als unverzichtbarer Begleiter der Freizeitgestaltung wohlhabenderer Teile der Bevölkerung etabliert.

stellern von Radiogeräten und den größten Sendestationen führten jedoch zu der Befürchtung, ein Monopol würde sich entwickeln. Um dies zu verhindern und gleichzeitig die chaotische Situation in der Belegung der Frequenzen zu beenden, wurde in den USA 1927 eine Bundesbehörde gegründet, die fortan die Vergabe der Radiofrequenzen regelte.

Auch in Großbritannien begann man bereits 1919 mit ersten regelmäßigen Funkübertragungen, die jedoch 1920 nach Einspruch des Militärs wieder eingestellt werden mussten. Der Post fiel nun die Aufgabe zu, Lizenzen für Sende- und Empfangsanlagen zu vergeben. Über dreitausend Lizenzen zeigten Anfang 1921 das große Interesse der Funkgemeinde, die durch Petitionen die Wiederaufnahme eines bescheidenen fünfzehnminütigen Programms erreichen konnten. Angespornt vom kommerziellen Erfolg des Radios in den USA wurde im Oktober 1922 die British Broadcasting Corporation (BBC) als Zusammenschluss von Radioherstellern und der britischen Post gegründet. Sie finanzierte sich bereits durch festgelegte Rundfunkgebühren. 1927 wurde die Firma jedoch geschlossen und als öffentlich-rechtlicher Sender unter verändertem Namen, nämlich als British Broadcasting Corporation, neu gegründet. Die Programmgestaltung oblag dem Verwaltungsrat, der wiederum dem britischen Parlament gegenüber verantwortlich war. Obwohl die BBC bis weit nach dem Zweiten Weltkrieg ein staatlicher Monopolbetrieb war, wurde so eine direkte Einflussnahme der Regierung auf den Sendebetrieb ausgeschlossen.

Weltweit boomte in den frühen Zwanzigerjahren das Radiogeschäft. Der erste französische Sender in La Hague ging 1919 in den Äther, erste Sendungen aus Kanada waren ab 1920 zu hören, ab 1921 auch aus Australien und Neuseeland, 1922 begann in Dänemark und Russland der Sendebetrieb.

Frühe Tage des deutschen Rundfunks

Die Zahl der offiziellen Rundfunkgenehmigungen blieb in Deutschland jedoch nach dem offiziellen Start im Oktober 1923 zunächst – nicht zuletzt aufgrund der Inflation – gering. Bis 1. Dezember 1923 wurden ganze 467 Genehmigungen erteilt. Die Zahl der »Zaungäste«, wie Schwarzhörer damals genannt wurden, ging dagegen in die Zehntausende. Die Regierung empfand diese ungebetenen Hörer zeitweilig als ernste Bedrohung ihres Hoheitsrechts und verhängte drakonische Strafen. Neben Geldstrafen war Schwarzhören mit bis zu sechs Monaten Gefängnis geahndet. Geregelt wurde dies durch eine Funknotverordnung vom März 1924. Als diese Verordnung zu greifen begann, wuchs auch das Vertrauen der Regierung in das neue Medium. Das Innenministerium gründete zwei Rundfunkgesellschaften, zudem erhielt ein Privatkonzern eine Rundfunklizenz. Gleichzeitig wurden die Gebühren drastisch gesenkt, von 350 Millionen Mark Ende

1923 auf zwei Reichsmark Mitte 1924. Die Inflation war überwunden, und die Zahl von offiziellen Rundfunkteilnehmern stieg bis Ende 1924 auf eine halbe Million.

Auf der technischen Seite verdrängten die Röhrenapparate weltweit nach und nach die bislang führenden Geräte mit Kristalldetektoren. Elektronenröhren dienten in ihnen als Gleichrichter und Verstärker. Sie waren leistungsfähiger als die auf Silicium basierenden Halbleiterverstärker und dominierten beinahe fünfzig Jahre lang – bis zur Entwicklung von Halbleitertransistoren – Aussehen und Leistung von Radioapparaten. Mit Einführung der Verstärkerröhre konnten Lautsprecher die bislang verwendeten, empfindlicheren Kopfhörer ablösen. Damit war der Weg geebnet, damit der Radioapparat von einer Spielerei für Einzelne zum Massenmedium werden konnte.

Frühe **Verstärkerröhre** von Telefunken, 1925. Die Röhre war das erste Instrument, mit dem schwache Signale so weit verstärkt werden konnten, dass sie problemlos über einen Lautsprecher wiederzugeben waren.

Der Rundfunk im Würgegriff – »Ganz Deutschland hört den Führer…«

B ereits in den Tagen der Weimarer Republik waren den Rundfunksendern inhaltliche Auflagen gemacht worden. Politische Äußerungen im Rundfunk waren untersagt. Das Prinzip strenger Überparteilichkeit wurde durch Überwachungsausschüsse und Kulturbeiräte bei jeder Rundfunkgesellschaft kontrolliert. Die Mitglieder dieser Gremien wurden von der jeweiligen Landesregierung und vom Reichsinnenministerium delegiert. Ansprachen von Politikern im Rundfunk waren denn auch die Ausnahme. Verboten waren zudem Erotik und Satire. Erst Ende der Zwanzigerjahre waren diese Auflagen stufenweise gelockert worden. Nun durften Beiträge zu aktuellen Themen der Zeit gesendet werden, wie etwa zur Wirtschaftskonjunktur, zur Wehrmacht oder zum Alkoholmissbrauch. Später traten gelegentliche »Ansprachen verantwortlicher Staatsmänner« hinzu. Aber unter der Regierung von Papen wurde der Rundfunk vollends zum Staatsorgan, und die Nationalsozialisten nutzten die Möglichkeiten des Mediums vom ersten Tag ihrer Regierung an für ihre Zwecke. Sie wandelten den zu Zeiten der Republik unpolitischen und überparteilichen Rundfunk in ein tragendes Element der nationalsozialistischen Propagandamaschinerie um. Die Verbreitung von Empfangsanlagen wurde fortan massiv gefördert. Damit der gleichgeschaltete Rundfunk auch die Massen erreichen konnte, sollte der Radioempfänger von einem Luxusartikel zu einem Massenprodukt werden. Dies wurde 1934 mit der Massenfertigung eines preiswerten Empfangsgerätes erreicht, für das mit dem Slogan »Ganz Deutschland hört den Führer mit dem Volksempfänger« geworben wurde. Bis 1935 wurden mehr als eine Million dieser Geräte hergestellt, wobei der Preis von anfänglich 76 Reichsmark auf 59 Reichsmark fiel. Alternativ konnte ein noch preiswerteres und technisch einfacheres Kleingerät, als »Goebbels-Schnauze« bekannt, erworben werden, anläss-

Ein Werbeplakat für den **Volksempfänger** anlässlich der »Berliner Funk-Ausstellung« 1933. Die Nazis waren es, die den Rundfunk für sich als ein Instrument der politischen Propaganda entdeckten.

lich der Olympiade 1936 auch ein tragbarer Radioapparat, der mit Batterien betrieben wurde.

Der Rundfunk wurde verstaatlicht, das heißt, die bis dahin bestehenden elf unabhängigen Rundfunkgesellschaften wurden aufgelöst, in Reichssender umgegliedert und dem Ministerium für Volksaufklärung und Propaganda unterstellt. Die Gleichschaltung erfolgte im Rundfunkbereich durch Einrichtung der Reichsrundfunkkammer, die auch die ab 1938 zur Mitarbeit an Rundfunkproduktionen erforderliche Mikrofon-Eignungspüfung durchführte. Die Programme erhielten, nicht zuletzt durch die permanente Übertragung der Reden Hitlers und seiner Handlanger, ein einseitig politisiertes Profil. Die Musikauswahl konzentrierte sich auf die als »deutsch« empfundene Volks- und Marschmusik, ab 1935 war der als »Negermusik« denunzierte Jazz verboten. Gleichzeitig wurde das Rundfunkhören zur staatsbürgerlichen Pflicht erklärt. Das bezog sich aber nur auf die deutschen Sender. Da der Volksempfänger nur auf starke Mittel- und Langwellensender ausgerichtet war, konnten die ausländischen Sender, die auf Kurzwelle zu empfangen gewesen wären, nicht in die nationalsozialistische Propaganda hineinfunken.

Trotz der massiven Förderung des Rundfunks durch die Nationalsozialisten lagen die Hörerzahlen in Deutschland noch lange unter denen in den Pionierländern USA und in Großbritannien. 1934 konnte in Deutschland ein Drittel der Bevölkerung die Radioprogramme verfolgen, bis 1937 waren es 46,9 Prozent. In den USA lag die Empfangsdichte 1937 bereits bei 78,3 Prozent, in Großbritannien besaßen zwei Drittel der Haushalte einen Radioapparat. In Deutschland wurden vergleichbare Werte erst 1941 mit 65 Prozent erreicht.

»Der Führer spricht« und sein Porträt droht düster an der Wand im Hintergrund. Ein **Andachtsbild des deutschen Rundfunkhörers aus finsteren Zeiten** (Gemälde von Paul Mathias Padua, 1939).

Krieg und Rundfunk

Ein von der SS inszenierter Angriff auf den Sender Gleiwitz, damals nahe der polnischen Grenze, diente als Vorwand für den Beginn des Zweiten Weltkriegs, in dem Funk und Rundfunk intensiv militärisch und propagandistisch genutzt wurden. So wurden etwa militärische Nachrichten mittels Ultrakurzwelle zwischen frontnahen Einheiten und den Stäben in rückwärtigen Stellungen ausgetauscht und Bomberflotten bestimmten ihre Position anhand von Kreuzpeilungen der Richtung zu bestimmten Sendern. Diese wurden daher bei Einflug eines gegnerischen Bomberverbands abgeschaltet.

Die Propagandamaschine lief während des Zweiten Weltkriegs auf beiden Seiten der Front auf Hochtouren. Die politische Prominenz konnte mit ihren Reden über das Radio einen Großteil der Bevölkerung erreichen und zu noch intensiveren Kriegsanstrengungen aufrufen. Siegesmeldungen wurden verbreitet und Durchhalteparolen sollten die Moral der von Bombenangriffen demoralisierten Bevölkerung stärken.

Das Abhören ausländischer Sender wurde in Deutschland sofort nach Kriegsbeginn verboten und als »Verbrechen gegen die nationale Sicherheit« mit schweren Zuchthausstrafen geahndet. Ab Mitte 1941 kam es sogar zu Todesurteilen wegen Hörens ausländischer Rundfunksender.

Öffentlich-rechtlich, dezentralisiert und ultrakurzwellig – Rundfunk im Nachkriegsdeutschland

Mit dem Ende des Krieges war auch das Schicksal des Reichsrundfunks besiegelt. Zunächst übernahmen die Alliierten die Kontrolle über die Rundfunksender. Jede unbeaufsichtigte Sendetätigkeit von Deutschen war verboten und die noch betriebsbereiten Sendeanlagen standen unter Besatzungsrecht. Die Besatzungsmächte richteten in ihren Zonen dezentrale Sendeanlagen ein, wie etwa in München, Frankfurt, Stuttgart, Bremen, Hamburg, Berlin oder Baden-Baden. In der sowjetisch besetzten Zone wurde 1946 die »Generalintendanz des deutschen demokratischen Rundfunks« gegründet.

Diese Sendeanlagen bildeten im Westen den Keim der späteren bundesrepublikanischen Landesrundfunkanstalten, wie etwa dem Südwestfunk in Baden-Baden oder dem Nordwestdeutschen Rundfunk in Hamburg. Die Programme wurden von Besatzungsoffizieren kontrolliert und teilweise auch produziert, wobei die Inhalte auf eine Umerziehung der deutschen Bevölkerung abzielten. Sie boten darüber hinaus jedoch auch praktische Ratschläge für den Alltag, Unterhaltung in Form musikalischer Sendungen aller Stilrichtungen oder das in einer Diktatur undenkbare politische Kabarett.

Zwischen 1948 und 1949 wurden die bisherigen westdeutschen Militärsender nach dem Vorbild der britischen BBC in Landessender des öffentlichen Rechts unter deutscher Verwaltung umgewandelt. Besonders die amerikanischen Besatzungsbehörden setzten sich für einen öffentlich-rechtlichen Rundfunk ein, der nicht mehr von der staatlichen Macht abhängig war. Zumindest formal unabhängige Kontrollkommissionen, in denen alle relevanten gesellschaftlichen Gruppierungen vertreten sein sollten, kontrollieren seither das Programm und haben die Aufgabe, ein ausgewogenes und pluralistisches Programm zu gewährleisten.

In der DDR beschritt der Rundfunk unter sowjetischem Einfluss andere Wege. 1952 wurde hier das Staatliche Rundfunkkomitee als Nachfolgeorganisation der »Generalintendanz des deutschen demokratischen Rundfunks« gegründet, das »nach dem Vorbild des Rundfunks in der Sowjetunion und der Volksdemokratien (...) den deutschen demokratischen Rundfunk« reorganisieren sollte; die Entlassung des Rundfunks in die politische Unabhängigkeit fand nicht statt.

Auch auf alliierter Seite wurde der **Rundfunk als Propagandamittel** eingesetzt. So sendete beispielsweise die BBC Nachrichten und andere Wortsendungen in deutscher Sprache, die ein Korrektiv zur Nazipropaganda bilden sollten.

Ein Kuriosum in der deutschen **Nachkriegsgeschichte des Rundfunks** spielte sich in Berlin ab, wo eine frühe Form des über Kabel übertragenen Rundfunks eingerichtet wurde. Da die alte Zentrale des Reichsrundfunks in der Masurenallee von den Sowjets besetzt gehalten wurde, obwohl sie im britischen Sektor lag, setzten die Amerikaner ab Februar 1946 die alten Anlagen zur Durchgabe der Luftlagemeldungen über Draht wieder instand. Eine Telefonbuchse reichte dann aus, um von 17 bis 24 Uhr den **DIAS** (Drahtfunk im amerikanischen Sektor) empfangen zu können. Während der häufigen Stromausfälle versorgte ein herumfahrender Lautsprecherwagen die Bewohner mit dem Programm.

In der Zeit nach 1945 gingen immer mehr Hörfunkprogramme auf Sendung, die sich den begrenzten Frequenzbereich der Radiowellen teilen mussten. Auf der Kopenhagener Lang- und Mittelwellenkonferenz im Sommer 1948 wurde daher eine Neuverteilung der

FREQUENZBEREICHE DER RADIOWELLEN

Bei den Langwellen (LW) handelt es sich um elektromagnetische Wellen im Frequenzbereich von 30 bis 300 kHz (Kilohertz), für den Rundfunk werden aber lediglich 150 kHz bis 285 kHz genutzt. Sie breiten sich als Bodenwellen aus, die der Erdkrümmung durch Beugung folgen. Die Reichweite dieser Wellen ist groß und unabhängig von der Tageszeit.

Erde begrenzt ist. Nachts kommt zur Bodenwelle die Raumwelle hinzu, die sich durch den gesamten Raum der Erdatmosphäre ausbreitet und infolge von Reflexionen in der Ionosphäre vom Sender zum Empfänger gelangt. Sie hat eine größere Reichweite als die Bodenwelle, besonders bei den kürzeren Mittelwellen.

große Reichweite, auch bei geringer Sendeenergie, und können gerichtet gesendet und empfangen werden. Im Gegensatz zur Bodenwelle verläuft die Kurzelle annähernd geradlinig, bis sie entweder im Erdboden absorbiert wird oder beim Eindringen in die Ionosphäre mehrfach gebrochen und dadurch in größerer Entfernung vom Sender zur Erde reflektiert wird. Zwischen diesem Empfangsgebiet und der unmittelbaren Umgebung des Senders liegt eine tote Zone, in der kein Empfang möglich ist. Nachteilig an der Kurzwelle ist der starke Unterschied der Tages- und Nachtlautstärke der Radiosignale und der vereinzelt auftretende Schwund einzelner Frequenzen (Fading), wodurch Verzerrungen in der Wiedergabe auftreten.

Wegen der Wellenknappheit auf dem Mittelwellenbereich wurde im Jahr 1949 in Deutschland der Sendebetrieb auf Ultrakurzwelle, kurz UKW, eingeführt. Der Frequenzbereich bewegt sich in Deutschland für den Hörfunk bei 87,7 MHz bis 108 MHz. Ultrakurzwellen verhalten sich ähnlich wie das Licht, breiten sich geradlinig aus, lassen sich bündeln und reflektieren. Die Reichweite ist allerdings annähernd auf Sichtweite reduziert, wodurch UKW-Sendeantennen möglichst hoch auf Antennentürmen oder Bergen aufgestellt werden. Durch Relaisstationen gelangen die Sendungen in jene Bereiche, die außerhalb der Sichtlinie zum eigentlichen Sender liegen. Durch die geringe Reichweite der Wellen sind die Sender untereinander trotz ihrer großen Anzahl auf kleinem Raum kaum störanfällig. Zudem umfasst der UKW-Bereich wesentlich mehr Frequenzen als der Mittelwellenbereich, sodass die einzelnen Sender große Bandbreiten einnehmen können. Aus diesen Gründen ist der UKW-Bereich vor allem für qualitativ hochwertige Musiksendungen geeignet.

	Wellenlänge in Metern	Frequenz in Megaherz
Niederfrequenz	100 000 000	
	10 000 000	
	1 000 000	0,0003
	100 000	0,003
Längstwelle	10 000	0,03
Langwelle	1 000	0,3
Mittelwelle	100	3
Kurzwelle	10	30
UKW und TV	1	300
Höchstfrequenz	0,1	$3 \cdot 10^3$
	0,01	$3 \cdot 10^4$
	0,001	$3 \cdot 10^5$
	0,0001	$3 \cdot 10^6$
Wärmestrahlen (infrarot)	10^{-5}	$3 \cdot 10^7$
	10^{-6}	$3 \cdot 10^8$
sichtbares Licht	10^{-7}	$3 \cdot 10^9$
	10^{-8}	$3 \cdot 10^{10}$
ultraviolette Strahlen	10^{-9}	$3 \cdot 10^{11}$
	10^{-10}	$3 \cdot 10^{12}$
Röntgenstrahlen	10^{-11}	$3 \cdot 10^{13}$
Gamma- und ultraharte Röntgenstrahlen	10^{-12}	$3 \cdot 10^{14}$
	10^{-13}	$3 \cdot 10^{15}$
	10^{-14}	$3 \cdot 10^{16}$
Höhenstrahlen		

Als Mittelwellen (MW) bezeichnet man die Radiowellen im Frequenzbereich von 525 kHz bis 1605 kHz. Nur am Tag breiten sie sich als Bodenwellen aus, deren Reichweite aber aufgrund der Absorption durch die

Weniger störanfällig als die mittleren und langen Wellen sind die Kurzwellen (KW), die sich im Frequenzbereich von 6,1 bis 26 MHz (Megahertz) bewegen. Sie haben eine im Überseebereich ausgenutzte für den Rundfunk verwendeten Radiofrequenzen beschlossen. Seither liegen die von der Sendeantenne ausgestrahlten Wellen, die sich durch ihre Wellenlänge und entsprechend durch ihre Frequenz voneinander unterscheiden, in festgelegten Frequenzbereichen: Lang-, Mittel-, Kurz- oder Ultrakurzwellen. Die Frequenzbereiche dazwischen bleiben beispielsweise dem Polizeifunk und anderen Sprechfunkverbindungen vorbehalten. Die Übertragungseigenschaften der Bereiche, wie etwa die Reichweite, die Bandbreite, der Einfluss von Tag und Nacht oder Funkstörungen, sind dabei verschieden.

Für den regionalen Hörfunk eignet sich besonders die Ultrakurzwelle, die kaum unter den Horizont reicht und somit eine geringe Reichweite besitzt. Geboren wurde die Idee, auf UKW zu senden, aus der Not heraus. Auf der Kopenhagener Konferenz war Deutschland als Kriegsverlierer nicht vertreten und bekam daher nur ein absolutes Minimum der begehrten Mittelwellenfrequenzen zugesprochen. Da in der Folge zu wenige Frequenzbänder für die deutschen Rundfunkanstalten zur Verfügung standen, konnten weite Teile Deutschlands nicht mehr über Mittelwelle erreicht werden. In nüchterner Vorausahnung dessen war in Deutschland bereits kurz vor In-Kraft-Treten der Kopenhagener Beschlüsse der UKW-Bereich erschlossen worden, und die ersten Sender nahmen den Betrieb in diesem Bereich auf, der sich bald wegen seiner überlegenen Übertragungsqualität als »Welle der Freude« entpuppte. Da sich Ultrakurzwellen praktisch nur geradlinig ausbreiten und daher nicht hinter den Horizont gelangen können, musste das Sendegebiet in Abständen von etwa 50 bis 200 Kilometern mit Sendeantennen bestückt werden. Heute werden die Rundfunksignale in Deutschland, ausgehend von einem Sternpunkt auf dem Großen Feldberg im Taunus, über ein Netz von Richtfunkstrecken an diese Sendeantennen übermittelt. Die Sendeantennen sind Gruppen von Dipolantennen.

Im Juni 1950 schlossen sich die westdeutschen Landesrundfunkgesellschaften zur »Arbeitsgemeinschaft der öffentlich-rechtlichen Rundfunkanstalten der Bundesrepublik Deutschland« (ARD) zusammen. In den folgenden Jahren wurde der öffentlich-rechtliche Rundfunk in Westdeutschland weiter ausgebaut: Die ARD gründete 1953 einen Kurzwellenauslandsdienst, die Deutsche Welle (DW), 1954 nahm der Sender Freies Berlin (SFB) als siebter ARD-Sender den Sendebetrieb auf, 1956 wurde der NWDR in den NDR mit Sitz Hamburg und den WDR mit Sitz in Köln aufgeteilt und 1959 wurde der Saarländische Rundfunk (SR) gegründet. Im Osten hingegen wurden alle Landessender aufgelöst und es gab hinfort nur noch drei zentrale Hörfunkprogramme: »Berlin I« bis »Berlin III«. Erst nach dem Fall der Berliner Mauer 1989 änderte sich die politi-

Die **Bandbreite** eines Rundfunkkanals ist die Breite des Frequenzbereichs oberhalb und unterhalb der Frequenz der Trägerwelle. Je größer die Bandbreite, desto besser ist die Übertragungsqualität. Ist die Trägerwelle sehr hochfrequent, wie etwa im UKW-Bereich, so steht auch eine größere Bandbreite für die einzelnen Rundfunkkanäle zur Verfügung. Daher ist der Ton bei UKW-Übertragungen besser als bei Mittelwellen- oder Kurzwellensendern.

Fernsehempfangsantennen bestehen aus kleineren **Dipolantennen**. Sie nehmen die Signale auf und führen sie über abgeschirmte Koaxialkabel dem Radio- oder Fernsehapparat zu. Zumeist werden die Signale unmittelbar nach dem Empfang noch verstärkt, damit innerhalb der Haushalte befindliche Störquellen keine allzu großen Einflüsse auf die Fernsehqualität haben.

sche Organisation des DDR-Rundfunks hin zu einer dezentralen, unabhängigen Struktur – eine Entwicklung, die nach der Wiedervereinigung Deutschlands in die Gründung zweier neuer ARD-Sendeanstalten 1991 mündete, des Ostdeutschen Rundfunks Brandenburg (ORB) und des Mitteldeutschen Rundfunks (MDR).

Raumklang im Wohnzimmer – Stereoton im Radio

Dem immer attraktiver werdenden Programmangebot des Fernsehens setzte der Hörfunk am 30. August 1963 eine technische Innovation entgegen: Der Zweikanalton (Stereophonie) wurde eingeführt. Bis 1968 betrieb jede Landesrundfunkanstalt mindestens ein UKW-Sendernetz stereophon. Damit konnte Hörfunk in einer besseren Tonqualität ausgestrahlt werden, als dies beim Fernsehen damals möglich war.

Dafür musste zunächst jedoch das Problem gelöst werden, wie beide Signale des Stereotons über einen einzigen Rundfunkkanal übertragen werden können, und zwar auf eine solche Art und Weise, dass die Sendungen auch mit einkanaligen Mono-Empfangsgeräten gehört werden können. Die Lösung war das Pilottonverfahren: Die Signale für den rechten und den linken Kanal werden in ein erstes Signal umgewandelt, das die gesamte Information trägt, die für eine einkanalige (monophone) Wiedergabe nötig ist, und in ein zweites Signal, das Differenzsignal zwischen rechtem und linkem Kanal, das die Information für den Richtungseindruck enthält. Um beide Signale auf der gleichen Trägerwelle versenden zu können, wird das Differenzsignal mit einer Hilfsträgerwelle, deren Frequenz mit 38 Kilohertz weit außerhalb des Hörfrequenzbereichs liegt, amplitudenmoduliert und dieses modulierte Signal dann zusammen mit dem Monosignal der Hauptträgerwelle aufgepackt. Das Charakteristische des Pilottonverfahrens ist, dass die Hilfsträgerwelle beim Versenden des Signals nicht mit ausgestrahlt wird. Als Ersatz wird ein konstanter Pilotton mit einer Frequenz von 19 Kilohertz übertragen, aus dem im Empfänger die Hilfsträgerwelle zurückgewonnen werden kann. Durch diesen Kniff wird die Übertragungsgüte des Differenzsignals verbessert, ohne dass die Bandbreite erhöht werden müsste.

Auf dem Weg zum digitalen Rundfunk

Noch einen Schritt weiter geht das digitale Radio, das die technischen Erkenntnisse aus der Mobilfunktechnik ausnutzt, um Radiosignale in digitaler Form auszustrahlen. Allerdings sind diese digitalen Signale, da sie im Ultrahochfrequenzbereich gesendet werden, wie beim Mobilfunk auf einen Sendebereich von wenigen Kilometern Radius beschränkt. Eine großräumige Versorgung mit dem digitalen Radio kann daher nur gewährleistet werden, wenn ein flächendeckendes Netz von Sendemasten errichtet wird. Initiiert wurde das europäische Projekt »Eureka EU 147«, das Vorschläge für ein digitales terrestrisches Rundfunksystem unter dem Kürzel DAB (für englisch: Digital Audio Broadcasting) erarbeiten sollte, im Jahr

In den Fünfzigerjahren wurde, was das Radiogerät anbelangt, das Ende der Röhre eingeläutet. Der mit Transistoren bestückte Empfänger, erstmals 1954 in den USA vorgestellt, kam 1956 auch in Deutschland auf den Markt. Die **Transistorradios** waren kleiner als ihre Vorgänger und brauchten weniger Strom, sodass sie auch problemlos mit Batterien betrieben werden konnten. Innerhalb weniger Jahre wurden die Geräte mit den sanft glühenden Röhren in ihrem Innern eine Sache für Nostalgiker.

1986 von deutscher Seite. Derzeit (1999) befindet sich das digitale Radio in einem problematischen Zwischenstadium. Da noch kein großer Markt besteht, wird die Entwicklung kompakter Empfangsgeräte von der Industrie nicht forciert. Wegen der nicht vorhandenen Geräte schrecken die Sender vor den hohen Investitionen zurück, die mit der Errichtung des Sendernetzes verbunden wären, wodurch wiederum die Anschaffung von Empfängern für den Konsumenten uninteressant bleibt.

Demgegenüber hat sich die Digitaltechnik im Rundfunkstudio inzwischen fest etabliert. Für Musikproduktionen werden heute zumeist digitale Techniken eingesetzt, da sie die Produktionsabläufe verbessern und gestatten, bei der Nachbearbeitung auch die kleinsten Details zu korrigieren.

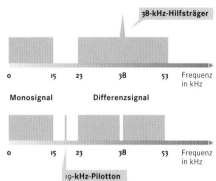

Frequenzverteilung des Sendesignals beim **Stereorundfunk**. Das Sendesignal enthält vor der Modulation mit dem Hauptträger die Frequenzen des Monosignals (0 bis 15 kHz) und des Differenzsignals, das mit dem 38-kHz-Hilfsträger überlagert ist (oben). Durch die Unterdrückung des Hilfsträgers beim **Pilottonverfahren** (unten) kommt man bei der Frequenzmodulation des Signals mit einem geringeren Frequenzhub aus, weil die Frequenz des Hauptträgers sich nicht so stark zu ändern braucht. Als Ersatz für den unterdrückten 38-kHz-Hilfsträger wird ein konstanter 19-kHz-Pilotton mit übertragen.

Fernsehen

D as Fernsehen baut auf denselben Basistechnologien wie der Hörfunk auf: Bild und Ton müssen in elektrisch übertragbare Signale gewandelt werden. Es konnte wie das Radio von den Erfindungen und Entwicklungen im Bereich der Telegrafie profitieren. Wie man elektrische Signale versendet und wieder empfängt, war um die Wende zum 20. Jahrhundert bekannt. Auch wie Schall in elektrische Signale und ein elektrisches Signal wieder in Schall umgesetzt werden kann, wurde kurz danach erprobt. Wie aber konnte man bewegte Bilder auf eine elektrische Leitung bringen?

PRINZIP DES FERNSEHENS

Der Grundgedanke des Fernsehens ist die Umwandlung der Helligkeits- oder Farbwerte von bewegten Bildern in eine Abfolge von elektrischen Signalen, die über Antennen versendet und von den Empfängern wieder in Bilder zurückverwandelt werden. Einen kontinuierlichen Fluss bewegter Bilder zu übertragen ist viel zu aufwendig und technisch kaum zu realisieren. Man nutzt daher beim Fernsehen aus, dass eine Abfolge von Einzelbildern, deren zeitlicher Abstand nicht größer als eine Zwanzigstelsekunde ist, wegen der Trägheit des menschlichen Auges zu einem kontinuierlichen Bewegungsablauf verschmilzt. Da es auch viel zu aufwendig wäre, jedes dieser Einzelbilder mit ihrer Vielzahl von Bildpunkten auf einmal aufzuzeichnen und zu übertragen, wird die Bildfläche in waagerechte Zeilen unterteilt, die nacheinander abgetastet werden. Jedes Bild wird so in eine zeitliche Abfolge von Helligkeitssignalen transformiert, dann in elektrische Signale verwandelt, versendet und schließlich im Empfänger wieder zu bewegten Bildern zusammengesetzt.

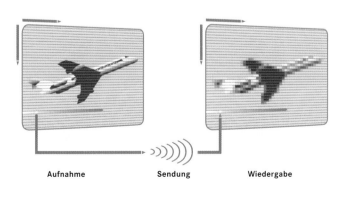

Aufnahme   Sendung   Wiedergabe

Nipkows Scheibe

S chon 1883 – das Telefon als neues Kommunikationsmittel stand erst ganz am Anfang – widmete sich der Berliner Student der Naturwissenschaften Paul Nipkow dem Problem, außer Tönen und Sprache auch Bilder über nur eine einzige Leitung elektrisch zu übertragen. Nipkows Grundgedanke bestand darin, die auf einer Fläche verteilten Helligkeitsinformationen eines Bildes zeitlich nacheinander zeilenweise abzutasten und als Reihenfolge von Stromimpulsen zu übertragen. Dies musste allerdings so schnell geschehen, dass es dem menschlichen Auge wie ein einziges Bild erschien. Für die Zerlegung in Bildpunkte schlug er vor, eine rotierende Scheibe mit spiralförmig angeordneten Löchern zu verwenden. Eine lichtempfindliche Selenzelle auf der Sendeseite lieferte die Stromimpulse, die auf der Empfangsseite eine Lichtquelle steuerten. Bei Betrachtung dieser Lichtquelle durch eine zweite, synchron mit der Aufnahmescheibe rotierende Spirallochscheibe wurde das übertragene Bild wieder sichtbar. Für dieses Prinzip des »elektrischen Teleskops« erhielt Nipkow 1884 ein Reichspatent, das erste Patent in der weltweiten Fernsehgeschichte; es machte Paul Nipkow zum Erfinder des Fernsehens.

Die praktische Umsetzung seiner Idee scheiterte jedoch am damaligen Stand der Technik. Die Selenzelle lieferte zu schwache Ströme, um selbst die kleinste Lampe zum Leuchten zu bringen. Eine Möglichkeit der Verstärkung war noch nicht bekannt. So verging noch eine Reihe von Jahren, bis Nipkows Erfindung schließlich doch noch zum Ausgangspunkt der europäischen Fernsehentwicklung wurde.

Die von Paul Nipkow (links) entwickelte **Nipkow-Scheibe** war eine Lochscheibe aus Metall, die sich vor dem abzutastenden Bild vorbeidrehte und an deren äußerem Rand eine Reihe spiralförmig angeordneter Löcher angebracht war (Mitte). Diese waren gerade so weit voneinander entfernt, dass immer nur ein Loch an dem Bild vorbeistrich, das abgetastet werden sollte. Zudem hatte Nipkow alle Löcher um Zeilenbreite gegeneinander versetzt, wodurch jedes Loch eine Zeile des Bildes überstrich. Nach einer Drehung der Scheibe war

das ganze Bild in – wegen der Scheibenform leicht gebogenen – Zeilen abgetastet. Hinter die Lochscheibe hatte Nipkow eine Selenzelle montiert, die die verschiedenen Helligkeitswerte der abgetasteten Bildpunkte in entsprechende elektrische Signale umwandelte. Der Empfänger der Bildsignale besaß ebenfalls eine Lochscheibe und eine Glimmlampe, mit der die ankommenden elektrischen Impulse wieder in Helligkeitswerte umgesetzt wurden; rechts ein solches mit der Nipkow-Scheibe erzeugtes

Fernsehbild. Voraussetzung zum Funktionieren dieses Prinzips war der absolute Gleichlauf der beiden Scheiben und eine hohe Drehgeschwindigkeit, sodass die natürliche Trägheit des menschlichen Auges die einzelnen Bildpunkte zu bewegten Bildern verschmelzen ließ. Nipkows Lochscheibe wurde noch bis zum Ende der 1930er-Jahre, als sich die elektrischen Röhren für Bildaufzeichnung und -wiedergabe durchsetzten, für die Übertragung von Fernsehbildern eingesetzt.

Erste Laufversuche der Bilder – »Telehor« und »Großer Fernseher«

D as Medium hatte bereits seinen Namen, bevor es überhaupt richtig funktionierte. 1891 prägte der Chemiker Paul Eduard Liesegang mit seinem Buchtitel »Beiträge zum elektrischen Fernsehen« die deutsche Bezeichnung für die neue, damals noch sehr experimentelle Technik und das Wort »Télévision« führte der Russe

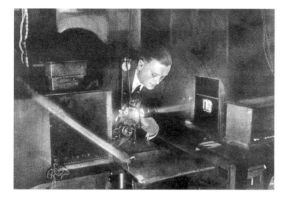
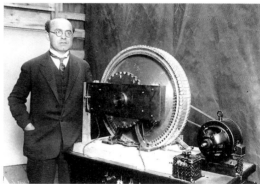

Constantin Perskij in einem im Jahre 1900 veröffentlichten Aufsatz ein. Es gab zu dieser Zeit zwar bereits verschiedene Experimente zur Übertragung von bewegten Bildern, die jedoch aufgrund mangelnder technischer Voraussetzungen alle noch nicht betriebsfähig waren. Bald darauf aber gelang ein wichtiger Durchbruch, der zumindest die Machbarkeit des Fernsehens demonstrierte und weiteres Interesse an dieser Technologie weckte: Dem Physiker Arthur Korn gelang 1904 die Übermittlung eines Bildes von München nach Nürnberg, 1910 schaffte er auch die Strecke zwischen Berlin und Paris. Angeregt von diesen Erfolgen begann der ungarische Ingenieur Denes von Mihály 1914 mit dem Bau eines Gerätes, das er Telehor nannte und mit dem er vermutlich schon um 1919 bewegte Bilder übertragen konnte. Auf der Wiedergabeseite seines Apparates arbeitete statt einer Glimmlampe eine Kerr-Zelle, die elektrische Spannungen in Lichtschwankungen umsetzen konnte.

Ein alternatives Konzept entwickelte der Physiker August Karolus mit seinem »Großen Fernseher«. Auch er griff dabei auf Nipkows Entwurf zurück. Zwei Spirallochscheiben mit einem Meter Durchmesser waren wegen des Synchronlaufs auf einer gemeinsamen Welle montiert. Bei rascher Rotation der Scheiben war das System »Telefunken-Karolus«, das mit einer Photozelle auf der Aufnahmeseite und einem vierstufigen Verstärker auf der Empfangsseite arbeitete, in der Lage, einfache Schattenbilder zu übertragen. Mit Unterstützung der Telefunken verbesserte Karolus zwischen 1924 und 1925 durch Modifikation der Nipkow-Scheibe die Auflösung des Fernsehbildes auf zunächst 48 und schließlich 96 Zeilen bei zehn Bildwechseln pro Sekunde.

Schon Ende 1926 begann die Deutsche Reichspost – als erste Fernmeldeverwaltung der Welt – aktiv in die Entwicklung des

Zwei Fernsehpioniere: Links **Denes von Mihály** mit seinem im Prinzip schon sehr praxisnahen Fernsehsystem »**Telehor**«. Das Bild war allerdings kaum größer als eine Briefmarke. Rechts der »**Große Fernseher**« mit seinem Konstrukteur **August Karolus**. Dieses recht schwerfällige, mit einem mechanischen Bildzerleger arbeitende System hatte eine Auflösung von etwa 10 000 Bildpunkten auf acht mal zehn Zentimetern Bildschirmgröße. Beide Systeme wurden auf der »Großen Deutschen Funkausstellung Berlin« 1928 erstmals der Öffentlichkeit vorgestellt.

Fernsehens einzusteigen. 1926/27 konzentrierte sich die Entwicklung jedoch überwiegend auf die Bildtelegrafie, deren Übertragungsqualität erheblich verbessert wurde. 1926 wurden Teststre-

IKONOSKOP, ORTHIKON UND VIDIKON: FRÜHE ELEKTRONISCHE FERNSEHKAMERAS

Eine Fernsehkamera dient der direkten Aufnahme von Bildern und ihrer Umwandlung in elektrische Signale. Die elektronischen Fernsehkameras, die in den 1930er-Jahren Nipkows mechanische Bildabtastung ersetzten, waren bis in die 1990er-Jahre mit Bildspeicherröhren bestückt, die auf der Basis der Elektronenstrahlröhre arbeiteten. Das Prinzip ist dabei in allen Varianten gleich geblieben: Eine Optik fokussiert das Bild auf eine Bildspeicherplatte, in der es für die Dauer der Abtastung elektronisch gespeichert wird. Ein Elektronenstrahl wird zeilenweise über diese Speicherplatte geführt und bewirkt dabei eine Umladung der einzelnen Speicherzellen. Die impulsförmigen elektrischen Entladeströme, die dabei fließen, stellen die Bildsignale dar, die verstärkt und weitergeleitet werden.

Das Ikonoskop (unten), 1923 von Wladimir Kosma Zworykin entwickelt und von Manfred von Ardenne acht

funktionierte, die als äußerer Photoeffekt bezeichnet wird. Die Bildspeicherplatte bestand aus Glimmer oder kleinen Silberkügelchen, die auf der Vorderseite mit einer lichtempfindlichen Schicht aus Caesium- und Silberoxid bedeckt waren. Das einfallende Licht lud die Schicht auf den Kügelchen abhängig von der Helligkeit des entsprechenden

plötzliche Helligkeitsschwankungen, konnten im Orthikon durch die Verwendung eines langsameren Elektronenstrahls weitgehend ausgeschaltet werden. Eine weiterentwickelte Variante, das mit einer Halbleiter-Speicherplatte ausgestattete Superorthikon, fand große Verbreitung, bis es in den 1950er-Jahren vom Vidikon abgelöst wurde, das von da an in praktisch allen Fernsehkameras zu finden war.

Durch die vergleichsweise geringen Abmessungen des Vidikons (oben) wurden auch transportable Fernsehkameras möglich. Für die lichtempfindliche Schicht der Bildspeicherplatte werden hier Materialien verwendet, deren elektrische Leitfähigkeit sich unter Lichteinfall ändert; dieser Effekt wird als innerer Photoeffekt bezeichnet.

Wie bei anderen Kameratypen bildet sich eine Ladungsträgerschicht aus, die mittels eines Elektronenstrahls abgetastet wird. Die dadurch hervorgerufene Potenzialänderung ruft in der Signalplatte eine Spannungsänderung hervor, die von der angeschlossenen Elektronik registriert wird. Die zeitliche Abfolge dieser elektrischen Signale ergibt wie bei den anderen Kameratypen das Videosignal.

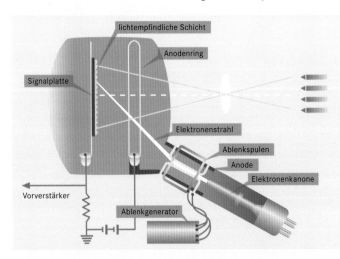

Jahre später auf der Berliner Funkausstellung vorgeführt, war historisch der erste Typ einer solchen Röhre, der auf der Basis einer physikalischen Erscheinung

Bildpunkts elektrisch auf, diese Ladung tastete ein schneller Elektronenstrahl dann ab.

Die Nachteile des Ikonoskops, wie etwa die Bildunschärfe sowie cken zwischen Berlin und Leipzig sowie Berlin und Wien in Betrieb genommen. Diese wurden 1927 nach Moskau, 1928 nach London und Tokio erweitert, wobei drahtlose Bildsender eingesetzt wurden. Die Forschungsergebnisse wurden allerdings bis 1928 nicht der Öffentlichkeit vorgestellt.

Um die Mitte der 1920er-Jahre war die Zeit nicht nur in Deutschland, sondern weltweit reif für das neue Medium. In England gelangen dem Ingenieur John Logie Baird 1924 erste Fernsehübertragungen; 1927 sandte er Fernsehbilder auf einer Fernsprechleitung nach Glasgow, 1928 nach New York. In den USA unternahm der Physiker Charles Francis Jenkins 1925 erste Versuche zur elektronischen Übertragung bewegter Bilder und 1927 produzierte Herbert Eugene Ives, gleichfalls ein Physiker, die erste öffentliche amerikanische Fernsehsendung.

1928, bei der fünften Großen Deutschen Funkausstellung in Berlin, wurden zwei konkurrierende Fernsehsysteme auf der Basis der Lochscheibe erstmals einer staunenden Öffentlichkeit vorgestellt. Im Pavillon der Reichspost präsentierte Mihály seinen Telehor mit einem Bild, so klein wie eine Briefmarke: vier mal vier Zentimeter bei 30 Zeilen und 900 Bildpunkten. Die von August Karolus in Zusammenarbeit mit Telefunken vorgestellte Anlage hatte immerhin schon eine Bildgröße von acht mal zehn Zentimetern bei 96 Zeilen und 10000 Bildpunkten. Zum Vergleich: Unser heutiges Fernsehen hat über 400000 Bildpunkte, die allerdings in zwei Halbbildern zu jeweils 200000 Punkten übertragen werden. Mit heutigen Aufnahmen lassen sich die damaligen Bilder also in keiner Weise vergleichen: Sie waren unscharf und konturenlos, aber sie waren lebendig und die Möglichkeit der Übertragung bewegter Bilder war mit ihnen demonstriert.

Ein Jahr später begann der Rundfunksender Witzleben mit ersten regelmäßigen Testsendungen. Daraufhin setzte die Deutsche Reichspost (DRP) die erste deutsche Fernsehnorm fest. Das Bild hatte demnach aus 30 Zeilen bei einer Bildfrequenz von 12,5 Bildern pro Sekunde zu bestehen. Diese Norm wurde in den folgenden Jahren stetig verändert. 1931 legte man bereits 48 Zeilen bei 25 Bildern pro Sekunde fest. Der technischen Entwicklung folgend galten bald 90 Zeilen (1932), 180 Zeilen (1934) und 375 Zeilen (1936) als Norm. Mit Einführung des Zeilensprungverfahrens wurde die Zeilenzahl 1937 auf 441 erhöht, die Bildfrequenz von 25 Bildern wurde durch zwei Halbbilder gesichert, sodass jeweils 50 Halbbilder von je 220 beziehungsweise 221 Zeilen zu übertragen waren.

Elektronenstrahlröhre statt Lochscheibe

Anfang der 1930er-Jahre erkannte man, dass die mechanische Nipkow-Scheibe der Faktor war, der Bildqualität und Bildgröße begrenzte, denn je größer die mechanisch rotierenden Scheiben wurden, desto schwerfälliger und störanfälliger wurde das Sys-

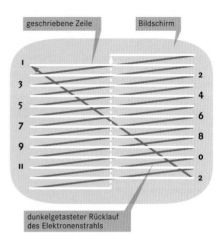

geschriebene Zeile   Bildschirm

dunkelgetasteter Rücklauf des Elektronenstrahls

Die Aufteilung des Fernsehbildes in zwei Halbbilder, wie sie beim **Zeilensprungverfahren** angewandt wird, liefert ein wesentlich flimmerfreieres Fernsehbild. Die Halbbilder werden zeitlich versetzt gesendet und auf dem Bildschirm wiedergegeben. Im ersten **Halbbild** werden nur alle ungeraden Zeilen 1, 3, 5, ... abgetastet und übertragen, dann springt der Elektronenstrahl wieder in die linke obere Ecke des Bildes zurück und im zweiten Halbbild werden dann die geraden Bildzeilen 2, 4, 6.... in die Zwischenräume des ersten Halbbildes geschrieben. Dadurch wird eine Verdopplung der Bildwechselfrequenz erreicht, ohne dass die Bandbreite der Übertragung erweitert werden muss.

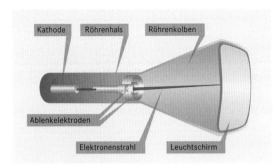

Kathode   Röhrenhals   Röhrenkolben

Ablenkelektroden

Elektronenstrahl   Leuchtschirm

Prinzip der **Bildwiedergabe im Fernsehempfänger**. Das in der Antenne empfangene Signal wird in ein Videosignal demoduliert, verstärkt und schließlich an die Bildröhre geleitet. In der Bildröhre wird ein Elektronenstrahl erzeugt, der durch die Ablenkspulen entsprechend den Synchronsignalen des Videosignals zeilenweise über die Mattscheibe geführt wird und so das Bild aufbaut. Auf der Mattscheibe befindet sich eine fluoreszierende Schicht, die durch die Elektronen zum Leuchten angeregt wird. Je stärker der Elektronenstrahl, desto heller leuchtet der angestrahlte Punkt der Mattscheibe.

tem. Abhilfe schuf hier ein schon 1896 entwickeltes Instrument, Karl Ferdinand Brauns bereits oben erwähnte Elektronenstrahlröhre, die zunächst als Anzeigeinstrument in Oszillographen Einsatz gefunden hatte. Die Braun'sche Elektronenstrahlröhre konnte nach einer Reihe von Verbesserungen die mechanische Nipkow-Scheibe ersetzen. Die erste elektronische Übertragung von Bildern und Filmen mit Elektronenstrahlröhren sowohl auf Sender- wie auf Empfangsseite gelang 1923 dem amerikanisch-russischen Ingenieur Wladimir Kosma Zworykin, dem »Vater des elektronischen Fernsehens«, mit seinem Vidikon. In Deutschland präsentierte der Physiker Manfred von Ardenne Zworykins System erstmals öffentlich 1931 auf der Funkausstellung in Berlin.

Ab 1934 übertrug die Deutsche Reichspost Fernsehsendungen mit Bild und Ton; dem jungen Tonfilm eröffnete sich damit eine zusätzliche Verbreitungsmöglichkeit. Am 22. März 1935 wurde schließlich der regelmäßige Programmbetrieb aufgenommen.

Fernsehen im Vorkriegs- und Kriegsdeutschland – Medium ohne Zuschauer

Damit war Deutschland das erste Land, das einen »regelmäßigen Fernsehprogrammdienst« veranstaltete. Allerdings gab es in Berlin und Umgebung nur etwa 250 Fernsehempfänger; die Industrie war noch nicht bereit zur Massenfertigung der Geräte. Daher eröffnete die Reichspost am 9. April 1935 die erste öffentliche Fernsehempfangsstelle für den Gemeinschaftsempfang, eine Fernsehstube. Weitere Fernsehstuben wurden in rascher Folge eröffnet. Sie ermöglichten einem Publikum von etwa 30 Personen den Blick auf ein Fernsehbild von etwa 18 mal 22 Zentimeter, entsprechend einer Bildschirmdiagonalen von etwa elf Zoll. Zum Vergleich: Bei einem heute üblichen Fernseher misst diese Diagonale 25 bis 28 Zoll.

Die Olympischen Spiele 1936 in Berlin, das erste Großereignis der Fernsehgeschichte, wurden dazu benutzt, diese technischen Leistungen auch einem internationalen Publikum vorzuführen. Mehr als 150 000 Zuschauer drängelten sich in den 25 Fern-

Die erste fahrbare Fernsehkamera, die **»Fernseh-Kanone«**, während der ersten Großveranstaltung der Fernsehgeschichte, der Olympiade in Berlin 1936.

sehstuben, um dabei zu sein. Insbesondere fiel hier die erste fahrbare Fernsehkamera auf, die »Fernseh-Kanone«. Dabei handelte es sich um eine vollelektronische Ikonoskop-Kamera mit einer Bildauflösung von 180 Zeilen, einer Objektivbrennweite von 1,60 Meter und einem Linsendurchmesser von 40 Zentimetern. Da die damaligen Kameras für Außenaufnahmen zu wenig lichtempfindlich waren, behalf man sich mit einem als Zwischenfilmverfahren bezeichneten Trick: Die Szenen wurden zunächst auf herkömmliches Filmmaterial aufgezeichnet, das dann in einer speziellen Ausführungsform des

Ikonoskops, einem Vorläufer der modernen Filmgeber, abgetastet wurde. Die Verzögerung gegenüber einer Livesendung betrug nur etwa eine Minute.

Ebenfalls in das Olympiajahr 1936 fiel der Beginn des regelmäßigen Fernsehprogramms in Großbritannien, dem zweiten Land, das weltweit einen derartigen Dienst anbot. Als drittes Land folgten 1939 die USA. Japan startete erst 1954 als erstes Land Asiens einen regelmäßigen Fernsehversuchsdienst.

Am 28. Juli 1939 wurde im Rahmen der Berliner Funkausstellung der Deutsche Einheits-Fernsehempfänger vorgestellt, der einen Betrachtungsabstand von 1,7 bis 2,0 Meter erlaubte. Man kündigte damals auch die baldige Freigabe des privaten und kostenlosen Fernsehens an. Der Kriegsbeginn beendete die Geschichte des öffentlichen deutschen Fernsehens jedoch, bevor sie richtig angefangen hatte. Für militärische Zwecke wurde das Medium weiterentwickelt. 1940 erreichte man für Zwecke der Luftaufklärung eine Auflösung von

DIE BILDQUELLEN DES FERNSEHENS

Neben dem live gesendeten Kamerabild werden im Fernsehen noch vier weitere Quellen für Bilder verwendet: Magnetband, Filme, Dias und, in zunehmendem Maß, computergeneriertes Bildmaterial.

Besonders in der Frühzeit des Fernsehens, als die Kameras noch zu lichtschwach waren, aber auch heute noch, wenn etwa Kinofilme ausgestrahlt werden sollen, dient herkömmliches Filmmaterial, das durch einen Filmgeber abgetastet wird, als Bildquelle. Der Lichtfleck, den der Elektronenstrahl auf dem Leuchtschirm einer Braun'schen Röhre erzeugt, dient als wandernde Punktlichtquelle, um die einzelnen Bilder des Films zeilenweise zu durchleuchten. Hinter dem Film ist eine Kameraröhre angebracht, in der der Lichtstrahl ähnlich wie in einer Fernsehkamera in ein elektrisches

Fernsehsignal umgesetzt wird. Ein Vorschubmechanismus sorgt dafür, dass ein Bild des Films nach dem anderen mit der richtigen Geschwindigkeit in die Optik des Filmgebers geschoben wird. Nach der Durchleuchtung werden die Filme entweder direkt gesendet oder auf Magnetband aufgezeichnet.

Die fest stehenden Bilder, die häufig in Nachrichten- oder Magazinsendungen als Hintergrund verwendet werden, werden aus Diapositiven mittels eines Diagebers erzeugt, der auf gleiche Weise arbeitet wie ein Filmgeber.

Die wichtigste Bildquelle sind heute jedoch, abgesehen vom direkt ausgestrahlten Livebild, Magnetbänder. Diese Magnetaufzeichnungen (MAZ), die den 1950er-Jahren eingeführt wurden, dienen einerseits

der Archivierung live gesendeter Fernsehbeiträge, zum anderen werden Studioproduktionen aufgezeichnet, nötigenfalls nachbearbeitet und erst später zu einem festgesetzten Termin gesendet. Im Zuge der umfassenden Digitalisierung der Fernsehtechnik bekommt die analoge MAZ in letzter Zeit Konkurrenz durch digitale Speichermedien wie etwa Computerfestplatten.

Für den Vorspann und die Hintergrundbilder von Magazinsendungen und grafische Spezialeffekte verschiedenster Art werden seit den 1980er-Jahren verstärkt computergenerierte Sequenzen eingesetzt. Nicht nur die stilisierte Weltkarte, die im Vorspann von vielen Nachrichtensendungen rotiert, und die bewegten Schriftzüge sind Beispiele für solche im Computer berechneten Animationen; oft sind weite Teile der Innenausstattung der Fernsehstudios virtuell.

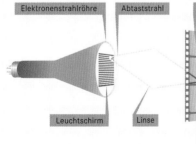

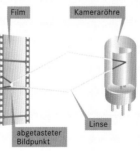

Elektronenstrahlröhre   Abtaststrahl   Film   Kameraröhre

Leuchtschirm   Linse   Linse

abgetasteter Bildpunkt

Am 25. August 1967 startete Vizekanzler **Willy Brandt** auf der Berliner Funkausstellung das deutsche Farbfernsehen mit dem »historischen Knopfdruck«.

Beim **Farbfernsehen** nutzt man die unterschiedliche Reaktion des Auges auf Farbmischungen aus, die aus den Grundfarben erzeugt werden. Man kann die Farben in einem **Farbkreis** darstellen – hier der Farbkreis des PAL-Systems –, der von Blau über Grün nach Rot läuft und in der so genannten Purpurlinie von Rot nach Blau geschlossen wird. Mit einer solchen »Farbuhr« kann man Farbsättigung und Farbton durch zwei unterschiedliche Größen darstellen, etwa die Farbsättigung durch die Länge eines Zeigers und den Farbton durch den Winkel zu einer vorher bestimmten Bezugslinie.

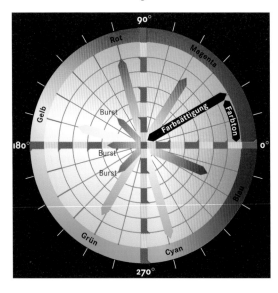

über 1000 Zeilen bei 25 Bildern pro Sekunde, was schon beinahe dem modernen HDTV-System entspricht.

Nach dem Krieg

Der Reiz des bewegten Bildes überwog in der Nachkriegszeit bald den des bloßen Tons, und die Anzahl der Fernsehteilnehmer nahm in den Industrienationen rapide zu. Zu Beginn des Jahres 1951 gab es in den USA bereits zehn Millionen Fernsehzuschauer, in Großbritannien verfügten immerhin 600000 und in Frankreich schon 4000 Zuschauer über Fernsehempfänger. 1952 waren es in den USA bereits 15 Millionen Teilnehmer, in Großbritannien 1,2 Millionen, in Frankreich knapp 11000. Die Anfänge des öffentlich-rechtlichen Fernsehens wirken dagegen eher bescheiden. Ganze 60 Fernsehteilnehmer bildeten in der Bundesrepublik die Ausgangsbasis, als im März 1951 das Fernsehprogramm wieder eingeführt wurde. Da damals der Sendebetrieb auf zwei Stunden pro Tag begrenzt war, bildete hier das Fernsehen noch keine Konkurrenz zum Hörfunk. 1952 waren es in Westdeutschland immer noch nur rund 300 Fernsehzuschauer. Für diese 300 Teilnehmer wurde das Programm des Deutschen Fernsehens am 25. Dezember 1952 offiziell eröffnet. In der DDR dauerte es sogar noch bis 1956, bis das reguläre Fernsehprogramm nach einer vierjährigen Testphase seinen regulären Betrieb aufnehmen konnte.

Der Besitz eines Fernsehgeräts wurde bald zu einer Prestigeangelegenheit, mit der der Besitzer Wohlstand und Fortschrittlichkeit demonstrierte. 1955 gab es 100000 bundesdeutsche Zuschauer, 1957 war die erste Fernsehteilnehmer-Million im Bundesgebiet erreicht, Ende 1959 waren es zwei Millionen, 1960 schon vier Millionen Teilnehmer, und die Zahlen stiegen weiter. Anfang der 1970er-Jahre kehrten sich dann die Zuwachsraten von Hörfunk und Fernsehen endgültig um. Während der Markt bei Radioempfängern damals offenbar weitgehend gesättigt war und nur noch um zwei Prozent pro Jahr stieg, wuchs die Zahl der Fernsehteilnehmer pro Jahr um fast 20 Prozent.

Grün, Rot und Blau oder: Wie die Farbe auf den Bildschirm kam

Ein Teil des Erfolgs ist auf eine Neuerung zurückzuführen, mit der das Fernsehen der Stereophonie des Hörfunks entgegentrat: Am 25. August 1967 wurde in der Bundesrepublik das Farbfernsehen eingeführt. Die Anfänge der Technik der bewegten bunten Bilder liegt jedoch schon viel früher. Schon im Jahre 1936, kurz nach Einführung des elektronischen Fernsehens, hatte die Forschungsanstalt der Deutschen Reichspost (RPF) mit Untersuchungen über das Farbfernsehen begonnen. Mitarbeiter der Reichspost hatten sich damals mit der Frage befasst, wie drei Farbsignale übertragen werden könnten, ohne die dreifache Bandbreite in Anspruch nehmen zu müssen.

Die Antwort war nicht einfach. Während das Schwarz-Weiß-Fernsehen lediglich ein Helligkeitssignal benötigt, um ein Bild angemessen darzustellen, muss das Farbfernsehen noch die Helligkeit in drei unterschiedlichen Grundfarben liefern. Dabei muss gleichzeitig das Prinzip der Kompatibilität gewahrt bleiben, nach dem Schwarz-Weiß-Fernseher in der Lage sein sollten, ein farbiges Bild als normales Schwarz-Weiß-Bild darzustellen, ohne dass besondere konstruktive Änderungen am Gerät notwendig wären. Umgekehrt müssen Farbfernseher in der Lage sein, auch Schwarz-Weiß-Bilder korrekt anzuzeigen.

Als Ergebnis ihrer Untersuchungen führte die Reichspost-Forschungsanstalt auf der Funkausstellung 1937 in Berlin ein Farbfernsehverfahren vor, das mit zwei Grundfarben und rotierenden Farbfiltern vor dem Bildschirm eines Fernsehgerätes arbeitete. Es wurde schnell offensichtlich, dass zwei Grundfarben ein unbefriedigendes Bild liefern; man schlug daher vor, drei Farben zeilen- oder punktweise miteinander zu vermischen. So konnte durch additive Mischung jede beliebige Farbe erzeugt werden. Auf dieser Grundlage ließ sich Werner Flechsig, Mitarbeiter der Fernseh-AG in Berlin, 1938 eine »Kathodenstrahlröhre zur Erzeugung mehrfarbiger Bilder auf einem Leuchtschirm« patentieren. 1940 mussten jedoch die Versuchsarbeiten in Deutschland kriegsbedingt eingestellt werden.

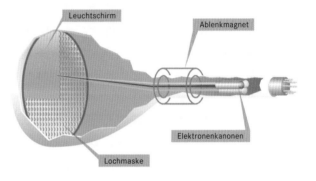

Nach dem Zweiten Weltkrieg wurde vor allem in den USA die Entwicklung rein elektronischer Farbfernsehsysteme vorangetrieben. Zwar hatte die Fernsehgesellschaft CBS (Columbia Broadcasting System) noch 1951 für ein halb mechanisches Verfahren mit den bekannten rotierenden Farbfilterscheiben geworben, das, von den Geräuschen der Mechanik abgesehen, nicht kompatibel mit den bereits millionenfach vorhandenen Schwarzweißempfängern war. Aber kurze Zeit später erhielt das »National Television System Committee« (NTSC), ein Konsortium aus 100 Physikern und Technikern, den Auftrag, ein rein elektronisches, schwarzweißkompatibles Farbfernsehverfahren zu entwickeln. Aus der Arbeit dieser Expertengruppe entstand das NTSC-Verfahren, das 1954 zur einheitlichen Farbfernsehnorm in den USA erklärt wurde.

Auch in Europa bemühten sich die Experten um die Erarbeitung einer einheitlichen Norm, die von den inzwischen erkannten Mängeln des NTSC-Verfahrens frei sein sollte. Als erstes Land stellte Frankreich ein eigenes System mit der Bezeichnung SECAM vor. In der Bundesrepublik Deutschland entwickelte der Elektroingenieur

Moderne Farbfernseher verfügen über **Farbbildröhren** mit drei Elektronenstrahlen – hier das Beispiel einer **Deltaröhre**, bei der die Elektronenquellen in Form eines gleichseitigen Dreiecks angeordnet sind –, die so fokussiert werden, dass sie gemeinsam durch eine Loch- oder Schlitzmaske gehen und danach auf eine Gruppe von rot, grün oder blau aufleuchtenden Punkten treffen. Bei entsprechendem Abstand vom Bildschirm kann das Auge die Punkte nicht mehr auflösen, sodass eine einzige Mischfarbe wahrgenommen wird.

Walter Bruch bei Telefunken das PAL-Verfahren, bei dem die Farb-verfälschungen, die auf dem Übertragungsweg entstehen, durch Kompensation der Phasenfehler weitgehend beseitigt werden. Am 3. Januar 1963 führte er sein System erstmals einer Expertengruppe der Europäischen Rundfunkunion EBU vor, die in den folgenden Jahren die Vor- und Nachteile der drei Verfahren, NTSC, SECAM und PAL, intensiv untersuchte und gegenüberstellte. Trotz leichter technischer Überlegenheit des PAL-Verfahrens konnte keine Eini-gung über ein einheitliches System in Europa erzielt werden. Politi-sche Einflüsse führten schließlich zu einer Spaltung in PAL- und SECAM-Länder. Frankreich und der gesamte Ostblock entschieden sich für SECAM, fast alle anderen europäischen Länder für PAL. Nach dem Start des bundesdeutschen Farbfernsehens 1967 stand die Bundespost beim internationalen Programmaustausch nun vor dem Problem, Signale von einer Farbfernsehnorm in die andere umset-zen zu müssen. Dazu ist es nötig, das der einer Norm entsprechende Signal zu dekodieren und anschließend gemäß der Zielnorm neu zu kodieren. Es gelang den Ingenieuren beim Forschungsinstitut der Post in Darmstadt in kurzer Zeit, hierfür spezielle Transcoder zu

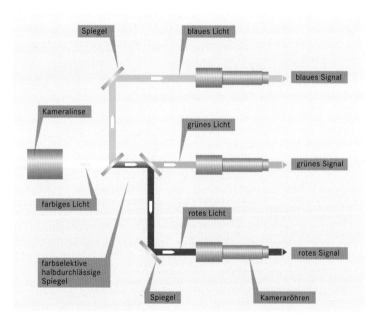

In der bevorzugt verwendeten **Farb-fernsehkamera,** der **Dreiröhren-kamera,** erzeugt ein einziges Objektiv das Bild. Dieses Bild wird dann mittels Strahlteilern auf die Eingänge dreier Kameraröhren gelenkt, wobei je ein Farbfilter nur eine der Grundfarben durchlässt.
Da alle drei Kameraröhren dasselbe Bild sehen, sind optische Fehler praktisch ausgeschlossen.
In der Praxis stellte sich bald heraus,

dass sich höhere Bild- und Farb-genauigkeit erreichen ließ, wenn man vier Kameraröhren verwendete, von denen drei die Farbinformation auf-nahmen, während die vierte Röhre allein das Helligkeitssignal auf-zeichnete. Später ging man wieder zu dreiröhrigen Kameras über, in denen man auf eine Aufnahme des Grünbildes verzichtete, das sich auf elektro-nischem Weg aus den restlichen Farbinformationen gewinnen lässt.

entwickeln. So konnten die Farbfernsehzuschauer in der Bundesrepublik bereits die Olympischen Winterspiele 1968 in Grenoble normgewandelt von SECAM in PAL auf ihren Bildschirmen verfolgen.

FARBFERNSEHNORMEN

Beim Schwarzweißfernsehen brauchte nur ein Signal gesendet zu werden, ein Helligkeitssignal von weiß bis schwarz. Beim Farbfernsehen wird jedoch im Studiobereich mit drei Farbsignalen gearbeitet, die theoretisch auch gesendet werden könnten; dazu müsste jede der drei Farbinformationen auf eine eigene Trägerwelle aufmoduliert werden, was eine enorme Bandbreite erfordern würde und unwirtschaftlich wäre. Eine zentrale Aufgabe einer Farbfernsehnorm ist es daher, die RGB-Signale in ein einziges Signal zu kodieren.

Bei den drei Standardsystemen NTSC (National Television System Committee, USA), PAL (Phase Alternating Line, Westeuropa) und SECAM (Séquentiel à mémoire, Frankreich und Osteuropa) wird dies auf verschiedene Art und Weise gelöst. Die Grundprinzipien der drei Verfahren unterscheiden sich dabei kaum voneinander: Die Information jedes Bildpunkts wird in Helligkeit (Luminanzsignal), Farbsättigung und Farbton (zusammen Chrominanzsignal) aufgetrennt. Das Helligkeitssignal der Farben Rot, Grün und Blau wird schwarzweißkompatibel übertragen. Für die Schärfe des Bildes ist im Wesentlichen nur der Helligkeitsanteil maßgebend, während die Farbinformationen mit wesentlich geringerer Schärfe übertragen werden können. Entsprechend der Augenempfindlichkeitskurve wird in einem Encoder (Kodierer) aus den drei Farbauszugsignalen Rot, Grün und Blau ein Helligkeitssignal gebildet.

Für die Farbinformation genügt es, zwei Farbdifferenzsignale zu übertragen, aus denen man im Empfänger durch Dekodieren wieder die Signale Rot, Blau und Grün gewinnen kann. In einem Widerstandsnetzwerk wird das Helligkeitssignal mit voller Bandbreite gebildet,

wobei das Frequenzband nicht durchgehend bedeckt ist, sondern gleichmäßig verteilte Lücken im Abstand der Zeilenfrequenz aufweist, in die die Farbinformation eingeschachtelt wird. Ein Farbhilfsträger wird mit den beiden Farbdifferenzsignalen doppelt moduliert und seine Frequenz so gewählt, dass sie einem

Phasendrehung −45°

Phasendrehung +45°

ungeradzahligen Vielfachen der halben Zeilenfrequenz entspricht, wodurch die Lücken genau ausgefüllt werden.

Die drei Systeme NTSC, PAL und SECAM unterscheiden sich in der Art, wie die Farbdifferenzsignale gebildet und übertragen werden. Beim NTSC-Verfahren werden das Helligkeitssignal und die zwei Farbdifferenzsignale gleichzeitig übertragen, wobei die Phasenlage des Signals die Information über den Farbton trägt. Daher rührt ein wesentliches Problem des Verfahrens, die mangelnde Farbstabilität, die aus den unvermeidlichen Phasenfehlern der Übertragung resultiert. Spötter kamen daher zu dem Schluss, die

Abkürzung NTSC müsse für »Never the same color«, zu Deutsch »Niemals die gleiche Farbe« stehen.

Beim französischen SECAM-Verfahren werden diese Farbfehler dadurch vermieden, dass die Farbdifferenzsignale nicht gleichzeitig, sondern nacheinander übertragen und im Empfänger kurz zwischengespeichert werden – daher auch die zweite Lesart der Abkürzung SECAM: »Système en couleur avec mémoire«, also »Farbsystem mit Speicherung«.

Beim deutschen PAL-System, dessen Name ausgeschrieben »Phase Alternating Line« und zu Deutsch »zeilenweise wechselnde Phasenlage« bedeutet, werden die Farbdifferenzsignale zwar wie bei NTSC gleichzeitig übertragen, aber in jeder zweiten Zeile des Bildes wird statt des Farbsignals selbst sein gespiegeltes Gegenstück gesendet, das im Empfänger zurückgespiegelt wird. Dadurch heben sich die Phasenfehler der Übertragung im Mittel auf.

Am 3. Oktober 1969 wurde das zweite Programm des »**Deutschen Fernsehfunks**« eröffnet. Dies war gleichzeitig der Beginn des Farbfernsehens in der DDR.

Eine Reihe von Urteilssprüchen des Bundesverfassungsgerichts zu grundlegenden rundfunkpolitischen Fragen, als **Fernsehurteile** bekannt, schufen die politischen Rahmenbedingungen für die Entwicklung der bundesrepublikanischen Medienlandschaft seit den 1960er-Jahren. In einem ersten **Urteil von 1961** stellte das Gericht fest, dass prinzipiell zusätzlich zu den öffentlich-rechtlichen Sendern auch private Sendeanstalten zugelassen werden können, verwehrte diese Zulassung zum gegebenen Zeitpunkt jedoch, unter anderem wegen des Mangels an Sendefrequenzen. Nachdem dieser Mangel behoben war, schloss das Gericht in seinem **Urteil von 1981** die Vergabe von Sendelizenzen an private Betreiber nicht weiter aus. Nach der Einführung des Privatfunks 1984 beschäftigte sich das Gericht in weiteren Urteilen mit der neuen **dualen Rundfunkordnung**: Die Grundversorgung der Bevölkerung mit Information, Bildungsprogrammen, Kultur und Unterhaltung sei Aufgabe der durch Gebühren finanzierten öffentlich-rechtlichen Anstalten. An die Programme der privaten Sender, deren Einnahmequelle die Werbung ist, müssten daher keine vergleichbar hohen Anforderungen bezüglich der Breite und Ausgewogenheit des Angebots gestellt werden.

Staatsfernsehen oder politische Unabhängigkeit?

Mit dem wachsenden Publikumsinteresse hatte inzwischen auch das Interesse von politischer Seite am Medium Fernsehen zugenommen. Die Bundesregierung unter Kanzler Konrad Adenauer versuchte 1961, zusätzlich zur ARD einen privatwirtschaftlich organisierten Fernsehsender, die Deutschland-Fernsehen-GmbH, einzurichten, der mehrheitlich regierungseigen sein sollte. Die Vorstellungen Adenauers, den Rundfunk als »politisches Führungsmittel der jeweiligen Bundesregierung« einzusetzen, wurden jedoch im ersten Fernsehurteil des Bundesverfassungsgerichts vom 28. Februar 1961 unter anderem wegen zu geringer Regierungsferne als verfassungswidrig eingestuft und die Autonomie der Länder in Rundfunkfragen wurde bestätigt. In der Folge zog sich die Bundesregierung aus der Rundfunkpolitik weitgehend zurück. Als Ersatz wurde jedoch zusätzlich zu den vorhandenen Landesrundfunkanstalten eine weitere öffentlich-rechtliche Anstalt eingerichtet, die nicht mehr unter der Oberhoheit eines einzelnen Bundeslandes steht. So nahm das Zweite Deutsche Fernsehen (ZDF) mit Sitz in Mainz am 1. April 1963 den Sendebetrieb auf. Zudem richtete die ARD zwischen 1964 und 1969 fünf regionale dritte Fernsehprogramme ein.

Auch in der DDR kam in den 1960er-Jahren Bewegung in die Medienlandschaft. Zwar blieben Fernsehen und Rundfunk nach wie vor fest in staatlicher Hand, jedoch trug der Ministerrat der DDR der gestiegenen Bedeutung des Fernsehens Rechnung, indem er die Teilung des Staatlichen Rundfunkkomitees in ein Rundfunk- und ein Fernsehkomitee beschloss. 1969 bekam dann das bis dahin einzige Fernsehprogramm, der »Deutsche Fernsehfunk«, Zuwachs: Ein zweites Programm startete seine Sendungen in Farbe.

Die Ära der Privatsender

Die Ära der Privatsender begann in der Bundesrepublik erst, als das Bundesverfassungsgericht in einer Reihe von Fernsehurteilen die politisch-juristischen Grundlagen gelegt hatte. Im bereits erwähnten Urteil von 1961 hatte das Gericht festgestellt, dass unter bestimmten Bedingungen auch Privatsender zugelassen werden könnten. Unter Hinweis auf die begrenzten Sendefrequenzen wurde eine Zulassung von Privatsendern jedoch bis in die Achtzigerjahre verhindert.

1984 nahmen die ersten Privatsender ihren Sendebetrieb auf. Der gleichzeitige Beginn des Kabel- und Satellitenfernsehens, das eine weit größere Zahl von Fernsehkanälen ermöglichte, führte dazu, dass die Anzahl der Privatsender schnell zunahm. Einige regionale Sender, zumeist aber bundesweit zu empfangende Programme drängten auf den Markt. Die ersten Pay-TV-Sender, die sich nicht ausschließlich über Werbung, sondern über die Vermietung spezieller Decoder finanzieren, mit denen ihr verschlüsseltes Signal zu empfangen ist, starteten 1991.

Durch diese Entwicklungen erhöhte sich die Zahl der Fernsehsender geradezu explosionsartig: Hatte der Zuschauer noch 1980 die Wahl zwischen zwei überregionalen Programmen und einem regionalen, so kann er sich heute (1999) zwischen mehr als dreißig Sendern entscheiden, wenn er über die entsprechenden Empfangseinrichtungen verfügt.

Um übermäßige Konzentrationen auf dem Markt und eine entsprechende einseitige Beeinflussung durch Privatsender zu verhindern, wurde jedoch vom Gesetzgeber festgelegt, dass ein einzelner privater Veranstalter höchstens dreißig Prozent aller Zuschauer des Sendegebiets, das durch die Kommerzialisierung zu einem TV-Markt geworden ist, erreichen darf. Überschreitet er diese Grenzen, dürfen ihm keine weiteren Lizenzen mehr erteilt werden. Schon bei einem Marktanteil von zehn Prozent muss er Sendezeit an unabhängige Sender abgeben. Eine Kommission überwacht die Konzentration auf dem Mediensektor. Rechtlich wird dieses Gebot jedoch zum Teil umgangen, indem Medienkonzerne formal unabhängige Sender gründen, Tochterunternehmen also, über die sie weiterhin Kontrolle über den Fernsehmarkt ausüben können.

Neue Übertragungswege – Glasfaserkabel und Satellitentechnik

Nahezu zeitgleich mit dem Privatfernsehen entstand in der Bundesrepublik das Kabelfernsehen. Ähnlich wie beim Empfang durch eine Gemeinschaftsantenne werden hier die Fernseh- und Radiosignale in ein Kabelnetz eingespeist und an die Haushalte weitergeleitet. Individuelle Antennenanlagen sind hierbei überflüssig und werden nur noch an der Stelle benötigt, wo die Signale eingespeist werden. Die Verwendung von Glasfaserkabeln ermöglicht eine hohe Bild- und Tonqualität, Empfangsstörungen wie bei der Hausantenne

Erkennungszeichen verschiedener **deutschsprachiger Fernsehsender.** Seit der Zulassung privater Sendeanstalten 1981 hat sich die Zahl der angebotenen Programme schnell vermehrt.

sind ausgeschlossen. Anfänglich standen Kabelnetze fast nur in Ballungsräumen zur Verfügung. Durch Kombination von Satellitenempfangsanlagen und Kabelnetz können aber auch dünner besiedelte Gebiete erreicht werden.

Die Satellitenempfangsanlagen wurden Mitte der Achtzigerjahre für Privatkunden erschwinglich. Sie bestehen aus Parabolantennen, die das sehr schwache Signal des Satelliten empfangen, verstärken und dem Fernseher zuführen. Da hier Antenne, Verstärker und Fernseher ein geschlossenes System bilden, kann im Prinzip jeder an den Empfänger angeschlossene Fernseher nur dasselbe Programm zeigen. Erst allmählich kommen Umsetzer in Gebrauch, die ähnlich wie Gemeinschaftsantennen alle Programme eines Satelliten empfangen und den Fernsehgeräten zur Verfügung stellen.

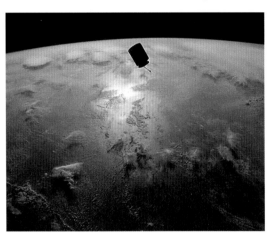

Fernsehsatellit Intelsat VI. Dem ersten kommerziellen, zum Teil auch für Fernsehübertragungen genutzten Satelliten »Early Bird« (Start 1965) folgte seit den späten 1980er-Jahren eine Reihe von europäischen Satelliten, die hauptsächlich dem Fernseh-Direktempfang dienen.

Gedacht waren Satelliten ursprünglich zur Übertragung des internationalen Telefonverkehrs. Die ersten Satelliten hielten nur einen Kanal für Fernsehübertragungen bereit. Genutzt wurden sie in der Regel für sportliche Großveranstaltungen wie etwa die Olympiade. Hierbei wurden die Fernsehsignale von einer oder mehreren Fernsehanstalten, die sich entsprechende Übertragungsrechte erworben hatten, an einen Satelliten gesendet, der sie an weitere Satelliten verteilte, die das Signal wieder zu Empfangsstationen am Boden leiteten. Dort wurden sie von den entsprechenden Sendeanstalten in die Richtfunknetze eingespeist. Die wachsende Nachfrage nach internationalen Fernsehverbindungen führte schließlich dazu, dass auf Kommunikationssatelliten zunächst mehr Fernsehkanäle eingerichtet wurden und schließlich Satelliten in die Umlaufbahn gebracht wurden, die überwiegend Fernsehprogramme zurücksenden. Dies ermöglicht eine flächendeckende Versorgung mit Fernsehprogrammen auch in Gebieten, die durch Relaissender nicht oder nur mit großen Schwierigkeiten zu versorgen sind, etwa in steilen Tälern, in Staaten mit großer Grundfläche oder in topographisch zersplitterten Inselstaaten wie etwa Indonesien.

Digital und gestochen scharf – HDTV

Spektakuläre technische Entwicklungen bahnten sich 1983 an. In diesem Jahr stellte die japanische Fernsehindustrie ihre neu entwickelte Norm für ein wesentlich höher auflösendes Fernsehen (High Definition Television, kurz HDTV) mit rein digitaler Signalübertragung vor, das auf Dauer die bisher verbreiteten Fernsehnormen ablösen sollte. Eine Hauptänderung gegenüber dem herkömmlichen Fernsehbild war die Zahl der Bildzeilen, die nun 1125 betrug. Zum Vergleich: In Europa hatte sich nach 1946 eine Zeilenzahl von 625 durchgesetzt. Weitere Merkmale des japanischen HDTV waren eine höhere Bildwechselfrequenz von 60 Halbbildern pro Sekunde sowie die größere Bildfläche, die ein Seitenverhältnis von 16 : 9 statt wie bisher von

4 : 3 besaß. Die Digitalübertragung der Fernsehsignale mit ihrer höheren Übertragungskapazität ermöglichte dabei eine größere Frequenz-
bandbreite, die wegen der fast verdoppelten Zeilenzahl des HDTV
und der höheren Bildwechselrate auch benötigt wurde.

Die Vorzüge des **HDTV**-Fernsehbildes
(rechts) liegen in größerer Bildschärfe,
geringerem Flimmern und vor allem in
einem Bildformat, das mit einem
Seitenverhältnis von 16 : 9 der
Physiologie des menschlichen Sehens
besser angepasst ist als die bisherigen
Fernsehbilder (links).

Der 1986 von japanischer Seite unternommene Versuch, dieses System zum Weltstandard erklären zu lassen, scheiterte am Veto der
USA und Europas. Als Reaktion auf die japanische Initiative intensivierte Europa 1986 – also noch im selben Jahr – seine Forschungsar-
beiten zu diesem Thema und entwickelte im Rahmen des Projekts
»Eureka 95« Vorschläge für ein eigenes, zunächst analoges hochauf-
lösendes Fernsehsystem, das in der Zukunft gleich dem japanischen
System in einen digitalen Übertragungsstandard münden soll. Das
europäische HDTV-System arbeitet mit 1250 Zeilen und einer Bildwechselfrequenz von 50 Hertz. Als Übergangslösung entwickelten
die Sendeanstalten zusammen mit der Industrie das System PALplus,
eine analoge terrestrische Übertragungsnorm im neuen Bildformat
16:9, die auch mit herkömmlichen PAL-Fernsehgeräten zu empfangen ist – wobei allerdings am oberen und unteren Bildrand ein dunk-
ler Streifen entsteht, ähnlich den Streifen bei der Fernsehversion von
Breitwand-Kinofilmen. Bei der Fußballweltmeisterschaft in Rom
(1990) und den Olympischen Spielen in Albertville und Barcelona
(1992) wurde das europäische HDTV-System erstmals einem Praxis-
test unterzogen, der erfolgreich verlaufen ist. Inzwischen werden bereits zahlreiche Sendungen, so etwa anspruchsvolle Fernsehfilme, im
neuen Format produziert und ausgestrahlt.

Es ist zu erwarten, dass die Digitalisierung die Fernsehlandschaft
noch weit über HDTV hinaus verändern wird. Datenkompressions-
verfahren werden die Übertragung mehrerer Programme über einen
einzigen Fernsehkanal ermöglichen. Der Fernsehzuschauer wird daher vermutlich bald die Wahl zwischen mehr als 200 verschiedenen
Programmen treffen können (oder müssen). Durch neue Sparten-

programme, aber auch durch interaktive Anwendungen wie Einkaufen am Bildschirm kann sich das Fernsehen vom reinen Anbieter zum aktiven Dienstleister wandeln. Die Digitalisierung legt auch den Grundstein dafür, längerfristig die Möglichkeiten des Fernsehens mit denen des Internets und anderer vernetzter Computersysteme zu verbinden.

Videorekorder

S eit 1969 ist es kein Drama mehr, eine Fernsehsendung zu verpassen, die man eigentlich gerne sehen wollte. In diesem Jahr nämlich erschienen die ersten Heim-Videorekorder auf dem Markt, die die Aufzeichnung auf Magnetband, wie sie im professionellen Fernsehbereich bereits seit den 1950er-Jahren praktiziert wurde, auch dem Laien zugänglich machten. Damit konnte man sich Fernsehsendungen unabhängig vom Ausstrahlungstermin anschauen, vorausgesetzt, man verfügte über einen der in der Frühzeit noch sehr teuren Rekorder.

Da die verschiedenen Hersteller zunächst mit verschiedenen Magnetbandsystemen auf den Markt kamen, die nicht miteinander kompatibel waren, kam es in den 1970er- bis in die frühen 1980er-Jahre zu einem Wettstreit, in dem drei verschiedene Videosysteme um die Gunst der Käufer buhlten. Mitte der 1980er-Jahre setzte sich dann das von der japanischen Firma JVC entwickelte Video-Home-System (VHS) gegenüber seinen Konkurrenten auf dem Markt durch und nun wurde der Videorekorder gleich Radio und Fernseher schnell zu einem Standardgerät der Unterhaltungselektronik, das mit der Einführung der separaten Videokamera 1980 einen zusätzlichen Reiz erhalten hatte. Die mit der Videokamera aufgezeichneten Urlaubsfilme konnten ohne jede weitere Nachbearbeitung direkt auf dem heimischen Fernseher angeschaut werden. Als dann noch 1993 eine neuartige Videokamera vorgestellt wurde, die wesentlich handlicher als die bis dahin verfügbaren Modelle war, weil sie statt der üblichen Aufnahmeröhre ein CCD-Element als Bildaufnahmeinstrument enthielt, setzte sich die Videotechnik gegenüber der bis dahin bei den Amateuren beliebten Acht-Millimeter-Filmkamera schnell durch.

Videorekorder und **Videokamera** haben sich innerhalb weniger Jahre als Standardgeräte der Unterhaltungselektronik durchgesetzt.

Das Ende der Braun'schen Röhre?

D ie Erfindung des Physikers Karl Ferdinand Braun hat im 19. Jahrhundert die Fernsehtechnik revolutioniert und ist auch heute noch in fast allen Geräten wieder zu finden. Inzwischen wird jedoch über neue Techniken nachgedacht, die die Bildröhre verdrängen könnten. Denn trotz ihrer hervorragenden Eigenschaften bei der Farbwiedergabe, der hohen Auflösung und ihrer guten, vom Betrachterwinkel weitestgehend unabhängigen Kontraststärke besitzt sie auch erhebliche Nachteile. So benötigt sie zum Beispiel sehr hohe Spannungen von einigen Tausend Volt und besitzt ein großes Volu-

CCD-KAMERAS

Vollelektronische Kameras sind seit der Einführung des Ikonoskops in den 1930er-Jahren in Gebrauch. Durch die Entwicklungen der Halbleitertechnik wurde in den späten 1970er-Jahren ein völlig neuer Kameratyp möglich, der sich schnell als Videokamera für den Amateurbereich durchsetzen konnte. Nach einer Reihe qualitativer Verbesserungen hat die CCD-Kamera inzwischen auch in den professionellen Fernsehstudios die bisherigen Kameratypen fast vollständig verdrängt. Die CCD-Kamera ist, wie der Name andeutet, statt mit der üblichen Kameraröhre mit einem CCD als Bildaufnahmeinstrument ausgestattet.

Ein CCD – die Abkürzung steht für »charge-coupled device«, zu Deutsch »ladungsgekoppeltes Bauelement« – ist ein integrierter Schaltkreis, der aus einer großen Zahl von Halbleiter-Bildelementen besteht, in denen sich – ähnlich wie in den Bildspeicherplatten der herkömmlichen Fernsehkameras – unter Lichteinfall ein Ladungsüberschuss ansammelt:

an den hellen Stellen mehr, an den dunklen weniger. Das auf diese Weise elektrisch gespeicherte Bild wird jedoch nicht mittels eines Elektronenstrahls abgetastet, sondern die Ladungen der einzelnen Bildpunkte werden über eine Folge von elektronischen Schieberegistern

zu den Elektroden geführt und dort ausgelesen. Es bedarf also keines Elektronenstrahls, und auch die schweren Ablenkmagnete für den Strahl entfallen. CCD-Kameras bieten daher den Vorteil geringer Abmessungen und eines geringen Strombedarfs.

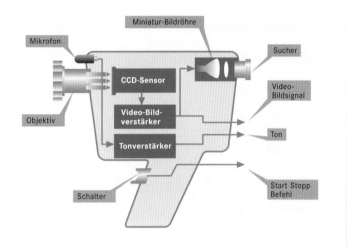

men, wodurch ein Fernsehgerät nicht beliebig klein gebaut werden kann. Deshalb wurden in den 1970er-Jahren Bildschirme mit einer Flüssigkristallanzeige entwickelt, die ohne Elektronenstrahlröhren auskommen. Die extrem flachen Anzeigenelemente sind heute beispielsweise in den meisten Taschenrechnern und in den Laptop-Computern zu finden, wo sie aufgrund ihrer geringen Energieaufnahme konkurrenzlos sind. Die Anwendung der Flüssigkristalle im Fernsehgerät ist allerdings deutlich schwieriger. Ein LCD-Flachbildschirm besteht aus mehreren hunderttausend Bildpunkten, die zur Erzielung der gewünschten Helligkeitswerte einzeln angesteuert werden müssen. Auch die Farbwiedergabe auf dem Bildschirm ist nicht ganz einfach, da Flüssigkristalle selbst keine Farbe liefern. Dazu wird eine zweite Matrix aus roten, grünen und blauen Farbpunkten vorgelagert, die zusammen mit den Helligkeitswerten schließlich das gewünschte Farbbild erzeugen.

Einen anderen Typ von Flachbildschirm stellt der Plasmaschirm dar, der von dem französischen Konzern Thomson-Brand entwickelt wurde. Er funktioniert nach dem Prinzip der Leuchtstoffröhre und liefert extrem scharfe und flimmerfreie Bilder. Bisher sind Plasmabildschirme jedoch um ein Vielfaches teurer als die herkömmliche Bildröhre und erreichen trotzdem meist nicht deren hohe Bildqualität.

Flüssigkristalle sind Materialien, die sich in einem Aggregatzustand zwischen kristallin und flüssig befinden. Sie weisen eine Reihe besonderer Eigenschaften auf, die in den letzten Jahren zunehmend technische Anwendung finden; so etwa ändern Flüssigkristalle ihre optischen Eigenschaften, beispielsweise ihre optische Transparenz, wenn man eine elektrische Spannung an sie anlegt. Dieser Effekt ist die physikalische Grundlage der **Flüssigkristallanzeige,** die auch als **LCD** (kurz für Englisch »liquid crystal display«) bezeichnet wird.

Welcher Bildschirmtyp sich in den Wohnzimmern durchsetzen wird, muss die Zukunft zeigen; ausgemacht scheint lediglich, dass die Tage der Elektronenstrahl-Bildröhre gezählt sind.

Bunte Bilder und kein Ende

Plasmabildschirme – hier ein Modell der Firma Loewe – könnten bald die Braun'sche Röhre im Fernsehgerät ersetzen. Sie sind so flach und leicht, dass man sie an die Wand hängen kann, und sie entwickeln praktisch keine Wärme.

D ie zunehmende Verkettung unterschiedlicher Medien in Konzernen und die Änderungen, die diese Medien auf das Freizeitverhalten der Deutschen ausüben, werden in immer neuen Studien mit unterschiedlichen Ergebnissen beleuchtet, und die öffentliche wie wissenschaftliche Diskussion über die Auswirkungen des Mediums Fernsehen reißt nicht ab – spätestens seit der Einführung des Privatfernsehens. Die Vielzahl der Fernsehsender und die damit verbundene Flut von Bildern und Tönen, die sich auf Knopfdruck in die Wohnstuben ergießt, stößt dabei auf ein geteiltes Echo. Der Möglichkeit einer pluralistischen Vielfalt der Inhalte und der Formen steht die tägliche Realität einer Fernsehprogrammgestaltung gegenüber, die – dies gilt zumindest für die werbefinanzierten Privatsender – aus kommerziellen Gründen dem Zwang unterliegt, so massenwirksam wie nur möglich sein zu müssen. Die Quote, der Anteil an Geräten, die einen bestimmten Sender eingeschaltet haben, ist das Zauberwort, das die Programmgestaltung bestimmt; das Ergebnis ist ein Programmangebot der meisten Sender, das ganz auf unterhaltsame, leicht zu konsumierende Sendungen abgestellt ist. Die Warnung: »Wir amüsieren uns zu Tode«, die der amerikanische Pädagoge und Medienkritiker Neil Postman bereits in den frühen 1980er-Jahren ausgesprochen hat, hat vor diesem Hintergrund an der Schwelle zum nächsten Jahrtausend an Dringlichkeit eher gewonnen als eingebüßt.

... und Fernsehen morgen?

Wie sehr das Schlagwort »**Fernsehen macht Wirklichkeit**« wortwörtlich zutreffen kann, mag ein berühmtes Beispiel aus den frühen Jahren des Rundfunks zeigen. 1938 produzierte der Regisseur und Schauspieler **Orson Welles** in den USA ein als Dokumentarbericht getarntes Hörspiel über die angebliche Landung außerirdischer Wesen in den USA. Bereits während der Sendung setzte eine Massenpanik in den »betroffenen« Gebieten ein. Für Stunden waren die Straßen durch Flüchtlinge und Schaulustige verstopft.

I m Zuge der Veränderung der gesamten Medienlandschaft beim Übergang vom Industriezeitalter zum Informationszeitalter hat auch das Fernsehen seinen Charakter geändert; speziell in Deutschland, wo die Einführung der Privatsender mit dem Aufkommen der Kabel- und Satellitentechnik zusammentraf, sind die Änderungen besonders dramatisch. Der Umbruch zum neuen Medienzeitalter, in der die verschiedenen Massenkommunikationsmittel zu einer multimedialen Kommunikationsmaschine verschmolzen sein werden, ist noch nicht vollzogen. Die neuen Medien, die aus dieser Revolution hervorgehen werden, werden sowohl eine Chance als auch ein Risiko in sich bergen. Der Gefahr, dass die Welt von elektronisch erzeugten Sinneseindrücken, die den Menschen umgeben wird, die Wahrnehmung der Welt verdrängt, die ihn umgibt, lässt sich am besten begegnen, indem der passive Konsument des Fernsehens zum aktiven Benutzer wird, der mit den Medien spielt, anstatt sich von ihnen dominieren zu lassen. Vielleicht, so bleibt zu hoffen, wird sich das Fernsehen in der Zukunft von der Rundum-Berieselungsma-

Die Fülle des Angebots an **Fernsehprogrammen** ist kaum noch überschaubar.

schine zum interaktiven Kommunikationsinstrument wandeln, wie es schon Bertolt Brecht 1932 vom Rundfunk gefordert hat: »Der Rundfunk ist aus einem Distributionsapparat in einen Kommunikationsapparat zu verwandeln. Der Rundfunk wäre der denkbar großartigste Kommunikationsapparat des öffentlichen Lebens, ein ungeheures Kanalsystem, das heißt, er wäre es, wenn er es verstünde, nicht nur auszusenden, sondern auch zu empfangen, also den Zuhörer nicht nur hören, sondern auch sprechen zu machen und ihn nicht zu isolieren, sondern in Beziehung zu setzen.« Dann vielleicht hätte das Medium zu sich selbst gefunden. R. KLEPSCH

Drucktechnik

Die morgendliche Zeitung zum Frühstück, der Werbeprospekt mit dem Schnäppchen des Tages, die Zeitschrift für das eigene Hobby, das Buch zum Entspannen oder zur Weiterbildung – täglich begegnen uns Druckerzeugnisse in allen möglichen Formen. Sie vermitteln mehr oder weniger wichtige Informationen – in Text und Bild, ein- oder mehrfarbig. Obwohl das Gedruckte – trotz der steigenden Konkurrenz der neuen elektronischen Medien – in der modernen Informationsgesellschaft nach wie vor eine große kulturelle und wirtschaftliche Bedeutung hat, ist den wenigsten bewusst, wie arbeits- und kostenintensiv die Herstellung von Druckerzeugnissen ist.

Jahr	Umsatz in Mrd. DM	Zahl der Beschäftigten
1965	6,4	211 170
1975	13,4	194 506
1985	24,3	211 399
1995	34,6	217 008

Zahlenübersicht zur **Entwicklung der Druckindustrie.**

Dabei spielt Papier als Informationsträger eine größere Rolle denn je. Allein von 1970 bis 1995 hat sich der Papierverbrauch weltweit fast verdoppelt. 1993 etwa lag die Weltproduktion von Papier und Pappe nach Angaben der UNO bei 246,1 Millionen Tonnen. Deutschland war 1995 mit rund 14,8 Millionen Tonnen der größte europäische Papierproduzent: 43 Prozent wurden für Druckerzeugnisse wie Zeitungen und Bücher verbraucht, 40 Prozent für Verpackungen, acht Prozent für Büro- und Geschäftsbedarf und je etwa fünf Prozent für Hygienepapiere und technische Papiere.

Untrennbar verbunden mit der Entwicklung der Drucktechnik ist der Name Johannes Gutenberg. Seine Neuerungen im 15. Jahrhundert revolutionierten den Buchdruck und beeinflussten die kulturelle Entwicklung in Europa nachhaltig. Sie schufen bis dahin ungeahnte Möglichkeiten, die Kulturtechniken des Lesens und Schreibens einer größeren Anzahl von Menschen zugänglich zu machen und damit auch Wissen schneller zu ver-

Kataloge Werbedrucksachen	Geschäftsdrucksachen	Zeitschriften	Zeitungen Anzeigenblätter	Bücher	Etiketten	Sonstiges
33,4 %	17,8 %	15,6 %	13,0 %	7,6 %	5,9 %	6,7 %

Produktionsstruktur in der Druckindustrie 1995.

breiten. Die Hauptrolle übernahm dabei das gedruckte Buch, das seine überragende Bedeutung bis heute behalten hat. Diese Bedeutung lässt sich auch mit nüchternen Zahlen belegen: Im Jahre 1997 etwa wurden in Deutschland 77 889 Neuerscheinungen in Buchform veröffentlicht und deutsche Verlage produzierten etwa 511 Millionen Bücher im Wert von 7,1 Milliarden DM. Der Bereich Belletristik/Sachbücher war mit 42,3 Prozent am stärksten vertreten.

Doch wie verlief der Weg zu dieser Entwicklung? Seit wann ist der Mensch eigentlich in der Lage, seine Gedanken nicht nur durch das gesprochene Wort, sondern auch mithilfe der Schrift auszudrücken?

Von der Schrift zur beweglichen Bleiletter

Schrift in Form eines Alphabets als Mittel der Kommunikation ist heute für die meisten Menschen eine Selbstverständlichkeit. Mit Hilfe der Schrift können Erlebnisse, Gedanken und Erfahrungen über Zeit und Raum festgehalten und in unveränderter Form weitergegeben werden. Dabei verfügt die Menschheit, verglichen mit seiner Gesamtentwicklungszeit, erst seit kurzem über die Schrift. Bis zur Entstehung der Lautzeichen der Alphabete war es ein langer Weg. Die wichtigsten Stationen führten von den Bilderschriften, bei denen die »Schriftzeichen« nicht fest an eine bestimmte sprachliche Form gebunden waren, über die Wort- und Silbenschriften zur ersten Buchstabenschrift, die sich etwa im 2. Jahrtausend v. Chr. im syrisch-palästinensischen Raum entwickelte und die durch die feste Zuordnung eines grafischen Symbols zu einem bestimmten Laut gekennzeichnet ist.

Die Aufzeichnungen wurden in Stein geschlagen, in Ton- und Wachstafeln geritzt, auf Papyrus oder Pergament – in China seit wahrscheinlich 60 v. Chr. auch auf Papier – geschrieben. Als Schreibwerkzeuge dienten je nach Beschreibstoff Hammer und Meißel, Griffel oder Feder.

Frühes Drucken

Bis zur Entwicklung geeigneter Druckverfahren wurden Texte mühevoll und zeitraubend abgeschrieben. Im Früh- und Hochmittelalter lag diese Tätigkeit und damit der Erhalt und die Weitergabe von Wissen in den Händen der Mönche. Beschränkte sich das Spektrum zunächst auf Messbücher und andere religiöse Texte, so kamen im 12. Jahrhundert zunehmend weltliche Texte aus Philosophie, Mathematik und Astronomie hinzu.

Das erste Druckverfahren, der Holztafeldruck, ist etwa seit 1400 in Deutschland bekannt. Diese Technik basiert auf dem Holzschnitt: Bilder und Schriftzeichen wurden gemeinsam in eine einzige Form aus Lindenholz geschnitten, die eingefärbt und auf feuchtes Papier gedruckt wurde. Da sich auf der unbedruckten Rückseite scharfe Schattierungen der Schrift abzeichneten, konnten die Blätter nur einseitig bedruckt werden. Anschließend wurden je zwei Blätter mit der unbedruckten Seite zusammengeklebt und dann gebunden.

Solche mit Hilfe einer in Holz geschnittenen Druckform hergestellten und dann zusammengefügten Texte werden als Blockbücher bezeichnet. Daneben gab es die Einblattdrucke wie Heiligenbilder, Spielkarten, Kalender und religiöse Sentenzen. Etwa zur gleichen Zeit wird das bis dahin fast ausschließlich benutzte Pergament als Beschreibstoff durch Papier abgelöst. Die Kenntnis der Papierherstellung war von China, wo sie seit 105 n. Chr. belegt ist, über Japan und Korea um 750 zu den Arabern gelangt, die das Verfahren in ganz Europa verbreiteten. Die erste deutsche Papiermacherei gründete der Nürnberger Kaufmann Ulmann Stromer um 1390.

phönizisch		griechisch		römisch	
𐤀	'aleph	Α	alpha	A	A
𐤁	beth	Β	beta		B
𐤂	gimel	Γ	gamma	C	C
𐤃	daleth	Δ	delta	D	D
𐤄	he	Ε	epsilon	E	E
𐤅	waw	Ϝ	di-gamma	F	F
					G
𐤆	zayin	Ζ	zeta		
𐤇	heth	Η	eta	H	H
𐤈	teth	Θ	theta		
𐤉	yod	Ι	iota	I	I
𐤊	kaph	Κ	kappa	K	K
𐤋	lamed	Λ	lambda	L	L
𐤌	mem	Μ	mu	M	M
𐤍	nun	Ν	nu	N	N
𐤎	samek				
𐤏	ayin	Ο	omicron	O	O
𐤐	pe	Π	pi	P	P
𐤑	sade				
𐤒	qoph	Ϙ	qoppa	Q	Q
𐤓	res	Ρ	rho	R	R
𐤔	sin	Σ	sigma	S	S
𐤕	taw	Τ	tau	T	T
		Υ	upsilon	V	V
		Χ	chi	X	X
		Ω	omega		Z

Seit etwa 1000 v. Chr. entwickelte sich in Griechenland aus dem phönizischen **Alphabet** (links), das nur aus Konsonanten bestand, das aus 24 Buchstaben – Konsonanten und Vokalen – bestehende griechische Alphabet (Mitte). Die römischen Buchstaben aus dem 3. Jahrhundert v. Chr. (rechts) lassen den griechischen Einfluss deutlich erkennen.

Johannes Gutenberg auf einem Kupferstich aus dem Jahre 1584. Da es keine zeitgenössischen Porträts von Gutenberg gibt, ist sein tatsächliches Aussehen nicht bekannt. Gutenberg, der zwischen 1397 und 1400 geboren wurde und bis 1468 lebte, revolutionierte vor allem mit der Erfindung völlig gleicher, auswechselbarer Metalllettern den Buchdruck. Zwischen 1434 und 1444 hielt er sich nachweisbar in Straßburg auf und war Mitglied der Goldschmiedezunft. In Mainz ist er seit 1448 urkundlich bezeugt. Den Höhepunkt in Gutenbergs Schaffen markiert seine berühmte 42-zeilige Bibel. Von dem aus zwei Bänden bestehenden Werk mit insgesamt 1282 Seiten wurden zwischen 1452 und 1456 etwa 180 Exemplare gedruckt, davon 30 bis 35 Exemplare auf Pergament. Wie teuer Gutenberg sein ehrgeiziges Vorhaben letztlich bezahlte, verdeutlicht eine Vereinbarung mit dem Verleger und Buchhändler Johann Fust über einen Kredit von 800 Gulden. Da Gutenberg das Geld nicht zurückzahlen konnte, gingen 1455 seine Werkstatt und sein Vermögen an Fust über.

Gutenbergs Erfindungen

Die Erfindungen des gelernten Goldschmieds Johannes Gensfleisch, genannt Gutenberg, – bewegliche Lettern aus Metall, ein Handgießinstrument, eine ideale Metalllegierung und eine Holzpresse für den Druck – legten den Grundstein für die spätere industrielle Fertigung von Büchern und Zeitungen. Mit dem um 1440 konstruierten Handgießinstrument ließen sich zeitsparend einzelne Bleilettern in größeren Mengen herstellen. Diese beweglichen Lettern konnten zu Zeilen zusammengesetzt, die Zeilen zu Seiten gefügt werden, und nach dem Drucken standen die Lettern zu weiterem Gebrauch zur Verfügung. Für den Guss benutzte Gutenberg eine Legierung aus Blei, Antimon, Bismut und Zinn, die auf etwa 300 Grad Celsius erhitzt werden konnte. Durch die Zugabe von Antimon als Härtemittel war gewährleistet, dass die Lettern beim Erkalten nicht schrumpften. Die neue Legierung erkaltete darüber hinaus sehr schnell, was eine schnellere Produktion ermöglichte. Gutenberg widmete sich auch dem Druckvorgang: Er baute eine Weinpresse zu einer Druckerpresse um, mit der es möglich war, beide Seiten eines Blattes zu bedrucken.

Trotz der Verbesserungen, die Gutenberg eingeführt hatte, war die Herstellung von Büchern immer noch sehr aufwendig – mindestens zwanzig Arbeitskräfte waren etwa an der Herstellung seines bedeutendsten Werkes, der 42-zeiligen Bibel, beteiligt; man brauchte

Im »Ständebuch« des Jost Amman von 1568 ist eine **Buchdruckpresse** dargestellt, die von zwei Druckern gleichzeitig bedient wurde: Der Ballenmeister hatte die Farbe zu verreiben und die Form zu schwärzen, der Pressemeister bediente die Presse, holte die unbedruckten Bogen heran und hob die bedruckten Bogen von der Druckform ab. Im Hintergrund sind Setzer bei der Arbeit an ihren Setzkästen zu sehen.

sechs Setzer, dazu an den entsprechenden Pressen zwölf Drucker, je einen Färber und einen, der die Bogen anlegte, den Karren einfuhr und den Pressbengel bewegte. Dazu kamen noch Schriftgießer, Graveure, Ableger, Farbenmischer und andere Hilfskräfte.

Drucken mit beweglichen Lettern nach Gutenberg

Nach Gutenbergs Tod am 3. Februar 1468 verbreitete sich seine neue Technik sehr rasch. Gutenbergs Werkstatt in Mainz wurde von Johannes Fust übernommen; später trat Peter Schöffer als

Gesellschafter in die Werkstatt ein. Unter dem Namen »Fust und Schöffer« wurde sie zu einem florierenden Unternehmen.

Die ersten Drucker waren Stempelschneider, Schriftgießer, Drucker, Verleger und Buchhändler in einer Person. Claude Garamond, ein französischer Schriftkünstler und -gießer, war einer der ersten eigenständigen Schriftgestalter des 16. Jahrhunderts. Anton Koberger, der 1473 in Nürnberg seine Tätigkeit aufnahm, stand bereits einem Großbetrieb vor mit zeitweise 24 Pressen und über 100 Gesellen; seine Produkte verkaufte er in 16 eigenen Buchläden. Die Bücher dieser ersten Generationen von Druckern, die mit der Technik Gutenbergs zwischen 1450 und 1500 hergestellt wurden, werden als Inkunabeln (Erst- oder Wiegendrucke) bezeichnet. Frühdrucke wurden in dieser Technik bis 1550 gedruckt.

Mit der Ausbreitung der Reformation im 16. Jahrhundert erhielt die »Schwarze Kunst« besonderen Auftrieb. Die unzähligen Flugblätter und Flugschriften, Traktate und Streitschriften für und gegen die lutherische Lehre verliehen den Druckwerken den Charakter von Massenerzeugnissen. Umgekehrt war der technische Stand der Druckkunst eine wesentliche Voraussetzung für die weite Verbreitung der neuen religiösen Vorstellungen und Überzeugungen.

Verheerende Auswirkungen auf die Druckkunst in Deutschland hatte der Dreißigjährige Krieg, in dessen Verlauf viele Druckereien verwüstet oder ihrer Belegschaft beraubt wurden. Der Schwerpunkt verlagerte sich nach Holland, das von den Auseinandersetzungen weitgehend verschont geblieben war.

Im 18. Jahrhundert erhielt das Druckwesen erneut Auftrieb. Seit Preußen 1717 die allgemeine Schulpflicht eingeführt hatte, stieg das Interesse an Information auch in breiteren Volksschichten – und damit der Bedarf an Büchern. Ende des Jahrhunderts wurden viele Buch- und Zeitungsverlage sowie Druckereien gegründet. Zentrum des Druckwesens in Deutschland wurde Leipzig. Johann Gottlob Immanuel Breitkopf, Johann Friedrich Unger und Johann Friedrich Cotta stehen für Leipzigs Weltbedeutung, die auf der Seite der »Produzenten« mit Namen wie Kant, Lessing, Goethe, Schiller und Wieland verbunden ist.

Vom Handwerk zur maschinellen Fertigung

D ie gesteigerte Nachfrage nach Gedrucktem machte im technischen Bereich neue Setz- und Druckmaschinen notwendig, die den erhöhten Anforderungen an Qualität und Schnelligkeit Rechnung trugen. Nachdem bereits 1804 eine eiserne Handpresse entwickelt worden war, erfand Friedrich Koenig 1812 die erste Schnellpresse. 1863 wurde in New York die erste Rotationsdruckmaschine vorgestellt, die hauptsächlich für die Zeitungsproduktion eingesetzt wurde.

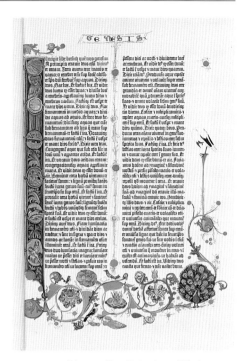

Die 42-zeilige **Gutenberg-Bibel** – abgebildet ist eine aus zwei Spalten bestehende Seite – gilt heute noch als ästhetisches Vorbild für Typographie und Satz. Bei der Gestaltung seiner Druckschrift orientierte sich Gutenberg an der Textura, der damals üblichen hochgotischen Schreibschrift. Durch ein ausgeklügeltes System von Abkürzungen, Doppelbuchstaben und Buchstabenverbindungen wirkt das Schriftbild besonders harmonisch. Gedruckt wurde nur der Text, Initialen und Randverzierungen fügten Miniaturmaler hinzu.

Das **Druckerzeichen** von Fust und Schöffer, ergänzt durch die Buchstaben BV im linken Schild, ist seit 1952 das Signet des Börsenvereins des Deutschen Buchhandels.

Parallel dazu wurden die Satztechniken weiterentwickelt. Anfang des 19. Jahrhunderts versuchte man, mithilfe des so genannten Logotypenverfahrens den Handsatz zu rationalisieren. Da der Letternkörper mehrere Buchstaben enthielt, konnte eine Zeile mit weniger Handgriffe zusammengesetzt werden. Das Logotypensystem scheiterte jedoch an dem großen Aufwand, der mit dem Ablegen der Lettern nach dem Satz verbunden war: Da der Setzkasten statt der üblichen 125 Fächer weit über 600 Fächer enthielt, kostete es sehr viel Zeit, die Lettern in die richtigen Fächern abzulegen. Die seit den 1820er-Jahren entwickelten Setzapparate hielten den Anforderungen der Praxis ebenfalls nicht stand.

ENTWICKLUNG DER DRUCKSCHRIFTEN

Kapitalschrift	römische Buchschrift	Minuskelschriften	Gebrochene Schrift	Antiqua
CAPITALIS 2. Jahrh.	CAPITALIS RVSTICA 3.–6. Jahrh.	karolingische minuskel 8.–13. Jahrh.	gotische minuskel 10. Jahrh.	humanistische minuskel 15. Jahrh.
LABYRINTHVS HIC HABITAT MINOTAVRVS Römische Kursive	CAPITALIS QVADRATA 4./5. Jahrh.	halbunciale 6.–7. Jahrh.	Gotisch 11. Jahrh.	Venezianische Renaissance-Antiqua 15. Jahrh.
	UNCIALE 4.–9. Jahrh.		Rundgotisch 14. Jahrh.	Französische Renaissance-Antiqua 16. Jahrh.
			Schwabacher 14./15. Jahrh.	Barock-Antiqua 17. Jahrh.
			Fraktur 15. Jahrh.	Klassizistische Antiqua 18. Jahrh.
				Serifenbetonte Linearantiqua 19. Jahrh.
				Serifenlose Linearantiqua 19. Jahrh.

Die ersten Druckschriften lehnten sich in ihrem Charakter an die geschriebene Schrift an. Johannes Gutenberg verwendete etwa für seine 42-zeilige Bibel die Textura, eine besonders schöne gotische Form, die bis 1500 häufig in Gebrauch war. Sie gehört zu den so genannten gebrochenen Schriften und entwickelte sich weiter zu den unterschiedlichen Arten der Fraktur, die vor allem nördlich der Alpen benutzt wurden.

Südlich der Alpen herrschten überwiegend gerundete, weniger strenge Formen vor. Aus ihnen entwickelte Aldus Manutius, Drucker in Venedig, im 15. Jahrhundert die Renaissance-Antiqua, die während des ganzen 16. Jahrhunderts überall in Europa eingesetzt wurde. Die etwa gleichzeitig geschaffene Garamond-Antiqua von Claude Garamond in Paris markiert einen weiteren Höhepunkt in der frühen Entwicklung der Druckschriften. Im Laufe der Jahrhunderte haben sich die Antiqua-Formen – in unzähligen Ausprägungen – durchgesetzt.

Der Einzug der Elektronik in die Drucktechnik hatte auch Auswirkungen auf die Schriftgestaltung: Bevorzugt wurden nun sachlich nüchterne Formen, die sich für den Fotosatz und die Verwendung mit Computern besonders gut eignen. Um der verwirrenden Vielfalt Herr zu werden, wurde 1964 eine Klassifikation geschaffen, die elf Gruppen umfasst.

Unterscheidungsmerkmale sind dabei Elemente der Schrift wie Dachansatz, Serifen, Grund- und Haarstriche oder die Symmetrieachse.

Dachansatz	ΤΓΙΙΙΙΙΙΙΙ
Serifen	ΙΑΙΙΤΤΙΙΙ
Grund- und Haarstriche	HHH
Schriftachse	OOO
Schrägstrich des Buchstaben e	eeeee

Erst 1870 stellte der Kaufmann Charles Kastenbein eine brauchbare Maschine vor, deren Satzleistung etwa 7000 bis 8000 Buchstaben in der Stunde betrug. Die Kastenbein'sche Setzmaschine wurde manuell mit Typen belegt, die dann durch Tastenanschlag aneinander gesetzt wurden. Möglich geworden war diese Erfindung durch den Einsatz einer Komplettgießmaschine, mit der seit 1862 große Mengen von Bleilettern hergestellt werden konnten. Den endgültigen Durchbruch der maschinellen Satzherstellung brachten jedoch erst Konstruktionen, bei denen die Lettern während des Setzvorgangs durch Neuguss hergestellt werden konnten (»heißer Satz«).

Für die Bedienung einer **Kastenbein'schen Setzanlage** waren bis zu vier Personen notwendig: Setzer, Ausschließer (bringt die gesetzten Zeilen auf die gewünschte Länge), Ableger und Magazineinfüller (für das Ablegen der Lettern).

1884 stellte Ottmar Mergenthaler die Linotype vor, mit der einzelne Zeilen gesetzt und anschließend gegossen werden konnten. Diese Setzmaschine wurde ebenso erfolgreich wie die 1897 von Tolbert Lanston konstruierte Setz- und Gießmaschine für Einzelbuchstaben, die Monotype, bei der Setz- und Gießvorgang räumlich getrennt sind.

Die schnellere und billigere Herstellung von Gedrucktem ließ den Papierverbrauch rapide ansteigen. 1840 wurde erstmals Holzschliff als neuer, günstiger Rohstoff zur Herstellung großer Papiermengen verwendet. Er löste die bis dahin gebrauchten teuren Hadern ab. Bereits 1799 war in England die erste Papiermaschine gebaut worden – eine Voraussetzung für die Herstellung von Papier als billigem Massenerzeugnis.

Lumpen aus Baumwolle, Leinen, Hanf und Flachs werden als **Hadern** bezeichnet. Gereinigt und zerrissen dienen sie als Faserrohstoff vor allem für die Herstellung von Feinpapier. **Holzschliff** ist ein Fasermaterial, das durch mechanische Zerkleinerung aus Fichten-, Tannen-, Kiefern- oder Pappelholz gewonnen wird.

Von der Bleiletter zum Desktop-Publishing

Bis die manuelle Bleisatztechnik auf der Basis von Gutenbergs Erfindung durch den maschinellen Satz abgelöst wurde, vergingen über vierhundert Jahre. Die maschinelle Satzherstellung wiederum hatte, bis auf geringfügige Modifikationen, über einen Zeitraum von beinahe achtzig Jahren Bestand. Mitte der 1960er-Jahre begann dann der Wechsel vom »heißen« zum »kalten« Satz – die Umstellung von Bleisatz auf Fotosatz.

Der Handsatz

Bis zur Erfindung der Setzmaschinen war der Handsatz in Verbindung mit dem Hochdruckverfahren die einzige Möglichkeit, Texte wirtschaftlich zu vervielfältigen. Der komplizierte Vorgang der Satzherstellung wurde auch für umfangreiche Produkte wie Bücher, Lexika und später Zeitungen von Handsetzern ausgeführt. Die Leistung eines Handsetzers betrug in der Stunde ungefähr 1500 Zeichen.

Ein **Setzkasten** für manuellen Bleisatz enthielt 125 Fächer. Die am häufigsten benötigten Buchstaben und Ausschlussstücke sind in den großen Fächern untergebracht, auf die der Setzer am schnellsten zugreifen kann. Oben befinden sich in alphabetischer Reihenfolge die Großbuchstaben, links die Akzente und rechts Sonderzeichen wie Punkte, Satzzeichen u. Ä. sowie die Ligaturen ff, fi, fl und ft.

A	B	C	D	E	F	G	H	I	K
L	M	N	O	P	Q	R	S	T	U
1	2	3	4	5	6	7	8	9	0	–	J	V	W	X	Y	Z	&

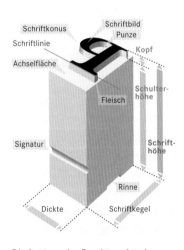

Schriftkonus — Schriftbild — Punze — Schriftlinie — Kopf — Achselfläche — Schulterhöhe — Fleisch — Signatur — Schrifthöhe — Rinne — Dickte — Schriftkegel

Die **Letter** oder Drucktype ist ein Körper mit genau definierten Maßen. Das erhabene Bild des Buchstabens ist spiegelverkehrt, damit es beim Druck seitenrichtig auf dem Papier abgebildet wird. Für jede Schriftgröße und jede Schriftart wird ein eigener Letternvorrat benötigt.

Hauptelemente des Handsatzes waren die seitenverkehrten Einzellettern, die in genormten Setzkästen aufbewahrt wurden, und das Blindmaterial. Der Handsetzer entnahm die benötigten Lettern den im Setzkasten systematisch angeordneten Fächern und setzte sie im Winkelhaken zu einer Textzeile zusammen. Durch das Einsetzen von Blindmaterialien in Form von Quadraten und Ausschlussstücken, die niedriger als die Lettern waren und deshalb nicht von der Druckfarbe eingefärbt wurde, wurden die Lettern einer gesetzten Zeile auf die gewünschte Satzbreite ausgeschlossen. Um alle Zeilen auf volle Zeilenbreite (Blocksatz) zu bringen, vergrößerte (austreiben) oder verringerte (einbringen) der Setzer in einem bestimmten Umfang die Wortzwischenräume nach Regeln, die der Lesbarkeit dienten. Die Zeilen konnten aber auch auf Mitte, links- oder rechtsbündig ausgeschlossen werden (Flattersatz). Um einen einheitlichen Zeilenabstand zu erreichen, wurden zwischen die einzelnen Zeilen Regletten aus nichtdruckendem Blindmaterial geschoben – der Satz wurde durchschossen. Die Größe des Durchschusses bestimmt im Wesentlichen die Lesbarkeit eines Textes. Das Blindmaterial war dem typografischen Maßsystem ebenso untergeordnet wie die Lettern. Diese hatten wie jedes andere druckende Material, beispielsweise die Messinglinien für den Satz von Tabellen, die Normschrifthöhe von 62 2/3 Punkt (23,567 Millimeter).

Die Größe einer Schrift wird in Punkt (p) angegeben. Das typografische Maß, der Didot-Punkt, bezieht sich auf das alte französische Längenmaß »Fuß«, wobei ein Fuß zwölf Zoll, ein Zoll zwölf Linien und eine Linie zwölf Punkten entspricht. 1795 fasste der Schriftgießer Didot zwei solcher Punkte zu einem Didot-Punkt zusammen, der in das metrische System umgerechnet eine Stärke von 0,375 Millimetern hat. Umfangreiche Texte, die ein Leser schnell und leicht erfassen soll, ohne zu ermüden, werden überwiegend in den Schriftgrößen 9, 10 und 12 p gesetzt, die früher auch als Borgis, Korpus und Cicero bezeichnet wurden. Ebenfalls in Punkt gemessen wird der Zeilenabstand, der für eine gute Lesbarkeit mit ausschlaggebend ist. Das Didot-System wurde im Blei- und Fotosatz verwendet, heute hat sich im Bereich des DTP (Desktop-Publishing) das amerikanische Pica-Point-System durchgesetzt. Ein Point (pt) entspricht 0,351 Millimetern.

Hatte der Setzer mehrere Zeilen im Winkelhaken gesetzt und ausgeschlossen, wurden diese auf einem Satzschiff platziert. War der Setzvorgang abgeschlossen, wurde der Satz mithilfe der Kolumnenschnur zusammengebunden und zur Druckmaschine transportiert. Nach dem Druck wurden die einzelnen Lettern wieder in die entsprechenden Fächer der Setzkästen zurückgelegt und konnten für den nächsten Text benutzt werden. Nur wenn Lettern durch häufigen Gebrauch abgenutzt oder beschädigt waren, wurde neue Schrift bei einer Schriftgießerei bestellt. Da die Auflagen von handgesetzten Drucksachen aber nie sonderlich hoch waren, konnten Schriften bei pfleglicher Behandlung lange benutzt werden.

Der Setzer erstellt den Lochstreifen am **Perforator** der **Monotype.**

Der Maschinensatz

Im Jahre 1884 gelang es Ottmar Mergenthaler, den komplizierten Setzvorgang zu mechanisieren und eine wirtschaftliche Satztechnologie zu entwickeln. Seine Zeilenguss-Setzmaschine Linotype wurde seit 1886 bei der »New York Tribune« eingesetzt, deren Verkaufspreis dadurch von drei Cent auf einen Cent pro Exemplar sank. Der Kern von Mergenthalers Erfindung waren die einzelnen Matrizen aus Messing. In einem Arbeitsgang wurden die über eine Tastatur aus ihrem Magazin ausgelösten Matrizen zu Zeilen gesetzt, ausgeschlossen, mit Blei ausgegossen und anschließend automatisch wieder in den jeweiligen Buchstabenkanal des Magazins abgelegt. Als Ergebnis erhielt man eine komplette Zeile mit Buchstabenbildern. War ein Setzfehler aufgetreten, musste die gesamte Zeile neu gesetzt und ausgegossen werden. Die Setzleistung betrug ungefähr 6000 Buchstaben in der Stunde.

1897 stellte Talbert Lanston eine Einzelbuchstaben-Setz- und Gießmaschine vor, die Monotype. Neu am Prinzip dieser Setzmaschine war zum einen, dass der Setz- und der Gießvorgang getrennt waren, und zum anderen, dass die Herstellung der einzelnen Drucktypen im Gießvorgang durch den Einsatz von Lochstreifen gesteuert wurde. Die Lochstreifen wurden von Setzern an so genannten Perforatoren erstellt – Tastgeräten, die in ein elf Zentimeter breites Papierband für jedes Schrift-

An der **Gießmaschine** werden die Zeilen ausgegossen, die sich in dem im Vordergrund zu erkennenden Spaltenschiff sammeln.

Durch den Einsatz von **Schriftscheiben** und -platten konnte die Belichtungsleistung von Fotosetzsystemen, die für Mengensatz etwa im Bereich der Zeitungs-, Zeitschriften- und Buchproduktion konstruiert waren, auf 300 000 Buchstaben pro Stunde gesteigert werden.

zeichen und für die Wortzwischenräume eine bestimmte Lochkombination stanzten. War der Lochstreifen in die Gießmaschine eingelegt, »suchte« die Maschine nach den Vorgaben des Lochstreifens die entsprechende Matrize, die dann mit einer flüssigen Bleilegierung ausgegossen wurde. Das Ergebnis war eine aus Einzellettern bestehende Zeile. Die Lochstreifen konnten aufgehoben und bei einem Neusatz wieder verwendet werden.

Diese beiden Bleisetzmaschinentypen revolutionierten den Vorgang des Setzens. Bis zum Ende der Bleisatzära in Deutschland Anfang der 1980er-Jahre waren beide Systeme nach vielen Modifikationen, welche die Satzleistung bei lochstreifengesteuerten Linotype-Setzmaschinen auf bis zu 24 000 Buchstaben pro Stunde erhöhten, gängige Technik.

Der Fotosatz

Unter Fotosatz wird die fotografische Übertragung (Belichtung) von Schriftzeichen auf lichtempfindliches Material verstanden. Man benötigt dazu eine Lichtquelle, eine negative Darstellung aller Schriftzeichen und Fotomaterial (Film oder Papier). Der Belichtungsvorgang erzeugt ein latentes, das heißt unsichtbares, seitenverkehrtes Bild. Um dieses Bild sichtbar und haltbar zu machen, muss es entwickelt, anschließend fixiert und gewässert werden.

Bereits 1894 erfand der Ungar Eugene Przsolt das erste Fotosatzgerät, bei dem die einzelnen Buchstaben auf eine lichtempfindliche Platte projiziert wurden. 1898 wurde die erste tastaturgesteuerte Fotosetzmaschine des Engländers Greene patentiert. Der erste Prototyp einer Fotosetzmaschine der Firma Linotype wurde 1916 entwickelt. Mangelnde technische Voraussetzungen beim Druck – zu diesem Zeitpunkt war der Hochdruck das einzige wirtschaftliche Druckverfahren – verzögerten jedoch den Durchbruch dieser Technik bis in die Sechzigerjahre des 20. Jahrhunderts. Die erste Generation von in größerem Maßstab in der Praxis eingesetzten Fotosetzmaschinen wurde in den 1950er-Jahren in den USA konstruiert. Sie lehnten sich an den Bau der bekannten Bleisetzmaschinen an, arbeiteten jedoch statt mit Messingmatrizen mit Filmmatrizen, die negative Buchstabenbilder enthielten. Bei der Belichtung wurden die Buchstaben auf lichtempfindliches Fotomaterial übertragen. Nach einem fotografischen Entwicklungsprozess erhielt man anschließend den gesetzten Text in positiver Darstellung auf Fotopapier oder transparentem Film.

Die zweite Generation der Fotosetzmaschinen arbeitete mit Schriftscheiben und -platten, die alle Zeichen in negativer Darstellung enthielten. Beim Setzen wurde der gewünschte Buchstabe durch Drehen der Scheibe in den Strahlengang einer Lampe, meist einer Halogenlampe, gebracht und das Bild des Buchstabens fiel (eventuell noch mithilfe eines Linsensystems fokussiert) auf einen lichtempfindlichen Film, der nach dem Vorgang automatisch um ein kleines Stück weiter transportiert wurde, sodass der nächste Buchstabe belichtet werden konnte. In der Anfangszeit dieser Technik

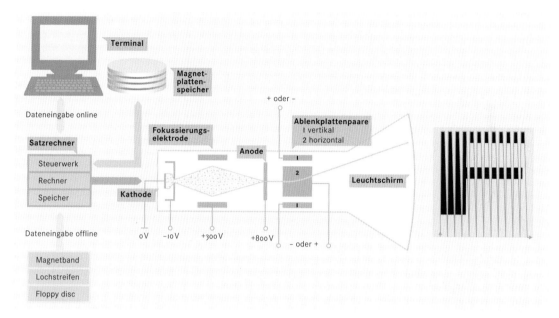

Bei der **Digitalisierung von Schriftzeichen** – hier das Beispiel des
Buchstabens »F« – wird nach Abruf des
Buchstabens aus dem Speicher das
entsprechende Zeichen durch einen
Kathodenstrahl aufgebaut: Beim
Auftreffen des Elektronenstrahls auf die
Innenseite des Bildschirms, die mit
einer Leuchtstoffschicht versehen ist,
kommt es zu einem Aufleuchten genau
an den Stellen, die als Pixel im Speicher
abgelegt sind. Der Strahl baut den
Buchstaben Pixel für Pixel und Zeile für
Zeile auf. Direkt vor dem Bildschirm
sitzt ein Film, der durch das vom
Bildschirm kommende Licht belichtet
wird. Abhängig von der Größe der
Kathodenstrahlröhre und der Größe
des Films erfolgt der Filmtransport
zeilenweise oder in größeren
Schritten.

wurde noch ohne Computer gearbeitet, die Steuerung der Scheiben
geschah also rein mechanisch, dauerte also relativ lang. Ab den
1970er-Jahren nahm der Computer zunehmend Einzug in die Satz-
technik und aus den einfachen Fotosetzgeräten wurden Fotosetzsys-
teme. Jetzt konnte der zu setzende Text inklusive aller zum Layout
benötigten Steuerzeichen über eine Tastatur in den Computer eingegeben und dort gespeichert werden. Zum Belichten steuerte der
Computer die rotierenden Schriftscheiben an und brachte die Buchstaben in kürzester Zeit in die gewünschte Belichtungsposition. Mithilfe von Licht oder Kathodenstrahlen wurde der Text dann auf
einen Film belichtet. Die Ansteuerung der Scheiben geschah jetzt
zwar elektronisch, ihre Bewegung war aber immer noch ein mechanischer Vorgang. Weil hier also im Wesentlichen mechanische und
optische Techniken kombiniert wurden, spricht man auch von opto-
mechanischer Belichtung.

Die dritte Generation der Fotosatztechnik wird von den so genannten Lichtsatzanlagen gebildet, die sich von den optomechanischen Anlagen dadurch unterscheiden, dass so gut wie keine mechanisch arbeitenden Bauteile mehr eingesetzt werden. Bei den Lichtsatzanlagen liegen die Schriften in digitalisierter Form abgespeichert
im Rechner vor und können von dort »abgerufen« werden.

Zum Digitalisieren wird ein Buchstabe fotografiert, sein vergrö-
ßertes Diapositiv wird hernach auf ein feines Liniennetz gelegt und

dann abgescannt. Der Buchstabe ist durch den Linienraster-Hintergrund in vertikale Scanlinien unterteilt. Jede Linie besteht, abhängig von der Form des Buchstabens, aus unterschiedlich vielen schwarzen und weißen Quadraten (man spricht auch von Punkten oder Pixeln). Zum Scannen wurden früher spezielle Logoscanner eingesetzt, die diese Quadrate auszählten und die ermittelten Werte auf einem Datenträger speicherten. Heute kann das aufwendige fotografische Verfahren ganz umgangen werden: Bereits handelsübliche Scanner bieten in Verbindung mit entsprechender Schriftensoftware die Möglichkeit, jede vorhandene (beispielsweise von einem Typographen entworfene) Schrift einzuscannen, in digitalisierter Form abzuspeichern und wenn gewünscht zu verändern. Man kann sogar ganz auf das Einscannen verzichten und alle Buchstaben Pixel für Pixel am Bildschirm kreieren.

Beim Setzen werden wie bei den optomechanischen Anlagen sowohl der Text als auch Layoutsteuerzeichen eingegeben und gespeichert. Zum Belichten greift das System auf die abgespeicherte Information, insbesondere die digitalisierten Schriften, zurück und steuert damit entweder eine Kathodenstrahlröhre (englisch: CRT, Cathode Ray Tube) oder einen Laserbelichter an. Lichtsatzanlagen zeichnen sich durch sehr geringen Verschleiß und höchste Belichtungsleistung aus.

Beim Kathodenstrahlsatz wird die Schrift mithilfe eines Elektronenstrahls (ähnlich wie in einer Fernsehröhre das Bild) Zeile für Zeile oder Pixel für Pixel aufgebaut und damit ein lichtempfindlicher Film belichtet. Solche Maschinen können bis zu vier Millionen Buchstaben pro Stunde verarbeiten. Bei den Laserbelichtern, die den vorläufigen Höhepunkt in der Entwicklung bilden, baut statt des Elektronenstrahls ein Laserstrahl den Text horizontal aus Bildpunkten auf. Voraussetzung dafür ist die Aufbereitung des erfassten Textes über einen Raster-Image-Prozessor (RIP), einem elektronischen Bauelement (oft aber auch nur ein Programm), das aus Texten, Fotos und Grafiken auf der Basis so genannter Seitenbeschreibungssprachen (wie PostScript) Pixelmuster errechnet. Laserbelichter sind die Ausgabegeräte mit der höchsten Auflösung, die derzeit 2400 dpi (dots per inch) beträgt, also 2400 Punkte pro Zoll. Da der Laserstrahl äußerst fein ist, kann das Licht auf einen sehr viel kleineren Punkt als beim CRT-Satz gebündelt werden, was zu einem schärferen Schriftbild führt.

Die Lasertechnologie hat in den letzten Jahren zu einer großen Umwälzung im Satzwesen geführt: Einfache Laserdrucker mit für viele Zwecke ausreichenden niedrigen Auflösungen (typischerweise 600 dpi) sind relativ kostengünstig erhältlich und versetzen daher auch kleine Betriebe oder sogar Privatpersonen in die Lage, vom Schreibtisch aus zu publizieren. Bekannt geworden ist diese Entwicklung unter dem englischen Begriff »Desktop-Publishing« (DTP). Auf der »Highend«-Seite bildet die Lasertechnologie die

Bleisatz	Handsatz	1500 Zeichen/Std.
	Tastaturgesteuerter Maschinensatz (Linotype/Monotype)	6000 Zeichen/Std.
	Lochstreifengesteuerter Maschinensatz (Linotype)	24 000 Zeichen/Std.
Fotosatz	Optomechanisches Verfahren	200 000 Zeichen/Std.
	CRT–Hochleistungsanlagen	5 000 000 Zeichen/Std.

Satz-, Tast- und **Belichtungsleistungen** beim Blei- und Fotosatz.

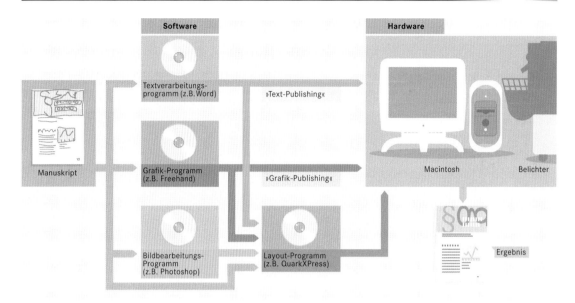

Voraussetzung für die in Zukunft angestrebte Direktbelichtung von Text und Bild auf Druckplatten unter Umgehung der Filmbelichtung.

Desktop-Publishing

D esktop-Publishing, kurz DTP, ist in den letzten Jahren ein Schlagwort im grafischen Gewerbe geworden und steht für eine erneute Umwälzung der Satz- und Reproduktionstechnik. Der Ausdruck bedeutet wörtlich übersetzt »Publizieren am Schreibtisch« mithilfe von leistungsfähigen PCs.

Die Geburtsstunde dieser neuen Technologie schlug 1984, als die Firma Apple den Macintosh-Computer und einen leistungsfähigen Laserdrucker und gleichzeitig die Firma Aldus das Softwareprogramm »PageMaker« auf den Markt brachten. Inzwischen hat DTP überall in Druckereien, Verlagen und Werbeagenturen Einzug gehalten. Mithilfe umfangreicher Software (Textverarbeitungs-, Grafik- und Layoutprogramme) können auch schwierigste Gestaltungsideen am Bildschirm umgesetzt werden. Dazu werden neben einem Computer für die Texterfassung und -gestaltung ein Laserdrucker für die Korrekturausgabe und ein Laserbelichter für die Endbelichtung der Filme benötigt.

Ein großer Vorteil des DTP ist, dass ein- oder mehrfarbige Texte und Bilder gemeinsam in einem Datenbestand verarbeitet werden. Dabei können die Ergebnisse sofort auf dem Bildschirm überprüft werden, der Schrift und Gestaltungselemente so wiedergibt, wie sie nach dem Druck auch tatsächlich aussehen (WYSIWYG-Prinzip: »What you see is what you get«). Mit Hilfe eines Laserbelichters können die Druckvorlagen anschließend auf Film oder neuerdings direkt auf die

Schematische Darstellung des Ablaufs **elektronischer Gestaltung** vom handgeschriebenen Manuskript bis zur fertigen Druckvorlage.

Durch die unterschiedlich großen **Rasterpunkte** werden die verschiedenen Tonwerte der Vorlage exakt auf den Film übertragen – dies ist die Voraussetzung dafür, dass sich eine Halbtonvorlage originalgetreu drucken lässt.

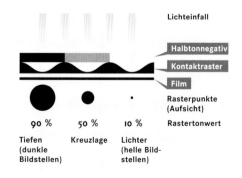

Druckplatte (Computer to Plate) belichtet werden. Von kundigen Händen bedient, können DTP-Programme heute schon die Qualität des Bleisatzes erreichen oder gar übertreffen.

Die **Rasterweite**, die in Anzahl der Linien pro Zentimeter angegeben wird, bestimmt die Druckqualität eines Bildes: Die Aufnahmen lassen, ausgehend von einem 24er- (1) über einen 40er- (2) und 54er- (3) zu einem 70er-Raster (4), eine deutliche Verbesserung des Kontrasts erkennen.

Wie kommt das Bild ins Buch? – Reproduktionstechniken

Bei der Herstellung von Druckwerken spielte neben dem Text stets das erklärende oder schmückende Bild eine große Rolle. Die Bildvorlagen wurden anfangs als Holzschnitt, bei dem die hoch stehenden (erhabenen) Teile druckten, oder als Kupferstich, bei dem die druckenden Teile in eine Kupferplatte eingeritzt wurden, hergestellt. Im 18. Jahrhundert, das so große Fortschritte im Bereich der Satz- und Drucktechnik brachte, nahm auch die künstlerische Bildreproduktion einen großen Aufschwung: 1775 entwickelte der englische Grafiker Thomas Bewick die Holzstichtechnik oder Xylographie, mit der Schwarzweißbilder fast originalgetreu wiedergegeben werden konnten. Etwa 20 Jahre später erfand der Drucker Alois Senefelder ein Steindruckverfahren, die Lithographie, das die Qualität des gedruckten Bildes weiter verbesserte. Die Möglichkeit, Bilder farbig, originalgetreu und preiswert in großen Auflagen und in kurzer Zeit zu drucken, tat sich jedoch erst mit der Erfindung der Fotografie auf.

Die Vorlagen für die Reproduktion werden in Strichvorlagen, Halbtonvorlagen und Kombinationen daraus unterschieden. **Strichvorlagen** bestehen aus Linien, Strichen und Flächen in einheitlicher Tönung, wie etwa Grafiken. **Halbtöne** dagegen weisen differenzierte Tonabstufungen auf, sei es in Farbe oder in Schwarzweiß.

Fotografische Reproduktion

Als Beginn der modernen Reproduktionstechnik gilt die Erfindung der Autotypie durch den Kupferstecher Georg Meisenbach im Jahr 1882. Mit diesem Verfahren, bei dem die druckenden Punkte eines Bildes genau wie die Drucktypen erhaben sind, konnten erstmals alle Tonwerte zwischen Schwarz und Weiß im Hochdruck dargestellt werden. Die entscheidende Neuerung bei der Autotypie war die Zerlegung der Bildvorlage in verschieden große Punkte mit Hilfe eines Rasters. Bei der Aufnahme einer Vorlage mit einer Reproduktionskamera wird der Raster – eine Glasplatte oder eine Folie mit einer Kreuzlinienstruktur – in einem bestimmten Abstand im Strahlengang der Kamera justiert oder als Folie direkt auf das Filmmaterial aufgelegt. Die unterschiedlichen Tonwerte der Vorlage lassen das Licht in unterschiedlicher Stärke durch; sie erscheinen, bedingt durch den Raster, auf dem Film als kleinere und größere Punkte. Je feiner der Raster dabei ist, umso genauer können die unterschiedlichen Helligkeitswerte und Bilddetails wiedergegeben werden. Damit die so erstellte Vorlage für den Druck verwendet werden kann, muss in einem zweiten Schritt eine druckfähige Vorlage hergestellt werden, die vom verwendeten Druckverfahren abhängig ist. Für den Hochdruck etwa wird ein so genanntes Zinkklischee hergestellt: Der entwickelte Film wird auf eine lichtempfindliche Zinkplatte kopiert. In einem anschließenden Ätzvorgang wird ein Relief erzeugt, bei dem die druckenden Bildelemente erhaben, die nichtdruckenden vertieft liegen.

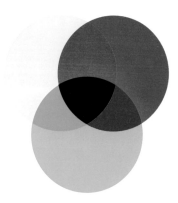

Bei der **subtraktiven Farbmischung** ergeben die drei Grundfarben Yellow, Magenta und Cyan, übereinander gelegt, Schwarz.

Elektronische Reproduktion

Um Bilder zu reproduzieren, werden heute vorwiegend elektronische Verfahren benutzt, bei denen das Bild nicht flächenhaft, sondern zeilenweise übertragen wird. Dabei werden die unterschiedlichen Ton- und Farbwerte in elektrische Signale umgewandelt. Die in einem Computer korrigierten Signale steuern dann die Aufzeichnung. Als Produkt entsteht entweder ein Film oder eine fertige Druckform. Als Abtastgeräte dienen entweder Flachbett- oder Trom-

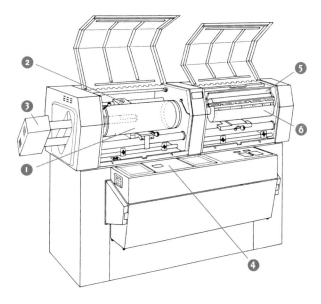

In einem **Trommelscanner** werden Vorlagen (und zwar nur Einzelblattvorlagen aus flexiblem Material, das sich der Form der Trommel anpassen kann) auf einen transparenten Kunststoffzylinder (1) gespannt und durch die Abtasteinheit (2) gescannt; das benötigte Licht liefert die Abtastlampe (3). Bei Farbvorlagen werden die empfangenen Lichtimpulse durch die Rechnereinheit (4) des Scanners in die vier Farbauszüge Cyan, Magenta, Yellow und Schwarz separiert; dabei können beispielsweise Farbstiche korrigiert werden. Die Rechnereinheit (Microcomputer) berechnet die Farb- und Tonwerte, die gewünschte Bildgröße und die Rasterung und leitet diese Informationen an die aus Schreibkopf (5) und Schreibwalze (6) bestehende Schreibeinheit weiter; dort wird durch einen Laserstrahl je ein Film für die vier Farben belichtet und gleichzeitig gerastert.

Beim **Druck eines vierfarbigen Bildes** werden die zuvor getrennten Farb-anteile, die in den vier Farbauszügen Yellow, Magenta, Cyan und Schwarz vorliegen, wieder zusammengefügt. Werden Cyan (1) und Yellow (2) übereinander gedruckt, erhält man ein zweifarbiges Bild (3), dem anschließend die Rotanteile des Magentaauszugs (4) hinzugefügt werden. Das entstandene dreifarbige Druckbild (5) wird mit Schwarz (6) überdruckt, das den Kontrast vertieft. Das Ergebnis ist ein vierfarbiges Bild (7), das von der Vor-lage kaum noch zu unterscheiden ist.

Schön- und Widerdruckmaschinen können zweiseitig drucken. Den ersten Druck nennt man **Schöndruck**, den zweiten Druck der Papierrückseite **Widerdruck**. Je nach Konstruktion der Druckmaschine werden Schön- und Widerdruck in einem oder in zwei Arbeitsgängen ausgeführt.

melscanner, wobei sich Letztere durch eine höhere Ge-schwindigkeit auszeichnen. Flachbettscanner in Verbindung mit einem PC und entsprechender Software ermöglichen es heute, bereits am Schreibtisch Bildvorlagen reprotechnisch zu bearbeiten (Desktop-Repro, DTR). Die erzeugten Daten können dann, wie gehabt, über Laserbelichter entweder auf einen Film ausgegeben oder zur Erzeugung einer Druckform genutzt werden.

Farbreproduktion

Die Wiedergabe eines mehrfarbigen Bildes, zum Beispiel eines Fotos oder Dias, basiert auf dem Prinzip der sub-traktiven Farbmischung, mit der alle Farben erzeugt werden können. Mindestens drei Farben sind erforderlich, um eine möglichst komplette Farbskala drucken zu können. Verwen-det werden die drei Grundfarben Yellow (Gelb), Cyan (Blau) und Magenta (Rot), hinzu kommt Schwarz als verstärkende Bildtiefe und häufigste Schriftfarbe. Gedruckt werden diese vier Farben in getrennten Arbeitsgängen. Voraussetzung dafür ist, dass für jede Farbe ein so genannter Farbauszug vorliegt, die Farb-vorlage muss also zunächst in die entsprechenden Grundfarben »zer-legt« werden. Dies geschieht klassisch mit Hilfe von Filtern, die in der jeweiligen Komplementärfarbe eingefärbt sind. Wird die Farb-vorlage mit Licht angestrahlt (oder durchstrahlt), so lassen die Filter Lichtstrahlen ihrer Eigenfarbe passieren und absorbieren die ande-ren Spektralfarben. Bei der Belichtung erscheinen auf dem Negativ dann die Bereiche transparent, die der gewünschten Grundfarbe ent-sprechen. Im Zeitalter des Computers liegen Farbabbildungen übli-cherweise in digitaler Form auf einem Datenträger vor und die Er-stellung von Farbauszügen erfolgt mit einem Computerprogramm, von dem aus direkt für jede Farbe ein Negativfilm belichtet werden kann.

Durch Umkopieren des Negativfilms erhält man ein Diapositiv, auf dem der jeweilige Anteil der Grundfarbe in unterschiedlichen Grauwerten dargestellt ist. Beim Druck, der – wie bereits betont – für jede Farbe separat erfolgt, werden dann die Farbinformationen durch den Einsatz der entsprechenden Druckfarbe bunt wiedergege-ben. Wichtig ist, dass dabei die Rasterpunkte der vier Farben nicht übereinander, sondern nebeneinander zu liegen kommen. Erst im menschlichen Auge verbinden sich die verschieden eingefärbten Rasterpunkte zu Mischfarben, sodass der Betrachter ein der Vorlage entsprechendes Farbbild sieht.

»Was man schwarz auf weiß besitzt ...« – Druckverfahren

Die Entwicklung von Techniken, mit deren Hilfe Texte, Grafi-ken und Bilder auf Papier gebracht werden konnten, verlief, grob gesehen, in drei Stufen. Gutenbergs Erfindung der Handpresse hatte bis ins 17. Jahrhundert Bestand. Sie wurde um 1800 vom ma-

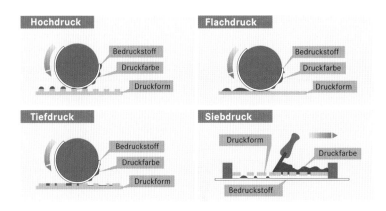

Die wichtigsten **Druckverfahren** Hochdruck, Flachdruck, Tiefdruck und Siebdruck unterscheiden sich durch die Gestaltung der Druckform, genauer gesagt durch die Anordnung der druckenden und der nicht druckenden Bereiche.

schinellen Schnellpressen- und Rotationsdruck abgelöst – der gängigen Drucktechnik bis in die Siebzigerjahre des 20. Jahrhunderts. In Zukunft werden verstärkt elektronische Verfahren zum Einsatz kommen.

Die Drucktechnik gliedert sich in die Fertigungsschritte Druckvorstufe (Herstellung der Druckform), Druck und buchbinderische Weiterverarbeitung. Im Wesentlichen werden vier Druckverfahren unterschieden: Hochdruck (die druckenden Teile sind erhaben), Tiefdruck (die druckenden Teile liegen vertieft), Flachdruck (druckende und nicht druckende Teile liegen auf einer Ebene) und Siebdruck (die Druckform besteht aus einem farbdurchlässigen Material).

Ein weiteres Klassifikationsmerkmal sind die unterschiedlichen Funktionsprinzipien der Druckmaschinen. Der Tiegel, nach dessen Prinzip schon Gutenbergs Presse funktionierte, druckt Fläche gegen Fläche. Die Zylinderflachformpresse – auch als Schnellpresse bezeichnet – druckt Fläche gegen Zylinder und die Rotationsdruckmaschine arbeitet nach dem Prinzip Zylinder gegen Zylinder.

Die Konstruktion von **Druckmaschinen** richtet sich nach verschiedenen Prinzipien: Fläche gegen Fläche (oben), Zylinder gegen Fläche (Mitte) und Zylinder gegen Zylinder (unten).

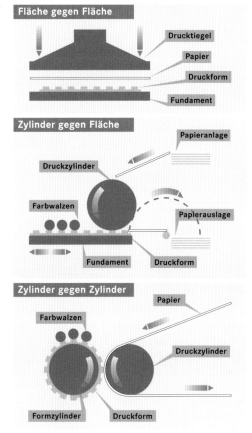

Die Druckformherstellung

Bevor mit dem eigentlichen Druckvorgang begonnen werden kann, muss eine Druckform hergestellt werden. Diese Druckform enthält alle Informationen der Text- oder Bildvorlage, wie Schrift, Linien, Flächen oder Rasterpunkte, als druckende und nichtdruckende Teile. Sie kann je nach Druckverfahren von Hand, auf elektromechanischem oder fotomechanischem Weg hergestellt werden.

Die zwei wesentlichen Schritte zur fertigen Druckform sind die Seiten- und die Bogenmontage. Bei der Seitenmontage wird das Aussehen einer fertigen Druckseite festgelegt, Text und Bilder werden also in der gewünschten Anordnung auf einer Seite verteilt. Während der langen Ära des Bleisatzes wurde in einem rein manuellen Vorgang die spätere Druckplatte erstellt. Erst durch den Fotosatz wurde es möglich, den Text einer Seite bereits vorher elektronisch und seit der Laserbelichtung auch die Text- und Bildfilme zu umbrechen. Nach der Seitenmontage erfolgt die Bogenmontage, bei der die Einzelseiten standgerecht montiert, also so angeordnet werden, dass nach dem Drucken und Falzen des Papierbogens die richtige Reihenfolge entsteht. Diese Anordnung, das so genannte Ausschießschema, wird zum einen bestimmt von der Anzahl der Seiten, die in einem Druckvorgang auf einen Bogen gedruckt werden sollen (üblicherweise 8, 16 oder 32 Seiten), zum anderen von der Art des Falzens. Das Analogon der Bleisatzära zur Bogenmontage, wie sie heute mit den Filmen vorgenommen wird, bestand darin, dass die Seiten beim Schließen der Druckform »auf Stand« gebracht wurden.

Hochdruck

Der Hoch- oder Buchdruck ist das älteste Druckverfahren auf Basis der Gutenberg'schen Erfindungen. Bis in die Mitte der 1970er-Jahre war der Hochdruck weltweit das dominierende Druckverfahren für alle erdenklichen Drucksachen, bis er durch den Offsetdruck weitgehend ersetzt wurde. 1994 etwa betrug der Anteil des Hochdrucks an der Produktion der Druckindustrie in Deutschland nur noch 19 Prozent. Vereinzelt wird Hochdruck noch im Bereich der Zeitungsproduktion eingesetzt.

Kennzeichen des Hochdrucks ist, dass die druckenden Elemente (Schrift, Bildstellen) höher liegen als die nicht druckenden Elemente (Innenräume der Schrift, Wort- und Zeilenabstände). Beim Einfärben der Druckform durch die Farbauftragswalzen nehmen die auf gleicher Höhe liegenden druckenden Teile die Druckfarbe an, die durch Druck auf das Papier übertragen wird. Der Anpressdruck verursacht auf der Vorderseite des Papiers eine leichte Prägung und auf der Rückseite ein mehr oder minder starkes Relief. Dieses Phänomen wird als Schattierung bezeichnet und gilt neben dem

Die **Druckformherstellung für den Offsetdruck** geht von Filmen aus, die Text und Bild seitenverkehrt enthalten. Nach der Bogenmontage, bei der die Filmseiten auf eine durchsichtige Trägerfolie geklebt werden, wird meistens durch eine Positivkopie die Druckplatte hergestellt: Eine mit einer lichtempfindlichen Schicht versehene Aluminiumplatte wird in einem Kopierrahmen in Kontakt mit der Bogenmontage gebracht; dabei liegen Filmschicht und Plattenschicht direkt aufeinander. Eine Metallhalogenidlampe projiziert nun Licht auf die Kombination aus Bogenmontage und Druckplatte. Die lichtempfindliche Schicht der Druckplatte wird durch die geschwärzten Bereiche des Films, die den druckenden Teilen entsprechen, geschützt. In den transparenten, also den nichtdruckenden Bereichen wird die lichtempfindliche Schicht (aus Kunststoff oder Diazofarbstoffen) jedoch durch die Lichtstrahlen zerstört. An diesen Kopiervorgang schließt sich die Entwicklung an, bei der die zerstörte Schicht entfernt und die Aluminiumplatte freigelegt wird. Das durch den Entwicklungsprozess freigelegte Aluminium ist hydrophil (wasserfreundlich), die verbliebene lichtempfindliche Schicht dagegen ist hydrophob (wasserabweisend) und gleichzeitig lipophil (fettfreundlich). Dadurch sind auf der Druckplatte nun nichtdruckende und druckende Bereiche eindeutig festgelegt.

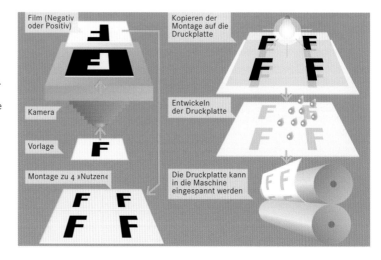

Film (Negativ oder Positiv)

Kopieren der Montage auf die Druckplatte

Kamera

Entwickeln der Druckplatte

Vorlage

Die Druckplatte kann in die Maschine eingespannt werden

Montage zu 4 »Nutzen«

Vergrößert man einen Buchstaben, der mit den unterschiedlichen Verfahren gedruckt wurde, lassen sich deutliche Unterschiede feststellen: Beim **Hochdruck** (links oben) fallen die wulstartigen Verdickungen an den Rändern auf, im **Flachdruck** (links unten) werden scharfe, leicht ausgefranste Kanten verursacht, der **Tiefdruck** (rechts oben) ist an den leicht gerasterten Kanten und dem leichten Perlen auf der Oberfläche zu erkennen und beim **Siebdruck** (rechts unten) ist die Druckfarbe sehr dick und gleichmäßig aufgetragen.

Quetschrand, der sich in den Randzonen der Rasterpunkte bei Abbildungen und an den Rändern der Buchstaben bildet, als typisches Erkennungsmerkmal des Hochdrucks.

Tiefdruck

Dieses Druckverfahren hat sich aus den alten künstlerischen Techniken Kupferstich, Radierung und Heliogravüre entwickelt. Kennzeichen des Tiefdrucks ist, dass die druckenden Teile als Vertiefungen – so genannte Näpfchen – in die Druckform eingelassen sind. Diese Näpfchen nehmen je nach ihrer Größe und Tiefe eine unterschiedliche Farbmenge auf, wobei die Dicke der Farbschicht nach dem Druck den Tonwertabstufungen der Vorlage entspricht. Überschüssige Farbe wird mit der Rakel, einer fein geschliffenen Stahlleiste, von der Druckform »abgerakelt«. Nach diesem Werkzeug wird der Tiefdruck auch als Rakeltiefdruck bezeichnet.

Im modernen Tiefdruck wird ausschließlich mit niederviskosen (also dünnflüssigen) Farben gearbeitet, die sich aus Farbmittel, Bindekörper, Lösemittel und Hilfsmittel zusammensetzen. Für jede Farbe wird ein separates Druckwerk benötigt. Als Lösungsmittel kommt häufig Toluol zum Einsatz, weil es mehrere Vorzüge gegenüber anderen Substanzen aufweist: Es lässt sich effizient rückgewin-

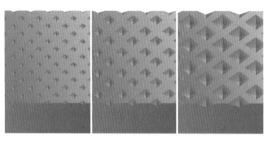

Beim **Tiefdruck** werden die Tonwerte einer Vorlage durch **Näpfchen** wiedergegeben, die in Fläche und Tiefe variabel sind, wobei sich die Tiefe des Tons von links nach rechts steigert.

nen und recyceln, der für die Trocknung erforderliche Energieaufwand ist vergleichsweise gering und es steht in großen Mengen preiswert zur Verfügung.

Beim Drucken läuft der auswechselbare Formzylinder in einer Farbmulde, in der er mit einer dünnen Farbschicht vollständig überzogen wird. Die Farbe kann alternativ auch mit Plüschwalzen oder durch Sprühsysteme aufgebracht werden. Sie setzt sich in die unterschiedlich großen und tiefen Näpfchen und auf der Zylinderoberfläche, den nichtdruckenden Stellen, ab. Mit einer Rakel wird die Druckform unmittelbar vor der Druckzone von überschüssiger Farbe gesäubert, und zwar so perfekt, dass sich auf den nichtdruckenden Stellen anschließend keinerlei Farbe mehr befindet. Die Funktionsweise ist mit der eines Scheibenwischers vergleichbar. Der Druckzylinder, der Presseur, drückt den Bedruckstoff – meistens Papier – an den eingefärbten Formzylinder. In modernen Tiefdruckmaschinen wird die Farbübertragung durch drei Elektroden pro Druckwerk elektrostatisch unterstützt. Die erste Elektrode am Einlauf des Papiers in das Druckwerk stellt ein neutrales Spannungsverhältnis her. Die zweite Elektrode, die Ladeelektrode, ist über dem mit einer speziellen Beschichtung versehenen Presseur angeordnet. Sie sorgt für eine elektrische Spannung zwischen Formzylinder und Bedruckstoff beziehungsweise Presseur. Dadurch wird eine bessere Entleerung der Näpfchen und ein damit verbundenes besseres Druckergebnis erreicht. Die dritte Elektrode neutralisiert diese Spannung am Ausgang des Druckwerks wieder.

Nach dem Druck wird die Papierbahn durch eine große beheizte Trockenkammer geführt. Große Luftmengen, durch ein Gebläse umgewälzt, werden über Düsen auf die Papierbahn geblasen. Die mit Lösungsmitteln angereicherte Luft

Der Druckvorgang bei der **Schnellpresse**. Die Schnell- oder Zylinderflachformpresse druckt nach dem Prinzip Fläche gegen Zylinder. Die Druckform befindet sich im Schließrahmen, der im Fundament (7) der Druckmaschine befestigt ist. Da sich das Druckfundament mit der Druckform unter dem Druckzylinder hin- und herbewegt, ist der Druck nur in einer Bewegungsrichtung möglich.
Beim Start des Druckvorgangs wird ein einzelner Bogen (1) mittels Saugluft aufgenommen, wobei er seitlich rechtwinklig ausgerichtet wird (2); das

Anlegen von doppelten Bogen wird durch einen speziellen Mechanismus verhindert. Das Greifersystem einer Schwinganlage (3) erfasst den ausgerichteten Bogen und bringt ihn auf die volle Umdrehungsgeschwindigkeit des Druckzylinders (4). Während der Bogen dem Zylinder zugeführt wird, läuft das Druckfundament (7) auf Rollenbahnen (8) unter den Farbauftragswalzen (6) des Farbwerks (5) hindurch; dabei wird die Druckform eingefärbt. Die Bewegung des Druckfundaments wird durch eine Zahnstange (9) mit der Bewegung des Druckzylinders synchronisiert, der

während der Hin- und Herbewegung des Druckfundaments eine volle Umdrehung ausführt. Dort, wo sich Druckform und Papierbogen berühren, wird die Farbe übertragen. Noch während des Drucks wird der bedruckte Bogen vom Druckzylinder abgenommen: Ein über Ketten geführter Greifer (10) transportiert den Bogen zum Ablagestapel (11). Damit der Druck nicht auf der Unterseite des nachfolgenden Bogens haftet, wird jeder Bogen mit einem Puder bestäubt (12), das ein Schutzpolster aus feinen Kristallen bildet.

wird durch eine Rückgewinnungsanlage geführt. Der Druck muss vor der Auslage völlig trocken und lösungsmittelfrei sein. Die Trocknungswege sind in ihrer Länge an die Verdunstungsgeschwindigkeit angepasst.

Im Tiefdruck werden überwiegend Rollen-Rotationsmaschinen eingesetzt. In diesem Druckverfahren sind für den Schön- und Widerdruck jeweils eigene Druckwerke pro Farbe erforderlich. Die Länge dieser Maschinen von etwa 50 Metern ist deshalb im Vergleich zum Bogendruck (mit Tiegel- oder Schnellpressen) gigantisch, ihre Höhe beträgt etwa zwölf Meter. Dabei werden je nach Rollenbreite einfachbreite bis 80 Zentimeter, eineinhalbfache bis 130 Zentimeter, doppeltbreite bis etwa 200 Zentimeter und überbreite Maschinen bis 360 Zentimeter Rollenbreite gebaut. Es werden Zylinderdrehzahlen bis 45000 Umdrehungen pro Stunde gefahren und pro Sekunde laufen zwölf Meter Papierbahn durch die Maschine. Rund 180 Meter Papier befinden sich von der Abrollung bis zum Falzapparat innerhalb der Maschine. Die Einrichtzeit beträgt vier bis fünf Stunden. Gesteuert werden diese Maschinen mit modernster Leitstandtechnik.

Der Tiefdruck ist ein sehr gutes Bilderdruckverfahren. Durch die tiefen- und größenvariablen Näpfchen werden unterschiedliche Farbmengen aufgenommen, und die entstehenden Farbschichtdicken entsprechen den Tonwertabstufungen der Vorlage. Eine im Tiefdruck gedruckte Abbildung kommt daher der Halbtonvorlagenqualität sehr nahe. Abbildungsreiche Druckobjekte wie Illustrierte,

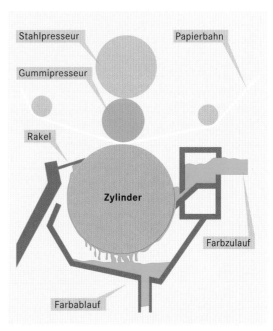

Beim Druckwerk einer **Tiefdruckrotationsmaschine** ist gut zu erkennen, wie die Rakel die überschüssige Farbe von der Druckform, die auf dem Formzylinder aufliegt, entfernt.

Blick in eine Halle mit **Tiefdruckrotationsmaschine.**

Das älteste Flachdruckverfahren, der **Steindruck** oder die **Lithographie,** wurde 1796 von Alois Senefelder erfunden. Das Druckmotiv wird mit einer Fetttusche oder Fettkreide seitenverkehrt auf einen plan geschliffenen Solnhofer Kalkschieferstein aufgebracht. Dann wird der Stein angefeuchtet und mit Farbwalzen von Hand eingefärbt. Ein Druckzylinder führt den Papierbogen über die Druckform und es entsteht ein direkter Abdruck. Der Steindruck wird heute nur noch als künstlerische Technik betrieben.

Das Druckwerk einer **Rollenoffsetmaschine** enthält in seinem Zentrum den Plattenzylinder, auf dem die Druckplatte montiert wird. Um diesen Zylinder sind ein Feucht- und ein Farbwerk angeordnet. Das Feuchtwerk hat die Aufgabe, die nicht druckenden Stellen der Druckplatte mit ausreichend Feuchtigkeit zu versehen, was wichtig ist für ein gutes Druckergebnis. Das Farbwerk bewerkstelligt das Auftragen der Druckfarbe auf die Druckplatte. Ein Gummituchzylinder, auf dem beim Druck die Farbe zuerst »abgesetzt« wird, und ein Gegendruckzylinder, der das Papier während des Druckvorgangs durch die Maschine führt, vervollständigen das Druckwerk.

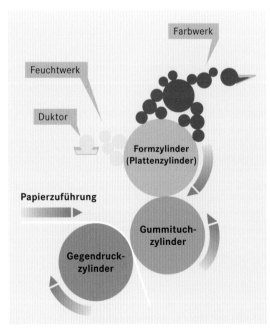

Zeitschriften, Versandhauskataloge und Prospekte sind vorwiegend Tiefdruckerzeugnisse. Dunkle Bildpartien lassen sich in diesem Verfahren mit den Farben Cyan, Magenta und Yellow befriedigend wiedergeben, während man zum Beispiel im Flachdruck noch zusätzlich Schwarz benötigt. Die Zahl der zu druckenden Exemplare (die so genannte Auflagenhöhe) muss aufgrund der im Vergleich zum Flachdruck teureren Formherstellung hoch sein, damit die Kosten pro Exemplar akzeptabel sind. Da im Tiefdruck auch auf minderen Papieren sehr gute Druckqualität erreicht wird und die Druckformzylinder eine längere Lebensdauer als beispielsweise Offsetdruckplatten haben, eignet sich diese Drucktechnik hervorragend für Massenauflagen.

Nachteilig wirkt sich aus, dass zur Rakelführung sowohl Bild als auch Schrift gerastert werden müssen, was bezüglich der Schrift zu einem eingeschränkten Druckergebnis führt. Deshalb ist der Tiefdruck beispielsweise für den Druck von Büchern eher ungeeignet.

Eine große Rolle spielt der Tiefdruck im Bereich des Verpackungsdrucks. Hier kommen weniger Rotations- als Bogendruckmaschinen zum Einsatz. Kunststoff-, Klarsicht- und Metallfolien können auf diese Weise gut und kostengünstig in großen Auflagen bedruckt werden.

Flachdruck

Das dritte klassische Druckverfahren ist der Flachdruck, bei dem sich druckende und nichtdruckende Elemente auf einer Ebene befinden. Grundlage des Flachdrucks ist das gegensätzliche physikalisch-chemische Verhalten der druckenden Bereiche (farbannehmend und feuchtigkeitsabweisend) und der nichtdruckenden Bereiche (feuchtigkeitsannehmend und farbabweisend). Da die Druckfarbe fetthaltige Bindemittel enthält, setzt sie sich nur in den Teilen der Druckplatte ab, die Fett aufnehmen können. Überall dort, wo sich Feuchtigkeit befindet, wird keine Farbe angenommen. Wie diese Bereiche auf die Druckplatte aufgebracht werden, wurde bereits am Beispiel der Druckformherstellung gezeigt.

Der von Alois Senefelder 1796 vorgestellte Steindruck war die Grundlage für die Entwicklung des heute wohl wichtigsten Druckverfahrens überhaupt, des Offsetdrucks. Der Name leitet sich von dem englischen »to set off« (absetzen) ab: Die Farbe wird von der Druckplatte erst auf ein Gummituch »abgesetzt« und dann in einem zweiten Schritt auf das Papier übertragen. Unabhängig voneinander konzipierten die Amerikaner Ira W. Rubel und Caspar Hermann 1905 die erste Offsetdruckmaschine; die erste deutsche Bogenoffset-Druckmaschine wurde 1907 gebaut.

Farbwerk

Feuchtwerk

Duktor

Papierzuführung

Formzylinder (Plattenzylinder)

Gummituch-zylinder

Gegendruck-zylinder

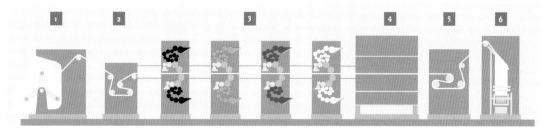

Rollenoffsetmaschinen, die nach dem Druckprinzip Zylinder gegen Zylinder arbeiten und im Offsetdruck – dem heute am weitesten verbreiteten Flachdruckverfahren – eingesetzt werden, bestehen aus Einheiten, die sich nach dem Baukastenprinzip zu Maschinen der gewünschten Größe und Funktion zusammenstellen lassen. Statt einzelner Papierbogen wird eine lange Papierbahn bedruckt, die von einer Rolle in die Maschine eingespeist wird (1). Im Papierstreckwerk (2) wird die Papierbahn so gespannt, dass mehrere Farben passgenau gedruckt werden können. Der eigentliche Druckvorgang läuft im Druckwerk (3) ab. Die Anzahl und der genaue Aufbau der Druckwerke hängen davon ab, ob eine oder mehrere Farben gedruckt und ob das Papier einseitig oder beidseitig bedruckt werden soll. Da im Offsetdruck mit dünnflüssiger Farbe gearbeitet wird, muss die bedruckte Papierbahn vor der weiteren Verarbeitung im Trockenkanal (4) getrocknet werden. Dies geschieht meist durch Heißluft (bis zu 250 Grad Celsius). Die dabei entstehenden schädlichen Gase werden bei 600 bis 700 Grad Celsius nachverbrannt. Anschließend wird die Papierbahn so weit abgekühlt (5), dass ein Schneiden möglich ist und die dann vorliegenden Blätter im nachfolgenden Falzapparat (6) gefalzt werden können.

Der Offsetdruck eignet sich zur Herstellung von Druckerzeugnissen aller Art. Vor allem die Konstruktion von Mehrfarbendruckmaschinen förderte die Herstellung farbiger Werbeprospekte und Verpackungen. In Verbindung mit dem Fotosatz ist die Offsettechnik heute zum bevorzugten Druckverfahren bei der Herstellung von Tageszeitungen geworden.

Siebdruck

Der Siebdruck ist ein Durchdruckverfahren, das heißt, die Druckfarbe wird mit einer Rakel durch ein feinmaschiges Sieb gedrückt und gelangt so auf den Bedruckstoff. Nachdem der Siebdruck erstmals im 19. Jahrhundert für die Vervielfältigung von Texten und Bildern eine gewisse Bedeutung erlangt hatte, wurde er erst wieder in den Fünfzigerjahren des 20. Jahrhunderts vermehrt angewandt. Diese Technik eignet sich vor allem gut für das Bedrucken so spezieller Materialien wie Metall, Holz, Glas, Kunststoff oder Textilien, bei denen – sei es wegen der Oberflächenbeschaffenheit oder der Form des Bedruckstoffes oder auch der besonderen Anforderungen an die Farbe – andere Drucktechniken versagen. Ein bekanntes Beispiel ist das in letzter Zeit in Mode gekommene Bedrucken von T-Shirts oder Kaffeetassen.

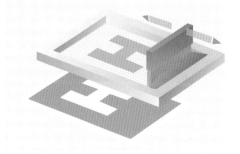

Der **Siebdruck** ist aus der schon seit Jahrtausenden bekannten Schablonentechnik hervorgegangen. Als Druckform dient ein Gewebe, dessen nichtdruckende Bereiche mit einer Schablone abgedeckt sind. Mit einer Rakel wird die Farbe durch die offenen Stellen auf das darunter liegende Papier gedrückt.

Die Zukunft hat schon begonnen: der Digitaldruck

Mit dem Digitaldruck hat sich eine neue Technik im grafischen Gewerbe etabliert, die die klassischen Druckverfahren ergänzt und erweitert. Die zunehmend benötigten Special-Interest-Produkte in immer geringeren Auflagen können mit dieser Technik wirtschaftlich und schnell hergestellt werden. Da Text- und Bild-

Der fliegende Kranich der **Lufthansa** wird im Siebdruckverfahren aufgebracht.

informationen als digitale Daten vorliegen und direkt in den Computer der Druckmaschine eingespeist werden, entfällt die aufwendige konventionelle Druckformherstellung vor dem Druck. Unterschieden werden heute zwei Digitaldruckverfahren.

Bei dem Verfahren, das als »Computer to Press« bezeichnet wird, werden die digitalen Daten in der Druckmaschine zu einer Druckform umgesetzt, die nicht löschbar ist, also kein Drucken von wechselnden Inhalten erlaubt; sollen die zu druckenden Inhalte verändert werden, muss eine neue Druckform erstellt werden. Da dies aber jederzeit ohne großen Material- und Personalaufwand möglich ist, spielt die Neuerstellung wirtschaftlich keine große Rolle. Der anschließende Druck kann mit normalen Farben in der Offsettechnik ausgeführt werden.

Bei der Computer-to-Print-Technik wird keine permanente Druckform erstellt, sondern es wird entweder ein Zwischenträger oder aber das Papier direkt digital beschrieben. Wechselnde Inhalte bereiten bei diesem Verfahren keine Probleme, eine geänderte Seite kann jederzeit ohne Aufwand neu gedruckt werden. Vier unterschiedliche physikalische Prinzipien bilden die Grundlage für

---

FUNKTIONSWEISE EINES LASERDRUCKERS

Ein Laserdrucker wird von einem Computer mit der zu druckenden Information, den Buchstaben, Bildern und dem Layout, versorgt. Mithilfe dieser digitalen Daten wird die Belichtung gesteuert, die zeilenweise und in der Zeile Pixel für Pixel vor sich geht. Im Drucker befindet sich eine Photohalbleitertrommel die vor dem Belichtungsvorgang elektrisch auf ein bestimmtes Potential aufgeladen wird. Photohalbleiter haben die Eigenschaft, bei Licht leitend und bei Dunkelheit als Isolator zu fungieren. Die Belichtung erfolgt heute meistens über eine Laserdiodenleiste, die aus zahlreichen Leuchtdioden, englisch: Light Emitting Diodes, LEDs, besteht. Dabei wird die Ladung an den druckenden Stellen, die Farbe annehmen sollen, abgebaut. Dadurch entsteht ein latentes (nicht sichtbares) Bild auf der Trommeloberfläche. Im nächsten Schritt, dem Entwickeln, wird das latente, elektrostatische Bild mit Tonerteilchen eingefärbt: Da der Toner die gleiche Ladung wie die unbelichtete Trommeloberfläche hat, bleiben die

Tonerteilchen nur an den belichteten Stellen haften. Chemische Reaktionen spielen beim Entwicklungsprozess keine Rolle. Die Übertragung des Toners auf das Papier erfolgt, indem das Papier eine entgegengesetzte Ladung erhält und dadurch den Toner, während es dicht an der Trommel vorbeigeführt wird, auf sich

zieht. Anschließend wird der am Papier haftende Toner durch Hitze fixiert. Im letzten Schritt wird überflüssiger Toner, der eventuell noch am Papier und an der Fototrommel haftet, durch eine Reinigungseinheit entfernt. Das bedruckte Papier wird ausgeworfen und der nächste Druck kann beginnen.

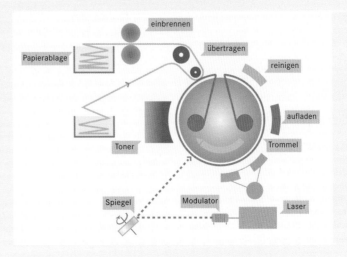

die am häufigsten eingesetzten Computer-to-Print-Druckmaschinen: die Elektrofotografie, das Inkjet-, das Thermosublimations- und das Thermotransferprinzip. Die drei Letztgenannten bilden die Basis für die weit verbreiteten Tintenstrahl- und Thermodrucker. Ihnen ist gemeinsam, dass sie das Papier direkt beschreiben. Laserdrucker oder Laserbelichter dagegen arbeiten – ähnlich wie Fotokopierer – elektrofotografisch, sie benötigen einen Zwischenträger für die Daten, die Fototrommel.

Digitaldruckmaschinen, die sich durch Peripheriegeräte zu Digitaldrucksystemen ausbauen lassen und die in Kombination mit Verarbeitungsmaschinen falzen, zusammentragen und binden können, haben sich – vor allem aus Kostengründen – zahlenmäßig am Markt noch nicht durchsetzen können. Die wirtschaftliche Druckleistung liegt ungefähr im Bereich von bis 1000 Exemplaren. Das erfordert täglich eine nicht unbeträchtliche Zahl solcher Kleinauflagen, damit diese Maschinen sich amortisieren. Auch ist die Druckqualität derzeit noch nicht mit der hohen Offsetqualität vergleichbar. Ein weiteres aus dem Englischen übernommenes Stichwort in diesem Zusammenhang ist »Printing on Demand«, also »Drucken auf Anfrage« oder »Drucken bei Bedarf«, ein Ansinnen, das ohne Digitaldrucksysteme gar nicht formuliert werden könnte. Die Entwicklung schreitet weiter voran und der Digitaldruck wird sich zukünftig neben den konventionellen Druckverfahren behaupten, eigene Märkte erschließen und sie bedienen. H.-H. RUTA

Gutenberg und die Folgen – Buchkultur und die Perspektiven der Informationsgesellschaft

Vor etwa 600 Jahren, zwischen 1397 und 1400, wurde Johannes Gensfleisch, der sich später Gutenberg nannte, in Mainz geboren. Sein Vervielfältigungsprinzip, sein Handgießinstrument, seine Druckerpresse haben eine tief greifende soziale Umwälzung auf einem ganzen Kontinent in Gang gesetzt.

Wie kaum eine andere Erfindung wurde die Druckkunst als ein Heilsbringer über die Jahrhunderte hinweg bewundert. Ihre Entstehung wird als Wasserscheide zwischen den Epochen gewertet; mit ihr geht das Mittelalter zu Ende und beginnt die Neuzeit. Martin Luther betrachtete sie als Geschenk, welches Gott gerade den Deutschen machte, um die Reformation durchzuführen. Überall in Europa äußerte man die Hoffnung, dass die »ars nova imprimendi libros« (zu deutsch: die neue Kunst des Buchdrucks) zur Volksaufklärung beitragen möge, die menschliche Erkenntnis heben und »magnum lumen«, große Erleuchtung, bringen werde. »Denn wer ist so träge, dass er nicht bei der Geschichtslektüre gelernt hätte, dass die Welt seit der Zerstörung des ersten Römischen Reiches, seit dem Barbareneinfall gleichsam von tiefer Lethargie befallen, ungefähr 1000 Jahre geschlafen hat und mit dem Jahr 1440 aber, erweckt, zur früheren Lebendigkeit zurückgekehrt ist«, formuliert Johannes Kepler die Grundüberzeugung seiner Zeitgenossen 150 Jahre nach Erfindung des Buchdrucks und führt weiter aus: »Nach der Geburt der Typographie wurden Bücher zum Gemeingut, von nun an warf sich überall in Europa alles auf das Studium der Literatur, nun wurden so viele Universitäten gegründet, entstanden plötzlich so viele Gelehrte, dass bald diejenigen, die die Barbarei beibehalten wollten, alles Ansehen verloren.« Seither wird der Buchdruck als Medium der Volksaufklärung, als Königsweg der Informationsverbreitung und unverzichtbares Hilfsmittel bei der Lösung fast aller sozialen Probleme gepriesen.

Wie sah nun die Technik aus, die so gelobt wurde und so wenig Widerrede erfahren hat?

Leistungen des Typographeums

Concordia et proporcione, Schönheit durch das rechte Verhältnis zwischen den Dingen wollte Gutenberg zeitlebens erreichen. Ein Buch von bis dahin nie gesehener Harmonie wollte er schaffen, um damit göttliche Gnade und das Lob der Kirche zu gewinnen. Hierin war er ganz Kind seiner Zeit, des ausgehenden Mittelalters, und aus diesem Grund richtete sich sein Trachten auch auf die Heilige Schrift. Sollten die Buchstaben in jedem Wort, die Worte auf jeder Zeile und auf allen Seiten des Werkes gleichmäßig gestaltet und die Abstände zwischen ihnen einem durchgehenden Prinzip und nicht dem unterschiedlichen Geschmack der vielen Schreiber unterworfen sein, so wie das in den mittelalterlichen Skriptorien üblich war, so musste eine völlig neue Produktionsweise her: maschinelle Serienproduktion.

Keineswegs hatte Gutenberg eine tausendfache Vervielfältigung von Büchern für einen anonymen Markt im Sinn – ansonsten hätte er schwerlich den bis heute kaum wiederholten künstlerischen Aufwand betrieben, knapp 300 separate Lettern für seinen Bibeldruck zu gießen, wo er doch mit einem guten Zehntel auch ausgekommen wäre. Viel eher brachte seine Leidenschaft für Präzision und vollendete Formen diese gewaltige kulturelle Innovation in Gang – und ruinierten ihn wirtschaftlich. Nur bei der industriellen Massenproduktion rentiert sich seine Technologie.

Aufbauen konnte er, freilich in sehr begrenztem Umfang, auf den bereits früher eingeführten verschiedenen Stempeldruckverfahren, die alle nach ähnlichem Muster ablaufen: aufwendiges Schneiden oder Stechen einer Druckform für eine ganze Buchseite, Einfärben der Form, Abdruck dieser Form in Ton, auf Stoff, Pergament oder Papier. Die Leistung dieser Verfahren liegt in der Hauptsache in der Vervielfältigung. Die von Gutenberg beabsichtigte Standardisierung der einzelnen Zeichen ließ sich hingegen auf diesem Weg nicht erreichen. Jede Form, jeder Buchstabe, hing weiterhin von der Handfertigkeit des Formenschneiders ab und jeder Abdruck zeigte deshalb die gleichen Unregelmäßigkeiten wie handgeschriebene Texte. Um diesen Nachteil auszumerzen, musste der Druckvorgang mehrfach auf sich selbst angewendet werden: Zunächst entwirft ein begabter Schreibkünstler ein vollständiges Alphabet mit allen Zusatzzeichen. Dieser Entwurf, der praktischerweise auf Pergament oder Fettpapier ausgeführt wird, wird dann auf den Rohling einer Patrize gelegt und abgepaust. Ein Graveur hebt die Formen aus dem Metall heraus und es entsteht eine Patrize. Diese wird in weicheres Metall eingeschlagen, um so zu einer Gießform, der Matrize, zu gelangen. Erst in diese Gießform füllt man die heiße Bleilegierung, um beliebig viele identische Lettern für jeden Buchstaben zu erzeugen. Die Lettern nun fügt der Setzer zu Schriftzeilen und diese schließlich zu Seiten zusammen, färbt sie ein und druckt sie aus.

Die technische Grundidee Gutenbergs ist also die mehrfache Spiegelung informativer Muster, ein ziemlich umwegiges Verfahren. Der technische Erfolg dieses Spiegelungsprozesses hängt von der Minimierung der Rückkopplungseffekte ab: Durch die Auswahl geeigneter Übertragungsverfahren und Materialien muß die Rückwirkung des Werkstücks auf das Werkzeug so weit reduziert werden, dass sie nicht mehr ins Gewicht fällt: der Einfluss der Patrize auf das Graviermesser, der Matrize auf die Patrize, der Letter auf die Matrize, des gedruckten Papiers auf die Letter – und schließlich des Lesers auf das Papier.

Würde dieses Prinzip nur an einer Station unterbrochen, etwa die Patrize beim Einschlagen in die Matrize verformt, so stürzte die Vervielfältigungspyramide zusammen. Im ökonomischen Sinn lohnt sich dieses Prinzip nur dann, wenn aus einem Schriftmuster gleich mehrere Patrizen, aus einer Patrize viele Matrizen, aus einer Matrize wiederum viele Lettern und aus einer Letter wiederum viele Drucke hergestellt werden. Dies bedeutet, dass ein Schriftkünstler viele Stempelschneider, ein Stempelschneider zahlreiche Gießereien, eine Gießerei viele Druckereien und jede Druckerei eben viele Leser beliefern kann und muss. Gutenbergs Genie liegt also quasi in seiner Sturheit: Viermal wiederholt er einen im Prinzip gleichen Vorgang, um sein Ziel zu erreichen.

Mit der gleichen Sturheit vollzieht sich übrigens auch die gesamte Industrialisierung in Europa seit der frühen Neuzeit. Stets läuft das gleiche Schema ab: Es werden Formen (unter Nutzung anderer Formen) gefertigt und geeignete Pressen bereitgestellt, um massenhaft Produkte mit völlig gleichen Proportionen herzustellen. Anfangs eignete sich nur Metall für diese mehrfachen Umformungsprozesse und deshalb beginnt mit dem Buchdruck auch die Verdrängung des Holzes, des bis dahin wichtigsten Baustoffes für Maschinen.

Auf Dauer passte sich unser europäisches Denken, beileibe nicht nur jenes der Techniker, diesem Produktionsprozess an. Ziel sowohl des mechanischen Handelns als auch des linearen und kausalen Denkens muß die Verringerung oder, besser noch, die vollständige Ausblendung von Rückkopplungseffekten sein. Denken, das diesem mechanischen Prinzip entspricht, verläuft monokausal. Es vernachlässigt die Tatsache, dass natürlich auch das Werkstück auf die Form zurückwirkt – und diese überhaupt nur geschaffen werden kann, wenn die Eigenschaften des Werkstücks berücksichtigt werden.

Nicht nur unser Denken, sondern auch unser Verständnis von Kommunikation wird von den Funktionsprinzipien des Buchdrucks als dem Urtyp der mechanischen Industriekultur bestimmt: Der Mythos, man könne Wissen weitergeben wie gedruckte Bücher, hält sich noch immer. Rhetorisches Ideal ist nicht das wechselseitige Geben und Nehmen, sondern die einseitige Beeinflussung des Werkstücks Hörer durch das Werkzeug Sprecher.

Die Technisierung sozialer Informationsverarbeitung

In diesem Sinne typisch monokausal ist auch die Vorstellung, die Produktionstechnologie und die technischen Erfindungen Gutenbergs: Handgießinstrument, verschiebungsfreie Druckerpresse und Setzkasten, seien allein schon das Unterpfand für den kulturellen Wandel. Es gab jedoch eine Reihe von weiteren Bedingungen und Neuerungen, die hinzutreten mussten, um den Siegeszug der neuen Technologie zu ermöglichen, nämlich neue Wahrnehmungs-, Darstellungs- und Kommunikationstheorien, neue Informationen, die sich für die Verbreitung im Druck eigneten, neue Verteilungsnetze und nicht zuletzt soziale Normierungsprozesse und Institutionen, die Informationen verschrifteten, Darstellungs- und Kommunikationsformen kodifizierten und über die Einhaltung der Normen wachten.

Um dies zu verstehen, sollte man sich die Erfindungen Gutenbergs als Teil eines gesellschaftlichen Informationskreislaufs vorstellen, in dem der Autor gleichzeitig einen Ausgangs- und einen Endpunkt der Kette bildet. Wie bei psychischen, technischen oder elektronischen Informationssystemen können wir auch bei der sozialen Informationsverarbeitung zwischen Sensoren, Speichern, verschiedenen Prozessoren und den dazwischen ablaufenden Transformationsprozessen unterscheiden. Mensch und Technik wirken Hand in Hand, um den Informationskreislauf in Gang zu halten, sie bilden soziotechnische Systeme. Man wird im Übrigen kein technisches Informationsmedium verstehen können, wenn man nicht seine Beziehungen zu den natürlichen Möglichkeiten unserer menschlichen Organe reflektiert. Alle technischen Kapazitäten müssen auf unsere psychopsychischen Möglichkeiten, zum Beispiel den Leistungsbereich und die Grenzen unserer Sinne, abgestimmt sein.

Die Autoren bilden die eine Schnittstelle des Systems mit seiner Umwelt. Sie wirken als Sensoren, als Sinnesorgane, indem sie Informationen aus der Umwelt aufnehmen. Um den neuen Medien im alltäglichen Leben zum Durchbruch zu verhelfen, war es erforderlich, ganz neue Formen von Informationen, die zuvor noch nicht handschriftlich oder mündlich tradiert wurden, für die Verbreitung im Druck zu gewinnen. Dazu mussten die Autoren alternative Formen der Wahrnehmung und Informationsdarstellung erproben. Im nächsten Schritt transformieren sie dann ihre Wahrnehmungen in handschriftliche Texte, in Verlagsmanuskripte. Schon hier zeigt sich, dass die typographische Kultur auf die älteren skriptographischen Techniken und Medien angewiesen ist und diese in ihrem Aufbau integriert. In keiner älteren handschriftlichen Kultur wurde mehr mit der Hand geschrieben als in der Buchkultur der Neuzeit. Die Manuskriptform ist eine notwendige Bedingung für die weitere typographische Verarbeitung: Die Druckereien und Verlage können im Gegensatz zu den Skriptorien, in denen oftmals viele Schreiber nach Diktat arbeiteten, mit mündlich dargebotenen Informationen nichts anfangen.

In der Druckwerkstatt transformiert man die Informationen erneut: Seite für Seite setzt man den schriftlichen Text mit bleiernen Lettern, schließt ihn in Formen und bringt ihn dann gemeinsam mit den Papierbögen unter die Presse. Bei jedem Pressvorgang entstehen identische Exemplare. Diese Form von »Zellteilung« hat die Zeitgenossen nicht weniger fasziniert als uns heute die Experimente der Gentechnik. Überliefert ist etwa, dass kirchliche Würdenträger ausgedruckte liturgische Texte noch einmal von einem Lektoren vergleichen ließen, um ihre Identität zu überprüfen. Mehr Bewunderung als die Schrift an und für sich rief bei den einfachen Kulturen, auf die die Missionare im 16. und 17. Jahrhundert mit der Bibel in der Hand stießen, die Tatsache hervor, dass diese Texte alle völlig gleich waren. Dies konnte keinen natürlichen Ursprung haben!

Informationstheoretisch gesehen ermöglicht die neue Textvervielfältigungsmaschine die massenhafte Parallelverarbeitung von Informationen: Ein und derselbe Text kann aufgrund der Vervielfältigung von vielen Personen zugleich gelesen werden. Die Zeitgenossen haben dieses Phänomen als Beschleunigung des Informationsaustausches erlebt und ebenso sehr begrüßt wie die gestiegene Wahrscheinlichkeit, dass sich irgendeiner der vielen Texte durch alle Wirren der Zeiten hindurch schon erhalten werde, sodass sie auch noch von ferneren Nachkommen gelesen werden konnten.

Neue Verteilungsnetze

Voraussetzung für die Steigerung der Parallelverarbeitung waren freilich neue Vernetzungsformen. Wenn man die ausgedruckten Bücher genauso verteilt hätte, wie dies mit den Handschriften im Mittelalter geschehen war, dann wären die kulturellen Folgen der Gutenberg-Erfindung, wie die Erfahrungen in Südostasien mit technisch freilich weit weniger ausgereiften Druckverfahren zeigen, weit bescheidener ausgefallen. Man bediente sich jedoch für die neuen Produkte in den europäischen Kernlanden einer völlig neuen Vernetzungsform, nämlich des freien Marktes. Schon Gutenberg betrieb seine Druckerei als ein kommerzielles Gewerbe. Die ausgedruckten Bücher wurden damit zu einer Ware wie jede andere auch. Für sie musste, je länger gedruckt wurde, desto mehr geworben werden. »Freundlicher lieber Leser«, heißt es beispielsweise in einer Ausgabe der »Wundarzenei« des Paracelsus, »wende das Blatt herum, so erfährst du, was dieses

Büchlein beinhaltet. Es wird dich gewiss nicht gereuen, diesen großen Schatz mit so wenig Geld zu kaufen«.

Natürlich waren Bücher lange Zeit recht teuer. Verglichen jedoch mit den Mühen, der Zeit und den Kosten, die aufgewendet werden mussten, um sich das Wissen auf Reisen, in einer beruflichen Lehre oder auf der »Ochsentour« ritualisierter und institutionalisierter mündlicher Informationsweitergabe zu beschaffen, erschienen die Produkte des Buchdrucks den Zeitgenossen schon zu Beginn des 16. Jahrhunderts konkurrenzlos preiswert. Und sie waren zumindest im deutschsprachigen Raum frei und bequem zugänglich. Nicht in erster Linie Stand oder Profession, sondern das Geld sollte fürderhin der Mechanismus sein, nach dem Informationen verteilt werden. Wer Geld besaß, konnte drucken lassen und die Druckerzeugnisse kaufen. So wenden sich denn Bücher zunächst auch nicht an den »Leser«, sondern, wie es etwa auf dem Titelblatt der »Dialectica« des Ortolf Fuchsperger heißt, an den »Käufer«. Erst durch die freie marktwirtschaftliche Verbreitung erhielten die gedruckten Informationen ihren öffentlichen Charakter, der sie so deutlich von jenen Erfahrungen abgrenzt, die nur handschriftlich tradiert wurden.

Diese handschriftlichen Aufzeichnungen ihrerseits hatten zumeist gar keine kommunikative Funktion, sondern fungierten als Hilfsmittel für psychische Systeme, die individuelle Informationsverarbeitung also. Bis ins 16. Jahrhundert hinein blieb die Handschrift die Magd der Rede, sie war keineswegs ein selbstständiges Medium der Interaktion mit anderen, sie diente meist der Vorbereitung, Durchstrukturierung und Nachbereitung des mündlichen Vortrages. Im Gegensatz zu solchen Manuskripten ist das Gros der typographischen Gattungen für ein stilles Selbstlesen und Selbstlernen gedacht. Ihr Ziel ist es gerade, unmittelbare Interaktion – einen Experten aufsuchen, einem Vortrag lauschen, einer unterhaltsamen Aufführung beiwohnen – zu ersetzen. Die monomediale interaktionsfreie Kommunikation ist also eine erst von Gutenberg angestoßene, von ihm jedoch keinesfalls beabsichtigte Wirkung des Buchdrucks.

Eine gewisse Autonomie erlangten die handschriftlichen Medien bestenfalls auf klar vorgezeichneten Dienstwegen in den mittelalterlichen Institutionen: den städtischen und überregionalen Verwaltungen, den Orden und Glaubensgemeinschaften. Diese Netze hatten aber eine ganz andere Struktur als der Markt. Sie waren strikt hierarchisch organisiert. Sowohl von oben nach unten als auch von unten nach oben quälten sich die Informationen – Bullen, Petitionen, Kommentare und Ähnliches – durch den Instanzenweg. Die Schriften eines Mönches etwa mussten vom Abt gelesen und gebilligt werden, bis sie einen Ordensoberen erreichen konnten. Und erst wenn sie von jenem approbiert wurden, gelangten sie vielleicht in die Hände des Bischofs. Erst was den Segen der oberen Etagen in diesen Institutionen erhalten hatte, konnte dann durch die verschiedenen Verästelungen der Pyramide wieder nach unten verteilt werden. Je höher die Instanz, umso breiter die Basis, der der jeweilige Text bekannt werden konnte. Nur das, was die jeweilige Spitze in speziell dafür eingerichteten Situationen verkündete, galt für alle Mitglieder der betreffenden Gemeinschaft als »offenbar«. Dieses Prinzip gilt für die Politik ebenso wie für die schöne Literatur an den Höfen oder für die Evangelienharmonien der Mönche.

Wer hingegen die neuen marktwirtschaftlichen Netze nutzen wollte, war auf Approbationen – die Zustimmung zur Veröffentlichung – der Vorgesetzten ebenso wenig wie auf den Instanzenweg angewiesen. Im Prinzip lag es von nun an in der Hand der Autoren – und der Drucker – zu bestimmen, welche Informationen öffentlich werden sollten. Auch der Kreis derjenigen, der Zugang zu den Druckerzeugnissen bekam, ließ sich, nachdem einmal die Verbreitung auf dem Markt eingesetzt hatte, kaum mehr kontrollieren. Der Mönch Martin Luther etwa konnte mit dem Papst über seine Flugschriften in Kontakt treten, ohne dass er die langwierigen Wege der kirchlichen Hierarchie beschreiten musste. Der Papst andererseits wendete sich mit seinen gedruckten Mahnungen ebenfalls sehr viel unmittelbarer an die Prediger in seinem Reich, als dies zuvor mit den Mitteln des handschriftlichen Mediums möglich war. Es ist diese Abkürzung der Kommunikationsbahnen, die sowohl als Beschleunigung als auch als Vergesellschaftung von Informationen (»in die gemein geben«) verstanden wird.

Eine ähnliche Neubestimmung der kommunikativen Vernetzungswege und der Konzepte von öffentlicher und privater Information erleben wir im Augenblick mit dem Übergang zu den elektronischen Verbreitungsformen im Internet. Die Typographie hat heute ihren Platz unter den Top Ten der Wuscherfüller in den Industrienationen verloren. Wir sind Zeuge der Verschiebung der Projektionen weg vom Gedruckten und hin zu den elektronischen Medien und wir betreiben diesen Favoritensturz selbst aktiv mit. Der Blick zurück in die Mediengeschichte mag eine Ahnung von dem Ausmaß der zu erwartenden Umstellungen geben: Glaubwürdigkeit und Funktionsweise von etablierten Institutionen stehen ebenso auf dem Prüfstand wie die Vorstellung von Demokratie.

Die Zwischenzeit der neuen Medien

Für die Mehrheit ist das gedruckte Buch heute nicht mehr das Totem der aufgeklärten europäischen Nationen. Es beginnt seine magische Kraft an die Bildschirme, Chips und Disketten zu verlieren. Selbst der zurückgezogene Bibliophile weiß oder ahnt zumindest, dass mittlerweile die elektronischen Medien die Umwelt und unser Miteinander mindestens ebenso prägen wie die typographischen. Sie sind zu einer neuen »Wunschmaschine« geworden. Bislang erweisen sich die neuen elektronischen Medien jedoch vor allem als konsequente technische Fortentwicklungen von Programmen und Modellen, die schon im Buchdruckzeitalter entstanden sind. Dies gilt zum Beispiel für die Umsetzung perspektivischen Sehens und entsprechender Bilder in Film, Fernsehen und Computeranimationen. Es gilt auch für die Rechenmaschinen, die logische Operationen mit denjenigen Symbolen ausführen, die wir aus der Buchkultur bestens kennen: Schrift- und Zahlzeichen. Und es gilt weiterhin für die elektronischen Versionen von Büchern und Katalogen, CD-Rom oder Ähnlichem. Als Näherungsregel kann gelten: Alle Software, die sich problemlos auch in typographische Produkte umsetzen lässt oder aus ihnen durch einfache Übersetzungsprozesse hervorging, gehört noch der typographischen Ära an, vollendet sie. Die Bedingung tief greifender kultureller Änderungen durch technische Medien ist aber gerade, dass sie an andere Sinne und psychische Instanzen des Menschen anknüpfen als die etablierten. Wirkliche Umwälzungen sind in der Gegenwart von daher von Programmen und Technologien zu erwarten, die nicht an den Augen, dem Verstand,

das sprachlich-begriffliche, logische, lineare Denken anknüpfen, sondern direkt die Fantasie, das Gefühl, die unterschwellige Empfindung ansprechen. Die schiere Geschwindigkeit allein macht die neuen Medien schon zu einem Instrument für das Unbewusste und Affektive: Der Verstand ist viel zu langsam, um die Fülle der auf den Bildschirmen dargebotenen Informationen wahrnehmen und verarbeiten zu können. Videoclips wirken weniger über das Sehen als vielmehr über die »Vibrations«. Die optischen Informationen können mehr als Erschütterung gefühlt denn als sequenziell gegliederte Bilder wahrgenommen werden. Technomusik kann man schwerlich genießen, wenn man sie in traditionellem Sinne hört. Wer sie mag, geht mit, lässt sich und seinen Körper im Takt bewegen. Dies ist auch genau das, was Marshall McLuhan gemeint hat, als er von der Taktilität der neuen elektronischen Medien sprach.

Sofern die elektronischen Medien nonverbale und unbewusste Formen der Informationsverarbeitung verstärken, schlagen sie wirklich neue Wege ein und werden vielleicht gerade deshalb von den Kritikern, die noch einen festen Standpunkt in der Buchkultur haben, abgelehnt. Das, was beispielsweise Neil Postman an der Fernsehkultur kritisiert, dass sie so wenig diskursiv, so irrational ist, das eben macht ihre eigentliche Qualität aus. Sie entlastet das Bewusstsein, das in der Buchkultur sowieso überstrapaziert wurde.

Die neuen elektronischen Medien bieten also die Chance, die einseitige Orientierung auf bestimmte Formen der visuellen und akustischen Informationsgewinnung und -darstellung aufzubrechen. Zudem fördern sie sprachunabhängige Formen des Umgangs mit Informationen. Im Gegensatz zur landläufigen Meinung liegt ihre Stärke keineswegs in der Automatisierung von Rechenoperationen, die bislang mechanisch betrieben wurden, und der Textverarbeitung. Die Entwicklung der Robotik und der vielen elektronischen Sensoren zeigt beispielsweise, dass die Computertechnologie nicht notwendig am Sehen oder an standardsprachlichen Inputs anzuknüpfen braucht.

Risiken der Buchkultur und Bedeutung des Gesprächs

Unsere Kultur, die in den vergangenen Jahrhunderten auf die Sprache und die visuell erfahrbare Wirklichkeit, den Verstand und die ebenfalls mit den Augen zu lesenden Bücher wie das Kaninchen auf die Schlange gestarrt hat, kann sich langsam wieder anderen Sinnen und Formen der Erfahrungsverarbeitung zuwenden. Sie wird dabei erkennen, dass die Medienvielfalt für unsere Kultur ebenso wichtig ist wie die Erhaltung der Vielfalt der natürlichen biogenen Arten. Und sie wird aus der historischen Betrachtung lernen, dass die Stärken der Technologie Buchdruck zugleich auch ihre Schwächen sind. Die Buchkultur hat die visuelle Erfahrung über die Umwelt entwickelt und damit andere Sinne, die Introspektion und Körpererfahrung vernachlässigt. Sie hat sprachliche und bildhafte Speicher und Darstellungsformen technisiert und dabei nonverbale Ausdrucksmedien aus dem Blick verloren. Sie hat die rationale, logische Informationsverarbeitung zu einem Ideal unserer Kultur gemacht und dazu affektive und zirkuläre kognitive Prozesse denunziert. Zahllose Informationen, die sich nicht in Sprache und das typographische Medium überführen ließen, haben die typographischen Kulturen im Übergang zur Neuzeit einfach vergessen. Zu den Risiken der Buchkultur gehört zweifellos auch ihre Bevorzugung von monomedialen Kommunikationsbahnen mit einseitigem Informationsfluss. Rückkopplungen sind, wenn überhaupt, nur mit großen zeitlichen Verzögerungen möglich.

Auch die Hauptleistung der Buchkultur, die Ermöglichung interaktionsfreier Parallelverarbeitung von Informationen im nationalen Maßstab, hat ihre Kehrseite: Der unmittelbaren Kommunikation von Angesicht zu Angesicht in Gruppen und Teams wurde nicht im Entferntesten so viel Gewicht beigemessen wie der Massenkommunikation über das Medium Buch. Lesen und Schreiben gehören zu den unumstrittenen Kulturtechniken, demgegenüber werden das Gespräch und die Gruppenarbeit in Schulen erst in den letzten Jahren halbwegs systematisch gefördert. Eine Technisierung dieser Form sozialer Informationsverarbeitung setzt erst augenblicklich mit den elektronischen Medien ein.

Wir sollten jetzt, wo andere Technologien in den Vordergrund drängen, zu einer nüchternen Betrachtung der positiven und negativen Auswirkungen der Buchkultur in der Lage sein. Erschwert wird dies gegenwärtig dadurch, dass wir bislang im Wesentlichen an einer Erkenntnis- und Kommu-

nikationstheorie festhalten, deren Anfänge noch in der Renaissance liegen. Es ist nur zu natürlich, dass die traditionellen Wahrnehmungs- und Vernetzungsmodelle diejenigen Fragen beantworten können, die sich aus der typographischen Informations- und Kommunikationstechnologie ergeben. Sie sind für diese Technologie passend, aber auf andere Medien nur begrenzt anwendbar.

Je mehr sich unsere Gesellschaft mit den Anforderungen der neuen Medien und des nächsten Jahrtausends auseinander setzt, desto mehr wird sie sich des persönlichen Gesprächs zwischen mehreren Menschen als zentrale Kommunikationsform wieder erinnern müssen. Das Gespräch lässt noch immer bei weitem die vielfältigsten Formen von Informationsverarbeitung und -darstellung zu und es scheint auch bis auf absehbare Zeit die einzige Instanz zu sein, die die erforderliche Komplexität besitzt, um die unterschiedlichen Informationen, die für die menschliche Kultur wichtig sind und die sie in den verschiedenen Medien speichert, wieder zusammenzuführen. Seine Bedeutung als Integrationsinstanz ist sogar historisch in dem Maße gewachsen, in dem durch die Technisierung monomediale Informations- und Kommunikationssysteme entstanden sind.

Das unmittelbare Gespräch bietet ein Paradigma für simultane Parallelverarbeitung unterschiedlicher Typen von Informationen durch unterschiedliche Prozessoren. Es ist ungemein rückkopplungsintensiv und steuert sich selbst. Insofern scheint es nur folgerichtig, dass Vernetzungsmechanismen des Internet die Rückkopplungsprinzipien von Gruppengesprächen simulieren. Jedenfalls spricht die Tatsache, dass jede Entscheidung darüber, was informativ ist, letztlich von den menschlichen Sinnen und seinen vielfältigen Äußerungsmöglichkeiten abhängt, dafür, die einseitige Orientierung an dem Ideal technisierter typographischer Informationsproduktion und -verteilung aufzugeben und stattdessen das Gespräch von Angesicht zu Angesicht in der Theoriebildung wie auch in der täglichen Praxis der Informationsvermittlung stärker in den Vordergrund zu rücken.

M. Giesecke

Zu Lande, zu Wasser und in der Luft – Verkehrstechnik

Verkehr – das ist die Überwindung von Entfernungen durch Personen, Güter und Nachrichten. Verkehr ist damit eine Grundlage des menschlichen Zusammenlebens und hat für die wirtschaftliche, kulturelle und gesellschaftliche Entwicklung der Völker eine ebenso hohe Bedeutung wie die jeweilige Herrschaftsform. Mit der Entfaltung staatlicher Macht war daher von Anfang an immer der Ausbau der Nachrichten- und Verkehrswege verbunden. Mit den verbesserten Möglichkeiten, Entfernungen zurückzulegen, lernten sich verschiedene Kulturkreise kennen, und sie waren die Voraussetzung für eine Arbeitsteilung im Wirtschaftsleben.

Die wichtigsten Verkehrsmittel waren in früheren Zeiten Tragetiere, zweirädrige Karren, ab dem 13. Jahrhundert auch vierrädrige Lastwagen, sowie Boote, später auch Schiffe für Fahrten auf Flüssen und auf See. Seit dem Merkantilismus im 17. Jahrhundert, als der Straßenbau Gegenstand von Forschung und Lehre wurde, verbesserten sich die Bedingungen für den Landverkehr. Etwa zur gleichen Zeit gab es Verbesserungen für die Binnenschifffahrt, als zahlreiche Flüsse schiffbar gemacht wurden und als, vor allem in England ab etwa 1750, auch etliche Kanalbauten entstanden.

Eine wirkliche Revolution für das Verkehrswesen aber war die Erfindung der Dampfmaschine. Schon 1804 entstand die erste Dampflokomotive, und 1807 fuhr der erste Schaufelraddampfer auf dem Hudson. 1830 wurde die erste reguläre Bahnstrecke Liverpool–Manchester für den Personen- und Güterverkehr in Betrieb genommen. In enormer Geschwindigkeit wurde in den folgenden Jahren überall ein Eisenbahnsystem aufgebaut, besonders schnell in den Vereinigten Staaten von Amerika: Das von Privatleuten finanzierte Eisenbahnnetz wuchs innerhalb von gerade 25 Jahren auf etwa 48000 Kilometer Länge. Die Eisenbahn ermöglichte ab 1863 die Erschließung des »Wilden Westens« und war etwa zur gleichen Zeit auch die Grundlage der Besiedlung von Sibirien.

Noch heute ist die Eisenbahn ein unentbehrlicher Teil des gesamten Verkehrssystems. Es zeigt sich aber eine Spaltung in arme und reiche Länder: Während in den wohlhabenden Ländern die Eisenbahn durch die Konkurrenz von Auto und Flugzeug unter Druck steht, dem man insbesondere mit dem Bau von Hochgeschwindigkeitsstrecken zu begegnen versucht, ist sie in vielen Entwicklungsländern das einzige wirkliche Massenverkehrsmittel, allerdings mangels Kapitals meist in schlechtem Zustand. Dies ist ein Grund für die oft nur sehr begrenzte Leistungsfähigkeit, die geringe Transportgeschwindigkeit und die häufigen Unfälle.

Verkehr ist eine Grundlage des menschlichen Zusammenlebens. Die Aufgabe aller zukünftigen Verkehrsentwicklung muss es sein, sowohl dem Bedürfnis des Menschen nach Mobilität als auch ökologischen sowie stadt- und landschaftsplanerischen Erfordernissen Rechnung zu tragen.

Der Bahn den Rang abgelaufen hat heute das Automobil. Wer heute bei uns von »Verkehr« redet, meint fast immer den Autoverkehr. Mit der Massenmotorisierung nach dem Zweiten Weltkrieg ist ein Verkehrssystem von beeindruckenden Dimensionen entstanden: Allein in Deutschland sind über 42 Millionen Personenkraftwagen und etwa 2,5 Millionen Lastkraftwagen zugelassen, weltweit sind es rund 650 Millionen Kraftfahrzeuge. Die Motorisierung ist aber sehr ungleich: Von allen PKWs weltweit fahren ein Drittel in Nordamerika und etwa 40 Prozent in Europa. Statistisch teilen sich 1,3 US-Amerikaner oder 1,9 Deutsche einen Wagen, in China kommen etwa 130, in Indien rund 190 Personen auf ein Kraftfahrzeug.

Die Massen an Autos bewirken auch, dass bei der Betrachtung des Verkehrs in vielen Ländern nicht mehr der unbestreitbare Nutzen, sondern vor allem die Probleme gesehen werden: Jedes Jahr sterben Tausende von Menschen bei Verkehrsunfällen; für den Raumbedarf der ständig wachsenden Anzahl von Autos werden täglich enorme Flächen zubetoniert; die Abgase von Millionen Automotoren sind – trotz katalytischer Reinigung – giftig und haben zerstörerische Auswirkungen auf Mensch und Umwelt, und selbst das Klima droht durch den Autoverkehr aus den Fugen zu geraten.

Enorme Probleme wirft auch der Luftverkehr auf, seit Jahren der am schnellsten wachsende Verkehrssektor. Bei Wachstumsraten von etwa sechs Prozent pro Jahr wurden 1997 im Passagierflugverkehr etwa 2,45 Milliarden Menschen befördert, davon fast die Hälfte in den USA. Im Luftfrachtverkehr gibt es seit Jahren Steigerungsraten um sieben Prozent auf rund 23,3 Millionen Tonnen Fracht (1997). Damit arbeiten viele Flughäfen an den Grenzen ihrer Kapazität, die Zahl der Verspätungen und »Warteschleifen« nimmt von Jahr zu Jahr zu. Immer wieder sind daher Erweiterungen erforderlich, die zum Teil mit ingenieurtechnischen Meisterleistungen einhergehen (zum Beispiel wurde der neue Flughafen von Hongkong auf einer künstlich aufgeschütteten Insel errichtet). Wegen der Lärm- und Abgasbelästigung durch den Flugverkehr sind solche Erweiterungen in vielen Ländern aber immer schwieriger durchzusetzen.

Einen wesentlich weniger spektakulären Verkehrsträger, der nur dann in die Schlagzeilen gerät, wenn es zu einer Havarie und möglicherweise zu Umweltschäden gekommen ist, stellt die Schifffahrt dar. Die Bedeutung der zwar langsamen, aber kostengünstigen und umweltfreundlichen Binnenschifffahrt geht seit Jahren zugunsten von Eisenbahn- und LKW-Verkehr zurück, die Ladungsmengen im Seegüterverkehr steigen dagegen, wenn auch nur schwach. Ein immer größerer Teil des Frachtverkehrs entfällt dabei auf wertvolle Industriegüter, der Anteil an Rohstoffen (beispielsweise Rohöl) nimmt ab. Die Zukunft der Schifffahrt dürfte vor allem im privaten Bereich (Kreuzfahrten, Sportschifffahrt) liegen.

Das Auto und die Autogesellschaft

Das dominierende Verkehrssystem in den westlichen Industriestaaten ist heute der Straßenverkehr mit verbrennungsmotor-
getriebenen Fahrzeugen. Dieses System ist nur mit Superlativen zu
beschreiben: Ende 1995 wurde in Deutschland die 40-Millionen-
Grenze der zugelassenen Personenkraftwagen (PKWs) überschritten, der PKW-Bestand Mitte 1998 betrug 41,7 Millionen. Jährlich
werden rund 3,5 Millionen Fahrzeuge neu zugelassen. Bei einer
Kraftfahrzeugdichte in Deutschland von 509 PKWs auf 1000 Einwohner – die höchste Europas – könnte die gesamte Bevölkerung auf
den Vordersitzen ihrer Autos Platz nehmen. Das Auto ist für den
Bürger nicht nur das mit Abstand komplexeste und teu-
erste Industrieprodukt, das er besitzt, für den Unterhalt
des eigenen Wagens wird auch der größte Einzelposten
des verfügbaren Einkommens ausgegeben. Die Lust am
Besitz und die Freude am Fahren sind für viele Menschen
ein Merkmal hoher Lebensqualität.

Neuzulassungen von Kraftfahrzeugen
von 1957 bis 1998.

Doch das Auto hat nicht nur den Wohlstand der westlichen Industriestaaten mitbewirkt und gemehrt, sondern
auch erhebliche Probleme geschaffen, von der Zersiedelung der Landschaft über die Umweltverschmutzung
durch Herstellung und Gebrauch der Autos bis zum massenhaften Tod durch Kraftfahrzeuge: Allein auf deutschen Straßen sterben jährlich rund 8000 Menschen, Hunderttausende werden durch Unfälle verletzt.

Die alleinige Beschreibung der Technik des Personenautos
würde seiner Bedeutung also keineswegs gerecht. In noch stärkerem
Maß als bei anderen technischen Gegenständen ist hier auch der gesellschaftliche Kontext zu betrachten. Wie kein anderes Konsumgut
steht das Kraftfahrzeug in einem komplexen und kontroversen Ge-
flecht von Verkehrs- und Wirtschaftspolitik, gesellschaftlichen und
individuellen Sehnsüchten, Bedürfnissen und Wünschen. Autoge-
schichte ist, wenn sie nicht banal sein will, die Geschichte eines
komplexen gesellschaftsdominierenden Großsystems und seiner
Nutzer.

Ausstrahlung in alle Lebensbereiche

Der Begriff »Auto« umfasst mehr als nur das Kraftfahrzeug
selbst. Zu seinem Umfeld gehören auch die Produktionsanlagen, die Straßen und der Straßenbau, ein bereits von Kindern zu
beherrschendes System von Verkehrszeichen, flächendeckende Ser-
vice-, Kraftstoffversorgungs- und Reparatureinrichtungen, Zubehör-
und Stylingfirmen ebenso wie Institutionen der Verwaltung, Regulierung und Gesetzgebung sowie Hilfe im Straßenverkehr. Im weiteren Sinne sind auch die umfangreiche Organisation der Straßen-
verkehrspolizei und der Verkehrsunfalldienste, die mit Verkehrs-
delikten befassten Kammern der Gerichte, Rettungs- und Notfall-

Nach dem Zweiten Weltkrieg wurden in vielen Städten unter dem Vorzeichen einer **autogerechten Planung** gewaltige Verkehrsschneisen oder, wie hier in Ludwigshafen, Hochstraßen gebaut.

dienste, Stationen der Krankenhäuser und Ähnliches zu dem Großsystem »Autoverkehr« zu zählen.

Die Dimensionen des Autoverkehrs haben nicht vorhergesehene Züge angenommen. Zwar ist der Planungsansatz einer auf das Autofahren ausgerichteten Infrastruktur, gipfelnd in Konzepten der »autogerechten Stadt«, wie in den 1950er-Jahren verfolgt, einer differenzierteren Beurteilung gewichen, dennoch wird wie selbstverständlich davon ausgegangen, dass Autos alle nicht ausdrücklich verbotenen Flächen exklusiv benutzen können; es ist normal, dass Autos auf den Straßen fahren, nicht dass Kinder darauf spielen. Das Denken, die Verkehrsplanungen und -organisationen einer ganzen Gesellschaft sind auf das Auto und seine Nutzung ausgerichtet. Das geht von ganzen Infrastrukturen (zum Beispiel das Einkaufszentrum auf der »grünen Wiese«, Schlafstädte und »Drive-in«-Imbisse) über die Raumordnung (Ausweisung von Neubauvierteln ohne ausreichenden Anschluss an den öffentlichen Nahverkehr) bis hin zu neuen »Passageriten«: Der 18. Geburtstag ist für Jugendliche heute nicht mehr deswegen interessant, weil man mit ihm volljährig und somit geschäftsfähig und wahlmündig wird, sondern weil man endlich Auto fahren darf; der Führerschein wird so zum Ausweis des vollwertigen Erwachsenen. Es passt in diesen Kontext, dass ernsthaft diskutiert wird, den Entzug des Führerscheins zu einer Strafe auch bei Vergehen außerhalb des Verkehrsrechts zu machen.

Die wirtschaftliche Bedeutung des Automobils

D as Volumen der Autoproduktion ist überwältigend: Allein in der Bundesrepublik Deutschland wurden in den Boomjahren nach der Wiedervereinigung jährlich zwischen 4,6 und 4,9 Millionen PKWs und jeweils weit mehr als 300 000 Nutzfahrzeuge hergestellt.

Damit repräsentiert allein die Autoproduktion einen enormen Teil der bundesdeutschen Wirtschaftskraft: Der Gesamtumsatz der Kraftfahrzeugindustrie (Kfz-Industrie) in Deutschland betrug 1997 rund 252 Milliarden DM (davon rund zwei Drittel für die Herstellung, der Rest für Teile, Zubehör, Anhänger, Aufbauten und Ähnliches). Die Exportquote beträgt fast 60 Prozent.

Die Kfz-Industrie selbst beschäftigte 1997 über 700 000 Menschen. Doch auch andere Branchen haben mittelbar an der Wertschöpfung in der Automobilproduktion teil, etwa Zulieferbetriebe aus der chemischen, elektrotechnischen, der Textil- oder der Maschinenbauindustrie, weiterhin Dienstleistungsbranchen wie Ingenieurbüros, Speditionen und Verkehrsbetriebe. Nicht zuletzt sind auch die Betriebe zu nennen, die mit der Ver-

	1997	1998
Personenkraftwagen	4 678 022	5 348 115
Nutzkraftwagen	344 906	378 673
davon LKW bis 6t Gesamtgewicht	215 739	224 769
LKW über 6t Gesamtgewicht	117 598	140 919
Omnibusse	11 569	12 985
Kraftwagen insgesamt	**5 022 928**	**5 726 788**

Inlandsproduktion deutscher Kraftfahrzeughersteller.

marktung der Automobile sowie die mit ihrer Nutzung und Wartung verbunden sind. Nach Abschätzungen des Verbandes der Automobilindustrie arbeiteten bei dieser umfassenden Betrachtung 1997 etwa fünf Millionen Menschen in Bereichen rund um den fahrbaren Untersatz; jeder siebte Arbeitsplatz hängt danach vom Auto ab. Rund 20 Prozent des Bruttosozialprodukts werden in der Kfz-Branche erwirtschaftet.

Hochtechnologie im Verborgenen

Werbeslogans wie »Technik, die begeistert« oder »Vorsprung durch Technik« gehören vergangenen Zeiten an. Die Technik wird von der Autowerbung zwar nach wie vor als Verkaufsargument eingesetzt, funktioniert aber im Alltagsbetrieb völlig im Verborgenen. Der durchschnittliche Fahrer weiß oft nicht, ob er einen Zwei- oder einen Vierventilmotor fährt. Die Motorhaube muss immer seltener zur Wartung geöffnet werden. In der Tat ist der Wartungsbedarf von Fahrzeugen ständig gesunken. Die »Benutzeroberfläche« des Fahrerplatzes reicht zur Bedienung des Wagens völlig aus. Dennoch interessiert sich eine Vielzahl von »Usern« auch für die Hardware und das Betriebssystem ihrer geliebten Vehikel: Motoren, Getriebe, Fahrwerk und Bordelektronik.

Motoren

Praktisch alle Kraftfahrzeuge werden heute durch einen Verbrennungsmotor angetrieben, in dem bis auf wenige Ausnahmen (Wankelmotor) die chemische Energie des Treibstoffs durch die Auf- und Abbewegung eines Kolbens in mechanische Energie umgesetzt wird; man spricht daher auch von Hubkolbenmotor. Die lineare Bewegung des Kolbens wird durch einen Pleuel in eine Kreisbewegung der Kurbelwelle umgewandelt; die mechanische Energie wird durch ein Getriebe auf die Antriebswellen und mit ihnen auf die Räder übertragen.

Da ein Einzylindermotor recht unruhig läuft, haben heutige Motoren meist mehrere Zylinder, die auf eine gemeinsame Kurbelwelle wirken. Die wichtigsten Typen sind die nach Anordnung der Zylinder in Bezug auf die Kurbelwelle benannten Reihen-, Boxer- oder V-Motoren. In Europa am meisten verbreitet ist der Reihen-Vierzylinder mit circa 1,8 Liter Hubraum und etwa 100 PS (74 kW); in den USA ist die Standardausführung ein Sechs- oder Achtzylinder-V-Motor.

Man unterscheidet die Motoren nach ihrem Verbrennungsprinzip (Fremdzündung oder Selbstzündung) oder nach ihrem Arbeitsprinzip (Viertaktmotor oder Zweitaktmotor).

Nach seinem Erfinder, dem Maschinenbauer und Unternehmer Nikolaus August Otto wird der fremdgezündete Verbrennungsmotor als Ottomotor bezeichnet. Praktisch alle heute in Autos eingesetzten Motoren arbeiten nach dem von Otto 1876 eingeführten Viertaktprinzip. Ein Takt ist dabei Zeitraum, in dem sich der Kolben von einem zum anderen Totpunkt (der Punkt, an der der Kolben

Als **Hubraum** bezeichnet man das vom Kolben bei einem Hub verdrängte Volumen; er wird als Summe für alle Zylinder zusammen angegeben. Die **Drehzahl** gibt die Zahl der Umdrehungen der Kurbelwelle, also die Zahl der Auf- und Abbewegungen des Kolbens an. Die bei einer bestimmten Drehzahl erbrachte **Leistung** eines Motors hängt in etwa vom Hubraum ab. Sie wird traditionell in Pferdestärken (PS) gemessen; gesetzliche Einheit ist das Kilowatt (kW, 1 PS = 0,74 kW, 1 kW = 1,36 PS). Das **Drehmoment** eines Motors bezeichnet dessen Vermögen, gegen einen Widerstand zu beschleunigen. Ziel ist es, einen hohen Wert über einen möglichst breiten Drehzahlbereich zu erzielen; der Motor gilt dann als »elastisch«.

seine Bewegungsrichtung ändert) bewegt. Bei den vier Arbeitstakten (entsprechend zwei Umdrehungen der Kurbelwelle) wird nur in einem Takt Energie frei.

Diesen scheinbaren Nachteil versucht der Zweitaktmotor zu umgehen, der bei jeder Kurbelwellenumdrehung einen Arbeitstakt aufweist; hier vollziehen sich bei jedem Kolbenhub zwei Prozesse gleichzeitig. Tatsächlich hat ein Zweitaktmotor bei gleichem Hubraum eine höhere Leistung als ein Viertaktmotor, und er ist bei gleicher Leistung leichter und von einfacherem Aufbau als ein Viertakter. Durch die kritischen Strömungsverhältnisse in der Nähe des Überströmschlitzes können sich jedoch – insbesondere bei höheren Drehzahlen – frisches Gemisch und verbrannte Gase vermischen, sodass der spezifische Verbrauch etwas höher ist als beim Viertakter und die Abgase relativ viel unverbrannte Kohlenwasserstoffe enthalten. Das beigemischte Schmieröl verbrennt und verschlechtert die Abgaswerte weiter. Deswegen ist der Zweitakter aus PKWs seit den 1960er-Jahren verschwunden.

Prinzip des Ottomotors nach dem **Viertakt-Prinzip.** Ein Takt beginnt, wenn der Kolben im oberen oder unteren Totpunkt seine Bewegungsrichtung ändert. Beim Ansaugen **(erster Takt)** entsteht durch den abwärts gehenden Kolben ein Unterdruck im Zylinder; durch die geöffneten Einlassventile wird frisches Kraftstoff-Luft-Gemisch von der Ansaugleitung in den Zylinder gesaugt. Während des Verdichtens **(zweiter Takt)** geht der Kolben bei geschlossenen Ein- und Auslassventilen wieder nach oben und komprimiert das angesaugte Gemisch. Der Druck steigt auf etwa 10 bis 15 Bar, die Temperatur beträgt rund 500 Grad Celsius. Im **dritten Takt** (Arbeiten) leitet der Zündfunke die Verbrennung des verdichteten Gemischs ein. Der Druck steigt auf 40 bis 60 Bar, die Temperatur auf über 2000 Grad Celsius. Durch den explosionsartig ansteigenden Druck wird der Kolben nach unten getrieben und Arbeit verrichtet. Zum Ausstoßen **(vierter Takt)** öffnet sich das Auslassventil, die Verbrennungsgase werden durch den aufwärts gehenden Kolben ausgeschoben.

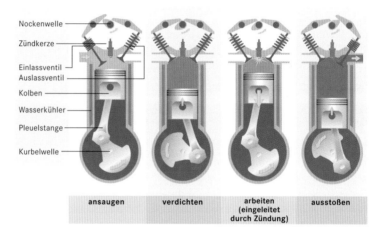

Nockenwelle
Zündkerze
Einlassventil
Auslassventil
Kolben
Wasserkühler
Pleuelstange
Kurbelwelle

ansaugen   verdichten   arbeiten (eingeleitet durch Zündung)   ausstoßen

Der deutsche Ingenieur und Erfinder Felix Wankel verfolgte bereits in den Zwanzigerjahren das Ziel, einen »drehenden statt stampfenden« Verbrennungsmotor zu entwickeln. Mit großer Beharrlichkeit fand er Mitte der 1950er-Jahre eine Lösung der beiden Grundprobleme: die Beherrschung der Abdichtung und vor allem die Entwicklung einer rotationsfähigen Kolben- und Gehäuseform, die einen Verbrennungsprozess nach dem Viertaktprinzip ermöglicht. Damit löste er eine Aufgabe, an der Generationen von Ingenieuren gescheitert waren.

Der Kreiskolbenmotor, besser bekannt unter dem Namen Wankelmotor, hat einen im Querschnitt dreieckigen Kolben mit konvexen Seiten, der in einem ovalen, in der Mitte leicht eingeschnürten Gehäuse in Form einer Acht rotiert. Bei der Drehung des Kolbens bilden sich drei sichelförmige Brennräume von variablem Volumen; in allen dreien findet jeweils einer der Takte des Viertakt-Ottoprozesses statt. Die Bewegung des Kolbens überträgt sich auf eine Exzenterwelle.

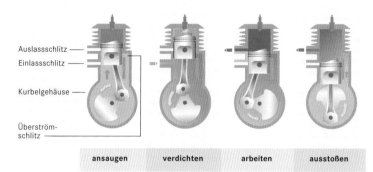

Auslassschlitz —
Einlassschlitz —
Kurbelgehäuse —
Überström-
schlitz —

| ansaugen | verdichten | arbeiten | ausstoßen |

Der **Zweitaktmotor** weist keine Ventile auf, sondern eine Schlitzsteuerung. Zylinder, Kolben und Kurbelgehäuse wirken wie eine Pumpe. Im **ersten Takt** (Ansaugen/Verdichten) sind der Auslass- und Überströmschlitz geöffnet. Bei der Aufwärtsbewegung des Kolbens strömt frisches, vorverdichtetes Kraftstoff-Luft-Gemisch aus dem Kurbelgehäuse durch den Überströmschlitz in den Zylinder, und die Abgase der vorangegangenen Verbrennung werden durch den Auslassschlitz ausgestoßen. Der Kolben verschließt dann den Auslass- und Überströmschlitz, und der Einlassschlitz öffnet sich. Frisches Gemisch wird in das Kurbelgehäuse angesaugt und das vom vorherigen Takt in den Zylinder gelangte Gemisch verdichtet. Kurz bevor der Kolben den oberen Totpunkt erreicht, beginnt der **zweite Takt** (Arbeiten/Ausstoßen). Ein Zündfunke zündet das Gemisch, der Kolben wird nach unten getrieben. Unter dem Kolben wird – nachdem der Kolben so weit herabgefahren ist, dass der Einlassschlitz schließt – das frische Gemisch im Kurbelgehäuse leicht vorverdichtet. Während der weiteren Abwärtsbewegung öffnet sich der Auslassschlitz, die verbrannten Gase werden ausgestoßen. Gleichzeitig strömt frisches Gemisch aus dem Kurbelgehäuse über den Überströmschlitz in den Zylinder.

Der Wankelmotor ist leicht und klein, hat nur wenige bewegte Teile und einen guten Drehmomentverlauf. Nachteilig sind der große Fertigungsaufwand sowie der hohe Verbrauch; durch die ungünstige Form der Brennräume ist die Verbrennung schlechter als beim Ottomotor, und das Abgas enthält relativ viel unverbrannten Treibstoff. Dies und die – längst behobenen – Zuverlässigkeitsprobleme führten dazu, dass sich diese Motorengattung nicht durchsetzte.

Das erste Auto mit Wankelmotor war der »Wankel-Spider«, 1964 vorgestellt von dem kleinen Hersteller NSU in Neckarsulm. Doch zum großen Wurf wurde erst der Ro 80, die Sensation 1967 auf der Internationalen Automobilausstellung in Frankfurt. Heute noch verbinden viele den Namen »Wankel« mit diesem Fahrzeug.

Lizenzen für den Wankelmotor kauften fast alle Hersteller, von Rolls-Royce bis zum volkseigenen Fahrzeugbetrieb der DDR. Viele Firmen, die Lizenzen erwarben, entwickelten den Motor weiter, sogar Wankel-Dieselmotoren wurden entwickelt. Doch nach Jahren der Begeisterung wurde es stiller um ihn. Heute bietet nur noch die japanische Firma Mazda Wankelmotoren in PKWs an.

Beim Dieselmotor – benannt nach dem deutschen Ingenieur Rudolf Diesel, der ihn in den Neunzigerjahren des 19. Jahrhunderts entwickelte –, handelt es sich um einen selbstzündenden Motor. Anders als beim Ottomotor wird das Kraftstoff-Luft-Gemisch nicht durch

Der bekannteste von einem Wankelmotor angetriebene Wagen war der 1967 herausgebrachte **Ro 80** des Herstellers NSU.

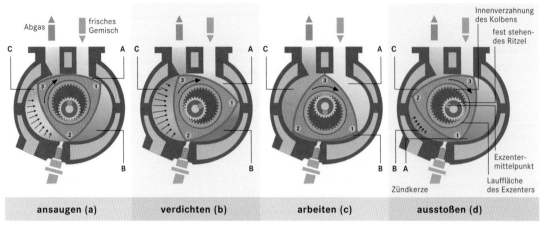

ansaugen (a)	verdichten (b)	arbeiten (c)	ausstoßen (d)

Beim **Wankelmotor** finden simultan stets drei der vier Takte eines Viertakt-Ottoprozesses statt. Im **ersten Takt** (Ansaugen) vergrößert sich die Kammer A von Stellung a) bis d), durch die Einlassöffnung strömt frisches Kraftstoff-Luft-Gemisch ein. Bei der weiteren Drehung des Kolbens wird Kammer A zu Kammer B (**zweiter Takt,** Verdichten). Der Rauminhalt von Kammer B verkleinert sich von Stellung a) bis c), sodass das Gemisch komprimiert wird. Im **dritten Takt** (Arbeiten) wird das Gemisch in Kammer B gezündet. Bei weiterer Drehung des Kolbens in d) vergrößert sich die Kammer B und wird zu Kammer C. Das Gemisch dehnt sich durch die Verbrennung aus und dreht den Kolben, der die Exzenterwelle antreibt. Beim Ausstoßen (**vierter Takt**) wird Kammer C zu Kammer A; ihr linker Teil enthält das verbrannte Gemisch, das in Stellung d) und a) durch die Auslassöffnung ausgestoßen wird.

einen Zündfunken, sondern durch die beim Verdichten entstehende Hitze gezündet: Die angesaugte reine Luft wird auf etwa 30 bis 55 Bar komprimiert, dabei entstehen Temperaturen von bis zu 900 Grad Celsius. Erst dann wird der flüssige Treibstoff eingespritzt. Er verdampft und verbrennt nach einer kurzen Zeitspanne, dem Zündverzug (etwa eine tausendstel Sekunde). Dieselmotoren arbeiten wie Ottomotoren nach dem Viertakt- oder Zweitaktverfahren.

Die zu überwindende Klippe bei der Technik des Dieselmotors ist der Einspritzvorgang. Die Pumpe muss in sehr kurzer Zeit eine genau bemessene Kraftstoffmenge bereitstellen und durch feinmechanisch anspruchsvoll herzustellende Düsen einspritzen. Da die erforderlichen Drücke technisch nicht leicht zu realisieren sind, setzte sich zunächst das Verfahren der indirekten Einspritzung durch (Vorkammerdiesel oder Wirbelkammerdiesel): Der Treibstoff wird mit rund 120 bis 140 Bar nicht in die Brennkammer, sondern in eine mit ihr verbundene separate Kammer eingespritzt. Die Flamme muss sich von dort über den gesamten Brennraum ausbreiten; dadurch ist der Lauf des Motors relativ »weich«. Allerdings ist bei diesem Verfahren der spezifische Treibstoffverbrauch höher als bei direkt einspritzenden Motoren.

Hier verzichtet man auf die Unterteilung der Brennräume, der Treibstoff wird mit sehr hohem Druck (bei modernen Motoren erreicht man mit computergesteuerten Spritzdüsen Drücke über 2000 Bar) direkt in die Brennkammer eingespritzt, etwa nach dem »Common-Rail«- oder dem Pumpe-Düse-Verfahren. Damit sind Dieselmotoren sehr viel sauberer geworden und haben ein gutes Leistungsverhalten. Wegen seines Verbrauchsvorteils von bis zu

15 Prozent gegenüber Vorkammerdieseln wird der Motor heute verstärkt, oft in Kombination mit einer Turboaufladung, eingesetzt.

Der erste für Kraftfahrzeuge taugliche Verbrennungsmotor war der relativ leichte und einfach aufgebaute Ottomotor nach dem Viertaktprinzip, so wie ihn Carl Benz und Gottlieb Daimler in ihre Motorwagen einbauten. Noch heute stellt er den größten Teil aller PKW-Motoren. Der Zweitaktmotor eignet sich seines günstigen Leistungsgewichts wegen vor allem für Motorräder; in PKWs wird er – nach Einstellung der DDR-Modelle Wartburg und Trabant – praktisch gar nicht mehr eingebaut. Der 1892 patentierte und 1897 erstmals realisierte Dieselmotor dagegen war in seinen ersten Ausführungen ausschließlich für stationäre Anwendungen als Ersatz für Dampfmaschinen gedacht. Für den Einbau in Kraftfahrzeuge war er zu schwer. Es dauerte vierzig Jahre, bis 1936 der erste PKW mit Dieselmotor auf den Markt kam. Jahrzehntelang waren Diesel-PKWs zwar sparsam und langlebig, aber lahm und lärmend. Erst in den 1970er-Jahren bauten deutsche und französische Hersteller leichte, schnell laufende Dieselmotoren mit relativ hoher Leistung und setzten damit langfristig einen Imagewandel in Gang. 1989 stellte Audi den ersten PKW mit einem direkt einspritzenden Dieselmotor vor. Diese Motoren, verfeinert mit elektronischer Steuerung, Turbolader und aufwändiger Abgasreinigung, gelten heute als technische Glanzstücke. Sie bieten bei minimalem Verbrauch etwa die gleiche Leistung, aber das doppelte Drehmoment wie ein gleich großer Ottomotor und werden mittlerweile sogar in Fahrzeuge der Luxusklasse eingebaut. Insgesamt gleichen sich Diesel- und Ottomotoren in der Tendenz zur elektronischen Steuerung vieler Parameter immer mehr an. Heute werden in Westeuropa knapp 30 Prozent der PKWs mit einem Dieselmotor (davon 85 Prozent Direkteinspritzer) produziert. Auch das im Sommer 1999 von VW vorgestellte erste »Dreiliterauto« in Großserie hat einen direkt einspritzenden Dieselmotor.

Fortschritte der Motorentechnik

Während die Prinzipien der Motorentechnik seit hundert Jahren unverändert blieben, haben sich im Detail zahlreiche Fortschritte ergeben. Neue Werkstoffe, etwa Leichtmetalle statt Grauguss, sparten wesentlich an Gewicht ein. Durch präzisere Materialbearbeitung konnten Verschleiß und Reibung reduziert werden, sodass Motoren heute eine Lebensdauer von mehreren 100 000 Kilometern erreichen können.

Bei Ottomotoren zeigen sich Verbesserungen auch bei der Zündung und Gemischbildung: Bis in die 1970er-Jahre hinein wurde der Zündfunke durch verschleißanfällige Unterbrecher erzeugt und über einen mechanischen Verteiler zu den Zündkerzen gebracht;

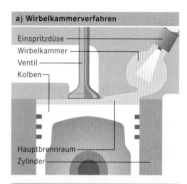

a) **Wirbelkammerverfahren**

Einspritzdüse
Wirbelkammer
Ventil
Kolben

Hauptbrennraum
Zylinder

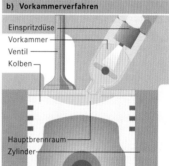

b) **Vorkammerverfahren**

Einspritzdüse
Vorkammer
Ventil
Kolben

Hauptbrennraum
Zylinder

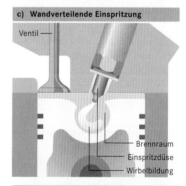

c) **Wandverteilende Einspritzung**

Ventil

Brennraum
Einspritzdüse
Wirbelbildung

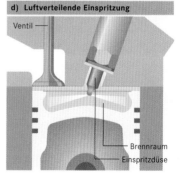

d) **Luftverteilende Einspritzung**

Ventil

Brennraum
Einspritzdüse

Im **Dieselmotor** entsteht das Kraftstoff-Luft-Gemisch nicht im Ansaugtrakt, sondern erst im Zylinder. Je nach Art der Gemischbildung unterscheidet man die indirekte Einspritzung in eine Vorkammer oder Wirbelkammer (a, b) und die direkte Einspritzung mit Wand- oder Luftverteilung (c, d).

Das 1999 vorgestellte **Dreiliterauto** von VW war nicht der erste ganz im Hinblick auf sparsamen Kraftstoffverbrauch angelegte PKW. Ein älterer Entwurf für ein großserientaugliches Dreiliterauto, der **SmILE** (Small, Intelligent, Light, Efficient), war bereits 1996 von der Umweltschutzorganisation Greenpeace vorgestellt worden: Ein umgebauter Renault Twingo wurde mit einem hoch aufgeladenen Zweizylindermotor von nur 358 Kubikzentimeter Hubraum und 55 PS Leistung kombiniert. Der Verbrauch liegt nach dem europäischen Fahrzyklus bei 3,3 Litern Benzin pro 100 Kilometer, bei Fahrten in ganz Europa sind aber auch schon Werte von unter 2,5 Liter auf 100 Kilometer erreicht worden.

moderne Motoren haben eine elektronische Zündanlage. Das Kraftstoff-Luft-Gemisch stellt nicht mehr ein Vergaser her, sondern es wird elektronisch geregelt in die Ansaugleitung gespritzt. Auf diese Weise lässt sich das Verhältnis von Luft zu Kraftstoff wesentlich genauer halten, was den Einsatz von Katalysatoren zur Abgasreinigung erst möglich macht. Seit kurzem werden auch direkt einspritzende Ottomotoren gebaut, von denen man sich eine Kraftstoffeinsparung bei gesteigerter Leistung verspricht.

Weitere Verfahren zur Leistungssteigerung gehen von der Luftzufuhr des Motors aus. Bei einer Methode verringert man den Strömungswiderstand der angesaugten beziehungsweise ausgestoßenen Gase; hierzu setzt man statt nur einem mehrere Ein- und Auslassventile für jeden Zylinder ein. Nach einem anderen Verfahren – schon 1905 entdeckt – versorgt man den Motor durch ein Gebläse mit vorverdichteter Luft (»Aufladung«). Durch den höheren Sauerstoffanteil der Zylinderfüllung lässt sich mehr Treibstoff verbrennen, und somit ist die Leistung höher. Zunächst wurde vorgeschlagen, das Gebläse mithilfe der sonst ungenutzten Strömungsenergie der Auspuffgase anzutreiben. Technische Schwierigkeiten führten jedoch dazu, dass sich zunächst mechanisch angetriebene Kompressoren durchsetzten, die ursprünglich im Ersten Weltkrieg für Flugzeugtriebwerke entwickelt worden waren; die Hochzeit der Kompressormotoren waren die 1930er-Jahre. Erst die Einführung hochtemperaturbeständiger Werkstoffe in den 1970er-Jahren ermöglichte den Bau der ersten Abgasturbolader für Straßenfahrzeuge. Die beiden Verfahren haben eine etwas andere Charakteristik: Weil der Kompressor direkt vom Motor angetrieben wird, folgt er jeder Drehzahländerung unmittelbar. Der Turbolader dagegen spricht beim Gasgeben immer etwas verzögert an (»Turboloch«), weil erst bei einer bestimmten Mindestdrehzahl der Motor so viel Abgas produziert, dass der Lader in Funktion tritt. Da sich die Abgasmenge beim Dieselmotor nicht so stark ändert wie beim Ottomotor, ist hier das Turboloch auch bei weitem nicht so ausgeprägt.

Die Kupplung und das Getriebe

Anders als Elektromotoren können Verbrennungsmotoren eine Last erst ab einer bestimmten Drehzahl bewegen – ein Effekt, den jeder kennt, der sein Auto schon einmal »abgewürgt« hat. Zum Anlassen oder auch beim Gangwechsel eines manuellen Getriebes muss man den Motor mithilfe der Kupplung von der Last (also dem Fahrwiderstand des Autos) trennen können.

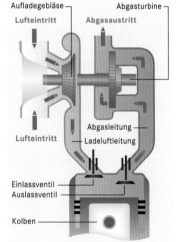

Aufladegebläse
Lufteintritt
Abgasturbine
Abgasaustritt
Lufteintritt
Abgasleitung
Ladeluftleitung
Einlassventil
Auslassventil
Kolben

Der **Abgasturbolader** besteht aus zwei Turbinen mit Durchmessern zwischen gut 30 Millimetern und etwa 60 Millimetern. Die Abgasturbine aus hochfesten Nickellegierungen wird durch die bei der Verbrennung des Kraftstoff-Luft-Gemischs entstehenden Abgase in Rotation versetzt und treibt über eine gemeinsame Welle das Aufladegebläse (Verdichterturbine) an, das Frischluft in die Zylinder bläst. Die Abgasturbine erreicht je nach Größe bis über 300 000 Umdrehungen pro Minute bei Temperaturen um 800 Grad Celsius beim Diesel- und etwa 950 Grad Celsius beim Ottomotor.

Verbrennungsmotoren geben ihre verwertbare Leistung und das Drehmoment nur in einem recht engen Drehzahlbereich ab. Um die Antriebskraft auf die Räder an verschiedene Fahrsituationen anzupassen, muss man das Übersetzungsverhältnis zwischen Motor und Antriebsrädern verändern können. Dazu dient ein Getriebe. In Europa üblich ist das Handschaltgetriebe, mittlerweile meist mit fünf Gängen, vereinzelt auch schon mit sechs. Immer häufiger werden so genannte Halbautomatiken eingebaut, die zwar einen manuellen Gangwechsel erfordern, aber dem Fahrer ersparen, die Kupplung zu treten. In den USA weisen praktisch sämtliche PKWs ein vollautomatisches Getriebe auf. Auch hier ist die Zahl der Gangstufen permanent gesteigert worden, üblich sind heute Fünfgangausführungen. Die Tendenz bei teuren Fahrzeugen geht zu Getrieben, bei denen der Fahrer wählen kann, ob er selbst schaltet oder dies der Automatik überlässt (»Tiptronic«). Eine Sonderlösung ist die stufenlose Vollautomatik (»Variomatic«), die schon in den Sechzigerjahren von der niederländischen Firma DAF vorgestellt wurde und – weiterentwickelt – heute in PKWs verschiedener Hersteller erhältlich ist.

Unbedingt nötig ist ein Ausgleichsgetriebe, das so genannte Differenzial. Es hat die Aufgabe, bei Kurvenfahrt die Drehzahlunterschiede zwischen dem rechten und linken angetriebenen Rad auszugleichen, und verteilt dazu das Motordrehmoment in einem bestimmten Verhältnis auf die beiden angetriebenen Räder.

Das Fahrwerk

Die Hauptaufgabe des Fahrwerks ist die Führung des Fahrzeugs auf der Fahrbahn. Die Vorderachse muss nicht nur die normalen Achsfunktionen wie Radführung und – bei Frontantrieb – die Kraftübertragung auf die Straße garantieren, sondern auch die Lenkkräfte aufnehmen.

Wichtiger Bestandteil sowohl der Vorder- als auch der Hinterachse ist die Radaufhängung, welche die Räder mit der Karosserie verbindet. Dabei stützt sich jedes Rad einzeln auf einem Federelement am Fahrzeug ab. Um Unebenheiten der Fahrbahn auszugleichen, kann es sich vertikal bewegen. Man unterscheidet bei der Achsgeometrie starre und halbstarre Achsen sowie Einzelradaufhängung.

Bei der Starrachse, die bei PKWs nur noch vereinzelt eingebaut wird, sind die beiden Räder durch einen Achskörper miteinander verbunden. Nachteilig ist die relativ hohe ungefederte Masse, die zulasten des Komforts geht. Die halbstarre oder Verbundlenkerachse wird vor allem als leichte Hinterachse bei frontangetriebenen Fahrzeugen eingesetzt. Sie vereint eine gute Seitenführung bei Kurvenfahrt mit einer Platz sparenden Raumaufteilung im Heck. Bei der Einzelradaufhängung sind beide Räder einer Achse unabhängig voneinander über Lenker und Federelement mit dem Fahrzeugaufbau verbunden. Da sich die Räder nicht gegenseitig beeinflussen, ist der Kontakt der Räder zur Fahrbahn höher, und durch die geringen

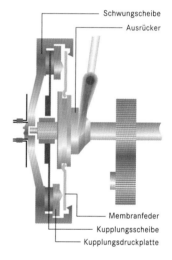

Schwungscheibe

Ausrücker

Membranfeder

Kupplungsscheibe

Kupplungsdruckplatte

Prinzip einer **Reibungskupplung:** Die Kupplungsscheibe mit speziellen Belägen ist zwischen der Schwungscheibe des Motors und der Kupplungsdruckplatte angeordnet. Beim Treten des Kupplungspedals drückt der Ausrücker gegen die Membranfeder (rot eingezeichnet), sodass die Druckplatte entgegen der Federkraft von der Kupplungsscheibe weggedrückt wird. Die Kupplungsscheibe kommt frei, die Verbindung zwischen Motor und Getriebe ist unterbrochen.

ungefederten Massen ist auch der Komfort besser als bei Starrachsen.

Als Federelement werden heute ganz überwiegend Schraubenfedern in so genannten Federbeinen verwendet, kombiniert mit Stoßdämpfern, welche die Schwingungen der Räder schnell abbauen. Weniger gebräuchlich sind Blattfedern oder Drehstabfedern. Sonderformen sind die Luftfederung, verwendet vor allem in Fahrzeugen der Luxusklasse und in Reisebussen, sowie die von Citroën entwickelte Hydropneumatik. Mit diesen Systemen ist auch eine Niveauregulierung möglich, bei der das Fahrzeug auch bei hoher Belastung nicht einsackt. Sie lassen sich darüber hinaus mit aktiven Elementen kombinieren, die das Fahrgestell beeinflussen. Mithilfe eines solchen Systems können Federung und Dämpfung durch elektronisch gesteuerte Hydraulikzylinder variiert werden. Die Karosseriebewegungen beim Anfahren, beim Bremsen und bei rascher Kurvenfahrt lassen sich bei entsprechender Programmierung praktisch vollständig eliminieren.

Eine wichtige Fahrwerkskomponente sind auch die Reifen, die einzige Verbindung des Autos zur Straße. Immer mehr verfeinerte Kautschukmischungen, verbesserte Herstellungsverfahren und optimierte Profile sorgen dafür, dass eigentlich miteinander unvereinbare Gebrauchseigenschaften – beispielsweise geht ein verbessertes

STUFENLOS VORAN: DIE VARIOMATIC

Die weiterentwickelte Variomatic (CVT, Continous Variable Transmission) ist ein vollautomatisches Getriebe für Kraftfahrzeuge relativ geringer Leistung. Anders als bei einem gewöhnlichen Getriebe, in dem Zahnräder immer nur ganz bestimmte Übersetzungsverhältnisse erlauben, ändert sich hier die Übersetzung stufenlos. Kernstück ist ein hydraulisch gesteuertes System aus einem Schubgliederband und zwei Kegelscheibenpaaren. Das Schubgliederband überträgt die Antriebskräfte von der mit dem Motor verbundenen Primärscheibe auf die mit dem Differenzial verbundene Sekundärscheibe. Abhängig von Gaspedalstellung und Drehmomentbedarf können die wirksamen Radien der Kegelscheiben verändert werden – und so ändert sich auch das Übersetzungsverhältnis.

Ein CVT-Getriebe ist relativ leicht und kompakt, und anders als konventionelle Automatikgetriebe erhöht es den Kraftstoffverbrauch nicht.

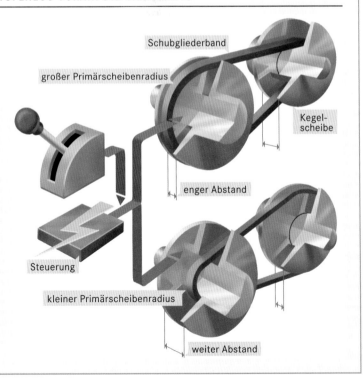

Schubgliederband

großer Primärscheibenradius

Kegelscheibe

enger Abstand

Steuerung

kleiner Primärscheibenradius

weiter Abstand

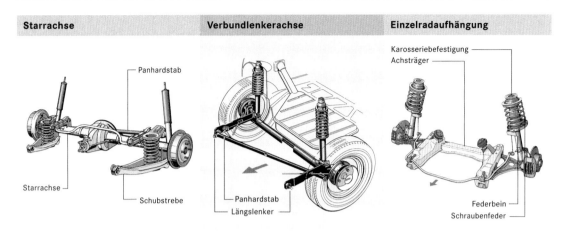

Verschiedene **Radaufhängungen:** Starrachse, Verbundlenkerachse und Einzelradaufhängung (Schema).

Nässeverhalten zulasten des Komforts, die Reduktion des Rollwiderstands etwa verringert die Laufleistung – in einem Reifen vereint werden können.

Entwicklungen der neueren Zeit betreffen beispielsweise die Vermeidung von Reifenplatzern während der Fahrt, indem ein Luftdruckabfall von Sensoren im Kotflügel festgestellt und der Fahrer rechtzeitig gewarnt wird. Auch das Verhalten bei Kurvenfahrt lässt sich verbessern, indem dieselben Sensoren aus der Reifenverformung die im Fahrbetrieb auf das Auto wirkenden Kräfte ermitteln; über einen Prozessor können dann beispielsweise die spezifischen Bremskräfte an den einzelnen Achsen gesteuert werden.

Allradantrieb

Hatten noch in den Sechzigerjahren die meisten Autos den Motor vorn und angetriebene Hinterräder, so wird mittlerweile die Mehrzahl aller Wagen mit dem Platz sparenden Frontantrieb gebaut. Seit Anfang der Achtzigerjahre werden jedoch immer mehr Fahrzeuge mit Allradantrieb angeboten. Diese Form des Antriebs bietet eine bessere Übertragung der Motorkraft auf den Boden. Dies war zunächst nur bei Militär- und Geländefahrzeugen interessant, jedoch verbessert der Allradantrieb die Traktion auch auf regennasser oder schneebedeckter Fahrbahn.

Bei der einfachsten Variante wird im Normalfall nur eine Achse angetrieben und die andere lediglich bei Bedarf (manuell) zugeschaltet. Beim permanenten Allradantrieb werden immer alle vier Räder angetrieben. Zusätzlich zu dem in jedem Auto vorhandenen Differenzial muss hier ein weiteres Differenzial – das sich bei Geländewagen allerdings sperren lässt – die Drehzahlunterschiede zwischen Vorder- und Hinterachse ausgleichen. In einer anderen technischen Lösung wird die Scherelastizität (Viskosität) eines Siliconöls ausgenutzt, das sich zwischen zwei Kupplungsscheiben befindet und die Drehmomente überträgt; bei geringen Drehzahlunterschieden zwischen den Achsen erwärmt sich das Öl, wird dabei immer »steifer« und sorgt so für eine zunehmende Sperrung zwischen den Achsen.

Technisch am aufwendigsten ist der elektronisch geregelte Allradantrieb. Hier wird permanent die Hinterachse angetrieben. Drehzahlsensoren an der Hinterachse und den Vorderrädern melden, wann ein Rad oder eine Achse durchdreht, und ein Steuergerät gibt das Signal zum Zu- oder Abschalten des Vorderradantriebs.

Bremsen, ABS, Elektronik zur Fahrstabilisierung

Zum Verzögern des Fahrzeugs sind leistungsfähige Bremsen erforderlich. Der Pedaldruck wird heute ausschließlich durch hydraulische Leitungen auf die vier Bremsen übertragen. Aus Sicherheitsgründen verfügen die meisten Autos über eine Zweikreis-Bremsanlage, also zwei getrennte Hydrauliksysteme. So sind, auch wenn ein Bremsschlauch platzen sollte, noch immer gute Bremswerte möglich.

Je nach Angriffsrichtung der Bremskraft kann man zwischen axialer (Scheibenbremse) und radialer Bauweise (Trommelbremse) unterscheiden. Trommelbremsen eignen sich nur für kleine bis mittlere Bremsleistungen und werden in PKWs als Hauptbremse praktisch nur noch an der Hinterachse und als Feststellbremse (»Handbremse«) eingesetzt. Scheibenbremsen erzielen bessere Bremswerte als Trommelbremsen. Ein Bremskraftverstärker, um die Pedalkraft nicht zu groß werden zu lassen, ist heute außer in Kleinwagen allgemein gebräuchlich. So genannte Unterdruck-Bremskraftverstärker nutzen dazu den im Saugrohr des Motors entstehenden Unterdruck, die kompakteren Hydraulik-Bremskraftverstärker verwenden dazu ein bereits im Wagen vorhandenes Hydraulikaggregat (zum Beispiel die Servolenkung).

Die feste Verteilung der Bremskraft auf die Vorder- und Hinterachse kann dazu führen, dass ein Rad »überbremst« wird: Es blockiert dann, die Bremswirkung geht auf null, der Wagen kann ausbrechen und lässt sich nicht mehr lenken. Dies verhindert ein Antiblockiersystem (ABS), 1978 erstmals großserienreif vorgestellt. Es funktioniert wie eine sehr schnelle »Stotterbremse«: Die Räder werden bis an die Blockiergrenze abgebremst; wenn die Drehzahlsensoren den Stillstand des Rades signalisieren, nimmt das System die Bremskraft zurück, bis das Rad sich wieder dreht, und bremst das Rad dann erneut. Die Elektronik erlaubt dabei verschiedene Bremskräfte und »Stotterrhythmen« für jedes Rad einzeln.

Das Gegenstück zum ABS ist die Antriebsschlupfregelung (ASR), die ein Durchdrehen der Räder beim Anfahren oder Beschleunigen verhindern und die Beherrschbarkeit des Fahrzeugs auch bei schlechten Straßenverhältnissen sicherstellen soll. Bei der einfachen Variante greift die Elektronik in den Motor ein und nimmt selbst-

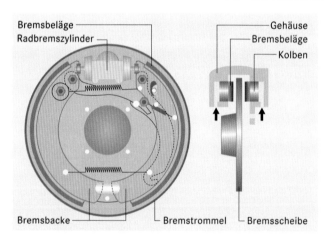

Bremsbeläge
Radbremszylinder
Gehäuse
Bremsbeläge
Kolben
Bremsbacke
Bremstrommel
Bremsscheibe

Bei einer **Trommelbremse** (links) werden die Bremsbacken im Innern der Bremse auseinander gepresst. Bei einer **Scheibenbremse** dagegen (rechts) wird durch zwei außen liegende Bremsklötze die Bremsscheibe gebremst.

ständig die Leistung zurück; bei der aufwendigeren Bauform wird das durchdrehende Rad zusätzlich über die vorhandenen ABS-Komponenten abgebremst.

Eine Weiterentwicklung ist das »Elektronische Stabilitätsprogramm« (ESP), das Daimler-Chrysler zunächst in Wagen der Oberklasse, seit dem missglückten »Elchtest« aber auch in die Kleinwagen der A-Klasse einbaut. Ein elektronisches System vergleicht die von Sensoren gelieferten Daten zur Drehgeschwindigkeit der Räder, Lenkradeinschlag, Fahrzeugneigung und Motorleistung sowie weitere Daten mit einem Referenzprogramm; ist der Wagen für einen gegebenen Kurvenradius zu schnell, wird er selbstständig abgebremst und die Motorleistung zurückgenommen, ohne dass der Fahrer eingreifen muss.

Elektronik in Automobilen

D ie Elektronik (im Bereich der Kraftfahrzeugtechnik meist synonym zu Mikroelektronik) bestimmt in immer höherem Maß die Funktionen und den Mehrwert eines Autos, und weder moderne Entwicklungen wie ABS, ASR oder der Airbag noch die Minimierung des Schadstoffausstoßes wären ohne mikroelektronische Komponenten denkbar. In einer ganzen Reihe von Bereichen werden in modernen PKWs heute elektronische Bauteile eingesetzt.

Beim Antriebsstrang sind dies die Regelung der Leerlaufdrehzahl, die Lambdasonde, das Stopp-Start-System, die Getriebesteuerung und die Motorelektronik. Im Bereich Kommunikation arbeiten das Radio, der Bordcomputer, die Sprachausgabe, das Autotelefon, die Leit- und Informationssysteme und die Anzeigen elektronisch. Der Komfort wird durch die elektronische Regelung der Fahrgeschwindigkeit, der Heizung und des Klimas, der Zentralverriegelung, der Sitzverstellung und des Fahrwerks verbessert. Der Erhöhung der Sicherheit dienen elektronisch geregelte Vorrichtungen wie Antiblockiersystem, Antriebsschlupfregelung, Airbagauslösung, Diebstahlsicherung, Radar-Abstandswarnung, Scheinwerferverstellung und -reinigung, Regen- und Dunkelheitssensoren, Systemdiagnose und die Überwachungssysteme.

Weitere Einsatzmöglichkeiten der Elektronik sind in der Entwicklung, zum Beispiel die Fahrzeugbedienung mithilfe elektrischer Signale (»elektronisches Gaspedal«, elektronische Übertragung der Lenkbewegungen) anstelle von mechanischen Übertragungselementen oder die automatische Abstandsregelung mithilfe eines Radarsensors, aber auch beispielsweise das automatische Erkennen einer Notbremsung mit entsprechender Erhöhung der Bremskraft. Die Konsequenzen dieser elektronischen Steuerung der meisten Funktionen sind einerseits erhöhte Sicherheit und Bequemlichkeit, andererseits werden die Möglichkeiten des individuellen Fahrens beschränkt.

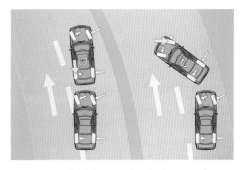

Ein Fahrzeug, das für einen gegebenen Kurvenradius zu schnell ist, wird durch das **elektronische Stabilitätsprogramm** (ESP) auf der richtigen Bahn gehalten. Die Pfeile zeigen die maximale Seitenführungskraft an, die das Rad übertragen kann. Bricht das Fahrzeug aus, wird ein Rad gebremst (gelber Pfeil), sodass sich der Wagen um die Hochachse wieder in die richtige Bahn dreht (links: Untersteuern, der Wagen schiebt über die Vorderräder nach außen; rechts: Übersteuern, das Heck drängt nach außen).

Der **Elchtest** ist ein von schwedischen Autozeitschriften angewandtes Ausweichmanöver mit doppeltem Spurwechsel, mit dem die Stabilität eines Autos bei mehreren kurz aufeinander folgenden, ungebremsten Richtungsänderungen getestet wird. Ein ähnliches Manöver absolviert man unwillkürlich, wenn man beispielsweise (daher der Name) vor einem Elch ausweicht. Zur Vereinheitlichung wird der Elchtest in einem durch Kegel markierten Parcours gefahren; die Richtgeschwindigkeit bei der Einfahrt in den Parcours beträgt 60 Kilometer pro Stunde und wird stufenweise gesteigert.

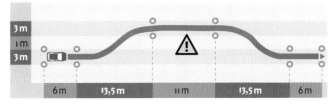

Fertigung

Die Kraftfahrzeugfertigung führt in der öffentlichen Aufmerksamkeit ein Schattendasein: Das Publikum ist zwar interessiert an Autotechnik und Vergleichstests verschiedener Modelle, wie die hohen Auflagen der Automobilzeitschriften beweisen, die Probleme und Veränderungen in der Fertigung aber werden weit weniger beachtet.

Vom Handwerk zur »Just-in-time-Fertigung«

Die industrielle Voraussetzung für individuelle Massenmotorisierung ist die massenhafte Produktion von Autos in hohen Stückzahlen auf hochkomplexen Fertigungsanlagen, wobei zahlreiche zugelieferte Komponenten verwendet werden. Die Fertigungszahlen sind enorm: Im Wolfsburger VW-Werk beispielsweise verlässt alle 20 Sekunden ein Golf das Band. Doch trotz der verbreiteten Automatisierungsproklamierung: Viele Montagearbeiten werden nach wie vor manuell geleistet.

Mit wenigen Ausnahmen ist die Karosserie des Standardtyps heute wie vor vierzig Jahren selbsttragend und aus großen Blechpressteilen zusammengeschweißt. Geschah dies bis vor wenigen Jahren noch mühsam von Hand im Gruppenakkord, durch Punkt-

---

HENRY FORD UND DIE FLIESSBANDFERTIGUNG

Ursprünglich waren Autos nur für die Reichen erschwinglich. Der amerikanische Industrielle Henry Ford (1863–1947) aber wollte Autos »für die Massen« anbieten. Er konzentrierte sich auf einen einzigen, einfach konstruierten Wagentyp (das Modell T) mit standardisierten Bauteilen. Bereits 1908, im ersten Produktionsjahr, konnte er fast 18 000 Stück dieses Typs bauen.

Den Durchbruch zur Massenmotorisierung brachte aber erst 1913 ein neues Fertigungsverfahren, die hoch arbeitsteilige Montage am Fließband. Alle Teile und Komponenten wurden mithilfe eines langsam sich bewegenden Transportbandes zum Arbeiter gebracht und am Band montiert. Jede Einzeltätigkeit wurde in zahlreiche kleine Handgriffe zerlegt, die ein Arbeiter den ganzen Tag lang durchführen musste. Mit dieser Technik wurde die Montagedauer des T-Modells von vorher 728 Minuten auf 93 Minuten gesenkt. Die wenig flexible Art der Fertigung machte aber Varianten unmöglich: Das T-Modell war »in jeder Farbe zu bekommen, vorausgesetzt, sie ist schwarz« (Henry Ford).

1914 erhöhte Ford die Löhne und zahlte mit einem Mindestlohn von fünf Dollar mehr als das Doppelte der üblichen Löhne. Parallel sank der Preis seines T-Modells von 950 Dollar im Jahr 1908 auf 270 Dollar bei der Produktionseinstellung Ende 1927. Insgesamt waren über 15 Millionen Stück gebaut worden.

schweißer, die pro Karosserie etwa drei- bis fünftausend Schweißpunkte setzen mussten, so verrichten diese Arbeit heute Schweißro-
boter präziser und schneller. Ein Typ schwerer und gesundheitlich
problematischer Arbeit ist nahezu verschwunden – die Arbeitsplätze
allerdings auch.

Konstruktive und fertigungstechnische Maßnahmen reduzieren
den Bauaufwand für einzelne Fahrzeuge. Wird ein deutscher Mittelklassewagen heute in durchschnittlich 30 Stunden gebaut, so soll
diese Zeit in Zukunft um ein Drittel verringert werden; der fast nur
aus zugelieferten Modulen bestehende
Kleinstwagen Smart ist sogar schon nach
acht Stunden montiert. Fertigungsstra-
ßen werden ausnahmslos – sogar bei
Herstellern, die relativ kleine Stückzahlen herstellen – durch komplexe Daten-
verarbeitungsanlagen gesteuert, die es
sogar gestatten, verschiedene Fahrzeugtypen am selben Band zu bauen. Die
benötigten Materialien werden online
bestellt und pünktlich direkt an die Pro-
duktionsstelle gebracht. In der Weiterentwicklung bezieht man auch die Zulieferer in diese Fertigungsweise mit ein:
Das Teilelager der Fabrik entfällt, der

Zulieferer hat dafür zu sorgen, dass die Teile rechtzeitig (»just in
time«) im Werk ankommen. Auf diese Weise lassen sich zwar die
Kosten erheblich reduzieren, gleichzeitig wird die Fertigung aber
auch verwundbar. Wenn ein LKW mit dringend benötigten Teilen
etwa wegen eines Unfalls sein Ziel nicht rechtzeitig erreicht, so
kann im ungünstigen Fall die Produktion eines halben Arbeitstages
ausfallen.

Vollautomatische Fertigung im
Wolfsburger Volkswagenwerk. Roboter
setzen in dieser Ausschweißlinie
mehrere tausend Schweißpunkte pro
Rohkarosserie, die wenigen Menschen
in der Halle überwachen die Anlage.

Auch die Werkstoffe der Kfz-Fertigung haben sich geändert.
Zwar besteht noch immer der überwiegende Teil eines Fahrzeugs
aus Stahlblechen, der Anteil von Kunststoffen verschiedenster Art ist
aber generell stark erhöht worden und macht mitunter schon 20 Prozent des Fahrzeuggewichts aus. Um Gewicht zu sparen, werden gelegentlich Leichtmetalle wie Aluminium oder Magnesium verwendet; aber nur ein Hersteller, Audi, fertigt die gesamte Karosserie seines Oberklassemodells aus Aluminium. Faserverbundmaterialien –
heute schon im Rennsport weit verbreitet – werden im Karosserie-
und Fahrgestellbau in den nächsten Jahren vermehrt verwendet werden. Ähnliches gilt für Keramikwerkstoffe, die bereits heute in thermisch hoch belasteten Motoren als Ventile oder Ventilsitze verwendet werden.

Verbundfertigung und »Label-Engineering«

S chon seit vielen Jahren steht die Automobilindustrie von zwei
Seiten unter Druck: Die Autos werden immer komplexer und
aufwendiger in der Fertigung, gleichzeitig sind jedoch angesichts ei-

	1997	1998
Europa	15 717 067	16 669 059
darunter EU	13 434 663	14 438 652
Nafta*	8 161 327	7 993 664
darunter USA	5 933 921	5 554 390
Asien	12 275 624	11 096 888
darunter Japan	8 492 080	8 055 763
Übrige Welt	2 611 425	2 135 000
zusammen	38 765 443	37 894 611

*Nafta: Nordamerikanische Freihandelszone (umfasst USA, Kanada und Mexiko)

Weltweite **Produktion von PKWs.**

ner globalen Überkapazität von über 40 Prozent die Preise nicht beliebig zu steigern, um höhere Kosten aufzufangen.

Die Unternehmen verfolgen verschiedene Strategien, um die Kosten zu senken: Rationalisierungen und Kosteneinsparungen beim Einkauf, Umorganisation der Arbeit und Kooperation, eventuell sogar Fusion.

Das Drücken der Einkaufspreise verlagert den Kostendruck auf die Zulieferer. Mittlerweile rückt man hiervon wieder ab, um nicht in die Gefahr zu geraten, mit dem Zulieferer auch dessen wertvolles Know-how zu verlieren. Auch Qualitätsverluste bei zu billigem Einkauf brachten diese Strategie in Verruf. Heute werden an Zulieferer die Entwicklung und Bereitstellung ganzer Produktgruppen – wie etwa Sitze – abgegeben. Die Zulieferer werden zu »Systempartnern« der Autohersteller.

Lohnkosten lassen sich am einfachsten durch Automatisierung und Entlassungen senken. Wo dies nicht möglich oder nicht gewollt ist, kann Umorganisation der Arbeit die Lohnkosten verringern und eine schnelle Reaktion auf wechselnde Nachfrage ermöglichen. So führte zum Beispiel Volkswagen für seine 100000 Beschäftigten 1994 ein »flexibles Arbeitszeitmodell« ein. Es geht von einer 28,8-Stunden-Woche ohne Lohnausgleich aus; bei guter Auftragslage anfallende Überstunden (»Mehrarbeit«) werden nicht vergütet, sondern in Freizeit ausgeglichen.

Montagewerke deutscher PKW-Hersteller in Europa (Auswahl).

Um die Kosten zu senken, kommt es häufig zu Produktionsverlagerungen ins Ausland, wo die Lohnkosten niedriger sind. Bei der Ausschreibung eines Produktionsauftrags innerhalb eines Konzerns werden dabei zunehmend mehrere Standorte gegeneinander ausgespielt, um so Zugeständnisse der Belegschaft zu erreichen. Die Produktionsverlagerung ist besonders interessant bei Komponenten wie Motoren oder Getrieben sowie bei Kleinwagen, wo die Gewinnmargen niedriger sind als bei Oberklassewagen; beispielsweise betreibt Audi ein Motorenwerk im ungarischen Györ, wird der Opel Corsa im spanischen Saragossa oder der Kleinstwagen »Smart« im lothringischen Hambach montiert. Da auch die Zulieferer ähnliche Strategien verfolgen, bestehen heutige Autos aus Komponenten, die in Dutzend verschiedenen Ländern hergestellt worden sind. Ein Hersteller etikettiert seine Wagen entsprechend nicht mehr »made in Germany«, sondern »made by Mercedes« – nach der Konzernumbenennung ist das allerdings auch schon wieder Vergangenheit.

1997	Anteil an der Gesamtproduktion in Prozent	1998	Anteil an der Gesamtproduktion in Prozent
Personenkraftwagen 2 712 863	36,7	2 797 475	34,3
Nutzkraftwagen 410 691	54,4	482 630	56,0
Kraftwagen insgesamt 3 123 554	38,3	3 280 105	36,4

Auslandsproduktion der deutschen Hersteller.

Der langfristig erfolgversprechendste Weg der Kostensenkung ist die Kooperation. »Baukastenautos«, bei denen identische Motoren oder Fahrwerkskomponenten eingebaut werden, sind heute in allen Konzernen üblich, um rationell große Stückzahlen produzieren zu können, aber auch um parallele Entwicklungsarbeiten und parallele Produktion von Komponenten und Fahrzeugen innerhalb eines Konzerns zu vermeiden. In der Autoindustrie spricht man von »Plattformen«, einheitlichen Bodengruppen und Fahrwerkseinheiten, die mit den verschiedensten Motoren, aber auch mit anderen »Modulen« von Achsen, Lenkungen und Getrieben komplettiert werden. Die daraus entstehenden Fahrzeuge können durchaus unterschiedlich aussehen, da auf den Plattformen selbst sehr verschiedene Karosserievarianten für verschiedene Autotypen aufgebaut werden können.

Es gibt ein unterschiedliches Umgehen mit solchen gemeinsamen Plattformen: Zwei kooperierende, aber unabhängige Unternehmen können unterschiedliche Modelle mit einer gemeinsamen Plattform fertigen; so bauen beispielsweise der schwedische Hersteller Volvo und der japanische Hersteller Mitsubishi in einem gemeinsamen Werk auf einem Band ihre jeweiligen Mittelklassefahrzeuge. Innerhalb eines Konzerns wird eine Plattform in der Regel für verschiedene Marken verwendet. Das einfachste Muster der »Plattformisierung« ist der Bau von Design- und Ausstattungsvarianten ansonsten weitgehend gleicher Fahrzeuge; in der extremsten Form spricht man vom »Label-Engineering«: Hier unterscheiden sich Fahrzeugtypen hauptsächlich durch das Firmenemblem. So bieten beispielsweise Fiat, Lancia, Peugeot und Citroën praktisch identische Großraumlimousinen an.

Gemeinsame Motorenentwicklungen gab es schon früher; heute teilen sich oft Diesel- und Benzinmotoren denselben Motorblock.

Schon bei den ersten Überlegungen zur Entwicklung eines Motors wird auf eine möglichst einfache, roboterfertigungsgerechte Konstruktion Wert gelegt. Prototypisch dafür ist die kleine FIRE-Maschine (Fully Integrated Robotized Engine, voll integrierter robotergerechter Motor) des Fiat-Konzerns, die vollautomatisiert gebaut werden kann. Hier wird deutlich, dass bei der Entwicklung neuer Triebwerke zunehmend die Fertigungsingenieure mitzusprechen haben.

Die Fertigungstiefe – der Anteil von Komponenten eines Autos, der vom Hersteller selbst gefertigt wird – geht immer weiter zurück. Hatte Henry Ford in den 1920er-Jahren noch das Ziel völliger Autarkie – die Fordwerke betrieben sogar eigene Kohlegruben, Erzminen und Stahlwerke –, werden bei modernen Fahrzeugen bis zu 75 Prozent aller Teile von den »Systempartnern« zugekauft. Inzwischen werden schon komplette Module wie Armaturentafeln, Sitze, Einspritzanlagen oder Schiebedächer von Zulieferern (in Kooperation mit den Autoherstellern) entwickelt, produziert und angeliefert. Speziell in Verbindung mit dem Just-in-time-Verfahren und dem Wegfall der Teilelager – was allerdings die beschriebenen Gefahren birgt – lassen sich auf diese Weise erhebliche Kostensenkungen erzielen.

Doch allen Rationalisierungsmaßnahmen und Kostensenkungen zum Trotz: Der Druck auf die Autoindustrie bleibt. Immer mehr Fahrzeuganbieter mit immer besseren, äußerst rationell gefertigten Autos konkurrieren auf Märkten, deren Wachstumsraten mittelfristig zurückgehen. Um potentielle Massenmärkte in den industriellen Schwellenländern wird von den Autokonzernen hart gekämpft. Druck kommt auch von umweltbewussten Verbrauchern und Verbänden. Auch wenn das Industrieprodukt Auto noch für etliche Jahre eine gute Einkommensquelle bleiben wird, denken Autokonzerne vorsichtig über ihre Zukunft jenseits des Autos nach. Wohin die Überlegungen gehen, zeigen Slogans wie »Wir verkaufen Mobi-

Dass trotz gleicher technischer Grundlagen (**»Plattform«**) sehr verschiedene Fahrzeuge entstehen können, zeigen diese sieben Modelle des Volkswagenkonzerns: VW Golf (vorn), Audi TT, Audi A3, Seat Toledo, Skoda Octavia, VW Bora, VW New Beetle (von links nach rechts). Alle diese Wagen basieren auf derselben Plattform, sind aber unterschiedlich konzipiert und richten sich an verschiedene Käuferschichten.

lität«. Prognosen zur Zukunft der Autoindustrie gehen davon aus, dass die Produktivität – und auch die Qualität der produzierten Fahrzeuge – weiter zunehmen wird; die Zahl der Arbeitsplätze aber wird, zum Teil dramatisch, zurückgehen.

In den ausgehenden Zwanzigerjahren führten viele **Tankstellen** noch Benzin verschiedener Marken.

Infrastruktur

J edes Auto braucht zu seinem Betrieb eine Infrastruktur. Wesentlich sind dabei die Betriebsmittel, um den Wagen bewegen zu können, ferner ein Netz von Werkstätten zur Wartung und Instandsetzung der Fahrzeuge. Straßen, ihre Unterhaltung, Verkehrspolizei und -gerichtsbarkeit, Autoklubs und Verkaufsfirmen sind nur einige der zahlreichen Systemkomponenten des Straßenverkehrs.

Von der Raffinerie zur Tankstelle: die Betriebsmittel

H eutiges Benzin für Automotoren ist ein Hightech-Produkt. Von einfachen Anfängen – Carl Benz betrieb seinen Motor anfangs mit »Ligroin«, einem in Apotheken verkauften Fleckenentferner – wurde es beständig weiterentwickelt. Besonders nach dem Ersten Weltkrieg, als die Motoren das Kraftstoff-Luft-Gemisch stärker verdichteten, stiegen die Anforderungen. Damals kam auch erstmals Markenbenzin gleich bleibender Qualität auf den Markt.

Die Einführung des bleihaltigen, besonders klopffesten hochoktanigen Benzins in den USA war ursprünglich motiviert durch den Versuch, Energie einzusparen. Denn um die Energie des Kraftstoffs besser auszunützen, musste man die Verdichtung der Motoren erhöhen. Dies hatte allerdings unerwünschte Nebenwirkungen: Das verdichtete Gemisch explodierte mitunter schon vor der eigentlichen Zündung durch die Zündkerze, der Motor »klopfte«. In den frühen 1920er-Jahren mischte man das billig herzustellende Bleitetraethyl dem Autobenzin als Antiklopfmittel bei. Die Bleibelastung der Umwelt spielte damals noch keine Rolle. Erst durch die massenhafte Emission dieses Schwermetalls und die Entwicklung der Katalysatortechnik – Spuren von Blei schädigen den Katalysator irreversibel – wurde man sich des Problems bewusst. Zunächst in den USA und mittlerweile auch in anderen Industriestaaten wurden verbleite Treibstoffe verboten; als Antiklopfmittel werden heute andere organische Verbindungen zugesetzt.

Als **Klopffestigkeit** eines Treibstoffs für Ottomotoren bezeichnet man die Möglichkeit, den Treibstoff zu verdichten, ohne dass er zündet. Maß für die Klopffestigkeit ist die **Oktanzahl,** abgekürzt ROZ (für Research-Oktanzahl). Die Klopfintensität des Kraftstoffs wird dabei mit der von Testmischungen verglichen. Gewöhnliche Ottokraftstoffe weisen zwischen 92 ROZ (Normal) und 98 ROZ (Super Plus) auf.

Eine analoge Kennziffer für Dieselkraftstoffe ist die **Cetanzahl** (CaZ). Je höher die Cetanzahl, desto höher die Zündwilligkeit. Sie wird gemessen als »Zündverzug« über dem Kurbelwinkel eines Einzylinder-Prüfmotors. Ein langsam laufender Schiffsdieselmotor arbeitet mit einer Cetanzahl von 20, ein moderner schnell laufender PKW-Dieselmotor benötigt Kraftstoff mit CaZ von über 40.

DER MODERNE BROTPREIS: WAS KOSTET BENZIN?

Wie der Brotpreis zu früheren Zeiten ist heute der Benzinpreis ein im zweifachen Sinne politischer Preis: Zum einen werden Erhöhungen der Kraftstoffpreise, im Unterschied zu anderen Preiserhöhungen im Kfz-Bereich, besonders wahrgenommen und verärgern die Autofahrer; zum andern ist gerade der Benzinpreis hauptsächlich durch Steuern und Abgaben bestimmt: Der Rohölpreis macht nur acht Prozent des Benzinpreises aus.

Pro Liter Benzin macht die Mineralölsteuer seit April 1999 1,04 DM aus (für Diesel 0,68 DM), hinzu kommt die Energiebevorratungsabgabe von 0,09 DM pro Liter und auf alles (also auch die Steuern) noch einmal 16 Prozent Mehrwertsteuer. Mit den resultierenden Preisen liegt die Bundesrepublik im europäischen Mittelfeld, weitere Erhöhungen durch die Ökosteuer sind aber vorgesehen.

Ob die Mineralölsteuer die gesellschaftlichen Kosten des Straßenverkehrs abdeckt, ist umstritten.

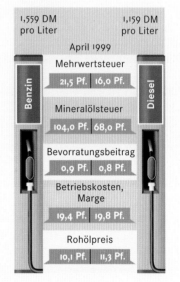

	Benzin	Diesel
	1,559 DM pro Liter	1,159 DM pro Liter
April 1999		
Mehrwertsteuer	21,5 Pf.	16,0 Pf.
Mineralölsteuer	104,0 Pf.	68,0 Pf.
Bevorratungsbeitrag	0,9 Pf.	0,8 Pf.
Betriebskosten, Marge	19,4 Pf.	19,8 Pf.
Rohölpreis	10,1 Pf.	11,3 Pf.

Der Marktanteil von Dieselkraftstoffen hat in den letzten zwei Jahrzehnten zugenommen. Auch ihre Qualität nahm zu. Durch spezielle Additive kann man auch verhindern, dass Dieselkraftstoff bei starkem Frost einfriert. Der Bildung von Ruß lässt sich durch schwefelarmen oder sogar schwefelfreien Dieselkraftstoff entgegenwirken, der ab 2005 in der Europäischen Union verbindlich werden soll.

Eine klimaschonendere Variante sind Biokraftstoffe, die aus nachwachsenden Rohstoffen hergestellt werden und bei der Verbrennung nur die Menge an klimarelevantem Kohlendioxid freisetzen, welche die verwerteten Pflanzen zuvor gebunden hatten. In Brasilien werden seit den 1970er-Jahren umfangreiche Programme mit Bioethanol aus Zuckerrohr oder Mais durchgeführt, der gewöhnlichen Ottokraftstoffen in Anteilen bis zu 15 Prozent beigemischt wird. In unseren Breiten spielt der so genannte Biodiesel eine Rolle, der aus Pflanzenöl (meist Rapsöl) hergestellt wird. Das Öl wird in einem aufwendigen chemischen Prozess zu Rapsmethylester (RME) umgewandelt. Dies ist jedoch wesentlich teurer als die Herstellung konventionellen Diesels aus Rohöl; der Raps beansprucht große Nutzflächen und erfordert zur Ernte und zur chemischen Weiterverarbeitung selbst einen hohen Energieaufwand. Erst wenn sämtliche Zwischen- und Restprodukte mit verwertet werden, lässt sich die Gesamt-Energiebilanz verbessern. Ökologisch sinnvoller scheint es, die Pflanzenöle als Grundstoffe für hochwertige, biologisch abbaubare Schmierstoffe zu verwenden.

Service ums Auto: neue Branchen, neue Berufe

Tankstellen und Kraftfahrzeughandwerk, Neu- und Gebrauchtwagenhandel wurden, wie auch die Zulieferindustrie, erst seit den 1920er-Jahren volkswirtschaftlich wichtig. Ursprünglich waren Wartung, Reparaturen und Versorgung der Wagen die Aufgabe des Chauffeurs. Im Ersten Weltkrieg war eine militärische Infrastruktur entstanden, die nach Kriegsende zum Vorbild auch für den zivilen Straßenverkehr wurde. Die ersten Tankstellen eröffneten in der zweiten Hälfte der Zwanzigerjahre anfangs in Großstädten. Spezielle Werkstätten zur regelmäßigen Wartung und Reparatur wurden etwa zur selben Zeit schon deswegen nötig, weil die meisten Autobesitzer inzwischen keine Chauffeure mehr beschäftigten. Neue Berufe wie Kfz-Schlosser und -elektriker entstanden. Mit wachsender Komplexität der Autos stiegen auch die Anforderungen an die Mechaniker: Konnten Fahrzeuge anfangs mit ein paar Schraubenschlüsseln zerlegt werden, so mussten Werkstätten bald marken- oder sogar typspezifische Geräte bereithalten. Anfangs reparierten Autowerkstätten jedes motorisierte Gefährt, doch schon in den Dreißigerjahren gab es Vertragsfirmen, die exklusiv nur einen Typ warteten und auch verkauften.

1998 wurden in Deutschland 80 000 Tonnen **Biodiesel** verkauft (gegenüber 26 Millionen Tonnen herkömmlichen Diesels). Biodiesel ist von der Mineralölsteuer befreit und wird aus dem EU-Agrarhaushalt subventioniert. Dadurch wird Biodiesel am Markt konkurrenzfähig, obwohl die Herstellungskosten mit 1,90 bis 2,30 DM pro Liter wesentlich höher sind als bei Mineraldiesel (0,40 bis 0,50 DM pro Liter).

Die Reparatur von elektrischen Fahrzeugausrüstungen erforderte in besonderem Maß Spezialwissen und Spezialwerkzeuge. Vor dem Zweiten Weltkrieg bereits besaß eine gut ausgerüstete Werkstatt schon viele elektrische Geräte, die mit wenigen Erweiterungen bis in die 1980er-Jahre hinein zur Wartung von Fahrzeugen ausreichten: Zündkerzenprüfer, Batterieladegeräte, Stroboskoplampen und später auch Oszilloskope zur Zündungseinstellung, Magnetisiergeräte für Zündmagnete und Ähnliches.

Mit dem Einzug der Elektronik ins Auto änderten sich die Prüfverfahren. Elektronische Zündungen und Einspritzanlagen erforderten nun neue Testverfahren und -geräte. Wegen der zunehmenden Komplexität der Teile ist es seither meist preisgünstiger, Teile auszutauschen statt sie zu reparieren. Sollte die Tendenz zum Einbau von Elektronik anhalten – bis hin zu einem zentralen Computer, der alle Funktionen von Motor und Fahrgestell steuert –, dürfte dies auch die Ausrüstung der Werkstätten und die Qualifikation der Mitarbeiter beeinflussen. »On-Board-Diagnose« macht bei Oberklassefahrzeugen heute schon viele Prüfarbeiten überflüssig.

Neue Berufe entstehen: historische **Autowerkstatt.**

Dass heutige Personenwagen mit geringeren Toleranzen und hochwertigen Werkstoffen gefertigt werden und generell zuverlässiger geworden sind, wirkt sich auch auf die Inspektionsintervalle aus. Lagen die Wartungsintervalle noch in den 1950er-Jahren bei 2500 Kilometern, werden heute oft 30 000, teilweise 50 000 Kilometer erreicht. Manche Hersteller haben Systeme eingeführt, die die Betriebsbedingungen der Fahrzeuge berücksichtigen und die starren Servicezeiträume überflüssig machen. Der Zentralrechner vermerkt beispielsweise, ob ein Fahrzeug häufig im Kurzstrecken- oder Winterbetrieb gefahren wurde, und verkürzt entsprechend das Intervall; der Fahrer wird auf einem Display darauf aufmerksam gemacht, dass die Wartung fällig ist. Ganz wartungsfrei werden Autos aber auch in Zukunft wohl nicht gebaut werden; schließlich erzielen die rund 49000 Betriebe des Kfz-Gewerbes die Hälfte ihres Gewinns mit Servicearbeiten.

Der geliebte Umweltverschmutzer

Zur Jahresmitte 1998 waren in der Bundesrepublik Deutschland 41,7 Millionen PKWs zugelassen. Zwar sinkt die jährliche Kilometerleistung pro Fahrzeug seit Jahren kontinuierlich – ein Effekt der verbreiteten Zweit- und Drittfahrzeuge –, doch erhöht sich die Verkehrsdichte ständig. Der Benzinverbrauch ist nach wie vor hoch: Im Durchschnitt aller Neuwagen beträgt er 7,6 Liter pro 100 Kilometer. Symptome für Systemüberlastung durch diese Bestände sind Dauerstaus, nicht nur zu Ferienzeiten oder Feiertagen, mit jährlich neuen Rekordlängen. Mit der Annäherung an amerikanische Verhältnisse zeigten sich auch hierzulande die Folgen der Vollmotorisierung: Landschaftsveränderung und Systemüberlastung, vor allem aber Unfälle und Umweltschäden. Das Auto bedroht die Substanz der Städte, verbraucht die Landschaft, belastet die Luft und tötet jährlich weltweit Hunderttausende.

Emissionen des Autoverkehrs

Bau, Betrieb und Entsorgung von Personenwagen sind wegen der hohen Stückzahlen sehr umweltschädlich. Vor allem die Emission von Schadstoffen wie Kohlenmonoxid (CO), unverbrannten Kohlenwasserstoffen (HC) und Stickoxiden (NO_x) ruft schwere Probleme hervor. Bei NO_x wie bei CO stammt der größte Teil des Gesamtemissionsvolumens in der Bundesrepublik aus dem Straßenverkehr.

Die Emissionen des Autoverkehrs gerieten durch die Umweltbewegung ins Blickfeld der Öffentlichkeit. Ausgehend von den USA, wo die hohen Fahrzeugbestände schon früh Probleme bereiteten, wurde seit den 1960er-Jahren stufenweise eine Reihe von gesetzlichen Vorschriften zur Reduktion der verschiedenen Emissionen getroffen, die auch in anderen Ländern übernommen wurden und zu geringeren Belastungen geführt haben. Beispielsweise sind die Autos leiser geworden, asbestfreie Bremsbeläge sind heute die Norm, Blei wurde vollständig aus dem Treibstoff verbannt, der Gehalt an Krebs erregendem Benzol reduziert. Vielen dieser Maßnahmen gingen langwierige Debatten zwischen den Umweltverbänden, Autoherstellern und politischen Interessenverbänden voraus.

Den größten Fortschritt aber – bei grundsätzlicher Beibehaltung der Technik – brachte die katalytische Reinigung der Abgase. Dabei

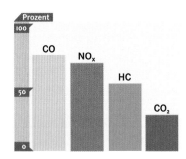

Anteil des Autoverkehrs an den **Emissionen** von Kohlenmonoxid (CO), Stickoxiden (NO_x), Kohlenwasserstoffen (HC) und Kohlendioxid (CO_2).

werden die Abgase in Gegenwart eines Katalysators im Auspuffsystem in harmlosere Substanzen umgewandelt.

Solche Abgaskatalysatoren bestehen im Wesentlichen aus einem meist keramischen Träger, auf den eine Edelmetallschicht, meist Platin, aufgedampft ist. Es laufen dann folgende drei Reaktionen – daher Dreiwegekatalysator – ab: Durch Zugabe von Sauerstoff werden Kohlenmonoxid (CO) zu Kohlendioxid (CO_2) sowie Kohlenwasserstoffe zu CO_2 und Wasserdampf reduziert, und Stickoxide lassen sich durch Reaktion mit CO zu CO_2 und elementarem Stickstoff reduzieren. Für diese Reaktionen muss die zur Verbrennung des Kraftstoffs zugeführte Luftmenge gleich der theoretisch erforderlichen Menge sein. Mithilfe einer Lambdasonde misst man bei geregelten Katalysatoren – heute Stand der Technik – den Sauerstoffgehalt des Abgases, und bei Abweichungen vom Sollwert 1:14,7 wird die Zusammensetzung des Kraftstoff-Luft-Gemischs elektronisch korrigiert.

Die Katalysatoren reduzieren die Menge der Schadstoffe zwar entscheidend, auf die Emission des Treibhausgases Kohlendioxid haben sie jedoch keinen Einfluss, denn der CO_2-Ausstoß hängt direkt von der Menge des verbrannten Benzins ab. Da Motoren,

	Benziner (g/km)			Diesel (g/km)			
	CO	HC	NO$_x$	CO	NO$_x$	HC+NO$_x$	Partikel
Euro 3 (ab 2000)	2,3	0,2	0,15	0,64	0,5	0,56	0,05
Euro 4 (ab 2005)	1,0	0,1	0,08	0,5	0,25	0,30	0,025
D3	1,5	0,17	0,14	0,6	0,5	0,56	0,05
D4	0,7	0,08	0,07	0,47	0,25	0,3	0,025

die mit Katalysator ausgerüstet werden, einen etwas geringeren Wirkungsgrad und so einen etwas höheren spezifischen Verbrauch haben, erhöht der Katalysator den CO_2-Ausstoß sogar.

Auch für Dieselfahrzeuge wurden Grenzwerte formuliert und schadstoffärmere Motoren eingeführt. Hier bilden sich durch die höheren Verbrennungstemperaturen mehr Stickoxide als bei Ottomotoren, gleichzeitig entstehen Rußpartikel, die im Tierversuch Krebs erregende Wirkung zeigen. Auch Dieselmotoren lassen sich mit Katalysatoren kombinieren, allerdings verhindert der Ruß die Verminderung der Stickoxide, sodass ein einfacher Oxidationskatalysator ausreicht. Rußfilter werden zurzeit schon in LKWs und Bussen eingesetzt. Die darin abgeschiedenen Rußpartikel werden verbrannt. Die ersten Rußfilter für Großserien-PKWs sind für das Jahr 2000 angekündigt.

Grenzwerte für **Kfz-Abgase.** In der EU treten zum Januar 2000 und zum Januar 2005 jeweils verschärfte Abgasgrenzwerte für Otto- und Dieselmotoren in Kraft (Euro 3 und Euro 4). Sie begrenzen getrennt jeweils einzelne Schadstoffe auf eine Obergrenze pro Kilometer Fahrstrecke. Die Werte werden in einem Prüfzyklus ermittelt, der die Kaltstartphase sowie Stadt- und Überlandfahrten umfasst. Im Frühjahr 1999 erfüllten knapp 18 Prozent der Neuzulassungen in Deutschland bereits die Abgasnorm D4.

Langlebigkeit, Ressourcenschonung, Recycling

Verbesserter Korrosionsschutz der Autos war ein Optimierungsziel insbesondere der 1990er-Jahre. Damit ist eine Phase des Autobaus vorüber, bei der die Karosserie oft eine Lebensdauer von nur fünf bis sechs Jahren hatte. Bei den heute eingesetzten Maßnahmen sind vor allem serienmäßiger Unterbodenschutz, die elektrophoretische Tauchgrundierung der Rohkarosserie, die Versiegelung von Schweißnähten, der Einsatz von Kunststoffen und die teilweise Verzinkung der Karosseriebleche zu nennen.

Doch hier entsteht ein Dilemma: Sind die Fahrzeuge langlebiger und werden sie länger gefahren, so können sich emissions- oder verbrauchsvermindernde Techniken nur langsamer auf den Fahrzeugbestand auswirken. Andererseits erfordert die Produktion von Neuwagen Energie und Rohstoffe, und bei der Verschrottung der Altwagen fallen Schrott und Schadstoffe an. Der Umweltschaden durch den Ersatz könnte sogar größer ausfallen als der Umweltnutzen durch einen Neuwagen. Leider lassen sich die Zusammenhänge nicht genau berechnen, da zu viele Parameter eingehen und man etwa Luftschadstoffe gegen die Abfallstoffe aufrechnen und bewerten muss.

Auch die tatsächlichen Fahrleistungen spielen eine große Rolle: Ein »umweltverschmutzendes« Altfahrzeug, das als liebevoll gepflegter Oldtimer meistens in der Garage steht, belastet die Umwelt sicher weniger als ein viel gefahrener Katalysatorwagen. Psychologisch trägt der Katalysator aber zur Gewissensberuhigung des Besit-

---

ÖKOBILANZ EINES AUTOLEBENS

Eine Studie des Umwelt- und Prognoseinstituts Heidelberg untersuchte die Umweltverträglichkeit von Kraftfahrzeugen. Bewertet wurden die fünf Stationen Rohstoffgewinnung, Rohstofftransport, Produktion, Betrieb und Entsorgung des Kfz. Die Ergebnisse wurden umgerechnet auf einen durchschnittlichen Mittelklassewagen mit einem Gewicht von 1100 Kilogramm und einem Benzinverbrauch von zehn Litern auf 100 Kilometer. Zugrunde gelegt wurde eine durchschnittliche Jahreslaufleistung von 13000 Kilometern und eine Nutzungsdauer von zehn Jahren. Man beachte, dass die sehr unterschiedlichen Mengen an Schadstoffen keine Aussagen über deren Giftigkeit machen!

Energieverbrauch und Emissionen		Abwässer in Grundwasser bzw. Boden	
Primärenergie	22,9 t SKE	Rohöl in Weltmeere	13,0 l
CO_2	59,7 t SKE	Mineralöl in BRD	1,1 l
SO_2	32,8 t SKE	Cadmium	0,4 g
NO_x (Stickoxide)	89,5 kg	Chrom	0,7 g
Staub	4,2 kg	Kupfer	6,6 g
CO	368,1 kg	Blei	14,1 g
Kohlenwasserstoffe	62,9 kg	Zink	24,6 g
belastete Luft	2040 Mio m^3	**Abfälle**	
Benzol	812,5 g	Abraum	23,4 t
Formaldehyd	203,1 g	Schlacke	1,6 t
Fahrbahnabrieb	17500 g	sonstige Abfälle	1,5 t
Reifenabrieb	750 g	Shredderabfälle	0,2 t
Bremsabrieb	150,0 g	davon PCB	30 g
Blei	85,8 g	davon Kohlenwasserstoff	8400 g
Chrom	0,2 g		
Kupfer	4,3 g		
Nickel	1,2 g		
Zink	0,8 g		
Platin	1,3 mg		

zers bei – er hat eher das Bewusstsein, ein »umweltgerechtes« Auto zu fahren.

Die Entsorgung von Altautos, also PKWs, die
nicht mehr fahrbereit sind und als Abfall verschrot-
tet werden, ist seit April 1998 in der Bundesrepublik durch eine Verordnung geregelt. Demnach
werden in einem Verwertungsbetrieb sämtliche
Betriebsflüssigkeiten und -mittel des PKW (wie
Kraftstoff, Öl, Wasser, Kühl- und Schmiermittel,
Stoßdämpferöl, Kältemittel aus Klimaanlagen) abgesaugt. Ferner müssen alle großen Kunststoffteile
(zum Beispiel Stoßfänger, Armaturengehäuse), Räder, Scheiben, Sitze und alle kupferhaltigen Teile
wie Elektromotoren entnommen und verwertet

Entsorgung von Kraftfahrzeugen.

werden. Unter Umständen können auch gut erhaltene Einzelteile
ausgebaut und aufbereitet werden. Die Entsorgung bezahlt der
letzte Halter des Fahrzeugs. Für die Zukunft gilt außerdem eine
Selbstverpflichtung der Kfz-Industrie, alle PKWs, die nach dem
1. April 1998 erstmals zugelassen wurden und nicht älter als zwölf
Jahre sind, kostenlos zurückzunehmen. Ab Januar 2006 soll eine
EU-Richtlinie die Altautoentsorgung verbindlich regeln.

Landschaftsverbrauch und Zersiedelung

Das deutsche Straßennetz umfasste 1997 insgesamt 231280 Kilometer Straßen des überörtlichen Verkehrs, davon 11246 Kilometer Bundesautobahnen, 41490 Kilometer Bundesstraßen, 86790
Kilometer Landes- beziehungsweise Staatsstraßen und 91150 Kilometer Kreisstraßen. Hinzu kommen rund 421000 Kilometer Gemeindestraßen. Für jeden PKW sind 200 Quadratmeter betoniert
oder asphaltiert worden. Damit liegt der Flächenverbrauch aller Autos in den alten Bundesländern höher als die Wohnfläche aller Wohnungen in der Bundesrepublik. Doch nicht nur der fahrende, auch
der ruhende Verkehr benötigt Platz: Ein PKW-Stellplatz benötigt
mit Zufahrt rund 28 Quadratmeter Platz – ein Kinderzimmer hat in
Deutschland oft nur die Hälfte davon.

Der Neubau von überörtlichen Straßen wurde in den letzten Jahren deutlich reduziert, es werden praktisch nur noch Lücken im Autobahnnetz geschlossen und Ortsumgehungen gebaut. Dabei ist
mittlerweile nachgewiesen, dass längst nicht jeder Straßenbau Staus
verhindert oder den Anwohnern nützlich ist: So geht nach Untersuchungen des Heidelberger Umwelt- und Prognoseinstituts etwa
beim Bau von Umgehungsstraßen beispielsweise die Zahl der durch
Lärm Geschädigten selbst kurzfristig kaum zurück.

Sicherheit oder: Autos töten Menschen

Im Jahr 1998 wurden auf den Straßen der Bundesrepublik
Deutschland nach Angaben des Statistischen Bundesamts 2,25
Millionen Verkehrsunfälle von der Polizei aufgenommen (1997: 2,23

Die **EU-Richtlinie zur Altautoentsorgung** sieht in ihren Kernpassagen
vor, dass die Hersteller ab 2006 sämtliche von ihnen jemals gebaute Autos
kostenlos zurücknehmen und zu fast
100 Prozent recyceln sollen (ursprünglich war bereits 2003 vorgesehen).
Diese Verpflichtung betrifft auch Fahrzeuge, die Jahre vor In-Kraft-Treten
der Richtlinie und ohne genaue Kennzeichnung der Materialien konstruiert
und gebaut wurden. Der Verband der
europäischen Automobilhersteller
schätzt den Aufwand zur Entsorgung
auf etwa 350DM pro Auto (neueste,
entsprechend konstruierte Fahrzeuge
etwa die Hälfte). Bei zurzeit etwa 162
Millionen in der EU zugelassenen Kfz
müssen die Hersteller daher für die
Entsorgung EU-weit Rückstellungen in
Höhe von rund 20 Milliarden DM
bilden – das entspricht drei bis vier sehr
guten Jahresgewinnen.

Millionen). Insgesamt wurden bei Unfällen 497638 Personen verletzt (1997: 501094), davon 7772 tödlich (1997: 8549). Dies ist zwar die niedrigste Zahl an Verkehrstoten seit dem Zweiten Weltkrieg, dennoch gibt es keinen Anlass zum Jubel: Die Zahl entspricht den Toten, die es beim Crash von jährlich 20 Jumbojets gäbe – allein in Deutschland! Insgesamt dürfte das Auto in seiner 110-jährigen Geschichte etwa 25 Millionen Menschen das Leben gekostet haben. Seit Gründung der Bundesrepublik sind auf ihren Straßen etwa 500000 Menschen gestorben.

Die Gesellschaft entwickelt gegen diese Verlustraten eine erstaunliche und nur schwer erklärbare Toleranz. Die Zahl an Verkehrsunfalltoten hatte im Jahr 1970 ein Maximum von über 20000 erreicht, und noch 1992 waren über 10000 Menschen auf den Straßen umgekommen. Vielerlei Maßnahmen haben diese Zahl reduziert:

Den enormen **Landschaftsverbrauch** einer Autobahn veranschaulicht diese Montage: Eine Kleeblatt-Kreuzung benötigt so viel Platz wie die historische Altstadt von Salzburg, die aus über 4000 Wohnungen in 920 Häusern, 430 Gewerbebetrieben, 16 Kirchen, 13 Schulen und einer Universität besteht. Im bundesdeutschen Autobahnnetz gibt es 136 Autobahnkreuze und 85 Autobahndreiecke.

Verkehrserziehung und -pädagogik, flächendeckende Unfallmelde- und Rettungssysteme, bessere unfallchirurgische Versorgung, vor allem aber technische Weiterentwicklungen von Fahrweg und Fahrzeug. Welcher Faktor letztlich entscheidend war, ist praktisch nicht festzustellen.

Wie steigert man die Sicherheit?

Es ist zu unterscheiden zwischen Fahrzeugsicherheit und Sicherheit des Gesamtsystems Straßenverkehr. Zum Letzteren zählt man unter anderem bauliche Maßnahmen (beispielsweise der Ausbau von Straßen, Entschärfung von Kurven, Abbau von Gefahrenstellen, Betrieb von Ampelanlagen, verbesserte Beschilderung), organisatorische Bestimmungen (etwa die Pflicht zu einer regelmäßigen technischen Untersuchung von Fahrzeugen), juristische Bestimmungen (wie das Verbot von Alkoholgenuss am Steuer oder ein

Tempolimit) und nachgeordnete Vorkehrungen (zum Beispiel die Verbesserung von Rettungsdiensten und Unfallchirurgie). Alle diese Maßnahmen kommen sowohl den Fahrzeuginsassen als auch den Verkehrsteilnehmern zugute, die nicht im Innern des Wagens sitzen.

In diesem Abschnitt sollen nur die Verbesserungen der Fahrzeugsicherheit betrachtet werden. Hier ist es das Ziel, den Schutz der Fahrzeuginsassen zu verbessern. Luigi Locati führte 1964 die Begriffe aktive und passive Sicherheit ein. Zur aktiven Sicherheit gehören alle Maßnahmen, einen Unfall zu verhindern (unter anderem Funktionssicherheit, Fahr-, Bedienungs- und Wahrnehmungssicherheit). Ziel nahezu aller dieser Ansätze ist nicht allein, die Bedienung zu vereinfachen, sondern sie sozusagen narrensicher zu machen: Die Technik soll mögliche Fehler des Fahrers ausbügeln. Zur passiven Sicherheit zählen die Maßnahmen, die sowohl innerhalb als auch außerhalb des Fahrzeugs die Folgen eines Unfalls mildern. Meist meint man die passive Sicherheit, wenn man die Sicherheit eines Autos beurteilt.

Die Geschichte der Sicherheitsoptimierung beginnt in den Dreißigerjahren mit der zögernden »Entschärfung« der Innenräume durch gezielte Polsterung und die Entwicklung eines Sicherheitsglases, bei dem eine zwischengelegte Folie die Splitter festhält. Ein weiterer Fortschritt ist die geteilte Lenksäule, die sich im Falle eines Unfalls nach oben verformt und nicht wie ein Spieß die Brust des Fahrers durchbohrt. Mit der Einführung von »Knautschzonen« ab 1959, wie die Sicherheitslenksäule von dem Ingenieur Béla Barényi konstruiert, wurde eine neue Entwicklungsstufe der passiven Sicherheit erreicht.

Bald war klar, dass solche optimierten Wagen nur mit geeigneten Rückhaltesystemen (Sicherheitsgurten) sinnvoll waren. Zuerst wurden Beckengurte erprobt, wie sie heute noch in der Passagierluftfahrt eingesetzt werden. Als optimal stellte sich ein Dreipunktgurt heraus (eine Kombination von Becken- und Schulterschräggurt), der von dem schwedischen Hersteller Volvo 1959 patentiert wurde. Auch sie wurden stetig verbessert: Waren die Gurte anfangs nur starr montiert, so gab es bald Automatikgurte, die im Fall eines Aufpr07s blockierten. Verstellbare obere Befestigungspunkte, die Montage der Gurtschlösser am Sitz und Gurtstraffer, die mittels eines kleinen Sprengsatzes einen losen Gurt straff ziehen, sind heute technischer Standard. Eine Gurtpflicht gilt in Deutschland seit Anfang 1976.

Am Beispiel der Sicherheitsgurte zeigt sich ebenfalls der Zusammenhang zwischen technischen Maßnahmen, gesetzlichen Regelungen und Akzeptanz der Benutzer. Selbst als klar war, dass Sicher

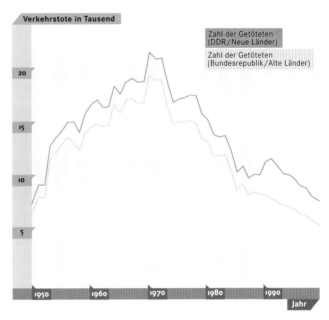

Zahl der **Verkehrstoten** in Deutschland.

Die »**Knautschzone mit stabiler Fahrgastzelle«,** ein Patent des Daimler-Benz-Konstrukteurs Béla Barényi, wurde 1959 erstmals verwirklicht; das Konzept sieht vor, die Front- und Heckpartie des Wagens so zu konstruieren, dass sie sich im Fall eines Unfalls gezielt verformen und dabei einen großen Teil der Aufprallenergie absorbieren. Der Fahrgastraum selbst ist dabei möglichst steif und bietet so einen »Überlebensraum« für die Insassen.

Der **Airbag** und der gesetzlich vorgeschriebene **Sicherheitsgurt** zählen heute zum Sicherheitsstandard praktisch jedes Neuwagens.

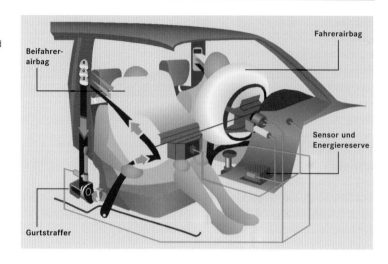

»Klick – erst gurten, dann starten« war der Slogan, mit dem die Deutsche Verkehrswacht die Akzeptanz des **Sicherheitsgurts** erhöhen wollte.

heitsgurte Leben retten, dauerte es noch Jahre, bis Neuwagen damit ausgerüstet werden mussten und bis der Gesetzgeber eine Anlegepflicht verordnete. Mit teilweise irrationalen Argumenten sträubten sich manche Fahrer und einige Organisationen dagegen.

1971 meldete Daimler-Benz das Patent für ein praxistaugliches selbstaufblasendes Luftpolster zum Schutz der Insassen eines Autos an. Man nennt es »Airbag« (Lufttasche). 1973 brachte Chevrolet in den USA das erste Modell mit einem (allerdings noch nicht voll ausgereiften) Airbag-System auf den Mark. Es dauerte noch bis 1980, dass erstmals ein praxistauglicher Airbag in einen PKW eingebaut werden konnte.

Ein Problem war anfangs die funktionssichere Aktivierung bei einem Unfall. Die ersten Versuche, Druckluft aus Stahlflaschen einzusetzen, schlugen fehl. Die Lösung kam schließlich aus der Weltraumtechnik: Ein »Gasgenerator« verwandelte explosionsartig einen speziellen festen Treibstoff in eine Wolke von Verbrennungsgasen. Damit dieser Prozess im Fall eines Aufpralls in Sekundenbruchteilen abläuft, wurden zuerst mechanische Auslöser entwickelt; bei einer starken Abbremsung, wie sie bei einem Aufprall eintritt, initiierte eine kleine Metallfeder die Zündung des Gasgenerators. Mittlerweile werden Airbags bei einer Aufprallgeschwindigkeit von mehr als 25 Kilometern pro Stunde elektronisch ausgelöst.

Heute werden nahezu alle Neuwagen mit Fahrer- und Beifahrerairbag ausgeliefert, in den USA sind sie seit 1993 sogar verbindlich vorgeschrieben. Zunehmend werden sogar Airbags für Fondpassagiere und zum Schutz bei Seitenaufprall angeboten.

Verschiedene Crashtests

Wie die meisten Entwicklungen ums Auto nahm auch die systematische Überprüfung der passiven Sicherheit von Fahrzeugen durch Crashtests – Versuchsreihen mit nachvollziehbaren Resultaten – in den USA ihren Anfang, wo Universitäten mit systematischen Unfalltests begannen. In den Fünfzigerjahren gab es auch in Deutschland die ersten Crashversuche. Rasten anfangs die Wagen frontal gegen einen starre Mauer, so modifizierte man die Tests in den weiteren Jahren. Insbesondere führte man Tests mit einer Teil-überdeckung ein, wo nur ein Teil der Fahrzeugbreite gegen die Barriere prallt. Seit den 1970er-Jahren werden auch »Dummys« eingesetzt, Puppen mit integrierten Sensoren, mit deren Hilfe man die bei einem Aufprall auftretenden Kräfte messen und so auf zu erwartende Unfallfolgen schließen kann.

Seit Oktober 1998 gelten in Europa neue gesetzliche Crashnormen mit einem realitätsnahen Testverfahren (Euro-ECE-Test). Es umfasst einen Frontalcrash bei 56 Kilometern pro Stunde mit 40 Prozent Überdeckung gegen eine deformierbare Barriere und einen Seitencrash mit 50 Kilometern pro Stunde gegen eine deformierbare Barriere. Bewertet werden die Insassenbelastung (kritische Beschleunigungen, Druckverletzungen), die Dichtheit der Kraftstoffanlage, der Erhalt der Fahrzeugstruktur, das Maß, wie weit Teile in den Innenraum eindringen, und das Bergungsverhalten (zum Beispiel das Öffnen von Türen). International tätige Konzerne müssen auch die Anforderungen des amerikanischen Gesetzgebers erfüllen. Der aufwendige US-Test sieht fünf verschiedene Crashversuche mit Front-, Heck- und Seitenaufprall vor.

Die unterschiedlichen Testverfahren und Bewertungskriterien können in unterschiedliche Beurteilungen ein und desselben Fahrzeugs münden. Dies zeigt, dass jede Fahrzeugoptimierung auf einen bestimmten Crashtest möglicherweise zulasten der Sicherheit bei anders gearteten Unfällen geht. So könnte etwa der noch nicht verbindliche NCAP-Test, der an den Euro-ECE-Test angelehnt ist, aber eine Aufprallgeschwindigkeit von 64 Kilometern pro Stunde vorsieht, dazu führen, dass die Fahrzeuge generell steifer gebaut werden und bei den im realen Unfallgeschehen üblichen niedrigen Geschwindigkeiten schlechter abschneiden.

Ergebnis eines Crashversuchs. Gezeigt sind ein besonders sicheres (links) und ein deutlich weniger sicheres Auto (rechts) der Kompaktklasse. Bei der Auswertung wird nicht nur die Stabilität der Fahrgastzelle beurteilt, sondern auch die beim Crash auftretenden Beschleunigungen und das Verletzungsrisiko durch scharfe Kanten oder in den Innenraum eindringende Teile.

Risikokonstanz oder: Warum sterben immer noch so viele Menschen?

Technische Sicherheitspotenziale garantieren nicht automatisch eine höhere tatsächliche Sicherheit. Zu bewerten ist nämlich stets die Sicherheit des Gesamtsystems, die sich auch aus der Interaktion von Fahrer und Fahrzeug ergibt. Und hier liegt ein entscheidendes Problem: Es scheint eine psychologische Risikoanpassung der Fahrer zu geben, was zu einer Risikokonstanz des gesamten Systems führt. Ein Beispiel ist die Einführung der Allradtechnik für gewöhnliche PKWs. Zumindest in der Theorie sorgt der Allradantrieb bei kritischen Situationen für bessere Fahreigenschaften. Tatsächlich zeigte sich aber, dass die entsprechend ausgestatteten Fahrzeuge riskanter gefahren werden, was bereits kurze Zeit nach Einführung des Allradantriebs zu einer Zunahme der Unfälle führte.

Die fahrzeugzentrierte Sicherheitstechnik steht also vor einem typischen Dilemma. Solange Autos von Menschen gefahren werden, gibt es kein »Unfallverhinderungs-Modul«, das vor Unfällen schützt. Wenn die Technik des individuell gelenkten Automobils nicht aufgegeben wird, ist stets mit einem anscheinend nicht zu reduzierenden Unfallrest zu rechnen.

»Verkehrsinfarkt« oder: Wie leistungsfähig ist der Straßenverkehr?

Dass 42 Millionen deutscher Personenwagen zusammen mit den LKWs das System »Straßenverkehr« verstopfen, ist kaum umstritten. Die Reisezeit ist – zumindest über längere Strecken und zu bestimmten Zeiten – fast unkalkulierbar geworden. Der Zusammenbruch des Verkehrs nicht nur zu Ferienzeiten und Dauerstaus, deren bloße Meldung im Verkehrsfunk mehrere Minuten dauert, deuten auf eine zunehmende Ineffizienz des Straßentransports hin.

Auto- und Verkehrsprobleme und technische Innovationen: Lösungen und Scheinlösungen

Seit vielen Jahren schon spricht man vom bevorstehenden »Verkehrsinfarkt«, die Metapher scheint aber unzutreffend: Der Anteil des Straßenverkehrs an den gesamten Verkehrsleistungen wächst weiterhin. Wie misst man also die Effizienz oder Ineffizienz eines Verkehrssystems? Es gibt nur wenige objektive Kriterien – die Reisezeiten, die Anzahl der Fahrzeuge, die pro Zeiteinheit eine Straße befahren (der »Durchsatz«), die Stauzeiten. Die Verkehrsteilnehmer haben derzeit nur wenig Anlass, sich von der Straße abzuwenden. Trotz Zunahme der Staus ist die Reisezeit des Autos von Tür zu Tür konkurrenzfähig geblieben, und das Auto bietet im Vergleich zu öffentlichen Verkehrsmitteln Annehmlichkeiten wie Privatheit, Fahrlust oder Schutz vor Witterung.

Die Autoindustrie reagiert konstruktiv auf die sich verschärfende Systemüberlastung. VW plante schon in den 1980er-Jahren ein »Stauauto«: Der Wagen ist klimatisiert, hat eine optimierte Unterhaltungselektronik und drehbare Sitze, um das Gespräch der Insassen zu erleichtern. Ein Stau wird so fast zum angenehmen Erlebnis.

Seit längerem befassen sich die Verkehrswissenschaftler mit Strategien zur Optimierung und Verminderung des Verkehrs – bislang allerdings ohne nennenswerte Erfolge. Schlagworte von »nachhalti-

---

Seit 1958 erscheinen regelmäßig die **Shell-Studien zur Mobilität.** Die erste dieser Untersuchungen unter dem Titel »Motorisierung ohne Raum« beschrieb die Sorge, dass ein zu erwartender steigender PKW-Bestand zu einem Verkehrsinfarkt führen würde, da die Straßen dafür nicht gerüstet seien. Für 1965 wurde eine Verdopplung des Bestands auf sieben Millionen prognostiziert – tatsächlich waren es neun Millionen. Ähnlich falsch lagen die Prognosen der Jahre 1961 und 1963, die für 1980 mit beängstigenden 15 bis 18 Millionen PKWs rechneten – tatsächlich waren es, trotz der Ölkrisen in den Siebzigerjahren, rund 23 Millionen. Die Studien regten aber den starken Ausbau des Straßennetzes seit den Sechzigerjahren an. Seit 1979 enthalten die Studien stets zwei mögliche künftige Entwicklungen (»Szenarien«), welche die Auswirkungen unterschiedlicher Rahmenbedingungen in Politik, Wirtschaft und Gesellschaft berücksichtigen. Die Motorisierung geht jedoch so stürmisch voran, dass das Szenario mit dem niedrigeren PKW-Bestand noch nie eingetreten ist.

ger Mobilität« oder »umweltverträglichem Verkehr« gehören inzwischen zum Vokabular der europäischen Verkehrsministerien; die konkrete Implementierung lässt allerdings auf sich warten.

Zur Lösung der Straßenverkehrsprobleme gibt es zwei Ansätze: technische und soziale. Die technisch orientierten Lösungen – seien es Maßnahmen am Fahrzeug selbst oder auch im Fahrzeugumfeld – dominieren: Den Schadstoffemissionen wurde durch die Einführung von Katalysatoren begegnet, Unfällen durch Airbags und Sicherheitsgurte; bei Staus sollen elektronische Hilfsmittel (»Telematik«) helfen. Parkhäuser haben die Parkplatznot der Innenstädte etwas reduziert.

Als ein Beispiel, wie zwiespältig solche technischen Lösungen sind, sind die elektronischen Parkleitsysteme in den Städten anzuführen, die parkplatzsuchende Fahrer in freie Parkhäuser lotsen: Einerseits entlasten sie die Innenstädte vom Suchverkehr und reduzieren die Zeitvergeudung der Fahrer bei der Parkplatzsuche; andererseits ziehen sie zusätzlichen Verkehr an, da die Wahrscheinlichkeit steigt, einen Parkplatz in zumutbarer Zeit zu finden, und die Autofahrer damit motiviert werden, doch mit dem PKW ins Stadtzentrum zu fahren.

Hingegen gehen soziale Maßnahmen wie das »Umerziehungs«-Modell von einer gezielten gesellschaftlichen Umbewertung aus: Wenn heute noch Autos Status- und Prestigesymbole ersten Ranges sind, so könnte der bewusste Verzicht auf den eigenen Wagen durchaus auch prestigeträchtig werden. In bestimmten sozialen Gruppierungen kann »autofreies Wohnen« oder die Teilnahme an »Carsharing-Projekten« die erwünschten gesellschaftlichen Signale geben, umweltverantwortlich zu handeln und »verstanden zu haben«. Bewusst auf ein Auto zu verzichten wäre damit ein ebenso wirkungsvolles Mittel zur sozialen Distinktion wie Fahren und Besitz eines teuren Wagens.

Doch die Attraktionen der individuellen Motorisierung sind allemal größer als solche, auf relativ kleine Gruppen zugeschnittene Modelle gezielter gesellschaftlicher Umwertung der Autokultur. Es gibt heute noch kein Indiz dafür, dass es eine breite gesellschaftliche Bewegung weg vom Auto gibt, im Gegenteil. Die Argumente der Autokritik sind allen bekannt, haben aber keine praktischen Folgen.

Die intelligente Straße: Lösung oder Verschärfung der Verkehrsprobleme?

Eine Lösung der Probleme des Straßenverkehrs wird in »intelligentem« Verkehrsmanagement gesehen. Beim digitalen Verkehrsfunk soll das eingebaute Radio die gerade für die befahrene Route relevanten Informationen herausfiltern und zum Fahrer durchstellen. Der Deutsche Wetterdienst hat ein »Straßenzustands- und Wetterinformationssystem« (SWIS) eingerichtet, das mit

privater Straßen-
verkehr (81,7 %)

Öffentlicher
Straßenverkehr (8,2 %)

Luftverkehr (3,2 %)   Eisenbahnverkehr (7,0 %)

Anteil der Verkehrsträger am gesamten Beförderungsaufkommen.

Ein ganz gewöhnlicher **Stau**.

Hunderten von Messfühlern entlang den Autobahnen operiert. Überfüllung der vorhandenen Straßen, die Massenstaus und Probleme durch Baustellen oder Witterung will man durch »Verkehrsbeeinflussungsanlagen« in den Griff bekommen, die durch Mikroelektronik im Dialogsystem mit den Fahrzeugen gesteuert werden. Heute schon gibt es Wechselverkehrszeichen in Form von Schilderbrücken, die bei Nebel, Nässe, Eis, Staus oder Unfall die Höchstgeschwindigkeit begrenzen.

Parkleitsystemtafel in der Stadt Hamburg.

Im Rahmen des inzwischen abgeschlossenen europäischen Forschungsprojekts »Prometheus« zu »intelligenten« Straßensystemen wurden weitere technische Lösungen vorgeschlagen und erprobt. Bald könnten Autos »dialogfähig« werden: Leitpfosten entlang den Autobahnen dienen dann als Sender und Empfänger. Mithilfe von Sensorpfosten könnten, ebenso wie mit Infrarot-Erkennung der Autokennzeichen oder Chipkarten, Straßengebühren elektronisch erhoben und gestaffelte Knappheitspreise berechnet werden. Über solche Gebühren, sei es für die Straßenbenutzung, sei es für die Berechtigung zum Befahren der Innenstädte, könnte man die Verkehrsverteilung steuern. Sogar direkte Beeinflussungen des Fahrzeugs von außen – etwa die Begrenzung der Höchstgeschwindigkeit in den Städten – werden diskutiert.

Schon heute sind in vielen Fahrzeugen Navigations- und Zielführungssysteme vorhanden, die mit Satellitendaten (GPS) operieren und den Fahrer unterstützen. Solche Systeme gelten auch als sinnvoll beim Ressourcen sparenden Flotteneinsatz von LKWs und zur Vermeidung von Leerfahrten. Noch Zukunftsmusik hingegen sind Verfahren der automatischen Abstandsüberwachung und der automatischen Spurhaltung, die einmal zu einer Art »elektronischem Schienenstrang« führen könnten. All diese Maßnahmen werden unter dem Kunstwort »Telematik« zusammengefasst.

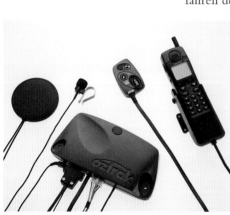

Dieser **Telematik**-Service-Kit enthält eine Anlage zur Satellitenortung des Wagens und ein Mobiltelefon mit Freisprecheinrichtung. Mit dem Pannen- oder Notfallknopf auf dem Display (oben, Mitte) kann eine Direktverbindung zur Leitzentrale hergestellt und gegebenenfalls Hilfe angefordert werden.

Einmal abgesehen von den juristischen Fragen ergibt sich eine Reihe verkehrstechnischer Probleme beim gerätegeleiteten Fahren. Viele rechnen mit einer Überforderung des Fahrers beim Umgang mit den elektronischen Systemen und daher mit einer Sicherheitsreduktion. Niemand weiß, wie der Fahrer mit den »elektronischen Entscheidungen«, die ihn letztlich entmündigen könnten, umgeht. Befürchtet wird beim flächendeckenden Einsatz von Verkehrsleittechnik – die besser als Verkehrsverteilungstechnik bezeichnet werden sollte – auch, dass ein weiterer Anreiz für mehr Verkehr durch scheinbar leerere Straßen geschaffen wird, dass Staus großflächig verteilt werden, und letztlich dass die unrealistische Hoffnung geweckt wird, es könne mit der Mobilität weitergehen wie bisher. Nahezu unrealistisch wird dieses Projekt auch durch die Kosten: Der VDA schätzt das Marktvolumen für Telematik auf 200 Milliarden DM bis zum

Jahr 2010. Intelligentes Verkehrsmanagement führt möglicherweise nur zu einer teuren und aufwendigen Verwaltung der Überfüllung und wäre damit problemverschärfend.

Ausblick

D as Auto des Jahres 2000 fährt schon längst auf unseren Straßen. Entgegen den Prognosen aus den 1950er-Jahren ist es kein schnittiges gasturbinenbetriebenes Höchstleistungsfahrzeug, sondern in aller Regel eine relativ kompakte Reiselimousine mit fünf Sitzplätzen, einem variablen Innenraum und einem Verbrennungsmotor. Zwar ist der spezifische Kraftstoffbedarf der Motoren in den letzten Jahren gesunken, dies ist aber durch den ungebrochenen Trend zu höheren Leistungen und vor allem durch den Zuwachs des Bestandes mehr als kompensiert worden.

Doch der immense Verbrauch von wertvollen Rohstoffen gerät zunehmend in die Kritik. Zwar ist die »Ölreichweite« wieder größer geworden, weil neue Lagerstätten exploriert werden; vielen Kritikern gilt aber die Verbrennung erschöpfbarer Ressourcen für Mobilität als Verschwendung.

Ansatzpunkt für eine Weiterentwicklung des Autos sind dessen Emissionen, trotz des hohen Anteils der Fahrzeuge, die mit geregelten Katalysatoren ausgerüstet sind. Sie sind eine typische »End-of-pipe«-Technologie, mit der man versucht, bereits verursachte Schäden zu heilen, statt ihnen vorzubeugen. Der sinnvollere Ansatz ist es, Schadstoffe gar nicht erst entstehen zu lassen, um auf nachgeschaltete Maßnahmen verzichten zu können. Neue Technologien sind gefragt.

Eine Möglichkeit, die Technologie des Verbrennungsmotors beizubehalten, ist der Wasserstoffantrieb. Mit Wasserstoff, der entweder solar oder durch Atomkraft hergestellt wird, können zum einen konventionelle Motoren fast abgasfrei betrieben werden; nur Wasser und etwas Stickoxid fallen an. Hier hätte der Wankelmotor wieder eine Chance, weil er sich problemloser als der Hubkolbenmotor umstellen ließe. Auf absehbare Zeit aber könnten Ottomotoren mit Gasbetrieb die preiswerteste und technisch am schnellsten zu realisierende Möglichkeit sein, die Emissionen signifikant zu verringern. Erdgas verbrennt sauberer als Erdöl und ist zurzeit der sauberste fossile Kraftstoff der Welt. Bivalente Autos, also Modelle, die wahlweise mit Erdgas oder Benzin betrieben werden können, sind seit einigen Jahren auf dem Markt.

Als **Ölreichweite** bezeichnet man die Anzahl der Jahre, für die bei bekanntem Verbrauch und bekannten oder erschlossenen Vorräten die Ölreserven vermutlich noch reichen werden. Sie beträgt gegenwärtig etwa 40 Jahre. Insgesamt sind bis heute etwa 110 Milliarden Tonnen Öl verbraucht worden, die gesicherten Reserven betragen rund 140 Milliarden Tonnen, man vermutet zwischen 40 und 140 Milliarden Tonnen weitere Reserven. Durch Ausbeutung weiterer »nichtkonventioneller« Ölquellen können zwischen 250 und 400 Milliarden Tonnen Öl gewonnen werden.

	1996	1997
Normalbenzin unverbleit	11 291	10 999
Superbenzin unverbleit	17 942	18 794
Superbenzin verbleit	783	13
Ottokraftstoff insgesamt	30 016	29 806
Dieselkraftstoff	25 982	26 260

Verbrauch von Motorkraftstoffen in Deutschland (in tausend Tonnen).

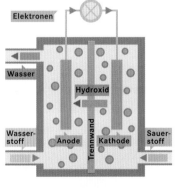

Eine typische **Brennstoffzelle** besteht im Wesentlichen aus zwei porösen Metallelektroden, zwischen denen sich ein Elektrolyt befindet. Anders als bei einer normalen Verbrennung, wo die Oxidation des Brennstoffs und die Reduktion des Sauerstoffs am selben Ort stattfinden und Wärme erzeugen, sind diese Prozesse in der Brennstoffzelle räumlich voneinander getrennt. Der bei der chemischen Reaktion auftretende Elektronenaustausch erfolgt hier über eine externe Stromleitung, der Ionenaustausch über eine elektrolytische Flüssigkeit. Die Hauptprodukte dieser »kalten Verbrennung« sind Wasser (im Falle von Wasserstoff als Brennstoff) und elektrischer Strom.

Der mit einer Wasserstoff-**Brenn-stoffzelle** betriebene Prototyp Necar 4 von Daimler-Chrysler. Die gesamte für die Elektrik notwendige Technik ist sehr kompakt ausgeführt und lässt sich in einem doppelten Boden unterbringen, sodass kein Raum in der Passagierzelle verloren geht.

Wasserstoff kann jedoch auch Elektrofahrzeuge betreiben: In einer so genannten Brennstoffzelle wird auf elektrochemischem Wege aus Wasserstoff elektrische Energie erzeugt. An Abgas fällt bei der Reaktion nur Wasserdampf an. Da die Verwendung von Wasserstoff einen aufwendigen Drucktank voraussetzt, werden Brennstoffzellen auch mit wasserstoffhaltigen Verbindungen – zum Beispiel Erdgas oder Methan, aber auch Flüssigkeiten wie Methanol oder Benzin – betrieben. Hier entsteht dann zwar auch eine geringe Menge an Kohlenmonoxid, die aber mit einem Katalysator auf ein Minimum reduziert werden kann. Seit Mitte der 1980er-Jahre wurde beispielsweise beim Forschungszentrum Karlsruhe mit Brennstoffzellen für Straßenfahrzeuge experimentiert. Die Autoindustrie folgte: Daimler-Chrysler stellte 1999 den Prototyp Necar 4 auf Basis der A-Klasse vor, der ab 2004 in Serie gehen könnte.

Elektrofahrzeuge basieren auf einer Technik, die älter ist als die Verbrennungsmotoren und die um 1900 speziell für Stadtautos einen hohen Marktanteil hatte. Nicht zuletzt wegen der einfachen Bedienung und der Sauberkeit waren sie beliebt. Ankurbeln, problematische Gangwechsel und schmutzige Wartungs- und Reparaturarbeiten entfielen weitgehend. Ein Elektroauto stellte 1899 sogar den Geschwindigkeitsrekord für Landfahrzeuge von über 100 Kilometern pro Stunde auf. Problematisch blieben aber immer die Reichweite und die Lebensdauer der Batterien. So besetzten Elektroautos nur Nischen, wie Elektrokarren bei der Post oder Milchauslieferungswagen in Großbritannien.

Die Ölpreiskrise von 1973 belebte das Interesse am Elektroauto wieder. Elektronische Regelungen, Wiedereinspeisung von Energie beim Bremsen, neue Motorentypen wie Drehstromantriebe, Einzelantrieb der Räder durch Nabenmotoren wurden gebaut. Doch kein Versuchsfahrzeug brachte letztlich den Durchbruch, die bekannten Probleme blieben erhalten. Nicht zuletzt aufgrund der hohen Kosten durch den Kleinserienbau blieben Elektroautos immer zu teuer für den massenhaften Einsatz.

Endgültig durchsetzen wird sich das Elektroauto erst dank gesetzlicher Vorgaben wie etwa der Zulassungsvorschriften des US-Bundesstaats Kalifornien. Diese schreiben einen Anteil an »Zero Emission Vehicles« (ZEV) vor, also Fahrzeugen, die beim Betrieb keinerlei Abgase ausstoßen. Die bei der Erzeugung des elek-

Das **Elektroauto** »Jamais contente« war das erste Auto, das mit 105,8 Kilometern pro Stunde eine Geschwindigkeit von über 100 Stundenkilometern erreichte. Das Bild zeigt den Triumphzug des Konstrukteurs Camille Jenatzy nach seiner Rekordfahrt am 1. Mai 1899.

trischen Stroms in Kraftwerken anfallenden Abgase bleiben unberücksichtigt; sie lassen sich auch zentral besser reinigen, als wenn sie dezentral in jedem einzelnen Auto anfallen. 1998 mussten zwei Prozent aller neu zugelassenen PKWs und Kleinlaster ZEVs sein, bis 2003 sollte ihr Anteil nach den ursprünglichen Plänen auf zehn Prozent steigen. Diese Vorgabe ist jedoch inzwischen nach unten korrigiert worden.

Ein wichtiges Hemmnis für die Durchsetzung von »konventionellen« Elektrofahrzeugen ist jedoch die immer noch ungelöste Speichertechnik: Batterien mit dem Energieinhalt von rund 50 Liter Benzin wiegen derzeit noch einige Hundert Kilogramm. Auch neue Batterietechnologien wie Natrium-Schwefel-Zellen reduzieren dies kaum und schaffen oft neue Probleme. Außerdem sind sie mitunter nicht crashsicher.

Es gibt mehrere Möglichkeiten, die schweren Batterien zu vermeiden. Immer wieder vorgeschlagen werden Hybridfahrzeuge, auch dies eine alte Technik. Ferdinand Porsche hatte schon vor dem Ersten Weltkrieg für die österreichische Firma Lohner Elektrofahrzeuge konstruiert, die ihren Strom nicht allein aus Batterien bezogen, sondern von einem Generator geliefert bekamen, der von einem konventionellen Benzinmotor betrieben wurde. In heutigen Hybridautos bilden ein Benzin- und ein Elektromotor einen gemeinsamen, elektronisch geregelten Antriebsstrang. Sie können in Ballungsräumen elektrisch, über Land mit ihrem Verbrennungsmotor fahren.

Echte ZEVs können durch die Kombination von Elektro- mit Solartechnologie entstehen. Solarzellen am Fahrzeug selbst werden wegen ihrer geringen Stromausbeute jedoch nur für extreme Leichtbauten ausreichen. Wohl aber könnte man mit ortsfesten Zellenpaneelen »Solartankstellen« errichten, an denen die nach wie vor unentbehrlichen Batterien emissionsfrei aufgeladen werden können.

Doch unabhängig vom Antrieb des zukünftigen Autos: Es wird, so lässt sich mit hoher Gewissheit prognostizieren, im Stau stehen.

K. Möser

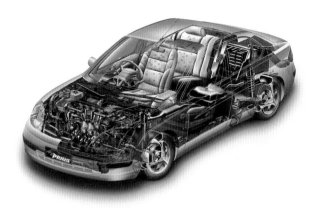

Das **Hybridauto** Prius von Toyota wird auf dem japanischen Markt für umgerechnet etwa 32000 DM angeboten und soll ab dem Jahr 2000 in einer modifizierten Variante auch in Deutschland erhältlich sein. Das japanische Modell hat einen 30 kW starken Elektromotor und einen 42 kW starken Benzinmotor, der als Zusatzmotor, aber auch als Generator wirkt. Durch eine ausgeklügelte Steuerung, Energierückgewinnung beim Bremsen und vieles andere mehr brauchen die Batterien nie aufgeladen zu werden. Der Benzinverbrauch liegt bei gerade 3,6 Litern pro 100 Kilometer.

Luftverkehr

D er Traum vom Fliegen ist wohl so alt wie die Menschheit. Es ist
erst knapp 250 Jahre her, dass er in Erfüllung ging und Menschen mithilfe von Heißluftballons in die Lüfte stiegen. Das Flugzeug ist sogar noch jünger: Mit Vorläufern des Segelflugzeugs wurden Anfang des 19. Jahrhunderts Flugversuche unternommen, und
bis zum ersten Motorflug vergingen weitere einhundert Jahre. Was
damals noch eine Sensation und ein großes Abenteuer darstellte, gehört seit etwa 80 Jahren, seit dem Aufkommen des planmäßigen Pas-
sagierluftverkehrs, in zunehmendem Maße zum Alltag. Im Laufe
dieser Zeit hat es große Fortschritte sowohl in der Flugzeugtechnik
als auch im Luftverkehrswesen und in der zugehörigen Infrastruktur
gegeben.

Flugzeugtechnik

D er Ursprung der heutigen Flugzeugtechnik liegt in den Pio-
nierleistungen, die Anfang des 20. Jahrhunderts zu den ersten
Motorflugzeugen führten. Die Maschinen der Frühphase waren
meist aus Holz, zum Teil stoffbespannt und hatten oft rechteckige
Flügel. Eine häufige Bauform war der Mehrfachdecker mit übereinander angeordneten Tragflügeln. Die Holzflugzeuge wurden
schon bald durch stabilere Metallkonstruktionen ersetzt. Mit dem
Kolbenmotor hatte man eine geeignete Quelle zum Antrieb der Propeller, die aber wegen der Forderung nach immer höheren Geschwindigkeiten bald an ihre Grenzen stieß. Der Propeller musste

Hauptbestandteile eines Flugzeugs am
Beispiel eines **Airbus A320.**

bei Militär- und Linienverkehrsflugzeugen Strahl- und Turbinen-
triebwerken weichen. Als Fluggast in der klimatisierten Passagierka-
bine eines Großraumjets bekommt man von der Flugzeugtechnik
kaum mehr als einen Blick auf eine triebwerkbestückte Tragfläche
mit. Von außen sind zwar der grobe Aufbau – Rumpf, Flügel und
Leitwerk – sowie einige Details – Steuerruder, Landeklappen und
Fahrgestell – zu sehen, doch schon die Überwachungs- und Navigationsinstrumente bleiben für die Passagiere normalerweise hinter
den Kulissen verborgen. Die Funktionsweise der meisten flugzeug-

technischen Einrichtungen erschließt sich dem Betrachter nicht. Was also bringt ein Flugzeug zum Fliegen und wie wird es gesteuert?

Tragflügel

Die Tragflügel eines Flugzeugs, ob motorbetrieben oder frei segelnd, sind seine wichtigsten Bestandteile, da sie für den Auftrieb sorgen, der es in der Luft hält. Diese Auftriebskräfte entstehen, wenn ein Flügel von Luft umströmt wird. Bei Tragflügeln mit spiegelbildlich gewölbtem Profil muss die Luft dazu schräg von unten in einem flachen Anstellwinkel heranströmen. Bei Tragflügeln von unsymmetrischem Querschnitt, beispielsweise bei flacher Unter- und gewölbter Oberseite, entsteht auch bei frontaler Anströmung Auftrieb. Die heranströmende Luft beschreibt auf der Flügeloberseite einen Bogen, weshalb dort ein geringerer Druck als auf der Unterseite herrscht und der Flügel nach oben gesaugt wird. Die Wölbung der Tragflügeloberseite ist bei langsamen Flugzeugen größer; bei schnellen genügen flache, dünne Flügel von relativ kleiner Fläche. Bei gegebenem Anstellwinkel wächst nämlich der Auftrieb mit dem Quadrat der Geschwindigkeit der heranströmenden Luft. Bei gleich bleibender Geschwindigkeit steigt der Auftrieb mit größerem Anstellwinkel. Dies gilt bis zu einem bestimmten, kritischen Anstellwinkel, oberhalb dessen sich die Strömung von der Flügeloberseite ablöst und sich Luftwirbel bilden, die den Auftrieb zunichte machen.

Da man für Start und Landung besonders viel Auftrieb braucht, ist in dieser Situation ein stark gewölbtes Profil erforderlich. Dieses besitzt aber im Reiseflug zu viel Luftwiderstand. Das Tragflügelprofil lässt sich daher durch bewegliche, segmentierte Klappen verändern, die sich an der rumpfwärts gelegenen Hälfte der Flügel befinden. Die Auftriebsklappen verleihen einem Flügel während Start und Landung mehr Auftriebswirkung, indem die Flügelhinterkante abwärts gebeugt wird. Bei höheren Geschwindigkeiten werden die Klappen wieder eingefahren, um den Strömungswiderstand zu verringern.

Auch die Streckung – das Verhältnis von Spannweite zur Flächentiefe –, die Gestalt der Flügelspitze und der Anschluss an den Rumpf beeinflussen die Flugeigenschaften. Die Geometrie der Tragflügel bietet eine große Variationsbreite. Flugzeuge niedriger Geschwindigkeit haben rechteckige bis trapezförmige Flügel mit großer Streckung. Bei schnellen Flugzeugen findet man pfeil- oder deltaförmige Tragflügel, bei Militärmaschinen auch Schwenkflügel.

Steuereinrichtungen

Zur Steuerung und Stabilisierung des Flugzeugs in der Luft dienen Höhen-, Seiten- und Querruder. Die Querruder befinden sich meist an der äußeren Hinterseite der Flügel, neben den weiter innen liegenden Auftriebsklappen, und dienen dazu, die seitliche Neigung des Flugzeugs einzustellen. Sie werden üblicherweise durch Schwenken des Steuerknüppels oder Steuerhorns gesteuert.

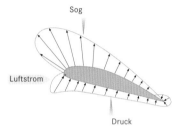

Profil einer **Flugzeugtragfläche.** Auch ohne Anstellwinkel würde hier durch die Asymmetrie des Profils Auftrieb entstehen.

Unter dem **Anstellwinkel** versteht man den von der Lage des Flugzeugs abhängigen Winkel zwischen heranströmender Luft und den Tragflügeln. Er ist am größten bei Start und Landung und am kleinsten im Reiseflug. Der **Einstellwinkel** ist der feste Winkel zwischen der Richtung der Fortbewegung und der Flügelebene. Er wird bei der Konstruktion so bemessen, dass der Rumpf im Reiseflug horizontal liegt und die Tragflügel bei der typischen Reisegeschwindigkeit den optimalen Auftrieb liefern.

Die Übertragung der Steuerbewegungen auf die Lenkeinrichtungen erfolgt heutzutage in der Regel nicht mehr über Gestänge und Hydraulikadern, sondern über elektrische Leitungen und Servomotoren, was dieser Technik den Namen »fly-by-wire« (Fliegen per Draht) eingetragen hat. Um den Piloten beim Steuern eine Rückmeldung zu geben, sind in die Manipulatoren und Pedale Motoren eingebaut, mit denen das Verhalten unter analoger, direkter Steuerung simuliert wird, wie beispielsweise Druckwiderstand oder Rütteln. Doch zurück zu den Rudern: Das Seitenruder ist, ebenso wie die Höhenruder, an der Hinterseite des Leitwerks angebracht, das sich am Heck des Flugzeugs befindet. Mit dem Seitenruder lässt sich der Kurs ändern, ausgelöst über Fußhebel des Piloten. Die Höhenruder schließlich werden verwendet, um das Flugzeug steigen oder sinken zu lassen. Dazu zieht der Pilot das Steuer zu sich beziehungsweise drückt es von sich fort.

Am hinteren Ende der Ruder sind bei kleineren Maschinen zum aerodynamischen Ausgleich und zur Herabsetzung der Steuerkräfte Trimm- oder Hilfsruder eingebaut. Im ausgetrimmten Zustand ist

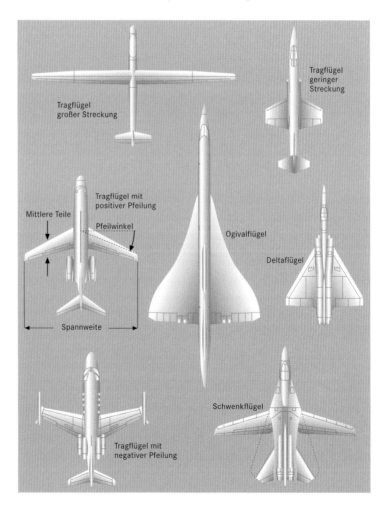

Verschiedene **Tragflügelformen.**

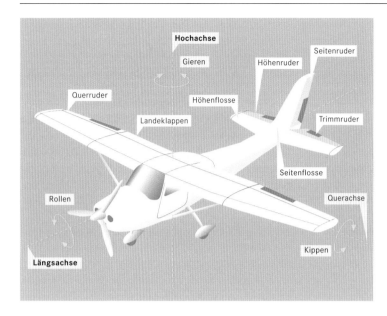

Ruder eines Flugzeugs, hier vom Typ Cessna. Die Trimmruder sind bei vielen kleineren Maschinen nur in die Höhenruder eingebaut.

das Flugzeug so stabil, dass es keiner Steuerkräfte mehr bedarf, um den aktuellen Flugzustand aufrecht zu erhalten, oder anders ausgedrückt, das Flugzeug kann dann sich selbst überlassen werden.

In größeren, mit Computerhilfe gesteuerten Flugzeugen ist es nicht mehr erforderlich, einen stabilen Flugzustand herstellen zu können, da die Elektronik alle Abweichungen unverzüglich korrigiert. Problematisch könnte es allerdings werden, wenn diese Aufgabe beim Ausfall des Computers vom Piloten selbst übernommen werden muss.

Antrieb

Zum Antrieb, genauer Vortrieb, von Flugzeugen dienten bereits in den ersten Maschinen Luftschrauben (Propeller). Sie waren damals noch aus Holz gefertigt. Die zwei bis fünf Blätter eines Propellers sind so geformt und angebracht, dass sich beim Rotieren auf ihrer Rückseite ein erhöhter Druck ergibt, woraus eine vorwärts gerichtete Kraft resultiert. Sie funktionieren nach dem gleichen Prinzip, das den Tragflügeln Auftrieb verleiht, und sind in der Drehebene um einen kleinen Winkel verkippt montiert. Da ein Flugzeug beim Start und im Steigflug mehr Antriebsleistung als im Dauerbetrieb benötigt, gibt es Verstellpropeller, deren Einstellwinkel sich je nach Situation so verändert, dass dem Motor stets eine möglichst gleich bleibende Leistung abverlangt wird.

Angetrieben werden Propeller bei kleineren Flugzeugen von leistungsstarken Kolbenflugmotoren mit großen Hubräumen. Die Zündanlage ist doppelt ausgeführt, da sie der störungsanfälligste Teil eines Ottomotors ist. Der Propeller wurde in der Frühzeit der Motorfliegerei direkt angetrieben; heute wird meist ein Getriebe verwendet, um die Luftschraube langsamer und damit wirkungsvoller anzutreiben. Als Motorbauarten findet man Reihen-, Boxer-

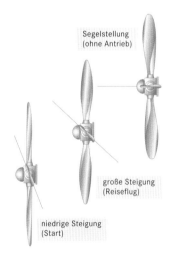

Segelstellung (ohne Antrieb)

große Steigung (Reiseflug)

niedrige Steigung (Start)

Verstellluftschraube, deren Einstellwinkel sich der jeweiligen Flugsituation anpasst.

oder Sternmotoren, die luft- wie auch wassergekühlt sein können. Lageunempfindlichere mechanische Benzineinspritzungen lösten schon in den 1930er-Jahren die zuvor verwendeten Vergaser ab.

Auf einem gänzlich anderen Antriebsprinzip beruhen die Strahltriebwerke (englisch: jet engines, auch Düsentriebwerke genannt), welche den Rückstoß eines Abgasstrahls zum Erzielen des Schubs nutzen. Damit erreichen sie eine größere Beschleunigung und höhere Spitzengeschwindigkeiten als kolbenmotorgetriebene Propeller. In reinen Staustrahltriebwerken herrschen bei niedriger Geschwindigkeit aufgrund des mangelnden Staudrucks nicht die Brennbedingungen, um ausreichend Schub zu erzeugen: Das Triebwerk springt erst bei hoher Fluggeschwindigkeit an. Da zum Start also ein Hilfsantrieb benötigt wird, sind sie für herkömmliche Flugzeuge ungeeignet. Um hier eine Abhilfe zu schaffen, wurden Triebwerke entwickelt, die von einer Turbine »aufgeladen« werden. In einem solchen Turboluftstrahltriebwerk (TL-Triebwerk) wird Luft an der Vorderseite angesaugt, durch rotierende Verdichterturbinenschaufeln komprimiert und in die Brennkammern gepresst. Dort wird Kerosin eingespritzt und kontinuierlich verbrannt. Der heiße Abgasstrom treibt über einen Kranz weiterer Turbinenschaufeln die Verdichter an und erzeugt beim Austritt aus der Düse den Vortrieb des Flugzeugs. Zur Leistungssteigerung sind zwischen Turbine und Düse bisweilen Nachbrenner eingebaut, in die weiterer Treibstoff eingespritzt wird, der von dem Restsauerstoff in den Verbrennungsgasen verbrannt wird. TL-Triebwerke besitzen den besten Wirkungsgrad im Überschallbereich; sie finden vorwiegend in Militärmaschinen Verwendung.

Eine neuere Variante der Turbinenluftstrahltriebwerke sind die Mantelstrom- oder Zweikreis-Turboluftstrahltriebwerke (ZTL-Triebwerke), welche auch bei Unterschallgeschwindigkeit eine hohe Effizienz aufweisen. Sie besitzen zwei Verdichterstufen. Der heiße Gasstrahl, der den Hauptbeitrag des Schubs liefert, ist ringförmig von einem Mantel kühlerer Luft, der Nebenstrom- oder Bypass-Luft, umgeben, die aus der ersten Verdichterstufe kommt. Die zweite Stufe komprimiert, ebenso wie beim TL-Triebwerk, die Brennkammerluft. Gebläsetriebwerke, auch Turbofan-Triebwerke genannt, sind Zweistromtriebwerke mit hohem Nebenstromverhältnis. Darunter versteht man das Massenverhältnis zwischen der Luft im Nebenstrom und den ausgestoßenen Verbrennungsgasen. Bei Großraumflugzeugen beträgt dieses Verhältnis sechs bis zehn. Gebläsetriebwerke sind am großen Durchmesser des Bläsers (Fans) erkennbar, der dem Triebwerk vorgeschaltet ist und von der Turbine angetrieben wird.

Eine **Turbine** ist eine Maschine, welche die Bewegung eines strömenden Mediums (Gas oder Flüssigkeit) mithilfe eines oder mehrerer flügelbesetzter Laufräder in eine Rotation umwandelt und diese über eine Welle weiterleitet. Eine Turbine kann auch umgekehrt benutzt werden, um die von der Welle auf ein Laufrad übertragene Drehung in eine Vorwärtsbewegung von Gas oder Flüssigkeit umzusetzen. Die Turbine wirkt bei dieser Betriebsart als Pumpe.
Je nach Ausrichung der Laufräder zur Strömung unterscheidet man Radial- und Axialturbinen. Bei Flugzeugturbinen liegt die Drehachse in der Strömungsrichtung, es handelt sich hier also um Axialturbinen.

Österreichischer **Flugmotor** von 1909.

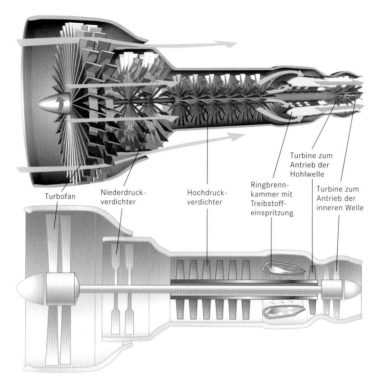

Die wichtigsten Teile eines **Zweistrom-luftstrahltriebwerks** mit Frontgebläse als Riss- und als Schemazeichnung. Die Turbinen rechts treiben verschiedene Wellen an. Die Schaufelräder der Turbinen sind vereinfacht dargestellt und besitzen eigentlich ein s-förmiges Profil.

Turbine zum Antrieb der Hohlwelle

Turbofan

Niederdruck-verdichter

Hochdruck-verdichter

Ringbrenn-kammer mit Treibstoff-einspritzung

Turbine zum Antrieb der inneren Welle

Der überwiegende Teil des Triebwerkschubs wird von der Bypass-Luft erzeugt. Der Nebenstrom hat die zusätzlichen Vorteile, dass er das Triebwerksgehäuse kühlt und den Schall dämpft. Mit Fan-Triebwerken sind heute fast alle großen Unterschallflugzeuge für den Massentransport ausgerüstet.

Bei den Turboprop-Triebwerken hingegen handelt es sich um technische Hybride aus Propeller- und Strahlmaschinen. In den auch als Propellerturbinenluftstrahltriebwerke (PTL-Triebwerke) bezeichneten Antrieben wird das Drehmoment der Turbine zum Teil – wie gehabt – zur Verdichtung der Brennkammergase verwendet, zum anderen Teil aber über ein Getriebe auf eine Luftschraube übertragen. Lediglich etwa zehn Prozent des Vortriebs stammen aus dem Rückstoß der Verbrennungsgase, der Rest wird durch die Propellerbewegung erzeugt. Bei Propellerturbinen beträgt die Höchstgeschwindigkeit, ebenso wie bei Propellerkolbenmotoren, prinzipiell bedingt etwa 600 Kilometer pro Stunde. Die Turbopropmaschinen werden vorwiegend für Kurz- und Mittelstreckenflüge verwendet.

Die Vorteile von Gasturbinen gegenüber Kolbenmotoren liegen im ruhigeren Lauf, geringerer Störanfälligkeit und im geringeren Gewicht bei vergleichbarer Leistung. Da sich mit Strahltriebwerken größere Flugzeuge antreiben lassen, ist ihr Brennstoffverbrauch pro Kilogramm Nutzlast und Flugkilometer geringer. Was den Schadstoffausstoß und die Lärmemission anbelangt, so schneiden die Jets weniger günstig ab.

In den Brennkammern moderner Jet-Triebwerke werden aufgrund der höheren Temperaturen wesentlich größere Mengen **Stickoxide** produziert als in Kolbenmotoren. Da die Emission in den obersten Schichten der Troposphäre, in etwa zehn bis zwölf Kilometern Höhe, stattfindet, können die Stickoxide leicht in die Stratosphäre gelangen und dort zur Vergrößerung des Ozonlochs beitragen, aber auch zu einer Erhöhung des Ozongehalts in den tieferen Schichten der Troposphäre führen. Beide Effekte sind unerwünscht, da das Ozon in großer Höhe die harte UV-Strahlung wegfiltert, in der Biosphäre aber ein schädliches, ja giftiges Gas darstellt. Neben Stickoxiden bilden sich bei der Verbrennung des Treibstoffs, die Treibhausgase Kohlendioxid und Wasserdampf.

Um sich gegen die Gefahr eines Triebwerksausfalls zu schützen, haben Verkehrsflugzeuge beidseitig meist mehrere Triebwerke.

Fahrgestell

Flugzeuge dienen zwar in erster Linie der Fortbewegung in der Luft, sie müssen sich aber beim Starten und Landen auch auf dem Boden bewegen können. Dazu benötigen sie ein Fahrgestell. Um den Luftwiderstand während des Fluges zu reduzieren, verwendet man seit den 1930er-Jahren Einziehfahrwerke. Diese wurden früher über Drahtzüge oder Gestänge in den Rumpf oder die Tragflügel eingefahren; heute erfolgt dies in der Regel hydraulisch. Nur kleine Maschinen haben noch einfache, starre Fahrwerke. Das Zweibeinfahrgestell mit Spornrad am Heck, bei dem die Maschine am Boden charakteristisch schräg stand, findet man heute ebenfalls nur noch bei kleineren Flugzeugen. Seit den 1930er-Jahren werden meistens Dreibeinfahrgestelle gebaut, bei denen sich das Hauptfahrwerk hinter dem Schwerpunkt der Maschinen befindet.

Ein Fahrgestell muss, besonders beim Landen, einer Reihe von starken Belastungen widerstehen: nicht nur dem eigentlichen Landestoß, sondern auch starken frontalen Kräften beim Abbremsen der Maschine. Beim Rollen am Boden muss es – meist in Zusammenwirkung mit dem Seitenruder – lenkbar sein. Bei sehr schweren Maschinen, wie etwa der Boeing 747, gibt es nicht nur das übliche System, bestehend aus dem Hauptfahrwerk unter den beiden Tragflügeln und dem Bugrad, sondern noch zusätzliche Fahrgestelle unter dem Rumpf. Manche Maschinen, die ebenfalls harte Landungen aushalten müssen, wie der britische Harrier-Senkrechtstarter, haben Tandemfahrwerke mit kleinen Stützrädern unter den Flügeln. Durch die zusätzlichen Fahrgestelle wirkt der Landestoß nicht auf die Tragflügel, sondern auf den stabileren Rumpf.

Die Reifen des Fahrgestells sind immensen Belastungen ausgesetzt, denn sie müssen den Landestoß bei Geschwindigkeiten von etwa 280 Kilometern pro Stunde aushalten und anschließend zur Bremsung der Maschine beitragen. Da sie sich dementsprechend rasch abnutzen, sind sie so konstruiert, dass sie mehrmals runderneuert werden können.

Instrumente

Gesteuert werden die Bewegungen eines Flugzeugs vom Cockpit aus, in dem sich die Bedienelemente und Bordinstrumente befinden. Hierzu gehören die Flugüberwachungsinstrumente, welche Daten über Geschwindigkeit, Höhe, Steigen oder Fallen und Lage des Flugzeugs liefern, die Überwachungsanzeigen für den An-

Blick ins **Cockpit** eines Airbus A330.

Messwerk

statischer Druck

Barometergehäuse

evakuierte Membrandose

Um der Dose eines **Aneroid-Dosenbarometers** Verformbarkeit bei Druckänderungen zu verleihen, ist ihre Oberfläche gewellt.

trieb, wie etwa Drehzahl-, Abgastemperatur- oder Öldruckanzeigen, und die Navigationsinstrumente, wie Kompass, Funk- oder Satellitennavigationsgeräte, aber auch die Kommunikationsgeräte, insbesondere die Sprechfunkanlage.

Die Flugzeuge der Anfangszeit besaßen kaum Instrumente, außer einfachen Vorrichtungen zur Motorüberwachung. Mit der Zeit wurde eine Vielzahl von Überwachungsgeräten entwickelt, die sich als unverzichtbar erwiesen. Die meisten analogen Geräte sind inzwischen durch modernere digitale, zum Teil auf Lasertechniken beruhende Sensorelektronik ersetzt, die heute unter dem Begriff Avionik zusammengefasst wird. Anschaulicher zu beschreiben sind jedoch die »alten« und doch raffiniert konstruierten Geräte.

Höhenmesser wie das Aneroiddosenbarometer sind hier exemplarisch. Es besteht aus einer weitgehend luftleer gepumpten, federelastischen Dose, die der Außenatmosphäre ausgesetzt ist und sich beim Aufsteigen mit fallendem Druck ausdehnt. Über ein Messwerk wird diese Bewegung auf einen Zeiger übertragen. Da sich der statische Luftdruck der Außenluft als Maß für die Flughöhe eignet, ist die Skala der Anzeige so eingeteilt, dass man direkt die Höhe ablesen kann. Die so erhaltene Druckhöhe entspricht allerdings nicht der tatsächlichen Höhe. Sie dient dennoch als Bezugsgröße, anhand welcher Start- und Landemanöver koordiniert werden und Flugzeuge voneinander vertikalen Abstand halten.

Funkhöhenmesser arbeiten nach dem Prinzip des Echolots. Dabei wird die Laufzeit eines ausgestrahlten, von der Erde reflektierten und wieder empfangenen Funksignals zur Höhenmessung ausgewertet. Über unebenem Untergrund ergeben sich aber ständig wechselnde Höhen, weshalb dieses Instrument nur über ebenem Terrain oder über Wasser eine verwertbare Anzeige liefert. Zur Koordination des Flugverkehrs verwendet man daher weiterhin die Druckhöhe.

Zur Bestimmung der Steig- oder Sinkgeschwindigkeit wird das Variometer herangezogen, ein modifiziertes Dosenbarometer, bei dem die Membrandose an ein Vorratsgefäß angeschlossen ist, das über eine enge Öffnung mit der Außenluft in Verbindung steht. Da der Druckausgleich über die Kapillaröffnung nur langsam erfolgt, werden hier die Änderungen des Außendrucks von der Membrandose wiedergegeben. So lässt sich feststellen, ob und wie rasch man steigt oder sinkt.

Ergänzend gibt es einen Längsneigungsmesser, ein geschlossenes Glasröhrendreieck, das zur Hälfte mit einer gefärbten Flüssigkeit gefüllt und im Flugzeug fest eingebaut ist. Wenn sich das Flugzeug in Längsrichtung neigt, bewegt sich der Flüssigkeitsspiegel im Standrohr, woraus sich die Flugzeugneigung ablesen lässt.

Die Fahrgeschwindigkeit misst man über den Staudruck an einem außerhalb des Rumpfes angebrachten Prandtl-Staurohr, das ähnlich gebaut auch in der Schifffahrt verwendet wird. Mit einem solchen Fahrtmesser lässt sich nur die Geschwindigkeit relativ zur umgeben-

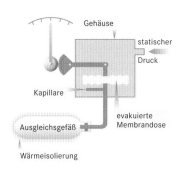

Dosenvariometer.

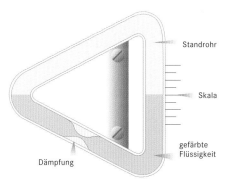

Längsneigungsmesser.

Das **Winddreieck** dient zur Ermittlung der Grundgeschwindigkeit eines Flugzeugs und seines Kurses über Grund.

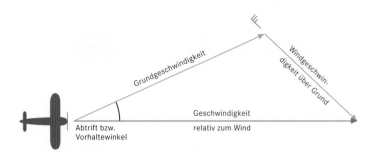

Die 24 Satelliten des **Global Positioning System** bewegen sich gleichmäßig verteilt um die Erde. So ist gewährleistet, dass sich von der Erdoberfläche aus bei ringsum freier Sicht jederzeit Signale von mindestens vier dieser Satelliten empfangen lassen. Aus der Höhe eines Flugzeugs heraus sind die Empfangsbedingungen sogar besser als beispielsweise in den Straßenschluchten einer Stadt.

den Luft messen, die sich in der Regel aber selbst in Bewegung befindet. Windgeschwindigkeit und -richtung relativ zum Erdboden sind Angaben, welche die Wetterwarte liefern kann. Die Grundgeschwindigkeit des Flugzeugs und sein Kurs über Grund können somit durch Auftragen des Winddreiecks ermittelt werden.

Zur Bestimmung des Kurses braucht man einen Richtungsbezug. Dies wird durch verschiedene Kompasssysteme ermöglicht: Magnet-, Kreisel- und Radiokompass. Magnet- und Kreiselkompass sind aus der Schifffahrt bekannt. Beim Radiokompass wird ein in direkter Funkreichweite befindliches Funkfeuer, ein Lang- oder Mittelwellensender, von einem Empfänger im Flugzeug angepeilt und die Flugrichtung relativ zur Funkstandlinie auf einem Display angezeigt. Durch eine automatische Nachführeinrichtung wird die Antenne stets auf den gewählten Sender ausgerichtet, weshalb das System auch ADF (englisch: automatic direction finder) heißt. Das ADF-Verfahren ist ebenso wie das auf Ultrakurzwellen beruhende VOR/DME-Verfahren, das zusätzlich die Entfernung zum Sender liefert, für die Kurz- und Mittelstreckennavigation geeignet.

Zur Langstreckennavigation dienen die auch in der Schifffahrt verwendeten Hyperbelnavigationsverfahren Loran und Omega.

Die genannten Verfahren werden jedoch immer seltener benutzt, seitdem das GPS (englisch: global positioning system), ein für die militärische Nutzung entwickeltes Satellitennavigationssystem, für zivile Zwecke freigegeben wurde. Es besteht aus 24 Satelliten, die auf sechs Bahnen verteilt sind. Sie kreisen in etwa 20200 Kilometern Höhe in zwölf Stunden einmal um die Erde. Die Satelliten senden in kurzen Zeitabständen Signale aus, deren Takt atomuhrgesteuert und äußerst regelmäßig ist. Ein im Flugzeug befindlicher GPS-Empfänger wählt automatisch die für die Positionsbestimmung günstigsten Satelliten aus und synchronisiert seine Uhr mit ihnen. Aus der Laufzeit eines Signals bestimmt der im Empfänger eingebaute Rechner die Distanz zwischen

Flugzeug und Satellit. Für einen Satelliten ergibt sich so eine Kugelfläche mit dieser Distanz als Radius, auf welcher sich das Flugzeug befinden muss. Ein zweiter Satellit liefert mit seinen Signalen eine weitere Kugelfläche. Der Schnittpunkt der Kugeln ist eine Kreislinie, auf welche die Flugzeugposition nun eingegrenzt ist. Die Kugelfläche eines dritten Satelliten schneidet den Kreis in zwei Punkten, von denen einer anhand von Plausibilitätsbetrachtungen ausscheidet. Somit lässt sich aus den Signalen dreier Satelliten die augenblickliche Position des Flugzeugs berechnen. Zur Erhöhung der Genauigkeit werden allerdings noch die Signale eines vierten Satelliten ausgewertet. All dies geschieht automatisch in dem im GPS-Empfänger eingebauten Rechner.

Außer dem auch in Schiffen eingesetzten Kreiselkompass finden in Flugzeugen einige weitere Kreiselgeräte Verwendung, zum Beispiel Kurskreisel, Kreiselhorizont und Wendezeiger. Allen Kreiselgeräten ist das Beharrungsvermögen des rotierenden Kreisels gemeinsam, der seine absolute Lage im Raum einzuhalten versucht. Der Kurskreisel ist kardanisch aufgehängt und somit um sämtliche Raumachsen frei beweglich. Da er Lageveränderungen der Aufhängung nicht mitmacht, kann er als Bezugssystem dienen. Zur Aufrechterhaltung der Kreiselbewegung wird er elektrisch oder durch einen Luftstrahl angetrieben. Mit dem Kardanrahmen ist eine kreisförmige Gradeinteilung, die Gradrose, starr verbunden. An der Gehäusevorderseite befindet sich ein Steuerstrich. Ändert das Flugzeug seinen Kurs, so drehen sich Gehäuse und Steuerstrich um die mit dem Kreisel verharrende Kursrose, wodurch die Kursänderung angezeigt wird.

Beim Flug über den Wolken braucht der Pilot einen künstlichen Horizont. Mithilfe eines einfachen Lots oder einer Kugellibelle lässt sich dieser in einem System, das Fliehkräften ausgesetzt ist, nicht zuverlässig konstruieren. Man verwendet daher ein Kreiselpendel, bei dem ein Kreisel etwas außerhalb des Schwerpunkts unterstützt wird,

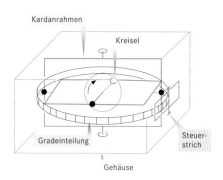

Kurskreisel.

Der Zeigerausschlag des **Wendekreisels** (links) ist ein Maß für die Drehgeschwindigkeit beim Kurvenflug (rechts). Die Kugellibelle dient als Scheinlotzeiger für die Lage des Flugzeugs.

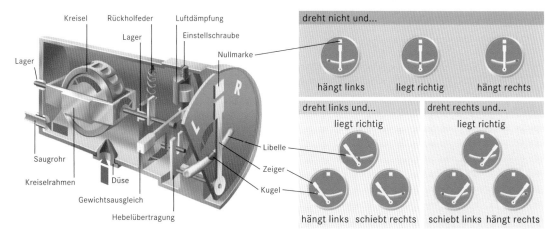

dessen Rotationsachse somit langsam einen Kegel beschreibt. Diese Präzession genannte Bewegung ist sehr stabil und wird von kurzzeitigen Beschleunigungskräften kaum beeinflusst. Ein solcher Kreisel wird als Referenz in einem Kreiselhorizont verwendet.

Ein Wendekreisel oder -zeiger dient zur Messung von Drehungen des Flugzeugs um die vertikale Achse. Die Kreiselachse wird von einer Schraubenfeder in der Horizontalen gehalten. Wenn das Flugzeug eine Kurve fliegt, so reagiert der Kreisel darauf, indem er versucht, seine Drehachse mit der Achse der Flugzeugdrehung gleichsinnig parallel zu stellen. Die Auslenkung der Feder, die dem entgegenwirkt, lässt sich am Ausschlag eines Zeigers ablesen. Dadurch weiß der Pilot, ob er eine Kurve beispielsweise zu steil fliegt.

Bordpersonal

Zur Überwachung und Bedienung der Vielzahl von Instrumenten genügten bei großen Passagiermaschinen in der Anfangszeit nicht allein Pilot und Kopilot. Üblicherweise befanden sich auch

noch ein Flugingenieur an Bord, der die Triebwerke, die Treibstoff-, Hydraulik- und Bordelektriksysteme zu überwachen hatte, dazu ein Navigator zur Standortbestimmung und Flugroutenplanung und oft auch noch ein Funker für die externe Kommunikation. Viele dieser Funktionen wurden inzwischen von automatischen, computergestützten Systemen übernommen. Mit der neuen Generation von Großraumjets hat sich die Personenzahl der Cockpitbesatzung inzwischen auf zwei reduziert, und dies, obwohl die Komplexität der modernen Instrumentierung enorm zugenommen hat. Erreicht werden konnte das, indem die

Durch das **Head-up-Display** werden Informationen in das Gesichtsfeld des Piloten einblendet, hier im Cockpit einer Hornet-Militärmaschine.

konventionellen Zeigerinstrumente durch Bildschirmanzeigen ersetzt wurden, bei denen mehrere herkömmliche Anzeigen zusammengefasst wurden. Die Piloten können sämtliche Informationen aus übersichtlichen Menüs abrufen. Da die Überwachungsautomatik die Systeme ohne menschliches Zutun kontrolliert und nur auf wichtige Informationen oder Gefahren hinweist, können sich die Piloten auf das eigentliche Fliegen konzentrieren. Dabei helfen auch Blickfelddarstellungsgeräte oder Head-up-Displays, über welche die Informationen direkt ins Pilotenblickfeld eingespiegelt werden. Doch auch dies ist vor allem bei Zivilmaschinen weitgehend automatisiert. Autopiloten übernehmen heute nicht nur den Streckenflug, sondern bringen das Flugzeug – im Zusammenspiel mit Instrumentenlandesystemen – auch sicher auf den Boden.

Sicherheitseinrichtungen

Ein Motto, das in der Luftfahrt besonders groß geschrieben wird, lautet »Safety first«, dies zum einen in Bezug auf die Systemsicherheit, auf die im Zusammenhang mit dem Flughafentower noch eingegangen wird, zum anderen durch die Sicherheitseinrichtungen

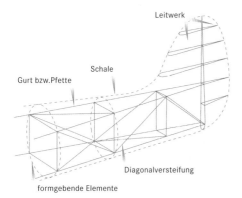

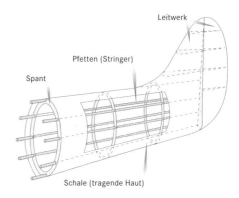

Leitwerk

Schale

Gurt bzw.Pfette

Diagonalversteifung

formgebende Elemente

Leitwerk

Pfetten (Stringer)

Spant

Schale (tragende Haut)

Grundsätzliche **Rumpfbauweisen.**
Links das Prinzip des Fachwerkrumpfs,
rechts der Schalenrumpf.

im Flugzeug selbst. So sind alle sicherheitsrelevanten Einrichtungen mindestens doppelt vorhanden. Dies betrifft außer den Antriebssystemen besonders die Bordinstrumente und Steuerungseinrichtungen wie Hydraulikpumpen, elektrische Generatoren und Ventile. In Militärmaschinen muss für den Notfall eine ausreichende Zahl Rettungsfallschirme mitgeführt werden; für die Piloten sind Schleudersitze eingebaut oder gar Vorrichtungen, welche die gesamte Flugzeugkanzel absprengen und sicher zu Boden bringen. In Zivilmaschinen stehen Sauerstoffmasken für den Fall eines plötzlichen Druckverlusts zur Verfügung. Wenn die Maschine auf dem Wasser niedergehen muss, liegen Schwimmwesten bereit, und aufblasbare Rettungsinseln werden ausgebracht.

Außer der Vielzahl von Sicherheitsvorrichtungen im und am Flugzeug bedürfen vor allem noch konstruktive Sicherheitsmerkmale des Flugzeugs der Erwähnung: Nur qualitativ hochwertige Baumaterialien, die bei tragenden Bestandteilen weitestgehend gegen Materialermüdung gefeit sind, dürfen verwendet werden.

Flugzeugbau

Aus nahe liegenden Gründen ist für die Flugzeugkonstruktion die Verringerung von Gewicht und Strömungswiderstand besonders wichtig. Der erste Windkanal wurde Anfang des 20. Jahrhunderts in England zur Untersuchung des aerodynamischen Verhaltens von Flugzeugen entwickelt. So wurde es auch ohne aufwendige Probeflüge möglich, die strömungsmechanischen Eigenschaften von Rumpf, Tragflügel und Leitwerk zu optimieren.

Baustoffe und Konstruktion

Als Baustoffe kommen im Flugzeugbau in erster Linie Kunststoffe, Leichtmetalle (beispielsweise Aluminium-Titan-Legierungen), Keramik und Kompositmaterialien infrage. Massive Bauteile sind im Sinne einer Leichtbauweise zu vermeiden. Fachwerk- oder Schalenrümpfe bieten hohe Stabilität bei geringem Gewicht.

Bei der Schalenbauweise nimmt vorwiegend die Haut die einwirkenden Kräfte auf, bei der Fachwerkbauweise, die nur noch bei kleinen Maschinen gebräuchlich ist, das innere Rohrgerüst.

Eine zusätzliche Herausforderung im Flugzeugbau bedeutete die seit dem Aufkommen von Jetflugzeugen erforderliche Druckkabine für Passagiere und Flugpersonal, die beim Stratosphärenflug einem enormen inneren Druck standhalten muss. Wie sehr diese Belastung unterschätzt wurde, zeigt eine Serie von Abstürzen der Düsenver-

GROSSRAUMFLUGZEUGE

Passagierjets besaßen ursprünglich schlanke, elegante Rümpfe, waren allerdings für die Passagiere recht eng. Die Kabinenauslegung selbst von Langstreckenflugzeugen wie der Boeing 707 aus dem Jahr 1959 bot nur vier Sitze nebeneinander an. Heute sitzen in Maschinen wie dem neuesten Modell der Boeing-747-Familie, der B747-400, meist zehn Personen nebeneinander, wobei die Sitzreihe durch zwei Gänge geteilt ist (3-4-3-Bestuhlung). In der B747-400 »Domestic« können bis zu 524 Passagiere 13300 Kilometer weit geflogen werden (zum Vergleich: der Airbus A340-600 ist für 13900 Kilometer und 485 Passagiere geplant).

Im Fall einer Notlandung könnte die gestiegene Passagiermenge allerdings ein Problem im Hinblick auf die Schnelligkeit einer Evakuierung bedeuten. Auch die Logistik für Versorgung und Passagiereinstieg bereitet heute schon Schwierigkeiten, die sich aber bei zukünftigen Superjumbos noch steigern werden.

Die technische Auslegung von Passagiermaschinen hat sich in den letzten beiden Jahrzehnten stark harmonisiert. Gab es bis in die 1960er-Jahre noch Flugzeugneukonstruktionen, die zwei bis vier Triebwerke im Heck angeordnet hatten oder zwei Triebwerke unter den Tragflügeln und eines über dem Rumpfheck, so haben heute alle neu konstruierten Maschinen zwei oder vier Triebwerke, die unter den Tragflügeln befestigt sind. Beim Rumpf folgen die Hersteller fast ausnahmslos der Wide-Body-Auslegung mit etwa sechs Metern Durchmesser.

Ein Wettbewerbsvorteil von Airbus war es ursprünglich, auch große

Maschinen nur mit zwei Triebwerken auszurüsten und so die Betriebskosten zu senken: Das Urmodell der Airbusse, der A300, konnte weite Strecken mit geringerem Kerosinverbrauch als seine vierstrahligen Konkurrenten von Boeing fliegen, bei durchaus vergleichbarer Sicherheit. Anfängliche Sicherheitsbedenken gegen zweistrahlige Großraumflugzeuge haben sich längst als gegenstandslos erwiesen. In den jüngsten Flugzeuggenerationen kehren sich die ursprünglichen Auslegungskonzepte der beiden Hersteller um: Airbus bietet einen vierstrahligen Langstreckenjet an, den A340, während Boeings neueste Produktfamilie B777 nur noch mit zwei Großtriebwerken gebaut wird.

Interessant ist die Frage, welche Merkmale die Großraumflugzeuge der Zukunft besitzen: Werden sie noch größer, noch schneller oder noch weitreichender? Überschall-

maschinen befinden sich zwar bei beiden Herstellern in der Planung, doch mittelfristig werden ihre Passagiermaschinen weiterhin mit Unterschallgeschwindigkeit fliegen. Auch an der Reichweite wird sich vorerst wenig ändern. Noch größere Flugzeuge, Superjumbos, sind wahrscheinlicher. Boeing hat die durchgehend doppelstöckige Weiterentwicklung seiner B747-Linie zwar bis auf weiteres eingestellt, doch Airbus plant weiter in diese Richtung. Großraumflugzeuge mit fast 1000 Passagieren an Bord, getrieben durch relativ leise Fantriebwerke, könnten pro Passagierkilometer noch wirtschaftlicher betrieben werden als heutige Jumbos.

Großraumflugzeuge treten in der Regel nach einigen Jahren Passagiertransport oder kombiniertem Passagier- und Frachttransport eine zweite Laufbahn als reine Frachttransporter an.

kehrsmaschinen vom Typ Comet im Jahr 1952, die auf Materialermüdung der Druckkabine zurückzuführen waren.

In dieser Flughöhe herrschen recht lebensfeindliche Bedingungen. Abgesehen von der höheren Strahlendichte, gegen welche die Flugzeughülle nur im Fall der UV-Strahlung hilft, muss Schutz gegen Temperaturen von bis zu −65 Grad Celsius gewährt werden sowie gegen einen Luftdruck und einen Sauerstoffgehalt, die geringer sind als auf den höchsten Gipfeln des Mount Everest. Auch die Windgeschwindigkeiten von Hurrikanqualität gestalten die Situation nicht angenehmer. Daher benötigt man für Reisen in dieser Höhe eine luftdichte Druckkabine, in der eine für Passagiere und Besatzung zuträgliche Atmosphäre hergestellt wird. Zur Aufrechterhaltung des Innendrucks wird ein kleiner Teil der Kompressionsleistung von den Turbinen abgezweigt.

Welche Konstruktionsverfahren verwendet man im Flugzeugbau? Metallische Bauteile können stabil zusammengefügt werden, indem man sie nietet oder – vorzugsweise – schweißt. Da manuelle Präzision meist nicht ausreicht, erfolgen beide Verbindungsverfahren heutzutage kaum noch von Hand, sondern maschinell. Wo Menschen selbst Hand anlegen, sind besondere Kontrollen erforderlich. So untersuchen Inspektoren bei Schichtende die Werkzeugkästen, um auszuschließen, dass Werkzeuge in den Maschinen vergessen wurden und später zu Ausfällen mit unter Umständen katastrophalen Folgen führen. Zur Qualitätskontrolle der gefertigten Bauteile gehören routinemäßig Ultraschall-, Röntgen- und Lasertechniken.

Im Flugzeugbau ist die computerunterstützte Berechnung (CAD) und Herstellung (CAM) von Flugzeugbauteilen schon sehr früh zu Anwendung gekommen. Insbesondere die Tragflügelansätze von Überschallmaschinen mit ihren schwierig zu berechnenden und zu fertigenden Formen erfordern numerisch gesteuerte (CNC) Werkzeugmaschinen.

Die **Endmontagehalle** von Boeing in Everett bei Seattle, Washington, ist weltweit das Gebäude mit dem größten Rauminhalt. Hier wird die 747-400 zusammengebaut.

Hersteller

Der Bau großer Passagiermaschinen überfordert längst die Kapazität einzelner Firmen, ja sogar ganzer Nationen. Das Airbus-Konsortium ist ein Beispiel für eine internationale Kooperation, die aus diesem Sachzwang heraus gegründet wurde. Die einzelnen nationalen Flugzeugkonzerne, welche die Großkomponenten der Maschinen – wie etwa Tragflügel – fertigen, vergeben wiederum Teilsysteme und deren Einzelkomponenten zur Vorfertigung an hoch spezialisierte Firmen. In riesigen Hallen erfolgt dann die Endmontage der Komponenten, wobei die Maschinen entweder stationär oder auf transportablen Gestellen komplettiert werden.

Der Markt für Maschinen mit über hundert Sitzplätzen wurde bis in die 1970er-Jahre von vier Herstellern beherrscht: Airbus Industries in Europa sowie McDonnell-Douglas, Lockheed und Boeing in den USA. Lockheed zog sich schon früh aus dem Zivilgeschäft zurück, und die McDonnell-Douglas-Corporation wurde Ende 1996 von Boeing aufgekauft. Somit sind heute nur noch zwei Wettbewerber übrig. Boeing hielt 1997 weltweit bei Großraumflugzeugen einen Marktanteil von etwa zwei Dritteln. Airbus Industries, der zweite Hersteller, wurde 1970 als Firmenkonsortium gegründet und umfasst drei Privatkonzerne, die Aérospatiale Matra (Anfang 1999 hervorgegangen aus dem französischen Staatskonzern Aérospatiale), der deutschen Daimler-Chrysler Aerospace AG (DASA; seit Ende 1998 Nachfolgerin der Daimler-Benz Aerospace AG) und der British Aerospace sowie ferner dem spanischen Staatskonzern CASA. Die komplizierte Konzernstruktur, teilweise unter Einflussnahme verschiedener Staatsregierungen, und die verteilten Produktionsorte für die Airbus-Komponenten bedingen im Vergleich zu Boeing eine geringere Effizienz. Eine organisatorische Straffung steht allerdings bevor, indem die beteiligten Firmen planen, sich zu einem einzigen, privatwirtschaftlich geführten, börsennotierten Unternehmen zu vereinigen. Ein Wettbewerbsnachteil des Airbus-Konsortiums ist auch das weniger umfangreiche Angebot an Modellen. Trotz des neuen vierstrahligen Langstreckenjets A340 fehlt beispielsweise ein direktes Konkurrenzprodukt zu Boeings Erfolgsmodell, dem Jumbojet B747-400. Dennoch stellt das Airbus-Konsortium für Boeing harte Konkurrenz dar: 1997 lieferte Boeing 374, Airbus 182 Maschinen aus; Boeing sicherte sich 568 Neubauaufträge, Airbus 460. Beide Hersteller kämpfen erbittert um Marktanteile. Preisabschläge und attraktive Leasingangebote sollen den Luftfahrtgesellschaften die jeweiligen Maschinen schmackhaft machen.

Im Schatten der beiden großen Hersteller und ihrer Tochterfirmen gibt es noch eine Reihe von Flugzeugbauern, die kleinere Verkehrsmaschinen anbieten, wie etwa DHC oder auch Dornier. Auch der Markt für Maschinen mit bis zu 100 Sitzplätzen ist stark umkämpft; manche Hersteller – wie Fokker – mussten schon aufgeben. Völlige Neuentwicklungen sind sehr teuer, sodass man sich oft darauf beschränkt, bewährte, ältere Typen zu modernisieren. Gewöhnlich bekommen sie neue Triebwerke und Instrumentensysteme. Die russische und belorussische Luftfahrtindustrie produziert Baumuster, die zwar inzwischen technisch konkurrenzfähig sind, deren Export-Marktanteil aber trotzdem nur gering ist.

Flughäfen

Nicht nur sind die Passagierflugzeuge größer geworden, sondern ihre Menge hat auch rapide zugenommen. Einer US-amerikanischen Studie zufolge kann davon ausgegangen werden, dass sich die Zahl der Flugzeuge zwischen den Jahren 1998 und 2015 verdreifachen wird. Das resultierende Flugverkehrsaufkommen hat für die Flughäfen und die damit verbundene Infrastruktur die Notwendigkeit einer starken Expansion zur Folge.

Während man in der Frühzeit mit ebenen Graspisten oder Wasserflugzeugen auskam, erweisen sich heute bereits Flughafenanlagen mit der Flächengröße einer mittleren Kleinstadt als unzureichend, um das ständig wachsende Passagieraufkommen zu bewältigen. Wurden 1957 auf dem Frankfurter Flughafen noch 1,2 Millionen Passagiere gezählt, so waren es 1996 38,8 Millionen; dazu kamen 1,5 Millionen Tonnen Luftfracht. Bis vor kurzem haben sich die Passagierzahlen ungefähr alle fünf Jahre verdoppelt.

Betrieb und Aufbau eines Flughafens

Um den Passagieren einen direkten, ebenen Übergang in die auf dem Flughof bereitstehenden Flugzeuge zu ermöglichen, wurden viele Flughäfen so angelegt, dass sich verzweigende Flugsteige von einer oder auch mehreren zentralen Hallen ausgehen, an welche die Maschinen direkt andocken können. Bei einigen Großflughäfen ist man inzwischen allerdings von diesem Konzept abgekommen. Bei Erweiterungsplanungen, wie etwa den neu erbauten Frankfurter D- und E-Terminals, wurde mit weniger, aber größeren Maschinen kalkuliert. Die Terminals haben daher nur für wenige Flugzeuge direkte Andockmöglichkeiten. Stehen mehr Maschinen zur Abfertigung an, so müssen sie, wie es bis in die 1970er-Jahre allgemein üblich war, auf dem Vorfeld parken. Die Passagiere werden dann mit Bussen zum Einstieg, dem Boarding, transportiert und sind dabei Wind und Wetter ausgesetzt. Auf dem Washingtoner Dulles-Flughafen wird dies vermieden, indem man die Passagiere in Shuttle-Fahrzeugen befördert, deren Innenräume sich anheben lassen, um einen direkten Flugzeugeinstieg zu ermöglichen.

BEFEUERUNG UND LICHTERFÜHRUNG

Die bunte Beleuchtung von Vorfeld und Startbahnen auf Flughäfen ist besonders nachts gut zu sehen. Diese Befeuerung folgt einem eindeutigen Schema: Die Startbahn (englisch: runway) ist in Längsrichtung gelb markiert, ihre Endbegrenzung grün. Rollwege, so genannte Taxiways, haben blaue Bodenlichter. Hindernisse werden durch die übliche Warnfarbe rot kenntlich gemacht.

Heute werden Flughafenbefeuerungen stets elektrisch betrieben, von der Flugsicherung zentral geschaltet und durch Notstromaggregate gegen Ausfälle gesichert. In der Pionierzeit der Fliegerei, als zum Starten und Landen noch grasbewachsene Pisten herhielten,

zündete man in der Nacht häufig erst beim Herannahen einer Maschine ölgefüllte Tonnen an. L-förmig aufgestellte Fässer markierten die Windrichtung. Landeerlaubnis oder -verbot wurde mit Leuchtraketen gegeben, die aus Signalpistolen abgeschossen wurden.

Inzwischen ist der Blick des Piloten aus der Kanzel beim Landen keine unabdingbare Notwendigkeit mehr. Alle erforderlichen Informationen werden ihm am Bildschirm vom ILS, dem Instrumentenlandesystem, angezeigt, das die Funksignale verschiedener Markierungsfunkfeuer vor und auf dem Flughafen in hörbare und visuelle Kennungen umsetzt.

Zur weithin sichtbaren »Lightshow« tragen auch die Positionslichter der Flugzeuge bei. Sie folgen der Praxis der Schifffahrt: links rotes, rechts grünes Licht. Zur Vermeidung von Kollisionen sind heute zusätzlich lichtstarke weiße Stroboskopblitze vorgeschrieben.

FLUGSICHERUNG

Die Flugsicherung befasst sich mit der Leitung der nach Instrumentenflugregeln (IFR) fliegenden Flugzeuge, zu denen sämtliche größeren Passagiermaschinen zählen. Ihre Aufgabe ist, Zusammenstöße und gefährliche Annäherungen zu vermeiden sowie für eine schnelle und konfliktfreie Verkehrsabwicklung zu sorgen. Dazu werden den Flugzeugen Sicherheitsabstände nach allen Richtungen vorgegeben. Das wichtigste Hilfsmittel zur Überwachung des Flugverkehrs ist das Radar. Der vom Flugsicherungsdienst kontrollierte Bereich ist auf bestimmte Zonen beschränkt; insbesondere gehören dazu die Luftstraßen genannten Flugverkehrsstrecken und die Nahverkehrsbereiche am Schnittpunkt mehrerer Luftstraßen. Einen Eindruck von der komplexen Struktur des unteren Luftraums vermittelt die Karte der Umgebung von Frankfurt. Der obere Luftraum ist ähnlich, aber weniger kleinräumig strukturiert, da dort die Flughafenkontroll- und militärischen Tieflugzonen sowie der Sichtflugbereich entfallen. Der Vertikalschnitt durch einen (fiktiven) Luftraum zeigt das Klassifizierungsschema, nach welchem der Luftraum in Zonen aufgeteilt ist. Die Zonen können mit den Buchstaben A bis G gekennzeichnet sein, wobei die Klassen A und B zur Zeit in Deutschland nicht verwendet werden. Die Abkürzung FL bedeutet »flight level« (Flugfläche) und ist die in Einheiten von 100 Fuß gemessene Druckhöhe, bezogen auf den Standardluftdruck (1013,2 Millibar). MSL (»mean sea level«) entspricht ungefähr Normalnull, GND steht für »ground« und heißt Höhe über Grund.

Die Lufträume E und G sind frei für Flugzeuge, die nicht den IFR unterliegen, sondern nach Sichtflugregeln (VFR, englisch: visual flight rules) fliegen. Zum Einflug in die Lufträume C, D und D(CTR) ist eine Freigabe (per Funk) vom zuständigen Flugverkehrskontrolldienst erforderlich.

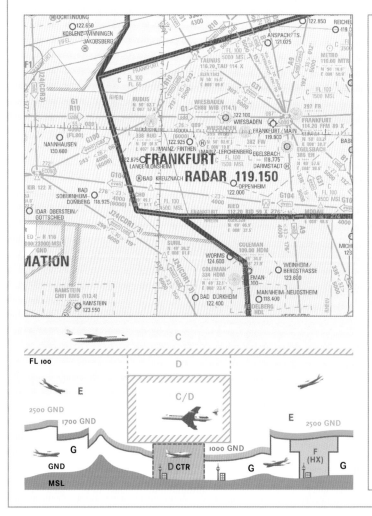

Strecken

- Meldepunkte
- Bezeichnung
- Richtungsangabe (Halbkreisflughöhe)
- Kurs
- Entfernung (NM)
- IFR-Mindeststreckenflughöhe
- Operationelle Höhe
- Flugverkehrsstrecke

Nachttiefflugstrecken

- Wendepunkt
- Flughöhe
- Flughöhe für Notfälle

Funknavigationsanlagen

- NCB
- VOR
- TACAN
- VORTAC
- VOR/DME

Flugplätze

- Internationaler Flughafen und Landeplatz IFR
- Landeplatz
- Militärflugplatz

Luftraumstruktur

- Fluginformationsgebiet (FIR)
- Untergrenze Kontrollierter Luftraum E
  - 2500 ft GND
  - 1700 ft GND
  - 1000 ft GND
- Luftraum C/F/D (nicht Kontrollzone)
- Luftraum C/F/D (nicht Kontrollzone) Sektor
- Luftraum D (Kontrollzone)
- TMZ (Transponder Pflichtzone)

Verschiedenes

- ED-D Gefahrengebiet
- ED-R Flugbeschränkungsgebiet
- FIS-Sektoren

Zentrales Element eines Flughafens sind die Start- und Landebahnen, meist Zwei- oder Mehrpistensysteme, oft in mehreren Richtungen. Um die Landestöße über möglichst viele Jahre auszuhalten, ist ihre Betondecke bis zu 1,5 Meter dick. Für Großraumflugzeuge ist eine Mindestlänge der Landebahnen von etwa 4300 Metern erforderlich, bei einer Breite von rund 60 Metern. Die Pisten sind über Rollwege mit dem Vorfeld des Flughafens verbunden.

Viele moderne Großflughäfen arbeiten an der Grenze ihrer Kapazität. Daher sind immer wieder Erweiterungen erforderlich. Um den Passagieren die länger werdenden Wege zu erleichtern, werden oft automatische Bahnen zwischen den Terminals gebaut, wie etwa in Frankfurt oder Heathrow. Die einzelnen Flugsteige sind meist durch Rollbänder mit der Haupthalle verbunden. Zur Gepäckbeförderung gibt es spezielle Rollbänder.

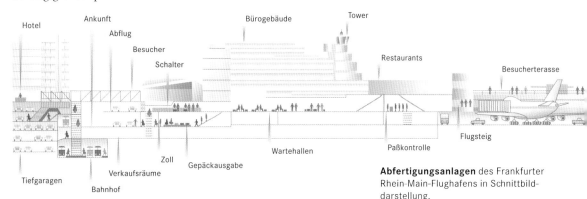

Abfertigungsanlagen des Frankfurter Rhein-Main-Flughafens in Schnittbilddarstellung.

Überfüllung gibt es nicht nur in der Luft – die Flugzeuge der Lufthansa mussten 1998 mehr als 11200 Stunden Warteschleifen über europäischen Flughäfen fliegen – und auf den Startbahnen – im Chicagoer O'Hare-Flughafen, dem am meisten frequentierten Flughafen der Welt, landet oder startet alle 20 Sekunden eine Maschine – sowie vor den Abflug- und Sicherheitscheck-Schaltern, sondern auch auf den Anfahrtswegen. Jeder moderne Flughafen hat riesige Parkhäuser und Leitsysteme, angebunden an mehrspurige Straßen. Doch zu Staus auf den Anfahrtswegen kommt es häufig. Auf kürzeren Strecken wird der Zeitgewinn beim Fliegen durch lange, schwer kalkulierbare Anreisezeiten und durch Warten beim Check-in oft zunichte gemacht.

Die Tankfahrzeuge, Reinigungs-, Reparatur- und Wartungstrupps, Rettungsfahrzeuge der Lösch- und Katastrophendienste sowie Fahrzeuge zur Versorgung mit Lebensmitteln und zur Entsorgung finden nur zum Teil im zentralen Abfertigungsterminal Platz und haben daher nicht selten eigene Hallen, in denen sie untergestellt werden.

Das Flughafengelände muss auch Hotels, Gaststätten und Verkaufsräumen für Reisebedarf, Zoll- und Gesundheitsbehörden, Dienststellen der Grenzpolizei und Büroräumen der Fluggesellschaften Platz bieten.

Auffällig ist der Tower, der Kontrollturm für die Flugsicherung. Er ist die zentrale Koordinationseinrichtung für alle Flugzeugbewegungen auf dem Boden und in der Luft. Die Fluglotsen im Tower erhalten per Radar nicht nur ein Abbild der Objekte im Flugraum, sondern auch die Identifikationskennung sowie Informationen über Flughöhe und Geschwindigkeit jedes Flugzeugs. Dazu übermittelt ein kombinierter Empfänger-Sender (Transponder) im Flugzeug – ausgelöst durch einen Abfrageimpuls des Radarsenders am Boden – ein Signal, in dem die Informationen codiert sind.

Das Streckensystem des Flugverkehrskontrolldienstes in Deutschland wird voraussichtlich ab dem 30. November 2000 neu gegliedert, um direkte Streckenflüge zwischen den Flugplätzen zu ermöglichen und bislang erforderliche Umwege zu vermeiden.

Luftverkehrsgesellschaften

Flughäfen können von den jeweiligen nationalen Fluggesellschaften, aber auch von Luftfahrtbehörden, Gemeinden oder von privater Hand betrieben werden. Die Luftverkehrsgesellschaften sind Träger des gewerblichen öffentlichen Flugverkehrs und befördern Fracht und Personen mit eigenen, gecharterten oder geleasten Luftfahrzeugen. Bereits gegen Ende der 1920er-Jahre existierten zahlreiche Fluggesellschaften, die nationale und internationale Strecken beflogen und sich auf immer besser ausgebaute Flughäfen stützen konnten. Neben bequemem, aber teurem Luxus, der in den 1930er-Jahren den Passagierflug auszeichnete, entwickelte sich damals eine einfachere, preisgünstige, wenn auch eher unbequeme Form des Lufttransports, der Charterverkehr. Die preisdifferenzierte Klasseneinteilung an Bord der Linienflüge ist, ähnlich wie in der Eisenbahn, bis heute deutlich erhalten geblieben: Enge Bestuhlung und Einfachmenüs in der Touristenklasse, dagegen Liegesessel und besondere Verköstigung in der Luxusklasse sind noch heute in Passagiermaschinen vorzufinden.

Die Luftfahrt treibenden Staaten sind in der International Civil Aviation Organization (ICAO, zu deutsch: internationale zivile Luftfahrtorganisation) organisiert, die der UNO untergeordnet ist. Ziele der ICAO sind die Förderung der internationalen Zivilluftfahrt sowie insbesondere die Festlegung von technischen Standards. Die rechtlich-ökonomischen Aspekte des internationalen Lufttransports werden durch die Bestimmungen der Dachorganisation IATA (International Air Transport Association) geregelt. Diese enthalten beispielsweise Richtlinien für die Entschädigung im Fall von verlorenem Fluggepäck. Auch über Flugtarife sind dort Regeln niedergelegt. Billigtickets waren demnach bis 1978 nur im Rahmen von Charterflügen erlaubt. In der Folgezeit wurde jedoch die Verpflichtung zur Tarifkoordination sowie die Zusicherung von Streckenrechten und festen Flugpreisen weitgehend aufgehoben. Staatlich

Gründungs-jahr	Name	Land
1917	Deutsche Luftreederei AG	Deutschland
1919	KLM (Koninklijke Luchtvaart Maatschappij)	Niederlande
1919	Ad Astra	Schweiz
1919	Aero AG	Schweiz
1921	DERULUFT (Deutsch-Russische Luftverkehrsgesellschaft)	Deutschland/ Sowjetunion
1923	FINNAIR	Finnland
1923	Deutsche Aero Lloyd AG	Deutschland
1923	Junkers Luftverkehr AG	Deutschland
1926	DLH (Deutsche Luft Hansa)	Deutschland
1927	PAA (Pan Am; Pan American Airways Inc.)	USA
1930	TWA (Trans World Airlines Inc.)	USA
1931	AEROFLOT	Sowjetunion
1931	SWISSAIR	Schweiz
1933	AIR FRANCE	Frankreich

Fluggesellschaften aus der Anfangszeit des Luftverkehrs.

subventionierte, quasi hoheitlich auftretende Fluggesellschaften bekamen so Konkurrenz von privaten Airlines, die dutzendweise neu
gegründet wurden. Die Flugpreise fielen, insbesondere auf Routen
mit starker Konkurrenz, wie der Nordatlantiklinie. Dies geht zum
Teil so weit, dass diese Linie schon nicht mehr kostendeckend bedient werden kann.

Der englische Unternehmer **Freddy
Laker** sagte den großen Fluggesellschaften mit Billigpreisen auf der Nordatlantikroute Ende der 1970er-Jahre
erfolgreich den Kampf an. Dieses Bild
von 1981 zeigt Sir Freddy auf dem
Flughafen Gatwick beim Empfang eines
bestellten Airbusses inklusive eines
französischen Kleinautos als Zugabe.

Lange galten bei der Vergabe von Betriebs- und Landerechten weitgehend Prinzipien der Gegenseitigkeit: Auf der Chicagoer Konferenz von 1944 wurde vereinbart, dass Flughäfen auf gleicher Basis
zugänglich gemacht und Strecken von den nationalen Luftfahrtgesellschaften der beteiligten Länder paritätisch bedient werden sollten. Zwischenstaatliche Verhandlungen um die »slots«, die Zeiten für
diese Flugpaare, wurden jedoch härter. Privilegierte Start- und Lan-
derechte, meist in bilateralen Regierungsübereinkünften den jeweiligen nationalen Gesellschaften eingeräumt, entfielen inzwischen
weitgehend. So gibt es nach einem neuen Abkommen zwischen den
USA und Deutschland keine Beschränkungen im Charterverkehr
und in der Zahl der anzufliegenden Flughäfen mehr.

Bei den Start- und Landerechten ist aber zwischen nationalen
und internationalen Flügen zu unterscheiden: Da die Lufthoheit
über jedem Staat seit der Pariser Konferenz von 1919 dessen Juris-
diktion unterliegt, beanspruchen manche Staaten weiterhin Kabota-
gerechte, das heißt Inlandsflüge zum innerstaatlichen Transport
dürfen nur von den Fluggesellschaften des betreffenden Staates
durchgeführt werden. Die Deregulierung des Luftverkehrs revolutionierte aber mittlerweile sogar den Luftraum über Ländern, in
denen staatliches Reglement Tradition hatte, wie in Indien. Das
Monopol der staatlichen Inlandsfluglinie, Indian Airlines, fiel 1992;
private Anbieter wurden zugelassen und gewannen schnell einen
großen Marktanteil.

1997 betrug das weltweite Flugpassagieraufkommen laut IATA 2,45 Milliarden Menschen, davon wurden 1,26 Milliarden im Linienverkehr befördert. Fast die Hälfte aller Flugreisenden war innerhalb der USA unterwegs. Die Zahl der Fluggäste an deutschen Flughäfen lag 1997 bei 120 Millionen, darunter waren etwa zwei Millionen Transitpassagiere und 38,4 Millionen innerdeutsche Flugpassagiere. Das überproportionale Wachstum der Passagierzahlen in der Luftfahrt während der letzten Jahrzehnte ist nur zum Teil auf Geschäftsreisende zurückzuführen; die Urlaubsmobilität hatte daran einen wesentlich größeren Anteil. Davon profitierten nicht nur die Linien-, sondern in hohem Maß auch die Chartergesellschaften. Hohe Zuwachsraten, aber noch höhere Kapazitätssteigerungen führten, parallel zum Linienverkehr, zu Konkurrenz und entsprechendem Preisverfall für Flugtickets. Dies betraf vor allem Fernflüge: Hier sind die Flugpreise inzwischen nahezu unabhängig von der Länge der Flugstrecke.

Seit Mitte der 1990er-Jahre ist eine Tendenz zur Bildung von Allianzen der Fluggesellschaften festzustellen. Die Konkurrenten sind dabei bemüht, den harten, teilweise sogar ruinösen Preiswettbewerb auf ein erträgliches Maß zu mildern. Derartige marktstrategische Zusammenschlüsse werden allerdings von den Kartellbehörden kritisch betrachtet.

Kooperationen zwischen Fluggesellschaften gibt es auch auf einem flugorganisatorischen Niveau: Beim »Code-Sharing« teilen sich verschiedene Fluggesellschaften einen gebuchten Flug. So kann ein Fluggast, der bei der einen Gesellschaft gebucht hat, auf bestimmten Strecken von einer Partnergesellschaft weiterbefördert werden, und zwar unter derselben Flugnummer (englisch: code). Damit ist eine für die Fluggesellschaften kostengünstigere und für den Fluggast bequemere Verästelung des Linienplans möglich.

So erfreulich die niedrigen Flugpreise, die aus dem Preiskampf der Fluggesellschaften resultieren, aus der Sicht der Passagiere sind, ist aber zu bedenken, dass die schmaleren oder gar fehlenden Gewinnmargen Sparmaßnahmen notwendig machen könnten, die zulasten der Betriebssicherheit der Flugzeuge gehen.

Fliegen als Sport

Abseits der großen Verkehrsmaschinen, des Touristikbooms und der molochhaften Großflughäfen hat sich die Luftfahrt in Nischen auch sportliche Aspekte bewahrt. In Deutschland gibt es etwa 650 Flugplätze, von denen ausgehend die Sportflieger ihrer Leidenschaft frönen. Über den Wolken suchen sie in kleinen Motorflugzeugen, Motorseglern, Segel- und Ultraleichtflugzeugen die grenzenlose Freiheit. Auch das Ballonfahren, Drachenfliegen und Hängegleiten erfreut sich zunehmender Beliebtheit. Es gibt in Deutschland allein rund 10500 private Motor- und fast 8000 Segelflugzeuge. Die Dachorganisation des Luftsports ist weltweit die Fédération Aéronautique International (FAI), in Deutschland der Deutsche

Aero Club e. V. Vorrangiges Ziel dieser Vereine ist es, die Interessen ihrer Mitglieder in Anbetracht der steigenden Luftverkehrsdichte politisch durchzusetzen.

Die heutigen Hightechsegelflugzeuge, Drachen und Hängegleiter schlagen den Bogen zurück zu den ersten segelflugzeugartigen Gleitern vom Anfang des 19. Jahrhunderts. Damals stand das Ziel, menschliche Muskelkraft zum Antrieb einzusetzen, weit im Vordergrund. Inzwischen gibt es zwar Tretkurbel-Flugzeuge, die dies ermöglichen, sie spielen jedoch kaum eine Rolle, da sich als Hilfsantrieb für Segelflugzeuge leichte Verbrennungsmotoren durchgesetzt haben. Puristen bevorzugen aber weiterhin reine, motorlose Segler, möglichst gestartet von einem am Hang gelegenen Platz, aber auch von Schleppfahr- oder Schleppflugzeugen in die Höhe gebracht. Die Segelflugzeuge von heute sind ihren Ahnen technisch weit überlegen. Es sind extrem leichte, vorwiegend aus glasfaserverstärkten Kunststoffen konstruierte Flugmaschinen, die aerodynamisch im höchsten Maße ausgefeilt sind. Mit ihnen sind Gleitzahlen von 1:50 leicht zu erreichen, was besagt, dass sie bei einem Meter Höhenverlust 50 Meter weit gleiten können.

Auch bei den Motorflugzeugen hat es Fortschritte gegeben. Die Maschinen sind dank neuer Baustoffe und Fertigungsverfahren leichter geworden und verfügen über effizientere, kompaktere Motoren als ihre Vorgänger. Da neue Flugzeuge allerdings sehr teuer sind, ist man bemüht, die Funktionstüchtigkeit der vorhandenen Maschinen durch sorgfältige Wartung möglichst lange zu erhalten. Dies wird auch am Durchschnittsalter der in Deutschland zugelassenen Motorflugzeuge deutlich, das bei etwa 20 Jahren liegt. Sämtliche Fluggeräte unterliegen der amtlichen technischen Überwachungspflicht.

So ist das Fliegen, das scheinbar schwerelose Gleiten im Luftraum, das im Mythos von Dädalus und Ikarus noch Sinnbild für die menschliche Hybris gewesen ist, inzwischen zu einem selbstverständlichen Bestandteil des modernen Lebens geworden.

K. Möser

Schienenverkehr

D er menschlichen Individualität entspricht die Mobilität. Mit
der Erfindung und Verbreitung des Autos – diesem Verbrennungsmotor in einem Fahrgestell auf Rädern – erwuchs dem Schienenverkehr schon frühzeitig eine Konkurrenz im Wettbewerb der
Verkehrsträger, die bis in die Gegenwart reicht und auch die nahe
Zukunft prägen wird. Auf den ersten Blick scheint die Eisenbahn
hoffnungslos unterlegen: Es können nur an der Strecke liegende
Orte zu festgelegten Zeiten bedient werden, und die notwendigen

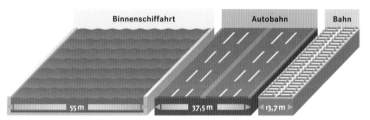

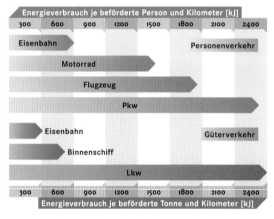

Landverbrauch (oben) und **Energieverbrauch** (unten) für die
verschiedenen Verkehrsmittel im
Vergleich.

Baumaßnahmen wie Tunnel oder Brücken verursachen hohe Kosten. Dennoch sind ihre Vorteile,
vor allem aus der Perspektive eines schonenden
Umgangs mit der Umwelt, unübersehbar: Bei einer vergleichbaren Leistungskapazität wird weniger Bodenfläche als bei Straßen oder Kanälen benötigt, der Energieverbrauch und damit auch die
Schadstoffemissionen sind wesentlich niedriger als
im Straßen- und Luftverkehr, und schließlich ist
die Bahn erheblich weniger witterungsabhängig
und viel sicherer als die Straße.

Die sich langsam durchsetzende Erkenntnis, dass
auf Dauer die Freiheit des Individualverkehrs
überall und für jedermann nicht zu realisieren ist, könnte sich langfristig für die Eisenbahn als große Chance erweisen – wenn über die
prestigeträchtigen superschnellen Hochgeschwindigkeitszüge der
Ausbau des Nahverkehrs nicht vergessen wird.

Der Zug der Zeit – vom Aeolium zur »Locomotion«

S chon die Griechen wussten um die Kraft des Wassers und der
Luft: Um 200 v. Chr. beschrieb der Mathematiker und Physiker
Hero von Alexandria eine Maschine, die Dampf in Bewegung umsetzte. Das Aeolium – benannt nach dem Gott der Winde – bestand
aus einem Kessel mit dicht schließendem Deckel, in den zwei
hohle Säulen eingelassen waren, die in eine ebenfalls hohle Kugel
mündeten. Von der Kugel gingen rechtwinklig und um 180 Grad
voneinander versetzt zwei Rohre ab. Wurde nun das Wasser im
Kessel erhitzt, stieg der Dampf durch die Säulen in die Kugel,

strömte durch die Auspuffrohre aus und versetzte die Kugel in Drehung.

Die gezähmte Kraft des Dampfes

Bis man die Dampfkraft technisch umsetzen konnte, sollten noch Jahrhunderte vergehen. Der Durchbruch gelang dem englischen Schmied Thomas Newcomen. Er baute 1705 die erste Maschine, die mit Dampfkraft einen Kolben bewegte; sie wurde vor allem zum Abpumpen von Wasser aus den Kohlestollen eingesetzt. James Watt, der im Allgemeinen als Erfinder der Dampfmaschine gilt, erhöhte durch viele einschneidende Verbesserungen (erstes Patent 1769) Wirtschaftlichkeit und Geschwindigkeit der Kolbendampfmaschine; er glaubte jedoch nicht daran, dass eine Dampfmaschine ein Fahrzeug antreiben könne. Den Gegenbeweis trat der Erfinder Nicholas Cugnot an, der im Auftrag des französischen Kriegsministers 1770 eine Dampfzugmaschine für den Transport von Kanonen und Geschützen vorstellte. Prustend und schnaubend tuckerte die Maschine mit drei Kilometern pro Stunde Höchstgeschwindigkeit durch die Straßen von Paris und musste alle zehn Minuten neu mit Holz und Wasser gefüttert werden. Eine weitere Verbreitung dieser Dampffahrzeuge scheiterte jedoch an den damals herrschenden Straßenverhältnissen: Die oft mit Schlaglöchern übersäten Überlandwege und Stadtstraßen, aber auch die gut befestigten Chausseen, die in England und auf dem Kontinent inzwischen entstanden waren, führten immer wieder zu Unfällen, bei denen heißer Dampf und brennende Glut schwere Verletzungen und Brände verursachten. Die Lösung des Problems bahnte sich im 19. Jahrhundert an, als überall in England Pferdebahnen auf Schienen entstanden, um Güter und Rohstoffe in die aufblühenden Industriezentren zu transportieren. Durch die Benutzung von Schienen konnte die Reibung der Räder erheblich vermindert und damit Schnelligkeit und Ladekapazität gesteigert werden. 1803 wurde die erste öffentliche Pferde-Güterbahn eröffnet, 1807 folgte die erste öffentliche Bahn für den Reiseverkehr. Bei allem Erfolg – ein Nachteil war nicht zu übersehen: Schnelligkeit und Wirtschaftlichkeit wurden von der Kraft des Pferdes bestimmt.

Vorreiter England

Im Jahr 1803 wettete Samuel Homfray, der in der Eisenhütte von Peny-Darran angestellt war, um 500 Guineen, dass ein Dampffahrzeug anstelle der Pferdebahn zehn Tonnen Eisen über die 14 km (Kilometer) lange Strecke nach Merthyr Tydfil schleppen könne. Er beauftragte Richard Trevithick, der bereits im Jahre 1800 die erste Hochdruckdampfmaschine entwickelt hatte, ein Dampffahrzeug für den Schienenverkehr zu bauen.

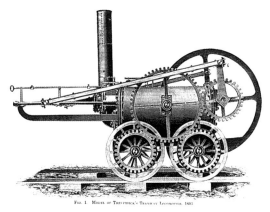

Trevithicks erste **Lokomotive** aus dem Jahr 1804 zeigte in überzeugender Weise, dass das System aus Rad, Gleis und sich aus eigener Kraft bewegender Maschine funktionieren konnte.

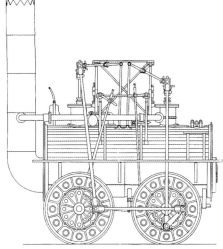

In seiner 1823 in Newcastle-upon-Tyne gegründeten Lokomotivenfabrik baute George Stephenson die **»Locomotion«**, die bis 1850 auf der Strecke Stockton–Darlington Dienst tat. Über die erste Fahrt der »Locomotion« am 27. September 1825 berichtete eine Zeitung: »Die Maschine startete und zog sechs beladene Waggons, einen Personenwagen und 21 offene, mit Sitzen ausgerüstete Güterwagen. An manchen Stellen wurden volle 20 Stundenkilometer erreicht. Die Zahl der Passagiere belief sich auf 450, was zusammen mit der Kohle und anderen Dingen ein Gewicht von beinahe 30 Tonnen ergab. Die Maschine und ihre Ladung benötigten für ihre erste, 14 km lange Reise 65 Minuten.«

Am 13. Februar 1804 war die Lokomotive zu ihrer ersten Fahrt bereit. Bei einem Gewicht von 4100 Kilogramm wurde sie mit Dampf aus einem zwei Meter langen Kessel durch einen 1,3 Meter langen Kolbenhub angetrieben. Als die Lokomotive in etwas mehr als zwei Stunden ihre Aufgabe erfolgreich löste, hatte Homfray seine Wette gewonnen. Die Maschine war jedoch zu schwer für die alten Gleise gewesen und hatte eine Reihe von Rissen und Brüchen in den Schienen verursacht, die damals noch aus Holz bestanden. Damit tat sich ein neues Hindernis für einen erfolgreichen Einsatz der neuen Technik auf – es musste eine Maschine entwickelt werden, die schwer genug war, um die erforderliche Zugkraft aufzubringen, und dennoch so leicht, dass die Gleise nicht zerstört wurden.

Die entscheidenden Verbesserungen gelangen George Stephenson, der sich intensiv damit beschäftigte, die bisher existierenden Dampfmaschinen zu vereinfachen und effektiver zu machen. Er entwickelte unter anderem einen engeren Kamin, der einen stärkeren Zug und damit mehr Hitze in der Feuerbüchse bewirkte, ordnete die Zylinder oberhalb des Kessels an, um den Antrieb zu vereinfachen, und konstruierte ein Antriebssystem von Stangen und Kurbeln, das für alle folgenden Lokomotiven zum Standard wurde. Für die Stockton&Darlington-Gesellschaft baute Stephenson die »Locomotion«, die am 27. September 1825 ihre triumphale Jungfernfahrt von Darlington nach Stockton absolvierte. Mithilfe dieser Bahn konnte die Kohle aus den Gruben bei Stockton nun schneller, bequemer und pünktlicher zum Seehafen nach Darlington transportiert werden, wo sie anschließend verschifft wurde.

Das Zeitalter der modernen Eisenbahn begann fünf Jahre später – mit der Eröffnungsfahrt der ebenfalls von Stephenson (und seinem Sohn Robert) erbauten »Rocket« auf der 56 Kilometer langen Strecke Liverpool–Manchester am 15. September 1830. Diese Eisenbahn vereinte zum ersten Mal alle Eigenschaften des neuen Verkehrsmittels: zwei eiserne Gleise, Personen- und Güterverkehr, ausschließlich Dampfbetrieb, ein System von Bahnhöfen, Signalen, Brücken und Tunneln sowie verschiedene Wagentypen. Die Schienen bestanden zwar immer noch aus hölzernen Längsschwellen, die lediglich mit eisernen Flachschienen beschlagen waren, doch bereits 1837 gelang dem Amerikaner Robert Stevens die Entwicklung der im Prinzip noch heute verwendeten Breitfußschiene, die aus gewalztem Stahl gefertigt wurde.

Der Siegeszug der Eisenbahn

In Nordamerika herrschte bezüglich der Einsatzmöglichkeiten der Dampfeisenbahn größere Skepsis als in England. Die meisten Industriellen hielten weiterhin die Kanalschifffahrt für das beste Verkehrsmittel. Allerdings zeigte sich bald, dass Kanäle das Transportproblem des riesigen Landes nicht lösen konnten – besonders als man daran ging, den noch unerschlossenen Westen zu besiedeln, wo Gebirge ein schier unüberwindliches Hindernis darstellten. Seit Anfang der 1830er-Jahre fasste die Eisenbahn, getragen von privaten Ge-

George Stephenson gilt als Vater der Eisenbahn. Mit 14 Jahren war er Hilfsarbeiter und dann Maschinenwärter in einer Kohlengrube und stieg 1812 zum Maschinenmeister auf. Seine erfolgreiche Laufbahn als Lokomotivenbauer begann mit seiner ersten Lokomotive »Mylord« (1813/14). 1823 gründete er in Newcastle-upon-Tyne die erste Lokomotivenfabrik der Welt, in der er die Entwicklung weiter vorantrieb. Stephenson verwendete als Erster den Kuppelstangenantrieb, gusseiserne statt schmiedeeiserne Räder, führte die Weiche ein und baute den ersten Eisenbahnwagen für Personen. Sein Sohn Robert konstruierte die »Rocket«, die bis heute als wichtigster Vorläufer der modernen Dampflokomotive gilt.

sellschaften, deshalb mehr und mehr Fuß: Um 1835 waren bereits in sieben Staaten neun Eisenbahnlinien im Bau und weitere 20 in Planung. Mitte des 19. Jahrhunderts verfügten die USA über rund 14 400 Kilometer Eisenbahnstrecke, zehn Jahre später waren es bereits 48 000 Kilometer. Das Zentrum der neuen Transportwege war Chicago, dessen Bevölkerung zwischen 1850 und 1860 von 29 000 auf 109 000 Einwohner anstieg.

Das bis dahin ehrgeizigste Projekt wurde 1863 in Angriff genommen – die Verbindung von West- und Ostküste durch eine Eisenbahnlinie. Nach nur vierjähriger Bauzeit, in der über 2800 Kilometer Schienen verlegt wurden, konnte die »Transcontinental« am 10. Mai 1869 eröffnet werden.

Die in den USA eingesetzten Lokomotiven bauten auf den englischen Vorbildern auf. 1830 erwarb Robert Stevens bei George Stephenson eine Lokomotive für ein Eisenbahnprojekt in New Jersey. Da die Maschine nur in zerlegtem Zustand verschifft werden konnte, musste sie am Bestimmungsort wieder zusammengesetzt werden. Dabei veränderten und ergänzten Stevens und sein Helfer Isaac Dripps die Konstruktion der Lokomotive um vier entscheidende Details: Die »John Bull« erhielt ein bewegliches vorderes Laufrad, wodurch das Gewicht besser verteilt und die Kurvenläufigkeit verbessert wurde. Dieses Laufgestell wurde mit dem ersten brauchbaren Schienenräumer ausgestattet, der auf den Gleisen befindliche Tiere oder Gegenstände beiseite schob. Die wichtigste Neuerung war der trompetenartige Schlot, der den Funkenflug umlenkte, bevor dieser ins Freie trat. Schließlich wurde die Lok eng an den Kohletender gekoppelt, dessen weit überstehendes Dach die Lokmannschaft gegen Qualm und Funkenflug schützte.

Auf dem europäischen Kontinent verlief der Ausbau des Schienenverkehrs ruhiger als in England oder den USA, wo private Eisenbahngesellschaften in einem hemmungslosen Wettbewerb die Entwicklung beschleunigten. Das erste staatliche Eisenbahnsystem der Welt wurde 1834 in Belgien beschlossen; vor allem Antwerpen sollte damit zu einem internationalen Wirtschaftszentrum ausgebaut werden.

Auch in Deutschland erkannte man bald die nicht nur wirtschaftlichen Vorzüge der Eisenbahn. So betonte Minister Goethe in Weimar schon 1828 den politisch einigenden Charakter des modernen Verkehrswesens: »Mir ist nicht bange, dass Deutschland nicht eins werde; unsere guten Chausseen und künftigen Eisenbahnen werden schon das Ihrige tun.« Doch erst 1834 billigte der bayerische König Ludwig I. den Bau einer ersten Bahnstrecke von Nürnberg nach

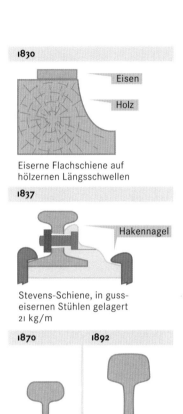

1830

Eisen

Holz

Eiserne Flachschiene auf hölzernen Längsschwellen

1837

Hakennagel

Stevens-Schiene, in gusseisernen Stühlen gelagert
21 kg/m

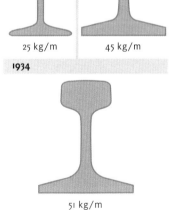

1870   1892

25 kg/m   45 kg/m

1934

51 kg/m

Entwicklung der **Schienen** für die Dampfeisenbahn. Die noch heute verwendete Breitfuß- oder Doppel-T-Schiene wurde 1837 von dem Amerikaner Robert Stevens entwickelt, die damit die eiserne Flachbettschiene auf hölzernen Längsschwellen ablöste.

Stevens' Schiene ließ sich im Gegensatz zu den Vorgängertypen leicht mit Hakennägeln befestigen. Diese Grundkonstruktion wurde im Laufe der Zeit nur unwesentlich verändert. Seit dem Ende der Dampflokära werden wegen der stetig steigenden

Anforderungen an die Tragfähigkeit und Lebensdauer der Gleise durch immer höhere Fahrgeschwindigkeiten zunehmend schwerere Schienenprofile erforderlich. Die heute benutzten Schienen wiegen mehr als 60 Kilogramm pro Meter.

Die bereits von Stephenson bevorzugte Spurweite von 1,435 Metern hat sich als **Normalspur** in den meisten europäischen Ländern durchgesetzt. Als **Breitspur** werden Spurweiten bezeichnet, die über diesem Maß liegen, wie etwa die in der Sowjetunion (1,524 Meter) oder in Spanien und Portugal (1,676 Meter) benutzten. Die **Kapspur** in Süd- und Ostafrika gehört mit einem Maß von 1,067 Metern zu den **Schmalspurweiten**.

Datum	Land	Strecke	Länge
7. Dezember 1835	Bayern	Nürnberg–Fürth	6 km
24. April 1837	Sachsen	Leipzig–Althen	9 km
22. September 1838	Preußen	Zehlendorf–Potsdam	14 km
1. Dezember 1838	Braunschweig	Braunschweig–Wolfenbüttel	12 km
26. September 1839	Hessen	Frankfurt–Höchst	9 km
12. September 1840	Baden	Mannheim–Heidelberg	17 km
19. Mai 1844	Hannover	Braunschweig–Hannover	61 km
22. Oktober 1845	Württemberg	Cannstatt–Untertürkheim	10 km

Die **ersten Eisenbahnen** in den deutschen Ländern (Auswahl).

Fürth. Am 7. Dezember 1835 eröffnete die »Ludwigsbahn« mit Lokomotiven aus Stephensons Werkstatt den Personenverkehr. Bereits 15 Jahre später war das Schienennetz in Deutschland auf 6400 Kilometer gewachsen. Und bis etwa 1870/80 besaßen alle größeren deutschen Städte einen Eisenbahnanschluss. Die größte Dichte im Schienennetz war im Deutschen Reich um 1910/14 erreicht; es gab nur wenig Orte, von denen aus man nicht innerhalb von 2,5 Stunden Fußmarsch einen Bahnanschluss erreichen konnte.

Die Verbreitung der Eisenbahn ist untrennbar mit der Entwicklung von Industriezentren verbunden. Ein Beispiel dafür ist das Ruhrgebiet. Obwohl dort schon seit dem Mittelalter die reichen Kohlevorkommen abgebaut wurden, nahm die Region erst mit dem Ausbau der Eisenbahnverbindungen den rasanten Aufschwung, der sie zum wichtigsten industriellen Ballungszentrum Deutschlands werden ließ. Die bis dahin unbedeutenden Orte wandelten sich mit der zunehmenden Zahl der Eisenbahnlinien zu Großstädten.

In Bochum etwa, das bereits 1041 als Herrenhof erwähnt wird, lebten Anfang des 19. Jahrhunderts rund 2000 Menschen. 1840, nachdem man mithilfe von Dampfmaschinen das Abteufen der ersten westfälischen Tiefbauzeche begonnen hatte, wurden bereits 4000 Einwohner gezählt. Nach der Anbindung an das Eisenbahnnetz 1860 stiegen die Bevölkerungszahlen unaufhaltsam: 1870 waren es bereits 17600 Einwohner, 1910 etwa 137000 und 1974 knapp 400000. Daneben entstanden auch völlig neue Städte, wie etwa Oberhausen: 1758 wurde dort die erste Eisenhütte der Ruhrregion errichtet. 1847 führten die Eisenbahnstrecken nach Duisburg und Dortmund durch diese Gegend und ein Bahnhof wurde gebaut – Menschen siedelten sich verstärkt an. Aus sieben kleineren Ortschaften entstand 1862 die Gemeinde Oberhausen, in der um die Jahrhundertwende bereits 50000 Menschen lebten.

In den Anfangsjahren wurden in Deutschland überwiegend englische Lokomotiven eingesetzt, bis 1841 August Borsig die ersten deutschen Lokomotiven vorstellte.

Auch im russischen Zarenreich wollte man die Vorzüge des neuen Verkehrsmittels nutzen, um bisher unzugängliche Rohstoffvorkommen zu erschließen. Zwischen 1891 und 1916 entstand die Transsibirische Eisenbahn, die den europäischen Teil Russlands mit den rohstoffreichen Gebieten im Osten verbindet. Mit einer Länge von 9289 Kilometern zwischen Moskau und Wladiwostok ist sie bis heute die längste durchgehende Eisenbahnstrecke der Welt.

Das Ende des Höhenflugs der Eisenbahn zeichnete sich seit den 1920er-Jahren ab: Mit dem verstärkten Aufkommen des Automobils erwuchs ihr weltweit eine immer größere Konkurrenz, der die Eisenbahngesellschaften vor allem durch die Steigerung der Schnelligkeit bis hin zur Entwicklung der Hochgeschwindigkeitszüge in der jüngsten Vergangenheit zu begegnen suchten.

Reisezüge und Container – Beförderung von Personen und Waren

Das neue Verkehrsmittel nutzte man von Anfang an nicht nur zum Transport von Waren und Gütern, sondern auch zur Beförderung von Personen. Dem Komfort der Reisenden wurde anfangs jedoch wenig Aufmerksamkeit geschenkt. Die Coupéwagen mit ihren seitlichen Türen für jedes Abteil waren aus den Postkutschen hervorgegangen, was die Form des Fahrgestells und des Wagenkastens deutlich verriet. Heizung und Belüftung fehlten fast völlig, eine Toilette gab es allenfalls im Gepäckwagen. Bis 1928 kannte man vier Beförderungsklassen: Die Wagen der ersten Klasse waren überdacht und mit Glasfenstern versehen und hatten gepolsterte Sitze. In den ebenfalls überdachten Abteilen der zweiten Klasse konnte man sich lediglich durch lederne Vorhänge vor Regen und Wind schützen. Die dritte Klasse war offen, aber noch überdacht. In der vierten Klasse schließlich fehlte das Dach und gab es nur noch Stehplätze. Die Ausweitung des Streckennetzes und die damit verbundenen längeren Reisezeiten führten jedoch bald zu einer besseren Ausstattung der Personenwagen. So verfügte etwa die preußische Bahnverwaltung 1878, dass die Wagen Dampfheizung, Gasbeleuchtung und einen Oberlichtaufbau bekommen sollten, zwei Wagentypen sogar Toiletten. Besonders in den USA wurde es mit dem Bau der »Transcontinental« unumgänglich, den Komfort für die Reisenden zu erhöhen, die oft tagelang unterwegs waren. 1859 entwickelte George Mortimer Pullman die ersten Pläne für einen praktischen und komfortablen Schlafwagen. Mit dem einige Jahre später vorgestellten abteillosen Salonwagen in luxuriöser Ausstattung wurde sein Name zum Inbegriff des komfortablen Reisens auf der Schiene.

Der berühmteste Luxuszug der Eisenbahngeschichte ist der Orient-Express, der von 1883 bis 1977 zwischen Paris und Istanbul verkehrte. Der Zug bestand aus drei luxuriös ausgestatteten Schlafwagen mit Wänden aus Teakholz, in die Intarsien aus Walnuss und Mahagoni eingelegt waren. Die Bettwäsche war aus Seide, und die Toiletten besaßen marmorne Waschbecken mit vergoldeten Armaturen. Daneben gab es einen Salonwagen für die Damen und einen Raucherwagen mit Bibliothek für die Herren. Das Schmuckstück aber war der Speisewagen, der mit Malereien versehen und mit Kristallleuchtern ausgestattet war. In einem separaten Wagen wurden Lebensmittel, Wein und Champagner mitgeführt.

Ausbau des Streckennetzes

Die politische Zersplitterung in Deutschland in viele kleine Fürstentümer und Staaten verhinderte im Eisenbahnwesen eine einheitliche Entwicklung. Neben den privaten Eisenbahngesellschaften gab es jedoch auch Territorien, wo von Anfang an der Staat als Eisenbahnunternehmer tätig wurde. So entwickelte sich beispielsweise in Württemberg und Baden eine Staatsbahn. Dabei

August Borsig gründete 1837 in Berlin eine der bedeutendsten deutschen Lokomotivbaufirmen. Bereits 1841 verließ die erste konkurrenzfähige Lokomotive – die »**Borsig**«, die nach den Ideen, wie er sie in seiner Doktorarbeit dargelegt hatte, gebaut war – das Unternehmen. In seine Lokomotiven flossen eigene Ideen ein: Er ordnete die Zylinder waagerecht an, gab dem runden Stehkessel amerikanischer Bauart eine rechteckige Form mit überhöhter Decke und entwickelte ein nach ihm benanntes Steuerungssystem.

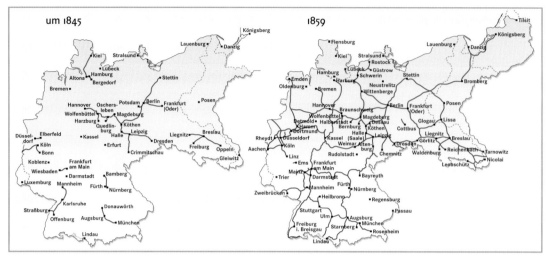

Den rasanten **Ausbau des Strecken-netzes** verdeutlichen die beiden Karten: Um 1845 existieren nur wenige Eisenbahnlinien (links), 1859 sind bereits die wichtigsten deutschen Städte auf dem Schienenweg miteinander verbunden (rechts).

hatte bereits 1833 Friedrich List – einer der vehementesten Verfechter der Aufhebung der Zollschranken innerhalb des Deutschen Bundes – für ein allgemeines deutsches Eisenbahnsystem geworben. Mit seinen Vorschlägen, die er in einer Flugschrift skizzierte, konnte er sich jedoch nicht durchsetzen. Erst nach dem Ersten Weltkrieg, als sich mit dem Aufkommen von Automobil und Flugzeug ein Ende der Monopolstellung der Bahn abzuzeichnen begann und viele der kleinen Betreibergesellschaften in die roten Zahlen gerieten, gingen die privaten Bahnlinien zunehmend in öffentliche Hände über. Am 1. April 1920 schlossen sich schließlich die Länderbahnen von Preußen, Bayern, Sachsen, Württemberg, Baden, Hessen, Mecklenburg-Schwerin und Oldenburg zur Deutschen Reichsbahn zusammen, die nun über ein 53560 Kilometer langes Streckennetz verfügte.

Doch Anfang der 1920er-Jahre stagnierte das Verkehrsaufkommen auf der Schiene. Deutschland war als einer der Verlierer des Ersten Weltkriegs politisch isoliert. Wichtige internationale Eisenbahnverbindungen wurden um Deutschland herumgeführt. Erst nach seiner Aufnahme in den Völkerbund 1925 konnte die Deutsche Reichsbahn wieder internationale Zugverbindungen realisieren. Mit dem seit dem 15. Mai 1928 eingesetzten »Rheingold« und der 1930 geschaffenen Schlafwagenverbindung Berlin–Istanbul gewann der Reisezugverkehr in Deutschland für die internationale Kundschaft wieder an Attraktivität.

Der **Fliegende Hamburger** wurde 1932 gebaut und verkehrte zwischen den meisten deutschen Großstädten, unter anderem auch zwischen Hamburg und Berlin. Er war damals auf dieser Strecke der schnellste Zug mit einer Reisegeschwindigkeit von 125,6 km/h und 500 km Laufweg je Tag.

Innerhalb des Landes entwickelte die Bahn ein Konzept der schnellen Städteverbindungen und setzte ab 1932 Triebwagen vom Typ »Fliegender Hamburger« ein. Mit dem Sommerfahrplan 1933 verband dieser bis zu 160 km/h schnell fahrende Zug die meisten Großstädte, wenn auch auf fast allen Strecken nur mit einer Höchstgeschwindigkeit von bis zu 120 km/h.

Nach dem Zweiten Weltkrieg kam der Reisezugverkehr nur schwer
wieder in Gang: 4340 km Gleise waren zerstört, nur noch 65 Prozent
der Lokomotiven, 40 Prozent der Personen- und 75 Prozent der Güterwagen von 1936 waren noch fahrtüchtig. Das Streckennetz, das
1937 noch eine Länge von rund 55 000 km hatte, war auf 42 000 km zu-
sammengeschrumpft. Bedingt durch die Aufteilung Deutschlands in
die drei westlichen Besatzungszonen, wurde in den folgenden Jahren
vor allem der Ausbau der verbliebenen Nord-Süd-Verbindungen gefördert. Die wichtigen Ost-West-Strecken wurden mit dem Entstehen der sowjetischen Besatzungszone im Osten zerschnitten.

Erst 1953 knüpfte die Deutsche Bundesbahn – 1951 als Nachfolgerin der bis dahin getrennt verwalteten Teile der Deutschen Reichsbahn in den westlichen Zonen gegründet – wieder nennenswerte internationale Verbindungen: So wurde etwa Frankfurt am Main, das
aufstrebende Finanzzentrum der Bundesrepublik, mit Paris, Zürich,
Luxemburg und Amsterdam verbunden.

Der starken Zunahme des internationalen Reiseverkehrs mit Autos und Flugzeugen suchten die westeuropäischen Länder mit der
Einführung der grenzüberschreitenden Transeuropa-Expresszüge zu

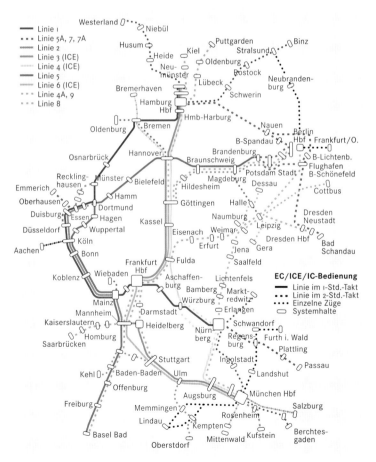

Das **Streckennetz** im Bereich der
Deutschen Bahn AG mit den
Stammlinien der EC-, ICE- und
IC-Verbindungen 1998/99.

Ein **Triebwagen** besitzt eine eigene Antriebsmaschine und ist – im Gegensatz zur Lokomotive – für die Beförderung von Personen und Gütern eingerichtet. Heute sind Elektro- und Dieselmotoren die gängigen Antriebsarten. Um kostspielige Streckenverbesserungen zu vermeiden, können Triebwagen, vor allem im Regionalverkehr, seit den 1970er-Jahren mit einer gleisbogenabhängigen Wagenkastensteuerung ausgerüstet werden. Mithilfe dieser so genannten **Neigetechnik** werden in Kurven um etwa 30 Prozent höhere Fahrgeschwindigkeiten erreicht, da sich der Wagenkasten beim Durchfahren der Gleisbögen zum Ausgleich der Fliehkraft etwa bis acht Grad neigt. In Anlehnung an den in Italien gebauten Hochgeschwindigkeitszug »Pendolino« wurde seit 1991 die Baureihe VT 610 mit dieser Technik ausgerüstet, deren Triebwagen zum Beispiel einen Gleisbogen von 600 Metern Radius statt mit 120 km/h nun mit 160 km/h durchfahren können.

Ungewöhnliche Schienenfahrzeuge sind etwa die zwischen 1893 und 1903 in Wuppertal entstandene **Schwebebahn** – eine Einschienenbahn, bei der das Fahrzeug unter der Schiene hängt – oder die 1873 in San Francisco eröffnete **Cable Car,** deren Wagen von Seilen gezogen werden. Besonders platzsparend sind aufgeständerte **Hochbahnen,** wie sie etwa in Chicago um das Stadtzentrum (»The loop«) herumführen.

begegnen. Mit dem Sommerfahrplan 1957 verkehrten die TEE-Züge, mit ausschließlich Erster-Klasse-Komfort, zwischen vielen europäischen Großstädten. Die Ära der TEE-Züge endete am 31. Mai 1987, als die neue Zuggattung Eurocity (EC) eingeführt wurde.

Für den Bahnverkehr innerhalb Deutschlands setzte die Deutsche Bundesbahn seit 1978 Intercity-Züge ein, die 33 Städte im Einstundentakt miteinander verbinden sollten. Das Intercity-Netz hatte 1990 eine Streckenlänge von 3080 km; die mittlere Reisegeschwindigkeit der IC-Züge betrug, unter Berücksichtigung der Zwischenhalte, 108 km/h. Die IC- und EC-Züge bestanden aus bis zu 13 Reisezugwagen der ersten und zweiten Klasse nebst Speisewagen. Der gesamte Zug war oft über 300 Meter lang und beanspruchte damit fast die gesamte Länge eines Bahnsteigs. 1988 wurden die ICs durch die Interregio-Züge ergänzt, die begannen, die bisherigen D-Züge abzulösen. Mit dem IR-Konzept strebte die Bundesbahn bessere Verbindungen auch außerhalb der Hauptstrecken an.

Straßenbahnen und U-Bahnen

Die Notwendigkeit, billige und wirkungsvolle Verkehrsverbindungen zwischen Stadt und Umland sowie innerhalb der Städte zu schaffen, trat mit zunehmender Industrialisierung immer deutlicher zutage. Seit etwa 1880 kristallisierten sich industrielle Ballungsräume heraus und wuchsen Großstädte heran. Die Menschen benötigten leistungsfähige Transportmittel, um von ihren Wohnungen außerhalb der Zentren zu den Arbeitsstätten zu gelangen. Pferdebahnen, wie sie etwa seit 1832 in New York oder 1865 in Berlin in Betrieb waren, reichten nicht mehr aus, um das steigende Verkehrsaufkommen zu bewältigen.

Der entscheidende Anstoß zur Lösung dieses Problems kam aus Berlin: 1865 entdeckte der Erfinder und Unternehmer Werner von Siemens das dynamoelektrische Prinzip und baute 1866 die erste Dynamomaschine, der bald leistungsfähige Elektromotoren folgten. Damit war der Weg bereitet für die ersten elektrischen Eisenbahnen, die – wie sich bald herausstellte – als Straßenbahnen besonders gut geeignet waren: Die Züge verkehrten rasch und zuverlässig und waren vor allem viel sauberer als die von Dampfloks gezogenen, deren Rauch und Abgase vor allem in Tunnels Zugpersonal und Reisenden zu schaffen machten.

Deutschlands erste elektrische Straßenbahn nahm am 16. Mai 1881 in Berlin-Lichterfelde den Betrieb auf. Die dritte Schiene, die der Bahn den Strom lieferte, wurde ab 1890 durch eine Oberleitung ersetzt. Diese Neuerung trug entscheidend dazu bei, Straßenbahnen weniger störanfällig und vor allem weniger gefährlich zu machen, war es doch bisher durch das Berühren der Strom führenden Schiene immer wieder zu Unfällen gekommen. Bis etwa 1910 war der Übergang von der Pferdebahn zur elektrischen Straßenbahn in den deutschen Großstädten überwiegend abgeschlossen.

Mit der »Elektrischen« – oder »Tram« – begann die Neuzeit im innerstädtischen schienengebundenen Nahverkehr. Voraussetzung für ein effektives Verkehrssystem war ein sorgfältig geplantes Streckennetz. In einigen Städten, zum Beispiel in München, Leipzig und Hannover, wurden die verschiedenen Linien sternförmig zu einem Zentrum, etwa dem Hauptbahnhof, geführt. Das Wachstum der Städte seit den 1920er-Jahren machte dann Ringverbindungen und Anschlusslinien erforderlich, die die neuen Stadtteile enger an das Zentrum banden. In welche Richtung die Entwicklung heute geht, zeigen zwei moderne Verkehrskonzepte, die in Karlsruhe und auf der Strecke Lebach–Saarbrücken–Sarreguemines realisiert wurden. In Karlsruhe rollen seit 1991 Triebwagen nicht nur als Straßenbahn etwa durch die Fußgängerzone, sondern fahren im Rahmen des Regionalverkehrsplans auch auf Trassen der Bahn. Voraussetzung dafür ist, dass die eingesetzten Triebwagen sowohl mit 15-Kilovolt-Wechselstrom als auch mit dem bei Straßenbahnen üblichen 750-Volt-Gleichstrom fahren können. Die Stadtbahn Saar stellte 1996 erstmals einen Niederflur-Triebwagen vor, der ebenfalls für den Zweisystembetrieb geeignet ist und – ein weiteres Novum – auch grenzüberschreitend auf französischer Seite eingesetzt werden kann.

Eine weitere Entlastung der Städte brachte der Bau von Untergrundbahnen, die vor allem die Verbindung zu den Vororten herstellten. Das U-Bahn-System bewährte sich besonders in bevölkerungsreichen Metropolen, wo aus Platzmangel der Aufbau eines oberirdischen Verkehrssystems nur schwer möglich ist.

Große U-Bahn-Netze, wie etwa in London oder New York, besitzen eine Gesamtstreckenlänge von bis zu 400 Kilometer und mehrere Hundert Stationen. Bei einer kürzesten Zugfolgezeit von etwa 90 Sekunden können bis zu 40000 Reisende je Stunde und Richtung befördert werden. Die Leistungsfähigkeit hängt maßgeblich vom schnellen Wechsel der Fahrgäste an den Stationen ab; er wird durch stufenlose Übergänge zwischen Bahnsteig und Wagenboden sowie durch dicht nebeneinander angeordnete, zentral betätigte Einstiegstüren ermöglicht.

Güterverkehr

Gütertransporte auf der Schiene sollen heutzutage helfen, den drohenden Kollaps des Straßenverkehrs zu vermeiden. Der Güterverkehr entwickelte sich in etwa parallel zur Personenbeförderung und hatte – bezogen auf andere Verkehrsträger – bis zur Jahrhundertwende fast eine Monopolstellung. Bei einigen Massenguttransporten stand er im Wettbewerb mit der Binnenschifffahrt, und dies auch nur bei einer günstigen Wasserstraßenverbindung.

Eine ernsthafte Konkurrenz erwuchs der Bahn mit dem sich ausbreitenden Straßenverkehr in den 1920er- und 30er-Jahren. Besonders die Verkehrspolitik des Dritten Reiches begünstigte den Transport per LKW durch

Die **erste U-Bahn Kontinentaleuropas** wurde am 2. Mai 1896 in Budapest eröffnet. Die erste Untergrundbahn überhaupt – die City & South London Railway – war am 4. November 1890 durch den Prinzen von Wales eröffnet worden. Sie verband Stockwell mit der über fünf Kilometer entfernten Station King William Street. Zweiachsige elektrische Lokomotiven zogen die »Röhrenbahn«. 1892 entstand die erste elektrifizierte U-Bahn-Linie der USA in Chicago. Im Jahre 1900 folgten die Untergrundbahnen in Paris und 1902 in Berlin.

Entwicklung des **Güterverkehrs** in Deutschland.

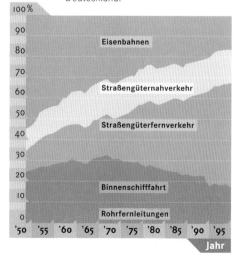

umfangreiche Straßenbaumaßnahmen, vor allem durch den massiven Ausbau der Reichsautobahnen. Diese Tendenz setzte sich in der Ära der Deutschen Bundesbahn (1949 bis 1993) fort; die Gütertransporte verlagerten sich mehr und mehr von der Schiene auf die Straße. Die Straßenspediteure – obwohl einem harten brancheninternen Wettbewerb ausgesetzt – mit ihren kundennahen Angeboten ließen die Bahn zunehmend ins Hintertreffen geraten: Während die Verkehrsleistung auf der Straße von 1980 bis 1995 um 91 Prozent gewachsen ist, nahm der Schienengüterverkehr um 27 Prozent ab.

Die Zukunftsaussichten des traditionellen Güterverkehrs sind angesichts der rasant schrumpfenden Massenguttransporte – seit den 1980er- und 90er-Jahren nimmt der Anteil höherwertiger Kaufmannsgüter ständig zu – düster. Mithilfe des kombinierten Güterverkehrs von Schiene und Schiff beziehungsweise Schiene und Straße, der durch die Einführung von einfach und schnell zu verladenden Containern möglich wurde, sollen die Beförderungsanteile der Bahn wieder steigen. So setzt die Bundesbahn seit etwa 1970 spezielle Behältertragwagen ein, die die Behälter vom Güterwaggon direkt zum Straßenfahrzeug transportieren.

Mithilfe der **automatischen Fahrzeugidentifizierung** (AFI) kann der Einsatz der einzelnen Güterwagen genau kontrolliert und geplant werden. Die am Radsatz des Wagens angebrachte Wagennummer wird elektronisch erfasst und an eine Meldestelle weitergegeben, die den Einsatz der Güterwagen koordiniert.

Die Erfordernisse des Markts und die sich ändernden Wünsche der Kunden, Waren möglichst sicher, schnell und preisgünstig zu transportieren, führten zu einem weit gefächerten Bedarf an Güterwagen. Auch die Nahtstellen zu anderen Verkehrsträgern wie zum Lastkraftwagen oder zum Schiff machten spezielle Konstruktionen nötig. Massen- und Schüttgüter werden in offenen Güterwagen transportiert, die entweder keine Abdeckung haben oder deren Dach sich öffnen lässt; dazu gehören zum Beispiel Selbstentladewagen und Muldenkippwagen. Für Großraum- und Schwerlasttransporte wurden Flachwagen konzipiert, für Autotransporte Doppelstockwagen. Verpackte Güter (Stückgüter) benötigen geschlossene Wagen. Schiebewandwagen mit verriegelbaren Trennwänden eignen sich zum Transport von bruch- und stoßempfindlichen Waren. Flüssige und gasförmige Stoffe werden in Kesselwagen befördert, staubfeine Güter – wie etwa Mehl – in Staubbehälterwagen und verderbliche Lebensmittel in Großraumkühlwagen.

Zugpferde der Eisenbahn – Lokomotiven

Die ersten Dampflokomotiven wurden sowohl für die Beförderung von Personen und Gütern wie auch zum Rangieren auf Bahnhöfen eingesetzt und wiesen in ihrer Bauweise keine gravierenden Unterschiede auf. Aber man erkannte rasch, dass Lokomotiven für Personenzüge weniger Achsen mit größeren Treib- und Kuppelrädern benötigten, was die Schnelligkeit erhöhte, Zugmaschinen für Güterzüge hingegen mehr Achsen mit kleineren Rädern, um die Zugkraft zu steigern. Bei Rangierlokomotiven wiederum, die den Bahnhof ja nicht verließen, konnte man auf den angekuppelten Schlepptender verzichten, in dem bei Streckenzügen Brennstoff- und Wasservorräte mitgeführt wurden.

Die Konstrukteure versuchten auf unterschiedliche Weise, diese Anforderungen umzusetzen. Sie waren vor allem bemüht, die Zugkraft der Lokomotiven zu verbessern, damit auch längere und schwerere Züge eingesetzt werden konnten, sowie die Wirtschaftlichkeit und Leistungsfähigkeit zu steigern – also Energie zu sparen und die Schnelligkeit zu erhöhen.

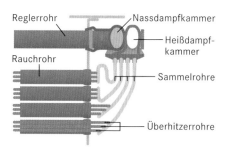

Eine der meistverwendeten Bauarten des Überhitzers, der **Rauchrohrüberhitzer,** besteht aus Rohren – so genannten Überhitzerschlangen –, die in die Rauchrohre eingeführt sind. Der konventionell erzeugte Dampf wird aus der Nassdampfkammer in die von Rauchgasen umströmten Überhitzerrohre geleitet und gelangt, nun auf über 400 Grad Celsius erhitzt, über Sammelrohre in die Heißdampfkammer und von dort zu den Zylindern.

Die große Zeit der Dampflokomotive

Die Verbundlokomotive des Schweizer Ingenieurs Anatole Mallet wurde 1874 patentiert: Er leitete den Dampf zunächst in einen Hochdruckzylinder und anschließend in einen zweiten, wesentlich größeren Niederdruckzylinder und nutzte auf diese Weise den Dampf zweifach (doppelte Dampfdehnung). Einen großen Fortschritt brachten etwa 25 Jahre später die Heißdampflokomotiven, die auf dem Prinzip der Dampfüberhitzung beruhen, das von Wilhelm Schmidt, einem Kasseler Lokomotivenbauer, entwickelt wurde: Der 300 bis 450 Grad Celsius heiße Dampf führte zu einer Leistungssteigerung von fast 25 Prozent. Die entstandene Energie wurde so effektiv genutzt, dass bis zu 30 Prozent des Wassers und 20 Prozent der Kohle eingespart werden konnten.

Um die Zugkraft der Lokomotive zu steigern, hätte man eigentlich nur die Größe der Maschine und die Anzahl der Räder erhöhen müssen. Damit aber stellte sich das Problem der Kurvenläufigkeit ein, das immer drängender einer Lösung bedurfte, sollten die Züge auch auf kurvenreicheren Strecken nicht entgleisen und möglichst wenig Schäden an Rädern und Schienen verursachen. 1876 stellte Anatole Mallet die erste Lokomotive mit einem geteilten Triebwerk vor, bei der die rückwärtigen Treibachsen fest im Rah-

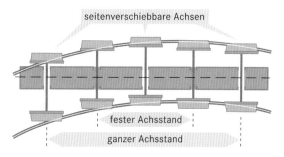

Die von Gölsdorf entwickelten **seitenverschiebbaren Achsen** wurden oft bei Lokomotiven mit fünf gekuppelten Treibradsätzen eingesetzt. Je nach Bauart konnte entweder der erste, dritte und fünfte Radsatz oder der erste und fünfte Radsatz verschoben werden.

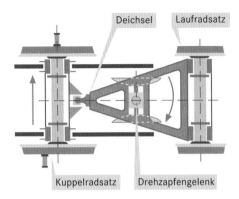

Das **Krauss-Helmholtz-Drehgestell**, eine weit verbreitete Bauart eines Lenkdrehgestells, besteht aus einem Kuppelradsatz, der seitenverschiebbar im Fahrzeugrahmen gelagert und über eine Deichsel mit einem Laufradsatz verbunden ist. Etwa in der Mitte zwischen den beiden Radsätzen liegt ein Drehzapfengelenk, das für die Beweglichkeit des Laufradsatzes sorgt.

men gelagert waren und durch die Hochdruckzylinder angetrieben wurden, die vorderen Treibachsen, auf die die Niederdruckzylinder wirkten, jedoch in einem Drehgestell angeordnet waren. Eine andere Möglichkeit, die Kurvenläufigkeit eines mehrachsigen Zuges zu verbessern, entwickelte der österreichische Ingenieur Karl Gölsdorf mit Radsätzen, die nach der Seite verschoben werden konnten.

Den endgültigen Durchbruch brachte dann ein Drehgestell, das Georg Krauss, ein Münchener Unternehmer, und sein Chefkonstrukteur Richard von Helmholtz entwickelten. Erstmals eingebaut wurde es 1888 in eine Tenderlokomotive, die auf der Strecke Reichenhall–Berchtesgaden Kurven mit Radien von nur 180 Metern und Steigungen von bis zu 40 Prozent zu bewältigen hatte.

Die hinsichtlich der Stückzahl große Zeit der Dampflokomotiven umfasste die Jahre ab etwa 1910 bis etwa 1950. Mit der zunehmenden Elektrifizierung der Strecken und der steigenden Bevorzugung von Dieselfahrzeugen auf den nicht elektrifizierten Linien setzte der Niedergang der Dampftechnik ein. Von Nachteil war zum einen ihr geringer Wirkungsgrad – bestenfalls zwölf Prozent der zugeführten Energie konnten in Arbeit umgesetzt werden –, zum anderen der hohe Arbeitsaufwand: Es dauerte bis zu neun Stunden, eine kalte Dampflokomotive einsatzbereit zu machen. Die meisten Arbeiten mussten per Hand erledigt werden: Schlacke

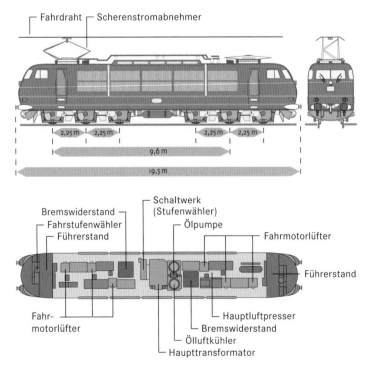

Typischer Aufbau einer **Elektrolokomotive.**

und Asche aus dem Feuerraum entfernen, Kohle, Wasser und Bremssand laden, vorheizen, Gestänge prüfen und warten. In der Nachkriegszeit wurden nur noch wenige Dampflokomotiven gebaut. Die Baureihen 10 und 66 der Deutschen Bundesbahn umfassten lediglich je zwei Exemplare, von der bekannteren Baureihe 23 wurden immerhin 105 verwirklicht. Mit den letzten 1966 in Deutschland hergestellten Dampflokomotiven, die für die Indonesischen Staatsbahnen bestimmt waren, ging eine Ära zu Ende.

Elektrolokomotiven

Technisch wäre es bereits in den 1920er-Jahren möglich gewesen, den Dampfbetrieb vollständig durch die Elektrotraktion zu ersetzen; schließlich fuhren bereits seit 1881 elektrisch angetriebene Straßenbahnen. Politische und wirtschaftliche Gründe sprachen jedoch dagegen. Erst Anfang der 1950er-Jahre entschied man sich dafür, die Hauptstrecken der Deutschen Bundesbahn zu elektrifizieren, was unter anderem für den Fahrzeugbestand weit reichende Folgen hatte: Da Elektroloks viel schneller einsatzbereit waren als Dampflokomotiven und nicht nach jeder Fahrt aufwendig gewartet werden mussten, genügte die Hälfte der Fahrzeuge. Dadurch und aufgrund der komfortableren Bedienung der Elektrolokomotiven verringerte sich auch das Personal: Von den 53400 Lokführern im Jahr 1957 waren 1977 nur noch 29800 im Dienst.

Einer der wesentlichen Unterschiede zu Dampflokomotiven bestand darin, dass Elektrolokomotiven ständig von außen mit Energie versorgt werden und daher keine Brennstoffvorräte mit sich führen mussten. Moderne Elektrolokomotiven sind Drehgestellfahrzeuge mit Einzelachsantrieb. Jede Treibachse besitzt also einen eigenen Antriebsmotor, der oberhalb oder neben der Achse angeordnet und im Drehgestell befestigt ist; Lüfter kühlen die Motoren. Die benötigte Energie wird der Fahrleitung vom Stromabnehmer entnommen und über die Dachleitung zum Hauptschalter geführt, mit dem die gesamte elektrische Ausrüstung ein- und ausgeschaltet werden kann. Von dort wird der Strom der Leistungssteuerung zugeführt, die die Motoren steuert; die einzelnen Bauteile dieses Steuerungssystems werden von dem verwendeten Bahnstromsystem bestimmt.

	E10	E40	E41	E50
Länge über Puffer (mm)	16490	16490	15660	19490
Achsfolge	Bo'Bo'	Bo'Bo'	Bo'Bo'	Co'Co'
Treibraddurchmesser (mm)	1250	1250	1250	1250
Fahrmotoren	4	4	4	6
Dauerleistung (kW) bei km/h	3620 / 120	3620 / 90	2310 / 102	4410 / 80
Anfahrzugkraft (kp)	28000	32000	22000	45000
Anzahl der Dauerfahrstufen	28	28	28	28
Höchstgeschwindigkeit (km/h)	150	100	120	100
Dienstlast (Mp)	86,4	83,0	67,0	126,0
Achslast (Mp)	21,2	20,9	16,8	21,0
Indienststellung ab	1956	1957	1956	1957
Stückzahlen	383	848	451	194

Technische Merkmale einiger **E-Lok-Baureihen.**

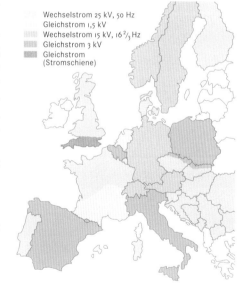

Wechselstrom 25 kV, 50 Hz
Gleichstrom 1,5 kV
Wechselstrom 15 kV, 16 $\frac{2}{3}$ Hz
Gleichstrom 3 kV
Gleichstrom (Stromschiene)

Historisch bedingt, existieren heute in den europäischen Ländern unterschiedliche **Bahnstromsysteme.** Bei **Gleichstromsystemen** werden unter anderem Fahrleitungsspannungen von 600 Volt (Straßenbahnen), 750 Volt (U-Bahnen), 1,5 Kilovolt (Stadtbahnen) und 3 Kilovolt (Fernbahnen) verwendet. **Einphasen-Wechselstromsysteme** mit Fahrleitungsspannungen von sechs oder zehn Kilovolt, 50 Hertz gibt es etwa für Grubenbahnen, solche mit 15 Kilovolt, 16 $\frac{2}{3}$ Hertz oder mit 25 Kilovolt, 50 Hertz für Stadtschnell- und Fernbahnen; in Deutschland wird ein bahneigenes Netz mit 15 Kilovolt, 16 $\frac{2}{3}$ Hertz betrieben, das von dem üblichen Stromversorgungsnetz abgekoppelt ist. **Drehstromsysteme** (meist mit 3,6 Kilovolt, 16 $\frac{2}{3}$ Hertz) findet man nur noch vereinzelt.

WIRKUNGSVOLLE BREMSEN

Mit den steigenden Geschwindigkeiten wurde ein wirkungsvolles Bremssystem immer wichtiger. 1867 entwickelte der amerikanische Ingenieur George Westinghouse eine durch Druckluft gesteuerte Bremse, deren Grundprinzip bis heute erhalten geblieben ist.

Über ein Hebelsystem ist der Kolben, der mithilfe der Druckluft bewegt wird, mit den Bremsklötzen verbunden. Eine im Bremszylinder angeordnete Druckfeder sorgt dafür, dass sich bei gelöster Bremse der Kolben in seiner Ausgangslage befindet und die Bremsklötze von den Radreifen abstehen.

Alle Bremsanlagen eines Zuges sind durch die Hauptluftleitung miteinander verbunden, über die sie durch Druckabsenkung gesteuert werden. Hierzu sind in jedem Fahrzeug zusätzlich ein Steuerventil und ein Hilfsluftbehälter als Luftreservoir erforderlich.

Auf dem Triebfahrzeug wird Druckluft von etwa acht Bar erzeugt und in zwei Hauptluftbehältern gespeichert. Im Führerstand der Lokomotive befindet sich das Führerbremsventil, das die Druckluft auf etwa fünf Bar reduziert und der Hauptluftleitung zuführt. Bei gelöster Bremse besteht Druckausgleich zwischen Hauptluftleitung und Hilfsluftbehälter. Zum Auslösen der Bremse wird das Führerbremsventil betätigt, das die Verbindung zwischen Hauptluftbehälter und Hauptluftleitung unterbricht und aus Letzterer Luft ins Freie entweichen lässt. Da nun der Druck im Hilfsluftbehälter jeder Bremsanlage den der Hauptluftleitung übersteigt, wird der Kolben im Steuerventil nach oben geschoben: Er sperrt die Hauptluftleitung vom Hilfsluftbehälter ab und verbindet diesen mit dem Bremszylinder, in den Druckluft einströmt. Sinkt während des Bremsvorgangs der Druck im Hilfsluftbehälter unter den der Hauptluftleitung, so bewegt sich der Kolben im Steuerventil etwas nach unten und sperrt die Luft im Bremszylinder ein. Bei einer nochmaligen Senkung des Drucks in der Hauptluftleitung wiederholt sich der beschriebene Bremsvorgang. Diese stufenweise Erhöhung der Bremskraft durch stufenweise Drucksenkung in der Hauptluftleitung ist so lange möglich, bis in der Hauptluftleitung und im Hilfsluftbehälter derselbe Druck herrscht.

Der Bremsvorgang wird beendet, wenn durch entsprechende Stellung des Führerbremsventils wieder Druckluft aus dem Hauptluftbehälter in die Hauptluftleitung und weiter in den Hilfsluftbehälter gelangt, der nun wieder aufgefüllt wird. Gleichzeitig entweicht die Pressluft aus dem Bremszylinder ins Freie. Dieser Lösevorgang der Bremse lässt sich nicht unterbrechen. Reicht die Zeit zwischen aufeinander folgenden Bremsungen nicht aus, um den Hilfsluftbehälter jeweils wieder aufzufüllen, so sinkt der Druck in diesem immer mehr ab, bis er zum Bremsen nicht mehr ausreicht und die Bremse erschöpft ist.

Dieser Nachteil wird bei der so genannten unerschöpfbaren Bremse vermieden, mit der moderne Schienenfahrzeuge ausgerüstet sind. Sie besitzt ein Steuerventil, das ein stufenweises Lösen der Bremse zulässt.

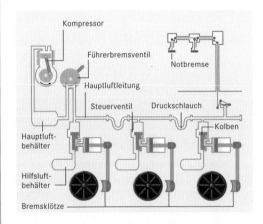
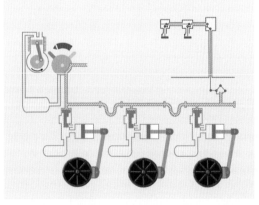

Bis zur Entwicklung der modernen Leistungselektronik in den 1970er-Jahren waren die Lokomotiven mit aufwendigen Gleich- oder Einphasen-Wechselstrommotoren ausgerüstet, die mechanische Stromwender (»Bürsten«) benötigten. Die unterschiedlichen Drehzahlen ergaben sich dabei durch Umschalten von Stromwicklungen mit einem Schaltwerk. Um die Zuggeschwindigkeit zu verändern, betätigte der Lokomotivführer das Schaltwerk mit einem

Handrad. Nachteile dieser Technik sind der relativ hohe Wartungsaufwand an den Stromwendern und Schaltwerken und die eingeschränkte Verwendungsmöglichkeit der Lokomotiven, die nur für
ein Stromnetz mit festgelegter Spannung und Frequenz ausgelegt
sind. Mit dem Einsatz von Drehstrom-Asynchronmotoren wurden
diese Nachteile vermieden.

Bei der Umstellung von Dampf- auf Elektrolokomotiven kam es
neben rein technischen Aspekten zu einer weiteren einschneidenden
Änderung: Man beschränkte sich darauf, nur noch einige wenige
Baureihen zu pflegen, was zu erheblichen Kosteneinsparungen bei
der Herstellung und Unterhaltung der Elektrolokomotiven führte.
Die fast 200 Lokomotivtypen von 1945 wurden im Rahmen der Neu-
bauprogramme 1957 auf 91 Baureihen reduziert, die sich bis 1977
noch einmal auf 41 verringerten. Die Maschinen der Baureihen E10,
E40, E41 und E50 bildeten das Rückgrat der elektrischen Zugförde-
rung bis in die 1970er-Jahre.

Während die Lokomotiven der Baureihe E10 vorwiegend im
Schnellzugdienst eingesetzt wurden, sah die Bundesbahn die Maschinen der Gattung E40 und E50 für den Güterzugdienst vor.
Wichtige technische Neuerungen waren unter anderem die Entwicklung einer Wendezuglokomotive, die 1956 in der Baureihe E41
erstmals eingesetzt wurde, und der Bau von Mehrsystemlokomoti-
ven, die auch mit unterschiedlichen Bahnstromsystemen fahren
konnten und so im internationalen Zugverkehr den Wechsel der Lokomotiven an der Staatsgrenze verzichtbar machten. 1965 nahmen
zum Beispiel Viersystemmaschinen ihren Dienst auf, die neben den
Wechselstromsystemen mit 15 Kilovolt bei $16\,^2/_3$ Hertz und 25 Kilovolt bei 50 Hertz auch die Gleichstromsysteme mit 1,5 und drei Kilovolt befahren können.

Diesellokomotiven

B rauchbare und betriebssichere Diesellokomotiven konnten erst gebaut werden, nachdem
die Probleme der Kraftübertragung gelöst waren.
Dieselmotoren entwickeln wie alle Verbrennungsmotoren nur in einem bestimmten Drehzahlbereich die erforderlichen Drehmomente. Damit die
Leistung der rotierenden Kurbelwelle des Dieselmotors beim Anfahren möglichst ruckfrei und ver-
lustarm auf die stehenden oder langsam drehenden Räder der Lokomotive übertragen werden
kann, ist eine Leistungsumwandlung erforderlich.

Die **dieselhydraulische Lokomotive** 216 der Deutschen Bundesbahn
wurde ab 1964 gebaut. Der verwendete
Dieselmotor hatte eine Leistung von
1900 PS.

Sie wird zum Beispiel von einem hydraulischen Wandlergetriebe
vorgenommen, das die Drehzahlunterschiede zwischen dem antrei-
benden Dieselmotor und den Antriebsrädern der Lokomotive ausgleicht.

Mit diesem dieselhydraulischen Antrieb wurden vor allem Groß-
lokomotiven im Bereich der Deutschen Bundesbahn ausgerüstet,
während etwa in den USA bis heute der dieselelektrische Antrieb be-

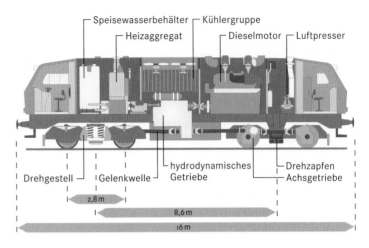

Speisewasserbehälter — Kühlergruppe
Heizaggregat — Dieselmotor — Luftpresser
Drehgestell — Gelenkwelle — hydrodynamisches Getriebe — Drehzapfen — Achsgetriebe
2,8 m
8,6 m
16 m

Diesellokomotive mit **diesel-hydraulischem Antrieb.** Herzstück des dieselhydraulischen Antriebs ist ein hydrodynamisches Getriebe, das bei den Lokomotiven der Baureihe 216 in der Mitte des Fahrzeugrahmens angeordnet ist. Über eine Gelenkwelle ist es kraftschlüssig mit der Antriebsmaschine verbunden, die hydraulische Kupplung stellt die direkte Verbindung her. Bei einem Gang-wechsel wird der hinzugeschaltete Wandler oder die Kupplung mithilfe der Füllpumpe mit Öl gefüllt, der abgeschaltete Teil von Öl entleert. Dem hydrodynamischen Getriebe sind ein mechanisches Wendegetriebe, das die Änderung der Fahrtrichtung ermöglicht, und zwei mechanische Stufengetriebe für Langsam- und Schnellfahrt nachgeschaltet. Über eine Gelenkwelle wird die jeweils nächstgelegene Treibachse der beiden Drehgestelle angetrieben.

vorzugt wird. Die mechanische Leistungsübertragung konnte sich, trotz eingehender Versuche Ende der 1920er-Jahre, nur bei kleinen Diesellokomotiven durchsetzen.

Die ersten mit Verbrennungsmotoren ausgestatteten Lokomotiven tauchten Ende der 1920er-Jahre bei Feld- und Industriebahnen auf. Mithilfe so genannter Kleinlokomotiven, die Leistungen zwischen 20 und 240 PS erbrachten, konnten die durchgehenden Güterzüge auf den Unterwegsbahnhöfen schneller abgefertigt und Industrieanschlüsse schneller bedient werden.

Als Streckenfahrzeuge für die Personen- und Güterbeförderung konnten sich Diesellokomotiven erst nach dem Zweiten Weltkrieg durchsetzen. Seit 1977 haben sie auf den nicht elektrifizierten Strecken die Dampflokomotive völlig verdrängt.

Rad-Schiene-Technik

Voraussetzung für einen störungsfreien Schienenverkehr ist das Funktionieren des Zusammenspiels von Rädern und Schienen auf dem Gleis, das vor allem mit den steigenden Geschwindigkeiten der Züge für die Sicherheit immer wichtiger wurde. Damit die notwendigen umfangreichen systematischen Messungen und Untersuchungen durchgeführt werden können, wurden spezielle Einrichtungen geschaffen. So kann seit November 1977 auf dem Rollprüfstand des ehemaligen Zentralamtes der Bundesbahn in München das Verhalten von Drehgestellen, Radsätzen und Einzelrädern in den unterschiedlichsten Situationen eingehend getestet werden.

Die Testergebnisse wiederum fließen in die geplanten Neukonstruktionen ein oder tragen zur Verbesserung der bisherigen Technik bei.

Eisenbahnräder können unterschiedlich gestaltet sein, besitzen jedoch immer einen Spurkranz zur Führung auf den Schienen. Bei Speichenrädern ist der Radkörper von einem stählernen Radreifen umschlossen, der auf die Felge aufgeschweißt ist und ausgewechselt werden kann. Radreifen müssen besonders hart, verschleißfest und rissunempfindlich sein. Vollräder werden aus Stahl geschmiedet oder gewalzt und haben keine Trennung zwischen Radscheibe und Radreifen. Damit die durch eine starre Achse verbundenen Räder (Radsatz) ohne Schwierigkeiten einen Gleisbogen durchlaufen können, sind ihre Laufflächen konisch oder schwach konkav geformt.

Die Gestaltung der Eisenbahnräder beeinflusste auch die Entwicklung der Schienen. Die ersten in England benutzten Bergwerksschienen bestanden aus Gusseisen. Im Laufe des 19. Jahrhunderts setzte sich die gewalzte Doppelkopfschiene durch, die jedoch im Laufe der Zeit von der Breitfußschiene aus hochwertigem gewalztem Stahl – einem in den USA entwickelten Schienentyp – fast vollständig abgelöst wurde. Als Teil der Spurführung und als Tragkörper

Die Gleise werden in das **Gleisbett** eingelassen, das aus gebrochenem Hartgestein besteht. Der Schotter hält die Schwellen in fester und unverrückbarer Lage und lässt das Niederschlagswasser schnell und ungehindert versickern. Die darunter liegende Planumsschutzschicht – ein Kies-Sand-Gemisch – hat die Aufgabe, die Standsicherheit des Bahnkörpers zu gewährleisten. Da sie wasserundurchlässig ist, leitet sie das durch die Bettung sickernde Regenwasser seitlich ab und hält aus dem Unterbau hochsteigendes Wasser vom Oberbau fern. Dem Schutz vor Frost dient eine weitere frostharte Kies- und Sandschicht.

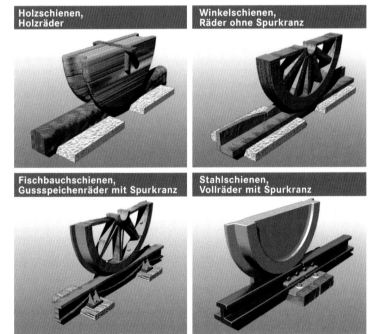

Holzschienen, Holzräder

Winkelschienen, Räder ohne Spurkranz

Fischbauchschienen, Gussspeichenräder mit Spurkranz

Stahlschienen, Vollräder mit Spurkranz

Räder und **Schienen** bedingen sich gegenseitig: Holzschienen auf Steinblöcken, Holzräder mit Laufnuten (um 1650, links oben); Winkelschienen auf Steinplatten, Räder ohne Spurkranz (1804, rechts oben); Fischbauchschienen aus Gusseisen auf Steinen, Gussspeichenräder mit Spurkranz (1815, links unten); Stahlschienen mit Verbindern auf Holzschwellen, Vollräder mit Spurkranz (um 1880, rechts unten).

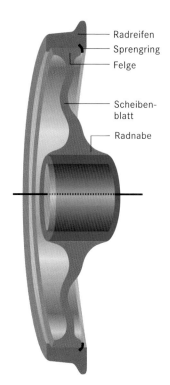

Radreifen
Sprengring
Felge
Scheiben-
blatt
Radnabe

Bereifte **Eisenbahnräder** besitzen einen Radreifen, der auf der Felge aufgeschweißt ist. Ein Sprengring sichert den Radreifen formschlüssig auf dem Radkörper, der aus der Felge, dem Scheibenblatt und der Radnabe besteht.

muss sie in der Lage sein, die Kräfte, die durch das Gewicht und die Geschwindigkeit des Zuges verursacht werden, ebenso auszuhalten wie die Brems- und Antriebskräfte der Fahrzeuge; schließlich müssen die Schienen auch Temperaturschwankungen standhalten, ohne sich zu verändern. Der Schienenkopf, an dem sich Schiene und Rad berühren, ist so gestaltet, dass bei den Rädern ein möglichst geringer Verschleiß auftritt.

Einen entscheidenden Einfluss auf die sichere Führung der Schienenfahrzeuge hat auch die Art des Gleisbaus. Das Gleis muss die von den Fahrzeugen ausgehenden Kräfte aufnehmen und sie, ohne sich zu verschieben, über die Unterschwellung in die Bettung ableiten. Während in der Frühzeit der Eisenbahn Achsdrücke von lediglich acht bis zehn Tonnen abgefangen werden mussten, liegt heute der maximale Achsdruck zwischen 15 Tonnen (Nebenstrecken) und 20 Tonnen (Hauptstrecken), vereinzelt bis 22,5 Tonnen. Um dieser hohen Belastung Rechnung zu tragen, werden bei Neubaustrecken die Dämme nicht aufgeschüttet, sondern die Erdbaustoffe werden lagenweise eingebaut und verdichtet. Die Schwellen bestehen meist aus Holz oder Stahlbeton. Dieser herkömmliche Oberbau ist sehr wartungsintensiv. Doch die mühsame Arbeit der Gleisbaukolonnen, die früher mit Gabeln, Schaufeln, Stopfhacken und Rammen neue Gleise legten oder alte instand hielten, erledigen heute Spezialmaschinen wie Schotterverteiler und Stopfmaschinen; die auf Großbaustellen eingesetzten Schnellumbauzüge, die aus mehreren, hintereinander geschalteten Maschinen bestehen, erneuern sogar Gleise im Fließbandverfahren – dabei schaffen sie bis zu 350 Meter in der Stunde.

Um den Wartungsaufwand zu reduzieren, wurde eine »feste Fahrbahn« in Form von Betonplatten oder von Beton umgebenen Betonschwellen ohne Schotterbett entwickelt, die vor allem auf Schnellfahrstrecken eingesetzt wird.

Sicherheitseinrichtungen

S eit den ersten Tagen der Eisenbahn wurden immer ausgeklügeltere Techniken entwickelt, um einen unfallfreien Zugverkehr zu gewährleisten. Neben leistungsfähigen Bremssystemen sind der Einsatz von Zugbahnfunk, die Sicherheitsfahrschaltung (Sifa), die induktive Zugsicherung (Indusi) und die Linienzugbeeinflussung (LZB) heute allgemeiner Standard. Nicht zuletzt gewährleisten auch elektronisch gesteuerte Stellwerke und bis ins Detail ausgearbeitete Fahrpläne einen reibungslosen Schienenverkehr.

Fahrplangestaltung

E ine der wichtigsten Voraussetzungen für einen zügigen Verkehrsablauf ist eine einheitliche Zeitrechnung – bis zur Mitte des 19. Jahrhunderts keine Selbstverständlichkeit! Bevor die mitteleuropäische Zeit (MEZ) am 3. März 1893 in Deutschland eingeführt wurde, gab es zehn unterschiedliche Zeitzonen; zwischen Königsberg und Köln etwa bestand ein Zeitunterschied von mehr als einer Stunde. In den 1930er-Jahren verfügte die Deutsche Reichsbahn über eine eigene Zeitdienststelle, die jeden Morgen das Zeitzeichen der MEZ über das Diensttelegrafennetz übermittelte. Die Uhrensteuerzentrale der Bundesbahn in Hamburg war seit den 1950er-Jahren an die Atomuhr der Physikalisch-Technischen Bundesanstalt in Braunschweig angeschlossen; sie steuerte die Hauptuhren in den drei Großnetzknoten Essen, Frankfurt am Main und Nürnberg. Seit Anfang der 1990er-Jahre werden automatisch steuerbare Funkuhren zunehmend dezentral installiert.

Bei der Aufstellung eines Fahrplans müssen verschiedene Faktoren besonders beachtet werden: Die Anzahl der eingesetzten Züge und ihre Größe hängt von den Verkehrsbedürfnissen, aber auch von der Leistungsfähigkeit der Strecken und Bahnhöfe ab. Besonders wichtig sind korrekt berechnete Fahrzeiten zwischen den einzelnen Bahnhöfen und Abzweigstellen. Damit Verspätungen wieder aufgeholt werden können, werden zu den reinen Fahrzeiten Zuschläge addiert, die zusammen die planmäßigen Fahrzeiten ergeben.

Im Personenverkehr werden vor allem Taktfahrpläne erstellt, das heißt, die Züge fahren in konstanten Abständen ab. Von diesem System kann abgewichen werden, wenn etwa international verkehrende Züge vorrangig behandelt werden sollen – es entsteht ein rhythmischer Fahrplan. Im Güterverkehr und bei schwachen Belastungen im Personenverkehr können die Verkehrsströme auch individuell gelenkt werden.

Signale und Stellwerke

U m die Strecken optimal auszunutzen, war man bestrebt, so viele Züge wie möglich einzusetzen. Damit wurden aber auch effektive Sicherungsmaßnahmen notwendig, die Kollisionen verhinderten. Verkehren auf einer Strecke nur relativ wenige Züge mit gleicher Geschwindigkeit, kann der Abstand über die Zeit festgelegt werden. Bleibt der vorausfahrende Zug allerdings auf freier Strecke liegen, müssen die nachfolgenden über den Zugfunk informiert werden. Heute ist das Fahren im Raumabstand am weitesten verbreitet: Um gleich bleibende Abstände zu gewährleisten, wird die Strecke in mehrere so genannte Blockabschnitte eingeteilt, die durch Hauptsignale begrenzt werden. In jedem Blockabschnitt darf sich höchstens ein Zug befinden. Passiert ein Zug das Hauptsignal am Anfang eines Abschnitts, wird diese Teilstrecke für alle anderen Züge automatisch gesperrt. Sie wird erst dann wieder freigegeben, wenn der Zug den Abschnitt verlassen hat, also das Hauptsignal am Ende passiert hat.

Da bei den heute gefahrenen Geschwindigkeiten der Bremsweg meist länger ist als der Sichtweg, muss das an einem Hauptsignal zu erwartende Signal durch ein Vorsignal angekündigt werden; der Regelabstand zwischen Vor- und Hauptsignal beträgt 1000 Meter. Zusatzsignale geben zum Beispiel Langsam- oder Beschleunigungsfahrt vor oder weisen auf einen Gleiswechsel hin. Schutzsignale zeigen an,

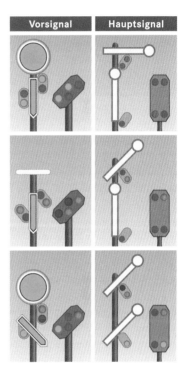

Über **Signale**, die an der Strecke stehen, wird der Zugverkehr geregelt. Die Abbildung zeigt die Signale »Zughalt« (oben), »Freie Fahrt« (Mitte) und »Langsamfahrt« (unten); die **Flügelsignale** (jeweils links) sind heute durch **Lichtsignale** (jeweils rechts) ersetzt.

FUNKTIONSWEISE EINES GLEISBILDSTELLWERKS

Herzstück eines Drucktasten-stellwerks, auch Gleisbildstellwerk genannt, ist der Stelltisch. Er besteht aus einheitlichen Tischfeldern, deren mosaikförmig zusammengesetzte Abdeckplatten das jeweilige Gleis-bild ergeben. Die Gleise sind durch schwarze Linienzüge dargestellt, in denen Drucktasten sitzen und – dem jeweiligen Betriebszustand entspre-chend – farbig ausgeleuchtete Licht-schlitze verlaufen. Seitlich der Gleis-achse sind die Signale dargestellt, deren Farbmelder die augenblick-liche Signalanzeige wiedergeben. Durch Betätigen der Fahrstraßen-Starttaste A und der Fahrstraßen-Zieltaste B ist die durch weiße Licht-schlitze gekennzeichnete Fahrstraße

eingestellt; rote Lichtschlitze (links unten) kennzeichnen einen besetzten Gleisabschnitt. Die oberen Felder des Stelltisches enthalten: Weichengruppentaste (WGT), Kreuzungswahltaste (KWT), Weichenauffahrtaste (WAT),

Weichenhilfstaste (WHT), Signalgruppentaste (SGT), Haltgruppentaste (HaGT), Ersatzsignalgruppentaste (ErsGT), Fahrstraßenrücknahmetaste (FRT), Fahrstraßenhilfstaste (FHT) und Durchrutschweghilfstaste (DHT).

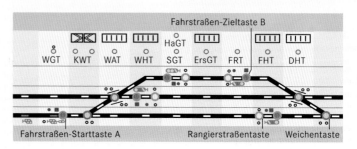

---

ob ein Gleisabschnitt innerhalb eines Bahnhofs befahren werden darf oder nicht.

Die ersten Sichtsignale bestanden aus Ballons, die – je nach Art der Meldung – an einem Pfosten in unterschiedliche Höhe hochge-zogen wurden. Sie wurden von zweiflügeligen Hauptsignalen und tellerförmigen Vorsignalen abgelöst, die mechanisch durch Draht-seile verstellt werden konnten und mit Gas, Petroleum oder Karbid beleuchtet waren.

Heute sind elektrische Lichtsignale die Regel, die vor allem in der Nacht und bei schlechter Sicht besser zu sehen sind. Hochgeschwin-digkeitszüge werden nicht mehr über Streckensignale gesteuert, son-dern über Lichtsignale, die am Steuerpult des Zugführers aufleuch-ten.

In der Anfangsphase des Eisenbahnverkehrs wurden Weichen und Signale von Hand durch einen Wärter oder das Zugpersonal ge-stellt, was sehr arbeitsintensiv und mit einem hohen Sicherheitsri-siko behaftet war. Um die Bedienungsvorgänge zu zentralisieren, wurden die ersten mechanischen Stellwerke eingerichtet; Weichen und Signale wurden nun über Seilzüge und Hebel bedient.

Die mechanischen Stellwerke wurden zu Beginn des 20. Jahrhun-derts von elektromechanischen abgelöst, bei denen Elektromotoren die Stellarbeit übernahmen. Ein weiterer Fortschritt waren die Drucktastenstellwerke, die mit Relais arbeiteten. Damit konnten Weichen und Signale weit über den Sichtbereich hinaus gesteuert und mithilfe einer automatischen Gleismeldetechnik überwacht werden. Bei Neubauten werden heute nur noch elektronische Stell-werke vorgesehen, die die Stellaufträge auf mehreren Rechnerebe-nen verarbeiten. Da die Rechner dezentral angeordnet sein können, ist der Stellbereich praktisch unbegrenzt.

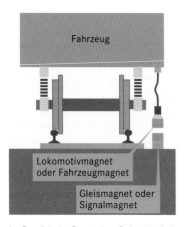

Im Bereich der Deutschen Bahn AG sind alle Hauptstrecken mit der **Indusi** ausgerüstet. Durch entsprechend abgestimmte Schwingkreise an der Strecke (Gleismagnet) kann der Empfangsanlage (Fahrzeugmagnet) infolge Resonanz Energie entzogen werden, wodurch die verschiedenen Kontrollen ausgelöst werden.

Indusi und Sifa

Die in den 1920er-Jahren entwickelte induktive Zugsicherung (Indusi) verhindert, dass durch Unachtsamkeit des Zugführers ein Haltesignal überfahren wird. Die mit Indusi ausgerüsteten Fahrzeuge sind mit einem Elektromagneten ausgestattet, der einen Schwingkreis darstellt. Dieser ist auf die drei Frequenzen 500, 1000 und 2000 Hertz abgestimmt. Bei 1000 Hertz wird am Vorsignal die Wachsamkeit des Fahrers geprüft. Bei bestimmtem Abstand vor dem Haltesignal kontrolliert der 500-Hertz-Schwingkreis die Fahrzeuggeschwindigkeit. Der am Hauptsignal angeordnete 2000-Hertz-Schwingkreis löst beim Überfahren eines »Halt« gebietenden Hauptsignals die Zugbremse aus.

Im Gegensatz zu Dampflokomotiven, die von zwei Personen – dem Lokführer und dem Heizer – betreut wurden, konnte bei Elektrolokomotiven und später bei Diesellokomotiven der Heizer und damit die zweite Person eingespart werden. Damit lag die Sicherheit des Zuges in den Händen von nur einer Person. Dieser Umstand förderte die Nachfrage nach einer weiteren technischen Sicherheitseinrichtung, die im Notfall den Zug selbsttätig zum Stehen bringen kann, falls der Lokführer ausfällt.

Mithilfe der seit 1964 eingesetzten Sicherheitsfahrschaltung (Sifa) kann die Dienstfähigkeit des Fahrzeugführers ständig überwacht werden. Dazu muss er eine Wachsamkeitstaste, einen Fußkontakt oder die Fahrkurbel gedrückt halten. Innerhalb von 30 Sekunden muss er die Kurbel oder die Taste für etwa eine halbe Sekunde loslassen. Geschieht dies nicht, leuchtet eine Meldelampe auf, nach weiteren drei Sekunden ertönt ein Summer. Reagiert der Zugführer auch auf dieses Signal nicht, wird eine Zwangsbremsung ausgelöst, bei der zusätzlich die Antriebe des Triebfahrzeugs abgeschaltet werden.

Linienzugbeeinflussung

Der normale Bremsweg zwischen Vor- und Hauptsignal beträgt 1000 Meter und ist für eine Höchstgeschwindigkeit von bis zu 140 km/h, mit Magnetschienenbremse bis zu 160 km/h ausgelegt. Als die Deutsche Bundesbahn 1965 zur Internationalen Verkehrsausstellung in München auf der Strecke nach Augsburg erstmals einen fahrplanmäßigen Schnellverkehr mit 200 km/h einrichtete, war die Schnellfahrstrecke zuvor mit einem zusätzlichen Sicherheitssystem, der Linienzugbeeinflussung (LZB), ausgerüstet worden. Denn Züge, die schneller als 160 km/h fahren, können nicht mehr innerhalb des normalen Bremsweges von 1000 Metern zwischen Vor- und Hauptsignal zum Stehen gebracht werden.

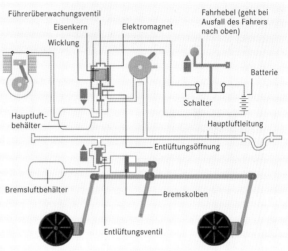

Das Prinzip der **Sicherheitsfahrschaltung:** Lässt der Fahrzeugführer den »Totmannsknopf« los, fließt Strom durch den Elektromagneten im Führerüberwachungsventil. Dadurch wird ein Eisenkern herabgezogen, der ein Ventil umschaltet, das die Verbindung zwischen Hauptluftbehälter und Bremsventil unterbricht. Gleichzeitig wird im Führerüberwachungsventil eine Öffnung freigegeben, durch die Druckluft aus der Hauptluftleitung entweichen kann. Infolge der Druckabsenkung in der Hauptluftleitung spricht die Bremse an.

Wichtigster Bestandteil der **Linien-zugbeeinflussung** ist der in der Gleismitte verlegte Linienleiter, über den ständig ein Datenaustausch zwischen Triebfahrzeug und Rechner stattfindet.

Die Linienzugbeeinflussung informiert den Lokführer, unabhängig von den herrschenden Sichtverhältnissen, über Signalstellungen bis zu 5000 Meter im Voraus. Diese Informationen werden in einer codierten Form über den so genannten Linienleiter übermittelt, einadrige Kupfer-kabel, die als lange, alle 100 Meter gekreuzte Schleifen im Gleis verlegt sind. Die höchstens 12,7 km langen Linien-leiterschleifen eines Bereichs reichen über mehrere Blockabschnitte und sind jeweils über Fernspeisegeräte mit einer Streckenzentrale verbunden. Über an der Un-terseite der Lokomotive angebrachte Koppelspulen wer-den genaue Positionsmeldungen an die Zentrale gesen-det. Diese Daten sowie die Information über die Stellung der Signale werden vom Rechner der Steuerstelle verar-beitet und wieder zum Fahrzeugführer zurückgeschickt, der sie auswertet. Bestehen zwischen den gemessenen Istwerten und den vorgegebenen Sollwerten sehr große Abweichungen, er-kennt das Sicherungssystem auf »Störung« und leitet eine Zwangs-bremsung ein.

Hochgeschwindigkeitstechnik – Züge für die Zukunft

N ach dem Zweiten Weltkrieg wurden die meisten europäischen Ländern mit einer neuen Situation konfrontiert: In den Jahren des Aufbaus wurden die wichtigsten Städte durch ein weitläufiges Autobahnnetz und Fluglinien verbunden, während im Nahverkehr das Auto dominierte. Man erkannte, dass nur eine tief greifende technische Erneuerung dem schienengebundenen Verkehr seinen Platz in der Zukunft sichern konnte.

Es war allerdings im Fernen Osten, wo die neue Technik der Hochgeschwindigkeitszüge zum ersten Mal erfolgreich eingesetzt wurde.

Erfolgreicher Start: Shinkansen und TGV

B ereits 1957 fiel in Japan die Entscheidung, ein neues Schnell-bahnsystem aufzubauen, das die notorische Parkraumnot in den Millionenstädten des Südens beheben sollte. Dabei sollte statt der bisher üblichen, aber für größere Geschwindigkeiten unbrauchbaren Kapspur (1067 Millimeter) die Normalspur (1435 Millimeter) einge-führt werden. Nah- und Fernverkehr sollten auf den gleichen Glei-sen und mit dem gleichen Fahrzeugmaterial betrieben werden. Beim Stromsystem entschied man sich für eine Spannung von 25 Kilovolt und für eine Frequenz von 60 Hertz.

1959 erfolgte der erste Spatenstich für die neue Bahnstrecke, und am 1. Oktober 1964, dem Jahr der olympischen Sommerspiele in Japan, fuhr die erste Shinkansen-Bahn (»neue Hauptlinien«) von Tokio nach Osaka (Tokaido-Linie). Bei einer Reisegeschwindig-keit von 182 km/h legte der Zug die 515,4 km in zwei Stunden und 50 Minuten zurück.

Nach dem großen Erfolg der Tokaido-Shinkansen wurde die Strecke von Osaka aus nach Hakata im Südwesten erweitert: Die Sanyo-Shinkansen – über 554 km lang – wurde 1975 fertig gestellt. Zusammen erreichen die beiden Linien etwa zwei Drittel der japanischen Bevölkerung und verbinden Gebiete, in denen drei Viertel des japanischen Wirtschaftspotenzials versammelt sind. Zwei weitere Linien mit 505 und 304 km Bahnstrecke kamen 1982 hinzu.

Die enormen Investitionen wurden durch die Nachfrage gerechtfertigt: 1975 frequentierten etwa 68 000 Reisende je Kalendertag und Richtung die 1069 km lange kombinierte Tokaido-Sanyo-Linie; dabei wurde eine Verkehrsleistung von 53 Milliarden Personenkilometern pro Jahr erreicht.

Im ursprünglichen Betriebskonzept der Tokaido-Strecke war vorgesehen gewesen, die Linie in den Nachtstunden für den Güterverkehr zu nutzen. Diese Überlegungen mussten jedoch aufgegeben werden, da diese verkehrsarme Zeit für Inspektion und Instandhaltung von Gleisen und Oberleitung dringend benötigt wurde; außerdem konnten bereits mit dem Personenverkehr Überschüsse erzielt werden.

Die eingesetzten Shinkansen-Züge mit 16 fest gekuppelten Wagen sind 400 Meter lang und besitzen Allachsantrieb. Die Triebwagen, die nach Morioka im Norden fahren, bestehen aus zwölf Wagen, sind nur 300 Meter lang und für die strengeren winterlichen Klimabedingungen mit einer besseren Isolierung ausgerüstet. Auf der Strecke zwischen Tokio und Hakata halten die 16-Wagen-Züge im Fernverkehr durchschnittlich alle 152,7 Kilometer, im Nahverkehr alle 39,6 Kilometer. In den Stationen gibt es getrennte Durchfahr- und Bahnsteiggleise, die in der Regel in mehreren Stockwerken angeordnet sind; darunter befinden sich Regional- und Nahverkehrsbahnen. Ein-, Aus- und Umsteigen erfordern von den Fahrgästen Disziplin und Schnelligkeit, denn der Halt am Start- und Zielbahnhof beträgt nur fünf Minuten, auf Zwischenstationen noch weniger.

Das erfolgreiche japanische Shinkansen-System machte deutlich, dass Schienenschnellverkehr durchaus eine Alternative zum motorisierten Individualverkehr sein kann, und zeigte vor allem eine Möglichkeit auf, den Flugverkehr auf Kurzstrecken zu reduzieren. In Europa griffen als Erste Großbritannien, Frankreich, Italien, Spanien, Österreich, die Schweiz, Dänemark und Schweden die japanischen Erfahrungen auf und entwickelten Konzepte, um den Schienenschnellverkehr attraktiver zu gestalten. Am konsequentesten ging die Nationalgesellschaft der französischen Eisenbahnen (SNCF) vor – ihr System des »Train à Grande Vitesse« (TGV) ließ sie zum uneingeschränkten Vorreiter des schienengebundenen Hochgeschwindigkeitsverkehrs in Europa werden.

Ein markantes Merkmal der Verkehrslinien in Frankreich ist ihre sternförmige Ausrichtung auf das Zentrum Paris. Straßen-, Schie-

Ein japanischer Hochgeschwindigkeitszug der neuen **Shinkansen**-Serie 500. Er erreicht eine Reisegeschwindigkeit von 300 km/h.

nen- und Flugverbindungen konzentrieren sich auf diesen Großraum, in dem neun Millionen Menschen wohnen, etwa ein Sechstel
der französischen Gesamtbevölkerung. So ist es fast selbstverständlich, dass die ersten Hochgeschwindigkeitszüge ihren Ausgang in der
Hauptstadt nehmen sollten. Die erste Schnellbahnstrecke entstand
dann auch zwischen Paris und Lyon; sie verbindet die beiden größten Städte des Landes und ist – durch Anbindung
an das bereits vorhandene und weitgehend für höhere
Geschwindigkeiten geeignete Netz – gleichzeitig die
Schleuse nach Südfrankreich, zum Mittelmeer sowie in
die Nachbarländer Schweiz und Italien. Die Neubaustrecke, die mit 427 Kilometern etwa 88 Kilometer kürzer ist
als die alte Trasse, ist ausschließlich für die Hochgeschwindigkeitszüge reserviert, der langsamere Reise- und
Regionalverkehr sowie der Güterverkehr werden weiterhin über die Altstrecke abgewickelt. Die Züge fahren mit

Der **TGV PSE** ist ein Triebzug mit zwei
Köpfen und acht Zwischenwagen; er ist
im Betrieb unteilbar. Der 200 Meter
lange Zug hat ein Gewicht von
481 Tonnen. Er bietet Platz für
386 Passagiere, die mit einer Höchstgeschwindigkeit von 270 km/h
befördert werden können. Die Triebköpfe haben eine Dauerleistung von
jeweils 3 225 Kilowatt und sind für zwei
Stromsysteme ausgelegt. Für die
Verbindungen mit der Schweiz werden
Dreisystemzüge eingesetzt.

Einphasen-Wechselstrom (25 Kilovolt/50 Hertz) und im Bereich der
Zufahrtsstrecken in Paris und Lyon mit 1,5-Kilovolt-Gleichstrom; sie
wurden deshalb als Zweistrom-Fahrzeuge konzipiert. Der ursprüngliche Plan, als Antrieb Gasturbinen einzusetzen, wurde 1973 angesichts der Ölkrise aufgegeben.

Nachdem bereits 1981 die ersten Triebzüge die Neubaustrecke
befahren hatten – und mit 380 km/h einen neuen Geschwindigkeits-
weltrekord aufstellten –, wurde 1983 das System TGV PSE (Paris-
Südost) vollständig in Betrieb genommen. Seitdem die Fahrzeit auf
nur zwei Stunden verkürzt werden konnte, hat sich die Zahl der Reisenden um 140 Prozent erhöht. Mit dem Bau einer zweiten Strecke
wurde 1985 begonnen: Die 280 Kilometer lange, aus zwei Zweigen
bestehende Linie des TGV A (Atlantik) verbindet Paris mit Le Mans
beziehungsweise Tours; die eingesetzten Hochgeschwindigkeitszüge der zweiten Generation sind für eine Geschwindigkeit bis zu
300 km/h ausgelegt.

Weitere Verbindungen nach Norden und Osten und vor allem zu
den Nachbarstaaten sind geplant. Bereits seit Ende der 1980er-Jahre
sind Züge im Einsatz, die neben den beiden französischen Bahnstromsystemen auch das Schweizer und das deutsche Netz mit
15 Kilovolt und 16 $^2/_3$ Hertz benutzen können.

ICE und Transrapid – Fahrt in ein neues Bahnzeitalter

Der in Deutschland entwickelte ICE (Intercityexpress) ist die
Realisierung des mit dem IC Experimental Ende 1985 vorgestellten Konzepts: Anders als in Frankreich mit dem Mittelpunkt Paris sollen in Deutschland Städte und Ballungsgebiete durch ein eng-
maschiges Netz von Neu- und Ausbaustrecken miteinander verbunden werden, die Fahrtgeschwindigkeiten bis 350 km/h erlauben. Mit
den zusammen 800 Kilometer langen Neubaustrecken Hannover–
Würzburg, Mannheim–Stuttgart und Köln–Frankfurt sowie weiteren 3 200 Kilometern, die für den Hochgeschwindigkeitsbetrieb ausgebaut werden, soll das bundesdeutsche Bahnnetz bis zur Jahrtau-

sendwende über 4000 ICE-taugliche Streckenkilometer verfügen. Mit den geplanten Linien verfolgt man vor allem das Ziel, im Bereich bis zu 500 Kilometer dem innerdeutschen Flugverkehr erfolgreich Konkurrenz zu machen.

Das fahrplanmäßige Hochgeschwindigkeitszeitalter begann 1991 auf den Neubaustrecken Hannover–Würzburg und Mannheim–Stuttgart. Die Züge der ersten Generation (ICE1) bestehen aus einem Triebkopf am Anfang des Zuges, zehn bis maximal 14 Mittelwagen und einem weiteren Triebkopf am Ende des Zuges. Alle Glieder sind fast übergangslos miteinander verbunden, sodass sich eine aerodynamisch sehr günstige Zugkontur ergibt. Durch die beiden Triebköpfe am Anfang und am Ende des Zuges wird der ICE1 gleichzeitig gezogen und geschoben. Jeder Triebkopf hat eine Dauerleistung von 6528 PS, wodurch der ICE1 eine Höchstgeschwindigkeit

Im Bundesverkehrswegeplan (Stand nach 1991) ist festgelegt, welche bestehenden **Strecken** für den Hochgeschwindigkeitsverkehr ausgebaut werden sollen und welche Neubaustrecken vorgesehen sind.

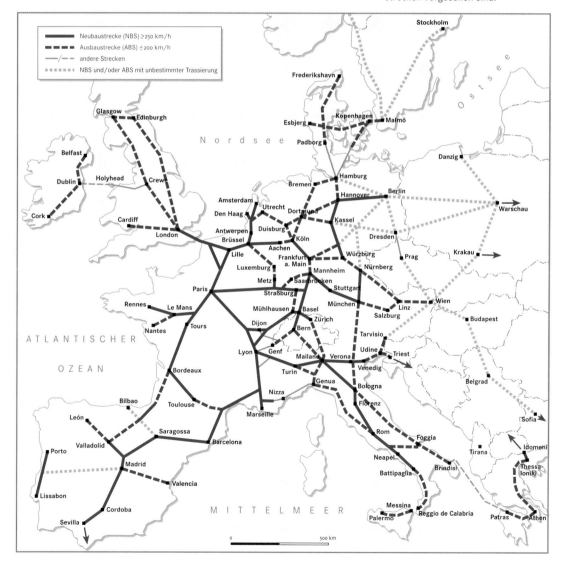

Die neuen »Renner« der Deutschen Bahn AG: der **ICE 3** (rechts) und der **ICET** (links), der mit Neigetechnik ausgerüstet ist. Die ersten ICET-Züge – T steht dabei für »tilt« (englisch für kippen, neigen) – wurden mit dem Sommerfahrplan 1999 auf der Strecke Stuttgart–Zürich in Betrieb genommen. Sie können auch auf kurvenreichen Trassen abseits der Hochgeschwindigkeitsstrecken mit bis zu 230 km/h deutlich höhere Geschwindigkeiten erreichen und damit die Reisezeiten erheblich verkürzen.

von 280 km/h erreicht. Der Antrieb erfolgt durch Drehstrommotoren, die in den Drehgestellen der Triebköpfe eingebaut sind und durch elektronische Stromrichter angesteuert werden. 1996 wurde der ICE 2 eingeführt, bei dem ein Triebkopf, sechs Mittelwagen und ein Steuerwagen (ohne Antrieb) einen Halbzug bilden, der auch separat eingesetzt werden kann. Da Triebköpfe und Steuerwagen mit Kupplungen ausgerüstet sind, können zwei Halbzüge miteinander verbunden werden.

Für den 330 km/h schnellen ICE 3 wurde das Antriebskonzept entscheidend verändert: Nicht nur in den Endwagen mit den Führerständen befinden sich elektrisch angetriebene Drehgestelle, sondern zusätzlich in jedem zweiten Mittelwagen. Die Verteilung der Antriebsleistung auf viele Achsen ermöglichte eine sehr leichte Bauweise des Zuges, was das Beschleunigungsvermögen des ICE 3 und die Fähigkeit, starke Steigungen zu bewältigen, erhöht.

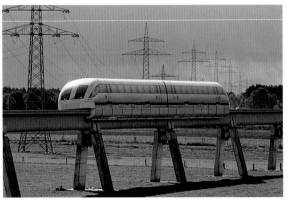

Viersystem-Züge, die für Gleich- und Wechselspannungen unterschiedlicher Höhe und Frequenz ausgelegt sind, ermöglichen den grenzüberschreitenden Zugverkehr, der angesichts der zusammenwachsenden Märkte zunehmend an Bedeutung gewinnt.

Einen völlig neuen Weg in der Geschichte des Schnellbahnverkehrs stellt die Magnetschwebebahn dar. Bei ihr übernehmen magnetische Kräfte die Aufgaben, die bei der herkömmlichen Eisenbahn Schiene und Räder erfüllen: Sie tragen das Gewicht des Zuges, sorgen für seitliche Führung und übertragen die Antriebs- und Bremskräfte.

Die Magnetschnellbahn »**Transrapid**« soll ab dem Jahr 2005/06 Berlin mit Hamburg verbinden.

Bereits 1934 ließ sich der Ingenieur Hermann Kemper dieses neuartige schienengebundene Verkehrsmittel patentieren. Doch seine Idee wurde erst Mitte der 1960er-Jahre wieder aufgegriffen, als vor allem in Japan, den USA und Deutschland verschiedene Konzepte für magnetisch getragene und angetriebene Fahrzeuge entwickelt wurden, deren Vorteile nicht zu übersehen sind: kein Verschleiß an Fahrzeugen und Schienen, hoher Fahrkomfort, da Rollgeräusche und Stöße entfallen, große Sicherheit, da ein Entgleisen und Zusammenstöße oder Auffahrunfälle nicht möglich sind. Nachdem man sich in Deutschland 1977 für das elektromagnetische Schwebeprinzip entschieden hatte, konnte bereits zwei Jahre später mit den Transrapid 05 ein für den Personentransport zugelassenes Fahrzeug präsentiert werden.

Zur Erprobung und Optimierung der Technologie, vor allem aber um größere Erfahrung mit höheren Geschwindigkeiten zu gewinnen, wurde 1984 im Emsland eine eigene Teststrecke eingerichtet. Zehn Jahre später beschloss die Bundesregierung, Berlin und Hamburg mit dem neuen Verkehrssystem zu verbinden: Bei Reisegeschwindigkeiten zwischen 300 und 500 km/h soll die Fahrzeit trotz mehrerer Zwischenstopps weniger als eine Stunde betragen. Der erste fahrplanmäßige Transrapid soll 2005/06 auf die Strecke gehen, obwohl die Technik wegen der hohen Baukosten für Fahrzeuge und Strecke nicht unumstritten ist.

Europa rückt zusammen

D er Start der europäischen Währungsunion am 1. Januar 1999 machte deutlich, dass der europäische Einigungsprozess langsam, aber unaufhaltsam fortschreitet. Mit dem Zusammenwachsen

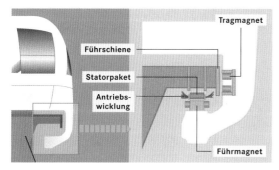

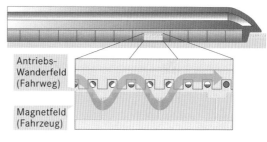

Das **Schwebesystem des Transrapid** (links) beruht auf den anziehenden Kräften der Elektromagnete im Fahrzeug und den ferromagnetischen Reaktionsschienen im Fahrweg. Im Fahrzeug sind starke Elektromagnete eingebaut, die anheben und seitlich führen. Die Trag- und Führmagnete, die über die gesamte Länge des Zuges verteilt sind, wirken auf die aus ferromagnetischem Material gefertigten Schienen am Fahrweg. Während die auf der linken und rechten Seite des Fahrzeuges angebrachten Führmagnete den Zug in die Mitte des Fahrweges zentrieren, ziehen die Tragmagnete das Fahrzeug von unten an den Fahrweg heran, wodurch es angehoben wird.

Auch der **Antrieb** erfolgt durch magnetische Kräfte (rechts). Dazu sind im Fahrweg Stromwicklungen eingelassen, die ein bewegliches magnetisches Feld erzeugen. Dieses elektromagnetische Wanderfeld schreitet mit einer Geschwindigkeit vorwärts, die der Zuggeschwindigkeit entspricht, und zieht dabei das Fahrzeug an seinen Tragmagneten mit. Durch Verändern der Geschwindigkeit, mit der das magnetische Feld vorwärts wandert, wird das Fahrzeug beschleunigt. Das Bremsen erfolgt durch Umpolung des Magnetfeldes. Das Antriebssystem kann als ein riesiger Elektromotor angesehen werden, der

»aufgeschnitten« und über den gesamten Fahrweg gestreckt wird. Ein Teil des Motors – beim Elektromotor Stator genannt – befindet sich im Fahrweg, der andere – beim Elektromotor als Läufer oder Rotor bezeichnet – wird durch das Fahrzeug gebildet. Während eine herkömmliche Lokomotive stets einen Antrieb mit gleich bleibender Leistung mitführt, kann die Antriebsleistung des Transrapid den Streckengegebenheiten angepasst werden. So können auf Bergstrecken die Wicklungen im Fahrweg für höhere Leistung ausgelegt werden, wogegen auf ebenen Strecken geringere Antriebsleistung installiert wird.

der Wirtschaftsräume der EU-Mitgliedstaaten und vor allem der geplanten Erweiterung der Gemeinschaft nach Süden und Osten werden zunehmend Transportmittel benötigt, die weite Strecken schnell und kostengünstig zurücklegen können.

Bereits 1995 beschloss die EU im Vertrag von Maastricht die Schaffung eines transeuropäischen Verkehrsnetzes (TEN). Ein Jahr später wurden acht konkrete Projekte für den Hochgeschwindigkeits- und den konventionellen Eisenbahnverkehr auf den Weg gebracht mit dem vorrangigen Ziel, die mehr an nationalen Interessen ausgerichteten einzelstaatlichen Verkehrswegeplanungen für den grenzüberschreitenden Verkehr besser aufeinander abzustimmen.

Die Planungen sehen unter anderem vor, dass Europa im Jahr 2015 über ein Hochgeschwindigkeitsnetz von 30 000 km verfügen soll. Die Züge sollen die Start- und Zielbahnhöfe kreuz und quer durch den Kontinent mit einer durchschnittlichen Reisegeschwindigkeit von 150 km/h verbinden. Wegen seiner zentralen Lage fällt Deutschland in diesem geplanten Netz eine besondere Rolle zu.

Der grenzüberschreitende Verkehr stellt auch neue Anforderungen an die technische Ausrüstung der Fahrzeuge. So sind allein im

---

DIE SICHERHEIT IN DER DISKUSSION

Obwohl die Eisenbahn als das sicherste Verkehrsmittel gilt, flammt angesichts der erreichten und der für die Zukunft angestrebten Höchstgeschwindigkeiten der Züge die Diskussion um die Sicherheit der Schienenfahrzeuge immer wieder auf. Vor allem nach dem Eisenbahnunglück vom 3. Juni 1998 in Eschede – dem schwersten der deutschen Nachkriegsgeschichte – mehrten sich die kritischen Stimmen.

Auslöser des Unglücks war ein Radreifen an der dritten Achse des ersten Waggons, der etwa 6 km vor der eigentlichen Unfallstelle brach. In der Folge löste sich bei Tempo 200 km/h der Triebkopf des ICE 884 »Wilhelm Conrad Röntgen« vom Zug. Während der vordere Triebkopf nach einer Zwangsbremsung nach 2 km nahezu unbeschädigt zum Stehen kam, verfing sich der defekte Radreifen etwa 300 Meter vor der Unterquerung einer Straßenbrücke in einer Weiche und brachte den Zug selbst zum Entgleisen. Ein Wagen raste gegen einen Brückenpfeiler, und unter der Wucht des Aufpralls des nachfolgenden stürzte die Fahrbahn

ein; andere Waggons wurden ineinander geschoben.

Die schwierige Bergung der 88 Verletzten und 101 Todesopfer dauerte vier Tage.

Das gummigepufferte Rad mit aufgezogenem Radreifen wurde nach dem ICE-Unglück bei Eschede wieder durch Vollscheibenräder ersetzt, die schon zu Beginn der Ära des TGV rollten.

Bereich der Stromversorgung Schnittstellen für wenigstens vier verschiedene Systeme zu schaffen. Um diesen Anforderungen gerecht zu werden, wurde in Deutschland der ICE-Mehrsystemzug (ICE-M) entwickelt. Er erkennt die Netzspannung eines neuen Fahrleitungsnetzes automatisch und schaltet selbsttätig darauf um, sodass ein zeitraubender Stopp an der Grenze entfällt. Der Thalys-Hochgeschwindigkeitszug, ein Gemeinschaftsprodukt der Deutschen Bahn AG und der französischen, belgischen und niederländischen Bahnen, verkehrt bereits seit 1997 auf der Strecke Köln–Brüssel–Paris; er verkürzt die Reisezeit um 60 Minuten auf rund vier Stunden.

Eine weitere Schwierigkeit sind die unterschiedlich leistungsfähigen Schienenwege und, vor allem an den Grenzen zu den Ländern der ehemaligen Sowjetunion, die unterschiedlichen Spurweiten und Sicherungsanlagen. Deshalb wurde ein Spurwechselradsatz entwickelt, bei dem der Wechsel der Spurweite sowie der Brems- und Kupplungssysteme automatisch erfolgt. Die für Höchstgeschwindigkeiten von 120 bis 160 km/h geeigneten Radsätze können sowohl im Güter- wie im Personenverkehr eingesetzt werden. Die Umspurung kann im Zugverband und mit einer Geschwindigkeit von 30 km/h vorgenommen werden, sodass ein kompletter Güterzug in wenigen Minuten von einer Spurweite auf die andere wechseln kann.

Eine Weiterentwicklung des transeuropäischen Netzes stellt das paneuropäische Netz (PAN) dar. Es soll die Länder Mittel-, Ost- und Südosteuropas mit den Ländern der EU sowie untereinander verbinden. Bis zum Jahr 2015 ist der Ausbau von zehn so genannten paneuropäischen Verkehrskorridoren geplant, die rund 20000 km Eisenbahnstrecken, 18000 km Straßen, 38 Flughäfen, 13 Seehäfen und 49 Binnenhäfen umfassen. H. KNITTEL

Die **Umspuranlage** ermöglicht den automatischen Wechsel zwischen den Spurweiten 1435 und 1520 Millimeter. Sie ist seit dem Frühjahr 1999 an der litauisch-polnischen Grenze zur Praxiserprobung installiert. Voraussetzung für den automatischen Spurwechsel sind spezielle Radsätze, deren Räder axial verschoben und in der jeweiligen Stellung ent- und verrriegelt werden können. Die Umspuranlage besteht aus zwei Fahrschienen, zwei Entriegelungsschienen und zusätzlichen inneren und äußeren Sicherungsschienen. Die Fahrschienen sind als Rillenschienen ausgeführt und weisen an einem Ende der Anlage die Normalspur, am anderen Ende die Breitspur auf. Die axiale Verschiebung der Räder auf die neue Spurweite erfolgt gleichzeitig, kontinuierlich und ohne Entlastung der Räder.

Schifffahrt

Die Schifffahrt spielte für die Entwicklung der Menschheit eine kaum zu unterschätzende Rolle, war sie doch lange Zeit die einzige Völkerverbindung zwischen den Kontinenten oder vorgelagerten Inseln. Bedingt durch andere Transporttechniken, die im Laufe der Zeit entwickelt wurden, wandelte sich die Bedeutung der Schifffahrt vor allem in den technologisch fortgeschrittenen Ländern in den letzten hundert Jahren deutlich.

Modell eines bolivianischen Balsabootes. Die **altägyptischen Papyrusboote** waren ähnlich diesem Bootstyp aus Binsen und Stroh geflochten und wurden durch ein Segel oder mit Paddeln bewegt.

Geschichte

Die Geschichte der Schifffahrt reicht wahrscheinlich zurück bis ins Jungpaläolithikum. Seetüchtige Schiffe muss es bereits vor ungefähr 40000 Jahren gegeben haben, denn nur so konnten die Menschen damals den Pazifik überqueren, um die Philippinen, Japan, Mikronesien, Melanesien und Polynesien zu besiedeln. Ein steinzeitliches Kanu aus Kiefernholz (8000 bis 7000 Jahre alt) wurde in den Niederlanden gefunden. Ägyptischen Tontafeln und Ornamenten auf Gefäßen zufolge fuhren schon vor 6000 Jahren hölzerne Ruderschiffe auf dem Nil, die auch Segel trugen. Vor etwa 5000 Jahren unternahmen die Ägypter Seereisen nach Kreta und Phönizien, später auch auf dem Roten Meer und entlang der Ostküste Afrikas. Auch die anderen Mittelmeervölker wandten sich der Schifffahrt zu, in erster Linie, um Handel zu treiben, aber auch zu kriegerischen Zwecken.

Im Laufe der Zeit verbesserten sich die konstruktiven Merkmale des Schiffsrumpfes und der Takelage, das heißt der Vorrichtungen zum Tragen und zur Handhabung der Segel. Die frühen ägyptischen Papyrusboote waren nicht seetauglich, da sie keine Längsverstärkung besaßen, die späteren, bei denen diese Verstärkung in einem über das Schiff gespannten Seil bestand, nur bedingt. Ein rechteckiges Segel, das Rahsegel, war quer zum Schiff angebracht, anfangs fest im rechten Winkel, später auch drehbar. Zur Steuerung des Schiffs dienten zwei beiderseits des Hecks angebrachte Ruder.

Die Handelssegler der Phönizier und Römer (ab 1200 v.Chr.) bedeuteten hinsichtlich der Konstruktion einen großen Fortschritt, denn der Schiffsrumpf war robuster, rundlicher und geräumiger, sie wurden aber noch immer durch Seitenruder gesteuert. Diese Rundschifflaster waren 20 bis 30 Meter lang, besaßen einen Kiel zur Längsstabilisierung sowie kräftige Querbalken.

Die Kriegsschiffe hingegen waren eher schlank gebaut und wurden meist gerudert. Zu dem großen, quer gestellten Rechtecksegel der Frachtsegler, das bis zu 50 Quadratmeter groß war, kam um 300 v.Chr. ein dreieckiges Segel hinzu, welches in Längsrichtung des Schiffes aufgespannt war, das Lateinsegel. Dadurch war man weniger vom Rückenwind abhängig. In anderen Teilen der Welt entwickelten sich unterschiedliche Schiffsformen, so das Wikingerlangschiff und die chinesische Dschunke, beide um etwa 700 n.Chr. Letztere war insofern bemerkenswert, als sie ein um ein Gelenk drehbares Heckruder und somit bessere Manövrierbarkeit sowie eine Querteilung des Schiffskörpers durch wasserdichte Schotten besaß, was dafür sorgte, dass eine Dschunke nicht durch ein einziges Leck zum Sinken gebracht werden konnte. Dschunken besaßen mehrere Segelmasten, schon lange bevor vergleichbare, voll getakelte Schiffe in Europa gebaut wurden. Vom 13. bis zum 15. Jahrhundert gab es in Nordeuropa als Handelsschiff der Hanse die Kogge. Sie war rundlich gebaut, einmastig und besaß – erstmals in Europa – ein einteiliges Heckruder. Im späten 14. Jahrhundert entstanden an den europäischen Atlantikküsten die ersten Karavellen, Dreimaster mit einer bis dahin unerreichten Wendigkeit und Geschwindigkeit. Mit Karavellen und den ähnlich gebauten, aber größeren Karacken gelangten Entdecker und Händler in die entlegensten Winkel der Welt.

Bis zum 19. Jahrhundert, der Blütezeit der Segelschifffahrt, ergaben sich am prinzipiellen Aufbau dieses Schiffstyps keine Änderungen mehr, die Schiffe und ihre Segelfläche wurden nur immer größer. Die Klipper genannten Schnellsegler dieser Zeit hatten bis zu

Die Flotte des **Christoph Columbus,** mit der er 1492 die karibischen Inseln entdeckte, nach einem Gemälde von Zeno Diemer aus dem 19. Jahrhundert. Sie bestand aus den Karacken »Santa María« und »Pinta« sowie der Karavelle »Niña«, die drei Lateinsegel trug.

fünf Masten mit 3000 Quadratmetern Gesamtsegelfläche und waren etwa 70 Meter lang. Zu Beginn des 19. Jahrhunderts bekam das Segelschiff Konkurrenz durch das Dampfschiff, dessen entscheidender Vorteil die Windunabhängigkeit war, da es seine Antriebsenergie von einer kohlegefeuerten Dampfmaschine erhielt. Die Schaufelraddampfer der Anfangszeit wurden nach dem Aufkommen des effizienteren Propellerantriebs im Jahr 1836 durch schraubengetriebene Schiffe ersetzt. Sechzig Jahre später wiederum bekam die Kombination Dampfmaschine–Propeller Konkurrenz durch den Turbinenantrieb. Die ersten Schiffsdampfmaschinen waren noch auf Holzschiffen installiert. Doch schon bald stellte sich heraus, dass dieses Baumaterial zu wenig stabil für die schweren Aggregate und die ausgeübten Kräfte war. Daher ging man dazu über, die Schiffe aus Eisen, später aus Stahl herzustellen.

So wie die Dampfschiffe die Segler verdrängten, wurden diese wiederum in der ersten Hälfte des 20. Jahrhunderts durch dieselbetriebene Schiffe abgelöst, deren Antriebsmaschinen kompakter waren und einen höheren Wirkungsgrad besaßen. Dieselöl bietet zudem hinsichtlich des Brennwerts und der Handhabung im Vergleich zur Kohle deutliche Vorzüge. In den 1960er- und 1970er-Jahren experimentierte man auch mit von atomaren Druckwasserreaktoren angetriebenen Schiffen. Bis auf einige Unterseeboote, Flugzeugträger und Eisbrecher sind jedoch heute aus Gründen des Unfallrisikos keine Atomschiffe mehr in Betrieb.

Segelschiffe und Schaufelraddampfer haben sich nur in relativ kleinen Marktnischen wie dem Freizeitbereich halten können. In den wirtschaftlich bedeutendsten Schiffseinsatzbereichen, dem Gütertransport in Binnen- und Seeschifffahrt, dominieren dieselbetriebene Schiffe mit Schraubenantrieb.

Zwei **Schaufelraddampfer** auf dem Mississippi bei einem nächtlichen Wettrennen. Lithographie aus dem Jahr 1860.

Binnenschifffahrt

Schiffstransporte auf Flüssen waren vor der Erfindung der Dampfmaschine und des Verbrennungsmotors vor allem stromaufwärts langwierig und schwierig. Die Frachtschiffe wurden meist vom Ufer aus mit Seilen gezogen. Zum Treideln, wie man diese Transportweise nannte, verwendete man Pferde-, aber auch Menschenkraft. Eine Alternative lag im Segeln, wozu man aber auf günstigen Wind angewiesen war. Die seit den 1820er-Jahren verkehrenden Dampfschiffe bedeuteten daher eine revolutionäre Neuerung. In ihrer Hochzeit konnten die Räderboote Anhangkähne in Hunderte von Meter langen Schleppzügen gegen den Strom bewegen.

Nach dem ersten Weltkrieg, mit dem Aufkommen des Dieselmotors, wurden viele unmotorisierte Kähne zu Selbstfahrern. Aber noch herrschte die Schleppschifffahrt vor.

Containerschiffe auf dem Rhein.

Um den Energie- und Arbeitskräfteaufwand zum Transport einer gegebenen Gütermenge möglichst gering zu halten, setzte man immer größere Motorschiffe und später auch Schubverbände ein, bei denen ein Schubschiff eine große Zahl aneinander gekoppelter, kastenförmiger, antriebs- und besatzungsloser Schubkähne bugsiert. Heute transportieren Binnenschiffe neben Schrott und Massenschüttgütern wie Kohle oder Getreide sowie flüssigen Ladungen vorwiegend Container. Moderne Containerbinnenschiffe haben eine Kapazität von bis zu 500 Großbehältern von 20 Fuß Länge (ein Fuß entspricht 30,5 Zentimetern), wohingegen ein Sattel-LKW maximal zwei solche Container als Ladung tragen kann.

Schon im 19. Jahrhundert zeigte sich die Notwendigkeit, die Wasserwege auszubauen, da die Dimensionen der Flüsse und Kanäle sowie insbesondere der Schleusen dem Verkehrsaufkommen und der zunehmenden Schiffsgröße nicht mehr entsprachen. Viele Flüsse wiesen damals noch gefährliche Untiefen, Sandbänke und unberechenbare Strömungen auf. Bei Hoch- oder Niedrigwasser war die Schifffahrt oft völlig unmöglich. Die Uferstaaten des Rheins beschlossen daher, eine Flusskorrektion vorzunehmen. Die Rheinbegradigung, welche 1876 abgeschlossen wurde, verkürzte den ursprünglich stark mäandrierenden Flusslauf um 81 Kilometer. Um den Abflussquerschnitt zu begrenzen und für eine gleich bleibende Fahrwassertiefe zu sorgen, wurden Buhnen, senkrecht zum Ufer verlaufende Dämme, errichtet. Neue Hafenbauten mit verbesserten Kränen erleichterten und beschleunigten darüber hinaus den Warenumschlag.

Viele weitere Flüsse wurden ebenfalls ausgebaut, beispielsweise der Neckar in den Jahren 1950 bis 1968. Darü-

Der **Rhein** südlich von Speyer nach seiner Begradigung. Die Mäanderschleifen des Altrheins sind deutlich zu erkennen.

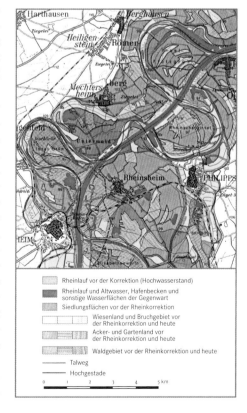

Rheinlauf vor der Korrektion (Hochwasserstand)

Rheinlauf und Altwasser, Hafenbecken und sonstige Wasserflächen der Gegenwart

Siedlungsflächen vor der Rheinkorrektion

Wiesenland und Bruchgebiet vor der Rheinkorrektion und heute

Acker- und Gartenland vor der Rheinkorrektion und heute

Waldgebiet vor der Rheinkorrektion und heute

Talweg

Hochgestade

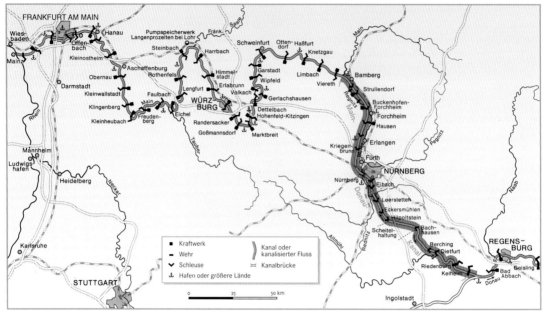

Nach der Fertigstellung des **Main-Donau-Kanals** schafft der Rhein-Main-Donau-Großschifffahrtsweg eine Verbindung von der Nordsee bis zum Schwarzen Meer, wodurch eine schiffbare Gesamtstrecke von etwa 3500 Kilometern zustande kommt.

ber hinaus wurden völlig künstliche Wasserstraßen wie der Mittellandkanal (früher auch Ems-Weser-Elbe-Kanal genannt, Fertigstellung 1938) angelegt. Häufig waren zu den Korrektionen und Kanalbauten zahlreiche Schleusenbauwerke und Dammaufschüttungen nötig. Heute beträgt die Länge der schiffbaren Binnenwasserwege in Deutschland 7467 Kilometer. Sie dürfte aber kaum noch zunehmen, denn der finanzielle Aufwand und die ökologischen Risiken stehen in keiner vernünftigen Relation zu dem zu erwartenden Nutzen. Zuletzt war es die 1992/93 abgeschlossene Umgestaltung des Altmühltals für den letzten Bauabschnitt des Rhein-Main-Donau-Großschifffahrtswegs, die große Kontroversen hervorrief. Es wurden zwar Anstrengungen zur Renaturierung der Betontröge gemacht, die heute das Kanalbett im Altmühltal bilden, doch die schwerwiegenden Eingriffe in das Landschaftsbild und das Ökosystem konnten dadurch kaum abgemildert werden. Dasselbe gilt für das schon zuvor betroffene Sulztal und das Ottmaringer Tal. Die geplante Flussregulierung der Donau zwischen Straubing und Vilshofen, durch welche die Leistungsfähigkeit des Großschifffahrtswegs erhöht werden soll, wurde bis auf weiteres zurückgestellt.

Änderungen des natürlichen Gewässerverlaufs, die im Rahmen einer Kanalisierung unvermeidlich sind, haben nachteilige Auswirkungen auf den Grundwasserspiegel und die Fähigkeit von Flüssen, Hochwasser abzufangen, sowie in ökologischer Hinsicht. Die Uferzonen von Binnengewässern dienen nämlich auch als Feuchtbiotope. Auch die Wasserverschmutzung, die bei der Nutzung als Verkehrsweg nicht ausbleibt – zu nennen sind hier insbesondere Getriebeöle und Antifouling-Schiffsanstriche –, stellt im Hinblick auf die Verwendung des Uferfiltrats als Trinkwasser ein ernst zu nehmendes Problem dar.

Dass man trotz dieser schon früh erkannten Nachteile bereit war, die Binnenschifffahrtswege auf das heutige Maß auszubauen, hat seinen Grund in zum Teil beträchtlichen Vorzügen gegenüber anderen Verkehrsmitteln. Im Hinblick auf Sicherheit, kostengünstigen Frachtdurchsatz und – trotz der genannten Probleme – auch Umweltschonung schneidet die Binnenschifffahrt vergleichsweise gut ab. Der Treibstoffverbrauch pro Tonnenkilometer Fracht ist wesentlich geringer als auf der Straße. Mit einer Motorleistung von einem PS lassen sich auf Flüssen und Kanälen 4000 Kilogramm transportieren, auf der Schiene nur 500 Kilogramm und auf der Straße lediglich 150 Kilogramm. Auch der personelle Aufwand beim Transport per Schiff ist recht gering.

1996 wurde auf deutschen Binnengewässern eine Transportleistung von 61,3 Milliarden Tonnenkilometern (Mrd. tkm) erbracht, wovon 38,2 Mrd. tkm auf ausländische Schiffe entfielen. Zum Vergleich: Die Bahn erzielte im Güterverkehr 1996 68,8 Mrd. tkm, der LKW-Nah- und Fernverkehr 281,3 Mrd. tkm und der binnendeutsche Luftfrachtverkehr 0,5 Mrd. tkm.

Ein Handikap des Transports per Schiff ist die vergleichsweise geringe Fahrtgeschwindigkeit, ein anderer Nachteil die größere Witterungsabhängigkeit. So können Hoch- oder Niedrigwasser und das Zufrieren in kalten Wintern zur Einstellung der Schifffahrt zwingen.

KANALBAU IN GROSSBRITANNIEN

Im 18. Jahrhundert kam es in Großbritannien zu einem Boom des Kanalbaus. Er begann mit dem 1763 eröffneten Bridgewater Canal, der eine Verbindung vom Kohlenrevier des Duke von Bridgewater in Worsley nach Manchester schuf und unterwegs auf dem Barton-Aquädukt den Fluss Irwell überquerte. Im nächsten halben Jahrhundert entstand landesweit ein Netzwerk relativ schmaler Kanäle. Zahlreiche Bauten wurden errichtet: Schleusen, Schleusentreppen, Tunnel, Hebewerke, Brücken und Dämme, Reservoire und Pumpanlagen. Man unterscheidet die frühen Konturenkanäle, die sich den Höhenlinien des Geländes anzuschmiegen versuchten, von den späteren, eher geradlinig und auf kürzestem Weg die Landschaft durchschneidenden Kanälen, zu deren Bau man wesentlich mehr Schleusen, Dämme und andere Kunstbauten benötigte. Obwohl das Kanalsystem nur von relativ kleinen (und nach heutigen Maßstäben unwirtschaftlichen) »narrow boats«, Schiffen bis etwa 20 Meter Länge und zwei Meter Breite, befahren werden konnte, revolutionierten die Binnenkanäle den Transport zur Zeit der Frühindustrialisierung in Großbritannien, denn die Binnenschiffe verbilligten den Transport und sorgten für Wachstum und Wohlstand. Erst die Konkurrenz der Eisenbahn reduzierte nach 1840 die Bedeutung der britischen Kanäle. Heute dienen sie – wie so viele Einrichtungen aus dem Erbe des Industriezeitalters – ausschließlich Freizeit- und Erholungszwecken.

Land	1997			1998		
	Schiffe	Tragfähigkeit in Mio.t	Tragfähigkeit pro Schiff in t	Schiffe	Tragfähigkeit in Mio.t	Tragfähigkeit pro Schiff in t
Niederlande	5159	5,94	1151	4556	5,42	1190
Deutschland	3099	3,02	975	3030	2,97	980
Belgien	1630	1,61	987	1606	1,62	1009
Frankreich	788	0,43	546	746	0,43	576
Schweiz	83	0,16	1927	72	0,14	1944
Gesamt	10759	11,16	1037	10010	10,58	1057

Die **Tonnage der internationalen Rheinflotte**. Die Entwicklung der Frachtkapazität in den Jahren 1997 und 1998 weist auf den Trend zu größeren Schiffen hin.

Im Zeitalter der rollenden Lagerhaltung und der Just-in-time-Lieferungen besteht wenig Bereitschaft, dies zu tolerieren.

Immer mehr Schiffe werden mit einem Telematiksystem ausgestattet, das jederzeit den aktuellen Standort an Frachtunternehmer und Kunden übermittelt und so den Fortschritt des Transports transparent gestaltet.

Die Flotten auf Europas Wasserstraßen wurden in den letzten Jahren aus Gründen der Rationalisierung kontinuierlich verkleinert. Dabei stieg die durchschnittliche Tragfähigkeit der Schiffe.

Erhebliche Bedeutung besitzt in der Binnenschifffahrt der Personentransport, der heute vorwiegend der Freizeitgestaltung dient. Bei den Fahrgastschiffen handelt es sich vor allem um Tagesausflugsschiffe, zum Teil sogar mit Bordrestaurants. Der Markt für Personenschiffe, in denen Fahrgäste in Kabinen auch wohnen und mehrtägige Touren unternehmen können, wird von nichtdeutschen Reedereien beherrscht.

Was den Transport auf Binnengewässern anbelangt, so ist Deutschland für die weltweite Situation keineswegs repräsentativ. In Entwicklungsländern mit geeigneten Wasserstraßen spielt die Flussschifffahrt auch heute noch eine bedeutende Rolle. Beispielsweise sind Boote, meist unmotorisiert, auf den verzweigten Wasserstraßensystemen von Bangladesch die wichtigsten Transportmittel für Menschen und Güter. Segelnde Flussschiffe und, wie vor Jahrhunderten in Europa, durch Muskelkraft stromauf gezogene Schiffe prägen das Bild vieler Flüsse Südasiens.

Die Struktur der Binnenschifffahrt in Europa ist durch drei Organisationsformen geprägt: Zum einen gibt es selbstständige Schiffsbesitzer, die auf eigene Rechnung fahren, die Partikuliere. Zum anderen sind da die Reedereien, die in der Regel mehrere Schiffe betreiben und zudem oft die Umladung von Frachten organisieren. Als dritten Typ gibt es Firmenflotten wie die von Kiesbaggereien oder Mineralölfirmen, die ihre eigene Ware transportieren. In den letzten Jahren besteht hier jedoch eine Tendenz zu weniger eigenen Schiffen und mehr gechartertem Fremdfrachtraum.

Die Zahl der Binnenschiffseinheiten ist europaweit stark rückläufig. Abwrackprämien, finanziert durch die Europäische Union, sollen bestehende Überkapazitäten reduzieren. Viele Reedereien verkaufen ihre Schiffe, weil sie sie nicht mehr kostendeckend betreiben können, teilweise ins Ausland, teilweise an ihr ehemals angestelltes Personal. Es werden zunehmend ausländische Besatzungsmitglieder

Schwimmender Markt in Thailand.

eingestellt, da deren Löhne geringer sind. Die resultierenden Probleme scheint man in Kauf zu nehmen: Verständigungsschwierigkeiten, mangelnde Sicherheit, steigende Arbeitslosenzahlen.

Die Arbeit des Binnenschiffers ist leichter geworden. Die Maschine wird vom Ruderhaus aus überwacht und gesteuert. Der Arbeitsplatz des Maschinisten, der früher die Instrumente beobachten, schmieren und manchmal sogar noch die Maschine vom Vorwärts- zum Rückwärtslauf umsteuern musste, ist daher längst entfallen. Das Ruderhaus ist heute klimatisiert; moderne Überwachungsinstrumente und vereinfachte Steuerungen haben die Arbeit des Rudergängers erleichtert.

Während die Zahl der gewerblich betriebenen Schiffe in den letzten Jahren abnimmt, gewinnt die Freizeitschifffahrt, in Gestalt von Ausflugsdampfern und mehr noch durch Privatschiffe, immer mehr an Bedeutung.

Doch nicht nur die Binnenschifffahrt, sondern auch die Seeschifffahrt befindet sich seit einigen Jahren im Wandel.

Ruderhaus eines modernen Binnenschiffs bei Nachtfahrt.

Seeschifffahrt

Die wichtigsten Sparten der Seeschifffahrt sind Güter- und Personenverkehr sowie die Fischerei. Naturgemäß spielt die Kunst der Navigation auf dem Weg über die Ozeane eine wesentlich größere Rolle als im Binnenverkehr. Viele der seit Jahrhunderten verwendeten Navigationshilfsmittel sind auch heute noch in Gebrauch. Dass die Seefahrt auf einer langen Tradition aufbaut, zeigt sich unter anderem in der historisch begründeten und für nautische Laien teilweise schwer verständlichen Fachsprache.

Navigationshilfen und nautische Größen

In der Frühzeit der Seeschifffahrt blieb man in Küstennähe und betrieb Sichtnavigation. An markanten Punkten wurden Seezeichen wie die griechischen Türme (ab dem 5. Jahrhundert v. Chr.) angebracht. Der im Jahr 280 v. Chr erbaute Leuchtturm von Alexandria erlangte hierbei als eines der sieben Weltwunder Ruhm. Ein Leuchtfeuer wurde dort allerdings erst ab dem 1. Jahrhundert n. Chr. betrieben.

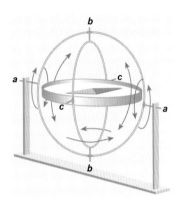

Ein **kardanisch aufgehängter Kompass** ist um alle Raumachsen (*a*, *b*, *c*) frei drehbar, was ihn von äußeren mechanischen Krafteinwirkungen entkoppelt.

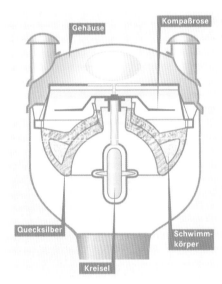

Ein **Kreiselkompass** enthält einen mit etwa 20 000 Umdrehungen pro Minute rotierenden Kreisel, dessen Achse aufgrund der festen Anbringung des Kompassgehäuses im Schiff in der Waagerechten gehalten wird. Die in Quecksilber gelagerten Schwimmkörper dienen der Schwingungsdämpfung.

Um sich auch weiter auf den Ozean hinauswagen zu können, wurde mit der Zeit das klassische Instrumentarium zur Positionsbestimmung auf See entwickelt: Sextant, Chronometer und Kompass. Als Navigationshilfen kamen noch Seekarten und astronomische Tabellenwerke hinzu. Heute gibt es darüber hinaus Seehandbücher mit Hinweisen und Skizzen von Küstenformationen und Häfen, Gezeiten- und Strömungsatlanten. Das Deutsche Hydrographische Institut gibt periodisch die »Nachrichten für Seefahrer« heraus; noch aktuellere Informationen bieten die Funkwarnmeldungen der Seefunkstellen.

Doch zurück zum klassischen Instrumentarium. Ein Kompass ermöglicht die Bestimmung der Himmelsrichtung. Bereits im 11. Jahrhundert besaßen die Chinesen eine primitive Art von Magnetkompass in Form einer magnetisierten Nadel, die in einem schwimmenden Strohhalm steckte. Die Wikinger verwendeten um das Jahr 1400 auf Holz montierte, aus Eisenerz bestehende Leitsteine. Gegen Ende des 16. Jahrhunderts etablierte sich die kardanische Aufhängung, welche die Lage einer Kompassnadel von den Schiffsbewegungen unabhängig machte.

Erst im 19. Jahrhundert wurde der wissenschaftliche Hintergrund des Magnetismus eingehend erforscht und dabei eine Korrekturmöglichkeit für Abweichungen der magnetischen Richtungsanzeige geschaffen, die von eisernen Schiffsbestandteilen stammten. Abweichungen aufgrund von örtlichen Unterschieden im Erdmagnetfeld mussten damals wie heute anhand von speziellen Karten korrigiert werden.

Da der Kreiselkompass nach einem gänzlich anderen Prinzip funktioniert, weist er nicht auf den magnetischen, sondern auf den geographischen Nordpol. Sein zentrales Funktionselement ist ein schnell rotierender, massiver Kreisel. Im Unterschied zu einem kardanisch aufgehängten Kreisel, der eine einmal eingestellte Drehachse stets beibehält, handelt es sich beim Kreiselkompass um ein gefesseltes System, dessen Drehachse durch die feste Anbringung des Kompassgehäuses im Schiff in die Horizontalebene gezwungen ist. Der gefesselte Kreisel muss die Erdrotation mitmachen, das heißt, seine Drehachse wird aus ihrer ursprünglichen Richtung ausgelenkt. Die Achse stellt sich daher tangential zu einem Meridian (Längengrad) ein, weist also nach Norden. Ebenso wie der Magnetkompass versagt dieses System an den Polen. Auch beim Kreiselkompass können Abweichungen auftreten, hier in Form von Fahrt- und Schlingerfehlern. Deshalb verwendet man die beiden Kompasstypen meist komplementär.

Die Marinechronometer früherer Zeiten, Meisterwerke der damaligen Uhrmacherkunst, sind Dank der Präzision, die moderne Quarzuhren oder per Funk übertragene Zeitsignale mit sich bringen, heute obsolet. Diese Schiffsuhren waren unter Ausnutzung tabellierter, zeitlich definierter Ereignisse wie dem Sonnenaufgang ein wichtiges Hilfsmittel zu Ermittlung des Längengrades, auf dem man sich befand.

Das dritte klassische Navigationsinstrument ist der Sextant, ein genaues Winkelmessgerät, das zusammen mit dem Chronometer und astronomischen Tabellenwerken zur Bestimmung der geographischen Breite dienen kann. Ein Sextant besteht im Wesentlichen aus einem kleinen Fernrohr mit einem davor fest angebrachten halbdurchlässigen Horizontspiegel sowie einem drehbaren Indexspiegel, dessen Stellung auf einer Winkelskala abgelesen wird. Mit dem Sextanten peilt man die Sonne oder bestimmte Sterne an und ermittelt ihre Höhe, das heißt den Winkel zwischen Horizont und Himmelskörper. Im Fall des Polarsterns entspricht dieser Winkel mit großer Genauigkeit direkt der geographische Breite, im Fall der Sonne müssen die Uhrzeit und die Datumsabhängigkeit ihrer Höhe zur Berechnung der Breite berücksichtigt werden.

Der Sextant ermöglicht mithilfe von Tabellenwerken auch die Astronavigation. Hierbei werden drei Sterne angepeilt, woraus sich drei Höhengleichen ergeben. Auf diesen Standlinien liegen alle Orte, von denen aus die Himmelsobjekte unter dem gleichen Winkel erscheinen. Der Standort ist der Schnittpunkt dieser drei kreisförmigen Standlinien.

Neben den klassischen Navigationsinstrumenten werden heute meist Funkpeilgeräte benutzt. Ihr Vorläufer, das Richtempfangsgerät, wurde um 1900 in Deutschland entwickelt. Sein Kernstück war eine drehbare Rahmenantenne, mit der die richtungsabhängige Signalintensität gemessen und der Sender angepeilt werden kann. Mithilfe von zwei Sendern lässt sich – wenn auch relativ ungenau – der Standort als Schnittpunkt zweier gerader Standlinien ermitteln. Heutige Funkpeilsysteme basieren auf Hyperbelnavigationsverfahren und arbeiten wesentlich exakter. Man benötigt dafür mindestens drei ortsfeste Sendestationen. Diese strahlen kontinuierlich Wellen aus (Decca- und Omega-Verfahren) oder werden pulsweise betrieben (LORAN-Verfahren und Varianten davon; LORAN = Long Range Navigation). Beim Decca- und Omega-Verfahren wird die Phasendifferenz der Wellen gemessen, die von verschiedenen Sendern ausgestrahlt werden. Beim LORAN-Verfahren misst man die Laufzeitdifferenz der von verschiedenen Sendern ausgehenden Impulse. Aus diesen zeitlichen Differenzen schließt man auf Entfernungsdifferenzen. Betrachtet man zunächst zwei Sender, so lassen sich prinzipiell alle Orte angeben, an denen die Differenz der Entfernungen zwischen dem Standort eines Empfängers und den Sendern gleich groß ist. Orte, die diese Bedingung erfüllen, liegen auf einer Hyperbel, in deren Brennpunkten die Sender stehen. Ist außerdem bekannt, welcher der beiden Sender näher am Empfangsort liegt, so weiß man, auf welchem der beiden Hyperbeläste man sich befindet. Durch Hinzuziehen eines weiteren Senderpaars ergibt sich eine zusätzliche Hyperbel und aus dem Schnittpunkt der beiden hyperbelförmigen Standlinien lässt sich dann der Standort des Schiffes bestimmen.

Marinechronometer aus dem Jahr 1832. Die Uhrenkapsel ist kardanisch aufgehängt und befindet sich in einem Mahagonigehäuse.

Mit dem Fernrohr des **Spiegelsextanten** wird der Horizont anvisiert. Man schwenkt nun den Messarm und den daran befestigten Indexspiegel, bis ein Himmelsobjekt im Sichtfeld mit dem Horizont zur Deckung kommt. Die Elevation (Höhe) des Objekts lässt sich auf der Winkelskala ablesen.

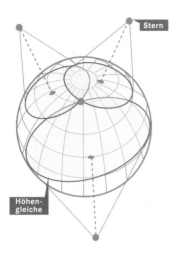

Prinzip der **Astronavigation**.

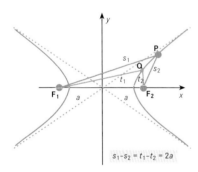

Auf einer **Hyperbel** liegen alle Punkte (P, Q, ...), für welche die Differenz der Abstände zu zwei festen Punkten, den Brennpunkten F_1 und F_2, gleich ist.

1981 wurde das satellitengestützte Global Positioning System (GPS) eingeführt. Seitdem haben andere Navigationsverfahren stark an Bedeutung verloren. Für das GPS gibt es preisgünstige, kleine Empfänger, die auf bequeme Weise präzise Standorte liefern und auf einem Bildschirm elektronisch gespeicherte Karten anzeigen. Die Arbeit des Steuermanns wird heute durch den elektronischen Autopiloten erleichtert, der das Schiff automatisch auf Kurs hält. Er kann mit dem GPS gekoppelt werden. Die Standortbestimmung nach dem GPS erfolgt im Prinzip ähnlich wie bei der Astronavigation. An die Stelle der anvisierten Sterne tritt hier ein System von in regelmäßigen Abständen angeordneten Satelliten, deren Bahnen die Erde netzartig umgeben. Zu drei dieser Satelliten wird die Entfernung aus der Laufzeit von Signalen errechnet, woraus sich für jeden dieser Satelliten eine kreisförmige Standlinie ergibt. Der Schnittpunkt dreier Kreise liefert, wie gehabt, den Standort.

Zur Navigation genügt es nicht, bloß die Schiffsposition zu kennen. Es ist darüber hinaus wichtig, die Umgebung wahrzunehmen. Dabei ist Radar ein unentbehrliches Hilfsmittel, da es auch bei Nebel oder im Dunkeln funktioniert. Radar wurde ursprünglich für militärische Zwecke entwickelt, und zwar zur Luftraumüberwachung. Seit den 1950er-Jahren sind Radaranlagen aber auch auf den meisten Zivilschiffen im Einsatz. Die Abkürzung steht für »Radio Detecting and Ranging«, das heißt Ortung und Entfernungsmessung mittels Radiowellen, womit das Funktionsprinzip schon umrissen ist. Eine elektromagnetische Welle im Mikrowellenbereich wird ausgestrahlt, an einem entfernten Objekt reflektiert und das Echo empfangen, wobei Sender und Empfänger langsam um eine vertikale Achse rotieren. Aus der Zeit, die ein Funkimpuls für den Hin- und Rückweg benötigt, lässt sich die Entfernung zwischen dem reflektierenden Objekt und der Radaranlage berechnen, die Richtung, aus der das Echo kommt, wird ebenfalls erfasst. Die Signale werden elektronisch aufbereitet und die Echoquellen als Radarbild gezeigt. Ähnlich wie das Radar, nur mit Schall- anstelle von Radiowellen, funktioniert das 1912 entwickelte Echolot, mit dessen Hilfe der Meeresgrund unter einem Schiff vermessen werden kann. Dieses Gerät strahlt von der Unterseite des Schiffes aus Ultraschall- oder Hörschallwellen in die Tiefe ab, empfängt die vom Meeresgrund oder von Hindernissen reflektierten Echos, errechnet aus der Laufzeit den Abstand und zeichnet die Daten auf einer Papierrolle auf. Aufwendige Scannersysteme sind in der Lage, ein Relief des Meeresbodens auf einem Bildschirm darzustellen.

Die Wassertiefe unter einem Schiff wurde früher in Faden angegeben. Dies geht auf die traditionelle Methode der Tiefenbestimmung mit einem an einer Schnur befestigten Lot oder Senkblei zurück. Ein Faden entspricht dabei einer Armspanne (althochdeutsch: fadum) des Seemanns, der das auf Grund befindliche Lot Spanne um Spanne wieder heraufholt: etwa 1,8 Meter.

Die nautische Geschwindigkeitsangabe in Knoten geht auf eine im Mittelalter entwickelte und noch im 19. Jahrhundert verwendete

Messmethode zurück, bei der ein Log genannter Schwimmkörper ausgeworfen wurde, der an eine dünne Leine gebunden war, in die in regelmäßigen Abständen Knoten gebunden waren. Beim Abwickeln der Leine zählte man die Anzahl der Knoten, die während des Durchlaufs einer Sanduhr abgespult wurden. Später wurde das eher ungenaue Geschwindigkeitsmaß Knoten als eine Seemeile pro Stunde definiert, wobei eine Seemeile mit 1,852 Kilometern die Länge ist, die einer Bogenminute (dem sechzigsten Teil eines Grades) auf der als Kugel angenommenen Erdoberfläche entspricht. Ende des 17. Jahrhunderts wurde zur Geschwindigkeitsmessung ein mit Propellerflügeln versehenes Laufrad entwickelt, das aber erst im 19. Jahrhundert unter der Bezeichnung Patentlog zum Einsatz kam. Besonders bei schnellen Schiffen sind heute Staudruckmessgeräte verbreitet, deren Vorläufer das Pitot-Rohr ist und bei denen der Staudruck des umströmenden Wassers ein Maß für die Geschwindigkeit liefert. Eine verbesserte Konstruktion ist das Prandtl-Rohr, bei dem korrigierend auch der statische Druck berücksichtigt wird. Natürlich lässt sich heute auch das GPS zur Ermittlung der Geschwindigkeit nutzen.

Das Dreigespann Kompass, Chronometer und Log bildete zusammen mit Seekarten jahrhundertelang die Grundlage der Koppelnavigation: Ausgehend von einem bekannten Standort wurde mit Kompass, Log und Uhr die auf einem Kurs zurückgelegte Strecke ermittelt und in die Karte eingetragen. Die Strömungsabdrift, verzeichnet in Seekarten, wurde dabei berücksichtigt. Zur Kontrolle wurde außerdem die Tiefe gemessen und mit den Angaben in der Seekarte verglichen. Durch vielfaches Wiederholen der Messungen ergab sich aus den zusammengesetzten Strecken näherungsweise der gesamte Weg.

Schiffsgrößen

Für das Volumen und die Ladekapazität von Schiffen gibt es eine ganze Reihe von Maßen. Die Wasserverdrängung, auch Deplacement genannt, entspricht dem Gewicht des Schiffes. Sie wird in metrischen Tonnen (1000 Kilogramm) oder amerikanischen Longtons (1016 Kilogramm) angegeben. Die Verdrängung wird vor allem zur Charakterisierung von Kriegs- oder Passagierschiffen verwendet. Bei Frachtern hingegen kommt es mehr auf die Tragfähigkeit an. Sie wird in Tons Deadweight (tdw) gemessen und ist das Gewicht der zulässigen Maximalladung. Eine etwas irreführend benannte Größe stellt die Registertonne dar, denn sie ist kein Gewichts-, sondern ein Raummaß. Sie entspricht 100 Kubikfuß, also 2,8 Kubikmetern. Die Bruttoregistertonne (BRT) ist ein Maß des inneren Volumens des gesamten Schiffs, die Nettoregistertonne (NRT) hingegen misst nur den Raum, der zur Aufnahme der Ladung verfügbar ist. Wie man sieht, gibt es zwischen den meisten Schiffsgrößenangaben keine allgemein gültigen Umrechnungsfaktoren.

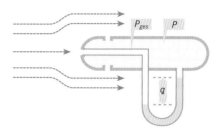

Beim **Prandtl-Rohr** ergibt sich der Staudruck q als die Differenz von Gesamtdruck p_{ges} und statischem Druck p. q ist proportional zum Quadrat der Strömungsgeschwindigkeit. Die Fahrtgeschwindigkeit des Schiffs lässt sich daher auf einer entsprechend geeichten Skala der Staudruckanzeige direkt ablesen.

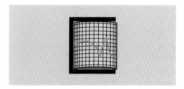

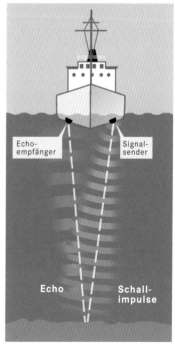

Funktionsprinzip des **Echolots** (unten) und Aufzeichnung in Form eines **Echogramms** (oben).

Übersee-Frachtschifffahrt

Die weltweit auf dem Seeweg transportierte Ladungsmenge erhöhte sich in diesem Jahrhundert rapide. Während 1939 insgesamt 69 Millionen Tonnen über das Meer befördert wurden, waren es 1948 80 Millionen Tonnen, 1971 247 Millionen Tonnen (davon ein Drittel Rohöl) und 1996 4,79 Milliarden Tonnen (davon 30 Prozent Rohöl).

Von der Organisation der Frachtrouten her wird bei der Seeschifffahrt zwischen Linienfrachtern und Trampschiffen unterschieden. Erstere verkehren nach Fahrplan und haben meist feste Tarife für die jeweiligen Frachtarten. Die Reedereien, die eine bestimmte Linie bedienen, nehmen an einem monopolartigen, aber legitimen Konferenzsystem teil, das zur Absprache der Frachtpreise dient. Die Ladung eines Linienfrachters besteht meist aus einer Zusammenstellung verschiedenartiger Güter mehrerer Auftraggeber. Ein Trampschiff hingegen wird gechartert und transportiert in der Regel eine homogene Ladung, da ein Charterer zur Erzielung des günstigsten Frachtpreises bestrebt ist, möglichst große Mengen zu verschiffen. Charterkontrakte, englisch als Charter-Parties bezeichnet, sind vielen Regeln unterworfen, die in Jahrhunderten der Schifffahrtstradition entstanden sind. Sie werden auf Schifffahrtsbörsen abgeschlossen. Die bekannteste ist die Londoner »Baltic Mercantile and Shipping Exchange«, die ihren Ursprung in einem Kaffeehaus in London namens »The Baltic« hat, wo sich um 1810 die Handelsleute und Kapitäne trafen, um über Schiffsladungen zu verhandeln.

Welche Schiffstypen werden für den Gütertransport verwendet? Zu den am weitesten verbreiteten Typen gehören heute die Containerschiffe und die Tanker. Darüber hinaus gab und gibt es eine Vielzahl von Spezialschiffen wie Fährschiffe. Diese dienen der Verkehrsverbindung zwischen dem Festland und vorgelagerten Inseln beziehungsweise der Überquerung von Buchten, Meerengen oder Binnengewässern. Mit speziellen Eisenbahnfährschiffen werden ganze Züge transportiert.

Um dem Transportbedarf gerecht zu werden, den das enorme Straßenverkehrsaufkommen mit sich bringt, kommen seit Anfang der 1960er-Jahre Ro-Ro-Schiffe und -Fähren zum Einsatz. Ro-Ro leitet sich vom englischen »roll on – roll off« ab. Diese Schiffe nehmen Straßenfahrzeuge über eine befahrbare Heck- und Bugklappe auf und entlassen diese ebenso.

Ein Großteil des Welthandels wird von Frachtern abgewickelt. Noch bis zum Zweiten Weltkrieg waren Brücke, Unterkunftsräume und die Maschine mittschiffs eingebaut. In modernen Frachtern hingegen befinden sich Maschine und Hauptaufbauten, kompakt zusammengefasst, achtern (im hinteren Bereich des Schiffs), um durchgehende Laderäume zu schaffen.

Zu unterscheiden sind Massengut- und Stückgutfrachter sowie verschiedene Spezialfrachter. Massengutfrachter befördern Schüttladungen wie Erz, Kohle und Getreide. Sie besitzen meist kein eigenes

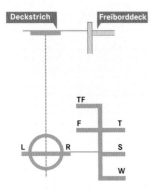

Je eine **Freibordmarke** ist auf beiden Schiffsseiten auf halber Länge an der Außenseite angebracht. Die Ladekapazität ist erreicht, sobald die Marken ins Wasser tauchen. Durch diese Beladungsgrenze soll gewährleistet werden, dass ein beladenes Schiff auch bei Seegang genügend Freibord, das heißt Abstand zwischen Schwimmwasserlinie und oberstem Deck besitzt, um nicht überflutet zu werden. Die Buchstaben LR stehen für »Lloyd's Register of Shipping«, die Klassifikationsgesellschaft, welche die Marke erteilt. Die weiteren Buchstaben bedeuten Tiefladelinien für verschiedene Jahreszeiten beziehungsweise Gewässer: S = Sommer, W = Winter, T = Tropen, F = Frischwasser, TF = tropisches Frischwasser.

Ladegeschirr, da Vorrichtungen zum Be- und Entladen in den Häfen vorhanden sind. Stückgutfrachter transportieren vorwiegend voluminöse Einzelstücke, aber auch Stoffballen, Fässer und Kisten. Sie sind zumeist erkennbar am auffälligen Ladegeschirr. Dies gilt auch für Schwergutfrachter, die für den Transport schwerer Objekte wie Generatoren, Lokomotiven oder Maschinen vorgesehen sind. Ein weiterer Typ von Spezialfrachter sind Kühlschiffe zum Transport verderblicher Ware.

Seit ihrer Einführung in Europa in den Jahren 1967/68 laufen die Containerschiffe den Frachtern den Rang ab. Überall im Transportwesen haben sich heute standardisierte 20- und 40-Fuß-Container durchgesetzt. Solche Stahlkästen können auf Schienen-, Straßen- und Wasserfahrzeugen zeitsparend verladen und platzsparend verstaut werden. Diese Vorteile waren allen Speditionsunternehmen spätestens seit der Einführung des Containersystems in den USA im Jahr 1956 bekannt, jedoch scheuten die meisten Reedereien die enormen Vorausinvestitionen für die Umrüstung auf das neue System. Der Aufwand für die notwendige Modernisierung und Rationalisierung überstieg tatsächlich die Finanzmittel der einzelnen Reedereien, sodass Ende der 1960er-Jahre weltweit eine Fusionierungswelle ausgelöst wurde. Inzwischen prägen Wälle aus gestapelten Containern das Erscheinungsbild der Häfen. Seegehende Containerschiffe unterscheiden sich vom klassischen Frachter durch das Fehlen von Ladegeschirr und die kompakte Stapelung der Behälter in den Laderäumen und auf Deck. Ihre Ladekapazität beträgt bis zu 6000 Container von 20 Fuß Länge.

Öltanker wurden zum ersten Mal zu Beginn des 20. Jahrhunderts eingesetzt und tragen heute zu etwa 30 Prozent der weltweit verschifften Gesamttonnage bei. Sie sind relativ leicht zu bauen und kommen mit einer kleinen Mannschaft aus. Erkennbar sind moderne Tanker an der Konzentration der Aufbauten und der Maschinenanlage achtern, im hinteren Bereich. Es gibt Ein- und Zweihüllentan-

Das **Eisenbahnfährschiff »Schwerin«** war zwischen 1936 und 1944 auf der Strecke zwischen Warnemünde und Gedser (Dänemark) im Einsatz.

Stückgutfrachter mit mittschiffs liegender Brücke und Maschine waren zwischen 1870 und 1970 auf allen Meeren anzutreffen.

ker. Bei Letzteren sind Innentanks eingebaut, bei Ersteren bildet die Außenhaut des Schiffs quasi selbst den Behälter. Die Tanks von Rohöltankern sind meist dampfbeheizt, um die in der Kälte zähflüssige Ladung leichter auspumpen zu können. Auf der Rückkehr in die Ölförderländer muss aus Stabilitätsgründen unter Wasserballast gefahren werden, das heißt, die Tanks werden hierzu mit Wasser gefüllt. Da bei wachsender Schiffsgröße eine geringere Leistung pro Tonne erforderlich ist, besteht ein Trend zu immer größeren Tankern. Auch die Zahl der Besatzungsmitglieder – heute der hauptsächliche Kostenfaktor – muss bei zunehmender Schiffsgröße nicht unbedingt größer werden. Die Tankschiffe hatten schon in den 1970er-Jahren über 500000 Tonnen (dead weight) Fassungsvermögen, waren 400 Meter lang und hatten einen beladenen Tiefgang von etwa 25 Metern, Dimensionen, die auch von heutigen Tankern nicht wesentlich überboten werden.

Anders als die meisten anderen neuzeitlichen Seeschiffe, die den Nachrichtenmedien kaum einer Erwähnung wert sind, erlangten einige Tanker durch spektakuläre Unfälle traurige Berühmtheit. In den betroffenen Regionen verursachten sie schwerste Umweltschäden und führten zu einer weltweiten Debatte um die Sicherheit dieses Schiffstyps. Zu nennen ist hier insbesondere die Havarie der »Exxon Valdez« vor der Westküste Alaskas (1989) und der »Sea Em-

RO-RO-SCHIFFE

Ro-ro-Schiffe besitzen mehrere, über Heckklappen befahrbare Decks zur Aufnahme von Straßenfahrzeugen. Nach dem Kentern der britischen »Herald of Free Enterprise« im Ärmelkanal (1987) und dem Untergang der »Estonia« in der Ostsee (1994), beides Unglücke mit zahlreichen Todesopfern, wurden Sicherheit und Seetüchtigkeit solcher Schiffe in Zweifel gezogen. Ihr großer, nicht durch wasserdichte Schotten unterteilter Fahrzeugladeraum kann beim Eindringen von Wasser zu Stabilitätsproblemen führen. Die großen Ladetore sind trotz ausgeklügelter Verriegelungssysteme und oft doppelter Auslegung Gefahrenquellen.

Generell ist, trotz öffentlicher Zweifel, der Sicherheitsstandard von Ro-ro-Fähren hoch – zumindest in den Industrieländern. Eine problematische Entwicklung zeichnet sich dagegen in den Entwicklungsländern ab: Schiffe, welche die hohen Sicherheitsanforderungen der Industrienationen nicht mehr erfüllen, werden dorthin verkauft – und am neuen Einsatzort zusätzlich noch überladen und schlecht gewartet. Die Wahrscheinlichkeit weiterer Fährunglücke ist somit hoch.

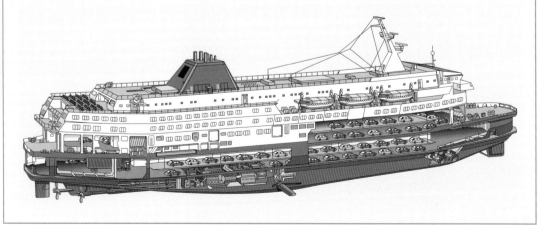

press« an der Küste der walisischen Graf-schaft Dyfed (1996). Als Schwachpunkte stellten sich in allen Fällen die ungenü-gende Qualifikation der Schiffsführung und mangelnde technische Standards her-aus. Tankerneubauten sollten doppel-wandig gebaute Rümpfe und gegen Aus-fälle gesicherte Bordsysteme besitzen. Problematisch ist auch der Trend, schlecht ausgebildete Crews aus Billig-lohnländern anzuheuern, was zudem oft zu Verständigungsschwierigkeiten mit der multinational zusammengesetzten Mannschaft führt. Als vorbeugende Maß-nahme müssen hier verstärkt Schulungen durchgeführt werden.

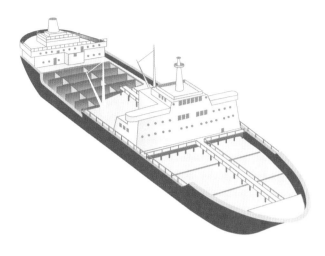

Aufbau eines **Tankers** älterer Bauart.

Übersee-Personenschifffahrt

D er Gütertransport auf dem Seeweg stellt heute zwar die Hauptumsatzquelle für die Seeschifferei dar, jedoch auch der Personentransport spielt noch eine gewisse Rolle, wenn auch – wie schon bei der Binnenschifffahrt festgestellt – in den Industrieländern vorwiegend im Freizeitverkehr. Die Linienschifffahrt zum Trans-port von Geschäftsreisenden und Auswanderern, aber auch von Post, deren Schwerpunkt auf der Nordatlantikroute lag, wurde um 1960 praktisch eingestellt. Der Grund hierfür war vor allem die Konkur-renz durch den Luftverkehr, welcher der Schifffahrt in Bezug auf die Geschwindigkeit um ein Vielfaches überlegen ist.

In der Zeit vor dem Massenflugverkehr lieferten sich England, Deutschland, Frankreich und die USA mit dem Bau einerseits schneller und andererseits komfortabel ausgestatteter Luxusliner ein Wettrennen. Symbol dieser Anstrengungen war das »Blaue Band« – das als solches materiell nie existierte – für das Schiff, das die schnellste Nordatlantiküberquerung erzielte. Das erste deutsche Schiff, welches diese begehrte Auszeichnung errang, war die »Kaiser Wilhelm der Große« im Jahr 1897 mit einer Durchschnittsgeschwin-digkeit von 22 Knoten. 1907 ging das Blaue Band an das britische Schiff »Mauretania«, das durchschnittlich 25 Knoten erzielte. In der Zwischenkriegszeit waren das deutsch-französische Schiff »Europa/Liberté« (1928, 27 Knoten) und die »Bremen« (1929, 28 Knoten) die Schnellsten, bevor sich 1937 die »Normandie«, ein französisches Schiff, mit 30 Knoten an die Spitze setzte. 1938 wurde sie wiederum von der britischen »Queen Mary« (31 Knoten) abgelöst. Die »United States« war Gipfelpunkt und zugleich Ende dieser Entwicklung. Ihr Rekord von 1952 – die Atlantiküberquerung in dreieinhalb Tagen mit 35 Knoten – wurde seitdem von keinem Passagierschiff übertrof-fen.

Der Luxus an Bord der schwimmenden Hotels war sehr personal-intensiv und trieb die Passagekosten in den gehobenen Klassen schon damals in extreme Höhen. Heutige Passagierschiffe verkehren nicht mehr auf Schifffahrtslinien, sondern werden in den Industrieländern nur noch zu Urlaubszwecken und meist in Kombination mit Flugreisen genutzt. Kreuzfahrten sind dank einer Vielzahl von Niedrigpreisanbietern aus den Ländern des ehemaligen Ostblocks inzwischen kein Privileg der oberen zehntausend mehr.

Moderne Luxusliner sind ihren Ahnen im Hinblick auf die Navigations- und Kommunikationsausrüstung sowie die Schlingerfestigkeit deutlich überlegen. Sie verfügen über Schlingerkiele, Schlingertanks oder Stabilisatorkreisel, welche die Schiffsbewegungen im Seegang reduzieren und so den Passagierkomfort erhöhen.

Treppenaufgang erster Klasse zum Bootsdeck der **»Olympic«,** einem Schwesterschiff der nahezu identisch ausgestatteten **»Titanic«,** die durch ihren Untergang auf der Jungfernfahrt im Jahr 1912 zu einem Sinnbild technikgläubiger Hybris wurde.

Weltweit betrachtet sind Schiffe für den billigen Transport großer Passagiermengen auf See keineswegs ausgestorben, vor allem nicht in Regionen außerhalb der entwickelten Staaten. Beispielsweise versorgen Tausende von kleineren Schiffen die Inseln im Pazifik, transportieren Fahrgäste entlang der afrikanischen Küste oder auf der jahrtausendealten Route zwischen der arabischen Halbinsel und Indien. Man hat geschätzt, dass die Zahl der Passagiere, die auf diesen Lowtech-Schiffen in der Dritten Welt reisen, sogar heute noch die Zahl der Flugpassagiere übertrifft.

Fischfang

Außer Fracht- und Passagierschiffen findet man noch eine große Zahl Fischereischiffe auf See. Bei der stark verbreiteten und weltweit bedeutsamsten Schleppfischerei ziehen die Trawler genannten Fangschiffe Netze hinter sich her. Je nachdem, ob diese Netze seitlich oder am Achterschiff an Bord gehievt werden, unterscheidet man Seiten- oder Hecktrawler. Letztere, mit dem Steuerhaus vorne, haben sich durchgesetzt, weil die Handhabung der Trawls (Schleppnetze) hier einfacher und sicherer ist.

Mit Schleppnetzen fischt man auf hoher See knapp unter der Meeresoberfläche beispielsweise Heringe oder Seelachs, wobei die Fische häufig noch an Bord verarbeitet werden. Mit Grundschleppnetzen werden hingegen in flachen Gewässern vor allem Plattfische wie Schollen gefangen. Da die Schiffe in Küstennähe bleiben, werden die Fische nicht ausgenommen und eingefroren, sondern nur gekühlt und an Land frisch verkauft.

Zunehmend werden technische Hilfsmittel zur Ortung der Fische verwendet. Wissenschaftliche Analysen von Fischereibiologen, vor allem aber elektronische Ortungsgeräte, die auf dem Sonar- oder Echolotprinzip beruhen, haben die Berufserfahrung von Generationen von Fischern ersetzt.

Die Schiffe selbst sind seetüchtiger geworden. Stahl bei größeren Schiffen und glasfaserverstärkter Kunststoff bei kleineren Fischerbooten haben Holz als Baumaterial weitgehend verdrängt. Seit den

1950er-Jahren müssen sie internationale Standards der Konstruktion erfüllen und Mindestsicherheitsausrüstungen wie Rettungsinseln, die sich im Notfall automatisch aufblasen, mit sich führen. Die Seefischerei ist aber nach wie vor eine der unfallträchtigsten Industrien. Sie bringt auch ökologische Probleme mit sich. Moderne Ortungs- und Fangmethoden haben dazu beigetragen, dass viele Meeresgebiete praktisch leer gefischt sind. Vor allem der Walfang ist hier ins Blickfeld der Öffentlichkeit geraten. Mit Explosivharpunen ausgerüstete Fangflotten jagten diese Meeressäugetiere derart rücksichtslos, dass sich die Population einiger Arten nicht mehr erholen konnte und die Gefahr des Aussterbens besteht. Inzwischen besteht ein Abschussverbot für Wale, das manche Länder allerdings mit dem Vorwand umgehen, getötete Tiere zu wissenschaftlichen Zwecken zu benötigen. Die Gefahr des Überfischens ist bei den meisten Fischarten zwar geringer, dennoch mussten in einigen Fällen Fangquoten international festgeschrieben werden, wie zum Beispiel beim Heilbutt. Darüber hinaus wurden für manche Arten sogar völlige Fangverbote erteilt und Mindestmaschengrößen für Netze festgelegt.

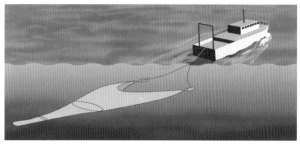

Fischfang mit **Schleppnetzen.**

Der eigentliche Fischfang ist bei der modernen industriellen Hochseefischerei nur eine Komponente; Ausnehmen, Zerteilen und Weiterverarbeiten an Bord sind nicht selten viel arbeitsaufwendiger, selbst wenn hier Automatisierungstechniken eingesetzt werden. Auf neuzeitlichen Fang- und Verarbeitungsschiffen, die man als Factory-Trawler (Fabrik-Fangschiffe) bezeichnet, werden den Fischen am Fließband Kopf und Schwanz abgetrennt, sie werden vor Ort ausgenommen und portionsweise eingefroren. Der Transport zur Weiterverarbeitung oder Vermarktung an Land erfolgt zur Konservierung der verderblichen Ware in einer lückenlosen Tiefkühlkette. Auch die Hochseefischerei hat mit wirtschaftlichen Schwierigkeiten zu kämpfen. In den Fischereiflotten Europas gibt es große Überkapazitäten, weshalb Abwrackquoten verordnet wurden, verbunden mit Abfindungsprämien für die arbeitslos werdenden Fischer.

Marine

Zu erwähnen ist außer der zivilen Schifffahrt noch die Marine. Eine Kriegsflotte zu besitzen, ist für Länder mit Meeresküsten schon immer von unverzichtbarer Bedeutung gewesen. Sei es in der Antike, im Mittelalter oder in der Neuzeit, immer stellten solche Nationen große Teile ihres Staatshaushalts für die Aufrüstung der Seemacht bereit. Zweifelhaft wurde diese Strategie in diesem Jahrhundert allerdings durch die Entwicklung neuer Waffensysteme, durch welche Kriegsschiffe allzu verwundbar wurden. Manche Industrienationen sind in der Lage, dieser Problematik durch Modernisierung ihrer Flotten zu begegnen: Sie können sich State-of-the-

Art-Bordelektronik, Flugzeugträger, Unterseeboote, Raketensysteme, Schnellboote und Amphibienfahrzeuge leisten. Industrielle Schwellenländer sind an dieser Stelle jedoch überfordert, obwohl gerade sie meist besonderen Wert auf marine Präsenz legen.

Da schlagkräftige Kriegsschiffe jederzeit über den höchsten Stand der Antriebs-, Bau- und Waffentechnik, heute auch der Elektronik und Ortungstechnik verfügen müssen, war die Schaffung und Aufrüstung mariner Streitkräfte stets ein Motor der Innovation. Auch die ökonomische Bedeutung ist nicht zu unterschätzen: Der Bau von Kriegsschiffen, ob für die nationale Marine oder zum Export, trägt weltweit einen beträchtlichen Teil zur Auslastung der ohnehin überschüssigen Werftkapazitäten bei.

Werften und Häfen sind Einrichtungen, die von allen Schiffen beansprucht werden, ob von der Marine oder zivil.

Häfen

Als Güterumschlagspunkt und Schnittstelle zwischen dem Binnen- und Seeschiffsverkehr kommt den Seehäfen besondere Bedeutung zu. In der Regel sind sie an Flussmündungen oder in Buchten gelegen. Jahrhundertelang änderte sich kaum etwas an ihrem Erscheinungsbild, in den letzten Jahrzehnten hat sich dieses jedoch deutlich gewandelt. Eine Ursache hierfür liegt in der Zunahme des Containerverkehrs und des Ro-Ro-Umschlages seit den 1960er-Jahren, was die Zahl der klassischen Piers stark zurückgedrängt hat. Solche Piers sind beidseitig zugängliche Landungsbrücken, an denen Kräne Stückgut verladen, Elevatoren oder Saugrohre Getreide be-

Luftansicht des **Hamburger Hafens.**

fördern und elektromagnetische Heber Eisenschrott transportieren. Heute bestimmen riesige Containerbrücken, Containerstapelplätze und die dazugehörigen Straßen- und Eisenbahnanschlüsse das Bild moderner Häfen. Die Verladeeinrichtungen sind umso wichtiger, als immer häufiger auf eigenes Ladegeschirr der Schiffe verzichtet wird.

Häfen nehmen wegen der erforderlichen Straßen und Eisenbahnanlagen enorme Flächen ein. Man rechnet heute mit acht Hektar Hafenareal pro Schiffsliegeplatz. Die Zahl der Verladebrücken für Straßenfahrzeuge hat sich parallel zur Zunahme des LKW-Straßentransports erhöht. Ergänzt werden sie durch für Zugmaschinen von LKW-Sattelaufliegern vorgesehene Parkflächen mit ausreichendem Manövrierraum, um die Auflieger an und von Bord spezieller Ro-ro-Fähren bringen zu können.

Im **Mannheimer Hafen** wurde 1996 ein Warenumschlag von acht Millionen Tonnen erzielt. Die abgebildeten Kräne sind entlang dem Ufer beweglich. Auf ihrer rechten Seite – im Bild nicht zu sehen – befinden sich Schienen für Güterzüge.

Ein relativ neuer Bautyp in Häfen sind Ölpiers zum Laden und Löschen (Ausladen) von Rohöl. Moderne Tanker, die bis zu 25 Meter Tiefgang besitzen, sind zu groß für die meisten Häfen. Aus diesem Grund – und auch zur Erhöhung der Sicherheit – machen sie an weit ins Meer hinausreichenden Piers fest, welche die Ölleitungsrohre tragen und befahrbar sind. Tanker, die an Ölpiers anlegen, würden diese ohne besondere Schutzmaßnahmen zerstören, da Wind und Wellen das Schiff gegen die Mauern drücken. Daher sind am Pier Puffer angebracht, die den Andruck dämpfen, indem sie über Umlenkrollen schwere Gewichte anheben, die innerhalb des Piers aufgehängt sind. Damit Tanker gar nicht an Piers festmachen müssen, gibt es in vielen Häfen schwimmende Löschbojen, mit deren Hilfe die flüssige Ladung über eine unterirdische Pipeline in Richtung Küste gepumpt wird.

Binnenhäfen unterscheiden sich weniger von ihrer Funktion her als von der Größe von den Seehäfen. Dem Vergleich mit dem Güterumschlag des Hamburger Hafens von 64,5 Millionen Tonnen (1996) hält nur die Duisburger Hafenanlage stand, durch die 1996 42,2 Millionen Tonnen befördert wurden. Andere Binnenhäfen kommen nur auf Bruchteile dieser Mengen.

Werften

In Hafennähe befinden sich auch die meisten Werften, in denen neue Schiffe gebaut oder Reparaturen und Umbauten vorgenommen werden. Die Technik des Seeschiffbaus hat sich im letzten halben Jahrhundert stark verändert. Schiffsrümpfe wurden traditionell im Freien auf leicht zum Wasser hin abfallenden, Hellings genannten Bauplätzen vom Kiel aufwärts fertig gestellt und dann über das Heck vom Stapel gelassen. Heute werden sie üblicherweise in Sektionen gebaut: Man fertigt Rumpfteile in Hallen vor und setzt sie dann mit Kränen zusammen. Trockendocks, die zum Aufschwimmen der neuen Schiffe geflutet werden können, ergänzen oder ersetzen Bauhellings. Früher wurden die angezeichneten Stahlplatten von Hand mit Schweißbrennern zurechtgeschnitten und dann verarbeitet. Heute sind automatische Schneid- und Schweißverfahren weit verbreitet, da sich so Arbeitskräfte sparen lassen und schnelleres und präziseres Bauen möglich ist. Computer-aided Manufacturing (CAM) hat sich im Schiffsbau längst durchgesetzt.

Werften in Hochlohnländern wie der Bundesrepublik können sich auf dem Weltmarkt für Standardschiffe kaum mehr behaupten. Auch japanische Werften geraten zunehmend unter ökonomischen Druck durch ostasiatische Billigwerften. Die Werftindustrie in Deutschland, mit 1,2 Millionen Bruttoregistertonnen 1996 weltweit an dritter Stelle hinter Japan (10,2 Millionen Bruttoregistertonnen) und der Republik Korea (7,3 Millionen Bruttoregistertonnen), hat in den letzten Jahren fast nur mit staatlichen Subventionen überlebt, die aber im Zuge allgemeiner Mittelverknappung reduziert werden. Insbesondere die Zukunft der ehemaligen DDR-Staatswerften ist ungewiss, da diese riesige Verluste machen und nicht mehr konkurrenzfähig sind. Chancen für den deutschen Schiffbau bestehen allenfalls in der Anfertigung von Spezialschiffen mit aufwendiger Technik und im Bau von Kreuzfahrtschiffen. Eine Absättigung des Containerschiffmarktes steht bevor; auch der Bau von Marineschiffen dürfte aufgrund sinkenden Bedarfs von abnehmender Bedeutung sein.

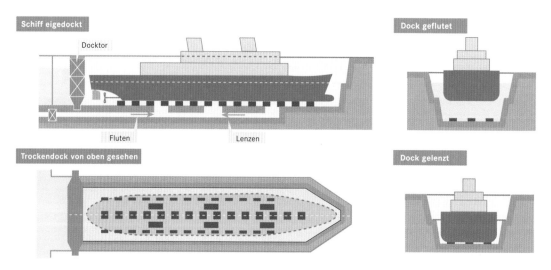

Schiff eigedockt · Docktor · Fluten · Lenzen · Trockendock von oben gesehen · Dock geflutet · Dock gelenzt

Trockendocks dienen dem Bau von Schiffen, vor allem aber zur Wartung und Reparatur der Rumpfböden. Die Schiffe schwimmen dazu in ein abschließbares Becken ein, das dann leer gepumpt wird. Die Trockendocks folgten in den letzten Jahren dem Größenwachstum der Schiffe nur verzögert. Dabei ist weniger die Länge als die Breite ein Problem. Da moderne Tanker in der Regel einen rechteckigen Rumpfquerschnitt haben, reicht die Unterwasserbreite vieler Docks nicht aus. Bestehende Trockendocks sind aber nicht einfach zu verbreitern, da der Dockboden weit unter dem Wasserspiegel liegt und die Seitenwände am unteren Ende dem Druck von bis zu 25 Metern Wasser widerstehen müssen. Auch die Docktore lassen sich daher nur unter großem Aufwand erweitern.

Welche Komponenten sind im industriellen Schiffbau zu fertigen und welcher Aufwand ist damit verbunden? Der Rumpfbau, obwohl er dem Laien am spektakulärsten erscheint, ist finanziell ein eher unbedeutender Faktor. Die Installation von Neben- und Hilfsaggregaten wie Stromerzeugern und -verteilern sowie von Navigations- und Wohneinrichtungen sind wesentlich aufwendiger und teurer als der Bau von Schiffsrumpf und Aufbauten. Allein die Vielzahl von Pumpen und ihr komplexes Leitungssystem machen heute oft schon bis zu einem des Viertel des Schiffsgewichts aus. Die Antriebssysteme sind ein weiterer wesentlicher Aspekt.

Schiffsdampfmaschine mit zwei Seitenbalanciers aus dem Jahr 1841. Der Hersteller war Cockerill in Seraing (Belgien).

Antriebstechnik

Um die Jahrhundertwende waren Frachtschiffe mit Kolbendampfmaschinen Standard. Dieser Maschinentyp hatte damals seinen höchsten Entwicklungsstand erreicht und war mit zwei- bis vierfacher Expansion auch relativ energieeffizient. Bei mehrfacher Expansion wird der Dampf, der im Hochdruckzylinder Arbeit geleistet hat, noch einmal oder mehrmals in größeren Zylindern ausgenützt, bis schließlich die Hauptmenge Dampf zu Wasser kondensiert ist.

Der Dampf wurde in kohlegefeuerten, nach ihrer Herkunft benannten schottischen Kesseln erzeugt, zylinderförmigen Wasserbehältern, bei denen die heißen Verbrennungsgase durch Rauchrohre zum Kamin geführt wurden und dabei das Wasser erhitzten. Der entstehende Dampf, von moderatem Druck – etwa drei Bar – wurde durch die Rauchgase auf etwa 250 Grad Celsius überhitzt, um die Effizienz zu steigern. Dieser über Jahrzehnte in Tausenden gebaute, zuverlässige Maschinentyp stieß aus verschiedenen Gründen an seine Grenzen: Bei hohen Leistungen wurde der Durchmesser des Niederdruckzylinders zu groß und die ganze Maschine zu schwer; die hin- und hergehenden Massen erzeugten Vibrationen. Auch die Energieausbeute war unbefriedigend. Anfangs versuchte man durch Erhöhung des Drucks und der Dampfüberhitzung den Wirkungsgrad zu steigern. Abdampfturbinen kombinierten Kolbendampfmaschinen mit der damals neuen Turbinentechnologie und sparten mehr als zehn Prozent Brennstoff. Ein neuer Kesseltyp, der Wasserrohrkessel, leistete mehr und sparte erneut Energie. Schweröl begann vor dem Ersten Weltkrieg die arbeitsintensiv zu verfeuernde Kohle abzulösen, zuerst bei britischen Kriegsschiffen, später auch in der zivilen Schifffahrt.

Doch eine völlig neue Art der Dampfnutzung gewann nun an Boden: die Dampfturbine. Sie ermöglicht eine effiziente Umsetzung der Energie hochgespannten Dampfes in Antriebsleistung, da sie nur rotierende und keine hin- und hergehenden Teile hat. Turbinen ha-

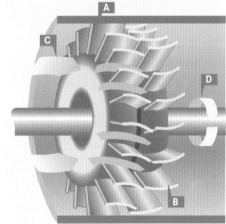

Eine **Dampfturbine** besteht aus einem Kranz fest stehender Leitschaufeln (A) und Rädern mit Laufschaufeln (B), von denen hier nur eines gezeigt wird. Der unter hohem Druck einströmende Dampf (C) wird von den Leitschaufeln umgelenkt und versetzt über die Laufschaufeln eine Welle in Drehung (D).

ben allerdings einen Nachteil: Sie laufen viel zu schnell für den Antrieb von Schiffsschrauben. Die Vergrößerung des Durchmessers der Turbinenräder verminderte ihren Hauptvorteil, die effiziente Energieausnutzung. Um die für Schiffsschrauben erforderlichen Drehzahlen von etwa 100 bis 120 pro Minute zu erzielen, wurden – und werden heute auch – Getriebe vorgesehen, bei kleineren Leistungen mechanische, bei größeren in der Regel hydraulische. Wenn keine eigene rückwärts drehende Turbine eingebaut wird, müssen Getriebe meist auch für die Umsteuerung bei Rückwärtsfahrt sorgen, da Dampfturbinen wie Automotoren nur in einer Richtung drehen. Elektrische Kraftübertragung, bei der die Turbine einen Generator antreibt, der einen Elektromotor auf der Hauptwelle speist, hat sich nur bei Spezialschiffen durchgesetzt, für die eine feine Regelung der Schraubenumdrehungen erforderlich ist.

Der große Rivale der Dampfturbine – und wohl auch der Sieger im Wettbewerb mit ihr – ist der Dieselmotor. Er hat heute einen Anteil von 75 Prozent aller Hauptantriebe. Moderne Groß-Schiffsdiesel sind meist einfach wirkende Zweitaktmaschinen mit direkter Einspritzung. Ein kompletter Verbrennungszyklus spielt sich bei nur einer Kurbelwellenumdrehung ab, im Gegensatz zum Viertakter, der dazu zwei Umdrehungen benötigt. Zweitaktdiesel haben daher eine höhere Leistungsdichte und ein besseres Leistungsgewicht: Sie können für eine gegebene Leistung leichter gebaut werden, besonders dann, wenn sie, wie heute üblich, »aufgeladen« sind. Dabei verdichtet eine Turbine, die von den Motorabgasen angetrieben wird, die Ansaugluft vor; das Treiböl wird in eine größere Luftmenge eingespritzt; die Leistungsausbeute und der Wirkungsgrad steigen. Kompaktere, mittelschnell laufende Viertaktdiesel haben die langsam laufenden Zweitaktmotoren inzwischen vor allem bei kleineren Schiffen abgelöst. Dank seiner relativ geringen Anlagengröße hat sich der Schiffsdiesel in modernen Schiffen durchgesetzt. Andere Vorzüge gegenüber Dampfturbinenanlagen sind verkürzte Startzeiten – Diesel sind schneller betriebsbereit – und weniger Mannschaftsbedarf im Maschinenraum, ein Faktor, der heute besonders großes Gewicht hat. Moderne Diesel können wachfrei gefahren werden, also fernbedient von der Brückenbesatzung, ohne dass Personal im Maschinenraum anwesend ist.

Zur Umsetzung des Drehmoments, das von Turbine oder Diesel geliefert wird, in Antriebsleistung dient in aller Regel die Schiffsschraube. Zur Effizienzsteigerung besitzt sie einen möglichst großen Durchmesser und läuft langsam, mit etwa 80 Umdrehungen pro Minute. Einzelschrauben haben einen höheren Wirkungsgrad als mehrere kleinere Schrauben. Schnell laufende Schrauben können zu einer Kavitation genannten Erscheinung führen, welche die Schraube beschädigen kann und die Leistung beeinträchtigt. Die Geometrie von Schrauben wird heute durch Computer berechnet. Auch die

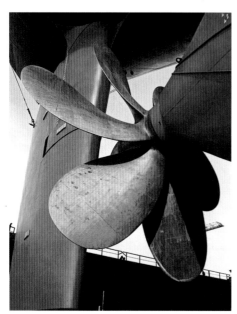

Fünfflügliger **Propeller** eines Großschiffs.

Unter **Kavitation** (lateinisch: Höhlenbildung) versteht man die Bildung von Dampfblasen durch lokalen Unterdruck, der hinter Objekten entsteht, die sich sehr rasch im Wasser bewegen.

Fertigung erfolgt mit computergesteuerter Präzision. Moderne Schiffsschrauben sind oft auch verstellbar, das heißt, der Stellwinkel der Blätter kann optimal an die Fahrgeschwindigkeit und die Maschinendrehzahl angepasst werden. Es gibt noch eine Reihe von Weiterentwicklungen der klassischen Schiffspropeller. Rohrummantelte, schwenkbare Schrauben, so genannte Kort-Düsen, verbessern den Wirkungsgrad und erhöhen die Manövrierfähigkeit. Eine andere Innovation, der Schraubentunnel, hat die Schiffsschraube auch für flache Gewässer tauglich gemacht. Für besondere Anwendungen, etwa den Betrieb kleiner Schiffe in flachem Wasser, baut man Jet-Antriebe, bei denen eine Pumpe das angesaugte Wasser in einem Strahl ausstößt. Ein weiteres Antriebssystem, das sich durch gute Manövrierbarkeit auszeichnet, ist der Voith-Schneider-Propeller, auch Flügelradpropeller genannt. Er findet bei Wassertreckern Anwendung, Schleppbooten von großer Wendigkeit, die sich sogar seitwärts bewegen können.

Verbesserte Manövrierbarkeit erlangen größere Schiffe durch das Bugstrahlruder, was besonders im Hafen wichtig ist. Ein elektrisch oder mit Dieselmotor angetriebener, umsteuerbarer Propeller erzeugt in einem Kanal, der quer durch das Vorschiff verläuft, einen kräftigen Wasserstrahl, mit dem sich der Bug des Schiffes punktgenau an den Kai positionieren lässt. Es können so auch Drehungen auf der Stelle ausgeführt werden.

Auch für Schaufelräder, mit denen die erste mechanisch angetriebenen Schiffe ausgerüstet waren, gibt es heute noch Marktnischen. Wenn es auf möglichst geringen Tiefgang ankommt, werden manchmal noch Räderschiffe eingesetzt, außerdem noch als Ausflugsschiffe, sofern nostalgisches Flair gefragt ist.

Groß-Schiffsdieselmotor während des Probelaufs. Diese Maschine hat eine Zylinderbohrung von 1,05 Metern, einen Kolbenhub von 1,8 Metern und leistet mit ihren acht Zylindern 32 000 PS bei 106 Umdrehungen pro Minute. Sie war in den 1970er-Jahren in einem Massengutfrachter einer Hamburger Reederei in Betrieb.

Neue Schiffstypen

Bei neueren Schiffstypen wie Bodeneffektmaschinen, Tragflügelbooten und Hovercrafts verwischt sich die Grenze zwischen Schwimmen und Fliegen. Hovercrafts, zu Deutsch Luftkissenfahrzeuge, sind eine Erfindung aus den späten 1950er-Jahren. Sie schweben auf einem Luftpolster, das von einer Turbine oder einem liegenden Propeller erzeugt und ringsum durch eine Schürze aus elastischem Material aufrechterhalten wird. Angetrieben werden Luftkissenboote durch Propeller oder Strahlturbinen. Hovercrafts sind Amphibienfahrzeuge, sie können sowohl auf Wasser als auch auf ebenem festem Boden fahren und dank der geringen Reibung hohe Geschwindigkeiten erzielen. Sie haben seit den 1960er-Jahren eine

Ein **Voith-Schneider-Propeller** besteht aus einem parallel zum Schiffsboden angebrachten Laufrad, auf dem um ihre senkrechte Achse bewegliche Spatenflügel stehend angebracht sind. Während sich das Laufrad dreht, werden die Flügel ständig so verstellt, dass sie seitwärts gerichteten Schub ausüben. Der Wirkungsgrad ist dann am größten, wenn man dafür sorgt, dass sich die Flächennormalen während der Rotation des Laufrads stets in einem Punkt treffen. Die Lage dieses Punkts bestimmt die Schubrichtung.

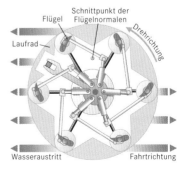

Flügel — Schnittpunkt der Flügelnormalen — Drehrichtung — Laufrad — Wasseraustritt — Fahrtrichtung

gewisse Bedeutung als Fähren auf dem Ärmelkanal bekommen, für den schnellen Personentransport zwischen den französischen und englischen Kanalhäfen. Doch sie haben auch Nachteile: Sie sind wenig kursstabil, laut, verbrauchen viel Energie, und ihre Antriebe sind durch die aufgewirbelte, wieder angesaugte Gischt korrosionsanfällig. An einem modifizierten Typ von Luftkissenfahrzeug wird gearbeitet. Er hat zwei feste Rümpfe und wird aus dem Wasser durch ein dazwischen liegendes Luftkissen herausgehoben. Solche Luftkissenkatamarane mit festen Seitenwänden können durch konventionelle Schiffsschrauben angetrieben werden und sind daher energiesparender und leiser.

Einen anderen Weg, die Gleitreibung des Schiffsrumpfes an der Wasseroberfläche zu verringern, beschritt man mit dem Konzept des Tragflügelbootes, auch Hydrofoil genannt. Das Prinzip besteht darin, den Schiffsrumpf auf Stelzen aus dem Wasser herauszuheben, die auf unter Wasser befindlichen Tragflächen stehen. Diese setzen, ebenso wie die Flügel eines Flugzeugs, bei hinreichender Geschwindigkeit die horizontal gerichtete Antriebskraft der Propeller in aufwärts gerichtete Kräfte um. Dazu sind aufgrund der höheren Dichte des Wassers wesentlich kleinere Flächen und geringere Geschwindigkeiten als beim Flugzeug erforderlich. Bereits 1937 wurde ein solches Boot zum Personentransport auf dem Rhein eingesetzt. Der US-Marine gelang es in den 1950er-Jahren, die Form und Anordnung der Tragflügel so zu verbessern, dass sich das Schiff besser steuern lässt und ruhiger fährt.

Bodeneffektfluggeräte machen sich den Umstand zunutze, dass ein Objekt, welches in der Luft mit hoher Geschwindigkeit dicht über einer Ebene gleitet, einen wirksameren Auftrieb erfährt als beim Flug in größerer Höhe, da Bodennähe die Umströmung der

Das **Luftkissenboot Hovercraft SR. N6,** ein Nachfolgemodell des Prototyps SR. N1 von 1959.

Tragflügelboote – hier ein Modell – eignen sich besonders gut für den Einsatz auf Binnen- oder Küstengewässern.

Tragfläche günstig beeinflusst. Ebenso wie bei Hovercrafts handelt es sich bei diesen Geräten um Amphibienfahrzeuge, die sich sowohl auf dem Wasser als auch auf flachem Festland fortbewegen können. Eine der ersten Maschinen, die den Bodeneffekt ausnutzte und so deutlich Treibstoff sparte, war das knapp über den Wellen fliegende deutsche Flugboot Dornier Do X.

Zu neuen Ehren gelangt der Bodeneffekt in den modernen Wing-in-Ground-Maschinen, die zurzeit noch vorwiegend militärisch genutzt werden, in Zukunft aber wohl auch im Sportbereich Beliebtheit erlangen dürften. Ob sich diese modernen Varianten durch technische Verbesserungen auch jenseits ihrer speziellen Anwendungen durchsetzen können, bleibt abzuwarten.

Navigare necesse est – auch in Zukunft?

Navigare necesse est, vivere non est necesse.« Seefahrt tut Not und ist wichtiger als das Leben. Mit diesen markigen Worte betrat der römische Feldherr Gnaeus Pompeius Magnus ein Handelsschiff, das Getreide aus Nordafrika holen sollte, um dessen Besatzung dazu zu bringen, den Dienst wieder aufzunehmen, den sie wegen schlechten Wetters verweigert hatte. In verkürzter Form wird dieses Motto regelmäßig dann angeführt, wenn es um die Freuden oder den Nutzen der Schifffahrt geht. Die wachsende Bedeutung der Transportmedien Flugzeug, Kraftfahrzeuge und Eisenbahn stellt aber infrage, ob es sinnvoll ist, diese Sentenz weiterhin im Zusammenhang mit ökonomischer Zweckdienlichkeit zu zitieren. Die Bedeutung der Schifffahrt bleibt allenfalls für den Transport von Rohstoffen (Massengütern) und schweren oder sperrigen Industriegütern erhalten, da Frachter und Containerschiffe hier deutliche Vorzüge besitzen. Im Passagierlinientransport wird sich die Rolle der See- und Binnenschifffahrt weltweit parallel zum Fortschritt in den Entwicklungsländern noch weiter verringern.

Die **Dornier »DoX«** war zwischen 1930 und 1931 im Passagierverkehr auf dem Atlantik im Einsatz.

Die Zukunft der Schifffahrt dürfte bei zunehmendem Wohlstand vor allem im Freizeitbereich liegen, sei es in Form von luxuriösen Kreuzfahrten, von Touren mit privat gecharterten Schiffen oder in der Sportschifffahrt. Vor allem hier besteht ein Trend zu immer extremeren Herausforderungen, wie das Beispiel der populären Transatlantikrennen in leichtgebauten Hightech-Segelbooten zeigt.

K. Möser

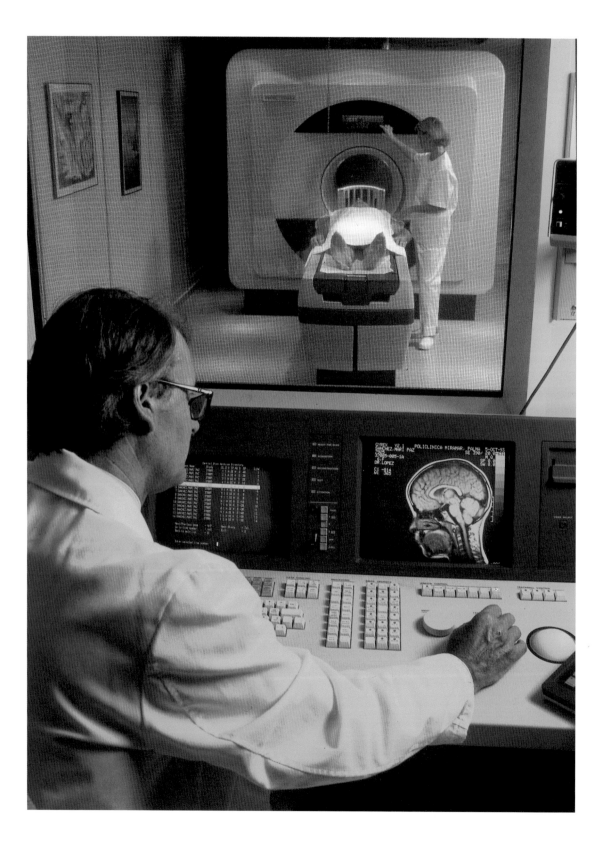

Medizintechnik

Durch die immer besser werdende medizinische Versorgung konnten im Lauf der letzten hundert Jahre Lebensqualität und Lebenserwartung der Menschen bedeutend gesteigert werden. Dabei hat die Entwicklung der Medizintechnik eine wesentliche Rolle gespielt, sowohl in der Diagnose als auch in der Therapie von Erkrankungen.

Der Begriff »Diagnose« stammt aus dem Griechischen und bedeutet »Entscheidung«. In der Medizin versteht man darunter die Feststellung und Einordnung einer Krankheit durch den Arzt. Früher halfen ihm dabei neben den Auskünften des Patienten nur äußerliche Untersuchungen durch Abtasten, Abklopfen oder Abhören. Die Entwicklung der modernen naturwissenschaftlichen Medizin und Medizintechnik hat hier im 20. Jahrhundert neue Wege eröffnet. Beispielsweise ermöglichen es so genannte bildgebende Verfahren, den Patienten gleichsam von innen zu betrachten. Dadurch haben sich die Untersuchungsmöglichkeiten enorm erweitert.

Auch die Therapie, das heißt die Heilkunde, hat durch die Entwicklung der Medizintechnik entscheidende Fortschritte gemacht. Früher benutzten Heilkundige einfache technische Hilfsmittel, um Krankheiten und Verletzungen zu behandeln. Ihr Einsatz beschränkte sich fast ausschließlich auf chirurgische Anwendungen. Durch die Entdeckung neuer physikalischer Phänomene wie Röntgenstrahlen und Laser hat der Einsatz von medizintechnischen Geräten einen großen Aufschwung genommen. Einen erheblichen Anteil am Erfolg hat auch die Mikrosystemtechnik, die eine Miniaturisierung von Geräten erlaubt. Auf diese Weise ist die Implantation elektronischer Geräte wie zum Beispiel von Herzschrittmachern möglich geworden.

Die Medizintechnik wird heute in praktisch allen Bereichen der Medizin eingesetzt. Da die Menge an Verfahren und Geräten unüberschaubar ist, wurde für die folgenden Kapitel der Schwerpunkt auf diejenigen modernen Techniken und Methoden gelegt, mit denen man als Patient besonders häufig konfrontiert wird.

Bei der **Magnetresonanztomographie** kann die Diagnose direkt am Monitor vorgenommen werden.

Medizintechnik in der Diagnostik

Die Entdeckung der Ableitung von elektrischen Signalen des Körpers führte Anfang des 20. Jahrhunderts zu den heute verbreiteten Verfahren der Elektrokardiographie (EKG) zur Diagnostik der Herzaktivität und der Elektroenzephalographie (EEG) zur Hirndiagnostik. In jüngerer Zeit gab es die größten Fortschritte bei der so genannten bildgebenden Diagnostik, welche die Grundlage der Radiologie bildet. Während am Anfang des 20. Jahrhunderts Radiologie noch mit der Erstellung von Röntgenaufnahmen gleichzusetzen war, kamen im Lauf der Zeit eine Reihe neuer Verfahren hinzu. Nach der nuklearmedizinischen Diagnostik haben sich Ultraschall, Computertomographie und schließlich die Magnetresonanztomographie als Routineverfahren im klinischen Alltag etabliert.

Wer sich heutzutage als Patient bei einem Facharzt oder im Krankenhaus untersuchen lässt, wird deshalb mit einer verwirrenden Fülle von Verfahren konfrontiert, deren Namen er häufig nicht entschlüsseln kann. Oft geben sie sogar Anlass zu Verwechslungen: EKG und EEG, Computertomographie und Magnetresonanztomographie, Sonographie und Doppler stellen Begriffspaare dar, die häufig gleichgesetzt werden und doch Unterschiedliches bedeuten. So ist beispielsweise die Computertomographie eine Weiterentwicklung des klassischen Röntgens, während die Magnetresonanztomographie auf einem anderen physikalischen Effekt beruht und ein grundsätzlich neues bildgebendes Verfahren darstellt, das ohne potenziell schädliche Strahlung auskommt. Beiden gemeinsam ist lediglich, dass mit ihnen Schnittbilder (Tomogramme, von griechisch tome »Schnitt«) des Körpers gewonnen werden.

Aber nicht nur die Begriffswahl trägt zur Verwirrung bei, auch die verschiedenen diagnostischen Methoden, die auf komplizierten physikalischen Zusammenhängen beruhen, sind für den Laien schwer zu durchschauen. Der folgende Überblick über moderne Diagnostikverfahren soll die dahinter stehenden physikalischen Prinzipien verständlich machen.

Wilhelm Conrad Röntgen war Physikprofessor an der Universität Würzburg. Am 8.11.1895 entdeckte er beim Experimentieren mit Gasentladungsröhren die Röntgenstrahlen. Im Jahre 1901 erhielt er dafür den ersten Nobelpreis für Physik. Das Preisgeld stellte er der Universität Würzburg zur Verfügung. Von einer Patentierung seiner Verfahren sah er ab, da sie der Medizin uneingeschränkt zugute kommen sollten.

Röntgenstrahlen – vom Röntgenbild zur Computertomographie

Heute scheint die Verwendung von Röntgenstrahlen in vielen Bereichen von Forschung und Praxis als etwas Selbstverständliches, ihre Entdeckung im Jahr 1896 durch Wilhelm Conrad Röntgen war allerdings der Beginn einer neuen Epoche der Medizin. Röntgenstrahlen machten es erstmals möglich, Bilder aus dem Inneren des menschlichen Körpers zu gewinnen. Röntgen führte damals Experimente mit Gasentladungsröhren durch und stieß dabei zufällig auf einen neuen Effekt: Eine mit einem fluoreszierenden Material beschichtete Fläche leuchtete in der Nähe der Gasentladungsröhre auf, obwohl sie durch schwarzen Karton von direkter Lichteinstrahlung durch die Gasentladung abgeschirmt war. Er schloss daraus, dass eine unsichtbare Strahlung durch die Abschirmung hindurch den Leuchtschirm zum Fluoreszieren gebracht haben musste. Wegen dieser neuen seltsamen und damals nicht zu deutenden Eigenschaft nannte er sie X-Strahlen. Durch sorgfältige Experimente fand er heraus, dass alle Körper für diese Strahlen mehr oder weniger durchlässig sind. Die Abschwächung der Strahlen ist allerdings für jedes Material sehr unterschiedlich. Schon Röntgen kam auf die Idee, die neuen Strahlen für medizinische Untersuchungen einzusetzen. Bereits zwei Wochen nach der Entdeckung fertigte er das erste Röntgenbild einer menschlichen Hand an. Deshalb wurde seine Entdeckung von Ärzten weltweit sofort mit großem Interesse aufgenommen. Der Anatom Kölliker schlug vor, die Strahlen in »Röntgen'sche Strahlen« umzutaufen, im Ausland wurde allerdings Röntgens ursprüngliche Bezeichnung beibehalten.

Röntgenstrahlen – ein besonderes Licht

E rst 20 Jahre nach der Entdeckung der Röntgenstrahlen fanden die Physiker Max von Laue und William Bragg heraus, dass es sich bei Röntgenstrahlen um elektromagnetische Wellen mit sehr kurzer Wellenlänge handelt. Zum Spektrum der elektromagnetischen Wellen gehören auch das sichtbare Licht, die infrarote und ultraviolette Strahlung und die Radiowellen. Diese Wellenarten unterscheiden sich nur in ihrer Wellenlänge. Während der menschliche Körper für sichtbares Licht praktisch undurchlässig ist, werden die sehr viel kurzwelligeren Röntgenstrahlen nur teilweise absorbiert.

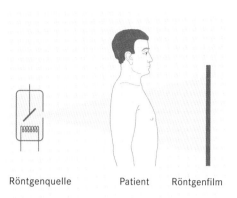

Röntgenquelle   Patient   Röntgenfilm

In einem **Röntgengerät** werden Röntgenstrahlen in einer Röntgenröhre erzeugt, die dann den Patienten durchdringen. Die durch Absorption geschwächte Röntgenstrahlung trifft auf einen Röntgenfilm, der nach fotografischer Entwicklung das Röntgenbild darstellt.

ELEKTROMAGNETISCHE WELLEN

Bestimmte Eigenschaften der elektromagnetischen Wellen kann man sich nur erklären, wenn man sich diese Wellen als kleine Teilchen vorstellt, die als Quanten oder Photonen bezeichnet werden. Die Energie dieser Quanten ist umgekehrt proportional zur Wellenlänge der Strahlung: Je höher die Energie eines Photons, desto kleiner ist die Wellenlänge der Strahlung. Röntgenstrahlen, wie sie für die medizinische Diagnostik verwendet werden, haben eine etwa 10000-mal kleinere Wellenlänge als sichtbares Licht. Entsprechend ist die Energie der Röntgenquanten 10000-mal höher als die der Quanten sichtbaren Lichtes.

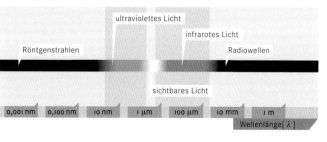

ultraviolettes Licht

infrarotes Licht

Röntgenstrahlen   Radiowellen

sichtbares Licht

0,001 nm   0,100 nm   10 nm   1 μm   100 μm   10 mm   1 m

Wellenlänge[λ]

Die Stärke der Absorption von Röntgenstrahlen nimmt mit der Dichte des Materials und der Ordnungszahl der Atome zu.

Für die Aufnahme von Röntgenbildern des menschlichen Körpers nutzt man aus, dass Röntgenstrahlen von unterschiedlichem Gewebe verschieden absorbiert werden. Wegen des Dichteunterschieds absorbieren Weichteilgewebe wesentlich stärker als lufthaltige Gewebe. Knochen heben sich wegen ihres Calciumgehalts sehr stark von Weichteilgewebe ab, da die Ordnungszahl des Calciums wesentlich höher ist als die Ordnungszahlen der Elemente, aus denen die Weichteile hauptsächlich bestehen. Für die Aufnahme von Röntgenbildern wird ein Röntgengerät benutzt. Es besteht aus einer Röntgenquelle und einem Detektor, in dem die Röntgenstrahlen nach Durchdringen des Patienten in ein Bildsignal umgewandelt werden. Im einfachsten Fall ist der Detektor ein Röntgenfilm. Auf dem Film bildet sich, ähnlich wie beim Fotografieren, eine zweidimensionale Projektion des dreidimensionalen Körpers ab. Die Information über die Tiefe geht dabei verloren. Deshalb werden Röntgenaufnahmen meist aus mehreren Richtungen aufgenommen.

Wie werden Röntgenstrahlen erzeugt?

Röntgenstrahlen entstehen, wenn Elektronen, die durch elektrische Felder auf hohe Geschwindigkeiten beschleunigt wurden, durch Aufprall auf Materie abgebremst werden. Zur Erzeugung von Röntgenstrahlen wird eine Röntgenröhre verwendet. In dieser Glasröhre befindet sich eine Drahtspirale aus hitzebeständigem Wolframdraht, die Glühkathode. Diese wird durch elektrischen Strom auf rund 2000 Grad Celsius aufgeheizt, sodass Elektronen aus der Spirale austreten. Zwischen der Glühkathode und einem weiteren elektrischen Kontakt, der Anode, wird eine elektrische Hochspannung angelegt. Wenn nun die Röhre evakuiert ist, sodass die Elektronen nicht mit Luftteilchen zusammenstoßen, dann werden die Elektronen auf dem Weg zur Anode auf annähernd Lichtgeschwindigkeit beschleunigt. Um einen scharfen Brennfleck auf der Anode zu erreichen, werden sie durch weitere Elektroden fokussiert.

Beim Aufprallen auf die Anode, die meist auch aus Wolfram besteht, werden die Elektronen abgebremst und erzeugen dabei Röntgenstrahlen.

Der Wirkungsgrad einer Röntgenröhre ist sehr klein: Nur ein Prozent der eingesetzten Energie wird in Röntgenstrahlen umgewandelt, der überwiegende Teil geht als Erwärmung der Anode verloren. Das größte technische Problem bei der Konstruktion von Röntgenröhren ist deshalb die Ableitung der Wärme, die notwendig ist, damit es nicht zur Überhitzung der Anode kommt. Eine einfache

So entsteht Röntgenstrahlung in einer **Röntgenröhre:** Auf der rechten Seite treten Elektronen aus der erwärmten Glühkathode aus und werden von der Beschleunigungshochspannung nach links beschleunigt. Beim Auftreffen auf die Drehanode werden durch die Wechselwirkung mit dem Anodenmaterial Röntgenstrahlen frei.

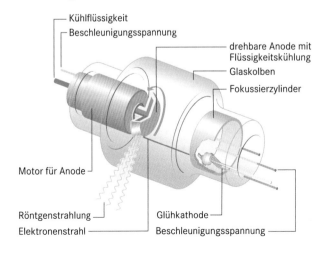

Kühlflüssigkeit

Beschleunigungsspannung

drehbare Anode mit Flüssigkeitskühlung

Glaskolben

Fokussierzylinder

Motor für Anode

Röntgenstrahlung

Elektronenstrahl

Glühkathode

Beschleunigungsspannung

ENTSTEHUNG VON RÖNTGENSTRAHLUNG

Durch die Abbremsung der Elektronen an der Anode entsteht Röntgenstrahlung mit verschiedenen Wellenlängen. Dieses Spektrum lässt sich auf zwei Effekte zurückführen: Die Bremsstrahlung und die charakteristische Röntgenstrahlung. Bremsstrahlung entsteht, wenn Elektronen in die Nähe eines Atomkerns der Anode gelangen. In der Regel wird die Energie stufenweise in mehreren Bremsvorgängen abgegeben, sodass ein kontinuierliches Spektrum entsteht. Es kommt aber vor, dass die gesamte Energie des Elektrons in ein Röntgenquant umgewandelt wird. Diese Quanten definieren die Grenzwellenlänge, die kürzeste auftretende Wellenlänge der Strahlung. Sie kann durch Verändern der Hochspannung variiert werden. Die Anteile mit größeren Wellenlängen werden schon durch das Glas der Röhre stark gedämpft. Da sie zum Bild kaum beitragen, sondern nur die Strahlendosis erhöhen, reduziert man sie weiter durch Filterplatten aus Aluminium oder Kupfer.

Neben der Bremsstrahlung entsteht die charakteristische Röntgenstrahlung. Sie hat ihre Ursache in einer Wechselwirkung zwischen den Elektronen der Kathode und den Atomelektronen des Anodenmaterials: Ein Kathodenelektron schleudert dabei ein Elektron aus dem Anodenatom heraus. Der frei werdende Platz wird durch ein Elektron aus einer anderen Schale aufgefüllt, und dabei wird Röntgenstrahlung einer bestimmten Wellenlänge frei. Diese Wellenlängen hängen vom Material der Anode ab.

Mit zunehmender Energie der Röntgenstrahlung nimmt ihre Durchdringungsfähigkeit zu. Für eine Röntgenaufnahme wird die verwendete Energie der Absorption des untersuchten Objekts so angepasst, dass eine optimale Bildqualität entsteht. Man unterscheidet zwischen harten Röntgenstrahlen mit hohen Energien und weichen Röntgenstrahlen mit niedrigen Energien. Für die medizinische Diagnostik wird normalerweise nur das Spektrum der Bremsstrahlung verwendet. Die charakteristische Röntgenstrahlung ist nur für die Mammographie wichtig: Hier wird zur Optimierung der Bildqualität die charakteristische Strahlung von Molybdän als Anodenmaterial ausgenutzt.

Die Abbildung zeigt das sich aus Brems- und charakteristischer Strahlung ergebende Spektrum einer Röntgenröhre. Rot ist das Spektrum im Vakuum, grün nach Durchtritt durch die Glaswand und blau nach Filterung durch einen Aluminiumfilter dargestellt.

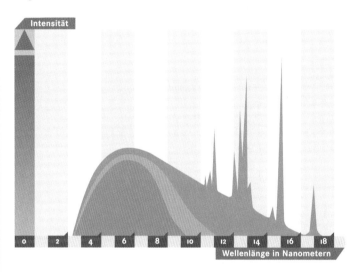

Möglichkeit ist das Eingießen der Wolframanode in einen Kupferschaft, der sich in einer Kühlflüssigkeit (meist Öl) befindet. So konstruierte Röntgenröhren sind allerdings für die meisten Anwendungen nicht leistungsfähig genug, sie werden heute nur noch für Dental-Röntgengeräte eingesetzt, wo sehr kleine Leistungen ausreichen. Um die Wärmebelastbarkeit zu erhöhen, gab es schon früh die Idee, eine drehbar gelagerte Anode zu benutzen. Durch schnelle Rotation erreicht man, dass sich die Wärme auf eine größere Fläche verteilt. Durch Anoden aus speziellen Verbundmaterialien, die aus mehreren Schichten bestehen, können Probleme durch die Erhitzung (Spannungseffekte, Rissbildung und Aufrauung) vermieden werden. Mit heutigen Drehanoden erreicht man bei einer Rotationsgeschwindigkeit von 3000 bis 10000 Umdrehungen pro Minute etwa die 40fache Leistung einer feststehenden Anode. Auf diese Weise können sehr kurze Belichtungszeiten erreicht werden, wodurch Störungen durch Bewegungen des Patienten während der Aufnahme vermieden werden können.

Sind Röntgenstrahlen schädlich für den Menschen?

Einige Jahre nach der Entdeckung der Röntgenstrahlen machte man die Erfahrung, dass intensive Bestrahlung zu Hautverbrennungen führt. Erst Anfang der 1950er-Jahre wurde klar, dass Röntgenstrahlen neben den Hautreaktionen auch langfristige Schäden erzeugen, und man begann Grenzwerte für die Exposition mit Röntgenstrahlen einzuführen. Heute weiß man, dass Röntgenstrahlen ionisierende Strahlen sind. Die Energiequanten von ionisierenden Strahlen reichen aus, um chemische Bindungen zwischen Atomen aufzubrechen. Wenn dies innerhalb einer Körperzelle passiert, kann sich diese Zelle in eine Krebszelle umwandeln. Daher haben Menschen, die hohen Dosen von ionisierender Strahlung ausgesetzt waren, ein erhöhtes Risiko, später an Krebs zu erkranken. Dies ergab sich aus den Erfahrungen mit Röntgenstrahlen, bevor moderne Sicherheitsbestimmungen eingeführt wurden. Der Mensch ist neben den künstlich erzeugten Strahlen auch natürlichen ionisierenden Strahlen vor allem aus dem Weltraum und von radioaktiven Substanzen aus der Erde ausgesetzt. Die Strahlenexposition durch medizinische Untersuchungen macht heute etwa ein Drittel der gesamten Strahlenexposition aus. Sie ist damit so gering, dass man keinen Zusammenhang mit Krebserkrankungen mehr feststellen kann. Da Krebserkrankungen sehr viele Ursachen haben, kann man statistisch nicht sicher sagen, ob und wie viele durch ionisierende Strahlen ausgelöst wurden. Es gibt verschiedene Theorien darüber, wie die Wahrscheinlichkeit für eine Krebserkrankung mit der Strahlenexposition zusammenhängt. Nach dem »linearen Modell« kann auch die kleinste Menge ionisierender Strahlung Krebs erzeugen. Einer anderen Theorie zufolge gibt es einen Schwellenwert für die Dosis, unterhalb dessen die Strahlung nicht schädlich ist. Schließlich gibt es auch die These, dass geringe Strahlenexposition sogar das Krebsrisiko verringert, was damit zusammenhängen soll, dass die natürlichen Reparaturmechanismen der Zelle durch kleine Schädigungen erst in Gang gesetzt werden. Solange nicht endgültig geklärt ist, welche Theorie stimmt, versucht man, die Strahlenexposition möglichst gering zu halten. Dabei hat die Verbesserung der Röntgengeräte einen großen Fortschritt gebracht. Trotzdem muss bei jeder Röntgenaufnahme sichergestellt sein, dass der Gewinn an diagnostischer Information die möglichen Gefahren durch die Strahlenexposition aufwiegt.

Wie entsteht ein Röntgenbild?

Schon Röntgen hatte bei seinen ersten Versuchen festgestellt, dass normale fotografische Filme für Röntgenstrahlen empfindlich sind. Deshalb können solche Filme – wenn sie von sichtbarem Licht abgeschirmt werden – für Röntgenaufnahmen benutzt werden. Genau wie fotografische Filme zeigen Röntgenfilme nach dem Entwi-

Art der Bestrahlung	Äquivalentdosis in Millisievert
natürliche Strahlung	2 bis 3 (in einem Jahr)
Röntgenaufnahme Brustkorb	0,05
Röntgenaufnahme Schädel	0,10
Röntgenaufnahme Bauchraum	1,00
Angiographie (Röntgenaufnahme Herzkranzgefäße)	10,00
Computertomographie	10,00

Die **Strahlendosis** ist ein Maß für die Menge an Strahlung, die durch Absorption im Körper verbleibt. Sie wird als Energie pro Masse angegeben. Die Einheit ist das Gray (Gy), was einem Joule pro Kilogramm entspricht. Um der biologischen Wirksamkeit der verschiedenen Arten ionisierender Strahlung Rechnung zu tragen, wurde die **Äquivalentdosis** eingeführt, die sich als das Produkt aus Strahlungsdosis und einem biologischen Bewertungsfaktor berechnet. Ihre Einheit ist das Sievert (Sv). In der Tabelle sind die Äquivalentdosen verschiedener Untersuchungen in Millisievert (mSv, Tausendstel Sievert) angegeben.

ckeln und Fixieren eine Schwärzung, die davon abhängt, wie viel Strahlung aufgetroffen war. Allerdings sind die Filme für Röntgenstrahlen nicht sehr empfindlich, nur rund ein Prozent der Strahlung wird von einem Film absorbiert, die meiste Strahlung dringt durch sie hindurch, ohne eine Schwärzung hervorzurufen. Um trotzdem eine ausreichende Belichtung des Films zu erreichen, wäre also eine hohe Strahlendosis nötig. Um die Dosis zu verringern, wandelt man die Röntgenstrahlen mit Verstärkungsfolien in sichtbares Licht um. Sie enthalten Leuchtsubstanzen, als Lumineszenzstoffe bezeichnet, die bei der Bestrahlung mit Röntgenstrahlen sichtbares Licht aussenden. Solche Folien können je nach Typ zwischen 20 und 60 Prozent der einfallenden Röntgenstrahlen absorbieren. Heute verwendet man fast ausschließlich eine Kombination aus einem doppelseitig beschichteten Röntgenfilm mit zwei direkt daran anliegenden Verstärkungsfolien. Durch die Verwendung von beiden Seiten kann die Absorption verdoppelt werden. In einer solchen Film-Folien-Kombination absorbiert der Film selber nur sehr wenig Röntgenstrahlen, er wird zu 97 Prozent vom sichtbaren Licht der Verstärkungsfolien geschwärzt.

Wenn Röntgenstrahlen durch den menschlichen Körper dringen, werden sie nicht nur absorbiert, sondern zum Teil gestreut, sie ändern also ihre Ausbreitungsrichtung. Diese Streustrahlung überlagert wie ein Schleier das Röntgenbild und vermindert so den Kontrast. Die Intensität der Streustrahlung nimmt mit dem durchstrahlten Volumen zu, sie ist daher bei Untersuchungen des Bauchraumes ein besonderes Problem. Das wichtigste Mittel zur Verminderung von Streustrahlung ist das Streustrahlenraster (Röntgenkollimator). Es besteht aus Bleilamellen, die sich zwischen strahlendurchlässigen Abdeckplatten befinden und direkt auf die Röntgenkassette aufgelegt werden. Die Lamellen sind in Richtung des Verlaufs der direkten Röntgenstrahlung ausgerichtet, sodass die Streustrahlung, die aus anderen Richtungen auftrifft, größtenteils absorbiert wird.

Die Röntgendurchleuchtung

Eine weitere Methode der Röntgenuntersuchung ist die Durchleuchtung. Dabei wird die durch den Patienten gehende Röntgenstrahlung direkt sichtbar gemacht, und das Bild kann wie ein Film beobachtet werden. Ein Vorteil dieser Methode ist, dass die Durchstrahlrichtung während der Untersuchung verändert werden kann und Organbewegungen direkt verfolgt werden können. Anfangs wurde zu diesem Zweck ein Leuchtschirm beobachtet, was wegen der geringen Intensität in einem verdunkelten Raum geschehen musste. Heute verwendet man Röntgenbildverstärker, mit denen die eintreffende Röntgenstrahlung elektronisch verstärkt und auf einem Bildschirm sichtbar gemacht wird. Obwohl die Entwicklung des Röntgenbildverstärkers eine starke Reduktion der notwendigen Strahlendosis brachte, liegt diese deutlich höher als bei einer einzelnen Röntgenaufnahme, was die Anwendungsmöglichkeiten einschränkt. Eingesetzt wird die Durchleuchtung hauptsächlich zur Untersuchung des Thorax und des Verdauungsraums. Nach der Gabe

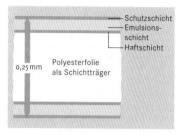

Für die meisten Anwendungen werden **doppelseitige Röntgenfilme** verwendet, so erreicht man eine Verdopplung der Empfindlichkeit des Films. Ein Röntgenfilm besteht aus einem Schichtträger, zwei Haftschichten, zwei Emulsionsschichten und zwei Schutzschichten. Die Emulsionsschichten bestehen aus lichtempfindlichen Silberhalogenidsalzen und Gelatine, sie haben eine Dicke von etwa 0,01 Millimeter. Der Film wird in einer Filmkassette aufbewahrt, in der er von zwei Verstärkerfolien umgeben wird. Diese bestehen aus einer Trägerschicht und einer Reflexionsschicht, auf welche die Leuchtstoffschicht bei der Herstellung aufgegossen wird. Je nach Verstärkungsgrad sind die Leuchtstoffschichten rund 0,1 bis 0,3 Millimeter dick. Durch die Reflexionsschichten wird nach außen ausgesandtes sichtbares Licht auf den Röntgenfilm zurückgeworfen. Die hintere Verstärkerfolie ist etwas dicker ausgelegt, um die bereits abgeschwächten Röntgenstrahlen besser auszunutzen.

ANWENDUNGSGEBIETE FÜR RÖNTGENAUFNAHMEN

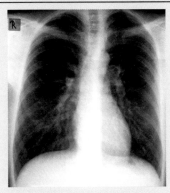

Damit ein Röntgenbild zustande kommt, müssen sich die einzelnen Organe in ihren Absorptionseigenschaften unterscheiden, ein Kontrast muss vorhanden sein. Einige Organe erzeugen genügend natürlichen Kontrast, wie zum Beispiel die lufthaltige Lunge. Auf einer Röntgenaufnahme des Brustkorbs, die bei fast allen Lungenerkrankungen unerlässlich ist, können beispielsweise Herz, Wirbel, Rippen, Blutgefäße der Lunge und Zwerchfell beurteilt werden. Ebenfalls einen natürlichen Kontrast bilden die kalkhaltigen Strukturen der Knochen bei Skelettaufnahmen. Für andere Anwendungsgebiete muss der Kontrast durch Kontrastmittel künstlich erzeugt werden. Einerseits ist es möglich, durch Gase wie Luft, Sauerstoff oder

Kohlendioxid einen negativen Kontrast zu erzeugen. Die Gase absorbieren aufgrund ihrer geringen Dichte Röntgenstrahlung kaum und erscheinen daher als Aufhellung auf dem Röntgenbild. Auf diese Weise können Hohlorgane wie Magen,

Darm, Harnblase oder andere Hohlräume wie Bauchraum, Hirnventrikel, der Rückenmarkskanal (Myelographie) oder die Gelenke (Arthrographie) untersucht werden. Andererseits erzeugen stark absorbierende Kontrastmittel einen positiven Kontrast, so wird beispielsweise Bariumsulfat zur Kontrastierung des Verdauungstrakts benutzt. Iodhaltige wasserlösliche Kontrastmittel dienen der Untersuchung von Blutgefäßen (Angiographie) oder Nieren (Urographie). Zur Darstellung des Lymphsystems sind ölhaltige Kontrastmittel erforderlich. Auf diese Weise werden heute alle Körperabschnitte einer Untersuchung mit Röntgenstrahlen zugänglich gemacht.

---

von Bariumsulfat als Kontrastmittel lassen sich die Passage durch die Hohlorgane direkt verfolgen und Organbewegungen beobachten. Da aber Bildschärfe und Detailreichtum wesentlich geringer als bei der Röntgenaufnahme sind, wird die Durchleuchtung nur zur Ergänzung von Röntgenaufnahmen eingesetzt.

Digitale Aufnahme und Speicherung von Röntgenbildern

Die Möglichkeit, Bilder nicht auf Röntgenfilmen, sondern in digitaler Form aufzuzeichnen und in einem Computer zu speichern, ist ein großer Fortschritt für die Röntgendiagnostik. Während beim konventionellen Röntgen der Röntgenfilm sowohl als Detektor für die Röntgenstrahlung als auch als Speichermedium und als Betrachtungsmedium fungiert, lassen sich diese Bereiche bei digitaler Aufzeichnung voneinander trennen und einzeln optimieren.

Die digitale Lumineszenzradiographie arbeitet mit Speicherfolien als Röntgendetektoren. Sie sind ähnlich wie Verstärkungsfolien aufgebaut, allerdings wandeln sie die Röntgenstrahlung nicht sofort in sichtbares Licht um, sondern speichern die Bildinformation für längere Zeit. Speicherfolien bestehen aus speziellen Leuchtstoffen, meist werden Schwermetall-Halogenid-Phosphorverbindungen verwendet. Beim Auftreffen von Röntgenlicht werden Elektronen in diesem Material in einem höheren Energiezustand eingefangen. Dieses unsichtbare Bild bleibt für Stunden stabil gespeichert. Erst wenn die Elektronen des Leuchtstoffs durch sichtbares Laserlicht einer bestimmten Wellenlänge angeregt werden, fallen sie in ihren ursprünglichen Energiezustand zurück und senden dabei sichtbares Licht aus. Da das emittierte Licht eine andere Wellenlänge hat als das zur Anregung verwendete, lässt es sich einfach durch optische Filter trennen. Eine Speicherfolie wird wie ein normaler Röntgenfilm belichtet. Das Auslesen des Bilds findet computergesteuert in einem Laserscanner statt: Zeile für Zeile wird ein fokussierter Laserstrahl mit einer Punktgröße von circa 0,01 Millimeter über die Folie bewegt und gleichzeitig das emittierte Licht detektiert. Die gemessene Signalfolge wird anschließend digitalisiert. Im Computer kann dann das Röntgenbild aus den Einzelpunkten zusammengesetzt werden. Typischerweise besteht solch ein Bild aus einer Anordnung von 2500 mal 2500 Punkten. Durch Bestrahlung mit intensivem Licht kann der Ausgangszustand einer Speicherfolie wieder hergestellt werden. Der Hauptvorteil der Speicherfolien ist, dass sie weit weniger empfindlich gegen Fehlbelichtungen sind als Röntgenfilme. Außerdem lässt sich das gespeicherte Bild im Computer beliebig bearbeiten. So kann zum Beispiel im Nachhinein der Kontrast verändert werden, ohne dass eine neue Röntgenaufnahme nötig ist. Zur Dokumentation können solche Bilder mit einer Laserkamera auf Folien belichtet werden, die dann kaum von Röntgenfilmen zu unterscheiden sind. Zurzeit erreichen Speicherfolien allerdings noch nicht die gleiche Detailauflösung wie konventionelle Film-Folien-Kombinationen; in Zukunft werden sie diese aber wahrscheinlich ersetzen.

Die Durchleuchtung kann mit digitaler Bildspeicherung kombiniert werden: Dazu wird der Ausgangsschirm eines Bildverstärkers nicht direkt betrachtet, sondern von einer elektronischen Kamera aufgenommen und die Bildinformation in einem Computer aufgezeichnet. Eine mögliche Anwendung ist der Pulsbetrieb der Röntgenröhre. Hierbei werden im Abstand von rund einer Sekunde Bilder mit sehr kurzer Belichtungszeit von wenigen Millisekunden und geringer Strahlendosis aufgenommen. Im Computer wird fortlaufend das jeweils letzte aufgenommene Bild dargestellt, sodass man praktisch die gleiche Information wie bei der Durchleuchtung erhält, allerdings mit stark reduzierter Strahlenbelastung. Die gespeicherten Bilder können nach der Aufnahme beliebig weiterverarbeitet werden: Kontrast und Vergrößerung können variiert werden, dynamische Bildserien können mehrmals wiederholt betrachtet werden, und einzelne Bilder können zur Dokumentation mit einer Laserkamera ausgegeben werden. Die Möglichkeit der Weiterverarbeitung der Bilder hat zu einer wichtigen Anwendung bei der Darstellung von Blutgefäßen geführt, der digitalen Subtraktionsangiographie. Blutgefäße unterscheiden sich in der Absorption nicht stark vom Weichteilgewebe. Um einen Kontrast zu erzeugen, muss ein iodhaltiges Kontrastmittel in den Kreislauf injiziert werden. Bei der digitalen Subtraktionsangiographie wird zunächst ein Maskenbild aufgezeichnet, in dem die Gefäße nicht kontrastiert sind. Nach der Injektion wird das Füllungsbild mit Kontrastmittel aufgenommen. Diese Bilder können nun im Computer subtrahiert werden, und man erhält ein Bild, in dem nur die kontrastmittelgefüllten Blutgefäße zu sehen sind. So lassen sich beispielsweise Gefäßverengungen der Nierenarterien durch eine Auswertung am Computer genau quantifizieren.

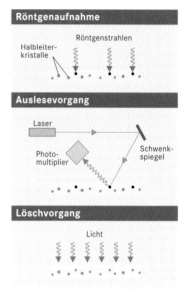

Aufnahme (oben), Auslesen (Mitte) und Löschen (unten) einer aus Halbleiterkristallen bestehenden **Speicherfolie** für Röntgenbilder.

Mittlerweile werden fast alle Körperregionen mittels **Computertomographie** untersucht. Im Gehirn wird die Computertomographie zum Nachweis von Schädelverletzungen, Hirninfarkten und Tumoren eingesetzt. Weitere Anwendungsschwerpunkte liegen in der Diagnostik der Wirbelsäule und des Brustkorbs. Mittels Computertomographie ist auch die Darstellung von Blutgefäßen (Angiographie) möglich. Wegen der hohen Kontrastunterscheidbarkeit ist es nicht nötig, das Kontrastmittel direkt in das zu untersuchende Blutgefäß zu injizieren. Stattdessen kann es über eine Armvene gegeben werden, was zu wesentlich weniger Komplikationen führt.

Bei der **Computertomographie eines Schädels** (links) erscheint der Knochen der Schädelkalotte als weißer Rand. Die x-förmige Struktur in der Bildmitte ist ein Anschnitt der mit Liquor (Gehirnflüssigkeit) gefüllten Hirnventrikel. Wegen der dort geringeren Absorption zeichnen sich diese dunkel ab. Das Gehirn selbst ist annähernd homogen, graue und weiße Hirnsubstanz lassen sich auf CT-Aufnahmen nur schwer unterscheiden. Nach Injektion eines iodhaltigen Kontrastmittels (rechts) ist rechts oben ein Hirntumor (Meningeom) als helle Struktur deutlich zu erkennen. Durch eine spezielle Projektionstechnik (Computertomographie-Angiographie, rechts) werden nur die kontrastmittelgefüllten Blutgefäße dargestellt. Links unten ist eine Missbildung der Hirngefäße zu erkennen.

Wichtig ist die digitale Durchleuchtung auch bei Methoden der interventionellen Radiologie: Hier werden mittels Kathetern Eingriffe am Herzen oder an Blutgefäßen vorgenommen. Beispielsweise werden verengte Blutgefäße mittels Ballonkathetern aufgedehnt oder Blutgerinnsel mit über Katheter applizierten Medikamenten aufgelöst. Diese Eingriffe müssen ständig mit Röntgenbildern überwacht werden. Durch digitale Durchleuchtung ist im Vergleich zur konventionellen Durchleuchtung eine Reduktion der Strahlendosis möglich, und durch nachträgliche Bildbearbeitung kann Kontrastmittel eingespart werden.

Die Röntgen-Computertomographie

Trotz der vielen Anwendungsmöglichkeiten der bisher beschriebenen Röntgenverfahren besitzen sie alle einen entscheidenden Nachteil: Der dreidimensionale menschliche Körper wird auf das zweidimensionale Röntgenbild projiziert. Die Information über die Tiefe geht dabei verloren. Dies führt einerseits dazu, dass eine genaue räumliche Zuordnung zwischen Röntgenbild und der Anatomie des Körpers schwer möglich ist. Andererseits bewirkt die Projektion einen schlechten Bildkontrast, da die gesamte Information entlang der Strahlrichtung aufsummiert wird, was zu Überlagerungen führt. Verschiedene Weichteilgewebe lassen sich deshalb auf Röntgenbildern kaum unterscheiden. Abhilfe brachte die Computertomographie. Das Verfahren der Computertomographie wurde erstmals von Godfrey Newbold Hounsfield und Allen McLeod Cormack realisiert, die dafür 1979 den Nobelpreis erhielten. Es basiert darauf, aus vielen verschiedenen Einstrahlrichtungen Projektionsaufnahmen zu erstellen, um dann mit Computerhilfe die Überlagerungen herauszufiltern, sodass ein Schichtbild übrig bleibt. Voraussetzung für die Entwicklung der Computertomographie war einerseits die Möglichkeit, Röntgenstrahlen statt auf Film mit elektronischen Detektoren messen zu können, und andererseits Computer, die leistungsfähig genug waren, um die aufwendigen Rechnungen durchzuführen.

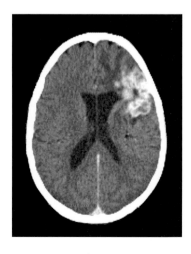
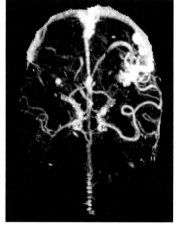

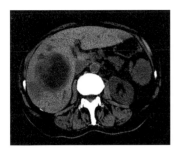
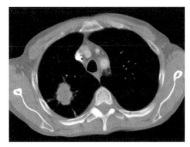

Ein Computertomograph besteht aus einer Röntgenquelle, die um die Achse des Patienten rotiert. Deren Strahl ist durch Blenden bis auf eine dünne Schicht, in der das Schnittbild erstellt wird, ausgeblendet. Der Röhre gegenüber befindet sich – auf dem gleichen rotierenden Rahmen montiert – eine Zeile von Röntgendetektoren. Diese registrieren die durch den Körper geschwächte Strahlung. Während der Rotation werden die Messdaten jeder Projektion digitalisiert und von einem Computer gespeichert. Für eine Schicht werden bei einem 360-Grad-Umlauf der Röhre etwa 1000 Projektionen aufgenommen. Aus den Schwächungsdaten der Projektionen wird dann im Computer das Schnittbild berechnet. Das Schnittbild entspricht in jedem Bildpunkt der Stärke der Röntgenabsorption. Starke Absorption wird dabei hell, geringe Absorption dunkel dargestellt.

Ein Problem der ersten Computertomographen waren die langen Aufnahmezeiten. Fortschritte brachten hier einerseits die Entwicklung von speziellen Schleifringsystemen zur Übertragung der Hochspannung auf die rotierende Röhre und andererseits die Verfügbarkeit von schnelleren Computern zur Verarbeitung der Messdaten. Heutige Computertomographen brauchen für eine Umdrehung, also ein Schnittbild, weniger als eine Sekunde. Mittels speziell zu diesem Zweck entwickelter Prozessoren kann das Schnittbild fast ohne Verzögerung berechnet werden. Einen weiteren Fortschritt brachte die Einführung der Spiral-Computertomographie. Hier wird während der Rotationsbewegung die Patientenliege kontinuierlich verschoben, sodass die Röntgenröhre relativ zum Patienten eine spiralförmige Bahn beschreibt. Auf diese Weise wird ein dreidimensionales Volumen, beispielsweise der gesamte Schädel oder der Brustkorb, in wenigen Sekunden aufgenommen.

Der große Vorteil der Computertomographie liegt in der Unterscheidbarkeit sehr geringer Kontraste. Die räumliche Auflösung ist allerdings mit etwa 0,5 Millimetern geringer als bei Röntgenbildern.

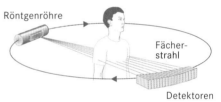

Röntgenröhre

Fächer-strahl

Detektoren

Bei der **Computertomographie** wird von einem um den Patienten laufenden Röntgengerät eine Serie von etwa 1000 Projektionsaufnahmen erstellt. Aus diesen berechnet ein Computer Schnittbilder des Körperinnern.

Sonographie – anatomische Erkundungen per Echolot

Die Sonographie (Ultraschalldiagnostik) ermöglicht die Darstellung anatomischer Strukturen und Gefäßfunktionen ohne Eingriff in den Körper. Sie verwendet im Gegensatz zu den meisten anderen nichtinvasiven Darstellungstechniken, wie zum Beispiel dem Röntgen, keine schädliche Strahlung, sondern Schall, dessen Frequenz oberhalb des vom menschlichen Ohr wahrnehmbaren Bereiches liegt – Ultraschall.

Dabei macht sie sich das Prinzip des 1913 von Alexander Behm erfundenen Echolots für die medizinische Diagnostik zunutze. Der in den Körper eingestrahlte Ultraschall wird an Grenzflächen, an denen sich die Gewebestruktur ändert, teilweise reflektiert. Indem die Zeit bis zur Rückkehr des Echos an die Schallquelle und die Stärke des Signals gemessen werden, erhält man Informationen über die Tiefenlage und die Ausdehnung der reflektierenden Struktur. Diese Methode wurde erstmals 1942 an biologischem Gewebe angewandt und führte bereits 1950 zu den ersten medizinischen Ultraschallgeräten.

Physikalische Grundlagen der Ultraschalldiagnose

Die Unterteilung des Schallspektrums in verschiedene Bereiche erfolgte anhand der vom Menschen wahrnehmbaren Frequenzen. Für das menschliche Ohr sind Frequenzen von einigen Hertz (Schwingungen pro Sekunde; Kurzzeichen: Hz) bis maximal 20 000 Hertz (20 kHz) hörbar. Bei Schallwellen höherer Frequenzen bis zu einer Milliarde Hertz (1 Gigahertz oder kurz: 10^9 Hz) spricht man von Ultraschall. Im Unterschied zum Menschen sind viele Tiere in der Lage, Ultraschall wahrzunehmen und zu erzeugen. Dies wurde erstmals im 17. Jahrhundert bei Fledermäusen entdeckt, die sich mit der Aussendung und Detektion des reflektierten Signals im Raum orientieren und ihre Beute orten.

Obwohl sich die einzelnen Schallbereiche für das menschliche Empfinden stark unterscheiden, handelt es sich physikalisch um dasselbe Phänome: mechanische Schallwellen.

Schallgeschwindigkeiten

Die Schallgeschwindigkeit unterscheidet sich in verschiedenen Medien zum Teil erheblich. In Luft beträgt sie beispielsweise circa 330 Meter pro Sekunde (oder rund 1200 Kilometer pro Stunde), in Wasser etwa 1500 Meter pro Sekunde und in Knochenmaterial fast 3400 Meter pro Sekunde. Sie hängt außerdem von Druck und Temperatur im Medium ab; allerdings kann diese Abhängigkeit bei Tem-

Aus der Zeitdauer zwischen dem Aussenden des Schallsignals und der Detektion des reflektierten Echos kann bei bekannter Schallgeschwindigkeit die Tiefe des reflektierenden Objekts berechnet werden – dies ist das Prinzip des **Echolots.**

Die Frequenzen von **Schallwellen** reichen von einem Hertz (eine Schwingung pro Sekunde) bis zu über 100 Millionen Hertz (100 Megahertz, kurz: 100 MHz). Dazwischen liegen die wichtigen Bereiche des menschlichen Hörvermögens und des Ultraschalls. Man nennt solch eine Auftragung ein **Frequenzspektrum** des Schalls.

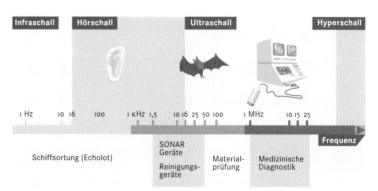

peraturen im Bereich der Körpertemperatur vernachlässigt werden. Allgemein steigt die Schallgeschwindigkeit mit der Festigkeit des Materials an, sie ist aber unabhängig von der Frequenz, das heißt, die genannten Werte gelten sowohl für Hörschall als auch für Ultraschall.

Wechselwirkung des Ultraschalls mit Gewebe

In der Sonographie erhält man medizinisch relevante Informationen durch die Wechselwirkung von Ultraschall mit Gewebe. Die wichtigsten Mechanismen sind hierbei Absorption, Reflexion und Brechung sowie der Doppler-Effekt.

Absorption der Schallwellen bedeutet, dass diese sich während ihrer Ausbreitung abschwächen. Die Ursache für die Schwächung des Ultraschallsignals sind die Reibungskräfte zwischen den Teilchen (Atomen oder Molekülen) des Ausbreitungsmediums. Die schwingenden Teilchen werden abgebremst, da ein Teil der Bewegungsenergie in Wärme umgewandelt wird. Dieser Prozess ist stark materialabhängig. Er ist umso stärker, je zäher ein Material ist. Wasser hat zum Beispiel eine geringe Absorption, Knochengewebe eine besonders hohe. Die Absorptionsfähigkeit in Gewebe nimmt mit steigender Ultraschallfrequenz annähernd linear zu. Für größere Eindringtiefen sollten also niedrigere Frequenzen verwendet werden. Dies hat allerdings den Nachteil eines schlechteren Auflösungsvermögens, denn die Ortsauflösung nimmt mit steigender Wellenlänge ab.

Schallwellen werden – genau wie Lichtwellen an der Grenze zwischen Luft und Glas – an einer Grenzfläche zweier Medien mit unterschiedlichen akustischen Eigenschaften teilweise reflektiert, es entsteht ein Echo. Der nicht reflektierte Anteil ändert seine Ausbreitungsrichtung beim Durchgang durch die Grenzfläche (Brechung). Die wichtigste akustische Eigenschaft, deren Änderung an einer Grenzfläche zu Reflexion und Brechung führt, ist die Schallimpedanz. Diese ist, analog zum elektrischen Widerstand, ein Maß für den Widerstand, den ein Medium der Ausbreitung von Schallwellen entgegensetzt. Der Kehrwert der Schallimpedanz ist die Schallleitfähigkeit. Die reflektierte Schallwelle ist umso intensiver, je größer der Unterschied der Schallimpedanzen der angrenzenden Gewebetypen ist. Daher lässt sich beispielsweise ein von Fruchtwasser umgebener Fötus mit Ultraschall gut darstellen, denn die Schallimpedanz von Wasser ist deutlich niedriger als die von Muskeln. Es gibt andererseits aber auch Tumoren, deren Schallimpedanz sich nicht von der des umliegenden Normalgewebes unterscheidet. Sie können im Ultraschallbild daher nicht erkannt werden. Bei sehr starken Unterschieden in der Schallimpedanz wird hingegen an der Grenzfläche fast die gesamte Intensität reflektiert; dies ist beispielsweise zwischen Luft und Leber der Fall. Die Folge ist, dass die Ultraschallwelle die Grenzfläche nicht überwindet, und dahinter liegende Bereiche nicht mehr dargestellt werden können, weil sie im Schallschatten liegen. Es muss darum unbedingt vermieden werden, dass sich Luft

Schallwellen sind mechanische Schwingungen, die sich im Raum ausbreiten. Da die einzelnen Teilchen des Ausbreitungsmediums die Träger dieser Schwingungen sind, ist das Vorhandensein von Materie Voraussetzung für die Ausbreitung. Im Vakuum ist daher keine Schallausbreitung möglich.
Schall breitet sich in Gasen und Flüssigkeiten als longitudinale Welle mit abwechselnd aufeinander folgenden Verdichtungen und Verdünnungen des Mediums aus: Die einzelnen Teilchen des Mediums schwingen also in der Ausbreitungsrichtung der Welle. Das Weichteilgewebe des menschlichen Körpers in dieser Beziehung kann als zähe Flüssigkeit aufgefasst werden. In der Ultraschalldiagnostik werden Frequenzen von einer Million Hertz (ein Megahertz, kurz: 1 MHz) bis zu 50 Millionen Hertz verwendet.

Medium	Schallgeschwindigkeit c in Metern pro Sekunde	Schallimpedanz in MNs/m³
Luft (Normalbedingungen)	331	0,00041
Wasser (20°C)	1492	1,49
Muskel	1568	1,63
Fett	1470	1,37
Leber	1540	1,66
Niere	1560	1,61
Milz	1565	1,66
Knochen	3360	6,12
Blei	1200	
Stahl	5200	

Impedanz ist ein anderes Wort für Widerstand; die **Schallimpedanz** gibt daher an, welchen Widerstand ein Medium der Ausbreitung einer Schallwelle entgegensetzt – ähnlich wie der elektrische Widerstand (oder die elektrische Impedanz) dies für elektrischen Strom und elektromagnetische Wellen tun. Die Einheit der Schallimpedanz ist Meganewtonsekunden pro Kubikmeter (MNs/m³, Millionen Ns pro m³, Newton ist die Einheit der Kraft).

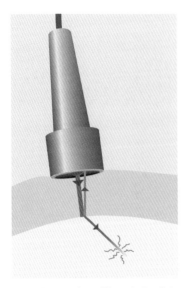

Wenn das von einem Ultraschallgerät in den Körper eingestrahlte Signal auf eine Gewebeoberfläche trifft, spaltet es sich auf. Ein Teil (grün) wird **reflektiert,** dieses Echosignal wird vom Gerät gemessen und ist Grundlage der bildlichen Darstellung. Der andere Teilstrahl dringt in die untere Gewebeschicht ein und wird dabei in eine etwas andere Richtung **gebrochen.** Mit zunehmender Eindringtiefe wird der Strahl immer stärker durch Absorption und Streuung abgeschwächt.

Das **Auflösungsvermögen** ist der minimale Abstand, der erforderlich ist, um zwei Objekte im Bild gerade noch getrennt erkennen zu können.

zwischen Schallsender und dem Patienten befindet, da sonst nur wenig Schallintensität vom Sender zum Patienten gelangt. Dies erreicht man durch Ankopplung des Schallsenders an den Patienten mit einer möglichst gewebeähnlichen Flüssigkeit, wie zum Beispiel Wasser oder speziellen Ultraschall-Kontaktgelen, die auf die Haut aufgetragen werden. Die Intensität des vom Ultraschallempfänger gemessenen Echos hängt zusätzlich stark vom Winkel ab, den die Grenzfläche zur Schallrichtung einnimmt. Das Echo ist besonders stark bei Grenzflächen senkrecht zur Schallausbreitungsrichtung.

Für die eingestrahlte Schallwelle wird je nach Fragestellung eine bestimmte, feste Frequenz verwendet. Die Frequenz der reflektierten Schallwelle kann sich von dieser aber unterscheiden, und zwar, wenn sich das reflektierende Objekt bewegt: Dies beruht auf dem Doppler-Effekt. Im Alltag erfährt man das Phänomen etwa bei vorbeifahrenden Krankenwagen mit Martinshorn. Der Ton des Horns klingt höher, wenn sich der Rettungswagen nähert, und tiefer, wenn sich der Wagen wieder entfernt, weil die ausgesandten Schallwellen gestaucht beziehungsweise gestreckt werden. Dadurch erhöht (erniedrigt) sich die Frequenz der Schallwelle um einen gewissen Betrag. Weil die Frequenzverschiebung proportional zur Geschwindigkeit ist, mit der sich der Reflektor bezüglich der Sonde bewegt, können damit Strömungsgeschwindigkeiten und Richtungen des Bluts im Herzen und in den Gefäßen bestimmt werden.

Auflösung

In der medizinischen Diagnostik ist es wünschenswert, im Bild möglichst kleine Strukturen erkennen zu können, um eine frühzeitige und genaue Diagnose zu ermöglichen. Die Wellenlänge ist ein Maß für die Abschätzung der Größe der gerade noch darstellbaren Strukturen. Strukturen, die kleiner sind als die Wellenlänge, können nicht mehr getrennt wahrgenommen werden.

In der Sonographie ist das Auflösungsvermögen in Schallausbreitungsrichtung (axiales Auflösungsvermögen) von anderen Faktoren abhängig als das seitliche (laterale) Auflösungsvermögen. Letzteres hängt von der Breite des Schallstrahls ab. Aufgrund der Strahlaufweitung durch Beugung ändert sich daher das laterale Auflösungsvermögen mit der Tiefe. Es ist in der Fokuszone am besten (rund vier bis fünf Wellenlängen). Das axiale Auflösungsvermögen ist tiefenunabhängig und liegt etwa im Bereich der doppelten Wellenlänge. Es verbessert sich also mit kleineren Wellenlängen beziehungsweise größeren Frequenzen. Darum sollten möglichst hohe Frequenzen verwendet werden. Da aber mit steigender Frequenz die Schallwelle stärker vom Gewebe abgeschwächt wird, nimmt die erreichbare Eindringtiefe mit steigender Frequenz ab. Jedes Ultraschallbild stellt einen Kompromiss zwischen Eindringtiefe und Auflösung dar, der für jede Fragestellung neu geschlossen werden muss. Wellenlängen, die im Bereich von einem zehntel Millimeter bis einem Millimeter liegen, haben sich in der Praxis als ein sinnvoller Wert mit guter Auflösung und akzeptabler Eindringtiefe erwiesen.

Erzeugung und Detektion von Ultraschall

E in Schnittbild entsteht, indem die Linien vieler Einzelmessungen nebeneinander gesetzt werden. Dies kann technisch mit unterschiedlichen Schallsonden realisiert werden. Die Schallsonden, auch Scanner (Abtaster) oder Transducer (Wandler) genannt, werden nach der Anordnung der einzelnen piezoelektrischen Elemente (linear, gewölbt), der Form der Schnittbilder (parallel, sektorförmig) oder nach dem Prinzip der Schnittbilderzeugung (elektronisch, manuell) unterschieden.

Für die Erzeugung und den Empfang von Ultraschall nutzt man in der medizinischen Diagnostik so genannte piezoelektrische Kristalle oder Piezoelemente. Die Erzeugung von Ultraschall geschieht durch ein hochfrequentes Spannungssignal, das mithilfe zweier Elektroden an die piezoelektrische Substanz angelegt wird und diese zu mechanischen Schwingungen anregt. Die entstehende Ultraschallwelle kann sich nun durch ein angekoppeltes Medium mit sehr guter Schallleitung (geringer Schallimpedanz) ausbreiten. Eine spezielle Anpassungsschicht vor dem Ultraschallsender, dem Transducer, ermöglicht den optimalen, möglichst verlustfreien Übergang der Schallwellen vom Sender ins Gewebe. Dazu verwendet man ein Kunststoffmaterial, dessen akustische Impedanz zwischen der des Senders und der des Gewebes liegt.

Auf der Rückseite des Transducers verhindert eine Dämpfungsschicht die Reflexion der erzeugten Ultraschallwelle innerhalb des Senders und ermöglicht außerdem die Aussendung sehr kurzer Ultraschallpulse, weil sie ein mechanisches Nachschwingen des Kristalls verhindert. Der Empfang der reflektierten Echos aus dem Körper des Patienten kann bei gepulstem Ultraschall mit dem Sender in dessen Sendepausen erfolgen. Hier wird der umgekehrte Weg durchlaufen. Die mechanischen Schwingungen des Ultraschallechos werden aus dem Gewebe über die Anpassungsschicht zum Transducer geleitet. Dieser wird durch die Schwingungen verformt, und seine Oberfläche wird elektrisch aufgeladen. Diese Aufladung wird von den Elektroden wieder aufgegriffen und als digitales Signal im Computer gespeichert. Die Höhe der detektierten Wechselspannung entspricht der Amplitude des Ultraschallechos.

Ein Ultraschallkopf für die zweidimensionale Bilddiagnostik ist in der Regel aus vielen kleinen, nebeneinander liegenden Ultraschallkeramiken aufgebaut, die je nach Bauart einzeln oder in Gruppen angesteuert werden. Die Herstellung solcher Schallsender ist sehr aufwendig, und der Preis eines modernen Schallkopfs liegt in der Höhe eines kleinen Mittelklassewagens.

Wie entsteht ein Ultraschallbild?

D ie Ultraschallmessung erfolgt in den meisten Fällen nach dem Puls-Echo-Prinzip – analog zum Echolot. Dazu wird zuerst ein kurzer Ultraschallpuls vom Schallkopf ausgesendet. Anschließend

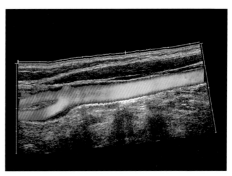

Farb-Doppler-Bild.

Der **piezoelektrische Effekt** besteht in der Fähigkeit einiger Kristalle, bei Deformation eine elektrische Spannung zu erzeugen. Da jede Schallwelle aus kurzzeitigen Deformationen des Ausbreitungsmediums besteht, kann man Piezoelemente als Sensoren für Schall und Ultraschall verwenden. Am häufigsten werden Piezoelemente aus Quarz gebaut, außerdem auch aus Rochellesalz (Seignettesalz, Kaliumnatriumtartrat.

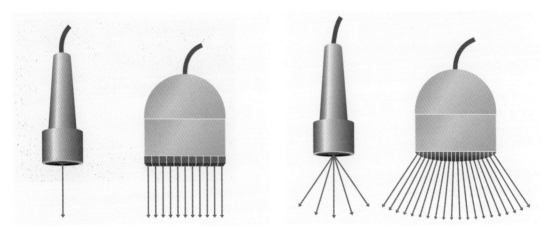

Der **Compoundscanner** (linkes Teilbild, links) ist die einfachste Ultraschallsonde, er besitzt ein einzelnes Piezoelement und wird mit der Hand über den Körper gefahren.

Beim **Linearscanner** (linkes Teilbild, rechts) sind mehrere Piezoelemente in einer Zeile nebeneinander angeordnet. Die Elemente werden einzeln oder in Gruppen elektronisch angesteuert, das Schnittbild zeigt eine parallele Anordnung der Bildzeilen. Eine manuelle Bewegung des Geräts ist nicht mehr erforderlich. Durch die Schnelligkeit der elektronischen Ansteuerung erhält man bis zu 20 Bilder pro Sekunde; man kann die von diesem Schallkopf erzeugten Bilder daher direkt betrachten (Real-Time-Bilder).

Der **Sektorscanner** (rechtes Teilbild, links) besteht aus einem einzelnen Piezokristall, den ein Elektromotor schrittweise um seine Achse rotieren lässt und der dabei Ultraschallpulse in verschiedene Richtungen aussendet. Die resultierenden Bildzeilen sind daher strahlenförmig angeordnet. Man erhält auf diese Weise etwa 15 Bilder pro Sekunde. Wegen der großen Bildtiefe ist diese Sonde besonders für die Untersuchung großer Organe geeignet.

Der **Konvexscanner** (rechtes Teilbild, rechts) besitzt mehrere bogenförmig angeordnete Piezoelemente. Er ist ein Kompromiss aus den guten Nahfeldeigenschaften des Linearscanners und dem weiten Gesichtsfeld des Sektorscanners.

schaltet der Schallkopf auf Empfang und registriert die von den durchschallten Grenzschichten reflektierten Echos. Aus der Zeit zwischen dem Senden des Pulses und dem Empfang der Echos kann bei bekannter Schallgeschwindigkeit die Tiefe der Schicht berechnet werden, aus der das Echo kommt.

Die älteste und einfachste Form der medizinischen Ultraschalldiagnostik, das A-Bild-Verfahren, auch A-Scan genannt, verwendet ebenfalls das Puls-Echo-Prinzip. Hierbei wird mit einem einzelnen Schallsender eine Folge kurzer Ultraschallimpulse im Abstand von etwa einer millionstel Sekunde gesendet. Diese Pulse pflanzen sich im Gewebe mit einer mittleren Schallgeschwindigkeit von 1540 Metern pro Sekunde fort. An den Gewebegrenzflächen, an denen sich die akustische Impedanz ändert, werden sie teilweise reflektiert. Man erhält eine Vielzahl von Echos, die in einer zeitlichen Reihenfolge, abhängig vom Abstand des Reflexionsorts zum Schallkopf, wieder am Schallwandler ankommen. In den Sendepausen zwischen den einzelnen Pulsen schaltet der Sender auf Empfang, detektiert die reflektierten Echos und wandelt deren Amplitude in ein elektronisches Signal um, dessen Höhe entlang einer Zeitachse auf einem Bildschirm dargestellt wird. Unter der Annahme einer konstanten Schallgeschwindigkeit für alle Gewebetypen wird die Zeitachse in eine Tiefenachse umgerechnet.

Diese Annahme ist in den meisten Fällen gerechtfertigt, kann aber unter Umständen, etwa bei einer Mehrfachreflexion eines Echos an einer Grenzschicht, zu einer Fehllokalisation führen. Da die Ultraschallintensität wegen der Absorption durch das Gewebe exponentiell mit der Tiefe abnimmt, haben aus tieferen Regionen reflektierte Echos eine niedrigere Amplitude. Dies kann mit einer tiefenabhängigen Verstärkung nachträglich bei der Bildschirmdarstellung korrigiert werden.

Ein solches Amplitudenbild (A-Bild) wird heute nur noch für wenige Untersuchungszwecke eingesetzt, da es nur Information entlang einer Achse liefert. Am häufigsten wurde es zur Diagnose von Netzhautablösungen und zur Lokalisation von Hirnblutungen verwendet. Das A-Bild-Verfahren ist jedoch die Grundlage des viel häufiger benutzten so genannten B-Bildes.

Das B-Bild ermöglicht eine zweidimensionale Darstellung des untersuchten Objekts in Form eines Schnittbilds. Im B-Bild werden die registrierten Echoamplituden des A-Bild-Verfahrens nicht als Amplituden entlang einer Zeitachse auf dem Bildschirm dargestellt, sondern in Bildpunkte mit entsprechenden Helligkeitswerten umgewandelt. Hiervon leitet sich auch der Name »B-Bild« ab, denn das englische Wort für Helligkeit ist »brightness«. Die Helligkeit der Bildpunkte nimmt mit steigender Echoamplitude zu. Es ergibt sich also eine Linie aus aufeinander folgenden hellen und dunklen Punkten. Um ein Schnittbild zu erhalten, wird diese Linie vom Gerät gespeichert, der Schallkopf ein wenig verschoben und die benachbarte Linie parallel zur ersten Linie aufgenommen, die wiederum vom Gerät gespeichert wird. Der Schallkopf wird so lange schrittweise verschoben, bis der gesamte Bereich abgetastet ist. Zum Schluss werden alle gespeicherten Linien nebeneinander auf dem Bildschirm dargestellt. Um die Linien auf dem Bildschirm in der richtigen Position nebeneinander anordnen zu können, wird zusätzlich zu den Helligkeitswerten jeder Linie auch die Einstrahlrichtung des Schallkopfs gespeichert. Diese wird mithilfe von elektromechanischen Winkeldetektoren erfasst, die am Schallkopfstativ befestigt sind. Das Ergebnis nennt man Compound-Scan-B-Bild. Diese Technik ist wegen des langsamen Bildaufbaus sehr zeitaufwendig und zur Darstellung sich bewegender Organe, etwa des Herzens, nicht geeignet. Sie bietet aber wegen der geringen Größe der Schallsonde eine bessere räumliche Auflösung als das schnellere und häufiger verwendete Real-Time-B-Bild.

Dieses verwendet eine Schallsonde mit einem drehbaren Kristall oder mehreren nebeneinander liegenden Kristallen, die elektronisch oder mechanisch nacheinander angesteuert werden und ein Schnittbild erzeugen, ohne dass der Schallkopf bewegt werden muss. Die Anordnung der Bildzeilen erfolgt je nach Schallsonde parallel oder sektorförmig. Durch die wiederholte Anregung von bis zu 150-mal pro Sekunde entsteht ein bewegtes Bild auf dem Bildschirm, das die Darstellung von Bewegungsvorgängen in Echtzeit (englisch »Real-Time«) ermöglicht.

Da die eingestrahlte Ultraschallleistung im B-Bild-Verfahren sehr gering ist, konnten bisher keine schädlichen Auswirkungen auf das untersuchte Gewebe nachgewiesen werden. Gleichzeitig bietet das Verfahren eine gute Ortsauflösung im Weichteilgewebe und ist im

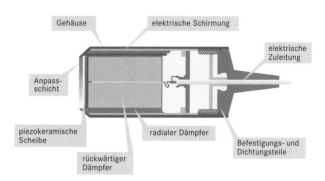

In einer **Ultraschallsonde** regt der über eine Zuleitung einlaufende, hochfrequente elektrische Wechselstrom eine piezokeramische Scheibe zu Schwingungen mit der gleichen Frequenz an. Radiale und rückwärtige Dämpfer sowie eine elektrische Schirmung dienen zur Stabilisierung des Geräts, eine Anpassschicht sorgt für eine optimale Signalübertragung.

Die Aneinanderreihung aller Bildzeilen (es sind in Wirklichkeit wesentlich mehr als die gezeigten drei) ergibt das **Compound-Scan-B-Bild.**

Vergleich zu alternativen Schnittbildverfahren (etwa der Magnetresonanztomographie) wesentlich kostengünstiger. Es ist daher häufig das erste Mittel zur Abklärung medizinischer Fragestellungen, vor allem bei der Untersuchung gut zugänglicher Organe wie Leber, Niere, Harnblase, Schilddrüse oder Brust, die nicht von störenden Knochen verdeckt werden. Ein weiteres wichtiges Einsatzgebiet ist wegen der Unschädlichkeit der Methode die pränatale Diagnostik.

Das T-M-Verfahren (auch Time-Motion-Mode oder T-M-Mode) ermöglicht die Beobachtung des zeitlichen Verlaufs von Organbewegungen und wird überwiegend zur Untersuchung des Herzens eingesetzt. Dabei werden bei ortsfester Schallkopfposition die registrierten Echoamplituden analog zum B-Bild Verfahren in Helligkeitswerte umgewandelt und abgespeichert. Zeitlich aufeinander folgende Zeilen aus der gleichen Position werden auf dem Bildschirm nebeneinander dargestellt, sodass erkennbar ist, ob sich eine reflektierende Grenzfläche verschoben hat, weil dann auch die Position des zugehörigen Helligkeitswerts verschoben ist. Auf diese Weise lassen sich beispielsweise Bewegungen von Herzklappen darstellen und aufgrund des charakteristischen Bewegungsmusters diagnostisch beurteilen.

Das Doppler-Verfahren dient in der Sonographie zur Darstellung und Auswertung von Blutflussgeschwindigkeiten im Herzen und in den Gefäßen mithilfe des Doppler-Effekts. Die von den roten Blutkörperchen im Blut zum Schallkopf zurückgestreuten Echosignale erfahren gegenüber der Sendefrequenz ν eine Frequenzverschiebung $\Delta\nu$, da sich die Blutkörperchen in den Gefäßen mit unterschiedlichen Geschwindigkeiten auf den Schallkopf zu bewegen oder von ihm entfernen. Die Stärke der Frequenzverschiebung ist proportional zur Frequenz ν, zur Flussgeschwindigkeit und zum Kosinus des Winkels ϑ zwischen Ultraschallstrahl und Blutgefäß. Sie ist am größten, wenn der Schallstrahl parallel zur Gefäßachse einfällt ($\vartheta = 0°$), und verschwindet bei senkrecht zur Gefäßachse einfallendem Schall ($\vartheta = 90°$). Die Frequenzänderung beträgt bei Sendefrequenzen von zwei bis acht Megahertz und bei für den menschlichen Körper typischen Flussgeschwindigkeiten zwischen einigen Millimetern pro

Die unterschiedlichen Möglichkeiten der **Ultraschalldiagnostik** sind hier am Beispiel des Herzens eines liegenden Patienten dargestellt, der von der Brust her untersucht wird. Das A-Bild erzeugt eine Kurve, deren Ausschläge den Amplituden der an den jeweiligen Gewebegrenzen reflektierten Echos entsprechen. Beim B-Bild entsprechen unterschiedlich stark geschwärzte Bildpunkte den Ausschlägen des A-Bilds. Das TM-Diagramm zeigt zeitlich aufeinanderfolgende B-Bild-Zeilen bei ortsfester Schallkopfposition.

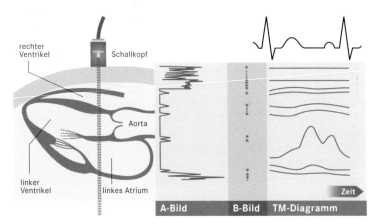

Sekunde und zwei Metern pro Sekunde etwa 50 bis 15000 Hertz. Diese Frequenzen des Doppler-Signals liegen genau im menschlichen Hörbereich. Da das menschliche Ohr regelmäßige Geräusche sehr gut wahrnehmen kann, werden diese Doppler-Signale in der Praxis häufig über Lautsprecher hörbar gemacht. So lässt sich beispielsweise der Herzschlag des Fötus ab der zwölften Schwangerschaftswoche nachweisen; auch während der Geburt werden die Herztöne des Kindes oft mit diesem Verfahren überwacht.

Die beschriebenen Doppler-Verfahren ermöglichen diagnostische Aussagen über die Funktion des Herzens, die Organdurchblutung und den Zustand von Blutgefäßen. Sie ermöglichen damit die Entdeckung von Herzfehlern, Gefäßverengungen und deren quantitative Beschreibung anhand des Blutvolumens, der Flussgeschwindigkeit oder der Gefäßdurchmesser ohne Eingriff in den Körper oder die Gabe von Kontrastmitteln.

3-D-Ultraschall

In jüngster Zeit gibt es immer mehr Geräte, die in der Lage sind, dreidimensionale Ultraschallbilder zu erzeugen. Hierfür wird nicht nur eine Schicht, wie bei den bisherigen Verfahren, sondern ein ganzes Volumen mit Ultraschall abgetastet. Die Geräte müssen daher in der Lage sein, zusätzlich zur Schallkopfposition innerhalb der Schicht dessen Position entlang der dritten Raumachse zu lokalisieren.

Für die Abtastung eines Volumens gibt es mehrere Möglichkeiten. Die bisher am meisten verbreitete ist die Aufnahme vieler hintereinander liegender 2-D-Einzelbilder, die dann in einen 3-D-Bilderstapel einsortiert werden. Hierzu wird der Schallkopf mechanisch verschoben oder geschwenkt. Diese Bewegung erfolgt jedoch zu langsam, um bewegte Strukturen wie das Herz störungsfrei darstellen zu können. Eine andere Möglichkeit ist die gleichzeitige Abtastung eines ganzen Volumens mit mehreren 2-D-Schallköpfen, die eine flächige, schachbrettartige Anordnung von Kristallen besitzen. Der Vorteil dieser Methode ist eine starke Verkürzung der Untersuchungsdauer, die es ermöglicht, auch bewegte Strukturen wie das Herz dreidimensional darzustellen. Ein Nachteil ist die sehr große, in kurzer Zeit anfallende Datenmenge, die mit den heutigen Geräten noch nicht verarbeitet werden kann. Die Entwicklung von hierfür geeigneten Schallköpfen und Datenverarbeitungsprogrammen ist zurzeit ein wichtiger Forschungsgegenstand. Die gewonnenen 3-D-Datensätze liegen nach der Aufnahme digital im Computer vor und können mit verschiedenen Visualisierungsprogrammen beispielsweise als Projektionen oder Oberflächenrekonstruktionen dargestellt werden. Am einfachsten gelingt die Oberflächenrekonstruktion von scharf abgegrenzten akustischen Grenzflächen, wie sie etwa zwischen Fruchtwasser und Fötus oder Blut und Herzkammern vorliegen.

Erste klinische Forschungsansätze zum Einsatz dreidimensionaler Ultraschallverfahren gibt es daher auch in der pränatalen Diagnostik. Durch die Oberflächenrekonstruktion eines Ungeborenen lässt sich

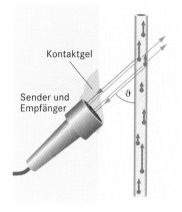

Kontaktgel

Sender und Empfänger

ϑ

Man kann auch Strömungsgeschwindigkeiten, beispielsweise in Blutgefäßen, mit Ultraschallsonden bestimmen, wenn man den **Doppler-Effekt** ausnutzt. Dieser bewirkt, dass von bewegten Strukturen reflektierter Schall in seiner Frequenz proportional zur Geschwindigkeit verschoben ist. Die Stärke der Frequenzverschiebung hängt zusätzlich vom Winkel ϑ zwischen Einstrahlrichtung und Bewegungsrichtung des Reflektors ab.

beispielsweise ein Klumpfuß gut diagnostizieren. Aber auch in der Gefäßdiagnostik sind bereits in allen Raumrichtungen drehbare Darstellungen der Halsschlagader und virtuelle Kamerafahrten durch Gefäße durchgeführt worden. Ein Vorteil der Methode gegenüber konventioneller B-Bild-Technik wäre die Rekonstruktion von Schichten aus anderen Perspektiven, die mit dem konventionellen B-Bild nicht direkt zugänglich sind, weil Knochen störende Schallschatten werfen.

Ist Ultraschall schädlich?

Da bei der Anwendung von Ultraschall auf Gewebe Energie übertragen wird, ist auch mit biologischen Wirkungen zu rechnen. Beim Überschreiten bestimmter Schwellwerte kann biologisches Gewebe sowohl durch mechanische als auch durch thermische Effekte geschädigt werden.

Beim diagnostischen Ultraschall tritt im Wesentlichen eine Erwärmung des Gewebes auf. Mechanische Effekte gelten hier als ausgeschlossen. Die Höhe der Erwärmung hängt hauptsächlich von der eingestrahlten Energie ab. Bei einer Ultraschallintensität von einem Watt pro Quadratzentimeter (W/cm^2) beträgt die Erwärmung 0,8 Grad Celsius pro Minute. Zum Vergleich: Die mittlere Sonneneinstrahlung am Erdboden beträgt etwa 0,2 W/cm^2. Für Ultraschallintensitäten von weniger als 0,1 W/cm^2 konnte keine signifikante Erwärmung nachgewiesen werden. Beim B-Bild-Verfahren bleibt man im Allgemeinen unter dieser Schwelle, B-Bilder sind daher unbedenklich. Beim Doppler-Verfahren werden jedoch deutlich höhere Ultraschallintensitäten verwendet. Wählt man aber die Parameter Pulsabstand und Sendeintensität richtig, können auch diese Verfahren als sicher betrachtet werden. Bisher konnte keine Schädlichkeit von Ultraschall auf den Fötus bei pränatalen Untersuchungen nachgewiesen werden. Insgesamt gilt die Ultraschalldiagnostik derzeit als ungefährlich, sofern die Schallfeldparameter bestimmte Schwellwerte nicht überschreiten.

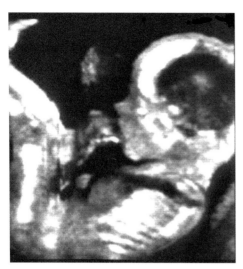

Dreidimensionales Ultraschallbild eines **menschlichen Föten**.

Magnetresonanztomographie

In der medizinischen Diagnostik werden verschiedene physikalische Erscheinungen herangezogen, um das Körperinnere ohne operativen Eingriff darzustellen. Während die Sonographie Bilder mithilfe von Ultraschall erzeugt, verwendet die Röntgen-Computertomographie, die oft kurz nur CT genannt wird, dazu Röntgenstrahlen. Ein relativ neues Verfahren ist die Magnetresonanztomographie (MRT), bei der zur Bilderzeugung elektromagnetische Wellen, genauer Radiowellen, eingesetzt werden. Zum Spektrum der elektromagnetischen Wellen gehören außerdem ultraviolettes Licht, sichtbares Licht und Mikrowellen, die alle eine kleinere Wellenlänge und damit höhere Energie als Radiowellen besitzen.

Sowohl Computertomographie als auch Magnetresonanztomographie erzeugen Schnittbilder (Tomogramme) des untersuchten Körperbereichs des Patienten. Bei der Computertomographie erhält man diese Schnittbilder aufgrund der unterschiedlichen Schwächungseigenschaften des Gewebes für Röntgenstrahlung. Den Bildkontrast liefern also im Wesentlichen die unterschiedlichen Gewebedichten. Daher lassen sich Knochen mit diesem Verfahren sehr gut darstellen. Verschiedene Weichteilgewebe lassen sich ohne Kontrastmittel dagegen kaum unterscheiden, da sie alle in etwa die gleiche Dichte haben. Ein weiterer Nachteil ist die Strahlenbelastung des Patienten aufgrund der Röntgenstrahlung.

Im Gegensatz zur röntgenbasierten CT besitzen die mit der Magnetresonanztomographie erzeugten Bilder einen sehr guten Weichteilkontrast, und es werden keine schädlichen Strahlen, sondern niederenergetische Radiowellen eingesetzt. Die Untersuchung kann daher beliebig oft wiederholt werden. Hierfür ist es notwendig, dass der Patient in ein starkes Magnetfeld gebracht wird, das circa 20000-mal stärker ist als das Erdmagnetfeld. Dieses Feld erzeugt im Körper magnetische Effekte, die zur Bilderzeugung verwendet werden. Die Frequenzen der gemessenen Signale liegen dabei im Megahertzbereich (eine Million Hertz), also im Bereich der Kurz- und Ultrakurzwellen. Um diese magnetischen Effekte verstehen zu können, werden im Folgenden die physikalischen Grundlagen der Magnetresonanz beschrieben. Anschließend wird erläutert, welche diagnostischen Anwendungsmöglichkeiten sich daraus ergeben.

Physikalische Grundlagen der Magnetresonanz

Betrachten wir zunächst eine stark vereinfachte Darstellung der komplexen Vorgänge bei der Magnetresonanztomographie (MRT). Die drei wichtigsten Bausteine eines Magnetresonanztomographen sind erstens ein starker Magnet, der ein homogenes (gleichförmiges), zeitlich konstantes Grundfeld erzeugt, zweitens ein Magnetfeld senkrecht zum Grundfeld, das mit einer Frequenz im Radiowellenbereich schwingt, und das kurzzeitig eingeschaltet werden kann. Drittens benötigt man ein Empfangsgerät, die Empfängerspule, mit dem die vom Körper ausgesandten Signale aufgenommen werden. Bei einer MRT wird der Patient auf einer Liege in den Hohlraum eines großen Magneten hineingefahren. In dem starken Magnetfeld orientieren sich die meisten Atomkerne, genauer ihre Kernspins, im Körper in Richtung des Grundfeldes. Wenn man nun das zusätzliche magnetische Wechselfeld einschaltet, klappen die Kernspins unter Aufnahme der eingestrahlten Energie senkrecht zum Grundfeld um. Sobald das Wechselfeld wieder ausgeschaltet wird, kehren die Kernspins in ihre Ausgangslage zurück, wobei sie die aufgenommene Energie wieder abstrahlen. Dieses Signal wird von der Empfangsspule detektiert.

Nun schauen wir uns die einzelnen Vorgänge ein wenig genauer an. Zuerst stellt sich die Frage, warum sich die Atomkerne in einem

Die **Magnetresonanztomographie** (MRT) beruht auf der Wechselwirkung der Spins der Atomkerne im Körpergewebe mit äußeren Magnetfeldern. Dabei wirkt ein starkes konstantes Feld ein, während gleichzeitig ein wechselndes Feld (Radiowellen) eingestrahlt wird. Passen die Frequenz der Radiowellen und die Energie für den Übergang von einem Zustand der Kernspins in einen anderen überein, kommt es zur Resonanz. Für diese (magnetische) Kernspinresonanz wird meist die englische Abkürzung **NMR** verwendet, was für »Nuclear Magnetic Resonance« steht.

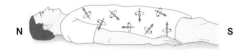

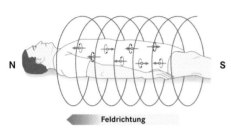

In einem gleichförmigen Magnetfeld orientieren sich die **Spins der Wasserstoffkerne** im Mittel in Feldrichtung, da dies für sie energetisch am günstigsten ist.

Die Stärke der Wechselwirkung zwischen einem Magnetfeld und einem magnetischen oder magnetisierbaren Teilchen wird durch die **magnetische Feldstärke** ausgedrückt. Die Einheit der magnetischen Feldstärke ist das Tesla (T). Ein Tesla ist etwa die 20000-fache Feldstärke des Erdmagnetfeldes. Die stärksten vom Menschen hergestellten Magnete haben Feldstärken von bis zu 30 Tesla.

Magnetfeld in Richtung des Magnetfeldes orientieren. Der Grund hierfür ist, dass die kleinsten Bestandteile des menschlichen Körpers, die Atome und ihre Bausteine, magnetische Eigenschaften besitzen. Diese beruhen auf dem Spin (vom englischen Wort für Drehung), einer physikalischen Eigenschaft, die auch Protonen, Elektronen und Neutronen eigen ist. Den Spin eines Teilchens kann man sich wie die Drehung eines Kreisels vorstellen. Ein Teilchen mit Spin rotiert scheinbar um seine eigene Achse. Diese scheinbare Rotation ist die Ursache für das Phänomen der Magnetresonanz (MR).

Denn wegen seiner elektrischen Ladung wirkt ein rotierendes Teilchen wie ein elektrischer Kreisstrom um seine Drehachse. Dabei erzeugt es wie jeder elektrische Strom ein – wenn auch schwaches – Magnetfeld. In der MRT betrachtet man lediglich die Spins der Atomkerne (daher auch die Bezeichnung Kernspinresonanz). Andere häufig verwendete Bezeichnungen für das Phänomen sind MR als Abkürzung für Magnetresonanz oder NMR für die englische Bezeichnung »Nuclear Magnetic Resonance«. Der Wasserstoffkern ist für die MRT von besonderem Interesse, weil Wasserstoff das häufigste Element im Körper ist und gleichzeitig die größte Empfindlichkeit für MR besitzt und damit das stärkste Signal liefert.

Betrachtet man die Wasserstoffatome im Körper, so sind ihre Spins ohne äußeres Magnetfeld zufällig verteilt im Raum orientiert und jeder Orientierungszustand besitzt die gleiche Energie. Ein äußeres Magnetfeld übt eine Kraft auf alle magnetischen und magnetisierbaren Teilchen aus, also auch auf die Wasserstoffkerne. Hierbei ist es wichtig zu wissen, dass die Kerne aufgrund von fundamentalen quantenphysikalischen Gesetzen nicht in beliebigen Richtungen orientiert sein können, sondern nur in einigen wenigen ausgezeichneten. Speziell für Wasserstoffkerne in einem Magnetfeld gilt, dass ihre Drehachse nur in zwei Richtungen, die in etwa parallel gleich- und entgegengerichtet zur Feldrichtung liegen, zeigen darf.

Es gibt dabei jedoch immer etwas mehr parallel zum Magnetfeld ausgerichtete Spins als dazu antiparallel ausgerichtete. Dies liegt daran, dass sich die beiden Zustände in ihrem Energieinhalt unterscheiden und die Richtung parallel zum Feld (auch Up-Spin genannt), bevorzugt wird.

Die Anzahl an überschüssigen Spins hängt dabei von äußeren Faktoren wie Wasserstoffkonzentration im Gewebe, Magnetfeldstärke und Temperatur ab. Bei Zimmertemperatur und einer Feldstärke von 1,5 Tesla beträgt der Überschuss bei 10 Millionen Wasserstoffkernen nur 96 Up-Spins – eine sehr geringe Zahl. Der Effekt wird nur aufgrund der großen Menge von Wasserstoffatomen in unserem Körper messbar: Ein Milliliter Wasser enthält etwa 30 Trilliarden ($3 \cdot 10^{22}$) Wasserstoffkerne; damit haben wir immerhin einen Überschuss von 300 Billionen ($3 \cdot 10^{17}$) Wasserstoffkernen mit Up-Spin bei 1,5 Tesla.

Nun sind die Atomkerne aber nicht genau parallel beziehungsweise antiparallel zur Feldrichtung orientiert, sondern vollziehen eine komplizierte Bewegung, bei der die Drehachse zusätzlich um die Magnetfeldachse kreist; man nennt diese Bewegung Präzession. Diese ist ein ganz alltäglicher Vorgang – ein schräg gestellter Brummkreisel oder eine auf den Boden gefallene Münze führen diese torkelnde Bewegung aus.

Die Frequenz, mit der die Spinachse eines Atomkerns um die Magnetfeldachse präzediert, wird nach dem britischen Physiker Joseph Larmor als Larmor-Frequenz bezeichnet. Die Größe dieser charakteristischen Frequenz hängt von der Stärke des Magnetfelds ab. Bei zweifacher Magnetfeldstärke verdoppelt sich auch die Larmor-Frequenz, der Atomkern rotiert dann also doppelt so schnell. Bei den für die medizinische Diagnostik verwendeten Feldstärken liegt die Präzessionsfrequenz der Spins im Megahertzbereich, sie umkreisen die Feldachse mehrere Millionen Mal pro Sekunde. Für eine typische Feldstärke von 1,5 Tesla beträgt die Larmor-Frequenz für Wasserstoffkerne etwa 64 Megahertz. Diese Frequenz liegt etwas unterhalb des UKW-Bereichs. Da in der Physik Energie und Frequenz einer Schwingung oder Welle direkt gekoppelt sind, entspricht der Larmor-Frequenz eine Larmor-Energie. Diese ist gerade die Differenz zwischen den Energien der Zustände paralleler und antiparalleler Spinstellung.

Die **Präzession** der Drehachse lässt sich bei einem einfachen Brummkreisel beobachten.

Man kann nun die Stellungen aller parallel oder antiparallel ausgerichteten Spins zusammen und gewissermaßen eine Nettospinstellung einer gesamten Gewebeprobe betrachten. Diese nennt man Magnetisierung; ohne äußeres Magnetfeld verschwindet sie, da dann alle Spinstellungen gleich häufig vorkommen. Wenn hingegen ein äußeres Feld vorliegt, so erhält die Magnetisierung einen von null verschiedenen Wert, da ja jetzt die zum Feld parallele Spinstellung bevorzugt eingenommen wird.

Diese Magnetisierung der Gewebeprobe im äußeren Magnetfeld lässt sich nun durch Energiezufuhr beeinflussen. Dazu wird eine elektromagnetische Welle eingestrahlt, deren Energie genauso groß ist wie die Larmor-Energie, oder anders ausgedrückt: deren Frequenz der Larmor-Frequenz entspricht. Man sagt auch, die Magnetisierung der Probe und die eingestrahlte Radiowelle seien in Resonanz. Daher rührt die Bezeichnung des Verfahrens als Magnetresonanz. Im Resonanzfall können die einzelnen Atomkerne aus der parallelen in die antiparallele Spinstellung wechseln, da sie genau die dafür benötigte Energiemenge erhalten. Da dies nicht bei allen Kernen gleichzeitig geschieht, beginnt die alle Spins zusammen beschreibende Magnetisierung erst allmählich in die andere Stellung zu wechseln. Wenn der Radiofrequenzpuls nur einen kurzen Moment auf das Gewebe einwirkt, ist die Magnetisierung also nicht vollständig umgekippt, sondern nur um einen Winkel α. Je länger der Puls dauert, desto größer wird dieser Winkel.

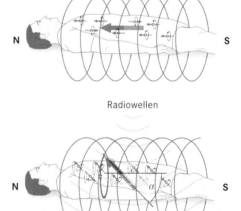

Wird auf die im konstanten Feld ausgerichteten Kernspins eine Radiowelle mit der **Larmor-Frequenz** eingestrahlt, so beginnen die Kernspins in die antiparallele Richtung zu kippen. Dadurch verschiebt sich die mittlere Ausrichtung der Kernspins, die Magnetisierung, um einen Winkel α aus der Richtung des Magnetfelds.

Das Herausklappen der Magnetisierung einer Gewebeprobe aus der Richtung des konstanten Magnetfelds durch einen Radiowellenpuls entspricht dem Wechsel einiger Kernspins vom niedrigen Energieniveau mit paralleler Spinstellung in das höhere Energieniveau mit antiparalleler Spinstellung. Dabei kann sich der Übergang nur dann vollziehen, wenn die Energie und damit die Frequenz der Radiowelle genau dem Energieunterschied zwischen den beiden Zuständen entspricht. Solch eine Situation, bei der ein Vorgang nur abläuft, wenn er mit einer ganz bestimmten Energie angeregt wird, nennt man in der Physik **Resonanz,** im hier vorliegenden Fall spricht man von **Kernspinresonanz.**

Die **Planung der Bestrahlung** eines Hirntumors kann durch den Vergleich zwischen MR-Aufnahmen und CT-Bildern verbessert werden. Dieser ermöglicht dem Arzt eine genaue Eingrenzung des zu bestrahlenden Bereichs aufgrund des besseren Weichteilkontrasts der MR-Bilder.

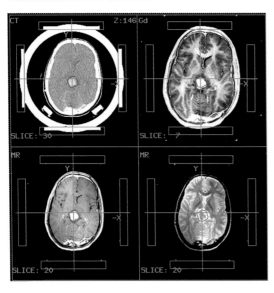

Nach dem Abschalten des Radiowellenpulses ist die Magnetisierung um den Winkel α aus der ursprünglichen Richtung ausgelenkt und beginnt nun, ihrerseits frei um die Achse des ursprünglichen, konstanten Magnetfelds zu rotieren, also zu präzedieren. Durch diese Rotation wird in einer Empfangsspule ein elektrischer Wechselstrom induziert, und zwar mit der Frequenz der präzedierenden Magnetisierung. Die Stärke dieses Wechselstroms ist am größten, wenn die Magnetisierungsrichtung senkrecht auf dem konstanten Magnetfeld steht, also nach einem 90-Grad-Puls. Genau dieser Wechselstrom nun ist das bei der Magnetresonanztomographie erzeugte Messsignal, auf dem alle daraus resultierenden Bilder beruhen.

Diagnostische Anwendungen der Magnetresonanz

Die Magnetresonanztomographie ist ein vergleichsweise junges diagnostisches Verfahren. Das erste NMR-Schnittbild eines Menschen wurde 1977 von R. Damadian aufgenommen. Anfangs stand allein die anatomische Darstellung des Körperinnern im Vordergrund. Sie ist auch heute noch ein wesentliches Anwendungsgebiet der MRT. Mit der Computertomographie können einige krankhafte Veränderungen nur schwer erkannt werden, weil der lädierte Bereich und das umgebende gesunde Gewebe nahezu die gleichen Absorptionseigenschaften besitzen und daher gleich abgebildet werden. Dagegen können mit der Magnetresonanztomographie aufgrund des sehr guten Weichteilkontrasts bereits kleine krankhaft veränderte Bereiche dargestellt werden. Häufig dienen MRT-Aufnahmen darum gemeinsam mit computertomographischen Aufnahmen bei tumorösen Erkrankungen als Bildbasis, auf welcher der Arzt die betroffenen Bereiche für eine strahlentherapeutische Behandlung markiert.

Doch worauf beruht dieser sehr gute Weichteilkontrast? Man könnte sich ja vorstellen, dass mit MRT zwar das Signal der Wasserstoffkerne gut detektiert werden kann, dass sich das Signal aber unabhängig vom Organ gleich verhält. Dann hätten MR-Bilder überhaupt keinen Weichteilkontrast, und man könnte beispielsweise die Leber nicht von der Milz abgrenzen, geschweige denn Tumoren von gesundem Gewebe unterscheiden. Glücklicherweise ist dies nicht der Fall, und die Physik bietet gleich mehrere Parameter, in denen sich verschiedene Gewebe bei Magnetresonanz unterscheiden. Zum einen variiert die Dichte der Wasserstoffatome in den einzelnen Organen, was zu einer unterschiedlichen Stärke des MR-Signals führt. Zum anderen klingt das detektierte MR-Signal in der einen Gewebeart schnell, in der anderen etwas langsamer ab – man sagt, das Signal hat unterschiedliche Relaxationszeiten. Aber nicht nur das: Zusätzlich kann man noch die T_1- und die T_2-Relaxationszeit unterscheiden, weil die Wasserstoffkernspins und das umliegende Gewebe auf komplizierte Weise miteinander wechselwirken. Wichtig ist dabei, dass die einzelnen Gewebetypen deutlich voneinander abweichende T_1- und T_2-Zeiten besitzen, wodurch man ein weiteres Kriterium zur Unterscheidung der einzelnen Organe

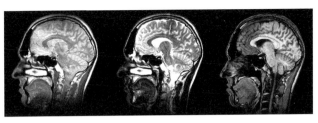

Ein MR-Bild, bei dem jeweils einer der drei **Kontrastparameter** Protonendichte, T_1 und T_2 (von links nach rechts) hervorgehoben wurde. Dargestellt ist ein Längsschnitt durch den Kopf eines gesunden Probanden.

hat. Dies erklärt den sehr guten Weichteilkontrast in den MR-Bildern. Darüber hinaus lässt sich auch erkranktes von gesundem Gewebe unterscheiden.

Anders als bei der Computertomographie, wo der Bildkontrast durch die Gewebedichte vorgegeben ist, kann man bei der MRT den Bildkontrast aus einem der drei kontrastbestimmenden Parameter Protonendichte, T_1 und T_2 auswählen. Die Bilder können je nach Wahl der Parameter sehr unterschiedlich aussehen. Manche Tumorarten lassen sich zum Beispiel nur in T_2- Bildern erkennen. Die Art der Wichtung eines Bilds wird durch die geeignete Abfolge von Radiowellenpulsen bestimmt, die allgemein als Pulssequenz bezeichnet wird.

Kontrastmittel

Zusätzlich zu den beschriebenen natürlichen Kontrastparametern gibt es auch die Möglichkeit, den Bildkontrast durch die Infusion eines zusätzlichen Kontrastmittels während der Untersuchung zu verändern. Im Gegensatz zu den Kontrastmitteln, die beim Röntgen und der Computertomographie verwendet werden, werden die MR-Kontrastmittel aber nicht direkt abgebildet. Vielmehr beeinflussen die Kontrastmittel die Relaxationszeiten der in ihrer

---

RELAXATIONSZEITEN

Betrachten wir erneut den Zustand der Magnetisierung nach dem Umklappen aus der Ruhelage durch einen Radiowellenpuls. Sie rotiert danach wie ein Kreisel frei um die Achse des konstanten Magnetfelds, und der Anteil senkrecht zum Grundfeld erzeugt in der Empfangsspule ein Signal, das Messsignal der MRT.

Nach Abschalten des Pulses kehren die Spins nach einer typischen Zeit T_1 allmählich wieder in den Gleichgewichtszustand zurück. Diese T_1-Relaxationszeit oder Spin-Gitter-Relaxationszeit ist so aufzufassen, dass nach der Zeit T_1 ungefähr zwei Drittel der angeregten Spins in den energieärmeren Zustand zurückgekehrt sind. Nach der Zeit

Gewebe	T_1	T_2
Fett	0,3	0,06
Muskel	0,9	0,05
weiße Hirnsubstanz	0,6	0,08
graue Hirnsubstanz	0,95	0,1
Liquor (Gehirnflüssigkeit)	4,5	2,2
	in Sekunden	

$5 \cdot T_1$ ist die Magnetisierung praktisch wieder vollständig parallel zur Achse des konstanten Magnetfelds orientiert. Die Zeitkonstante T_1 ist gewebespezifisch. Sie hängt von der Größe der Gewebemoleküle ab und von deren Umgebung. Kleine Moleküle wie Wasser wechselwirken seltener mit ihrer Umgebung und haben daher eine lange T_1-Zeit. Dichte Gewebe haben dagegen kurze T_1-Zeiten.

Aufgrund von Wechselwirkungen mit den Spins benachbarter Moleküle entstehen zusätzliche fluktuierende, schwache Magnetfelder, die ein Abklingen des MRT-Signals verursachen. Dieser Prozess geschieht innerhalb einer für jeden Gewebetyp charakteristischen Zeit T_2, der T_2-Relaxationszeit oder Spin-Spin-Relaxationszeit. Sie ist kurz bei dichten und festen Gewebetypen und lang bei solchen, die viel Wasser enthalten. Sehr feste Bestandteile wie Knochen haben eine so kurze T_2-Zeit, dass sie mit MRT nicht mehr dargestellt werden können. Die in der Tabelle angegebenen Werte von T_1 und T_2 gelten für ein konstantes Magnetfeld von 1,5 Tesla.

Umgebung befindlichen Wasserstoffkerne und verändern so das lokale MRT-Signal. Meist werden gadoliniumhaltige Lösungen verwendet, die über Infusion in die Blutbahn gelangen und dort die Relaxationszeit des Bluts verkürzen. Dadurch wird die Signalintensität im Blut verstärkt. Eine wichtige Anwendung hiervon hängt mit der Blut-Hirn-Schranke zusammen: Diese verhindert beim gesunden Menschen, dass für das Gehirn schädliche Substanzen aus dem Blutkreislauf dorthin gelangen können. Wenn diese Schranke durch einen Hirntumor gestört ist, dringt das Kontrastmittel vom Blut bis zum Tumor vor und kann dort aufgrund der Erhöhung des MRT-Signals diagnostiziert werden.

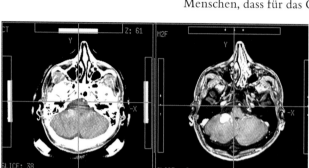

Vergleich einer **CT-Aufnahme** (links) eines Patienten mit Gehirntumor mit einer T_1-gewichteten **MR-Aufnahme** (rechts) der gleichen Schicht nach Kontrastmittelgabe. Während der Tumor im CT-Bild nur schlecht zu erkennen ist, ist er in der MR-Aufnahme deutlich als heller Bereich gegenüber dem umliegenden Gewebe abgegrenzt.

Ein weiteres wichtiges Einsatzgebiet für Kontrastmittel ist die MR-Angiographie, die Darstellung der Blutgefäße mithilfe der Magnetresonanztomographie. Hierbei wird zunächst eine Aufnahme ohne Kontrastmittel und anschließend die gleiche Region mit Kontrastmittel nochmals aufgenommen. Da das Kontrastmittel nur in den Blutgefäßen zu finden ist, bewirkt es auch nur dort eine Signalerhöhung. Wenn man nun die Differenz zwischen den beiden Aufnahmen bestimmt, verschwinden alle auf beiden Bildern gleichen Bereiche. Zurück bleibt lediglich der Anteil mit einem durch das Kontrastmittel erhöhten Signal – die Gefäße. Nun wird bei der Angiographie aber nicht nur eine Schnittebene im Körper aufgenommen, sondern gleich ein ganzer Bereich, der für die Diagnose wichtig ist. Durch eine anschließende Nachverarbeitung der Bilder am Computer kann der Arzt die so aufgenommenen Gefäße dreidimensional auf dem Bildschirm betrachten und in beliebige Richtungen drehen. Die MR-Angiographie wird zur Diagnose von Gefäßerkrankungen wie Gefäßverengungen (Stenosen) oder Gefäßaussackungen (Aneurysmen) angewendet, die unbehandelt zum Herzinfarkt führen beziehungsweise reißen können.

Organfunktionen sichtbar gemacht

Die Resonanzfrequenz und der damit verbundene Energieunterschied sind von Kernart zu Kernart verschieden, und man kann für die MRT theoretisch jede beliebige **Kernart** verwenden, die einen Kernspin besitzt. Atomkerne mit einer geraden Anzahl von Protonen und einer geraden Anzahl von Neutronen besitzen keinen Kernspin, weil die Spins zweier gepaarter Protonen und ebenso die zweier Neutronen entgegengesetzt ausgerichtet sind und sich gegenseitig aufheben. Solche Atomkerne sind magnetisch neutral und können nicht für die MR verwendet werden. Zwei Drittel aller in der Natur vorkommenden Isotope besitzen eine ungerade Protonen- oder Neutronenzahl oder gar beides und sind daher prinzipiell für die MR geeignet.

Bis heute erweitert sich das Anwendungsgebiet der MRT in der Medizin ständig. Neben der bisher beschriebenen reinen Darstellung der Gefäße und Organe gewinnt die Untersuchung der Funktionsweise von Organen, die funktionelle MRT, dank der Entwicklung schneller Messtechniken zunehmend an Bedeutung.

So können mit MRT beispielsweise Blutflussgeschwindigkeiten gemessen werden. Die Kenntnis dieses Parameters ist wichtig, um etwa die Gefährlichkeit einer Gefäßverengung zu bestimmen. Durch eine geeignete Abfolge von Anregungspulsen und Gradientenfeldern kann die Messung so gesteuert werden, dass in dem aufgenommenen Bild lediglich Spins mit einer definierten Geschwindigkeit hell erscheinen; alle anderen Geschwindigkeiten und unbewegten Bereiche bleiben schwarz.

WIE ENTSTEHT EIN ORTSAUFGELÖSTES BILD?

N◄ S   N◄ S   N◄ S   N◄   S

| 60 | 62 | 64 | 66 | 68 |

Frequenz / MHz

N◄ S   N◄ S   N◄ S   N◄   S

64-MHz-Strahlung

| 60 | 62 | 64 | 66 | 68 |

Frequenz / MHz

Das bisher beschriebene Magnetresonanzsignal liefert ein Summensignal über alle im Körper angeregten Magnetresonanzen, jedoch ohne Information über die räumliche Lokalisation des Signals zu geben.

Man möchte aber ein MR-Bild erhalten, das eine Ortsinformation über die verschiedenen Gewebetypen im Körper ermöglicht. Dies kann durch Ausnutzung der Abhängigkeit der Larmor-Frequenz von der Magnetfeldstärke erreicht werden: Die Larmor-Frequenz der Wasserstoffkerne steigt linear mit der Magnetfeldstärke an. Wir wissen, dass die Kernspins nur Radiowellenpulse mit »ihrer« Larmor-Frequenz aufnehmen können – wenn nun das Magnetfeld von Ort zu Ort variiert, dann variiert auch die aufgenommene Larmor-Frequenz und kann mit einem Anregungspuls dieser Frequenz selektiv untersucht werden.

Eine Möglichkeit, das konstante Feld zu variieren, ist ein zusätzliches Magnetfeld, das Gradientenfeld, das längs einer bestimmten Richtung linear ansteigt. Man wählt dann diejenige Sendefrequenz für den Radiowellenpuls aus, die der Schichtposition entspricht, die man anzuregen wünscht.

Mit weiteren Gradientenfeldern, die in den beiden anderen Raumrichtungen anwachsen, kann man schließlich ein dreidimensionales Muster von Larmor-Frequenzen und damit von ortsaufgelösten MRT-Bildern kleiner Gewebebereiche erzeugen. Aus der Computergrafik ist vielen der Ausdruck »Pixel« bekannt; er steht für ein kleines zweidimensionales Bildelement oder auch einen Bildpunkt. Analog dazu nennt man kleine Volumenbereiche, wie sie in der ortsaufgelösten MRI verwendet werden, »Voxel«. Die Voxel einer Schnittebene bilden das Bild einer Schicht definierter Dicke. Mehrere solcher Schichten können mit digitaler Bildverarbeitung in großen Datenbanken zu kompletten dreidimensionalen medizinischen Modellen zusammengefasst werden – die Grundlage der »virtuellen Anatomie«.

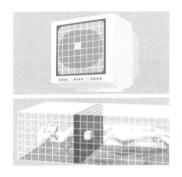

Auch ist es möglich, die Durchblutung (Perfusion) von Organen darzustellen, also die Blutmenge in den kapillaren Blutgefäßen, die pro Zeiteinheit durch ein definiertes Volumen fließt. Ein weiterer funktioneller Parameter ist die Bestimmung der Beweglichkeit des Wassers in den Organen, die in der Medizin Diffusion genannt wird. Diese verändert sich durch Tumorwachstum oder Minderdurchblutung und kann daher zum Aufspüren von Krankheitszeichen verwendet werden.

Man erhofft sich aus den Perfusions- und Diffusionsmessungen, Tumore oder durch Herzinfarkt oder Schlaganfall geschädigten Bereiche genauer eingrenzen zu können. In allen drei Fällen sind

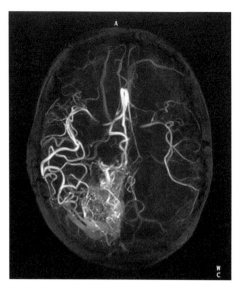

MR-Angiographie ist die Darstellung von Blutgefäßen mittels MRT. Das Bild zeigt einen transversalen Querschnitt durch den Kopf eines Patienten mit einer Gefäßerkrankung, der arteriovenösen Malformation.

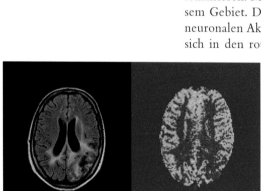

Diese Abbildung zeigt links eine anatomische MR-Aufnahme; es handelt sich um eine Schicht im Gehirn eines Patienten mit **Gehirntumor** nach erfolgter Strahlentherapie. Rechts sieht man ein aus MR-Perfusionsmessungen berechnetes **Durchblutungsbild** der gleichen Schicht – helle Farben stehen für hohe Durchblutung. Im bestrahlten Bereich erkennt man eine im Vergleich zum umliegenden Gewebe deutlich niedrigere Durchblutung.

Durchblutung und Wasserdurchlässigkeit gegenüber gesundem Gewebe deutlich verändert.

Die Bestimmung der Durchblutung erfolgt wiederum durch Subtraktion zweier Bilder. Dabei heben sich alle Bildbereiche außer denjenigen weg, in die zwischen den Aufnahmen Blut eingeflossen ist.

Wo denkt der Mensch?

Ein Gebiet der Medizin, dem derzeit große Aufmerksamkeit gewidmet wird, ist die Erforschung des menschlichen Gehirns und seiner Funktionen. In vergangenen Jahrhunderten musste der Sitz von Denken und Fühlen im Körper Gegenstand von reiner Spekulation bleiben – beispielsweise war für die alten Griechen das Zwerchfell Sitz von Geist und Gefühl. Heute dagegen kann man mit MRT-Aufnahmen (und anderen Verfahren) tatsächlich die Gehirnareale sichtbar machen, die bei bestimmten geistigen Tätigkeiten wie Lesen, Rechnen oder Musikhören besonders aktiv sind.

Diese Informationen über die räumliche Verteilung der Hirnfunktionen wären nicht nur für die Gehirnforschung von Interesse, sondern auch bei der Planung von Operationen sehr hilfreich. Bisher gibt es außer der Ableitung elektrischer und magnetischer Potenziale kaum eine Möglichkeit, Gehirnregionen, die während der Ausführung einer Aufgabe aktiviert werden, ohne operativen Eingriff zu lokalisieren. Mit der MRT eröffnete sich ein neuer Zugang zu diesem Gebiet. Die funktionelle MR-Bildgebung zur Darstellung der neuronalen Aktivität beruht auf dem Blutfarbstoff Hämoglobin, der sich in den roten Blutkörperchen konzentriert. Dieser dient dem Sauerstofftransport im Blut und kommt in zwei Formen vor, als sauerstoffreiches Oxyhämoglobin und als sauerstoffarmes Deoxyhämoglobin.

Beide Formen besitzen unterschiedliche magnetische Eigenschaften. Das Deoxyhämoglobin bewirkt eine Änderung der MR-Relaxationszeiten des Bluts und führt dadurch zu einer Signalminderung im MR-Bild. Bei zunehmender Aktivität des Gehirns aufgrund äußerer Reize geht die Konzentration des Deoxyhämoglobins im aktivierten Bereich in den Kapillargefäßen zurück. Dies führt zu einer leichten Erhöhung des MR-Signals in diesem Bereich. Durch abwechselnde Bildaufnahme der betroffenen Hirnregion bei Stimulation und Ruhe erhält man nach der Subtraktion der beiden Phasen ein Bild, in dem nur die aktivierte Region hell erscheint. Die gemessene Signalerhöhung ist jedoch sehr schwach und verschwindet beinahe im Hintergrundrauschen, sodass es nur mit statistischer Nachbearbeitung am Computer gelingt, die aktivierten Areale darzustellen. Als Stimulation wurden bisher überwiegend motorische Reize wie Fingerbewegungen oder optische Reize verwendet.

Magnetresonanz-Spektroskopie

N eben der MR-Tomographie, das heißt der Erzeugung von Schnittbildern, die erst 1973 ihren Anfang nahm, gewinnt die bereits seit den 1940er-Jahren bekannte MR-Spektroskopie in der klinischen Forschung zunehmend an Bedeutung. Hier geht es nicht darum, Schnittbilder zu erzeugen, sondern die Tatsache auszunutzen, dass der Resonanzfall für jede körpereigene Substanz bei einer anderen Radiowellenfrequenz auftritt. Man kann also das MR-Signal in Abhängigkeit von der Resonanzfrequenz untersuchen und aus den unterschiedlichen Signalintensitäten Rückschlüsse auf die jeweilige Substanz ziehen, die zu dieser bestimmten Intensität geführt hat. Die Aufzeichnung eines Signals abhängig von der Frequenz wird als Spektrum bezeichnet, das Verfahren als Spektroskopie. Die MR-Spektroskopie ist inzwischen so weit fortgeschritten, dass »in vivo« (das heißt direkt am Patienten, und nicht nur »in vitro«, also im Reagenzglas) einzelne Molekülarten im Körpergewebe identifiziert werden

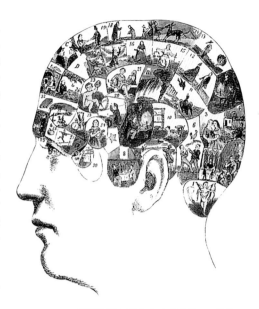

Welche Vorstellungen in früherer Zeit zu den Tätigkeiten des Gehirns vorherrschten, zeigt dieses Bild. Es handelt sich um ein Modell aus der Lehre der **Phrenologie,** die psychische Gehirnfunktionen einzelnen Zonen des Gehirns zuordnete.

können. Man erhofft sich, frühzeitig krankhafte Veränderungen in einem gegenüber gesunden Menschen veränderten Spektrum zu erkennen und damit die Biochemie der Erkrankung genauer untersuchen zu können. Ziel der Untersuchungen ist also der Stoffwechsel im Körper – ganz anders als bei der MR-Tomographie, die dazu dient, den Aufbau des Körpergewebes festzustellen. Physiologisch wichtige Moleküle sind beispielsweise Cholin, N-Acetylaspartat, Kreatinphosphat und Lactat, die alle eines gemeinsam haben: Sie bestehen zum größten Teil aus Wasserstoff. Der Wasserstoffkern ist wegen seiner Häufigkeit der in der MR-Spektroskopie am meisten untersuchte Atomkern. Je nachdem, in welcher Molekülart sich die Wasserstoffkerne befinden, erzeugen sie ein anderes MR-Signal. Aber auch der Phosphorkern ist wegen der am Energiestoffwechsel beteiligten Substanzen Adenosintriphosphat (ATP) und Kreatinphosphat von Interesse für MR-spektroskopische In-vivo-Untersuchungen.

Was erwartet den Patienten bei einer MR-Untersuchung?

H eutzutage gibt es eine Vielzahl von MR-Geräteherstellern. Dennoch unterscheiden sich die Geräte in ihrem wesentlichen Aufbau kaum voneinander.

Die größte Komponente ist ein starker Magnet (0,5–4 Tesla), der das homogene Grundfeld erzeugt. Im Zentrum des Magneten befindet sich ein zylindrischer Hohlraum, in welchen die Patientenliege eingefahren wird. Häufig handelt es sich um einen supraleitenden Magneten, dessen Feld durch einen elektrischen Strom, der bei tiefen Temperaturen verlustfrei fließt, erzeugt wird. Diese Art von Magneten wird mit flüssigem Helium gekühlt, das eine Temperatur

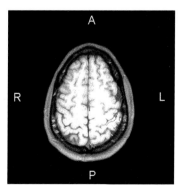

Farbige Überlagerung eines **anatomischen MR-Bilds** einer Gehirnschicht und eines **funktionellen MR-Bilds,** bei dem Hirnareale, die bei einer Fingerbewegung aktiviert werden, sichtbar gemacht werden.

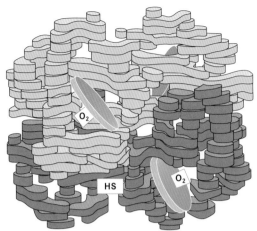

Auf den unterschiedlichen magnetischen Eigenschaften zweier verschiedener **Hämoglobintypen** beruht die funktionelle MR-Bildgebung. Die blauen Scheiben stellen zwei Hämogruppen dar, in der Mitte unten ist die HS-Gruppe eines Cystinrests angedeutet.

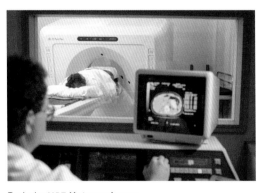

Typische **MRT-Untersuchungssituation:** Der Patient befindet sich in der Tunnelröhre des Magneten, während der Arzt die Entstehung der Schichtaufnahmen am Bildschirm verfolgt und gegebenenfalls einige Messparameter nachregelt.

von −269 Grad Celsius besitzt. Ebenfalls verwendet werden Permanentmagneten, die jedoch nur eine maximale Feldstärke von 0,35 Tesla erreichen. Die drei Gradientenspulen befinden sich auf zylindrischen Rohren, die in den Magnetfeldhohlraum eingeschoben sind. Sie erreichen einen Magnetfeldgradienten von bis zu 40 Millitesla pro Meter (auf einem Meter nimmt das Feld um 40 Millitesla zu oder ab) und einer Anstiegszeit von 300 Millisekunden. Besonders leistungsstarke Gradienten schalten Ströme bis zu 200 Ampere mit großer Stabilität und Genauigkeit. Die klopfenden Geräusche, die der Patient während der Messung hört, werden durch die starken mechanischen Kräfte verursacht, die auf die Gradientenspulen ausgeübt werden. Das Hochfrequenzfeld muss zwei Aufgaben erfüllen. Zum einen müssen Radiowellenpulse ausgesandt werden, um die Spins anzuregen, und zum anderen müssen die Signale der angeregten Spins empfangen werden. Sowohl der Sender als auch der Empfänger sind eigentlich Antennen, im MR-Jargon verwendet man jedoch die Bezeichnung Spulen. Diese Spulen können in den verschiedensten Formen vorkommen. Eine Form ist die integrierte Ganzkörperspule, es gibt aber auch spezielle Spulen für bestimmte Körperbereiche, zum Beispiel Kopfspulen oder Kniespulen. Diese werden um das jeweilige Körperteil gelegt und ermöglichen die optimale Erfassung des MR-Signals. Die an die Spule angeschlossene Elektronik verstärkt, digitalisiert und verarbeitet das aufgenommene Signal, um es nach der Bearbeitung als Bild auf dem Monitor darzustellen. Die für die Patientenliege verbleibende Öffnung hat etwa 55 Zentimeter Durchmesser und eine Länge von zwei Metern. Besonders füllige Patienten und Menschen mit Platzangst haben bei MR-Untersuchungen gelegentlich Schwierigkeiten oder können gar nicht erst untersucht werden. Inzwischen gibt es aber auch Geräte, die zur Seite hin geöffnet sind, sodass diese Probleme dort nicht auftreten.

Solche Geräte werden zunehmend zur Überwachung eines chirurgischen Eingriffs während der Operation eingesetzt (interventionelle MRT). Sie besitzen in der Regel ein niedriges Grundfeld von 0,5–0,7 Tesla und haben aufgrund der Magnetgeometrie eine schlechtere Homogenität des Grundfeldes als geschlossene Tomographen.

Der gesamte Tomograph befindet sich in einem abgeschirmten Raum. Dies geschieht zum einen, um störende Radiosignale von außerhalb, etwa von Radiosendern oder elektrischen Geräten, fern zu halten, zum anderen, um andere empfindliche Geräte wie Computer nicht zu beeinflussen. Menschen mit Herzschrittmachern dürfen sich nicht in die Nähe eines MR-Tomographen begeben, da der

Schrittmacher sonst gestört wird. Ebenso können Patienten mit magnetisierbaren Metallimplantaten (zum Beispiel Knochenschienen) nicht mit MRT untersucht werden, weil das starke Magnetfeld die Implantate im Körper verschiebt, was zu inneren Verletzungen führt. Es ist ebenfalls nicht ratsam, Scheckkarten während der Untersuchung bei sich zu tragen, da diese mit Sicherheit im Feld gelöscht werden. Metallische Haarspangen und andere metallische Gegenstände sind nicht nur eine Gefahrenquelle, weil sie sich angezogen vom starken Feld lösen können, sondern führen auch zu einer starken Beeinträchtigung der Bildqualität.

Sofern man die genannten Risikopatienten mit Herzschrittmacher oder Metallimplantaten von MR-Untersuchungen ausschließt, ist die MRT nach dem heutigen Stand der Forschung eine ungefährliche Untersuchungsmethode. Zwar ist durch die mit den Radiowellenpulsen verbundene Einstrahlung von Hochfrequenz-Leistung eine Erwärmung des Gewebes möglich; vor der Messung wird aber die einzustrahlende Leistung berechnet und das Gerät lässt die Messung nicht zu, sofern die gesetzten Grenzwerte überschritten würden. Eine signifikante Erwärmung kann also gar nicht erst stattfinden. Die Anschaffungskosten für einen Tomographen sind rund 20-mal höher als für ein Ultraschallgerät. Auch die Wartung ist sehr teuer, sodass eine MRT-Untersuchung im Vergleich zu anderen Untersuchungstechniken wie Ultraschall nur dann durchgeführt wird, wenn mit anderen Methoden keine vergleichbare Aussage erzielt werden kann.

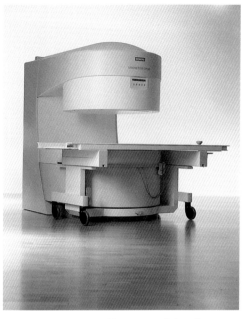

Beispiel für einen zur Seite offenen **MR-Tomographen.**

Nuklearmedizinische Diagnostik

Auch die nuklearmedizinische Diagnostik ist ein Verfahren, um Bilder des menschlichen Körpers zu erzeugen. Sie funktioniert ähnlich wie die Röntgendiagnostik, nur wird keine Strahlung von außen durch den Körper geschickt, sondern die Strahlung wird im Innern des Körpers erzeugt. Die Quelle der Strahlung ist eine sehr geringe Menge einer radioaktiven Substanz, die dem Patienten in die Blutbahn injiziert wird und die beim radioaktiven Zerfall Gammastrahlung (Röntgenstrahlung hoher Energie) aussendet. Diese Strahlung wird außerhalb des Körpers detektiert, und anhand der gemessenen Signale lässt sich ein Bild der Verteilung des radioaktiven Stoffs im Körper erzeugen. Während die Sonographie, Röntgentomographie und Magnetresonanztomographie hauptsächlich die anatomische Struktur des Körpers abbilden, ist es in der Nuklearmedizin möglich, die Funktion von Organen zu erfassen. Es können nämlich Substanzen, die für den Stoffwechsel wichtig sind, radioaktiv markiert werden. Markieren bedeutet, dass einzelne Atome der Substanz durch ähnliche radioaktive Atome ersetzt werden. Auf

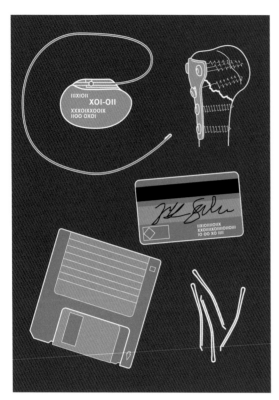

Was man nicht mit in den Tomographen nehmen sollte: Herzschrittmacher, eiserne Knochenschienen, Haarspangen, Scheckkarten, Disketten ...

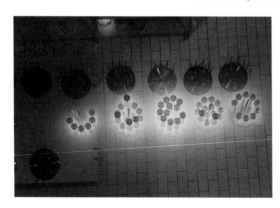

Radioaktives Präparat für nuklearmedizinische Untersuchungen.

nuklearmedizinischen Aufnahmen werden diese Substanzen im zeitlichen Verlauf beobachtet und so die biochemischen Funktionen des Körpers bestimmt. Genau wie in der Röntgendiagnostik gibt es zwei verschiedene Arten, Bilder zu erzeugen: Analog zu Röntgenbildern stellen die Szintigramme Projektionsaufnahmen dar, es ist aber auch möglich, analog zur Röntgen-Computertomographie Schnittbilder zu erzeugen.

Radioaktive Elemente für die Nuklearmedizin

Eine Voraussetzung für die Erzeugung von Bildern in der Nuklearmedizin ist, dass die im Körper entstehende radioaktive Strahlung – es kann sich um Alpha-, Beta- oder Gammastrahlung handeln – außerhalb des Körpers detektiert werden kann. Alphastrahlung besteht aus Helium-Atomkernen, also aus zwei Neutronen und zwei Protonen, Betastrahlung aus Elektronen. Alpha- und Betastrahlung würden bereits kurz nach ihrer Entstehung im Körpergewebe absorbiert werden, das heißt, sie besitzen nur sehr kurze Reichweiten von einigen Millimetern. Nur Gammastrahlen wechselwirken so gering mit dem umgebenden Gewebe, dass sie den Körper verlassen und außerhalb nachgewiesen werden können. Für die Nuklearmedizin eignen sich daher nur radioaktive Substanzen, die dem Gammazerfall unterliegen. Gammastrahlung ist nichts anderes als »harte« Röntgenstrahlung, sie besitzt also besonders hohe Energie, und sie wird nur aufgrund ihrer Herkunft anders bezeichnet. Die »weiche« Röntgenstrahlung, die in der Röntgendiagnostik eingesetzt wird, besitzt – ähnlich wie Alpha- und Betastrahlung – den in der Nuklearmedizin unerwünschten Nebeneffekt, sehr stark vom Körpergewebe absorbiert zu werden.

Neben radioaktiven Substanzen, die dem Gammazerfall unterliegen, gibt es noch eine weitere Quelle von Gammastrahlung: die Positronenvernichtung. Atomkerne, die künstlich radioaktiv angeregt wurden, können so zerfallen, dass sie Positronen, also positiv geladene Antielektronen aussenden (man spricht auch vom positiven Betazerfall). Verabreicht man einem Patienten Substanzen, die positiven Betazerfall zeigen, so verbinden sich die emittierten Positronen nach kurzer Zeit mit im Körper vorhandenen Elektronen und zerstrahlen in Form von zwei Gammaquanten, die in genau entgegengesetzte Richtungen emittiert werden. Diesen Effekt macht man sich bei der Positronen-Emissionstomographie (PET) zunutze.

Radiopharmaka

Die Grundlage für die Untersuchung von Organfunktionen sind geeignete radioaktive Substanzen, die Radiopharmaka. Diese müssen Gammastrahlung von geeigneter Energie emittieren. Eine weitere Voraussetzung ist eine geringe Halbwertszeit, um die Strahlenexposition des Patienten zu minimieren. Durch die radioaktive Markierung einer Substanz sollten die chemischen Eigenschaften so wenig wie möglich verändert werden. Die optimale Methode dafür ist es, natürlich vorkommende Elemente wie Wasserstoff, Kohlenstoff oder Sauerstoff radioaktiv zu markieren. Vom Wasserstoff gibt es nur ein elektronenemittierendes Isotop; von Kohlenstoff und Sauerstoff können nur sehr kurzlebige positronenemittierende Nuklide hergestellt werden, deren Halbwertszeiten bei wenigen Minuten liegen, sodass sie direkt am Ort der Verwendung hergestellt werden müssen. Die Herstellung der radioaktiven Elemente erfolgt in einem Zyklotron, einem Teilchenbeschleuniger, in dem stabile Atome mit hochenergetischen Protonen beschossen werden. Danach werden die radioaktiven Substanzen in speziellen Chemielabors zu Radiopharmazeutika verarbeitet. Wegen der kurzen Halbwertszeit müssen sich ein Beschleunigerlabor mit Zyklotron und das Chemielabor unmittelbar am Ort der Untersuchung befinden, was den Einsatz dieses Verfahrens auf wenige Standorte einschränkt. Für nuklearmedizinische Standarduntersuchungen werden deshalb andere Elemente eingesetzt, bei 80 Prozent der Untersuchungen verwendet man Technetium-99m. Diese verändern zwar die chemischen Eigenschaften der zu markierenden Pharmaka, können aber durch Radionuklidgeneratoren auch in großer Entfernung von Beschleunigerlabors zur Verfügung gestellt werden. Nur so konnte die Nuklearmedizin eine weite Verbreitung erlangen.

Die Gammakamera

Um ein Szintigramm, also ein Bild der Verteilung einer radioaktiven Substanz im Körper zu erzeugen, wurde in den Anfängen der nuklearmedizinischen Diagnostik – zu Beginn der 1950er-Jahre – ein einzelner Szintillationsdetektor benutzt. Dieser wurde schrittweise über den Patienten bewegt; und das Bild baute sich punktweise auf. Dieses extrem langwierige Verfahren wurde 1958 durch die von H. O. A. Anger erfundenen Gammakamera abgelöst. Die Gammakamera basiert auf einem großflächigen Szintillationskristall mit einer Dicke von etwa einem Zentimeter, hinter dem sich eine Anordnung von Photomultipliern (Lichtverstärkern) befindet. Mit einer Gammakamera werden Projektionsbilder erzeugt. Genau wie bei Röntgenbildern geht die Information über die Tiefe verloren. Um eine bestimmte Projektionsrichtung festzulegen, befindet sich vor dem Szintillator ein Kollimator. Dieser besteht aus einer Bleiplatte mit sehr vielen parallelen Löchern, die nur senkrecht einfallende Gammastrahlung durchlassen. Schräg eintreffende Strahlung wird absorbiert. Ein an einer bestimmten Stelle auf den Szintil-

Atome bestehen aus einem Atomkern, der von einer Hülle aus Elektronen umgeben ist. Während die chemischen Eigenschaften von Atomen durch die Elektronen der Hülle bestimmt werden, ist die **Radioaktivität** eine Eigenschaft des Kerns. Er besteht aus einer dichten Packung von Protonen und Neutronen. Die Protonen gleichen als positiv geladene Teilchen die negative Ladung der Elektronenhülle aus, sodass das Atom nach außen neutral erscheint. Die Anzahl der Protonen ist charakteristisch für das jeweilige chemische Element; alle Kohlenstoffatome besitzen beispielsweise sechs Protonen. Die Neutronen tragen keine Ladung, sondern kompensieren die abstoßende Kraft, die die Protonen aufeinander ausüben, und halten so den Kern zusammen. In einem Element liegt immer eine Mischung von Atomen mit gleicher Protonenzahl, aber leicht unterschiedlicher Neutronenzahl vor, sie werden **Isotope** genannt. Nur Atomkerne mit bestimmten Verhältnissen von Protonen- zur Neutronenzahl sind stabil, alle anderen, instabilen Kerne unterliegen dem **radioaktiven Zerfall,** bei dem der Kern unter Umständen in mehrere stabile Teile zerbricht und zudem Teilchen emittiert.

Ventilationsszintigramm (links) und **Perfusionsszintigramm** (rechts) der Lunge. Die Aufnahmerichtung ist von vorne, es sind linker und rechter Lungenflügel zu erkennen, im Ventilationsszintigramm ist auch die Luftröhre zu sehen. Im Perfusionsszintigramm befindet sich links unten ein Bereich verminderter Perfusion, der keine Belüftungsstörungen aufweist. Dies ist das typische Zeichen für eine Lungenembolie.

lator auftreffendes Photon erzeugt einen Lichtblitz, der von mehreren Photomultipliern aufgenommen wird. Die Intensität des Signals eines bestimmten Photomultipliers hängt von seiner Entfernung von der Auftreffstelle ab, und wird vom Computer analysiert. So kann die Auftreffstelle genau lokalisiert und einem Bildpunkt auf dem Computermonitor zugeordnet werden. Die Genauigkeit dieser Methode hängt hauptsächlich von der Anzahl der Photomultiplier ab. Sie werden normalerweise in Sechsecken angeordnet, um eine gleichmäßige Abdeckung zu erreichen. In modernen Gammakameras werden über 100 Photomultiplier eingesetzt. Damit ist eine Auflösung von etwa drei Millimeter zu erreichen.

Eine der Hauptanwendungen der Szintigramme ist die Bestimmung der Funktion der Schilddrüse. Man appliziert hier ein mit radioaktivem Technetium markiertes Pharmakon, das sich ähnlich wie Iod verhält. Da nur funktionell aktive Teile der Schilddrüse Iod aufnehmen können, lassen sich im Szintigramm Bereiche verminderter Aktivität erkennen, die auf Erkrankungen hindeuten.

Eine weitere Anwendung ist die Bestimmung der Funktion der Lunge. Die Lungenszintigraphie wird hauptsächlich zur Diagnose der Lungenembolie verwendet. Bei der Lungenembolie wird durch einen Blutpfropf, der meist aus dem Herz oder den Beinvenen stammt, ein Blutgefäß der Lunge verstopft. Sowohl die Durchblutung als auch die Belüftung der Lunge kann mittels Szintigraphie dargestellt werden. Zur Messung der Durchblutung wird ein mit Technetium markiertes Radiopharmakon in die Blutbahn injiziert. Es besteht aus einzelnen Teilchen von circa 50 Mikrometern Größe. Durch den Blutkreislauf werden diese in die Lungengefäße transportiert und bleiben dort aufgrund ihrer Größe in einem sehr kleinen Teil der Gefäße stecken. Diese Verteilung kann dann in einem Szintigramm abgebildet werden, und man erhält ein Bild der Durchblutung (Perfusion) der Lunge. Zur Bestimmung der Belüftung (Ventilation) der Lunge verwendet man ein radioaktives Edelgas, das während der Aufnahme eingeatmet wird. Durch den Vergleich zwischen Perfusionsszintigramm und Ventilationsszintigramm kann eine sichere Diagnose gestellt werden: Eine Lungenembolie liegt dann vor, wenn bei

evakuierte Röhre

Elektroden

Natriumiodid-Kristall

Reflektor

Elektronen

Gamma-strahlung

Lichtblitz

Anode

Photokathode

Prinzip eines **Szintillationsdetektors** zur Messung von Gammastrahlen. Prinzipiell unterscheidet sich die von radioaktiven Substanzen emittierte Gammastrahlung nicht von Röntgenstrahlung, allerdings besitzt Gammastrahlung aufgrund der höheren Energie eine höhere Durchdringungsfähigkeit.

In Röntgenfilmen mit Verstärkerfolien würde deshalb nur ein geringer Anteil der Strahlung absorbiert, weshalb diese zum Nachweis von Gammastrahlen nicht eingesetzt werden. Stattdessen verwendet man Szintillationsdetektoren. Sie basieren auf einem speziellen Material, dem Szintillator,

das Lichtblitze aussendet, wenn Gammastrahlung darauf fällt. Als Szintillator wird meistens Natriumiodid verwendet. Das Licht, das vom Szintillationsprozess erzeugt wird, fällt durch ein Fenster in einen Photomultiplier. Ein Photomultiplier ist ein sehr empfindlicher Detektor für sichtbares Licht.

DER TECHNETIUMGENERATOR

Der Technetiumgenerator besteht aus der radioaktiven Muttersubstanz Molybdän-99 mit der relativ langen Halbwertszeit von 66 Stunden, die in die radioaktive Tochtersubstanz Technetium-99m mit der kurzen Halbwertszeit von sechs Stunden zerfällt. Das Molybdän-99 wird in einem Zyklotron hergestellt, und kann aufgrund der langen Halbwertszeit auch über größere Strecken versandt werden. Im Generator ist es an eine Aluminiumoxidsäule fixiert. Das durch Zerfall entstehende Technetium-99m bindet sich nicht an Aluminiumoxid und kann daher mittels einer Kochsalzlösung abgetrennt (eluiert) werden. Das eluierte Technetium-99m wird nach Verarbeitung zu einem Radiopharmakon für die nuklearmedizinische Untersuchung eingesetzt. Nach einer Regenerationsphase von etwa

24 Stunden ist im Generator wieder so viel Technetium entstanden, dass eine erneute Eluation vorgenommen werden kann. Der Generator kann auf diese Weise ein bis zwei Wochen verwendet werden, bis das Molybdän-99 wieder ersetzt werden muss.

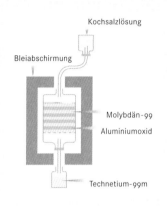

ungestörter Belüftung die Durchblutung vermindert ist. Ein weiteres Beispiel für eine Anwendung der Gammakamera ist die Knochenszintigraphie. Man verwendet dafür mit Technetium-99m markierte Phosphatverbindungen. Diese werden in den Knochen eingebaut, und zwar bevorzugt an Stellen, die stark durchblutet sind und an denen ein vermehrter Knochenumbau stattfindet. Die häufigste Anwendung der Knochenszintigraphie ist die Suche nach Tochtergeschwülsten (Metastasen) bei Krebserkrankungen. Die Metastasen haben einen erhöhten Stoffwechsel, sodass sich das Radiopharmakon dort ansammelt. Die Skelettszintigraphie wird auch zur Diagnose von Knochenbrüchen und Knochen- und Gelenkentzündungen verwendet.

Schichtaufnahmen: SPECT

Szintigramme haben den gleichen Nachteil wie Röntgenbilder: Da es sich um Projektionsaufnahmen handelt, ist eine Lokalisation im Volumen des Körpers nur schwer möglich. Außerdem können interessante Strukturen von anderen überdeckt werden, was den Kontrast der Bilder vermindert. Analog zur Röntgen-Computertomographie gibt es auch in der Nuklearmedizin die Möglichkeit, dreidimensionale Bilder zu erzeugen. Das Verfahren der Einzelphotonen-Emissionstomographie (englisch: Single Photon Emission Computed Tomography, SPECT) ist 1968 von David E. Kuhl entwickelt worden und damit sogar älter als die Röntgen-Computertomogra-

Skelettszintigraphie einer Patientin mit Brustkrebs. Links ist eine Frontalaufnahme des Brustkorbs zu sehen, die Brustkrebsmetastasen zeigen sich deutlich als dunkle Flecken; rechts eine Aufnahme des Schädels von der Seite.

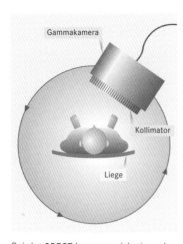

Bei der **SPECT** bewegen sich eine oder mehrere Gammakameras auf einer Kreisbahn um die Achse des Patienten. Dabei werden Projektionen aus vielen unterschiedlichen Winkeln aufgenommen, aus denen ein Computer Schichtbilder berechnet.

phie. Heute handelt es sich um das Standardverfahren der Nuklearmedizin. Die Aufnahme funktioniert so, dass Gammakameras auf Kreisbahnen um den Patienten bewegt werden. So werden unter vielen verschiedenen Winkeln Projektionsaufnahmen gewonnen. Meistens wird eine Anordnung von drei Kameras verwendet, um möglichst viel Strahlung auszunutzen. Typischerweise werden etwa 200 Projektionen mit 128 mal 128 Bildpunkten aufgenommen. Da es sich um zweidimensionale Detektoren handelt, können gleichzeitig mehrere Schichten rekonstruiert werden. Wie in der Röntgen-Computertomographie (CT) wird zur Rekonstruktion das Verfahren der gefilterten Rückprojektion eingesetzt. Im Gegensatz zur Röntgen-CT soll hier allerdings die Verteilung der Radioaktivität gemessen werden, die Absorption der Strahlung im Körper ist ein unerwünschter Nebeneffekt, für den Korrekturen angebracht werden müssen. Das Problem der Streustrahlung ist bei dieser Methode größer. Die räumliche Auflösung von SPECT-Bildern ist mit rund einem Zentimeter wesentlich geringer als bei der Röntgen-CT.

Eine häufige Anwendung der SPECT ist die Herzmuskelszintigraphie, mit der sich Durchblutungsstörungen des Herzmuskels untersuchen lassen. Es wird ein mit radioaktivem Thallium markiertes Pharmakon injiziert, das sich durch einen aktiven Stoffwechselprozess im Herzmuskel anreichert. Diese Anreicherung hängt von der Durchblutung des Gewebes ab, sodass sich mittels SPECT Schichtbilder des Herzmuskels erzeugen lassen, welche die lokale Durchblutung anzeigen. Durch den Vergleich von in Ruhe und unter Belastung aufgenommenen Szintigrammen lassen sich Durchblutungsstörungen durch Narben, die von Herzinfarkten stammen, und Durchblutungsstörungen durch Verengungen der Herzkranzgefäße unterscheiden.

Schichtaufnahmen mit Positronen: PET

Mit einem **SPECT-Gerät mit zwei Gammakameras** können Bilder des Herzens aufgenommen werden, die Rückschlüsse auf seine Funktion zulassen.

E in weiteres Verfahren zur Erzeugung von Schichtbildern ist die Positronen-Emissionstomographie (PET). Hier wird das Phänomen der Positronenvernichtung ausgenutzt, um exakte Konzentrationen von Radiopharmaka zu messen und so auf die Funktion von Organen rückzuschließen. Wie oben beschrieben, werden beim Zerfall eines Positrons zwei Gammaquanten in entgegengesetzte Richtung emittiert. Ein PET besteht aus einem Ring von einigen hundert Detektoren, die den Patienten umgeben. Der Zerfall eines Positrons hat zur Folge, dass in zwei gegenüberstehenden Detektoren praktisch gleichzeitig je ein Gammaquant detektiert wird. Der Zerfall muss also auf der Verbindungslinie zwischen den beiden Detektoren liegen. Auf diese Weise können im Computer Projektionen wie bei SPECT berechnet werden. Die Rekonstruktion beruht ebenfalls auf der Methode der gefilterten Rückprojektion. Im Unterschied zu SPECT ergeben sich aber einige Vorteile: Da immer zwei Gammaquanten aus gegenüberliegenden Detektoren

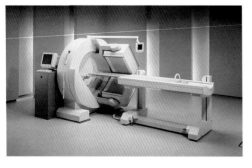

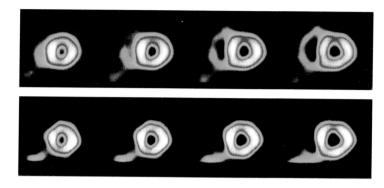

Die hier gezeigte **SPECT-Aufnahme** des Herzens entstand nach Injektion einer mit Technetium-99m markierten Substanz, die sich im Herzmuskel anreichert. Die Querschnitte von linker und rechter Herzkammer sind als helle Ringe zu erkennen. Dort macht sie die Durchblutung einzelner Herzareale sichtbar. Es sind vier Schichten aus einem dreidimensionalen Datensatz dargestellt: Die obere Reihe wurde während körperlicher Belastung, die untere im Ruhezustand aufgenommen. Durch Vergleich der beiden Aufnahmen kann beurteilt werden, ob durch einen Herzinfarkt geschädigte Bereiche sich wieder regenerieren können.

registriert werden, entfällt die Notwendigkeit von Kollimatoren. So ergibt sich eine etwa tausendmal größere Empfindlichkeit. Die Auflösung von PET-Bildern ist mit etwa vier Millimetern ebenfalls wesentlich höher als bei SPECT. Die Auflösung wird hauptsächlich dadurch begrenzt, dass der Ort der Emission der Gammaquanten aufgrund der Bewegung des Positrons nicht genau mit dem Ort des Positronenzerfalls übereinstimmt. Aufgrund der gleichzeitigen Detektion von zwei Quanten ist das bei der PET gemessene Signal von der Absorption im Körper unabhängig. Deshalb ist es möglich, die Konzentration von Radiopharmaka absolut zu messen.

Radioaktive Elemente, die bei ihrem Zerfall Positronen aussenden, müssen alle künstlich erzeugt werden – was in den Beschleunigerlabors der Kern- und Elementarteilchenphysik geschieht – und haben eine Halbwertszeit von meist wenigen Minuten. Sie können deshalb nicht über große Entfernungen transportiert werden, sodass sich der PET-Untersuchungsort in unmittelbarer Nähe eines Beschleunigerlabors befinden muss. Dadurch wird die Verbreitung der Positronen-Emissionstomographie zurzeit noch sehr eingeschränkt. Einzig das radioaktive Element Fluor-18, das relativ einfach in Pharmaka eingebaut werden kann, ist als Positronenquelle mit einer Halbwertszeit von 110 Minuten über eine gewisse Entfernung transportabel.

Eine Anwendung der PET ist die Bestimmung des Glucosestoffwechsels. Hierbei wird mit Fluor-18 markierte Glucose (Traubenzucker) in die Blutbahn injiziert. Sie wird vom Körper wie Glucose behandelt und reichert sich daher in Körperregionen mit erhöhtem Glucoseverbrauch an. So können Krankheiten diagnostiziert werden, die den Glucoseverbrauch beeinflussen. Beispielsweise kann bei der Alzheimer-Krankheit ein verminderter Glucoseverbrauch in bestimmten Hirnarealen beobachtet werden. Ein weiteres Einsatzgebiet von PET sind Krebserkrankungen. Viele Tumore haben einen im Gegensatz zu normalem Gewebe erhöhten Verbrauch von Glucose. Sie können daher in PET-Bildern diagnostiziert werden, und der Grad der Bösartigkeit kann bestimmt werden.

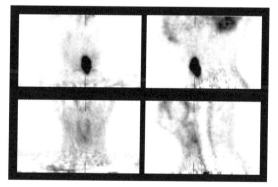

PET-Aufnahme des Halses eines Patienten mit Kehlkopfkrebs (oben). Aus dem dreidimensionalen Datensatz sind zwei Schichten ausgewählt. Der Tumor zeichnet sich deutlich als dunkle Struktur ab. Die gleichen Schichten aus einer Aufnahme nach einer Strahlentherapie (unten).

Das Potenzial des Herzens – EKG

Die Aktivierung von Muskelzellen des Körpers ist mit elektrischen Spannungen (Potenzialen) verbunden. Diese zu messen und sichtbar zu machen, war eines der ersten medizintechnischen Verfahren überhaupt. Die bedeutendste Anwendung für solche Potenzialmessungen ist das Elektrokardiogramm (EKG), mit dem die Aktivierung des Herzmuskels sichtbar gemacht wird. Es stellt heute eines der wichtigsten Verfahren zur Herzdiagnose ohne Eingriff in den Körper dar. Das Prinzip der Elektrokardiographie beruht darauf, dass jede Kontraktion des Herzmuskels durch eine elektrische Erregung der Herzmuskelzellen verursacht wird. Die Ausbreitung dieser elektrischen Erregung hängt mit einer elektrischen Spannung zusammen. Wegen der Leitfähigkeit des Körpers breitet sich diese Spannung bis an die Hautoberfläche aus, wo sie mit Elektroden gemessen wird. Das erste menschliche Elektrokardiogramm wurde bereits 1887 von dem britischen Physiologen Augustus Desiré Waller aufgezeichnet. 1913 führte Willem Einthoven ein bipolares Elektrodensystem ein, bei dem zwei Extremitäten verbunden werden, und die Potenzialdifferenz dazwischen gemessen wird. Es ist heute als Standard-EKG-Ableitung bekannt.

Wie entstehen elektrische Potenziale am Herzen?

Die Aufgabe des Herzens ist der Transport von Blut von und zur Lunge und allen anderen Organen des Körpers. Es teilt sich in vier Kammern auf, die paarweise nebeneinander liegen: linker und rechter Vorhof sowie linke und rechte Kammer. Jede Kammer ist mit Blutgefäßen zu den entsprechenden Organen verbunden, von denen das Herz Blut erhält oder an die es Blut liefert. Außerdem ist die Oberfläche des Herzens mit einem Netzwerk von Blutgefäßen überzogen, den Koronargefäßen, welche das Herz versorgen. Die Wand des Herzens besteht aus den Herzmuskelzellen, deren Hauptbestandteil die Proteine Actin und Myosin sind, welche die Kontraktion bewirken. Wie bei jeder Muskelzelle wird die Kontraktion einer Herzmuskelzelle durch eine elektrische Erregung gesteuert. Normalerweise liegt zwischen der Innen- und Außenseite der Zellmembran eine elektrische Spannung; man sagt auch, die Zelle sei polarisiert. Diese elektrische Spannung kommt durch unterschiedliche Konzentrationen von negativ geladenen Chloridionen und positiv geladenen Kalium- und Natriumionen zustande. Ein elektrischer Reiz, der durch eine Potenzialänderung an einer Nachbarzelle hervorgerufen wird, kann zur Aufhebung der Polarisierung, also zur Depolarisation führen.

Dies beeinflusst die Durchlässigkeit der Zellmembran und löst so Verschiebungen in den Ionenkonzentrationen aus, die schließlich zu einer Kontraktion der Zelle führen. Während einer Regenerationsphase stellt sich danach das ursprüngliche Gleichgewicht wieder her. Die Muskelzellen des Herzens sind über elektrisch leitende Segmente miteinander verbunden, sodass sich Ströme über das ganze

Willem Einthoven, geb. 21. 5. 1860 in Semarang auf der Insel Java. Er studierte von 1870–79 Medizin an der Universität Utrecht, Niederlande und wurde 1885 Professor für Physiologie und Histologie an der Universität Leiden, wo er mithalf, die Grundlagen der Elektrokardiographie zu schaffen. 1924 erhielt er den Nobelpreis für Medizin; er starb am 28. 9. 1927.

Herz ausbreiten. Außerdem gibt es ein eigenes Leitungssystem, das eine schnelle Weiterleitung von Erregungen sicherstellt. Teil dieses Systems sind zwei Schrittmacherzentren: Der Sinusknoten besteht aus speziellen Nervenzellen, die zyklisch von alleine erregt werden. Von dort ausgehend breitet sich die Erregung über die Vorhöfe aus und es findet eine Kontraktion der Vorhöfe statt. Die Erregung vom Sinusknoten wird dann zum Atrioventrikulärknoten (AV-Knoten) weitergeleitet, wo sie verzögert wird, sodass die Herzkammern sich kurz danach zusammenziehen. An der Körperoberfläche misst man ein Signal, das sich aus der Summe aller Potenziale der einzelnen Herzmuskelzellen zusammensetzt. Der Spannungsverlauf zeigt drei charakteristische Merkmale: Die P-Welle entsteht während der Depolarisation der Vorhöfe. Der QRS-Komplex zeigt die Depolarisation der Kammern an, und die T-Welle deren Repolarisation. Aufgrund des Zusammenhangs zwischen den auf dem EKG sichtbaren Spannungen und den mechanischen Herzaktionen kann das EKG wichtige Informationen über den Gesundheitszustand des Herzens geben.

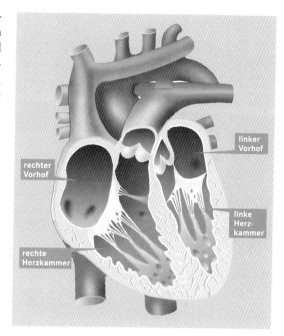

Anatomie und Leitungssysteme des **menschlichen Herzens.**

Wie arbeitet ein EKG-Gerät?

Das EKG-Gerät (oder der Elektrokardiograph) dient zur Aufnahme, Darstellung und Speicherung des Elektrokardiogramms. Mit den EKG-Elektroden wird das Signal vom Körper abgeleitet und über Kabel in das EKG-Gerät geführt, wo es verstärkt und gefiltert wird. Schließlich kann es auf verschiedene Weise dargestellt und weiterverarbeitet werden. Der besondere Vorteil der Elektrokardiographie ist, dass die Potenziale des Herzens über das elektrisch leitfähige Körpergewebe bis auf die Hautoberfläche gelangen. Deshalb ist zur Aufnahme des EKGs kein Eingriff in den Körper nötig, sondern es kann mittels Elektroden, die auf die Haut aufgebracht werden, gemessen werden. Innerhalb des Körpers wird der elektrische Strom über Ionen, die im Gewebe gelöst sind, geleitet. Die Elektroden sind der Übergang von dieser Ionenleitung zum Metall der Elektrode und des daran angeschlossenen Kabels. Von den Elektroden wird das EKG-Signal über Kabel in das eigentliche EKG-Gerät geleitet. Dort durchläuft es einen rauscharmen Differenzverstärker, der den Spannungsunterschied zwischen jeweils zwei Elektroden verstärkt.

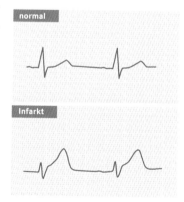

Das obere **EKG-Signal** während zweier Herzschläge ist typisch für ein gesundes Herz, das untere Signal zeigt die Symptome eines Herzinfarkts.

Die weitere Verarbeitung des EKG-Signals hängt davon ab, ob es sich um ein analoges oder digitales EKG-Gerät handelt. Beim analogen EKG-Gerät wird das Signal mittels eines Leistungsverstärkers weiter auf rund ein bis zwei Volt verstärkt und danach an ein mechanisches Schreibsystem weitergeleitet. Dort wird es auf einen mit einer bestimmten Geschwindigkeit abgerollten Papierstreifen aufge-

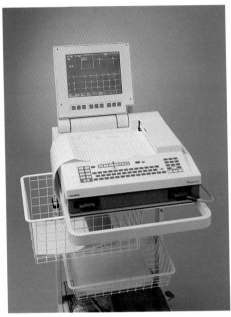

Modernes digitales **EKG-Gerät** mit Computer und Thermo-Schreibsystem.

zeichnet. Ein Problem dieses Verfahrens ist die mechanische Trägheit des Systems, die zu Verzerrungen von schnellen Ausschlägen des EKG-Signals führt. Heute werden fast ausschließlich digitale Verfahren eingesetzt, die sich durch sehr geringe Störanfälligkeit auszeichnen. Beim digitalen EKG-Gerät wird das Signal nach der Vorverstärkung einem Analog-Digital-Wandler zugeführt, sodass es von einem eingebauten Computer weiterverarbeitet werden kann. Hier hat sich als Ausgabeverfahren das Thermokammschreibverfahren durchgesetzt. Der Computer steuert hierbei eine Zeile von ungefähr 1000 sehr kleinen, kammartig angeordneten Heizelementen an, an denen ein Streifen Thermopapier vorbeigeführt wird. Dieses Ausgabeverfahren hat den Vorteil, dass keine Verzerrungen des Signals durch mechanische Trägheit auftreten.

Anwendungsbereiche

Obwohl das EKG eine große Bedeutung bei internistischen Untersuchungen hat, ist seine Aussagekraft in gewisser Hinsicht eingeschränkt: Das EKG registriert lediglich die Aktionspotenziale des Herzmuskels. Diese können zwar durch Herzerkrankungen auf verschiedene Weise verändert sein, aber es ist nicht möglich, mittels EKG eine direkte Aussage über die mechanische Herzfunktion zu machen, die letztendlich für die Blutversorgung des Körpers entscheidend ist. Deshalb wird das EKG meist in Zusammenhang mit anderen Untersuchungen eingesetzt. Die einzigen Fälle, in denen allein mit dem EKG eine zuverlässige Diagnose gestellt werden kann, ist der Herzinfarkt und die Herzrhythmusstörung.

Beim Herzinfarkt geht ein abgegrenzter Bereich des Herzmuskels aufgrund von Blutunterversorgung zugrunde. Die Ursache dafür ist meist der Verschluss eines Herzkranzgefäßes. Da das untergehende Gewebe veränderte elektrische Eigenschaften hat, treten im EKG charakteristische Änderungen auf. So kann durch die Auswertung mehrerer Ableitungen die Position des betroffenen Areals bestimmt werden. Dabei laufen die Veränderungen in typischen, aufeinander folgenden Stadien ab; daraus lässt sich der Verlauf des Infarkts beurteilen. Längere Zeit nach dem Infarkt sind diese Veränderungen allerdings oft nicht mehr deutlich genug zu erkennen.

Die zweite wichtige Anwendung des EKGs sind die Herzrhythmusstörungen. Ursache dafür sind entweder eine Störung der normalen Funktion der Schrittmacherzellen oder eine Störung in der

EKG bei einer **Herzrhythmusstörung,** die sich deutlich an der ungleichmäßigen Herzfrequenz zeigt.

Ausbreitung der Erregung. So kann es zum Beispiel zu einer Beschleunigung oder Verlangsamung der Herzfrequenz kommen. Gestörte Erregungsausbreitungen führen meist zu unvollständigen Kontraktionen und können schließlich zu einer Unterversorgung des Körpers mit Blut führen. Eine mögliche Therapie für Herzrhythmusstörungen ist die Implantation eines Herzschrittmachers.

Langzeit-EKG-Geräte

Während für die meisten diagnostischen Fragestellungen die Aufzeichnung des EKGs über einen Zeitraum von wenigen Minuten ausreicht, ist es bei bestimmten Erkrankungen notwendig, eine EKG-Aufzeichnung über einen Tag durchzuführen. Diese Art der EKG-Aufzeichnung wurde 1906 von N. J. Holter eingeführt und wird auch als Holter-Monitoring bezeichnet. Sie stellte einen Durchbruch in der Diagnose von Herzrhythmusstörungen dar, weil es erstmals möglich wurde, nur gelegentlich auftretende abnormale Herzschläge im EKG zu registrieren. Ein modernes Langzeit-EKG-Gerät ist tragbar und kann eine reduzierte Anzahl von Ableitungen (meist drei) über diesen Zeitraum speichern. Dazu wurden bisher meist Magnetbänder (einfache Audiokassetten, wie sie auch in Kassettenrekordern benutzt werden) eingesetzt, auf die das EKG-Signal mit einer sehr geringen Bandgeschwindigkeit von wenigen Millimetern pro Sekunde aufgezeichnet wurde. Wegen der daraus resultierenden schlechten Aufzeichnungsqualität und Problemen mit Gleichlaufschwankungen haben sich heute digitale Aufzeichnungsverfahren durchgesetzt. Hier wird das Signal nach der Digitalisierung auf eine löschbare Speicherkarte (FLASH-ROM) aufgezeichnet. Um die erforderliche Aufzeichnungszeit zu erreichen, werden die Daten vor der Aufzeichnung komprimiert. Da über einen Tag hinweg rund 100000 Herzschläge auftreten, erfolgt die Auswertung des Langzeit-EKGs nicht manuell, sondern mit Computerhilfe. So können die abnormen Herzschläge in Klassen gruppiert und beurteilt werden. Außerdem ist es möglich, statistische Parameter aus dem Langzeit-EKG zu berechnen, die zu diagnostischen Zwecken benutzt werden.

Hirnströme im Elektroenzephalographen

Ein Elektroenzephalograph (abgekürzt EEGs, von griechisch enkephalos: Gehirn, graphein: schreiben) misst die elektrische Aktivität des Gehirns. Die Aktivitäten in den verschiedenen Hirnregionen unterscheiden sich, deshalb sind die Elektroden zur Messung der Hirnströme über den ganzen Kopf verteilt. EEG-Messungen dienen hauptsächlich der neurologischen Diagnostik und der Hirntodbestimmung.

Technik des EEG

Zur Aufnahme eines EEGs benötigt man Elektroden zur Messung der Hirnströme, einen Vorverstärker, auch Headbox genannt, und das EEG-Hauptgerät mit Verstärker und Schreibsystem.

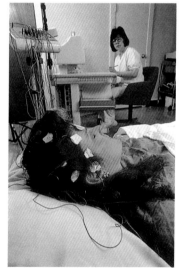

Patient mit angelegten **EEG-Elektroden**. Auf dem Stativ zu seiner Linken ist der Vorverstärker befestigt.

Die Elektroden bestehen aus gesintertem Silber- oder Silberchlorid. Die Anzahl der Elektroden ist von dem EEG-Verfahren abhängig und schwankt zwischen acht und 64, wobei Anordnungen aus acht, zwölf und 19 Elektroden am häufigsten vorkommen. Die Messzeiten variieren zwischen zehn Minuten und acht Stunden. Die typische Messzeit beträgt 20 Minuten. Die Headbox ist auf einem Stativ nahe am Kopf des Patienten angebracht. Es handelt sich dabei um einen Differenzverstärker, der neben den sehr schwachen EEG-Signalen (ungefähr zehn Mikrovolt) auch die Störspannungen im Raum misst und sie eliminiert. Nach der Messung verstärkt er die Signale und wandelt sie mit Hilfe eines Analog-Digital-Wandlers in digitale Signale um, die ohne Verluste in das mehrere Meter entfernte Hauptgerät übertragen werden. Im Vorverstärker können auch weitere Signale erfasst und weitergeleitet werden, wie beispielsweise die Augenbewegung. Diese zusätzlichen Daten werden über so genannte polygraphische Kanäle übertragen.

Im EEG-Hauptgerät werden die Signale nochmals verstärkt und aufgezeichnet. Die konventionelle Speicherung der Signale auf Papier mit direkt schreibenden Systemen liefert so genannte EEG-Bücher, die bei einer 20-Minuten-Messung aus 120 Seiten bestehen. Neuerdings werden die Daten auf der Festplatte eines Computers zwischengespeichert und dann auf CD-ROMs archiviert.

EEG-Anwendungen

Bei einem Routine-EEG sitzt der Patient auf einem bequemen EEG-Stuhl, um Kopf und Nacken so gut wie möglich zu entspannen, da die elektrischen Signale von Muskelzuckungen um ein Vielfaches stärker sind als die EEG-Signale. Die Hautoberfläche des Kopfes wird entfettet, die Elektroden werden mit leitfähiger, klebender Elektrodenpaste aufgesetzt.

Langzeit-EEGs dienen dazu, selten auftretende Ereignisse im EEG aufzuzeichnen, die durch die konventionelle zwanzigminütige Registrierung nicht erfasst werden. Der Patient trägt hierzu bis zu 24 Stunden lang ein kleines Datenaufzeichnungsgerät von der Größe eines Walkmans mit sich herum. Das eigentliche Speichermedium ist

EEG-Verfahren	Einsatzbereich	Kanalzahl	mittlere Dauer	Auswertung
Routine-EEG	Praxis	8–12	etwa 10 Minuten	visuell, EEG-Schablone
	Klinik	16–24	20–30 Minuten	
	Epilepsie	bis 64	20–40 Minuten	
Langzeit-EEG	Klinik, falls Routine nicht ausreicht	8–12	maximal 24 Stunden	halbautomatisch, rechnergestützt (Ereignissuchverfahren)
Video-EEG	Epilepsie, auch in Kliniken	19–24	10–60 Minuten	EEG-Signale kombiniert mit Videobild des Patienten
portables EEG	Ambulanz, Intensivstation, innere Medizin, Hirntodbestimmung	8–12	10–30 Minuten, bei Darstellung aller Signale 1–2 Stunden	visuell; bei Hirntodbestimmung mit erhöhten Anforderungen an Auflösung und Genauigkeit
Schlaf-EEG	neurologisch-psychiatrische Schlafstörungen	12–24 (mit Polygraphie)	mindestens 8 Nachtstunden	halbautomatische oder automatische Schlafstadienerkennung
Pharmako-EEG	Medikamentenstudien	12–24	20–30 Minuten	computergestützte Auswertung (EEG-Mapping, Itil-System)

Klinisch übliche **EEG-Verfahren.**

eine Memorycard mit einer Speicherkapazität von 40 Megabyte. Alle physiologischen und technischen Artefakte werden bei dieser Art des EEGs mit aufgezeichnet, was die Auswertung erschwert.

Das Schlaf-EEG dient der Untersuchung neurologisch-pathologischer Schlafstörungen. Das EEG wird mindestens acht Stunden lang während des Nachtschlafs aufgenommen. Parallel dazu werden noch die Augenbewegungen, die Muskelspannung, die Atmung und das

Wellenart	Frequenz	Amplitude (Signalhöhe)	Beschreibung	Interpretation	
Alphawellen	8–13 Hertz	0,03–0,05 Millivolt	schnell	wach, geschlossene Augen	
Betawellen	über 13 Hertz	etwa 0,02 Millivolt	rasch	wach, geöffnete Augen, zum Beispiel beim Rechnen	
Thetawellen	4–7 Hertz	bis 0,5 Millivolt	langsam	Leichtschlaf	
Deltawellen	0,5–3,5 Hertz	0,5–5 Millivolt	langsam	Tiefschlaf	
steile Wellen		variabel	steil, abnorm	sowohl normal als auch krankhaft	

Wellenformen der **EEG-Wellen** und deren Interpretation.

EKG mitregistriert. Bei einem Video-EEG wird parallel zum EEG eine Videoaufnahme des Patienten erstellt. Das Verfahren dient hauptsächlich zur Untersuchung von Epilepsiepatienten.

Die Auswertung von EEG-Messungen ist außerordentlich schwierig und kann nur von erfahrenen Neurologen durchgeführt werden. Für ein Routine-EEG benötigt ein Facharzt mindestens 15 Minuten Auswertezeit. Außer der visuellen Begutachtung gibt es derzeit noch kein anerkanntes Verfahren, um EEGs zu interpretieren. Auch moderne Computer dienen im Moment fast nur zur logistischen Unterstützung der Auswertung – vielleicht ein tröstlicher Gedanke: Der ärztliche Sachverstand kann immer noch nicht völlig durch die Medizintechnik ersetzt werden.

Sicherheit der Elektroenzephalographie

Patienten werden durch EEG-Messungen in keiner Weise geschädigt – im Gegenteil, es ist eher so, dass die Messung selbst leicht durch äußere Einflüsse, auch vom Patienten, gestört werden kann. Darüber hinaus beeinflussen große Stromverbraucher wie beispielsweise Fahrstühle, Radiosender, Magnetresonanztomographen und Computertomographen die Messung – ein Mindestabstand von zehn bis 15 Metern ist hier ratsam.

Die in diesem Kapitel vorgestellten medizintechnischen Diagnoseverfahren zeigen, wie groß mittlerweile die Fülle der Möglichkeiten ist, Einblicke in den Körper zu gewinnen und krankhafte Veränderungen frühzeitig festzustellen. Dabei sollte aber nie vergessen werden, dass diese Verfahren immer nur Hilfsmittel sind. Letztlich muss immer der Arzt oder die Ärztin verantwortlich entscheiden, welche Krankheit vorliegt, und vor allem, welche therapeutischen Maßnahmen zu ergreifen sind.   J. Boese, R. Jerecic

Medizintechnik in der Therapie

Neben der Diagnostik ist der zweite Anwendungsbereich der Medizintechnik die Therapie von Erkrankungen. 70 Prozent aller Krebserkrankungen werden heute mit einer Strahlentherapie behandelt. Der große Erfolg dieser Methode ist einer Verbesserung der Bestrahlungsmethoden zu verdanken. Außerdem ermöglichen die mit den modernen Diagnoseverfahren gewonnenen Bilddaten eine präzise Bestrahlungsplanung. Dadurch kann die Schädigung gesunden Gewebes reduziert und gleichzeitig die Bestrahlung des kranken Gewebes intensiviert werden. Aus diesem und einer Vielzahl von weiteren Anwendungsbereichen der Medizintechnik werden hier einige interessante Beispiele herausgegriffen.

Ein wichtiger Schritt in der Entwicklung der Medizintechnik war die Miniaturisierung von elektronischen Geräten. Obwohl schon Ende des 18. Jahrhunderts bekannt war, dass das Herz mit elektrischen Impulsen stimuliert werden kann, konnten sich Herzschrittmacher erst in den 1960er-Jahren durchsetzen, als sie durch Miniaturisierung implantierbar wurden. Inzwischen können sogar Defibrillatoren, Geräte zur Therapie von Herzkammerflimmern, implantiert werden.

Ein großes Anwendungsgebiet der Medizintechnik ist die Chirurgie: Durch den Einsatz von Endoskopen können heute viele Operationen mit nur minimalem Eingriff in den Körper durchgeführt werden. Eine zunehmende Bedeutung in der Chirurgie spielt der Laser: Neben zahlreichen noch experimentellen Anwendungen wird er heute routinemäßig zum Beispiel zur Nierensteinzertrümmerung und als präzises Schneidwerkzeug eingesetzt. Operationen am Herzen sind erst möglich, seit mittels der Herz-Lungen-Maschine der Blutkreislauf während der Operation aufrechterhalten werden kann. In zunehmendem Maße wird es möglich, auch andere Organfunktionen langfristig durch medizintechnische Geräte zu ersetzen: Ein Beispiel ist die künstliche Niere, mit der Patienten mit Nierenversagen versorgt werden können, bis eine passende Spenderniere verfügbar ist. Das implantierbare künstliche Herz ist bisher noch nicht für den Dauereinsatz geeignet. Dagegen ermöglichte die Entwicklung neuer Materialien den dauerhaften Ersatz von Knochen und Gelenken durch künstliche Implantate.

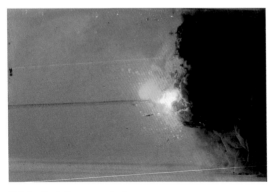

Bei der **Zertrümmerung eines Harnleitersteins** wird Laserlicht durch eine 0,4 Millimeter dicke Glasfaser geleitet. An der Austrittsstelle erzeugt die Energie des Laserstrahls ein ionisiertes Gas, dessen Stoßwellen den Stein zertrümmern.

Laser

Eine wichtige medizintechnische Therapieform ist der Lasereinsatz, der sich in vielen Gebieten etabliert hat. Technisch gesehen verbindet er optische Methoden mit Verfahren der Miniaturisierung, besonders bei den modernen endoskopischen Operationstechniken ist der Einsatz des Lasers nicht mehr fortzudenken. Wie funktioniert ein Laser und worauf beruht sein Erfolg als medizintechnisches Werkzeug?

Albert Einstein postulierte bereits 1917 das Prinzip des Lasers, der Lichtverstärkung durch induzierte Emission. 1960 wurde der erste Laser – ein Rubinlaser – gebaut und schon im darauf folgenden Jahr in der Augenheilkunde eingesetzt. Mit dem Voranschreiten der Lasertechnik entstanden auch immer neue Anwendungsfelder für den Laser in der medizinischen Therapie. Vor allem die Einführung der lichtleitenden Faseroptiken im Jahr 1973 war ein großer Schritt nach vorne. Laserlicht konnte nun im Körperinneren punktgenau an seinen Einsatzort geleitet werden.

Heute dienen Laser in der Chirurgie als Laserskalpelle, zur Stillung von Blutungen und zur Entfernung von Ablagerungen in Adern und in der Urologie zur Zertrümmerung von Nieren-, Harnleiter- und Gallensteinen. In der Zahnheilkunde werden sie als schmerzfreier Ersatz des Bohrers eingesetzt, in der Augenheilkunde zum Verschweißen von abgelösten Netzhautteilen und zur Behandlung von grünem und grauem Star. In der Dermatologie verwendet man sie zur Behandlung oberflächlicher Missbildungen des Gefäßsystems, etwa zur Beseitigung von Feuermalen oder Blutschwämmen, und in der Onkologie zur gezielten Zerstörung von Tumorgewebe. Neueste Entwicklungen der Lasertechnik haben zu optischen Pinzetten und Skalpellen im mikroskopischen Maßstab geführt, die beispielsweise bei der künstlichen Befruchtung und bei der Gentherapie ihren Einsatz finden.

Die physikalischen Grundlagen des Lasers

Der Name Laser ist eine Abkürzung für den englischen Ausdruck »Light Amplification by stimulated Emission of Radiation«; dies bedeutet »Lichtverstärkung durch stimulierte Emission«. Normale Lichtquellen, wie etwa Glühbirnen, senden (emittieren) Licht zufällig und spontan aus, Laser dagegen aufgrund einer gezielten Anregung des so genannten Lasermaterials. Diese Anregung nennt man »Stimulation«, das Aussenden von Laserlicht damit »stimulierte Emission«.

Bei der üblichen spontanen Emission von Licht geschieht Folgendes: Einem gasförmigen, flüssigen oder festen Körper wird Energie, meistens in Form von Wärme, zugeführt. Dabei werden die äußeren Elektronen dieses Körpers aus ihrem energetischen Grundzustand »1« in ein angeregtes Niveau mit höherer Energie, »2«, überführt (Niveau ist in der Laserphysik ein anderes Wort für Zustand). Nach einer gewissen Zeit gehen sie wieder in ihren Grundzustand zurück und senden dabei ein Lichtquant (Photon) aus. Dessen Energie entspricht dem Energieunterschied zwischen dem Grundzustand und dem angeregten Zustand. Dieser Energieunterschied drückt sich in Frequenz und Wellenlänge des emittierten Lichts aus, beispielsweise leuchtet erhitztes Eisen rötlich; noch heißeres und damit noch höher angeregtes Eisen strahlt gelbliches bis bläuliches Licht aus.

Die **Urologie** ist die Lehre von den Erkrankungen von Niere, Harnwegen und männlichen Geschlechtsorganen. Die **Ophthalmologie** ist die Augenheilkunde, die **Dentologie** die Zahnheilkunde, die **Dermatologie** die Lehre von den Hauterkrankungen. Die **Onkologie** schließlich ist die Lehre von der Erkennung und Behandlung von Geschwulstkrankheiten, insbesondere von Krebs.

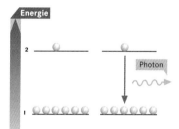

Ein einfaches **Energieniveauschema für Elektronen** im Glühfaden einer Glühbirne. Wenn das Elektron durch Erwärmung in den oberen Zustand »2« gebracht wird, geht es nach kurzer Zeit wieder in den Grundzustand »1« über. Dabei sendet es ein Lichtteilchen (Photon) aus, dessen Energie genau der Energiedifferenz zwischen den beiden Zuständen entspricht.

Um für eine andauernde Photonenemission zu sorgen, bei der das obere Niveau ständig »bevölkert« ist – und genau das benötigt man beim Laser –, muss dementsprechend kontinuierlich Energie zugeführt werden. Man sagt auch, dass die Elektronen in ein höheres Niveau gepumpt werden müssen. Dies kann zum Beispiel durch Licht, also Photonen, geschehen; man spricht in diesem Fall von optischem Pumpen. Bei den meisten Stoffen halten sich die gepumpten Elektronen nur kurz im höheren Niveau auf und kehren ungeordnet und sehr schnell in den Grundzustand zurück. Solche Körper sind für die Lasertechnik ungeeignet. Bei manchen Verbindungen allerdings, die später genauer besprochen werden, gibt es langlebige angeregte Zustände, aus denen ein direkter, spontaner Übergang in den Grundzustand aufgrund von atomphysikalischen Gesetzen verboten ist. Die Rückkehr des angeregten Elektrons zum Grundzustand erfolgt daher stufenweise und deshalb relativ langsam über ein oder mehrere Zwischenniveaus. Stoffe mit solchen langlebigen Zwischenniveaus eignen sich für eine laserartige Lichtverstärkung, man nennt sie auch Lasermedium.

Durch thermisches oder optisches Pumpen gelangen bei diesen Stoffen mehr Elektronen in die langlebigen angeregten Zustände, als im Grundzustand verbleiben. Man spricht hierbei von einer Inversion, denn es handelt sich um eine Umkehrung der normalen Elektronenverteilung. Diese Inversion ist die Grundvoraussetzung für den Laserprozess. Bei dem eigentlichen Laserprozess geschieht nämlich Folgendes: Photonen, die beim Übergang eines Elektrons vom angeregten zum Grundzustand (oder vom oberen zum unteren Laserniveau) entstehen, können andere Elektronen auf identischen angeregten Zuständen dazu stimulieren, ebenfalls in den Grundzustand überzugehen und dabei wiederum Photonen zu emittieren. Die Photonen, die hierbei frei werden, besitzen die gleiche Wellenlänge, Richtung und Phase wie das stimulierende Photon. Hierfür ist aber eine Inversion zwingend notwendig, da sonst die Photonen nicht genügend stimulierbare angeregte Elektronen finden. Wenn man diese stimulierte Emission in einer langen und dünnen Röhre ablaufen lässt, dann treffen die Photonen, die sich quer zur Röhre bewegen, ziemlich schnell auf die Wand; sie stimulieren daher nur wenige angeregte Elektronen zur Photonenemission. Photonen, die sich längs der Röhre bewegen, können dagegen viele gleichphasige Photonen mit der gleichen Wellenlänge und Ausbreitungsrichtung hervorrufen, die dann ihrerseits weitere identische Photonen erzeu-

Niveauschemata eines **Drei-Niveau-Lasers** und eines **Vier-Niveau-Lasers**. Der Übergang, bei dem Laserstrahlung freigesetzt wird, ist farbig markiert.

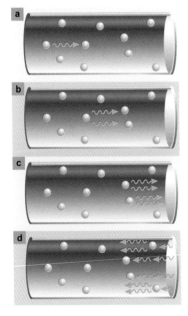

Die **stimulierte Emission** in einem Laser läuft wie folgt ab: a) ein angeregtes Elektron geht spontan in den Grundzustand über und emittiert dabei ein erstes Photon, das sich parallel zum Resonator bewegt; b) das erste Photon hat ein weiteres angeregtes Elektron zur Emission eines zweiten Photons stimuliert; c) beide Photonen lösen an je einem Atom zwei weitere Photonen aus; d) die vier Photonen werden am Ende des Resonators gespiegelt, durchqueren ihn nun in Gegenrichtung und können wieder je ein Photon auslösen.

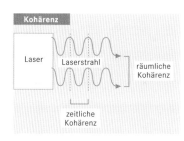

Kohärenz

Laser — Laserstrahl — räumliche Kohärenz
zeitliche Kohärenz

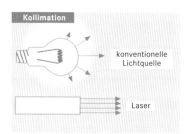

Kollimation

konventionelle Lichtquelle
Laser

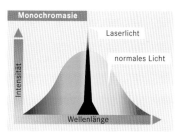

Monochromasie

Laserlicht
normales Licht
Intensität
Wellenlänge

gen: Es entsteht eine Lawine von in Längsrichtung laufenden, identischen Photonen.

Der eigentliche Trick besteht nun darin, Spiegel an den Enden der Röhre anzubringen. Dadurch werden die Photonen, die sich parallel zur Röhre bewegen, von den Spiegeln immer wieder reflektiert, sodass die Stimulationslawine das gesamte Lasermedium erfassen kann. Eine derartige Anordnung wird Resonator genannt. Einer der beiden Spiegel an den Enden der Röhre ist teilweise durchlässig, wodurch hier ein Teil der Photonen nach draußen dringt: Dies ist der Laserstrahl.

Ein Stoff, in dem dieser Laserprozess ablaufen kann, wird Lasermedium genannt. Er muss langlebige angeregte Elektronenzustände besitzen, die zu einer Besetzungsinversion führen. In Frage kommen hierfür freie Atome, Ionen, Gase, Flüssigkeiten, in Flüssigkeiten gelöste Farbstoffe und Feststoffe. Der jeweilige Anregungsmechanismus für die Erzeugung der Besetzungsinversion ist sehr unterschiedlich. Wärme, optisches Pumpen, Gasentladungen, elektrischer Strom oder chemische Reaktionen sind die gebräuchlichsten Methoden.

In der Medizin werden hauptsächlich Kohlendioxidlaser (CO_2-Laser), Nd:YAG-Laser, Diodenlaser, Helium-Neon-Laser, Argonionenlaser, Farbstofflaser und Excimerlaser verwendet. Die Wellenlängen des von diesen Lasern erzeugten Lichts liegen je nach Lasertyp zwischen 10 Mikrometern (infraroter Bereich) und 0,2 Mikrometern (ultravioletter Bereich), dies überdeckt den sichtbaren Bereich von etwa 0,4 bis 0,8 Mikrometern. Die Intensität des Laserlichts lässt sich ebenfalls über einen weiten Bereich steuern. Niederenergetische Laserstrahlung führt zu einer lokalen Erhitzung, die Blut und Proteine gerinnen lässt. Gewebe kann auf diese Weise koaguliert, Wunden können geschlossen und Blutgefäße verödet werden. Höherenergetische Laserstrahlung trägt Gewebe ab und kauterisiert die Wundränder, sodass der Blutverlust gering ist. Mit Hochleistungslasern wird unerwünschtes Knochenmaterial bei etwa 700 Grad Celsius verdampft und seine Neubildung verhindert.

Laser in der Medizin

Schon vor der Erfindung des Lasers wurde Licht medizinisch eingesetzt. 1946 entwickelte zum Beispiel der deutsche Augenarzt Gerhard Meyer-Schwickerath die Methode der Lichtkoagulation. Mit sehr intensiven Lichtstrahlen werden hierbei abgelöste Teile

Drei Eigenschaften unterscheiden Laserlicht von normalen Lichtquellen: 1) Laserlicht ist **monochrom,** das heißt, alle Photonen besitzen dieselbe Wellenlänge und damit dieselbe Farbe; 2) Laserlicht ist **gebündelt** (kollimiert), da alle Photonen dieselbe Ausbreitungsrichtung haben und 3) Laserlicht ist **kohärent,** alle Photonen sind in Phase, schwingen also im Gleichtakt.

Die **Phase** einer Welle gibt an, ob an einem bestimmten Ort und Zeitpunkt gerade ein Wellental oder ein Wellenberg vorliegt. Zwei Wellen mit gleicher Phase können sich gegenseitig verstärken, da bei ihnen überall Berg auf Berg und Tal auf Tal trifft; umgekehrt löschen sich gegenphasige Wellen, bei denen immer Berg auf Tal trifft, teilweise oder ganz aus.

Koagulieren bedeutet Gewebe durch gerinnungsähnliche Prozesse zu verbinden, umgangssprachlich kann man von Verkleben oder Verschweißen sprechen. **Kauterisieren** ist eine schon lange benutzte Technik, bei der störendes Gewebe ausgebrannt, verätzt oder vereist wird.

DIE WICHTIGSTEN LASERTYPEN IN DER MEDIZIN

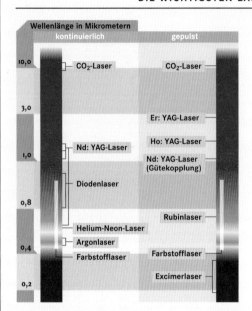

Wellenlänge in Mikrometern

kontinuierlich	gepulst

10,0 — CO₂-Laser / CO₂-Laser

3,0 — Er: YAG-Laser

Ho: YAG-Laser

1,0 — Nd: YAG-Laser / Nd: YAG-Laser (Gütekopplung)

Diodenlaser

0,8 — Rubinlaser

Helium-Neon-Laser

0,4 — Argonlaser

Farbstofflaser / Farbstofflaser

Excimerlaser

0,2

klein, tragbar, wartungsarm, und sie benötigen keine Wasserkühlung.

Excimerlaser arbeiten im UV-Bereich. Mit kurzen Pulszeiten und sehr hohen Spitzenenergien bewirken sie den Prozess der Photoablation und werden unter anderem in der Hornhautchirurgie verwendet. Das Lasermedium eines Excimerlasers besteht aus angeregten Verbindungen, so genannten Dimeren, aus Edelgas- und Halogenatomen, das Wort Excimer kommt dementsprechend von dem englischen Ausdruck »excited dimer«.

Farbstofflaser werden durch Blitzlampen gepumpt und emittieren sichtbares Licht in einem breiten Bereich von frei wählbaren Wellenlängen. Ihr Einsatzgebiet ist die Dermatologie und die Lithotripsie (Steinzertrümmerung).

Helium-Neon-Laser emittieren rotes Licht geringer Intensität. Sie werden als Softlaser zur Biostimulation und als Pilotlaser zur Überwachung von unsichtbaren infraroten oder ultravioletten Laserstrahlen in der Chirurgie eingesetzt.

Kohlendioxidlaser arbeiten im fernen Infrarotbereich bei 10,6 Mikrometern Wellenlänge. Sie sind aufgrund ihrer geringen Eindringtiefe sehr exakte Schneidinstrumente für die Mikrochirurgie und für das flächenhafte Abtragen von Gewebe.

Argonionenlaser (oder kurz Argonlaser) emittieren sichtbares Licht mit einer Wellenlänge, bei der es bevorzugt von körpereigenen Pigmenten (roter Blutfarbstoff, Melanin) absorbiert wird. Sie werden deswegen in der Ophthalmologie und in der Dermatologie eingesetzt.

Neodym-Yttriumaluminiumgranat-Laser (Nd:YAG-Laser) finden universelle Anwendung. Sie emittieren infrarotes Licht der Wellenlängen 1,06 und 1,32 Mikrometer. Neben der Hauptanwendung beim Verschweißen von Blutungen, Fehlbildungen und Tumoren werden sie unter anderem auch gepulst als Photodisruptoren zur Behandlung von grünem oder grauem Star in der Ophthalmologie eingesetzt.

Halbleiter- oder Diodenlaser emittieren ebenfalls im nahen Infrarotbereich. Sie werden seit Ende der Achtzigerjahre in der Ophthalmologie zur laserinduzierten Netzhautverschweißung eingesetzt. Sie sind nicht ganz so wirkungsvoll wie die Nd:YAG-Laser, dafür aber

der Netzhaut wieder angeschweißt oder Tumorgewebe zerstört. Ein Jahr nachdem 1960 Theodore H. Maiman in den USA den ersten Laser gebaut hatte, begannen Tierversuche zur Lasertherapie. 1962 führte Chris Zweng in Kalifornien erste Netzhautbehandlungen am Menschen mit Laserlicht durch. Diese Methode wurde sehr schnell Routine in der Augenheilkunde. Der Vorteil der Laser liegt darin, dass eine sehr große Hitze auf einen winzigen Punkt genau appliziert werden kann. Weiterhin erzeugen Laser Licht eines sehr engen Wellenlängenbereichs – das Laserlicht ist so gut wie einfarbig. Da verschiedene Gewebearten jeweils Licht unterschiedlicher Wellenlänge absorbieren können, kann man durch passende Wahl der Laserwellenlänge ganz gezielt bestimmte Gewebetypen behandeln, während umliegendes Gewebe unbeeinflusst bleibt. In der Netzhaut des Auges kommt beispielsweise das dunkle Pigment Melanin vor, welches das grüne Licht des Argonlasers gut absorbiert. Die anderen, durchsichtigen Bestandteile des Auges absorbieren dieses Licht dagegen nicht und werden deswegen auch nicht von ihm geschädigt.

Ein weiteres Anwendungsgebiet des Argonlasers liegt im Bereich der Dermatologie. Dabei handelt es sich um die Entfernung von so genannten Feuermalen. Dies sind Bereiche der Haut, die von übermäßig vielen kleinen Blutgefäßen durchzogen und deswegen rot gefärbt sind. Diese Areale absorbieren das grüne Laserlicht besonders gut und können so selektiv verödet werden. Um die Hitzewirkung auf das eigentliche Feuermal zu beschränken, verwendet man hierbei gepulstes Laserlicht mit Lichtblitzen von weniger als einer Tausendstel Sekunde. Mit der gleichen Methode lassen sich auch Tätowierungen wieder entfernen.

Kohlendioxidlaser werden für andere Aufgaben eingesetzt. Sie erzeugen infrarotes Licht mit einer Wellenlänge von 10,6 Mikrometern. Wasser, das in allen Gewebetypen enthalten ist und den Hauptbestandteil der menschlichen Körpermasse ausmacht, absorbiert dieses Licht, sodass alle Gewebe gleichermaßen erhitzt werden. Dadurch dringt das Licht des CO_2-Lasers nur wenig in das Gewebe ein und bewirkt stattdessen eine starke oberflächliche Erwärmung. Der CO_2-Laser kann daher als präzises Schneidinstrument verwendet werden, als so genanntes Laserskalpell. Ein kontinuierlich strahlender CO_2-Laser verschweißt schon während des Schnitts die dabei geöffneten Blutgefäße; er ist deswegen zur Operation stark durchbluteter Organe wie beispielsweise der Leber prädestiniert. Ein Nachteil ist allerdings, dass der Laserstrahl nicht, wie bei den kurzwelligeren Lasern, mit Faseroptiken gelenkt werden kann. Stattdessen muss die Laserstrahlung mithilfe von mechanisch sehr aufwendigen Spiegelgelenkarmen ans Ziel gebracht werden.

Excimerlaser arbeiten mit ultraviolettem Licht, dessen Photonen zehnmal energiereicher sind als infrarote Photonen. Hier zerstört weniger die Hitze das Gewebe, vielmehr werden die Bindungen in den Molekülen des Gewebes direkt vom UV-Licht aufgebrochen. Der Xenonchlorid-Excimerlaser, der im ultravioletten Spektrum mit einer Wellenlänge von 0,31 Mikrometern arbeitet, kann bei einer Pulsdauer von zehn Nanosekunden Knochengewebe verdampfen, ohne das umliegende Gewebe zu schädigen.

Glasfasern

Im Jahr 1973 wurde erstmals ein Laser an eine Faseroptik, einen so genannten Lichtleiter gekoppelt, um auf diese Weise das Laserlicht an einen Operationsort zu bringen. Ein zweiter Lichtleiter diente zur Beleuchtung des Operationsfeldes und ein dritter zur Beobachtung der Operation, bei der es sich um die Stillung von Blutungen bei einem Magengeschwür handelte. Inzwischen behandelt man mit derartigen Geräten auch Darmgeschwüre. Für diese Aufgaben –

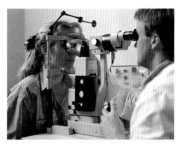

Viele Diabetiker leiden als Spätfolge ihrer Krankheit an einer Erweiterung von Blutgefäßen, die zu Blutungen in der Netzhaut des Auges und schließlich bis zur Erblindung führen kann. Als Abhilfe werden die Bruchstellen der Blutgefäße mit einem **Argonlaser** verschweißt und die Blutungen damit gestoppt. Zur Vorbeugung vor neu auftretenden Blutungen werden kleine kreisförmige Verbrennungen über die Netzhaut verteilt. Für diese Behandlung ist keine aufwendige Operation mit Narkose nötig; der Operateur sitzt dem Patienten wie bei einer klassischen Augenuntersuchung gegenüber.

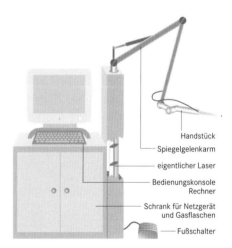

Handstück
Spiegelgelenkarm
eigentlicher Laser
Bedienungskonsole Rechner
Schrank für Netzgerät und Gasflaschen
Fußschalter

Da die ferninfrarote Strahlung des CO_2-Lasers nicht mit Glasfasern weitergeleitet werden kann, muss man sie mit aufwendigen Spiegelsystemen umleiten. Außer dem Laser selbst und den Spiegeln enthält ein **chirurgisches CO_2-Lasersystem** auch noch einen Computer zur Steuerung und Kontrolle.

Koagulation von Blutungen, Fehlbildungen und Tumoren – eignet sich der Neodym:YAG-Laser besonders gut, der infrarotes Licht der Wellenlängen 1,06 und 1,32 Mikrometer aussendet. Mithilfe ähnlicher Faseroptiken werden auch Nierensteine und ähnliche Gebilde zertrümmert. Bei der laserinduzierten Stoßwellenlithotripsie (Steinzertrümmerung) nutzt man photomechanische Effekte. Kurze Laserpulse werden mithilfe von Lichtleitern in die unmittelbare Nähe der zu zerstörenden Steine gebracht. Dort erzeugt die Hitze des Laserpulses ein Plasma und dieses wiederum eine Gasblase, die nach dem Ende des Laserpulses in sich zusammenfällt. Dadurch entsteht eine mechanische Stoßwelle. Auf ganz ähnliche Weise entsteht bei einem Gewitter durch einen Blitz eine Gasblase, deren Zusammenbrechen eine Stoßwelle in der Luft erzeugt: nämlich den Donner. Weitere Laserpulse sorgen für weitere Stoßwellen, die innerhalb weniger Minuten den gesamten Stein zertrümmern. Hierbei kommen vor allem Farbstofflaser zum Einsatz.

Besonders interessant sind die Anwendungen der Faseroptiken bei Herz- und Kreislauferkrankungen. Viele schwere Störungen des Blutkreislaufs werden durch Ablagerungen in den Arterien verursacht. Je nachdem, wo sich diese Ablagerungen bilden, können sie zu Hirnschlag, Herzinfarkt oder zu Nekrosen, also dem Absterben von Gewebeteilen, führen. Als Therapie versucht man zunächst, diese verengten Blutgefäße mithilfe eines kleinen Ballons zu weiten. Hierbei wird ein Katheter mit dem winzigen Ballon an der Spitze von außen durch eine Körperöffnung an die verengte Stelle herangeführt. Der Ballon wird an der verengten Stelle aufgeblasen und erweitert diese.

Der Erfolg dieser Therapie ist jedoch nicht immer von Dauer. Endgültig verschlossene Gefäße am Herzen müssen durch eine sehr aufwendige, für den Patienten unerfreuliche und langwierige, schwierige und teure Bypassoperation ersetzt werden. Hierbei wird eine Beinvene entnommen, der Brustkorb geöffnet und die verstopfte Arterie durch das Beinvenenstück ersetzt. Um diese aufwendige Operation zu umgehen, befindet sich ein neues, lasergestütztes Operationsverfahren in der Erprobung. Dabei möchte man in den entsprechenden Blutgefäßen eine an einen Laser angeschlossene Glasfaser an die verengte Stelle heranschieben. Der Laserstrahl soll die Ablagerungen abbauen und dadurch die Blutgefäße öffnen. Hierfür werden derzeit gepulste Xenonchlorid-Excimerlaser erprobt.

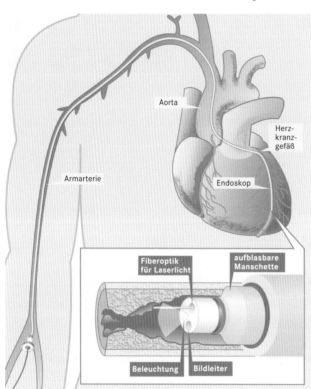

Aorta

Herz-kranz-gefäß

Armarterie

Endoskop

Fiberoptik für Laserlicht

aufblasbare Manschette

Beleuchtung

Bildleiter

Eine experimentelle Laseranwendung ist die **Erweiterung von verengten Herzkranzgefäßen** mithilfe von Endoskopen. Das flexible Endoskop wird dabei über die Armarterie eingeführt und zur Herzkranzarterie vorgeschoben. Über ein Glasfaserbündel (Bildleiter) erkennt der Arzt die durch ein weiteres Glasfaserbündel beleuchteten Ablagerungen. Mit einer aufblasbaren Manschette wird nun die Blutzufuhr unterbrochen, und die Ablagerungen werden mit dem Laserstrahl verdampft. Die dabei entstehenden Gase werden über den Hilfskanal abgesaugt.

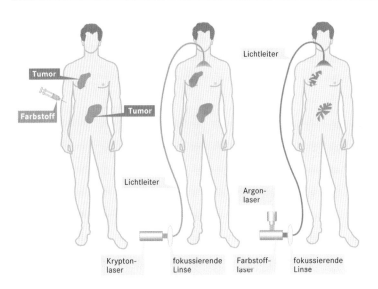

Bei der **photodynamischen Krebstherapie** wird dem Patienten ein Pigment injiziert, das sich im Tumorgewebe anreichert (links). Bei Beleuchtung mit einem niederenergetischen Kryptonlaser senden die Tumorzellen rötliches Fluoreszenzlicht aus (Mitte); auf diese Weise können Tumoren diagnostiziert werden. Um den Tumor zu zerstören, verwendet man einen Farbstofflaser, der seinerseits von einem Argonlaser angeregt wird (rechts). Dessen Licht hat genau die Wellenlänge, bei der das Pigment maximal absorbiert; durch die Absorption werden hochgiftige Singulett-Sauerstoffmoleküle freigesetzt, welche die pigmenthaltigen Tumorzellen zerstören.

Photodynamische Krebstherapie

B ei der photodynamischen Tumortherapie mit Lasern macht man sich Erkenntnisse vom Anfang dieses Jahrhunderts zunutze. Schon damals wusste man, dass Tumorgewebe körpereigene Pigmente besonders anreichert. Sichtbares Licht wird deswegen vom Tumorgewebe stärker absorbiert als von gesundem Gewebe, und bereits die Behandlung mit Sonnenlicht führte bei manchen Krebsarten zur Besserung oder gar zur Heilung. Diese Pigmente werden deshalb auch Photosensibilatoren genannt. Es handelt sich dabei in den meisten Fällen um Porphyrine. Führt man diese Pigmente dem Körper durch eine intravenöse Injektion von außen zu, reichert sich das zusätzliche Pigment innerhalb von ein bis zwei Tagen im Tumorgewebe stark an. Bestrahlt man anschließend das Tumorgewebe mit einfarbigem Licht der Wellenlänge, bei der die Porphyrine am stärksten absorbieren, so werden diese energetisch angeregt. Die Porphyrine übertragen diese Anregungsenergie auf Sauerstoff, der dadurch in eine hochreaktive Form, den Singulett-Sauerstoff übergeht. Dieser Singulett-Sauerstoff zerstört biologische Membranen, unter anderem die Zellmembranen. Dadurch werden die pigmenthaltigen Krebszellen selektiv zerstört, da das gesunde Gewebe ja nur geringe Mengen an Photosensibilatoren enthält und entsprechend wenig angegriffen wird.

Laser dienen aber nicht nur der photodynamischen Krebstherapie, sondern auch bereits der Diagnose. Mit einem Laser, der ultraviolettes Licht von schwacher Intensität erzeugt, werden die Porphyrine in den Krebszellen zu einem rötlichen Fluoreszenzleuchten angeregt und dadurch sichtbar gemacht. Lage und Ausdehnung des Tumorgewebes lassen sich also gut einschätzen, und zur Tumortherapie kann hoch energetisches Laserlicht gezielt auf das Tumorgewebe ausgerichtet werden.

Pigmente sind ganz allgemein bei Lebewesen auftauchende Farbstoffe; meist meint man damit bestimmte Farbstoffmoleküle, die in so genannten Farbkörperchen in tierischen oder pflanzlichen Zellen eingelagert sind. Bekannt ist das Hautpigment **Melanin;** wichtig für die Krebstherapie sind beispielsweise **Porphyrine,** Bestandteile des menschlichen Blutfarbstoffs Hämoglobin. Porphyrine werden von Tumoren bevorzugt eingelagert und können daher dazu beitragen, dass Laserlicht gezielt von Tumoren absorbiert wird, sofern seine Wellenlänge derjenigen entspricht, bei der das Pigment maximal absorbiert.

Im linken Bild dieser endoskopischen Aufnahme ist das **Harnblasenkarzinom,** das mit normalem Licht beleuchtet wird, nicht zu erkennen. Mit blauviolettem Laserlicht angeregt, zeigt das Karzinom ein rötliches Fluoreszenzleuchten und kann gut identifiziert werden (rechts).

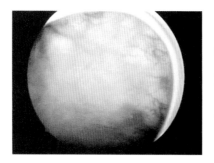
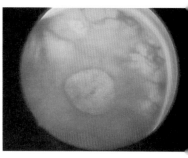

Aufbau und Strahlführung bei medizinischen Lasergeräten

Ein Lasergerät besteht nicht nur aus den Grundbestandteilen Lasermedium, Pumpquelle und Resonator. Da die zugeführte Energie nur zu einem kleinen Teil in Laserlicht umgewandelt wird, die restliche Energie aber als Abwärme frei wird, benötigt man auch ein Kühlelement, das die Wärme abführt. Ein Argonionenlaser beispielsweise wandelt maximal etwa 0,1 Prozent der aufgewendeten Energie in Licht um, bei einem Neodym: YAG-Laser beträgt die Lichtausbeute drei, bei einem Kohlendioxidlaser 20 Prozent. Weitere wesentliche Komponenten eines Lasergeräts sind seine Stromversorgung, ein Detektor zur Leistungsmessung und eine Blende zur Freigabe oder Pulsierung des Laserstrahls. Für den Fall, dass der Laser im infraroten oder ultravioletten Spektralbereich arbeitet, die Laserstrahlung also unsichtbar ist, benötigt man noch ein Gerät zur Einblendung eines sichtbaren Pilot- oder Zielstrahls.

Um das Laserlicht vom Lasergerät zum zu bestrahlenden Gewebe zu leiten, gibt es verschiedene Arten der Strahlführung. Sichtbares Laserlicht und die angrenzenden Spektralbereiche (etwa 0,3–2 Mikrometer Wellenlänge) werden mit flexiblen Glas- oder Quarzfasern übertragen. Bei den kürzeren und den längeren Wellenlängen (beim Excimerlaser: 0,19–0,3 Mikrometer, beim Erbium- und beim Kohlendioxidlaser: 3–10 Mikrometer) ist dies aus physikalischen Gründen nicht möglich. Daher muss man hier auf mechanisch sehr aufwendig gebaute und relativ starre Spiegelgelenkarme zurückgreifen. Einige neue Lichtleitersysteme sind in diesem Bereich in Erprobung, wie beispielsweise Hohlleiter.

Wie wird nun das zu behandelnde Gewebe der Laserstrahlung ausgesetzt? Dies geschieht entweder berührungslos, indem das Gewebe mithilfe von Fokussierhandschuhen oder Operationsmikroskopen vom Ende des Lichtleiters beleuchtet wird, oder in direktem Kontakt zum Gewebe. Bei Letzterem wird das Ende der Licht leitenden Faser direkt auf das Gewebe gedrückt; eine andere Möglichkeit ist die Verwendung

Die Abbildung zeigt die wichtigsten technischen Komponenten eines **Lasergeräts.** Falls der eigentliche Laser nicht im sichtbaren Bereich arbeitet, wird ein schwacher sichtbarer Pilotstrahl über Umlenkspiegel hinzugefügt.

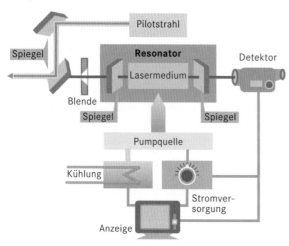

von Saphirspitzen, die am Faserende angebracht sind und ins Gewebe eingestochen werden.

Handelsübliche Lichtleiter haben einen Durchmesser von einem zwanzigstel bis zu einem Millimeter. Neuerdings gibt es auch Lichtleiter mit speziell präparierten Spitzen zur präziseren Führung des Laserstrahls. Die heiße Faserspitze verdampft das Gewebe und hinterlässt eine homogene Verkohlungszone, wodurch Blutungen gestillt werden. Die Spitzen der Faseroptiken werden häufig mit einem Schutzgas gespült, um die Verdampfungs- und Abtragungsprodukte zu entfernen. Dadurch kann die Laserstrahlung ungehindert in den Schnittkanal eindringen, was die Schnitttiefe erhöht. Beim Neodym: YAG-Laser ist auch eine Flüssigkeitsspülung möglich.

Unfallgefahren beim Umgang mit medizinischen Lasern

Trotz der vielen Erfolge der medizinischen Lasertechnik, die in manchen Bereichen schon zum Routineverfahren geworden ist, sollten man sich der Gefahren, die von einem unsachgemäßen Umgang mit Laserlicht ausgehen, immer bewusst sein. Vor allem die Augen und die Haut anwesender Personen können durch Laserlicht geschädigt werden.

Die wichtigste Grundregel ist, dass man nie direkt in den Laserstrahl blicken sollte! Neben solchen grob fahrlässigen Bedienungsfehlern können auch Materialermüdungserscheinungen zu Gefährdungen führen. Beispielsweise kann eine flexible Glasfaser brechen und Laserlicht freisetzen. Die Spiegelgelenkarme der Kohlendioxidlaser bergen diese Gefahr zwar nicht, allerdings kann sich ein schlecht justiertes Fokussierhandstück aufheizen und zu Verbrennungen an

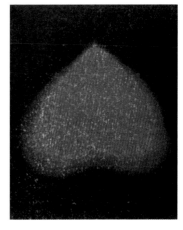

Eine Lasersonde wird in eine **Prostatageschwulst** eingestochen; das für die Geschwulstzellen tödliche Laserlicht verteilt sich kegelförmig im Gewebe (sichtbar ist dabei nur der rote Pilotstrahl).

| CO₂-Laser, Excimerlaser | Nd: YAG-Laser (gepulst) | Argonlaser, Nd: YAG-Laser (cw) |

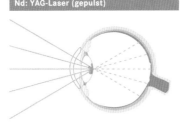

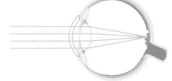

der Hand des Operateurs führen. Gefährlich sind auch Operationsinstrumente, die in den Strahlengang geraten und das Laserlicht reflektieren. Da Laserlicht meist zu Wärmeentwicklung führt, sind generell Brand- und Explosionsgefahren nicht ausgeschlossen.

Laser werden nach ihrem Gefährdungspotenzial in fünf Gefahrenklassen eingeordnet. Laser der Klasse 1 sind eigensicher, das bedeutet, dass selbst ein direkter Blick in den Laserstrahl ungefährlich ist. Laser der Klasse 2 senden sichtbares Licht aus, welches das Auge veranlasst, sein Lid zu schließen. Bei Lasern der Klasse 3A wird ein Blick in den Strahl mit optischen Hilfsmitteln (Lupe, Mikroskop) gefährlich. Bei Lasern der Klasse 3B ist ein Blick aus der Nähe in den Strahl gefährlich, das Betrachten der diffusen Reflexion des Strahls (beispielsweise auf der Haut) aber noch harmlos. Bei den Lasern der

Das **Auge** ist durch Laserstrahlung besonders bedroht. Grundsätzlich gilt, dass jeder direkte Blick in eine Laserquelle vermieden werden sollte! CO_2- und Excimerlaser dringen nicht in das Gewebe ein, sie führen zu Verletzungen auf der Hornhaut des Auges. Gepulste hoch energetische Nd:YAG-Laser schädigen die Linse, Argonlaser und kontinuierlich strahlende (engl.: cw für continuous wave) Nd:YAG-Laser zerstören die Netzhaut des Auges.

Lasertyp	Wellenlänge (Mikrometer)	maximale Intensität Auge (W/cm²)	maximale Intensität Haut (W/cm²)
Argonionenlaser	0,49	0,0018	1,1
Helium-Neon-Laser	0,63	0,0018	1,1
Diodenlaser	0,91	0,0047	1,1
Neodym-YAG-Laser	1,06	0,009	1,1
CO₂-Laser	10,6	0,56	0,56

In der DIN VDE 0837 sind für Auge und Haut die **maximal zulässigen Laserintensitäten** für in der Medizin häufig eingesetzte Laser in Watt pro Quadratzentimeter (W/cm²) angegeben. Man erkennt die große Empfindlichkeit des Auges im sichtbaren und nahinfraroten Spektralbereich zwischen einem halben und einem Mikrometer. Die Werte gelten für eine Bestrahlungsdauer von einer Sekunde.

Für den Schutz von medizinischem Personal beim Umgang mit Lasern ist die **Unfallverhütungsvorschrift** (UVV) **Laserstrahlen** zuständig. Sie besagt unter anderem, dass der Gebrauch von Lasern der Klassen 3B und 4 den Landesbehörden und der Berufsgenossenschaft angezeigt und dass ein Laserschutzbeauftragter bestellt werden muss. Diese Bestimmungen stützen sich auf DIN- und VDE-Normen, unter anderem DIN EN 60825, DIN EN 60601-2-22 und DIN EN 207. Diese Normen sollen in Kürze durch EU-Richtlinien ersetzt werden.

Klasse 4 ist selbst dies bereits gefährlich. Die in der Ophthalmologie (Augenheilkunde) und der Chirurgie eingesetzten Laser gehören allesamt zur Klasse 4 mit dem höchsten Gefahrenpotenzial.

In der Medizingeräteverordnung (MedGV) gibt es ebenfalls eine Einteilung von medizinischen Geräten, die nach ihrem Gefahrenpotenzial geordnet sind. Hier ist die Nummerierung allerdings – verwirrenderweise – gegenläufig: die MedGV-Gruppe 1, zu der die Laser der Laserklasse 4 gehören, ist die Gruppe mit den größten Risiken und den schärfsten Sicherheitsbestimmungen. Sie bestimmt unter anderem, dass nur besonders ausgebildetes Personal mit dem Laser arbeiten darf.

Endoskopie und minimalinvasive Chirurgie

Laserstrahlung wird oft mithilfe von Glasfasern ins Körperinnere geleitet, wo man mit ihr kleinere Operationen durchführt. Dies ist jedoch nicht die einzige Möglichkeit, innere Organe zu behandeln, ohne den Körper öffnen zu müssen. Wird statt eines Lichtleiters ein biegsamer Schlauch eingeführt, an dessen Ende sich winzige Greifer und Zangen befinden, so kann man fast beliebige Manipulationen vornehmen, ohne mit einem Schnitt in die Körperhöhle eindringen zu müssen. Man bezeichnet dieses Vorgehen – abgeleitet vom lateinischen Wort invadere: »eindringen« – als »minimalinvasive Chirurgie«, abgekürzt MIC. Benutzt man diese Technik nicht zur Bearbeitung, sondern zur Betrachtung innerer Organe mithilfe von Lichtleitern oder miniaturisierten Videokameras, spricht man von »Endoskopie«, das dazu benutzte Gerät heißt Endoskop (griechisch: endo: innen, skopein: betrachten). Das Endoskop ist für die gesamte minimalinvasive Chirurgie und darüber hinaus in der modernen Medizintechnik von zentraler Bedeutung. Endoskope sind dünne, rohr- oder schlauchartige Geräte mit Durchmessern zwischen einem und 15 Millimetern und einer Länge von bis zu 1,7 Metern. Sie sind entweder starr oder flexibel ausgeführt. Jedes Endoskop enthält mindestens eine Beleuchtungseinrichtung und ein Bildbetrachtungssystem. Die Endoskope, die zur minimalinvasiven Chirurgie eingesetzt werden, besitzen zusätzlich noch Arbeitskanäle für miniaturisierte Operationsinstrumente, entweder mechanische Instrumente oder Lichtleiter für Laserstrahlung sowie Kanäle zur Zu- und Abführung von Flüssigkeiten und/oder Gasen.

Beim Einsatz werden Endoskope über natürliche Körperöffnungen oder über sehr kleine künstlich geschaffene Zugänge von höchstens fünf bis zehn Millimetern Größe in den Körper eingeführt. Der Vorteil von Endoskopie und MIC ist, dass der Körper des Patienten nicht großflächig geöffnet werden muss, sondern dass körpereigene Öffnungen oder minimale Schnitte zur Operation vor Ort genügen. Kleine Wunden bedeuten für den Patienten weniger Schmerzen, höhere Mobilität und eine raschere Genesung.

Die historische Entwicklung der Endoskopie und der minimalinvasiven Chirurgie

Die Idee der Endoskopie ist recht alt. Erste Beschreibungen von so genannten Sehtrichtern stammen aus vorchristlicher Zeit. Als Geburtsjahr der neuzeitlichen Endoskopie gilt das Jahr 1805. In diesem Jahr inspizierte Dr. Philip Bozzini in Frankfurt zum ersten Mal mit einem von ihm so genannten Lichtleiter die Harnblase einer Patientin. Mit dem Tode Bozzinis 1809 geriet sein Gerät wieder in Vergessenheit. Erst 1853 baute der französische Urologe Antonin-Jean Desormeaux ein neues Instrument zur Blasenspiegelung, das weite Verbreitung fand und ihm den Titel »Vater der Endoskopie« eintrug.

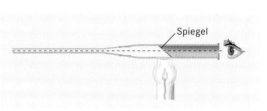

Bei dem 1853 von Antonin-Jean Desormeaux entwickelten **Endoskop** wird das Licht einer Petroleumlampe mithilfe einer Linse gebündelt und mit einem Spiegel in das Körperinnere geführt.

Die erste Magenspiegelung fand 1868 an einem Schwertschlucker statt. Der damals in Freiburg im Breisgau tätige Arzt Adolf Kußmaul benutzte dazu ein 47 Zentimeter langes und 1,3 Zentimeter dickes Rohr mit einer Petroleumflamme als Beleuchtung. Die Beleuchtung wurde in der darauf folgenden Zeit immer weiter verbessert, zunächst durch glühende Platindrähte und Miniaturlämpchen, dann durch Linsensysteme und schließlich, in der zweiten Hälfte des 20. Jahrhunderts, mit Glasfasern. Da Glasfasern bei mechanischen Belastungen aber brechen können, hat man mittlerweile eine neue Technik zur Bildübertragung aus dem Körperinnern entwickelt: miniaturisierte Digitalvideokameras, von welchen die Bildinformation über elektronische Datenleitungen nach außen übertragen wird.

Im Jahr 1902 wurde zum ersten Mal die Bauchhöhle über eine kleine operativ angelegte Öffnung mit einem starren Endoskop untersucht. 1924 führte der Schweizer Arzt Robert Emil Zollikofer die Aufblähung des Bauchraums mittels CO_2 ein. Hierdurch wurden endoskopische Operationen im Bauchraum und damit die minimalinvasive Chirurgie möglich. 1958 wurde das erste voll flexible, steuerbare Gastroskop, ein Endoskop für den Magenbereich, vorgestellt, welches mit Glasfasern als Lichtleiter arbeitete. Die Glasfasern haben somit der Endoskopie endgültig zum Durchbruch verholfen. Ein Glasfaserbündel leitet hierbei das Licht zur Beleuchtung nach innen und ein anderes das Bild nach außen. 1980 wurde – übrigens sehr zum Unmut der konventionellen Chirurgen – zum ersten Mal eine Blinddarmoperation mit einem Endoskop durchgeführt; 1985 wurde die erste Gallenblase auf diese Weise entfernt.

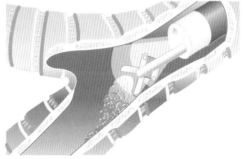

In einem Bronchialast in der Lunge entnimmt eine Biopsiezange im Arbeitskanal eines **flexiblen Endoskops** eine Gewebeprobe. Zwei Lichtleiterbündel beleuchten das Geschehen, das durch ein weiteres Glasfaserbündel beobachtet wird.

Moderne Endoskope

Die wichtigsten Bestandteile der modernen Endoskope sind ein Bild- und ein Lichtübertragungssystem. Als Lichtquellen werden Halogen- oder Xenonkaltlichtlampen verwendet. Das Licht aus einer externen Beleuchtungseinheit wird über Glasfasern in das Endoskop und von dort ins Körperinnere eingespiegelt. Kühlgebläse und Wärmeschutzfilter verhindern die Wärmeübertragung auf das beleuchtete Gewebe. Die Bildübertragung erfolgt nach unterschiedlichen Systemen. Bei starren Endoskopen wird das Bild über Linsensysteme in ein Okular übertragen. Dort kann es zwar direkt mit dem Auge betrachtet werden, man schließt inzwischen aber üblicherweise eine Videokamera an das Okular an, sodass mehrere Personen gleichzeitig das Bild auf einem Monitor sehen können. Bei den flexiblen Endoskopen gibt es die ältere Übertragungsmethode über Glasfasern auf ein Okular, an das ebenfalls meist eine Videokamera angeschlossen ist. Neuer ist die Methode mit einem Bildsensor an der Spitze des Endoskops, von dem das Bild nur noch als elektronisches Videosignal durch das Endoskop geleitet wird. Da die Glasfasern nur ein beschränktes Auflösungsvermögen haben und mechanisch recht labil sind, werden sie in absehbarer Zukunft wohl vollständig durch die Bildsensoren verdrängt werden.

Starre und flexible Endoskope

Während die flexiblen Endoskope in röhrenartige Hohlräume des Körpers eingeschoben werden, etwa die Speiseröhre, den Magen-Darm-Trakt oder Blutgefäße, werden starre Endoskope bei allen anderen Untersuchungen im Körper eingesetzt. Sie besitzen meistens einen Durchmesser von vier bis zehn Millimetern, wobei dünnere Geräte für Gelenkspiegelungen und dickere Geräte für die Untersuchung der Bauch- und Brusthöhle eingesetzt werden. Die Instrumente zur minimal invasiven Chirurgie werden im Fall der starren Endoskope getrennt in den Körper eingeführt. Es gibt allerdings auch starre Endoskope mit einem 5–7,5 Millimeter großen Arbeitskanal. Aufgrund ihrer einfacheren Bauart sind starre Endoskope mechanisch weniger anfällig als flexible Endoskope. Das Licht wird bei ihnen über Glasfasern eingespiegelt, das Bild wird über Linsen zum Okular geführt. Bei den meisten Anwendungen sitzt hier eine Videokamera, welche die Betrachtung per Monitor ermöglicht. Relativ neu sind 3-D-Videoendoskope. Diese starren Endoskope mit zwei Objektiven und digitalen Bildsensoren, so genannten CCD-Sensoren, ermöglichen eine dreidimensionale Sicht auf das Operationsfeld. Der oder die Operateure müssen zu diesem Zweck Videosichtgeräte (»3-D-Brillen«) tragen.

Flexible Endoskope werden, wie gesagt, durch Hohlräume im Körper an ihren Einsatzort herangeschoben. Durch den Arbeitskanal des Endoskops können nun verschiedenste mikrochirurgische Instrumente an das Zielobjekt gebracht werden und dort zum Einsatz kommen.

Das Licht zum Beleuchten der Operationsstelle wird bei den flexiblen Endoskopen von einer Xenon- oder Halogenlampe mit 250–400 Watt Leistung geliefert und über ein oder zwei Glasfaser-

Je nachdem, wozu die starren Endoskope eingesetzt werden, unterscheidet man zwischen Endoskopen zur Gelenkuntersuchung, den **Arthroskopen** (griechisch arthros: Gelenk), Endoskopen zur Untersuchung des Brustraums, den **Thorakoskopen** (griechisch thorax: Brust) und den Endoskopen zur Untersuchung des Bauchraums, den **Laparoskopen** (griechisch lapare: Lende).

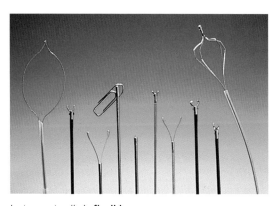

Instrumente, die in **flexiblen Endoskopen** zum Einsatz kommen, sind zum Beispiel Steinfangkörbchen, Biopsiezangen, Fremdkörperfasszangen und Polypektomieschlingen, die zum Entfernen von Polypen im Enddarm dienen.

bündel in das Zielorgan eingespiegelt. Diese Lichtleitbündel bestehen aus 3000 bis 5000 ungeordneten Glasfasern. Die Bildübertragung zurück zum Operateur erfolgt entweder über geordnete Glasfasern (Glasfaserendoskop) oder über eine Miniaturvideokamera im Kopf des Endoskops (Videoendoskop). Glasfaserendoskope besitzen ein geordnetes Glasfaserbündel, das aus bis zu 50000 Einzelfasern besteht. Das Bild vom Objektiv wird von diesem Faserbündel erfasst und entsprechend in bis zu 50000 Einzelbilder gerastert, ähnlich wie bei einem Insektenauge.

Die einzelnen Fasern transportieren dann ihre Bildinformation zum Okular, wo sich aus den Einzelbildern ein gerastertes Gesamtbild zusammensetzt. Nachteile dieser Methode sind die hohe mechanische Anfälligkeit der Faserbündel und die schlechte Auflösung der Bilder. Diese Nachteile umgeht die Videoendoskopie. Bei den Videoendoskopen fällt das Licht vom Objektiv auf einen lichtempfindlichen CCD-Chip, der in ähnlicher Form auch in Video- und Digitalkameras zu finden ist. Dieser Chip wandelt das Bild Punkt für Punkt in elektrische Signale um, die mit einem mechanisch unempfindlichen Elektrokabel nach außen zu einem Videoprozessor und von dort zu einem Monitor geleitet werden. Die Auflösung der Videochips in gängigen Endoskopen liegt im Moment bei etwa 180000 Bildpunkten (Pixeln) und wird ständig verbessert. Mit einem Videoendoskop kann man auch leicht Vergrößerungen der Abbildung erhalten.

Eine andere Variante der flexiblen Endoskopie ist die Mother-Baby-Endoskopie. Wenn feine Kanäle tief im Körperinnern untersucht oder operiert werden sollen, beispielsweise der Gallengang, dann benötigt man dafür sehr dünne Endoskope mit 3 bis 3,5 Millimetern Durchmesser. Diese dünnen Endoskope können aber nicht durch den Magen-Darm-Trakt über große Strecken eingeführt werden, da die Gefahr einer Verletzung von Organwänden besteht. Dickere Endoskope können aber gefahrlos bis in die Nähe des Einsatzortes geschoben werden. Diese so genannten Mother-Endoskope besitzen einen Arbeitskanal, der groß genug ist, um ein für den Gallengang ausreichend dünnes Baby-Endoskop aufzunehmen. Dieses Baby-Endoskop mit eigenem Arbeitskanal, eigener Steuerung und eigener Optik wird in der Nähe seines Einsatzortes aus dem Mother-Endoskop ausgefahren und in die feinen Kanäle gesteuert. Dort kann es seine Aufgaben verrichten, also beispielsweise einen Gallenstein entfernen.

Eine weitere Variante der flexiblen Endoskopie ist die Ultraschallendoskopie. Beim endoskopischen Ultraschallverfahren (EUS) wird eine Ultraschallsonde durch den Arbeitskanal eines flexiblen Endoskops an ihren Untersuchungsort herangebracht. Dieses Verfahren ist besonders für Untersuchungen des Verdauungstrakts geeignet. Die Ultraschallsonde arbeitet hierbei nach dem gleichen

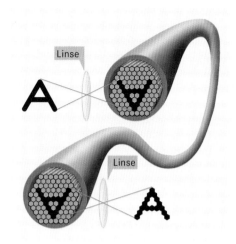

So funktioniert die Bildübertragung durch ein geordnetes Faserbündel in einem **Glasfaserendoskop:** Das Objekt (links) wird durch die Objektivlinse auf das geordnete Faserbündel projiziert und von diesem als intaktes Bild weitergeleitet. Das Licht tritt am Ende des Faserbündels wieder aus und wird durch die Linse des Okulars in das Auge des Betrachters beziehungsweise in die Videokamera projiziert.

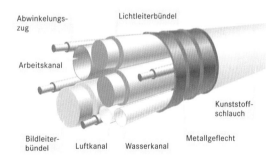

Bei einem **flexiblen Videoendoskop** ist das Bildleiterbündel durch ein Elektrokabel ersetzt.

technischen Prinzip wie die herkömmlichen, von außen arbeitenden Ultraschallsonden; sie hat jedoch eine viel bessere Ortsauflösung und kommt außerdem mit viel geringeren Schallintensitäten aus.

Praktische Aspekte der minimalinvasiven Chirurgie

Obwohl die MIC im Vergleich zur klassischen Chirurgie für den Patienten eine viel geringere Belastung darstellt, ist sie für die Operateure wesentlich aufwendiger, insbesondere werden sehr viele verschiedene komplexe Geräte benötigt. Skalpell, Nadel und Faden, die wesentlichen Werkzeuge eines Chirurgen, sind bei der minimal invasiven Chirurgie durch eine Vielzahl von Hightech-Apparaturen und winzigen, hoch empfindlichen mikrotechnischen Geräten ersetzt. Bei einer typischen minimalinvasiven Operation im Bauchraum beispielsweise arbeiten drei Chirurgen gleichzeitig am Patienten. Zwei große Monitore sind so aufgestellt, dass die Ärzte die Bilder aus dem Körperinnern des Patienten einigermaßen bequem betrachten können. Bei der Operation arbeitet ein Chirurg als Kameramann, zwei andere führen die Operation durch. Die Operationsinstrumente für die minimalinvasive Chirurgie sind bleistiftdünn. Verwendet werden kleine Greifer, Scheren, elektrische Skalpelle, Koagulıersonden und anderes mehr. Insgesamt gibt es über 100 Instrumente, Knöpfe, Regler und Fußschalter, die ständig in Reichweite des Operationsteams liegen müssen. Dies führt auch dazu, dass der Platz um den Patienten herum recht knapp ist. Die Elektronik zur Bildwiedergabe, die Kaltlichtquelle, der Generator für Hochfrequenzstrom, die Gasdrucksteuerung und die Vorratsflaschen für Kohlendioxid, Spül- und Absaugflüssigkeit stapeln sich gewöhnlich auf einem Rollregal am Kopfende des Operationstisches. Für das Tablett mit den Spezialinstrumenten ist oft nur noch über den Beinen des Patienten Platz.

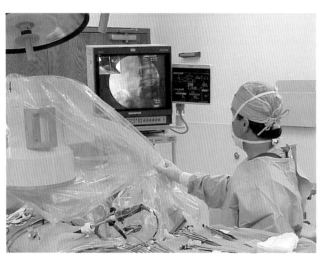

Ein Blick in den Operationssaal bei einer **minimalinvasiven Operation** zeigt, dass der Verzicht auf Skalpell und Schere nur mit einer Vielzahl von technischen Überwachungs- und Steuerungsgeräten möglich wird.

Voraussetzung für die minimalinvasive Chirurgie ist eine Körperhöhle, in welcher der Arzt freie Sicht hat und seine Instrumente handhaben kann. Diese Höhle ist entweder bereits vorhanden – wie beispielsweise bei der Harnblase – oder sie muss künstlich geschaffen werden. Für Operationen im Bauchraum beispielsweise wird dieser mit sterilem Kohlendioxid aus einem Insufflator genannten Gerät aufgeblasen. Diese Dehnung der Bauchdecke führt allerdings bei ungefähr 60 Prozent der Patienten zu postoperativen Schulterschmerzen, da bei der Dehnung ein Nerv im Zwerchfell gereizt wird, der auch die Schulterpartie versorgt. Um in den Bauchraum hineinzugelangen, benutzt man so genannte Trokare. Ein Trokar ist ein dreieckiger, scharf zugespitzter Metallstab, der in einer eng anliegenden

Trokarhülse steckt. Trokar und Hülse durchstoßen zusammen die Bauchdecke, anschließend wird der Trokar entfernt. Die Hülse bleibt während der gesamten Operation in der Bauchdecke stecken und dient als Kanal, durch den die Instrumente eingeführt und gewechselt werden. Trokare gibt es mit Durchmessern zwischen einem halben und zwei Zentimetern. Durch diesen Kanal wird nun ein starres Endoskop in die Bauchhöhle eingeführt, welches die weiteren Schritte überwacht. Über weitere Trokare werden dann die Operationsinstrumente in den Bauchraum eingeführt; bei den flexiblen Endoskopen sind die Instrumente meistens bereits im Gerätekanal des Endoskops integriert.

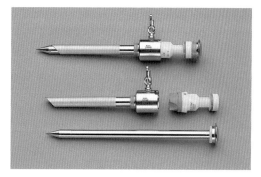

Mithilfe eines **Trokars** wird eine Öffnung in die Bauchdecke gestoßen.

Viele Vorgehensweisen der offenen Chirurgie sind im Körperinnern sehr umständlich und mussten daher anderen Verfahren weichen. Beispielsweise wurde das Vernähen von Wunden durch Klammern ersetzt. Seit Anfang der 1980er-Jahre werden auch Laser in der minimal invasiven Chirurgie eingesetzt. Dabei wird, wie schon im vorangehenden Abschnitt gezeigt, eine Wundbehandlung oft überflüssig, da das Laserlicht bei der Zerstörung von krankem Gewebe die entstehenden Wunden sofort wieder verschließt.

Die wichtigsten Einsatzgebiete der minimal invasiven Chirurgie

Die MIC kann bei sehr vielen Erkrankungen eingesetzt werden, besonders bietet sie sich für die folgenden Gebiete an: Für die Diagnose und Therapie von Blutungen der Speiseröhre ist die Endoskopie ideal geeignet und hat zu einer wesentlichen Verbesserung der Heilerfolge geführt. Auch bei der Entfernung der Gallenblase hat sich die MIC durchgesetzt; 80 Prozent aller Gallenblasenentfernungen werden in der Bundesrepublik per Laparoskop durchgeführt. Die laparoskopische Entfernung des Blinddarms gehört inzwischen ebenso zum Klinikalltag wie die Versorgung von Leistenbrüchen und die Entfernung von Tumoren aus dem Dick- und Enddarm. Meniskusoperationen werden schon seit Mitte der 1980er-Jahre nicht mehr offen, sondern mittels Endoskopie durchgeführt. Diese können – und das ist ein weiterer Vorteil – immer häufiger ambulant durchgeführt werden. Endoskopische Operationsmethoden sind noch für viele andere chirurgische Eingriffe im Einsatz, laufend werden neue Anwendungen erprobt. Die minimal invasive Chirurgie ist ein Gebiet der Medizin, das sich rasant fortentwickelt; in ihr fließen die früher weit voneinander entfernten Wissenschaften der Heilkunde, Lasertechnik und Mikrosystemtechnik zusammen.

Welche Risiken birgt die MIC?

Endoskope und Zusatzinstrumente kommen bei Untersuchungen und Operationen mit Körpersekreten und Blut in Kontakt, sodass eine Kontamination mit Krankheitserregern – wie Salmonellen, Hepatitis oder HIV – möglich ist. Aus diesem Grund ist es unbedingt notwendig, die Endoskope sorgfältig zu sterilisieren. Die relativ einfach gebauten starren Endoskope können konventionell durch Heißdampf sterilisiert werden. Die komplizierter gebauten flexiblen Endoskope stellen besondere Anforderungen. Für ihre Reinigung und Desinfektion stehen spezielle Maschinen zur Verfügung, beispielsweise werden nicht hitzebeständige Bauteile nach der Reinigung mit Ethylenoxid sterilisiert. Außer der Infektionsgefahr bergen Endoskope auch die Gefahr von mechanischen Verletzungen an den Organen, durch die sie geführt werden. Andererseits können die empfindlichen Endoskope auch selbst Schaden nehmen. Knicke und Quetschungen gefährden vor allem die Glasfasersysteme zur Bildleitung und die Dichtigkeit der Gerätekanäle. Eine Dichtigkeitsprüfung sollte daher jedem Einsatz eines Endoskops vorausgehen. Geborstene Glasfasern und undichte Gerätekanäle sind wiederum auch eine Gefahr für den Patienten. Zu Quetschungen des Endoskops kann es kommen, wenn ein Patient in das Endoskop beißt.

Durch Biss **beschädigte Spitze** eines flexiblen Endoskops vor und nach Entfernung der Umhüllung. Die Bildleitfasern und der Instrumentenkanal sind hierbei besonders gefährdet.

Die bisher besprochenen Gebiete medizinische Lasertechnik und Endoskopie haben sich als medizinische Fachdisziplinen mit starker technischer Ausrichtung mittlerweile etabliert. Es gibt aber auch einzelne medizintechnische Verfahren und Geräte, mit denen viele Menschen bereits zu tun hatten; diese sollen im Folgenden näher vorgestellt werden. Es handelt sich dabei um die Behandlung von Nieren-, Blasen- oder Gallensteinen, die Unterstützung des Herzens mit Defibrillatoren und Schrittmachern, künstliche Nieren, Implantate und schließlich die Herz-Lungen-Maschine, die für gewisse Zeit die Grundfunktionen unseres Körpers aufrecht erhalten kann.

Stoßwellenlithotripsie

Die häufigsten Erkrankungen von Niere, Harnleiter, Blase und Galle sind Steine, die aus unlöslichen kristallinen Ablagerungen bestehen. Diese Ablagerungen bilden sich in der Niere und in den ableitenden Harnwegen bei Störungen des Calcium- und des Harnsäurestoffwechsels. Die Größe der Steine reicht von Reiskorn- über Erbsengröße bis hin zu den Korallensteinen, die das ganze Nierenbecken ausfüllen können. Die Anwesenheit der Steine kann sich bei einer Nierenkolik mit heftigsten Schmerzen bemerkbar machen. Kleinere Nieren-, Blasen- und Harnleitersteine werden normalerweise unbemerkt vom Harn ausgespült. Wenn sie jedoch eine bestimmte Größe überschreiten und stecken bleiben, verursachen sie dem Patienten große Schmerzen. Bis in die 1980er-Jahre wurden Nierensteine ausschließlich chirurgisch entfernt, was regelmäßig zu einer Schädigung des Nierengewebes führte und bei Folgeoperationen häufig den Verlust der Niere zur Folge hatte. Heute werden nur noch ein bis zwei Prozent aller Fälle, bei denen andere Verfahren aufgrund von Komplikationen nicht angewendet werden können, chirurgisch behandelt. 80 bis 90 Prozent aller Fälle lassen sich inzwischen mit der Stoßwellenlithotripsie (griechisch lithos: Stein und tribein: reiben, abnützen) berührungsfrei und ohne Schnitt behandeln. Die Steine werden bei diesem Verfahren durch Ultraschallstoßwellen zertrümmert, die Bruchstücke werden danach auf natürlichem Wege ausgeschwemmt. Der Ultraschall wird entweder von außerhalb des Körpers auf die Steine eingestrahlt, dies nennt man »extrakorporale Stoßwellenlithotripsie« (ESWL); oder es wird eine Ultraschallsonde mit einem Endoskop an den Ort der Steine herangebracht (Laserlithotripsie, LLT). Bei Gallensteinen ist die Lithotripsie im Gegensatz zu den Nierensteinen nicht das Mittel der Wahl, da die Steintrümmer hier nicht auf natürliche Weise ausgespült werden.

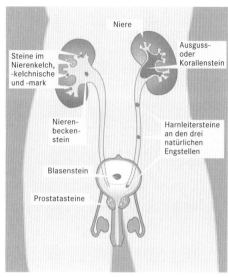

Am häufigsten kommen **Steine** an bestimmten Stellen der Nieren, an natürlichen Engstellen im Harnleiter und in der Blase vor.

Extrakorporale und laserinduzierte Stoßwellenlithotripsie

Bei der extrakorporalen Stoßwellenlithotripsie (ESWL) werden Ultraschallwellen mit einer Frequenz von etwa 100 Kilohertz und sehr hoher Intensität auf die Steine gelenkt. Die übertragenen Stoßwellen zerstören die harten Steine. Ein ESWL-Gerät besteht aus einem Röntgen- oder Ultraschalldiagnosegerät zur genauen Ortung der Steine, aus mehreren Wandler genannten Ultraschallerzeugern und aus Vorrichtungen zur Fokussierung des Ultraschalls. Nachdem die Lage des Steins genau ermittelt wurde, werden die Ultraschallwandler so ausgerichtet, dass der Stein von allen Wandlern gleichzeitig beschallt wird, das heißt die maximale Ultraschallenergie auf den Stein fokussiert ist. Das weiche Körpergewebe in der Umgebung des Steins wird von den Ultraschallwellen nicht ernsthaft geschädigt, höchstens durch geringfügige Absorptionsvorgänge gereizt. Die Ultraschallstoßwellen erregen in dem spröden Stein mechanische Schwingungen, die ihn letztendlich zersprengen. Die Übertragung des Ultraschalls von den Ultraschallwandlern auf den Körper geschieht entweder in einem Wasserbad oder mithilfe von Gelkissen, da Luft eine effiziente Übertragung unmöglich macht.

Der Vorteil der ESWL ist, dass keinerlei Geräte in den Körper eingeführt werden müssen. Steine, die sich in unmittelbarer Nähe von Knochengewebe befinden, lassen sich von außen aber nicht zerkleinern, da

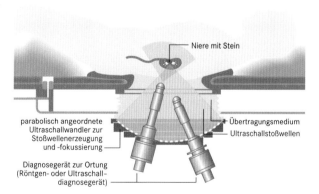

Bei der Behandlung eines **Nierensteins** mit extrakorporaler Stoßwellenlithotripsie wird die Ultraschallleistung auf den Stein konzentriert; Röntgen- oder Ultraschalldiagnosegeräte überwachen den Vorgang.

das Knochengewebe die Stoßwellen absorbiert. So liegen beispielsweise die Gallengänge oder der Harnleiter im Knochenschatten. In diesem Fall bietet sich als Alternative die laserinduzierte Stoßwellenlithotripsie (LLT) an. Mithilfe von Endoskopen wird ein Laserstrahl an den Stein herangeführt. Der gepulste Laserstrahl erzeugt in un-

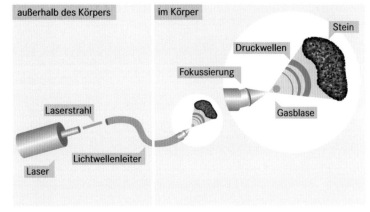

außerhalb des Körpers

im Körper

Stein

Druckwellen

Fokussierung

Laserstrahl

Gasblase

Lichtwellenleiter

Laser

Bei der **laserinduzierten Stoßwellen-lithotripsie** (LLT) erzeugt ein Laser zunächst eine heiße Gasblase in der unmittelbaren Nähe des Steins. Wenn diese Gasblase zusammenfällt, entsteht eine Druckwelle, welche den Stein zerstört.

mittelbarer Nähe des Steins eine Dampfblase, die nach dem Ende des Laserpulses in sich zusammenfällt und mit dem nächsten Puls neu entsteht. Auf diese Weise werden im Körperinnern Ultraschall-stoßwellen erzeugt, die Steine zertrümmern. Dieses Verfahren ist für das umliegende Gewebe wesentlich schonender als die extrakorporale Lithotripsie, da diese die Ultraschallleistung nicht völlig auf den Stein beschränken kann.

Sicherheitstechnische Aspekte

Bei der Ultraschallstoßwellenlithotripsie müssen generell dieselben Vorsichtsmaßnahmen wie bei anderen Ultraschall-anwendungen, etwa der Sonographie, getroffen werden. Vor allem ist zu beachten, dass ab einer Leistung des Ultraschalls von einem Watt pro Quadratzentimeter Zellen und Erbsubstanz geschädigt werden; die eingestrahlten Ultraschallstoßwellen müssen also auf jeden Fall unter dieser Schwelle liegen. Speziell bei der Lithotripsie ist zu berücksichtigen, dass zu große Bruchstücke der zerstrahlten Steine zu starken Schmerzen führen können. Auch kann es zu Blutungen kommen, sodass viele Patienten nach einer Ultraschalllithotripsie Blut im Urin haben. Daher sollten gerinnungshemmende Mittel wie beispielsweise Aspirin vor einer Lithotripsiebehandlung abgesetzt werden.

Defibrillatoren

Viel älter als die Ultraschallanwendung ist der Einsatz von elektrischem Strom zur Beeinflussung von Gewebefunktionen. Am bekanntesten sind elektrische Hochspannungsgeräte, so genannte Defibrillatoren. Sie werden zur Wiederbelebung nach einem Herzstillstand oder zur Beendigung von Herzrhythmusstörungen eingesetzt. Mit einem oder – wenn nötig – mehreren Stromstößen regen Defibrillatoren stillstehende Herzen an, wieder zu schlagen, oder sie beenden Fibrillationen genannte Rhythmusstörungen des Herzschlags wie beispielsweise Kammerflimmern. Die Stromstöße werden entweder von außen über flache auf der Haut aufliegende

Elektroden oder innerlich mit direkt am Herzen platzierten Elektroden verabreicht.

Gerätetechnik

Defibrillatoren sind meistens tragbare, netzunabhängige Gleichstromgeräte, die aus einer Energieversorgungseinheit, einem Kondensator, einem Ladestromkreis und einem Entladestromkreis für den Kondensator bestehen.

Die Ladezeit für den Kondensator beträgt durchschnittlich acht bis zehn Sekunden. Der Entladestromkreis besitzt regelbare Energiestufen zwischen zwei und 360 Joule und drei bis acht Mikrosekunden Pulsdauer. Wenn zehn Sekunden lang keine Entladung ausgelöst wird, zum Beispiel bei einer neuen Energievorwahl und bei technischen Störungen erfolgt eine automatische Sicherheitsentladung. Die Defibrillatoren lassen sich in konventionelle Geräte, Halbautomaten und Defibrillatorimplantate unterteilen. Die konventionellen Geräte gestatten nur asynchronen Betrieb, das bedeutet, dass sie die eigenen Pulse des Herzens nicht berücksichtigen; sie werden hauptsächlich in der Notfallmedizin eingesetzt.

Die Halbautomaten und die Defibrillatorimplantate besitzen zusätzlich noch ein EKG-Gerät, welches die eigenen Pulse des Herzens mit den Stromstößen synchronisiert. Bei schweren Herzrhythmusstörungen, die sich nicht durch Medikamente beheben lassen, kommen die Defibrillatorimplantate zum Einsatz. Diese Implantate erkennen Rhythmusstörungen und veranlassen zwei auf dem Herzen aufliegende Elektroden zu einer Pulsabgabe, welche den Herzschlag stabilisiert. Diese AC/D (für englisch: automatical implantable cardioverter/defibrillator) genannten Implantate haben eine Lebensdauer von etwa drei Jahren und können bis zu 150 Defibrillationen durchführen.

Kondensatoren (von lateinisch condensare: verdichten, zusammenpressen) sind elektrische Bauteile zum Speichern elektrischer Ladungen. Legt man einen Gleichstrom an einen Kondensator an, so wird dieser langsam aufgeladen. Die Kapazität des Kondensators gibt an, welche Ladungsmenge der Kondensator aufnehmen kann. Kondensatoren sind auch in handelsüblichen Elektronenblitzgeräten oder Computerspeicherchips enthalten. Sie werden durch Batterien innerhalb einiger Sekunden aufgeladen und können ihre gespeicherte Energie auf einen Schlag abgeben. Sie sind daher ein wichtiger Bestandteil von Defibrillatoren. Die in einem Kondensator beziehungsweise Defibrillator gespeicherte Energie wird meistens in der Einheit Joule oder in der dazu äquivalenten Einheit Wattsekunde angegeben. Mit einem Joule Energie kann man ein Gramm Wasser um etwa ein Viertel Grad erwärmen oder einen Strom von einem Milliampere bei einer Spannung von 100 Volt zehn Sekunden lang fließen lassen.

FIBRILLATION UND DEFIBRILLATION

Veränderungen bei der Erregungsbildung oder bei der Erregungsleitung des Herzschlags führen dazu, dass die Koordination der Herzmuskelfasern gestört wird und ins Chaotische übergeht: man spricht in diesem Falle von Fibrillation. Die Beendigung dieses Zustands, die Defibrillation, erreicht man mit einem kurzen Stromstoß, der die Depolarisation aller Herzmuskelfasern bewirkt. Für ungefähr 200 Mikrosekunden ist nun keine Erregung der Muskelfasern möglich, diese Zeitspanne nennt man Refraktärzeit. Danach übernimmt wieder ein Sinusknoten genannter Nervenknoten die koordinierte Steuerung der Herzfunktion.

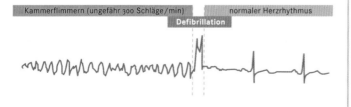

Kammerflimmern (ungefähr 300 Schläge/min)　　normaler Herzrhythmus

Defibrillation

Defibrillierung von außerhalb des Körpers

B ei den meisten Defibrillatoren weist ein akustisches Signal darauf hin, dass der Kondensator aufgeladen ist. Die mit Gel bestrichenen Elektroden werden dann auf dem Brustkorb aufgesetzt und an den Handgriffen ausgelöst. Die Energiepulse liegen dabei zwischen zwei und 360 Joule. Als Richtwert gelten drei Joule pro Kilogramm Körpergewicht bei Erwachsenen und zwei Joule pro Kilogramm bei Kindern. Bei Notfällen wird die Anterior-anterior-Methode angewendet, beide Elektroden liegen dabei auf dem Brustkorb auf. Bei der Elektrotherapie von Herzrhythmusstörungen wird die Anterior-posterior-Methode bevorzugt. Dabei wird eine großflächige Elektrode hinter dem Rücken des Patienten platziert, die andere sitzt vorne auf dem Brustkorb.

Defibrillierung im Körperinneren

Z ur internen Defibrillierung muss der Brustkorb geöffnet und das Herz freigelegt werden. Das Herz wird mit Löffelelektroden umfasst, die einen Energiepuls von maximal 50 Joule abgeben. Bei den beiden häufigsten Anwendungen wird der Defibrillator über die Speiseröhre in die Nähe des Vorhofs oder über Gefäße direkt ins Innere des Herzens, fachsprachlich intrakardial, geführt. Bei der ersteren Methode wird eine zylindrische Elektrode mit einem Katheter bis auf die Höhe des linken Vorhofs vorgeschoben. Die Gegenelektrode liegt außerhalb auf dem Brustkorb an. Bei der intrakardialen Defibrillation werden mit Kathetern eine Elektrode in die obere Hohlvene und eine zweite in den Apex (die Spitze) der rechten Herzkammer eingeführt.

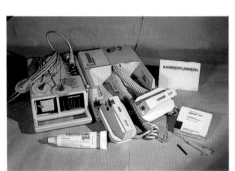

Dieser **halbautomatische Defibrillator** kann auch EKGs aufzeichnen.

Sicherheitsaspekte

K onventionelle Defibrillatoren können nur asynchron arbeiten, das heißt, sie nehmen keine Rücksicht auf herzeigene Pulse. Bei dieser Betriebsart besteht die Möglichkeit, dass Kammerflimmern ausgelöst wird. Stromgetriebene Implantate (zum Beispiel Herzschrittmacher) des Patienten werden bei den Stromstößen höchstwahrscheinlich beschädigt oder zerstört. Das Berühren der Elektroden ist lebensgefährlich. Falls sich zu wenig Gel auf der Elektrodenoberfläche befindet, führt dies zu Verbrennungen auf der Haut des Patienten. Der Gesetzgeber hat die Defibrillatoren der Gruppe 1 der MedGV zugeordnet, der Gruppe mit dem höchsten Gefährdungspotenzial.

Herz-Lungen-Maschine

O perationen am Herzen sind bei schlagendem Herzen nicht möglich. Wenn das Herz stillgelegt wird, bricht der Blutkreislauf zusammen, was nach spätestens drei Minuten zu irreparablen Schäden beim Patienten führt. Daher muss ein künstlicher Blutkreislauf das schlagende Herz durch eine externe Pumpe ersetzen. Dabei ist es aus technischen Gründen günstiger, auch gleich die Lungenfunktion dem künstlichen Blutkreislauf zu überlassen. Die erste Operation, bei der mithilfe einer Herz-Lungen-Maschine Herz und Lunge vorübergehend ersetzt wurden, ist bereits 1953 durchgeführt worden.

Aufbau des Herzens – großer und kleiner Blutkreislauf

D as menschliche Herz ist technisch gesehen eine zweifache Saug-Druck-Pumpe. Es besteht aus zwei voneinander getrennten Herzkammern, die jeweils eine Vorkammer besitzen. In der linken Herzkammer samt Vorkammer wird sauerstoffreiches arterielles Blut, von der Lunge kommend, in den Körper gepumpt. Die rechte Herzkammer und Vorkammer pumpen sauerstoffarmes venöses Blut, vom Körper kommend, in die Lunge. Es gibt also zwei Blutkreisläufe, die vom Herzen ausgehen:

Der kleine Blutkreislauf oder Lungenkreislauf pumpt sauerstoffarmes venöses Blut von der rechten Herzkammer aus in die Lunge, welches dort mit Sauerstoff beladen und in die linke Herzkammer zurückgesaugt wird. Der große Blutkreislauf oder Körperkreislauf versorgt den Körper mit sauerstoffreichem Blut. Hierzu wird das sauerstoffreiche arterielle Blut aus der linken Herzkammer in den Körper gepumpt, wo es den Sauerstoff an Organe und Muskeln abgibt. Das sauerstoffarm gewordene Blut wird danach in die rechte Herzkammer zurückgesaugt. Zwei Venen, die untere und die obere Hohlvene, die sauerstoffarmes Blut vom Körper herantransportieren, führen in die rechte Herzkammer hinein. Aus ihr heraus pumpt die Lungenarterie dieses venöse Blut in die Lunge. Von der Lunge her führen vier Lungenvenen in die linke Herzkammer und versorgen diese mit sauerstoffreichem Blut. Aus der linken Kammer heraus führt die Hauptschlagader – die Aorta –, durch die arterielles Blut in den Körper gepumpt wird.

Um das Herz alleine zu ersetzen, müsste man somit zwei Pumpen einsetzen: Die eine müsste das arterielle Blut der vier Lungenvenen in die Aorta pumpen und die andere das venöse Blut aus den beiden Hohlvenen in die Lungenarterie. Das sind insgesamt acht Anschlüsse, die sorgfältig abgedichtet und nach der Operation wieder vernäht werden müssten. Das Gewirr von Anschlüssen würde eine Herzoperation sehr stören, da man vor lauter Schläuchen kaum noch das Herz sähe. Aus diesem Grund wird bei Herzoperationen auch

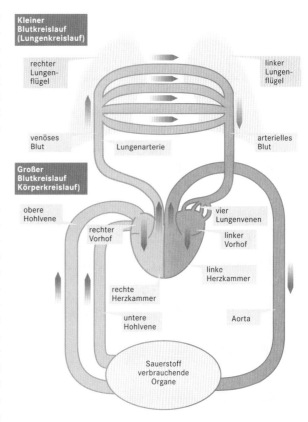

Der **Kreislauf des Menschen** teilt sich in einen großen Blutkreislauf, der die Organe mit Sauerstoff versorgt, und einen kleinen Blutkreislauf, der in der Lunge das Blut mit neuem Sauerstoff belädt. Das Gesamtblutvolumen beträgt beim Menschen etwa 4,5 bis 5,5 Liter.

Arterien, auch Schlagadern genannt, sind dickwandige Adern, in denen Blut unter hohem Druck vom Herzen weg gepumpt wird. **Venen** sind Blutgefäße, durch die Blut unter niedrigem Druck ins Herz hinein gesaugt wird. Arterielles Blut ist sauerstoffreiches Blut und venöses Blut sauerstoffarmes Blut. Dies bedeutet, dass arterielles Blut in einer Vene fließen kann: Wenn nämlich im Lungenkreislauf mit Sauerstoff beladenes, also arterielles Blut in der Lungenvene von der Lunge zum Herzen geleitet wird.

der kleine Blutkreislauf – der Lungenkreislauf – stillgelegt. Man benötigt dann nur noch drei Anschlüsse: zwei für die beiden Hohlvenen und einen für die Aorta. Das Blut der Hohlvenen wird in die Herz-Lungen-Maschine gesaugt, mit Sauerstoff beladen und in die Aorta zurückgepumpt. Das Blut kann statt in die Aorta auch in ein anderes, hinreichend großes arterielles Gefäß des Patienten zurückgepumpt werden. Die Herz-Lungen-Maschine beliefert alle Organe des Körpers mit dem benötigten Sauerstoff – auch die Lunge wird über den Körperkreislauf mit Sauerstoff versorgt – mit Ausnahme des Herzens selbst. Dieses besitzt eine interne Sauerstoffversorgung, die ohne natürlichen Herzschlag nicht mehr funktioniert. Der Herzmuskel reagiert sehr empfindlich auf Sauerstoffmangel, er kann bei Körpertemperatur nur etwa fünf Minuten Sauerstoffmangel ohne Schaden überstehen. Durch künstliche Unterkühlung des Herzens kann diese Frist auf ungefähr 20 Minuten verlängert werden. Spezielle Spüllösungen für die Stilllegung des Herzens, die in den 1960er- und 1970er-Jahren entwickelt wurden, verlängern diese Frist auf 40 Minuten bei Körpertemperatur und auf zwei Stunden bei Unterkühlung des Herzens. Für längere Operationszeiten besteht schließlich noch die Möglichkeit, die Aorta mit den Herzkranzschlagadern zu verbinden und dadurch die Herzkranzgefäße mit Blut zu versorgen. Das zugeführte Blut fließt über die Herzvenen in den rechten Vorhof ab und muss von dort abgesaugt werden.

Technik der Herz-Lungen-Maschine

Die Herz-Lungen-Maschine besteht aus vier Bauteilen: aus einem Oxygenator genannten Gasaustauschgerät, der eigentlichen Pumpe, einem Wärmeaustauscher und einem Filter. Der Oxygenator erfüllt die Funktion der Lunge: Er führt dem Blut Sauerstoff zu und entfernt Kohlendioxid; außerdem werden hier die Narkosegase zugeführt. Es gibt zweierlei Sorten von Oxygenatoren: Schaumoxygenatoren und Membranoxygenatoren. Bei kurzfristigen Operationen finden Schaumoxygenatoren ihren Einsatz, in denen Sauerstoffgas durch das Blut perlt und dabei vom Blut aufgenommen wird. Bei länger dauernden Operationen werden Membranoxygenatoren vorgezogen. Bei diesen sind Blut und Sauerstoff durch eine halbdurchlässige Membran voneinander getrennt, welche den Sauerstoff selektiv ins Blut gelangen lässt. Beide Systeme erreichen bei weitem nicht die Leistungsfähigkeit der gesunden Lunge, da die Kontaktoberfläche viel kleiner ist. Zum Ausgleich lässt man das Blut in ihnen länger verweilen und führt den Sauerstoff unter erhöhtem Druck zu.

Als Pumpen haben sich Rollerpumpen durchgesetzt. In einer solchen Pumpe läuft eine Rolle an einem Plastikschlauch entlang, welche diesen zusammenpresst und dadurch am einen Ende das Blut

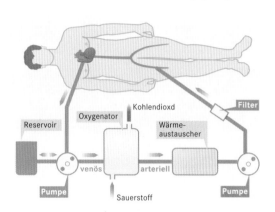

So funktioniert eine **Herz-Lungen-Maschine:** Das Blut wird aus den beiden Hohlvenen abgepumpt, im Oxygenator mit Sauerstoff versorgt und in eine Arterie, die Arteria iliaca, zurückgepumpt.

Ein Pfropf aus geronnenem Blut, in der Medizin **Thrombus** genannt (von griechisch thrombos: Klumpen), kann ebenso wie Luftblasen die Blutzufuhr zu Lunge, Herz oder Gehirn unterbrechen. Dieser lebensbedrohliche Zustand heißt **Embolie** (griechisch emballein: hineinwerfen). Die Thrombose- und Emboliegefahr ist während Operationen und bei längerem Liegen besonders groß. Wird das Blut maschinell aus dem Körper aus- und wieder eingeleitet – etwa mit einer Herz-Lungen-Maschine oder einer künstlichen Niere –, muss man mit Filtern verhindern, dass Gerinnsel oder Blasen in den Kreislauf eindringen.

hinauspresst und am anderen Ende hineinsaugt. Dieser Aufbau kommt völlig ohne Ventile aus und ist daher sehr zuverlässig und verschleißarm. Der Wärmeaustauscher sorgt dafür, dass das Blut auf Körpertemperatur gehalten oder aber bei langwierigen Operationen abgekühlt wird. Er arbeitet im Gegenstromprinzip, genau wie die Wärmeaustauscher in Heizanlagen. Der Filter schließlich verhindert, dass Blutgerinnsel (Thromben) oder Gasblasen in den Körper zurückgepumpt werden, die zu Embolien führen würden.

Eine Herz-Lungen-Maschine besteht aus Materialien, die das Blut möglichst wenig schädigen und auf keinen Fall zum Gerinnen bringen dürfen. Wichtig hierfür sind glatte Oberflächen, geringe Oberflächenspannungen und chemische Neutralität. Verwendet werden hauptsächlich Kunststoffe wie Polyvinylchlorid (PVC), Epoxidharze (EP), Latex und V2A-Stahl. Die meisten Bauteile sind Einmalartikel, da sich Krankheitskeime extrem leicht in ihnen festsetzen, eine Sterilisation nach Gebrauch also fast unmöglich ist.

Risiken beim Einsatz der Herz-Lungen-Maschine

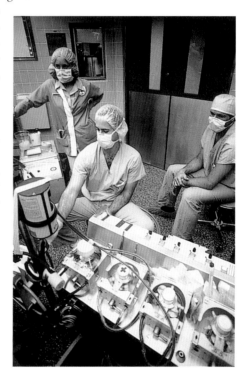

Bei einer Operation am offenen Herzen übernimmt die **Herz-Lungen-Maschine** die Versorgung des Körpers mit Sauerstoff.

Die Materialien der Herz-Lungen-Maschine, die vom Blut durchflossen werden, unterscheiden sich trotz aller Bemühungen immer noch sehr von den natürlichen Blutgefäßen, sodass die roten Blutkörperchen geschädigt werden und zerfallen (Hämolyse). Je länger das Blut außerhalb des Körpers in der Herz-Lungen-Maschine zirkuliert, desto stärker wird es geschädigt. Dieser Blutzerfall hält auch noch einige Tage nach der Operation an. Weiterhin neigt das Blut unter den Bedingungen der Herz-Lungen-Maschine zur Gerinnung, sodass ihm gerinnungshemmende Medikamente, zum Beispiel Heparin, schon vor Beginn der Operation zugesetzt werden müssen. Dies erhöht aber die Gefahr von Blutungen. Beim Einführen der Schläuche können Ablagerungen an Gefäßwänden freigesetzt werden, welche im schlimmsten Fall Embolien auslösen. Da die Herz-Lungen-Maschine schon vor dem Anschließen mit Blut oder einem Blutersatzstoff gefüllt sein muss, ist auch die Gefahr von Infektionen, beispielsweise einer Serumhepatitis, nicht gänzlich auszuschließen. Neben diesen direkten Operationsrisiken bringt die Behandlung mit der Herz-Lungen-Maschine auch die Gefahr längerfristiger Schädigungen mit sich. Herzrhythmusstörungen bis hin zum Kammerflimmern sind nach dem Wiedereinsetzen des Herzschlags nicht ungewöhnlich. Das Operationsteam ist darauf eingestellt und hält dementsprechende Defibrillatoren und andere Geräte zur Wiederbelebung bereit. Bei drei Prozent der Patienten kommt es drei bis fünf Tage nach der Operation zu schweren Blutungen, bei vier Prozent zu vorübergehendem Nierenversagen, da die Niere die vielen Abbauprodukte des Blutzerfalls nicht verarbeiten kann. Weitere Folgen sind Hirnschäden (bei fünf Prozent der Patienten) und Leberschäden infolge von

Mangeldurchblutung. Operationen unter Einsatz der Herz-Lungen-Maschine verursachen darüber hinaus häufiger psychische Störungen (bei etwa 20 Prozent der Patienten) als andere schwere Operationen; das Abstellen des Herzens verursacht offenbar traumatisierende Angstzustände. Bei zwei Prozent der Patienten resultiert dieser Stress in Magen- und Zwölffingerdarmgeschwüren.

Der Herzschrittmacher

Eine Möglichkeit, bestimmte Formen von Herzrhythmusstörungen zu beheben, ist die elektrische Stimulation des Herzens durch einen Herzschrittmacher. Dieser übernimmt dann die Funktion des Sinusknotens, eines Nervenknotens im Herzen, der beim gesunden Herz als natürlicher Taktgeber fungiert. Schon bevor der diagnostische Nutzen des EKG bekannt wurde, gab es die Idee, das Herz mithilfe von elektrischem Strom zu beeinflussen. Erste Untersuchungen begannen nach der Erfindung der Batterie Ende des 18. Jahrhunderts. Zu Beginn des 19. Jahrhunderts gelang es in einzelnen Versuchen, stillstehende Herzen mithilfe von elektrischer Stimulation wieder zum Schlagen zu bringen. Die ersten Herzschrittmacher waren große Geräte, die mit Elektroden funktionierten, die durch die Brustwand gestochen wurden. Dies war eine risikoreiche Operation, aber auch die als Alternative vorgeschlagenen auf die Haut aufgeklebten Elektroden hatten starke Nebenwirkungen. So traten Hautverbrennungen und Muskelstimulationen auf. Die Herzschrittmachertherapie etablierte sich erst, als eine Miniaturisierung der Geräte die Implantation möglich machte. Voraussetzung dafür waren vor allem die Fortschritte auf dem Gebiet der Elektronik und der Herzchirurgie. Der erste implantierbare Herzschrittmacher wurde 1958 entwickelt.

Was ist ein Herzschrittmacher?

Die Kontraktion des Herzens wird beim gesunden Herz durch einen eingebauten Schrittmacher, den Sinusknoten, ausgelöst. Wenn dessen Funktion gestört ist, muss er durch einen künstlichen Herzschrittmacher ersetzt werden. Dieser ist über Elektroden mit dem Herz verbunden, an das er in regelmäßigen Abständen einen elektrischen Puls mit einer Spannung von ungefähr zwei bis fünf Volt abgibt. Die Zeitdauer zwischen zwei Pulsen, welche die Herzfrequenz regelt, wird von einer elektronischen Schaltung gesteuert. Seine Energie bezieht ein Herzschrittmacher aus Batterien. Der Grund für die Implantation eines Herzschrittmachers ist meist eine Erkrankung des Sinusknotens, die zu einer ungenügenden oder ganz ausfallenden Erzeugung von Schrittmacherpulsen im Sinusknoten führt. Es gibt aber auch Störungen in der Erregungsausbreitung, etwa im AV-Knoten, Vorhof oder der Herzkammer, die einen Herzschrittmacher erforderlich machen. Je nach Art der Erkrankung kann es

Während der im EKG sichtbar gemachten **vulnerablen Phase** des Herzschlagzyklus darf der Schrittmacher keine Stimulationspulse abgeben, da sonst die Gefahr von Herzkammerflimmern und eines Kreislaufstillstands besteht.

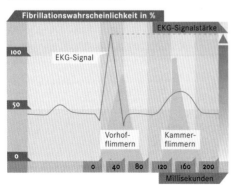

Fibrillationswahrscheinlichkeit in %

nötig sein, Vorhöfe, Kammern oder beides mit Elektroden zu versehen. Die ersten Herzschrittmacher arbeiteten unabhängig von der vorhandenen Herzaktivität und mit einer fest eingestellten Frequenz. Moderne Geräte dagegen können die eventuell noch vorhandene Herzaktivität erkennen und geben ihre Pulse nur bei Bedarf ab. Eine gesteuerte Abgabe der Stimulationspulse ist wichtig, da es während der Erregungsausbreitung im Herzen zwei kritische, so genannte vulnerable Phasen gibt, während denen sich die Herzmuskelzellen in einem Zustand der ungleichmäßigen Erregungsrückbildung befinden. In diesem Zustand kann ein Stimulationspuls Kammerflimmern auslösen, was zu einem Kreislaufstillstand führt und, wenn überhaupt, nur durch den Elektroschock einer Defibrillation behoben werden kann.

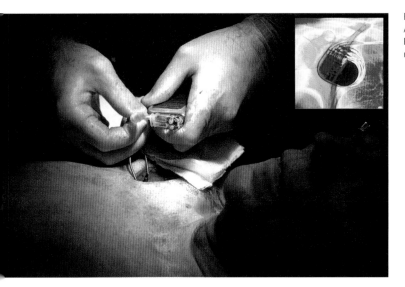

Ein **Herzschrittmacher** (kleiner Ausschnitt) wird einem älteren Patienten implantiert, um Herzrhythmusstörungen zu behandeln.

Aufbau eines Herzschrittmachers

Moderne Herzschrittmacher sind in einem Gehäuse aus Edelstahl oder Titan untergebracht, das hermetisch versiegelt ist. Den meisten Platz im Gehäuse nimmt die Batterie ein. Die ersten Herzschrittmacher hatten wegen der eingeschränkten Batteriekapazität nur eine kurze Lebensdauer. Heute werden fast nur noch Batterien, die auf Lithium als Elektrodenmaterial basieren, eingesetzt. Eine wichtige Eigenschaft von Lithiumbatterien ist der langsame Abfall der Kapazität über die Lebensdauer hinweg und die geringe Selbstentladung. Mit Lithiumbatterien konnte die Lebensdauer eines Herzschrittmachers wesentlich verlängert werden, sodass Herzschrittmacher nur noch selten wegen Batterieerschöpfung ausgewechselt werden müssen. Über Elektroden wird die Verbindung des Schrittmachers mit dem Herz hergestellt. Über sie werden einerseits die Stimulationspulse abgegeben, andererseits dienen sie zur Wahrnehmung des EKG-Signals. Es gibt bipolare Schrittmacher, bei denen sich zwei Elektroden im Herz befinden, und unipolare Schrittma cher, bei denen die Rolle einer Elektrode vom Gehäuse des Schrittmachers übernommen wird. So kann ein einfacheres einpoliges Elektrodenkabel verwendet werden. Ein Nachteil ist dabei allerdings, dass in diesem Fall die EKG-Wahrnehmung anfälliger gegenüber Störsignalen ist, da das Elektrodengehäuse wie eine Antenne wirkt.

Die Elektroden werden über eine Vene in das Herz eingeführt. Je nach Art der Herzrhythmusstörung werden sie in die Herzkammer oder die Vorhöfe eingebracht. Bei bifokalen Schrittmachern werden sowohl Kammer als auch Vorhöfe mit Elektroden versehen. Die Elektrode selbst besteht aus einer Elektrodenspitze, die aus Kohlenstoff oder aus speziellen korrosionsbeständigen Legierungen wie Elgiloy oder Platin-Iridium gefertigt ist. Daran angeschlossen ist das Elektrodenkabel, das aus einem metallischen Leiter besteht, der von einer Isolation aus Kunststoff – meistens Polyurethan – umgeben ist. Dieses Kabel ist wegen der Herz- und Atembewegung einer hohen Beanspruchung ausgesetzt. Durch die Herzbewegung wird es pro Jahr circa 40 Millionen Mal gebogen. Um den früher häufigen Elektrodenbruch zu vermeiden, werden heute mehrwendlige Elektroden eingesetzt. Diese sind aus mehreren nebeneinander gewickelten dünnen Drahtwendeln aufgebaut. Gleichzeitig muss der elektrische Widerstand der Elektroden gering sein, um das Stimulationssignal möglichst wenig geschwächt weiterzuleiten.

Die Elektronik im Herzschrittmacher

Die ersten Herzschrittmacher kamen mit nur wenigen Bauteilen aus und konnten nur eine feste Frequenz erzeugen. Heutige Schrittmacher sind dank der Fortschritte der Computertechnik mikroprozessorgesteuert. Der Vorteil ist, dass sie sich auf diese Weise sehr flexibel an verschiedene Aufgaben anpassen können. Der Mikroprozessor steuert dabei Ein- und Ausgabeeinheiten zur Detektion des EKG-Signals und Abgabe des Stimulationspulses. Außerdem enthält er einen Programmspeicher, in dem sich das Programm befindet, welches Dauer, Stärke und Häufigkeit der Pulse steuert. Die zahlreichen Ablaufschemata für Schrittmacher unterscheiden sich unter anderem darin, welche Kammer stimuliert wird (Herzkammer, Vorhof oder beide), an welchen Kammern EKG-Signale wahrgenommen werden können und wie darauf reagiert wird. Außerdem können Herzschrittmacher über wieder beschreibbare Speicher verfügen, in denen Informationen über den Patienten, zum Beispiel das an den Elektroden wahrgenommene EKG, abgelegt werden können. Auch der Programmspeicher kann wieder beschrieben werden, wodurch eine Programmänderung ohne operativen Austausch des Schrittmachers möglich wird. Auf diese Weise kann ein Herzschrittmacher auch die Funktion eines Langzeit-EKG-Systems übernehmen. Außerdem ist es bei einem mikroprozessorgesteuerten Herzschrittmacher möglich, auch physiologische Signale, die von anderen Sensoren kommen, zu verarbeiten. So kann beispielsweise die Herzfrequenz und damit die Pumpleistung des Herzens an die momentane Belastung des Körpers angepasst werden.

Programmierung des Herzschrittmachers

Die vielfältigen Möglichkeiten eines mikroprozessorgesteuerten Herzschrittmachers lassen sich nur ausnutzen, wenn seine Funktion von außen beeinflusst werden kann, man ihn also extern umprogrammieren kann. Dazu ist eine drahtlose Signalübertragung von außerhalb des Körpers zum implantierten Schrittmacher nötig. Hierzu werden mithilfe eines computergesteuerten Senders Radiowellen ausgestrahlt, deren Frequenz je nach Hersteller zwischen 30 und 150 Kilohertz, also im Langwellenbereich, liegt. Durch Verschlüsselung der Informationen wird das Risiko einer Fehlprogrammierung vermieden.

Es können eine Vielzahl von Parametern programmiert werden: Der wichtigste Parameter ist die Stimulationsfrequenz, das heißt die Häufigkeit der Pulse. Während früher einfache Herzschrittmacher meistens fest auf 70 Schläge pro Minute eingestellt wurden, kann die Pulshäufigkeit heute optimal an den einzelnen Patienten angepasst werden. Eine vorübergehende Absenkung der Stimulationsfrequenz kann auch nützlich für EKG-Untersuchungen sein, in denen man das ursprüngliche, unbeeinflusste EKG sehen möchte. Dieses hilft zum Beispiel, einen Herzinfarkt zu erkennen oder die Abhängigkeit des Patienten vom Schrittmacher zu beurteilen. Aber auch die Dauer des Stimulationspulses und dessen Stärke können variiert werden, wobei sich die Werte für jeden Patienten auf den individuell verschiedenen Mindestwert reduzieren lassen. Auf diese Weise wird Energie eingespart, die Lebensdauer der Batterie verlängert und damit ein vorzeitiger operativer Austausch des Schrittmachers vermieden. Ein weiterer Parameter, der programmiert werden muss, ist die Eingangsempfindlichkeit. Mit ihr wird festgelegt, welche Höhe ein Signal haben muss, damit es als Eigenaktivität des Herzens gewertet wird. Eine Anpassung ist wichtig, weil einerseits Störsignale unterdrückt werden müssen, aber auch kleine Aktivitäten zuverlässig erkannt werden sollen.

Wie beim Programmieren, bloß in umgekehrter Richtung, können Signale auch vom Schrittmacher zum Programmiergerät gesendet werden. So lassen sich Informationen über den Status des Schrittmachers, beispielsweise den Zustand der Elektroden, die Batterieladung und den Stromverbrauch abfragen. Außerdem ist die Übertragung eines vom Schrittmacher aufgezeichneten EKGs auf diese Weise möglich.

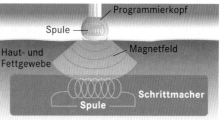

So wird ein **Herzschrittmacher** programmiert: Der Programmierkopf, der an einen Computer angeschlossen ist, wird auf die Haut über den im Körper befindlichen Herzschrittmacher aufgesetzt. Anschließend kann die codierte Information mittels elektromagnetischer Wellen übertragen werden (Sender: Spule im Programmierkopf, Empfänger: Spule im Herzschrittmacher).

Künstliche Niere

Das bisher ausführlich besprochene Herz ist sicherlich eines der wichtigsten Organe des Menschen, und mit dem Herz ist der Mensch auch emotional in besonderer Weise verbunden. Aus diesem Grund stehen Herzoperationen, künstliche Herzen oder Herzschrittmacher oft im Vordergrund der Medizintechnik. Aber auch

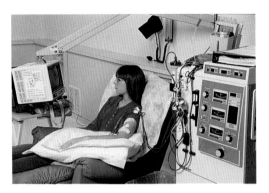

Für eine **Dialyse** wird die Patientin mehrere Stunden lang an die künstliche Niere angeschlossen – ein auch heute noch recht aufwendiges Gerät.

zur Unterstützung oder gar zum Ersatz von anderen Organen hat die Medizintechnik in den letzten Jahrzehnten erstaunliche Fortschritte gemacht. Eine fast schon selbstverständliche Anwendung ist die Dialyse oder Blutwäsche. Doch obwohl sie weit verbreitet ist und mittlerweile zur klinischen Routine gehört, liegen ihr ausgefeilte und hochmoderne technologische Konzepte zugrunde, die eine nähere Betrachtung lohnen.

Im menschlichen Körper dienen die Nieren hauptsächlich dazu, kleine Moleküle, meistens Abfallprodukte des Stoffwechsels, und Wasser aus dem Blut zu entfernen. Bei einem akuten Nierenversagen tritt der Tod nach ein bis zwei Wochen ein. Als Ersatz für die Reinigungsfunktion einer ausgefallenen Niere benutzt man eine »künstliche Niere«; dabei wird das Blut aus dem Körper heraus in eine Maschine – die künstliche Niere – geleitet, dort entgiftet und entwässert und danach zurück in den Körper gepumpt. Der ganze Vorgang heißt in der medizinischen Fachsprache »Dialyse« (von griechisch dialysis: Auflösung, Trennung), da man die schädlichen Blutbestandteile von den unschädlichen trennt. Bei totalem Nierenversagen muss diese Blutwäsche drei bis viermal wöchentlich vorgenommen werden, sie dauert etwa vier Stunden.

Gesunde Niere und Nierenversagen

Die Nieren haben die Aufgabe, die Zusammensetzung der extrazellulären Flüssigkeit im Körper – oder, vereinfacht gesagt, des Bluts – konstant zu halten. Sie scheiden die nicht mehr verwertbaren Endprodukte des Stoffwechsels, wie beispielsweise Harnstoff, Harnsäure oder Kreatinin, aus. Diese Stoffe werden als harnpflichtige Substanzen bezeichnet, da ihr Verbleiben im Organismus zu Vergiftungserscheinungen führen würde. Das Gleiche gilt für viele aufgenommene Fremdstoffe, die nicht abgebaut und nur über die Nieren ausgeschieden werden können. Die Nieren scheiden aber auch Bedarfsstoffe aus, beispielsweise Kochsalz, Phosphate oder Wasser; diese Stoffe sind in geringer Menge unschädlich oder sogar notwendig und nur in zu hoher Konzentration schädlich. Die Ausscheidung dieser Stoffe wird durch Hormone kontrolliert: falls sie im Überschuss vorhanden sind, werden sie vermehrt ausgeschieden und bei Mangel weitgehend zurückgehalten. Das Wasser dient bei der Ausscheidung auch als Lösungsmittel für die auszuscheidenden Stoffe. Des Weiteren regulieren die Nieren den pH-Wert des Bluts, der den Säuregehalt im Blut angibt. Der Organismus bildet erheblich mehr saure als basische Substanzen, daher müssen die Nieren zur Aufrechterhaltung des leicht basischen Blut-pH-Werts laufend H^+-Ionen ausscheiden. Große Moleküle, etwa Proteine oder zelluläre Blutbestandteile wie die roten Blutkörperchen, werden in den Nieren auf jeden Fall zurückgehalten; falls sie im Urin erscheinen, liegt eine Störung der Nieren vor.

Der **pH-Wert** einer Flüssigkeit gibt an, ob die Flüssigkeit neutral, sauer oder basisch (alkalisch) ist. In neutralen Lösungen sind gleich viele H^+- wie OH^--Ionen enthalten; saure Lösungen enthalten mehr H^+-, basische mehr OH^--Ionen. Der pH-Wert einer neutralen Lösung beträgt 7, saure Lösungen haben kleinere und basische Lösungen größere pH-Werte. Bei sehr starken Säuren beträgt der pH-Wert 0–2, bei sehr starken Basen 12–14. Der pH-Wert von menschlichem arteriellen Blut schwankt zwischen 7,37 und 7,43 und liegt damit leicht im basischen Bereich. Die meisten am Stoffwechsel beteiligten körpereigenen Stoffe, vor allem die Enzyme, reagieren recht heftig auf pH-Änderungen, sodass der Körper den Blut-pH-Wert sehr genau regulieren muss.

Durch die kontrollierte Ausscheidung von Ionen und Wasser halten die Nieren die ionische Zusammensetzung, den osmotischen Druck und den pH-Wert des Bluts konstant. Im Durchschnitt werden täglich ungefähr 1,5 Liter Urin von den Nieren abgesondert.

Die Nieren sind lebensnotwendige Organe; ihr totales Versagen führt, wie gesagt, innerhalb von ein bis zwei Wochen zum Tod. Gründe hierfür sind die Urämie genannte Anhäufung von harnpflichtigen Substanzen im Blut und der Anstieg der Konzentration an Natrium-, Kalium-, Sulfat- und Phosphationen. Weiterhin kommt es zu einer Zunahme des Volumens der extrazellulären Flüssigkeit und damit auch des Bluts und zu einem Absinken des pH-Werts (Blutversauerung oder urämische Acidose). Der Tod tritt meistens schon dann ein, wenn der pH-Wert des Bluts auf 7,0 gesunken ist.

Aufbau einer künstlichen Niere

Bei einer künstlichen Niere wird ein außerhalb des Körpers gelegener Blutkreislauf zwischen der Armarterie und einer Armvene angelegt. Auf dem Weg von der Arterie zur Vene fließt das Blut durch die künstliche Niere und wird hierbei entgiftet und entwässert. Da die Behandlung mehrmals wöchentlich erfolgen muss, wird bei dem Patienten ein dauerhafter Gefäßzugang operativ angelegt, in

> Der **osmotische Druck** beruht auf Konzentrationsunterschieden von Molekülen oder Ionen innerhalb und außerhalb von biologischen Membranen, er verleiht unter anderem pflanzlichen und tierischen Zellen ihre Stabilität. Ein zu hoher osmotischer Druck kann Zellen zum Platzen bringen.

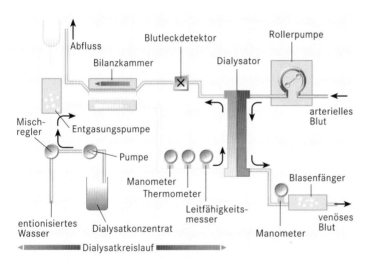

> In einer **künstlichen Niere** werden Blut und Dialysat im Dialysator aneinander vorbeigeführt. Dabei gehen Schadstoffe durch eine halbdurchlässige Membran vom Blut in das Dialysat über. Das Blut wird mit einer Rollerpumpe zum Dialysator gepumpt, danach müssen der Druck in einem Manometer kontrolliert und Gasblasen in einem Blasenfänger zurückgehalten werden. Das Dialysat wird aus einem Konzentrat und entionisiertem Wasser gemischt und ebenfalls entgast. Über Druck-, Temperatur- und Leitfähigkeitsmesser wird es zum Dialysator geleitet. Das aus dem Dialysator kommende Dialysat wird im Blutleckdetektor auf fälschlich ausgetauschte Blutbestandteile kontrolliert. In der Bilanzkammer schließlich wird durch Vergleich der ein- und ausströmenden Dialysatmenge der Flüssigkeitsentzug bei der Dialyse überwacht.

den meisten Fällen eine so genannte Cimino-Fistel. Die eigentliche künstliche Niere besteht aus dem Blutkreislauf, einem Dialysatkreislauf, in dem die dem Blut entzogenen Stoffe ausgeleitet werden, und aus dem Dialysator, in dem die Trennung vor sich geht. Bei einer Dialyse wird das gesamte Blut des Patienten, im Mittel fünf Liter, etwa sechsmal durch das Gerät gepumpt.

Das zu reinigende Blut des Patienten wird im Blutkreislauf mithilfe einer Rollerpumpe von der Armarterie zum Dialysator gefördert. Dort wird es entsalzt und entwässert und danach über ein Manometer genanntes Druckmessgerät und einen Blasenfänger zurück in die Armvene geleitet. Das Manometer dient zur Blutdruckmessung; der Blasenfänger unterbricht den Blutkreislauf, sobald er Luftblasen oder Schaum im Blut entdeckt, welche für den Patienten tödlich wären.

Im Dialysator finden die eigentliche Entgiftung und Entwässerung statt. Eine halbdurchlässige Membran, die für kleine Moleküle durchlässig ist, große Moleküle aber zurückhält, trennt hier den

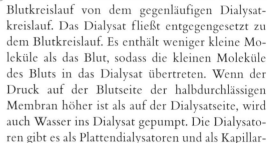
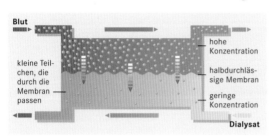
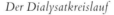

Blutkreislauf von dem gegenläufigen Dialysatkreislauf. Das Dialysat fließt entgegengesetzt zu dem Blutkreislauf. Es enthält weniger kleine Moleküle als das Blut, sodass die kleinen Moleküle des Bluts in das Dialysat übertreten. Wenn der Druck auf der Blutseite der halbdurchlässigen Membran höher ist als auf der Dialysatseite, wird auch Wasser ins Dialysat gepumpt. Die Dialysatoren gibt es als Plattendialysatoren und als Kapillardialysatoren. Bei Plattendialysatoren werden das Blut und das Dialysat – durch die halbdurchlässige Membran voneinander getrennt – durch mehrlagige flache Folienpakete gepumpt. Die häufiger eingesetzten Kapillardialysatoren bestehen aus etwa 10 000 Hohlfasern, die sich in einem Rohr befinden. In den 0,2 Millimeter dicken Hohlfasern fließt das Blut, in dem verbleibenden Innenraum des Rohres im Gegenstrom das Dialysat. Die Wände der Hohlfasern bilden in diesem Falle die halbdurchlässige Membran. Die halbdurchlässigen Dialysemembranen bestehen aus schaumartigen Polymerstrukturen wie beispielsweise Zellulose oder Polyamid.

Im **Dialysator** passieren nur kleine Moleküle und Wasser die halbdurchlässige Membran und gelangen so vom Blut in das Dialysat.

Der Dialysatkreislauf

Das Dialysat wird aus einem Dialysatkonzentrat und entionisiertem Wasser bereitgestellt. Dadurch ist gewährleistet, dass das Dialysat die richtige Konzentration an Ionen und Elektrolyten enthält, was für die gewünschte Trennung im Dialysator wichtig ist. Kontrolliert wird die Konzentration mithilfe eines Leitfähigkeitsmessers im Dialysatstrom, aus dem außerdem störende Luftblasen mit einer Entgasungspumpe entfernt werden. Die Lösung wird zusätzlich noch auf Körpertemperatur erwärmt, um dem Blut keine Wärme zu entziehen. Ein Thermometer dient zur Kontrolle der Temperatur und ein Druckmessgerät zur Kontrolle des Drucks. Das Dialysat durchströmt nun den Dialysator und nimmt kleine Moleküle und überschüssiges Wasser auf. Ein Blutleckdetektor kontrolliert, ob sich Blut im Dialysat befindet, was auf eine defekte Membran hinweist. In einer Bilanzkammer wird schließlich das Volumen des Dialysats vor dem Dialysator mit dem Volumen nach dem Dialysator verglichen und auf diese Weise der Flüssigkeitsentzug ermittelt.

Gesundheitliche Folgen einer Dialysebehandlung

Eine künstliche Niere kann die Funktion der Nieren nicht in vollem Maß ersetzen, daher kommt es bei einer lang andauernden Behandlung zu schwer wiegenden Nebenwirkungen. Knochen- und

Gelenkschmerzen sind weit verbreitet; das größte Risiko aber besteht in dem erhöhten Blutdruck, der zu Herzinfarkten und Schlaganfällen führt. Aus diesem Grund wird die künstliche Niere nicht als Dauerlösung, sondern nur als Übergangslösung bis zu einer Nierentransplantation eingesetzt. Da diese aber wegen fehlender Spenderorgane bei vielen Patienten nicht durchgeführt werden kann, bleibt die künstliche Niere für eine große Zahl von Menschen eine lebensrettende Maschine.

Implantate

Neben der Herz-Lungen-Maschine und der künstlichen Niere, die nur vorübergehend die Aufgaben natürlicher Organe übernehmen, hat die Medizintechnik auch Langzeit-Ersatzteile für die verschiedensten menschlichen Organe entwickelt – oft für den lebenslangen Gebrauch. Die allgemeine Bezeichnung für Materialien, die für eine begrenzte Zeit oder auf Dauer operativ im Körperinnern eingesetzt werden, ist Implantat (von lateinisch implantatus: eingepflanzt). Implantate übernehmen dabei die unterschiedlichsten Aufgaben: Sie ersetzen Teile von Organen, zum Beispiel künstliche Herzklappen, oder ganze Organe, etwa künstliche Gelenke. Implantate, die komplette Organe ersetzen, werden oft auch Prothesen genannt (von griechisch protithenai: an eine Stelle setzen). Implantate unterstützen die Heilprozesse bei Knochenbrüchen und dienen in der plastischen Chirurgie zur Raumausfüllung (Brustimplantate) und zur Defektdeckung (künstliche Schädelplatten).

Einfache Prothesen sind bereits seit Jahrhunderten bekannt, man denke nur an den klassischen Piraten mit Holzbein, Haken am Armstumpf und Augenklappe. Jedoch war es ein weiter Weg von diesen einfachen Ersatzstücken zu den heutigen elektronisch von Nervenendungen gesteuerten, in mehreren Gelenken frei beweglichen Gliedmaßenprothesen oder individuell angepassten neuen Schädelplatten.

Welches Material wird wo implantiert?

Alle implantierten Materialien müssen biokompatibel, das heißt gewebeverträglich sein; sie dürfen auf keinen Fall irgendwelche Entzündungs- oder Abstoßungsreaktionen hervorrufen. Materialien, die mit Blut in Kontakt kommen, dürfen dieses außerdem nicht zum Gerinnen bringen. Im Folgenden seien die wichtigsten dieser Stoffe mit ihren häufigsten Einsatzmöglichkeiten vorgestellt.

Polyethen (PE), auch Polyethylen genannt, wird hauptsächlich in Form des so genannten Ultra-High-Molecular-Weight-PE (UHMWPE) für reibungsbelastete Prothesen eingesetzt. Das Material ist für einen Kunststoff ungewöhnlich schlagfest und beständig gegenüber Reibungsbelastungen. Seit 1962 wird es für Knie- und Handgelenkprothesen und speziell für künstliche Hüftgelenkpfannen verwendet.

Diese aus modernen Werkstoffen gefertigte **Fußprothese** besitzt Sensoren, die dem intakten Beinstumpf übermitteln, auf welcher Stelle der Fußsohle das Körpergewicht ruht.

Viele Kunststoffe und auch viele biologische Moleküle bestehen aus einer langen Kette von identischen Grundbausteinen. Solch ein Molekül nennt man **Polymer,** der Grundbaustein, der als Molekül oft ebenfalls verwendet wird, heißt **Monomer.** Ein Beispiel für natürlich auftretende Polymere sind Stärke und Zellulose, die sich aus dem Monomer Glucose zusammensetzen.

Polymethylmethacrylat (PMMA) ist glasklar und sehr hart. Es wird für künstliche Augenlinsen, als Zahnersatz und als Knochenzement verwendet. Die beiden letzteren Anwendungen sind nicht unkritisch, da hier das Monomer Methylmethacrylat im Körper polymerisiert und dabei Wärme abgibt, die Schädigungen im Körper hervorrufen kann. Zudem ist das Monomer ein starkes Zellgift und führt zum Absterben von Gewebe, so genannten Nekrosen.

Polytetrafluorethen (PTFE) ist chemisch und thermisch extrem stabil, weshalb es im Haushalt unter dem Namen Teflon als Antihaftbeschichtung benutzt wird. Es besitzt eine sehr gute Blutverträglichkeit, die es als Material für den Einsatz mit Blutkontakt prädestiniert. Hauptsächlich wird es als Gefäßersatz verwendet, daneben aber auch bei der Dialyse und zur Verstärkung von arteriellen Bypässen am Herzen.

Die Polyurethane (PU) bilden eine große Gruppe ganz unterschiedlicher Kunststoffe. In der Technik werden sie fast nur zu Schäumen verarbeitet, während die Medizintechnik vor allem die elastischen Polyurethane (PUR) verwendet. Die genaue Zusammensetzung der in der Medizintechnik verwendeten Medical-Grade-Polyurethane ist meist ein Firmengeheimnis. Sie sind im Allgemeinen durchsichtig bis durchscheinend, flexibel, reißfest und glatt. Polyurethane sind sehr gut blutverträglich und elastischer als das eher sprode PTFE und werden daher überall dort eingesetzt, wo zum Blutkontakt noch eine hohe mechanische Beanspruchung hinzukommt: bei Herzklappenprothesen, bei der Ummantelung der Herzschrittmacherelektroden und beim Kunstherz. Im Gegensatz zu anderen Organen, die nur außerhalb des Körpers von Maschinen ersetzt werden können (künstliche Niere, künstliche Lunge), ist es 1969 erstmals gelungen ein implantierbares künstliches Herz herzustellen. Die weltweit häufigste Konstruktion des Kunstherzens besteht aus zwei Pumpen aus Polyurethan, die pneumatisch, also mit Druckluft, angetrieben werden. Die Antriebseinheit hat die Größe eines Koffers, sodass der Patient begrenzt mobil ist.

Ein **künstliches Herz** besteht aus zwei im Körper implantierten Pumpen, die über externe Zuleitungen per Druckluft angetrieben werden; außerdem gibt es noch elektronische Datenleitungen, die Steuerungs- und Überwachungssignale übertragen.

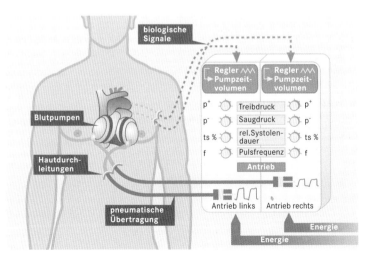

Die Hauptkomplikationen beim Langzeiteinsatz sind die Infektionsgefahr bei der Hautdurchleitung der relativ dicken Pneumatikschläuche und die mangelnde mechanische Stabilität der Blutpumpen. Das menschliche Herz schlägt immerhin ungefähr 50 Millionen Mal pro Jahr. Der bewegliche Kunststoffteil des Kunstherzens wird daher extrem beansprucht und weist häufig nach einigen Monaten erste feine Risse auf, an denen sich Gerinnsel bilden, die dann zu einer Embolie führen können. Kunstherzen dienen meist der vorübergehenden Versorgung des Patienten, bis ein passendes Spenderherz für eine Transplantation gefunden wurde.

Ganz anderen Anforderungen als die beschriebenen Langzeitkunststoffimplantate müssen die bioabbaubaren Kunststoffe genügen: Sie werden im Organismus nach einiger Zeit zu körpereigenen Stoffen abgebaut, lösen sich also auf. Zu diesen Materialien gehören beispielsweise das Polymer der Milchsäure – das Polylactid (PLA) – und das Polymer der Glycolsäure – das Polyglycolid (PGA). Die Abbauzeit variiert je nach Polymer und Implantationsort zwischen zwei und sechsunddreißig Monaten. Bioabbaubare Kunststoffe werden schon seit langem als chirurgisches Nahtmaterial verwendet. Seit Ende der 1980er-Jahre kommen auch Knochendübel, -stifte und -schrauben aus diesem Material bei gering belasteten Knochenbrüchen zum Einsatz. Die bei Metallimplantaten notwendige Zweitoperation zum Entfernen der Schrauben entfällt hierbei.

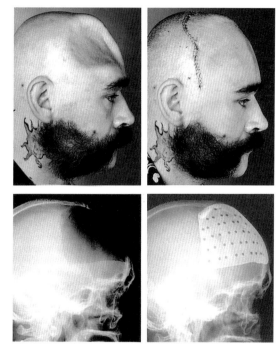

Auf der linken Seite (oben ein Foto, unten eine Röntgenaufnahme) ist die Situation vor der Operation zu sehen, ein 12 mal 14 Zentimeter großer Schädeldefekt infolge eines Unfalls. Nach der Operation (rechts) ist das Titan-Implantat bündig mit der Schädelkalotte verbunden. Die Löcher in der Titanplatte dienen der Wunddrainage und der besseren Einheilung.

Metalle werden hauptsächlich für Implantate verwendet, die Knochen stabilisieren oder ersetzen. Nach Knochenbrüchen kommen Nägel, Federnägel, Platten und Schrauben aus Edelstahl zum Einsatz, die den Bruch bis zum Verheilen stabilisieren. Danach müssen sie allerdings in einer zweiten Operation wieder entfernt werden. Künstliche Hüftgelenke bleiben hingegen dauerhaft im Körper.

Schädeldefekte nach Operationen oder Unfällen werden seit Mitte der 1990er-Jahre durch Implantate aus dem leichten und sehr korrosionsbeständigen Metall Titan rekonstruiert. Die künstliche Schädelkalotte wird mit Methoden der computerunterstützten Fertigung, so genannten CAD/CAM-Methoden (für englisch: computer-aided design/computer-aided manufacturing), hergestellt. Die fertige Kalotte wird mit drei bis sechs Mikroschrauben aus Titan am Schädelknochen verschraubt.

Silicone schließlich finden vor allem in der plastischen Chirurgie ihren Einsatz. Nach Brustentfernungen oder aus ästhetischen Gründen werden Siliconprothesen zur Brustwiederherstellung oder Brustvergrößerung verwendet. Sie bestehen aus einem gelartigen Kern und mehreren Hüllen. Eine häufige Komplikation hierbei ist die Kapselfibrose, bei der sich eine harte Kapsel aus Bindegewebe um das Implantat herum ausbildet und dieses verformt. Frei werdende Siliconpartikel werden als Ursache vermutet.

Strahlentherapie

Zum Schluss dieses Kapitels soll mit der Strahlentherapie ein vor allem für die Krebsbehandlung bedeutendes Gebiet der Medizintechnik vorgestellt werden. Krebserkrankungen stellen nach Herz-Kreislauf-Erkrankungen in den Industriestaaten die zweithäufigste Todesursache dar. Der frühzeitigen Erkennung von Krebserkrankungen dienen die bildgebenden, diagnostischen Verfahren, die bereits eingehend besprochen wurden. Die Fortschritte in der Diagnostik haben in vielen Fällen eine erfolgreiche Behandlung erst ermöglicht, da eine verbesserte Bestrahlungsplanung die durch die ionisierende Strahlung bewirkten Schäden am Tumor maximiert und gleichzeitig das umliegende Gewebe schont. Auf diese Weise können heute etwa ein Drittel aller Patienten in der Strahlentherapie geheilt werden.

Ionisierende Strahlung

Die Strahlentherapie ist neben Chirurgie und Chemotherapie eine der drei Säulen der Krebstherapie. Die Therapie mit ionisierender Strahlung, so die exakte fachsprachliche Bezeichnung, schließt aber auch die Behandlung von nicht bösartigen Erkrankungen ein, beispielsweise die Hüftbestrahlung nach Implantation von Hüftgelenkprothesen.

Ionisierende Strahlung ist sehr energiereiche Strahlung, die mit der durchstrahlten Materie in Wechselwirkung tritt und diese derart verändert, dass die Atome und Moleküle der Materie Elektronen verlieren und dadurch zu elektrisch geladenen Ionen werden. Ein bekanntes Beispiel für ionisierende Strahlung ist die 1895 von Wilhelm Conrad Röntgen entdeckte X-Strahlung, die heute im deutschen Sprachraum nach ihm »Röntgenstrahlung« heißt. Die kurz darauf einsetzende praktische Anwendung dieser Strahlung zur Behandlung von Krebs beruhte auf der Beobachtung, dass es nach Untersuchungen mit Röntgenstrahlen zu Haarausfall kam. Der Wiener Dermatologe Leopold Franck führte bereits 1896 die erste Strahlenbehandlung einer Hauterkrankung durch, und sehr bald versuchte man tiefer gelegene Geschwulste zu behandeln. Heute stehen der Strahlentherapie eine Vielzahl verschiedener Strahlarten und -qualitäten zur Verfügung, die unter Ausnutzung spezieller Bestrahlungsmethoden eine Konzentration der Strahlung auf das krankhafte Gewebe bei weit gehender Schonung gesunder Körperbereiche ermöglichen.

Nach einer Übersicht über die physikalischen Eigenschaften und die biologische Wirkung ionisierender Strahlung werden im Folgenden die verschiedenen Bestrahlungsmethoden und ihre Einsatzgebiete vorgestellt.

Atome setzen sich aus den leichten, negativ geladenen Elektronen und dem mehrere Tausend Mal schwereren Atomkern zusammen, der wiederum aus positiv geladenen Protonen und elektrisch neutralen Neutronen besteht. Der Kern des leichtesten Elements, des Wasserstoffs, enthält entweder ein einzelnes Proton oder ein Proton und ein Neutron. Im letzteren Fall spricht man von schwerem Wasserstoff oder Deuterium, der Kern des Deuteriums heißt **Deuteron.** Der Kern des nächstschwereren Elements, des Heliums, heißt auch **Alphateilchen.** Größere und schwerere Atome, die ihre Elektronen teilweise oder ganz verloren haben, nennt man **Schwerionen,** diese haben ein für die Strahlentherapie besonders günstiges Eindringverhalten in menschlichem Gewebe. **Positronen** schließlich gleichen in nahezu allen Eigenschaften ihrem Antiteilchen, dem Elektron, mit der einen Ausnahme, dass sie positiv geladen sind.

Physikalische Eigenschaften ionisierender Strahlung

Ionisierende Strahlung, abgekürzt IS, ist im Gegensatz zu anderen Strahlenarten (zum Beispiel sichtbares Licht oder Wärmestrahlung) aufgrund ihrer höheren Energie in der Lage, einem Atom oder Molekül Elektronen zu entreißen. Dieser Vorgang wird Ionisation genannt.

Innerhalb der IS unterscheidet man zwischen Teilchenstrahlung und Photonenstrahlung. Mit Photonenstrahlung bezeichnet man den hoch energetischen Teil des elektromagnetischen Spektrums, er umfasst die Röntgen- und die Gammastrahlung. Photonen sind die Träger der Energie einer elektromagnetischen Welle. Intensive Röntgen- oder Gammastrahlung besteht aus einer großen Zahl hoch energetischer Photonen. Röntgenstrahlung entsteht beim Abbremsen beschleunigter Elektronen oder durch angeregte Elektronen im Innern der Atomhülle, die in ihren Grundzustand zurückkehren und dabei Energie in Form charakteristischer Strahlung abgeben. Gammastrahlung ist noch energiereicher als Röntgenstrahlung und entsteht beim Übergang eines angeregten Atomkerns in den Grundzustand oder bei der Umwandlung eines Atomkerns in einen anderen durch radioaktiven Zerfall. Therapeutisch genutzte Gammastrahlenquellen sind neben dem natürlich vorkommenden Radium-226 künstlich erzeugte Radionuklide wie Cobalt-60, Caesium-137, Iod-131, Iod-125. Die Zahl hinter dem Elementnamen gibt die Massenzahl, also die Summe aus Protonenzahl und Neutronenzahl, des Elements an.

Bei der Teilchenstrahlung handelt es sich nicht um elektromagnetische Strahlung, sondern um energiereiche Teilchen, beispielsweise Elektronen, Positronen, Protonen, Neutronen, Deuteronen oder Schwerionen.

Die größte Bedeutung für die Strahlentherapie haben Elektronen, Protonen, Alphateilchen und schnelle Neutronen. Neutronen werden entweder in einem Teilchenbeschleuniger über eine Kernreaktion von schnellen Deuteronen mit Beryllium erzeugt oder bei Kernspaltungsreaktionen freigesetzt.

Die IS erfährt beim Durchgang durch Materie eine Schwächung durch Absorption und Streuung. Bei der Absorption wird die Energie ganz oder teilweise auf die Materie übertragen, bei der Streuung wird das Teilchen nur aus seiner Richtung abgelenkt. Beide Prozesse führen nach dem Durchtritt zu einer Reduktion der Strahlungsintensität. Das Ausmaß der Schwächung hängt zum einen von der Dichte und der Dicke der durchstrahlten Materieschicht ab, zum anderen von der Energie der IS: Je höher die Energie, desto geringer ist die Schwächung. Häufig verwendet man den Begriff der Strahlenhärte, um die Durchdringungsfähigkeit der Strahlung zu beschreiben. Sie wird durch die maximale Photonenenergie definiert: als weiche Strahlung bis 100 Kiloelektronenvolt, harte Strahlung zwischen 100 Kiloelektronenvolt und einem Megaelektronenvolt und ultraharte Strahlung über einem Megaelektronenvolt. Die Behand-

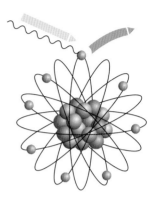

Bei der **Ionisation** wird einem Elektron in einem Atom oder Molekül so viel Energie zugeführt, dass es dieses verlassen kann.

In der Physik wird die Energie von Atomen, Elektronen, Photonen oder anderen Elementarteilchen oft mit der Einheit **Elektronenvolt,** abgekürzt: eV, angegeben. Ein Elektronenvolt ist die Energie, die ein Elektron beim Durchlaufen einer elektrischen Spannung von einem Volt erhält. Photonen aus dem sichtbaren Spektralbereich haben ungefähr ein halbes Elektronenvolt, Röntgenphotonen einige Kiloelektronenvolt (keV), Gammaphotonen oder Alphateilchen typischerweise mehrere Megaelektronenvolt (MeV).

DOSISGRÖSSEN

Die Energiedosis beschreibt die in einem beliebigen Material absorbierte Energie bezogen auf die Masse des Materials. Die Strahlenwirkung ist proportional zur Energiedosis. Sie ist im Allgemeinen nicht direkt messbar und wird aus der Energiedosis in Luft unter Berücksichtigung des Absorptionsverhaltens in verschiedenen Materialien berechnet: Energiedosis in Material 2 = Energiedosis in Material 1 mal Dosisumrechnungsfaktor. Der Dosisumrechnungsfaktor ist von der Materialsorte und der Energie der Strahlung abhängig. Er unterscheidet sich für die verschiedenen Gewebetypen stark bei niedrigen Energien und gleicht sich mit steigender Energie an. Die Einheit der Energiedosis ist das Gray; ein Gray ist ein Joule pro Kilogramm. Ein Gray verursacht in einem Gramm Wasser eine Temperaturerhöhung von 0,000 239 Grad Celsius. Die für einen 70 Kilogramm schweren Menschen tödliche Ganzkörperdosis von zehn Gray (bei Bestrahlung in kurzer Zeit) entspricht einer im Körper absorbierten Energiemenge, die einen Liter Wasser um nur 0,167 Grad erwärmt. Dies zeigt deutlich, dass der biologische Wirkmechanismus von IS nicht auf deren Wärmeentwicklung beruht.

Die Äquivalentdosis ist ein Maß, das im Strahlenschutz verwendet wird und die unterschiedliche, von der Strahlenart abhängige Ionisationsdichte berücksichtigt. Ihre Einheit ist das Sievert, abgekürzt:

Strahlungsart	Qualitätsfaktor
Elektronen	1
Positronen	1
Röntgenstrahlen	1
Gammastrahlen	1
Neutronen	5 bis 20
Alphateilchen aus Radionukliden	20

Sv. Die Äquivalentdosis kann aus der Energiedosis mithilfe eines Bewertungsfaktors, des effektiven Qualitätsfaktors berechnet werden. Die Werte für diesen Faktor werden jeweils durch die internationale Strahlenschutzkommission anhand neuer strahlenbiologischer Erkenntnisse festgelegt.

Die relative biologische Wirksamkeit (RBW) berücksichtigt, in welcher Weise sich die Wirksamkeit einer Strahlart bei gleicher Energie, jedoch unterschiedlicher Energie ändert. Sie wird experimentell bestimmt. Der RBW-Faktor ergibt sich aus dem Quotienten der Energiedosis der Standardstrahlung und der Energiedosis der interessierenden Strahlung für den gleichen biologischen Effekt. Als Standardstrahlung wird meistens Röntgenstrahlung einer Energie von 200 Kiloelektronenvolt verwendet. Der RBW-Faktor ist neben der Strahlenart auch von der Strahlenenergie, der räumlichen und zeitlichen Dosisverteilung und dem Entwicklungszustand des bestrahlten Gewebes abhängig.

lung bösartiger Erkrankungen erfolgt heute überwiegend mit ultraharten Strahlenarten.

Die biologische Wirkung der IS wird unter anderem durch die von ihr abgegebene Dosis charakterisiert. Diese hängt von der im Gewebe absorbierten Energie, der Dichte der Ionisierungsprozesse und äußeren Faktoren wie zum Beispiel der zeitlichen Verteilung der Bestrahlung ab. Drei wichtige Dosisgrößen sind die Energiedosis, die Äquivalentdosis und die relative biologische Wirksamkeit.

Elektronen, die durch Photonen- oder Teilchenstrahlen im Gewebe freigesetzt werden, nennt man Sekundärelektronen; sie besitzen eine relativ hohe Reichweite, die mit der Energie der auslösenden IS zunimmt. Die Sekundärelektronen der Photonenstrahlung fliegen in Richtung der einfallenden Strahlung weiter. Sie sind für die Energieabgabe an das Gewebe verantwortlich, und sie bestimmen letztlich die Dosis. Die Lage des Dosismaximums ist von der Reichweite der Sekundärelektronen abhängig – es liegt mit zunehmender Strahlungsenergie immer tiefer.

Der Tiefendosisverlauf ist für Photonenstrahlung und Teilchenstrahlung unterschiedlich. Für Photonenstrahlung nimmt die prozentuale Tiefendosis mit steigender Strahlenenergie zu, die Maximaldosis verlagert sich dabei in tiefere Bereiche des Körpers.

Im Gegensatz zur Photonenstrahlung erfolgt die Energieabgabe bei Teilchenstrahlung kontinuierlich. Teilchenstrahlen besitzen daher eine genau definierte Eindringtiefe, die mit zunehmender Energie ansteigt. Der Verlauf der Tiefendosiskurve ist abhängig von der kinetischen Energie des Teilchens, dessen Masse, Ladung und der Materialdichte. Sie erzeugen eine höhere Ionisierungsdichte entlang ihrer Bahn durch das Gewebe als Photonenstrahlung und erreichen ihr Energiemaximum erst in tieferen Lagen. Dadurch kann oberflächennahes Gewebe geschont werden. Elektronen weichen von diesem Verhalten jedoch ab, weil sie aufgrund ihrer viele Tausend Mal geringeren Masse stark gestreut werden. Die Dosis steigt bei Elektronen unmittelbar nach dem Eindringen in Materie an und nimmt mit zunehmender Gewebetiefe steil ab.

Biologische Wirkung ionisierender Strahlung

Der Mensch besteht – ohne Berücksichtigung der Blutzellen – aus etwa zehn bis 100 Billionen Zellen, das ist eine Zahl aus einer Eins mit 13 beziehungsweise 14 Nullen! Die menschlichen Zellen sind häufig auf bestimmte Funktionen spezialisiert, zum Beispiel als Leberzellen, Nervenzellen oder Muskelzellen. In ihrem Zellkern befinden sich die Chromosomen, welche die Träger der Erbsubstanz sind. Bei der Zellteilung wird die Erbsubstanz verdoppelt und auf zwei Zellen verteilt. Die Auswirkungen einer Bestrahlung mit ionisierender Strahlung auf die Bestandteile einer solchen Zelle können in vier charakteristische, aufeinander folgende Phasen unterschieden werden: In der ersten, physikalischen Phase erfolgt die Dosisabsorption. Dabei werden die Moleküle in der Zelle angeregt und ionisiert. In der anschließenden zweiten, physikalisch-chemischen Phase treten Primärschäden am Molekül auf, zum Beispiel brechen die Molekülbindungen auf. Die Primärschäden werden entweder durch direkte Strahlenwirkung oder durch die Bildung von hochreaktiven Radikalen verursacht, welche die Moleküle in der Zelle schädigen. Die zweite Phase läuft innerhalb der fast unvorstellbar kurzen Zeit von 10^{-14} bis 10^{-6} Sekunden nach der Bestrahlung ab. Während der dritten, biochemischen Phase führen mehrere chemische und biochemische Folgeprozesse zu Veränderungen und Schäden an der Erbsubstanz. Diese Vorgänge laufen ebenfalls in Bruchteilen von Sekunden nach der Bestrahlung ab. Die vierte, biologische Phase zeigt die Auswirkungen der einzelnen vorausgegangenen Prozesse

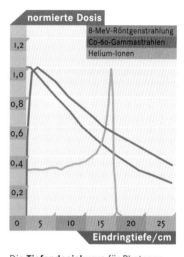

Die **Tiefendosiskurve** für Photonen, Elektronen und Schwerionen zeigt, dass Photonen und Elektronen ihre Energie entweder über einen weiten Tiefenbereich verteilen oder überwiegend an der Oberfläche abgeben, während Schwerionen ihre größte Wirksamkeit in einer bestimmten, recht genau eingegrenzten Tiefenschicht haben.

anhand anatomischer Veränderungen und Ausfällen der Lebensfunktionen des Organismus. Hierzu gehören beispielsweise Stoffwechselveränderungen, Mutationen im Erbmaterial, Zelltod, Entstehung bösartiger Erkrankungen oder auch der Tod des gesamten Organismus. Diese Auswirkungen können entweder bereits wenige Sekunden nach der Bestrahlung auftreten oder aber erst nach vielen Jahren und Jahrzehnten.

Eine Bestrahlung hat je nach Ablauf der beschriebenen Prozesse für die Zelle verschiedene Konsequenzen: Die Zelle gleicht den Strahlenschaden durch Reparatur aus und kann sich weiterhin teilen und vermehren. Ihr Erbmaterial kann aber auch durch die Bestrahlung so verändert worden sein, dass sie jetzt andere Eigenschaften hat als vor der Bestrahlung, obwohl ihre Teilungsfähigkeit unbeeinflusst bleibt. Auf diese Weise werden beispielsweise Erbkrankheiten oder Tumore durch die Bestrahlung ausgelöst. Eine weitere Möglichkeit ist der plötzliche Zelltod ohne weitere Vermehrung der Zelle oder aber der Zelltod nach wenigen Vermehrungszyklen. Die Abhängigkeit der verschiedenen Ereignisse von der verabreichten Strahlendosis lässt sich in Zellkulturen und am lebenden Organismus untersuchen. Das Resultat wird in Überlebenskurven, so genannten Dosis-Wirkungs-Kurven, dargestellt, bei denen der Prozentsatz der überlebenden Zellen in Abhängigkeit von der verabreichten Dosis aufgetragen wird. Das Ergebnis zeigt, dass hohe Strahlendosen pro Zeitintervall wirksamer sind als kleine Strahlendosen, weil die Zellen bei geringen Dosen in der Lage sind, die Strahlenwirkung zu reparieren und sich auf diese Weise vollständig zu erholen.

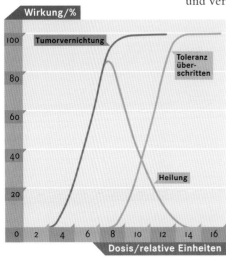

An der **Dosis-Wirkungs-Kurve** lässt sich ablesen, dass Tumorzellen (linke Kurve) auf ionisierende Strahlung empfindlicher reagieren als gesundes Gewebe (rechte Kurve); dies ist die Grundlage der Strahlentherapie mit ionisierender Strahlung.

Warum verwendet man nun Photonen- und Teilchenstrahlung für die Tumortherapie? Die Antwort auf diese Frage liegt in einem wichtigen Unterschied zwischen gesunden und Tumorzellen: Während das Wachstum gesunder Zellen im Körper durch verschiedene äußere und innere Faktoren reguliert und auf einem festgelegten Niveau gehalten wird, zeigen Tumorzellen ein unabhängiges, eigenständiges, unkontrolliertes Wachstum über ihre ursprünglichen Gewebegrenzen hinaus.

Tumorzellen benötigen außerdem für die beschriebenen Erholungsvorgänge nach einer Bestrahlung mehr Zeit als gesundes Gewebe, das sich relativ schnell regenerieren kann. Dies ist die Grundlage für die Anwendung der so genannten Dosisfraktionierung. Hierunter versteht man die zeitliche Aufteilung der Gesamtdosis auf mehrere Bestrahlungen, zwischen denen sich gesundes Gewebe erholen kann, während der Tumor sukzessive zerstört wird. Durch eine Kombination der Bestrahlung mit Chemotherapie, Hyperthermie, Sauerstoffgabe oder auch eine Kombination von verschieden ionisierenden Strahlungen wird die Strahlenempfindlichkeit von Tumorgewebe gegenüber Normalgewebe zusätzlich erhöht und somit der Therapieeffekt verstärkt.

Bestrahlungseinrichtungen und Anwendungsbereiche

Man unterscheidet verschiedene Strahlentherapieformen in Hinblick auf die Tiefenlage des erkrankten Gebiets. Die Oberflächentherapie wird zur Bestrahlung oberflächlich gelegener Zielvolumen herangezogen, beispielsweise bei der Behandlung von Hauttumoren. Sie erfolgt mit weichen Röntgenstrahlen, schnellen Elektronen mit Energien von bis zu fünf Megaelektronenvolt oder durch Kontakttherapie mit umschlossenen Radionukliden. Die Halbtiefentherapie erfolgt mit Röntgenstrahlen oberhalb von 100 Kiloelektronenvolt, mit der Caesium-137-Teletherapie oder mit schnellen Elektronen mit einer Energie von 7 bis 20 Megaelektronenvolt. Als Strahlenarten kommen hierfür im Grunde alle ionisierenden ultraharten Strahlen in Betracht. Am häufigsten werden jedoch ultraharte Gammastrahlen (Cobalt-60), hoch energetische Elektronen oder konventionelle Röntgenstrahlen (100 Kiloelektronenvolt) verwendet. Die Bestrahlung erfolgt in den meisten Fällen von außen. Sie kann jedoch auch durch Einführen umschlossener radioaktiver Stoffe in natürliche oder künstliche Körperhöhlen oder durch Implantation direkt in den Tumor durchgeführt werden. Eine weitere Möglichkeit ist die Verwendung offener Radionuklide, die zum Beispiel auf dem Stoffwechselweg in den Körper eingebracht, also geschluckt werden.

Die Radio-Iodtherapie zur Beeinflussung der Schilddrüsenüberfunktion und des Schilddrüsenkarzinoms ist ein Beispiel für eine solche Behandlungsform. Bei dieser Therapieform nutzt man aus, dass sich mit der Nahrung aufgenommenes Iod in der Schilddrüse stark anreichert. Dies gilt auch für radioaktives Iod, das somit auf natürliche Weise selektiv in die zu bestrahlende Schilddrüse gelangt und die dortigen Zellen gezielt bestrahlt.

Bestrahlungsgeräte

Zur therapeutischen Bestrahlung benutzt man vor allem die leicht zugängliche Strahlung von Röntgengeräten oder Präparaten, die radioaktive Elemente enthalten. Außerdem werden auch Strahlen, die von Teilchenbeschleunigern erzeugt werden, angewandt.

In einer Röntgentherapieanlage wird therapeutische Röntgenstrahlung in einer Röntgenröhre erzeugt. Die Röhrenspannungen betragen hierbei bis zu 400 Kilovolt, womit sich dementsprechend Strahlenenergien von bis zu 400 Kiloelektronenvolt erzielen lassen. Die Funktionsweise ist analog zu einer in der Diagnostik eingesetzten Röntgenröhre, allerdings wird hier anstelle einer rotierenden Anode eine fest stehende benutzt. Bei Behandlung der Brust arbeitet man mit Röntgenenergien um 20 Kiloelektronenvolt, bei der Lunge um 150 Kiloelektronenvolt. Die entstehende Röntgenstrahlung besitzt eine kontinuierliche Energieverteilung. Der weiche, niederenergetische Anteil der Strahlung wird durch Filterplatten aus Aluminium oder Kupfer zurückgehalten. Die Röntgenquelle ist in

Anlage zur **Gammastrahlentherapie** mit Cobalt-60-Präparaten.

einem Gantry genannten Auslegearm untergebracht, der um die Patientenliege gedreht werden kann.

Die Strahlungsquelle von Gammabestrahlungsgeräten besteht in den meisten Fällen aus einem Gammastrahlung emittierenden Cobalt-60-Präparat mit einer Länge von zwei bis vier Zentimetern und etwa zwei Zentimetern Durchmesser. Die emittierte Strahlung besitzt zwei scharf definierte Energien (1,17 und 1,32 Megaelektronenvolt). Das Präparat befindet sich in einem doppelt verschweißten Zylinder, der im Strahlkopf fixiert ist. Da die Strahlung nicht abgeschaltet werden kann, wird die Quelle von starken Blei- und Wolframabschirmungen umgeben. Indem man die Strahlenquelle dreht, kann die Strahlung durch ein Fenster in der Abschirmung in die gewünschte Richtung austreten. Der gesamte Strahlkopf ist, wie bei der Röntgenbestrahlung auch, frei um die Patientenliege drehbar.

Teilchenbeschleuniger nennt man Einrichtungen zur Erzeugung hoch energetischer Photonen- und Teilchenstrahlung. Aufgrund der Form der Tiefendosiskurve, deren Maximum sich in tiefer liegenden Bereichen befindet und mit einem steilen Dosisabfall endet, bieten Protonen, Alphateilchen und Schwerionen viele Vorteile gegenüber anderen ionisierenden Strahlenarten. Der mit der Strahlerzeugung und Strahlführung schwerer geladener Teilchen verbundene hohe technische Aufwand beschränkt diese Therapieform allerdings derzeit auf nur wenige Großforschungseinrichtungen, welche die Teilchenbeschleuniger hauptsächlich für Grundlagenforschung nutzen. So wird am Hahn-Meitner-Institut in Berlin (HMI) seit kurzem die Protonentherapie für Augentumoren praktiziert; bei der Gesellschaft für Schwerionenforschung in Darmstadt (GSI) wurden 1998 die ersten Patienten in Deutschland mit einer Schwerionentherapie unter Verwendung von Kohlenstoffionen behandelt. Der Einsatz solcher Therapieformen kommt im klinischen Routinebetrieb kaum in Betracht. Elektronenbeschleuniger sind dagegen in kompakter Bauweise erhältlich und werden daher in der klinischen Routine eingesetzt. Man unterscheidet zwischen Kreisbeschleunigern und Linearbeschleunigern. Im Kreisbeschleuniger werden die Elektronen auf einer annähernd kreisförmigen Bahn beschleunigt, die sie mehrmals durchlaufen. Durch Einschwenken einer Anode in die Elektronenbahn lässt sich der Beschleuniger auch zur Erzeugung ultraharter Röntgenstrahlung nutzen, da beim Aufprall der hoch energetischen Elektronen wie in einer Röntgenröhre Röntgenphotonen freigesetzt werden. In einem Linearbeschleuniger werden die Elektronen beim Durchlaufen einer geraden Beschleunigungsstrecke in einem Hohlleiter beschleunigt. Die Umlenkung der beschleunigten Elektronen am

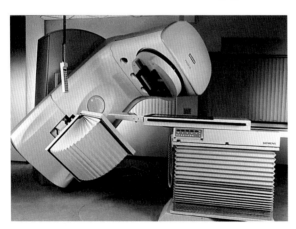

Im Gegensatz zu anderen Beschleunigertypen können **lineare Elektronenbeschleuniger** so kompakt gebaut werden, dass sie sich für den klinischen Routinebetrieb eignen.

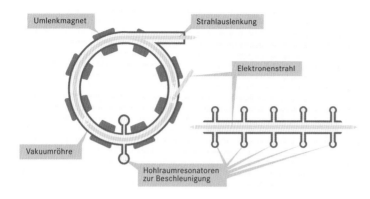

Schema eines **Kreisbeschleunigers** und eines **Linearbeschleunigers**.

Ende der Strecke erfolgt durch einen Ablenkmagneten. Auch hier kann wahlweise eine Anode zur Erzeugung ultraharter Röntgenstrahlung eingeschoben werden. Der Elektronenstrahl verlässt den Beschleuniger mit einem Strahldurchmesser von ungefähr drei Millimetern, der je nach Bedarf mit Streufolien entsprechend aufgeweitet werden kann. Klinische Linearbeschleuniger besitzen Rohrlängen um zwei Meter. Auf dieser Strecke müssen die Elektronen auf Energien von einigen Megaelektronenvolt beschleunigt werden. Dies erfordert elektrische Leistungen von mehreren Megawatt. Mit modernen Anlagen lassen sich Elektronenenergien zwischen 5 und 20 Megaelektronenvolt und ultraharte Röntgenstrahlen von 6 bis 15 Megaelektronenvolt erzeugen.

In der Brachytherapie (griechisch brachys: kurz, klein, gering) werden radioaktive Präparate für eine gewisse Zeit in den Körper des Patienten eingebracht oder auf die Haut aufgelegt. Dies ist in der Regel mit einer hohen Strahlenbelastung für Arzt und Pflegepersonal verbunden.

Um die Strahlenbelastung zu reduzieren, wird mit Afterloading-Geräten gearbeitet, die eine automatische, ferngesteuerte Einbringung radioaktiver Präparate mithilfe von Schläuchen in den Körper und deren Entfernung nach der Therapie ermöglichen. Zunächst werden die Applikatoren unter Operationsbedingungen in die gewünschte Körperposition des Patienten gebracht. Das radioaktive Präparat wird anschließend ferngesteuert in den Applikator geschoben und nach berechneter Einwirkzeit wieder entfernt. Es gibt aber auch Präparate, die über mehrere Tage im Körper verbleiben können. Solche Behandlungen werden häufig bei Ovarial-Tumoren (Eierstock-Tumoren), Prostatakarzinomen und Analkarzinomen, Hauttumoren und Kopf-Hals-Tumoren durchgeführt. Ein weiteres mögliches Einsatzgebiet ist die Bestrahlung von Gefäßinnenwänden, um die Bildung neuer Gefäßverkalkungen zu vermeiden. Zurzeit ist dies jedoch kein Ersatz für die bisher verwendeten konventionellen Methoden.

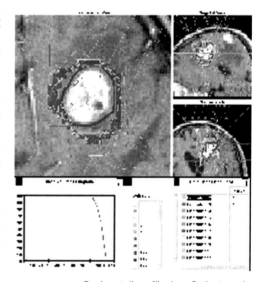

Dosisverteilung für einen Patienten mit Hirnmetastasen. Die verschiedenfarbigen Linien (**Isodosen**) grenzen Bereiche mit verschieden hoher Dosis ab.

Bestrahlungsmethoden und Bestrahlungsplanung

Das Ziel jeder Strahlentherapie ist die optimale Schonung der gesunden Gewebe und Organe bei gleichzeitiger maximaler Schädigung des tumorösen Bereichs durch eine möglichst hohe Dosis im Zielvolumen. Die räumliche Dosisverteilung wird in Form von so genannten Isodosen dargestellt. Dies sind Flächen, die alle Punkte gleicher Dosis im bestrahlten Körpervolumen verbinden.

Jeder Strahlenbehandlung geht eine präzise Bestrahlungsplanung voraus, bei der für jeden Patienten individuell die genaue Dosisverteilung, Strahlenart, Lage und Größe der Bestrahlungsfelder sowie die optimale Bestrahlungsmethode festgelegt wird. Die Dosisverteilung wird mit dem Computer ermittelt, wobei besonders strahlenempfindliche Risikoorgane wie Augen und Rückenmark berücksichtigt werden. Die Planung erfolgt häufig anhand von computertomographischen Aufnahmen, die oft durch MRT-Bilder ergänzt werden. Dort wird die Lokalisation, Ausdehnung und Ausbreitung des Tumors bestimmt und die Dosisverteilung eingezeichnet.

Die im Bestrahlungsplan festgelegten Daten werden auf das Bestrahlungsgerät übertragen und protokolliert. Vor dem Beginn der Therapie wird an einem Simulationsgerät die Lagerung des Patienten festgelegt, und die Bestrahlungsfelder werden simuliert. Das spätere Bestrahlungsfeld wird dann auf der Haut des Patienten mit einem Stift aufgemalt, sodass der Patient bei jeder Bestrahlung genau positioniert werden kann. Bei hochpräzisen Bestrahlungen, wo es auf eine Genauigkeit von ein bis zwei Millimetern ankommt, um strahlenempfindliche Bereiche (wie zum Beispiel den Sehnerv) zu schonen, wird der Patient für die Dauer der Bestrahlung fixiert. Dies kann im Fall einer Bestrahlung des Kopfes mit einer Gipsmaske geschehen, die an einem stereotaktischen System befestigt ist. Sie wird vom Patienten auch bei der Aufnahme der CT- und MRT-Bilder getragen, um die gleiche Positionierung zu gewährleisten.

Die Wahl der Bestrahlungsmethode bestimmt die Dosisverteilung im Gewebe. Sie ist abhängig von der Lage, Form und Ausdehnung des Tumors. Die Einzelfeldbestrahlung wird bei der Behandlung oberflächennaher und halbtief gelegener Tumoren in bis zu sieben Zentimetern Tiefe durchgeführt.

Für tiefer gelegene Tumoren wird die Mehrfeldbestrahlung verwendet, bei der mehrere Einzelfelder aus verschiedenen Richtungen eingestrahlt werden, wobei die Strahlen alle im Zielvolumen zusammenlaufen. Bei gleichzeitiger Absenkung der Strahlenbelastung im umliegenden Gewebe wird im Überschneidungspunkt eine hohe Dosis erreicht. Die Bewegungsbestrahlung (Rotationsbestrahlung) ist eine Form der Mehrfeldbestrahlung. Die Strahlenquelle bewegt sich dabei auf einem Kreisbogen um den Patienten. Wird der Einstrahlwinkel mehrmals durchlaufen, spricht man von einer Pendelbestrahlung. Mit der Methode der Rotationsbestrahlung kann die optimale mit externer Bestrahlung mögliche Dosisverteilung erreicht werden. Dabei kommen zusätzlich noch Blenden zum Ein-

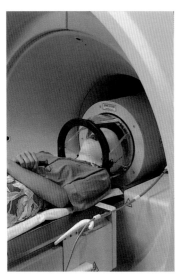

Mit diesem **stereotaktischen System** kann der Arzt den Kopf des Patienten während der diagnostischen Untersuchung und während der Strahlentherapie millimetergenau fixieren. Dies ist für eine möglichst weitgehende Schonung des empfindlichen gesunden Hirngewebes unerlässlich.

satz, mit denen sich die von den Bestrahlungsgeräten gelieferten rechteckigen Strahlenquerschnitte an die individuelle Tumorgestalt und das gewünschte Bestrahlungsvolumen anpassen lassen. Die Blenden bestehen meist aus Bleilegierungen, da die Abschirmung umso besser wirkt, je dichter das verwendete Material ist.

Die einfachste Methode ist die Abschirmung einzelner Feldbereiche durch Aufstellen von vorgegebenen, speziell geformten Metallblöcken in den Strahlengang. Eine andere Methode ist der Einschub individuell geformter Blenden in das Blendensystem des Geräts. Einige Geräte besitzen inzwischen einen in das Blendensystem eingebauten Lamellenkollimator, in der Medizintechnik »Multi-Leaf-Kollimator« genannt (»Vielblatt-Kollimator«). Jede Lamelle kann mit einem kleinen Motor angesteuert werden, wodurch eine individuelle, zeitlich variierbare Feldformung ermöglicht wird.

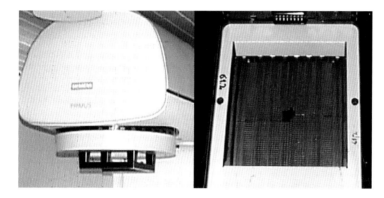

Links der Kopf eines Röntgen-bestrahlungsgeräts mit eingeschraubter Kollimatoreinheit zur Bestrahlungssteuerung, rechts eine Unteransicht des **Lamellen-kollimators.** Mittels der Lamellen kann die Durchtrittsöffnung für die Strahlung – in der Untersicht in der Mitte als schwarze Fläche zu erkennen – so präzise eingestellt werden, dass nur der erkrankte Bereich der Strahlung ausgesetzt wird.

Die Entwicklung verbesserter Bestrahlungsgeräte und die Erforschung neuer Bestrahlungsmethoden wie zum Beispiel der Schwerionentherapie dient der optimalen Behandlung des Patienten und führt zu einer anhaltenden Verminderung der Strahlennebenwirkungen. Durch die parallele Entwicklung verbesserter diagnostischer und therapeutischer Verfahren können in der Strahlentherapie wie in der gesamten Medizintechnik Erkrankungen frühzeitig erkannt und die Chancen auf Heilung erhöht werden. Die medizinischen Entwicklungen zielen dabei nicht zuletzt darauf ab, den Aufwand und die Schmerzen für den Patienten zu verringern. Die Fortschritte im Bereich der diagnostischen Verfahren, in der minimal invasiven Chirurgie sowie in der Laser- und Bestrahlungstechnik sind Beispiele hierfür. Die dahinter stehende Technik wird jedoch immer anspruchsvoller und komplexer – in diesem spannenden, aber oft selbst für Fachleute nicht mehr leicht zu überblickenden Bereich der Medizintechnik ist noch lange kein Ende der Entwicklung abzusehen.

H. Münch, R. Jerecic

Die Verantwortung des Arztes im 21. Jahrhundert

Der medizinisch-technische Fortschritt des 20. Jahrhunderts hat vielen Krankheiten den Schrecken genommen und zu einer wesentlichen Verbesserung der Lebensqualität und zu einer substantiellen Verlängerung der Lebenserwartung geführt. Angesichts dieser positiven Entwicklung dürfen jedoch die Gefahren der modernen Medizin nicht vernachlässigt werden. So wird es immer schwerer, die Grenze zwischen dem medizinisch und technisch Machbaren und dem ärztlich und menschlich Vertretbaren zu ziehen. Heute gilt es mehr denn je, zu fragen, ob der Arzt alles Machbare uneingeschränkt einsetzen muss oder darf. Wo soll er die Grenzen ziehen, und wie will er diese Grenzziehung begründen? Die technischen Möglichkeiten entwickeln sich offenbar rascher als die Fähigkeit der Beteiligten, diese zu reflektieren und mit ihnen angemessen umzugehen. Die Rechte und die Würde des Patienten einerseits, die Pflichten des Arztes andererseits veranlassen uns, dieses Verhältnis neu zu überdenken.

Die moderne Medizin hat in der jüngsten Vergangenheit große Erfolge erzielt, und sie hat eine bedeutende Zahl neuer Möglichkeiten in der Prävention, Früherkennung und Behandlung vieler Erkrankungen eröffnet. Diese jetzt schon bestehenden Möglichkeiten sowie ihre Perspektiven verschieben zweifellos die Grenze des medizinisch und technisch Machbaren in Bereiche, die an geltende ethische und existentielle Grundsätze rühren, ja diese potenziell infrage stellen. Um dieser Herausforderung zu begegnen, bedarf es gemeinsamer Anstrengungen aller beteiligten Gruppen und der Gesellschaft insgesamt. Dabei ist es wenig sinnvoll, die ohnehin schon übermächtige Vielzahl von unterschiedlichen Kodizes und Normen, die sich auf abgegrenzte Gebiete beziehen, noch zu erweitern. Vielmehr gilt es vor allem, einen Grundkonsens zu erarbeiten und verbindende Gemeinsamkeiten zu definieren.

Dennoch kann die ärztliche Verantwortung nicht von einer individuellen zu einer kollektiven Verpflichtung umgemünzt werden. Die Verantwortung des einzelnen Arztes dafür, dem Patienten eine medizinisch fundierte und menschlich angemessene Vorgehensweise zu empfehlen, bleibt letztlich unteilbar, auch wenn die moderne Medizin von Arbeitsteilung und Kooperation zwischen vielen Spezialisten geprägt ist. Auch die Hierarchie im Krankenhaus kann und darf die Verantwortung des einzelnen Arztes für die jeweilige Maßnahme nicht auflösen oder verwässern.

Hier ist zum einen die Ethik in der Medizin gefordert, darüber hinaus muss aber auch die Forderung erhoben werden, bereits in der studentischen Ausbildung den Grundstein für Bewusstsein, Reflexion und Konsequenz des ärztlichen Handelns zu legen.

Aber nicht nur Arbeitsteilung, Spezialisierung und Hierarchie greifen in die Verantwortung des einzelnen Arztes ein. Auch die zunehmende Konfrontation mit dem Problem, dass grundsätzlich vorhandene Therapiemöglichkeiten nicht unabhängig von Budgetvorgaben und beschränkten Ressourcen genutzt werden können, stellt das traditionelle Verständnis von der Verantwortung des Arztes empfindlich infrage: Wer ist kompetent für Entscheidungen über die Zuteilung von knappen Gesundheitsgütern nach anderen als rein medizinischen Gesichtspunkten – Ärzte und andere in der Patientenbetreuung Tätige, die Politik oder die Verwaltung der Einrichtungen? Welche anderen Kriterien als die der medizinischen Indikation, der Bedürftigkeit des Patienten sind hier akzeptabel? Welchen Grundkonflikt mutet eine Gesellschaft ihren Ärzten, Pflegekräften und Therapeuten zu, wenn diese – entgegen ihrem traditionellen ethischen Selbstverständnis – nicht mehr jeden bedürftigen Patienten »ohne Ansehen der Person« in gleicher Weise behandeln sollen und können?

Hier ist es in der Praxis der modernen Medizin zu deutlichen Veränderungen gekommen, die die Wahrnehmung und die Umsetzung der Verantwortung durch den Einzelnen konflikthaft einschränken. Diese Veränderungen in den strukturellen und politischen Voraussetzungen der individuellen Verantwortung des Arztes müssen in der Medizin des kommenden Jahrtausends reflektiert werden.

Die Medizin des 20. Jahrhunderts – eine Erfolgsgeschichte

In den letzten hundert Jahren konnten die diagnostischen und therapeutischen Möglichkeiten der Medizin, aber auch die Lebensbedingungen insgesamt erheblich verbessert werden. Mit der bahnbrechenden Entdeckung und Nutzung der Röntgenstrahlen eröffneten sich neue Wege in der bildgebenden Diagnostik, die mit den heutigen Verfahren der Magnetresonanztomographie und Sonographie sicher noch nicht zu Ende gebracht sind. So gelang es etwa, hochwirksame Medikamente zur Bekämpfung von Infektionen und bösartigen Erkrankungen sowie zur Korrektur der Zuckerkrankheit und des Bluthochdrucks oder zur Behandlung der Herzschwäche zu entwickeln. Mithilfe der Intensivmedizin ist es möglich geworden, den Ausfall von Organen zu überbrücken; die Transplantationsmedizin erlaubt es schließlich, kranke Organe dauerhaft zu ersetzen.

Diese Fortschritte haben dazu geführt, dass die meisten Infektionskrankheiten beherrschbar geworden sind. Die Säuglingssterblichkeit ist praktisch auf null gesunken. Die Diagnose einer Krebskrankheit bedeutet nicht mehr ein unausweichliches Todesurteil. Patienten mit Zuckerkrankheit und Bluthochdruck können sich einer besseren Lebensqualität erfreuen und haben ein längeres Leben vor sich.

Damit ist der Fortschritt jedoch nicht am Ende. Vielmehr ist es uns mithilfe moderner Forschungsmethoden in zunehmendem Maße möglich, Einblicke in die Pathogenese, das heißt in die grundlegenden Mechanismen der Krankheitsentstehung, zu gewinnen.

So gelingt es heute, die molekularen Steuerungselemente dieser Prozesse und die daran beteiligten Gene zu identifizieren und ihr Zusammenspiel zu verstehen. Im Zuge dieser Arbeiten wird das menschliche Genom in naher Zukunft entschlüsselt sein, und wir werden möglicherweise zahlreiche Erkrankungen noch besser begreifen und behandeln können. Damit zeichnet sich die Perspektive ab, krankhafte Veränderungen gezielt und spezifisch zu korrigieren und die derzeitigen meist unspezifischen Behandlungsverfahren, die häufig mit belastenden Nebenwirkungen verbunden sind, zu ersetzen.

In ihrer Erfolgsgeschichte hat sich die Medizin von einer auf Empirie, also Erfahrung, beruhenden Lehre zu einer naturwissenschaftlich orientierten, auf theoretisches Wissen gestützten Disziplin entwickelt: So werden heute Erkenntnisse systematisch gesammelt und einer objektiven Analyse unterzogen. Es wurden präklinische Experimente und Modelle entwickelt, die es erlauben, Krankheiten besser zu verstehen, ohne am Patienten selbst forschen zu müssen. Dadurch ist es gelungen, biologische Abläufe zu analysieren und ihre einzelnen Komponenten zu charakterisieren. Auf diese Weise wurden die Hormone und Botenstoffe entdeckt, konnten Wege der Signalübertragung innerhalb von Zellen entschlüsselt und Gene identifiziert werden, die das Zellwachstum und die Zellreifung steuern.

In den letzten Jahren sind gewaltige Fortschritte im Bereich der Chirurgie durch den Einsatz moderner technischer Hilfsmittel erzielt worden. So hat der Laserstrahl bei vielen Operationen, beispielsweise am Auge oder am Gehirn, das Skalpell ersetzt. Daneben macht das Schlagwort von der minimal-invasiven Chirurgie die Runde. Hier geht es darum, dass sich heute durch kleine Operationsschnitte oder natürliche Körperöffnungen flexible Endoskope und Katheter an den Diagnose- oder Therapieort heranführen lassen, die winzige Optiken und Instrumente an ihrer Spitze tragen. Der Laserstrahl und die miniaturisierten Instrumente erlauben Eingriffe, die viel genauer, schneller und schonender als bisher vorgenommen werden können.

Nicht zu unterschätzen ist auch die Rolle des Computers und der Telekommunikation in der Medizin, wobei hier neben dem rein Technischen vor allem ökonomische Aspekte ins Spiel kommen. Computer machen den Einsatz medizinischer Großgeräte, insbesondere der bildgebenden Systeme, oft überhaupt erst möglich. Die Telekommunikation bildet die Grundlage für den Austausch von Daten zwischen den Kliniken, sodass Ressourcen auch dort genutzt werden können, wo keine fortgeschrittene Großgerätetechnik zur Verfügung steht.

In Anbetracht dieser Erfolge darf allerdings nicht vergessen werden, dass die Medizin keine reine Naturwissenschaft oder technische Disziplin ist und auch in Zukunft nicht werden sollte. Der wichtigste und stets übergeordnete Inhalt der Medizin ist der Mensch und das menschliche Miteinander, das keinen gesetzmäßigen und objektiv erfassbaren Maßstäben unterliegt. Dies ist denn auch der eigentliche Ort, an dem sich eine Ethik in der Medizin definieren muss. Und nur hier wird es der Medizin durch Selbstreflexion und Weiterentwicklung ihrer Ziele gelingen, sowohl den menschlichen, sozialen und gesellschaftlichen Anforderungen nachzukommen als auch ihre eigene Dynamik als wisssenschaftliche Disziplin zu bewältigen.

Informationsflut, Spezialisierung und der Verlust der Ganzheitlichkeit

Mit dem medizinischen Fortschritt ist eine Fülle von neuen Erkenntnissen und Informationen über uns hereingebrochen. Das medizinische Basiswissen erneuert sich zurzeit etwa alle fünf bis sieben Jahre. Dies bedeutet für einen Studenten der Medizin, dass das, was er am Anfang des Studiums gelernt hat, an dessen Ende vielleicht schon überholt oder modifiziert sein kann. Mit diesem Problem sind natürlich noch viel mehr die aktiv tätigen Ärzte konfrontiert, denen in der täglichen Verantwortung für ihre Patienten aktuelles Wissen über neue Möglichkeiten der Diagnostik und Therapie abverlangt wird.

Auch für den Forscher und klinisch tätigen Arzt ist es nicht mehr möglich, die Fortschritte und Entwicklungen der modernen Medizin in ihrer Komplexität und Gänze zu überblicken, zu verstehen und umzusetzen. Auch sie müssen sich auf Einzelbereiche konzentrieren, sich also spezialisieren. Dieser Zwang hat Grundlagenforscher und Kliniker bereits vor vielen Jahren voneinander getrennt. Und selbst innerhalb dieser beiden Hauptgruppen schreitet die Konzentration und damit die Aufteilung in Spezialgebiete immer weiter voran. In der klinischen Medizin haben sich zum Beispiel aus dem Hauptgebiet der Chirurgie die Subdisziplinen der Handchirurgie, der Unfallchirurgie, der Herzchirurgie, der Gehirnchirurgie sowie der Abdominalchirurgie herausgebildet. Die innere Medizin hat den Facharzt für die Lunge, den Spezialisten für das Herz, den besonderen Kenner des Darms oder auch den Fachmann für Blut- und Krebskrankheiten bekommen.

Eine derartige Spezialisierung ist notwendig und unvermeidbar. Sie birgt jedoch die Gefahr einer eingeschränkten Betrachtungsweise, bei der der einzelne Mediziner die Ganzheitlichkeit des betroffenen Menschen aus dem Auge verliert. Spezialisierung kann einen Effekt von Scheuklappen nach sich ziehen mit der Konsequenz, dass medizinische Maßnahmen auf den Einzelaspekt reduziert werden.

Es ist jedoch nicht nur die Entwicklung der Medizin selbst, welche eine Spezialisierung forciert. Auch betroffene Patienten, ja im Grunde die Gesellschaft insgesamt, erwarten und fordern, dass eine bestehende Erkrankung von einem auf diesem Gebiet ausgewiesenen Experten möglichst kompetent und spezifisch behandelt und behoben wird. Diese Erwartungshaltung bringt den Patienten schnell in eine Situation, in der er mit dem Auto in der Reparaturwerkstatt vergleichbar wird, und die Medizin und der Arztberuf werden in erschreckender Weise darauf reduziert, Defekte zu beheben.

Die Medizin und die Gesellschaft des 21. Jahrhunderts

Wenn wir über die Medizin des 21. Jahrhunderts nachdenken und diskutieren, dürfen wir sie nicht isoliert betrachten. Die Medizin ist Teil der Gesellschaft und wird daher von der gesellschaftlichen Gesamtsituation entscheidend beeinflusst. Zwar haben wir im 20. Jahrhundert in unserem Kulturkreis traumatische Erfahrungen machen müssen – wie zwei Weltkriege, zahlreiche Wirtschaftskrisen, Arbeitslosigkeit und Überalterung –, aber dieses Jahrhundert hat uns auch viel Gutes gebracht: Den Menschen in den entwickelten Weltgegenden ist es noch nie so gut gegangen wie in den letzten Jahrzehnten. Trotz aller Rückschritte, die zurzeit zu beklagen sind, leben hier die meisten Menschen in Umständen, die im weltweiten Vergleich als wirtschaftlicher Wohlstand bezeichnet werden müssen. Dank der modernen Technik konnten die Arbeitszeit verkürzt, die Arbeitsbelastung gesenkt und die Freizeit erhöht werden.

Die Erfolgsbilanz, die Technik und Medizin vorweisen können, ist beeindruckend, sie hat aber den Blick auf wesentliche Elemente unseres Daseins verschleiert. Krankheit, Sterben und Tod sind aus unserem alltäglichen Selbstverständnis weitgehend verschwunden. Unser Lebensgefühl ist geprägt vom Idealbild des gesunden jugendlichen Menschen, der die Integrität seines Körpers pflegt und aufrechterhält und der nur in bedauernswerten Ausnahmefällen dazu gezwungen ist, sich der Hilfe der modernen Medizin zu bedienen. Diese Hilfe meint er dann jedoch verbindlich einfordern zu können, und er glaubt, mit seinem Krankenkassenbeitrag gleichzeitig den Anspruch auf Heilung und Gesundheit erworben zu haben. Weil wir Krankheit und Tod verdrängen, weil uns die großen Erfolge der Medizin so selbstsicher machen, ist das Verhältnis zwischen moderner Medizin und Gesellschaft gestört. Natürliche Grenzen werden nicht mehr ernst genommen. Dadurch sind die Erwartungen an die Medizin überzogen, und sie müssen zwangsläufig immer wieder enttäuscht werden. Die zunehmende Technisierung und Spezialisierung der Medizin sowie die damit verbundene unüberschaubare Flut von nicht mehr verständlichen Informationen und Eindrücken bewirken, dass viele Menschen eine überwiegend reservierte, ja sogar misstrauische Einstellung zur Medizin entwickelt haben. Nicht ohne Grund versuchen diese Menschen daher, sich der modernen Medizin zu entziehen, indem sie in so genannte alternative oder natürliche Behandlungsformen flüchten. Um das gestörte Verhältnis zwischen Gesellschaft und Medizin wieder ins rechte Lot zu rücken, müssen wir uns neu orientieren und uns um einen gemeinsam getragenen Grundkonsens bemühen. Dafür müssen wir die Einsicht und Akzeptanz fördern, dass die Medizin Teil der Gesellschaft ist, dass ihr trotz aller Erfolge Grenzen gesetzt sind, dass Krankheit ein natürlicher Bestandteil des Lebens und kein unvorhersehbarer und bedauernswerter Defekt oder Ausnahmezustand ist und dass der Tod unausweichlich ist. Nur so wird es möglich sein, auf die schwierigen Fragen zur Medizin im 21. Jahrhundert sinnvolle Antworten zu finden. Es kommt ganz wesentlich darauf an, dass sich die Medizin nicht selbst zur technischen Gesundheitsreparaturinstitution degradiert – um sich gleichzeitig voller Ignoranz in ihren Erfolgen zu sonnen. Auch Ärzte müssen die Fähigkeit zur Selbstreflexion und Selbstkritik wieder beleben, den Weg zu einer ganzheitlichen Betrachtungsweise zurückfinden, also den ganzen Menschen in seinem persönlichen Umfeld sehen. In jüngster Zeit erscheint immer häufiger das Bild vom Arzt als Anbieter oder Verkäufer und auf der anderen Seite das vom Patienten als Kunden oder Verbraucher. Dieses Bild reduziert das Verhältnis zwischen Arzt und Patient auf die rein kaufmännische und fachliche Ebene und lässt damit etwas Entscheidendes außer Acht: menschliche Partnerschaft und Empathie. Genau dieses zwischenmenschliche Verhältnis unterscheidet den Mediziner vom Arzt, denn es differenziert zwischen technischer und ärztlich-ethischer Betrachtung und Handlung.

Medizin ist nicht nur die Lehre von den Krankheiten des Körpers, von Medikamenten und Therapien, Medizin ist auch keine reine Naturwissenschaft wie die Biochemie und Molekularbiologie. Der Mensch ist mehr als eine Ansammlung von Molekülen. Natürlich ist die fachliche Kompetenz des Arztes unerlässlich für eine erfolgreiche Behandlung. Ebenso unerlässlich sind jedoch auch die Bereitschaft und Fähigkeit zur ethischen Reflexion, zum angemessenen Umgang mit dem Patienten, zur Risiko-Nutzen-Analyse und auch zur sozialen Verantwortung. Die Ärzte und anderen in der Patientenbetreuung Tätigen müssen ebenso kompetent sein in der Achtung und Förderung der Patientenrechte wie sensibel für deren existenzielle Bedrohung. Nur dann ist das Vertrauen, das der Patient dem Arzt entgegenbringen soll und will, auch gerechtfertigt. Dieses Vertrauen aber brauchen beide Seiten in dem gemeinsamen Bemühen, eine Krankheit zu bekämpfen oder ihre Symptome zu lindern.

W. Hiddemann, S. Reiter-Theil

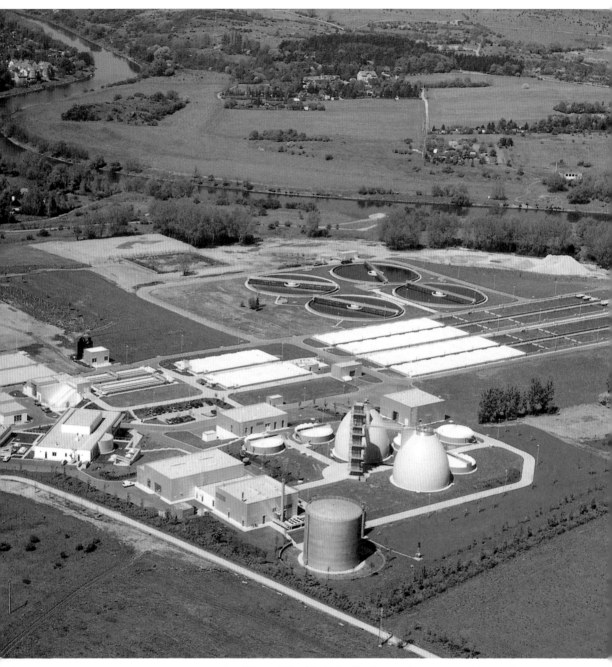

Das **Klärwerk Nord in Halle/Saale** ging 1997 in Betrieb und ist eine der modernsten Anlagen dieser Art in Deutschland. Es nimmt eine Fläche von 30 Hektar ein und kann 80 Prozent des in Halle und verschiedenen Umlandgemeinden anfallenden Abwassers verarbeiten. Die Wasserqualität des geklärten Wassers zeigt sich beispielsweise in einem BSB_5-Wert von maximal 15 Milligramm pro Liter – ab dem Jahr 2000 soll es dadurch wieder möglich werden, in der Saale zu baden.

Umwelttechnik – Technik zum Schutz der Natur

Bis weit in das 19. Jahrhundert hinein war die unbegrenzte Verfügbarkeit von natürlichen Ressourcen wie Energie, Luft, frischem Wasser oder Ackerboden in den meisten Kulturen eine Selbstverständlichkeit. Erst die technische Entwicklung, die mit dem Beginn des Industriezeitalters einsetzte, und das damit verbundene Bevölkerungswachstum haben offenbart, dass die Natur auf dem Planeten Erde nur begrenzte Vorräte bereithält: Die geologischen Vorkommen an Rohstoffen und Energieträgern drohen sich zu erschöpfen, saubere Luft ist nur noch in unbewohnten Randgebieten zu finden. Das Wasser ist vielerorts mit Keimen und Giften belastet und auf dem Ackerboden wächst verseuchte Nahrung. Zwar wurde die zunehmende Zerstörung der natürlichen Landschaften schon zu Beginn der Industrialisierung im 19. Jahrhundert von einzelnen Intellektuellen und Künstlern beklagt, es brauchte jedoch bis zur zweiten Hälfte des 20. Jahrhunderts, damit der Umweltschutz sich in Europa als eigenständiges politisches Ziel etablieren konnte. Ein herausragendes Ereignis war die Veröffentlichung des Buches »Die Grenzen des Wachstums – Bericht an den Club of Rome« im Jahre 1972. Seit den 1980er-Jahren haben sich in vielen Ländern Europas politische Umweltschutzgruppierungen gebildet, seit Mitte der 1990er-Jahre sind sie in einigen europäischen Ländern sogar an der Regierung beteiligt. Dies zeigt, dass die Gesellschaft das Problem erkannt hat, doch sind auch die Bereitschaft und die Fähigkeiten vorhanden, bereits bestehende Umweltschäden zu beseitigen und ihren Ursachen nachhaltig entgegenzutreten?

Hier kommt nun die Umwelttechnik ins Spiel: Zwar kann sie nicht direkt die Bereitschaft zu umweltbewusstem Verhalten wecken oder erhöhen, wohl aber die Fähigkeiten hierzu verbessern. Umweltschutz ist eben nicht nur ein politisches Problem, vielmehr kann die Technik durch die Entwicklung geeigneter Anlagen und Verfahren die Voraussetzungen dafür schaffen, dass der Schutz der Umwelt bei gesellschaftlich akzeptablen Kosten und ohne allzu großen Wohlstandsverzicht verwirklicht werden kann. Die Technik, welche die massiven heutigen Umweltprobleme mit verursacht hat, kann also auch zu ihrer Lösung beitragen. Ob es sich um Rauchgasfilter, Kläranlagen, Recyclingfabriken oder geregelte Abgaskatalysatoren handelt, stets ist modernste Technik im Einsatz, wenn es heute mancherorts gelingt, Luft, Wasser und Boden wieder zu intakten Lebensräumen zu machen. Das umwelt- und wirtschaftspolitische Leitbild der modernen Umwelttechnik ist die Kreislaufwirtschaft, davon sind einerseits die volkswirtschaftlichen Beziehungen betroffen, andererseits und vor allem aber die Abläufe und Verfahren in der Produktion. Die ideale Kreislaufwirtschaft kennt keine Abfallstoffe mehr, sondern nur Sekundärrohstoffe, die Produkte müssen langlebig sein und Rohstoffe nachwachsen oder wie die Sonnenenergie quasi unerschöpflich sein. Sowohl bei der Entwicklung neuer Produkte und neuer Produktionsweisen als auch bei der Erschließung umweltfreundlicher Rohstoff- und Energiequellen bieten sich mannigfaltige Ansatzpunkte für innovative Umwelttechnologien. Darüber hinaus ist die Umwelttechnik auch wirtschaftlich interessant, in einigen Bereichen ist sie bereits zum Exportschlager geworden.

Doch darf bei allem technischen Fortschritt in unserem Bemühen, die Folgen der Umweltsünden von gestern, heute und morgen zu beseitigen, nie eines vergessen werden: dass die Vermeidung dessen, was Schäden verursacht, immer besser ist als ihre nachträgliche Beseitigung!

Luftreinhaltung

Luft ist neben Wasser die wichtigste Lebensgrundlage für Menschen, Tiere und Pflanzen. Sie ist das Gasgemisch, das die Erdatmosphäre bildet, und besteht im Wesentlichen aus Stickstoff und Sauerstoff sowie in kleinen Mengen vorkommenden Gasen wie Argon, Kohlendioxid oder Methan. Ein weiterer wichtiger Bestandteil der Luft ist Wasserdampf, dessen Anteil, die so genannte Luftfeuchtigkeit, zwischen null und maximal fünf Prozent schwanken kann. Obwohl der Gehalt an Wasserdampf für viele Vorgänge, insbesondere das Wettergeschehen und den Treibhauseffekt, sehr wichtig ist, unterliegt er einer großen kurzzeitigen und kleinräumigen Variabilität. Daher werden Zusammensetzung und Schadstoffgehalt der Luft fast immer bezogen auf die trockene Atmosphäre, also unter Ausschluss des Wasserdampfanteils, angegeben. Schließlich enthält die Luft so genannte Aerosole in Form von Nebel, Rauch, Dunst oder Staub. Etwa zwei Drittel dieser Aerosole sind natürlichen Ursprungs, sie entstehen zum Beispiel bei Waldbränden infolge Blitzschlags, durch Biomassezersetzung, Vulkanausbrüche, Gischt und Wind. Dadurch ist auch die Zusammensetzung der Luft natürlichen, zeitlich und räumlich begrenzten Schwankungen unterworfen.

Zirruswolken, hohe Eiswolken, können auch durch Luftverkehr entstehen – ein Zeichen, dass auch scheinbar saubere Luft bereits vom Menschen beeinflusst sein kann.

Neben diesen natürlichen Emissionen wird die Luftqualität maßgeblich durch die von Menschen verursachten Emissionen beeinflusst. Dieser anthropogene Effekt kann zu langfristigen, globalen Änderungen in der Zusammensetzung der Erdatmosphäre, vor allem bei den Spurengasen, führen. Unter anthropogenen Emissionen versteht man in der Fachwelt hauptsächlich die von technischen Anlagen oder von Produkten an die Umwelt abgegebenen Luftverunreinigungen (Gase und Aerosole), Geräusche, Strahlen (Radioaktivität), Wärme (Prozessabwärme) und Erschütterungen. Der Verursacher einer Emission heißt Emittent, und die Einwirkung der Luftverunreinigungen auf Menschen, Tiere, Pflanzen und Sachgüter wird mit dem Begriff Immission bezeichnet.

Von den verschiedenen Emissionsarten werden in diesem Kapitel nur die besonders wichtigen und augenfälligen staub- und gasförmigen Emissionen näher betrachtet. Auf thermische, akustische, radioaktive, elektromagnetische oder optische Emissionen, die für eine komplexe Beurteilung ebenfalls zu berücksichtigen wären, kann leider nicht eingegangen werden.

Name des Gases	chemisches Symbol	Anteil [%]	Anteil [ppm]*
Stickstoff	N_2	78,09	780 900
Sauerstoff	O_2	20,95	209 500
Edelgase			
Argon	Ar	0,93	9 300
Neon	Ne	0,001 8	18,2
Helium	He	0,000 5	5
Treibhausgase			
Kohlendioxid	CO_2	0,036	358
Methan	CH_4	0,000 17	1,7
Ozon	O_3	0,000 005	0,5
Distickstoffoxid**	N_2O	0,000 031	0,31
FCKW Freon 11	CCl_3F	0,000 000 03	0,000 3
luftchemische Schadstoffe			
Stickstoffmonoxid/ Stickstoffdioxid	NO/NO_2	0,000 001 – 0,01	0,1 – 100
Kohlenmonoxid	CO	0,000 001	0,1

* ppm = Parts per Million   ** Distickstoffoxid = Lachgas

Die Zusammensetzung der **trockenen Luft,** also ohne Berücksichtigung des Wasserdampfanteils. Dieser kann bei heißer und feuchter Luft lokal bis zu fünf Prozent betragen, im globalen Mittel liegt er (am Erdboden) bei etwa einem halben Prozent. Die Angaben sind als Volumenanteile zu verstehen; die (jährlich wachsenden) Werte für die Treibhausgase geben den Stand von 1994 wieder.

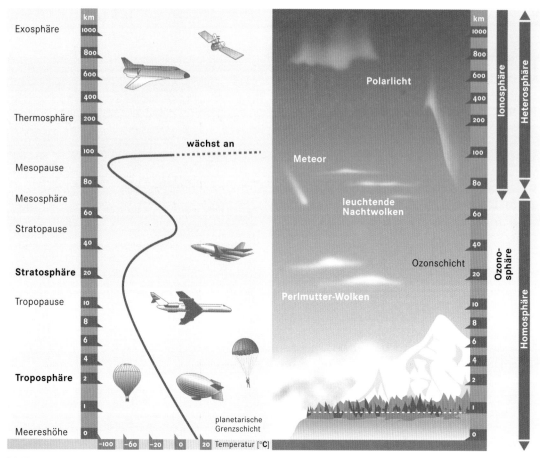

Die **Temperatur der Erdatmosphäre** ändert sich mit der Höhe. Immer dort, wo sich der Temperaturverlauf umkehrt, an einer so genannten »Pause«, fängt eine neue Luftschicht (»Sphäre«) an. Von besonderer Bedeutung sind die beiden inneren Schichten, Troposphäre und Stratosphäre. Innerhalb der Stratosphäre liegt in etwa 15 bis 30 Kilometer Höhe die Ozonschicht. Der Temperaturverlauf ist vor allem eine Folge des Wechselspiels zwischen der mit der Höhe abnehmenden Luftdichte, die zu einer Abkühlung führt, und der Erwärmung durch die Sonnenstrahlung.

Die Folgen der Luftverschmutzung

Unabhängig von ihrer Herkunft bezeichnet man alle vom Menschen in die Luft freigesetzten Stoffe als Luftverunreinigung, sofern sie die natürliche Zusammensetzung der Luft verändern. Dabei ist es gleichgültig, ob die Stoffe fest, flüssig oder gasförmig sind. Luftverunreinigungen können also etwa Ruß, Staub, Rauch, Aerosole, Dämpfe, Geruchsstoffe oder Gase sein. Wie viele luftverunreinigende Stoffe es gibt, lässt sich nicht exakt angeben; ihre Zahl dürfte heute zwischen 1400 und 1600 liegen. Etliche davon – aber keineswegs alle – sind Schadstoffe, nämlich diejenigen Stoffe, von denen eine negative Wirkung auf Lebewesen und Sachgüter ausgeht oder die durch eine dauerhafte Veränderung der atmosphärischen Zusammensetzung die natürlichen Kreisläufe und Ökosysteme schädigen. Allein die jährlichen volkswirtschaftlichen Verluste durch Schäden an Gebäuden und Stahlbauten sowie der zusätzliche Reinigungsaufwand liegen für Deutschland schon bei über zwei Milliarden DM – die durch globale Effekte wie den Treibhauseffekt oder das Ozonloch hervorgerufen Schäden lassen sich noch nicht einmal im Ansatz abschätzen.

Wahrnehmung von Luftverunreinigungen

Während globale Klimaeffekte erst in den letzten Jahrzehnten auftraten oder ins öffentliche Bewusstsein gelangt sind, sind staub- und gasförmige Emissionen aus technischen Anlagen schon seit dem Altertum bekannt. In vielen Fällen können wir Menschen Änderungen der natürlichen Luftzusammensetzung ganz direkt feststellen: Es stinkt, oder die Sicht wird schlecht. Etliche Luftverschmutzungen führen beim Menschen unmittelbar zu Belästigungen, physischen oder psychischen Beeinträchtigungen, manche zu Krankheit, einige gar zum Tod. Daher reichen die Berichte über lokale Luftverschmutzungen weit in die Vergangenheit zurück. In der vorindustriellen Zeit betraf dies vornehmlich die offenen Feuerstätten in den Behausungen, das Hüttenwesen, Töpfereien, Gerbereien und Räuchereien. Neben dem Hausbrand sind es seit dem 19. Jahrhundert vor allem die mit dem Dampfmaschineneinsatz verbundenen industriellen Prozesse, die Anlass sowohl zur Klage als auch zu behördlichen und technischen Maßnahmen gaben. Im Allgemeinen galten rauchende Schornsteine jedoch meist nicht als Problem, sondern als Inbegriff des technischen Fortschritts und als unvermeidbares Nebenprodukt einer florierenden wirtschaftlichen Tätigkeit. Der Natur wurde eine unbegrenzte Aufnahme- und Regenerationsfähigkeit zugeschrieben. Hinzu kam eine weitgehende Unkenntnis über die Langzeitwirkungen extremer Expositionen oder auch von nicht wahrnehmbaren, aber ständig vorhandenen Grundbelastungen.

Dem Problem der »dicken Luft« wurde erst entschiedener begegnet, als sich um die Mitte des zwanzigsten Jahrhunderts Smogsituationen in industriellen Ballungsgebieten häuften. In den letzten dreißig Jahren – spätestens mit dem ersten Bericht an den Club of Rome

Rauchende Schornsteine galten lange Zeit als Inbegriff des technischen Fortschritts und des Wirtschaftswachstums.

Exposition bedeutet in der Umweltanalytik und -medizin den Kontakt mit einem schädlichen Stoff, insbesondere mit Emissionen, hier also mit belasteter Luft; wörtlich: »Ausgesetztsein«.

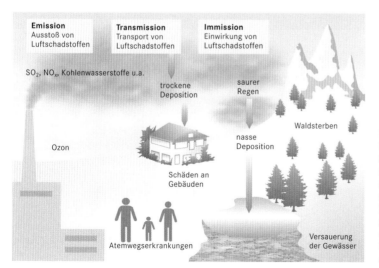

Luftschadstoffe werden aus unterschiedlichen Quellen emittiert, breiten sich in der Luft aus, werden mit den Winden transportiert und wirken – oft weit von den Emissionsquellen entfernt – auf Menschen, Tiere, Pflanzen und Gegenstände ein. Dies geschieht sowohl durch direkte Ablagerung aus der Luft (**trockene Deposition**) als auch durch Ausregnung (**nasse Deposition**).

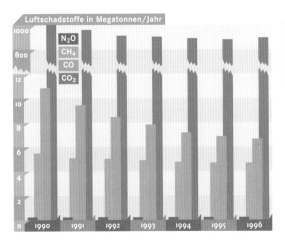

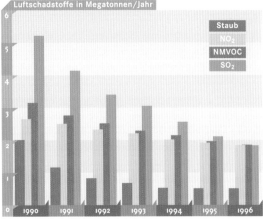

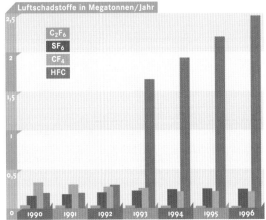

Die **Emissionen** der meisten **Luft-schadstoffe** sind in Deutschland seit 1990 rückläufig. Allerdings lassen sich diese Emissionsminderungen seit 1990 zu einem großen Teil auf die wirtschaftlichen Veränderungen sowie auf den Rückgang des Braunkohleeinsatzes in den neuen Bundesländern zurückführen. Vergleichbare Einsparpotenziale werden in Zukunft nicht mehr vorhanden sein.
Oben links: N_2O (Lachgas), CH_4 (Methan), CO (Kohlenmonoxid), CO_2 (Kohlendioxid); oben rechts: Staub, NO_2 (Stickoxid), NMVOC (»non-methane volatile organic compounds«, flüchtige organische Verbindungen ohne Methan), SO_2 (Schwefeldioxid); unten: SF_6 (Schwefelhexafluorid) sowie die Fluorchlorkohlenwasserstoffe (FCKW) CF_4 (Tetrafluormethan), C_2F_6 (Hexafluorethan) und HFC (teilhalogenierte Kohlenwasserstoffe).

(»Die Grenzen des Wachstums« von Dennis Meadows, 1972) – wird die Luftverschmutzung als Teil der gesamten Umweltproblematik und zunehmend als erdumfassendes Problem betrachtet.

Herkunft anthropogener Luftschadstoffe

Aus der Vielzahl der luftverunreinigenden Stoffe sind einige von besonderer Bedeutung. Dazu gehören solche Gase, die das Klima beeinflussen (»klimarelevante Gase«), wie beispielsweise Kohlendioxid (CO_2) und Ozon (O_3). Weiterhin sind diejenigen Stoffe wichtig, die in Verbindung mit der Luftfeuchtigkeit Säuren bilden und zum so genannten sauren Regen beitragen, beispielsweise Stickstoff- oder Schwefelverbindungen. Gasförmige Schadstoffe stammen hauptsächlich aus industriellen und privaten Anlagen zur Energieerzeugung (hier entstehen vor allem Kohlendioxid und Schwefeldioxid, SO_2) und dem (Straßen-)Verkehr (Stickoxide wie NO_2, Kohlenmonoxid, CO) sowie Industrieprozessen (Lachgas, N_2O). Das Gas Methan (CH_4) trägt wie Kohlendioxid zum Treibhauseffekt bei, es wird bei der Tierhaltung, in der Land- und Abfallwirtschaft sowie bei Förderung und Verteilung von fossilen Brennstoffen (besonders Erdgas) freigesetzt. Flüchtige organische Verbindungen (ohne Methan; die englische Abkürzung hierfür ist NMVOC, dies steht für »non-methane volatile organic compounds«) werden bei der Verwendung von Lösungsmitteln und im Straßenverkehr freigesetzt. Zu den berühmt-berüchtigten Fluorchlorkohlenwasserstoffen (FCKW), die als Hauptursache für die Zerstörung der Ozonschicht angesehen werden, gehören etwa die Gase CF_4 und C_2F_6. Ein ebenfalls nicht zu unterschätzendes Ozonzerstörungspotenzial besitzen FCKW wie die Halone (teilhalogenierte Kohlenwasserstoffe, HFC) und das sehr beständige Gas Schwefelhexafluorid (SF_6). Schließlich hat Staub ebenfalls große Bedeutung als Luftverunreinigung. Je nach Herkunft und Art können

Stäube mit schwermetallhaltigen Verbindungen und anderen problematischen, oft Krebs erregenden Stoffen belastet sein. Zu Staubemissionen kommt es insbesondere beim Schüttgutumschlag, bei vielen Industrieprozessen sowie Feuerungsanlagen.

Seit der Katastrophe in einem Chemiewerk im italienischen Seveso ist zudem die Gefährlichkeit von Dioxin- und Furanemissionen offensichtlich geworden. Voraussetzungen für die Bildung dieser Stoffe sind Kohlenstoffpartikel, Chlor, katalytisch wirkende Materialien (beispielsweise Kupfer), Sauerstoff, eine ausreichende Verweilzeit und Temperaturen von 200 bis 450 Grad Celsius. Dies sind Bedingungen, wie sie auch in Müllverbrennungsanlagen oder Anlagen zur Abgasreinigung herrschen.

Die wichtigsten Auswirkungen der anthropogenen Luftverunreinigungen sind heute weitgehend bekannt, allerdings nicht in allen Fällen vollständig verstanden. Schlagworte sind Smog, Ozonloch, Treibhauseffekt, saurer Regen und neuartige Waldschäden (»Waldsterben«).

Smog

S chon im 19. Jahrhundert wurde in London beobachtet, dass die Anzahl der Nebeltage besonders in den nasskalten Monaten stark anstieg. London ist einerseits durch seine geographische Lage für Nebel prädestiniert, andererseits wurde dort schon im frühen neunzehnten Jahrhundert sehr viel Kohle in Industriebetrieben und privaten Haushalten verbrannt. Kohle ist schwefelhaltig, sodass bei ihrer Verbrennung neben Kohlendioxid, Kohlenmonoxid und festen Schwebstoffen (Ruß, Asche) auch Schwefeldioxid entsteht. Sind Schwebstoffteilchen vorhanden – und das war bei der eingesetzten Feuerungstechnik häufig der Fall –, oxidiert Luftsauerstoff in feuchter Umgebungsluft das Schwefeldioxid zu Schwefelsäure: Es bilden sich schwefelsaure, Atmungsorgane und Gebäude schädigende Nebeltröpfchen. Dieser Londonsmog tritt besonders in den Morgen- und Abendstunden im Winter auf. Der Begriff Smog wurde in England geprägt und setzt sich aus smoke (Rauch) und fog (Nebel) zusammen.

In Deutschland tritt häufiger eine andere Art des Smogs auf, der Sommersmog (Photosmog oder Los-Angeles-Smog), bei dem sich unter Einwirkung von starkem Sonnenlicht (»photochemisch«) Ozon bildet. Das liegt vor allem an den eingesetzten Feuerungstechnologien, die typischerweise mit hohen Verbrennungstemperaturen arbeiten (wie etwa in Steinkohlekraftwerken oder Verbrennungsmotoren). Bei hohen Temperaturen kann nämlich auch der Luftstickstoff mit Sauerstoff reagieren, wobei Stickoxide entstehen. Und diese tragen bei intensiver Sonneneinstrahlung zur Bildung von Ozon bei, einem stechend riechenden Gas, das aus drei Sauerstoff-

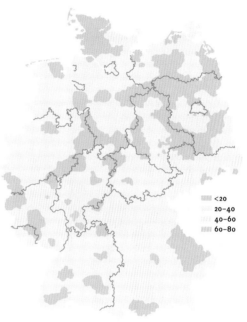

<20
20–40
40–60
60–80

Die **Belastung der Luft mit Stickstoffdioxid** wird in Deutschland flächendeckend gemessen, die Grafik zeigt Werte aus dem Jahr 1996. In ländlichen Gebieten überschreiten die Konzentrationen nur selten 30 Mikrogramm pro Kubikmeter ($\mu g/m^3$; ein Mikrogramm ist ein Millionstel Gramm, ein Kubikmeter Luft wiegt etwa ein Gramm). Abseits von verkehrsreichen Gebieten liegen sie unter 10 $\mu g/m^3$, in Ballungsräumen bei 30 bis 60 $\mu g/m^3$, an verkehrsreichen Orten über 100 $\mu g/m^3$.

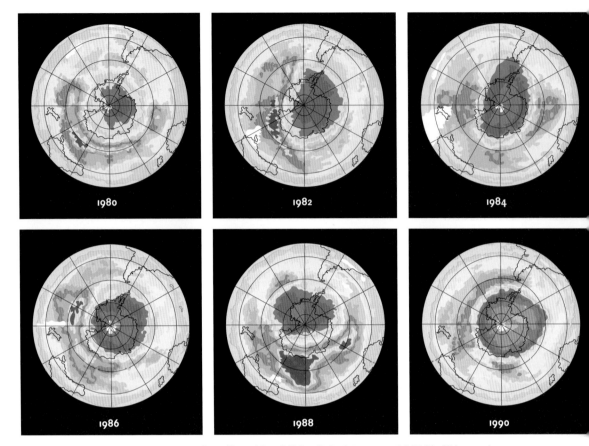

Das während des südlichen Spätwinters und Frühlings entstehende **Ozonloch über der Antarktis** hat sich seit seiner Entdeckung Ende der 1970er-Jahre stark vergrößert. In den 1990er-Jahren sank die Ozonkonzentration stellenweise bis an den Rand der Nachweisgrenze: Dies bedeutet, dass die gesamte Atmosphäre über diesen Bereichen der Antarktis zeitweise kein Ozon mehr enthielt! Die Bilder wurden aus Aufnahmen der Satelliten TOMS und GOME errechnet, sie geben die Werte jeweils am ersten Oktober des angegebenen Jahres an. Weiße Bereiche bezeichnen Datenlücken, die Einheit der Ozonkonzentration ist Dobson-Unit (das globale Mittel der Ozonkonzentration beträgt 300 bis 400 Dobson-Units).

atomen (O_3) besteht. Die Anwesenheit flüchtiger Kohlenwasserstoffe – etwa aus unverbranntem Benzin, das aus dem Auspuff der Kraftfahrzeuge entweicht – begünstigt diesen Prozess. Am Abend, in der Nacht oder an trüben Tagen reagiert Ozon mit anderen Luftverunreinigungen – auch aus Autoabgasen – und wird dabei wieder verbraucht. Deshalb wird Ozon in Gegenden mit wenig Autoverkehr langsamer abgebaut als in verkehrsreichen Städten.

Im Ruhrgebiet kam es Ende 1962 zu einer besonders schwerwiegenden Smogsituation, in deren Folge ein Smogwarndienst eingerichtet wurde. Heute haben die Bundesländer für smoggefährdete Gebiete Verordnungen erlassen, in denen je nach Höhe der Schadstoffkonzentration verschiedene Alarmstufen mit entsprechenden Maßnahmen festgelegt sind. Diese Maßnahmen reichen bis hin zum

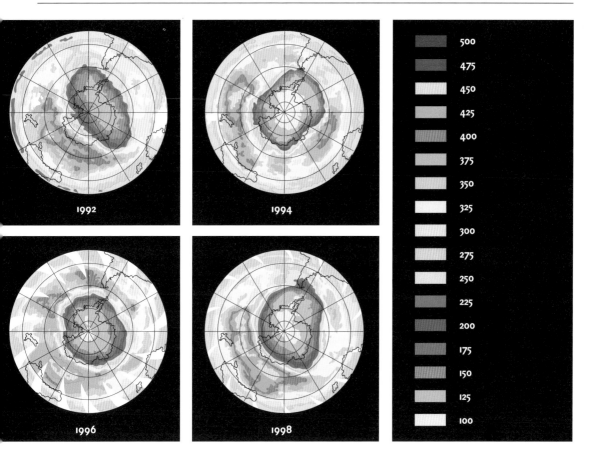

Verbot des privaten Kraftfahrzeugverkehrs oder zu Betriebsbeschränkungen für einzelne Industriebetriebe.

Für den Sommer 1999 plante das Bundesumweltministerium eine neue, bundeseinheitliche Regelung für das Verhalten beim Auftreten von Smog.

Das Ozonloch

Ozon ist in sehr geringer Konzentration in der Luft enthalten. Als natürlicher Bestandteil der Luft befindet es sich überwiegend in der Stratosphäre und absorbiert dort die ultraviolette Strahlung (UV-Strahlung) der Sonne. Dadurch beeinflusst das Ozon entscheidend die Lebensbedingungen auf der Erde, denn intensive ultraviolette Strahlung beeinträchtigt menschliches, tierisches und pflanzliches Leben, unter anderem durch eine Erhöhung der Krebsgefahr.

Dass die Ozonschicht durch anthropogen freigesetzte Fluorchlorkohlenwasserstoffe (FCKW) und Stickoxide zerstört wird, ist seit Ende der Siebzigerjahre bekannt. Eine antarktische Forschungsstation beobachtete erstmals im antarktischen Spätwinter 1979, dass die Ozonkonzentration in der Stratosphäre über der Antarktis abgenommen hat, dass die Ozonschicht dort sozusagen ein riesiges Loch

Die **Produktion von Fluorchlorkohlenwasserstoffen** insgesamt (links) und von Halonen im besonderen (rechts) von 1986 bis zum FCKW-Produktionsverbot 1995. Während die enorm große Produktion der Industriestaaten bis Mitte der 1990er-Jahre heruntergefahren wurde, stieg die Produktion in den Entwicklungsländern, insbesondere in der Volksrepublik China, noch an. Die Angaben sind jeweils in 1000 Tonnen Ozonzerstörungspotenzial.

FCKW in 1000 t ODP
(Ozone Depletion Potential, Potential zum Ozonabbau)

Industriestaaten

Entwicklungsländer

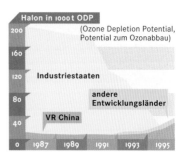

Halon in 1000 t ODP
(Ozone Depletion Potential, Potential zum Ozonabbau)

Industriestaaten

andere Entwicklungsländer

VR China

Der **Ausbruch des Vulkans Pinatubo** auf den Philippinen im Jahr 1991 führte zu einer mehrere Jahre anhaltenden weltweiten Störung der Zusammensetzung der Stratosphäre, die sich auch auf die Ozonschicht auswirkte.

besitzt. Dieses Ozonloch wird seitdem jedes Jahr gegen Ende des antarktischen Winters (also etwa ab September) beobachtet und hat mittlerweile die Größe der Vereinigten Staaten erreicht. Es beeinflusst zunehmend die südliche Hemisphäre, so hat Australien inzwischen die weltweit höchste Hautkrebsrate. Aber auch über der nördlichen Halbkugel wird die Ozonschicht im Spätwinter (Februar/ März) von Jahr zu Jahr dünner, sodass auch in Europa in Zukunft gesundheitliche Beeinträchtigungen zu erwarten sind.

Zum Abbau des stratosphärischen Ozons tragen die Fluorchlorkohlenwasserstoffe dadurch bei, dass sie einerseits unter »normalen« Bedingungen in der unteren Atmosphäre außerordentlich stabil sind. Andererseits können sie aber in der Stratosphäre, insbesondere bei sehr kalten Temperaturen und in Anwesenheit von Stickoxiden, sehr reaktionsfreudig werden: Ein einziges aus Fluorchlorkohlenwasserstoffen freigesetztes Chloratom kann durch Kettenreaktionen 10000 Ozonmoleküle zerstören.

Insgesamt gibt es zum Verständnis des stratosphärischen Ozonabbaus aber auch noch ungeklärte Fragen. Auch natürliche Vorgänge können zum Ozonloch beitragen. So schleuderte der gewaltige Ausbruch des Vulkans Pinatubo auf den Philippinen im Jahr 1991 etwa 20 Millionen Tonnen Schwefeldioxid in die Stratosphäre. In den beiden Folgejahren war das Ozonloch besonders groß, sodass vermutlich ein Zusammenhang zwischen dem Vulkanausbruch und der Größe des Ozonlochs besteht, der den rein anthropogenen Einfluss überdeckt.

Zur Produktionsminderung von Fluorchlorkohlenwasserstoffen (und anderen halogenierten Kohlenwasserstoffen) gelten inzwischen internationale Vereinbarungen (Montrealer Protokoll von 1987 und nachfolgenden Abkommen). Die deutsche FCKW-Halon-Verbots-Verordnung von 1991 geht noch einen Schritt weiter: Sie hat zum Ausstieg aus der Produktion solcher Verbindungen in Deutschland geführt. So werden seit 1995 in Spraydosen nur noch FCKW-freie Treibmittel verwendet (Ausnahme: Medizinalsprays).

Der Treibhauseffekt

B etrachtet man nur die Energiebilanz von einfallendem sichtbaren Sonnenlicht und der (energieärmeren) Infrarotstrahlung, die von der Erde wieder in das Weltall abgegeben wird, so müsste die mittlere Temperatur der Erdoberfläche –18 Grad Celsius betragen.

Die Erdoberfläche ist jedoch mit durchschnittlich +15 Grad Celsius merklich wärmer. Dies bewirken Wasserdampf, Kohlendioxid, Methan, Lachgas und Ozon durch den so genannten natürlichen Treibhauseffekt. Wolken und etliche Spurengase lassen nämlich nur die energiereiche sichtbare Strahlung passieren, wie sie von der Sonne kommt. Sie sind dagegen kaum durchlässig für die relativ langwellige Infrarot- oder Wärmestrahlung, wie sie von der Erdoberfläche zurückgestrahlt wird. Damit wirken sie genauso wie das gläserne Dach eines Treibhauses, das den Innenraum ebenfalls aufheizt. Die in dieser Form klimawirksamen Spurengase werden auch Treibhausgase genannt.

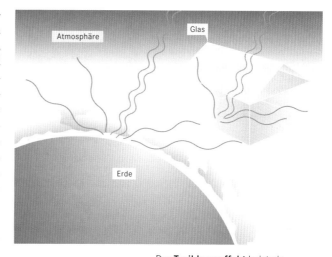

Der **Treibhauseffekt** heizt ein Gewächshaus auf, weil das Glasdach zwar das sichtbare Sonnenlicht (blau) einlässt, die von der Luft innerhalb des Hauses emittierte infrarote Wärmestrahlung (rot) jedoch nicht wieder hinauslässt. Ebenso funktioniert es in der Erdatmosphäre: Auch diese ist für sichtbares Licht durchlässig, nicht jedoch für Infrarotstrahlung.

Werden nun vom Menschen zusätzlich Spurengase freigesetzt, die als Treibhausgase wirken, so verstärken sie den natürlichen Treibhauseffekt und bewirken eine weitere Temperaturerhöhung; ihr Beitrag heißt anthropogener Treibhauseffekt. Ganz besonders stark trägt das relativ häufige Kohlendioxid zum Treibhauseffekt bei. An zweiter Stelle stehen die vor allem als »Ozonschichtzerstörer« bekannten Fluorchlorkohlenwasserstoffe – und dies, obwohl ihre Konzentration in der Atmosphäre nur ein Millionstel derjenigen von Kohlendioxid beträgt. Einen weiteren wichtigen Beitrag leistet der Wasserdampf, vor allem weil wärmere Luft mehr Wasserdampf aufnehmen kann und es so zu einer verstärkenden Rückkopplung kommt: Je wärmer es wird, desto mehr Wasserdampf kann zur weiteren Erwärmung beitragen. Aerosole wirken dagegen einer Erwärmung der Atmosphäre entgegen, sie führten dazu, dass die Prognosen zur weiteren Erwärmung des Erdklimas etwas nach unten korrigiert wurden. Der Erdboden und die untere Atmosphäre sind heute als Folge des anthropogenen Treibhauseffekts bereits etwa 0,5 bis 0,7 Grad wärmer als in vorindustrieller Zeit.

Klimamodellrechnungen zeigen, dass die globale mittlere Oberflächentemperatur und der Meeresspiegel so weit ansteigen werden, dass sich die Niederschlagsverteilung auf der Erde verschieben und die Wahrscheinlichkeit extremer Wetterereignisse erhöhen wird. Wie sich der globale Temperaturanstieg konkret regional auswirken könnte, lässt sich dagegen gegenwärtig noch nicht mit Sicherheit voraussagen. Allerdings ist klar, dass die Änderungen in den vorwiegend trockenen Gebieten der Erde deutlicher ausfallen werden als beispielsweise in den gemäßigten Klimazonen, wie sie für die Industrieländer typisch sind. So sind diejenigen Länder weniger stark betroffen, die den größten Beitrag zum Treibhauseffekt liefern. Als besonders kompliziert erweist sich bei den Modellrechnungen die erhebliche zeitliche Verzögerung zwischen der Emission der Treibhausgase und den Auswirkungen der Klimaänderungen. Eine wei-

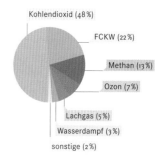

Kohlendioxid (48 %)

FCKW (22 %)

Methan (13 %)

Ozon (7 %)

Lachgas (5 %)

Wasserdampf (3 %)

sonstige (2 %)

Der **relative Beitrag unterschiedlicher Spurengase zum Treibhauseffekt.** Am stärksten trägt Kohlendioxid zur globalen Erwärmung bei, gefolgt von den FCKW.

tere Unsicherheit ergibt sich aus möglichen Veränderungen von globalen Meeresströmungen. Es könnte dabei sogar zu einem Zusammenbrechen des Golfstroms kommen, wodurch sich für Mittel- und Nordeuropa bei gleichzeitiger globaler Erwärmung ein deutlich kälteres Klima ergeben könnte!

Weltweites Handeln ist nötig. Auf dem ersten Umweltgipfeltreffen 1992 in Rio de Janeiro wurde eine internationale Klimarahmenkonvention vereinbart. Mit ihr bekannten sich die Teilnehmerländer zu dem Ziel, die Emissionen so weit zu senken, dass sich die Ökosysteme auf eine natürliche Weise den Klimaänderungen anpassen können – allerdings gab es noch keine konkreten Vereinbarungen

Seit Beginn der Industrialisierung ist die **Kohlendioxidkonzentration in der Luft** gestiegen. Sie betrug vor der Industrialisierung etwa 280 ppm und 1996 knapp 360 ppm (ppm steht für parts per million, ein ppm ist ein Massen- beziehungsweise Volumenanteil von einem Millionstel). Die Kohlendioxidkonzentration steigt derzeit jährlich etwa um 0,4 Prozent. Die Kurve zeigt die Messwerte für die Jahre 1972 bis 1996 der Messstation Schauinsland/Freiburg im Breisgau.

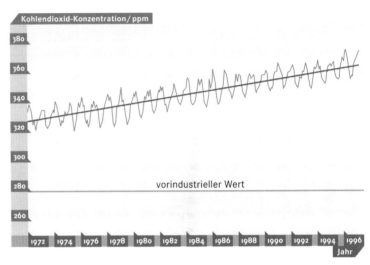

hierzu. Auf der Klimaschutzkonferenz von Kyoto wurde am 11. Dezember 1997 ein »Klimaprotokoll« verabschiedet, mit dem sich die westlichen und östlichen Industrieländer rechtsverbindlich verpflichten, ihre Treibhausgasemissionen insgesamt bis zum Zeitraum 2008 bis 2012 zu senken. Dabei gelten für die einzelnen Länder unterschiedliche Zielsetzungen; einige Staaten dürfen sogar bestimmte Luftschadstoffe in größerer Menge emittieren als bislang. Die Europäische Union strebte an, die Emissionen für alle Mitgliedsländer um einheitlich 15 Prozent zu senken, konnte dieses Verhandlungsziel aber nicht erreichen.

Saurer Regen

Der **Säuregrad** einer wässrigen Lösung wird durch den **pH-Wert** angegeben, ein logarithmisches Maß für die Konzentration der Wasserstoff- oder H$^+$-Ionen, die den sauren Charakter bewirken. Neutrales Wasser hat einen pH-Wert von 7,0. Natürliches (unbelastetes) Regenwasser ist sehr schwach sauer (pH zwischen 5 und 6,5), eine Folge des natürlichen Säuregehalts der Luft infolge nicht anthropogener Emissionen. Heute ist Regenwasser in vielen Gebieten Europas deutlich saurer (pH zwischen 4,0 und 4,6).

F ossile Brennstoffe wie Kohle und Öl sind heute die wichtigsten Rohmaterialien zur Energieerzeugung. Bei ihrer Verbrennung werden große Mengen Schwefelverbindungen, vor allem Schwefeldioxid, freigesetzt. Der immer dichter werdende Straßenverkehr führt daneben zu einem anwachsenden Ausstoß von Stickoxiden. In der Atmosphäre reagieren Schwefeldioxid und Stickoxide weiter, es bilden sich durch Oxidation und in Gegenwart von Wasser Schwefel- und Salpetersäure. Der größte Teil der Säurebelastung der Luft stammt in Deutschland aus menschlicher Tätigkeit: Durch anthro-

Korrosionsschäden durch sauren Regen machen sich besonders schnell und stark an Sandsteinskulpturen und -gebäuden bemerkbar. Beide Fotos zeigen die gleiche Sandsteinfigur am Hertener Schloss, das linke Foto entstand 1908, das rechte 1969.

pogene Emissionen ist der Säuregehalt der Luft auf ungefähr das Zehn- bis Zwanzigfache des natürlichen Werts gestiegen. Heute ist Regen in vielen Gebieten Europas oftmals fast so sauer wie haushaltsübliche verdünnte Essigsäure.

Die Schadstoffe können je nach Wetterlage in der näheren Umgebung der Erzeugungsstelle bleiben und hier zu Smog führen, sie können aber auch durch Winde über große Entfernungen transportiert werden. Die Säuren bilden sich teilweise erst während des Transports, lösen sich im Wasser oder in der Luft und gehen als saurer Regen, saurer Schnee, Nebel oder Tau nieder. Durch den weiträumigen Schadstofftransport sind auch Gegenden betroffen, die weitab von Ballungsgebieten mit besonders hohen Emissionen liegen. Zunächst fielen vom sauren Regen verursachte sichtbare Umweltschäden in Skandinavien auf: Dort kam es in vielen Seen zu einem Fischsterben. Heute wird er in Mitteleuropa zu einem mit Waldschäden in Verbindung gebracht, zum anderen mit Schäden an Gebäuden, technischen Einrichtungen und vor allem Kulturgütern und Denkmälern, die im Freien stehen. Viele Skulpturen an Kirchen oder antiken Baudenkmälern sind bereits völlig unkenntlich geworden.

Neuartige Waldschäden

Waldschäden sind eine bereits seit mehr als 250 Jahren bekannte Erscheinung. So lange wird bereits ein durch unzureichende ökologische Bedingungen periodisch auftretendes Tannensterben in Mitteleuropa beobachtet. Die erste Waldschadenskarte wurde vor über hundert Jahren, nämlich 1883, erstellt. Ursache der Schäden waren fast immer die Schwefeldi-

Der **Zustand der Wälder** in Europa im Jahre 1997. Die Dichte der einzelnen Beobachtungspunkte hat technische Gründe und sagt nichts über Zustand oder Größe der Waldgebiete aus.

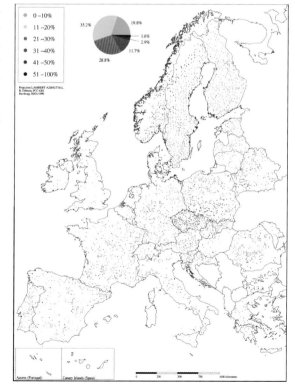

Besonders stark von den **neuartigen Waldschäden** sind Fichten, Kiefern und Tannen betroffen. Die typischen Merkmale der Schäden an Nadelbäumen reichen vom Vergilben der Nadeln (oben) bis zur völligen Entnadelung (Lamettasyndrom, unten).

oxidemissionen aus nahe gelegenen Fabrikschornsteinen. In der Folge wurden die Schornsteine höher gebaut (bis zu 150 Meter), woraufhin die Rauchschäden in der unmittelbaren Umgebung der Fabriken zurückgingen. Gleichzeitig traten Schäden bei weiter entfernten Waldbeständen auf. Obwohl diese Schäden nun nicht mehr den Emissionen einer bestimmten Fabrik zuzuordnen waren, konnten sie dennoch als Rauchschäden identifiziert werden. Dies ist bei den seit Anfang der 1970er-Jahre beobachteten neuartigen Waldschäden nicht mehr der Fall. Vielmehr sind jetzt großflächige Waldbestände in Reinluftgebieten fernab der industrialisierten Ballungszentren und vornehmlich Tannen und Fichten in besonders lichtempfindlichen Lagen (Einzel- oder Randlage, Kammlage, Südwesthänge) betroffen. Die geschädigten Bäume stehen vor allem auf wenig nährstoffreichen Böden in Mittel- und Hochgebirgslagen Mittel- und Westeuropas.

Das Ausmaß der Waldschäden wird in fünf verschiedenen Schadstufen angegeben, wobei die höchste Schadstufe (abgestorben) den Zustand kennzeichnet, der in der öffentlichen Diskussion zu dem Begriff »Waldsterben« geführt hat. Die neuartigen Waldschäden unterscheiden sich deutlich von den äußerlich sichtbaren Schadensbildern bisher bekannter Immissionswirkungen. So wird bei den neuartigen Waldschäden ein Baum von innen nach außen geschädigt, er verkahlt von innen heraus.

Die Wirkmechanismen, die zu den neuartigen Waldschäden führen, sind noch nicht vollständig geklärt. Allerdings steht fest, dass für die großflächige Schädigung in erster Linie die anthropogen verursachten Luftverschmutzungen verantwortlich sind. Insgesamt wirken jedoch viele biotische und abiotische Faktoren zusammen. Als Hauptverursacher gelten Schwefeldioxid (SO_2), Stickoxide (NO_x) und Ozon (O_3). Im Boden stört der erhöhte Säuregehalt das biolo-

---

WALDSCHADENSERHEBUNG UND SCHADSTUFEN

Bei der Waldschadenserhebung wird der Waldzustand anhand des äußerlich sichtbaren Kronenzustands von Waldbäumen stichprobenartig erfasst. Die Stärke des Nadel- beziehungsweise Blattverlustes bestimmt die Einstufung in eine der fünf Schadstufen. Schadstufe 0 (ohne Schadensmerkmale) bedeutet einen Nadel- oder Blattverlust von 0 bis 10 Prozent, Schadstufe 1 (schwach geschädigt) von 11 bis 25 Prozent, Schadstufe 2 (mittelstark geschädigt) von 26 bis 60 Prozent, Schadstufe 3 (stark geschädigt) von 61 bis 99 Prozent und Schadstufe 4 (abgestorben) von 100 Prozent.

Im Zeitraum von 1991 bis 1997 hat sich der Anteil der Bäume mit Schadstufe 0 leicht erhöht, liegt aber immer noch unter 50 Prozent. Dies bedeutet, dass nach wie vor mehr als jeder zweite Baum in

Deutschland geschädigt ist; und ein Fünftel aller Bäume ist immer noch deutlich geschädigt (Verlust von mehr als einem Viertel aller Blätter beziehungsweise Nadeln).

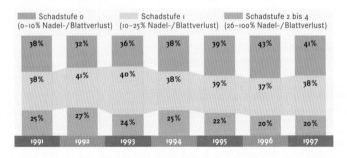

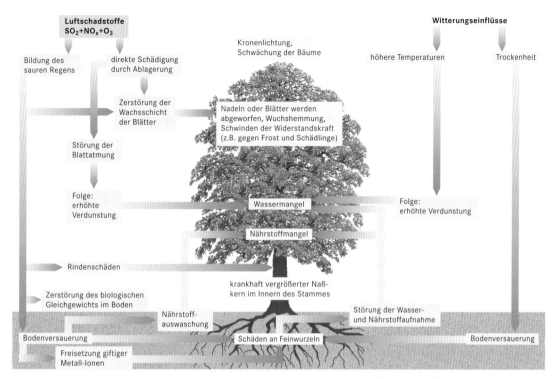

Luftschadstoffe
$SO_2 + NO_x + O_3$

Witterungseinflüsse

Kronenlichtung,
Schwächung der Bäume

höhere Temperaturen   Trockenheit

Bildung des
sauren Regens

direkte Schädigung
durch Ablagerung

Zerstörung der
Wachsschicht
der Blätter

Nadeln oder Blätter werden
abgeworfen, Wuchshemmung,
Schwinden der Widerstandskraft
(z.B. gegen Frost und Schädlinge)

Störung der
Blattatmung

Folge:
erhöhte
Verdunstung

Wassermangel

Folge:
erhöhte Verdunstung

Nährstoffmangel

Rindenschäden

krankhaft vergrößerter Naß-
kern im Innern des Stammes

Zerstörung des biologischen
Gleichgewichts im Boden

Nährstoff-
auswaschung

Störung der Wasser-
und Nährstoffaufnahme

Bodenversauerung

Schäden an Feinwurzeln

Bodenversauerung

Freisetzung giftiger
Metall-Ionen

Wie es zum **Waldsterben** kommen
kann.

gische Gleichgewicht und setzt pflanzengiftige Metallionen (etwa Aluminiumionen) frei. Als weitere Ursachen kommen noch Perioden starker Trockenheit, Nährstoffmangel und Schädlingsbefall hinzu.

Maßnahmen zur Luftreinhaltung

B ereits in der vorindustriellen Zeit wurden verschiedene Maßnahmen ergriffen, um die Beeinträchtigung durch Luftverschmutzung zu mindern. Im Zusammenhang mit der gewerblichen Tätigkeit waren es Standortverlagerungen der Produktionsstätten unter Beachtung der Hauptwindrichtung, vereinzelt auch technische Vorrichtungen. Der vielleicht älteste Bericht stammt aus dem dritten Jahrtausend vor Christus und kommt aus Indien, wo Metall verarbeitende Werkstätten so angeordnet wurden, dass Rauch und Ruß nicht über die heiligen Tempel oder die Wohngebäude ziehen konnten.

Mit der Industrialisierung kam es zu Auseinandersetzungen um die anthropogenen Luftverschmutzungen. In Frankreich führten sie 1810 zum ersten nationalen Umweltschutzgesetz in Europa. Ab sofort musste eine behördliche Genehmigung zur Errichtung eines Betriebs eingeholt werden, wenn von ihm unangenehme oder ungesunde Dünste ausgingen. Von anfangs 68 stieg die Zahl der betroffenen Gewerbe bis 1845 schon auf 307. Dem französischen Vorbild folgten bald darauf andere Staaten, so auch Preußen mit seiner Allgemeinen Gewerbeordnung von 1845.

Biotisch bedeutet von Lebewesen verursacht oder beeinflusst, das Gegenteil ist **abiotisch.**

Luftüberwachung

Emissionen bedeutsamer Luftschadstoffe aus technischen Anlagen bedürfen ebenso wie die Immissionssituation einer ständigen Überwachung. Nur so kann gewährleistet werden, dass auf Störfälle oder besondere Schadstoffkonzentrationen rechtzeitig reagiert, zumindest aber die Bevölkerung gewarnt werden kann.

Die Immissionsüberwachung konzentriert sich dabei auf anlagenbezogene Messungen, auf die Kontrolle in Belastungsgebieten sowie auf die überregionale Erfassung beispielsweise des grenzüberschreitenden Transports von Luftschadstoffen. In Belastungsgebieten wird die Luft sowohl durch Untersuchung einzelner Stichproben als auch kontinuierlich mit Messstationen überwacht. Diese Messstationen bilden zusammen ein Immissionsmessnetz. Die räumliche Verteilung der Immission für ein bestimmtes Gebiet wird in einem Immissionskataster grafisch dargestellt. Analog verzeichnet das Emissionskataster die wichtigsten Quellen, aus denen Luftschadstoffe in die Atmosphäre austreten.

Umweltpolitische Maßnahmen

Für den politischen Rahmen der Luftreinhaltung ist das Bundesimmissionsschutzgesetz (BImSchG) aus dem Jahr 1974 von herausgehobener Bedeutung. Dieses bundeseinheitliche Gesetz dient dem Ziel, den Schutz der Bevölkerung vor Luftverschmutzung und Lärm zu gewährleisten. Das Gesetz fordert Maßnahmen nach dem Stand der Technik – also die Nutzung moderner und wirtschaftlich zumutbarer Verfahren. Es schreibt Auflagen zur Emissionsbegrenzung aus technischen Prozessen, privaten Heizungsanlagen und Kraftfahrzeugen fest und regelt die Überwachung von Luftverunreinigungen und das Aufstellen von Luftreinhalteplänen. Über Durchführungsverordnungen sind spezielle Probleme wie etwa Feuerungs- und Verbrennungsanlagen, genehmigungsbedürftige Anlagen und die Störfallvorsorge angesprochen. Als allgemeine Verwaltungsvorschrift zum Bundesimmissionsschutzgesetz legt die Technische Anleitung zur Reinhaltung der Luft (TA Luft) Richtwerte für die Emission staub- und gasförmiger Schadstoffe und für Immissionen sowie die Verfahren zu deren Ermittlung fest. Im Mittelpunkt der TA Luft aus dem Jahr 1986, die praktisch den gesamten industriellen Bereich erfasst, steht die Sanierung von Altanlagen. Besonders bei giftigen und Krebs erzeugenden Stoffen sind die Anforderungen an die Abgasqualität gegenüber den Vorschriften aus dem Jahr 1974 deutlich gestiegen. In den neuen Bundesländern wurden diese Vorschriften schrittweise übernommen, gleichzeitig zahlreiche unrentable und stark luftverschmutzende Betriebe still-

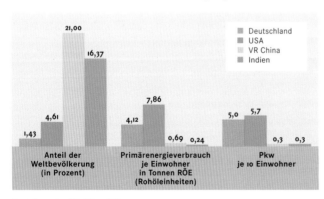

Anteil an der **Weltbevölkerung,** Pro-Kopf-Verbrauch an **Primärenergie** und **PKW-Bestand** in Deutschland, den USA, der VR China und Indien im Jahre 1995.

gelegt. Dadurch sind in den neuen Bundesländern die Emissionen sehr stark zurückgegangen: 1994 waren die Emissionen von Kohlendioxid 51,7 Prozent, von Schwefeldioxid 61 Prozent, von Kohlenmonoxid 53,7 Prozent und von Staub 81 Prozent niedriger als 1987. Ergänzt werden die gesetzlichen Regelungen durch zahlreiche Richtlinien und Normen des Vereins Deutscher Ingenieure (VDI). Diese betreffen maximale Immissionswerte mit Wirkungskriterien sowie wirkungsbezogene Mess- und Erhebungsverfahren. Weiterhin behandeln sie die Ausbreitung luftfremder Stoffe in der Atmosphäre, die Begrenzung des Ausstoßes luftfremder Stoffe für konkrete Technologien, Analysen- und Messverfahren oder die Verfahren zur Abgasreinigung.

Der vorwiegend über ordnungsrechtliche und ökonomische Instrumente erreichte Stand der Luftreinhaltung in Deutschland wird auch international anerkannt, darf aber nicht den Blick auf die Verpflichtung der Industrieländer zu weiter greifenden Maßnahmen verstellen. Betrachtet man nur die weltweite Emission von Kohlendioxid, so entstehen mehr als vier Fünftel der Emissionen durch die Versorgung von nur knapp einem Fünftel der Menschheit. Vor diesem Hintergrund hat auch die Bundesregierung einen Beschluss zur Verminderung der Kohlendioxidemissionen gefasst. Danach soll, bezogen auf das Jahr 1987, der Kohlendioxidausstoß bis zum Jahr 2005 um 25 Prozent reduziert werden. Die Wirtschaftsverbände unterstützen dieses Vorhaben, wie schon beim vorzeitigen Ausstieg aus der FCKW-Produktion, durch freiwillige Selbstverpflichtungen. Für alle Treibhausgasemissionen ist aufgrund der eingeleiteten Maßnahmen im gleichen Zeitraum eine Halbierung, bei Staub eine Minderung um rund 90 Prozent zu erwarten.

Diese in der Schweiz entwickelte **Elektrofilteranlage** ist ein typisches Beispiel für End-of-Pipe-Umweltschutz: Nachdem sie die industrielle Produktionsanlage verlassen haben, werden Luftschadstoffe mit aufwendigen Filteranlagen aus der Abluft entfernt.

Dazu kommen noch übergeordnete Maßnahmen, die nicht nur auf die Luftreinhaltung bezogen sind. So gehören die Förderung der Forschungs- und Technologieentwicklung, Information und Beratung sowie Aus- und Fortbildung zum weiteren umweltpolitischen Maßnahmenkatalog. Auch das Umweltstrafrecht und steuerpolitische Maßnahmen schaffen politische Rahmenbedingungen; insbesondere die ökologische Steuerreform schafft Anreize dafür, Energie und Ressourcen sparsamer zu verwenden und damit auch die dabei anfallenden Emissionen zu reduzieren.

Die Tatsache, dass Luftschadstoffe und ihre Wirkungen vor Ländergrenzen keinen Halt machen, führte zwangsläufig dazu, auch im internationalen Rahmen Maßnahmen zur Reduzierung der Belastungen zu ergreifen. Für Europa stellt die Genfer Luftreinhaltungskonvention von 1979 die Grundlage zur Erfassung dieser Verunreinigungen und der Kontrolle der nationalen Maßnahmen dar. Import- und Exportbilanzen für Luftschadstoffe zeigen, dass aus Deutschland mit seiner zentralen Lage in Europa mehr Schadstoffe in das europäische Ausland transportiert werden als umgekehrt aus

Zur Einhaltung der vorgeschriebenen Emissionsgrenzwerte sowie zur Prozessüberwachung werden in der Regel kontinuierlich arbeitende Messgeräte in die Rohrleitungen eingebaut. Das Bild zeigt ein **Staubmessgerät,** mit dem anhand der von den Partikeln am Messgerät verursachten Reibungselektrizität deren Konzentration bestimmt wird.

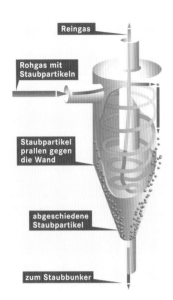

Reingas

Rohgas mit
Staubpartikeln

Staubpartikel
prallen gegen
die Wand

abgeschiedene
Staubpartikel

zum Staubbunker

Anhand eines sehr einfachen **Staub-abscheiders,** des **Zyklons,** lässt sich das Abscheideprinzip besonders leicht nachvollziehen. Das staubhaltige Rohgas wird so in den Zyklon geführt, dass es auf spiralförmigen Bahnen nach unten strömt. Die Staubpartikel sind schwerer als die Gasatome; die Zentrifugalkraft führt sie aus dem Gasstrom heraus, lässt sie an die Wandung prallen und scheidet sie damit aus dem Gas ab. Nach ihrem Trennprinzip unterscheidet man in der Entstaubungstechnik Massekraftabscheider, Nassabscheider, elektrische Abscheider und filternde Abscheider.

Von einem **Staub** spricht man, wenn die Partikel (die »Staubkörner«) kleiner als 200 Mikrometer (Millionstel Meter, kurz μm) sind. Allerdings haben die einzelnen Partikel eines Staubs in der Regel nicht die gleichen Abmessungen. Deshalb kennzeichnet man einen Staub durch einen **Korngrößenbereich.** So unterscheidet man Grob- und Feinstäube. Bei einem **Grobstaub** hat ein großer Anteil der Partikel Durchmesser über 20 Mikrometer. Stäube mit einem hohen Anteil von Partikeln unter zehn Mikrometer Durchmesser heißen **Feinstäube.**

anderen Ländern in Deutschland eintreffen und sich niederschlagen. Dieser Überschuss geht hauptsächlich nach Skandinavien und Osteuropa sowie in die Nord- und Ostsee.

Technische Maßnahmen zur Emissionsminderung

In der Vergangenheit versuchte man, die stofflichen Emissionen vor allem dadurch zu verringern, dass man die entstandenen Schadstoffe nachträglich abschied. Man schaltete dem Produktionsprozess also Abscheidesysteme nach. In der Umwelttechnik werden solche Verfahren allgemein unter dem Begriff »End-of-Pipe-Technologie« zusammengefasst. Diese additive Umweltschutztechnik ist auch heute notwendig und stellt ein wesentliches Element der Luftreinhaltung dar. Da, weltweit betrachtet, noch immer eine Vielzahl von Industrieanlagen völlig ohne oder mit veralteten beziehungsweise verschlissenen Anlagen dieser Art ausgerüstet sind, schafft hier eine einfache Nachrüstung schon eine erhebliche Senkung der Luftbelastung.

Verfahren zur Staubabscheidung

Staub besteht aus in der Luft fein verteilten, kleinen, schwebenden festen Partikeln von beliebiger Form und unterschiedlicher Größe. Naturgemäß ist die Erfassung und Abscheidung von Stäuben, die aus besonders kleinen Partikeln bestehen, schwieriger und kostspieliger als die Abscheidung gröberer Stäube. Gesundheitlich problematisch sind aber gerade die Feinstäube: Ihre Partikel können bis in die Lungenbläschen eindringen, und die kleinen Partikel sind oft besonders stark mit problematischen Stoffen beladen. Feinstäube sind also das Kernproblem der Staubabscheidung.

Die grundlegenden Mechanismen aller heute eingesetzten Verfahren zur Staubabscheidung sind seit längerer Zeit bekannt. Unabhängig vom konkreten Abscheideprinzip läuft in allen Abscheidern der gleiche Vorgang ab: Die Staubpartikel werden quer zur Hauptstromrichtung des Gases an eine feste Oberfläche bewegt, an der sie kurzfristig oder andauernd haften. Je nach Verfahren wirken dabei unterschiedliche Kräfte. Stets aber gelangen die Partikel letztendlich in einen Bereich, in dem sie aus dem Gasstrom entfernt sind oder später mechanisch entfernt werden. Wie wirksam der Abscheideprozess ist, gibt der Abscheidegrad an.

Elektrische Abscheider

Zu den wichtigsten Apparaten zur Abscheidung fester und flüssiger Partikel aus strömenden Gasen zählen elektrische Abscheider (Elektrofilter). Besonders häufig kann man sie in Kraftwerken, Stahlwerken, Zementwerken, Müllverbrennungsanlagen und in vielen Bereichen der chemischen Industrie finden. Sie werden eingesetzt, wenn weniger als drei Millionen Kubikmeter strömendes Gas pro Stunde (m³/h) gereinigt werden müssen, und wenn die Temperatur des Rohgases unter 450 Grad Celsius liegt.

Die ersten Elektrofilteranlagen zur Staubabscheidung wurden in Kalifornien zu Beginn des zwanzigsten Jahrhunderts gebaut. Damals drohte die Schließung von Unternehmen der metallurgischen und Bindemittelindustrie, welche durch ihre Emissionen (Staub, Schwefel, Arsen, Blei) für Schäden in den dortigen Obstplantagen verantwortlich waren. In jüngster Zeit ist der Einsatz von Elektrofiltern in Müllverbrennungsanlagen vor allem unter dem Aspekt der Dioxin- beziehungsweise Furan-Neubildung kritisch hinterfragt worden. Inzwischen weiß man, dass kein Dioxin entsteht, wenn das Rohgas auf unter 200 Grad Celsius abgekühlt wird, bevor es den Elektrofilter erreicht; dies bedeutet, dass die Anlage bei richtigem Betrieb weniger Dioxin abgibt als eingebracht wird.

Elektrofilter nutzen zur Abscheidung die Kraftwirkung, die ein elektrisches Feld auf geladene Teilchen ausübt. Die Staubpartikel werden zunächst elektrisch aufgeladen, bewegen sich dann zu einer entgegengesetzt geladenen Metallplatte, wo sie entladen werden und sich niederschlagen (daher der Name Niederschlagselektrode). Der Staubniederschlag wird über mechanische Abklopfeinrichtungen entfernt oder »abgereinigt«, wie es fachsprachlich heißt.

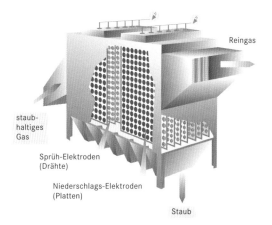

Aufbau eines **Plattenelektrofilters.** Drahtförmige, negativ geladene Sprühelektroden ionisieren Gasmoleküle, die ihrerseits Staubpartikel negativ aufladen. Diese werden von positiv geladenen, plattenförmigen Niederschlagselektroden angezogen. Dort schlagen sie sich nieder.

Filternde Abscheider

V on allen Abscheidern haben die auf dem Prinzip der Filtration basierenden Apparate die breiteste Verwendung gefunden. Ihr Anteil am Entstaubungsmarkt beträgt – nicht zuletzt als Folge der gesetzlichen Anforderungen an den Staubgehalt im Reingas – über 60 Prozent mit steigender Tendenz. Filternde Abscheider eignen sich sowohl zur Abgas- als auch Prozessgasreinigung und zur Produktrückgewinnung. Typische Einsatzfelder sind die Kalk-, Zement-, Kohle-, Lebensmittel- und die metallurgische Industrie. Seit einiger Zeit werden sie auch erfolgreich zur Entstaubung von Kesselfeuerungs- und Kraftwerksanlagen oder bei der kombinierten Staub- und Gasabscheidung mit Adsorptionsmittelzusatz verwendet. Zur Entstaubung von Kraftwerksanlagen sind riesige Filterflächen (bis 500 000 Quadratmeter) nötig.

Die Entwicklung der filternden Abscheider begann Ende des neunzehnten Jahrhunderts und hatte ihren Ursprung im Mühlenwesen. Die damals patentierten Filter (Saugschlauchfilter und Taschenfilter) besitzen apparative Merkmale, die auch heute noch dominieren: Der zu erfassende Staub wird von einem Gebläse angesaugt und das dabei entstehende Staub-Luft-Gemisch durch ein oder mehrere schlauch- oder taschenförmig gefertigte Filterelemente wieder getrennt. Von Zeit zu Zeit müssen die Filter gereinigt (»abgereinigt«), später erneuert werden – ein Vorgang, der jedem bekannt ist, der im Haushalt einen Staubsauger benutzt.

Ein Filterschlauch aus einer **Schlauchfilteranlage.**

SPEICHERFILTER UND ABREINIGUNGSFILTER

Filternde Abscheider wenden zur Staubabscheidung eines von zwei Reinigungsprinzipien an: Entweder werden die Partikel im Innern des Filters festgehalten (»gespeichert«), oder sie wachsen als Schicht auf das Filtermedium auf; man spricht dann vom Staub- oder Filterkuchen. Im ersten Fall spricht man von Speicher- oder Tiefenfiltern, im zweiten Fall von Abreinigungs- oder Oberflächenfiltern, denn der Staubkuchen muss nach einiger Zeit entfernt – abgereinigt – werden. Beispiele für die erste Gruppe sind Systeme zur Luftreinigung in der Klimatechnik oder in der Reinraumtechnik, in der das Filtermaterial (meist synthetische Fasern oder Glasfasern) in der Regel *nicht* regeneriert wird. Speicherfilter eignen sich zur Abscheidung von Feinstaub aus wenig staubhaltigem Rohgas. Zur zweiten Kategorie gehören im Wesentlichen Schlauch-, Taschen- und Patronenfilter, bei denen das Filtermedium (relativ dünne Matten aus Vliesen oder Filzen) auf einem Stützkorb oder -rahmen aufgebracht ist.

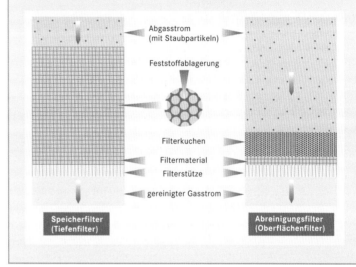

Abgasstrom (mit Staubpartikeln)

Feststoffablagerung

Filterkuchen

Filtermaterial

Filterstütze

gereinigter Gasstrom

Speicherfilter (Tiefenfilter)

Abreinigungsfilter (Oberflächenfilter)

In den Mühlen sollten Tuchfilter der »staubfreien Absaugung und Abblasung von allen Staub erzeugenden Maschinen« dienen und die damals gebräuchlichen Staubkammern ersetzen. Der erste in großen Stückzahlen gebaute Filter – ein Begriff, der in der Staubtechnik seit dieser Zeit üblich ist und häufig auch für nicht filternde Verfahren benutzt wird – geht zurück auf das Patent DRP 38396 des deutschen Mühlenbauingenieurs W. F. L. Beth aus Lübeck. Er erfand die Saugschlauchfilter. Aus dem gleichen Jahr (1886) stammt ein italienisches Patent für einen Taschenfilter. Beide Techniken werden auch heute noch im großen Umfang eingesetzt.

Wirkungsweise von Abreinigungsfiltern

Durchströmt das staubbeladene Gas (das Rohgas) die Filterelemente, so lagert sich der größte Teil des Staubs an dessen Oberfläche ab und bildet mit den bereits abgeschiedenen Partikeln eine zusammenhängende Schicht. Dieser Staubkuchen bewirkt dann überwiegend die weitere Partikelabscheidung, das Filtermedium selbst hat nunmehr vor allem eine Stützfunktion für den abgeschiedenen Staub.

Je dicker der Staubkuchen, desto besser ist die Staubabscheidung. Allerdings steigt damit zugleich auch der energetische Aufwand zur vollständigen Erfassung und Reinigung der Prozessgase, denn mit zunehmender Dicke fällt der Druck hinter dem Staubkuchen immer stärker ab. Um diesen Druckverlust auszugleichen, muss das Abgas kräftiger gefördert werden, wozu mehr Energie notwendig ist. Dabei ist mit steigendem Energieeinsatz auch ein besseres Abscheideergebnis möglich. Die Abscheider sind, um übermäßigen Verschleiß zu vermeiden, meist vor dem Abluftgebläse angeordnet. Dieses liefert die notwendige Energie für die Ansaugung und Ableitung des Abgasstroms.

Von Zeit zu Zeit – wenn der Druckverlust zu groß geworden ist – muss der Staub von der Oberfläche des Filtermediums abgereinigt, also entfernt werden. Dies geschieht meist durch einen Druckstoß. In einigen Kraftwerksanlagen werden sehr große Schlauchfilter eingesetzt. Bei ihnen wird der Staubkuchen entweder durch Rütteln entfernt, oder die Filterelemente werden von innen nach außen mit Reinluft gespült.

Filtermaterialien in Abreinigungsfiltern

In Abreinigungsfiltern befindet sich das Filtermaterial als Fasermatte auf einem Stützrahmen oder Stützkorb. Die größte Bedeutung haben heute mechanisch verfestigte Vliese – die Nadelfilze –, in die zur Verbesserung der Festigkeit meist ein Stützgewebe eingearbeitet wird. In einem Nadelfilz sind die einzelnen Fasern unentwirrbar miteinander verschlungen und gleichmäßig über das gesamte Volumen verteilt.

Die Fasermatten bestehen meist aus Kunststoff, wenn die Staubabscheidung bei niedrigen Temperaturen erfolgt. Bei höheren Temperaturen werden auch Fasern aus Teflon, Glas, Mineralien oder Metall in Nadelfilze eingearbeitet; entsprechend steigen auch die Kosten. Filter aus Sinter- und Faserkeramik gewinnen zudem bei der Heißgasentstaubung (bis 1000 Grad Celsius) an Bedeutung. Reine Baumwolle oder einfache Gewebe, die fast ein Jahrhundert lang als Filtermaterial dominierten, werden heute praktisch gar nicht mehr eingesetzt.

Abscheidung gasförmiger Luftverunreinigungen

Nachdem die Staubabscheidung lange Zeit im Mittelpunkt der Abluftreinigung stand, ist heute die Beseitigung von Schadgasen zumindest von gleichwertigem Interesse. Falls feste und gasförmige Schadstoffe gleichzeitig auftreten, können sie durchaus mit

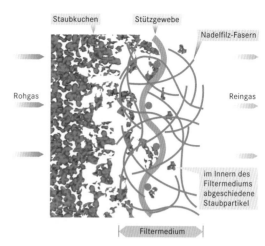

Ein **Schnitt durch ein Filtermedium** mit den verschlungenen Fasern des Nadelfilzes zeigt, dass zunächst einige Partikel recht weit ins Innere des Filtermediums eindringen und sich dort abscheiden, sich dann aber allmählich auf der Rohgasseite (links im Bild) ein Staubkuchen aufbaut.

Ein **Katalysator** ist eine Substanz, die eine Stoffumwandlung (eine chemische Reaktion) beschleunigt und dabei selbst nicht dauerhaft verändert wird. Ein Katalysator beeinflusst nicht die Lage des chemischen Gleichgewichts. Bei vielen Prozessen ist der eingesetzte Katalysator ein Feststoff, der nur an seiner **Oberfläche** die Reaktion beschleunigt (»katalytisch aktiv« ist). Deshalb sorgt man dafür, dass ein solcher Katalysator eine möglichst große Oberfläche besitzt. – Im Allgemeinen Sprachgebrauch, speziell beim Auto, versteht man unter dem Katalysator (kurz »Kat«) nicht nur die katalytisch aktive Substanz, sondern die gesamte Ausrüstung mit Gehäuse.

einer einzigen Reinigungsstufe entfernt werden. In der Regel ist jedoch die Staubabscheidung vorgeschaltet.

Um gasförmige Verunreinigungen aus Abluft abzuscheiden, werden eine Reihe von Trenntechniken angewandt. Am häufigsten sind dabei Absorption (Aufnahme), Kondensation (Verflüssigung), Adsorption (Anlagerung) und Oxidation (Verbrennung). Demgegenüber stellen die erst in letzter Zeit zur Abluftreinigung eingesetzten Membranverfahren (Gas- oder Dampfpermeation) sowie die Abscheidung durch biologische Reaktionen noch Sonderfälle dar. Allerdings haben biologische Verfahren ein großes Potenzial, das in Deutschland erst zu rund zwei Prozent genutzt wird. Es gibt derzeit etwa 500 Anlagen zur biologischen Abgasreinigung, die rund 4000 Tonnen Schadstoffe aus dem Abgas entfernen können.

Die Mehrzahl der Verfahren wird in kleinen Anlagen realisiert. Sie sind für den jeweiligen Anwendungsfall ausgelegt und weisen so auch eine Vielzahl individueller Merkmale auf. Anders ist das beim Autokatalysator oder bei der Rauchgasentschwefelung, die entweder massenhaft in gleicher Ausführung eingesetzt werden oder aber durch ihre besondere Bedeutung in der Luftreinhaltung auch in der Öffentlichkeit bekannt sind.

Autokatalysator

Seit dem Zweiten Weltkrieg hat sich der motorisierte Individualverkehr sprunghaft entwickelt. Sein Anteil am gesamten Personenverkehr in Deutschland betrug im Jahr 1996 fast 82 Prozent, im Güterverkehr hatte der Straßenverkehr einen Anteil von 66 Prozent. Ähnlich ist die Situation in anderen Industrieländern, und der Trend zur Straße hält weiterhin an.

In Los Angeles kommt es durch die Verbindung von sehr starkem Autoverkehr und dem sonnigen lokalen Klima so häufig zu **Photosmog,** dass der Begriff »**Los-Angeles-Smog**« mittlerweile zum Synonym für Photosmog geworden ist.

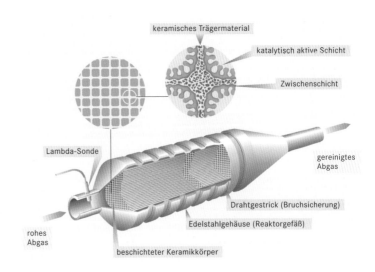

Aufbau des **Drei-Wege-Katalysators** zur Reinigung von PKW-Abgasen. Das katalytisch aktive Material ist ein Feststoff (bestehend aus Rhodium, Palladium und Platin), der sich in einer dünnen Schicht auf einem Träger befindet. Kernstück des Trägers sind keramische Wabenkörper, die meist aus Magnesium-Aluminium-Silicat bestehen. Um eine möglichst große Oberfläche zu erzeugen, werden sie mit Aluminiumoxid überzogen. Auf diese Wabenkörper sind die katalytisch aktiven Edelmetalle in einer dünnen Schicht aufgedampft.

keramisches Trägermaterial

katalytisch aktive Schicht

Zwischenschicht

Lambda-Sonde

gereinigtes Abgas

Drahtgestrick (Bruchsicherung)

Edelstahlgehäuse (Reaktorgefäß)

rohes Abgas

beschichteter Keramikkörper

Schon in den 1950er-Jahren führten die stickoxid- und kohlenwasserstoffhaltigen PKW-Abgase in verkehrsreichen Ballungsgebieten – typisch dafür amerikanische Riesenstädte wie Los Angeles – immer wieder zum Photosmog. Um dem entgegenzuwirken, sind in den USA bereits seit 1975 Katalysatoren für Kraftfahrzeuge in großem Umfang im Einsatz, in Deutschland seit der Einführung strengerer Abgasgrenzwerte im Jahr 1985. Mit ihrer Hilfe sollen die Abgaskonzentrationen der gasförmigen Hauptschadstoffe Kohlenmonoxid, Stickoxide und Kohlenwasserstoffe deutlich reduziert werden. Kohlenmonoxid entsteht bei der unvollständigen Verbrennung von Benzin, Stickoxide bilden sich bei den hohen Temperaturen im Verbrennungsraum der Motoren aus Luftstickstoff und -sauerstoff, und Kohlenwasserstoffe sind unverbrannte Benzinbestandteile. Die früher dem Benzin als Antiklopfmittel zugegebenen Bleiverbindungen, die zu 75 Prozent mit dem Abgas wieder emittiert wurden, spielen heute wegen der praktisch abgeschlossenen Umstellung auf bleifreies Benzin keine Rolle mehr. Sie würden nämlich den Katalysator unwirksam machen (ihn »vergiften«). Deswegen muss man bei einem PKW mit Abgaskatalysator stets bleifreies Benzin tanken.

Der »Kat« gehört mittlerweile zur Grundausstattung aller neu gefertigten Automobile mit Benzinmotoren (Ottomotoren). Ein zweites wichtiges umwelttechnisches Einsatzgebiet von Katalysatoren ist die katalytische Entstickung von Kraftwerkabgasen. Durch beide Anwendungen ist die Nutzung von Katalysatoren für Aufgaben des Umweltschutzes sprunghaft gestiegen. Dies spiegelt sich im Anteil wider, den die Katalysatoren für Umweltschutzaufgaben am gesamten Weltmarkt für Katalysatoren haben: Er lag 1987 bei zwölf, 1995 dagegen schon bei 45 Prozent.

Aufbau und Wirkungsweise des Drei-Wege-Katalysators

Für die Abgasreinigung hat sich bei Personenkraftwagen mit Benzinmotor das Konzept des geregelten Drei-Wege-Katalysators weitestgehend durchgesetzt.

Der Katalysator hat eine schwierige Aufgabe: Er soll dafür sorgen, dass alle drei im Abgas unerwünschten Verbindungen gleichzeitig und optimal umgewandelt (abgebaut) werden, daher auch der Name Drei-Wege-Katalysator. Das Problem dabei ist, dass dieser Abbau chemisch gegensätzliche Reaktionen erfordert, die aber zugleich ablaufen müssen: Kohlenwasserstoffe und Kohlenmonoxid lassen sich auf oxidativem Weg abbauen, die Stickoxide dagegen nur durch Reduktion. Damit diese Oxidations- und Reduktionsvorgänge simultan ablaufen können, muss in sehr exakter Dosierung die benötigte Luftmenge zugeführt werden oder – wie der Ingenieur sagt – die zugeführte Luftmenge nahezu gleich der theoretisch benötigten sein. Das Verhältnis beider Größen, die Luftüberschusszahl λ (»Lambda«) muss daher recht genau gleich Eins sein; sie wird in der Praxis zwischen 0,98 und 1,02 eingestellt. Das gelingt nur mit einer schnell reagierenden Regelung des Benzin-Luft-Gemischs. Die nötige Regeleinheit besteht aus einem schnell messenden Sauerstoffsensor (der

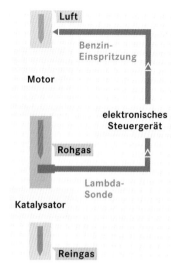

Eine Regeleinheit aus **Lambdasonde** und elektronischem Steuergerät stellt die Zusammensetzung des Benzin-Luft-Gemischs so ein, dass stets die optimale Sauerstoffmenge vorhanden ist. An der Katalysatoroberfläche finden mehrere Reaktionen gleichzeitig statt, bei denen Kohlenmonoxid und Kohlenwasserstoffe verbrannt und Stickoxide zu elementarem Stickstoff umgewandelt werden.

Fossile Brennstoffe – Erdgas, Erdöl, Braun- und Steinkohle – enthalten stets geringe Mengen **Schwefelverbindungen.** In Steinkohle sind durchschnittlich etwa ein Prozent, in der in Deutschland geförderten Braunkohle bis zu zwei Prozent Schwefel (vor allem in Form von anorganischen Verbindungen wie Pyrit) enthalten. Erdöl enthält bis zu ein Prozent Schwefel als organische Schwefelverbindungen. In Erdgas kommt durchschnittlich 0,1–0,5 Prozent Schwefelwasserstoff vor.

Lambdasonde) vor dem Katalysator, einem elektronischen Steuergerät und einer dadurch geregelten Benzineinspritzung.

Die Wirksamkeit der vielfältig mechanisch, thermisch und chemisch beanspruchten Katalysatoren lässt mit der Zeit nach; sie sollten spätestens nach etwa 100 000 Kilometern ausgewechselt werden.

Verfahren zur Rauchgasentschwefelung

Die Abscheidung des vor allem aus fossilen Brennstoffen freigesetzten Schwefeldioxids (SO_2) war nach der Staubabscheidung die zweite große Problemstellung für den technischen Emissionsschutz, besonders seitdem 1983 die Großfeuerungsanlagen-Verordnung in Kraft trat. Denn diese Verordnung legte für Anlagen mit mehr als 300 Megawatt Leistung Grenzwerte für den Gehalt an Schwefeldioxid und an Stickoxiden im Rauchgas fest, die ab Juli 1988 nicht mehr überschritten werden durften: Der Schwefeldioxidgehalt muss unter 400 Milligramm pro Kubikmeter und der Stickoxidgehalt, je nach Anlagentyp, unter 100–400 Mikrogramm pro Kubikmeter liegen – Forderungen, die sich bei Heizöl-, Braun- und Steinkohlenfeuerungen nur durch nachgeschaltete Entstickungs- und Entschwefelungsanlagen erfüllen lassen. Im Ergebnis dieser Verordnung verringerte sich die Schwefeldioxidemission aus Großfeuerungsanlagen in den Jahren von 1985 bis 1996 um fast 75 Prozent, die Emissionen von Stickoxiden um etwa 65 Prozent.

In der Praxis reinigt man das Rauchgas von Kohlekraftwerken meistens in drei Schritten. Dabei werden zunächst die Stickoxide entfernt und danach wird der Staub abgeschieden. Im dritten Schritt schließlich folgt die Entschwefelung in einer Rauchgasentschwefelungsanlage (REA) – bei bestimmten Anlagen erfolgen diese Schritte auch in anderer Reihenfolge oder simultan.

Verfahren zur Rauchgasentschwefelung wurden in den 1970er-Jahren in Japan speziell für ölbeheizte Kraftwerke entwickelt. Heute gibt es etwa 100 verschiedene Verfahren, weil die Anlagen nach den spezifischen Bedingungen – das sind hauptsächlich die Art

Das **Rauchgas von Kohlekraftwerken** wird in drei Stufen (Entstickung, Entstaubung, Entschwefelung) gereinigt. Die Abscheidung der Stickoxide – die Entstickung – erfolgt meist katalytisch. Dabei werden die Stickoxide mit Ammoniak umgesetzt, wobei Stickstoff und Wasserstoff entstehen. Als Katalysator wirkt dabei Titandioxid. Anschließend scheidet ein Elektrofilter den Staub aus dem entstickten Rauchgas ab. Das so vorbehandelte Abgas wird dann schließlich entschwefelt, also vom Schwefeldioxid befreit, wobei Gips entsteht.

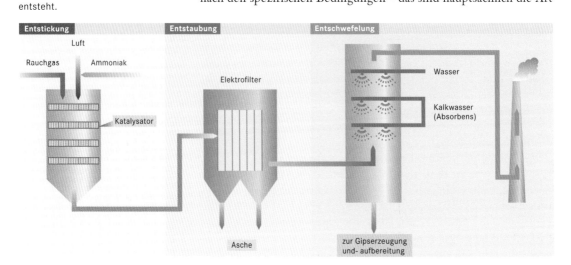

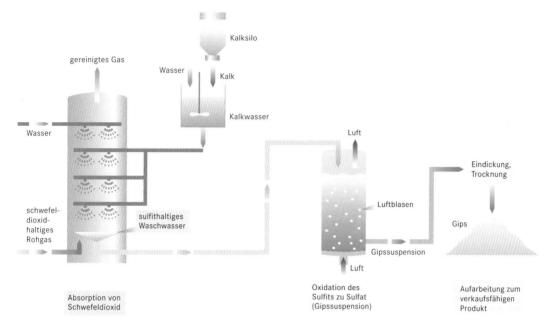

Absorption von Schwefeldioxid

Oxidation des Sulfits zu Sulfat (Gipssuspension)

Aufarbeitung zum verkaufsfähigen Produkt

Die moderne **Rauchgasentschwefelung** nutzt ein Waschverfahren auf Kalkbasis, also ein »nasses« Verfahren, bei dem Gips gewonnen wird. In Absorptionsanlagen wird der im Abgas enthaltene Schadstoff von einer Waschflüssigkeit, dem Absorbens, aufgenommen und damit aus dem Abgas entfernt. Die Waschflüssigkeit kann entweder auf rein physikalischem Weg wirken und den Schadstoff lösen. Oft setzt man aber auch eine Waschflüssigkeit ein, die den abzuscheidenden Stoff durch chemische Reaktion bindet, ihn also chemisch verändert.

Beim Calciumverfahren wird das entstickte und entstaubte Rauchgas bei 80 bis 90 °C einem Waschturm (also einem Absorber) zugeführt, in dem in Wasser gelöster gebrannter Kalk (Calciumoxid, CaO) oder Kalkstein (Calciumcarbonat, $CaCO_3$) in mehreren Sprühzonen in den Gasstrom verdüst, mit dem Schwefeldioxid zu Calciumsulfit ($CaSO_3$) umgesetzt und anschließend mit Luftsauerstoff zu Gips (Calciumsulfat, $CaSO_4$) oxidiert wird. Dieser fällt zunächst als Aufschwemmung in Wasser – das heißt, als Suspension – an; sein Feststoffmassenanteil beträgt 8 bis 12 Prozent. In weiteren Aufbereitungsstufen wird aus der entstandenen Gipssuspension schließlich verkaufsfähiger Gips, der für Anwendungen in der Bauindustrie geeignet ist. 1996 fielen in Deutschland insgesamt 4,4 Millionen Tonnen Gips an.

des Brennstoffs und dessen Schwefelgehalt – ausgelegt werden müssen. Die meisten Verfahren nutzen jedoch das Trennprinzip der Absorption. Dabei hat sich in den Großkraftwerken das Waschverfahren auf Kalkbasis – ein »nasses« Verfahren – mit einem Marktanteil von über 90 Prozent in Europa durchgesetzt. Im rheinisch-westfälischen Revier wird dieses Verfahren beispielsweise seit 1988 an 37 Großkesselanlagen mit einer Gesamtleistung von 9300 Megawatt angewendet.

Die nasse Rauchgasentschwefelung

Chemisch betrachtet, bereitet die Umsetzung des schwefeldioxidhaltigen Rauchgases mit alkalisch reagierenden Stoffen keine Probleme. Technisch aufwendig ist sie allerdings, wenn stündlich 2,5 Millionen Kubikmeter Rauchgas in einer Anlage gereinigt werden müssen, wie dies in einem Steinkohlekraftwerk mit einer durchschnittlichen Leistung von 700 Megawatt der Fall ist. Wird in einem solchen Kraftwerk Ruhrkohle eingesetzt, werden dabei 2,5

Tonnen Schwefel mitverbrannt. Ein Braunkohlekraftwerk vergleichbarer Leistung liefert stündlich sogar die zweieinhalbfache Rauchgasmenge.

Sehr häufig wird in deutschen Kohlekraftwerken das Schwefeldioxid mit einer kalk- oder branntkalkhaltigen wässrigen Waschflüssigkeit aus dem Abgas herausgewaschen. Als Endprodukt einer Reihe von Prozessen entsteht Gips; in vielen Regionen reicht die so anfallende Gipsmenge aus, um den gesamten Bedarf an Gips für Industrie und Bauwirtschaft zu decken.

Aus **Entschwefelungsgips** lassen sich Gipsplatten herstellen, die beispielsweise zur Verschalung im Hausbau eingesetzt werden können.

Trends in der Luftreinhaltetechnik

Das Problem der Abscheidung von in hohen Konzentrationen auftretenden Schadstoffen kann heute als technisch weitestgehend gelöst angesehen werden. Dadurch gewinnen Verfahren zur Abscheidung von Schadstoffen, die nur in geringsten Konzentrationen vorliegen, so genannte Spurstofftechnologien, zunehmend an Bedeutung. Dabei lauten, wie in der gesamten Umwelttechnik, die Anforderungen an eine moderne Prozessgestaltung – in dieser Reihenfolge – Vermeiden, Vermindern, Verwerten und schadloses Beseitigen von Luftverunreinigungen.

Ansätze zur Lösung dieses Anspruchs werden mit Begriffen wie umweltfreundliche Technologie oder produktionsintegrierter Umweltschutz beschrieben. Sie stehen für ein durchgängiges Konzept von prozess-, geräte- und anlagentechnischen Maßnahmen, in dem die Reinigungsstufe nur ein, nämlich das letzte technische Element darstellt. Hierzu gehören Auswahl, auch Substitution und Aufbereitung der Roh- und Hilfsstoffe sowie sparsamer Einsatz und Mehrfachnutzung, die verfahrenstechnische Optimierung einzelner Apparate, Prozessstufen und der gesamten Prozessführung. Dies alles trägt neben dem Produkt selbst zur Entstehung, Freisetzung, Verdünnung oder Verbreitung von Luftschadstoffen bei. Allerdings fallen emissionsmindernde Maßnahmen in solch einem integrierten Konzept dem Außenstehenden nicht mehr so direkt ins Auge wie die großen Filter- und Kläranlagen der End-of-Pipe-Technologie. Ein besonders wichtiger Punkt hierbei ist auch die Weiterentwicklung der Spurstoffabscheidungsverfahren und deren Integration in die Produktionsanlage. Dies bietet vor allem den Vorteil, das gesamte Schadstoffspektrum erfassen zu können und die Probleme nicht auf andere Umweltmedien, zum Beispiel das Wasser, zu verschieben.

Umwelttechnik als wirtschaftlicher Faktor

Seit den Siebzigerjahren ist die Nachfrage nach Umweltschutzgütern und -dienstleistungen ständig gewachsen. Dadurch hat sich nicht nur für Fragen der Luftreinhaltung, sondern generell im Bereich von Umweltschutz, Umwelttechnik und Umweltdienstleistungen ein neues Feld wirtschaftlicher Tätigkeit entwickelt. Dabei kann man allerdings nicht davon sprechen, dass es eine Umweltschutzindustrie als eigenständige Branche gäbe. Die Anbieter derartiger Güter und Dienste sind vielmehr unterschiedlichen Industriezweigen zuzurechnen. Trotz der damit verbundenen Unsicherheiten ist es aber gerechtfertigt, den heutigen und künftigen Umfang dieses Marktpotenzials abzuschätzen.

Gut gesichert ist die Datenlage beim Anteil von Umweltschutzinvestitionen an den Anlageninvestitionen insgesamt. In Deutschland betrug er 1992 rund 5,6 Prozent, wobei Maßnahmen zur Luftreinhaltung etwa die Hälfte der Aufwendungen beanspruchten. Für die Jahre 1991 bis 2000 wird mit insgesamt etwa dreihundert Milliarden DM umwelt-

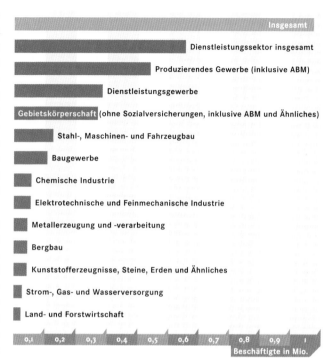

schutzbezogener Investitionen im öffentlichen Bereich und im verarbeitenden Gewerbe gerechnet. Damit könnten in Deutschland im Jahr 2000 über eine Million Beschäftigte dem Umweltbereich zugeordnet werden.

Schwieriger sind die Daten für den Marktanteil zu erfassen. Die OECD erwartet einen Anstieg des weltweiten Markts für umwelttechnische Ausrüstungen und Dienstleistungen von 324 Milliarden DM im Jahr 1990 auf 485 Milliarden DM im Jahr 2000. Das entspricht einer durchschnittlichen jährlichen Steigerungsrate von etwa vier Prozent. Den größten Binnenmarkt haben dabei die USA, die größten Steigerungen werden für Südeuropa und den südostasiatischen Raum erwartet. Der Anteil der Aufwendungen zur Luftreinhaltung ist dabei geringer als zur Abwasserbehandlung oder Abfallentsorgung, steigt aber überdurchschnittlich stark an. Die Bedeutung für den Außenhandel Deutschlands zeigt sich darin, dass etwa ein Drittel aller weltweit in mehr als einem Land angemeldeten umwelttechnischen Patente auf Deutschland entfielen. Es ist zu erwarten, dass diese Position auch zukünftig gehalten werden kann. Dies zeigt, dass die Luftreinhaltung und die Umwelttechnik insgesamt nicht nur aus ökologischen Gründen zu unseren wichtigsten derzeitigen gesellschaftlichen Aufgaben gehören, sondern auch für die wirtschaftliche Entwicklung eine zunehmend größere Bedeutung besitzen.

K.-P. Meinicke

Die Ergebnisse einer vom Umweltbundesamt im Auftrag mehrerer Wirtschaftsinstitute durchgeführten Studie aus dem Jahre 1996 zeigen, wie viele Personen im Jahr 1994 in Deutschland direkt oder indirekt mit Umweltschutzaufgaben beschäftigt waren. Die Gesamtzahl von fast einer Million **Umweltbeschäftigten** bedeutet einen Anteil von 2,7 Prozent an der Gesamtzahl aller Arbeitsplätze in Deutschland – dies ist vergleichbar mit der Zahl der in der Automobilindustrie Beschäftigten! Einschränkend ist allerdings anzumerken, dass unter den Umweltarbeitsplätzen im Dienstleistungsbereich ein hoher Anteil von Arbeitsbeschaffungs- oder -förderungsmaßnahmen, vor allem in den neuen Ländern, enthalten ist.

Trink-, Brauch- und Abwasser

W asser ist für das Leben von außerordentlicher Bedeutung – für jedes einzelne Lebewesen und für das gesamte Ökosystem. Wasser ist einerseits »das« Grundnahrungsmittel: ein Mensch kann zwar wochenlang ohne feste Nahrung, aber nicht länger als einige Tage ohne Wasser auskommen. Andererseits ist Wasser eines der wichtigsten Transportmedien der belebten und unbelebten Natur. Vielleicht kann man sich den Wasserkreislauf am besten als den Blutkreislauf der Biosphäre vorstellen. Dabei werden insbesondere Wärme – man denke nur an den Golfstrom; etwa 70 Prozent der Wärmeverteilung auf der Erde wird durch den Wasserkreislauf beeinflusst –, Nährstoffe und Schadstoffe zum Teil weltweit, zum Teil kleinräumig transportiert und verteilt. Im Wasserkreislauf werden jährlich rund 41000 Kubikkilometer Wasser umgesetzt. Die Ozeane sind Ausgangs- und Endpunkt dieses Kreislaufs, die Sonne ist der Motor.

Seit den frühesten menschlichen Kulturen nehmen Fragen der Wasserversorgung und -entsorgung eine Schlüsselstellung ein. Schwerpunkte der Anstrengungen war schon in der Antike die Bereitstellung von Wasser in den großen Ballungsräumen. Wasser wird vielfältig genutzt; häufig hat die Wassernutzung die Landschaft geprägt. Historische Beispiele sind die Schöpfanlagen in Ägypten, die römischen Aquädukte, die Kunstgrabensysteme des Bergbaus im Erzgebirge oder die Wasserspiele Ludwigs XIV.

Wasser ist die Quelle des Lebens

P flanzen, Tiere und Menschen können ohne Wasser nicht existieren. Nach Angaben der Weltgesundheitsorganisation WHO müssten pro Person täglich mindestens 80 Liter Trinkwasser zur Verfügung stehen. In unserer Region mit einer durchschnittlichen jährlichen Niederschlagsmenge von etwa 800 Litern pro Quadratmeter,

Der **natürliche Wasserkreislauf** wird durch die Sonne angetrieben. Aus den Meeren verdunsten große Wassermengen und gehen als Dampf in den Wasserkreislauf ein. Der Niederschlag fließt entweder oberflächennah oder über das Grundwasser wieder in die Meere zurück. So sind die Meere zugleich Quelle und Senke, also Ausgangs- und Endpunkt des Wasserkreislaufs.

Im Römischen Reich wurden die Städte durch ein System von **Aquädukten** mit Wasser versorgt. Das Gemälde von Zeno Diemer vermittelt eine Vorstellung, wie die Wasserversorgungsanlagen von Rom ausgesehen haben.

Die **weltweiten Wasserressourcen** sind sehr ungleich verteilt – nur ein Viertel der Menschheit ist ausreichend mit Wasser versorgt.

wovon im Schnitt etwa ein Drittel neues Grundwasser bildet, stellt dies kein Problem dar. Weltweit allerdings wird nur ein Viertel der Menschen einigermaßen ausreichend mit Wasser versorgt. Zwei Milliarden Menschen haben keinen Zugang zu sauberem Wasser. In einigen Regionen ist Wasser bereits zum Gegenstand von tiefen sozialen Konflikten und internationalen Auseinandersetzungen geworden, wie etwa in jüngster Zeit beim Streit zwischen der Türkei und Syrien um die Nutzung des Flusses Euphrat.

Einer Studie der Weltbank zufolge verursacht verunreinigtes Wasser in den Entwicklungsländern derzeit acht von zehn Krankheiten, und der Tod von jährlich fünf Millionen Menschen ist eine Folge von verunreinigtem Wasser. Wasser ist also weltweit ein knappes und kostbares Gut; Nutzung und Erhalt der Wasserressourcen ist eine zentrale Aufgabe der Zukunftssicherung.

Wasser – Eigenschaften, Vorkommen, Qualitäten

W asser zeichnet sich vor anderen Substanzen durch einige außergewöhnliche Eigenschaften aus, die das Aussehen der belebten Erde prägen und irdisches Leben überhaupt erst ermöglichen. Wasser hat bei 3,98 Grad Celsius seine größte Dichte, also im flüssigen Zustand. Eis, gefrorenes Wasser, hat eine geringere Dichte; man spricht von einer Dichteanomalie. Dies erklärt, warum Eisberge schwimmen, warum sich Eisflächen an der Wasseroberfläche bilden und warum sich in zugefrorenen Gewässern am Boden immer noch flüssiges Wasser befinden kann, in dem Wassertiere überleben können. Die Ursache dafür sind vor allem zwei Eigenschaften des Wassermoleküls: Es ist polar und es kann sich mit benachbarten Wassermolekülen (und vielen anderen Stoffen) durch so genannte Wasserstoffbrücken verbinden.

In vielen Gebieten der Erde herrscht **Wassermangel.** In Dafur im Nordosten des Sudans beispielsweise muss Wasser über weite Strecken herangetragen werden; eine Aufgabe, die meist von Frauen übernommen wird.

DAS WASSERMOLEKÜL

Ein Wassermolekül besteht aus zwei Wasserstoffatomen (gelblich), die in einem Winkel von $104,4°$ mit einem Sauerstoffatom (rot) verbunden sind, die Bindung wird durch durchgezogene Linien dargestellt. Das Sauerstoffatom zieht die negativ geladenen Bindungselektronen stark an, sodass dort ein negativer Ladungsüberschuss entsteht (angedeutet durch Minuszeichen). Dementsprechend bildet sich auf der Seite der positiv geladenen Wasserstoffkerne ein positiver Ladungsüberschuss aus (Pluszeichen). Diese räumliche Trennung der im Molekül vorhandenen elektrischen Ladungen heißt »Polarisation«, das Molekül ist polar. Da sich unterschiedlich geladene Körper anziehen, binden sich jeweils die positiven und negativen Enden der Wassermoleküle aneinander, man spricht von einer »Wasserstoffbrücke« (im Bild die punktierten Linien). Im flüssigen Zustand können sich die Moleküle bewegen, und die Wasserstoffbrücken ordnen sich immer wieder neu an. Im Unterschied dazu befindet sich im gefrorenen Zustand jedes Wassermolekül auf einem festen Platz und ist gleichzeitig mit vier benachbarten Molekülen über Wasserstoffbrücken zu einer regelmäßigen Kristallstruktur verbunden. Da die Molekülabstände im flüssigen Zustand bei niedrigen Temperaturen im Schnitt niedriger sind als im Eis, hat solches Wasser auch eine höhere Dichte. Eine andere Folge der Polarität des Wassermoleküls ist die Fähigkeit von

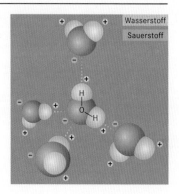

Wasser, viele andere Moleküle, zum Beispiel Salze, aufnehmen, »lösen« zu können. Auch viele elektrische und optische Eigenschaften wie die Durchsichtigkeit für sichtbares Licht rühren daher.

Wasservorräte der Erde

Aus dem All erscheint die Erde als blauer Planet – Resultat der wellenlängenabhängigen Lichtbrechung und -absorption in den oberen Schichten der Ozeane, die mit 361 Millionen Quadratkilometern 71 Prozent der Erdoberfläche ausmachen. Die gesamten Wasservorräte der Erde betragen 1,384 Milliarden Kubikkilometer. Davon sind 97,4 Prozent Meerwasser mit einem durchschnittlichen Salzgehalt von 3,4 Prozent, der Rest ist Süßwasser mit einem Salzgehalt von unter 0,2 Prozent. Zum Vergleich: im Wasser des Toten Meers beträgt der Gehalt aller gelösten Salze 350 Gramm pro Liter – das sind 35 Prozent.

Für die Wasserversorgung des Menschen spielt das Meerwasser insgesamt gesehen eine untergeordnete Rolle, wenn auch seine Bedeutung steigen wird: Für das Jahr 2000 erwartet man, dass täglich rund 20 Millionen Kubikmeter Meerwasser mit aufwendigen Verfahren entsalzt werden, davon mehr als zwei Drittel im Nahen Osten.

Grundwasser macht mit über 96 Prozent den überwiegenden Anteil des nicht in Polkappen oder Gletschern gespeicherten Süßwassers aus. Dementsprechend wichtig ist sein Schutz vor Verunreinigung. In Deutschland erneuert sich das oberhalb von etwa 50 Meter Tiefe liegende Grundwasser in einigen Jahren bis Jahrzehnten, tieferes Grundwasser ist nur in Zeiträumen von Jahrhunderten bis Jahrtausenden am Wasserkreislauf beteiligt. Gerade bei dem für die Wasserversorgung besonders wichtigen oberflächennahen Grundwasser kann man bereits eine Reihe von Verschmutzungen aus Industrie und Landwirtschaft nachweisen.

Wasservorkommen	[km³]	[%]
Meerwasser	1 348 000 000	97,4
Süßwasser gesamt	36 000 000	2,6
Gletscher und Polkappen	28 000 000	2,0
Grundwasser	8 000 000	0,58
Seen	126 000	0,01
Bodenwasser*	61 200	0,004
atmosphärischer Wasserdampf	14 400	0,001
Flüsse	1100	0,0001

* Bodenwasser = in den obersten, nicht gesättigten Schichten des Bodens gespeichertes Wasser

Das Süßwasser macht nur einen kleinen Teil des **Wasservorkommen** auf der Erde aus. Von diesem wiederum ist nur ein kleiner Teil für den Menschen nutzbar, nämlich das Wasser im Boden, in Flüssen und Seen und ein Teil des Grundwassers.

Wasserversorgung in Deutschland

Die Wasserversorgung in Deutschland beruht neben dem Grundwasser vor allem auf den natürlichen Oberflächengewässern – den sechs großen Stromsystemen Rhein, Donau, Elbe, Oder, Weser und Ems und den Seen mit einer Gesamtoberfläche von 1213 Quadratkilometern; außerdem den 549 Talsperren mit einem Stauraum von fast drei Milliarden Kubikmetern. Von dort werden vor allem die Ballungsräume mit Trink- und Brauchwasser über Fernversorgungsleitungen versorgt.

Für die öffentliche Wassergewinnung in Deutschland wird überwiegend Grund- und Quellwasser genutzt (72,7 Prozent). Der Anteil des Oberflächenwassers beträgt 22 Prozent, der des Uferfiltrats 5,3 Prozent. Immerhin etwa jeder siebente Liter des geförderten Wassers schlägt in der Bilanz für den Eigenverbrauch der öffentlichen Wasserversorgung oder als Leitungsverlust zu Buche.

In Deutschland beträgt die verfügbare Süßwassermenge im langjährigen Durchschnitt 182 Milliarden Kubikmeter Wasser. Tatsächlich in Anspruch genommen werden davon etwa 48 Milliarden Kubikmeter. Die übrige Menge gelangt vorwiegend durch Verdunstung, vor allem über die Abgabe von Wasserdampf durch die Pflanzen, zurück in den Wasserkreislauf. Das vom Menschen genutzte Wasser gelangt zum größten Teil (90 Prozent) durch Abfluss zurück in den allgemeinen Wasserkreislauf, der Rest durch Verdunstung. Den größten Teil, rund 28 Milliarden Kubikmeter, verbrauchen Kraftwerke vorwiegend zu Kühlzwecken. Die Industrie benötigt etwa zehn Milliarden Kubikmeter, die Landwirtschaft setzt rund 1,6 Milliarden Kubikmeter Wasser zur Bewässerung ein.

Der Wasserverbrauch in Deutschland war in den letzten Jahren kontinuierlich rückläufig und erreichte mit einem täglichen Pro-Kopf-Verbrauch von rund 128 Litern für Haushalte und Kleingewerbe im Jahr 1997 sein vorläufiges Minimum.

Wasserverschmutzung

Wassernutzung ist in der Regel immer mit einer Wasserbelastung oder -verschmutzung verbunden – egal ob es sich um den häuslichen, gewerblichen, industriellen Bereich oder um den Sport- oder Freizeitbereich handelt. Freilich sind die Auswirkungen unterschiedlich; sie hängen von der Art des wassergefährdenden Stoffs, seiner Konzentration und Einwirkungsdauer ab. Begriffe wie Eutrophierung, Ölpest, Fisch- und Robbensterben sind allzu oft in

Strom- und Küstengebiete

- Donau
- Rhein
- Ems
- Weser
- Elbe
- Oder
- Küstengebiet Nordsee
- Küstengebiet Ostsee

Die **Einzugsgebiete der großen Flüsse** und die Küstengebiete in Deutschland.

Region	Wasserverbrauch in Litern je Einwohner und Tag
Deutschland gesamt	128
Deutschland, alte Länder	139
Deutschland, neue Länder	100
Hamburg	160
Thüringen	89
Indien (einheimische Bevölkerung)	25
Tourismuszentren am Mittelmeer (z.B. Mallorca)	1000

Der **Wasserverbrauch pro Kopf** ist in den alten Ländern höher als in den neuen Ländern, beide Werte sind um ein Vielfaches höher als der Verbrauch beispielsweise in Indien. Besonders hoch ist der Wasserverbrauch in touristischen Einrichtungen wie Ferienklubs am Mittelmeer.

Die **Wasserüberwachungsstation** in Kleve-Bimmen am Rheindeich.

den Schlagzeilen der Medien – sie spiegeln die auffälligsten Auswirkungen der Wassernutzung wider.

Über den Zustand der Flüsse in Deutschland kann man sich mithilfe von Gewässergütekarten informieren, welche die »Länderarbeitsgemeinschaft Wasser« seit 1975 alle fünf Jahre veröffentlicht. Sie zeigen die Beschaffenheit der größeren Fließgewässer anhand von Güteklassen, die zunächst von »unbelastet bis sehr gering belastet« (Klasse I) bis »übermäßig verschmutzt« (Klasse IV) reichte. Bei Erstellung der ersten gesamtdeutschen Gewässergütekarte im Jahr 1990 musste für den Elbeeinzugsbereich innerhalb der Klasse IV eine neue Kategorie »ökologisch zerstört« eingeführt werden.

Als Reaktion initiierten Deutschland, Tschechien und die Europäische Gemeinschaft 1991 ein staatenübergreifendes Sofortprogramm zur Reduzierung der Schadstofffrachten in der Elbe und ihrem Einzugsgebiet. Bis 1997 entstanden in dessen Rahmen 160 größere kommunale Kläranlagen, davon 36 in der Tschechischen Republik. Dadurch hat sich die Situation zwar deutlich zum Positiven verändert – die Quecksilberbelastung der Elbe verringerte sich um 80 Prozent –, die weitere Verbesserung der Wasserqualität bleibt jedoch als Aufgabe nach wie vor bestehen.

Eutrophierung

Werden einem Gewässer mit dem Abwasser ständig Nährstoffe zugeführt, steigert sich zunächst die pflanzliche Produktion, besonders stark wachsen Algen. Sie verringern dabei den Lichteinfall so weit, dass viele Pflanzen absterben. Mit der Zeit nimmt die Menge abgestorbenen pflanzlichen Materials immer mehr zu; besonders stark wirkt sich dabei das vermehrte Absterben der Algen aus. Für den Abbau der abgestorbenen Biomasse sorgen

Eine **Gewässergütekarte** von 1994/95 für das rheinisch-westfälische Industriegebiet in Nordrhein-Westfalen. Während der Rhein sich gegenüber den 60er und 70er-Jahren deutlich erholt hat und nur noch mäßig belastet ist, sind viele Zuflüsse wie Ruhr oder Wupper nach wie vor kritisch belastet bis stark verschmutzt; für die Lippe gilt sogar die Schadensklasse IV: »übermäßig verschmutzt«. Das Wasser der Emscher wird in der Emscher-Mündungskläranlage biologisch behandelt.

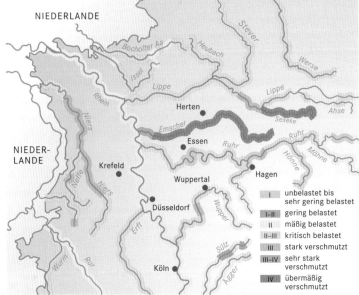

I	unbelastet bis sehr gering belastet
I-II	gering belastet
II	mäßig belastet
II-III	kritisch belastet
III	stark verschmutzt
III-IV	sehr stark verschmutzt
IV	übermäßig verschmutzt

zunächst Sauerstoff verbrauchende Organismen (Saprobien), darunter besonders aerobe Bakterien. Diese vermehren sich dabei so stark, dass sich die Konzentration von gelöstem Sauerstoff im Wasser immer weiter verringert, woraufhin noch mehr Pflanzen und auch Tiere absterben. Dieser Übergang eines nährstoffarmen Gewässers in einen nährstoffreichen Zustand wird als Eutrophierung oder Überdüngung bezeichnet.

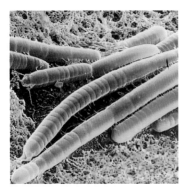 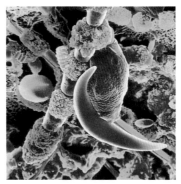

In Gewässern lebende, sauerstoffzehrende Organismen wie bestimmte Würmer (links), Bakterien, Pilze und Algen (rechts), die tote organische Substanzen abbauen und damit für eine biologische Selbstreinigung sorgen, werden **Saprobien** genannt. Aus der Besiedlungsdichte eines Gewässerabschnitts mit Saprobien kann auf die Belastung des Gewässers mit abbaubaren organischen Stoffen geschlossen werden. Ein achtstufiges Saprobiensystem wird auch für die Erstellung der Gewässergütekarte in Deutschland genutzt.

Schließlich sinkt der Sauerstoffgehalt so stark, dass anaerob lebende Bakterien sich zu vermehren beginnen und schließlich die Prozesse im Gewässer dominieren. Cyanobakterien (Blaualgen) setzen sich im Phytoplankton durch, ihre Massenvermehrung zieht Algenblüten und die Produktion von Biogiften nach sich. Fäulnis und belästigende Gerüche sind weitere Folgen. Im Uferbereich sammeln sich hauptsächlich Fadenalgen. Man sagt, das Gewässer kippt um – nämlich von einer vielfältigen, überwiegend aeroben Besiedlung in eine anaerobe mit nur noch sehr wenigen Arten. Schließlich wird auch der Lebensraum der meisten noch verbliebenen Lebewesen durch Schwefelwasserstoff-, Ammoniak- oder Methanbildung so weit eingeschränkt, dass das Gewässer praktisch abgestorben ist.

Die Ursache dieser Erscheinungen ist heute klar. Die zusätzlich ins Gewässer eingebrachten Pflanzennährstoffe, welche die Eutrophierung auslösen, sind überwiegend Phosphate, die in unbelasteten Gewässern nur in geringer Konzentration vorhanden sind. Sie stammen aus Wasch- und Reinigungsmitteln, aus Fäkalien und Düngemitteln, sodass eine Aufbereitung der hiermit belasteten Abwässer dringend geboten ist.

Eine Algenblüte an einem See – Algenblüten sind deutliche Anzeichen für eine **Eutrophierung**, das heißt eine übermäßige Nährstoffbelastung des Gewässers.

Wassergefährdende Stoffe

Stoffe, die den Lebensraum von Wasserpflanzen und -tieren sowie die Versorgung der Menschen mit Trinkwasser gefährden, können auf unterschiedlichem Weg in die natürlichen Wassersysteme gelangen. Mögliche Eintragspfade sind das Abwasser, die Luft, der

Boden oder die Verklappung flüssiger Abfälle. Man teilt dabei die Stoffe beziehungsweise die Einträge nach Stoffart und Größe der Belastung in sechs Kategorien ein: leicht abbaubare Stoffe, schwer abbaubare (persistente) Stoffe, Schwermetalle und ihre Verbindungen, Salze, Abwärme (Kraftwerke geben einen großen Teil ihrer Abwärme mit dem erwärmten Kühlwasser an Flüsse ab) und Radioaktivität. In Deutschland treten die ersten fünf der genannten Belastungen auf; eine Beeinträchtigung des Oberflächenwassers durch Radioaktivität lässt sich bisher in Deutschland nicht nachweisen, spielt aber beispielsweise in den Ländern der ehemaligen Sowjetunion an vielen Stellen leider eine große Rolle.

Leicht abbaubar sind organische Stoffe, die in intakten Systemen auf natürliche Weise – durch zersetzende Mikroorganismen wie

---

DIE MINAMATA-KRANKHEIT

Im japanischen Minamata wurde 1956 erstmals eine Krankheit beobachtet, bei der hauptsächlich Seh- und Hörstörungen sowie Störungen des Tastsinns und abnorme Bewegungen auftraten und in einigen Fällen zum Tod führten. Diese Krankheit erlangte als Minamata-Syndrom traurige Berühmtheit. Als Ursache stellte sich der Einlass von ungeklärten quecksilberhaltigen Abwässern einer Chemiefabrik in die vor Minamata liegende Meeresbucht heraus, die von den Anwohnern auch als Fischfanggebiet genutzt wurde. So konnte sich durch den Verzehr verseuchter Fische und anderer Meeresfrüchte Quecksilber über einen längeren Zeitraum im Körper anreichern, sodass eine Quecksilbervergiftung resultierte. Es gab Todesfälle und sehr viele Fälle von chronischer Quecksilbervergiftung; Ärzte standen der Erkrankung machtlos gegenüber.

Heute haben die Behörden in vielen Staaten Grenzwerte für den Quecksilbergehalt in Fischen und anderen Meeresfrüchten festgelegt. In Deutschland darf nach der Quecksilberverordnung in einem Kilogramm Fisch höchstens 1 Milligramm Quecksilber enthalten sein, in einem Kilogramm anderer Meeresfrüchte 0,5 Milligramm.

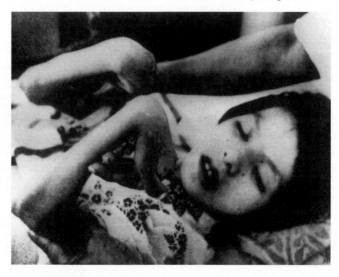

Bakterien und Pilze – schnell und nahezu vollständig in anorganische Substanzen zerlegt werden können. Dabei handelt es sich um einen biologischen Selbstreinigungsprozess; er läuft ab, solange die Zersetzer ausreichend gute Lebensbedingungen vorfinden. Für aerobe Mikroben bedeutet das vor allem eine genügende Sauerstoffversorgung. Hauptquellen für die Gruppe der leicht abbaubaren Stoffe sind Haushaltsabwässer, aber auch bestimmte Abwässer aus Industrie und Landwirtschaft.

Schwer abbaubare Stoffe, zum Beispiel FCKW oder organische Schwermetallverbindungen, sind nicht nur aufgrund des langen Zeitraums, der zu ihrem Abbau benötigt wird, sondern auch durch die von ihnen ausgehenden Kombinationswirkungen besonders kritisch. Viele schwer abbaubare Substanzen können sich über die Nahrungsmittelkette im menschlichen Fettgewebe anreichern, etliche können das Erbgut schädigen und/oder Krebs erzeugend wirken.

Schwermetalle stammen hauptsächlich aus der chemischen Industrie, aus Metallhütten und Galvanik- und Beizereibetrieben. Problematisch ist vor allem, dass Verbindungen von beispielsweise Quecksilber, Blei oder Cadmium in mechanisch-biologischen Kläranlagen von den dort wirkenden Mikroorganismen nicht abgebaut werden können. Die Schadwirkungen treten häufig erst verschleppt, nach längerer oder wiederholter Aufnahme auch kleiner Mengen, auf.

Ein berühmtes Beispiel aus dem Japan der 1950er-Jahre ist die Minamata-Krankheit, als Quecksilber über die Ableitung von Industrieabwässern in Fischgründe in die Nahrungskette gelangte. Noch heute streiten die Opfer und ihre Angehörigen um angemessene Entschädigung.

Kenngrößen der Wasserverschmutzung

Qualität und Verschmutzungsgrad von Abwasser können zunächst einmal mit allgemeinen physikalischen und chemischen Kennwerten beschrieben werden; hierzu gehören der pH-Wert (Säuregehalt), Temperatur, elektrische Leitfähigkeit, Färbung, Trübung, Geruch, das Absorptionsvermögen für sichtbares oder ultraviolettes Licht sowie der Gehalt an Anionen und Kationen. Darüber hinaus hat es sich aber als sinnvoll erwiesen, auch so genannte Summenparameter einzuführen, welche die Qualität des Gewässers als Lebensraum beschreiben, und die ohne großen apparativen Aufwand bestimmt werden können. Beispielsweise kann die in einer bestimmten Absetzzeit ablaufende Sedimentation von Feststoffpartikeln zur Bestimmung von Volumenanteil und Massenkonzentration der absetzbaren ungelösten Stoffe benutzt werden. Die Menge der nicht absetzbaren ungelösten Stoffe lässt sich ebenfalls direkt messen, nämlich durch Filtration einer genau bekannten Abwassermenge.

Art der Belastung	Beispiel	Verursacher
leicht abbaubare organische Stoffe	Fäkalien, Essensreste	Haushalte, Kläranlagen
schwer abbaubare organische Stoffe	org. Chlorverbindungen, Pestizide, Bilgenöl	Industrie, Landwirtschaft, Schiffsverkehr
Salze	Kalisalze	Gewerbe, Industrie, Bergbau, Streusalz
Schwermetalle	Blei, Quecksilber	Gewerbe, Industrie
Nährstoffe	Nitrat, Phosphat	Landwirtschaft, Haushalte
saurer Regen	Schwefelsäure	Industrie, Autoverkehr
Erwärmung	Einleitung von Kühlwasser	Kraftwerke, Industrie

Häufig auftretende **Gewässerbelastungen** und ihre Verursacher.

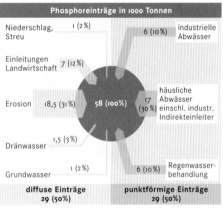

Phosphoreinträge in 1000 Tonnen

Niederschlag, Streu 1 (2%)
6 (10%) industrielle Abwässer
Einleitungen Landwirtschaft 7 (12%)
häusliche Abwässer einschl. industr. Indirekteinleiter 17 (30%)
Erosion 18,5 (31%) 58 (100%)
1,5 (3%)
Dränwasser
Grundwasser 1 (2%)
6 (10%) Regenwasserbehandlung
diffuse Einträge 29 (50%)
punktförmige Einträge 29 (50%)

Phosphoreinträge in Fließgewässer, angegeben in tausend Tonnen. Die diffusen (nicht genau lokalisierbaren) Einträge – abgesehen von Niederschlag und Streu – stammen etwa zu 90 Prozent aus landwirtschaftlichen Nutzflächen (Stand 1995). Ein ähnliches Bild zeigt sich bei den Stickstoffeinträgen.

DER EINWOHNERGLEICHWERT

Der Einwohnergleichwert (EGW) basiert auf der mittleren täglichen BSB_5-Fracht, die im Durchschnitt ein jeder Einwohner liefert. Sie beträgt in Deutschland nach DIN 60 Gramm BSB_5 pro Tag und Einwohner, beziehungsweise, wenn sich die enthaltenen Feststoffe abgesetzt haben, 40 Gramm BSB_5 pro Tag und Einwohner.

Mit dem Einwohnergleichwert kann man industrielle oder landwirtschaftliche Abwässer mit häuslichen vergleichen. Wenn etwa ein Betrieb bei der Produktion täglich 10000 Liter Abwasser liefert, das durchschnittlich einen BSB_5-Wert von 3 Gramm pro Liter hat, dann belastet dieser Betrieb das Wasser mit 30000 Gramm BSB_5. Damit ergibt sich ein Einwohnergleichwert von 30000/60, also von 500. Dieser Betrieb belastet das Abwasser wie 500 Einwohner. Der EGW gibt somit an, wie viele Einwohner pro Tag die gleiche Menge biologisch abbaubarer Wasserverunreinigungen wie der untersuchte Betrieb erzeugen.

abwasserverursachender Betrieb	Bezugsgröße	Einwohnergleichwert
Schweinestall	pro 5 Schweine (ca. 1 Tonne)	15
Mülldeponie	pro Hektar Deponiefläche	45
Zuckerfabrik	pro Tonne Zuckerrüben	45 – 70
Molkerei mit Käserei	pro 1000 Liter Milch	45 – 230
Schlachthof	pro Tonne Lebendgewicht	130 – 400
Brauerei	pro 1000 Liter Bier	150 – 350
Papierfabrik	pro Tonne Papier	200 – 900
Wäscherei	pro Tonne Wäsche	350 – 900
Sulfit-Zellstoffwerk	pro Tonne Zellstoff	3500 – 5000
Hefefabrik	pro Tonne Hefe	5000 – 7000
ausgelaufenes Mineralöl	pro Tonne Öl	11000

Die im Wasser gelösten Verunreinigungen machen bei kommunalen Abwässern etwa zwei Drittel der Gesamtschmutzfracht aus. Summenparameter hierfür werden indirekt bestimmt, etwa indem die bei einer bestimmten chemischen oder biologischen Reaktion im zu untersuchenden Abwasser verbrauchte Sauerstoffmenge gemessen wird. In der Praxis weit verbreitet ist der biochemische Sauerstoffbedarf BSB, ein Maß für den Gehalt an Substanzen, die im Wasser gelöst und aerob von Mikroorganismen abbaubar sind. Die zur Bestimmung des Wertes benötigte Zeit wird als Index angegeben: In der Regel bezieht man den BSB auf eine Messzeit von fünf Tagen und nennt ihn dann BSB_5. Beträgt der BSB_5 mehr als 2 Gramm pro Liter, spricht man von einem »hoch konzentrierten Abwasser«, wie es vor allem bei einigen industriellen Prozessen entstehen kann.

Auch die Abwasserbelastung mit biochemisch abbaubaren Substanzen, die ein »Durchschnittseinwohner« im Mittel pro Tag erzeugt, wird als BSB_5-Wert angegeben. Diese Abwasserfracht heißt Einwohnergleichwert (abgekürzt EGW); er gibt zum Beispiel Auskunft über die Kapazität bestehender oder geplanter Kläranlagen.

Trinkwasser

In Deutschland ist die flächendeckende Versorgung mit Trinkwasser gesichert. Fast 18000 Gewinnungsanlagen der öffentlichen Wasserversorgung beliefern 98,6 Prozent der Bevölkerung. Dabei sind über drei Viertel des genutzten Wasserdargebots Rohwasser und bedürfen einer entsprechenden Aufbereitung. Die entstehenden Kosten für diese Versorgung müssen durch den Wasserpreis gedeckt werden. Da die Trinkwasserversorgung zu den Selbstverwaltungsaufgaben der Kommunen gehört, sind regional unterschiedliche Lösungen und damit auch unterschiedliche Wasserpreise die Regel. Im Durchschnitt lagen die Preise 1997 bei 3,14 DM pro Kubikmeter, in den neuen Bundesländern darüber. Zu etwa 80 Prozent ist dieser Preis durch feste, verbrauchsunabhängige Kosten bedingt.

Welchen Anforderungen muss Trinkwasser genügen?

In Deutschland ist außer dem Bundesseuchengesetz die Trinkwasserverordnung für die Anforderungen an die Trinkwasserqualität maßgeblich. Darin werden mikrobiologische Untersuchungsverfahren, Grenzwerte für gesundheitsschädigende chemische Stoffe, für die Trinkwasseraufbereitung zugelassene Zusatzstoffe sowie Kenngrößen und Grenzwerte zur Beurteilung der Beschaffenheit des Trinkwassers aufgeführt. So ist zum Beispiel der Grenzwert für Nitrat auf 50 Milligramm pro Liter festgelegt. Für Pestizide gilt ein Grenzwert von 0,1 Mikrogramm pro Liter (Millionstel Gramm pro Liter, μg/l) je Einzelsubstanz beziehungsweise 0,5 μg/l für die Summe aller Pestizide.

Die Grenzwerte wurden im Lauf der Zeit mehrfach verschärft. So beschlossen die Umweltminister der Europäischen Union Ende 1997

Gutes Trinkwasser musste während **Wasserknappheiten** auch im 20. Jahrhundert in vielen Gegenden Europas von öffentlichen Brunnen oder Ausgabestellen geholt werden – hier in dem Dorf Saltdean in Sussex (England) im August 1949.

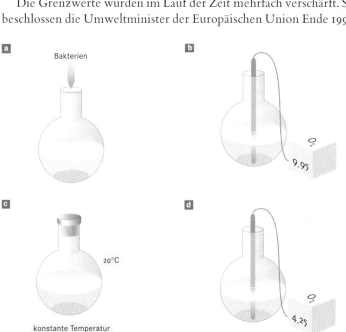

Bei der Ermittlung des **biochemischen Sauerstoffbedarfs** BSB_5 wird die Wasserprobe mit sauerstoffreichem und bakterienhaltigem Wasser versetzt (a). Man misst sofort ihren Sauerstoffgehalt (b), verschließt das Probegefäß und lässt die Probe fünf Tage bei exakt 20 °C stehen (c). Nach fünf Tagen misst man den Sauerstoffgehalt erneut (d). Aus beiden Messwerten berechnet man den Sauerstoffverbrauch in mg/l. Dieser Wert ist der BSB_5 des untersuchten Wassers.

strengere Regelungen für Antimon, Arsen, Kupfer und Blei. Der Grenzwert von Blei beispielsweise soll um den Faktor 50 verschärft werden. Diesen Grenzwert kann man nur durch den Austausch noch vorhandener Bleiwasserleitungen erreichen.

Aufbereitung des Rohwassers zum Trinkwasser

Wasserwerk Halle-Beesen um 1926.

Bei der Aufbereitung des Rohwassers müssen nicht nur in der natürlichen Umwelt vorkommende Schadstoffe wie Sulfate, Keime oder geschmacks- und geruchsbeeinträchtigende Stoffe entfernt werden, sondern auch vom Menschen freigesetzte Stoffe. Letzteres ist meist mit einem größeren Aufwand verbunden. Bei der Trinkwasseraufbereitung aus Grundwasser muss zur Vermeidung von Rohrablagerungen und Korrosionen häufig nur der Säuregrad reguliert werden, die Gewinnung aus Flusswasser ist dagegen aufwendiger. In einem mehrstufigen Prozess wird das mit dem natürlichen Grundwasser gemischte, im Uferbereich entnommene Flusswasser im Wasserwerk von organischen Bestandteilen gereinigt, mithilfe von Ozon entkeimt oder gechlort. Salze oder Schwermetalle, die beim Durchfließen der Uferbodenschichten nicht herausgefiltert werden können, erfordern zusätzliche Aufbereitungsmaßnahmen.

Wasser für Industrie und Landwirtschaft

Nahezu 60 Prozent des Wasserbedarfs in Deutschland werden für die 314 Wärmekraftwerke benötigt und fast ausschließlich aus Oberflächenwasser gedeckt. Der betriebsbedingte Bedarf an Brauchwasser – so heißt das Wasser, das für technische Prozesse verwendet wird – liegt insgesamt bei etwa 70 Milliarden Kubikmeter pro Jahr, tatsächlich entnommen werden nur etwa 28 Milliarden Kubikmeter. Dies liegt daran, dass ein großer Teil des Wassers mehrfach genutzt wird, bevor es als Abwasser an die Oberflächengewässer abgegeben wird. Außer nutzungsbedingten Verunreinigungen kann vor allem die Temperatur des Abwassers problematisch sein. So ist beispielsweise in warmem Wasser deutlich weniger Sauerstoff gelöst als in kaltem Wasser, was natürlich Auswirkungen auf die Lebensbedingungen im Wasser hat. Derzeit durchläuft nur etwa jeder achte Liter abgeleiteten Kühlwassers eine betriebseigene Rückkühlungsanlage.

Brauchwasser in der Landwirtschaft

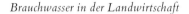

Aufgeheiztes Kühlwasser des Atomkraftwerks in Veulettes (Nordfrankreich) wird in einem Tank gesammelt und dann in den Ärmelkanal eingeleitet.

In der Landwirtschaft steht neben der Pestizidbelastung vor allem der Düngereintrag ins Grundwasser im Mittelpunkt der Aufmerksamkeit. Ein Viertel des Grundwassers in Deutschland weist deutlich bis stark erhöhte Nitratgehalte auf, die in der Regel auf eine landwirtschaftliche Nutzung zurückgehen. In Gebieten mit stärkerem Anbau von Sonderkulturen wie Spargel, Wein, Gemüse und

ERHÖHTE NITRATGEHALTE IM SÜDEN DEUTSCHLANDS

Der mittlere Nitratgehalt im tiefen Grundwasser nimmt in Deutschland von Norden nach Süden zu – auf den ersten Blick eine erstaunliche Beobachtung, denn die oberflächennahen Grundwasserleiter sind auch im Norden häufig stark mit Nitrat belastet. Dass in Norddeutschland trotzdem das tiefere Grundwasser weniger mit Nitrat belastet ist als in Süddeutschland, liegt an den geologischen Gegebenheiten: Im Norden befindet sich häufig Lockergestein im Boden. Dies sorgt dafür, dass das Wasser im Boden langsam fließt und eher anaerobe Bedingungen herrschen – günstig für einen biologischen Nitratabbau durch Mikroorganismen, die so genannte Denitrifikation. Deren Endprodukt ist molekularer Stickstoff (N_2), der Hauptbestandteil der Luft. Weitere begünstigende Faktoren sind die Anwesenheit von organischen Kohlenstoffverbindungen und/oder reduzierten Schwefel-Eisen-Verbindungen.

Demgegenüber steht im Süden direkt nach der Bodenschicht häufig Felsgestein an. Dadurch wird das Gesamtsystem durchlässiger, sodass belastetes Wasser mit höheren Geschwindigkeiten durch den Boden und Gestein fließt und weniger Nitrat abgebaut wird; der Sauerstoffgehalt im Wasser ist allerdings größer.

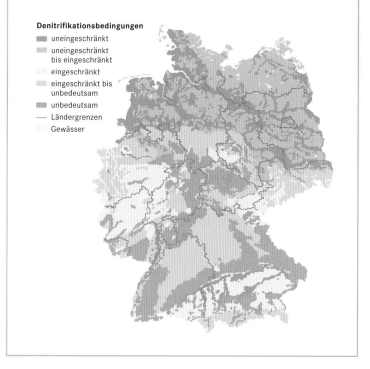

Denitrifikationsbedingungen

- uneingeschränkt
- uneingeschränkt bis eingeschränkt
- eingeschränkt
- eingeschränkt bis unbedeutsam
- unbedeutsam
- Ländergrenzen
- Gewässer

Obst, mit denen besonders hohe Verkaufserlöse erzielt werden und für die daher Düngemittel fast keinen Kostenfaktor darstellen, ist dieser Anteil besonders hoch. Auch steigt der Nitratgehalt von Nord- nach Süddeutschland an. Zudem verlagert sich Nitrat zunehmend in größere Tiefen, da es überwiegend in den oberen Bodenschichten abgebaut wird – hat es diese durchlaufen, so kann es ohne nennenswerten Abbau sehr weite Strecken im Grundwasser zurücklegen.

unbeeinflußt (37,5 %)

landwirtsch. Nutzung (20,8 %)

häusl. Abwasser (11,5 %)

unspezifisch (10,1 %)

Staub-Eintrag (6,5 %)

Versauerung (4,7 %)

geog. Versalzung (3,8 %)

Pflanzenbehandlungs- und
Schädlingsbekämpfungsmittel (3,8 %)

Industrie (1,3 %)

Die Anteile der verschiedenen **Faktoren, welche das Grundwasser** in Deutschland **beeinflussen** – nur etwas mehr als ein Drittel der Grundwasservorräte ist noch unbeeinflusst.

Vorfluter nennt man dasjenige Fließgewässer, das Abwasser oder auch überschüssiges Regenwasser zunächst aufnimmt und an die natürlichen Entwässerungssysteme weiterleitet. **Direkteinleiter** sind Unternehmen, die ihre Abwässer über eigene Kanalisationen auf direktem Weg in den Vorfluter einleiten. **Indirekteinleiter** sind Unternehmen, die an die kommunale Kanalisation angeschlossen sind. **Kommunales Abwasser** ist die Bezeichnung für alle Abwässer, die öffentlichen Kläranlagen zur Reinigung zugeführt werden. Es enthält häusliches, meist auch gewerbliches Abwasser und, wenn Indirekteinleiter vorhanden sind, auch industrielle Abwässer.

Von den Stickstoffeinträgen in die Gewässer stammen 50 bis 55 Prozent, von den Phosphoreinträgen 40 bis 45 Prozent aus landwirtschaftlichen Nutzflächen; bei Pestiziden ist eine genaue Erfassung nicht möglich. Die Belastungen entstehen dabei auf unterschiedliche Weise: So gelangen Pestizide und Phosphate durch Erosion und Abschwemmung von Bodenpartikeln in Oberflächengewässer. Nitrat, das im Mineraldünger oder in der Gülle auf die Felder gelangt, wird dagegen vom Regenwasser aus dem Boden ausgewaschen und in Oberflächengewässer oder ins Grundwasser transportiert. Aus der Gülle gelangen auch andere Inhaltsstoffe (einschließlich eventuell vorhandener Rückstände von Veterinärpharmaka, etwa Antibiotika oder Hormone, die auch bei Menschen wirksam sind) in die Gewässer. Oftmals ist eine direkte Zuordnung der Verunreinigungen zu diesen Quellen nicht möglich, der Verursacher kann in solchen Fällen nicht unmittelbar haftbar gemacht werden. Eine weitere Quelle ist die direkte Einleitung von Düngern, Jauche, Gülle und Pestizidrestbrühen in die Oberflächengewässer, beispielsweise beim Reinigen von Fahrzeugen und Spritzgeräten.

Abwasser

Als Abwasser bezeichnet man normalerweise das im kommunalen Bereich und in der Industrie anfallende, mit Schadstoffen belastete Wasser. Nach DIN 4045 ist Abwasser noch allgemeiner als »durch Gebrauch verändertes abfließendes Wasser und jedes in die Kanalisation gelangendes Wasser« definiert. In der Praxis besteht bei jeder Nutzung die Möglichkeit, dass Wasser verschmutzt wird. In der Industrie etwa wird selbst bei einem im Hauptprozess abwasserlosen Verfahren mindestens in der Peripherie Wasser für Reinigungszwecke benutzt. Folglich muss in aller Regel das Abwasser gereinigt werden, bevor es in ein Fließgewässer – den Vorfluter – eingeleitet werden kann. Die Abwasserreinigung erfolgt in einem Klärwerk; auf welche Art und Weise ein Abwasser gereinigt wird, fällt je nach Verschmutzungsart und -grad unterschiedlich aus. Industrielles Abwasser mit produktionstypischen Verschmutzungen verlangt meist andere Reinigungsverfahren als Abwasser aus Wohngebieten mit oder ohne gewerbliche Nutzung. Weltweit werden nur fünf Prozent der Abwässer gereinigt, selbst in den OECD-Ländern ist ein Drittel der Menschen nicht an die mit hohen Kosten verbundene Abwasserreinigung angeschlossen.

Kommunale Kläranlagen

Im Jahr 1995 gab es in Deutschland 10279 öffentliche Kläranlagen, die insgesamt 9,9 Milliarden Kubikmeter Abwasser reinigten. Im Bundesdurchschnitt waren 89 Prozent der Bevölkerung an diese Anlagen angeschlossen, in den neuen Bundesländern allerdings nur 62,5 Prozent. Der übrige Anteil der Bevölkerung, vor allem in Teilen des ländlichen Raums, verfügte entweder über häusliche Kläranlagen oder war an eine gewerbliche Kläranlage angeschlossen.

In diesem Zusammenhang kommt es besonders wegen der Kosten, die mit dem Anschluss an eine Kläranlage verbunden sind, immer wieder zu Diskussionen. Bei der Erhebung der Abwassergebühr gilt der Grundsatz, dass die Verursacher sämtliche Kosten der Abwasserreinigung über Abgaben aufbringen müssen. Man erwartet, dass diese Kosten und damit die Gebühren jährlich zwischen drei und fünf Prozent ansteigen werden. Hierzu tragen zwei Effekte bei: Einerseits wird ein immer größerer Anteil des Abwassers nicht nur mechanisch, sondern auch biologisch behandelt, und es schließt sich immer häufiger zusätzlich noch eine Nährstoffelimination an. Dafür sind erhebliche Investitionen für den Bau neuer Anlagen oder in bestehenden Anlagen oft aufwendige Anpassungen notwendig. Andererseits muss das 400 000 Kilometer lange Netz der öffentlichen Kanalisation erweitert und vielerorts auch saniert werden. Da mehr als drei Viertel der erhobenen Gebühren ausschließlich auf dem Trinkwasserverbrauch als alleiniger Bezugsgröße basiert, bietet die Abwassergebühr einen unmittelbaren Anreiz zu einer sparsamen Wassernutzung.

Gesetzliche Grundlagen des Gewässerschutzes

Die Wasserpolitik hat die Aufgabe, die Wasserversorgung langfristig sicherzustellen. Dazu gehören die folgenden Maßnahmen: sparsamer Umgang mit Wasser, Entwicklung und Einsatz abwasserfreier Technologien, Integration von Reinigungsstufen in den industriellen Produktionsprozess, Erschließen neuer Wasserressourcen, Vermeidung von Wasserverschmutzungen und Verhinderung der Ausbreitung von Krankheitserregern über intensiv genutzte Gewässer. Dies alles soll mit wirtschaftlichem Management und unter Einbeziehung aller Zielgruppen erreicht werden. Auch in diesem Umweltbereich gilt es, das Leitkonzept einer nachhaltigen Wassernutzung in konkrete Schritte umzusetzen. Den äußeren Rahmen für den Gewässerschutz bildet ein rechtliches Instrumentarium aus gesetzlichen Bestimmungen, Verordnungen und auch aus internationalen Abkommen.

Grundlegende Bestimmungen über wasserwirtschaftliche Maßnahmen enthält das Gesetz zur Ordnung des Wasserhaushalts von 1957, zuletzt novelliert im Jahr 1996 (das »Wasserhaushaltsgesetz«). Danach ist nun auch im Bereich der Abwasserentsorgung der »Stand der Technik« vorgeschrieben – also die Technik, die den aktuellen Entwicklungsstand technisch und wirtschaftlich durchführbarer Verfahren repräsentiert. Erstmals ist auch eine Verpflichtung zur Sicherung der Gewässer als Bestandteil des Naturhaushalts und als Lebensraum für Tiere und Pflanzen eingeführt worden. Die neben der »Ökosteuer« einzige bundesweit erhobene Umweltabgabe mit Lenkungsfunktion findet sich im Abwasserabgabengesetz. Dort wird unter Anderem geregelt, dass beim direkten Einleiten von Abwasser eine Abgabe gezahlt werden muss, welche die Länder für Maßnahmen der Gewässerreinhaltung verwenden. Seit 1997 beträgt die Höhe der Abgabe 70 DM je Schadeinheit. Infolge der Vorgaben des

Die **Havarie der »Pallas«** im November 1998 führte zu der bis dahin schwersten Ölkatastrophe in der Geschichte der Bundesrepublik.

Die wichtigsten **gesetzlichen Grundlagen der Wasserwirtschaft** sind das Wasserhaushaltsgesetz, das Abwasserabgabengesetz, die Grundwasserverordnung, das Wasserrecht der Bundesländer, das Wasch- und Reinigungsmittelgesetz, das Bundesseuchengesetz, die Trinkwasserverordnung, und die Düngemittelverordnung. Auf internationaler Ebene gibt es mehrere Abkommen zum Schutz der Weltmeere und regionaler Meere wie Nord- und Ostsee.

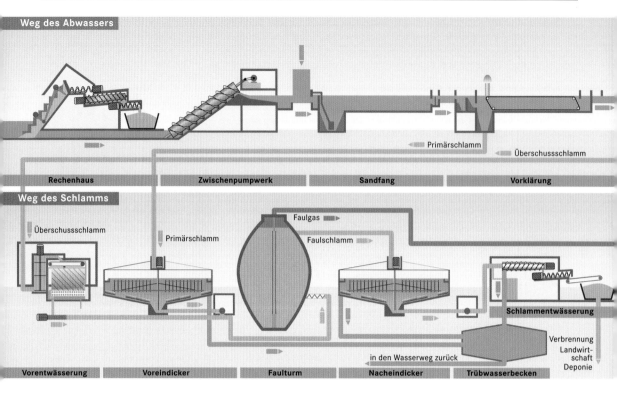

Weg des Abwassers

Primärschlamm
Überschussschlamm

Rechenhaus | Zwischenpumpwerk | Sandfang | Vorklärung

Weg des Schlamms

Überschussschlamm
Primärschlamm
Faulgas
Faulschlamm

Schlammentwässerung

Verbrennung
Landwirt-
schaft
Deponie

in den Wasserweg zurück

Vorentwässerung | Voreindicker | Faulturm | Nacheindicker | Trübwasserbecken

Wasch- und Reinigungsmittelgesetzes und der darauf aufbauenden Tensid- sowie Phosphathöchstmengen-Verordnung sank beispielsweise in den alten Ländern der Phosphoreintrag von 42000 Tonnen im Jahr 1975 auf 2000 Tonnen im Jahr 1993. Schließlich enthält das Bundesseuchengesetz die grundlegenden Anforderungen an die Güte des Trinkwassers sowie die Hygieneanforderungen an die Beseitigung kommunaler Abwässer.

Das Abkommen der dritten Nordseeschutzkonferenz sah 1990 vor, im Zeitraum von 1985 bis 1995 die Emissionen von bestimmten Schadstoffen – 36 wurden als vorrangig zu behandelnd benannt – um 50 Prozent zu reduzieren; bei Dioxinen, Quecksilber, Cadmium und Blei war sogar eine Reduktion um 70 Prozent angestrebt. Wie schwierig die konkrete Umsetzung ist, zeigt sich am Ergebnis: Dieses Ziel wurde von den acht Anrainerstaaten insgesamt bisher nicht erreicht.

Verfahren zur Abwasserreinigung – ein Überblick

Technische Verfahren zur Behandlung von Abwässern wurden zunächst für den kommunalen Bereich entwickelt und sind erst später von der Industrie übernommen worden. Die meisten kommunalen Kläranlagen reinigen das Abwasser in zwei Stufen: Mechanische Verfahren bilden die erste Reinigungsstufe, an die sich eine zweite Reinigungsstufe, die biologische Abwasserreinigung, anschließt. Immer häufiger werden in kommunalen Klärwerken auch chemische Verfahren als dritte Reinigungsstufe angewendet, und

In Deutschland werden in den Klärwerken inzwischen rund 82 Prozent des Abwasseranfalls mit **mechanischen** und **biologischen** Verfahren und zusätzlich mit nachfolgender **chemischer** Nährstoffelimination gereinigt. 15 Prozent des Abwasseraufkommens werden in kommunalen Klärwerken behandelt, die über die erste und zweite Reinigungsstufe verfügen, und nur noch etwa drei Prozent der in kommunalen Klärwerken anfallenden Abwässer werden allein mit mechanischen Mitteln behandelt.

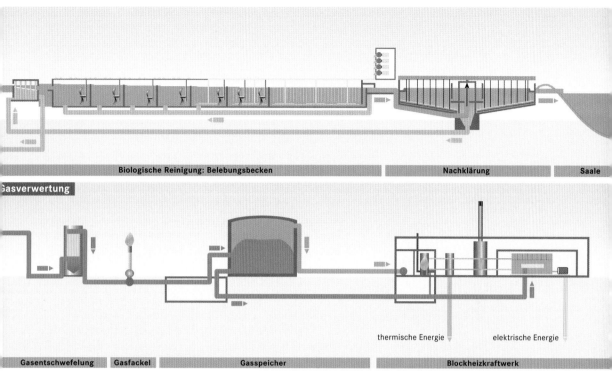

Der Weg von **Abwasser** und **Klärschlamm** in einer modernen Kläranlage (hier am Beispiel der Anlage Halle/Saale-Nord). An die mechanische Abwasserreinigung schließt sich die biologisch-chemische Stufe an. Der anfallende Klärschlamm (der Primärschlamm aus dem Vorklärbecken und der Überschussschlamm aus dem Nachklärbecken) wird entwässert und zur Erzeugung von Biogas genutzt – mit diesem wird in einem angeschlossenen Blockheizkraftwerk (BHKW) Wärme- und elektrische Energie erzeugt.

zwar, um gezielt noch verbliebene Nährstoffe aus dem Abwasser zu entfernen, die sonst zur Eutrophierung der Gewässer führen würden. Allen Verfahren der Abwasserreinigung gemeinsam ist, dass die unerwünschten Substanzen am Ende aus dem Wasser entfernt (»abgetrennt« oder »eliminiert«) sind und in konzentrierter Form vorliegen.

Im industriellen Bereich sind die Anlagen zur Abwasserreinigung meist an die sehr spezielle bei der Produktion anfallende Abwasserzusammensetzung und an örtliche Gegebenheiten angepasst. Deshalb dominieren dort schadstoffspezifische chemische Verfahren. In kommunalen Kläranlagen hat dagegen das anfallende Abwasser überall in etwa die gleiche Zusammensetzung. Deshalb sind kommunale Klärwerke – anders als industrielle Anlagen – allerorts fast einheitlich aufgebaut.

Ein Stoff lässt sich nur dann aus dem Abwasser entfernen, wenn er in Wasser unlöslich ist. Daher ist es die wichtigste Aufgabe der Abwasserbehandlung, die Schmutzstoffe in eine wasserunlösliche Form zu bringen. Ein wasserunlöslicher Feststoff kann als Sediment oder Flocken mechanisch entfernt werden, ein unlösliches Gas entweicht aus dem Abwasser in die Luft.

Mechanische Abwasserreinigung

Ein besonderes Merkmal kommunaler Abwässer ist ihr – im Vergleich zu industriellen Abwässern – hoher Anteil an Feststoffen, die teilweise in grober Form vorliegen (wie unzerkleinerte Abfälle oder Hygieneartikel). Diesen Anteil deutlich zu reduzieren ist Aufgabe der ersten Reinigungsstufe einer kommunalen Kläranlage, der mechanischen Reinigung. Neben dem Primärschlamm und dem Sandanfall wird dem Abwasser dabei aber auch schon eine Vielzahl organischer Komponenten entnommen (rund 20 Prozent des biologischen Sauerstoffbedarfs, BSB_5).

Zunächst werden mit Rechenanlagen die Grobstoffe aus dem Abwasser entfernt. Die Gitterstäbe der Rechenanlagen sind rund oder linsenförmig gefertigt und haben einen Abstand von ein bis zehn Zentimetern, sie können mehrere Meter groß werden. Rechenanlagen befinden sich normalerweise in geschlossenen und beheizbaren Räumen. Damit vermeidet man ein Einfrieren im Winter und eine Geruchsbelästigung im Sommer.

Nachdem die Grobstoffe durch Rechen entfernt sind, müssen die im Abwasser mitgeführten festen mineralischen Bestandteile – vor allem Sand – abgeschieden werden. Dies geschieht noch vor der ersten Pumpstufe, denn der Sand würde die Pumpen und nachfolgende Anlagen verschleißen und unnötigen Platz verbrauchen. Die Abscheidung der Sandkörner geschieht in Sandfängen, die so konstruiert sind, dass sich Feststoffe in ihnen leicht absetzen können. Praktisch überall, wo Abwässer gereinigt werden, fallen außerdem die großen Längs- und Rundbecken auf. Es handelt sich um Absetzbecken, die zur Vor- oder Nachklärung eingesetzt werden. Als Vorklärbecken haben sie die Aufgabe, im Rohwasser enthaltene absetzbare organische Stoffe zu entfernen. Werden sie im Anschluss an die biologischen Verfahren eingesetzt (den biologischen Verfahren »nachgeschaltet«, wie man fachsprachlich sagt), obliegt ihnen die Trennung der Biomasse vom gereinigten Abwasser. Hierfür werden insbesondere Rundbecken eingesetzt. Schließlich können Absetzbecken auch dazu dienen, den Flockenschlamm zu entfernen, der sich nach einer chemischen Abwasserbehandlung gebildet hat.

Rechteckbecken sind auf eine Länge von 60 Metern, Rundbecken auf einen Durchmesser von 50 Metern begrenzt; größere Anlagen erfordern bei einer nur unwesentlich höheren Abscheidung einen nicht mehr vertretbaren finanziellen Aufwand. Die Becken sind so gestaltet, dass über die Zu- und Abläufe sowohl eine gleichmäßige Abwasserzuführung als auch ein ruhiger Ablauf gewährleistet ist. Der anfallende Schlamm wird in den Rundbecken mit einem Schlammschild und einer Räumerbrücke kontinuierlich ausgetragen.

Die Abscheidung wasserunlöslicher (hydrophober) Partikel, Tropfen oder Flocken kann beschleunigt werden, wenn es gelingt, an sie feine Gasblasen anzulagern. Die Gasblasen erhöhen den Auftrieb der Partikel und treiben sie auf diese Weise an die Wasseroberfläche. Dadurch bildet sich an der Wasseroberfläche ein stabiler Schwimmschlamm, der sich einfach ausräumen lässt. Dieses Verfahren heißt

Überlauf   Platten   Ablaufrinne

Einlaufkasten

Zufluss

Schlammtrichter

Schlammablauf

In einem **Schrägklärer** wird das zu klärende Abwasser in mittlerer Höhe zugeführt und über die Lamellen schräg aufwärts geleitet. Dabei rutschen Schwebstoffe an den Lamellen nach unten, durch die Schräglage von 60° wird die Sedimentation deutlich beschleunigt. Kleine Partikel können mit diesem Verfahren durch Zugabe von Flockungsmitteln ebenfalls eliminiert werden.

Flotation; durchgeführt wird es in Flotationsbecken (Flotationsabscheidern). Im Vergleich zu Sedimentationsabscheidern benötigen Flotationsabscheider bei einer deutlich geringeren Verweilzeit des Abwassers weniger Klärfläche, die Anlagen sind also kompakter. Die einzelnen Flotationsverfahren unterscheiden sich hauptsächlich nach der Art, wie die Gasblasen in das Abwasser eingebracht werden.

Biologische Abwasserreinigung

Die biologische Abwasserreinigung hat bereits eine rund hundertjährige Geschichte. Unverändert geblieben ist ihre Aufgabe, primär den Sauerstoffhaushalt der Gewässer vor einem übermäßigen Verbrauch zu schützen, der durch Einleitung organischer Stoffe hervorgerufen wird. Dies bedeutet vor allem die Elimination von eutrophierenden Stoffen (Stickstoff in Form von Ammonium, Nitrit und Nitrat, Phosphor in Form von Phosphat) aus den eingeleiteten Abwässern. Bei einer biologischen Abwasserreinigung leisten Mikroorganismen die Abbauarbeit. Sie nehmen die abzubauenden Stoffe als Nahrung auf, »verdauen« sie und scheiden weniger gefährliche oder ungefährliche Stoffe aus. Biologische Verfahren nehmen eine zentrale Stellung in der Abwasserreinigung ein; sie bilden die zweite Stufe einer typischen kommunalen Kläranlage. Problematisch sind aber biologisch nicht oder nur schwer abbaubare Stoffe wie Phosphate.

Was passiert bei der biologischen Reinigung?

Verfahren zur biologischen Abwasserbehandlung sind den natürlichen Reinigungssystemen der Flüsse entlehnt. Ihr großer Vorteil ist, dass man die Inhaltsstoffe vorher nicht genau analytisch bestimmen muss. Denn die Mikroorganismen werden in Mischbiozönosen eingesetzt, die eine Vielzahl unterschiedlicher Stoffe abbauen können; je nach Art des Substrats vermehren sich die jeweils benötigten Mikrobenarten.

Der mikrobielle Abbau ist im Grunde genommen ein Verbrennungsprozess, bei dem organische Substanzen durch Oxidation zu anorganischen Verbindungen umgebaut werden. Die hierfür erforderlichen Elektronenspender sind entweder Sauerstoff (aerober Vorgang) oder bei dessen Ausschluss (also im anaeroben Fall) beispielsweise Nitrat oder Sulfat. Beim aeroben Stoffwechsel wird etwa die Hälfte des im Substrat gebundenen Kohlenstoffs zu Kohlendioxid (CO_2) oxidiert, die andere Hälfte bewirkt einen Zuwachs an mikrobieller Biomasse. Im anaeroben Prozess ist der Anteil des Kohlenstoffs, den die Organismen zum Zuwachs verwerten, mit etwa fünf bis zehn Prozent deutlich geringer. Aus den übrigen 90 bis 95 Prozent des im Substrat gebundenen Kohlenstoffs entstehen zu rund zwei Dritteln Methan und zu einem Drittel Kohlendioxid.

Ein im Bau befindliches **Rundbecken** der Kläranlage Niederschmalkalden/Thüringen aus dem Jahr 1995.

Biozönose ist in der Ökologie der Begriff für die Gesamtheit aller in einem Biotop vorkommenden Lebewesen; eine **Mischbiozönose** ist eine Lebensgemeinschaft mehrerer Arten von Lebewesen.
Substrat heißt allgemein Grundlage oder Substanz. In der Mikrobiologie ist damit ein Nährboden gemeint, bei der biologischen Abwasserreinigung bezeichnet es die den Mikroorganismen als Nahrung angebotenen, abbaubaren Stoffe.

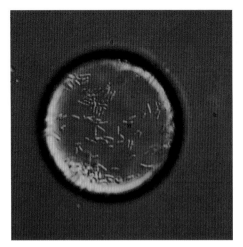

Von **Mikroorganismen** bewachsener Öltropfen.

Die Bildung von Methan ist zusammen mit dem geringen Schlammanfall und dem damit verbundenen geringeren Deponiebedarf der Grund für das wieder zunehmende Interesse an anaeroben Verfahren: Methan ist einer der Hauptbestandteile von Erdgas und kann, wenn es vollständig aufgefangen wird, zur Energiegewinnung benutzt werden. Anaerobe Verfahren spielen heute vor allem in der Nahrungs- und Genussmittelindustrie und in der chemischen Industrie eine Rolle. Dort bilden sie die erste Stufe beim Abbau hoher Substratkonzentrationen. Auch beim biologischen Abbau von Stickstoff- und Phosphorverbindungen werden sie angewandt.

Der aerobe Abbau organischer Substanzen ist an die Anwesenheit von aeroben Bakterien gebunden. Diese bringen unter den Wasserlebewesen die günstigsten Voraussetzungen mit. So beträgt der Sauerstoffkonsum von *Bacillus subtilis* 2980 Prozent seines Körpergewichts pro Tag – das viel größere Pantoffeltierchen, ein Einzeller, schafft dagegen nur 30 Prozent. Bakterien sind also pro Gewichtseinheit erheblich aktiver als höhere Lebewesen. Mikroorganismen verfügen oft über besondere Stoffwechselleistungen und können außerdem auch Schadstoffe erkennen und umwandeln, die nur zeitweilig auftreten.

Für die abwassertechnische Nutzung ist wichtig, dass Mikroorganismen feste Oberflächen besiedeln können. Sie sitzen dann fest auf einem Trägermaterial – etwa auf Sandkörnern, porösem Naturstein, neuerdings auch auf Kunststoffträgern; man sagt, die Mikroben sind immobilisiert. Das bietet den Vorteil, dass man kontinuierlich Abwasser an den festsitzenden Mikroorganismen vorbeiströmen lassen kann, ohne dass sie ausgetragen werden.

Abwasserreinigung mit dem Tropfkörperverfahren

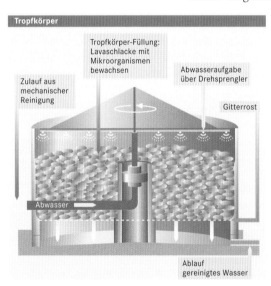

Aufbau eines **Tropfkörperbio-reaktors** zur biologischen Abwasserreinigung. Die Höhe des Reaktionsraums beträgt üblicherweise drei bis vier Meter.

Das bekannteste Verfahren, das immobilisierte Mikroorganismen anwendet, ist das 1893/94 in England entwickelte Tropfkörperverfahren, das mit einem Rieselfeld vergleichbar ist: Beim Rieselfeld sickert das auf ein Feld verrieselte Abwasser in den Boden, Bodenbakterien besorgen den Abbau der Inhaltsstoffe. Beim Tropfkörperverfahren wird das Abwasser über Drehsprenger auf eine brockige Schüttung – den Tropfkörper – verteilt. Die Schüttung besteht aus vier bis acht Zentimeter großen porösen Brocken aus Schlacke, Bims, Kalkstein oder anderen Natursteinen, in letzter Zeit vermehrt aus Kunststoffteilen. Mikroorganismen besiedeln die Oberfläche der Schüttung, die sich in einem drei bis vier Meter hohen Reaktionsraum befindet. Das Abwasser durchrieselt den Tropfkörper von oben nach unten als dünner Flüssigkeitsfilm; die Mikroorganismen holen sich die Schadstoffe als Nährstoff aus dem vorbeirieselnden Abwasser.

Bei höher konzentrierten Abwässern, wie sie in der Industrie auftreten, erreichen die Tropfkörper Höhen von bis zu zehn Metern. Deshalb werden diese Anlagen manchmal auch als Turmtropfkörper bezeichnet.

Ein Tropfkörperbioreaktor wird aerob betrieben; bei anaeroben Prozessen kann es zu starken Geruchsproblemen kommen. Die Sauerstoffzufuhr wird bei einer ausreichend lockeren Schüttung einfach durch die thermische Zirkulation gewährleistet, diese ist eine Folge des Temperaturunterschieds zwischen der Außenluft und der Luft im Innern des Tropfkörpers. Zur Vermeidung von Verstopfungen wird der Zulauf zum Tropfkörper oft mit bereits gereinigtem Abwasser aus dem Ablauf verdünnt (oder, wie es in der Fachsprache auch heißt, gespült). Man spricht in solchen Fällen auch von einem Spültropfkörper.

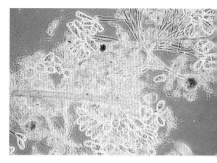

Eine **Belebtschlammflocke** in 125facher Vergrößerung.

Belebtschlammverfahren

S ehr häufig werden in kommunalen Kläranlagen Verfahren eingesetzt, die keine fest eingebrachten Trägermaterialien zur Ausbildung einer biologisch aktiven Oberfläche benötigen. Bei ausreichen-

---

EINTRAG VON REINEM SAUERSTOFF ODER OZON

Für die Trink- und Brauchwasseraufbereitung sowie in der Abwasserbehandlung werden immer häufiger Verfahren eingesetzt, bei denen der für die Oxidation der organischen Stoffe notwendige Sauerstoff direkt statt mit der Luft zugeführt wird. Dies geschieht entweder in reiner Form (als O_2) oder als Ozon (O_3). Zugabe von Sauerstoff in hohen Konzentrationen intensiviert die biologischen Abbauprozesse. Ozon kann schwer abbaubare organische Substanzen so weit oxidieren, dass sie für einen biologischen Abbauprozess zugänglich sind. Auf diese Weise können ältere Anlagen den gestiegenen Abwasserbelastungen angepasst werden; Neuanlagen werden kleiner und kostengünstiger. Zudem ist eine flexiblere Prozessführung möglich – ein Vorteil speziell bei schwankendem Abwasseranfall.

Ein **Glockentierchen** aus einer Belebtschlammflocke in 500facher Vergrößerung.

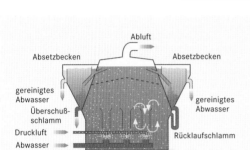

Beim **Biohochreaktor** kommt es durch das Einbringen von Druckluft zu einer sehr effektiven Durchmischung von Abwasser und Mikroorganismen, diese führt außerdem zu einer besonders guten Sauerstoffversorgung. Aus dem Reaktor fließt das biologisch behandelte Abwasser über einen Überlauf in das rundum verlaufende Absetzbecken, wo der verbliebene Klärschlamm durch Sedimentation abgetrennt wird. Anschließend wird er entweder als Rücklaufschlamm zurück in den Reaktor geleitet oder als Überschussschlamm entfernt. Das untere Bild zeigt das aufgeschnittene Modell eines **Biohochreaktors.**

der Abwasserbelüftung und gleichzeitiger ständiger Durchmischung entwickeln sich die Mikroorganismen direkt im Abwasser und bilden eine verteilte Biomasse in Flockenform, einen »belebten Schlamm«. Man spricht daher von Belebtschlammverfahren oder »Belebungsverfahren«. Auch dieses Verfahren ist schon recht alt, es wurde 1914 in England entwickelt.

Üblicherweise durchfließt das Abwasser dabei zunächst ein Absetzbecken zur Vorklärung, bevor es mehrere Stunden mit dem belebten Schlamm in Kontakt kommt. Die Biomasse ist im Belebtschlammbecken frei beweglich. Daher wird ein Teil der Biomasse mit dem abfließenden, behandelten Wasser aus der Anlage ausgetragen. Soll der gewünschte Reinigungseffekt erreicht werden, muss dieser Anteil daher – zumindest teilweise – wieder zurückgeführt werden. Dies geschieht in einem Nachklärbecken, aus dem die abgesetzte und eingedickte Biomasse für die Rückführung gewonnen wird.

Bei einem Belebtschlammverfahren muss Sauerstoff – entweder mit der Luft oder in reiner Form – durch Oberflächenbelüftung oder feinblasige Druckluftsysteme zugeführt werden.

Aus verfahrenstechnischer Sicht kann die Reinigungsleistung in Belebtschlammverfahren aber nicht nur durch guten Sauerstoffeintrag intensiviert werden: Die Reinigungsleistung wird auch umso besser, je stärker die Durchmischung und je größer die Gesamtoberfläche aller Belebtschlammflocken sind, je kleiner also die einzelnen Flocken sind. Hierzu hat die chemische Industrie beispielsweise die »Turmbiologie« oder den Biohochreaktor entwickelt. Diese Reaktoren zeigen eine hohe Abbauleistung auf kleinem Raum; sie bilden – nach den Rieselfeldern und der Beckentechnologie – eine neue, dritte Generation von aeroben biologischen Abwasserreinigungssystemen.

Elimination von Stickstoff und Phosphat

Kommunale Abwässer sind sehr stark mit stickstoff- und phosphorhaltigen Verbindungen belastet. Deswegen kommt der Elimination dieser Verbindungen besondere Bedeutung zu. Kommunale Kläranlagen mit einer konventionellen biologischen Reinigungsstufe können stickstoffhaltige Substanzen und Phosphat (in dieser Form liegt Phosphor typischerweise im Abwasser vor) nur teilweise eliminieren. Immer häufiger werden Kläranlagen daher um Reinigungsstufen ergänzt, die speziell diese beiden Stoffgruppen beseitigen. Während derzeit Phosphat meist chemisch gefällt wird, wird Stickstoff auf biologischem Weg eliminiert. Dazu wird die biologische Reinigungsstufe um einen weiteren Schritt ergänzt.

Um Phosphat aus dem Abwasser praktisch vollständig zu entfernen, muss meist mit einem chemischen Verfahren nachgereinigt werden. Anders als bei den biologischen Verfahren muss man bei allen chemisch-physikalischen Methoden eine Substanz zugeben, die den zu beseitigenden Stoff bindet und dabei in eine Form überführt, die in Wasser nicht löslich ist. Beim Phosphat setzt man dem biologisch vorgereinigten Abwasser Eisen- oder seltener Aluminiumsalze oder auch Kalkwasser (Calciumhydroxid) zu. Sie bilden mit Phosphat feste, wasserunlösliche Verbindungen, die sich als Niederschlag aus dem Wasser abscheiden und leicht entfernt werden können. Man nennt diesen Vorgang auch Phosphatfällung. Allerdings muss der Niederschlag auch entsorgt werden. Kalkwasser ist dazu besonders geeignet, da es Kohlendioxid bildet, mit dem der Säuregehalt des Abwassers kontrolliert werden kann.

Im Unterschied zu Phosphat lässt sich Stickstoff auf biologischem Weg eliminieren. Dazu ist es nötig, die biologische Reinigungsstufe um einen weiteren Schritt zu ergänzen.

Stickstoff liegt im häuslichen Abwasser zu etwa zwei Dritteln in Form von Ammonium (NH_4^+) vor, zu einem Drittel in Form organischer Stickstoffverbindungen wie Harnstoff, Proteinen und Aminosäuren. Schon im Kanalsystem und im Vorklärbecken werden diese organischen Stickstoffverbindungen von den dort angesiedelten Bakterien zu Ammoniumverbindungen abgebaut. Die biologische Reinigungsstufe einer

Biohochreaktoren im Werk Griesheim

kommunalen Kläranlage wird also im Wesentlichen mit Ammoniumverbindungen konfrontiert. Im Belebtschlammbecken herrschen aerobe Bedingungen, und das Ammonium wird zu Nitrit (NO_2^-) und weiter zu Nitrat (NO_3^-) oxidiert oder nitrifiziert. Andere Bakterien wiederum sind in der Lage, Nitrat zu elementarem Stickstoff (N_2) abzubauen. Dieser als Denitrifikation bezeichnete Prozess läuft unter anaeroben Bedingungen ab.

Um die Stickstofffracht des Abwassers möglichst stark zu verringern, ist deshalb ein zweistufiger Prozess nötig: Im ersten Schritt wird möglichst das gesamte Ammonium unter hohem Sauerstoffverbrauch zu Nitrat oxidiert. Daran schließt sich als zweiter Schritt unter Sauerstoffausschluss die Denitrifikation des Nitrats zu molekularem Stickstoff an. Das entstehende Stickstoffgas wird in die Atmosphäre abgeführt, die ja zu 80 Prozent aus molekularem Stickstoff besteht. Die Denitrifikation wird meist in die biologische Reinigungsstufe einer kommunalen Kläranlage dadurch integriert, dass dem Belebtschlammbecken ein weiteres Becken nachgeschaltet wird, in dem anaerobe Bedingungen herrschen.

Was wird aus dem Klärschlamm?

In den öffentlichen und industriellen Kläranlagen fielen in Deutschland 1995 mehr als 110 Millionen Kubikmeter Klärschlamm an. Für den Bereich der Europäischen Union wird bis zum Jahr 2005 mit einer Zunahme des Klärschlammanfalls um 50 bis

Wenn Klärschlämme direkt in die Natur ausgebracht und dadurch in den biologischen Kreislauf zurückgeführt werden, müssen sie frei von Schwermetallen oder persistenten (schwer abbaubaren) organischen Schadstoffen sein. Das war in der Vergangenheit häufig nicht der Fall. Dadurch stößt das **direkte Ausbringen von Klärschlamm** in die Natur nur auf geringe Akzeptanz. Potenzielle Einsatzfelder gibt es bei der Rekultivierung stark kalkhaltiger Halden, im Deponiebereich, bei Straßenbegleitgrünflächen, Lärmschutzwänden und in Grünanlagen.

60 Prozent gerechnet. Diese Zahlen machen deutlich, dass der Klärschlamm in den nächsten Jahren besonderer Aufmerksamkeit bedarf. Es geht nicht nur um eine sinnvolle Verwertungstechnologie, sondern auch um eine nachhaltige Wirtschaftsweise. Auch hier gilt der Grundsatz, dass Vermeiden sinnvoller als Verwerten ist und Verwerten wiederum Vorrang vor schadlosem Beseitigen hat. Wirtschaftlich interessant werden Verfahren zur Klärschlammverwertung, wenn der Wert der im Klärschlamm enthaltenen Stoffe deutlich größer ist als die Kosten, die bei der Gewinnung dieser Stoffe aus dem Schlamm entstehen.

Klärschlämme aus der Industrie und aus kommunalen Kläranlagen unterscheiden sich in ihrer Zusammensetzung: Industrieller Klärschlamm enthält oft Schadstoffe in hohen Konzentrationen und kann nicht oder nur selten weiterverwendet werden, er wird daher zurzeit überwiegend deponiert oder verbrannt. Anders beim Klärschlamm, der in kommunalen Anlagen anfällt: Er ist gering oder mäßig belastet und kann bei Rekultivierungsmaßnahmen oder in der Landwirtschaft »stofflich verwertet« werden; deutlich geringere Mengen werden verbrannt oder auf Deponien gelagert. Allerdings hat der Gesetzgeber die Anforderungen an das Deponiegut erhöht, sodass sich der Anteil des deponierten Schlamms verringern wird. So fordert die 1993 erlassene Technische Anleitung Siedlungsabfall (TA-Si) ab dem Jahr 2005 beispielsweise einen Anteil von weniger als fünf Prozent organischer Bestandteile im Rückstand. Diese Vorgabe kann nach heutigem Kenntnisstand nur über eine vorgeschaltete Verbrennung erreicht werden.

In kommunalen Kläranlagen fällt in der biologischen Reinigungsstufe sehr nasser Klärschlamm an; zudem sind die Mikroorganismen noch aktiv, sodass sich die Zusammensetzung des Schlamms noch verändern kann. Deshalb muss man den Klärschlamm behandeln, bevor er das Klärwerk verlässt. Der durch Sedimentation »eingedickte« Schlamm wird dabei zunächst stabilisiert und anschließend entwässert.

Schlammfaulung

Im Klärwerk kommt es oft zu so genannten Faulungsprozessen, bei denen Biogas (Faulgas) freigesetzt wird. Beim anaeroben Stoffwechselprozess werden die im Abwasserschlamm enthaltenen organischen Stoffe im Faulturm zu Methan und Kohlendioxid umgesetzt; in sehr viel geringeren Mengen entstehen auch Wasserstoff, Schwefelwasserstoff und Ammoniak. Überließe man den Schlamm sich selbst, so liefe der Faulungsprozess unkontrolliert ab. Dabei würden die organischen Schlammbestandteile aerob und anaerob abgebaut, der Schlamm würde sich verändern und unangenehme Gerüche freisetzen. Mit einem kontrollierten Faulungsprozess können Geruchsprobleme während und nach der Behandlung jedoch vermieden werden. Dies wird in vielen kommunalen Kläranlagen in Faultürmen durchgeführt, die oft das äußere Erscheinungsbild solcher Anlagen prägen. Das in seiner Zusammensetzung dem Erdgas nicht unähnliche Biogas wird im Klärwerk als Energiequelle weiter genutzt.

Die Faulung kann in drei Temperaturbereichen durchgeführt werden: bei 10 bis 20 Grad Celsius, zwischen 35 und 38 Grad Celsius oder im Bereich von 50 bis 60 Grad Celsius. In Deutschland ist die anaerobe Stabilisierung kommunaler Abwasserschlämme im mittleren Temperaturbereich Stand der Technik. Bei einer Temperatur von etwa 37 Grad Celsius verbleibt der Schlamm drei bis vier Wochen im Behälter. Diese Behälter haben meist, wie bei den Faultürmen der Kläranlage Halle/Saale-Nord, die charakteristische Form eines »halben Eies«.

Für niedrig belastete Abwässer kann die Faulung übrigens entfallen, da die organischen Stoffe schon weitgehend abgebaut und die anfallenden Schlämme damit inaktiv sind.

Der ausgefaulte, praktisch geruchlose und an Krankheitserregern arme Schlamm kann in einem nachfolgenden Prozess leicht entwässert werden und ist danach ohne Geruchsprobleme lagerfähig. Dieser Vorgang wird auch als Klärschlammstabilisation bezeichnet, da sich der Schlamm nach dem kontrollierten Faulungsprozess nicht mehr von selbst weiter verändert. An die Entwässerung schließen sich meist noch weitere Schritte an: Teiltrocknung und Verbrennung, Volltrocknung, Vergärung, Kompostierung, Deponierung oder stoffliche Verwertung.

Die **Faultürme** der Kläranlage Halle / Saale-Nord zeigen die für diese Behälter typische Form eines halben Eies.

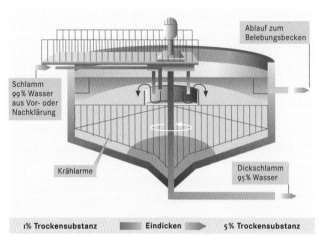

Ablauf zum
Belebungsbecken

Schlamm
99% Wasser
aus Vor- oder
Nachklärung

Krählarme

Dickschlamm
95% Wasser

1% Trockensubstanz　　Eindicken　　5% Trockensubstanz

Die Funktionsweise eines **Eindickers:**
Der Rohschlamm aus dem Vor- oder
Nachklärbecken wird in die Mitte des
Beckens eingeleitet und verteilt sich
von dort zum Rand hin. Feste
Bestandteile setzen sich dabei als
Sediment am Boden ab, wo der
eingedickte Dickschlamm abgeleitet
wird. Am äußeren Rand befindet sich
der Wasserablauf, von dem aus das
Wasser ins Belebungsbecken geleitet
wird. Unterstützt wird der Prozess
durch ein Rührwerk (»Krählwerk«).

Im **Eindicker** erfolgt der erste Schritt
der Klärschlammbehandlung, mit dem
eine Reduzierung des Feuchtegehalts
von 99 auf 95 Prozent erreicht werden
kann. In den Becken befindet sich
jeweils ein so genanntes Krählwerk, das
aus beweglichen, Krählarm genannten
Rechen besteht und zum Umwälzen des
Schlamms dient.

Entwässerung und Trocknung

Die Beschaffenheit des Klärschlamms wird durch die Klärschlammverordnung festgelegt. Danach wird als Standardqualität für Klärschlamm ein Trockengranulat mit einem Trockenmasseanteil von 95 Prozent angestrebt. Der durch Sedimentation aus den Verfahren zur Abwasserreinigung im Eindicker anfallende Schlamm weist jedoch aus technischen und physikalischen Gründen einen durchschnittlichen Trockensubstanzanteil von nicht mehr als fünf Prozent auf. Daher steht eine weitere Stufe zur Trennung von festen und flüssigen Bestandteilen am Beginn eines jeden Aufbereitungsverfahrens.

Entscheidend für die Auswahl der Verfahren ist dabei die vorzugebende Restfeuchte in Abhängigkeit von der vorgesehenen weiteren Verwendung und dem dazu erforderlichen Transport. Stand der Technik sind kontinuierlich arbeitende Dekantierzentrifugen sowie Auspressapparate (Bandfilterpresse, Kammerfilterpresse), mit denen der Wasseranteil auf rund 75 Prozent gesenkt werden kann. Gegebenenfalls lässt sich durch vorgeschaltete Flockungsverfahren (Beimischung von Zuschlagstoffen) der Wasseranteil nochmals um zehn Prozent senken.

Unter der Vielzahl von Trocknungsverfahren zur weiteren Reduzierung des Feuchteanteils haben Wirbelschicht- und Dünnschichttrockner die größte Bedeutung. Um zu verhindern, dass schädliche Zersetzungsprodukte freigesetzt werden, wird dabei der Klärschlamm bei relativ niedrigen Temperaturen getrocknet (circa 85 Grad Celsius). Die Sauerstoffkonzentration im Gasraum ist kleiner als acht Prozent, Geruchsfreisetzungen oder unerwünschte chemische Reaktionen können vermieden werden. Zugleich sinkt auch die Zahl der im Schlamm enthaltenen Krankheitskeime deutlich ab – ein wichtiger Aspekt, denn die meisten im Abwasser vorhandenen Erreger überleben die biologische Abwasserbehandlung.

Stoffliche Verwertung

Die Inhaltsstoffe der Biomasse aus biologischen Abwasserbehandlungsanlagen sind im Wesentlichen Lipide (Fette), Kohlenhydrate, Nukleinsäuren beziehungsweise Proteine (Eiweiße). Grundsätzlich bietet sich die Möglichkeit an, diese Biomasse als Rohstoff zu nutzen. Das setzt eine chemische Behandlung voraus, zum Beispiel durch Hydrolyse, Oxidation oder Vergasung. Außerdem müssen hierbei – im Unterschied zu allen anderen Verfahren – die organischen Reaktionsprodukte separat gewonnen und verwertet werden. Ob sich dieses noch recht neue Konzept praktisch umsetzen lässt, ist derzeit noch nicht endgültig geklärt. Wie bei anderen Verfahren auch hängt die Wirtschaftlichkeit entscheidend von den äußeren Rahmenbedingungen (etwa vom Entsorgungspreis des Klärschlamms) sowie von regionalen Gegebenheiten ab.

Schlammverbrennung

W ie schon erwähnt, kann vorgetrockneter Klärschlamm auch verbrannt werden. Ziel dieses Verfahrens ist eine vollständige Umwandlung der Schlamminhaltsstoffe in anorganische Substanzen bei gleichzeitiger Nutzung des Energiepotenzials, also des Brennwerts. Die freigesetzte Energie kann dabei auch zur Vortrocknung genutzt werden. Als Reaktionsprodukte entstehen bei der Verbrennung vor allem Wasser und Kohlendioxid; auch bilden sich in geringen Mengen Metallsalze (aus den in der Biomasse in geringen Mengen vorhandenen Metallverbindungen). Stäube, lösliche Schlackenbestandteile und nicht umgesetzte Zwischenprodukte müssen anschließend aus den Rauchgasen und Schlacken entfernt werden. Die Rückstände lassen sich ohne Probleme deponieren.

Die **Klärschlammverbrennungsanlage** in Berlin-Marienfelde.

Klärschlamm kann man auch in normalen, mit festen Brennstoffen betriebenen Feuerungen verwerten, falls die Restfeuchte das zulässt (sie muss unter 20 Prozent liegen). Schwerpunkt der industriellen Nutzung des Klärschlamms ist heute schon die Mitverbrennung in Kraftwerken. Man rechnet damit, dass im Jahr 2000 mehr als die Hälfte des eingesetzten Verbrennungsguts Klärschlamm sein wird. Daraus resultiert eine Vielzahl von Anforderungen und Problemen für den praktischen Betrieb. Anders ist dies bei speziellen Klärschlammverbrennungsanlagen. Solche Anlagen gestatten eine optimale Prozessführung und bergen – vorausgesetzt, sie entsprechen dem heutigen Stand der Technik – viel geringere ökologische Risiken. Um eine Klärschlammverbrennungsanlage ohne zusätzliche Stützfeuerung wirtschaftlich betreiben zu können, müssen pro Jahr mindestens 7,2 Kilotonnen Trockenmasse verbrannt werden.

Nachhaltige Wasserwirtschaft

D as lebensnotwendige Wasser muss nicht nur der jetzigen, sondern auch allen nachfolgenden Generationen zur Verfügung stehen. Deshalb ist eine Wasserwirtschaft notwendig, die das Prinzip

Prinzipien einer nachhaltigen Wasserwirtschaft	
Regionalitätsprinzip	Die regionalen Ressourcen und Lebensräume sind zu schützen, räumliche Verlagerung von Umweltschäden zu vermeiden.
Integrationsprinzip	Wasser ist als Einheit und in seinem Zusammenhang mit den anderen Umweltmedien sowie zum Natur-haushalt zu bewirtschaften. Wasserwirtschaftliche Belange müssen in die anderen Fachpolitiken integriert werden.
Verursacherprinzip	Die Kosten von Verschmutzung und Ressourcennutzung sind dem Verursacher anzulasten.
Kooperations- und Partizipationsprinzip	Bei wasserwirtschaftlichen Entscheidungen müssen alle Interessen adäquat berücksichtigt werden. Die Möglich-keiten zur Selbstorganisation und zur Mitwirkung bei wasserwirtschaftlichen Maßnahmen ist zu fördern.
Ressourcen-minimierungsprinzip	Der direkte und indirekte Ressourcen- und Energiever-brauch der Wasserwirtschaft ist kontinuierlich zu vermindern.
Vorsorgeprinzip (Besorgnisgrundsatz)	Extremschäden und unbekannte Risiken müssen ausge-schlossen werden.
Quellenreduktions-prinzip	Emissionen von Schadstoffen und Nährstoffen sind am Ort ihres Entstehens zu unterbinden.
Reversibilitätsprinzip	Wasserwirtschaftliche Maßnahmen müssen modifizierbar, ihre Folgen reversibel sein.
Intergenerationsprinzip	Der zeitliche Betrachtungshorizont bei wasserwirtschaft-lichen Planungen und Entscheidungen muss dem zeitlichen Wirkungshorizont entsprechen.

Hinter der Idee einer **nachhaltigen Wasserwirtschaft** steht eine Vielzahl von Richtlinien und Prinzipien, die erst in ihrer Gesamtheit die Anforderungen des nachhaltigen Wirtschaftens widerspiegeln.

der Nachhaltigkeit beachtet. Dies bedeutet zunächst, dass der Natur nur so viel nutzbares Wasser entnommen wird, wie sich auf natür-liche Weise wieder neu bildet. Eine nachhaltige Wasserwirtschaft zeichnet sich darüber hinaus durch einen dauerhaft naturverträg-lichen, gleichzeitig wirtschaftlichen und sozialverträglichen Umgang mit Wasser aus. Die Diskussion darüber ist in Deutschland im Gang, allerdings muss ein allgemeiner Konsens über die konkrete Gewich-tung dieser Ziele und über geeignete praktische Maßnahmen erst noch gefunden werden. Ohne einen wirkungsvollen Schutz der Oberflächengewässer, Feuchtgebiete, Meere und des Grundwassers wird eine nachhaltige Entwicklung nicht gelingen.

Allerdings reichen dazu technische Maßnahmen allein nicht aus – dazu muss bei allen Beteiligten, Bürgern und Industrie, ein Problem-bewusstsein kommen, die Bereitschaft zu neuen Denkansätzen so-wie ein entsprechender politisch-rechtlicher Rahmen.

K.-P. MEINICKE

Altlasten und Abfallbeseitigung –
der Schutz des Bodens

Der Boden ist eine Voraussetzung für alles Leben auf dem Festland. Er bietet zahllosen Tieren, Pflanzen und Mikroorganismen Lebensraum und Nährstoffe – auch für uns Menschen wächst der größte Teil unserer Nahrung direkt oder indirekt aus dem Boden. Landpflanzen erzeugen einen erheblichen Teil des Sauerstoffs, den Menschen und Tiere zum Atmen benötigen. Der Boden ist wichtiger Bestandteil verschiedener natürlicher Stoffkreisläufe, die den Wasserhaushalt, die Luftzusammensetzung und das Klima beeinflussen. Global gesehen bilden Böden auf der festen Gesteinsoberfläche lediglich eine dünne Schicht, die nur begrenzt vorhanden ist und sich, einmal zerstört, meist nicht mehr regenerieren lässt. Jeder Boden ist ein hochkomplexes und leicht zu verletzendes Ökosystem und eine wertvolle Ressource, die in einer Zeit der zunehmenden Industrialisierung und eines rasanten Bevölkerungswachstums besonderen Schutz benötigt.

Die Bedrohungen des Bodens durch den Menschen sind in unserer Industrie- und Wohlstandsgesellschaft vielfältig: Neben der Bodenzerstörung durch Asphaltierung sowie urbane Bebauung und Erosion stellen die Versauerung durch sauren Regen, die Belastung durch Düngerückstände und Pestizide, giftige industrielle Rückstände, welche zum Teil jahrzehntelang unkontrolliert in den Untergrund versickert sind, und die ständig wachsenden Müllberge die bekanntesten Gefahren für unsere Böden dar. Dieses Kapitel konzentriert sich vor allem auf die beiden letzten Punkte, da sie vom technischen Standpunkt her am bedeutsamsten sind. Da das Abfallproblem für Reinhaltung und Regeneration nicht nur des Bodens, sondern auch der beiden anderen Umweltmedien Wasser und Luft von zentraler Bedeutung ist, schließt das Konzept der Kreislaufwirtschaft diesen Teil ab.

Bedeutung und Bedrohung des Bodens

Im geophysikalischen Sinne ist der Boden die durch physikalische, chemische und biologische Vorgänge entstandene belebte Lockermaterialschicht auf den Gesteinen der Erdkruste. Böden bestehen aus mineralischen Bestandteilen und aus lebendem und abgestorbenem organischen Material unterschiedlicher Größe; die Zwischenräume enthalten Wasser und Luft. Böden entstehen im Verlauf langer Zeiträume durch die Verwitterung von Gestein und die fortgesetzte biologische Aktivität von Pflanzen, bodenlebenden Tieren und Mikroorganismen. Je nach Entstehung, Aufbau und Zusammensetzung werden verschiedene Bodentypen unterschieden; besonders fruchtbar sind beispielsweise Schwarz- und Braunerden sowie aus Vulkangestein oder Löß entstandene Böden.

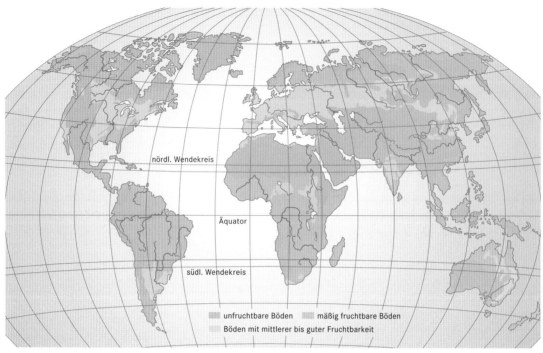

nördl. Wendekreis

Äquator

südl. Wendekreis

unfruchtbare Böden ▮ mäßig fruchtbare Böden
Böden mit mittlerer bis guter Fruchtbarkeit

Fruchtbare und **unfruchtbare Böden** sind auf der Erde sehr ungleichmäßig verteilt. Zu den fruchtbaren Böden zählen die Schwarz- und Braunerden, sehr oder völlig unfruchtbar sind Wüsten-, Gebirgs- und polare Böden.

Die Abtragung natürlicher Böden durch Wind und Wasser wird **Erosion** genannt. Dabei können die Bodenpartikel über weite Strecken transportiert werden. Wird das abgetragene Material an anderer Stelle wieder abgelagert, können dort neue Böden gebildet werden.

Böden weisen eine durchschnittliche Mächtigkeit von 0,5 bis 2 Metern auf, können aber auch erheblich tiefer reichen. Insgesamt sind etwa 40 Prozent der kontinentalen Oberflächen unfruchtbar (Wüste, Gebirge, Tundra), 34 Prozent sind mäßig fruchtbar und nur 26 Prozent sind von mittlerer Güte oder von Natur aus fruchtbar. Viele der besonders fruchtbaren Böden liegen dazu in dünn besiedelten Steppengebieten in Mittelasien, im mittleren Westen der USA und in Argentinien. In den dicht besiedelten Regionen Afrikas und Südasiens werden dagegen fruchtbare Böden immer knapper. Dies zeigt einmal mehr, wie wichtig der Schutz dieser Böden auch im globalen Maßstab ist.

Die mineralischen Bestandteile eines Bodens sind vor allem Quarz (Siliciumdioxid), verschiedene Silicate, Tonmineralien (wasserhaltige Aluminiumsilicate) und Kalk (Calciumcarbonat). Sie bilden Bruchstücke unterschiedlicher Größen; fachsprachlich heißen sie Korngrößen. Die Korngröße der mineralischen Bestandteile bestimmt den Wasser-, Luft- und Nährstoffhaushalt des Bodens – und damit letztlich, wie fruchtbar ein Boden ist und wie gut er sich bearbeiten lässt. Aus diesem Grund definiert man auch die Bodenart mithilfe der Korngröße. Die feinsten Partikel hat die Bodenart Ton, ein klein wenig größer sind Schluffpartikel, etwa in der Mitte steht Sand, sehr grob sind Kies und Stein. Lehm ist ein Gemisch aus Sand, Schluff und Ton.

Die organischen Bodenbestandteile machen etwa 2 bis rund 20 Prozent der Masse des Bodens aus. Sie bestehen vor allem aus verwesenden Pflanzenteilen sowie aus abgestorbenen Tieren und anderen Reststoffen biologischen Ursprungs. Diese werden von bodenbewohnenden Tieren zerkleinert, verdaut und schließlich von Mikroorganismen zu Humus abgebaut. Die humöse Bodenauflage wird durch mechanische und biologische Vorgänge – etwa durch Bodenorganismen, Durchwurzelung oder menschliche Arbeit (Pflügen) – mit der mineralischen Schicht durchmischt.

Gesunde Böden sind belebt und »arbeiten«

Die mineralischen und organischen Bestandteile des Bodens bilden feste Partikel verschiedener Größe. Zwischen diesen Partikeln befinden sich Poren genannte Hohlräume, die mit Luft oder Wasser gefüllt sind. In ihnen siedelt sich eine große Zahl unterschiedlichster bodenbewohnender Organismen an. Erstaunlich ist nicht nur die Vielfalt der Bodenlebewesen, sondern auch ihre Population, also ihre Anzahl in einem bestimmten Volumen: In einem Teelöffel Boden können sich bis zu mehreren Milliarden Bakterien befinden!

Die Bodenorganismen besorgen arbeitsteilig den Abbau pflanzlichen und tierischen Materials. Bodenwühler lockern den Boden auf, durchmischen ihn und sorgen für seine Belüftung und damit für den Sauerstoffeintrag. Andere Bodenlebewesen zerkleinern und fressen Pflanzenteile, wirken also zersetzend und bereiten einen weiteren Abbau durch die Mikroorganismen vor. Diese Einzeller bauen schließlich die verbleibenden organischen Substanzen zu Humus und anorganischen Substanzen ab. Für die Humusbildung ist Sauerstoff erforderlich, alle anderen Abbauprozesse sind auch unter Verbrauch von Nitrat oder anderen reduzierbaren Stoffen möglich. Hauptprodukte dieses Abbaus sind Kohlendioxid und Wasser, in geringeren Mengen Phosphat, Ammonium, Nitrat und Sulfat. Pilze, Einzeller (zum Beispiel Geißel- und Wimpertierchen) und Bakterien können in einem vielstufigen Prozess auch schwer abbaubare Substanzen wie Zellulose und Lignin zersetzen.

Durch seine poröse Struktur wirkt der Boden wie ein feinmaschiger Filter: Partikel aus dem durchsickernden Bodenwasser werden zurückgehalten. Eine andere Eigenschaft des Bodens hängt mit der Natur der sehr kleinen mineralischen Teilchen – besonders des Tons – und der Humuspartikel zusammen: Sie sind einerseits klein und haben deshalb in ihrer Gesamtzahl eine relativ große Oberfläche, andererseits sind sie an der Außenseite schwach elektrisch geladen – sie können daher andere Stoffe »festhalten« oder, wie es fachsprachlich heißt, adsorbieren. Besonders ausgeprägt ist diese Eigenschaft bei den sehr kleinen Tonpartikeln. Dazu kommt noch, dass Humus-Substanzen zusammen mit den Tonpartikeln so genannte »Ton-Humus-Komplexe« bilden können, die ihrerseits weitere Substanzen chemisch binden können.

Aus den sich zersetzenden organischen Stoffen geht der **Humus** hervor (von lateinisch humus: »Erdboden«). Humus enthält viele organische Verbindungen, die meist aus recht großen Molekülen bestehen. Viele dieser Verbindungen sind braun oder schwarz; sie verleihen der oberen Bodenschicht die dunkle Farbe. Einige der Verbindungen reagieren sauer und bewirken, dass natürliche Böden mit pH-Werten zwischen fünf und sieben schwach sauer sind (die stärksten Säuren haben pH-Werte bei 0–1, neutrale Flüssigkeiten 7, starke Laugen um 12–14). Der Humus ist bedeutend für die **Bodenfruchtbarkeit,** vor allem als Quelle für Stickstoff, Phosphor, Schwefel und Spurenelemente. Weiterhin verbessert er die physikalischen Eigenschaften des Bodens: Humus verleiht dem Boden eine für das Wurzelwachstum günstige Krümelstruktur, vergrößert seine Kapazität zur Aufnahme von Wasser und wirkt der Bodenerosion entgegen.

Ein **gesunder Boden** bietet Lebensraum für eine Vielfalt an Pflanzen, Tieren und Mikroorganismen. Mikroorganismen sind einzellige Lebewesen wie bestimmte Pilze, Algen und Bakterien.

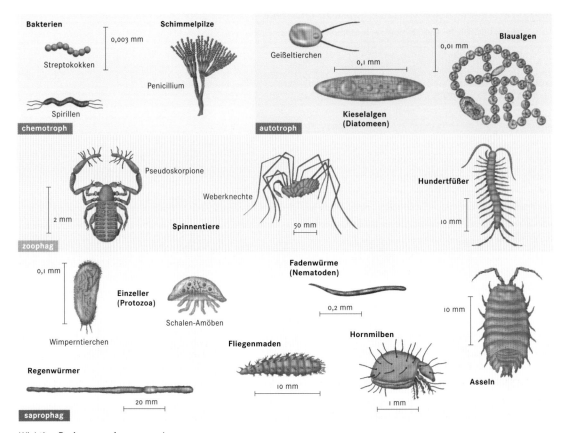

Bakterien

0,003 mm

Streptokokken

Spirillen

chemotroph

Schimmelpilze

Penicillium

Geißeltierchen

0,1 mm

0,01 mm

Blaualgen

Kieselalgen (Diatomeen)

autotroph

Pseudoskorpione

Weberknechte

Hundertfüßer

10 mm

2 mm

Spinnentiere

50 mm

zoophag

0,1 mm

Einzeller (Protozoa)

Schalen-Amöben

Fadenwürme (Nematoden)

0,2 mm

10 mm

Wimperntierchen

Fliegenmaden

Hornmilben

Asseln

Regenwürmer

10 mm

1 mm

20 mm

saprophag

Wichtige **Bodenorganismen** werden einmal nach ihrer Größe unterschieden, vor allem aber durch ihren Stoffwechseltyp: Autotrophe Organismen benötigen nur anorganische Stoffe zum Wachstum und Energie etwa durch chemische Reaktionen oder durch Licht. Chemotroph ist der Stoffwechseltyp, der durch chemische Reaktionen organische oder anorganische Substanzen verwertet. Zoophagen sind Tiere, die von anderen Tieren leben, Saprophagen ernähren sich von verwesenden oder verfaulenden Organismen.

Insgesamt ergibt sich daraus eine wichtige Eigenschaft des Bodens: Ein Boden kann Moleküle und Ionen aus dem Wasser, das durch die Bodenporen dringt, bis zu einem gewissen Grad festhalten oder immobilisieren: So kann der Boden Metallionen binden, die natürlicherweise im Wasser gelöst oder die durch menschliches Tun in den Boden gelangt sind. Allerdings kann sich diese Bindung auch wieder lösen: Ist beispielsweise der Boden zu sauer (enthält er also zu viele Wasserstoffionen), so binden die Ton-Humus-Komplexe stärker diese Ionen und geben die vorher gebundenen Metallionen wieder frei. In welchem Ausmaß ein Boden Teilchen binden kann oder wieder freisetzt und damit mobilisiert, hängt auch von der Art des Bodens ab: Ein ton- und humusreicher Boden kann Substanzen wirkungsvoller aufnehmen und festhalten als ein sandiger Boden.

Wichtig ist, dass ein Boden Substanzen eine Zeit lang – oft sogar über mehrere Jahrzehnte – binden und damit immobilisieren kann. Er kann auf diese Weise die Ausbreitung von Schadstoffen verlangsamen, er wirkt also als Zwischenspeicher oder Puffer. Allerdings ist klar, dass zum einen diese Kapazität irgendwann erschöpft ist und zum anderen das Ökosystem Boden desto mehr gestört wird, je mehr Schadstoffe im Boden angereichert sind. Ein gesunder Boden besitzt dank seiner Bodenlebewesen ein hohes Regenerationsvermögen, eine Reihe von organischen Schadstoffen kann von ihnen zu ungefährlichen Substanzen abgebaut werden.

Beeinflussung des Bodens durch den Menschen

Der Mensch beeinträchtigt die natürliche Bodenfunktion durch viele Tätigkeiten, die sich oft auch noch gegenseitig beeinflussen und verstärken, wie sich am Beispiel der Bodenverdichtung zeigt: Ein gesunder Boden hat eine lockere, poröse Bodenstruktur. Schon eine Viehherde kann den Boden merklich verdichten; noch stärker wirkt sich das Befahren mit schweren Fahrzeugen und Landmaschinen aus: Der Boden wird zusammengedrückt, das Porenvolumen verringert, die Luft- und Wasserversorgung der Bodenorganismen verschlechtert sich. Das alles wiederum kann sich auf die Bindung von Stoffen auswirken. Hatte der lockere, poröse Boden etwa Schwermetallionen gebunden, so kann es sein, dass er sie unter den veränderten physikalischen, chemischen und biologischen Bedingungen freisetzt.

Weltweit von großer Bedeutung ist auch die Bodenerosion, die durch die Zerstörung der Pflanzendecke, insbesondere die Entwaldung ausgelöst werden kann. Ganz besonders stark wirkt sich dies bei den tropischen Regenwäldern aus, denn unter diesen befindet sich nur eine sehr dünne Bodenschicht. In unseren Breiten verstärkt die Beseitigung von Hecken oder die Zusammenlegung von Ackerflächen zu immer riesigeren Feldern die Bodenerosion: Wind kann dann den Boden leichter verwehen, abfließendes Regenwasser Bodenmaterial herauswaschen und wegschwemmen. Dadurch verliert der Boden an Nährstoffen, die immer dünnere Pflanzendecke setzt der Erosion immer weniger Widerstand entgegen, bis schließlich im Extremfall die Regenerationsfähigkeit so weit herabgesetzt ist, dass der Boden praktisch tot ist. So weit kommt es zwar in unseren Breiten selten, jedoch sind verminderte Erträge und darüber hinaus eine erhöhte Gefahr von Erdrutschen und Hochwasser auch bei uns weit verbreitete Folgen der Bodenerosion.

Außer der direkten Schädigung des Bodens durch Verdichtung und Erosion stellen vor allem Schadstoffeinträge eine große Gefahr für natürliche Böden dar. Der Mensch bringt auf verschiedenen Wegen Substanzen der unterschiedlichsten Art, und damit auch viele Schadstoffe, in den Boden ein. Zu diesen anthropogenen Schadstoffeinträgen (anthropos, griechisch: Mensch) zählt der so genannte saure Regen. Saure Niederschläge setzen die Bindungsfähigkeit des Bodens für bestimmte Metallionen herab, sodass diese freigesetzt und in tiefere Bodenschichten transportiert werden können. Die Böden verarmen dadurch an Eisen und Magnesium, freigesetztes Alu-

Erosion ist Abtransport von festen Partikeln durch Wasser oder Wind (hier ein Beispiel der Bodenerosion in Oaxaca / Mexiko). Erosion kommt in der Natur vor, ist aber häufig auch eine Folge von menschlichen Eingriffen.

minium wiederum trägt zum Waldsterben mit bei. Durch Streusalz und Bewässerung kommen immer mehr Salze in den Boden. Dies führt zu einem Aufquellen der Bodenpartikel; der Boden »versteppt« und die mikrobiellen Abbauprozesse werden stark behindert. Auch der Anbau von Feldfrüchten oder Nutzhölzern in Monokulturen beeinträchtigt die Bodenqualität.

Von seiner natürlichen Funktion her ist der Boden – wie wir gesehen haben – ein guter Puffer für viele dieser anthropogenen Schadstoffeinträge und kann sie eine Zeit lang abfangen. Qualität und Regenerationsfähigkeit der Böden werden jedoch bei einer andauernden Belastung beeinträchtigt – der Krug geht so lange zum Brunnen, bis er bricht. Können sich die Böden nicht mehr richtig regenerieren, dann breiten sich die Schadstoffe über die oberen Bodenschichten hinaus immer weiter aus. Sie schädigen dann nicht nur den Boden selbst, sondern auch Boden- und Grundwasser, Flüsse und Seen, von wo aus sie in die Nahrungskette eindringen. Daher verdienen diese Einträge besondere Aufmerksamkeit.

Anthropogene Schadstoffeinträge

Schadstoffe werden in modernen Industriegesellschaften bei fast jeder menschlichen Tätigkeit an die Umwelt abgegeben. Schadstoffe, die in den Boden gelangen können, werden vor allem bei der Rohstoffförderung und -verarbeitung, in der industriellen und landwirtschaftlichen Produktion und im Straßenverkehr freigesetzt. Eine besondere Gefährdung für den Boden geht von der Behandlung und Ablagerung von Abfällen und Sondermüll aus. Gerade durch unkontrollierte Industrieproduktion und wilde Müllkippen können Flächen entstehen, die so stark mit Schadstoffen verunreinigt sind, dass sie nur noch eingeschränkt oder überhaupt nicht mehr genutzt werden können; von ihnen geht eine Gefährdung für Mensch und Umwelt aus. (Auf solche »Altlasten« werden wir später noch ausführlicher eingehen.) Schadstoffe, die in den Boden gelangt sind, können schließlich nach längerer Zeit in Grundwasser und Fließgewässer vordringen und damit die Trinkwasserversorgung gefährden.

Durch Pflanzen, die Schadstoffe aus dem Boden oder aus belasteten Gewässern aufgenommen haben, kommen Schadstoffe in die Nahrungskette. Schwer abbaubare Stoffe reichern sich besonders in Tieren an, die am Ende der Nahrungskette stehen.

»Wilde« Deponien und illegal »entsorgter« Giftmüll gefährden Boden und Grundwasser. Dieses Bild zeigt die **polizeiliche Registrierung von illegal abgelagerten Chemikalien.**

Diese Kette beruht auf dem Prinzip »Groß frisst Klein«. Stoffe werden aus dem Boden von Mikroorganismen und Pflanzen aufgenommen, die von Insekten und kleinen Pflanzenfressern, etwa Mäusen, verzehrt werden. Diese wiederum werden von kleinen Raubtieren oder -vögeln gefressen und so fort, bis schließlich am Ende der Kette

DIOXINE

PCCD

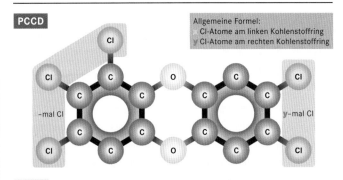

Allgemeine Formel:
Cl-Atome am linken Kohlenstoffring
y Cl-Atome am rechten Kohlenstoffring

TCCD

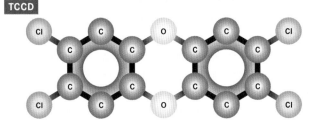

Mehrfach chlorierte oder »poly-chlorierte« Dibenzodioxine (PCDD) werden meistens vereinfacht als Dioxine bezeichnet. Eine der wichtigsten und auch die giftigste dieser Verbindungen ist »2,3,7,8-Tetrachlorodibenzodioxin« (TCDD). Dioxine können sich, wie auch die chemisch ähnlichen Furane, bei Temperaturen bis 800 Grad Celsius aus organischen und chlorhaltigen Verbindungen bilden. Dioxine entstehen in geringen Konzentrationen, können aber extrem giftig sein. So kann eine Maus bereits an einem Mikrogramm (also einem Millionstel Gramm) Dioxin sterben! Die Weltgesundheitsorganisation WHO und das Umweltbundesamt (UBA) haben so genannte »Unbedenklichkeitswerte« für eine lebenslängliche Aufnahme von Dioxinen bestimmt. Sie liegen bei 1 bis 10 Pikogramm pro Kilogramm Körpergewicht und Tag; ein Pikogramm ist ein Millionstel Mikrogramm.

Bekannt wurden Dioxine 1976 durch den Chemieunfall im norditalienischen Seveso. Im Vietnamkrieg wurde das Herbizid »Agent Orange« zur Entlaubung eingesetzt, das Dioxine als Verunreinigungen enthielt. Solche Dioxine verursachen akut Chlorakne; bei dauerhafter Belastung wirken sie leber- und nervenschädigend, fördern Leukämie und andere Krebserkrankungen und schaden Erbgut und Embryonen. Sie führen zu Hormonstörungen und schädigen selbst in sehr geringen Konzentrationen noch das Immunsystem.

Dioxine sind vor allem in Stäuben und Rückständen von schlecht ausgerüsteten Müllverbrennungsanlagen enthalten. Außerdem entstehen sie bei der Verschwelung von Kabeln, beim Schrott- und Metallrecycling, bei der Altölverbrennung und bei der Verbrennung verschiedener Pestizide. Auch beim Verbrennen von PVC wird Dioxin freigesetzt – man denke an den Brand des Düsseldorfer Flughafens im April 1996. Ehemalige Produktionsstandorte der chemischen Industrie sind oft mit Dioxinen belastet; das Boehringer-Werk in Hamburg, in dem früher »Agent Orange« hergestellt wurde, ist heute weiträumig abgesperrt. Auch auf Deponien mit chemischen Abfällen, Schlacken oder Flugstaub, aber auch in kontaminiertem Klärschlamm und Kompost findet sich Dioxin.

die großen Raubtiere und nicht zuletzt der Mensch stehen. Besonders zwei Gruppen von Schadstoffen können den Boden langfristig kontaminieren, nämlich Schwermetalle und verschiedene schwer abbaubare organische Stoffe. Letztere werden fachsprachlich als »persistent« bezeichnet.

Bodenkontaminierende Schwermetalle, die auch für den Menschen gefährlich werden können, sind unter anderem Blei, Cadmium, Quecksilber, Arsen, Selen, Antimon, Zinn, Thallium, Chrom und Nickel, aber auch Kupfer und Zink. Durch Stäube und Niederschläge aus der Luft, den Austrag von Klärschlamm und Müllkompost, von Düngemitteln und Pflanzenschutzmitteln sowie die früher unkontrolliert praktizierte Verrieselung von Abwässern können diese Schwermetalle auf landwirtschaftliche Nutzflächen und damit in die Nahrungskette gelangen. An vielen Orten, wo Metalle gefördert, verhüttet, bearbeitet und schließlich abgelagert wurden, befinden sich heute altlastenverdächtige Standorte – etwa Abraumhalden, Minenabfälle, Altstandorte der Metallbearbeitung, Schrottplätze oder ungeordnete Deponien.

Die zweite große Gruppe von bodenverunreinigenden Stoffen sind die schwer abbaubaren organischen Stoffe. Wegen ihrer Beständigkeit reichern sie sich im Boden mit der Zeit immer mehr an. Zu ihnen zählen beispielsweise die polycyclischen aromatischen Kohlenwasserstoffe (PAK, zum Beispiel Benzpyren), die besonders in der Umgebung von Kohle verarbeitenden Betrieben, alten Gaswerken oder Bahngeländen auftreten. Ebenfalls organisch-chemischer Natur sind polychlorierte Biphenyle (PCB), die früher als Flammschutzmittel und als Weichmacher in Kunststoffen eingesetzt wurden. Man findet sie in etlichen Mülldeponien und Klärschlämmen in recht hohen Konzentrationen (bis zu 100 Milligramm pro Kilogramm Trockensubstanz). Weitere Beispiele sind die sehr giftigen chlorierten Dibenzodioxine und -furane. Schließlich sind auch chlorierte Pestizide wie Lindan, Aldrin, Dieldrin oder DDT schwer abbaubar. Diese Substanzen gelangten beim Einsatz zur Schädlingsbekämpfung oder beim Düngen mit kontaminiertem Klärschlamm in den Boden.

Natürliche und gestörte Stoffkreisläufe

Was sind nun die ökologischen Folgen von anthropogenen Schadstoffeinträgen? Hierzu muss man zunächst die natürlichen Stoffflüsse im Boden betrachten.

Im Boden sind vielfältige Abbau- und Aufbauprozesse miteinander verkoppelt. Mikroorganismen ernähren sich von im Boden vorhandenen organischen Substanzen, etwa abgestorbenen Pflanzenteilen und zersetzen sie dabei. Pflanzen wiederum nutzen die anorganischen Abbauprodukte, zum Beispiel Stickstoffverbindungen oder andere Mineralien, als Nährstoffe – es ergibt sich ein natürlicher Stoffkreislauf. In diesem Kreislauf gibt es für praktisch jede natürliche Substanz einen Organismus, dem sie als Nahrung dienen kann. So gesehen, gibt es in der vom Menschen unbeeinflussten Natur kei-

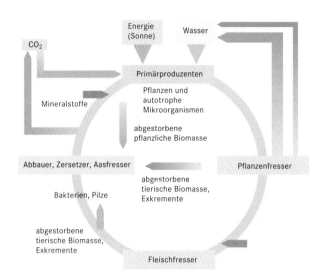

Der **natürliche Kohlenstoffkreislauf** in einem Ökosystem. Mit Ausnahme der von außen kommenden Sonnenenergie laufen alle Stoffe in geschlossenen Kreisläufen.

nen Abfall – alles wird genutzt und ist für die Lebensgemeinschaft notwendig; solche Lebensgemeinschaften nennt man Ökosysteme.

Die beiden wichtigsten Stoffkreisläufe auf der Erde bilden der natürliche Kohlenstoffkreislauf und der Wasserkreislauf. So wie diese zirkulieren auch andere biologisch wichtige Elemente wie Sauerstoff, Stickstoff, Phosphor, und Schwefel durch die verschiedenen Ökosysteme. Über sehr lange Zeiträume hinweg betrachtet, befinden sich diese Elemente in einem fast vollständig geschlossenen Kreislauf.

Die vom Menschen verursachten Stoffflüsse bilden im Gegensatz dazu kein vollständig geschlossenes System. Die globalen Rohstoffreserven (zum Beispiel Erdöl, Kohle und Erze) werden nach und nach aufgebraucht; gleichzeitig erzeugt der Mensch daraus Abfälle

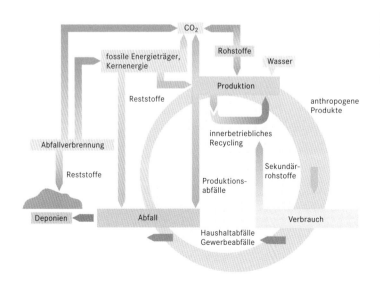

Die **anthropogenen Stoffflüsse** sind nur in Ansätzen zum Kreislauf geschlossen. Der Hauptfluss geht von den eingesetzten Rohstoffen zu den deponierten Abfällen und dem freigesetzten Kohlendioxid.

und Abgase, die nicht mehr in die Produktionsabläufe zurückgeführt werden können. Mit der stetigen Steigerung von Produktion und Verbrauch erzeugen wir Menschen global gesehen einen gigantischen Müllberg. Diese Abfälle belasten die natürlichen Ökosysteme, da viele dieser Substanzen in der Natur nur schwer abgebaut werden können oder in einer Menge vorliegen, der die natürliche Abbaukapazität nicht gewachsen ist. Deshalb ist es wichtig, die anthropogenen Stoffflüsse zu Kreisläufen zu schließen, anstatt sie auf stetig wachsenden Deponien und Halden enden zu lassen.

Welche Gefahren gehen von Schadstoffen im Boden aus?

Schadstoffe und Abfälle werden, wie gesagt, nach ihrer biologischen Abbaubarkeit unterschieden. So zählen etwa die Abfälle eines Schlachthofes (wie Sieb- und Rechengut, Rückstände der Fettabscheider, Exkremente und Spülwässer) zu den biologisch leicht abbaubaren Abfällen. Dennoch sind auch sie nicht ungefährlich, denn Krankheitserreger können sich in ihnen schnell vermehren; außerdem würde der unkontrollierte biologische Abbau zu starken Geruchsbelästigungen führen. Unter geeigneten technischen Bedingungen können solche Abfälle aber keim- und geruchsarm entsorgt und weitgehend in den natürlichen Stoffkreislauf zurückgeführt werden.

Die Erzeugnisse der chemischen Industrie und auch anderer Industriezweige können dagegen oft nur schwer biologisch abgebaut werden. Sie unterscheiden sich in ihrem molekularen Aufbau oft so stark von Naturstoffen, dass nur wenige oder gar keine biologischen Enzymsysteme existieren, die deren Abbau durch Mikroorganismen ermöglichen; sie sind sozusagen schwer oder unverdaulich. Solche Stoffe nennt man auch Xenobiotika (»lebensfremde Stoffe«). Diese Substanzen werden im Boden nur geringfügig biologisch oder chemisch zersetzt und können sich sehr lange in der Umwelt aufhalten – sie besitzen eine hohe Persistenz. Typische Beispiele hierfür sind chlorierte Kohlenwasserstoffe, aber auch viele Kunststoffe, die im Abfall kaum verrotten. Werden diese Stoffe in großer Menge verwendet, so können sie sich in der gesamten Umwelt stark ausbreiten; man bezeichnet sie dann als ubiquitär. Manche Stoffe können sogar weltweit nachgewiesen werden – wie etwa Blei, das mittlerweile sogar in den oberen Eisschichten auf der Insel Grönland aufgespürt wurde!

Schadstoffe können sich auf verschiedenen Wegen ausbreiten: Stäube und Gase über die Luft, lösliche, emulgierbare und suspendierte Stoffe über das Wasser. Nach dem Transport durch Luft und

Biologisch leicht abbaubare Stoffe	Biologisch schwer abbaubare Stoffe	Ubiquitäre Stoffe
vor allem Stoffe biologischen Ursprungs, zum Beispiel	meist Stoffe anthropogener Herkunft, daher noch keine Anpassung natürlicher Systeme an deren Abbau, zum Beispiel	zeichnen sich neben schwerer Abbaubarkeit durch häufiges Vorkommen in der Umwelt aus und sind daher fast überall nachweisbar

• Proteine
• Kohlenhydrate
• Fette und andere lipoide Stoffe
• Fettsäuren
	• Erdöl und Folgeprodukte
	• chlorierte Kohlenwasserstoffe
	• Pestizide (Xenobiotika)
	• viele Tenside
	• die meisten Plastikwerkstoffe (PVC, Polyethylen etc.)
	• Gummi (z.B. Autoreifen)
		• Phthalate (Weichmacher)
		• PaKs (polyaromatische Kohlenwasserstoffe)
		• chlorierte Kohlenwasserstoffe, dabei v.a.:
		  * PCBs (polychlorierte Biphenyle)
		  * Dioxine, Furane
		  * PCP (Pentachlorphenol) und andere chlorierte Pestizide
		• Blei, Cadmium

Einteilung von Abfallstoffen nach ihrer biologischen Abbaubarkeit.

Aus einem belasteten Bodenbereich können **Schadstoffe** auf vielen Wegen in die Umwelt gelangen: über Grundwasser (1) oder Oberflächengewässer (2), durch Verdunstung (3), durch Eindringen in Gemäuer und Kellerräume (4), durch abgewehten Staub (5), über Feldfrüchte (6) oder durch direkten Hautkontakt (7).

Wasser lagern sich viele Schadstoffe im Boden ab, wo sie in die Nahrungskette eindringen. Bei großer Persistenz reichern sie sich häufig in einzelnen Organismen oder stetig in der Nahrungskette an.

Wegen der Anreicherung von Schadstoffen am Ende der Nahrungskette kommt es bei Raubvögeln, Großsäugern und Menschen oft zu besonders hohen Belastungen und toxischen Wirkungen. Wie verschiedene Schadstoffe auf Ökosysteme und auf den Menschen wirken, wurde weltweit in langjähriger Arbeit untersucht; jedoch werden jedes Jahr so viele neue Substanzen entwickelt und in Verkehr gebracht, dass das Wissen der Toxikologen kaum Schritt halten kann. Dennoch haben wir seit den 1970er-Jahren ein wachsendes Wissen über die Ausbreitung und physiologische Auswirkung vieler wichtiger Schadstoffe. Seit den 1980er-Jahren sind auch die Bemühungen verstärkt worden, die Freisetzung dieser Stoffe in die Umwelt und damit auch in die Böden zu vermindern.

Am Anfang standen nachgeschaltete technische Maßnahmen im Mittelpunkt, um die im Produktionsprozess anfallenden Schadstoffe am Ende des Prozesses herauszufiltern oder nicht mehr benötigte Produkte zu entsorgen. Heute wird die Industrie dazu angehalten, die Produktion so zu gestalten, dass Schadstoffe gar nicht erst entstehen und Altstoffe möglichst wenig Schadstoffe enthalten. Vor allem gewinnt aber die Abfallvermeidung zunehmend an Bedeutung – und damit der Versuch, auch die anthropogenen Stoffflüsse zu einem Kreislauf zu schließen. Diese ist allerdings weniger ein technisches Problem als eines der Organisation der betrieblichen und gesell-

Die menschliche Zivilisation hinterlässt überall ihre Abfälle, auch im **Canal Grande** in Venedig.

In der ökologisch orientierten Wirtschaftsforschung wird zwischen quantitativem und qualitativem Wirtschaftswachstum unterschieden: **Quantitatives Wachstum** bezeichnet die einfache Ausweitung der produzierten Gütermenge und des Energieverbrauchs – nach herkömmlicher Berechnung würde auch die Herstellung und direkt anschließende Entsorgung von niemals benutzten Produkten zum Bruttosozialprodukt beitragen. **Qualitatives Wachstum** dagegen bezieht unter anderem die Steigerung der Lebensqualität mit ein, die mit einem Produkt verbunden ist; außerdem wird eine effiziente Nutzung von Energie- und Umweltressourcen berücksichtigt. Allerdings hat sich noch keine allgemein akzeptierte Berechnungsformel eines »qualitativen Bruttosozialprodukts« etablieren können.

schaftlichen Abläufe und insbesondere des politischen Willens. Umwelttechnische Verfahren werden dabei immer ein wichtiger Bestandteil eines integrierenden Umweltkonzepts bleiben.

Abfall und Altlasten

Das Abfallproblem ist eng mit dem des Bodenschutzes verbunden: Schon immer wurden nicht mehr benutzte Gegenstände »weggeworfen«, meistens mehr oder weniger geordnet irgendwo auf den Boden. Auch wenn manche flüssigen Produktionsabfälle oder landwirtschaftliche und kommunale Abwässer in Gewässer und Meere »verklappt« und gasförmige Rückstände in die Luft geblasen werden – die allermeisten Abfälle unserer Industriegesellschaft landen auf wilden oder geordnet geführten Mülldeponien. Und von dort dringen die im Müll enthaltenen Schadstoffe früher oder später in den darum- und darunter liegenden Boden ein. Daher sollen im Folgenden die Abfallproblematik und Möglichkeiten zur Sanierung bestehender Altlasten diskutiert werden.

Was ist Abfall?

Wenn ein Gegenstand seine Gebrauchseigenschaften verliert, wird er zum Abfall. Ob er als Abfall im Mülleimer landet oder nicht, lässt sich aber nicht allein auf Grundlage objektiver Maßstäbe beantworten, sondern ist in einem starken Ausmaß subjektiv: Jeder Einzelne entscheidet für sich, wann ein Produkt zu Abfall wird. Dem trägt der Gesetzgeber mit seiner juristischen Definition Rechnung. So bezeichnet etwa das deutsche Kreislaufwirtschafts- und Abfallgesetz Abfälle als »bewegliche Sachen, (...) deren sich ihr Besitzer entledigen will oder muss«. Die »beweglichen Sachen« sind in einem Anhang des Gesetzes näher benannt.

Abfall kann nach verschiedenen Kriterien in unterschiedliche Arten eingeteilt werden. Der Naturwissenschaftler würde den Abfall auf der Grundlage seiner physikalischen, chemischen und biologischen Eigenschaften klassifizieren. Eine derartige Vorgehensweise ist aber für die Praxis wenig hilfreich. Wenn es um die Entwicklung und Umsetzung von Lösungskonzepten für die Entsorgung von Abfall geht, ist es am sinnvollsten, vor allem die Herkunft des Abfalls zu berücksichtigen. Denn bevor der Abfall verwertet oder entsorgt werden kann, muss er gesammelt werden. Deshalb unterscheidet man zwischen Siedlungsabfall (Hausmüll und gewerblicher Müll) und Abfällen aus dem industriellen Bereich.

All das, was die kommunale Müllabfuhr sammelt, heißt (normaler) Müll. Dagegen werden Abfälle mit hohen Schadstoffkonzentrationen als Sonderabfall bezeichnet (natürlich kann es auch vorkommen, dass Sonderabfall gesetzwidrig im kommunalen Müll landet). Zum Sondermüll gehören etwa Abfälle aus der industriellen Produktion, einige landwirtschaftliche Abfälle, Krankenhausabfälle, Altöl, radioaktive Abfälle und zum Teil auch Bauschutt – um nur ein paar wichtige Beispiele zu nennen. Solche Abfälle müssen speziell erfasst und entsorgt werden. Im gewerblichen Bereich existiert eine Nachweispflicht für Sondermüll. In den privaten Haushalten ist dagegen der Umgang mit gefährlichen Abfällen (wie etwa Batterien, Leuchtstofflampen oder Altmedikamenten) noch unbefriedigend geregelt. Häufig und nur zum Teil aus Unkenntnis werden diese Abfälle gemeinsam mit dem normalen Hausmüll entsorgt.

In der so genannten Wohlstandsgesellschaft wird im Regelfall aus einem Produkt viel schneller Abfall als in einem Entwicklungsland. Der Einzelne braucht hier die durch seinen Abfall verursachten Umweltschäden und -kosten meist nur in geringem Maß selbst zu tragen. Geld für Neuanschaffungen ist fast immer vorhanden, sodass die Wechselfolge Kaufen – Wegwerfen – Kaufen immer schneller läuft. Weltweit wächst die Abfallmenge von Jahr zu Jahr – eine Folge rein quantitativen Wirtschaftswachstums und der unzureichenden Wiederverwertbarkeit der Abfälle.

In Deutschland haben in den 1990er-Jahren verschiedene Umweltschutzgesetze zu greifen begonnen, die Sensibilität in der Bevölkerung für ökologische Probleme nimmt schon seit längerem zu. Die jährlichen Abfallmengen sind seit 1989 gesunken, und es zeichnet sich ab, dass dieser Trend anhält. Weltweit, insbesondere in den Schwellen- und Entwicklungsländern, wird die Abfallmenge in den kommenden Jahren jedoch stark zunehmen, sodass sich auch die damit verbundenen Probleme eher verschärfen werden.

Ob Abfall ein ökologisches Problem ist, hängt nicht nur von der anfallenden Abfallmenge, sondern auch von der Zusammensetzung des Abfalls ab. Man kann davon ausgehen, dass in Abfällen unterschiedliche chemische Elemente und organische Verbindungen in einer kaum vorstellbaren Vielzahl vertreten sein können. Noch dazu kann es zwischen ihnen zu teilweise noch nicht erforschten Wechselwirkungen mit unbekannten Folgen kommen. Die klassische Form der Abfallbeseitigung ist die Lagerung der Abfälle außerhalb von Ansiedlungen (also in Müllhalden oder Mülldeponien). Dies birgt die Gefahr in sich, dass Müllinhaltsstoffe freigesetzt werden können, die zum einen die Bodenlebewesen schädigen und zum anderen über Luft, Wasser und Nahrungskette wieder zum Menschen gelangen können. So sind schon mehrfach in Abfällen enthaltene Schwermetallionen sowie organische Verbindungen in Grundwasser nachgewiesen worden, das für die Trinkwassergewinnung genutzt wurde. Auch außerhalb des Bodens kann Abfall ökologische Probleme hervorrufen oder verstärken: Einige der aus den Abfallablagerungen entweichenden Gase (Kohlendioxid, Methan und Lachgas) tragen mit zum Treibhauseffekt bei, also zu einer zusätzlichen Erwärmung des Erdklimas, oder wirken beim Abbau der stratosphärischen Ozonschicht mit. Schließlich darf man nicht verges-

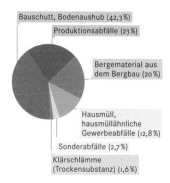

Zusammensetzung des Abfalls in Deutschland. Fast zwei Drittel des anfallenden Mülls sind Schutt oder Bergematerial.

In vielen **Entwicklungsländern** ist das **Müllproblem** noch wesentlich akuter als in Deutschland, da die Mittel und manchmal auch der politische Wille für eine fachgerechte Entsorgung fehlen.

Mülldeponien verbrauchen Flächen, verschandeln die Landschaft und können Schadstoffe an die Umwelt abgeben.

Müllentsorgung in der Antike. Das Bild zeigt einen Ausfluss der römischen **»Cloaca Maxima«,** eines unterirdischen Entsorgungskanals in den Tiber.

sen, dass die Lagerung von Abfällen in Mülldeponien auch die Nutzungsmöglichkeiten von Kulturlandschaften stark beeinträchtigen kann. Neben den Folgen der Energieproduktion auf Basis von fossilen oder nuklearen Brennstoffen ist das Müllproblem derzeit eine der größten ökologischen Herausforderungen.

Behandlung und Deponierung von Müll

B ereits in den hoch entwickelten Kulturen der Antike wurden Abfälle in Tonvasen gesammelt und abtransportiert. Mit dem Untergang des Römischen Reiches geriet dieses Wissen über den Zusammenhang zwischen Abfall und Hygiene in Vergessenheit: Im Mittelalter war es üblich, Abfälle einfach auf die Straße zu werfen. So konnten sich Epidemien schnell ausbreiten, und die Stadtluft stank zum Himmel. Erst im 15. Jahrhundert wurden die Straßen in den Städten gepflastert, es wurden Abfallsammelbehälter eingeführt und Tierleichen regelmäßig eingesammelt. Wie schon im Altertum wurde der Abfall wieder außerhalb der Städte abgelagert. Erst in der zweiten Hälfte des 19. Jahrhunderts entstand in Europa eine Alternative zum Deponieren: In England wurde 1876 die erste Müllverbrennungsanlage errichtet. Aus dieser Zeit stammen auch die ersten Versuche zur Rückgewinnung von Wertstoffen aus Abfall. Aber auch heute noch wird der größte Teil des in Deutschland anfallenden Abfalls deponiert. Daher wollen wir uns zunächst mit den technischen Problemen einer sachgerechten und umweltverträglichen Mülldeponierung befassen. Auf die stoffliche und thermische Verwertung von Abfällen werden wir dann im letzten Abschnitt dieses Kapitels zurückkommen. Der mengenmäßig größte Anteil der Abfälle wird in Deutschland auf Deponien abgelagert, 1993 waren es etwa 75 Prozent der insgesamt rund 340 Millionen Tonnen Abfall. Derzeit werden noch ungefähr 540 Deponien betrieben, auf denen Siedlungsabfälle abgelagert werden. Noch bis in 1970er-Jahre hinein tolerierten die Behörden »wilde« oder ungeordnete Deponien – das sind Deponien ohne besondere bauliche Gestaltung und ohne Schutzmaßnahmen. Eine zunehmende Sensibilisierung der Bürger für ökologische Probleme und die wachsende Kenntnis über die von Deponien ausgehenden ökologischen und gesundheitlichen Gefahren führten zu rechtlichen Regelungen, die eine möglichst risikoarme Abfallbeseitigung auf Deponien gewährleisten sollen. In der Technischen Anleitung (kurz: TA) Siedlungsabfall vom 1. 6. 1993 (TA-Si) wird die Ablagerung von Siedlungsabfällen geregelt; für die Beseitigung von besonders überwachungsbedürftigen Abfällen (Sonderabfällen) gilt die TA Sonderabfall.

In Deponien ruhen die abgelagerten Abfälle keineswegs einfach nur friedlich nebeneinander. Vielmehr kommt es zu vielfältigen Prozessen, insbesondere zur Mobilisierung von zunächst gebundenen Schadstoffen. Dies liegt an der Anwesenheit von Wasser, das als Feuchtigkeit vorhanden ist oder durch Niederschläge in die Deponie eindringt – und Wasser ermöglicht die biologische Aktivität von Mikroorganismen, durch die gefährliche Substanzen mobilisiert oder manchmal auch erst erzeugt werden. Eine Deponie muss daher so angelegt werden, dass mobilisierte Schadstoffe nicht nach außen gelangen können – eine schwierige und auf Dauer fast unlösbare Aufgabe.

Schon bei der Wahl des Deponiestandorts muss man sorgfältig die geologischen und hydrogeologischen Verhältnisse prüfen. Beim An-

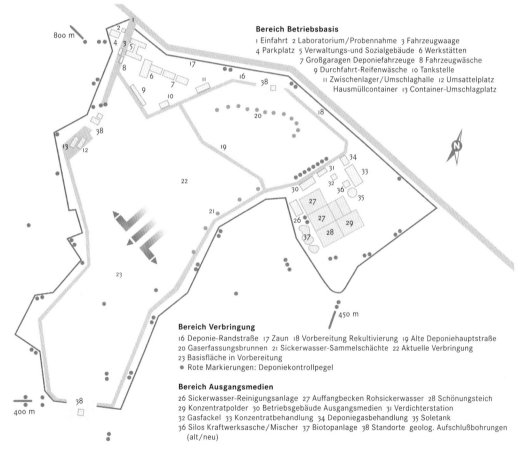

Bereich Betriebsbasis
1 Einfahrt 2 Laboratorium/Probennahme 3 Fahrzeugwaage
4 Parkplatz 5 Verwaltungs-und Sozialgebäude 6 Werkstätten
7 Großgaragen Deponiefahrzeuge 8 Fahrzeugwäsche
9 Durchfahrt-Reifenwäsche 10 Tankstelle
11 Zwischenlager/Umschlaghalle 12 Umsattelplatz
Hausmüllcontainer 13 Container-Umschlagplatz

Bereich Verbringung
16 Deponie-Randstraße 17 Zaun 18 Vorbereitung Rekultivierung 19 Alte Deponiehauptstraße
20 Gaserfassungsbrunnen 21 Sickerwasser-Sammelschächte 22 Aktuelle Verbringung
23 Basisfläche in Vorbereitung
● Rote Markierungen: Deponiekontrollpegel

Bereich Ausgangsmedien
26 Sickerwasser-Reinigungsanlage 27 Auffangbecken Rohsickerwasser 28 Schönungsteich
29 Konzentratpolder 30 Betriebsgebäude Ausgangsmedien 31 Verdichterstation
32 Gasfackel 33 Konzentratbehandlung 34 Deponiegasbehandlung 35 Soletank
36 Silos Kraftwerksasche/Mischer 37 Biotopanlage 38 Standorte geolog. Aufschlußbohrungen (alt/neu)

Aufbau einer Grubendeponie (hier am Beispiel der Deponie Ihlenberg in Mecklenburg-Vorpommern). Wichtig ist die Abdichtung nach unten, die sowohl einen Austrag gelöster Schadstoffe nach unten als auch das Aufsteigen von Grundwasser in den Deponiekörper verhindert. Solch eine Basisabdichtung besteht aus Ton und/oder Folien. Zur Erfassung und Reinigung des anfallenden Sickerwassers wird über der Basisabdichtung ein Entwässerungs- oder Dränagesystem installiert. In modernen Deponien wird das bei der Zersetzung der Abfallstoffe entstehende Deponiegas in Gasbrunnen gesammelt. Wesentlich sinnvoller als das Abfackeln ist der Einsatz als Energieträger zur Wärme- oder Stromerzeugung. Zu einer modernen Deponie gehören außerdem Verwaltungsgebäude, Entladestationen, Zwischenlager, ein Labor zur Abfalluntersuchung, Anlagen zur Sickerwasser-, Konzentrat- und Deponiegasaufbereitung, Werkstätten sowie Garagen und Serviceeinrichtungen für die Müllfahrzeuge.

legen der Deponie müssen Abdichtungen angebracht werden, die dafür sorgen, dass so wenig Schadstoffe wie möglich entweichen können und dass kein Grundwasser eindringen kann. Von großer Bedeutung ist auch die Frage, welche Art Abfälle in welchem Zustand eingelagert wird. Denn beides zusammen bestimmt, welche Schadstoffe entstehen und mobilisiert werden. Auch müssen die Abfälle so gelagert werden, dass der Deponiekörper mechanisch ausreichend stabil ist.

Wenn eine Deponie schließlich nicht mehr genutzt wird, muss auch ihre Oberfläche abgedichtet werden. Die abgedichtete Deponie kann dann durch Aufbringen von Mutterboden und Bepflanzung rekultiviert werden. Auch wenn ein Betrachter solch eine stillgelegte Deponie nach diesen Maßnahmen kaum noch erkennen kann, birgt sie trotzdem noch ein gewisses Restrisiko. Denn Abdichtungen halten nicht ewig, und man kann nicht ausschließen, dass eines Tages aus der stillgelegten Deponie Schadstoffe austreten: Die Deponie wird zu einer – unter Umständen gefährlichen – Altlast.

Es gibt unterschiedliche Bauarten von Deponien. Mit einem Anteil von 60 Prozent sind Grubendeponien am weitesten verbreitet.

Deponiegas und Sickerwasser – Produkte einer Mülldeponie

Auf den ersten Blick vermutet man kaum, dass von einer Deponie ernsthafte Gefahren ausgehen können. Die Abfälle liegen ja überwiegend in fester Form vor, sodass man denken sollte, die Schadstoffe seien weitestgehend fixiert und könnten sich kaum in die Umgebung ausbreiten. Dabei vergisst man aber, dass eine Mülldeponie, die gerade verfüllt wird, natürlicherweise nach oben nicht abgedichtet ist – und damit Niederschläge eindringen und über komplexe biologisch-chemische Prozesse Schadstoffe mobilisieren können.

In einer frisch angelegten Deponie ist in den Hohlräumen noch genügend Luftsauerstoff vorhanden, sodass zunächst aerobe, also Sauerstoff verbrauchende Abbauprozesse stattfinden. Wenn der Sauerstoff verbraucht ist, kommt es durch anaerobe Prozesse zur Faulung. Die Verhältnisse sind hier ähnlich wie bei der Faulung von Klärschlamm. Im Verlauf des biologischen Abbaus der organischen Verbindungen geben die daran beteiligten Mikroorganismen als Stoffwechselprodukte Gase ab. Das dabei freigesetzte Gas wird Biogas genannt, das in Deponien entstehende Biogas heißt Deponiegas. Aus einem Kilogramm deponiertem Hausmüll können rund 170 Liter Deponiegas entstehen. Das Deponiegas enthält vor allem Methan und Kohlendioxid. Aufgrund seines Methangehalts ist Deponiegas brennbar und kann genau wie das ähnlich zusammengesetzte Erdgas zur Energiegewinnung genutzt werden. Damit verbunden ist allerdings auch eine Explosionsgefahr, wenn das Deponiegas nicht aufgefangen und überwacht wird. Kohlendioxid und vor allem Methan sind aber auch klimarelevante Gase, tragen also mit zum Treibhauseffekt bei. Deshalb ist eine unkontrollierte Freisetzung von Methan – und damit

Das **Energiepotenzial von Deponiegas** entspricht bei einer monatlichen Müllanlieferung von 20 000 Tonnen und einer Gaserfassungsrate von 50 Prozent demjenigen von 90 Millionen Litern Heizöl. Maximal können bis über 3000 Kubikmeter pro Stunde anfallen, allerdings verändert sich die erzeugte Gasmenge mit der Betriebszeit der Deponie.

von Deponiegas – in die Atmosphäre auf jeden Fall zu vermeiden. Da im Müll chemisch sehr unterschiedlich zusammengesetzte Verbindungen vorhanden sind, enthält das Deponiegas auch noch viele weitere Bestandteile. In teilweise bedenklichen Konzentrationen sind die geruchsintensiven und giftigen Gase Ammoniak und Schwefelwasserstoff enthalten, weiterhin Krebs erregend oder Krebs fördernd wirkende Verbindungen wie chlorierte Kohlenwasserstoffe sowie das bisher wenig beachtete, aber ebenfalls klimarelevante Lachgas.

Das entstehende Deponiegas ist aber keineswegs das einzige Umweltproblem, das sich beim Betrieb von Deponien stellt: In der im Müll vorhandenen Restfeuchte und in eindringendem Niederschlagswasser kann sich ein breites Spektrum an mobilisierten Schadstoffen lösen. Pro Hektar Deponiefläche und Tag können aus einem unabgedichteten Deponiekörper rund zehn Kubikmeter belastetes Sickerwasser austreten. Die Zusammensetzung des Sickerwassers – also Art und Konzentration der Schadstoffe – schwankt von Deponie zu Deponie und hängt von deren Alter ab. Aus der Deponie austretende Sickerwässer bedeuten auf jeden Fall eine große Gefahr für Böden und Grundwasser. Deswegen darf Sickerwasser auf keinen Fall unbehandelt aus einer Deponie austreten. Für die Einleitung von Deponiesickerwasser in Fließgewässer (eine »Direkteinleitung«) gibt es enge Grenzwerte hinsichtlich der tolerierbaren Schadstoffkonzentrationen. Diese werden in einem unbehandelten Sickerwasser um ein Vielfaches überschritten.

Wegen der vielfältigen Probleme, die mit Deponien verbunden sind, hat der Gesetzgeber (mit der schon erwähnten Technischen Anleitung Siedlungsabfall) sehr strenge Bedingungen für das Deponieren von Abfällen aufgestellt. Nach dem gültigen Abfallrecht darf daher schon heute und auch in Zukunft kein unbehandelter Hausmüll mehr abgelagert werden.

Altlasten und ihre Sanierung

Eine bundesweit geltende, juristisch verbindliche Definition für den Begriff »Altlast« existiert nicht. Prinzipiell haben sich die Fachleute auf zwei unterschiedliche Kategorien von Altlasten verständigt: stillgelegte Deponien (Altablagerungen) und stillgelegte Produktionsstandorte (Altstandorte). Charakteristisch für Altlasten sind Schadstoffanreicherungen im darunter liegenden Erdreich und im Grundwasser, von denen umweltgefährdende Wirkungen ausgehen können. Im November 1997 waren in Deutschland rund 191000 Flächen möglicherweise mit Schadstoffen kontaminiert. Solche Flächen werden auch Verdachtsflächen genannt.

Für die Reinigung des **Sickerwassers** von Hausmülldeponien gibt es keine Standardtechnologie. In Abhängigkeit von der Menge des Sickerwassers und den darin enthaltenen Schadstoffen müssen Kombinationen geeigneter Reinigungsverfahren angewandt werden. Dabei steht eine große Auswahl an physikalischen (Adsorption, Mikrofiltration, Umkehrosmose), chemischen (Fällung, Nassoxidation) und biologischen (aerober und anaerober Abbau) Methoden zur Verfügung. Am häufigsten werden zunächst Feststoffe mit **Filtern** und anschließend gelöste Schadstoffe durch **Umkehrosmose** abgetrennt. Dabei fällt ein hochgiftiges Konzentrat an Schadstoffen an. Das Konzentrat wird danach entweder auf die Deponie zurückgepumpt oder thermisch behandelt. Die nach der thermischen Behandlung zurückbleibenden festen Schadstoffe müssen im Regelfall auf einer Sondermülldeponie gelagert werden. Das Problem der Schadstoffbelastung des Sickerwassers von Hausmülldeponien wird also letztlich nur verlagert.

Altlast-Verdachtsflächen in den einzelnen Bundesländern, Stand November 1997. Von den insgesamt fast 191000 Flächen befindet sich fast ein Drittel in den Ländern Sachsen und Nordrhein-Westfalen.

Sachsen	30 331
Nordrhein-Westfalen	28 329
Sachsen-Anhalt	19 458
Thüringen	18 229
Schleswig-Holstein	17 246
Brandenburg	15 342
Bayern	12 578
Rheinland-Pfalz	10 578
Mecklenburg-Vorpommern	8 700
Niedersachsen	8 160
Baden-Württemberg	6 894
Berlin	5 683
Saarland	4 243
Bremen	3 100
Hamburg	1 526
Hessen	492

Inwieweit eine Altlastfläche sanierungsbedürftig ist, muss im Einzelfall entschieden werden. Dazu dient eine Gefährdungsabschätzung: Man ermittelt, wie groß und tief die kontaminierte Bodenschicht ist und womit und in welchem Ausmaß sie verunreinigt ist, in welcher Konzentration also die Schadstoffe im Boden vorliegen. Weiterhin muss man bei dieser Bestandsaufnahme abschätzen, wie mobil die Schadstoffe sind, ob sie sich ausbreiten können und – wenn ja – auf welchen Wegen und mit welcher Geschwindigkeit. Erst mit diesen Informationen kann ein Erfolg versprechendes Sanierungskonzept aufgestellt werden. Eine gelungene Sanierung zeichnet sich dadurch aus, dass die Schadstoffe entweder vollständig aus dem kontaminierten Bereich entfernt oder von den Stoffkreisläufen der umgebenden Natur auf Dauer getrennt sind. Die sehr hohen Kosten für eine Altlastsanierung muss nach der gesetzlichen Lage der Verursacher tragen. Lässt sich dieser nicht mehr ermitteln, ist im Regelfall der gegenwärtige Besitzer dieser Fläche für die Sanierungsmaßnahmen verantwortlich.

Das Umweltbundesamt geht davon aus, dass etwa zehn bis zwanzig Prozent der bekannten Altlasten behandelt werden müssten, dies entspricht einer absoluten Zahl von 20000 bis 40000 zu behandelnden Standorten. Zwar sind die Kosten für die Bodensanierung seit Mitte der 1990er-Jahre deutlich gesunken (für vergleichbare Flächen von rund 300 DM pro Tonne Boden auf etwa 100 DM pro Tonne). Dennoch ist eine kurz- oder mittelfristige Sanierung sämtlicher Altlasten in Deutschland nicht finanzierbar. Deshalb werden die Altlasten nach und nach saniert, wobei die Reihenfolge durch einer Prioritätenliste festgelegt ist.

Die Behandlung kann dabei *in situ* (belasteter Boden wird nicht bewegt), *on site* (belasteter Boden wird ausgebaggert, aber am Ort behandelt) oder *off site* (belasteter Boden wird abgetragen und zu einer Behandlungsanlage transportiert) erfolgen. Verfahren, die dem Stand der Technik entsprechen, nutzen, je nach Problemstellung, physikalische, chemische oder biologische Wirkprinzipien. So lassen sich beispielsweise einige Substanzen durch Waschen aus dem Boden entfernen, organische Verbindungen können verbrannt werden. Besonders interessant ist die In-situ-Sanierung durch Mikroorganismen bei Standorten, die mit organischen Schadstoffen (etwa Kohlenwasserstoffe aus Mineralölen) belastet sind. Sind chemische Zusammensetzung und ungefähre Position der Schadstoffe sowie die Fließwege des Bodenwassers bekannt, können geeignete

Bestandsaufnahme

- Ergänzende Untersuchungen (u.a. Hydrogeologie, Geotechnik, Umweltanalytik)
- Bewertung der Untersuchungsergebnisse
- Vorschläge zur Sanierung mit Kostenschätzungen
- Planung der Sanierung

Technologie der Altlastensanierung

Gefahren-abwehr	Ursachenbekämpfung am Ort (on site)	Ursachenbekämpfung im Boden (in site)
• Einkapseln (Dichtwände, Abdecken) • Bodenaustausch	• Thermische Behandlung • Extrahieren/Bodenwäsche • Fixieren (Verfestigung) • Biologischer Abbau organischer Stoffe	• Absaugen der Bodenluft • Abpumpen von Grundwasser mit gelösten Schadstoffen • Fixieren von schwer löslichen Verbindungen • Biologischer Abbau im Boden (adaptierte Bakterien)

Nachsorge/Kontrolle

- Programm für Untersuchungen
- Ständige Beobachtung (Grundwasserproben)

Schritte der **Altlastensanierung** – von der Bestandsaufnahme bis zur Nachsorge und Kontrolle.

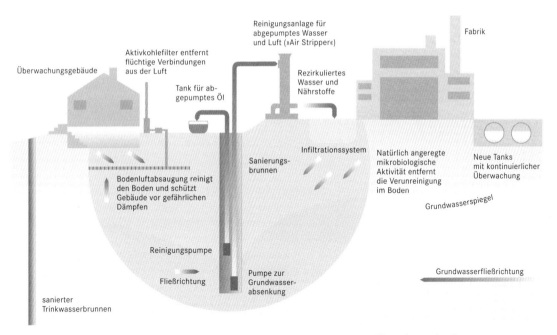

Mikroorganismen zusammen mit notwendigen Nährstoffen direkt in das kontaminierte Bodenvolumen gepumpt werden. Dadurch wird ein quasi natürlicher Schadstoffabbau an Ort und Stelle möglich.

Der Einstieg in die Kreislaufwirtschaft – nachhaltiger Schutz für Boden, Wasser und Luft

B is in die 1970er-Jahre stiegen in Deutschland die Abfallmengen, gleichzeitig zeichneten sich damals Kapazitätsengpässe bei den bestehenden Abfalldeponien ab, und viel Müll landete noch völlig unbehandelt auf »wilden« Müllkippen. Doch das wachsende Umweltbewusstsein der Bevölkerung und das zunehmende Interesse an ökologischen Fragen in Wissenschaft und Technik führten in den 1980er-Jahren schließlich auch in der Politik zu einem Umdenken. Seitdem wurde eine Reihe von gesetzlichen Regelungen und technischen Verordnungen erlassen, die sowohl das Müllaufkommen als auch die von Müllbehandlung und -deponierung ausgehenden Umweltgefahren reduzieren sollten. Die für viele augenfälligste Maßnahme war sicherlich die Einführung des dualen Entsorgungssystems mit dem allgegenwärtigen »Grünen Punkt« im Jahr 1991. Mittlerweile gibt es mancherorts sogar Überkapazitäten in der Abfallwirtschaft. Vor allem Müllverbrennungsanlagen stehen in manchen Regionen in einem harten Wettkampf um das Müllaufkommen, da sie in den 1980er- und 1990er-Jahren aufgrund übertriebener Prognosen für das Müllaufkommen errichtet worden waren. Wie geht es weiter mit der Abfallwirtschaft in Deutschland? Welchen Beitrag kann die Umwelttechnik leisten?

Ein umfassendes Konzept zur **In-situ-Sanierung einer Mineralöl-Altlast.** Ein Pumpsystem bringt Öl abbauende Mikroben in das verseuchte Erdreich und pumpt gleichzeitig verschmutztes Grundwasser ab, das an der Oberfläche gereinigt wird. Die Bodenluft wird abgesaugt und gefiltert an die Atmosphäre abgegeben, um flüchtige Schadstoffe zu entfernen. Bei genauer Kenntnis der Fließwege des Bodenwassers kann der sanierte Trinkwasserbrunnen in der Nähe nach einer bestimmten Sanierungsdauer wieder zur Nutzung freigegeben werden.

Durch das DSD vergebene Lizenzen werden mit dem **»Grünen Punkt«** gekennzeichnet.

1.Vermeidung
(Produzenten, Konsumenten)

Trotz Vermeidung anfallende Abfälle

Verwertung technisch machbar und wirtschaftlich zumutbar?

JA   NEIN

Beseitigung umweltverträglicher?

NEIN

JA

2. Verwertung
der nicht zu vermeidenden Abfälle

Energetische Verwertung umweltverträglicher?

JA   NEIN

Energetische Verwertung   **Stoffliche Verwertung**

3. Beseitigung
der nicht zu vermeidenden oder zu verwertenden Abfälle

Das **deutsche Kreislaufwirtschafts-/Abfallgesetz** legt eine Hierarchie zum Umgang mit dem Abfall fest: Vermeidung hat Vorrang vor Verwertung, Verwertung wiederum vor Beseitigung.

Vermeiden, Verwerten, Entsorgen

Das 1994 verabschiedete und 1996 in Kraft getretene Kreislaufwirtschafts-/Abfallgesetz (KrW-/AbfG) schreibt den Grundsatz »Vermeiden, Verwerten, Entsorgen« fest. Dies bedeutet, dass die Abfallvermeidung oberste Priorität hat, an zweiter Stelle steht die Verwertung von Reststoffen. Nur diejenigen Stoffe, die weder direkt wieder verwertet noch als Rohstoff genutzt oder in Müllverbrennungsanlagen zur Energiegewinnung verwendet werden können, dürfen und müssen möglichst umweltverträglich entsorgt, also deponiert werden. Dieses Gesetz geht damit den ersten Schritt zu einem Schließen des anthropogenen Stoffkreislaufs.

Das Kreislaufwirtschaftsgesetz stellt für die Umweltpolitik in Deutschland vor allem zwei Prinzipien in den Vordergrund: Der Vorrang der Abfallvermeidung spiegelt sich im Vorsorgeprinzip wieder, nach dem ein Produkt bereits möglichst umweltverträglich konzipiert, hergestellt und genutzt werden muss, noch bevor es überhaupt zum Abfall wird. Dies führt zu der so genannten Produktverantwortung, die ein Hersteller über den gesamten Lebenszyklus eines Produkts zu tragen hat und die eine Rücknahmeverpflichtung von Altgeräten einschließt. Allerdings ist diese Produktverantwortung bisher noch im Wesentlichen nur eine politische Zielvorstellung, die juristische Konkretisierung in Verordnungen und Verwaltungsvorschriften steht großenteils noch aus.

Das andere wichtige Prinzip ist das Verursacherprinzip. Verantwortlich für die Verminderung, Verwertung und umweltverträgliche Deponierung der anfallenden Abfälle ist, wer Güter produziert, vermarktet oder konsumiert: Wenn sich die Entstehung von Abfall nicht vermeiden lässt, muss der Verursacher selbst eine Verwertung anstreben oder für die sachgerechte Deponierung sorgen.

Das Kreislaufwirtschafts-/Abfallgesetz wird noch durch Verordnungen, vor allem die Verpackungsverordnung von 1991, und Verwaltungsvorschriften (wie etwa die Technische Anleitung Siedlungsabfall) unterstützt und konkretisiert. Weitere Ergänzungen sind im Rahmen von Landesgesetzen und kommunalem Satzungsrecht möglich; dies trifft insbesondere auf die Organisation und Finanzierung der Abfallentsorgung zu. Das Kreislaufwirtschafts-/Abfallgesetz mitsamt den zugehörigen Verordnungen schreibt allerdings nicht für alle Produkte die Abfallvermeidung zwingend vor. Daher bleiben in einer Reihe von Fällen Abfallvermeidung und -verwertung immer noch der Einsicht der Industrie und – nicht zuletzt – der privaten Haushalte überlassen.

Stoffliche Verwertung

Wichtigste Voraussetzung für eine Abfallverwertung ist zunächst eine möglichst weitgehende Sortierung des Abfalls, da sich nur dann Recycling im großen Maßstab lohnt. Daher werden Hausmüll und gewerbliche Abfälle seit Beginn des 1990er-Jahre nach Wertstoffen, Kompost- und Restmüll getrennt gesammelt. Papier, Glas und verschiedene andere Wertstoffe werden je nach regionalem Entsorgungskonzept separat erfasst. Wichtig ist vor allem die getrennte Einsammlung von Problem- und Sondermüll. Beispielsweise müssen verbrauchte Batterien seit 1999 direkt beim Einzelhandel abgegeben werden, dadurch können sie sortenrein aufbereitet werden.

Die Grundidee des mit der Verpackungsverordnung von 1991 eingeführten dualen Abfallwirtschaftssystems besteht in einer Trennung der Abfallwirtschaft in eine privatwirtschaftlich organisierte Erfassung und Verwertung von Wertstoffen und eine öffentlich-rechtlich betriebenen Restmüllentsorgung.

Angewandt wird dieses Konzept in Deutschland beim Recycling von Verpackungsmaterialien. Dies wurde deshalb notwendig, weil der Gesetzgeber die Hersteller beziehungsweise den Handel verpflichtet, Verpackungen zurückzunehmen. Um in der Praxis auch eine hohe Rücklaufquote zu erreichen, war die Erhebung eines Pflichtpfandes auf Verpackungen vorgesehen. Die Verordnung enthält aber eine Freistellungsklausel. Diese Klausel ermöglicht es den Herstellern und dem Handel, ein alternatives System ohne Pflichtpfand zur Erfassung, Sortierung und Verwertung von Verpackungsmüll aufzubauen.

Zur Umsetzung und Finanzierung dieses Systems wurde die »Duales System Deutschland Gesellschaft für Abfallvermeidung und Sekundärrohstoffgewinnung mbH« (DSD) gegründet. Erfassung und Verwertung der Verpackungsabfälle werden unter anderem durch die Vergabe von Lizenzen an die Produzenten finanziert. Äußeres Zeichen dafür ist der »Grüne Punkt« auf den Verpackungen. Die Lizenzgebühr ist abhängig von Material und Gewicht der Verpackung.

Problematisch am dualen System ist einerseits, dass zwar mittlerweile eine große Menge an theoretisch wieder verwertbaren Verpackungen gesammelt wird, es aber für einen großen Teil davon noch gar keine Recyclinganlagen gibt. Ande-

Anlage zur **Kondensation chlorierter Kohlenwasserstoffe.** Die Lösungsmitteldämpfe werden mithilfe eines Kältemittels aus der Abluft kondensiert. Damit lassen sich diese Lösungsmittel zurückgewinnen und im Kreislauf führen; sie werden wieder verwendet.

Verbot bzw. Minimierung von Stoffen	**Regelungen zur Entsorgung bzw. Verwertung**
• Verbot der Produktion und Vermarktung von DDT • Verbot der Produktion von PCBs • Verbot der Produktion und Vermarktung von PCP • FCKW-Halon-Verbots-Verordnung • Pflanzenschutzmittelgesetz	• Chemikaliengesetz • Kreislaufwirtschafts- und Abfallgesetz • Bundesimmissionsschutzgesetz (Vermeidung bzw. Verwertung von Reststoffen) • TA Abfall • TA Siedlungsabfall, TA Sonderabfall • Verbot bestimmter Beseitigungswege für vermeid- oder verwertbare Reststoffe • Hohe-See-Einbringungs-Verordnung • Verordnung über die Entsorgung gebrauchter halogenierter Kohlenwasserstoffe • Altöl-Verordnung • Verpackungs-Verordnung • Altautoschrott-Verordnung • Altbatterien-Verordnung • geplant: Informationstechnologie-Geräte-Verordnung
Regelungen des Schadstoffeintrages in die Umwelt	
• Bundes-Bodenschutzgesetz • Klärschlammverordnung • Bioabfall-Verordnung	

Die wichtigsten **gesetzlichen Vorschriften,** Verbote und Anleitungen **zur Abfallvermeidung,** Schadstofffreisetzung und zum Bodenschutz.

Sonderabfälle werden in speziellen Behältern getrennt gesammelt. Dadurch wird es möglich, beispielsweise Altöle oder chlorierte Lösungsmittel weiterzuverwerten oder quecksilberhaltige Abfälle aufzubereiten.

rerseits bietet das System entgegen seinem Namen wenig Anreiz zur Müllvermeidung, da verpackte Produkte kaum teurer sind als unverpackte; und der Weg zum »gelben Sack« ist für die meisten Verbraucher kürzer und bequemer als der zur Pfandflaschenannahme.

Müllverbrennung

D er Gesetzgeber erlaubt außer der stofflichen (Recycling) auch eine thermische (Verbrennung) Verwertung von Abfall. Nicht jede Verbrennung von Abfall ist allerdings als Verwertung zu betrachten, die technischen und ökologischen Rahmenbedingungen werden für eine thermische Verwertung eindeutig definiert. Wenn diese Bedingungen nicht erfüllt sind, wertet der Gesetzgeber das Verbrennen als Beseitigung von Müll. Außer der Energieerzeugung hat die Müllverbrennung noch einen weiteren Zweck: Als Vorbehandlung von später zu deponierendem Abfall bewirkt die Verbrennung zum einen eine deutliche Volumenreduktion, zum anderen sind die Verbrennungsrückstände wasserfrei und damit biologisch und chemisch wesentlich stabiler als normaler Hausmüll. Dies ist wichtig, da das Kreislaufwirtschafts-/Abfallgesetz vorschreibt, dass nur Müll, der sich nicht mehr biologisch oder chemisch verändern kann, deponiert werden darf.

Derzeit stehen viele Bürger Müllverbrennungsanlagen ablehnend gegenüber, und zwar vor allem aus zwei Gründen: Einerseits besteht die Sorge, dass die hohen Investitionskosten solcher Anlagen dazu führen, dass deren Betreiber ein wirtschaftliches Interesse an einer möglichst guten Auslastung der Anlage und damit einem hohen Abfallaufkommen haben. Im schlimmsten Fall würde Müll nicht vermieden, sondern es würden Verbraucher und Industrie dazu gedrängt, zusätzlich Müll zu erzeugen! Diesem Problem kann nur durch eine strenge und kompetente staatliche Aufsicht und Genehmigungspraxis begegnet werden.

Andererseits wird befürchtet, dass von einer Verbrennungsanlage umweltgefährdende Schadstoffemissionen ausgehen – dies gilt besonders bei Anliegern von bestehenden oder geplanten Anlagen. Die Angst vor Schadstofffreisetzungen hat durchaus einen realen Hintergrund, wenn sich auch das Problem durch deutliche technische Fortschritte verlagert hat. Beim Verbrennungsprozess werden die im Abfall enthaltenen organischen Verbindungen unter starker Wärmeentwicklung vor allem zu Kohlendioxid und Wasser oxidiert. Weiterhin werden beträchtliche Mengen an Stickoxiden und Schwefeldioxid gebildet. Weitere Schadstoffe, wie zum Beispiel Schwermetallverbindungen, werden in den festen Verbrennungsrückständen, den Schlacken, gebunden. Außerdem ist die Bildung von hochtoxischen Dioxinen und Furanen möglich. Daher muss jede neu zu genehmigende Müllverbrennungsanlage die 17. Verordnung zum Bundesimmissionsschutzgesetz einhalten. Diese Verordnung schreibt für die Schadstoffkonzentrationen im Abgas von Müllverbrennungsanlagen Grenzwerte vor, die unterhalb von den im Rauchgas von Kohlekraftwerken auftretenden Konzentrationen liegen. Die Abluft von korrekt betriebenen Müllverbrennungsanlagen ist also sauberer als die eines durchschnittlichen Kraftwerks. Eine solche Verbrennungsanlage kann bei einer deutlich über 800 Grad Celsius liegenden Verbrennungstemperatur auch die Entstehung von Dioxin wirkungsvoll verhindern, im Brenngut vorhandene Dioxine werden dann sogar abgebaut. Eine Neubildung von Dioxinen und Furanen im abgeleiteten Abgas kann durch vielfältige Maßnahmen wesentlich eingeschränkt werden. Um diese Grenzwerte einzuhalten, müssen allerdings aufwendige und entsprechend teure Reinigungsverfahren eingesetzt werden.

AUFBAU EINER MÜLLVERBRENNUNGSANLAGE

Der angelieferte Abfall wird zunächst im »Bunker« (1) zwischengelagert. Da der Abfall heterogen zusammengesetzt ist, die brennbaren Bestandteile also nicht gleichmäßig verteilt sind, muss der Abfall im Bunker zunächst durchmischt werden. Der Bunker kann auch als Zwischendeponie betrachtet werden, er muss dementsprechend wie eine Mülldeponie gegen Sickerwasseraustritt, Gasbildung und Wärmeentwicklung geschützt werden.

Im Feuerraum (2) findet die Verbrennung bei Temperaturen von 850 bis 1100 °C statt. Um eine möglichst vollständige Verbrennung zu erreichen, muss dem Verbrennungsgut hinreichend und gleichmäßig Sauerstoff zugeführt werden. Dies geschieht bei Hausmüllverbrennungsanlagen im Regelfall über Roste. Sondermüll, insbesondere pastöse Stoffe, wird in Drehrohröfen verbrannt. Die erzeugte Wärme wird genau wie in Kraftwerken zur Dampferzeugung (3) genutzt. Der heiße Dampf wiederum kann für die Produktion von Elektrizität und/oder von Fernwärme eingesetzt werden.

Die im Rauchgas enthaltenen Schadstoffe werden wie in einem Kohlekraftwerk mit einer Reinigungsanlage (4) entfernt, das gereinigte Abgas wird durch Kamine (5) in die Umgebung abgegeben. Bedingt durch die Abfallzusammensetzung fallen nach erfolgter Verbrennung erhebliche Mengen an Feststoffen (in Form von Schlacke) an, die zwischengelagert (6) werden. Gering belastete Schlacken lassen sich als Baustoff verwerten, stark belastete Schlacken müssen als Sondermüll deponiert werden.

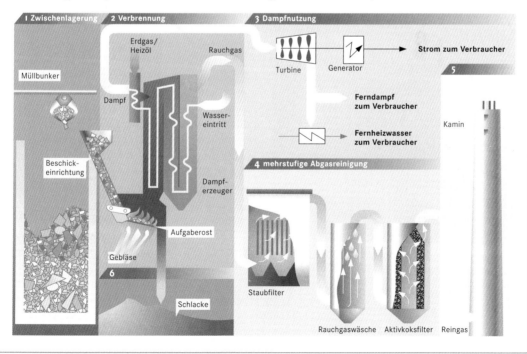

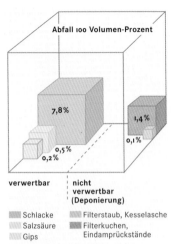

Abfall 100 Volumen-Prozent

7,8 %

1,4 %

0,1 %

0,5 %

0,2 %

verwertbar | nicht verwertbar (Deponierung)

Schlacke   Filterstaub, Kesselasche
Salzsäure   Filterkuchen,
Gips   Eindampfrückstände
Summe Reststoffe 10 Volumen-Prozent

Eine **Rostfeuerungsanlage** macht aus 250 Kilotonnen Restmüll 25 Kilotonnen, also zehn Prozent, feste oder flüssige Reststoffe. Von diesen wiederum sind fünf Sechstel als gering belastete Schlacke, Gips oder Salzsäure wieder verwertbar, nur ein Sechstel (Asche, Eindampf- und Filterrückstände) müssen deponiert werden. Nicht berücksichtigt sind gasförmige Endprodukte wie zum Beispiel Kohlendioxid.

Mit diesem **Kompostmieten-Umsatzgerät** wird auf der Zentraldeponie Hannover seit 1995 der Kompost umgewälzt. Die Fahrerkabine wird mit einem eigenen Frischluftsystem vor Immissionen geschützt.

Aufgrund der heterogenen Zusammensetzung der zu verbrennenden Abfälle ist die Zusammensetzung der gebildeten Schlacken nicht konstant. Häufig liegt deren Schadstoffbelastung unterhalb tolerierbarer Grenzen. Auch ist die Mobilität der enthaltenen Schadstoffe durch die Einbindung in das Schlackenmaterial stark eingeschränkt. In solchen Fällen kann die Schlacke stofflich verwertet werden. In Deutschland wird derzeit etwa die Hälfte der Schlacken aus Müllverbrennungsanlagen im Straßenbau eingesetzt. Nicht verwertbare Schlacken müssen jedoch als Sondermüll deponiert werden.

Verwertung von Biomüll

Im Gegensatz zu Schadstoffen dürfen und sollen biologisch abbaubare Stoffe wieder in die natürlichen Stoffkreisläufe zurückfließen. Dies gilt ganz besonders für den so genannten nativ-organischen Abfall (den »Bioabfall« oder »Grünabfall«). Damit meint man den Teil der Abfälle aus Landwirtschaft, Gewerbe, Industrie und Haushalten, der rein biologischer Herkunft ist.

Die biologische Abfallverwertung nutzt den auch in natürlichen Böden ablaufenden Abbau von organischer Substanz durch Mikroorganismen. Erfolgt der Abbau unter aeroben Bedingungen, so spricht man von Kompostierung oder Verrottung; der anaerobe, unter Luftausschluss stattfindende Prozess heißt Faulung oder Methangärung. Die Kompostierung ist vor allem für strukturierte Abfälle mit einer Feuchte von 45 bis 55 Prozent geeignet, während sich die Faulung besonders für Nassabfälle anbietet.

Die Kompostierung beziehungsweise Verrottung nativ-organischer Abfälle ist eines der ältesten und natürlichsten Recyclingverfahren. Ihr Ziel ist die Reduzierung des Abfallaufkommens, wobei als Ergebnis der Kompostierung ein vermarktungsfähiges Produkt entsteht. Damit wird der Abfall unter kontrollierten Bedingungen in den natürlichen Stoffkreislauf zurückgeführt. Während der Kompostierung werden die nativ-organischen Bestandteile des Abfalls unter Sauerstoffzufuhr von aeroben Mikroorganismen und Kleinlebewesen als Baustoff und Energiequelle genutzt; als Endprodukte entstehen dabei Kohlendioxid, Wasser, Humus und mineralische Bestandteile (zum Beispiel Phosphat, Nitrat, Sulfat).

Die biologisch zu behandelnden Abfälle besitzen sehr unterschiedliche Schadstoffgehalte: Pflanzenabfälle und getrennt gesammelte Mischabfälle aus der Biotonne sind nur gering mit Schadstoffen belastet, ergeben also hochwertige, schadstoffarme Komposte. Werden die biologisch abbaubaren Komponenten im verbleibenden Restmüll behandelt, so bezeichnet man dies als Restmüllrotte oder Schwarzrotte. Da die Rotteprodukte stark schadstoffhaltig sind, soll diese Bezeichnung zur Unterscheidung vom Wertstoff Kompost dienen. Die Produkte

TECHNIK DER KOMPOSTIERUNG UND VERROTTUNG

Die eigentliche Kompostierung verläuft in zwei Phasen: In der Vorrotte werden die biologisch leicht abbaubaren Stoffe intensiv und unter starker Wärmeentwicklung (die Temperatur steigt bis über 75°C)

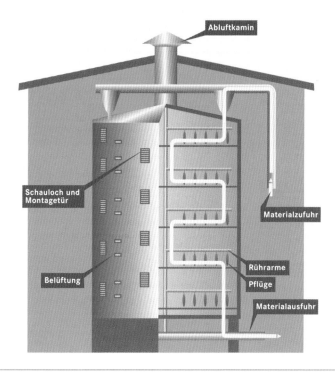

abgebaut. Diese Wärmeentwicklung wirkt hygienisierend, tötet also viele Krankheitserreger ab. In der Nachrotte gehen die Abbauraten zurück, dadurch sinkt die Temperatur auf Werte unter 40°C. In dieser Phase findet die eigentliche Humusbildung statt.

Zur Prozessintensivierung wird das Material bei der Vorrotte umgeschichtet oder ständig – technisch aufwendiger, aber zeitsparend – durchmischt, etwa in einem Rotteturm (Bild). In solch einem Turm wird das Kompostiergut von oben zugeführt und während der Verrottung von Etage zu Etage nach unten befördert. Dabei wird es mit Rührarmen und Pflugwerken durchmischt; der fertige Kompost kann am Fuß des Turms entnommen werden. Die Nachrotte wird generell in Form einer Mietenkompostierung durchgeführt. Während die Vorrotte, abhängig vom Verfahren, einige Tage bis zu sechs Wochen in Anspruch nimmt, benötigt die Nachrotte generell mindestens acht bis vierzehn Wochen. Der gesamte Prozess kann damit etwa ein Viertel- bis ein halbes Jahr dauern.

Bildbeschriftungen: Abluftkamin, Schauloch und Montagetür, Belüftung, Materialzufuhr, Rührarme, Pflüge, Materialausfuhr

der Restmüllrotte können nur noch deponiert oder thermisch verwertet werden.

Anlagen zur Kompostierung beziehungsweise Verrottung emittieren unangenehme Geruchsstoffe, Sickerwässer, Staub und, bedingt durch Fahrzeuge und bewegliche Anlagenteile wie Umschichtungsanlagen, auch Lärm. Diese Emissionen machen nachgeschaltete Umweltschutzmaßnahmen erforderlich. Da innerhalb der Anlagen die Keimkonzentration in der Luft erhöht sein kann, ist auch ein umfassender Arbeitsschutz zu beachten.

Die erzeugten Komposte werden entsprechend der Kompostverordnung regelmäßig auf ihren Schadstoffgehalt und ihre Verwendbarkeit als Düngemittel und Bodenverbesserer geprüft. Qualitätskomposte erhalten nach eingehender Analyse der Nähr- und Schadstoffe das Gütesiegel »RAL-Gütezeichen Kompost« der Bundesgütegemeinschaft e. V.

Bei der anaeroben Fermentation oder Faulung werden abbaubare Stoffe unter Luftausschluss hauptsächlich zu Methan und Kohlendioxid abgebaut und es entsteht Biogas, das hier auch Faulgas genannt wird. Beim Abbauprozess ist eine ganze Kette von Mikroorganismen

Das **RAL-Gütezeichen Kompost**.

beteiligt. Als weitere Produkte entstehen Phosphat, Ammonium, Schwefelwasserstoff sowie Faulschlamm als Reststoff. Man lässt häufig auch Restmüll faulen, um das Volumen zu reduzieren, den Abfall zu verdichten und seine Lagerungseigenschaften zu verbessern. Die Reststoffe der Biogaserzeugung werden kompostiert, sodass sich beide Verfahren ergänzen. In Zukunft wird die Biogaserzeugung wohl an Bedeutung gewinnen, da sie die Abfallmenge stärker reduziert als die Kompostierung und außerdem noch einen Energieträger liefert.

Integrierte Abfallkonzepte in der Industrie

In dieser Anlage zur **Erzeugung von Biogas** durch anaerobe Fermentation können Gülle sowie flüssige oder pastöse Abfälle aus Landwirtschaft, Lebensmittelindustrie, Gewerbe oder privaten Haushalten (Biotonne) gemeinsam verwertet werden.
Die beiden großen Behälter sind die Reaktoren, im etwas kleineren Behälter dahinter wird das Gas gesammelt.

Bei der industriellen Produktion fallen häufiger als im häuslichen Bereich Sonderabfälle an, die sowohl in der Produktionsstätte selbst als auch bei der Entsorgung den Boden mit giftigen Schadstoffen belasten können. Das Kreislaufwirtschafts-/Abfallgesetz macht strenge Vorgaben über Vermeidung, Verwertung und Entsorgung dieser Abfälle. Doch nicht nur die gesetzlichen Vorgaben, auch die knapper werdenden Entsorgungskapazitäten und die steigenden Beseitigungskosten haben bewirkt, dass integrierte Ansätze zu einer innerbetrieblichen Kreislaufwirtschaft zunehmende Verbreitung finden. Diese ernst zu nehmenden Bemühungen werden jedoch konterkariert durch die immer wieder publik werdenden Skandale um die illegale Verschiebung von Sondermüll nach Osteuropa und in Entwicklungsländer, den so genannten Giftmülltourismus.

Ein Industriebetrieb hat – außer den genannten kriminellen Praktiken der Giftmüllentsorgung – grundsätzlich drei Möglichkeiten, Produktionsabfälle zu vermeiden oder zu vermindern: Er kann das Produktionsverfahren ändern (produktionsintegrierter Umweltschutz), etwa indem bestehende Prozesse optimiert oder aber durch andere, abfallärmere Herstellungsverfahren ersetzt (fachsprachlich: substituiert) werden. Eine Prozessoptimierung gelingt allerdings nur, wenn modernste Mess-, Regel- und Rechentechnik eingesetzt wird. Da die Prozessoptimierung die Produktionskosten erheblich senken kann, wird sie auch von ökologisch weniger engagierten Firmen vorangetrieben. Eine Sonderform der Prozessoptimierung ist die innerbetriebliche Kreislaufführung. Hier geht es vor allem darum, nicht umgesetzte Ausgangsstoffe, Hilfsstoffe (zum Beispiel Lösungsmittel und Bäder) oder andere Einsatzstoffe (wie etwa den Overspray bei der Spritzlackierung) im Kreis, also wieder in den Prozess zurückzuführen. Dass ein solches Vorgehen wirtschaftlich interessant sein kann, liegt auf der Hand.

Viele Unternehmen haben mit beeindruckendem Erfolg abfallreiche Verfahren durch andere, umweltfreundlichere Prozesse substituiert. So bleichen viele Papierhersteller heute das Papier nicht mehr mit Chlor oder Chlorverbindungen, sondern mit Wasserstoffperoxid oder Natriumdithionit. In der Automobilindustrie oder bei der Fahrradherstellung werden immer häufiger Metallteile nicht mehr mit lösungsmittelhaltigen Lacken spritzlackiert, sondern mit Pulver- und Wasserlacken beschichtet.

Der Hersteller kann aber auch das Produkt selbst verändern, sodass es einen umweltgerechten, längeren Lebenszyklus von der Rohstoffförderung und -verarbeitung bis zur Entsorgung erhält. Dies wird produktintegrierter Umweltschutz genannt. Schließlich – und das ist die dritte Möglichkeit – kann der Hersteller Nebenprodukte und Rückstände, die bei der Produktion anfallen, zur Herstellung anderer Produkte weiterverwerten. Durch diese Verwertungskaskade wird die Abfallmenge ebenfalls insgesamt reduziert, und es entstehen, ähnlich wie bei der Prozessoptimierung, ineinander verzahnte Materialkreisläufe. Ein Beispiel hierfür ist die Herstellung von Schwefelsäure aus Abfallschwefelsäure oder Dünnsäure, die in der chemischen Industrie bei vielen Prozessen anfallen.

Dieses **pulverbeschichtete Fahrrad** wurde ohne Verwendung von lösungsmittelhaltigen Lacken hergestellt.

Das Recycling eines Produkts kann höhere Kosten verursachen als seine Herstellung. Wenn daher im Sinne der Produktverantwortung dem Hersteller die Entsorgungskosten aufgelastet werden, wird er auch aus wirtschaftlichen Gründen auf Langlebigkeit und Recyclingfähigkeit seines Produkts achten. Dies gilt vor allem dann, wenn die Deponierungskosten über den Aufbereitungskosten liegen – was langfristig sicherlich der Fall sein wird.

Das Kreislaufwirtschafts-/Abfallgesetz fordert in diesem Zusammenhang, dass Produkte bereits in der Planungsphase nach umwelt- und recyclinggerechten Gesichtspunkten entwickelt werden. Zum Beispiel muss bereits die Konstruktion recyclinggerecht sein; auch eine umwelt- und recyclinggerechte Werkstoffauswahl gehört dazu.

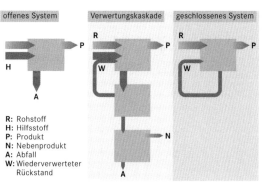

R: Rohstoff
H: Hilfsstoff
P: Produkt
N: Nebenprodukt
A: Abfall
W: Wiederverwerteter Rückstand

Weiterhin sollten Herstellung, Gebrauch und Verwertung beziehungsweise Entsorgung eines Produktes möglichst Ressourcen schonend, Energie sparend und emissionsarm geschehen. Eine wichtige Entscheidungshilfe können dabei bereits in der Planungsphase Produktlinienanalysen und Ökobilanzen sein.

Durch Produktlinienanalysen lassen sich die gesamten ökologischen, ökonomischen und sozialen Auswirkungen eines Produkts auf seinem »Lebensweg« zwischen Rohstoffgewinnung und Entsorgung erfassen und bewerten. Ökobilanzen befassen sich speziell mit den ökologischen Auswirkungen; sie können Teil einer Produkt-

Stoffflüsse in der Industrie: Im **offenen System** fallen große Mengen an zu deponierenden Rückständen an (links). **Verwertungskaskaden** erzeugen aus einem Teil der Rückstände weitere Produkte und helfen dadurch, die Abfallmenge zu vermindern (Mitte). In einem **geschlossenen System** (rechts) fallen keine Rückstände an. Allerdings lässt sich in der Praxis ein vollständig geschlossenes Stoffsystem nicht verwirklichen.

linienanalyse sein. Ökobilanzen bilanzieren und vergleichen Umweltauswirkungen von Industrieprodukten, Prozessen, Materialien oder Dienstleistungen. Stoff- und Energiebilanzen stellen den quantitativen Teil von Ökobilanzen dar. Alle genannten Methoden können Möglichkeiten aufzeigen, wo und wie sich Abfallmengen minimieren lassen und die Belastungen von Umweltmedien wie dem Boden reduziert werden können.

Bodenschutz im Umbruch

W ie die gesamte Umweltpolitik und -technik befindet sich auch der Bodenschutz derzeit in einer Übergangsphase. Nach einer Phase, in der die Böden ohne Kontrolle mit Müll, landwirtschaftlichen Hilfsmitteln und anderem belastet wurden, folgte die Phase der aufwendigen Altlastensanierung und der modernen, kostenträchtigen Mülldeponien mit Gasabsaugung und Rundumabdichtung.

Diese nachsorgenden Umweltschutzmaßnahmen können aber nicht der Weisheit letzter Schluss sein: Während private Haushalte und Industrie in den 1980er-Jahren weiterhin große Mengen von Abfällen produzierten, stiegen die Kosten für Bodensanierung und Müllentsorgung immer weiter an. Daher setzte sich auch hier die Idee des vorsorgenden Umweltschutzes bei den Experten zunehmend durch: Durch Abfallvermeidung, Prozessoptimierung, Getrenntmüllsammlung und die Förderung von Recyclingprodukten soll die Belastung der Böden mit Abfällen reduziert werden, bevor es zur Entstehung von sanierungsbedürftigen Altlasten kommen kann. In der Landwirtschaft und anderen für den Boden relevanten Bereichen, die hier nicht ausführlich behandelt werden konnten, hat es ähnliche Entwicklungen gegeben. Gleichzeitig wird durch Verursacherprinzip und Produktverantwortung auch die finanzielle Verantwortung für die Erhaltung der natürlichen Böden stärker den einzelnen Herstellern und Verbrauchern übertragen. Dies ist ein Mittel, das sich meist als wesentlich wirksamer erwiesen hat als Aufklärungskampagnen und Appelle.

Vorsorgender Umweltschutz und Kreislaufwirtschaft sind die Prinzipien, die sich auch in den politischen Zielsetzungen der heute gültigen Umweltgesetze widerspiegeln. Bis sie aber in allen wichtigen Wirtschaftsbereichen tatsächlich umgesetzt sind, müssen sowohl der Gesetzgeber als auch jeder Einzelne noch große Anstrengungen unternehmen: Der hinter diesen Zielen stehende grundsätzliche Wertewandel zu einer nachhaltigen Wirtschafts- und Lebensweise muss von uns allen geleistet werden! S. WILLSCHER, M. JANK

Verpackungsmaterial aus Getreidekleie ist durchaus konkurrenzfähig zu entsprechenden Verpackungen aus dem wesentlich teureren Styropor. Nach dem Gebrauch kann das Material einfach zerkleinert und biologisch zu Biogas und Kompost verwertet werden.

Waldsterben, Mülltrennung und Agenda 21 – Wie sieht die Umweltpolitik der Zukunft aus?

Saubere Luft, sauberes Wasser und gesunde Böden sind Grundvoraussetzungen allen irdischen Lebens, auch des menschlichen. Trotzdem gelten ungebremste industrielle Aktivität und rauchende Schlote in weiten Teilen der Welt auch heute noch als Inbegriff für Wohlstand, Wirtschaftswachstum und technischen Fortschritt. Immer mehr Materialien werden als hochwertige Rohstoffe aus Wasser, Luft und Erde entnommen und als klimaschädigende Abgase in die Atmosphäre geblasen, als giftige Abwässer in Flüsse und Meere geleitet oder als Müll im Boden vergraben. Und obwohl der finanzielle und technische Aufwand täglich wächst, mit dem die negativen Folgen dieser Lebensweise korrigiert werden müssen, ist immer noch kein durchgreifendes globales Umsteuern in Sicht.

Wir laufen heute, am Ende des 20. Jahrhunderts, wieder einmal Gefahr, den Schutz unseres Lebensraums Erde ganz der »steuernden« Hand des freien Markts zu überlassen und Politik und Staat in die Rolle des neoliberalen Nachtwächters zurückzudrängen: Nach dem Ende des Wettstreits der Systeme droht die ungebremste Globalisierung der Weltwirtschaft die Oberhand über alle ökologischen Belange zu gewinnen. Die ökologischen Probleme gehen einher mit wachsenden sozialen Spannungen und sind mit diesen auch ursächlich verknüpft. Die Produktivität der menschlichen Arbeitskraft wurde seit der industriellen Revolution durch den Einsatz von Energie und Maschinen so weit gesteigert, dass heute in den Industriestaaten ein Heer von Arbeitslosen vor den Toren computergesteuerter, vollautomatisierter Fabrikhallen und den von ihnen erzeugten Müllhalden steht – zynisch spricht man von »Wohlstandsmüll«, bestätigt dabei aber ungewollt den Zusammenhang zwischen ökologischen und sozialen Auswirkungen der Krise. (»Wohlstandsmüll« war – mit Recht – das Unwort des Jahres 1997. Es stammt aus einem Zitat des Verwaltungschefs des Nestlé-Konzerns vom Oktober 1997: »Wir haben einen gewissen Prozentsatz an Wohlstandsmüll in unserer Gesellschaft. Leute, die keinen Antrieb haben, halb krank oder müde sind, die das System einfach ausnutzen.« Mit dem Begriff Wohlstandsmüll werden also in unserer Industriegesellschaft kranke und unverschuldet arbeitsunfähige Menschen als Abfall diskreditiert.)

Zu alledem kommt die ungleiche Verteilung von Arbeit, Reichtum und Umweltbelastung zwischen den Industriestaaten des Nordens und den verarmten Regionen des Südens. Tschernobyl, Treibhauseffekt, Ozonloch, saurer Regen, Kriege und millionenfache Wanderungsbewegungen sind Stichworte für die Geschenke, die Pandora in ihrer Büchse für uns bereithält; sie sind der hohe Preis, den wir, und mit uns die gesamte Natur, für die permanente Überlastung der Umwelt, die Übernutzung der Ressourcen und eine ungerechte Weltordnung zahlen müssen.

Wie können wir diese Entwicklung aufhalten und zu einer globalen und lokalen Wirtschaftsweise kommen, die die Voraussetzungen menschlichen Lebens für uns und zukünftige Generationen erhält? Welche Probleme treten dabei auf und wie können wir ihnen heute und in Zukunft entgegentreten?

Die Emissionen des Industriezeitalters

Während die Arbeiterschicht gegen die soziale Ausbeutung schon Ende des 19. Jahrhunderts soziale und politische Reformen erkämpfte und damit die negativen Folgen der industriellen Revolution milderte, wurden schmutzige Schaumkronen auf den Flüssen und Rauchschwaden in der Luft, kurz die »Emissionen« von Industrie und Verkehr, erst in den 1960er-Jahren von einer breiteren Öffentlichkeit als Warnsignal wahrgenommen. 1970 erließ die sozialliberale Regierung unter Bundeskanzler Willy Brandt ein Sofortprogramm zum Umweltschutz mit dem Ziel, dass »der Himmel über der Ruhr wieder blau werde«. Aber erst die Medienresonanz auf das Waldsterben, welches die »urdeutsche Seele« anrührte, sowie die Katastrophe von Tschernobyl (1986) verhalfen dem Umweltschutz in den 1980er-Jahren zu einer wirklich breiten gesellschaftlichen Akzeptanz. Der öffentliche Druck erzwang Luftreinhaltungsmaßnahmen, Filteranlagen für Industrieanlagen und Kraftwerke und die Einführung von Katalysator und bleifreiem Benzin für die »heilige Kuh« der Deutschen, das Auto. Auch heute noch werden Emissionen von den meisten als das Hauptproblem im Umweltschutz angesehen. Emissionen belasten für alle sichtbar Wasser, Luft und Böden und müssen daher vermieden werden.

Alte und neue Grenzen des Wachstums

Die Knappheit der natürlichen Ressourcen, also z.B. der Vorräte an Rohstoffen und Energieträgern, wurde hingegen lange Zeit kaum als Problem gesehen. Zwar veröffentlichte Dennis Meadows schon 1972 seine Studie »Die Grenzen des Wachstums« für den Club of Rome, in der er erstmals die Endlichkeit der Ressourcen herausstrich. Weil man jedoch immer neue und größere Öl-, Gas- und Kohlevorkommen entdeckte, wurde – trotz rasant wachsenden Verbrauchs – die Reichweite der Reserven eher nach oben als nach unten korrigiert. Eine breitere öffentliche Diskussion über die Knappheit der Ressourcen flammte nur kurz auf, als 1973/74 und 1979/80 die beiden Ölpreiskrisen zu staatlich verordneten Fahrverboten, den »autofreien Sonntagen«, führten. Trotzdem kann niemand leugnen, dass fossile Rohstoffe auf der Erde prinzipiell nur begrenzt verfügbar sind – egal ob die geschätzte Reichweite nun bei 10, 100 oder 1000 Jahren liegt.

Der Treibhauseffekt

In den beiden Jahrzehnten nach der ersten Meadows-Studie rückten im Umweltbereich neue Probleme mit ungeahnten Konsequenzen und Dimensionen in den Vordergrund. Besonders anschaulich wird dies bei der vom Menschen verursachten Verstärkung des natürlichen Treibhauseffekts in der Erdatmosphäre. Durch die Anreicherung von Kohlendioxid, das bei der Energieerzeugung freigesetzt wird, in der Atmosphäre drohen Klimaänderungen mit dramatischen Folgen für die ganze Menschheit. Die theoretischen Grundlagen des Treibhauseffekts sind zwar schon seit 1827 bekannt, als der französische Physiker Jean-Baptiste Fourier erstmals die Parallele von

den Vorgängen in einem Treibhaus zum Wärmehaushalt der Atmosphäre erkannte. Doch erst in den letzten zwei Jahrzehnten erlangte dieses Thema wissenschaftliche Bedeutung, politische Konsequenzen sind bis heute fast nirgendwo gezogen worden.

Nicht nur dieses Phänomen lenkte den Blick von der Knappheit der natürlichen Vorräte hin zur Knappheit des für unsere Abfälle zur Verfügung stehenden Raums. Nicht mehr die Endlichkeit der Ressourcen steht im Vordergrund, sondern die begrenzte Aufnahmefähigkeit der Ökosysteme für Emissionen, Schadstoffe und Abfälle aus menschlichen Aktivitäten. Diesen Aspekt stellte Meadows daher 1992 in seiner zweiten Studie für den Club of Rome als »neue Grenzen des Wachstums« heraus.

Vom Rohstoff- und Müllproblem zum ökologischen Denken

Treibhauseffekt, Ozonloch und Waldsterben haben in mehrfacher Hinsicht zu einer erheblichen Aufweitung des Problemverständnisses beigetragen.

Orientierte sich die Problemwahrnehmung bisher an einzelnen »Schadstoffen«, so zeigt die Entwicklung, dass letztlich im Paracelsus'schen Sinn »die Dosis das Gift macht«, also jeder Stoff gefährlich werden kann, wenn er in genügend großer Menge in Umlauf gebracht wird. Es sind auch gar nicht mehr einzelne, eindeutig als Schadstoffe identifizierte Substanzen das Hauptproblem, sondern generell die vom Menschen losgetretene Lawine unterschiedlichster Stoffe, ihre Verteilung in allen Bereichen der Erde und ihr meist nicht vorhersehbares Zusammenwirken. In vielen Bereichen übersteigen die vom Menschen verursachten Stoffströme mittlerweile die natürlichen Stoffströme erheblich. In den natürlichen Kreisläufen werden freigesetzte Stoffe zudem immer auch wieder abgebaut. Dies trifft auf die vom Menschen verursachten Stoffströme – wenn überhaupt – nur sehr begrenzt zu: Wir produzieren, ohne zu wissen, wohin mit dem Produkt.

Umweltprobleme treten nicht mehr nur lokal oder regional begrenzt auf. Zunehmend zeigen sich auch globale Folgen unseres Lebens und Wirtschaftens. Seit Beginn der Industrialisierung sind etwa 90 Prozent des energiebedingten Kohlendioxids von wenigen Industrieländern im Norden freigesetzt worden, die Folgen werden aber alle Länder tragen müssen. 1996 lebten 18 Prozent der Weltbevölkerung in den reichsten Ländern der Welt, diese 18 Prozent verursachten aber 86 Prozent des globalen Konsums und Ressourcenverbrauchs. Nicht die mehr als fünf Milliarden Menschen, welche die restlichen 14 Prozent verbrauchen, sind also das Problem, sondern der Lebensstil in den Industrienationen und seine grenzenlose Gefährlichkeit.

Nicht nur die globale Reichweite der heutigen Probleme, sondern auch die teilweise unvorstellbaren Zeiträume, über die sie sich erstrecken, rücken zunehmend ins öffentliche Bewusstsein. Dies gilt nicht nur für den Treibhauseffekt. Auch die Auswirkungen der Fluorchlorkohlenwasserstoffe (FCKW) zeigten sich erst viele Jahrzehnte nach deren Freisetzung. Erst als die FCKW-Moleküle in die Stratosphäre gelangt waren, entfalteten sie – lange Zeit noch unbemerkt – ihre ozonzerstörende Wirkung. Weil noch so viele FCKW in der Atmosphäre »gespeichert« sind, wird das Ozonloch – trotz des auf der Montrealer Konferenz von 1987 vereinbarten mittelfristigen Produktionsstopps – noch viele Jahrzehnte bestehen bleiben.

Ein besonderes Problem hinsichtlich der zeitlichen Dimension stellen radioaktive Abfälle dar. Die Halbwertszeiten von Tausenden, Zehntausenden oder gar Hunderttausenden von Jahren übersteigen alle menschliche Vorstellungskraft. Es ist eine grenzenlose Überheblichkeit, diese Zeiträume für eine Endlagerung überblicken zu wollen. Es ist gerade einmal 10 000 Jahre her, dass zu Beginn der Jungsteinzeit Jäger und Sammler in Mitteleuropa sesshaft wurden und Eifel und Rheinland eine der vulkanisch aktivsten Regionen Europas waren.

Tagtäglich offenbaren uns Umweltforschung und -analytik neue Probleme, die uns bislang noch nicht bekannt waren, die aber schon lange als »Zeitbomben« irgendwo im Ökosystem tickten. Viele der früheren Altlasten blieben lange Zeit verborgen, weil es natürliche Abbaumechanismen, Filterwirkungen oder Pufferkapazitäten im Ökosystem gab oder noch gibt, die erst mit ihrer Überlastung und Erschöpfung die eigentlichen Probleme zu Tage treten lassen. Das dynamische und komplexe Zusammenwirken in Ökosystemen führt häufig auch zu kaum vorhersehbaren Entwicklungen und abrupten Zusammenbrüchen im System. Die Waldschadensforschung hat dies eindrucksvoll belegt.

Auch die Ergebnisse der Klimaforschung belegen die Möglichkeit solcher abrupten Brüche. Wenn sich etwa durch das teilweise Abschmelzen polarer Eismassen die Meeresströmungen ändern, könnte der Golfstrom versiegen mit dem Effekt, dass in Mitteleuropa – trotz globaler Erwärmung – in weniger als zehn Jahren die Durchschnittstemperatur um fünf Grad Celsius oder mehr absinken würde; dies entspräche einem Klima, wie es in Südalaska oder Ostsibirien herrscht.

Wie wurde bisher reagiert?

Es gibt verschiedene Möglichkeiten, auf diese alarmierenden Tatbestände zu reagieren. Die Varianten reichen vom Wegschauen bis zum Versuch, die Produktionsprozesse als Ganze auf kleinstmögliche Schadstoffemissionen hin zu optimieren.

Vogel Strauß, Sankt Florian und hohe Schornsteine

Die erste und nächstliegende Strategie, mit den Problemen umzugehen, besteht darin, so lange als möglich wegzusehen. Wenn die Probleme dann eine Größe erreichen, die solch eine Vogel-Strauß-Politik nicht mehr zulässt, versucht man die Größe der lokalen Schäden einfach durch eine weitflächige Verteilung oder Verlagerung des Mülls wieder zu verringern. Emissionen werden durch solch eine »Politik der hohen Schornsteine« in die weitere Umgebung verteilt, sodass beispielsweise Schwefeldämpfe aus Industrie und Kraftwerken bis nach Grönland gelangen können. Belastete Abwässer werden in Flüsse und Meere »verklappt«, und wenn die Kapazitäten der heimischen Deponien und Verbrennungsanlagen nicht ausreichen, wird der Müll einfach exportiert.

Nach diesem Sankt-Florians-Prinzip wird es vor der eigenen Haustür oder in der direkten Nachbarschaft zwar sauberer, dafür steigen aber die Belastungen in anderen Regionen oder sogar global. In schwedischen Seen kommt es zum Fischsterben durch Emissionen aus englischen Industrieanlagen, Waldschäden zeigen sich fernab der Emissionsquellen. Daher wurde aufgrund des wachsenden Drucks von Öffentlichkeit und Umweltverbänden der sogenannte »End-of-Pipe«-Umweltschutz entwickelt und gesetzlich implementiert.

End-of-Pipe-Lösungen und Ordnungsrecht

Beim End-of-Pipe-Umweltschutz wird versucht, direkt am Ende der Produktionskette (pipe steht englisch für »Abflussrohr«) anzusetzen. Dieses Konzept heißt auch »nachsorgender Umweltschutz«, da die Produktion zunächst unberührt gelassen wird, erst danach werden die entstandenen Emissionen behandelt. Dabei wurden verschiedenste Filtertechniken entwickelt: Kraftwerke und andere Verbrennungsanlagen erhielten Rauchgasentschwefelungs- und -entstickungsanlagen, Kläranlagen wurden erweitert, Mülldeponien wurden abgedichtet und Müllverbrennungsanlagen mit teuren Filteranlagen gebaut. Die Stunde der Grenzwerte hatte geschlagen. Zentralheizungen, Industrieanlagen und Autos mussten bestimmte Emissionsgrenzen einhalten. Umwelttechnik wurde in Deutschland zu einer Wachstumsbranche und zu einem Exportschlager.

Der Erfolg der klassischen Umwelttechnik führte zu einem Nachlassen des öffentlichen Drucks: Wo keine Schaumkronen mehr auf den Flüssen und keine Rauchfahnen mehr über den Schornsteinen zu sehen waren, wähnte sich der überwiegende Teil der Bevölkerung in Sicherheit. Bis auf den heutigen Tag wird die Politik nicht müde, auf diese Erfolge zu verweisen. Aber auch diese Lösungen sind in Wirklichkeit meist nur Scheinlösungen, weil wieder nur vorhandene Probleme verlagert werden und oft sogar neue Probleme entstehen. Die bisher räumlich verteilten Belastungen werden nämlich in den Filter-, Klär- und Verbrennungsanlagen zu hoch konzentriertem Sondermüll. Da die Grenzwerte politisch ausgehandelt werden, sind sie meist zu großzügig festgelegt und hinken dem Stand der Technik oft hinterher. Wo Ordnungsrecht und Grenzwerte walten, sind zudem auch Kontroll- und Vollzugsdefizite nicht weit. Außerdem liegt nachsorgender Umweltschutz nicht im Interesse der betroffenen Emittenten, da der »nachgeschaltete« Umweltschutz zu zusätzlichen Kosten für Filter, Nass-

abscheider und Ähnlichem führt. So wuchs die Erkenntnis, dass langfristig wirksamer und durchsetzbarer Umweltschutz nicht allein aus nachsorgender Umwelttechnik bestehen kann.

Öko-Audits und integrierter Umweltschutz

Die Diskussion wendet sich deshalb immer mehr vom End-of-Pipe-Ansatz ab, hin zum »integrierten« Umweltschutz, der bereits an der Entstehung der Emissionen ansetzt.

In einer zunehmenden Zahl von Unternehmen wird der gesamte Produktionsprozess im Rahmen von Öko-Audits und Umweltmanagementsystemen (z.B. ISO 14001) auf freiwilliger Basis unter die Lupe genommen. Leitidee ist dabei die Minimierung der Stoffflüsse. Sowohl die zur Produktion eingesetzten Materialien und Energien als auch die direkt in der Produktion entstehenden Emissionen sollen so weit wie möglich vermindert werden. Positiver wirtschaftlicher »Nebeneffekt« ist vor allem die damit verbundene Senkung der Rohstoff-, Energie- und Entsorgungskosten. Integrierter Umweltschutz ist daher meist billiger als nachsorgender.

Solange allerdings die noch am Anfang der Entwicklung stehenden Ansätze zu Öko-Audit und Umweltmanagementsystem nur auf freiwilliger Basis verwirklicht werden, ist fraglich, wie viel sie in dieser Form für die Umwelt leisten können.

Wie muss Umwelttechnik und -politik in Zukunft aussehen?

Für eine erfolgreiche Umweltpolitik stellen sich an der Wende zum 21. Jahrhundert zwei Fragen:
- An welchem Leitbild soll sich die zukünftige Umweltpolitik orientieren und
- mit welchen Instrumenten kann sie umgesetzt werden?

Die heute in Umweltforschung und -politik im Grundsatz allgemein akzeptierte Antwort auf die erste Frage heißt »zukunftsfähige« oder »nachhaltige Entwicklung«, auf Englisch »sustainable development«. Deren Grundidee ist es, die Bedürfnisse der heutigen Generationen so zu befriedigen, dass die Bedürfnisse der kommenden Generationen nicht beschränkt werden. (Der Begriff der Nachhaltigkeit ist der Forstwirtschaft entlehnt; dort bedeutet er einen Wald so zu bewirtschaften, dass nur so viel Holz entnommen wird, wie im Wald natürlich nachwächst.)

Zugleich müssen alle Menschen auf der Erde die gleichen Möglichkeiten zur Befriedigung ihrer Bedürfnisse bekommen, während heute noch Wenige auf Kosten Vieler leben. Umweltpolitische Probleme können nicht isoliert von der wirtschaftlichen und sozialen Entwicklung gelöst werden. Ebenso falsch ist es, zuerst ökonomischen Wohlstand anzustreben und erst danach ökologische und soziale Folgewirkungen eines ungebremsten Wachstums mildern zu wollen. Notwendig sind integrierte Ansätze, die eine ökologisch, sozial und ökonomisch dauerhaft tragfähige Entwicklung vereinen. Zukunftsfähige Umweltpolitik ist also gleichzeitig immer eine langfristig tragfähige Sozial- und Wirtschaftspolitik.

Die Umsetzung dieser Politik wird vor allem auf drei Feldern geschehen: der Erhaltung der natürlichen Lebensgrundlagen, der Steigerung der Effizienz des Wirtschaftens und einer Veränderung des Verbrauchsverhaltens, die mit dem Begriff »Suffizienz« umschrieben werden kann.

Erhalt und Sicherung der Lebensgrundlagen

Der Erhalt der natürlichen Lebensgrundlagen ist zunächst keine rein quantitativ fassbare Kategorie, sondern muss auch Qualitäten im Blick haben. Diese Qualitäten werden letztlich durch Vielfalt, Multifunktionalität und Vernetztheit der Systeme bestimmt – das Ganze ist mehr als die Summe seiner Teile. Produktionsanlagen ebenso wie Produkte dürfen nicht nur funktional sein, sondern müssen auch dem Anspruch der Ästhetik genügen, zumal wenn sie uns lange Freude machen sollen – dies muss auch für unsere natürliche Umwelt gelten! Das bedeutet, dass beispielsweise nicht nur die Versiegelung des Bodens durch Siedlungs- und Verkehrsflächen aufhören muss, sondern dass auch die bereits versiegelten Flächen wieder lebenswerter und ihren vielfältigen Aufgaben gerecht werden müssen. Dächer und Plätze müssen begrünt werden, um die Luft reinigen zu können, Tieren und Pflanzen Lebensraum zu bieten und Regenwasser wieder zu Grundwasser werden zu lassen. Nicht versiegelte Flächen dürfen nicht nur der Land- und Forstwirtschaft die-

nen, sondern gleichermaßen dem Erholungswert der Landschaft sowie Schutz und Erhalt von Arten und Biotopen. Unabhängig von dem potentiellen wirtschaftlichen Nutzen der noch verbliebenen natürlichen Artenvielfalt (Biodiversität) gilt es, die Vielfalt der Arten und der Natur als Ganzes auch aufgrund ihres Eigenwerts zu schützen und zu erhalten.

Effizienzsteigerung – mehr Nutzen aus weniger Ressourcen

Vor dem Hintergrund der immer weiter wachsenden Weltbevölkerung lassen sich selbst die Grundbedürfnisse der Menschheit nur mit einer wesentlich höheren Ressourcenproduktivität decken. Bekanntlich liegt der jetzige Naturverbrauch der westlichen Industrieländer weit über der Kapazität unserer Erde; würde die Bevölkerung Chinas so leben wie die Deutschlands oder der USA, so würde sich allein der weltweite Kohlendioxidausstoß mindestens verdoppeln! Unser Lebensstil ist nicht übertragbar und muss dringend umgestaltet werden – und zwar bevor die Länder des Südens unsere Art des Wirtschaftens übernehmen. Nur wenn wir uns ändern, können wir die Länder des Südens motivieren, sich ebenfalls umzustellen.

Um die Ressourcenproduktivität anhaltend zu erhöhen, können mehrere Wege beschritten werden:

Eine Möglichkeit besteht darin, durch technische Veränderungen – etwa besseres Design, intelligentere Konstruktion sowie verbesserte Möglichkeiten, Produkte zu reparieren und nachzurüsten – den Materialverbrauch zur Herstellung von Produkten zu verringern und deren Lebensdauer zu verlängern.

Ein anderer Weg wäre, die ressourcenintensiven Stoffe durch ressourcenschonendere bzw. nachwachsende Rohstoffe zu ersetzen und dadurch Ressourcen und Umwelt ganz erheblich zu entlasten.

Eine weitere Möglichkeit, die Ressourcen effizienter zu nutzen, ist die Entkopplung der »Produktdienstleistung« vom Eigentum des Produkts, bekannt unter dem Stichwort »Konsumgütersharing«. Viele Produkte werden vom Kunden primär nicht gekauft, um sie zu besitzen, sondern wegen der Dienstleistungen, die das Produkt ihm geben kann. Ein Beispiel ist das Carsharing – die gemeinsame Nutzung von Autos. Allerdings darf der Produktbesitz kein Statussymbol sein – gerade beim Auto eine nicht unerhebliche Einschränkung. Es gilt aber andererseits heute schon in manchen Kreisen als »chic«, kein Auto zu besitzen und stattdessen Mitglied in einem Carsharingverein zu werden und das eingesparte Kapital für ökologische Investitionen, etwa eine Sonnenkollektoranlage auf dem Hausdach, oder die Erfüllung kultureller Bedürfnisse einzusetzen.

Ein grundlegender Kurswechsel kann jedoch nur durch eine Veränderung der wirtschaftlichen Rahmenbedingungen erreicht werden. In der Vergangenheit wurde menschliche Arbeit für die Betriebe immer teurer, weil sie die Kosten der gesellschaftlichen Solidarsysteme und Gemeinschaftsaufgaben tragen mussten (Steuern, Renten-, Kranken-, Arbeitslosen- und Pflegeversicherung). Energie und Rohstoffe wurden hingegen bisher tendenziell immer billiger. Eine ökologische Steuerreform, die den Verbrauch von Ressourcen und insbesondere Energie verteuert und im Gegenzug den Einsatz menschlicher Arbeitskraft entlastet, ist ein wichtiger Ansatzpunkt für das notwendige generelle Umsteuern des Wirtschaftssystems.

Suffizienz – mehr Wohlstand durch veränderte Produktions- und Konsummuster

Neben der eher technisch-organisatorischen »Effizienzrevolution« ist ein grundlegender Wandel der Produktions- und Konsumgewohnheiten erforderlich. Dieser Wandel hat mittel- bis langfristig eine tief greifende Änderung von Wertvorstellungen sowohl zur Folge wie auch zur Voraussetzung. Während »Effizienz« für die technisch-organisatorische Dimension eines Übergangs zur Nachhaltigkeit steht, bietet sich »Suffizienz« als Begriff für die soziokulturelle Dimension an. »Suffizient« bedeutet »ausreichend«, während »effizient« mit »wirtschaftlich« übersetzt werden kann: Es geht also darum, nicht nur mit möglichst wenig Rohstoffverbrauch zu produzieren, sondern überhaupt nur so viel zu produzieren, wie für die Bewahrung eines naturverträglichen Wohlstands ausreicht. Natürlich hängt dies von den Wertvorstellungen ab, mit denen »Wohlstand« und »ausreichend« definiert wird – der

erste Schritt ist aber auf jeden Fall, um mit Erich Fromm zu sprechen, vom »Haben« um des Habens willen zum »Sein«, zum Wohlfühlen zu gelangen.

Suffizienz bedeutet Effizienz auf einer höheren Ebene: Während die Effizienzperspektive das Verhältnis zwischen wirtschaftlichem Input und Output in den Blick nimmt, steht bei der Suffizienzperspektive das Verhältnis zwischen wirtschaftlichem Output und gesellschaftlichem Wohlstand zur Debatte. Der permanente Konsumismus führt uns dies täglich vor Augen: Es wird zwar immer mehr gearbeitet, um sich immer mehr leisten zu können, aber es bleibt immer weniger Zeit, die Dinge zu genießen. Wachsende Produktivität steht sinkendem gelebtem Wohlfühlen entgegen. Ein positiver Ansatz in die Richtung zunehmender Suffizienz ist beispielsweise die seit Mitte der 1990er-Jahre weltweit zu verzeichnende Abkehr vieler Konsumenten vom »Fast Food«.

Die Einspareffekte durch erhöhte Ressourceneffizienz können also durch das Wachstum der Gütermenge oder ihren verstärkten, unreflektierten Gebrauch »aufgefressen« werden. Gelang es beispielsweise der Automobilindustrie in den vergangenen Jahrzehnten, den Energieverbrauch eines Autos erheblich zu senken, so wurde dies durch immer mehr sowie immer größere, immer häufiger und immer schneller fahrende Autos mehr als ausgeglichen. Dies ist nur einer der Gründe dafür, dass eine zukunftsfähige Entwicklung nur in der Kombination von Effizienz und Suffizienz erreicht werden kann. Nur wenn wir die Produkte suffizient nutzen, kann die Effizienzsteigerung der Umwelt zugute kommen!

Chancen zur Umsteuerung

In den 1980er- und zu Beginn der 1990er-Jahre hatte der nachsorgende Umweltschutz seinen vorläufigen Höhepunkt. Die zweite UN-Weltkonferenz für Umwelt und Entwicklung 1992 in Rio de Janeiro ebnete zwar den Weg zu einigen international verbindlichen Abkommen zum Schutz des Klimas, zur Biodiversität oder zum Stopp der Wüstenbildung. Dort wurde auch die »Agenda 21« unterzeichnet, eine umfangreiche Handlungsanweisung für eine nachhaltige globale

Entwicklung im 21. Jahrhundert. Doch die wirtschaftlichen Probleme auf globaler Ebene drängten den Umweltschutz seitdem wieder an den Rand. Der Zusammenbruch der Wirtschaft in Osteuropa nach dem Fall des »Eisernen Vorhangs«, die Überschuldung vieler Länder, Finanzspekulationen und Bankenpleiten vor allem in Asien – all dies ließ Umweltschutz und nachhaltige Entwicklung bei den Entscheidungsträgern in Wirtschaft und Politik fast bedeutungslos werden. Auch auf nationaler Ebene führten die finanzielle Belastung nach der Wiedervereinigung und die konjunkturelle Flaute bei wachsender Arbeitslosigkeit zu ökologischem Stillstand. Ebenso kam es auf sozialer Ebene zu weiteren Rückschritten. Die Wettbewerbsfähigkeit auf globalen Märkten ist nach wie vor ein übermächtiges »Totschlagargument«.

Immerhin ist in Deutschland und einigen anderen europäischen Ländern zumindest ein zaghafter Einstieg in die ökologische Steuerreform geschafft. Darüber hinaus liegt in Deutschland mittlerweile in fast 1200 Gemeinden (Stand: Mitte 1999) ein Ratsbeschluss für eine nachhaltige Entwicklung auf kommunaler Ebene – eine lokale Agenda 21 – vor. Regionale Zusammenschlüsse stellen sich »globalen Supermärkten«, »verlängerten Werkbänken« und unsinnig langen Transportwegen entgegen, erhalten so Arbeitsplätze vor Ort und erhöhen die Wertschöpfung in der Region.

Dies gilt im Norden genauso wie im Süden, wo heute die ländliche Bevölkerung ihr Heil in den Megastädten sucht, aber in Slums landet. Während im Norden die »neue Armut« weiter zunimmt, hat sich im Süden die alte Armut längst wie ein Geschwür ausgebreitet und festgesetzt. Das Gefälle zwischen hauchdünner Oberschicht und Massenarmut wächst genauso wie das Gefälle zwischen Nord und Süd – und die Ursachen sind oftmals die gleichen.

Wir brauchen eine Rückbesinnung auf unsere Grundlagen, darauf, dass wir natürliche und soziale Wesen sind, die von der Natur existenziell abhängig sind. Allein ein Politik(er)wechsel reicht hierfür nicht, es bedarf vielmehr eines grundlegenden Werte- und Bewusstseinswandels, neuer Produktions- und Konsummuster und neuer Wohlstandsmodelle. Diese Entwicklung kann auf lokaler und regionaler Ebene beginnen, eine Ver-

änderung der Rahmenbedingungen auf globaler Ebene ist aber die notwendige Voraussetzung für ihr Gelingen. Neben einer Entschuldung der Entwicklungsländer sind weltweit verbindliche ökologische und soziale Standards für Produktion und Handel notwendig. Wir brauchen eine globale Gesellschaftsordnung, die ökologische und soziale Aspekte endlich gleichberechtigt neben ökonomische stellt, damit der Kurswechsel in die Zukunftsfähigkeit gelingt.

B. Burdick, K. Kristof

Register

Gerade gesetzte Seitenzahlen bedeuten, dass der Begriff im erzählenden Haupttext enthalten ist. *Kursive* Seitenzahlen bedeuten: Dieser Begriff ist in den Bildunterschriften, Karten, Grafiken, Quellentexten oder kurzen Erläuterungstexten enthalten.

Literaturhinweise

Agrartechnik

Alsing, Ingrid: *Lexikon Landwirtschaft. Pflanzliche Erzeugung, tierische Erzeugung, Landtechnik, Betriebslehre, landwirtschaftliches Recht.* München u.a. ³1995.

Angewandte Landtechnik. Verfahrenstechniken. Pflanzenproduktion, Futterbau, Tierproduktion. Mit einem Anhang: Bauwesen, Arbeitslehre, bearbeitet von Heinz-Lothar Wenner u.a. München ⁷1980. Nachdruck München 1982.

Claas, Günther: *Mähdrescher. Geschichtliche Entwicklung, Stand der Mähdrescherentwicklung, Zukunftsaussichten.* Harsewinkel 1995.

Eggert, Alfons: *Von der Mähmaschine zum Mähdrescher. Die Technik in der Getreideernte.* Münster 1991.

Die Entwicklung des landwirtschaftlichen Maschinenwesens in Deutschland. Festschrift zum 25jährigen Bestehen der Deutschen Landwirtschafts-Gesellschaft, bearbeitet von Gustav Fischer u.a. Berlin 1910.

Die Geschichte der Landtechnik im 20. Jahrhundert, herausgegeben von Günther Franz. Frankfurt am Main 1969.

Grundsätze für die Konstruktion von Landmaschinen, herausgegeben von Rudolf Soucek u.a. Berlin 1979.

Herrmann, Klaus: *Pflügen, Säen, Ernten. Landarbeit und Landtechnik in der Geschichte.* München u.a. 1985.

Herrmann, Klaus: *Traktoren in Deutschland 1907 bis heute. Firmen und Fabrikate.* Frankfurt am Main 19.–28. Tsd. 1989.

Hummel, Jürgen: *Schlepper-Klassiker. Traktoren von 1918 bis 1963.* Stuttgart 1998.

Im Märzen der Bauer. Landwirtschaft im Wandel, herausgegeben von Rolf Wiese. Hamburg 1993.

Innovationen für Technik und Bauwesen für eine wettbewerbsfähige und nachhaltige Landwirtschaft, herausgegeben vom Kuratorium für Technik und Bauwesen in der Landwirtschaft. Münster 1998.

Jahrbuch Agrartechnik. Yearbook agricultural engineering, herausgegeben von der VDI-Gesellschaft Agrartechnik u.a. Frankfurt am Main 1988 ff.

Kunze, Robert Fritz: *Lexikon der Landtechnik,* 2 Bde. Würzburg 1986–87.

Kunze, Robert Fritz: *Das neue Traktorlexikon.* Würzburg ⁴1993.

Landleben damals. Wegweiser zu agrartechnischen Museen und Sammlungen, herausgegeben von der Max-Eyth-Gesellschaft für Agrartechnik. Bearbeitet von Fritz Lachenmaier. Münster 1989.

Landtechnik, herausgegeben von Horst Eichhorn u.a. Stuttgart ⁷1999.

Landtechnik, Bauwesen. Verfahrenstechniken, Arbeit, Gebäude, Umwelt, bearbeitet von Hans Schön u.a. München ⁹1998.

Landtechnik im Umbruch. Berlin 1993.

Lehrbuch der Agrartechnik, auf 5 Bde. berechnet. Hamburg u.a. 1984 ff.

Moser, Eberhard: *Verfahrenstechnik Intensivkulturen.* Hamburg u.a. 1984.

Rademacher, Thomas: *Großmähdrescher. Technische Daten, Einsatz, Ökonomie.* Kiel 1998.

Rösener, Werner: *Einführung in die Agrargeschichte.* Darmstadt 1997.

Schilling, Erich: *Landmaschinen. Lehr- und Handbuch für den Landmaschinenbau,* 3 Bde. Rodenkirchen ¹⁻²1958–62.

Schillingmann, Dieter: *Untersuchungen zum robotergestützten Melken.* Düsseldorf 1992.

Soucek, Rudolf / Pippig, Günter: *Maschinen und Geräte für Bodenbearbeitung, Düngung und Aussaat.* Berlin 1990.

Storck, Harmen: *Der Gartenbau in der Bundesrepublik Deutschland. Leistungen, Strukturen, Entwicklungen.* Bonn 1997.

Thomsen, Johann Wilhelm: *Vom Hakenpflug zum Mähdrescher. Eine Fotochronik technischer Entwicklung in der Landwirtschaft.* Heide ⁶1991.

Weber-Kellermann, Ingeborg: *Landleben im 19. Jahrhundert.* München ²1988.

Worstorff, Hermann: *Melktechnik. Der aktuelle Stand über Melken, Milch und Melkmaschinen.* Münster ⁴1996.

Zilahi-Szabó, Miklós Géza: *Agrarinformatik. Systemorientierte Einführung in die Grundlagen der Agrarinformatik.* München u.a. 1989.

Lebensmitteltechnik

Allgemeines Lehrbuch der Lebensmittelchemie, herausgegeben von Claus Franzke. Hamburg ³1996. Nachdruck Hamburg 1998.

Belitz, Hans-Dieter / Grosch, Werner: *Lehrbuch der Lebensmittelchemie.* Berlin u.a. ⁴1995.

Birus, Thomas: *Was macht die Tiefkühlpizza knusprig? Die wundersamen Zutaten der modernen Küche. Mit einem Ernährungsratgeber von Ina Marie Schulze.* Frankfurt am Main 1999.

Elmadfa, Ibrahim, u.a.: *E-Nummern. Zusatzstoffe in unseren Lebensmitteln. Alle Lebensmittelzusatzstoffe auf einen Blick.* Neuausgabe München 1996.

Ernährungsbericht, herausgegeben von der Deutschen Gesellschaft für Ernährung im Auftrag des Bundesministers für Jugend, Familie und Gesundheit und des Bundesministers für Ernährung, Landwirtschaft und Forsten, Ausgabe 1996. Frankfurt am Main 1996.

Fremdstoffe in Lebensmitteln. Zusätze, Verunreinigungen und Rückstände, herausgegeben von der Europäischen Akademie für Umweltfragen, Tübingen. Beiträge von Hans-Georg Classen und Hans-Jürgen Hapke. Stuttgart u.a. 1997.

Grimm, Hans-Ulrich: *Die Suppe lügt. Die schöne neue Welt des Essens.* Taschenbuchausgabe München 1999.

Grundzüge der Lebensmitteltechnik, herausgegeben von Horst-Dieter Tscheuschner. Hamburg ²1996.

Handbuch Gentechnologie und Lebensmittel, herausgegeben von Hans Günter Gassen u.a., Loseblattausgabe. Hamburg 1997 ff.

Handbuch Lebensmittelhygiene, herausgegeben von Walther Heeschen, Loseblattausgabe. Hamburg 1994 ff.

Handbuch Lebensmittelzusatzstoffe, bearbeitet von Käte K. Glandorf u.a., Loseblattausgabe. Hamburg 1991 ff.

Heiss, Rudolf / Eichner, Karl: *Haltbarmachen von Lebensmitteln. Chemische, physikalische und mikrobiologische Grundlagen der Verfahren.* Berlin u. a. [3]1995.

Industrielle Enzyme, herausgegeben von Heinz Ruttloff. Hamburg [2]1994.

Jany, Klaus-Dieter / Greiner, Ralf: *Gentechnik und Lebensmittel.* Karlsruhe 1998.

Kapfelsperger, Eva / Pollmer, Udo: *Iß und stirb. Chemie in unserer Nahrung.* Köln [5]1997.

Kessler, Heinz-Gerhard: *Lebensmittel- und Bioverfahrenstechnik. Molkereitechnologie.* München [4]1996.

Krusen, Felix: *Unsere Lebensmittel. Zusammensetzung, Verarbeitung, Nährwert.* Hamburg 1989.

Kunz, Benno: *Lexikon der Lebensmitteltechnologie.* Berlin u. a. 1993.

Lebensmittelführer. Inhalte, Zusätze, Rückstände, bearbeitet von Günter Vollmer u. a., 2 Bde. Stuttgart u. a. [2]1995.

Lebensmittelrecht. Textsammlung, herausgegeben von Günter Klein u. a., Loseblattausgabe. Hamburg 1974 ff.

Lebensmitteltechnologie. Biotechnologische, chemische, mechanische und thermische Verfahren der Lebensmittelverarbeitung, herausgegeben von Rudolf Heiss. Berlin u. a. [5]1996.

Lebensmitteltoxikologie, herausgegeben von Rainer Macholz u. Hans-Jochen Lewerenz. Berlin u. a. 1989.

Lindner, Ernst: *Toxikologie der Nahrungsmittel.* Stuttgart u. a. [4]1990.

Marriott, Norman G.: *Grundlagen der Lebensmittelhygiene. Aus dem Englischen.* Hamburg 1992.

Mikrobiologie der Lebensmittel, 5 Bde. Hamburg [1–8]1993–97.

Muermann, Bettina: *Lexikon Ernährung.* Hamburg [2]1993.

Ney, Karl H.: *Lebensmittelaromen.* Hamburg 1987.

Piringer, Otto G.: *Verpackungen für Lebensmittel. Eignung, Wechselwirkungen, Sicherheit.* Weinheim u. a. 1993.

Pollmer, Udo, u. a.: *Vorsicht Geschmack. Was ist drin in Lebensmitteln. Mit einem Verbraucherlexikon der Zusatzstoffe.* Stuttgart u. a. 1998.

Schormüller, Josef: *Lehrbuch der Lebensmittelchemie.* Berlin [2]1974.

Stehle, Gerd: *Verpacken von Lebensmitteln.* Hamburg 1997.

Uhlig, Helmut: *Enzyme arbeiten für uns. Technische Enzyme und ihre Anwendung.* München u. a. 1991.

Ullmanns Encyklopädie der technischen Chemie, begründet von Fritz Ullmann. Herausgegeben von Ernst Bartholomé u. a., 25 Bde. Weinheim [4]1972–84.

Textiltechnik

Binger, Doris: *Das Echo vom Kleiderberg. Mode + Ökologie – Wege einer sinnvollen Verbindung.* Frankfurt am Main 1994.

Hingst, Wolfgang / Mackwitz, Hanswerner: *Reiz-Wäsche. Unsere Kleidung: Mode, Gifte, Öko-Look.* Frankfurt am Main u. a. 1996.

Hofer, Alfons: *Textil- und Modelexikon,* 2 Bde. Frankfurt am Main [7]1997.

Die Industriegesellschaft gestalten. Perspektiven für einen nachhaltigen Umgang mit Stoff- und Materialströmen. Bericht der Enquete-Kommission › Schutz des Menschen u. der Umwelt – Bewertungskriterien und Perspektiven für Umweltverträgliche Stoffkreisläufe in der Industriegesellschaft‹ des 12. Deutschen Bundestages. Bonn 1994.

Maute-Daul, Gabriele: *Mode und Chemie. Fasern, Farben, Stoffe.* Berlin u. a. 1995.

Melliand-Textilberichte. International textile reports. Frankfurt am Main 1926 ff.

Öko-Test. Magazin für Gesundheit und Umwelt. Frankfurt am Main 1992 ff.

Rosenkranz, Bernhard / Castelló, Edda: *Textilien im Umwelt-Test.* Neuausgabe Reinbek 26.–30. Tsd. 1994.

Textil und Bekleidung, herausgegeben vom Bund für Umwelt und Naturschutz Deutschland e. V. (BUND), Landesverband Baden-Württemberg. Bearbeitet von Monika Balzer u. a. Stuttgart 1996.

Textilwirtschaft. Globale Schönfärberei, herausgegeben von Jacob Radloff. Bearbeitet von Beatrice Lugger u. a. München 1996.

Voß, Cornelia: *Wieviel Chemie braucht die Mode?* Herausgegeben vom Hessischen Ministerium für Umwelt, Energie, Jugend, Familie und Gesundheit. Mainz 1997.

Ziegler, Juwitha: *Chemie in der Kleidung. Worauf die Verbraucher achten müssen.* Frankfurt am Main 5.–6. Tsd. 1996.

Vom Grundbedürfnis zur Massenware

Müller, Wolfgang: *Textilien. Kulturgeschichte von Stoffen und Farben.* Landsberg am Lech 1997.

Die Herstellung von Textilien

Adebahr-Dörel, Lisa, u. a.: *Kleine Textilkunde.* Hamburg [15]1997.

Adebahr-Dörel, Lisa / Völker, Ursula: *Von der Faser zum Stoff. Textile Werkstoff- und Warenkunde.* Hamburg [31]1994.

Beurteilungsmerkmale textiler Faserstoffe, bearbeitet vom Bundesinstitut für Berufsbildung, Berlin, 4 Bde. Bielefeld 1986.

Chemiefasern. Von der Herstellung bis zum Einsatz. Broschüre der Industrievereinigung Chemiefaser e. V. Frankfurt am Main, ca. 1998.

Döring, Friedrich-Wilhelm: *Vom Konfektionsgewerbe zur Bekleidungsindustrie. Zur Geschichte von Technisierung und Organisierung der Massenproduktion von Bekleidung.* Frankfurt am Main u. a. 1992.

Ebner, Guido / Schelz, Dieter: *Textilfärberei und Farbstoffe. Beispiele angewandter organischer Chemie.* Berlin u. a. 1989.

Fachwissen Bekleidung, Beiträge von Hannelore Eberle u. a. Haan [5]1998.

Föhl, Axel / Hamm, Manfred: *Die Industriegeschichte des Textils.* Düsseldorf 1988.

Grundlagen textiler Herstellungsverfahren, bearbeitet von Rolf Goldacker u. a. Leipzig 1991.

Haudek, Heinz W. / Viti, Erna: *Textilfasern. Herkunft, Herstellung, Aufbau, Eigenschaften, Verwendung.* Perchtoldsdorf 1980.

Heudorf, Claus: *Warenverkaufskunde für den Textilhandel.* Rinteln [5]1994.

Jahrbuch der Textilindustrie 1998, herausgegeben von Gesamttextil, Gesamtverband der Textilindustrie in der Bundesrepublik Deutschland. Eschborn 1998.

Peter, Max / Rouette, Hans-Karl: *Grundlagen der Textilveredelung. Handbuch der Technologie, Verfahren und Maschinen.* Frankfurt am Main [13]1989.

Rathke, Kay M.: *Die Zukunft der deutschen Textil- und Bekleidungsindustrie. Auswirkungen der Integration des Welttextilabkommens in die allgemeinen GATT-Regeln.* Mainz 1996.

Schierbaum, Wilfried: *Bekleidungs-Lexikon.* Berlin [3]1993.

Seiler-Baldinger, Annemarie: *Systematik der textilen Techniken.* Neuausgabe Basel 1991.

Textile Faserstoffe. Beschaffenheit und Eigenschaften, herausgegeben von Wolfgang Bobeth. Berlin u. a. 1993.

Textilhandel – Textilien beim Verbraucher

Jacke wie Hose? Produktlinienanalyse am Beispiel von Textilien, bearbeitet von der Stiftung Verbraucher-Institut u. a. Berlin 1998. CD-ROM.

Kaiser, Andreas: *Ökologiebezogene Produktkennzeichnung. Entstehung, Hintergrund, Anforderungen. Dargestellt am Markenzeichen ›Textiles Vertrauen – schadstoffgeprüfte Textilien nach Öko-Tex-Standard 100‹ als umweltbezogenes Informationsinstrument.* Kassel 1996.

Textilien/Bekleidung, in: *Umweltbewußt leben,* herausgegeben vom Umweltbundesamt. Berlin 1998. S. 169–216.

Voß, Cornelia: *Kann denn Mode ›öko‹ sein? Einkaufsleitfaden Naturtextilien.* Bonn 1995.

Recycling und Entsorgung von Textilien

Eberle, Ulrike / Reichart, Inge: *Textilrecycling.* Düsseldorf 1996.

Hütz-Adams, Friedel: *Kleider machen Beute. Deutsche Altkleider vernichten afrikanische Arbeitsplätze. Eine Studie.* Siegburg 1995.

Schmitz, Egmont: *Altkleider vernichten keine Arbeitsplätze in der Dritten Welt,* in: *Kommunalwirtschaft.* Wuppertal 1999, Nr. 5. S. 268–270.

Bauen und Wohnen

Bachmann, Hugo: *Hochbau für Ingenieure. Eine Einführung.* Zürich u. a. [2]1997.

Beton-Atlas. Entwerfen mit Stahlbeton im Hochbau, herausgegeben vom Bundesverband der Deutschen Zementindustrie e. V. Bearbeitet von Friedbert Kind-Barkauskas u. a. Neuausgabe Düsseldorf 1995.

Grimm, Friedrich: *Stahlbau im Detail. Aktuelles Praxishandbuch für den Hochbau. Entwurf und Planung von Stahlbaukonstruktionen, bauphysikalische Anforderungen, Projektbeispiele, Aktuelle Normen, Tragwerksentwurf.* Loseblattausgabe. Augsburg 1994 ff.

Grundbau-Taschenbuch, herausgegeben von Ulrich Smoltczyk, 3 Tle. Berlin [5]1996–97.

Hollatz, Bärbel: *Bauphysik – Bauausführung.* Berlin 1998.

Kohl, Anton, u. a.: *Baufachkunde. Grundlagen,* bearbeitet von Josef Forster. Stuttgart [20]1995.

Kohl, Anton, u. a.: *Baufachkunde. Hochbau,* bearbeitet von Josef Forster u. a. Stuttgart [19]1998.

Richter, Dietrich: *Baufachkunde. Straßenbau und Tiefbau. Mit Fachrechnen und Fachzeichnen.* Stuttgart [7]1998.

Straub, Hans: *Die Geschichte der Bauingenieurkunst. Ein Überblick von der Antike bis in die Neuzeit.* Basel u. a. [4]1996.

VDI-Lexikon Bauingenieurwesen, herausgegeben von Hans-Gustav Olshausen und der VDI-Gesellschaft Bautechnik. Berlin u. a. [2]1997.

Wärmeschutz bei Gebäuden. Wärmeschutzverordnung inklusive Wärmebedarfsausweis. März 1996, herausgegeben vom Bundesminister für Wirtschaft und vom Bundesminister für Raumordnung, Bauwesen und Städtebau. Bonn 1996.

Hochbau und Technische Gebäudeausrüstung

Andrä, Hans-Peter, u. a.: *Baustoff-Recycling. Arten, Mengen und Qualitäten der im Hochbau eingesetzten Baustoffe. Lösungsansätze für einen Materialkreislauf.* Landsberg am Lech [2]1994.

Gösele, Karl, u. a.: *Schall, Wärme, Feuchte. Grundlagen, neue Erkenntnisse und Ausführungshinweise für den Hochbau.* Wiesbaden u. a. [10]1997.

Lehrbuch der Hochbaukonstruktionen, herausgegeben von Erich Cziesielski. Stuttgart [3]1997.

Lewenton, Georg, u. a.: *Einführung in den Stahlhochbau.* Düsseldorf [5]1993.

Ratgeber für den Hochbau, begründet von Gottfried Peters. Herausgegeben von Klaus Weber. Düsseldorf [12]1997.

Der schadenfreie Hochbau. Grundlagen zur Vermeidung von Bauschäden, herausgegeben von Arno Grassnick, 4 Bde. Neuausgabe Köln [2-6]1992–97.

Schmitt, Heinrich / Heene, Andreas: *Hochbaukonstruktion. Die Bauteile und das Baugefüge.* Braunschweig u. a. [14]1998.

Sommer, Hans: *Projektmanagement im Hochbau. Eine praxisnahe Einführung in die Grundlagen.* Berlin u. a. [2]1998.

Steinle, Alfred / Hahn, Volker: *Bauen mit Betonfertigteilen im Hochbau.* Neuausgabe Berlin 1998.

Umwelt-Leitfaden für Architekten, herausgegeben vom Bund Deutscher Architekten BDA. Berlin 1995.

Willkomm, Wolfgang: *Recyclinggerechtes Konstruieren im Hochbau. Recycling-Baustoffe einsetzen, Weiterverwertung einplanen.* Eschborn [2]1996.

Bauökologie

Baustoffkunde für den Praktiker, bearbeitet von Norbert M. Schmitz. Duisburg [8]1999.

Behling, Sophia / Behling, Stefan: *Sol power. Die Evolution der solaren Architektur. Eine READ-Publikation (Renewable Energies in Architecture and Design).* München u. a. 1996.

Bohr, Theo / Altmeyer, Monika: *Öko-Check Wohnen.* Niedernhausen 1996.

Energiegerechtes Bauen und Modernisieren. Grundlagen und Beispiele für Architekten, Bauherren und Bewohner, herausgegeben von der Bundesarchitektenkammer.

Bearbeitet vom Wuppertal-Institut für Klima, Umwelt, Energie. Basel u. a. 1996.

Energiesparendes Bauen und gesundes Wohnen. Eine Planungshilfe für Bauherren, Architekten und Ingenieure, herausgegeben vom Wirtschaftsministerium Baden-Württemberg. Stuttgart [4]1995.

Erneuerbare Energien verstärkt nutzen!, herausgegeben vom Bundesministerium für Wirtschaft. Beiträge von Michael Meliß u. a. Bonn [4]1996.

Häuser ökologisch geplant, preiswert gebaut. Tips und Ideen, Materialien und Beispiele, herausgegeben von Hans-Peter Bauer-Böckler. Taunusstein 1996.

Kerschberger, Alfred: *Solares Bauen mit transparenter Wärmedämmung. Systeme, Wirtschaftlichkeit, Perspektiven.* Wiesbaden u. a. 1996.

König, Holger: *Wege zum gesunden Bauen. Wohnphysiologie, Baustoffe, Baukonstruktionen, Normen und Preise.* Staufen im Breisgau [9]1997.

König, Klaus W.: *Regenwasser in der Architektur. Ökologische Konzepte.* Staufen im Breisgau 1996.

König, Klaus W.: *Regenwassernutzung von A–Z. Ein Anwender-Handbuch für den Planer, den Handwerker und den Bauherren.* Donaueschingen [4]1996.

Ladener, Heinz / Späte, Frank: *Solaranlagen. Handbuch der thermischen Solarenergienutzung.* Staufen [6]1999.

Lebensräume. Der große Ratgeber für ökologisches Bauen und Wohnen, herausgegeben von Thomas Schmitz-Günther. Köln 1998.

Leitfaden zum ökologisch orientierten Bauen, herausgegeben vom Umweltbundesamt. Heidelberg [3]1997.

Das Niedrigenergiehaus. Neuer Standard für energiebewußtes Bauen, herausgegeben von Wolfgang Feist. Heidelberg [5]1998.

Niedrigenergiehäuser. Zielsetzung, Konzepte, Entwicklung, Realisierung, Erkenntnisse, herausgegeben von Hans Erhorn u. a. Stuttgart 1994.

Oberländer, Stephan, u. a.: *Das Niedrigenergiehaus. Ein Handbuch mit Planungsregeln zum Passivhaus.* Stuttgart u. a. [2]1997.

Ökologisch bauen – aber wie? Ein Ratgeber für Bauherren. Mit Bezugsquellennachweis, bearbeitet von Tu Was – Ökologische Verbraucherberatung Mainfranken e. V. Düsseldorf [2]1997.

Roller, Gerhard / Gebers, Betty: *Umweltschutz durch Bebauungspläne. Ein praktischer Leitfaden.* Freiburg 1995.

RWE-Energie-Bau-Handbuch. 25 Jahre Bau-Handbuch, herausgegeben von der RWE-Energie-Aktiengesellschaft. Heidelberg 1998.

Schillberg, Klaus: *Altbausanierung mit Naturbaustoffen.* Aarau u. a. 1996.

Schulze Darup, Burkhard: *Bauökologie.* Wiesbaden u. a. 1996.

Schwarz, Jutta: *Ökologie im Bau. Entscheidungshilfen zur Beurteilung und Auswahl von Baumaterialien.* Bern u. a. [4]1998.

Sörensen, Christian: *Wärmedämmstoffe im Vergleich.* Herausgegeben vom Umweltinstitut München e. V., Verein zur Erforschung und Verminderung der Umweltbelastung. München [6]1997.

Stahl, Wilhelm, u. a.: *Das energieautarke Solarhaus. Mit der Sonne wohnen.* Heidelberg 1997.

Tomm, Arwed: *Ökologisch planen und bauen. Das Handbuch für Architekten, Ingenieure, Bauherren, Studenten, Baufirmen, Behörden, Stadtplaner, Politiker.* Braunschweig u. a. [2]1994.

Vom Altbau zum Niedrigenergiehaus. Energietechnische Gebäudesanierung in der Praxis, herausgegeben von Heinz Ladener. Staufen im Breisgau [2]1998.

Zwiener, Gerd: *Ökologisches Baustoff-Lexikon. Daten – Sachzusammenhänge – Regelwerke.* Heidelberg [2]1995.

Tiefbau

Bischof, Wolfgang / Hosang, Wilhelm: *Abwassertechnik.* Stuttgart [11]1998.

Buja, Heinrich-Otto: *Handbuch des Spezialtiefbaus. Geräte und Verfahren.* Düsseldorf 1998.

Dörken, Wolfram / Dehne, Erhard: *Grundbau in Beispielen,* 2 Bde. Düsseldorf [1-2]1995–99.

Förster, Wolfgang: *Bodenmechanik.* Stuttgart u. a. 1998.

Imhoff, Karl / Imhoff, Klaus R.: *Taschenbuch der Stadtentwässerung.* München u. a. [29]1999.

Kolymbas, Dimitrios: *Geotechnik – Bodenmechanik und Grundbau.* Berlin u. a. 1998.

Kühn, Günter: *Der maschinelle Tiefbau.* Stuttgart 1992.

Lang, Hans-Jürgen, u. a.: *Bodenmechanik und Grundbau. Das Verhalten von Böden und Fels und die wichtigsten grundbaulichen Konzepte.* Berlin u. a. [6]1996.

Möller, Gerd: *Geotechnik,* 2 Bde. Düsseldorf 1998–99.

Röthig, Horst: *Der moderne Kanalisationsbau. Technik, Ausschreibung, Abrechnung, Winterbau, Kalkulation.* Köln 1967.

Rosenheinrich, Günther / Pietzsch, Wolfgang: *Erdbau.* Düsseldorf [3]1998.

Schmidt, Hans-Henning: *Grundlagen der Geotechnik. Bodenmechanik – Grundbau – Erdbau.* Stuttgart 1996.

Simmer, Konrad: *Grundbau,* 2 Bde. Stuttgart [18-19]1994–99.

Simson, John von: *Kanalisation und Städtehygiene im 19. Jahrhundert.* Düsseldorf 1983.

Studer, Jost A. / Koller, Martin G.: *Bodendynamik. Grundlagen, Kennziffern, Probleme.* Berlin u. a. [2]1997.

Türke, Henner: *Statik im Erdbau.* Berlin [3]1999.

Voth, Berthold: *Tiefbaupraxis. Konstruktionen, Verfahren, Herstellungsabläufe im Ingenieurtiefbau.* Wiesbaden u. a. [3]1995.

Ingenieurbau

Bonatz, Paul / Leonhardt, Fritz: *Brücken.* Königstein im Taunus 73.–79. Tsd. 1965.

Brown, David J.: *Brücken. Kühne Konstruktionen über Flüsse, Täler, Meere.* Aus dem Englischen. München 1994.

Dietrich, Richard J.: *Faszination Brücken. Baukunst – Technik – Geschichte.* München 1998.

Flüsse und Kanäle. Die Geschichte der deutschen Wasserstraßen. Die Entwicklung der Wasserwege unter dem Einfluß von Recht, Politik, Wirtschaft, Verwaltung, Wasserbau und und Schiffahrt, herausgegeben von Martin Eckoldt, 2 Bde. Hamburg 1998.

Grundlagen des Wasserbaus. Hydrologie, Hydraulik, Wasserrecht, Beiträge von Wolfgang Schröder u. a. Düsseldorf ³1994.

Häsler, Alfred A.: *Gotthard. Als die Technik Weltgeschichte schrieb.* Frauenfeld 1982.

Historische Talsperren, bearbeitet von Günther Garbrecht, 2 Bde. Stuttgart 1987–91.

Kaczynski, Jürgen: *Stauanlagen, Wasserkraftanlagen.* Düsseldorf ²1994.

Kolymbas, Dimitrios: *Geotechnik – Tunnelbau und Tunnelmechanik. Eine systematische Einführung mit besonderer Berücksichtigung mechanischer Probleme.* Berlin u. a. 1998.

Kühn, Günter: *Der maschinelle Wasserbau.* Stuttgart 1997.

Kutzner, Christian: *Erd- und Steinschüttdämme für Stauanlagen. Grundlagen für Entwurf und Ausführung.* Stuttgart 1996.

Leonhardt, Fritz: *Brücken. Ästhetik und Gestaltung.* Stuttgart 1982.

Maidl, Bernhard, u. a.: *Maschineller Tunnelbau im Schildvortrieb.* Berlin 1995.

Müller-Salzburg, Leopold: *Der Felsbau,* 3 Bde. Stuttgart 1963–95.

Roig, Joan: *Neue Brücken.* Aus dem Spanischen. Stuttgart 1996.

Sadler, Heiner: *Brücken.* Dortmund ³1991.

Siedentop, Irmfried: *Tunnel in Deutschland.* Zürich 1980.

Striegler, Werner: *Dammbau in Theorie und Praxis.* Berlin u. a. ²1998.

Striegler, Werner: *Tunnelbau.* Berlin u. a. 1993.

Studer, Jost A. / Koller, Martin G.: *Bodendynamik. Grundlagen, Kennziffern, Probleme.* Berlin u. a. ²1997.

Talsperren in der Bundesrepublik Deutschland, herausgegeben vom Nationalen Komitee für Große Talsperren in der Bundesrepublik Deutschland – DNK. Bearbeitet von Peter Franke und Wolfgang Frey. Berlin 1987.

Taschenbuch für den Tunnelbau, herausgegeben von der DGGT, Deutsche Gesellschaft für Geotechnik e. V. Essen 1976 ff.

Tunnelbau im Sprengvortrieb, Beiträge von Bernhard Maidl u. a. Berlin u. a. 1997.

Wittfoht, Hans: *Triumph der Spannweiten. Vom Holzsteg zur Spannbetonbrücke.* Düsseldorf 1972.

Telefon und Telefax

Boettinger, H. M.: *The telephone book. Bell, Watson, Vail and american life. 1876–1976.* Croton-on-Hudson, N. Y., 1977.

Bräunlein, Jürgen: *Ästhetik des Telefonierens. Kommunikationstechnik als literarische Form.* Berlin 1997.

Frey, Horst: *Alles über Telefone und Nebenstellenanlagen. Technik, Netze, Dienste, Kosten, Nutzen, Geräte und Zubehör.* München ³1994.

Frey, Horst: *Das große Telefon-Werkbuch. Technische Grundlagen. Die neuen Telekommunikationsanbieter. ISDN. Moderne Telefon-Leistungsmerkmale. Installationstechnik. Das Telefon und die private TK-Anlage.* Poing 1998.

Frey, Horst / Schönfeld, Detlef: *Alles über moderne Telefonanlagen im analogen Netz und im Euro-ISDN. Telekommunikationsanlagen im Euro-ISDN, vom Faxumschalter bis zur privaten Telefonanlage, Technik – Betrieb – Auswahl.* Feldkirchen 1996.

Genth, Renate / Hoppe, Joseph: *Telephon! Der Draht, an dem wir hängen.* Berlin 1986.

Gerding, Michael / Bock, Andreas: *Das Fax Praxisbuch. Technik und Tools optimal nutzen.* Düsseldorf u. a. 1997.

Gerding, Michael / Kretschmer, Bernd: *PC & Telefon.* München u. a. 1996.

Gröner, Helmut, u. a.: *Liberalisierung der Telekommunikationsmärkte. Wettbewerbspolitische Probleme des Markteintritts von Elektrizitätsversorgungsunternehmen in die deutschen Telekommunikationsmärkte.* Bern u. a. 1995.

Haar, Brigitte: *Marktöffnung in der Telekommunikation. Zum Verhältnis zwischen Wirtschaftsaufsicht und Normen gegen Wettbewerbsbeschränkungen im US-amerikanischen Recht, im europäischen Gemeinschaftsrecht und im deutschen Recht.* Baden-Baden 1995.

Handbuch für die Telekommunikation, herausgegeben von Volker Jung u. a. Berlin u. a. 1998.

Holl, Friedrich-L. / Schlag, Roger: *Digitale Telefonanlagen. Die neue Welt der Kommunikation?* Köln 1989.

Jasper, Dirk: *Das ECON-Lexikon Telekommunikation und Online.* Düsseldorf u. a. 1997.

Jasper, Dirk: *Telefonieren und Faxen mit ISDN.* München 1997.

Kubicek, Herbert / Berger, Peter: *Was bringt uns die Telekommunikation? ISDN – 66 kritische Antworten.* Frankfurt am Main u. a. 1990.

Latzer, Michael: *Mediamatik. Die Konvergenz von Telekommunikation, Computer und Rundfunk.* Opladen 1997.

Pehle, Tobias: *Telefon, Fax & Co. Installieren und optimal nutzen.* Niederhausen 1999.

Propyläen-Technikgeschichte, herausgegeben von Wolfgang König, 5 Bde. Neuausgabe Berlin 1997.

Röbke-Doerr, Peter: *Mit Modem und Computer ins Telefonnetz einsteigen.* Niederhausen 1996.

Schoblick, Gabriele: *ISDN für Einsteiger. Telefonieren, Faxen und Daten übertragen im ISDN.* Feldkirchen 1997.

Schoblick, Robert: *Das große Werkbuch der Telekommunikationstechnik. Alles über Telefone, ISDN, Mobilfunk- und Datennetze.* Poing 1999.

Schoblick, Robert: *Handbuch der Telefoninstallation. Telefonschaltungs- und Anschlußtechnik, Anschluß von Zubehör und Zusatzgeräten, ISDN-Anschlußtechnik.* Feldkirchen ²1997.

Das Telefon im Spielfilm, herausgegeben von Bernhard Debatin u. a. Berlin 1991.

Telegraphen- und Fernsprech-Technik in Einzeldarstellungen, Bd. 4, 1: Karrass, Theodor: *Geschichte der Telegraphie.* Braunschweig 1909.

Telekommunikation. Aus der Geschichte in die Zukunft, bearbeitet von Michael Reuter. Heidelberg 1990.

Thaller, Georg E.: *Satelliten im Erdorbit. Nachrichten, Fernsehen und Telefonate aus dem Weltall.* München 1999.

Tobler, Peter, u. a.: *Moderne Kommunikationstechnik im Überblick. Das praktische Nachschlagewerk für Selbermacher.* München 1997.

Vollgas auf der Datenautobahn? Perspektiven digitaler Telekommunikation, herausgegeben von Gabriele Schäfer u. a. München u. a. 1996.

Wie funktioniert das? Technik heute, Beiträge von Hans-Jürgen Altheide u. a. Mannheim u. a. 1998.

Zelger, Sabine: ›*Das Pferd frißt keinen Gurkensalat‹. Eine Kulturgeschichte des Telefonierens.* Wien u. a. 1997.

Zitt, Hubert: *ISDN für PC und Telefon.* Haar 1998; mit CD-ROM.

Hörfunk und Fernsehen

Die Anfänge des deutschen Fernsehens. Kritische Annäherungen an die Entwicklung bis 1945, herausgegeben von William Uricchio. Tübingen 1991.

Ardenne, Manfred von: *Fernsehempfang. Bau und Betrieb einer Anlage zur Aufnahme des Ultrakurzwellen-Fernsehrundfunks mit Braunscher Röhre.* Berlin 1935. Nachdruck Hildesheim u. a. 1992.

DDR-Fernsehen intern. Von der Honecker-Ära bis ›Deutschland einig Fernsehland‹, herausgegeben von Peter Ludes. Berlin 1990.

Digitales Fernsehen. Eine neue Dimension der Medienvielfalt, herausgegeben von Albrecht Ziemer. Heidelberg [2]1997.

Dussel, Konrad: *Deutsche Rundfunkgeschichte. Eine Einführung.* Konstanz 1999.

Grundmann, Birgit: *Die öffentlich-rechtlichen Rundfunkanstalten im Wettbewerb.* Baden-Baden 1990.

Hermann, Siegfried, u. a.: *Der deutsche Rundfunk. Faszination einer technischen Entwicklung.* Heidelberg 1994.

Hickethier, Knut: *Geschichte des deutschen Fernsehens.* Stuttgart u. a. 1998.

Limann, Otto / Pelka, Horst: *Fernsehtechnik ohne Ballast. Einführung in die Schaltungstechnik der Fernsehempfänger.* Poing [19]1998.

Medien im Wandel, herausgegeben von Werner Holly und Bernd Ulrich Biere. Opladen u. a. 1998.

Medienwirkungen. Einflüsse von Presse, Radio und Fernsehen auf Individuum und Gesellschaft, herausgegeben von Winfried Schulz. Weinheim u. a. 1992

Müller, Jörg Paul / Grob, Franziska B.: *Radio und Fernsehen. Kommentar zu Art. 55 bis BV.* Basel u. a. 1995.

Pape, Martin: *Deutschlands Private. Privater Hörfunk, privates Fernsehen im Überblick.* Neuwied u. a. 1995.

Propyläen-Technikgeschichte, herausgegeben von Wolfgang König, Bd. 4 und Bd. 5. Neuausgabe Berlin 1997.

Radio, Fernsehen, Computer. Sonderausgabe Weinheim 1991.

Rundfunk in Deutschland. Entwicklungen und Standpunkte, herausgegeben von Karl Friedrich Reimers und Rüdiger Steinmetz. München 1988.

Satelliten-Fernsehen, herausgegeben von Dirk Manthey. Hamburg 1993.

Sichtermann, Barbara: *Fernsehen.* Berlin 1994.

Stader, Josef: *Fernsehen. Von der Idee bis zur Sendung. Praxis, Alltag, Hintergründe.* Frankfurt am Main [2]1996.

Stolte, Dieter: *Fernsehen am Wendepunkt. Meinungsforum oder Supermarkt?* München 1992.

Thaller, Georg E.: *Satelliten im Erdorbit. Nachrichten, Fernsehen und Telefonate aus dem Weltall.* München 1999.

Voges, Edgar: *Hochfrequenztechnik,* Bd. 2: *Leistungsröhren, Antennen und Funkübertragung, Funk- und Radartechnik.* Heidelberg [2]1991.

Was Sie über Rundfunk wissen sollten. Materialien zum Verständnis eines Mediums, Beiträge von Ansgar Diller u. a. Berlin 1997.

Wiesinger, Jochen: *Die Geschichte der Unterhaltungselektronik. Daten, Bilder, Trends.* Frankfurt am Main 1994.

Winker, Klaus: *Fernsehen unterm Hakenkreuz. Organisation, Programm, Personal.* Köln u. a. [2]1996.

Drucktechnik

Bliefert, Claus / Villain, Christophe: *Text und Grafik. Ein Leitfaden für die elektronische Gestaltung von Druckvorlagen in den Naturwissenschaften.* Weinheim u. a. 1989.

Brookfield, Karen / Pordes, Laurence: *Schrift. Von den ersten Bilderschriften bis zum Buchdruck,* bearbeitet von Margot Wilhelmi. Aus dem Englischen. Hildesheim 1994.

Fleischmann, Isa: *Metallschnitt und Teigdruck. Technik und Entstehung zur Zeit des frühen Buchdrucks.* Mainz 1998.

Giesecke, Michael: *Der Buchdruck in der frühen Neuzeit. Eine historische Fallstudie über die Durchsetzung neuer Informations- und Kommunikationstechnologien.* Frankfurt am Main 1998.

Haarmann, Harald: *Universalgeschichte der Schrift.* Frankfurt am Main u. a. [2]1991.

Heinold, Ehrhardt: *Bücher und Büchermacher. Was man von Verlagen und Verlegern wissen sollte.* Heidelberg [2]1988.

Informationen übertragen und drucken. Lehr- und Arbeitsbuch für das Berufsfeld Drucktechnik, herausgegeben von Roland Golpon. Itzehoe [13]1998.

Janzin, Marion / Güntner, Joachim: *Das Buch vom Buch. 5000 Jahre Buchgeschichte.* Hannover 1995.

Käufer, Josef: *Das Setzerlehrbuch. Die Grundlagen des Schriftsatzes und seiner Gestaltung.* Stuttgart [3]1965.

Laufer, Bernhard: *Basiswissen Satz, Druck, Papier.* Düsseldorf 1984 und [2]1988.

Leutert, Armin: *Allgemeine Fachkunde der Drucktechnik. Fach- und Lehrbuch.* Baden [11]1993.

Schmitt, Günter: *Schriftsetzer – Typograph. Ein Beruf im Wandel der Zeit.* Aarau u. a. 1990.

Stiebner, Erhardt D.: *Bruckmann's Handbuch der Drucktechnik.* München [5]1992.

Stiebner, Erhardt D. / Leonhard, Walter: *Bruckmann's Handbuch der Schrift.* München [4]1992.

Stiebner, Erhardt D., u. a.: *Drucktechnik heute. Ein Leitfaden.* München [2]1994.

Teschner, Helmut: *Fachwörterbuch für visuelle Kommunikation und Drucktechnik, nach Stichwörtern A–Z geordnet.* Thun u. a. [2]1995.

Teschner, Helmut: *Offsetdrucktechnik. Informationsverarbeitung, Technologien und Werkstoffe in der Druckindustrie.* Fellbach [9]1995.

Tiefdruck. Grundlagen und Verfahrensschritte der modernen Tiefdrucktechnik, herausgegeben von Bernd Ollech. Frankfurt am Main [2]1993.

Venzke, Andreas: *Johannes Gutenberg. Der Erfinder des Buchdrucks.* Zürich 1993.

Vom Buchdruck in den Cyberspace? Mensch – Maschine – Kommunikation. Dokumentation einer Tagung, 7. 6. bis 9. 6. 1993, veranstaltet vom DGB-Bildungszentrum Hattingen u. a., herausgegeben von Gerd Hurrle u. a. Marburg 1995.

Das Auto und die Autogesellschaft

Aerodynamik des Automobils. Eine Brücke von der Strömungsmechanik zur Fahrzeugtechnik, herausgegeben von Wolf-Heinrich Hucho. Düsseldorf [3]1994.

Aicher, Otl: *Kritik am Auto. Schwierige Verteidigung des Autos gegen seine Anbeter. Eine Analyse.* Berlin [2]1996.

Alptraum Auto. Eine hundertjährige Erfindung und ihre Folgen. Begleitbuch zur gleichnamigen Photo-Ausstellung..., Beiträge von Peter M. Bode u. a. München [5]1991.

Altautoverwertung. Grundlagen, Technik, Wirtschaftlichkeit, Entwicklungen, Beiträge von Georg Härdtle u. a. Berlin 1994.

Autoelektrik, Autoelektronik, herausgegeben von der Robert Bosch GmbH. Bearbeitet von Horst Bauer u. a. Braunschweig u. a. [3]1998.

Automobilmontage in Europa, herausgegeben von Ekkehart Frieling. Frankfurt am Main u. a. 1997.

Automobilrecycling. Stoffliche, rohstoffliche und thermische Verwertung bei Automobilproduktion und Altautorecycling, herausgegeben von Joachim Schmidt und Reinhard Leithner. Berlin u. a. 1995.

Autorecycling. Demontage und Verwertung. Wirtschaftliche Aspekte, Logistik und Organisation, Beiträge von Holger Püchert u. a. Bonn 1994.

Barske, Heiko: *Auto und Verkehr. Wege aus der Sackgasse in eine Zukunft mit Perspektive.* Gießen 1994.

Bartsch, Christian: *Moderne Dieseltechnik. TDI, die Entwicklung der Direkteinspritzung.* Stuttgart 1998.

Berger, Roland / Servatius, Hans-Gerd: *Die Zukunft des Autos hat erst begonnen. Ökologisches Umsteuern als Chance.* München u. a. 1994.

Bremsanlagen für Kraftfahrzeuge, herausgegeben von der Robert Bosch GmbH. Bearbeitet von Ulrich Adler. Düsseldorf 1994.

Canzler, Weert: *Das Zauberlehrlings-Syndrom. Entstehung und Stabilität des Automobil-Leitbildes.* Berlin 1996.

Conzelmann, Gerhard / Kiencke, Uwe: *Mikroelektronik im Kraftfahrzeug.* Berlin u. a. 1995.

Drexl, Hans-Jürgen: *Kraftfahrzeugkupplungen. Funktion und Auslegung.* Landsberg am Lech 1997.

Entwicklungstendenzen auf dem Gebiet der Ottomotoren, Beiträge von Dusan Gruden u. a. Ehningen 1993.

Geschichte des Automobils, Beiträge von Marco Matteucci u. a. Künzelsau 1995.

Holzapfel, Helmut: *Autonomie statt Auto. Zum Verhältnis von Lebensstil, Umwelt und Ökonomie am Beispiel des Verkehrs.* Bonn 1997.

Hütten, Helmut: *Motoren. Technik, Praxis, Geschichte.* Stuttgart [10]1997.

Kasedorf, Jürgen: *Benzineinspritzung und Katalysatortechnik.* Würzburg 1995.

Kasedorf, Jürgen / Woisetschläger, Ernst: *Dieseleinspritztechnik.* Würzburg [5]1997.

Knie, Andreas: *Diesel – Karriere einer Technik. Genese und Formierungsprozesse im Motorenbau.* Berlin 1991.

Kramer, Florian: *Passive Sicherheit von Kraftfahrzeugen. Grundlagen, Komponenten, Systeme.* Braunschweig u. a. 1998.

Kraus, Jens: *Chromglanz und Ölgeruch. Automobil- und Motorradmuseen in Deutschland, Österreich und der Schweiz.* Bremen 1998.

Krüger, Roland, u. a.: *Alternative Kraftstoffe. Möglichkeiten zur Minderung der VOC-Emissionen im Straßenpersonenverkehr von Baden-Württemberg.* Landsberg am Lech 1997.

Müller-Urban, Kristiane / Urban, Eberhard: *Automobilmuseen in Deutschland und seinen Nachbarländern.* Augsburg 1999.

Die Neuerfindung urbaner Automobilität. Elektroautos und ihr Gebrauch in den USA und Europa, herausgegeben vom Wissenschaftszentrum Berlin für Sozialforschung, Abteilung Organisation und Technikgenese. Beiträge von Andreas Knie u. a. Berlin 1999.

Die ökologische Dimension des Automobils, Beiträge von Dusan Gruden u. a. Renningen 1996.

Peren, Franz W., u. a.: *Das Elektroauto und sein Markt.* Frankfurt am Main u. a. 1997.

Petersen, Rudolf / Diaz-Bone, Harald: *Das Drei-Liter-Auto.* Berlin u. a. 1998.

Riedl, Heinrich: *Handbuch praktische Automobiltechnik. Für alle PKW mit Otto- oder Dieselmotor. Grundwissen, Störfälle, Pannendiagnose, Schadensbehebung.* Lizenzausgabe Königswinter 1995.

Riedl, Heinrich: *Spezial-Lexikon Kraftfahrtechnik,* 3 Bde. Suderburg 1994.

Schindler, Volker: *Kraftstoffe für morgen. Eine Analyse von Zusammenhängen und Handlungsoptionen.* Berlin u. a. 1997.

Schlott, Stefan: *Fahrzeugnavigation. Routenplanung, Positionsbestimmung, Zielführung.* Landsberg am Lech 1997.

Schreiber, Jürgen: *Auto-Praxis... von A–Z,* bearbeitet von Birgit Kollbach und Heinrich Sonntag. Wiesbaden [14]1997.

Simons, Wolfgang: *Das Umweltauto, Bd. 1: Konventionelle und nichtkonventionelle Antriebe.* Bremen 1998.

Stumpf, Horst: *Handbuch der Reifentechnik.* Wien u. a. 1997.

Vernetzte Produktion. Automobilzulieferer zwischen Kontrolle und Autonomie. Mit Beiträgen zu Entwicklungen in Deutschland, Frankreich, Großbritannien, Italien, Japan und Schweden, herausgegeben von Manfred Deiß und Volker Döhl. Frankfurt am Main u. a. 1992.

Zängl, Wolfgang: *Der Telematik-Trick. Elektronische Autobahngebühren, Verkehrsleitsysteme und andere Milliardengeschäfte.* München 1995.

Luftverkehrstechnik

Die berühmtesten Flugzeuge der Welt. Koblenz [2]1994.

Dierich, Wolfgang: *Das große Handbuch der Flieger.* Neuausgabe Stuttgart 1990.

Flug-Revue. Stuttgart 1956 ff.

Gersdorff, Kyrill von / Grasmann, Kurt: *Flugmotoren und Strahltriebwerke. Entwicklungsgeschichte der deutschen Luftfahrtantriebe von den Anfängen bis zu den europäischen Gemeinschaftsentwicklungen.* München 1981.

Götsch, Ernst: *Einführung in die Luftfahrzeugtechnik.* Alsbach [5]1989.

Hafer, Xaver / Sachs, Gottfried: *Flugmechanik. Moderne Flugzeugentwurfs- und Steuerungskonzepte.* Berlin u. a. [3]1993.

Handbuch für den Motorflieger, herausgegeben von Georg Brütting. Stuttgart [5]1979.

Heimann, Erich H.: *Die schnellsten Flugzeuge der Welt. 1906 bis heute.* Stuttgart [3]1988.

Jahrbuch der Luft- und Raumfahrt, begründet von Karl-Ferdinand Reuss, Jg. 12 ff. Mannheim 1963 ff.

Kopenhagen, Wilfried: *Das große Flugzeugtypenbuch.* Stuttgart [8]1997.

Kutter, Reinhard: *Flugzeug-Aerodynamik. Technische Lösungen und struktureller Aufbau.* Stuttgart [2]1990.

Lexikon der Luftfahrt, herausgegeben von Wilfried Kopenhagen. Berlin [6]1991.

Luft- und Raumfahrt. Wissenschaft, Technik, Wirtschaft. Planegg 1980 ff.

Mensen, Heinrich: *Moderne Flugsicherung. Organisation, Verfahren, Technik.* Berlin u. a. [2]1993.

Mondey, David: *Illustrierte Geschichte der Luftfahrt.* Aus dem Englischen. München 1980.

Schneider, Hans: *Flugzeugbau.* Essen [3]1990.

Streit, Kurt W. u. Taylor, John William Ransom: *Geschichte der Luftfahrt.* Künzelsau u. a. 1976.

Traenkle, Carl A.: *Flugmechanik,* 2 Bde. München [1-2]1977–78.

Urlaub, Alfred: *Flugtriebwerke. Grundlagen, Systeme, Komponenten.* Berlin u. a. [2]1995.

Wissmann, Gerhard: *Geschichte der Luftfahrt von Ikarus bis zur Gegenwart. Eine Darstellung der Entwicklung des Fluggedankens und der Luftfahrttechnik.* Berlin-Ost [6]1982.

Schienenverkehr

Bickel, Wolfgang: *Der Siegeszug der Eisenbahn. Zur Bildsprache der Eisenbahn-Architektur im 19. Jahrhundert.* Worms 1996.

Heinersdorff, Richard: *Die große Welt der Eisenbahn.* Sonderausgabe Herrsching 1985.

Hughes, Murray: *Die Hochgeschwindigkeitsstory. Eisenbahnen auf Rekordfahrten.* Aus dem Englischen. Düsseldorf 1994.

Die ICE-Katastrophe von Eschede. Erfahrungen und Lehren – eine interdisziplinäre Analyse, herausgegeben von Ewald Hüls und Hans-Jörg Oestern. Berlin u. a. 1999.

Jahrbuch des Bahnwesens Nah- und Fernverkehr, herausgegeben vom Förderkreis des Verbandes Deutscher Verkehrsunternehmen, Köln, u. a., Jg. 46 ff. Darmstadt 1996 ff.

Krebs, Peter: *Verkehr wohin? Zwischen Bahn und Autobahn.* Zürich 1996.

Lexikon der Eisenbahn, herausgegeben von Gerhard Adler u. a. Berlin-Ost u. a. [8]1990.

Lexikon der Lokomotive. Geschichte und Technik, herausgegeben von Harry Rose. Berlin 1992.

Messerschmidt, Wolfgang: *Schnelle Stars der Schiene. Der Hochgeschwindigkeitsreport.* Stuttgart 1997.

Obermayer, Horst J.: *Taschenbuch deutsche Dampflokomotiven. Regelspur.* Stuttgart [11]1991.

Obermayer, Horst J.: *Taschenbuch deutsche Elektrolokomotiven.* Stuttgart [7]1986.

Rudolph, Ernst: *Eisenbahn auf neuen Wegen. Hannover – Würzburg, Mannheim – Stuttgart.* Darmstadt 1989.

Schefold, Ulrich: *150 Jahre Eisenbahn in Deutschland.* München [3]1985.

Schienenschnellverkehr, herausgegeben von Peter Münchschwander, 4 Bde. Heidelberg 1989–90.

Temming, Rolf L.: *Eisenbahnen für morgen schon heute. Mit 300 Stundenkilometern durch Europa.* Klagenfurt 1990.

Thomas, Uwe: *Dichtung und Wahrheit in der Verkehrspolitik. Renaissance der Schiene – flüssiger Verkehr auf der Straße?* Bonn 1996.

Zängl, Wolfgang: *ICE: Die Geister-Bahn. Das Dilemma der Hochgeschwindigkeitszüge.* München 1993.

Schifffahrt

Binnenschiffahrt, herausgegeben vom Bundesverband der Deutschen Binnenschiffahrt. Duisburg 1970 ff. Bis 1969 u. d. T. *Binnenschiffahrt in neuem Fahrwasser.*

Bott, Günter, u. a.: *Schiffbau und Meerestechnik.* Düsseldorf [2]1980.

Cucari, Attilio / Manti, Gaetano: *Das Bilderlexikon der Schiffe. Vom Einbaum zum Ozeanriesen,* bearbeitet von Hans Peter Jürgens. Aus dem Italienischen. München 1979.

Dopatka, Reinhold / Perpeczko, Andrzej: *Das Buch vom Schiff. Technik der Seeschiffe in Wort und Bild.* Berlin-Ost [3]1979.

Flüsse und Kanäle. Die Geschichte der deutschen Wasserstraßen. Die Entwicklung der Wasserwege unter dem Einfluß von Recht, Politik, Wirtschaft, Verwaltung, Wasserbau und Schiffahrt, herausgegeben von Martin Eckoldt, 2 Bde. Hamburg 1998.

Das große Buch der Schiffstypen. Schiffe, Boote, Flöße unter Riemen und Segel, Dampfschiffe, Motorschiffe, Meerestechnik, Beiträge von Alfred Dudszus u. a. Lizenzausgabe Stuttgart 1998.

Kludas, Arnold: *Die großen Passagier-Schiffe der Welt. Illustriertes Schiffsregister.* Hamburg [4]1997.

Marshall, Chris: *Die große Enzyklopädie der Schiffe. Technische Daten und Geschichte von über 1200 Schiffen.* Aus dem Englischen. Erlangen 1995.

Nauticus. Schiffahrt, Schiffbau, Marine, Meeresforschung. Herford u. a. 1923–91. 1899–1914 u. d. T. *Jahrbuch für Deutschlands Seeinteressen.*

Ortel, Kai / Foerster, Horst-Dieter: *Fährschiffahrt der Welt.* Hamburg 1998.

Press, Heinrich: *Wasserstraßen und Häfen,* 2 Bde. Berlin u. a. 1956–62.

Rothe, Claus: *Deutsche Passagier-Liner des 20. Jahrhunderts,* herausgegeben von Jürgen Schödler. Hamburg 1997.

Schiffahrt international. Vereinigt mit *Seekiste* und *Nautilus,* Jg. 44 ff. Hamburg 1993 ff. Früher unter anderen Titeln.

Schiffe, Menschen, Schicksale. SMS. Kiel 1993 ff.

Schnake, Reinhard H.: *Geschichte der Schleppschiffahrt,* 3 Bde. Herford [1-2]1990–95.

Seefahrt. Nautisches Lexikon in Bildern, bearbeitet von Bengt Kihlberg u. a. Aus dem Schwedischen. Sonderausgabe Augsburg 1997.

Stein, Walter / Kumm, Werner: *Navigation leicht gemacht. Eine Einführung in die Küstennavigation für Sportsegler, Küstenschiffahrt und Fischerei.* Bielefeld [24]1998.

Westphal, Gerhard: *Lexikon der Schiffahrt. Über 3000 Begriffe von Aalregatta bis Zwischendeck aus Handelsschiffahrt und Segelsport.* Reinbek bei Hamburg 1981.

Medizintechnik in der Diagnostik

Bildgebende Systeme für die medizinische Diagnostik. Röntgendiagnostik und Angiographie, Computertomographie, Nuklearmedizin, Magnetresonanztomographie, Sonographie, integrierte Informationssysteme, herausgegeben von Heinz Morneburg. München ³1995.

Delorme, Stefan / Debus, Jürgen: *Ultraschalldiagnostik verstehen, lernen und anwenden.* Stuttgart 1998.

Glasser, Otto: *Wilhelm Conrad Röntgen und die Geschichte der Röntgenstrahlung.* Berlin u.a. 1995.

Köchli, Victor D. / Marincek, Borut: *Wie funktioniert MRI? Eine Einführung in Physik und Funktionsweise der Magnetresonanzbildgebung.* Berlin u.a. ²1998.

Laubenberger, Theodor / Laubenberger, Jörg: *Technik der medizinischen Radiologie. Diagnostik, Strahlentherapie, Strahlenschutz für Ärzte, Medizinstudenten und MTRA. Mit Anleitung zur Strahlenschutzbelehrung in der Röntgendiagnostik.* Köln ⁷1999.

Medizintechnik – Verfahren, Systeme und Informationsverarbeitung. Ein anwendungsorientierter Querschnitt für Ausbildung und Praxis, herausgegeben von Rüdiger Kramme. Berlin u.a. 1997.

Medizintechnik in der Therapie

Laubenberger, Theodor / Laubenberger, Jörg: *Technik der medizinischen Radiologie. Diagnostik, Strahlentherapie, Strahlenschutz für Ärzte, Medizinstudenten und MTRA. Mit Anleitung zur Strahlenschutzbelehrung in der Röntgendiagnostik.* Köln ⁷1999.

Luftreinhaltung

Bank, Matthias: *Basiswissen Umwelttechnik. Wasser, Luft, Abfall, Lärm, Umweltrecht.* Würzburg ³1995.

Baumbach, Günter: *Luftreinhaltung. Entstehung, Ausbreitung und Wirkung von Luftverunreinigungen. Meßtechnik, Emissionsminderung und Vorschriften.* Berlin u.a. ³1994.

Coenen, Reinhard, u.a.: *Integrierte Umwelttechnik – Chancen erkennen und nutzen.* Berlin 1996.

Daten zur Umwelt, herausgegeben vom Umweltbundesamt, Ausgabe 1992/93. Berlin 1994.

Einfluß von Luftverunreinigungen auf die Vegetation. Ursachen – Wirkungen – Gegenmaßnahmen, herausgegeben von Hans-Günther Däßler. Jena ⁴1991.

Förstner, Ulrich: *Umweltschutztechnik. Eine Einführung.* Berlin u.a. ⁵1995.

Friedrich, Rainer: *Umweltpolitische Maßnahmen zur Luftreinhaltung. Kosten-Nutzen-Analyse.* Berlin u.a. 1993.

Fritsch, Bruno: *Mensch – Umwelt – Wissen. Evolutionsgeschichtliche Aspekte des Umweltproblems.* Zürich u.a. ⁴1994.

Fritz, Wolfgang / Kern, Heinz: *Reinigung von Abgasen. Gesetzgebung zum Emissionsschutz, Maßnahmen zur Verhütung von Emissionen. Mechanische, thermische, chemische und biologische Verfahren der Abgasreinigung. Entschwefelung und Entstickung von Feuerungsabgasen. Physikalische Grundlagen, technische Realisierung.* Würzburg ³1992.

Handbuch des Umweltschutzes und der Umweltschutztechnik, herausgegeben von Heinz Brauer, Bd. 3: *Additiver Umweltschutz. Behandlung von Abluft und Abgasen.* Berlin u.a. 1996.

Heintz, Andreas / Reinhardt, Guido A.: *Chemie und Umwelt. Ein Studienbuch für Chemiker, Physiker, Biologen und Geologen.* Braunschweig u.a. ⁴1996.

Kalusche, Dietmar: *Ökologie in Zahlen. Eine Datensammlung in Tabellen mit über 10 000 Einzelwerten.* Stuttgart u.a. 1996.

Klein, Volker / Werner, Christian: *Fernmessung von Luftverunreinigungen mit Lasern und anderen spektroskopischen Verfahren.* Berlin u.a. 1993.

Klimaschutz in Deutschland. Bericht der Regierung der Bundesrepublik Deutschland nach dem Rahmenübereinkommen der Vereinten Nationen über Klimaänderungen, herausgegeben vom Bundesministerium für Umwelt, Naturschutz und Reaktorsicherheit, 1. Bericht. Bonn 1994.

Kolar, Jörgen: *Stickstoffoxide und Luftreinhaltung. Grundlagen, Emissionen, Transmission, Immissionen, Wirkungen.* Berlin u.a. 1990.

Luftreinhalteplan. Untersuchungsgebiet 9, Großraum Halle-Merseburg, herausgegeben vom Ministerium für Raumordnung, Landwirtschaft und Umwelt des Landes Sachsen-Anhalt, Bd. 2: *Immissions- und Wirkungskataster.* Magdeburg 1996.

Marquardt-Mau, Brunhilde, u.a.: *Umwelt. Lexikon ökologisches Grundwissen.* Neuausgabe Reinbek 1993.

Nachhaltige Entwicklung in Deutschland. Entwurf eines umweltpolitischen Schwerpunktprogramms, herausgegeben vom Bundesministerium für Umwelt, Naturschutz und Reaktorsicherheit. Bonn 1998.

Schultes, Michael: *Abgasreinigung. Verfahrensprinzipien, Berechnungsgrundlagen, Verfahrensvergleich.* Berlin u.a. 1996.

Sechster Immissionsschutzbericht der Bundesregierung. Bericht der Bundesregierung an den Deutschen Bundestag, herausgegeben vom Bundesminister für Umwelt, Naturschutz und Reaktorsicherheit. Bonn 1996.

Technologietrend – Biotechnologie für eine saubere Umwelt, bearbeitet vom European Service Network. Brüssel 1995.

Umwelt. Eine Information des Bundesumweltministeriums. Bonn 1973ff.

Umweltbericht, Ausgabe 1998: Bericht über die Umweltpolitik der 13. Legislaturperiode, herausgegeben vom Bundesminister für Umwelt, Naturschutz und Reaktorsicherheit. Bonn 1998.

Umweltdaten Deutschland 1995, herausgegeben vom Umweltbundesamt u.a. Berlin u.a. 1995.

Umweltgutachten 1996, herausgegeben vom Rat von Sachverständigen für Umweltfragen. Stuttgart u.a. 1996.

Was Sie schon immer über Luftreinhaltung wissen wollten, Beiträge von Joachim Abshagen u.a. Bearbeitet von Volkhard Möcker u.a. Neuausgabe Stuttgart u.a. 51.–70. Tsd. 1992.

Trink-, Brauch- und Abwasser

Daten zur Umwelt. Der Zustand der Umwelt in Deutschland, herausgegeben vom Umweltbundesamt, Ausgabe 1997. Berlin 1997.

Entwicklung der öffentlichen Wasserversorgung. 1990–1995, herausgegeben vom Bundesverband der deutschen Gas- und Wasserwirtschaft. Bonn 1996.

Grundlagen der industriellen Wasserbehandlung, bearbeitet von Gustav Greiner. Essen ³1993.

Klee, Otto: *Angewandte Hydrobiologie. Trinkwasser – Abwasser – Gewässerschutz.* Stuttgart u. a. ²1991.

Kunz, Peter M.: *Behandlung von Abwasser. Emissionsarme Produktionsverfahren, mechanisch-physikalische, biologische, chemisch-physikalische Abwasserbehandlung, technische Realisierung, rechtliche Grundlagen.* Würzburg ⁴1995.

Mudrack, Klaus / Kunst, Sabine: *Biologie der Abwasserreinigung.* Stuttgart u. a. ⁴1994.

Schedler, Karl: *Handbuch Umwelt. Technik – Recht. Luftreinhaltung, Abfallwirtschaft, Gewässerschutz, Lärmschutz, Umweltschutzbeauftragte, EG-Umweltrecht.* Renningen ³1994.

Umweltbericht, Ausgabe 1998: Bericht über die Umweltpolitik der 13. Legislaturperiode, herausgegeben vom Bundesminister für Umwelt, Naturschutz und Reaktorsicherheit. Bonn 1998.

Umweltgutachten 1996, herausgegeben vom Rat von Sachverständigen für Umweltfragen. Stuttgart u. a. 1996.

Wasser, herausgegeben vom GSF-Forschungszentrum für Umwelt und Gesundheit, GmbH. Bearbeitet von Cordula Klemm u. a. Oberschleißheim 1994.

Wasserwirtschaft in Deutschland, herausgegeben vom Bundesministerium für Umwelt, Naturschutz und Reaktorsicherheit. Bearbeitet von Udo Bosenius u. a. Bonn 1998.

Wege zu einem nachhaltigen Umgang mit Süßwasser, herausgegeben vom Wissenschaftlichen Beirat der Bundesregierung Globale Umweltveränderungen. Berlin u. a. 1998.

Zahlen zur Abwasser- und Abfallwirtschaft, herausgegeben von der Abwassertechnischen Vereinigung. Bearbeitet von Bernd Esch. Hennef 1996.

Altlasten und Abfallbeseitigung – der Schutz des Bodens

Bilitewski, Bernd, u. a.: *Abfallwirtschaft. Eine Einführung.* Berlin u. a. ²1994.

Einführung in die Abfallwirtschaft. Technik, Recht und Politik, Beiträge von Tim Hermann u. a. Thun u. a. 1995.

Fellenberg, Günter: *Chemie der Umweltbelastung.* Stuttgart 1990.

Fleischer, Günter: *Produktionsintegrierter Umweltschutz,* bearbeitet von Renate Klimke. Berlin 1994.

Förstner, Ulrich: *Umweltschutztechnik. Eine Einführung.* Berlin u. a. ³1992.

Fritsche, Wolfgang: *Umwelt-Mikrobiologie. Grundlagen und Anwendungen.* Jena u. a. 1998.

Kreislaufwirtschaft, herausgegeben von Karl Joachim Thomé-Kozmiensky. Berlin 1994.

Kunz, Peter: *Umwelt-Bioverfahrenstechnik.* Braunschweig u. a. 1992.

Lehrbuch der ökologischen Chemie. Grundlagen und Konzepte für die ökologische Beurteilung von Chemikalien, herausgegeben von Friedhelm Korte. Stuttgart u. a. ³1992.

Techniken der Restmüllbehandlung. Kalte und/oder thermische Verfahren. Tagung Würzburg 20. und 21. April 1993, herausgegeben von der VDI-Gesellschaft Energietechnik. Düsseldorf 1993.

Thermische Behandlung und Kompostierung, Beiträge von Günter Burgbacher u. a. Ehningen 1993.

Umwelt- und recyclinggerechte Produktentwicklung. Anforderungen, Werkstoffwahl, Gestaltung, Praxisbeispiele, herausgegeben von Thomas Brinkmann u. a., Loseblattausgabe. Augsburg 1994 ff.

Bildquellenverzeichnis

Lemken, Verkaufsförderung, Alpen: 36 f.
Library of Congress, Washington D. C.: 478
Linde-KCA, Dresden: 660
Linde, Höllriegelskreuth: 57, 627
Loewe Opta, Kronach: 340
Prof. Dr. Dr. E. Machtens, Knappschaftskrankenhaus
Bochum: 565
M.A.N., Augsburg: 485
Bildagentur Mauritius, Mittenwald: 22, 28 f., 159, 161, 168, 170,
172, 175, 201, 204 f., 246, 249, 293, 300, 303, 305 f., 321, 488, 511
Messer Griesheim, Krefeld: 626
Werkfoto Noell-KRC Energie und Umwelttechnik,
Würzburg: 633
Nordischer Ziegel Handel, Bad Bramstedt: 227
NSU, Neckarsulm: 379
Tierbilder Okapia, Frankfurt am Main: 130–132, 163 f., 529,
552, 555, 557, 563
OLYMPUS OPTICAL (EUROPA), Hamburg: 544, 548
Olympus, Winter & Ibe, Hamburg: 546
L. Taylor/Corbis/Picture Press: 609
G. Rademaker/Deutsches Krebsforschungszentrum,
Heidelberg: 571
RDZ Dutzi, Ubstadt-Weiher: 38
Robert Bosch, Hildesheim: 324
Rockwool, Gladbeck: 232
SCALA, Florenz: 190
L. R. Schad/Deutsches Krebsforschungszentrum,
Heidelberg: 512, 574
C. Schittich, München: 195
Schleswig-Holsteinisches Landwirtschaftsmuseum, Meldorf:
28
Science Photo Library, London: 123, 143, 613
Siemens, Erlangen und Mannheim: 503, 516, 519, 528, 572
Siemens, München: 293, 305, 307
Dr. C. Sohn/Univ.-Frauenklinik, Frankfurt am Main: 508
SONY Deutschland, Köln: 338

Springer-Verlag, Heidelberg: 261
R. A. Steinberg: 290
H. Stock, Maschinenfabrik, Neumünster: 65
The Stock Market Photo Agency, Düsseldorf: 92, 399, 425,
560
H. Stoll, Reutlingen: 144
K. Storz, Tuttlingen: 547
Süddeutscher Rundfunk, Stuttgart: 334
Technisches Museum, Wien: 414
Technische Universität, Chemnitz: 662
Tony Stone Bilderwelten, München: 284, 298, 537
Toyota Deutschland, Köln: 409
Transport Research Laboratory, Berkshire, England: 403
Ullstein Bilderdienst, Berlin: 393
Verlag Bau und Technik, Düsseldorf: 228
Vogel Verlag und Druck, Würzburg: 655 f.
Volkswagenwerk, Wolfsburg: 389
Voss, Wissenschaftsladen, Bonn: 169 f.
VSF-Fahrradmanufaktur, Bremen: 661
Prof. Dr.-Ing. Chr. von Zabelitz, Institut für Technik i. Land-
wirtschaft u. Gartenbau, Hannover: 31
WABAG, Kulmbach/H. Siebe, Hamburg: 66
Westfälisches Amt für Denkmalpflege, Münster: 593
WGV Verlagsdienstleistungen, Weinheim: 52, 70, 97, 167,
289, 293, 307, 355, 481
wpr communication, E. Rechenburg, Königswinter: 395
Zweites Deutsches Fernsehen, Mainz: 335

Weitere grafische Darstellungen, Karten und Zeichnungen
Bibliographisches Institut & F. A. Brockhaus AG,
Mannheim

Reproduktionsgenehmigungen für Abbildungen
künstlerischer Werke von Mitgliedern und
Wahrnehmungsberechtigten wurde erteilt durch die
Verwertungsgesellschaft BILD-KUNST/Bonn.